河南省重点图书选题

黄河水沙数学模拟系统建设与应用

余　欣　等著

黄 河 水 利 出 版 社
·郑州·

内容提要

本书是近年来黄河数学模拟系统建设成果的系统总结，反映了黄河水沙数学模型建设与应用方面所取得的新进展。

全书共分四篇十三章，内容主要包括黄河数学模拟系统建设规划、系统支撑平台建设、水沙基本理论与模型库建设、高性能计算平台建设及应用、模型标准体系建设以及黄河数学模拟系统在黄河治理开发中的生产应用。本书附有大量的图表、数据和实例。

本书可作为水利工程、环境水利等专业的科研和教学人员以及相关专业管理人员的参考用书。

图书在版编目（CIP）数据

黄河水沙数学模拟系统建设与应用/余欣等著. —郑州：黄河水利出版社，2011.12

ISBN 978-7-5509-0146-9

Ⅰ.①黄… Ⅱ.①余… Ⅲ.①黄河-泥沙运动-数学模拟 Ⅳ.①TV152

中国版本图书馆 CIP 数据核字（2011）第 245332 号

策划编辑：岳德军 电话：13838122133 E-mail：dejunyue@163.com

出 版 社：黄河水利出版社

地址：河南省郑州市顺河路黄委会综合楼 14 层 邮政编码：450003

发行单位：黄河水利出版社

发行部电话：0371-66026940、66020550、66028024、66022620（传真）

E-mail：hhslcbs@126.com

承印单位：河南省瑞光印务股份有限公司

开本：787 mm×1 092 mm 1/16

印张：33.5

字数：774 千字 印数：1—1 000

版次：2011 年 12 月第 1 版 印次：2011 年 12 月第 1 次印刷

定价：135.00 元

《黄河水沙数学模拟系统建设与应用》编写人员

章　名	编写人员
第1章　黄河数学模拟系统建设规划	余　欣　翟家瑞　寇怀忠　姚文艺　张防修　杨　明　梁国亭　孙建奇
第2章　系统支撑平台建设	梁国亭　赖瑞勋　王　敏　张晓丽　夏润亮　王　明　孙建奇
第3章　水沙基本理论与模型库建设	杨　明　王艳平　张防修　韩巧兰　窦身堂　王　明　钟德钰　王万战　于守兵　唐学林　黄岁樑
第4章　高性能计算平台建设及应用	王　敏　王　明　张晓丽
第5章　模型标准体系建设	余　欣　梁国亭　夏润亮　寇怀忠　孙建奇
第6章　面向黄河防洪调度系统的模型集成	梁国亭　王艳平　张防修　赖瑞勋　孙建奇
第7章　模型应用之防洪风险图编制	王艳平　梁国亭　张晓丽　赖瑞勋
第8章　模型应用之水库运用方式研究	窦身堂　梁国亭　张晓丽　余　欣　李占省
第9章　模型应用之黄河调水调沙试验与生产运行	杨　明　王艳平　张防修　韩巧兰　李占省
第10章　模型应用之小北干流放淤试验	梁国亭　窦身堂　张晓丽　王　明　李占省
第11章　模型应用之河道整治方案研究	王艳平　杨　明　钟德钰　张防修　韩巧兰
第12章　模型应用之涉河建筑物防洪评价	杨　明　韩巧兰　张防修　王　敏
第13章　主要结论与展望	余　欣　杨　明

前　言

数学模拟是运用数学模型和计算机技术对自然或社会系统进行仿真模拟的技术。黄河数学模拟系统是指在数据集成平台支持下，耦合集成各种水利专业模型、宏观经济社会模型和生态系统模型，形成的面向黄河具体业务应用的虚拟仿真系统，并借助它实现黄河治理开发与保护管理过程中的预警预报和方案生成功能。

黄河数学模拟系统是“数字黄河”工程的核心和灵魂，其主要建设内容包括规划、研发、评价、集成、应用等五个环节，缺一不可。

本书是近年来黄河数学模拟系统建设成果的系统总结，反映了黄河水沙数学模型建设与应用所取得的新进展。全书共分四篇。

第一篇为规划篇，重点论述了黄河数学模拟系统建设的必要性和可行性，梳理了国内外以及黄河水利委员会数学模型的资源现状，凝练了建设需求，明晰了建设目标、任务、原则，提出了系统的总体架构、业务应用模型建设内容、技术支撑体系和管理保障体系等。

第二篇为建设篇，主要围绕研发、评价、集成三个环节，重点介绍了系统支撑平台建设、水沙基本理论与模型库建设、高性能计算平台建设及应用和模型标准体系建设等内容。

第三篇为应用篇，突出介绍了面向黄河防汛指挥系统的模型集成、防洪风险图编制、水库运用方式研究、黄河调水调沙试验与生产运行、小北干流放淤试验、河道整治方案研究、涉河建筑物防洪评价等重大治黄实践及服务社会中应用情况。

第四篇为结论与展望篇，进一步凝练了系统建设的主要进展，指出流域级模拟系统的发展方向和待突破的关键技术。

黄河数学模拟系统建设先后得到了亚洲银行贷款项目“黄河下游洪水演进及灾情评估模型研发”、“十一五”国家科技支撑计划课题“基于 GIS 的黄河水沙输移模拟系统研发(2006BAB06B02)”、国家自然科学基金和黄河联合基金重点项目“黄河中下游泥沙输移规律与二维数学模型研究(50439020)”、国家863计划重点项目“面向水利信息化的高性能计算与网格应用(2006AA01A126)”、水利部公益性行业科研专项经费“黄河河口数学模拟系统研发及关键技术研究”以及国家防汛指挥系统一期、黄河防汛基金、小浪底基础研究专项等项目的支持。

黄河数学模拟系统建设始终得到黄河水利委员会党组的科学领导,相关副总工程师的具体指导以及黄河水利委员会总工程师办公室、国际合作与科技局、规划计划局、防汛办公室、财务局、人事劳动局、水资源管理与调度局、水土保持局等主管部门的鼎力支持,同时得到黄河流域水资源保护局、黄河勘测规划设计有限公司、黄河水利委员会信息中心、黄河水利委员会上中游管理局、黄河水利委员会水文局等兄弟单位的支持,以及清华大学、中国农业大学、南开大学、武汉大学、河海大学、中国水利水电科学研究院、上海超级计算中心、江南计算技术研究研究所、北京飞箭软件公司等单位的通力合作,在此表示衷心感谢。

由于作者水平有限,疏漏之处在所难免,敬请读者批评指正。

作　者

2011年8月

目　录

应 用 篇

结论与展望篇

规　划　篇

第 1 章　黄河数学模拟系统建设规划

1.1　数学模拟系统建设的必要性和可行性

1.1.1　系统建设的必要性

2008 年全国水利厅局长会议上，明确提出未来一个时期：黄河流域要按照堤防不决口、河道不断流、污染不超标、河床不抬高的总体要求，紧扣黄河水少、沙多、水沙关系不协调的突出症结，努力增水、减沙、调水调沙，塑造协调的水沙关系，加快构建和完善水沙调控体系、防洪减淤体系、水资源统一管理和综合调度体系、水质监测保护体系、水土保持拦沙体系，确保黄河安澜无恙、奔流不息，进一步把黄河的事情办好，让黄河更好地造福中华民族。基于以上要求，黄河水利委员会（简称黄委）在"维持黄河健康生命"的"1493"框架体系基础上，提出近期治黄工作要实现"四个重点转向"，相应地对"数字黄河"工程黄河数学模拟系统建设提出了新的需求。

1.1.1.1　管理和决策的现实需求

黄河洪水泥沙管理的重点转向塑造协调的水沙关系，要求建设满足水沙调控体系规划、建设和运行的模型体系。水沙调控体系规划和建设需要建立流域水沙资源优化配置模型、干支流主要水库水沙一体化调度模型、水库群多目标优化模型以及河道水沙演进模型，以满足水沙调控体系总体布局方案比较和优化。水沙调控体系运行要求建立气象预报模型、流域产流产沙过程预报模型、水库群洪水调控和调水调沙调度模型以及河道水沙演进预测模型等，以满足全河水沙过程对接和防汛减灾实时调控要求。

水资源管理与调度的重点转向实现黄河功能性不断流，要求构建满足水资源统一管理和综合调度体系建设的模型体系。水资源统一管理首先需要建立流域尺度的水量预报和水资源优化配置模型，需要构建灌区土壤墒情预报模型、蒸散发和作物生长期有效需水量及过程预测、灌区优化配水模型、河道输沙水量及其过程动态预测模型、河口生态系统用水量预测以及水质动态评价模型；水资源综合调度需要在耦合以上模型的基础上，进一步建立骨干水库生态调度模型、黄河干流和主要支流河道水质动态模拟模型。最终实现生态用水、经济用水、输沙用水、稀释用水统一调度，实现黄河水量调度从目前较低水平的不断流向功能性不断流的根本转变。

水资源保护的重点转向提高监督管理水平和增强应急处理能力，要求建设满足水质监测保护要求的模型体系。黄河水资源保护需要进一步完善黄河干支流水域纳污能力评价模型、水环境承载能力评价模型以及基于水量调度的水污染控制模型，提高突发性水污染事件应急响应能力，要求加快污染物输移扩散数学模型的研发，切实提高水质预警预报能力。在深入研究污染物输移扩散规律和生态系统需水规律的基础上，进一步建立面向功能性不断流需要的稀释调度和生态调度模型等。

黄河上中游地区水土保持的重点转向粗泥沙集中来源区治理,要求建设满足水土保持体系建设的模型体系。需要建立不同降水条件下,不同地区侵蚀强度及下垫面土壤结构等情况下,流域面上和主要支流水沙量及其过程模拟预报模型,建立水土保持蓄水减沙效益评价模型等,为黄土高原综合治理措施实施、流域水土保持综合治理规划设计参数确定、不同区域不同措施效益评价等提供支撑手段。

1.1.1.2 治黄业务增值的基本要求

黄河数学模拟系统建设可以促进黄河基础性规律研究,提高治黄科技成果含量。数学模型通过模拟复杂的物理过程可以了解水流和各类传质的运动结果,又可以了解运动整体的与局部的细致过程,有助于深刻地了解运动物理过程;通过数值试验可以证实或否定某些设想,发现某些规律,揭示新的图像与机理(目前此类研究尚较少)。再者,系统建设对水沙运行规律性认识提出新的需求,要求黄土高原土壤侵蚀过程、高含沙水流泥沙输移(特别是冲刷过程)、河冰生消过程、污染物迁移扩散过程以及河势变化过程等机理研究不仅能定性描述,更要给出定量表达式,从而为黄河科学研究提出新的命题和发展动力。

黄河数学模拟系统建设可以为规划方案比较提供技术手段,提高流域规划成果质量。流域规划最重要的一部分工作就是多方案的比选和优化,规划方案论证涉及技术经济社会的方方面面,需要统筹考虑维持黄河健康生命和经济社会发展的不同需求,协调各类竞争性用户的不同利益诉求。因此,需要调用各类数学模型进行大量方案的模拟计算分析和宏观经济评价,最后才能提出相对优化的规划方案供领导决策参考。建设可定量的、准确的数学模拟系统是提高规划方案质量的主要技术途径之一。

黄河数学模拟系统建设可以为调度决策提供技术支撑,提高科学决策效率和水平。如防汛调度决策需要数学模型提供水雨情信息、水库调度信息、河道工情险情和灾情信息等,水量调度需要数学模型提供水情信息、墒情信息、河道信息等,污染事故处置需要数学模型提供污染物浓度分布信息、扩散过程信息等,水土保持需要数学模型提供降雨时空分布信息、重点支流土壤侵蚀和水沙状况信息、水土保持措施蓄水拦沙信息等。构建具有实时预测、快速评估功能的数学模型体系,可以满足黄河各类调度决策管理需求,从而有效地提高科学决策水平和黄河治理开发、保护与管理能力。

1.1.1.3 “数字黄河”工程深度建设的内在要求

黄河数学模拟系统建设是“十一五”期间“数字黄河”工程建设的主要内容。《全国水利信息化“十一五”规划》明确提出:开展水利信息化综合体系下各类水利业务急需的数学模型应用研究。力争在“十一五”后期,完成预测预警、优化调度和过程仿真三类数学模型的生产应用研究和开发,为信息化建设全面转向综合决策能力建设提供技术支持。《“数字黄河”工程规划》明确提出:到2010年,建立完善的“数字黄河”工程基础设施和应用服务平台,进一步升级、完善应用系统,使各类重大治黄决策方案能够在数字集成平台和虚拟仿真环境下模拟、分析和研究,“数字黄河”工程在治黄事业中发挥更大的作用。

“十五”期间,黄委以建设防汛减灾、水量调度、水资源保护、水土保持、工程建设与管理、电子政务等六大应用系统为主线开展了“数字黄河”工程的建设,基本构建了“数字黄河”工程框架。为实现《“数字黄河”工程规划》建设目标,黄委提出:“十一五”期间,将紧密围绕黄土高原土壤侵蚀模型、水库调度模型、河道洪水演进模型、河口模型、水质预警预报模型、冰凌预报模型建设，进一步开展基础设施、应用服务平台、应用系统和综合决策会商平台的建设，全面开展黄河数学模拟系统建设，打造精品“数字黄河”工程，实现“三条黄河”的良性互动，使它更好地服务于黄河治理开发和管理事业。

1.1.2 系统建设的可行性

1.1.2.1 需求旺盛

直接服务于治黄业务是建设黄河数学模拟系统的出发点和归宿，近期黄河治理实践对系统建设提出迫切需求。2002 年以来，黄河调水调沙试验和生产运行迫切需要建立二维/三维水沙数学模型，直接满足不同泄水建筑物组合运用条件下水库出库含沙量和级配过程预报；2006 年，黄河下游支流伊洛河发生的巩义第二电厂柴油泄漏事件和目前满足功能性不断流的黄河水量与水质统一调度，都对水质预警预报模型建设提出新的要求；2005 年以来，优化并利用桃汛洪水冲刷降低潼关高程试验迫切需要建立宁蒙河段河冰模拟模型，进行封河与开河时间、河道槽蓄量和桃汛洪水过程等预报，近年来宁蒙河段严峻的凌汛形势进一步凸现了建立完善的凌情预测预报数学模型的紧迫性。

1.1.2.2 基础良好

原型数据采集体系可以为模型研发提供系统的基本资料，保证输入的高质量。近年来，黄委围绕“原型黄河”水沙测验体系建设，加密了黄河下游河道测验断面密度，增加了断面测验频次；遥感遥测等先进测验技术和振动式在线测沙仪、多普勒流速剖面仪、激光粒度仪等先进测验仪器得到了广泛应用；黄河遥感中心、黄河基础地理信息中心和黄河数据中心等逐步建成。这些可以为数学模拟系统建设提供详细的测试、率定和验证数据支撑。

已有研究成果可以为系统建设提供建模支撑。近年来，围绕黄河调水调沙、优化并利用桃汛洪水冲刷降低潼关高程、小北干流放淤试验等重大治黄实践以及黄河健康指标体系和修复关键技术研究等，黄委内外有关单位从机理层面对水库异重流形成和输移过程、分组挟沙能力及挟沙能力级配、动床阻力变化、河道横断面形态调整过程、游荡性河岸横向变形、河冰生消过程、污染物迁移转化过程、重力侵蚀过程等进行了较为系统的研究，不断创新的研究成果可以为黄河数学模拟系统建模提供理论支撑。

已有模型的建设可以为模型研发提供良好的借鉴。目前，国外已开发出类似 PHOENICS、CFX、STAR-CD、FLUENT、Wallingford、MIKE、DELFT-3D、Halcrow 等商业软件系统，其建设思路、功能模块、发展策略为黄河数学模拟系统建设提供了有益借鉴。自 20 世纪 70 年代，黄委就开展了满足治黄业务需要的数学模型研发工作，经过近 40 年一代又一代人的不断探索，在数学模拟方面取得了突出成绩。目前，已开发出大量的气象预报、流域产流产沙、洪水预报、河冰预报、水库调度、河道演进等基于不同理论背景的不同空间层次和传质的数学模型，为模拟系统建设奠定了良好的技术基础。近年来，通过“基于 GIS 的黄河下游二维水沙数学模型”的研发，进一步探索了“首席专家 + 团队”的研发机制，并为系统建设培养了相对固定的研发队伍。黄河超级计算中心建设可以为不同空间尺度、多传质耦合的黄河数学模拟系统建设提供高性能的运行环境。

1.1.2.3 机制适宜

黄河数学模拟系统既是专业特色极强的应用系统，又是极其复杂的软件系统，其研发是一个复杂艰巨、长期持续的过程。经过“数字黄河”工程建设的不断探索，目前已初步形成可持续的管理和运行机制，以支撑数学模拟系统的持续研发和应用集成。

（1）领导高度重视。为加强对黄河数学模拟系统研发工作的领导，2007 年 9 月，黄委以黄人劳〔2007〕61 号“关于成立‘数字黄河’工程数学模拟系统研发工作领导小组的通知”，明确了领导小组组成，黄委主要领导担任小组正/副组长，相关部门和单位负责人组成领导小组成员。领导小组全面协调解决研发中的重大问题，从而为系统研发提供了强有力的组织保障。

（2）研发机制明确。2007 年 7 月，黄委以黄总办〔2007〕5 号文“关于印发《‘数字黄河’工程数学模拟系统研发机制》的通知”，明确了黄河数学模拟系统的研发机制，即采用领导小组领导下的“首席专家 + 团队”的研发机制，并明确了建设和应用责任单位。其中，首席专家负责黄河数学模拟系统的总体规划、软件架构和集成的总体设计、技术指导等业务工作，负责组织解决系统研发中的重大技术问题；黄河数学模拟系统研发中心主要承担编制模拟系统发展规划、制订总体框架和搭建研发平台、模型研发、系统集成等责任，研发团队人员来自研发中心、黄委有关单位和部门以及黄委以外单位，由模型研究人员和软件开发人员组成；研发出的每个模型，应用责任单位有义务在具体业务中进行使用，及时反馈应用效果，通过应用来不断完善模型，最终形成研发和应用的良性互动机制。

（3）研发过程开放。模拟系统研发是开放的，需要刚柔并济。柔性合作是指针对模型研发中的具体难题，请国内外科研机构及公司的专家提供咨询解决方案；刚性合作是指通过签订科技合同，开展联合攻关。黄河数学模拟系统要为不同来源的各类模型提供标准接口并以适当的形式嵌入，有义务为其提供应用案例，共同为维持黄河健康生命服务。

1.2 数学模型资源现状分析

1.2.1 模型资源现状

1.2.1.1 国外模型及软件

1. 主要专业模型

（1）土壤侵蚀模型。有代表性的水土流失模型主要包括 USLE 和 RUSLE 通用土壤流失方程（美国国家水土流失资料中心）、乡村流域水资源模型（SWRRB 模型，Williams 等）、水土资源评价模型（SWAT 模型，美国农业部农业研究所 USDA-ARS）、水土流失及化学物流失预报模型（CREAMS 模型，Knisel）、水蚀预报模型（WEEP 模型，美国农业部）、土壤侵蚀模型（GUEST 模型，格里菲思大学）、分布式次降雨小流域土壤侵蚀模型（ANSWERS模型，Beasley 和 Huggins）、LISEM 模型（荷兰 De Roo）、AGNPS 模型（美国农业部）、次降雨分布式侵蚀模型（EUROSEM 模型，R. P. C. Morgan 等）等。

（2）水质模型。有代表性的水质模型主要包括 Streeter-Phelps 模型（印第安纳州，1925）、QUAL 系列模型（美国国家环保局，1970）、WASP 模型（美国国家环保局，1983）、

OTIS 模型、MIKE 系列模型（丹麦）、QUASAR 模型、CE-QUAL 系列模型（美国陆军工程兵团）、BASINS 模型系统（美国国家环保局）、MMS 模型系统（美国地质调查局）、SMS 模型系统（美国 Brigham Young 大学）、SOBEK 模型（荷兰 Delft 水力学研究所）、LEDESS 模型等。

（3）河冰模型。有代表性的河冰模型主要包括 Rice 模型（美国 Clarkson 大学，1990）、二维河冰模型（美国 Clarkson 大学，1992）。

（4）泥沙模型。一维模型主要包括 HEC-6 模型（1977/2004）、MOBED 模型（1981）、IALLUVIAL 模型（1982）、FLUVIAL11 模型（1984）、GSTARES 模型（1986/2002）、CHARIMA 模型（1990）、SEDICOUP 模型（1990）、OTIS 模型（1991/1998）、EFDC1D 模型（2001）、3STD1 模型（2004）等，二维模型包括 SERATRA 模型（1982）、SUTRENCH-2D 模型（1985）、TABS-2 模型（1985）、MOBED2 模型（1990）、ADCIRC 模型（1992）、MIKE21 模型（1993）、UNIBEST-TC 模型（1997）、USTARS 模型（1997）、FAST2D 模型（1998）、FLUVIAL12 模型（1998）、Delft2D 模型（1998）、CCHE2D 模型（1999/2001）等，三维泥沙模型主要包括 ECOMSED 模型（1987/2002）、RMA-10 模型（1988）、GBTOXe 模型（1992）、EFDC3D 模型（1992）、ROMS 模型（1994/2002）、CH3D-SED 模型（1994）、MIKE3 模型（1997）、Delft3D 模型（1999/2005）、TELEMAC 模型（2000）等。

以上模型的功能、性能及应用情况见附表 1。

2. 主要商业软件

商业软件主要包括 PHOENICS、CFX、STAR-CD、FLUENT、Wallingford、MIKE、Halcrow、Delft3D 等。

PHOENICS 软件是世界上第一套计算流体动力学与传热学的商业软件，由 D. B. Spalding 和 S. V. Patankar 等提出，第一个正式版本于 1981 年开发完成。目前，主要由 Concentration Heat 和 Momentum Limited（CHAM）公司开发。

CFX 软件是第一个通过 ISO 9001 质量认证的商业 CFD（Computational Fluid Dynamics）软件。该软件在航空航天、石油化工、汽车、生物技术、水处理、环保等领域有广泛应用。

STAR-CD 软件是由英国帝国学院于 1987 年提出的通用流体分析软件。该软件基于有限体积法，适用于不可压流和可压流。它具有前处理器、求解器和后处理器三大模块，以良好的可视化用户界面把建模、求解及后处理与全部的物理模型和算法结合在一个软件包中。

FLUENT 软件是由美国 FLUENT 公司于 1983 年推出的 CFD 软件。它是继 PHOENICS 软件之后的第二个投放市场的基于有限体积法的软件。FLUENT 是目前功能最全面、适用性最广、国内使用最广泛的 CFD 软件之一。

Wallingford 软件是由 HR Wallingford 集团公司于 1947 年开始研发的软件产品。产品包括了数据管理和网络模拟软件，涵盖了市政给水排水、污水系统、河流治理以及海岸工程方面的规划、设计和实时调度等各个方面。

MIKE 模型系统由丹麦水力学所开发，主要包括 MOUSE（城市给排水管网）、MIKE1（一维模型，包括 MIKE11、MIKE12、MIKE11 FF）、MIKE2（二维模型，包括 MIKE21 和 MIKE21C）、MIKE3（三维模型）、MIKE BASIN（流域水资源规划与管理）、MIKE SHE（水循环系统模拟）及 LITPACK（海岸带动力演变模拟）。其中的 MIKE BASIN 已应用于黄河利津以下河段以及黄河三角洲保护区内湿地漫流过程的水动力学模拟。

Halcrow 软件的核心产品 ISIS 软件包主要包括 Flow、Hydrology、Routing、Quality、Sediment 等功能构件。该公司提供防洪模拟与决策支持一体化解决方案。如通过内嵌 SWAT 水文模型、IQQM 水资源量化和优化模型以及 ISIS 软件包搭建了防洪模拟与决策支持平台(MDSF-Modeling 和 Decision Support Framework),应用于全英流域水资源管理规划和湄公河流域水资源开发利用。可以帮助制定流域洪水管理规划,也可用于流域水资源利用配置的管理和优化,便于使用者对流域内水资源开发项目的各种方案进行社会、经济和环境等多方面的比较和优选。

Delft3D 是荷兰 Delft 水力学实验室研发的重要软件系统。其应用领域涵盖了水动力学、波、泥沙输移、河床形态、水质、示踪粒子法研究水质及生态学等。

以上商业软件的功能、性能、应用情况见附表 2。

3. 典型模型体系结构及特征

从软件结构上讲,所有的商业 CFD 软件均包括前处理器、求解器、后处理器等程序模块。前处理器主要是向 CFD 软件输入所求问题的相关数据,该过程一般是借助与求解器相对应的对话框等图形界面来完成的;求解器的核心是数值求解方案,常用的数值求解方法包括有限差分法、有限元法、谱方法和有限体积法等;后处理器可以有效地观察和直观地分析流动计算结果。

从软件特征上讲,商业软件一般要满足功能可靠、使用方便和可维护等三个基本要求,其中包含有大量的算例,灵活的前处理与输入系统,足够的文件系统来帮助用户熟悉与操作该软件,完备的错误防止措施及检测系统,方便的模块接口,使用户可以加入自己开发的模块,完善的后处理系统。特别需要指出的是,现代商业软件基本都实现了与地理信息系统的连接或耦合。商业 CFD 软件的一般特征汇总见表 1-2-1。

表 1-2-1　商业 CFD 软件的一般特征汇总

序号	项目	描述
1	大量的算例	可以验证程序的正确有效性,便于用户模仿和尽快掌握该软件使用方法 算例库:精确解、数值基准解和试验数据
2	灵活的前处理与输入系统	科研人员的程序一般是面向自己,因而输入系统可以比较简洁;商业软件面向不同用户,要求输入系统必须要通俗、易懂、灵活、方便 输入内容:计算条件、地形概化、网格生成
3	足够的文件系统帮助用户熟悉与操作软件	包括使用说明书和在线帮助系统,便于推广销售
4	方便的模块接口,用户可加入自己开发的模块	只提供使用许可,既是商业需要,也是维护软件需要。但还要用户有可能纳入一些软件本身所未包含的功能,这只有通过接口来实现
5	完备的错误防止措施及检测系统	商业软件应有防错系统用以指导用户改正错误,而不应没有任何反应就使运行失效。若发生事故,应该有检测系统提供足够的信息以迅速诊断原因,不至于使用户不知所措
6	完善的后处理系统	减轻大量人力劳动,减少出错概率;结点数在几万到百万级别的复杂计算,人工方法来处理计算结果及其图形显示是不现实的

1.2.1.2 国内数学模型

1. 土壤侵蚀模型

水土保持应用经验模型主要包括黄土丘陵沟壑区土壤侵蚀预报模型(江忠建)、黄土丘陵沟壑区土壤侵蚀预报模型(朱启疆)、土壤侵蚀信息熵模型(付炜)、中国土壤流失模型(刘宝元)。机理模型主要包括大流域水沙耦合模拟物理概念模型(包为民)、小流域泥沙输移模型(谢树楠)、小流域侵蚀产沙模型(汤立群)、小流域次降雨侵蚀产沙过程模型(蔡强国)、坡面土壤侵蚀过程数学模型(段建南)以及数字流域模型(王光谦)等。

2. 河道水沙模型

河道水沙模型主要包括一维水沙数学模型(韩其为、杨国录、方红卫、王光谦、钟德钰、张红武)、二维水沙数学模型(李义天、夏军强、王光谦、施勇、胡四一、韩其为、方春明)、三维水沙数学模型(方红卫、陆永军、唐学林等)。其中,王光谦、张红武、夏军强、钟德钰等在河岸变形及河岸形态修正等模拟技术方面开展了大量探索性研究。

3. 河口模型

河口模型主要包括窦国仁模型、TK-2D 模型(天津水运工程研究所)、罗小峰模型和曹文洪模型等。

4. 水质模型

水质模型主要包括一维水质模型(陈永灿、金忠青、韩龙喜、雒文生、李锦绣、彭虹等)、二维水质模型(程声通、刘玉生、周雪漪、洪益平、逢勇、吴时强、陈凯麟、华祖林、赵棣华、杨具瑞、王祥三、杨天行、徐祖信、侯国祥、龚春生等)、三维水质模型(沈永明、朱永春、槐文信、韩龙喜、刘昭伟、李志勤等)。

5. 河冰模型

河冰模型主要包括动力－随机模型(哈焕文)、一维冰塞模型(杨开林,2002)、二维河冰模型(美国 Clarkson 大学,1992;王永填,1999;茅泽育,2003)、BP 模型(陈守煜,2004)。

6. 水文模型

水文模型主要包括新安江模型(赵人俊,1975)、分布式水文模型(李兰、刘昌明、王浩、夏军、熊立华、郭生练、郝振纯)。基于 DEM 的分布式水文模型逐步成为现代水文模拟技术研究的热点,是水文模型的最新发展方向。

国内模型的功能、性能、应用情况见附表 3。

1.2.1.3 黄委数学模型

1. 防汛减灾

目前,黄河防汛减灾业务应用模型主要包括气象径流预报、洪水预报、冰情预报、洪水泥沙调度和洪水泥沙演进等五类应用模型。

气象预报模型主要有黄河流域长期天气预报模型集(包括物理因子概念模型、动力气候模式输出产品预测模型、数理统计模型、动力气候模型)、中尺度数值模式 MM5、中尺度数值模式 AREM 和黄河下游中短期冬季气温预报模型、黄河流域中期降雨预报模型(黄河三门峡—花园口区间(简称三花间)和泾渭洛河流域)。

洪水预报模型主要有渭河中下游洪水预报模型、黄河中游三门峡库区洪水预报模型

（吴堡—龙门、龙华河洑—潼关）、花园口站年最大流量预报模型、黄河三花间降雨径流模型、小花间分布式水文模型、黄河下游夹河滩—利津洪水流量及水位预报模型。

冰情预报模型主要有宁蒙河段冰凌预报统计模型、宁蒙河段冰情预报神经网络模型、宁蒙河段槽蓄水量计算模型和黄河下游冰情预报模型。

洪水泥沙调度模型主要包括龙羊峡、刘家峡联合防洪调度模型，三门峡、小浪底、陆浑、故县四库防洪调度模型，龙华河洑—三门峡大坝水动力学模型，小浪底水库一维水动力学模型。

洪水泥沙演进模型主要包括黄河下游一维非恒定流水沙动力学模型、黄河下游二维水沙演进动力学模型。

2. 水资源管理与调度

目前，黄河水资源调度与管理应用模型主要包括水资源预报和水量调度两类模型。

水资源预报模型主要有黄河上中游主要来水区间非汛期径流预报模型、花园口年度天然径流量预报模型、河源区分布式径流预报模型。

水量调度模型主要有黄河下游河段枯水演进模型、宁蒙河段枯水演进模型、水量调度方案模型、宁夏灌区月排水量计算模型。

3. 水资源保护

目前，黄河水资源保护应用模型主要包括小浪底—高村河段水质模型（黑箱模型、相关模型、一维稳态模型和 ANN 模型）、黄河下游一维动态水质模型。

4. 水土保持

目前，黄河水土保持应用模型主要包括小流域分布式水动力学模型（姚文艺等）、农地年土壤侵蚀量的经验模型（刘善建）、陕北中小流域输沙量计算模型（牟金泽）等。

5. 流域规划

目前，黄河流域规划应用模型主要包括水库水文水动力学数学模型（内嵌古贤、三门峡和小浪底水库联合调控模块）、水库一维水动力学模型、宁蒙河段水文水动力学模型、龙—潼河段水文水动力学模型、黄河下游水文水动力学模型、黄河下游一维恒定流水动力学模型、黄河河口一维恒定流水动力学模型、水资源经济模型、黄河上游龙—青段梯级水电站联合补偿调节计算模型、黄河上游电能计算模型、基于电源优化扩展规划的抽水蓄能经济评价软件、电力系统电源优化开发模型。

黄河数学模型的功能、性能、应用情况及存在问题见附表 4 ~ 附表 8。

1.2.2 模型可复用性分析

1.2.2.1 国外模型

总体而言，国外商业软件以标准化程度高、通用性强、系统架构弹性大等优点，在水利工程规划设计、流域水资源管理、水环境评价等方面得到一定程度的应用。其系统建设策略、系统架构设计等方面可以为黄河数学模拟系统建设提供借鉴。相应治黄业务所关心的水土流失模型、泥沙模型、水质模型、河冰模型等的可用性分析如下。

现有的国外水土流失机理模型的建模思路、模型结构和主要侵蚀因子的识别可供黄土高原水土流失模型建设参考。由于现有水土流失机理模型均不十分成熟，已有模型直接应用于黄土高原水土流失预测还存在以下三个主要问题：一是缺少能有效模拟重力侵蚀的控制方程；二是国外模型基本上只适用于缓坡地的侵蚀环境，不适应于黄土高原坡陡、坡沟侵蚀产沙关系复杂的土壤侵蚀特点；三是已建的经验模型大多为坡面水土流失模型，而流域模型较少且以小流域模型为主，同时多是建模者基于所掌握的研究区域（流域）实测资料情况确定的，推广应用的局限性较大，通用性较差。

国外比较有代表性的泥沙模型在黄河上也有所应用，总体来看，不同流态下河道，水库一维、二维和三维水流过程的计算结果较好；河口潮流、波流过程模拟计算精度较高。低含沙水流期泥沙计算也有一定的适用性。但其高含沙洪水期泥沙输移过程模拟和河床变化处理技术与国内模型相比有较大差距。

目前的河冰数学模型在模拟冰盖和冰塞的形成时大多是一种非耦合的求解方式，在区分冰塞形成过程中的不同阶段（如初始冰塞过程、稳封阶段和开河期），力学、热力和水力作用对坚冰盖和冰塞（指盖移质）主导作用方面尚需努力；在涉及冰塞厚度分布方面似显不足；在对坚冰盖和冰塞体的区分、水力增厚和热力消长的明确划分上不够明确。国内外已有的模型直接应用于黄河河冰过程模拟，需要进一步加强断面观测，增加冰塞，冰坝的发生位置、时间、流量、壅水位、灾情以及冰塞、冰坝体的范围、体积及厚度，冰塞、冰坝下过流能力，冰质和冰孔隙率测验等观测，以满足模型参数率定和验证需要。

一般低含沙水流条件下，国外现有的水质动力学模型可以用于黄河水环境评价和水质模拟，但传质弥散系数、综合降解系数等关键参数仍需率定。由于黄河水流含沙量较高，现有模型直接应用于黄河水环境评价和水质模拟，最突出的问题是高含沙水流环境下污染物的沉降再悬浮、吸附解吸、挥发降解过程难以准确模拟。同时，由于缺乏系统的原型测验资料和试验研究，关键参数无法得到有效率定和验证。

1.2.2.2 国内及黄委模型

目前，国内有关高校和科研单位围绕不同的问题需求，开展了大量的数学模型研究开发工作。从应用领域来讲，主要包括水文气象模型、产流产沙模型、水沙调控和演进模型、水资源配置模型（含地下水模型）、水环境与水生态模型等；从空间层次上讲，主要包括分布式/集总式模型、一维模型、平面/立面二维模型和三维模型；从时间层次上讲，主要包括恒定流/非恒定流模型、实时调度/常规调度模型等；从是否考虑随机因素来讲，主要包括确定性模型和随机性模型；从对事物发展过程的了解程度来讲，主要包括白箱模型和灰箱模型等。以上很多模型已在黄河治理开发、保护与管理业务中进行了大量的应用，并具有一定的实用性。总体来看，多数模型功能与黄委开发的同类模型具有一定的相似性，藉此，为黄河数学模拟系统建设奠定了坚实的合作基础。黄委数学模型多是根据治黄业务需要量身开发，其整体性能和功能对黄河特有的水问题有一定的适用性。面向防汛减灾、水资源管理与调度、水资源保护、水土保持和流域规划模型可用性分析如下：

（1）面向防汛减灾的应用模型，气象预报模型需要进一步提高分辨率和预报精度，延长预见期；径流预报模型需要加强利用卫星遥感等空间采集信息；洪水预报模型需要在加强水文测报系统的同时，延长预见期；水调度模型需要增强水沙耦合优化调度功能，提高水库冲刷过程模拟精度；洪水演进模型需要优化漫滩洪水模拟功能，开发实时校正模块。

（2）面向水资源管理与调度的应用模型，水资源预报模型的流域/区域不能进行非汛期降雨预报；下游枯水演进模型需增加河损自率定功能，主要参数经验性过强；干流调度模型没有考虑龙羊峡至刘家峡区间和渭河等主要支流。

（3）面向水资源保护的数学模型，小浪底至高村水质模型不能进行动态预测，黄河下游一维动态水质模型仅适用于相溶性污染物。

（4）面向水土保持的数学模型，经验模型缺乏沟道重力侵蚀功能，且仅可用于建模小流域或验证小流域；机理模型核心控制方程多选用国外的径流、泥沙方程，对各因子统一系统观测和研究缺乏，各模型的可比性和可推广性低，更缺少能有效模拟重力侵蚀和泥沙输移过程的控制方程。

（5）面向流域规划的数学模型，调洪计算模型不能满足全河调控需要；泥沙模型计算精度需要提高；动能调节模型和水资源经济模型等需要标准化改进。

1.2.3 系统建设存在的突出问题

与国内外领先的商业软件和数学模型相比，面向黄河治理开发、保护与管理业务需要的黄河数学模型建设存在问题依然突出。总体表现在数学模型研发相对滞后，模型的核心和关键作用体现不够，直接服务于治黄业务的支撑作用、对基础信息服务平台、应用系统深入建设和基本规律研究的需求拉动作用不强，具体表现在以下几个方面：

（1）部分数学模型亟待开发。主要表现在满足水沙调控体系建设需要的黄土高原水土流失模型、满足宁蒙河段防凌减灾需要的宁蒙河段冰凌动力学模型、满足黄河流域突发性污染事件预警预报的水质动力学模型、满足黄河河口流路预测的黄河河口径流—潮流—波流输沙动力学模型、满足不同泄水建筑物运用条件下出库含沙量和级配过程预报的小浪底水库立面二维/三维水沙动力学模型、满足功能性不断流需要的土壤墒情预报模型等尚未全部建立起来。

（2）已有模型功能和性能不完备。突出表现在面向防洪减灾体系运行的气象洪水预报模型以及漫滩洪水的水沙演进模型模拟精度亟待提高，空间大区域水沙过程模拟计算速度尚不满足实时调度决策需要；面向水沙调控体系运行的水库调度模型尚不能实现水沙的耦合调度，水库群多目标优化调度功能不完备；面向水资源统一管理和综合调度体系运行的水资源预报模型精度尚需提升，水量水质耦合调度功能也亟待完善。

（3）模型软件化程度不高。目前，黄河数学模型多是“谁开发、谁使用”，限于开发者本人的专业背景，致使开发出来的程序模块化不足、复用性不强、可扩展性不够。与国外商业软件相比，缺少基于3S（GIS、GPS、RS）技术的有效前后处理系统，没有足够的文件系统和用例帮助用户熟悉与操作软件，缺乏完备的错误防止措施及检测系统。从而使模型不易维护、知识不易积累、效用发挥不够、发展动力不足、生命周期不长。

（4）基础理论支撑不够。首先，主要表现在缺乏对沟道重力侵蚀、坡沟侵蚀过程的试验观测研究，对坡沟耦合侵蚀机理等诸多基础问题缺乏深入认识，从而难以建立起相应的数学模拟方法和模拟方程；高含沙水流环境下不同类属污染物的沉降再悬浮、吸附解吸和降解过程研究严重滞后；冰塞、冰坝形成条件，冰体热力生消过程描述以及封冻河流阻力变化过程等均缺少准确定量的描述方程；缺少准确描述河流过程和游荡性河道河岸横向变形的控制方程。其次，从线性动力学层面开展机理研究较多，从非线性非动力学层面研究相对较少,难以全面描述动力学和非动力学耦合作用下的河流行为。最后,小时空尺度的河流动力学与大时空尺度的河流地貌学协同研究严重不足。

(5)数据支撑不足。主要表现在三个方面:一是满足黄土高原水土流失模型、河流水质模型、河冰模型、三维水沙模型、河岸横向变形模拟需要的系统数据不完备,流域墒情监测和地下水观测匮乏;二是原型观测内容和项目亟待扩展;三是支撑模拟系统运行的黄河数据中心建设滞后。由于缺乏足够的数据支撑平台,严重制约高精度模型的构建;由于缺乏统一标准数据和模型测试案例库,不易对各类模型作出客观的合理评价。

(6)先进的统一集成平台缺乏。由于缺少数学模拟、综合决策会商、应用服务平台等关键系统的支持,已经初步建立起来的应用系统多数还处于孤立运行状态,尚未形成一个基于各应用系统之上的对黄河重大事件进行综合决策和处理的有效支持手段与环境,不能为综合决策提供相对集中的信息支撑和便于决策的支持环境。

因此,黄河数学模拟系统建设必须以《"数字黄河"工程规划》为指导,紧密结合治黄业务需求,加强统一集成平台和标准的构建、已有模型功能和性能的完善以及业务应用急需模型的研发等。同时要突出面向数学模拟系统建设的关键技术研究以及原型数据的完备采集等。

1.3 模拟系统建设需求分析

黄河数学模拟系统建设的需求主要包括业务模型研发需求和系统平台建设需求两部分。

1.3.1 业务模型需求

黄河数学模拟系统的主要用户包括防汛减灾、水资源管理与调度、水资源保护、水土保持和流域规划等部门及相关决策层。各类业务的主要需求分析如下。

1.3.1.1 防汛减灾

防汛减灾业务的主要流程为降水预报—洪水预报—洪水调度—洪水演进—抢险救灾(见图1-3-1)。近期需要进一步提高洪水预见期和精度、加强泥沙预报和冰情全息预报、提升水沙一体化调度和防灾减灾能力,相应的模型需求主要表现在气象预报、洪水泥沙过程预报、冰情预报、洪水泥沙调度、洪水泥沙演进和灾情预报与评估等方面。

1. 气象预报

加强中短期尤其是中期高精度的气温预报,模拟提供黄河流域防凌关键及相关区高精度的中短期气温预报产品。

加强中短期高精度的降水尤其是暴雨预报,模拟提供黄河流域中短期高精度的降水预报,特别是黄河流域洪水源地的短期内高时空分辨率的降水预报。

2. 洪水泥沙预报

近年来,黄河上游来水来沙条件发生了很大变化,宁蒙河段河道淤积不断加剧,河床持续抬高,该河段尚未开展洪水预报作业。因此,需要尽快开展宁蒙河段洪水预报,模拟提供头道拐洪水过程。

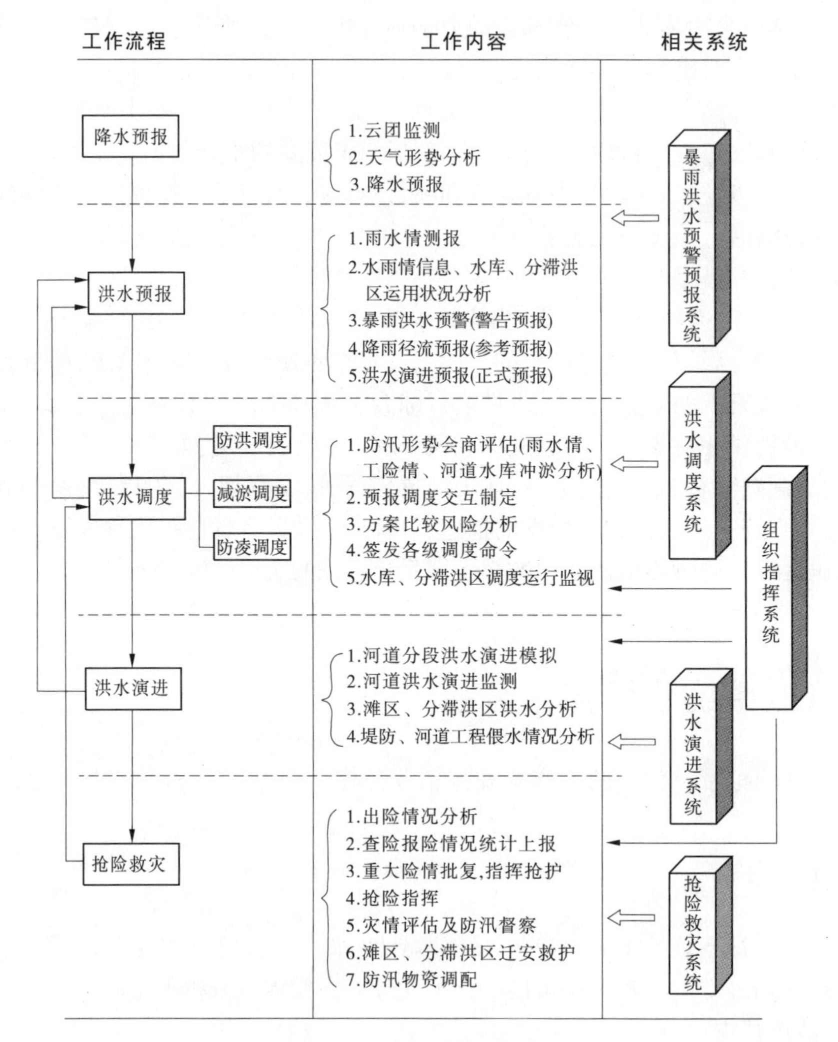

图 1-3-1　防汛减灾业务流程

河口镇—三门峡区间洪水预报目前采用的是洪峰相关法,模拟精度以及提供的信息已不能满足防汛需求,需要根据实测和预报降雨进行流域产汇流计算及河道洪水演进,模拟提供河口镇—三门峡区间干支流主要站流量过程。

吴堡—潼关河段是黄河泥沙的主要来源区,但泥沙预报工作开展甚少,需要根据实测雨水沙情和预报降雨进行流域产水产沙计算及河道水沙演进,模拟吴堡—潼关区间干支流主要站流量、含沙量过程。

分布式水文模型是依据地形数据寻求有物理基础的一种现代模拟技术,目前只有渭河部分河段和黄河小浪底水库—花园口区间(简称小花间)研制使用。需要在有条件的主要来水区域和干流开展应用研究,模拟提供每个网格单元的下渗、蒸散发、径流深、土壤含水量等,以此形成数字化空间分布结果和预报产品。

3. 冰情预报

宁蒙河段冰情预报内容、预报时效和预报精度亟待提高。需要专项观测支撑,开展以水动力学、热力学等物理方程为基础的宁蒙河段冰凌预报;同时与中短期气象耦合,实现各气象站10日内气温的滚动预报,作为冰情预报的输入条件。

4. 洪水泥沙调度

全河防洪和调水调沙调度主要涉及干流、重要支流水库。需要根据水沙情势变化,快速制订洪水和调水调沙调度方案,确定相对优化的水库(群)单库和联合调度水沙时机与指标,提供沿程断面水沙过程、水库蓄泄指标等。

防凌调度主要涉及龙羊峡水库、刘家峡水库、万家寨水库、三门峡水库和小浪底水库。需要模拟确定水库和分蓄洪区的防凌调度方式,合理调控封河与开河期水库泄量,防止冰塞、冰坝形成,有效消除凌灾。

5. 洪水泥沙演进

需要快速预报大漫滩洪水期水沙演进变化,提供全息的水沙演进过程。近期重点模拟黄河下游洪水流量、水位、流速、含沙量、淹没范围等过程。

充分发挥水动力学模拟技术提供信息全面的优点,通过引入实时修正功能,逐步克服其实时预报精度差的缺点,进一步丰富水沙预报手段和技术。滚动预报黄河下游洪水期洪峰、水位、流速、含沙量等过程信息,并进行实时修正。

开展黄河河口流路演变过程预测,分析研究黄河河口淤积延伸对黄河下游河道的反馈淤积作用以及对防汛减灾的影响。

6. 灾情预报与评估

需要根据水沙预报过程或凌情预报结果,结合河道和堤防工程状况、工情险情监测数据,对于可能出险的河段和工程进行预测。近期需要模拟预测黄河下游花园口—高村河段河势和主溜线变化、漫滩、偎堤水深等,通过对相关险情指标分析,对不利河势与防洪工程可能出险情况进行预测和评估。

面向防汛预案编制、洪水调度、迁安救护和灾后重建全过程,及时对洪水灾害损失及趋势进行预测和评估。模拟提供黄河下游洪水淹没区域、淹没人口、村庄、耕地、道路及各类财产损失过程及总量。

1.3.1.2 水资源管理与调度

水资源管理与调度业务的主要流程为降水径流预报—确定年度可供水量分配方案和编制水量调度预案—水情、旱情、工情信息采集—水量实时调度与特殊情况下的水量调度—远程监控与综合监视—取水许可管理等(见图1-3-2)。近期需要全面提高水资源预报和需水预报精度,加强水量和水质一体化调度,实现黄河功能性不断流,相应模型需求主要表现在水资源预报、需水预报和水资源配置与调度等方面。

1. 水资源预报

近年来,气候变化和人类活动已经对黄河流域水资源产生了很大影响,改变了流域水资源系统的结构。因此,需要加强气候变化对流域水资源的影响识别以及气候变化背景下流域大气—陆面水分循环的机理研究,开展气候-水文耦合模式下水文水资源预报,模拟提供黄河源区、中游重点支流以及水量调度的重点支流等水资源量变化情况。

黄河水量调度要求由非汛期转向全年、由干流调度扩展到支流。因此,需要建设一套集资料管理、预报计算、成果分析与输出、信息反馈等功能于一体的枯水期径流预报系统,

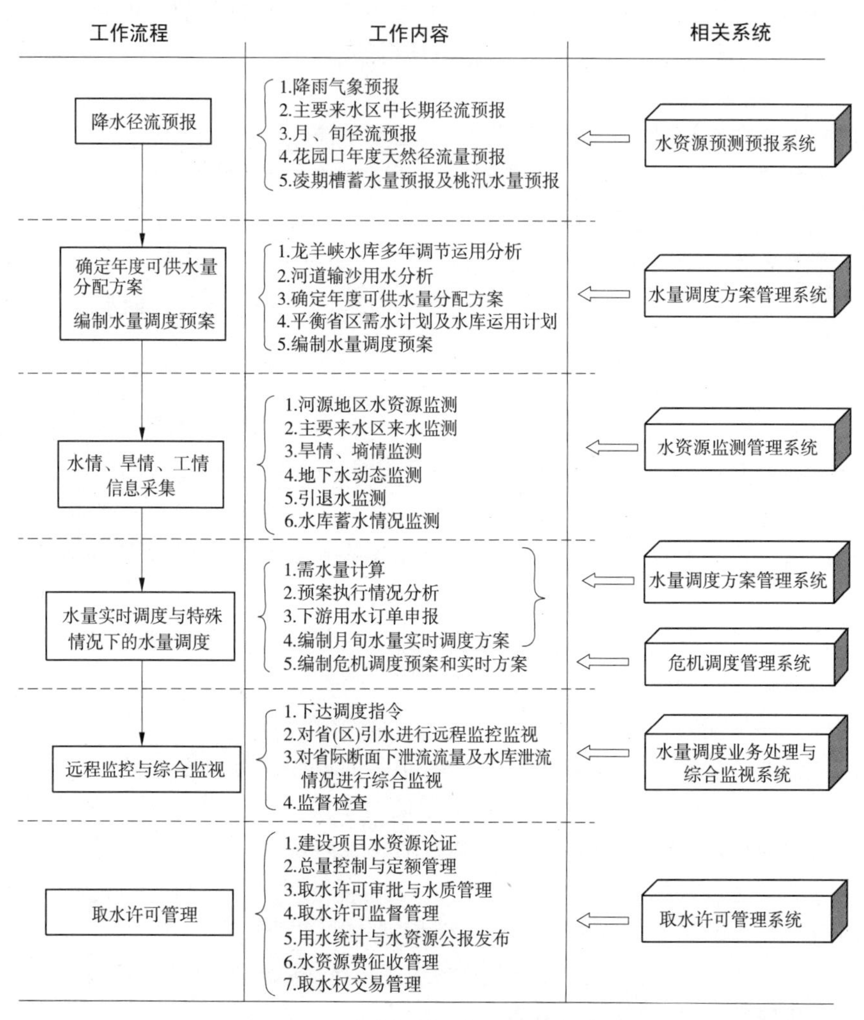

图 1-3-2　水资源管理与调度业务流程

模拟提供唐乃亥、龙—刘区间、刘—兰区间、兰—头区间、河—龙区间、龙门、华县、河津、洑头、武陟、黑石关以及渭河、沁河流域等主要测站汛期、月、旬和日径流预报过程。

2. 需水预报

黄河流域农业用水主要包括农田灌溉用水和林、牧业灌溉用水，它们在水资源利用中占有重要地位，为进一步审核省（区）需水建议，提高黄河水资源利用效率。需要在传统农业用水模拟技术的基础上，通过遥感资料实时观测区域作物的长势和旱情，分析土壤墒情和作物的需水状况，结合种植结构、地理条件、季节特点，实时预报各个灌区的农业需水量及过程。模拟提供黄河宁蒙灌区和下游灌区的每旬灌区需水量及过程，满足引黄灌区旱情判别和需水配置方案确定。

3. 水资源分配与调度

目前，黄河水量分配原则是根据国务院“87”分水方案按比例丰增枯减，面向每年具体的来水和需水过程及其时空分布，应落实优化配水思想，进一步提高水资源的利用效率。因此，需要重点开展龙羊峡以下黄河干流以及渭河、沁河水资源优化配置，统筹考虑供水与防凌、防洪和生态用水的关系，协调灌溉与发电用水、上下游用水的关系，特枯水年份如何联合调度以及中下游用水发生危机后，作为多年调节水库的龙羊峡水库应该如何补水，上下游遭遇不同频率来水时各个水库应该怎样调度，干支流调度应充分体现优化配水思想。模拟分析不同河段年、月和旬水量优化调度方案。

由于黄河河道边界条件及河床冲淤演变规律的复杂性，枯水期不同量级水流所表现出的演进过程及传播时间有明显的区别。同时，因两岸沿程引水量较多，加之滩区引水和自然蒸发渗漏等因素造成的耗水影响，在相同来流情况下，不同的引水方案所导致的河道水流的演进传播过程也存在显著差异，因此需要进行不同方案枯水演进计算，模拟黄河龙羊峡以下黄河干流未来一段时间小流量演进过程，实现两岸引水优化方案选择，保证功能性不断流。

为满足水量水质统一调度和突发性事件情况下水量的应急调度，需要开展突发性水污染事故和常规排污情形下污染物迁移转化过程预测，模拟提供水量调度期龙羊峡、刘家峡、万家寨、三门峡、小浪底等水库及其下游河道水质变化过程和重点引水河段的水质空间分布。

1.3.1.3 水资源保护

水资源保护业务的主要流程为纳污能力分析—水质信息采集—水质分析评价—水体污染监督—水体污染稽查—信息发布等(见图1-3-3)。近期需要完善污染事件模拟手段和水质过程模拟评价精度，全面提升水资源保护监督管理水平，增强应急响应能力，相应模型需求主要表现在水环境评价、水质评价和污染事故预警预报等方面。

为了增强水资源保护应急响应能力，需要在加强监测基础上，建立污染事故水污染预警预报系统。模拟提供兰州河段、宁蒙河段、龙三河段、小花河段特征污染物到达下游环境敏感目标的时间、污染团经历过程和污染物浓度值等。预警预报重点污染物：兰州河段为石油类，宁蒙河段为造纸化工企业超标污水排放和高强度农灌退水有机污染质，龙三河段为渭河、汾河汇入的高浓度有机物污染质，小花间河段为伊洛河汇入的重金属、石油类、苯系物等。

黄河水环境承载能力研究的核心问题是在未来水资源保护目标下，定量研究实现水资源可持续利用的水环境承载能力开发利用程度、水资源开发利用模式和规模。需要开展水域纳污能力核定，模拟计算不同设计条件下的黄河水域纳污能力；开展基于黄河水量调度的水污染控制，综合考虑水域纳污能力、社会经济效益等多方面因素，制订黄河水域限排污总量方案，从水环境保护角度提出黄河水资源开发利用意见以及保护工程布局；开展黄河水环境承载能力评价，从黄河水质保护的角度出发，进行黄河水资源供需平衡评价、水环境目标指标评价和水环境承载能力开发利用程度评价。

黄河流域污染物来源主要包括点源污染、农业灌溉面源污染和城市地表径流面源污染。为了全面核定流域污染物入河总量，需要开展点源产排污分析，全面掌握主要灌区农业面源污染及农灌退水对水质影响程度，定量模拟典型灌区农业面源污染产生的机理、主要污染物产生数量及入黄过程，预测不同水平年农业面源污染对黄河水质的影响；研究模拟主要城市面源污染物的产生、运移与输出过程，分析城市面源污染对黄河水质的影响程度。

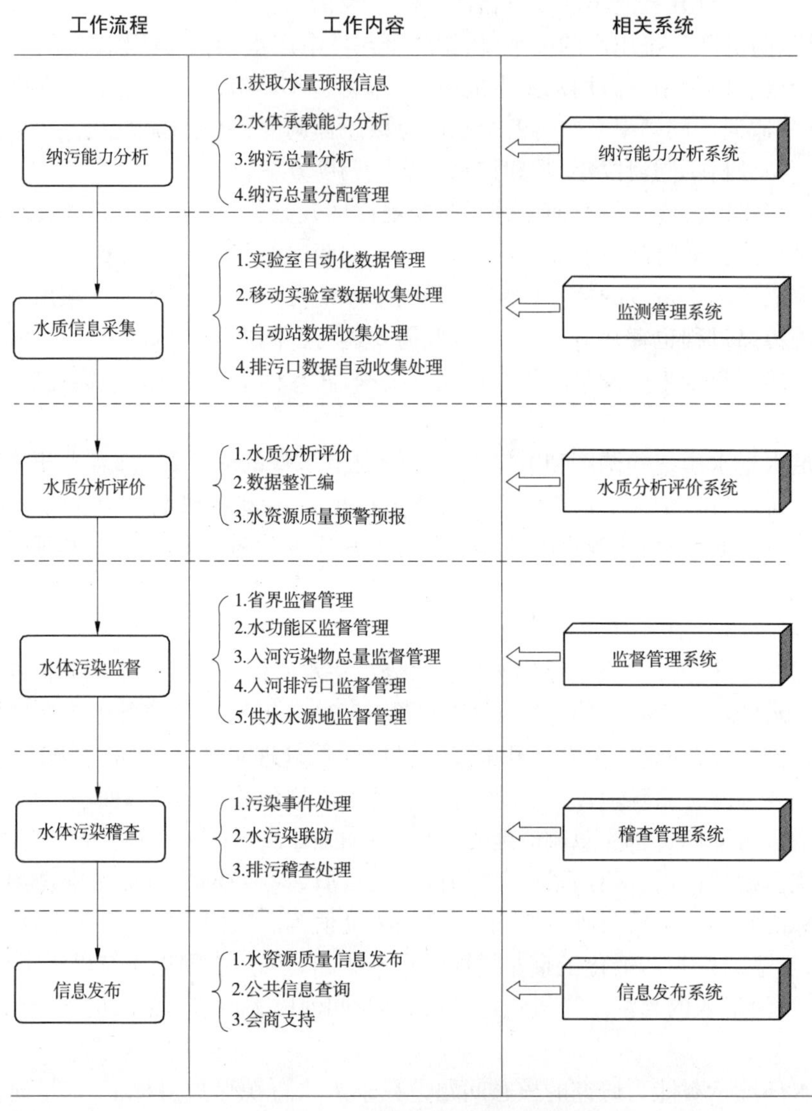

图 1-3-3　水资源保护业务流程

黄河河流生态系统的良性循环是黄河健康的重要标志之一。由于生态系统演替的长期性、不确定性及生态需水机理的复杂性等特点，难以定量分析水资源管理及调度与生态系统演变之间的关系，无法及时评价生态调度实施生态效果。为此，迫切需要加强相关机理研究，建立生态监测体系，在此基础上构建水资源与生态的关系模型，模拟水量和生态过程之间关系，科学定量评估黄河水量调度及生态调度的生态效益，通过“模拟—评价—调控—模拟”的循环计算，实时调控水量调度各项指标，优化生态调度时间、水量及过程。近期以黄河干流为主线，以黄河源区和河口为重点，以黄河水生态系统中的湿地和水生生物及其栖息地为关注对象，构建基于水资源管理的生态模型。

1.3.1.4　水土保持

水土保持的主要流程为水土保持信息采集—水土流失分析预测—水土流失防治—水

土保持评价—水土保持信息服务等(见图 1-3-4)。近期需要增强过程预报内容、时效和精度,满足多沙粗沙区治理措施配置和水沙调控体系建设运行需要,相应业务模型需求主要表现在水土保持效益评价和产流产沙过程预报等方面。

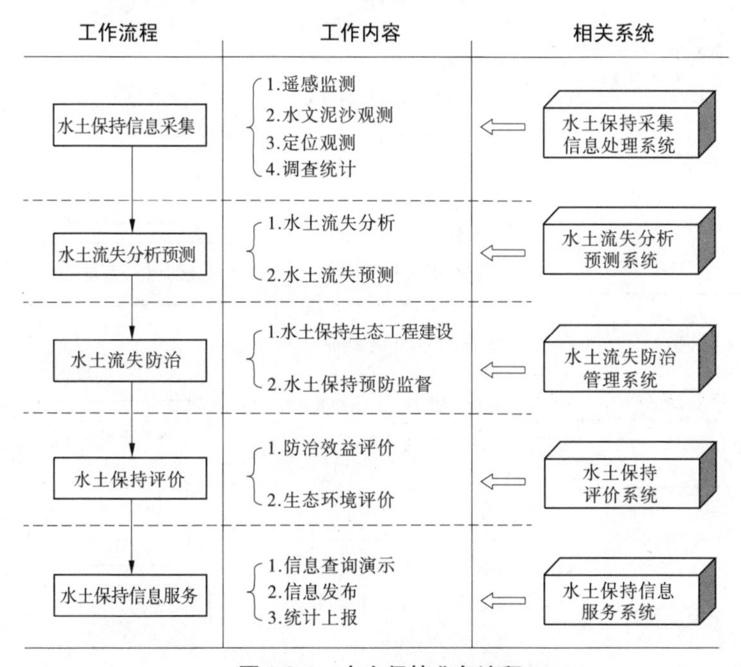

图 1-3-4 水土保持业务流程

为了进一步提高流域管理和决策的科学化水平,需要开展黄土高原产流产沙预测及治理效益评估,模拟计算流域年水土流失总量,分析计算较长时间段(年)流域综合治理措施蓄水减沙效益。

为了满足黄河水沙调控体系科学运行,需要开展入黄支流洪水泥沙过程预测,模拟提供次暴雨条件下,黄河支流的入黄泥沙量。

为了给黄土高原小流域综合治理规划、水沙资源优化配置提供科学数据和设计参数,并对水土保持治理的蓄水减沙效益进行评价预测,需要全面掌握小流域洪水泥沙的空间来源及其产流产沙量,模拟计算小流域的不同措施配置、不同水文设计方案下流域的产水产沙量,提供次暴雨条件下流域产流产沙空间分布及过程。

1.3.1.5 流域规划

流域规划业务的主要流程为基础资料整理分析和合理性、可靠性评价—水文和泥沙分析—黄河治理开发、保护与管理总体规划—黄河治理开发、保护与管理专项规划—流域规划综合评价等(见图 1-3-5)。近期需要完善水沙耦合优化配置和调控模拟精度,全面提升满足维持河流健康生命和流域经济社会持续发展两方面需求的流域综合规划水平,相应业务模型主要包括水文泥沙分析、工程规划、流域水资源供需分析和配置、黄河水沙调控体系论证分析和流域经济社会发展预测等方面。

1. 水文泥沙分析

需要构建流域水文泥沙分析系统,实现水沙基本资料统计分析、降雨径流分析、洪水

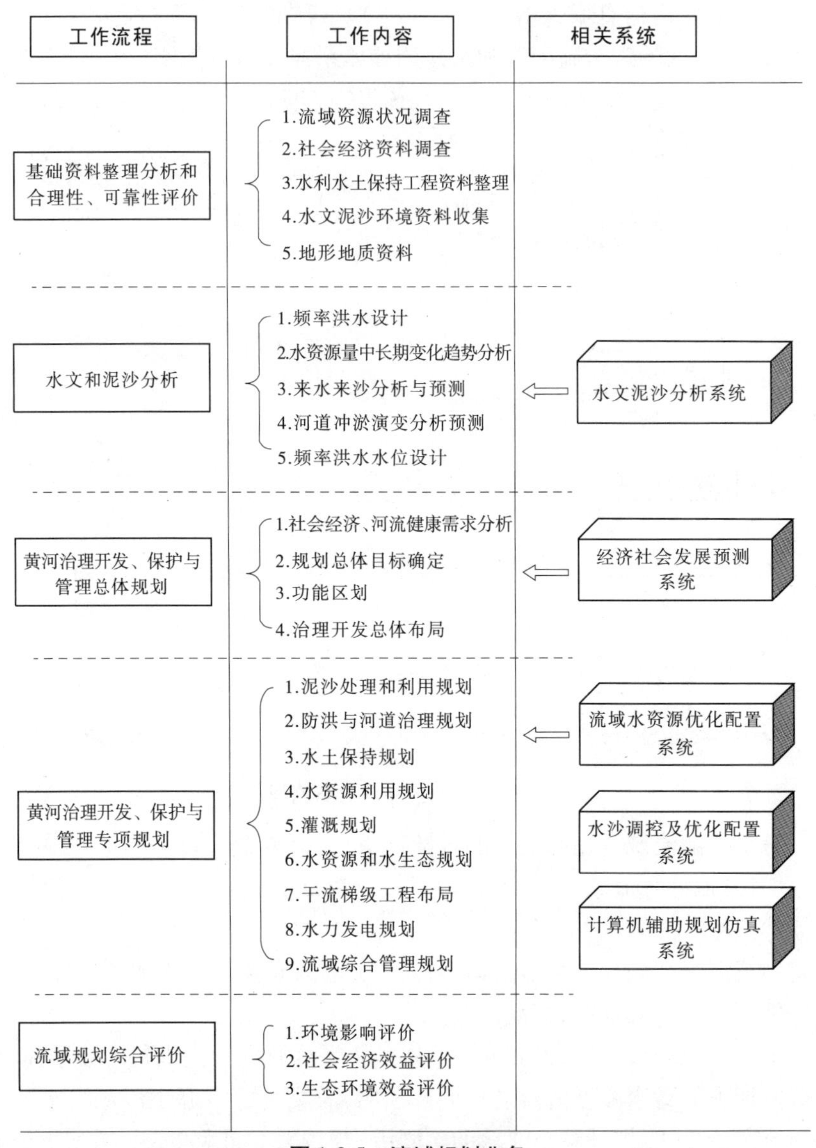

图 1-3-5　流域规划业务

和水沙条件设计、水库调节、库区及河道水面线推求、水库淤积形态设计和水库有效库容计算、水库及河道泥沙冲淤变化计算等，为流域规划研究分析决策及水利水电工程设计提供系统的水文泥沙分析手段。

2. 工程规划

需要满足工程规模论证所需的调洪计算、动能计算、电力系统电力电量平衡计算、经济评价等需要；同时，可以对不同工程组合、不同来水来沙条件、不同用水需求条件、不同工程运用方式进行全流域长系列调度模拟，能给出不同工程组合、运用方式条件下，河道水库冲淤、发电、供水、防凌等综合调度分析成果，能够把规划工程放到流域工程体系背景下进行分析研究。

3. 流域水资源供需分析和配置

为了实现以流域水资源的可持续利用,维持社会经济的可持续发展,流域规划工作需要从宏观上研究流域水资源优化配置方案。流域可持续发展规划及研究需要提出一种可以同时兼顾经济发展、水资源利用、生态环境和社会效益的多目标水资源宏观优化配置模型。该模型能综合考虑流域水资源总量(地表、地下、调水)、区域宏观经济、流域水资源可承载能力、水资源重复利用、流域生态环境等综合因素,提出流域水资源优化配置方案。

4. 黄河水沙调控体系论证分析

为满足黄河水沙调控体系建设规划研究工作要求,需要开发黄河水沙调控体系模拟数学模型,模型可以根据拟定的各骨干水库调控水沙、洪水、防凌、水资源的各种联合运用方案(包括现状方案),对设计的长系列来水来沙过程进行洪水演进和防洪调度、河道和库区的泥沙冲淤、水资源管理和调度、水库发电量等的模拟和过程优化,分析水沙调控体系在协调黄河水沙关系、防洪防凌、水资源优化配置中的作用。

5. 流域经济社会发展预测

黄河流域经济社会发展对水资源配置、节约、保护和高效利用不断提出新的要求。因此,需要基于经济增长理论和计量经济方法,开展黄河流域经济社会发展预测,构建经济社会发展系统的数学背景,预测黄河流域相关省(区)未来一个时期经济社会发展总量指标、产业结构和各产业增长速度等,综合提出流域经济社会发展的用水需求,即通过河流自然系统数字流场和经济社会发展系统数学背景的有机融合,构成完整的流域管理基础平台——“数字流域”,在这一基础平台上对有关方案进行预测,并根据系统反应作出相应的调整和完善,从而提高流域管理的前瞻性、针对性和科学性。

1.3.2 系统平台建设需求

黄河数学模拟系统研究开发和应用服务都对系统平台建设提出了具体的要求。

(1)从建设层面上讲,由于黄河的水沙问题中既有一般河流所共有的特性(如非汛期或低含沙洪水期水流演进等问题),又有特殊侵蚀产沙环境、水流含沙量高等所带来的不同于一般河流的问题。前者要求黄河数学模拟系统应具有一个弹性的架构,实现不同来源的先进的数学模型有效集成;后者要求不断开发和完善满足黄河个性需求的模型,同时要实现对此类模型的有效管理。

(2)从服务层面上讲,黄河数学模拟系统既要考虑领导决策层的需求,又要考虑防汛减灾、水资源管理与调度、水资源保护和水土保持等管理人员需求,还要考虑科学研究、流域规划等专业技术人员需求。面向领导决策和管理人员需求,要求模拟系统中的模型能被防汛减灾、水资源管理调度、水资源保护、水土保持生态环境监测等应用系统调用或内嵌;面向专业技术人员,要求各功能构件或模型自我统一成体系的封装,也就是需要一个统一的开发和管理平台。

总之,治黄业务要求黄河数学模拟系统必须构建适宜的体系架构和灵活的标准接口协议。在标准的模型规范、运行环境和开发工具支持下,按照软件工程化的原理和方法,通过“构件组装”的开发模式,实现对功能构件和模块的有效管理,实现不同来源模型的嵌入复用和构件化组装,实现与业务应用系统和数据中心的连接及互操作。

1.4 建设目标、任务及原则

1.4.1 建设目标

黄河数学模拟系统建设的目标是以河流自然场、经济社会场和生态系统场耦合的“数字流域”的新理念为指导，运用先进的水利和信息技术，构建水利专业、宏观经济社会和生态系统模型，构建虚拟仿真的黄河流域，并借助它实现黄河治理开发和保护管理过程中的预警预报和方案生成，为各类重大治黄决策提供技术支撑，使“数字黄河”工程能更好地服务于维持黄河健康生命的研究和实践。

1.4.1.1 近期目标

2015 年之前，紧密结合黄河治理开发、保护与管理的迫切需求，建成统一的黄河数学模拟系统集成平台，完成测试案例库建成和评价标准编制，基本建成黄土高原土壤侵蚀模型、骨干水库调度模型、河道水沙演进模型、河口泥沙输移模型、宁蒙河道河冰动力学模型、水质预警预报模型等六大模型建设，计算时效性和精度有显著提高。

(1)基本建成黄河数学模拟系统可视化集成平台，满足各类模型的构件化开发、视算一体化和共享服务要求。

(2)基本建成黄河数学测试案例库，可以为各类模型测试、率定和验证提供标准的计算案例；完成《黄河数学模型评价标准》编制，初步形成适用于黄河数学模拟系统建设的技术标准体系，以规范和指导模型研发与应用推广。

(3)建立黄土高原土壤侵蚀模型，能进行黄土高原重点区域和主要支流产流产沙过程模拟以及吴堡—潼关河段水沙过程预报，为水库调控提供高质量的洪水泥沙预报数据，满足黄河水沙调控体系调度运行方案制订的需要。

(4)建立水库水沙调度模型。基本建成黄河小浪底水库、三门峡水库、万家寨水库、古贤水库和沁河河口村水库水沙调度模型，实现黄河中下游以小浪底水库为中心的水库群防洪和调水调沙水沙联合调控过程模拟与优化，通过模型计算，科学实施水沙调度，优化调整水库淤积形态和下游河道淤积形态，减少水库和河道的泥沙淤积，在此基础上，进一步提高水库群多目标综合利用效益。

(5)建立河道水沙演进模型。进一步完善黄河下游二维水沙演进和灾情评估数学模型，实现游荡性河道河势变化过程模拟和灾情快速评估；建成黄河下游主槽一维和滩地二维水沙演进复合模型，将场次洪水计算时间控制在 30 min 之内；引入实时校正技术，进一步提高面向实时调度的水动力学模型预报能力；基本建成基于 GIS 的黄河小北干流二维水沙演进和灾情评估模型。

(6)建立河口泥沙输移模型，构建径流、潮流、波流耦合作用下的黄河河口二维泥沙输移模型，实现与黄河下游河道水沙模型的耦合嵌套，满足黄河河口流路规划和治理开发方案论证需要。

(7)建立河道冰凌动力学模型，实现黄河宁蒙河段凌汛过程的预警预报，可以模拟提供宁蒙河段凌期封河与开河时间、冰坝形成部位及过程、河道槽蓄量及其分布、凌汛流量及水位过程等。

(8)建立河道水质预警预报模型,能反映污染物在含沙水流中的吸附解吸等行为过程,实现黄河干流龙门以下干流突发性污染事故的过程预警预报,可以快速提供污染物传播速度及其浓度变化过程等。

1.4.1.2 远期目标

到2020年,建成完善的黄河数学模拟系统可视化集成平台、测试案例库和标准体系;完成满足防汛减灾、水资源管理与调度、水资源保护、水土保持和流域规划的各类数学模型开发;基本建成黄河数学模拟系统,实现黄河自然过程、流域经济社会发展过程以及生态系统过程的耦合模拟。

1.4.2 建设任务

黄河数学模拟系统建设任务主要包括模拟系统平台建设、数学模型完善与研发、测试方案库和标准体系建设、数学模型集成和应用服务等四部分内容。

(1)模拟系统平台建设。主要包括模拟系统架构设计和满足各类数学模型有效集成与运行的模型应用平台建设。

(2)数学模型完善与研发。主要包括数学模型关键技术研究、已有模型升级改造、水利专业模型和流域经济社会发展预测模型研发。

(3)测试方案库和标准体系建设。主要包括满足黄河数学模型标准测试题库建设和模型评价等标准编制。

(4)数学模型集成和应用服务。主要包括面向防洪减灾等应用系统的数学模型封装内嵌以及实现模型有效管理和服务的自成体系的集成应用等。

1.4.3 建设原则

黄河数学模拟系统建设是一项技术难度高、规模庞大、结构复杂的系统工程。为确保达到预期的目标,必须遵循“需求主导,先进实用;平台优化,标准先行;协同开发,强化集成;统一协调,分步实施”的原则。

1.4.3.1 需求主导,先进实用

系统建设要紧密围绕业务需求,提出建设什么模型,功能是什么,性能怎么样等。系统建设必须考虑水利相关学科发展的成熟度和技术实现的可能性,以及有关输入数据的可获取性,保证系统有较好的实用性;系统建设必须采用先进的水利科学和信息技术,一方面便于同类功能模块/模型能扩张至不同河段/水库,另一方面要为信息技术更新、功能升级留有余地,保证模拟系统有较长的生命周期。

1.4.3.2 平台优化,标准先行

系统建设中每一个功能模块/模型研发必须遵循统一的技术标准;同类模型必须采用统一的本底数据,以便对比完善和共同提高;必须基于统一的系统集成和运行平台,必须采用统一的模型和数据接口。唯此,才能确保模拟系统建设持续研发、有效集成、共享服务和管理维护。

1.4.3.3 协同开发,强化集成

系统建设要妥善处理好继承与发展的关系,既要突出新模块/模型开发,又要加强国内外已有成熟模型的吸收和耦合、黄委内部已有模型的标准化改造和集成,注重知识积

累。系统建设需要黄委各单位和各部门共同参与建设，公用模块/模型需要集中开发，个性化专业业务模块由用户负责或委托开发，用户通过在开发阶段的深度参与，为系统推广应用奠定基础。

1.4.3.4　**统一协调，分步实施**

黄河数学模拟系统建设必须统一领导，统一部署，制订总体规划；在整体布局的指导下，坚持"先目标后建模、先独立后集成、先重点后一般"的"三先三后"建设策略，考虑治黄业务的轻重缓急和资金技术条件，分期实施，急用先建，逐步推进。

1.5　数学模拟系统的总体架构

1.5.1　模型在"数字黄河"工程中的位置

《"数字黄河"工程规划》中明确提出"数字黄河"工程的基本组成包括了基础设施、应用服务平台、应用系统等，其逻辑结构见图1-5-1。

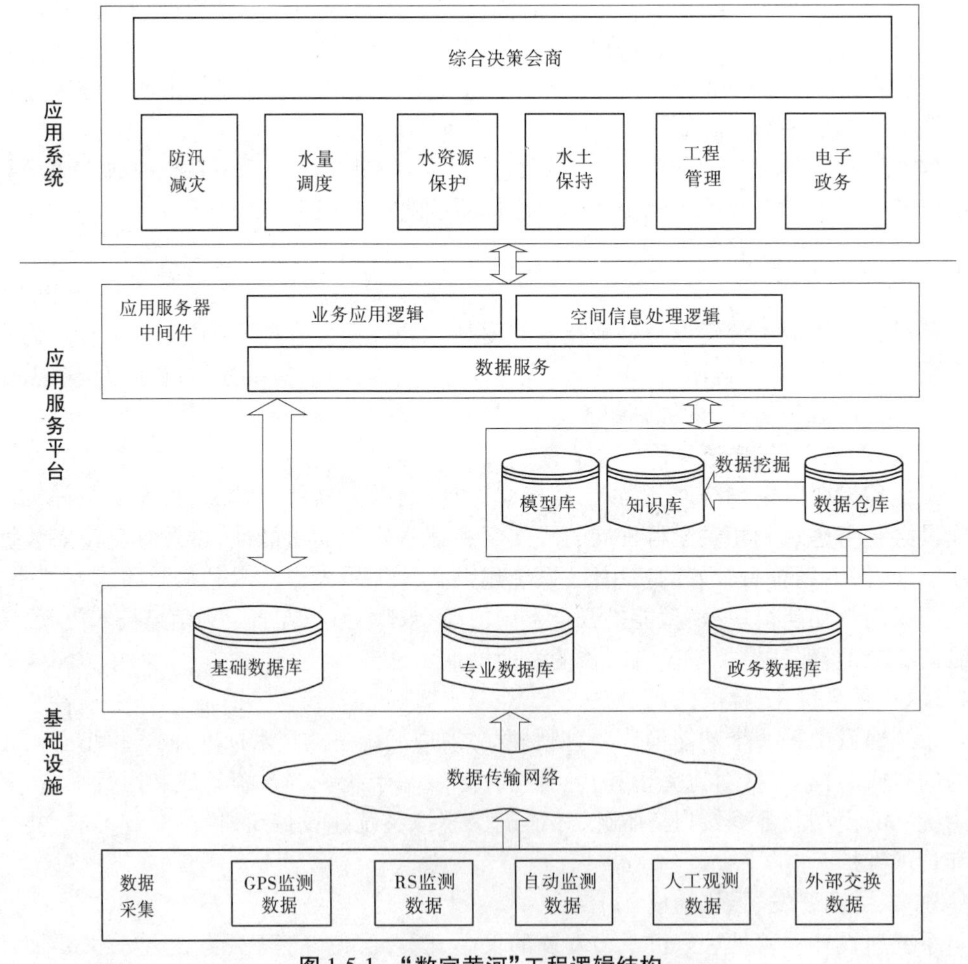

图1-5-1　"数字黄河"工程逻辑结构

“数字黄河”工程中应用服务平台中的应用服务器中间件、数据仓库、模型库、服务管理等各部分之间没有固定的层次关系，而通过标准的互操作协议，相互关联，协同工作，共同支撑业务应用的实现。因此，应用系统可以根据业务处理的需要，在标准服务协议的支持下，以数据库、模型库、知识库为基础，请求各种中间件服务，从而完成业务处理的功能，实现应用系统的集成。

从图 1-5-1 中可以看出，逻辑上，黄河数学模拟系统的各类数学模型在“数字黄河”工程总框架中相当于可组装的、具备一定计算功能的构件，并存储于模型库之中。防汛减灾、水资源调度与管理、水资源保护、水土保持等应用系统，可以通过互操作协议，从模型库中直接调用它需要的数学模型。

1.5.2 系统逻辑架构设计

基于“数字黄河”工程的逻辑结构和黄河数学模拟系统平台建设需求，确定了黄河数学模拟系统将采用基于 .NET 的三层架构进行组织。同时，考虑通过企业服务总线(ESB，Enterprise Service Bus)等产品实现与 J2EE 等架构的有效集成。远期将采用面向服务架构(SOA，Service Oriented Architecture)的设计思想，利用 Web Service 等应用技术，实现数学模型分布式部署、组合和响应。相应黄河数学模拟系统逻辑结构见图 1-5-2。

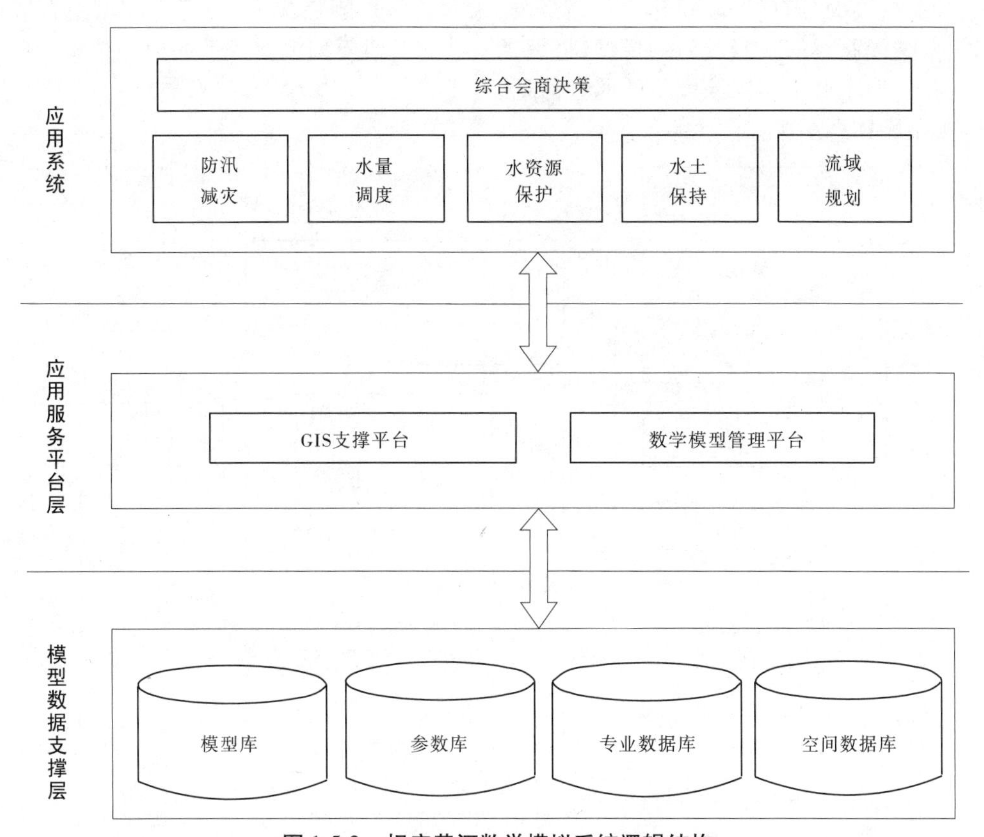

图 1-5-2　相应黄河数学模拟系统逻辑结构

系统逻辑结构的最底层为模型数据支撑层，主要包括模型库、参数库、专业数据库和空间数据库。模型库可以实现对各类模型的规范化描述和存储,模型库是一个共享资源,库中的模型可以重复被不同的系统使用;参数库主要包括各类模型的计算参数;数据库主要包括水文泥沙等专业数据以及地理信息等空间数据。

中间层为应用服务平台层,主要包括 GIS 支撑平台和数学模型管理平台。可以实现对数学模型的可视化管理、调用和运行等。

最上层为业务应用层,应用系统是数学模拟系统的服务对象,主要包括防汛减灾、水量调度、水资源保护、水土保持和流域规划等业务,以及面向领导层的综合会商决策。

1.5.3 模型库体系结构

模型库是应用系统和综合会商决策所需要的各种基础模型与组合模型构件,按照共享协议和相关标准而编制的功能单元的集合。

模型库建设的基本原则是通用性、开放性和实用性。要能够很方便地与数据库系统和各业务应用系统接口,同时能植入/删除/修改模型。

模型库还必须拥有自身的驱动系统和运行机制,来保证应用系统可以通过模型库中的基础模型和组合模型来搭建并进行计算,得到输出。

模型库应包括模型库管理系统界面、模型库、模型字典以及模型驱动系统。通过模型库管理系统界面,用户可以新建、显示、修改、查询、打印、删除模型,将已有模型组合成新的模型,编译新建的或修改后的模型,将编译通过的新建模型或修改后的模型植入模型库中,并在模型字典中加入该模型的属性信息。

模型库体系结构如图 1-5-3 所示。

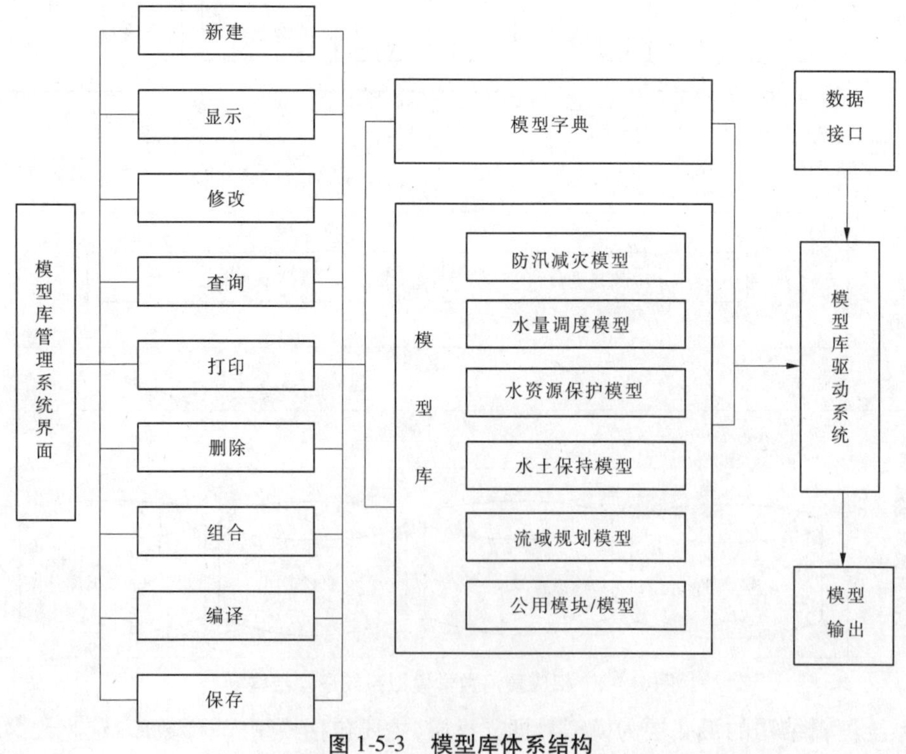

图 1-5-3 模型库体系结构

1.6 业务应用数学模型建设

专业应用数学模型是黄河数学模拟系统的核心组件,其建设的基本思路是:①以支持并服务于治黄业务处理为核心,并能覆盖相应治黄业务的主要工作环节;②采用“构件组装”的生产模式,突出核心公用模块的标准化开发和封装共享;③通过耦合或调用公用模块,形成专业应用数学模型。

相应的主要建设内容包括公用模块的开发、面向业务应用的已有模型完善集成、新模型的开发和集成等。其中,已有模型完善集成主要从两个层次考虑:一是已有模型输入输出标准化和源代码模块化改造,二是与业务应用系统的集成。

1.6.1 主要公用模块

公用模块主要是指与特定应用无关的、具有完整计算功能的通用组件。黄河数学模拟系统建设过程中的主要公用模块包括以下几类:

(1)产流模块。主要包括三水源蓄满产流模块(SMS_3)、超渗产流模块、单一线降雨径流相关法模块(P_RWLL)、多线降雨径流相关法模块(P_RZHJR)、萨克拉门托模块(SAC)等。

(2)汇流模块。主要包括三水源滞后演算法模块(LAG_3)、分段马斯京根算法模块(MSK)、汇流系数法(UH_C)、扩散波模块(KSB)等。

(3)演进模块。主要包括一维恒定流、一维/二维/三维非恒定流模块等。

(4)潮流、波流模块。主要包括二维/三维潮流模块和波流模块。

(5)流域产沙模块。主要包括坡面产沙模块、沟道产沙模块等。

(6)输沙模块。主要包括一维/二维/三维水库、河道输沙模块,其中包含沉速模块、挟沙能力模块、河床变形模块、床沙调整模块等。

(7)水质模块。主要包括可溶性传质模块、不可溶性传质模块等。

(8)河冰模块。主要包括水温和流冰密度计算模块、冰盖的形成发展和输运模块、冰塞发展模块、冰盖热力生消模块等。

(9)地下水模块。主要包括一维/二维/三维地下水流模块(包括饱和水流、非饱和水流、两相不混溶渗流等)、溶质运移模块、热量运移模块等。

(10)水库调度模块。主要包括防洪调度、调水调沙调度、防凌调度、发电调度、供水和灌溉调度、生态调度模块等。

1.6.2 防汛减灾

防汛减灾是黄河数学模拟系统服务的主要业务,黄河数学模拟系统可以为防汛减灾从降雨预报、洪水预报、工程调度、洪水演进、抢险救灾等各个环节的科学化、标准化、智能化管理提供模型支持。防汛减灾模型要充分考虑水沙耦合、库群联合、防洪与调水调沙一体化调控和优化调度决策。

1.6.2.1 需完善模型

防汛减灾模型近期需要完善集成的模型包括三花间降雨径流模型、小花间分布式水文模型、黄河下游洪水预报模型、三门峡/小浪底/陆浑/故县四库联合调洪和调水调沙调度模型、龙华河湫—潼关水沙动力学模型、小浪底水库水沙动力学模型、黄河下游一维/二维水沙演进模型等。初步实现龙华河湫四站以下水沙耦合调控模拟,并初步形成面向降雨预报—洪水预报—洪水调度—洪水演进—抢险救灾全过程的黄河洪水泥沙耦合调度系统框架。

1.6.2.2 需研制开发模型

1. 气象预报

(1)中短期降雨预报模型。要求能提供黄河流域中短期高精度的降水预报,特别是黄河流域洪水源地短期内高时空分辨率的降水预报;第一层嵌套60°E ~150°E,15°N ~55°N,地面水平分辨率不大于9 km,第二层嵌套95°E ~122°E,33°N ~42°N,地面水平分辨率不大于3 km;计算时间不超过1 h。

(2)中短期气温预报模型。要求提供黄河流域防凌关键及相关区高精度的中短期气温预报产品;第一层嵌套10°E ~170°E,10°N ~85°N,地面水平分辨率不超过15 km,第二层嵌套90°E ~130°E,30°N ~45°N,地面水平分辨率不超过5 km;计算时间不超过2 h。

2. 洪水泥沙预报

(1)宁蒙河段洪水预报模型。要求根据兰州—河口镇河段上游站的实测水沙过程及河道现状,预报下游站流量过程;时间步长为1 h,计算时间不超过30 min。

(2)河口镇—三门峡区间暴雨洪水预警预报模型。要求根据实测和预报降雨进行流域产汇流计算及河道洪水演进,提供干支流主要站流量过程;时间步长为1 h或30 min,计算时间不超过20 min。

(3)吴堡—潼关泥沙预报模型。要求根据实测雨水沙情和预报降雨进行流域产水产沙计算及河道水沙演进,输出场次洪水干支流主要站流量、含沙量和级配过程;时间步长为1 h或30 min,计算时间不超过15 min。

3. 冰情预报

河道冰凌动力学数学模型。要求提供封河与开河时间和部位、冰凌热力生消过程、槽蓄增量、沿程水位、不同断面流量变化过程等;近期重点用于黄河宁蒙河段,然后逐步推广到河曲段、小北干流和黄河下游河道;计算时间不超过15 min。

4. 洪水泥沙调度

(1)水库防洪和调水调沙调度模型。要求根据水沙情势变化,快速制订洪水和调水调沙调度方案,确定水库(群)单库或联合调度水沙时机和水库蓄泄指标等。主要模拟区域包括龙羊峡、刘家峡、万家寨、三门峡、小浪底、西霞院、陆浑、故县、河口村等水库;计算步长为1 ~4 h,计算时间不超过10 min。

(2)防凌调度模型。要求模拟确定水库和分蓄洪区的防凌运用方式,通过防凌会商,合理调度各水库的泄量,对封河与开河过程进行有效地调节,控制冰塞/冰坝形成,有效消除凌灾;主要模拟区域包括刘家峡、万家寨、三门峡、小浪底等水库;计算步长小于1 d,计算时间不超过10 min。

(3)水库群水沙资源化多目标调度模型。要求根据防洪减淤、供水灌溉、发电调节和生态环境等目标函数及其约束条件,建立多目标优化调度模型,耦合相关水库及河道水沙模拟模型,面向防洪和调水调沙调度的需求,实时交互生成可行调度方案集,并对其进行评价与排序。主要模拟区域包括黄河干流骨干水库;计算步长为1 ~4 h,计算时间不超过20 min。

(4)水库水沙调度立面二维动力学模型。重点模拟库区不同水流输沙流态,库区干支流淤积形态以及不同泄水建筑物组合运用条件下,水库出库流量、含沙量和级配过程;近期重点模拟区域为三门峡以下小浪底库区,然后逐步推广至干支流水库;计算时间不超过20 min。

(5)水库坝区水沙调度三维动力学模型。重点模拟不同泄水建筑物组合运用条件下,小浪底水库出库流量、含沙量和级配过程;近期重点模拟区域为小浪底坝上10 km;计算步长为3 ~4 s,计算时间不超过30 min。

5. 洪水泥沙演进

(1)河道一维/二维水沙复合模型。要求快速预报不同量级洪水下,河道内洪峰流量、水位、流速、含沙量、淹没范围等变化过程;近期模拟重点区域为花园口—孙口河段,然后逐步推广至整个黄河下游、宁蒙河段、小北干流河道;计算步长小于1 h,计算时间不超过30 ~60 min。

(2)基于实时修正技术的水动力学模型。滚动模拟预报洪水期洪峰、水位、流速、含沙量等信息过程;近期模拟重点区域为黄河下游,然后逐步推广至宁蒙河段、小北干流河道;计算步长小于1 h,计算时间不超过10 min。

(3)黄河河口平面二维水沙数学模型。模拟提供径流、潮流、波浪等因素作用下水流、泥沙输移变化过程以及河口海岸迁移变化过程;重点模拟区域为利津—黄河河口滨海区(包括黄河河口实体模型模拟范围,即黄河河口外至15 ~20 m等深线的范围内);计算步长为10 s左右;计算时间不超过30 min。

6. 灾情预报与评估

(1)游荡型河道河势变化模拟模型。要求预测河道断面冲淤变化、河势和主溜线变化、漫滩、偎堤水深等,通过对相关险情指标分析,进而对不利河势和防洪工程可能出险情况进行预测;近期模拟区域为花园口—高村河段,远期逐步推广到黄河下游、宁蒙河道和小北干流河道;计算步长小于1 h,计算时间不超过10 min。

(2)工程安全评估数学模型。要求在充分研究堤防、河道整治工程涵闸等各类工程的破坏机理的基础上,通过对监测情况、工程物理特性等工程安全影响因素科学分析,提取对工程安全影响较大的定量指标,通过一系列数学模型对各类工程不同指标组合变化情况下工程运用状况进行模拟,实现对堤防、河道整治工程、水闸等工程安全状况进行分类评估和预测预警。近期模拟区域为花园口—高村河段,远期逐步推广到黄河下游;计算时间不超过10 min。

(3)灾情评估模型。要求模拟提供洪水淹没区域、淹没人口、村庄、耕地、道路及各类财产损失过程及总量;近期模拟区域为黄河下游滩区及蓄滞洪区,然后逐步推广至黄河小北干流等重点河段;计算步长小于1 h,计算时间不超过10 min。

防汛减灾模型建设内容汇总见表 1-6-1。

表 1-6-1　防汛减灾模型建设内容汇总

需要模型	功能要求	性能要求	与其他业务或应用系统拟建数学模型的关系
气象预报			
中短期降雨预报模型	提供黄河流域中短期高精度的降水预报，特别是黄河流域洪水源地的短期内高时空分辨率的降水预报	第一层嵌套 60°E ~ 150°E，15°N ~ 55°N，地面水平分辨率 9 km，第二层嵌套 95°E ~ 122°E，33°N ~ 42°N，地面水平分辨率 3 km；计算时间不超过 1 h	
中短期气温预报模型	提供黄河流域防凌关键及相关区高精度的中短期气温预报产品	第一层嵌套 10°E ~ 170°E，10°N ~ 85°N，地面水平分辨率 15 km，第二层嵌层 90°E ~ 130°E，30°N ~ 45°N，地面水平分辨率 5 km；计算时间不超过 2 h	为冰凌预报提供气温等输入条件
洪水泥沙预报			
宁蒙河段洪水预报模型	根据兰州—河口镇河段上游站的实测水沙过程及河道现状，预报下游站流量过程	计算步长为 1 h；计算时间不超过 30 min；精度满足部颁规范要求	与已建/在建模型构建河道预报模型
河口镇—三门峡区间暴雨洪水预警预报模型	根据实测和预报降雨进行流域产汇流计算及河道洪水演进，提供干支流主要站流量过程	计算步长为 1 h 或 30 min，计算时间不超过 20 min；计算精度满足部颁规范要求	与已建/在建模型构建中下游洪水预报系统
吴堡—潼关区间泥沙预报模型	根据实测雨水沙情和预报降雨进行流域产水产沙计算及河道水沙演进，输出干支流主要站流量、含沙量和级配过程	计算步长为 1 h 或 30 min，计算时间不超过 15 min	与黄土高原水土流失模型耦合
冰情预报			
河道冰凌动力学数学模型	提供封开河时间和部位、冰凌热力生消过程、槽蓄增量、沿程水位、不同断面流量变化过程等	近期重点用于黄河宁蒙河段，然后逐步推广到小北干流和黄河下游河道；计算时间不超过 15 min	与宁蒙河段水沙动力学模型共用水动力学模块；由中短期气温预报模型提供气温等输入条件

续表 1-6-1

需要模型	功能要求	性能要求	与其他业务或应用系统拟建数学模型的关系
洪水泥沙调度			
水库防洪和调水调沙调度模型	根据水沙情势变化，快速制订洪水和调水调沙调度方案，确定水库(群)单库与联合调度水沙时机和水库蓄泄指标等	主要模拟区域包括龙羊峡、刘家峡、万家寨、三门峡、小浪底、西霞院、陆浑、故县、河口村等水库；计算步长为1～4 h；计算时间不超过10 min	模型在应用中，需要与洪水和泥沙预报模型以及相应河段河道和水库水沙动力
防凌调度模型	模拟确定水库和分蓄洪区的防凌运用方式，通过防凌会商，合理调度各水库的泄量，对封开河过程进行有效的调节，控制冰塞、冰坝形成，有效消除凌灾	主要模拟区域包括刘家峡、万家寨、三门峡、小浪底等水库；计算步长为1 d；计算时间不超过10 min	需要冰凌预报模型以及相应河段河道、库区水沙模拟模型支持，同时为险情预测和灾情评估提供信息支持
水库群水沙资源化多目标调度模型	根据防洪减淤、供水灌溉、发电调节和生态环境等目标函数及其约束条件，建立多目标优化调度模型，面向防洪和调水调沙调度的需求，实时交互生成可行调度方案集，并对其进行评价与排序	主要模拟区域包括黄河干流骨干水库；计算步长为1～4 h，计算时间不超过10 min	模型在应用中，需要与洪水和泥沙预报模型以及相应河段河道和水库水沙动力学模型耦合
水库水沙调度立面二维动力学模型	重点模拟库区不同水流输沙流态，库区干支流淤积形态以及不同泄水建筑物组合运用条件下，水库出库流量、含沙量和级配过程	近期模拟区域为三门峡以下小浪底库区，然后推广至干支流水库；计算时间不超过20 min	
水库坝区水沙调度三维动力学模型	重点模拟不同泄水建筑物组合运用条件下，小浪底水库出库流量、含沙量和级配过程	近期模拟区域为小浪底坝上10 km；计算步长为3～4 s；计算时间不超过30 min	与水库一维和立面二维模型耦合

续表 1-6-1

需要模型	功能要求	性能要求	与其他业务或应用系统拟建数学模型的关系
洪水泥沙演进			
黄河下游一维/二维水沙复合模型	快速预报不同量级洪水下,河道内洪峰流量、水位、流速、含沙量、淹没范围等变化过程	模拟区域为黄河下游、宁蒙河段、小北干流河道;计算步长小于 1 h,计算时间不超过 30 ~ 60 min	与现有水文预报模型一起,为水沙演进预测提供技术支撑
基于实时修正技术的水动力学模型	模拟预报洪水期洪峰、水位、流速、含沙量等信息过程	模拟区域为黄河下游、宁蒙河段、小北干流河道;计算步长小于 1 h,计算时间不超过 10 min	与现有水文预报模型一起,为水沙演进预测提供技术支撑
黄河河口平面二维水沙数学模型	模拟提供径流、潮流、波浪等因素作用下水流、泥沙输移变化过程以及河口海岸迁移变化过程	模拟区域为黄河河口外至 15 ~ 20 m 等深线范围;计算步长为 10 s 左右;计算时间不超过 30 min	与下游河道一维模型耦合,可以实现长时间尺度泥沙输移、河口海岸淤积蚀退过程模拟,预测河口淤积延伸对黄河下游河道的反馈影响
灾情预报与评估			
游荡性河道河势变化模拟模型	要求预测河道断面冲淤变化、河势和主溜线变化、漫滩、偎堤水深等,通过对相关险情指标分析,进而对不利河势和防洪工程可能出险情况进行预测	近期模拟区域为花园口—高村,远期逐步推广到黄河下游、宁蒙河道和小北干流河道;计算步长小于 1 h,计算时间不超过 10 min	需要与洪水预报模型,防洪和调水调沙调度模型以及河道二维水沙模拟模型耦合
工程安全评估数学模型	要求对各类工程不同指标组合变化情况下工程运用状况进行模拟,实现对堤防、河道整治工程、水闸等工程安全状况进行分类评估和预测预警	近期模拟区域为花园口—高村河段,远期逐步推广到黄河下游;计算时间不超过 10 min	
灾情评估模型	提供洪水淹没区域、淹没人口、村庄、耕地、道路及各类财产损失过程及总量	近期模拟区域为黄河下游滩区及蓄滞洪区,远期推广至小北干流等重点河段;计算步长小于 1 h,计算时间不超过 10 min	

1.6.3 水资源管理与调度

黄河水资源管理调度将通过调用运行相关的数学模型，对已有数据进行处理，得到预测结果和调度方案。水资源管理调度模型要考虑水量与水质统一、地表水与地下水耦合，同时要充分考虑与防汛减灾模型内在的逻辑联系。

1.6.3.1 需完善集成模型

水资源调度近期需要完善集成的模型包括宁蒙河段枯水演进模型、黄河下游一维水质动态模型等，初步实现黄河下游水量水质耦合调度模拟。初步建设一套集资料管理、模型计算、成果分析与输出、信息反馈等功能于一体的水量调度管理系统框架。

1.6.3.2 需研制开发模型

1. 气候－水文模式耦合及其水文水资源模拟预测模型

气候－水文模式耦合及其水文水资源模拟预测模型要求能够反映气候变化下的径流变异、水沙变异，能够识别气候变化对流域水资源影响过程，模拟提供气候变化背景下流域大气－陆面水分循环过程等；模拟区域为黄河源区、中游重点支流以及水量调度的重点支流。

2. 径流预报模型

径流预报模型要求能够模拟提供主要来水区及干流主要测站中长期和短期径流预报计算结果；模拟区域为唐乃亥、龙—刘区间、刘—兰区间、兰—头区间、河—龙区间、龙门、华县、河津、洑头、武陟、黑石关以及渭河、沁河流域等；模型能进行年度、汛期、非汛期以及逐月径流预测等长期预报，用水高峰期(3～6月)逐旬径流预报等中期预报以及出现可能出现预警流量时逐日径流的短期预报。

3. 农作物需水预测模型

农作物需水预测模型流域要求在传统农业用水模型的基础上，通过遥感资料实时观测区域作物的长势和旱情，分析土壤墒情和作物的需水状况，结合种植结构、地理条件、季节特点及时预报农业用水量，同时要具有实时校正和优化功能。可以模拟提供未来一旬灌区需水量、引黄灌区旱情判别、引黄灌区需水估算配置方案，重点模拟区域为宁蒙河段和黄河下游引黄灌区。

4. 水量分配和调度模型

水量分配和调度模型基于径流预报过程，综合考虑功能性不断流等需水量及其过程，模拟开展年度、月和旬水资源配置，区间河段水资源配置，应急突发事件水量配置等方案计算；模拟时段为全年(包括调度期和汛期)，重点模拟范围为龙羊峡以下黄河干流以及渭河、沁河等支流。

5. 枯水演进模型

枯水演进模型要求模拟提供相关河段未来一段时间小流量演进过程；计算时段为小流量期间，重点模拟区域为黄河龙羊峡以下黄河干流。

6. 水质预警预报模型

水质预警预报模型基于黄河日常水量调度要求，能够对水量调度期不同时段、不同河段水库及其河道水质状况进行跟踪滚动预测；近期重点模拟范围为龙羊峡、刘家峡、万家寨、三门峡、小浪底水库及其下游河段，计算时间不超过15 min。

水资源管理与调度模型建设内容汇总见表1-6-2。

表1-6-2　水资源管理与调度模型建设内容汇总

需要模型	功能要求	性能要求	与其他业务或应用系统拟建数学模型的关系
水资源预报			
气候－水文模式的耦合及其水文水资源模拟预测模型	能够反映气候变化下的径流变异、水沙变异，能够识别气候变化对流域水资源影响过程，模拟提供气候变化背景下流域大气－陆面水分循环过程等	模拟区域为黄河源区、中游重点支流以及水量调度的重点支流等	
径流预报模型	能够提供主要来水区及干流主要测站中长期和短期径流预报计算结果	模拟时段为年度、汛期、非汛期以及逐月径流预报，用水高峰期（3～6月）逐旬径流预报，预警流量时逐日径流预报；模拟范围为唐乃亥、龙—刘区间、刘—兰区间、兰—头区间、河—龙区间、龙门、华县、河津、洑头、武陟、黑石关以及渭河、沁河流域内主要控制站等	
需水预报			
农作物需水预测模型	通过遥感资料实时观测区域作物的长势和旱情，分析土壤墒情和作物需水状况，结合种植结构、地理条件、季节特点进行农业用水量及其过程预报。重点提供未来一旬灌区需水量、引黄灌区旱情判别、引黄灌区需水估算配置方案	模拟范围为宁蒙河段和黄河下游引黄灌区，模拟时段为用水高峰期以旬为时段	与黄河流域中长期水文预报和水资源优化配置模型耦合
水量（水质）调度			
水量分配和调度模型	基于径流预报过程，综合考虑功能性不断流等需水量及其过程，模拟计算年度、月和旬水资源配置方案、区间河段水资源配置方案以及应急突发事件水量配置方案	模拟范围为龙羊峡以下干流以及渭河、沁河；模拟时段为全年，包括调度期和汛期	需要与径流预报、枯水演进、农作物需水等模型耦合
枯水演进模型	能够准确预测相关河段未来一段时间小流量演进过程	模拟范围为龙羊峡以下干流；模拟时段为小流量期间	
水质预警预报模型	能够对黄河水量调度期不同时段、不同河段河道和水库水质状况进行连续或跟踪滚动预测	模拟范围为龙羊峡、刘家峡、万家寨、三门峡、小浪底水库及其下游河段；计算时间不超过15 min	

1.6.4 水资源保护

黄河水资源保护数学模型重点考虑面向突发性污染事故预警预报和环境容量预测分析等需求。水资源保护模型要考虑与水量调度模型的统一。

1.6.4.1 需完善集成模型

水资源保护近期需要完善集成的模型包括小浪底—高村河段水质模型、黄河下游一维水质动态模型等，初步形成面向黄河下游突发性污染事故应急响应的模型系统框架。

1.6.4.2 需研制开发模型

1. 突发性污染事故水质预警预报模型

突发性污染事故发生后，突发性污染事故水质预警预报模型主要模拟污染物到达下游环境敏感目标的时间、污染团经历过程和污染物浓度等；相应的模拟区域和重点模拟污染物：兰州河段为石油类，宁蒙河段为企业超标污水排放和高强度农灌退水的有机污染质、龙三河段为高浓度有机物污染质，小花间为重金属、石油类和苯系物等污染质；计算步长不大于1 h，计算时间不超过15 min。

2. 水环境承载能力优化配置模型

水环境承载能力优化配置模型要求能进行水域纳污能力核定模拟计算；能够综合考虑水域纳污能力、社会经济效益等多方面因素，制订黄河水域限制排污总量方案，从水环境保护角度提出黄河水资源开发利用意见及保护工程布局；能够从黄河水资源保护的角度出发，开展水资源供需平衡评价、水环境目标指标评价、水环境承载能力开发利用程度评价等。模拟区域为黄河流域，计算步长能满足年、月计算需要。

3. 流域点污染源产排污模型

流域点污染源产排污模型建立社会经济发展布局、产业结构，水资源开发利用与污染物排放量、入河量之间的响应关系；在区段社会经济发展状况和入河污染物状况等资料的基础上，定量预测社会发展、水资源开发利用与污染物排放关系，为黄河流域污染物入河总量控制方案提供技术支持。模拟区域为黄河流域，计算步长为年。

4. 流域农业和城市面源污染负荷预测模型

流域农业和城市面源污染负荷预测模型能够定量模拟黄河流域典型灌区农业面源产生过程、主要污染物产生数量及入黄过程，预测不同水平年农业面源对黄河水质的定量影响；模拟区域为宁夏、内蒙古、陕西、河南、山东等灌区。能够定量模拟城市面源污染物的产生、运移与输出过程，分析预测城市面源对黄河水质的影响程度，重点模拟区域为兰州市等大中型城市。

5. 流域水质评价模型

在单因子评价模型基础上，流域水质评价模型进一步扩展水质评价模拟功能，能够利用简单综合污染指数法、综合污染指数法、模糊综合评价法等，进行湖库营养状态和水质变化趋势分析等。模拟区域为干流主要水库和主要河段。

6. 近海水域生态需水模型

在近海水域生态需水机理研究基础上，建立入海水量与近海盐度、营养物、温度等之间的相关关系，模拟不同入海水量下，河口近海水域咸淡水交换动态变化、近海盐度梯度、营养物浓度等变化及其与近海水生生物状况、栖息地质量等之间的响应关系，进而提出基于水资源调度的入海流量要求。

7. 三角洲淡水湿地生态水文模型

三角洲淡水湿地生态水文模型以河口淡水湿地水分－生态相互作用机理研究为基础，研发和集成地表水模块、水质模块、地下水模块、景观生态模块及管理模块，建立水量—水文过程—生态过程联系及生态效益评估反馈体系，能够模拟不同生态调度方式下河口淡水湿地水文变化情况（包括淹没水深、淹没范围、淹没时间、地表水盐度、水质、地下水位等变化），以及淡水湿地生态景观演变趋势（包括植被演替、栖息地质量、生物多样性等），定量评价不同生态调度方式的生态效益，为优化生态调度提供科学依据。

8. 河道水生生物栖息地模型

河道水生生物栖息地模型能够模拟黄河重点河段流量、流速、水位、水深、洪水频率等径流条件及水质与水生生物栖息地状况之间的关系，提供不同径流条件下水生生物及栖息地状况变化过程，为黄河水资源调度及生态调度、水生生物保护提供科学依据。

水资源保护模型建设内容汇总见表1-6-3。

表1-6-3　水资源保护模型建设内容汇总

需要模型	功能要求	性能要求	与其他业务或应用系统拟建数学模型的关系
突发性污染事故水质预警预报模型	模拟污染物到达下游环境敏感目标的时间、污染团经历过程和污染物浓度等；特征污染质包括有机污染质、重金属、石油类和苯系物等	模拟区域：兰州河段、宁蒙河段、龙三河段及小花间河段 计算步长：不大于1 h 计算时间：不超过15 min	与水流演进、水量调度等模型耦合
水环境承载能力优化配置模型	能进行水域纳污能力核定模拟计算；能够综合考虑水域纳污能力、社会经济效益等多方面因素，制订黄河水域限排排污总量方案，从水环境保护角度提出水资源开发利用意见及保护工程布局；能够从水资源保护角度出发，开展水资源供需平衡评价、水环境目标指标评价、水环境承载能力开发利用程度评价等。相应功能模块包括水域纳污能力核定、水污染控制和水环境承载能力评价等三个模块	模拟区域：黄河流域 计算步长：年/月	与水资源承载能力模型耦合

续表 1-6-3

需要模型	功能要求	性能要求	与其他业务或应用系统拟建数学模型的关系
流域点污染源产排污模型	建立社会经济发展布局、产业结构,水资源开发利用与污染物排放量、入河量之间的响应关系;在区域社会经济发展状况和入河污染物状况等资料的基础上,定量预测社会发展、水资源开发利用与污染物排放关系,为黄河流域污染物入河总量控制方案提供技术支持	模拟区域:黄河流域 计算步长:年	与水资源承载能力模型相耦合
流域农业和城市面源污染负荷预测模型	定量模拟黄河流域典型灌区农业/城市面源产生过程、主要污染物产生数量及入黄过程,预测不同水平年农业/城市面源对黄河水质的定量影响;模拟区域为宁夏、内蒙古、陕西、河南、山东等灌区	模拟区域:宁夏、内蒙古、陕西、河南、山东等灌区;兰州市等	农业面源污染负荷预测模型需要和黄河流域产汇流模型耦合
流域水质评价模型	在单因子评价模型基础上,进一步扩展水质评价模拟功能,能够利用简单综合污染指数法、综合污染指数法、模糊综合法等,进行湖库营养状态和水质变化趋势分析等	模拟区域:干流主要水库和主要河段	
近海水域生态需水模型	在近海水域生态需水机理研究基础上,建立入海水量与近海盐度、营养物、温度等之间的相关关系,模拟不同入海水量下,河口近海水域咸淡水交换动态变化、近海盐度梯度、营养物浓度等变化及其与近海水生生物状况、栖息地质量等之间的响应关系,进而提出基于水资源调度的入海流量要求	模拟区域:黄河河口	与水动力学模型耦合

续表 1-6-3

需要模型	功能要求	性能要求	与其他业务或应用系统拟建数学模型的关系
三角洲淡水湿地生态水文模型	以河口淡水湿地水分－生态相互作用机理研究为基础,研发和集成地表水模块、水质模块、地下水模块、景观生态模块及管理模块,建立水量—水文过程—生态过程联系及生态效益评估反馈体系,能够模拟不同生态调度方式下河口淡水湿地水文变化情况(包括淹没水深、淹没范围、淹没时间、地表水盐度、水质、地下水位等变化),以及淡水湿地生态景观演变趋势(包括植被演替、栖息地质量、生物多样性等),定量评价不同生态调度方式的生态效益	模拟区域:黄河河口	是水动力学模型、地下水模型、景观生态模型的集成模型
河道水生生物栖息地模型	能够模拟黄河重点河段流量、流速、水位、水深、洪水频率等径流条件及水质与水生生物栖息地状况之间的关系,提供不同径流条件下水生生物及栖息地状况变化过程,为黄河水资源调度及生态调度、水生生物保护提供科学依据	模拟区域:近期以黄河下游和小北干流河段为主	与水动力学模型耦合

1.6.5 水土保持

数学模型是开展水土保持信息分析、评价和仿真模拟的基础,对水土保持各类数学模型进行收集、整理、完善和开发,是建立具有强大分析功能的水土保持应用系统不可或缺的条件。

1.6.5.1 需完善集成模型

水土保持近期需要进一步完善和集成小流域分布式水动力学模型等,初步构建流域产流产沙数学模型系统框架体系。

1.6.5.2 需研制开发模型

1. 年产沙经验模型

年产沙经验模型计算流域年水土流失总量,分析计算较长时间段(年)流域综合治理措施蓄水减沙效益。预测整个流域的每年产沙量。

2. 入黄支流次暴雨洪水泥沙经验模型

在计算次暴雨条件下,入黄支流次暴雨洪水泥沙经验模型黄河支流的入黄泥沙量,预测整个流域的产水产沙量，计算步长为分钟，对运算速度要求较高，整个运行时间不超过洪水在沟道的演进历时。

3. 小流域次暴雨洪水泥沙经验模型

小流域次暴雨洪水泥沙经验模型计算不同措施配置、不同水文条件下流域的产水产沙量。预测整个流域的产水产沙量，计算步长为分钟。

4. 小流域分布式机理模型

在次暴雨条件下，小流域分布式机理模型计算流域产流产沙空间分布及过程，从而指导水土保持措施规划布设。以小流域为对象，计算栅格不超过 10 m×10 m，时间步长不超过 5 min。

以上模型近期以黄土高塬丘陵沟壑区第一副区的典型支流为建模流域，远期逐步推广到整个黄土高原。

水土保持模型建设内容汇总见表 1-6-4。

表 1-6-4　水土保持模型建设内容汇总

需要模型	功能要求	性能要求	与其他业务或应用系统拟建数学模型的关系
年产沙经验模型	计算流域年水土流失总量，分析计算较长时间段(年)流域综合治理措施蓄水减沙效益	预测整个流域的年产沙量	
入黄支流次暴雨洪水泥沙经验模型	计算次暴雨条件下黄河支流的入黄泥沙量	预测整个流域的产水产沙量，计算步长为分钟，对运算速度要求较高，整个运行时间不超过洪水在沟道的演进历时	该模型和河道模型紧密相连，该模型的输出结果是黄河水沙演进模型输入的起始条件
小流域次暴雨洪水泥沙经验模型	计算不同措施配置、不同水文条件下流域的产水产沙量	预测整个流域的产水产沙量，计算步长为分钟	
小流域分布式机理模型	次暴雨条件下，计算流域产流产沙空间分布及过程，从而指导水土保持措施规划布设	以小流域为对象，计算栅格不超过 10 m×10 m，时间步长不超过 5 min	

1.6.6　流域规划

数学模拟技术是流域规划研究的主要手段，数学模型建设可以为水文泥沙分析、水资源优化配置、动能指标计算和工程规划等方案比选提供支撑。

1.6.6.1 需完善集成模型

流域规划近期需要标准化集成龙羊峡、刘家峡、古贤、三门峡、小浪底、陆浑、故县防洪调节模型，耦合集成龙潼河段、黄河下游以及干流水库水沙数学模型以及电能计算模型等，初步形成汛期水沙调节、非汛期径流调节（包括防凌）、水流泥沙计算、动能指标模拟等模型的高效耦合，初步构建以数学模型为引擎的计算机辅助规划系统框架。

1.6.6.2 需研制开发模型

1. 黄河水沙调控体系规划数学模型

根据防洪防凌、河道减淤、中水河槽维持、生态基流、经济社会发展等要求，建立满足干流水沙调控体系规划需要的数学模型。根据拟定的运用方案，对设计来水来沙、洪水和径流系列进行水库调节、水库和河道冲淤模拟计算，模拟计算主要河段河道冲淤量、冲淤部位、滩槽分布、生态基流等，分析水沙调控体系在调节水沙、防洪防凌、水资源管理、生态调度等方面的作用。模拟区域为龙羊峡、刘家峡、古贤、万家寨、三门峡、小浪底水库等骨干水库和宁蒙河段、小北干流和黄河下游等干流河道；计算步长为月/日。

2. 流域/区域地表水和地下水联合配置模型

流域/区域地表水和地下水联合配置模型能够模拟区域地下水补给、排泄和运动过程，能够进行地下水开采方案的论证；在考虑地表水和地下水相互作用条件下，模拟研究区域各种水资源配置方案。计算步长为月/日。

3. 灌区水资源系统循环模拟模型

在考虑灌区降水、地表水、地下水以及作物蒸腾蒸发、潜水蒸发等因素的基础上，灌区水资源系统循环模拟模型能够模拟不同方案下灌区需水和用水环节的耗用水过程；计算步长为月/日。

4. 流域水资源宏观经济模型

流域水资源宏观经济模型提出了一种可以同时兼顾经济发展、水资源利用、生态环境和社会效益的多目标水资源宏观经济评价方法。能实现流域综合规划研究、流域水资源可承载力、跨流域调水分析、宏观经济评价等综合分析功能；计算步长为月。

5. 流域经济社会发展预测模型

流域经济社会发展预测模型要求基于经济增长理论和计量经济方法，能模拟提供各省（区）GDP 增长率和主要产业部门投入产出表，预测未来一个时期各省（区）的经济、投资、消费、净调入、居民收入、就业、人口、城市化以及主要行业增加值和增长速度，提供各省、黄河流域和各二级区域的经济和社会发展的主要指标以及需水量。模型要突出水资源需求迫切且需求量较大的重点区域。如内蒙古南部、陕西北部、山西西部、宁夏东部等我国重要的能源及重化工基地。

流域规划模型建设内容汇总见表 1-6-5。

1.6.7 模型集成实现

模型集成主要从三个层次考虑：一是模型输入输出标准化；二是实现各类模型有效管理的集成和运行环境建设；三是面向防汛减灾、水资源管理与调度、水资源保护、水土保持等应用系统，以及流域规划业务的模型构件化封装和嵌入实现。

表 1-6-5　流域规划模型建设内容汇总

<table>
<tr><th>需要模型</th><th>功能要求</th><th>性能要求</th><th>与其他业务或应用系统拟建数学模型的关系</th></tr>
<tr><td>黄河水沙调控体系规划数学模型</td><td>根据拟定的运用方案，对设计来水来沙、洪水和径流系列进行水库调节、水库和河道冲淤模拟计算，模拟计算主要河段河道冲淤量、冲淤部位、滩槽分布、生态基流满足程度、水质状况、湿地和水生态随水库调度方式的变化与响应，分析水沙调控体系在调控水沙、防洪防凌、水资源管理、生态调度等方面的作用</td><td>模拟区域：龙羊峡、刘家峡、古贤、万家寨、三门峡、小浪底水库以及宁蒙、小北干流和黄河下游河道
计算步长：月/日</td><td></td></tr>
<tr><td>流域/区域地表水和地下水联合配置模型</td><td>能够模拟区域地下水补给、排泄和运动规律，能够进行地下水开采方案的论证；在考虑地表水和地下水相互作用条件下，模拟研究区域各种水资源配置方案</td><td>计算步长：月/日</td><td rowspan="3">为水量调度管理提供相关支持，需与水环境承载能力优化模型耦合</td></tr>
<tr><td>灌区水资源系统循环模拟模型</td><td>在考虑灌区降水、地表水、地下水以及作物蒸腾蒸发、潜水蒸发等因素的基础上，能够模拟不同方案下灌区需水和用水环节的耗用水过程</td><td>计算步长：月/日</td></tr>
<tr><td>流域水资源宏观经济模型</td><td>提出一种可以同时兼顾经济发展、水资源利用、生态环境和社会效益的多目标水资源宏观经济评价方法，能实现流域综合规划研究、流域水资源可承载力、跨流域调水分析、宏观经济评价等综合分析功能</td><td>模拟区域：流域或区域尺度
计算步长：月</td></tr>
<tr><td>流域经济社会发展预测模型</td><td>模拟提供各省（区）GDP 增长率和主要产业部门投入产出表，预测各省（区）的经济、投资、消费、净调入、居民收入、就业、人口、城市化以及主要行业的分行业增加值和增长速度，提供各省、黄河流域和各二级区域的经济和社会发展的主要指标以及需水量</td><td>模拟区域：黄河流域，需突出内蒙古南部、陕西北部、山西西部、宁夏东部等重要能源及重化工基地
计算步长：年</td><td>与水资源宏观经济模型耦合</td></tr>
</table>

相应模型可视化和集成的主要工作内容包括:①基于.NET和ArcEngine的系统开发运行环境建设;②不同模型的集成方法研究(包括界面集成、数据集成、业务集成方式等);③基于拉格朗日的数字流场表达技术应用研究;④面向对象的水流泥沙数据模型研发;⑤数学模型标准化接口设计及技术实现;⑥黄河数学模型标准化及集成技术手册编制等。

1.7 技术支撑体系建设

黄河数学模拟系统支撑体系主要包括关键技术研究、模型测试案例库及相关评价标准编制、面向数学模型建设的原型数据观测等三方面内容。

1.7.1 关键技术研究

黄河数学模拟系统建设关键技术研究主要包括水沙过程和水环境理论应用研究、数值方法应用研究等方面内容。

1.7.1.1 水沙过程和水环境理论应用研究

水沙过程和水环境理论应用研究主要包括:①高含沙水流环境下泥沙冲淤对水流连续方程的改进与模拟;②双流体泥沙输移模拟技术研究;③高含沙洪水增值成因及模拟方法研究;④水库溯源冲刷过程及模拟方法研究;⑤河道河势变化过程机理及模拟方法研究;⑥黄土高原坡沟耦合侵蚀过程及模拟方法研究;⑦波浪掀沙、潮流输沙过程耦合及其模拟方法研究;⑧高含沙水流环境下不同类属污染物的沉降再悬浮、吸附解吸和降解过程及模拟方法研究;⑨冰体热力生消、封冻河流阻力变化等过程及模拟方法研究;⑩黄河重点河段水生生物栖息地状况与河川径流关系及鱼类生态需水研究;⑪黄河水文情势变化与重点河段河漫滩湿地演变响应关系研究;⑫黄河河口淡水湿地及近海水域生态需水机理研究;⑬黄河源区湿地产汇流机理研究; ⑭基于不同理论背景的模型参变量计算方法可用性分析等。

1.7.1.2 数值方法应用研究

数值方法应用研究主要包括:①基于卡尔曼滤波和基于时变遗忘因子的最小二乘法实时校正技术应用研究;②格兹波尔曼和数据流形法等方法应用研究;③并行网格计算技术在流域模型、三维水沙模型中的应用研究;④基于认知科学的神经网络、进化算法、模糊算法、数据挖掘技术等人工智能方法研究等。

1.7.2 测试案例库建设及相关标准编制

结合黄河数据中心建设,以专题库的形式,面向黄河数学模型测试、率定、验证的需求,开展黄河数学模拟系统标准测试案例库建设。案例库主要包括典型问题的解析解库、经典的实验室资料库、系统的“模型黄河”资料库以及“原型黄河”资料库等。

开展数学模拟系统评价指标体系研究、模型参数不确定性和敏感性分析、模型主要误差来源分析及其计算精度评估研究。在此基础上，编制《黄河数学模型评价标准》，为黄河数学模型的客观评价、健康引导和应用推广提供参考。

1.7.3 原型观测

《“数字黄河”工程规划》中重点对遥感影像数据、基础地理数据、水文与气象数据、工情险情数据、引退水及旱情数据、水质数据、水土保持数据、工程管理数据等采集内容进行了总体规划。《黄河遥感技术应用规划》紧密结合治黄业务需求，对《“数字黄河”工程规划》中所涉及的遥感影像数据采集进行了专题规划。总体来看，以上规划所涉及的内容都可以为模拟系统建设提供高质量的数据支持。本规划主要从黄河数学模拟系统建设的角度出发，重点考虑近期模型测试、率定和验证对原型数据采集的需求，同时将《“数字黄河”工程规划》中提到的相关数据需求进一步细化。

土壤侵蚀模型建设主要观测内容包括孤山川等4个流域以及吕二沟等12个重点河沟野外侵蚀试验观测（如降雨参数、被覆因子、土壤参数、径流泥沙参数和沟道重力侵蚀观测等）和水文测验观测（如降雨、径流、泥沙、土壤、气象因子）。

冰凌数学模型建设主要观测内容包括下河沿—头道拐河道大断面、自动气象站建设和观测、专项冰情观测以及床沙质组成观测等。

水质模型建设主要观测内容包括龙门—三门峡河段、小浪底以下河段入黄支流和入黄排污口污染因子观测，小浪底水库富营养化表征/关联因子以及水质表征/关联因子观测，黄河干流控制断面、省界断面和重点水源地河段水质评价及关联因子观测。

黄河河口径流—潮流—波流输沙模型主要观测内容包括滨海区水下地形测验、泥沙干容重和底沙测验，拦门沙区同步水沙因子观测，重点区域潮位和波浪以及西河口以下河口河道水位观测。

水库三维/河道二维水沙模型主要观测内容包括小浪底水库坝前15 km以内测淤断面垂线流速、含沙量、悬沙级配等，黄河下游典型河段河势变化过程及影响因子系统观测。

黄河生态模型建设要求建立黄河水生态监测体系，重点监测湿地、水生生物及其生境要素。湿地监测内容主要包括湿地水文状况、类型、面积、土地利用、生物多样性等。水生生物监测内容主要包括水生生物种类、数量及栖息地分布等，重点监测对象是鱼类。

工程安全评估数学模型主要观测内容包括黄河下游花园口—高村河段堤防工程监测信息和工程物理参数、河道整治工程监测信息和工程物理参数、水闸工程监测信息和工程物理参数等。

黄河数学模拟系统建设数据需求汇总详见表1-7-1。

表 1-7-1　黄河数学模拟系统建设数据需求汇总（近期）

服务模型	观测项目	观测内容	观测频次
土壤侵蚀模型	野外侵蚀试验观测	孤山川/佳芦河/岔巴沟/驼耳巷沟流域、吕二沟、罗玉沟、桥子东沟、桥子西沟、杨家沟、砚瓦川、韭园沟、王茂沟、裴家沟、桥沟、辛店沟等区域。降雨参数（年降雨量、汛期降雨量、次暴雨降雨量等），被覆因子（树冠初始截留强度等），土壤参数（土壤含水量、渗透系数、团粒结构、抗蚀性因子等），径流泥沙参数（不同地形/土壤/下垫面条件下坡面产流产沙量及过程，沟头前进/沟岸扩张/沟床下切/沟床沉积速率，坝库来沙量、拦沙量、排沙量及沟道侵蚀量等因子），沟道重力侵蚀观测等	次降雨过程、次暴雨洪水过程、含沙量输沙率过程，植被因子汛前/汛后各一次
	水文测验观测	孤山川/佳芦河/岔巴沟/驼耳巷沟流域、吕二沟、罗玉沟、桥子东沟、桥子西沟、杨家沟、砚瓦川、韭园沟、王茂沟、裴家沟、桥沟、辛店沟等区域。降雨因子（次/日/月/年降水量、降水强度）、径流因子（次洪流量过程、次洪量、月/年径流量）、泥沙因子（次洪含沙量及悬沙级配、次洪/月/年输沙量、河床质组成、流域泥沙输移比）、土壤因子（含水率、毛细张力、蒸发能力、非饱和土水力传导度、水力扩散度、土壤最大下渗能力、土壤稳定下渗能力）、气象因子（水面蒸发量、气温、大气压、风速、风向、空气湿度）	
冰凌数学模型	河道大断面	下河沿至头道拐 260 个断面观测	每年一次
	自动气象站建设和观测	青铜峡、石嘴山、巴彦高勒、三湖河口、包头、头道拐等处大气压、气温、风向、风速等	11 月至次年 3 月自动连续观测
	专项冰情观测	水文/水位站水位、流量、气温、冰情要素；冰塞、冰坝发生位置、时间、流量、壅水位、灾情以及冰塞、冰坝体范围、体积及厚度，冰塞、冰质和冰孔隙率等	11 月至次年 3 月每天一次
	床沙质组成	下河沿至头道拐每 20 km 河段床沙质组成。垂向取样深度 0 ~ 5 m，每 0.5 m 取一次样；河槽等间距分布 5 个钻孔，两岸滩地各等间距分布 5 个钻孔	汛前/汛后各一次
河道水质模型	入黄支流、入黄排污口	龙门—三门峡河道、小浪底以下河段的水温、pH 值、DO、悬浮物、高锰酸盐指数、COD、BOD、氨氮、氟化物、挥发酚、石油类、硫化物等	每月取样监测一次，水质明显变化时加密观测
	突发性污染源及突发性污染事故跟踪监测	污染事件污染团、水流流速、污染团浓度过程、传播时间、污染区域等	连续同步观测
水库富营养化模型	富营养化表征/关联因子	小浪底水库水温、DO、总磷、总氮、叶绿素、藻类等因子观测	根据水库富营养化程度

续表 1-7-1

服务模型	观测项目	观测内容	观测频次
水库分层水质模型	水质表征/关联因子	小浪底水库气温、水温、pH 值、氨氮、亚硝酸盐、硝酸盐、高锰酸盐指数、COD、BOD 等因子观测	汛前/汛后结合库区大断面测验同步进行
水质评价模型	水质评价	黄河干流控制断面、省界断面和重点水源地河段水温、pH 值、溶解氧、高锰酸盐指数、化学需氧量、五日生化需氧量、氨氮、氰化物、砷、挥发酚、六价铬、氟化物、汞、镉、铅、铜、锌和石油类等因子测验	每月一次
黄河河口径流—潮流—波流输沙模型	水下地形、干容重和底沙组成	滨海区 14 000 km^2 水下地形测验(拦门沙区 450 km^2 加密)	每年汛后
	同步水沙因子	拦门沙区设立 12 个观测站,观测水深、流速流向、波浪、含沙量、悬沙、底沙泥沙级配、盐度、水温、风速、风向、气压等	每年观测 2 次,每次连续观测 55 h
	潮位、波浪	二河口外、孤东、截流沟附近,10 ~ 18 m 深水处两个波浪观测站	常年
	水位观测	西河口以下河口河道 3 个水位站水位	常年
水库三维水沙模型	垂线水沙因子	小浪底水库坝前 15 km 以内。测淤断面垂线流速、含沙量、悬沙级配等。断面垂线数不少于 5 条,每条垂线不少于 5 个测点	主汛期连续观测 3 ~ 4 年
河道二维水沙模型	河势变化过程和滩岸土质测验	赵口—三官庙、大王庄—李天开河段水位、流速、含沙量、悬沙及床质级配、主流线、河势、横断面等;河岸土质组成横向分布(取样深度 0 ~ 5 m)	连续观测 3 ~ 4年
黄河生态模型	湿地监测和水生生物监测	湿地监测主要包括湿地水文状况、类型、面积、土地利用、生物多样性等,水生生物监测主要包括水生生物种类、数量及栖息地分布等,重点监测对象是鱼类,主要观测区域为黄河源区和河口地区	连续观测 5 ~ 6年
工程安全评估数学模型	工程监测信息和工程物理参数	堤防工程监测信息和物理参数主要包括渗流监测、堤防临河水位、堤身及基础变形监测、堤身隐患探测、穿堤建筑物对堤身影响监测以及堤防形状参数、分层土壤特性参数、护坡类型参数等,河道整治工程主要包括根石松动/变形走失监测、坝垛变形监测、坝前水位、流速、流向监测以及形状参数、下层土壤特性参数、护坡类型参数、新结构坝型参数等,水闸工程主要包括水闸与大堤结合部渗流监测、水闸与大堤结合部开合/错动变形监测、上下游水位监测、闸基扬压力监测、水闸建筑物变形监测、闸体裂缝监测以及建筑物几何参数、下层土壤特性参数、水闸基础加固处理情况及参数等	连续观测 2 ~ 3年

1.8 管理保障体系建设

黄河数学模拟系统既是专业特色极强的应用系统，又是极其复杂的软件系统，其研发是一个复杂艰巨、长期持续的过程。因此，需要以模拟系统有序建设和高效利用为基本理念，在体制机制、人才队伍、资金筹措等方面提供强有力的保障支撑。

1.8.1 体制机制完善

1.8.1.1 细化研发机制

黄河数学模拟系统建设必须在“数字黄河”工程数学模拟系统研发工作领导小组统一领导下、领导小组办公室具体指导下开展工作。要进一步丰富和完善“首席专家 + 团队”的研发机制，制订责、权、利统一的首席专家工作制度；为保障数学模拟系统有序持续研发，进一步明确和细化黄河数学模拟系统研发组织方式。黄河数学模拟系统建设要在严格遵循“数字黄河”工程项目计划管理、建设管理、运行管理制度基础上，重点要明确建设策略、加强过程控制、完善共享服务机制。

1.8.1.2 明确建设策略

黄河数学模拟系统建设是一项面向多项治黄业务应用、需要多部门协同完成的长期系统工程，因此必须制订相应的建设策略。首先，要制订总体实施战略和建设框架，结合治黄的具体情况，制订黄河数学模拟系统建设总体框架，按照科学的建设原则开展各项工作；其次，要明确模型建设方案。系统建设应遵循“需求主导、先进实用；平台优化、标准先行；协同开发、强化集成；统一规划、分步实施”的“三十二字”方针，首先在防汛减灾、水资源调度与管理、水资源保护、水土保持和流域规划等方面开展工作。对需要建设的每一个数学模型，都要明确建设的责任单位和建设方案，分阶段有条不紊地进行系统建设。

1.8.1.3 加强过程控制

能否控制模型研发过程是黄河数学模拟系统建设能否顺利完成和是否具有先进水平的重要制约因素，因此需要建立严格的过程控制制度。首先，要编制统一的模型研发指南，明确统一的技术标准。各类水利业务数学模型开发，必须基于统一的技术平台、基于统一的模型接口、基于统一的程序研发导则，确保各类模型标准可复用，便于融合集成。其次，要根据模型建设方案，制订详细的模型研发工作计划以及严格的工作实施步骤；要设计完善的系统测试方案，对各类功能做到完备测试；要制订严谨的评审计划，对模型开发的每一个阶段进行严格的质量审查。最后，要加强技术文档管理建设。模型建设过程中产生各种技术文件，如引用的各种标准规范、概要设计、详细设计、代码编制、构件测试、模型率定、系统验证等，都要建立严格的技术档案，保证研发过程的可追溯。

1.8.1.4 完善共享服务机制

在应用中完善是数学模拟系统健康发展的基本要求，因此必须构建良好的共享服务机制，以不断满足用户的需求。首先，要建立客观科学的模型评价机制。对数学模型的评价既不能不考虑当前水利学科研究和发展水平，也不能不考虑当前支撑模型建设和运行的基础数据精度而进行苛求评价。通过构建完善的黄河数学模拟系统评价指标体系和管理服务体系，确保理论基础扎实、实用性强、发展潜力大的模型/模块能得到持续支持和推广应用，同时可以使模型研发人员从内心愿意共享其研究过程和核心成果。其次，要建立合理可操作的应用牵引机制。一方面要求建立的数学模型确实能为各类治黄业务开展提供高效率的服务，另一方面也需要各类用户在应用中不断反馈信息，以便模拟系统能不断完善，提供更好的服务。为此，需要在《"数字黄河"工程建设管理办法》(2003 年 5 月)、《信息资源共享管理办法》(2003 年 5 月)等基础上，研究制定《黄河数学模型共享服务和推广应用办法》，以充分发挥模拟系统的应用服务水平。

1.8.2 人才队伍建设

黄河数学模拟系统建设需要构建一支创新意识强、能力出众和学科交叉融合能力强的研发团队，需要在"合作、流动和竞争"过程中，不断提高强化人才队伍建设。

首先，要加强团队人员的知识更新。一方面，要求从事模拟系统建设的研发人员，主动创新思考，关注发展动态，完善知识结构；另一方面，要紧密结合模拟系统规划，做好人才队伍建设规划和培养计划，以不断创新的人才支撑模拟系统可持续发展。

其次，要加强与研究机构的深度合作，通过高水平的合作交流提升团队整体素质。模拟系统建设方面的合作与一般意义上的合作是不同的，通过合作需要实现关键技术和核心代码的共享。因此，需要研究确定具体的办法，以确保合作双方的权益。

最后，要加强团队人员的适度流动。根据系统研发需要，依托已有的黄河水利科学研究院和黄河勘测规划设计有限公司两个博士后流动站，吸引优秀的博士后进站工作；通过"黄河研究生培养基地"，有计划地培养和吸收满足模拟系统研发需要的高素质人才。

1.8.3 建设资金筹措

黄河数学模拟系统建设是"数字黄河"工程的核心内容，是实现黄河水利信息化深度发展的重要举措，又是黄河流域社会安定与经济发展的重要基础设施建设内容之一，基本是以社会效益为主，属公益性很强的项目，需要研究建立维持黄河数学模拟系统可持续健康发展的多途径资金投入保障机制。

系统建设阶段，首先，要求结合具体项目开展模型研发，项目实施所需投资应根据已成熟的水利前期工作及相应的立项投资渠道从水利部下达的部属水利基建投资项目(如国家防汛指挥系统建设、黄河水沙调控体系建设、黄河水量调度管理系统建设、黄土高原水土保持)等投资中安排；其次，要积极申请国家科技支撑计划、国家高技术研究发展计划(863 计划)、国家自然科学基金等项目支持；最后，要全力推动"水沙过程与水环境数字模拟重点实验室"申报和建设，多途径争取模拟系统建设资金。

系统框架基本建成后，立足于"以应用带动开发，以开发促进应用"，加强黄河数学模拟系统的推广应用，通过服务黄河、服务社会，全面实现黄河数学模拟系统的良性可持续发展。

1.9 建设计划

1.9.1 近期计划

根据近期建设目标,2015 年之前,主要开展以下六个方面工作:黄河数学模拟系统集成平台建设、标准测试方案库建设和有关评价标准编制、黄河数学模型关键技术研究、已有模型的构件化改造、亟须的专业数学模型研发、数学模型集成和应用服务等。

1.9.1.1 黄河数学模拟系统集成平台建设

基于 . NET 和 ArcEngine 技术,建成黄河数学模拟系统统一的集成平台,可以满足不同来源模型组件化封装和嵌入的需要。主要建设内容包括前后处理可视化构件开发、数据模型开发以及集成环境建设等。

1.9.1.2 标准测试方案库建设和有关评价标准编制

结合黄河数据中心建设,以专题库的形式,初步建成典型问题的解析解库、经典的实验室资料库、系统的"模型黄河"资料库以及"原型黄河"资料库。满足黄河数学模型测试、率定、验证需求,同时为不同来源数学模型的对比和测试提供标准题库。

在完成模型参数不确定性和敏感性分析、模型主要误差来源分析及其计算精度评估研究的基础上,编制《黄河数学模型评价标准》,为黄河数学模型的客观评价、健康引导和应用推广提供依据。

1.9.1.3 黄河数学模型关键技术研究

根据数学模拟系统研发的需要,重点开展高含沙洪水增值成因及模拟方法研究,水库溯源冲刷过程及模拟方法研究,河道河势变化过程机理及模拟方法研究,黄土高原坡沟耦合侵蚀过程及模拟方法研究,波浪掀沙、潮流输沙过程耦合及其模拟方法研究,高含沙水流环境下不同类属污染物的沉降再悬浮、吸附解吸和降解过程及模拟方法研究,冰体热力生消、封冻河流阻力变化等过程及模拟方法研究,黄河重点河段水生生物栖息地状况与河川径流关系及鱼类生态需水研究,黄河河口淡水湿地及近海水域生态需水机理研究等。

1.9.1.4 已有模型的构件化改造

重点实现龙门、华县、河津、洑头至黄河河口数学模型标准化改造。主要模型包括龙华河洑—潼关一维水流泥沙动力学模型、三门峡水库一维水流泥沙动力学模型、小浪底水库一维水流泥沙动力学模型、黄河下游一维水质动态模型、小花间预警预报模型、黄河下游水沙预报模型等。

要求标准化后的水流构件、泥沙构件具有较好的通用性,同时可以满足古贤水库泥沙冲淤计算、宁蒙河段和北干流河道水沙演进模拟需要。面向具体应用时,只需要输入应用域的边界条件,并对可调参数(如水流挟沙能力的系数、泥沙恢复饱和系数等)作适当的验证。

1.9.1.5 亟须的专业数学模型研发

(1)基本建成黄土高原土壤侵蚀模型和水沙预报模型。主要完成年产沙经验模型、入黄支流次暴雨洪水泥沙经验模型、小流域次暴雨洪水泥沙经验模型、小流域分布式机理模型、吴堡—潼关区间泥沙预报模型等研发。能进行黄土高原重点区域和主要支流产流产沙过程模拟以及吴堡—潼关河段水沙过程预报，满足黄河水沙调控体系调度运行方案制订的需要。

(2)基本建成水库水沙调度模型。主要完成黄河小浪底水库水沙调度立面二维/三维动力学模型、水库多目标优化调度模块、沁河河口村水库水沙调度模型等研发；基于已有的水库一维动力学模型，建成万家寨水库和古贤水库一维水沙动力学模型；建立小浪底水库常规水质模拟预报模型。初步实现黄河中下游以小浪底水库为中心的水库群防洪和调水调沙水沙联合调控过程模拟与优化。

(3)基本建成河道水沙演进模型。完成黄河下游主槽一维和滩地二维水沙复合模型、灾情评估功能构件、实时校正功能构件研发；基于已有的黄河下游一维和二维水沙模型，构建基于 GIS 的黄河小北干流二维水沙演进模型和宁蒙河道一维水流泥沙动力学模型等。满足场次洪水水沙演进模拟、实时预报和灾情评估需要。

(4)基本建成黄河河口二维径潮波输沙动力学模型，完成与黄河下游河道一维水流泥沙模型的耦合嵌套，满足黄河河口流路规划和治理开发方案论证需要。

(5)基本建成黄河宁夏—内蒙古河道一维河冰动力学模型研发，可以模拟提供宁蒙河段凌期封河开河时间、冰坝形成部位及过程、河道槽蓄量及其分布、凌汛流量及水位过程等，满足凌汛预警预报需要。

(6)基本建成龙门以下干流河道一维水质模型，重点满足龙门—潼关河段汾河、渭河等支流突发性高强度输污下氨氮，潼关—三门峡以及小浪底以下河道有毒物、石油类以及苯系物等污染物的水质预测，可以快速提供污染物传播速度及其浓度变化过程等。

1.9.1.6 数学模型集成和应用服务

(1)面向防洪减灾应用系统，以组件形式将土壤侵蚀、水沙预警预报、冰情预报、水沙调控、水沙演进、灾情评估等模型进行封装，实现与已有的水库洪水调度等模型耦合，直接满足预案编制、实时调度和灾情评估等决策需要。

(2)面向水量调度管理应用系统，以组件形式将枯水期径流预报和演进、河道常规水质预报、水库水质模拟模型等进行封装，实现与径流调节模型等有机耦合，初步满足水量水质的一体化调度需要。

(3)面向水资源保护应用系统，以组件形式将河道一维水质模型进行封装，初步满足龙门—潼关河段汾河、渭河等支流突发性高强度输污下氨氮、潼关—三门峡以及小浪底以下河道有毒物、石油类以及苯系物等污染物的水质预测需要。

(4)面向水土保持应用系统，以组件形式将年产沙模型、入黄支流次暴雨洪水泥沙模型、小流域次暴雨洪水泥沙经验模型和小流域分布式水动力学模型进行封装，初步满足流域年产沙量、重点小流域和支流次暴雨产流产沙量预报。

(5)面向流域规划应用，以组件形式将龙羊峡、刘家峡、古贤、三门峡、小浪底、陆浑、故县洪水调节、电能计算模型，宁蒙河段、龙潼河段、黄河下游以及干流水库水沙输移模型进行封装，初步实现汛期水沙调节、非汛期径流调节(包括防凌)、水流泥沙计算、动能指标模拟等耦合计算，初步满足黄河水沙调控体系建设论证需要。

(6)黄河数学模拟系统的集成和应用服务。基于统一集成平台，以组件形式将一维恒定流/非恒定流水流构件、立面二维水流构件、三维水流构件、二维潮流构件、二维波流构件、河冰构件、水质构件、侵蚀产沙构件、水流挟沙能力模块、挟沙能力级配模块、沉速计算模块、床沙级配调整模块、动床阻力模块、河床变形计算模块等进行封装，以模型库的形式实现各类构件/模块的存储管理、融合提取和展示应用等。

1.9.2 远期计划

根据远期建设目标，到2020年，建成完善的黄河数学模拟系统可视化集成平台、测试案例库和标准体系；全面建成满足防汛减灾、水资源管理与调度、水资源保护、水土保持和流域规划的各类数学模型，黄河数学模拟系统在黄河治理开发、保护与管理中发挥重要作用。

1.10 作用与效益

黄河数学模拟系统是“数字黄河”工程的核心和灵魂，数学模拟系统建设将极大地提高防汛减灾、水资源管理与调度、水资源保护、水土保持和流域规划等方面的现代化水平，从而产生巨大的社会效益、经济效益和生态效益。黄河数学模拟系统的作用和效益主要体现在以下几个方面。

1.10.1 增强决策的科学性和准确性

科学的决策是建立在全面、准确的信息基础上的。黄河数学模拟系统建设可以进一步提高洪水预见期和精度、加强泥沙预报和冰情全息预报、提升水沙一体化调度和防灾减灾能力；全面提高水资源预报和需水预报精度、加强水量和水质一体化调度，提高黄河功能性不断流调控能力；完善污染事件模拟手段和水质过程模拟评价精度，全面提升水资源保护监督管理水平、增强应急响应能力；增强土壤侵蚀过程预报内容、时效和精度，满足多沙粗沙区治理措施配置和水沙调控体系建设运行需要；完善水沙耦合优化配置和调控模拟精度，全面提升满足维持河流健康生命和流域经济社会持续发展两方面需求的流域综合规划水平。总之，通过功能强大的数学模拟系统和业务应用系统开发，对黄河治理开发、保护与管理的各种方案的模拟、分析和研究，并在可视化的条件下提供决策支持，可以增强决策的科学性和准确性。

1.10.2 促进科技成果积累、融合和转化

目前，科学计算与理论研究、实体模型一起成为科学研究和技术开发的三大技术手段之一，软件已经成为科技创新不可或缺的重要技术手段。据不完全统计，在我国的科技成果中，有一半以上是以软件作为工具获得的。黄河数学模拟系统作为一种载体，可以用准确的数学符号将我们对河流规律性研究表达和记录下来，将各类零星的知识积累和融合起来，并在黄河治理开发、保护和管理的实践中检验校正和完善优化；黄河数学模拟系统作为一个平台，可以为不同理论背景、不同来源的数学模型提供统一的应用服务平台，通过不断的比较筛选和融合提高，使科技成果不断在维持黄河健康生命研究和实践中发挥重要作用。

1.10.3 提高黄河水利科技自主创新能力

黄河数学模拟系统建设需要自主开发和完善面向防汛减灾、水资源管理与调度、水资源保护、水土保持、流域规划等需求数学模型体系，需要开展大量的水利科学问题的研究和关键技术问题的攻关，从而可以提升黄河水利科技原始创新的能力；黄河数学模拟系统建设需要实现各类数学模型的有效集成，需要实现水利专业基本理论、IT 技术和 3S 技术的完备耦合，需要满足河流自然系统和经济社会系统的有效融合，从而可以提高黄河水利科技集成创新能力；黄河数学模拟系统建设需要引进各类先进的模型和方法，掌握其核心技术，并加以改进完善，从而可以提高黄河水利科技引进消化、吸收和再创新能力。总之，黄河数学模拟系统建设，可以充分发挥科研人员的积极性和潜能，极大地提高黄河水利科技的自主创新能力。

建　设　篇

第2章　系统支撑平台建设

黄河水沙模拟系统是研究黄河水沙运动规律、预测河道演变趋势、优选治黄措施的重要手段。根据黄河调水调沙和治理开发的需要，在黄河基础地理信息和水文泥沙数据库平台支持下，耦合和集成各类专业数学模型，构建基于地理信息系统（GIS）、多空间层次、多传质耦合的黄河水沙模拟系统，图2-0-1为水沙模拟系统总体框架。该系统主要包括前处理模块、水沙输移模拟组件、后处理模块以及帮助和辅助工具模块。

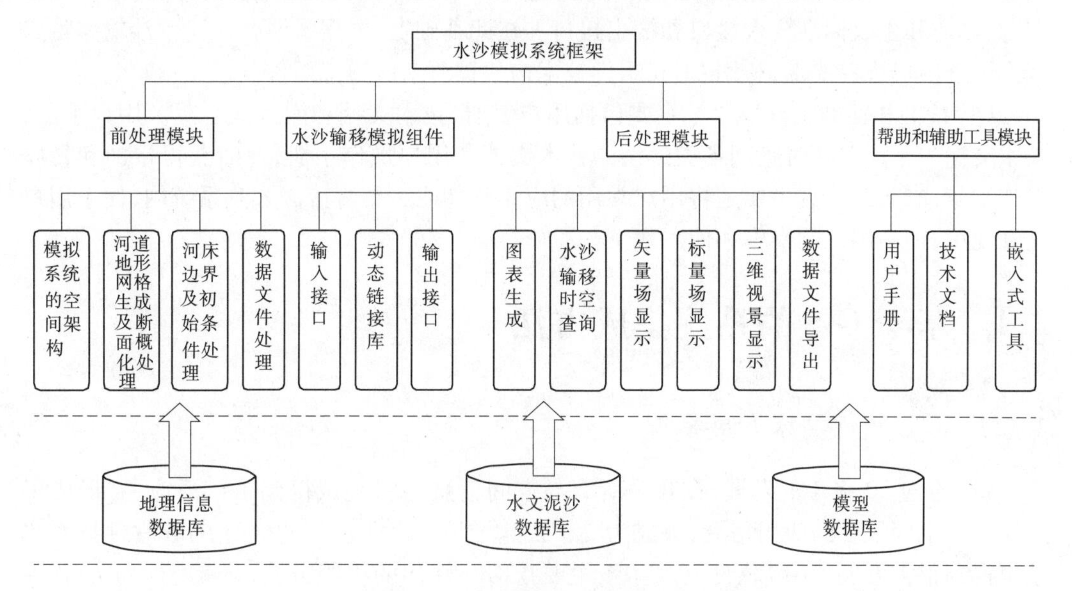

图2-0-1　水沙模拟系统总体框架

（1）前处理模块。主要包括模拟系统的空间架构、河道地形网格生成及断面概化处理、河床边界及初始条件处理、数据文件处理等功能。模拟系统的空间架构是用户通过GIS一般功能直接将一维或二维模型模拟区域的边界、断面位置、河网结构、观测点、河道建筑物（如控导工程、生产堤等）等空间位置和属性数据在电子地图中进行设置或从地理基础数据中获取相关属性数据，该功能主要是通过构建水沙数据模型实现的；网格生成类型主要有三角形、正交四边形网格及其混合网格，地形生成主要是指河道主槽地形的生成，断面概化是利用RGTOOLS软件处理完成的；河床边界及初始条件处理功能主要是对模型进出口边界及内边界条件与初始条件进行设置和赋值；数据处理功能主要是对输入各类文件内容或格式进行标准化处理或转换；前处理模块还可以利用GIS的数据库或VB 2005数据库功能从地理信息数据库或水文泥沙数据库中获取数据。

（2）后处理模块。主要包括水沙输移空间查询、矢量场和标量场显示、三维视景动画、图表生成和数据文件导出。水沙输移空间查询主要是将模型数据库与空间地理信息或模拟系统空间架构进行有机结合，实现水流、泥沙和水质等各类要素时空变化过程的跟踪显示和查询;矢量场和标量场显示主要利用 ArcEngine 9.2 组件和 VB 2005 开发了网格结点矢量场和网格单元标量场的动态显示功能;三维视景显示是基于河道地形和地物等三维地理空间信息与水流、泥沙计算成果结合,实现三维视景动态显示的;图表生成和数据文件导出主要是将模型计算结果通过图表的形式或不同类型的文件格式输出给用户,便于用户进一步分析和计算;后处理模块也可以利用 GIS 的数据库或 VB 2005 数据库功能从地理信息数据库、水文泥沙数据库、模型数据库中获取数据。

(3)水沙输移模拟组件。主要包括输入接口、动态链接库和输出接口。动态链接库主要是专业技术人员利用高级语言(如 Fortran 语言)编制各类用于水沙输移模拟的计算模块生成的,它包括一维恒定流、非恒定流、输沙能力计算、非平衡输沙、河床变形、污染物输移、二维水流等计算模块;对每一个动态链接库都要根据水沙输移的特点和计算流程的要求,创建和生成标准输入接口和输出接口。在此基础上,根据黄河各河段水沙输移特点和上下进出口边界要求,利用 COM 组件技术构建黄河水沙模拟组件。

(4)帮助和辅助工具模块。主要包括用户手册、技术文档和嵌入式工具。用户手册、技术文档用于用户随时查阅各类模型的技术文档和用户操作手册,及时获得帮助和具体操作步骤;嵌入式工具主要是将用户常用的应用软件或工具直接嵌入到系统内,便于用户交互使用,提高用户的操作和使用效率。

2.1 基于 GIS 的系统集成方法

2.1.1 GIS 软件技术发展概况

GIS 经过 30 多年的发展,在几乎所有与空间信息相关领域得到了广泛应用,形成了多层次和不同尺度的应用格局,并成为一个快速增长的产业。与此同时,GIS 软件技术体系也得到很大发展。GIS 软件技术体系主要指 GIS 软件的组织方式,依赖于一定的软件技术基础,决定了 GIS 软件的应用方式、集成效率等许多方面的特点。从发展历程看,GIS 软件技术体系可以划分为以下六个阶段,如图 2-1-1 所示,即 GIS 模块、集成式 GIS、模块化 GIS、核心式 GIS、组件式 GIS 和 WebGIS。

2.1.1.1 GIS 模块

在 GIS 发展的早期阶段,由于受到技术的限制,GIS 软件只是满足于某些功能要求的一些模块,没有形成完整的系统,各个模块之间不具备协同工作的能力。

2.1.1.2 集成式 GIS

随着理论和技术的发展,各种 GIS 逐步形成大型的 GIS 软件包,如 ESRI 的 ArcInfo 模块是集成式 GIS 的典型代表。集成式 GIS 是 GIS 发展的一个重要里程碑,其优点是集成了 GIS 的各项功能,形成独立完整的系统;其缺点是系统过于复杂、庞大,从而导致开发、维护成本高,也难于与其他应用系统集成。

2.1.1.3 模块化 GIS

模块化 GIS 的基本思想是把 GIS 系统按照功能划分为一系列模块,运行于统一的基础环境之上。尽管集成式 GIS 软件也可以划分为模块,但由于模块化 GIS 对于具体工程

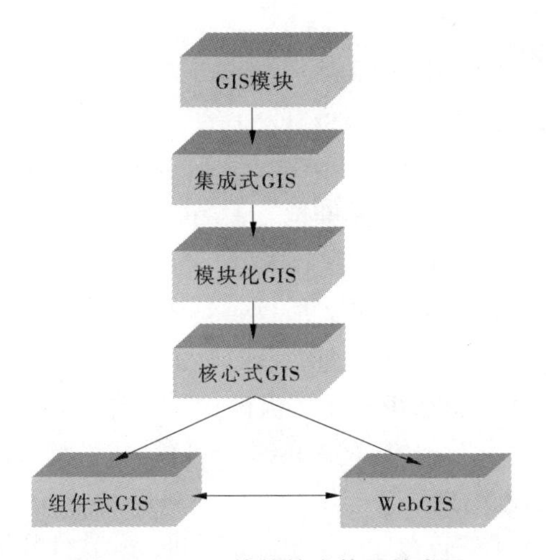

图 2-1-1　GIS 软件技术体系的发展

的针对性较强,系统的模块被有目的地划分得更细,用户可以根据需求选择所需模块。无论是集成式 GIS 还是模块化 GIS,都很难与管理信息系统以及专业应用模型集成为高效、无缝的应用系统。

2.1.1.4　核心式 GIS

为解决集成式 GIS 与模块化 GIS 的缺点,提出了核心式 GIS 的概念。核心式 GIS 被设计为操作系统的基本扩展。

Windows 系列操作系统上的核心式 GIS 提供了一系列动态链接库(DLL)。这种核心式 GIS 提供的组件过于底层,给应用开发带来一定难度,一般用户难以掌握,不适应可视化程序设计的潮流。

2.1.1.5　组件式 GIS

组件式软件技术成为了当今软件技术的潮流之一,它的出现改变了以往封闭、复杂、难以维护的软件开发模式。组件式 GIS 便是顺应这一潮流的新一代地理信息系统,是面向对象技术和组件式软件技术在 GIS 软件开发中的应用。所谓组件式 GIS,是指基于组件对象平台,以一组具有某种标准通信接口的、允许跨语言应用的组件提供的 GIS 系统。各个 GIS 组件之间,以及 GIS 组件与其他非 GIS 组件之间,可以方便地通过可视化软件开发工具集成起来,形成最终的 GIS 应用。

组件式 GIS 基于组件对象平台,具有标准的接口,允许跨语言应用,因而使 GIS 软件的可配置性、可扩展性和开放性更强,使用更灵活,二次开发更方便。组件式 GIS 不仅可以成功地解决传统 GIS 在软件开发、应用系统集成和用户学习使用等方面面临的困难,而且有利于降低成本,具有无限扩展性等特点,组件式 GIS 是当今 GIS 发展的重要趋势。

2.1.1.6　WebGIS

WebGIS 是 Internet 技术应用于 GIS 开发的产物。GIS 通过 WWW 功能得以扩展,真正成为一种大众使用的工具。从 WWW 的任意一个结点,Internet 用户可以浏览 WebGIS 站点中的空间数据、制作专题图以及进行各种空间检索和空间分析。

2.1.2 组件式 GIS 的特点

经历 30 多年的发展,GIS 正在形成完整的技术系统并逐渐建立其理论体系。GIS 应用也已形成一个多层次和不同尺度的应用格局,成为信息产业的重要组成部分。然而,计算机技术和全球信息网络技术的飞速发展,对 GIS 产生了巨大的冲击,组件式 GIS 和 WebGIS 等新兴技术应运而生。GIS 正在进入一个崭新的发展阶段。组件式软件技术已经成为当今软件技术的潮流之一,为了适应这种技术潮流,GIS 软件像其他软件一样,已经或正在发生着革命性的变化,即由过去厂家提供了全部系统或者具有二次开发功能的软件,过渡到提供组件由用户自己再开发。组件式 GIS 符合当今软件技术的发展潮流,极大地方便了系统集成和应用。同传统的 GIS 比较,这一技术具有以下几方面特点。

2.1.2.1 高效无缝的系统集成

传统 GIS 系统往往存在整合性差、需要直接访问 GIS 软件数据结构、由于频繁的文件数据交换而导致效率降低等缺陷。组件式 GIS 提供了解决以上问题的方法。它不依赖于某种开发语言,可以被嵌入到通用的开发环境实现 GIS 功能,专业模型则可以使用这些通用开发环境来实现,也可以插入其他的专业性模型分析控件。

2.1.2.2 无须专门 GIS 开发语言

一方面,传统 GIS 往往提供独立的二次开发语言,如 ArcInfo 的 AML、MGE 的 MDL、MapInfo 的 MapBasic 等。无论是对开发者还是对用户和应用开发者而言,设计、学习二次开发语言都是不小的负担。另一方面,系统所提供的二次开发语言能力往往有限,难以处理复杂问题。组件式 GIS 则不需要专门的二次开发语言,只需实现 GIS 基本功能的函数,按照组件标准开发接口。这样就减轻了 GIS 软件开发者的负担,而且增强了 GIS 软件的可扩展性。对于 GIS 应用开发者,只需熟悉基于 Windows 平台下通用集成开发环境以及组件式 GIS 各个控件的属性、方法和事件,就可以完成应用系统的开发和集成。

2.1.2.3 大众化的 GIS

组件式技术已经成为业界标准,用户可以像使用其他 ActiveX 控件一样使用组件式 GIS 控件,使非专业的普通用户也能够开发和集成 GIS 应用系统,推动了 GIS 大众化进程。组件式 GIS 的出现使 GIS 不仅是专家们的专业分析工具,同时成为普通用户对地理相关数据进行管理的可视化工具。

2.1.2.4 成本低、可重用性好

由于传统 GIS 结构封闭,往往使得软件本身变得越来越庞大,不同系统之间交互性差,系统开发难度大。对于应用系统而言,可以利用组件式 GIS 提供的采集、存储、管理、分析和模拟空间数据等功能,至于其他非 GIS 功能(如关系数据库管理、专业模型计算等),则可以使用专业人员提供的专门组件或自主开发的组件,有利于降低 GIS 软件开发成本。同时,组件式 GIS 本身又可以划分为多个控件,分别完成不同功能。用户可以根据实际需要选择所需控件,实现了量体裁衣。应用系统的结构灵活,可重用性好。

2.1.3 ArcObjcets 简述

ArcGIS 为个人用户和多用户实现 GIS 桌面操作提供了可扩展的框架,对实现地图管

理和用户自定义 GIS 功能都十分有用。ArcGIS 建立在 ArcObjects 的组件基础上，能建立完整 GIS 系统的软件集成体系，它主要包括 3 个方面的内容（见图 2-1-2）。其中，ArcGIS Desktop 是一个集成的 GIS 桌面操作软件工具集；ArcGIS Engine 能利用多种应用程序实现 GIS 功能的组件库；ArcGIS Server 能建立企业级 GIS 应用和网络服务系统，通过网络服务和应用实现。

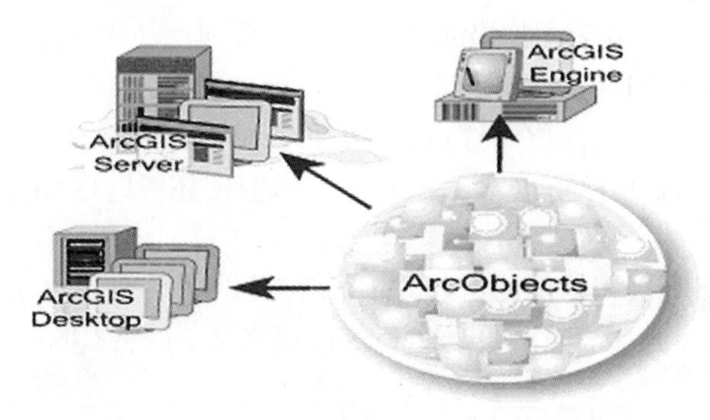

图 2-1-2　ArcObjects 组件及其应用

ArcGIS Desktop、ArcGIS Engine 和 ArcGIS Server 均建立在 ArcObjects 组件的基础之上，其应用和开发的侧重点及优缺点各有不同。从理论上讲，ArcGIS Desktop 能实现 ArcObjects组件中所有的功能和操作，其开发方式为 Visual Basic for Application，这种开发方式的优点是开发难度相对较小，开发方式很灵活，缺点是不能脱离 ArcGIS 运行环境，代码的保密性不高。

ArcGIS Engine 和 ArcGIS Server 是 ESRI 在 ArcGIS 9.0 系列中推出的新产品，其中 ArcGIS Engine 能实现大部分的 ArcObjects 组件功能，换句话讲，是 ArcObjects 的子集。它最大的优势在于能利用 VB 2005、C ++、Delphi 等支持面向对象的语言开发用户自定义的 GIS 系统或软件，且所开发出的产品能在很大程度上脱离 ArcGIS 桌面运行环境，给开发者和用户以极大的开发空间与自由度。

ArcGIS Server 更侧重于大型企业级网络应用，ArcGIS Engine 侧重于桌面单机系统。

黄河水沙模拟系统是一个集地理信息管理、空间数据分析、不同种类数学模型等多因素共同作用下的复杂系统。因此，基于 GIS 水沙模拟系统集成需要考虑以下两个方面因素：

（1）减少对计算资源耗费，提高计算效率。如果水沙数学模型在 ArcGIS Desktop 基础上进行嵌入式开发，则可视化系统不能脱离 ArcGIS 运行环境，即在运行水沙数学模型可视化系统之前必须运行 ArcGIS 桌面环境，这样势必对计算机资源造成一定程度上的浪费，运行效率也会大大降低。

（2）水沙数学模型集成主要包括模型前处理、模型计算和模型后处理。在这些过程中，有地理信息数据处理、模型边界条件定义、水流模块计算、泥沙模块计算、流场动画，含沙量数据可视化等功能组件，基于组件开发的方式可以根据系统建设需要，添加或删除功能模块或组件，像搭建积木一样建立可视化系统，系统的扩展性和可操作性都将有所提高。

综合上述组件式 GIS 的特点和优势，基于组件的 ArcGIS Engine 的特点，黄河水沙模拟系统采用 ArcGIS Engine 组件开发和集成。

2.1.4 ArcGIS Engine 组件功能及特点

2.1.4.1 ArcGIS Engine 的逻辑结构

ArcGIS Engine 是 ESRI 公司推出的 ArcGIS 9.0 系列产品中新加入的一个产品，包括 ArcGIS Engine Developer Kit 和 ArcGIS Engine Runtime 两部分，是一个包含完整类库的嵌入式 GIS 软件，它支持多语言（COM/JAVA/VB 2005/C ++）和多系统（Windows 和 Unix），开发者通过 ArcGIS Engine 除可以实现 GIS 所有功能外，还可以将 GIS 功能嵌入到现有的应用程序中。

ArcEngine 是 ESRI 公司提供的组件式 GIS，它提供一系列制图和 GIS 功能。ArcGIS 的体系结构如图 2-1-3 所示，可以看出 ArcEngine 被定位于网络 GIS 的客户端。

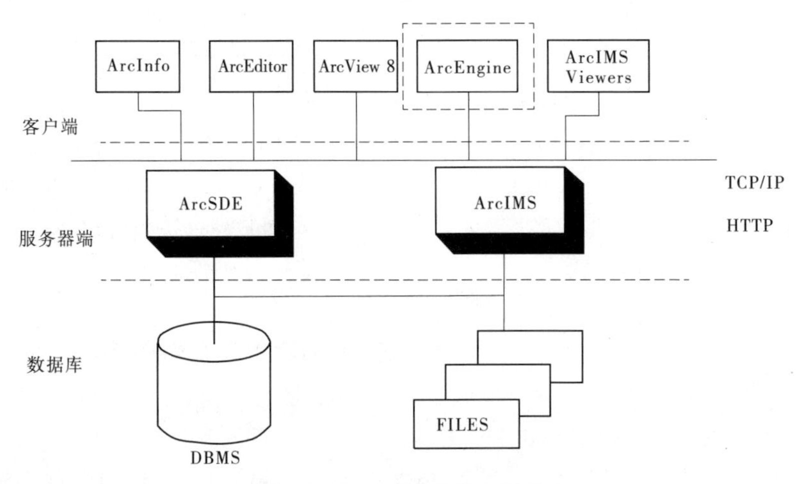

图 2-1-3 ArcGIS 的体系结构

2.1.4.2 ArcGIS Engine 组件主要特点及功能

ArcGIS Engine 是一个用于建立自定义独立 GIS 应用程序的平台，支持多种应用程序接口（Application Program Interfaces，APIs），拥有许多高级 GIS 功能，而且构建在工业标准基础之上。ArcGIS Engine 是开发人员用于建立自定义应用程序的嵌入式 GIS 组件的一个完整类库。开发人员可以使用 ArcGIS Engine 将 GIS 功能嵌入到现有的应用程序中。ArcGIS Engine 包括两个产品：Engine 开发包是组件、APIs 和工具的集合，是创建自定义的 GIS 和制图应用的工具包；Engine 运行包是为了运行自定义 Engine 应用程序的可分发的 ArcObjects。

ArcGIS Engine 组件库中的组件在逻辑上可以分为以下 5 个部分：

（1）Base Services 包含了 ArcGIS Engine 中最核心的 ArcObjects 组件，几乎所有的 GIS 组件都需要调用它们，如 Geometry 和 Display 等。

（2）Data Access 包含了访问包含矢量或栅格数据的 GeoDatabase 所有的接口和类组件。

(3)Map Presentation 包含了 GIS 应用程序用于数据显示、数据符号化、要素标注和专题图制作等需要的组件。

(4)Developer Components 包含了进行快速开发所需要的全部可视化控件，如 SymbologyControl、GlobeControl、MapControl、PageLayoutControl、SceneControl、TOCControl、ToolbarControl 和 LicenseControl 控件等。此外，该库还包括大量可以由 ToolbarControl 调用的内置 commands、tools 和 menus，它们可以极大地简化二次开发工作。

(5)Extensions 包含了许多高级功能，如 GeoDatabase Update、空间分析、三维分析、网络分析和数据互操作等。ArcGIS Engine 标准版 License 并不包含这些 ArcObjects 组件的许可，它们只是作为一个扩展而存在，需要特定的 License 才能运行。

2.1.4.3 ArcGIS Engine 的主要功能

1. 属性数据管理

地理信息系统同时包括地理数据和属性数据。地理数据与空间要素的几何信息有关，同时属性数据描述了要素的特征属性。空间数据库模型在关系数据库环境中用表格的形式保存这些信息。具有几何特征的表称为要素类，要素属性表或简称为几何数据集。只有属性信息的表称为非空间地理数据集。一个表，无论是要素类还是非空间数据集，均由行和列构成。每一行代表一个要素，每一列代表一种特征。一行也称为一个记录，一列也称为一个字段。

属性数据管理有两个级别：字段级别和表级别。在字段级别，普通的操作包括提取字段值信息，添加字段，删除字段和计算字段值，涉及对字段名称、类型和长度等的操作。在表级别，普通的操作包括在关系数据库环境中联结或链接相关数据表。

2. 地图显示功能

空间要素通常具有定位和属性特征。数据显示是选择一种符号来表示要素的定位和属性特征。制图主要考虑符号类型和符号化变量。符号类型传递了要素的类型：点符号代表点要素，线符号代表线要素，面符号代表面要素。符号化变量包括符号的颜色、大小、材质、形状、图样等。

颜色是最常用的也是经常被滥用的可视化变量，颜色具有色度、灰度值、饱和度三个变量，色度是用来区别不同颜色的变量，灰度值是颜色的明亮程度，饱和度是颜色的纯净程度。

要素渲染多用来进行要素图层绘制。要素渲染是用符号和颜色来表示不同的要素，可能基于一个或多个要素属性。一般有以下几种类型的要素渲染（见图 2-1-4）：

(1)单一值符号渲染（Simple Renderer）。对每一个要素使用相同的符号。

(2)颜色分级符号渲染（Class Bredks Renderer）。通过属性的数值特点分级别渲染，一个符号由不同的颜色、大小构成，对应于某一级别的特征值。

(3)唯一值渲染（Unique Value Renderer）。对每一个要素使用唯一的符号表示其特征，其特征值来自一个字段或多个字段值的算术值。

(4)比例符号渲染（Proportional Symbol Renderer）。根据属性字段值大小调整符号大小。

(5)点密度符号渲染（Dot Density Renderer）。用分布的点符号显示要素，点分布的密

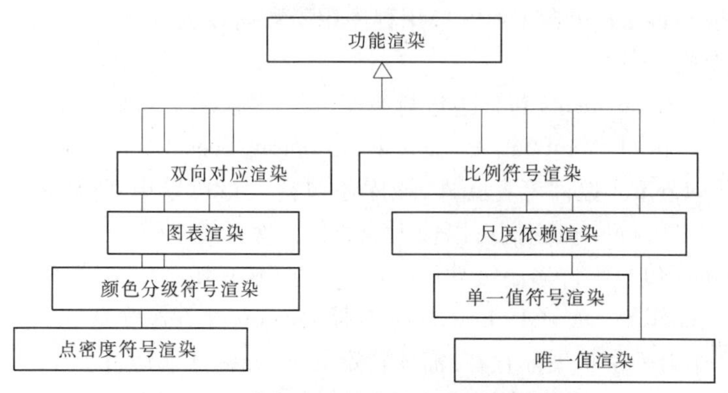

图 2-1-4　具有多种要素渲染类型的抽象类

度实现了字段的属性值大小。

(6)图表渲染(Chart Renderer)。通过饼图、柱状图或块状图表示一个或多个字段值。

3. 数据转换

GIS 的一个重要应用是对不同数据源不同数据格式的数据进行集成,因此 GIS 必定要能读取不同的数据格式并在它们之间转换。在 ArcGIS Engine 中,主要有三种类型的数据转换:不同矢量数据格式的转换,矢量数据和栅格数据的转换,读取 X、Y 坐标。

在过去的 20 年里,ESRI 推出了各种不同的矢量数据格式:ArcInfo 的 Coverage 文件,ArcView 的 Shapefiles 文件以及 ArcGIS 的 Geodatabase 文件格式。其中,Geodatabse 能采用面向对象空间数据管理矢量、栅格等数据格式。

矢量栅格数据之间的转换对地图数字化和数据分析具有十分重要的意义。矢量数据到栅格数据(或称栅格化),就是将点、线、面转换为栅格单元,同时赋予栅格单元属性值。栅格数据到矢量数据(或称矢量化),即从单元中提取点、线信息并赋予它们属性值。

4. 矢量数据分析操作

矢量数据分析是基于点、线、面对象的,同时有要素属性的分析。主要有四种矢量数据分析:缓冲区分析、叠加分析、空间联合和要素操作。

缓冲区分析为某一个要素创建特定区域的缓冲区域。参与缓冲区分析的要素必须具有空间参考信息。

叠加分析对要素形状和属性合并处理。两种最常见的叠加方法是联合与交叉,联合保存了来自不同图层要素的集合,交叉是分析输入要素的共有的部分。

空间联合通过空间关系联合来自不同图层两个要素的属性数据,例如最近邻域、包含等空间关系。

要素操作指采用各种不同方法管理来自两个不同图层的要素。与叠加分析不同的是,要素操作不需要将结果输出到另外一个图层,常见的操作有剪切、合并。

5. 栅格数据操作

在 ArcGIS Engine 中,空间分析中的相关功能可用来进行栅格数据操作。栅格数据操作的主要内容有空间数据内插为栅格数据,等高线、坡度、填挖方分析、栅格数据重采样等。

6. 三维可视化显示分析

在 ArcInfo 中,可以利用 ArcScene 和 ArcGlobe 完成三维空间数据可视化分析,同样地,在 ArcGIS Engine 中,也可以实现类似的功能,主要包括栅格矢量数据叠加、沿固定路径的三维飞行、缩放到固定目标、根据预设值录制三维场景动画、制图输出等功能。

2.1.5 基于 GIS 的黄河数学模拟系统集成模式

基于 GIS 的黄河水沙模拟系统的建立需要对 GIS 数据、基本空间处理功能与各种专业水沙输移模型进行集成。而系统集成方案在很大程度上决定了系统的适用性和效率,不同的应用领域、应用开发者所采用的系统集成方案往往不同。归纳起来,基于传统的 GIS 基础软件的集成方案主要有 4 种模式,如图 2-1-5 所示。

(1)模式 1。在 GIS 基础软件与应用分析模型之间,通过文件存取方式建立数据交换通道。在这种集成方式中, GIS 与应用分析模型通过中间文件格式交换数据,不适合于大量而频繁地交换数据的情况, 而且 GIS 基础软件与应用分析模型相互独立,系统整合性差。

(2)模式 2。直接使用 GIS 软件提供的二次开发语言编制应用分析模型。解决了模式 1 的缺陷, 但是 GIS 所提供的二次开发语言大都不能与 C、C ++ 、Fortran 等专业程序设计语言相比,难以开发复杂的应用模型。

(3)模式 3。利用专业程序设计语言开发应用模型,并直接访问 GIS 软件的内部数据结构。应用模型开发者可以根据自己的意愿选择使用何种高级语言开发复杂的应用模型,但是直接访问 GIS 软件数据结构增加了应用开发的难度。

(4)模式 4。通过动态数据交换(DDE)建立 GIS 与应用模型之间的快速通信。这是在 DDE 技术发展起来以后,对第 1 种集成方式的改进,可以避免频繁的文件数据交换所带来的效率降低,也避免了从 GIS 外部直接访问 GIS 数据结构的代价。但是,GIS 与应用模型仍然是分离的,这种拼接是“有缝”的。

根据黄河水沙模拟系统的特点和应用范围以及“数字黄河”工程建设的要求,基于 GIS 的黄河水沙模拟系统集成采用模式 3(见图 2-1-5(c))。

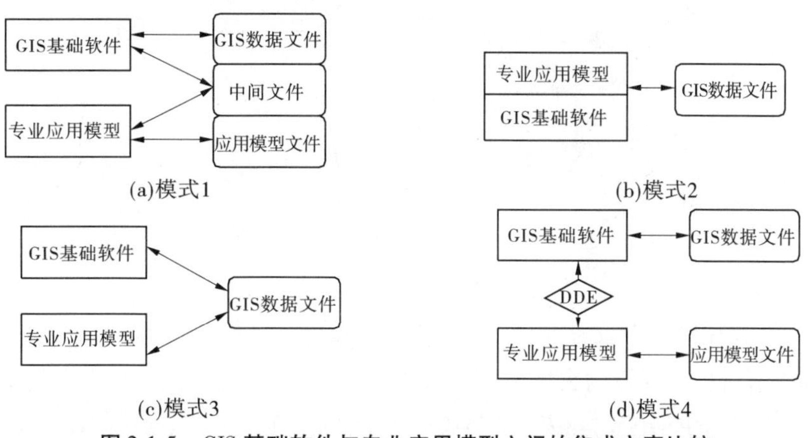

图 2-1-5 GIS 基础软件与专业应用模型之间的集成方案比较

2.2 前处理构件

2.2.1 三角形网格生成器

计算网格根据它的拓扑结构可以分为结构网格和非结构网格。前者指内点周围网格拓扑结构相同的网格,后者指内点周围网格拓扑结构随内点位置不同而可能不同的网格。显然,结构网格结构简单,便于数值处理,已经在许多数值解法中得到广泛应用。然而,由于黄河下游河道地形复杂,结构网格的适应能力受到了挑战。非结构网格由于对复杂几何模型有较好的适应能力,网格局部加密十分方便,便于自适应处理,因此为了适应黄河下游二维泥沙冲淤数学模型的需要,研制和开发了结构网格和非结构网格两种。非结构网格采用 Delaunay 三角剖分的方法。

2.2.1.1 Delaunay 方法基本原理

Delaunay 三角剖分是计算几何(Computer Geometry)中的一个重要研究课题,在实际问题中具有广泛的应用,它的基本概念和主要算法如下。

1. Voronoi 图的基本概念

Voronoi 图是一个重要的几何结构。设$\{P_i\}_{i=1}^{n}$为欧几里德平面上的一个点集,设 P 为该平面中的一点,则每一点 P_i 对应一区域 $V_i = \bigcap_{1\leqslant j\leqslant n, j\neq i}\{P: \| P - P_i \| < \| P - P_j \|)\}$,称为点 P_i 的 Voronoi 区域,点 P_i 称为 Voronoi 区域 V_i 的形成点。特别地,在二维平面上每个点对应的 Voronoi 区域也称为 Voronoi 多边形。各点的 Voronoi 多边形共同组成了 Voronoi 图,如图 2-2-1 所示。

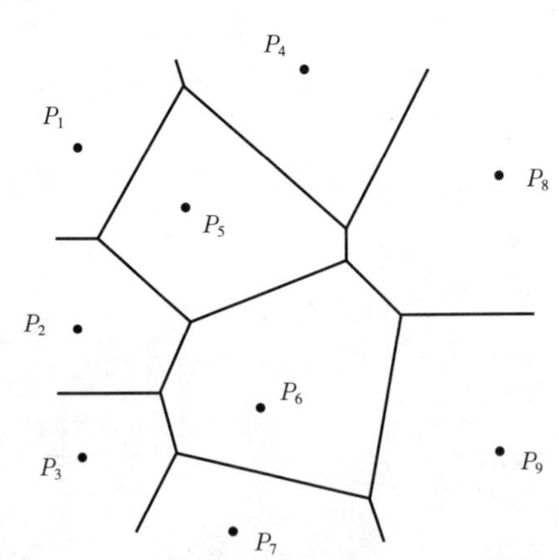

图 2-2-1 欧氏平面 9 点的 Voronoi 图示

2. Voronoi 图的几何意义及实际意义

设想在一大片林区内设置 n 个火情观察塔 $P_1, P_2, \cdots, P_n$,每个观察塔 $P_i(i=1,2,\cdots, n)$ 负责其附近林区 $V(P_i)$的火情发现及灭火任务。$V(P_i)$是由距 P_i 比距其他 $P_j(j=1, 2,\cdots,n,j\neq i)$更近的树组成,$V(P_i)$就是关联于 P_i 的一个 Voronoi 多边形,而 Voronoi 图由所有 $V(P_i)(i=1,2,\cdots,n)$组成。

如果把上述 n 个观察塔换成 n 个火源,这 n 个火源同时点燃,并以相同的速度向所有方向蔓延,那么燃烧熄灭处所形成的图便是 Voronoi 图。

平面上的 Voronoi 图也可以看做是点集 $\{P_i\}_{i=1}^n$ 中的每个点作为生长核,以相同的速率向外扩张,直到彼此相遇而在平面上形成的图形。除最外层的点形成开放的区域外,其余每个点都形成一个凸多边形。

3. Voronoi 图的对偶图

当 $\{P_i\}_{i=1}^n$ 为非共线点集时,在它所形成的 Voronoi 图中,若有两个形成点 P_i、P_j 的 Voronoi 区域有公共边,就连接这两个点,以此类推遍历这 n 个点,可以得到一个连接点集 $\{P_i\}_{i=1}^n$ 的网格,称为 Voronoi 的直线对偶图,如图 2-2-2 所示。当点集 $\{P_i\}_{i=1}^n$ 中的点均不共线,且任意四点不共圆的情况下,该网格是由三角形组成的,而当存在 4 个或 4 个以上的 Voronoi 区域有公共顶点的情况时(该情形往往成为退化情形),网格中含有多边形,由于每个多边形可以沿其对角线化成若干个三角形,因而整个网格最终也是可以化成三角形网格的。特别地,当不存在退化情形时,该三角网格还是唯一确定的。

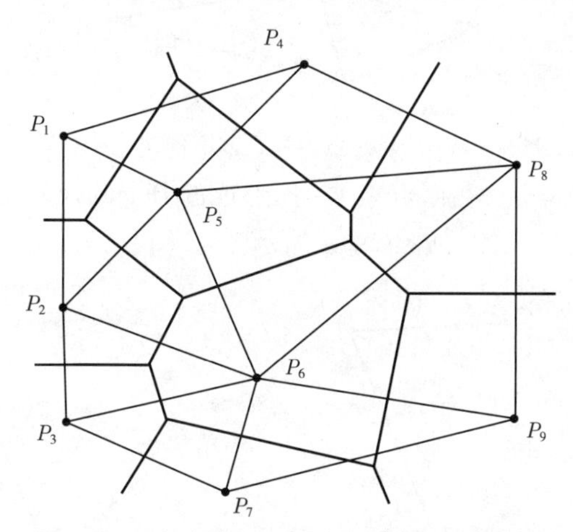

图 2-2-2　欧氏平面 9 点 Voronoi 图的对偶图

4. Voronoi 图的性质

性质 1:n 个点的点集 P 的 Voronoi 图至多有 $2n-5$ 个顶点和 $3n-6$ 条边。

性质 2:每个 Voronoi 点恰好是 3 条 Voronoi 边的交点。

性质 3:Voronoi 图的对偶图实际上是点集的一种三角剖分,该三角剖分就是 Delaunay 三角剖分。

性质 3 说明了可以用构造 Voronoi 图的方法来求平面点集的三角剖分,但实际中由于该方法的算法效率不高,这种方法较少使用。

2.2.1.2　Delaunay 三角网的定义及其特征

1934 年,B. Delaunay 由 Voronoi 图演化出更易于分析应用的 Delaunay 三角网,从此 Voronoi 图和 Delaunay 三角网就成为被普遍接受和广泛采用研究区域离散数据的有力工具。

1. 定义

有公共边的 Voronoi 多边形称为相邻的 Voronoi 多边形。连接所有相邻的 Voronoi 多边形的生长中心所形成的三角网称为 Delaunay 三角网，即 Voronoi 图的对偶图。

2. 性质

Delaunay 三角网的外边界是一个凸多边形，它由连接 Voronoi 图中的凸集形成，通常称为凸壳。Delaunay 三角网具有两个非常重要的性质。

(1)空外接圆性质。在由点集 V – 所形成的 Delaunay 三角网中，其每个三角形外接圆均不包含点集 V 中的其他任意点，如图 2-2-3 所示。

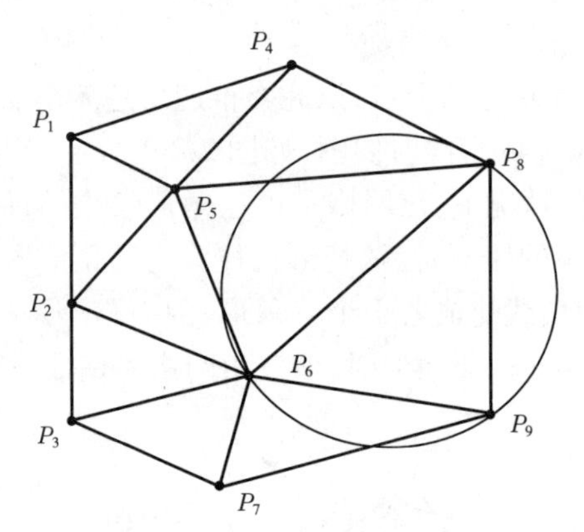

图 2-2-3　Delaunay 三角剖分的外接圆示意图

(2)最大最小角度性质。在由点集 V – 所形成的 Delaunay 三角网中，Delaunay 三角网中三角形的最小角度是最大的，如图 2-2-4 所示。

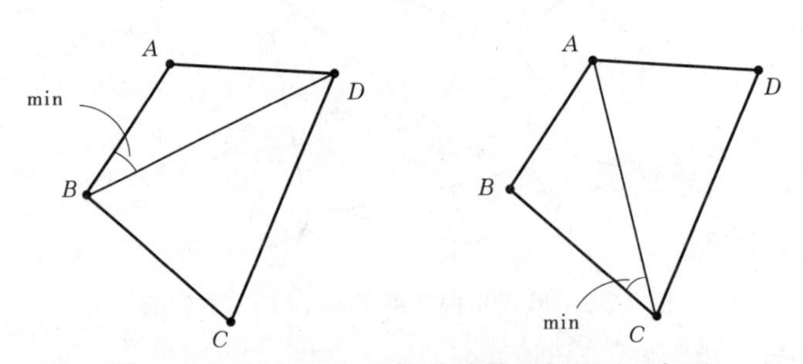

图 2-2-4　Delaunay 三角剖分的最小角原则示意图

从图 2-2-4 可以清晰地看出，左图三角形中的最小角 $\angle ABD$ 小于右图中三角形的最小角 $\angle ACB$，故在 Delaunay 三角剖分中，右图为最优选择。

这两个特性决定了 Delaunay 三角网具有极大的应用价值。Miles 证明了 Delaunay 三角网是“好的”三角网；Lingas 进一步论证了“在一般情况下，Delaunay 三角网是最优的”。以上定义及性质是建立 Delaunay 三角网的算法依据。

3. 算法回顾

Tsai 根据实现过程，把生成 Delaunay 三角网的各种算法分为三类：分治算法、逐点插入法和三角网生长法。

1)分治算法

Shamos 和 Hoey 提出了分治算法思想，并给出了一个生成 Voronio 图的分治算法。Lewis 和 Robinson 将分治算法思想应用于生成 Delaunay 三角网，给出了一个“问题简化”

算法,递归地分割点集,直至子集中只包含三个点而形成三角形,然后自下而上地逐级合并生成最终的三角网。后来,Lee 和 Schachlter 又改进和完善了 Lewis 和 Robinson 算法。

Lee 和 Schachlter 算法的基本步骤是:把点集 V 以横坐标为主,纵坐标为辅按升序排序,然后递归地执行以下步骤:

(1)把点集 V 分为近似相等的两个子集 V_L 和 V_R;

(2)在 V_L 和 V_R 中生成三角网;

(3)用 Lawson 提出的局部优化算法 LOP 优化所生成的三角网,使之成为 Delaunay 三角网;

(4)找出连接 V_L 和 V_R 中两个凸壳的底线和顶线;

(5)由底线至顶线合并 V_L 和 V_R 中两个三角网。

以上步骤显示,分治算法的基本思路是使问题简化,把点集划分到足够小,使其易于生成三角网,然后把子集中的三角网合并生成最终的三角网,用 LOP 算法保证其成为 Dealunay 三角网。不同的实现方法可有不同的点集划分法、子三角网生成法及合并法。

2)逐点插入法

Lawson 提出了用逐点插入法建立 Delaunay 三角网的算法思想。Lee 和 Schachlter, Bowyer, Watson, Sloan, Macedonio 和 Pareschi, Floriani 和 Puppo, Tsai 先后进行了发展和完善。

逐点插入算法的基本步骤是:

(1)定义一个包含所有数据点的初始多边形,一般为矩形;

(2)在初始多边形中建立初始三角网,然后迭代以下步骤,直至所有数据点都被处理;

(3)插入一个数据点 P,在三角网中找出包含 P 的三角形 t,把 P 与 t 的三个顶点相连,生成三个新的三角形;

(4)用 LOP 算法优化三角网。

从上述步骤可以看出,逐点插入算法的思路非常简单,先在包含所有数据点的一个多边形中建立初始三角网,然后将余下的点逐一插入,用 LOP 算法确保其成为 Delaunay 三角网。各种实现方法的差别在于其初始多边形的不同以及建立初始三角网的方法不同。

3)三角网生长法

Green 和 Sibson 首次实现了一个生成 Dirichlet 多边形图的生长算法。Brassel 和 Reif 稍后也发表了类似的算法。McCullagh 和 Ross 通过把点集分块和排序,改进了点搜索方法,减少了搜索时间。Maus 也给出了一个非常相似的算法。

三角网生长算法的基本步骤是:

(1)以任一点为起始点;

(2)找出与起始点最近的数据点相互连接形成 Delaunay 三角形的一条边作为基线,按 Delaunay 三角网的判别法则(即它的两个基本性质),找出与基线构成 Delaunay 三角形的第三点;

(3)基线的两个端点与第三点相连,成为新的基线;

(4)迭代以上两步直至所有基线都被处理。

上述过程表明,三角网生长算法的思路是先找出点集中相距最短的两点连接成为一条 Delaunay 边, 然后按 Delaunay 三角网的判别法则找出包含此边的 Delaunay 三角形的另一端点, 依次处理所有新生成的边,直至最终完成。各种不同的实现方法多在搜寻“第三点”上做文章。

Tsai 为比较算法性能,给出了一张各种算法的时间复杂度对照表(见表 2-2-1)。

表 2-2-1　几种 Delaunay 三角网生成算法的时间复杂度对照

算法		一般情况	最坏情况
分治算法	Lewis 和 Robinson(1978)	$O(N\lg N)$	$O(N^2)$
	Lee 和 Schachlter(1980)	$O(N\lg N)$	$O(N\lg N)$
	Dwyer(1987)	$O(N\lg\lg N)$	$O(N\lg N)$
	Chew(1989)	$O(N\lg N)$	$O(N\lg N)$
逐点插入法	Lawson(1977)	$O(N^{4/3})$	$O(N^2)$
	Lee 和 Schachlter(1980)	$O(N^{3/2})$	$O(N^2)$
	Bowyer(1981)	$O(N^{3/2})$	$O(N^2)$
	Watson(1981)	$O(N^{3/2})$	$O(N^2)$
	Sban(1987)	$O(N^{5/4})$	$O(N^2)$
	Macedonio 和 Pareschi(1991)	$O(N^{3/2})$	$O(N^2)$
三角网生长法	Green 和 Sibson(1978)	$O(N^{3/2})$	$O(N^2)$
	Brassel 和 Reif(1979)	$O(N^{3/2})$	$O(N^2)$
	MaCullagh 和 Ross(1980)	$O(N^{3/2})$	$O(N^2)$
	Mirante 和 Weigarten(1982)	$O(N^{3/2})$	$O(N^2)$

注:N 为数据点数,$O(f(N))$表示算法的时间复杂度, 它以算法中频度最大的语句频度 $f(N)$ 来度量。

2.2.1.3　Delaunay 三角网格自动生成算法

Delaunay 三角网格自动生成技术与 Delaunay 三角网的生成不同,前者注重于理论的研究及其完备性,而后者注重于利用 Delaunay 三角网的原理进行实际工程的应用。Delaunay 三角网格自动生成技术发展到现在,已经出现了大量的不同算法。一般可以将其分为以下三大类: 以 Bowyer 和 Green、Sibsons 为代表的计算 Voronoi 图方法,以 Watson 为代表的空外接圆法和以 Lawson 为代表的对角线交换算法。一般来说,直接计算 Voronoi 图的方法比较复杂,所需内存大,计算效率低。随着空外接圆法及对角线交换法的出现,这类方法现已很少采用。Lawson 算法特别适用于二维 Delaunay 三角化,它不存在像 Watson 算法中出现的退化现象,对约束情况同样适用,计算效率高。但在三维情况下,对角线交换的推广变成了对角面交换,而对角面交换将可能改变区域体积和外边界,因此 Lawson 算法不能直接推广到三维情况。Watson 算法概念简单, 易于编程实现,也能够实现约束三角化,而且通过一些适当修改。例如,增加每一单元的相邻单元数据结构等,可以将对三角形的搜索局限在新点所在单元的近邻之中,从而大大提高了原算法效率，因此该法的应用频度最广，该方法也是逐点插入法的一种应用，但该法也易出现所谓退化现象或产生所谓 Sliver 单元。

Delaunay 三角形剖分原理的主要概念是 Delaunay 三角形剖分及 Voronoi 图，如前述。

2.2.1.4 给定边界及内点集的 Delaunay 三角形剖分

对于给定的有序边界点集，按照逆时针生成 NB 个有向边界线段，记为$((IB(I,J), J=1, 2), I=1, NB)$。对于内点集记为$(NA(I), I=1, N0)$。为逐步生成三角形网，把计算区域及有向边界段集合看成动态的。任取这些有向边界段集合中一个，按照 Delaunay 三角形剖分原理由其他有向边界上的点及内点中找到与其相应的点构成一个三角形，计算区域去掉这一三角形构成一新的计算区域及边界，于是形成新的有向边界线段集合。继续下去，直到只有三个边界段形成最后一个三角形。

假定有边界有向线段 p_ip_j，坐标是(x_i, y_i)、(x_j, y_j)，要找点 $p_k(x_k, y_k)$与它构成三角形，它应当满足如下三个条件：

(1)p_k 在边界有向线段 p_ip_j 的左侧。

(2)p_k 与 p_i、p_j 构成的三角形外接圆中无其他结点，即其外接圆心到 p_ip_j 有向距离最小。

(3)p_ip_k、p_jp_k 与边界线段不相交。

2.2.1.5 工程应用中的一些问题处理

本网格生成器对工程实际中出现的各种边界及建筑物定义如下：

(1)有向线段。有向线段 p_ip_j 是指由点 p_i 到 p_j 的方向线段，且它的左侧是计算区域。

(2)计算区域。由相接及不相接有向线段围成的连通及不连通二维区域。或者说，由有向线段集合围成的封闭区域。

(3)计算边界。包括上水边界、下水边界、陆边界、隐性内陆边界。

(4)内岛。由计算区域围成的面积非零的非计算区域。由部分有向线段(反向)围成，它的左侧是计算区域。

(5)挡水板。由计算区域围成的面积为零的双向陆边界。实际处理时微移某些点，形成内岛，然后按面积很小的内岛处理。

(6)隐性内陆边界。这主要是为处理黄河的生产堤而设计的。黄河下游段除大堤外，存在大量的生产堤，一般不过水，在数值模拟计算中将其按照一般地形处理一般是不合适的。本书将这些生产堤处理成不过水的双向陆边界(平面上)，三角形单元结点布置在这些生产堤上，不允许三角形单元边与生产堤相交。

(7)丁坝。按双向陆边界处理，由于边界定义、处理的原因，所有具有相同坐标而有不同编号(实际物理意义是不同的)的点在本网格生成器内都进行处理，修改为不同坐标。

2.2.1.6 网格光滑计算

网格光滑的目的是使得网格内的结点分布均匀，当单元尺寸变化时使其变化自然过渡。光滑的思想是每一内点移动到新位置，一般应当在与此点相关的单元，并构成区域的中心附近。由于结点位置变化，为使网格的整体形态好，应当伴随着网格优化，重新调整网格的拓扑结构。

2.2.1.7 网格生成主要流程

步骤一:数据输入。

(1)结点数 N;首尾相接外边界点数(K_CTR);内点数(N0,可以是零);水边界段数(NW);内岛数(NDAO,可以是零);隐内陆边界段数(NZ0LIN,可以是零)。

(2)结点序号,坐标及间隔值(K,X,Y,D)。

(3)外边界结点号(CTR_IN,逆时针,封闭)。

(4)内岛起点,终点号(INDAO(L,1),INDAO(L,2),对计算区域逆时针)。

(5)内结点号(NA,没有内点不输入)。

(6)水边界起点,终点号(PW,入水加负号)。

(7)隐内陆边界每段的起点,终点号。

步骤二:数据标准化。

(1)标准化结点坐标数据。

(2)对边界数据处理(形成边界线段表):处理区域外边界数据,处理内岛数据,处理隐内陆边界。

(3)显示区域轮廓。

步骤三:输入数据处理。

(1)处理不同物理点号而具有相同坐标的结点(HANDLE_SAMC_DIFN)。

(2)修改不合理的结点间隔值,使每一段边界至少有一个插值点(可调整)(MODIFY_D_INSERT)。

(3)通过自动插入内点交互实现合理大单元剖分,见子段 DAN2 及 INSERT_INSIDE_POINTS。

步骤四:生成大单元网格。

由边界数据及内点数据生成并显示大单元网格,通过加入内点和边界点方法改善大单元,这一过程应反复进行,直到满足精度要求。

步骤五:对大单元网 JIA 计算实现。

(1)建立网格边点号,并把大单元的三个点号改记对应边号。

(2)在此过程中记录计算区域的边界边、内部边及隐内边界特征。例如:第 I 个单元的第 J 个边号是 L = JIA(I,J);它的两个点号是 JBA(L,1),JBA(L,2);边界特征是 K = IC(L)。

其中,K = 1 表示水陆边界;K = 2 表示内部边界;K = 5 表示隐性内陆边界。

步骤六:

(1)对大单元的各边(共有 NJIA 条)进行一维剖分,记录各边插入点(至少 1 点)的坐标及间隔值。第 L 条边插入的点号是 IDP(L) + 1,…,IDP(L + 1)。

(2)对大单元的各边循环,如果是边界边记录信息数组为最后边界信息输出做准备。INBOUND(K,J),J = 1,2,3,4。分别对应第 K 条边的起点号,插入点的起点号,插入点的终点号,边的终点号。

步骤七:

对 NJIA 个大单元循环(L = 1,NJIA)分别生成小单元累加到单元数组(IA)中。

(1)计算大单元 L 逆序的点号(I1,I2,I3)。

(2)计算大单元边上的小边界有向线段,它们对于此单元是逆序的。记为((IB(I,J),J=1,2),I=1,NB)。

(3)调用子段 TWO(NB,I1,I2,I3),它生成大单元的内点(另外说明)NA(I),I=1,N0,并调用子段 DAN2(功能是已知边界段 IB 及内点 NA 生成单元 IA,另外说明)生成单元 IA。

(4)循环结束时生成全部小单元:((IA(I,J),J=1,3),I=1,LA)显示大单元中小单元集合。

步骤八:计算全区域网格的边界点及内点。

(1)边界点的计算:

对大单元边循环(L=1, NJIA),若是水陆边界(IC(L) = 1)或隐性内边界(IC(L) = 5),则通过边的端点及插入点构成(内)边界段,((IB(I,J),J = 1,2),I=1,NB)。

(2)内点的计算:全部结点集去掉边界点成为内点,(NA(L),L=1,N0)。

步骤九:对三角形网格进行次光滑(可以是零次)。

(1)如果区域 X 方向直径较 X 方向直径长,则坐标逆时针旋转 90°。

(2)把内部结点移动到与之相关单元构成区域的质量中心(见光滑子段)。

(3)用子段 DAN2 对已知边界 IB 及新更新的内点 NA 进行 D-氏三角剖分(优化单元形态)。

(4)如果区域 X 方向直径较 X 方向直径长,则坐标顺时针旋转 90°。

(5)显示三角形网格。

2.2.2 四边形网格生成器

四边形网格包括正交四边形网格和非正交四边形网格。其中,基于曲线坐标系的正交曲线网格是河流模拟中最常用的网格,在其生成方法中,用得较多的是求解椭圆方程的泊松变换和拉普拉斯变换方法。

2.2.2.1 正交四边形网格生成方法

生成正交曲线网格的方法主要有代数生成法、共映照法和椭圆形方程法等。其中,又以 20 世纪 70 年代中期 J. F. Thompson 等提出的椭圆形方程法应用较多。以平面问题为例,选用一组椭圆形方程作为控制方程并进行坐标转换,其形式为

$$\begin{cases} \nabla\xi = p(x,y) \\ \nabla\eta = q(x,y) \end{cases} \tag{2-2-1}$$

式中:$p(x,y)$、$q(x,y)$为调节因子,相当于点源。式(2-2-1)的物理意义在于:由物理平面内一点(x,y)求计算平面内一点(ξ,η)。由于物理平面不规则,边界条件也不好应用;反过来看,由计算平面内一点(ξ,η)求物理平面内对应点(x,y),则问题可大为简化,因为计算平面为一边界分别平行于坐标轴的长方形,边界规则且内部结点只需取在整数坐标上即可进行数值计算。此时,方程组表示为

$$
\begin{cases}
\alpha \dfrac{\partial^2 x}{\partial \xi^2} - 2\beta \dfrac{\partial^2 x}{\partial \xi \partial \eta} + \gamma \dfrac{\partial^2 x}{\partial \eta^2} = -J^2\left(P \dfrac{\partial x}{\partial \xi} + Q \dfrac{\partial x}{\partial \eta}\right) \\
\alpha \dfrac{\partial^2 y}{\partial \xi^2} - 2\beta \dfrac{\partial^2 y}{\partial \xi \partial \eta} + \gamma \dfrac{\partial^2 y}{\partial \eta^2} = -J^2\left(P \dfrac{\partial y}{\partial \xi} + Q \dfrac{\partial y}{\partial \eta}\right)
\end{cases}
\tag{2-2-2}
$$

式中，$\alpha = x_\eta^2 + y_\eta^2$，$\beta = x_\xi x_\eta + y_\xi y_\eta$，$\gamma = x_\xi^2 + y_\xi^2$。已知边界条件：$(\xi_i, \eta_i) \Leftrightarrow (x_i, y_i)$，$(\xi_i, \eta_i)$，$(x_i, y_i)$分别为两平面计算边界上的对应点。

关于式(2-2-2)的解法，此方程组为带有非常源项的各向异性扩散问题，且 x、y 交互在一起，求解非常困难，这里采用有限分析法进行数值计算，离散格式为

$$
\begin{cases}
x_{i,j} = \dfrac{\alpha(x_{i+1,j} + x_{i-1,j}) + \gamma(x_{i,j+1} + x_{i,j-1}) - 2\beta \dfrac{\partial^2 x}{\partial \xi \partial \eta} + J^2\left[\dfrac{\partial}{\partial \xi}\left(\dfrac{\partial p}{\partial x}\right) + \dfrac{\partial}{\partial \eta}\left(\dfrac{\partial Q}{\partial x}\right)\right]}{2(\alpha + \gamma)} \\
y_{i,j} = \dfrac{\alpha(y_{i+1,j} + y_{i-1,j}) + \gamma(y_{i,j+1} + y_{i,j-1}) - 2\beta \dfrac{\partial^2 y}{\partial \xi \partial \eta} + J^2\left[\dfrac{\partial}{\partial \xi}\left(\dfrac{\partial p}{\partial y}\right) + \dfrac{\partial}{\partial \eta}\left(\dfrac{\partial Q}{\partial y}\right)\right]}{2(\alpha + \gamma)}
\end{cases}
\tag{2-2-3}
$$

若式(2-2-3)中调节因子反函数形式 $p(\xi,\eta)$、$q(\xi,\eta)$为 0，即变为求解 Laplace 方程，求解 Laplace 方程生成网格具有以下特点：

(1)所得网格线是光滑的；

(2)当网格步长足够小时可以处理复杂边界；

(3)只能通过调整边界值来控制物理区域的网格疏密；

(4)较难实现内部点的控制。

为了控制内部点的分布，$p(\xi,\eta)$、$q(\xi,\eta)$则不可同时取为 0，此时方程(2-2-2)为 Poisson 方程。目前，源项的取值可分为两大类：一类是根据正交性和网格间距的要求直接导出 $p(\xi,\eta)$、$q(\xi,\eta)$的表达式；另一类是在迭代过程中根据源项的变化情况，采用人工控制实现所期望的网格。

Thompson 建议 $p(\xi,\eta)$、$q(\xi,\eta)$的函数表达式为

$$
p(\xi,\eta) = -\sum_{i=1}^{n} a_i \operatorname{sign}(\xi - \xi_i)\exp(-c_i|\xi - \xi_i|) - \sum_{j=1}^{m} b_j \operatorname{sign}(\xi - \xi_j)\exp\left[-d_j\sqrt{(\xi - \xi_j)^2 + (\eta - \eta_j)^2}\right] \tag{2-2-4}
$$

$$
q(\xi,\eta) = -\sum_{i=1}^{n} a_i \operatorname{sign}(\eta - \eta_i)\exp(-c_i|\eta - \eta_i|) - \sum_{j=1}^{m} b_j \operatorname{sign}(\eta - \eta_j)\exp\left[-d_j\sqrt{(\xi - \xi_j)^2 + (\eta - \eta_j)^2}\right] \tag{2-2-5}
$$

式中：a_i、b_j 为控制物理平面上向 ξ、η 对应的曲线密集度和向(ξ,η)对应的点密集度，取值 10 ~ 1 000；c_i、d_j 为控制网格线的密集程度的渐次分布，称为衰减因子，取值 0 ~ 1，这种算法一般需要多次试算确定 a_i、b_j、c_i、d_j。

本书采用 Thomas 与 Middlecoef 提出的一种可以控制网格线与边界的正交性的方法，该方法的最大优点就是不需通过试算来调整参数。

Thomas 与 Middlecoef 假定源函数取以下形式

$$p(\xi,\eta) = \phi(\xi,\eta)(\xi_x^2 + \xi_y^2) \quad q(\xi,\eta) = \psi(\xi,\eta)(\eta_x^2 + \eta_y^2) \tag{2-2-6}$$

其中

$$\phi = -\frac{y_\xi y_{\xi\xi} + x_\xi x_{\xi\xi}}{x_\xi^2 + y_\xi^2} \quad \psi = -\frac{y_\eta y_{\eta\eta} + x_\eta x_{\eta\eta}}{x_\eta^2 + y_\eta^2}$$

2.2.2.2　正交四边形网格的尺度与正交性

网格的尺度应与计算的区域和研究的对象尺度相匹配,并非越小越好,且尽量使网格密度过渡平顺,即网格的光顺性问题。目前,可采用 Richardson 外推法和网格自适应方法确定网格密度和网格长宽比,研究表明相邻两个网格单元之间的尺度变化保持在 1.5 ~ 2.0,最好在 0.8 ~1.2 不会对计算结果产生重大影响。

非正交的计算网格在计算中可能会引入以下误差:

(1)沿控制体界面的扩散项可以分为垂直于界面的正交扩散项和垂直于控制体中心连线的交叉扩散项,但目前一般无法准确考虑交叉扩散项引起的误差。

(2)在计算过程中,常需将变量由控制体中心插值到界面,在网格非正交的情况下,插值过程将引入不可忽略的误差。

(3)在基于正交曲线系的控制方程求解中,网格非正交将引入相对较大的计算误差,即使是基于非正交坐标系离散的方程,仍应尽量保证网格夹角不小于 45°。

2.2.2.3　网格生成主要流程

网格的生成可采用边界和断面控制法,具体做法为:

(1)绘制天然河道轮廓线,根据河道走势在河道上布置控制断面,控制断面要能基本反映河道走势,见图 2-2-5。

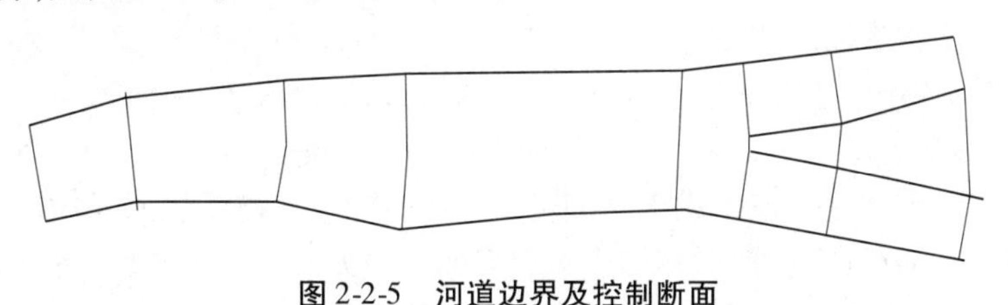

图 2-2-5　河道边界及控制断面

(2)输入每一子河段的纵、横网格个数或步长尺度,断面之间则可按设定距离(网格数)进行结点划分,得到初始网格。

(3)采用式(2-2-3)进行迭代,便可得到正交曲线网格,见图 2-2-6。

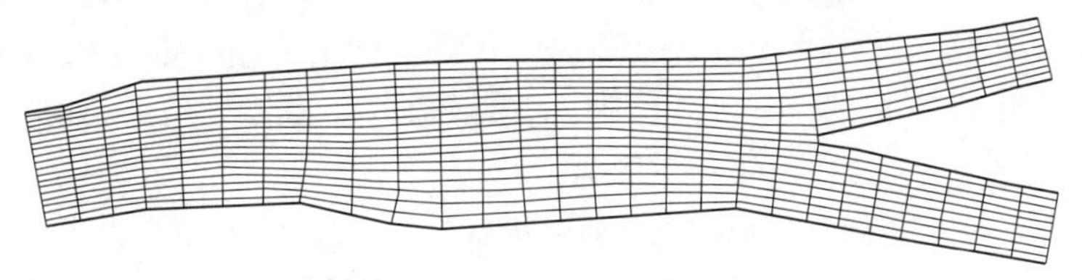

图 2-2-6　河道四边形网格剖分图

2.2.2.4　正交四边形网格的适用性

正交四边形网格在边界不太复杂的情况下,因其生成相对较为简单、便于前后处理,且可保证网格走向顺应主槽方向,应用较为广泛,见图2-2-7。但它对于具有复杂内外边界情形适应能力有限,难以保证主槽和滩地同时正交或顺应水流方向。

以在黄河应用为例,在类似于黄河这种主槽弯曲、滩地宽阔的复杂边界河流中,正交曲线网格因难以保证主槽和滩地同时顺应水流方向,造成网格横跨主槽,见图2-2-8。基于此种网格对水流在主槽演进计算时,由于主槽网格走势与水流方向不一致且主槽内网格分布数量过少,会导致数值耗散或地形插值误差过大,对数学模型计算精度产生一定影响。

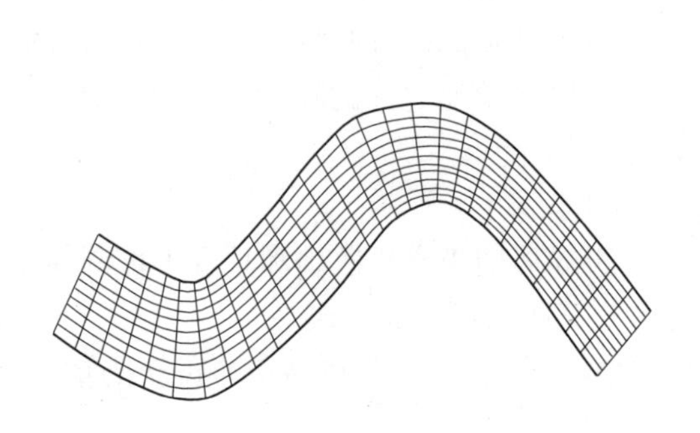

图2-2-7　简单河道四边形网格划分图

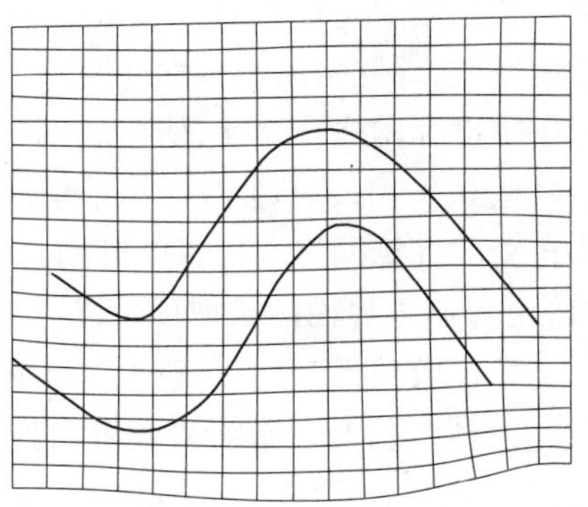

图2-2-8　复杂河道四边形网格划分图

2.2.3　混合网格生成器

非结构的混合网格以其克服了正交四边形网格对复杂边界适应能力较弱和三角形网格局部加密后单元数量剧烈增加的缺点,显示出较强的适用性和实用性。本书所指混合网格主要指主槽正交四边形和边滩三角形构成的混合网格。

2.2.3.1　混合网格生成方法

混合网格的常用生成方法包括分块对接法和三角形合成法。

1. 分块对接法

分块对接法,即在主河道生成正交四边形网格,在左、右边滩生成三角形网格,然后进行拼接,值得注意的是,在三角形和四边形交界面上边界点需一一对应,见图2-2-9。该方法的关键在于交界面上边界点的处理与拓扑关系的查找。

2. 三角网格合成法

对于四边形网格而言,其对角线之比越接近于1,该四边形越接近于矩形。可利用此性质对三角形网格内部指定区域的三角形进行两两合并形成四边形,形成混合网格。生成方法如下:

(1)在待合并的三角形中搜索最长边,记录该边以及相邻三角形,如图2-2-10所示,三角形△123,最长边为L23,相邻三角形为△234。

(2)设置合并判别条件$|1-l_{14}/l_{23}|\leqslant\varepsilon$,$\varepsilon$为网格合成参数,判断是否进行三角形合并。

(3)如满足条件,将三角形合并为四边形,更新数据结构。

本书采用分块对接法生成混合网格,具体做法下节详述。

2.2.3.2　区域分块与网格剖分

首先根据河道特征,按照水边线、生产堤或控导工程确定主槽边界,将区域(黄河下

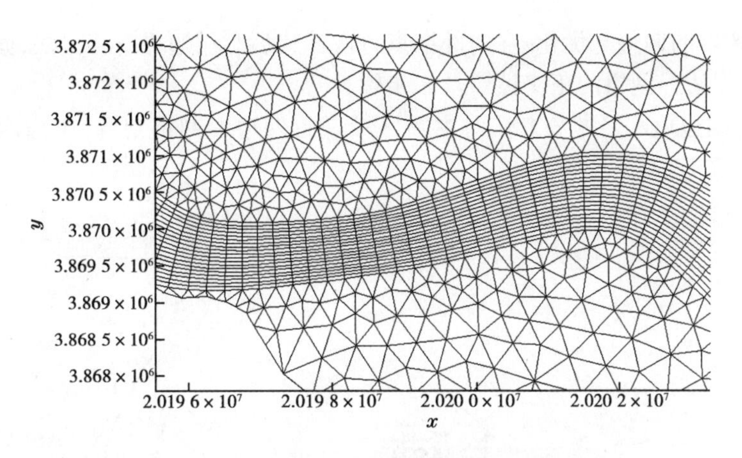

图 2-2-9　分块对接法生成混合网格示意图

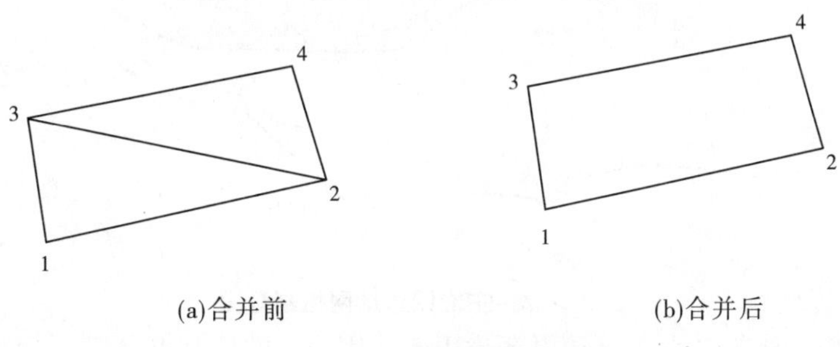

图 2-2-10　三角形合并示意图

游夹河滩—高村河段)分为主槽和左、右边滩,见图 2-2-11,图中主槽与左滩的共用边界为 Γ_1,主槽与右滩的共用边界为 Γ_2。

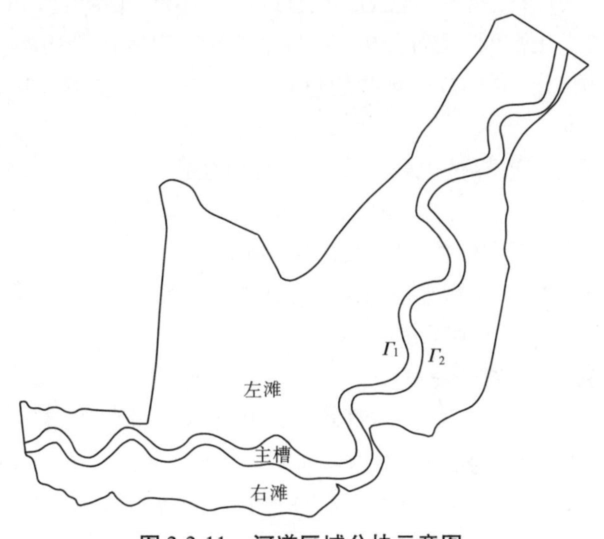

图 2-2-11　河道区域分块示意图

1. 主槽四边形网格剖分

本书基于 ArcGIS 平台进行界面开发,使边界结点数据可通过图元文件绘出(输入),

便于对生成区域的调整与优化；在内部结点每次迭代后利用边界滑移方法，微调边界上结点的坐标，确保边界网格的正交性。具体步骤为：

(1)按照四边形网格划分方法对主槽区域进行四边形网格划分，主槽四边形网格剖分结果见图 2-2-12；

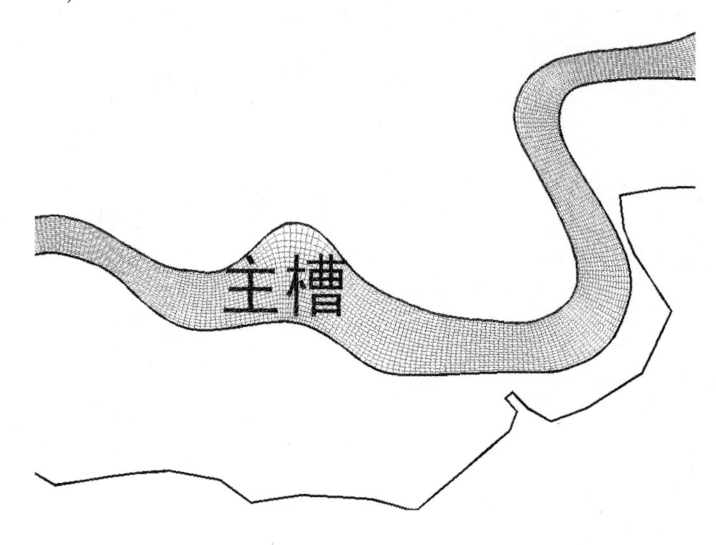

图 2-2-12 **主槽四边形网格剖分图**

(2)将离散的边界结点 2 自动更新与边滩共用边界的控制点坐标。

2. 边滩三角形网格剖分

本书基于 Delaunay 方法进行改进，通过引入三角形正交性指标与密度函数进行综合控制，使生成网格正交性好、疏密过渡合理，通过设置不同边界类型和密度指标实现程序分块生成、边界自动优化密度、孤岛分析、局部加密和工程概化等功能。

以上述河段为例，分为左、右边滩两块进行同时剖分，与主槽四边形网格组成混合网格。具体步骤为：

(1)将自动更新后的边界按上述三角形剖分方法进行剖分，左、右边滩三角形网格剖分结果见图 2-2-13。

(2)与主槽四边形进行图元拼接，见图 2-2-14。

由图 2-2-14 可见，网格自然平顺，疏密过渡自然，主槽与边滩重合边界结点布设合理，保证混合网格生成及拓扑关系正确。

2.2.3.3 混合网格的通用存储格式

从以上混合网格生成可以看出，在计算区域中出现不同的网格，因此必须考虑将不同的计算网格按照统一的格式进行存储，并编制一套通用的流场计算程序使其可直接基于所有网格进行直接求解，这样不但可以提高计算程序对复杂区域的适应能力，也可减轻程序调制的计算量。

在混合网格中，统一按照非结构网格的结构进行数据存储，即存储时既记录结点坐标，同时记录其连接关系。本书建议以下两种存储格式。

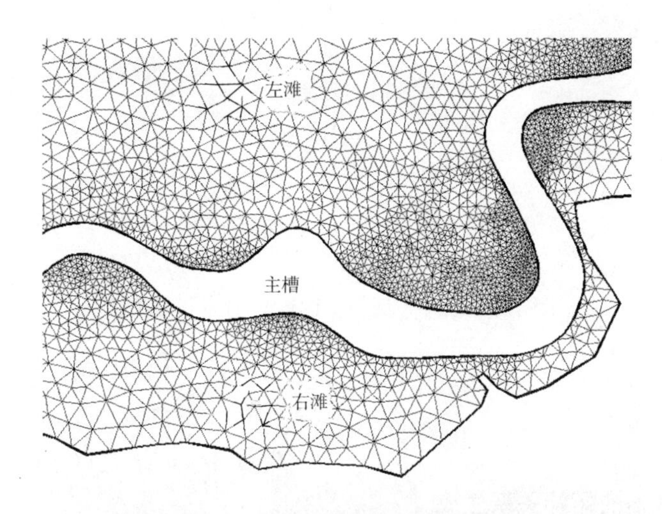

图 2-2-13　左、右边滩三角形网格剖分图

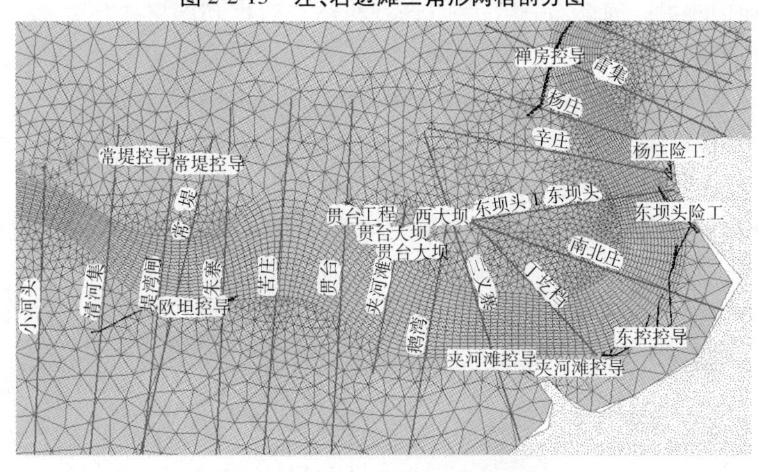

图 2-2-14　河道混合网格拼接图

1. 记录单元点数格式

在记录单元点数存储格式中，需记录单元结点个数数组 $NPT(i)$，以便于区分属于三角形单元还是四边形单元，在计算过程中根据结点个数，计算边界通量。

$$
\text{结点}\begin{cases}\text{坐标 } x \\ \text{坐标 } y\end{cases}
$$

$$
\text{单元}(i)\begin{cases}\text{单元点数 } NPT(i) \\ \quad\text{构成点 } 1 \\ \quad\quad\vdots \\ \text{构成点 } NPT(i)\end{cases}
$$

2. 统一四边形格式

统一四边形存储格式是将三角形也当做四边形处理，对于三角形自动追加一个结点，形成一个无效边，并记录该边属性 $INFO(i)$ 为负值。这种方法统一为四边形便于循环编程，需根据边的属性值判断是否为有效边，进行边界通量计算。

$$
\text{结点}\begin{cases}\text{坐标 } x\\ \text{坐标 } y\end{cases}
$$

$$
\text{单元}(NPT(i)=3)\begin{cases}\text{构成点 }1 & INFO(i)=1\\ \vdots & INFO(i)=1\\ \text{构成点 }NPT(i) & INFO(i)=1\\ \text{构成点 }1 & INFO(i)=-1\end{cases}
$$

$$
\text{单元}(NPT(i)=4)\begin{cases}\text{构成点 }1 & INFO(i)=1\\ \vdots & INFO(i)=1\\ & INFO(i)=1\\ \text{构成点 }NPT(i) & INFO(i)=1\end{cases}
$$

2.2.3.4 混合网格的拓补关系生成

将主槽和边滩进行网格剖分后,需重新查找结点数据和网格拓扑关系。将主槽四边形及滩地三角形结点和单元进行归并,即

$$
NubGrid = NubGrid\_Channel + NubGrid\_BeachL + NubGrid\_BeachR \tag{2-2-7}
$$

$$
NubPoint = NubPoint\_Channel \cup NubPoint\_BeachL \cup NubPoint\_BeachR \tag{2-2-8}
$$

形成新的点集和单元集,对于单元集中的给定单元,通过在新的点集中查找结点坐标,形成基于新的点集的结点编号,建立基于混合网格的拓扑关系。

拓扑关系确定后,可根据地形插值高程,并根据进出口确定单元及单元边属性。

2.2.4 水下地形自动生成器

主河槽地形概化是数学模型计算的重要数据源之一,利用生成的河槽地形可以提取河槽任意点的高程、计算水的体积和水面面积,同时是水流流场、洪水演进可视化的重要基础。在黄河地形概化的过程中,由于技术手段等,很难从现有的遥感图片中获取河槽部分的高程值,因此只有利用实测大断面、水位—流量关系、水边线、深泓线等数据内插出含有河槽高程的断面,才能生成河槽地形。

本节以花园口—利津断面为例,详细介绍河槽地形概化的主要过程。在这个过程中,使用了包括 ArcInfo 8.3 、RGTOOLS(水文泥沙数据库管理系统)和 Mesh Generaters 三个软件,其中 Mesh Generaters 完成黄河下游主河槽二维网格的生成,RGTOOLS 生成内插断面,最后利用 ArcInfo 8.3 生成不规则三角格网(TIN),实现二维网格的高程提取、河槽地形可视化和数据输入输出等工作。

2.2.4.1 地形概化的数据准备

河槽地形概化需要水边线、深泓线、水位—流量关系和子断面等数据。如果有必要,还可以加上控导工程和险工的数据。

1. 水边线、深泓线数据

水边线、深泓线数据均是从遥感图片上解译得到的,由于遥感图片不可能在同一时刻获得整个黄河下游的数据,只能从不同时段的图片上分别解译。从花园口—利津河段范

围，花园口附近以 2004 年 6 月 27 日 TM 数据为背景解译而来；东坝头附近以 2004 年 7 月 6 日 Radarsat 数据为背景解译而来；东平湖附近以 2004 年 6 月 26 日 Radarasat 数据为背景解译而来；山东范围内的河槽变化不大，仍以 2000 年数据为准。

获得所需要的水边线和深泓线分为两个过程，首先从遥感图片提取线状要素，也就是遥感影像的解译过程。有些要素(如水边线、黄河大堤等数据)在遥感影像上比较明显，可以从影像上直接判读出来，当然也可以利用计算机自动识别技术来完成。还有一些要素(如深泓线)，在现有的图片精度和黄河含沙量大的情况下，很难解译出来，为了解决这个问题，还是通过目视解译的直接判读方法，结合专家经验完成这项工作。解译出来的线状要素还要经过投影、坐标等一系列转换，得到线要素的 X、Y 值。

图 2-2-15、图 2-2-16 分别为东平湖遥感图片及其解译出来的黄河大堤、水边线和深泓线等数据。

图 2-2-15　东平湖附近遥感图片

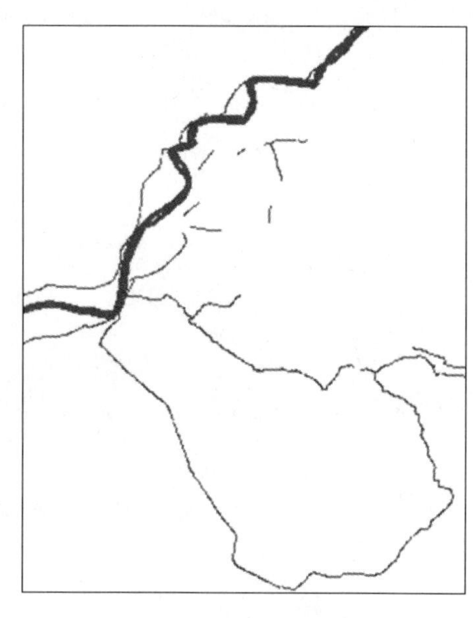

图 2-2-16　提取出的水边线数据

2. 实测大断面、水位—流量关系和子断面

(1)实测大断面数据。断面内插需要实测大断面的左右岸坐标点数据，以及断面线上任意点的高程值。

(2)水位—流量关系数据。所谓水位—流量关系，是指基本水尺断面的水位与该断面流量之间的关系。图 2-2-17 为黄河下游各典型断面水位—流量关系图，据此可以方便地得到其他内插断面在同一流量下对应的水位。

(3)子断面数据。规定了在同一水位下河水的淹没范围，在图 2-2-18 中，左边蓝色的范围是河水的淹没范围，右边黄色范围没有水，在内插断面中不予计算。

2.2.4.2　地形概化过程

地形概化主要分两个步骤来完成，首先要生成符合实际地形的内插断面，这样的内插断面是原型黄河中没有，而是通过人工方法内插出来的；然后利用数学方法，将带有高程值的内插断面生成不规则三角网(TIN)。在内插断面和生成高程两个步骤中，内插断面

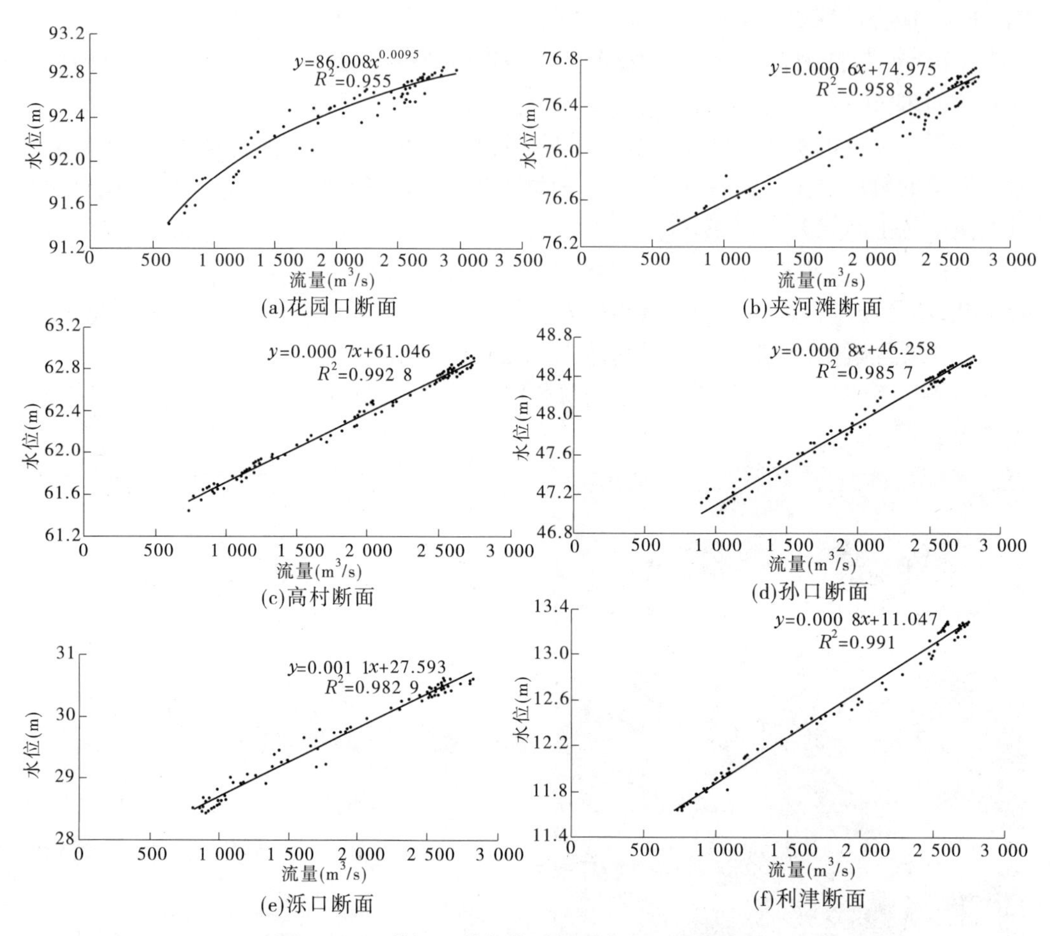

图 2-2-17　黄河下游各典型断面水位—流量关系

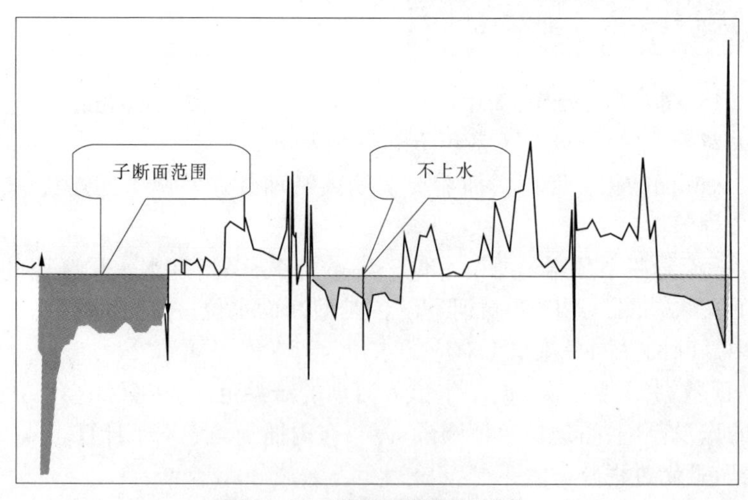

图 2-2-18　花园口断面子断面

是河槽地形概化的关键,也是技术难点。

断面是隔一定间距布设的固定两点,它可以作为监测黄河水位、含沙量、流速等水文信息的空间标识，还可以测量出断面位置的类似 V 字形的河槽剖面图，在已知两个断面及其河槽剖面图之间，利用数学内插的方法，能模拟出两个已知断面间的河槽地形。当然，如果这样的已知断面间距越小，内插出的河槽地形越接近实际地形。

1. 内插断面

在邻近的两已知断面间，根据水位—流量关系分别求出某一水位下两已知断面的水位—面积、水面宽度，从而确定内插断面的位置、高程值等信息。

如图 2-2-19 所示，已知实测大断面 1、实测大断面 2 和深泓线数据，需要在两个已知的实测大断面之间内插断面。首先根据水位—流量关系计算出 Q_1（500 m^3/s）流量条件下实测大断面 1 和实测大断面 2 的水位，然后线性内插出它们之间任意位置的水位（如图 2-2-19 中的 *DEFG* 平面）。在确定某一个内插断面的位置后（如图 2-2-19 中的 *AACC* 平面），求出平面 *AACC* 与平面 *DEFG* 的交线 *CC*，交线 *CC* 的两个端点在二维平面上的投影点 C'，完成了内插断面在流量 Q_1 时的高程值采样。

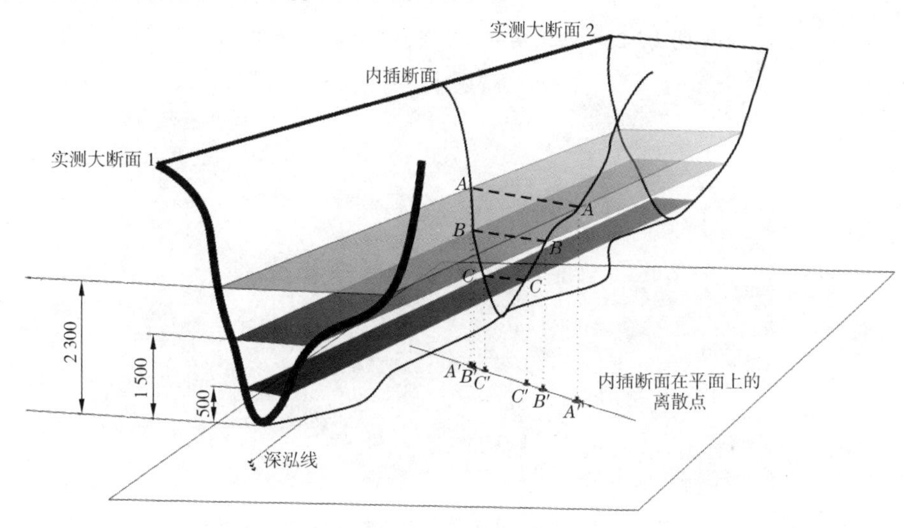

图 2-2-19 内插断面示意图

同样的方法可以计算出流量 Q_2（1 500 m^3/s）和 Q_3（2 300 m^3/s）时内插断面的含有高程值离散点 A'和 B'，于是，点 A'、B'、C'就是一个内插断面的高程值采样。

另外需要说明的有三点内容：第一点是内插断面位置的确定，两个已知实测大断面之间的河槽往往是弯弯曲曲的，很少有直线型的河槽，为了更好地反映河槽地形的变化，通常需要将内插断面的位置作适当的旋转或者对内插断面间距加密。第二点是可以根据需要，在水位—流量关系允许的范围内，计算任意流量对应的水位及其高程离散点。第三点是在两个邻近的已知实测大断面间，可以任意地内插若干个断面。图 2-2-20 为东坝头—禅房断面生成的离散高程点。

2. 利用内插断面生成地形

断面内插之后，还需要利用 ArcInfo 中 Editor 模块生成不规则三角格网（TIN），为提取河槽任意点的高程做准备。图 2-2-21 为东平湖附近由内插断面生成的 TIN。

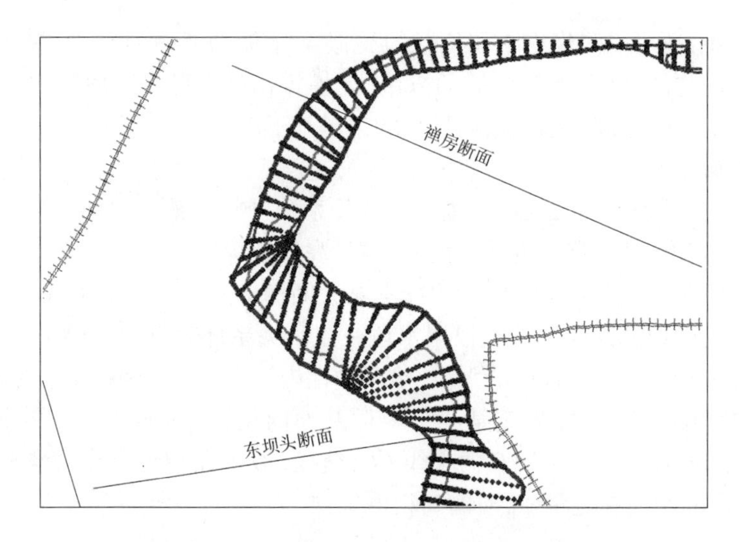

图 2-2-20　东坝头—禅房断面生成的离散高程点

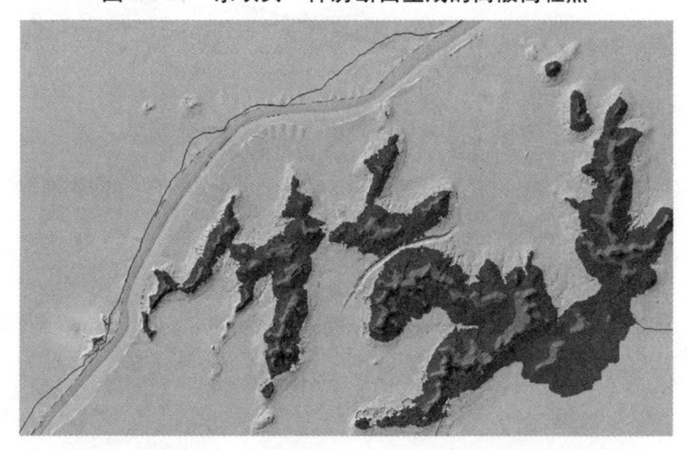

图 2-2-21　东平湖附近由内插断面生成的 TIN

2.2.4.3　概化地形与实际地形比较分析

1. 概化地形与实际地形比较

以夹河滩和孙口断面为例，说明概化出的地形和实际地形的比较，其中粗线表示概化出的地形断面。从图 2-2-22、图 2-2-23 可以看出，实际地形与概化出的地形在河槽高程、河槽形态及河槽面积上均能达到较好的吻合，能满足数学模型计算对地形概化的需要。

2. 关键问题处理

(1)对弯道的处理。河槽的弯道在地形概化中是比较难处理的，它既要考虑到弯道的弯曲形态，又要考虑内插断面的位置，为了解决这个问题，采用了弯道弧段等方法。如图 2-2-24 所示，内插出的断面沿着深泓线方向自动地旋转和推进，避免了内插断面间的交叉和重复。

(2)不规则三角格网(TIN)的不足。理想的生成不规则三角格网的方法应该是同一断面进行高程插值，再进行断面间的高程插值，而传统的生成不规则三角格网方法是断面和断面之间进行插值，这样生成的地形往往比实际的地形高程要"高"一些，解决方法是

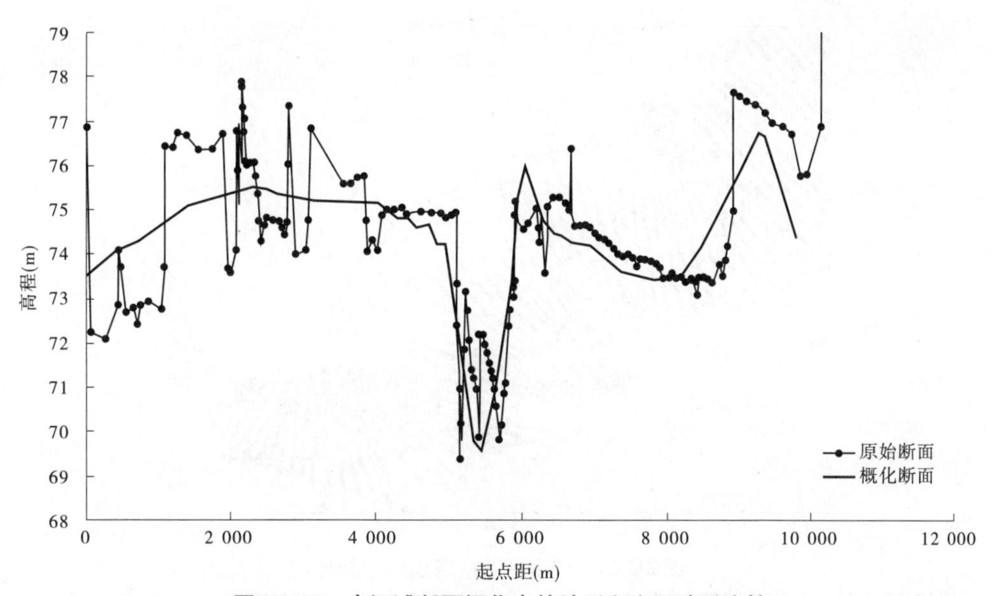

图 2-2-22 夹河滩断面概化出的地形和实际地形比较

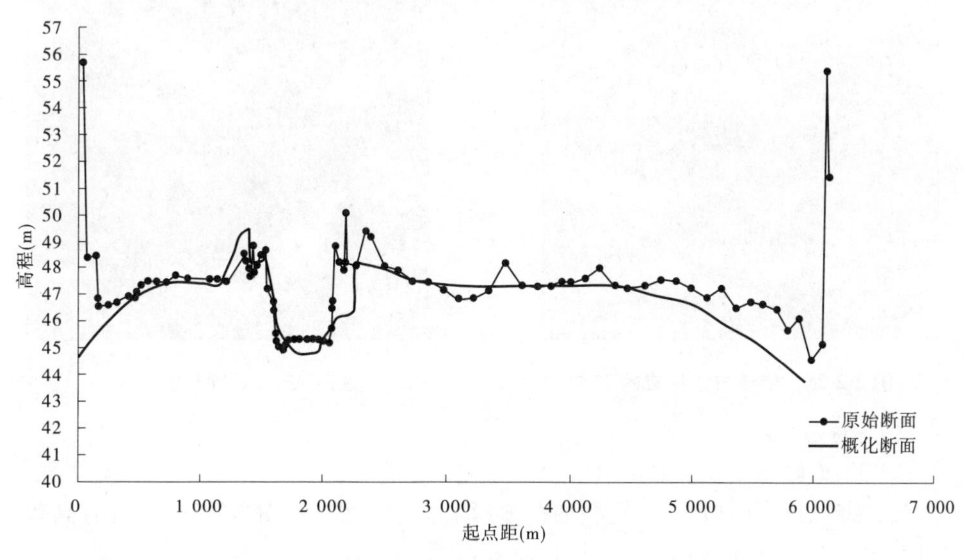

图 2-2-23 孙口断面概化出的地形与实际地形的比较

三维地形点加密,如图 2-2-25、图 2-2-26 所示。

(3)内插断面的时效性。由于技术和成本条件限制,黄河下游断面内插断面的水边线、深泓线和水位—流量关系等数据不可能在同一时刻获得,而只能是不同时间段"凑"起来的,现阶段唯一能做的是尽量缩短时间间隔。

2.2.4.4 从概化出的地形上提取高程值

有了地形(TIN)后,还要生成三角形或四边形格网,以便模型计算使用。

1. 生成河槽的三角形或四边形网格

白鹤至利津的三角形网格,采用 Mesh Generaters 软件生成的部分二维三角形网格如

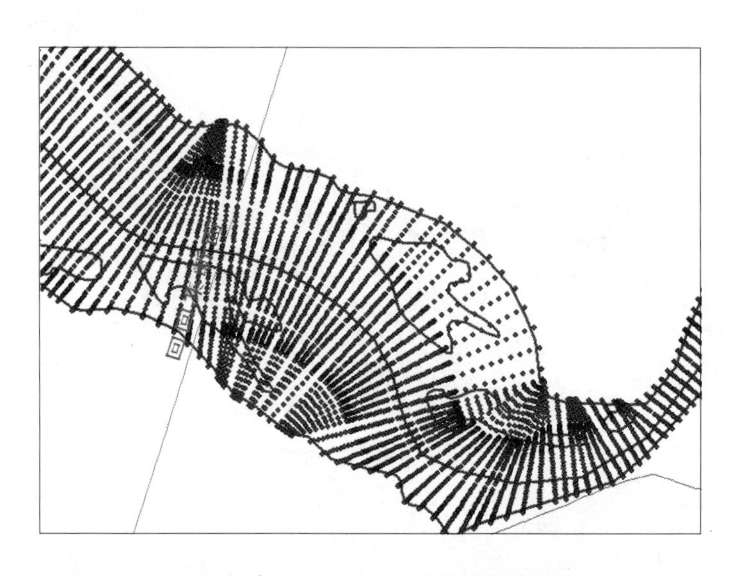

图 2-2-24　内插断面的弯道弧段处理

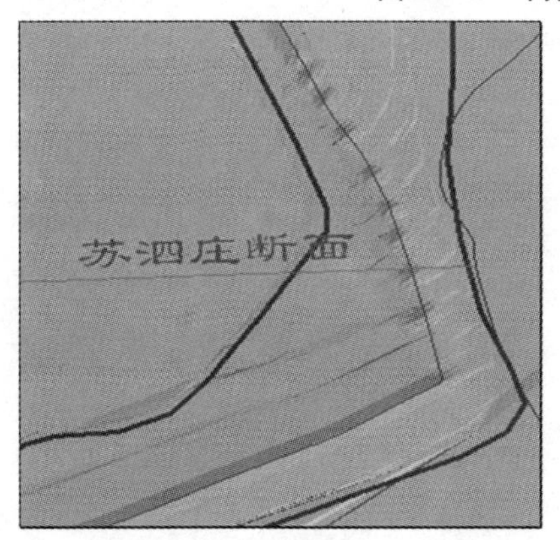

图 2-2-25　传统方法生成的 TIN

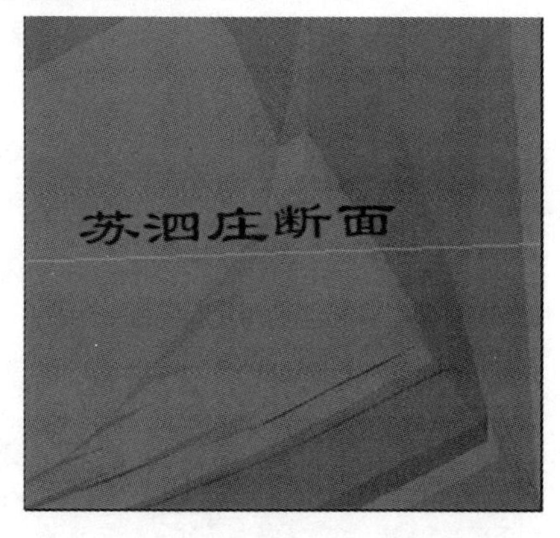

图 2-2-26　较理想的 TIN

图 2-2-27 所示。

2. 从概化出的地形上提取高程

生成二维三角形网格后，将它叠加在地形上提取高程（见图 2-2-28）。含有高程值的二维网格如图 2-2-29 所示。

综合上述，在生成白鹤至利津河槽地形的过程中，ArcInfo 8.3 软件发挥了十分重要的作用，具体体现在如下几个方面：

（1）地图投影的方便性。黄河下游地理范围跨度大，一般的黄河数据，如大堤、水边线、深泓线等，都是北京 54 坐标的经纬度数据，为了方便数学模型的计算，必须进行地图投影。黄河下游的地图投影仍然采用我国常用的高斯 - 克吕格投影，高斯投影的设置在 ArcInfo 中可很容易地完成。

（2）数据输入输出。生成的二维网格数据是文本文件格式的，为了在 ArcInfo 软件中实现网格数据的可视化和高程值的提取，必须把文本文件转换为 ArcInfo 8.3 中的数据格式；同时，提取高程后的三维网格点也需要从 ArcInfo 的数据格式输出为文本文件。

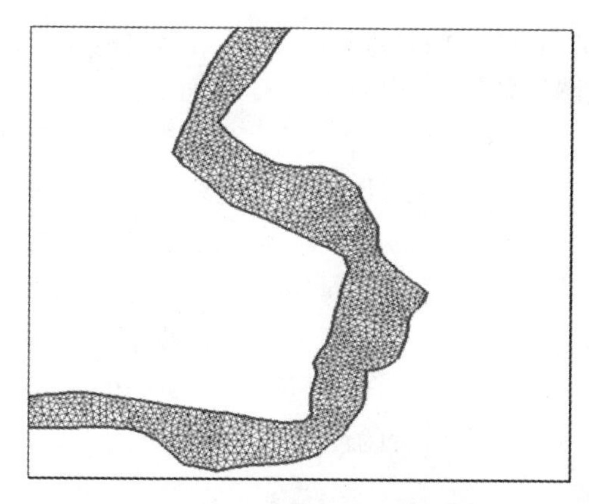

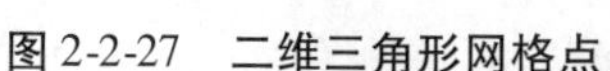

图 2-2-27　二维三角形网格点

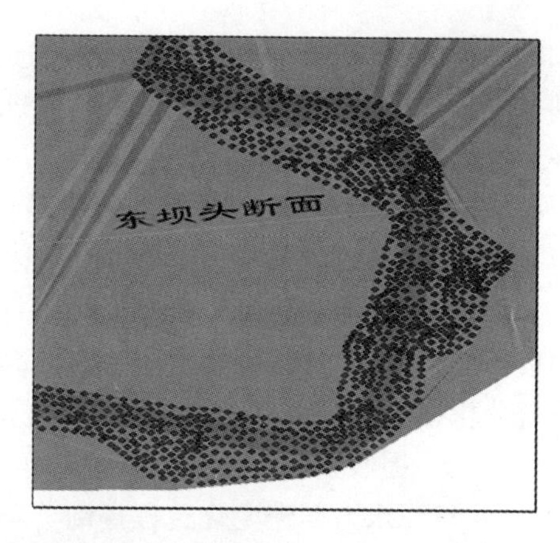

图 2-2-28　从 TIN 上提取的高程

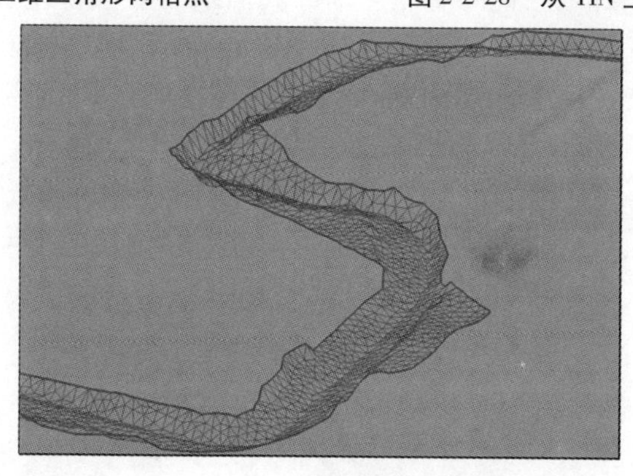

图 2-2-29　含有高程值的二维网格

(3)河槽地形的可视化。可视化是 GIS 应用的重要方面,在 ArcInfo 8.3 中,无论是三维网格,还是河槽地形的可视均是十分方便的。

2.3　后处理构件

2.3.1　空间水沙要素点位查询

定位查询是 GIS 空间分析的基本功能,其实质是在一定的搜索范围内,利用该范围与不同图层要素之间的空间叠置分析,主要分为三种情况:多边形与点的叠置,多边形与线的叠置,多边形与多边形的叠置。

(1)多边形与点的叠置。多边形与点叠置的实质是将一个含有点的图层叠置在一个多边形图层上,以确定每个点各落在哪个多边形内。该过程是通过点在多边形内的判别来完成的,通常得到关于点集的一个新的属性表,该表除包含点图层的原有属性外,主要增加了各点所属多边形的目标标识。

(2)多边形与线的叠置。多边形与线叠置的实质是将一个含有线的图层叠置在一个多边形图层上,以确定每条线各落在哪个多边形内。该过程是通过线在多边形内的判别来完成的。由于一个线目标往往跨越多个多边形,因此首先要进行线与多边形边界的求交,然后按交点将线目标进行分割,形成一个新的线状目标的结果集。基于该结果集可以得到线集的新的属性表,该属性表除包含线图层的原有属性外,主要增加了分割后各线所属多边形的目标标识。

(3)多边形与多边形的叠置。多边形与多边形叠置远比前两种复杂得多。这种叠置分析实质是不同数据层或不同图层的多边形要素之间的叠置。就多边形的属性处理而言,可以分为属性合成叠置分析和属性统计叠置分析两种。属性合成叠置分析指通过叠置形成新的多边形,并根据需要统计合并多边形属性的平均值或最大最小值。而属性统计叠置分析指确定一个多边形中含有其他多边形的属性类型的面积等参数值,即将其他多边形的属性提取到本多边形中来。在实际应用中,后者的使用频率最高。

2.3.1.1 断面水力要素变化过程查询

图 2-3-1 为利用系统定点查询功能查询的断面水力要素变化过程,该功能可以查询到任意断面的水位、流量、河宽、水深、悬移质中值粒径、累计冲淤厚度等水力要素随时间变化过程,可以直接进行打印输出,并且可以将数据输出到 Excel 数据表内,供用户做进一步分析工作,用户还可根据需要设置查询时间的序列。

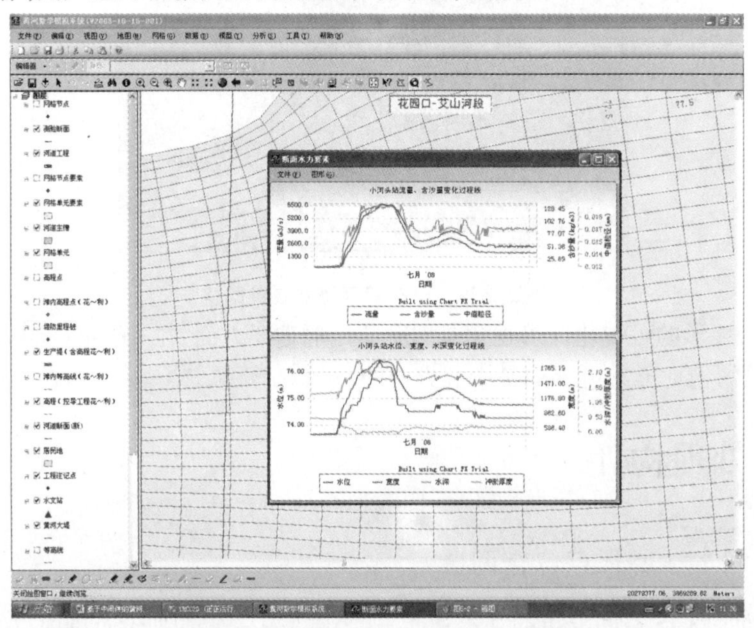

图 2-3-1 断面水力要素变化过程查询

2.3.1.2 断面形态变化过程查询

图 2-3-2 为利用系统定点查询功能查询的断面形态变化过程,该功能可以查询到任意断面形态随时间的变化过程,可以直接进行打印输出,并且可以将数据输出到 Excel 数据表内,供用户做进一步分析工作,用户还可根据需要设置查询时间的序列。

2.3.1.3 河段断面流量、含沙量、冲淤量变化过程查询

图 2-3-3 为利用系统定点查询功能查询的任意相邻三个断面的流量、含沙量及河段冲淤量随时间变化过程,可以直接进行打印输出,并且可以将数据输出到 Excel 数据表内,供用户做进一步分析工作,用户还可根据需要设置要查询的相邻断面和时间序列。

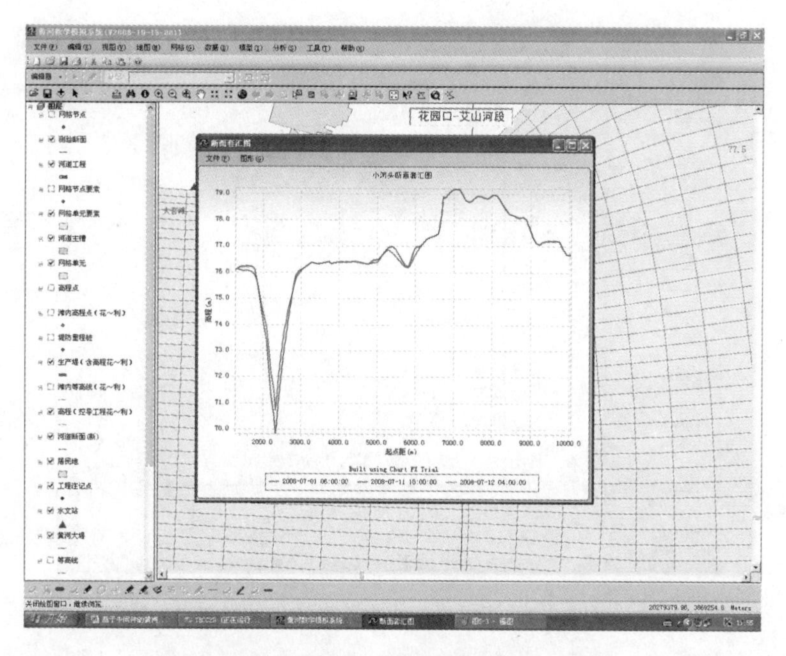

图 2-3-2　断面形态随时间变化过程查询

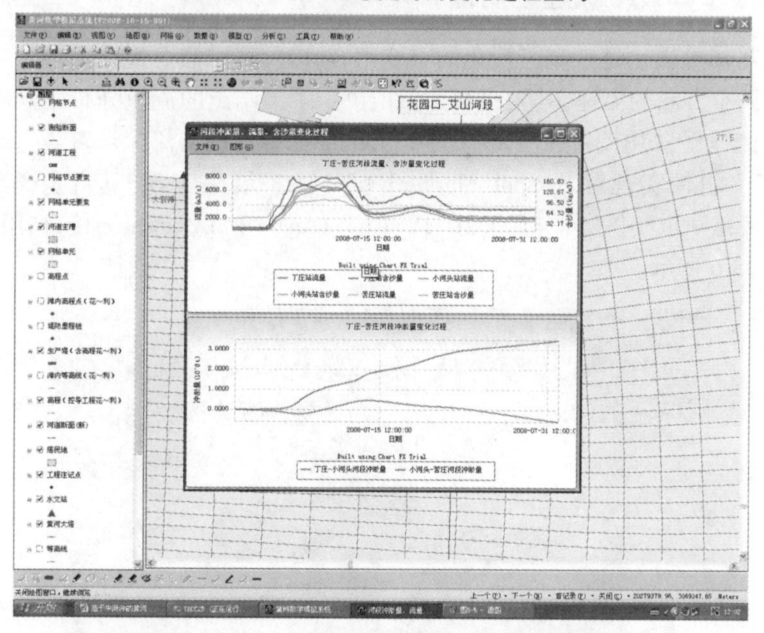

图 2-3-3　不同断面流量、含沙量及河段冲淤量变化过程查询

2.3.1.4　河段沿程水力要素变化过程查询

图 2-3-4 为利用系统定点查询功能查询的河道沿程水力要素变化过程，该功能可以查询到河道沿程断面在同一时间内的水位、流量、河宽、水深、悬移质中值粒径、累计冲淤厚度等水力要素沿程的变化过程，可以直接进行打印输出，并且可以将数据输出到 Excel 数据表内，供用户做进一步分析工作，用户还可根据需要设置查询某一个时间。

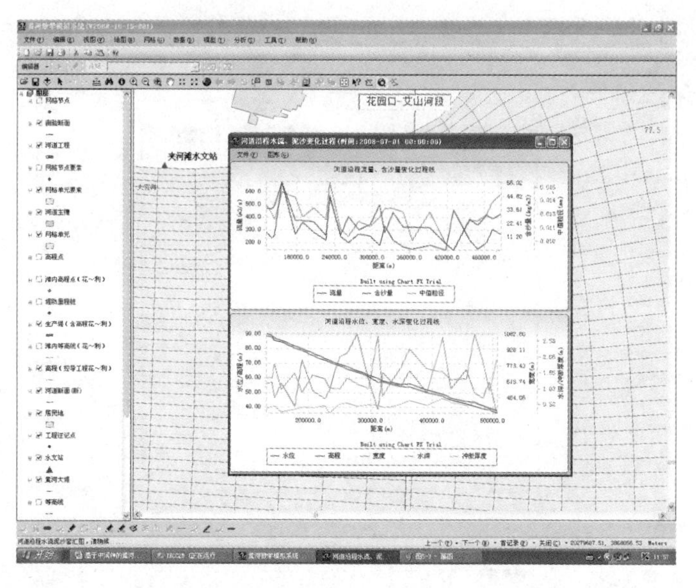

图 2-3-4　河段沿程水力要素变化过程查询

2.3.2　基于 GIS 二维流速场功能开发

流速矢量场可视化是水流可视化的重要内容，以网格结点可视化为例，一个结点包含水流在 x、y 两个方向的流速，其大小和正负值决定了该结点的流速分布，若干个结点的流速分布即为流速场，如图 2-3-5 所示。在 ArcEngine 9.2 中没有流速场符号化的组件，但可以通过自定义组件实现对 Symbol、MarkerSymbol 的扩展来实现，其自定义组件 VectorMarkerSymbol 是一个实体类，实现了 IU、IV、IArrowAngle 和 IArrowSize 接口，用于流速数据输入，如图 2-3-6 所示。

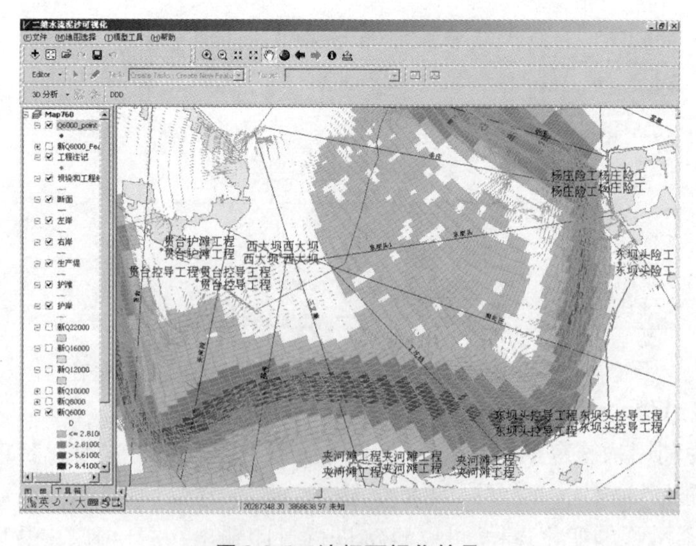

图 2-3-5　流场可视化符号

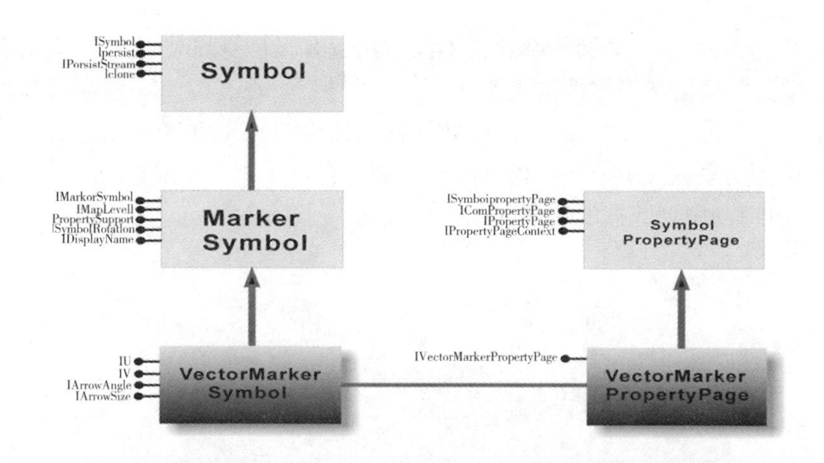

图 2-3-6　流场符号的 ArcEngine 实现

2.3.3　基于 GIS 等值面图

等值面指在地图上通过表示一种现象的数量指标的一些等值点的曲面，如等水深面、等水位面。等值面法宜用于表示黄河水沙连续分布而逐渐变化的现象，并说明这种现象在地图上任一点的数值或强度。等值面的数值间隔原则上最好是一个常数，以便判断现象变化的急剧或和缓。等值面间隔首先取决于现象的数值变化范围，变化范围越大，间隔也越大，反之亦然。如果根据等值面分层设色，颜色应由浅色逐渐加深，或由寒色逐渐过渡到暖色，这样可以提高地图的表现力。图 2-3-7 表示 8 000 m^3/s、10 000 m^3/s 流量下洪水淹没范围及水深等数据表达。

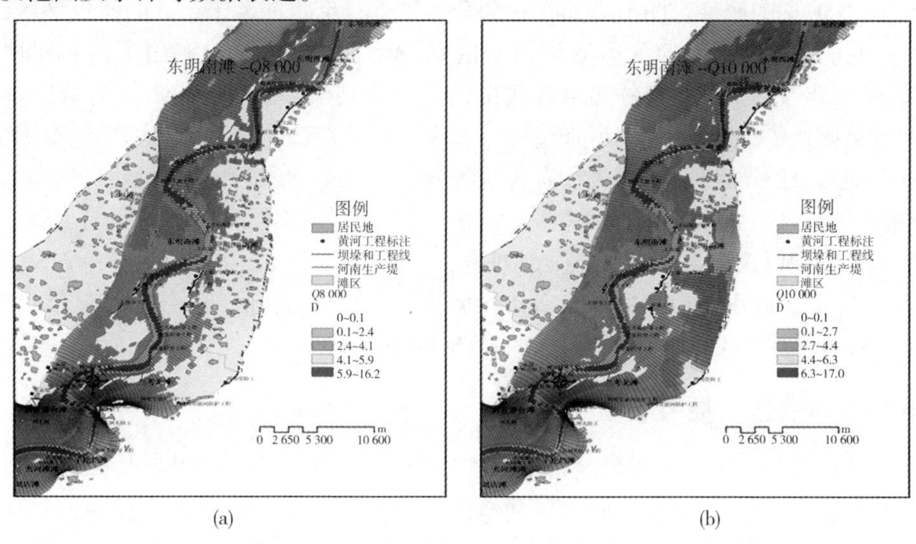

图 2-3-7　黄河下游东明南滩水深分布

2.3.4　时间序列可视化功能实现

二维水沙数学模型计算结果有很强的时间序列分布特性，它将整个流场分布离散化为若干个时刻，同时每个计算网格结点在不同时刻也有其自身的时间分布，对计算结果时序分析是检验计算精度和可靠性的重要内容之一。然而，现有的 GIS 理论及其软件在时序分析方面明显不足，因此对 GIS 在时序数据存储分析的研究，将在很大程度上帮助 GIS 与水沙数学模型的集成。黄河数学模型的时间数据存储采用一个要素对应若干个时间数据的方式，实现时间序列数据的快照和动态可视化，见图 2-3-8。

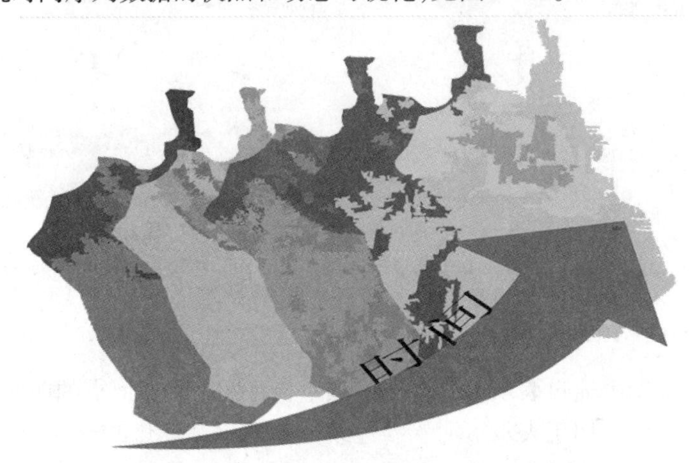

图 2-3-8　时间序列数据存储

2.3.5　空间数据查询功能

图形与属性互查是最常用的查询，主要有两类：第一类是按属性信息的要求来查询定位空间位置的，称为属性查图形。如在水深分布图上查询水深大于 3 m 的淹没区域，这和一般非空间的关系数据库的 SQL 查询没有区别，查询到结果后，再利用图形和属性的对应关系，进一步在图上用指定的显示方式将结果定位绘出。第二类是根据对象的空间位置查询有关属性信息的，称为图形查属性。如在水深分布图上查询受灾居民地范围，并显示出所查询对象的属性列表，可进行有关统计分析。该查询通常分为两步，首先借助空间索引，在地理信息系统数据库中快速检索出被选空间实体，然后根据空间实体与属性的连接关系即可得到所查询空间实体的属性列表。

利用 ArcEngine 和 Visual Basica. Net 初步开发了 GIS 地理信息系统查询功能，实现了数学模型计算结果与 GIS 空间联合查询，见图 2-3-9。

2.3.6　空间数据内插分析

空间插值常用于将离散点的测量数据转换为连续的数据曲面，以便与其他空间现象的分布模式进行比较，它包括空间内插和空间外推两种算法。空间内插算法是一种通过已知点的数据推求同一区域其他未知点数据的计算方法；空间外推算法则是通过已知区域的数据推求其他区域数据的方法。

空间插值的理论假设是空间位置上越靠近的点，越可能具有相似的特征值；而距离越远的点，特征值相似的可能性越小。然而，还有另外一种特殊的插值方法——分类，它不考虑不同类别测量值之间的空间联系，只考虑分类意义上的平均值或中值，为同类地物赋

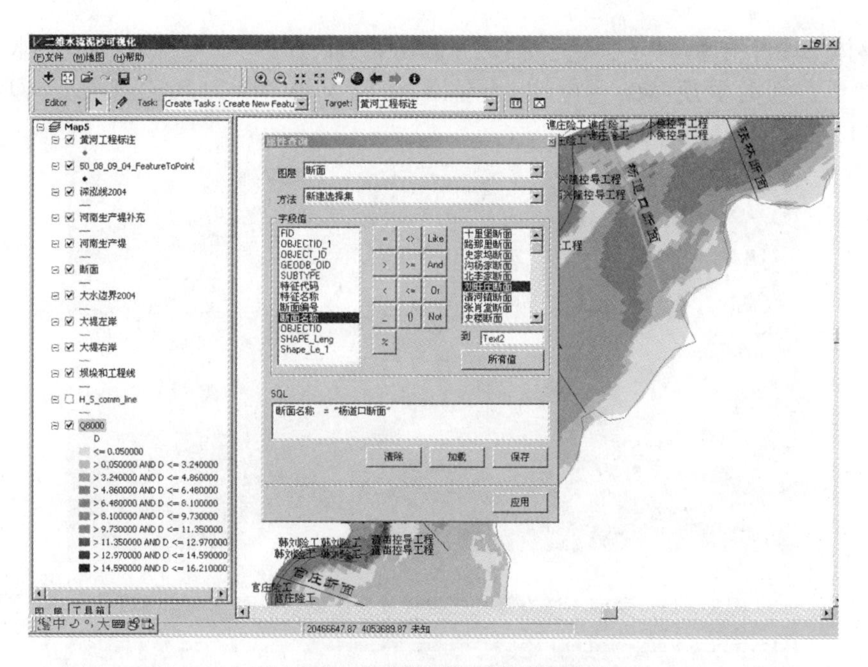

图 2-3-9　空间数据与属性数据查询

属性值。它主要用于地质、土壤、植被或土地利用的等值区域图或专题地图的处理,在"景观单元"或图斑内部是均匀和同质的,通常被赋给一个均一的属性值,变化发生在边界上。

黄河下游地形分为两个部分:滩地地形和主槽地形,其中滩地地形数据来源于等高线,而主槽地形数据源为实测大断面,为提取河道(包括滩地和主槽)地形高程,必须利用现有资料数据进行空间内插。图 2-3-10 表示了黄河某一河段地形内插 DEM,利用该结果可以提取网格高程和断面剖面线等。

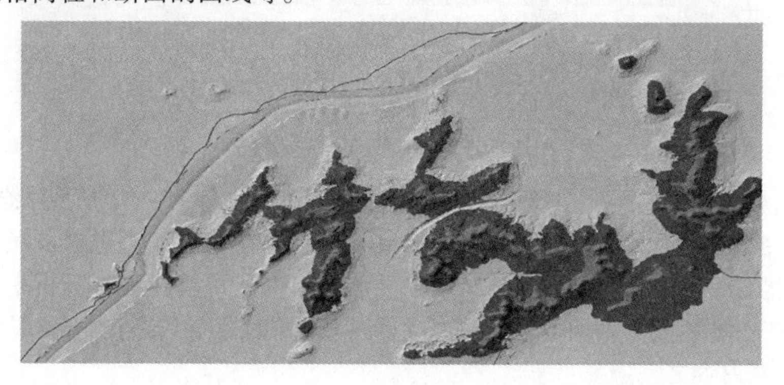

图 2-3-10　黄河某河段内插地形

2.3.7　与三维视景系统的耦合

在三维数字平台上,将黄河数学模型计算的抽象流场数据,用直观动态的方法显示于三维数字平台上,并营造了良好的虚拟交互显示平台,在给用户提供从全方位、多角度对流场进行观测功能的同时,也提供了随时间变化流场的动态显示及交互的功能,从宏观与微观、整体与局部给用户提供一个全面把握流场随空间、时间发展,揭示其内在特征的工具,提高了黄河数学模型的实用性,为应用、研究提供一个可视化研究分析环境,见图2-3-11、图2-3-12。

图2-3-11　黄河下游交互式三维视景系统场景截图——花园口

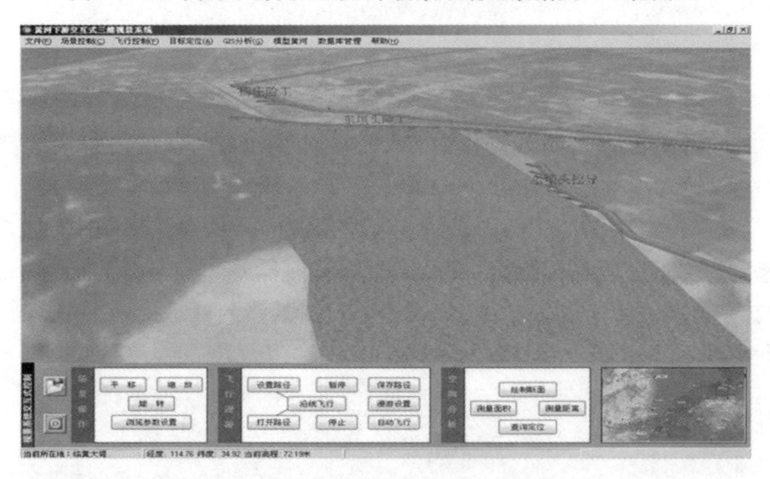

图2-3-12　三维视景真实水流的表现方式

三维视景系统与黄河水沙模拟系统核心构件——二维水沙数学模型结合,就是利用三维视景系统的三维数字平台,直观可视化地表现水流在河道演进过程及河道泥沙冲淤变化情况,建立一个基于三维环境的二维水沙数学模型的可视化模拟分析平台。如何真实、形象地在三维环境下表现出水流演进过程以及河道泥沙冲淤变化情况是两个项目结合的主要研究内容之一。

2.3.7.1　模型方案计算结果数据存储方式研究

模型方案计算结果数据存储方式的研究就是根据二维水沙数学模型三维表现需求设计建设二维水沙三维表现数据库。

"黄河下游交互式三维视景系统"与"二维水沙数学模型"项目的结合是松散型结合方式,是数据层次的结合。鉴于二维水沙数学模型计算量及数据量巨大,为了保证三维场景浏览、水沙流场模拟的实时性,有必要根据二维水沙数学模型计算结果的三维表现需求及虚拟现实技术实时浏览的技术需求，对模型方案计算结果数据在三维视景系统中的存储方式进行研究，设计建设二维水沙三维表现数据库。

1. 二维水沙三维表现数据库设计建设目标

设计建设二维水沙三维表现数据库，以三维场景便于快速提取表现的数据格式对二维水沙数学模型的计算结果网格及数据进行存储和管理，数据结构设计要能满足三维场景平滑、流畅浏览的要求，并设计开发三维视景系统与二维水沙数学模型系统数据转换接口，通过该接口，将二维水沙数学模型提供的计算结果网格及数据转换为三维场景便于表现所需要的数据存储格式，存入模型结果表现数据库中，以方便三维视景在进行二维水沙数学模型结果三维表现时及时提取需要的数据。

2. 二维水沙数学模型数据存储格式及三维表现需求分析

二维水沙数学模型的计算与结果表现是基于网格的，因此要在黄河下游交互式三维视景系统的三维场景上表现出二维水沙数学模型计算的二维水沙演进及河道冲淤变化过程，就需要在三维场景上构建与二维水沙数学模型相一致的网格结构，然后对每个网格的水流流向、流速及挟沙量进行三维虚拟表现。而构建网格结构的基础是网格的拓扑数据，对水流及含沙量表现的基础是每个网格的水流流向、流速及挟沙量数据。这些数据需要从二维水沙数学模型中得到。

在二维水沙数学模型中，为了满足网格生成和基于 GIS 的二维表现的需要，设计了以下几种可视化数据结构，见表 2-3-1 ~ 表 2-3-5。

表 2-3-1　单元水流数据(MeshWaterFlow. txt)

编号	字段名字	字段类型	字段意义及说明
1	单元编号	N(8)	由数字组成
2	时间	T(19)	
3	水位	N(6,2)	
4	水深	N(6,2)	
5	流速 u	N(6,2)	
6	流速 v	N(6,2)	
7	流速$\sqrt{u^2+v^2}$	N(6,2)	
8	高程	N(8,2)	
9	糙率	E(6,2)	指数
10	比降 x	N(6,2)	
11	比降 y	N(6,2)	

表 2-3-2　结点水流数据(NodeWaterFlow. txt)

编号	字段名字	字段类型	字段意义及说明
1	单元编号	N(8)	由数字组成
2	时间	T(19)	
3	水位	N(6,2)	
4	水深	N(6,2)	
5	流速 u	N(6,2)	
6	流速 v	N(6,2)	
7	流速$\sqrt{u^2+v^2}$	N(6,2)	
8	高程	N(8,2)	
9	糙率	E(6,2)	

表 2-3-3　单元悬移质数据(MeshSuspended. txt)

编号	字段名字	字段类型	字段意义及说明
1	单元编号	N(8)	由数字组成
2	时间	T(19)	
3	含沙量	N(8,3)	
4	分级 1	N(6,1)	第 1 粒径组沙重百分数
5	分级 2	N(6,1)	第 2 粒径组沙重百分数
6	分级 3	N(6,1)	第 3 粒径组沙重百分数
7	分级 4	N(6,1)	第 4 粒径组沙重百分数
8	分级 5	N(6,1)	第 5 粒径组沙重百分数
9	分级 6	N(6,1)	第 6 粒径组沙重百分数
10	分级 7	N(6,1)	第 7 粒径组沙重百分数
11	分级 8	N(6,1)	第 8 粒径组沙重百分数

表 2-3-4 单元挟沙能力数据(MeshSedTraCap.txt)

编号	字段名字	字段类型	字段意义及说明
1	单元编号	N(8)	由数字组成
2	时间	T(19)	
3	挟沙能力	N(8,3)	单元挟沙能力含沙量
4	分级 1	N(6,1)	第 1 粒径组沙重百分数
5	分级 2	N(6,1)	第 2 粒径组沙重百分数
6	分级 3	N(6,1)	第 3 粒径组沙重百分数
7	分级 4	N(6,1)	第 4 粒径组沙重百分数
8	分级 5	N(6,1)	第 5 粒径组沙重百分数
9	分级 6	N(6,1)	第 6 粒径组沙重百分数
10	分级 7	N(6,1)	第 7 粒径组沙重百分数
11	分级 8	N(6,1)	第 8 粒径组沙重百分数

表 2-3-5 网格单元(GridCell.txt)

编号	字段名字	字段类型	字段意义及说明
1	单元号	N(10)	单元编号,只能由数字组成
2	单元类型	C(6)	四边形或三角形或混合型
3	结点 1	N(10)	单元第一个结点编号
4	结点 2	N(10)	单元第二个结点编号
5	结点 3	N(10)	单元第三个结点编号
6	结点 4	N(10)	单元第四个结点编号,三角形为 0
7	网边 1	N(10)	单元第一边对应的单元编号
8	网边 2	N(10)	单元第二边对应的单元编号
9	网边 3	N(10)	单元第三边对应的单元编号
10	网边 4	N(10)	单元第四边对应的单元编号
11	边界 1	N(3)	单元第一边对应边界信息
12	边界 2	N(3)	单元第二边对应的单元编号
13	边界 3	N(3)	单元第三边对应的单元编号
14	边界 4	N(3)	单元第四边对应的单元编号

表 2-3-1 ~ 表 2-3-5 中字段类型栏意义为:字符数据类型格式 C(d),说明字符长度为 d;数值数据类型格式 N(D[d]),D 为数值型数据总位数,d 为数值型数据小数位数; 时间类型用来描述时间有关数据字段,格式为 yyyy-MM-dd hh:mm:ss,如 2004 年 5 月 28 日 10

点5分20秒,应为2004-05-28 10:05:20。

通过对二维水沙数学模型设计的GIS可视化数据格式的分析可以得知,在二维水沙数学模型中,GIS可视化数据表的设计中包含了网格单元的构成(包括结点以及网格的拓扑结构)、结点和网格单元的模型计算结果(包括 x、y、z 三向的水流流向及流速、含沙量等),是将一个方案的每个网格、每个结点的各个时段的数据保存成几个.txt文件予以存储,而且其中没有"方案"的概念。

"黄河下游交互式三维视景系统"与"二维水沙数学模型"进行结合,就是要在黄河下游交互式三维视景系统提供的三维环境下,对二维水沙数学模型计算的各种方案的二维水沙演进过程进行三维的模拟再现,要将二维水沙数学模型计算的多种方案表现数据进行存储管理,在三维环境下实时、动态地模拟再现某个河段某一时刻水沙流向流量,以及河道泥沙淤积变化的情况。

在二维水沙数学模型中,是将整个研究河段构建一个包含上百万个网格的网格结构进行统一存储和管理。而在三维虚拟表现上,不可能在单机上实现对一个网格结构内的上百万个网格进行多时段地平滑计算、无缝浏览。因此,为了处理海量的多时段二维水沙数学模型计算结果数据,必须根据二维数学模型计算结果的三维表现需求及虚拟现实实时技术的技术需求设计和建立二维水沙三维表现数据库,将二维水沙数学模型的整段网格数据及结构按照三维表现及虚拟技术需要分段进行存储和管理。

根据三维表现需求,二维水沙数学模型把模型计算结果网格数据按河道大断面将整段研究河段分成多段进行提交。

3. 二维水沙三维表现数据库的设计与建设

三维场景对二维水沙数学模型计算结果的表现是以某个时段的计算结果网格为最小单元的,是对某个时段每个网格内所包含的高程、水流流向及流速、含沙量等要素予以三维可视化表现,从而实现对整个研究河段水沙演进的三维模拟表现。网格结构是二维水沙三维表现的基本载体。三维场景要对二维水沙数学模型的多种方案结果进行三维模拟表现,因此二维水沙三维表现数据库中应该设计存储有二维水沙方案相关信息,便于三维场景根据用户需要,调用相应的方案结果进行三维表现。二维水沙三维表现数据库主要设计有四类数据表:方案基本情况表、结点数据表、拓扑数据表、方案数据表。

(1)方案基本情况表Tbl_ scheme。存储管理方案基本信息,包括方案编码、方案名称、分断面数量、网格结点数量、网格拓扑数量、备注等。

(2)结点数据表Tbl_node。存储管理河段网格结点信息,包括方案编码、断面号、结点数量、结点数据(包括结点编码、x、y、z)等。

(3)拓扑结构表Tbl_topological。存储管理河段网格拓扑结构信息,包括方案编码、拓扑数量、拓扑结构(包括网格编码、三个顶点的结点编码)等。

(4)方案数据表Tbl_××××××××××××。针对每个方案建立一个独立的方案数据表,表名中"××××××××××××"是某一方案的编码。存储管理某一方案河段网格内分断面每个结点各时段的流速及沙量信息,包括时段、断面号、流速及沙量信息等。

各数据表结构详见表2-3-6~表2-3-9。

表 2-3-6　方案基本情况表

序号	字段	类型及长度	说明
1	PlanCode	Char(11)	方案编码
2	PlanName	Char(30)	方案名称
3	NumSeg	Integer	分断面数量
4	NumNode	Integer	网格结点数量
5	NumTopo	Integer	网格拓扑数量
6	Remark	Char(200)	备注

表 2-3-7　结点数据表

序号	字段	类型及长度	说明
1	PlanCode	Char(11)	方案编码
2	SegCode	Char(2)	断面号
3	NumNode	Integer	结点数量
4	DataNode	BLOB	结点数据

注:DataNode 中数据按照自设计定义的 UTRiverNode 结构进行读取,如下所示:

```
Type UTRiverNode
    NodeID As Long        '结点编号
    x As Single           '结点 x 坐标
    y As Single           '结点 y 坐标
    z As Single           '结点 z 坐标
End Type
```

表 2-3-8　拓扑结构表

序号	字段	类型及长度	说明
1	PlanCode	Char(11)	方案编码
2	NumTopo	Char(2)	拓扑数量
3	StruTopo	BLOB	拓扑结构

注:StruTopo 中数据按照自设计定义的 UTTriangle 结构进行读取,如下所示:

```
Type UTTriangle
    TriID As Long         '网格编号
    Node1 As Long         '网格构成结点 1 编号
    Node2 As Long         '网格构成结点 2 编号
    Node3 As Long         '网格构成结点 3 编号
End Type
```

表 2-3-9　方案数据表

序号	字段	类型及长度	说明
1	TimeSeg	Char(10)	时段
2	SegCode	Char(2)	断面号
3	Sl	Blob	流速及沙量信息

注:sl 中数据按照自设计定义的 UTTriangle 结构进行读取,如下所示:

```
Type NLVData
  hW As Single
  U As Single          'x 方向流速
  V As Single          'y 方向流速
  W As Single          'z 方向流速
  S As Single          '沙量
  End Type
```

根据“数字黄河”工程编码原则“科学性、系统性、唯一性、相对稳定性、完整性和可扩展性、实用性”,参照“数字黄河”有关信息代码编制规划,项目确定了二维水沙三维表现数据库中方案的编码规则。

编码目的:唯一标识一个二维水沙数学模型计算方案。

编码原则:采用 11 位数字和字母的组合码分别表示工程类别、所在流域、水系和河流、编号和类别。

代码格式:JJJJHHHHHHHHY

说明:

JJJJ:4 位数字表示方案编制年份。

HHHHHHHH:8 位数字表示代表性洪水编号。

Y:1 位字母码表示代表性洪水类别。

S:实测洪水。

D:设计洪水。

二维水沙三维表现数据库中各表间关系如图 2-3-13 所示。

4. 与数学模型数据的接口设计与开发

由于在黄河下游交互式三维视景系统与二维水沙数学模型之间存在数据格式的转换问题,即需要将二维水沙数学模型提供的包含模型网格及水流流速、流向、挟沙量等的文本数据转存入二维水沙三维表现数据库中,因此设计开发了结合项目与数学模型数据的接口。

与数学模型数据的接口包括文本文件读取和长二进制(BLOB)结构数据入库两个主要功能模块,实现了读取二维水沙数学模型提供的文本数据并转换为二维水沙三维表现数据库各数据表格式进行存储的功能。

(1)文本文件读取模块。根据以上分析的二维水沙数学模型提供的文本数据结构,将二维水沙数学模型的网格结构和水流流速、流向及挟沙量等数据分别读入结合项目系统自定义的变量、一维或多维数组中,以便存入二维水沙三维表现数据库各数据表中。

(2)长二进制(BLOB)结构数据入库/读取模块。在二维水沙三维表现数据库的结点

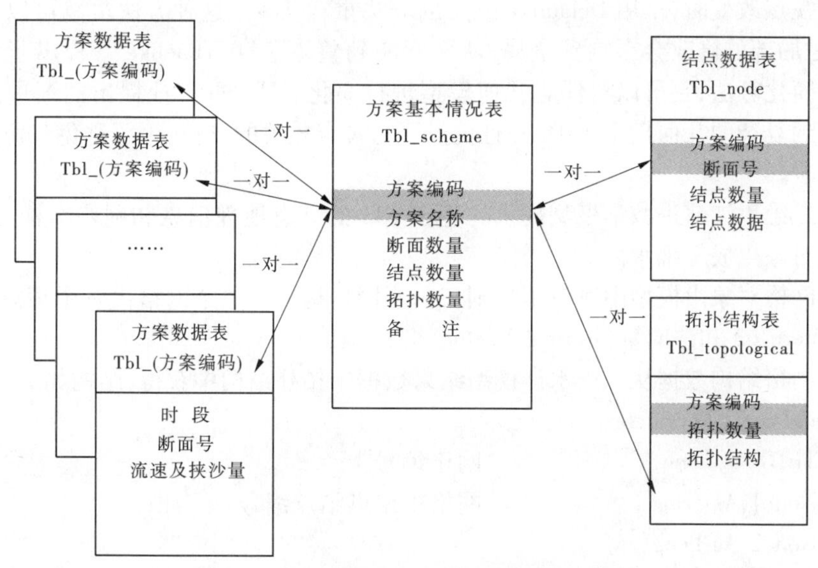

图 2-3-13 二维水沙三维表现数据库中各表间关系

数据表、拓扑数据表和方案数据表中均设计有 BLOB 类型的数据。BLOB 是一种数据列类型,其中包含声音、图像、自定义结构等二进制数据。三个表相对应地都设计有自定义结构。BLOB 类型的入库和读取的方式不同于一般的文本、数字等简单类型的数据入库和读取方式,因此设计开发了长二进制(BLOB)结构数据入库/读取模块,以实现自定义的结构数据以二进制形式入库,以结构读出 BLOB 类型数据的功能。

2.3.7.2 三维环境下水流演进过程表现方式研究

水流演进动态显示技术是综合运用三维 GIS 技术和虚拟现实技术,在三维场景基础上,根据二维水沙数学模型计算的结果信息构建一个基于 GIS 的三维水面层,利用纹理映射技术原理将水流的表现效果、水流速度矢量信息、泥沙浓度等信息叠加到水层上,从而实现黄河下游河道内外的地形地物、景观、水流演进和泥沙浓度变化过程的动态显示。

水流演进过程的表现方式需要以下几个关键技术:

(1)三维水面的构建。根据二维水沙演进数学模型空间信息(结点的地理信息和网格的拓扑结构)以及某一时刻水位(水深)信息创建三维水面层。

(2)纹理映射。根据计算单元上每个结点的位置、流速方向、大小建立每个单元网格纹理矩阵,把纹理叠加在水面上。

(3)水流流动。通过模型数据驱动的矩阵变换实现水面的仿真流动。在每一帧三维渲染过程中,根据水流流速大小设置纹理偏移量来实现水面流动,同时根据流速大小计算每一帧画面渲染所需的时间。

(4)洪水动态演进。随着计算时刻的改变,不断读取更换每个三角网格单元的水位、流速、浓度等计算结果来实现洪水演进的动态显示。

1. 三维水面构件

早期的网格模型多采用基于 TIN 的层次结构三角剖分来生成,但是由于计算量大,不适合于实时交互需要。Klein 采用一种与视点相关的 TIN 数据结构来表示交互中的集合信息。当视点改变时,采用 Delaunay 三角剖分法重构 TIN。这种方法虽然可以精确控制误差,但是局部的修改会影响到全局,从而影响到整体速度。Luebke 等提出了一种基于顶点数的简化算法,它可以对任意几何模型进行简化。Hoppe 将他提出的渐进式网格模型也应用到复杂的几何模型当中,并且提供了与视点相关的支持,为了避免三角剖分给全局带来影响。

根据二维水沙演进数学模型提供的基于 GIS 的结点地理信息和网格结构,系统采用渐进网格对象生成三维水面。

渐进网格对象由模型中所有不规则三角形网格构成。单个网格由三个顶点Vertext1、Vertext2、Vertext3 和法向量(Normal Vector)组成。

三角网格结构数据从二维水沙模型结果数据中拓扑结构中获得,结构如下:

```
Public Type UTTriangle
    TriID As Long          '网格编号
    Node1 As Long          '网格中定点结点编号
    Node2 As Long
    Node3 As Long
End Type
```

顶点数据从模型结果的结点数据中获得,顶点 1(Vertext1)的结构如下:

```
Public Type UTRiverNode
    NodeID As Long         '结点编号
    x As Single            '结点坐标
    y As Single
    z As Single
End Type
```

构成的三维水面在三维视景中管理方式是基于结点管理,即生成的对象是三维场景中的一个或多个结点对象。三维视景系统可以像管理其他结点信息一样方便地管理三维水面结点。

2. 纹理映射方法研究

根据计算单元上每个结点的位置、流速方向和大小生成纹理矩阵,把纹理叠加到水面上。在纹理映射过程中,关键是计算出纹理纵向和横向坐标、纹理纵向和横向偏移量。三维视景中纹理对象的结构如下:

Mat	S_PMMaterial 材质 其中 lSize: Long diffuse: S_Vec3 材质的漫射分量 ambient: S_Vec3 材质的环境分量 specular: S_Vec3 材质的高光分量 emissive: S_Vec3 材质的自发光分量 alpha: Single 材质的透明度分量 smooth: Boolean 材质表面是否为光滑的 twoside: Boolean 双面材质
Texture	S_PMTexture 纹理数组的第一个元素 lSize: Long textureMatrix: S_Matrix 纹理矩阵 textureName: String 纹理文件名

叠加不同的纹理矩阵可以反映不同的水流效果,如图 2-3-14、图 2-3-15 所示。

图 2-3-14 流场的表现方式

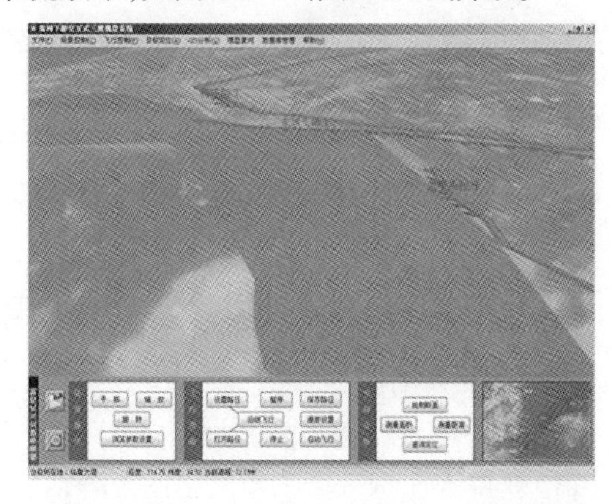

图 2-3-15 真实水流的表现方式

3. 水流流动仿真

三维视景系统通过二维水沙模型数据驱动的矩阵变换实现水面的仿真流动。三维 GIS 中使用二维 4×4 矩阵,为什么是 4×4 呢?因为我们在三维坐标系里除坐标数据外,还需要附加的行和列来完成计算工作。这意味着在 3D 中有 4 个水平参数和 4 个垂直参数,共 16 个参数。

4×4 单位矩阵:

$$\begin{vmatrix} 1 & 0 & 0 & 0 \\ 0 & 1 & 0 & 0 \\ 0 & 0 & 1 & 0 \\ 0 & 0 & 0 & 1 \end{vmatrix}$$

平移(tx, ty, tz)的矩阵:

$$\begin{vmatrix} 1 & 0 & 0 & 0 \\ 0 & 1 & 0 & 0 \\ 0 & 0 & 1 & 0 \\ tx & ty & tz & 1 \end{vmatrix}$$

由以上的矩阵平移方法我们可以设计水流流动的方法,下面是在程序中的实现:

```
void MAT_Identity(float mat[4][4])          //定义单位阵
{
mat[0][0] =1; mat[0][1] =0; mat[0][2] =0; mat[0][3] =0;
mat[1][0] =0; mat[1][1] =1; mat[1][2] =0; mat[1][3] =0;
mat[2][0] =0; mat[2][1] =0; mat[2][2] =1; mat[2][3] =0;
mat[3][0] =0; mat[3][1] =0; mat[3][2] =0; mat[3][3] =1;
}
void TR_Translate(float matrix[4][4],float tx,float ty,float tz)
{
  float tmat[4][4];
```

```
tmat[0][0]=1; tmat[0][1]=0; tmat[0][2]=0; tmat[0][3]=0;
tmat[1][0]=0; tmat[1][1]=1; tmat[1][2]=0; tmat[1][3]=0;
tmat[2][0]=0; tmat[2][1]=0; tmat[2][2]=1; tmat[2][3]=0;
tmat[3][0]=tx; tmat[3][1]=ty; tmat[3][2]=tz; tmat[3][3]=1;
MAT_Mult(matrix,tmat,mat1);
Miscopy(mat1,matrix);
} //tx,ty,tz－－－－－－－平移参数
//matrix－－－－－－－－－源矩阵和目标矩阵
//矩阵平移函数
```

因此,整个水流流动的方法可以分为以下几个步骤:

(1)获得水面每一个三角网格的矩阵信息。

(2)根据每个网格的流速和三维系统的渲染速度,计算出该网格纹理矩阵变化的幅度。

(3)在三维系统的每一帧渲染中,进行纹理矩阵的变化。

4.洪水动态演进方法研究

二维水沙演进模型计算结果中,每一个单位步长的时刻都有一系列基于 GIS 的流场数据,它们包含结点的空间位置、流速、含沙量等信息。单纯地描述一个系列的数据只能获得一个相对静止的水流过程,无法描述出一场洪水的淹没变化。

为了实现洪水动态演进的效果,系统采用了电影胶片的手法,随着计算时刻的改变,不断更换三维水面结点中每个三角单元的水位、流速、含沙量等计算结果来实现洪水演进的动态显示。

为了提高系统的效率,降低程序的空间和时间复杂度,我们将结点中在各个时刻存在相对变化的数据水面高程、流速、浓度提取出来,保留相对稳定结点位置信息。提出数据的结构信息如下:

```
Public Type NLVData
    hW As Single
    U As Single        'x 方向流速
    V As Single        'y 方向流速
    W As Single        'z 方向流速
    S As Single        ' 沙量
End Type
```

实现的洪水演进过程如图 2-3-16 所示。

通过三维视景系统与二维水沙数学模型结合,可动态直观地反映水流在河道演进过程,可以清楚直观地反映洪水在什么时间演进到什么地方;哪个地方先淹,哪个地方后淹;哪座控导工程靠溜,哪座控导工程不靠溜;哪段堤防临水,哪段堤防不临水等,与防汛有关的重要信息都可以非常直观地反映出来(见图 2-3-17、图 2-3-18)。

2.3.7.3 三维环境下水流含沙量表现方式研究

为了更为直观地表现河道水流中含沙量的大小,首先根据模型计算网格,在三维视景

图 2-3-16　洪水动态演进过程

图 2-3-17　险工靠水情况模拟

图 2-3-18　控导工程靠水情况模拟

平台上构建水流表现,建立一个与水流含沙量有关的浓度场,将水面纹理色彩与浓度场色彩进行叠加,建立水面纹理色彩深度与含沙量的关系,通过数学模型计算结果动态改变水流纹理颜色,直观地表现水流含沙量的大小。

纹理色彩变换方法采用芒塞尔彩色空间变换。在计算机内定量处理色彩时通常采用RGB(Red、Green、Blue)表色系统,但在视觉上定性地描述色彩时,采用HSV显色系统更直观些。Munsell HSV(Hue、Saturation、Value)变换就是对标准处理彩色合成图像在红(R)、绿(G)、蓝(B)编码赋色方面的一种彩色图像增强方法,它是借助改变彩色合成过程中的光学参数的变化来扩展图像色调差异,将图像彩色坐标系中红、绿、蓝三原色组成的彩色空间(RGB)变换为由Hue(色度)、Saturation(饱和度)、Value(纯度)三个变量构成的HSV色彩模型。其目的是更有效地抑制地形效应和增强岩石单元的波段差异,并通过彩色编码增强处理达到最佳的图像显示效果。HSV色彩模型能够准确、定量地描述颜色特征。

2.3.7.4　三维环境下河道冲淤变化过程表现方式研究

对于河道冲淤变化过程,系统采用断面表现方式。断面表现方式主要是通过在三维环境下任意画一处河道断面,在屏幕上绘制出该河道断面的二维断面图,通过二维水沙模型不同时刻的计算结果数据的驱动,动态改变绘制的断面形态,以达到表现河道冲淤变化过程的目的。

由于是要通过绘制河道断面来表现河道冲淤变化过程,因此河道冲淤变化断面表现方式需要三维场景提供所绘断面的原始河道地形数据、泥沙淤积表面数据、水流表面数据等几个要素值。

将断面线投影到地形上,进行线性插值,获得一系列精度要求范围内的离散点,作为断面基准点,对以下三个不同层次结构进行数据拾取:

(1)断面原始河道地形。要表现河道冲淤变化过程,就需要以原始河道地形作参照,对比冲淤前后的变化过程;地形断面的数据可以根据获得离散点的经纬度坐标直接取得。

(2)断面泥沙淤积表面。断面泥沙淤积表面实际上是由于泥沙淤积而产生的新的河道地形,通过淤积表面与原河道地形的叠加表现河道淤积情况。

(3)断面水流表面。通过断面水流表面的高低可以直观地反映该断面冲淤变化后的过流能力大小。

泥沙淤积面和流水表面的断面数据通过离散点所在不规则三角网的插值计算获得,需要判断离散点所在的三角形,然后根据三角形顶点高程的投影计算获得离散点高程信息。

三维场景根据数学模型计算网格构建原始河道地形、泥沙淤积表面和水流表面,通过数学模型结果数据动态改变泥沙淤积面及水流表面,通过插值可以动态得到所绘断面上的计算结果数值,动态改变断面形状,就可以得到任意断面河道冲淤变化过程。

为实现断面绘制的特定功能,对黄河下游三维视景系统设计开发时编制的平面图形绘制 ActiveX 控件 DrawControl 进行了功能改进。

ActiveX 部件是 Microsoft 公司提供的一种用于模块集成的新协议,是一些遵循 ActiveX规范编写的可执行代码,比如一个 . exe、. dll 或 . ocx 文件。在程序中加入 ActiveX 部件后,它将成为开发和运行环境的一部分,并为应用程序提供新的功能。Visual Basic (VB)ActiveX 部件保留了一些普通 VB 控件的属性、事件和方法。ActiveX 部件特有的方法和属性大大地增强了程序设计者的能力和灵活性。

DrawControl 是利用 VB 创建的一个平面图形绘制 ActiveX 部件,它使用用户给出的 x 轴、y 轴系列数据在计算机屏幕上绘制出带 x、y 坐标轴的平面图形,在“黄河下游交互式三维视景系统”与“二维水沙数学模型”结合应用中主要用来实现断面图绘制功能。

DrawControl 如 VB 的所有 ActiveX 部件一样具有事件、属性等特性。根据功能要求,对 DrawControl 控件设计开发了 XSerial、YSerial、MaxX、MaxY、MinX、MinY 等6 个属性以及 ClsDraw、Drawline 两个方法。在“黄河下游交互式三维视景系统”与“二维水沙数学模型”结合项目中,利用 DrawControl 部件将从三维视景中绘制断面所取得的不同原始河道断面数据、冲淤后的河道断面数据、水面数据进行不同颜色、不同压盖次序的线、面的套绘,以达到模拟表现河道断面冲淤变化的效果。

2.3.7.5 三维环境下河道内任意点实时信息表现方式研究

为了更为直观、灵活地表现河道水面或河道地形每一点的实时信息,系统设计了实现三维环境下河道内任意点实时信息的表现方式,即在河道内任意点实时信息表现状态下,当鼠标在三维环境下的河道水面上移动时,三维视景系统将会把取到的二维水沙模型计算结果，如该点的经纬度坐标、水深、流速等，在系统状态信息区予以实时显示，如图 2-3-19 所示。

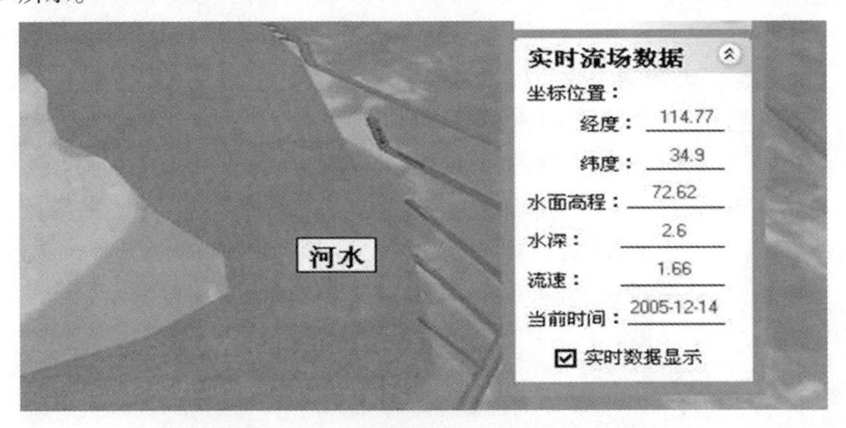

图 2-3-19　三维环境下河道内水面任意点实时信息

三维水面上任意点的信息取得需要以下两个步骤：

(1)取得该点所在的三角格网，即遍历所有三角形格网，判断点是否在三角形内。

(2)采用线性内插获得该点的高程和流速信息。

数据内插是三维可视化模型的核心，也是实现模型交互操作的前提。在该模型里面，有两种不同的内插机制，即在同一个物理空间(如屏幕空间、透视空间或者实际三维空间)里的内插和在不同物理空间之间的内插(从世界坐标到透视坐标或者从透视坐标到屏幕坐标等)。首先，要实现对所有要素的三维表示，必须要有第三维的信息，而一般的矢量数据即使是原有数字化数据，如道路、水系、居民地等往往也只有平面坐标。其次，许多常规分析查询结果如缓冲区边界和叠置产生的区域边界等也不会有第三维的信息。所有这些第三维信息都必须依靠系统动态地根据 DEM 内插计算产生。最后，在三维透视空间进行各种空间查询和分析操作也都离不开数据内插。比如，要在透视表面模型上选择某一特定的目标，可以用鼠标点取该目标的任意位置。但是，由于在透视空间的屏幕坐标和实际的三维空间坐标之间不存在一对一的关系，因此必须要有可靠的内插机制。为了完成某一种操作，常常要进行多次从屏幕坐标到地面坐标和从地面坐标到屏幕坐标的内插计算。

2.4　数据支持平台

黄河水沙模拟系统主要由各类模块构建，各类模块种类较多。由于各类模块主要是由标准输入、输出和核心算法组成，所以各类模块及模块之间数据交换是比较频繁和复杂的。由于各类模块本身不具有数据库管理功能，因此在一定程度上造成了各类模块数据管理的低效和数据冗余。虽然国内外有不少学者采用各种商业数据库软件来管理数学模型数据，但是传统数据库对具有地理信息的空间数据编辑、操作和分析存在许多不足，数据间的空间关系定义和数据可视化也一直不能得到解决或不尽人意，再加上各类模块的数据与开发者、应用领域和范围有紧密关系，因此至今数学模型数据模型开发没有统一标准和平台。GIS引入了空间数据库的概念,它将地理要素的空间和非空间信息"绑定"在一起,空间信息反映了要素的定位信息或几何形态,非空间信息以属性表的形式存储数据,从而解决了基于空间数据的分析查询和基于属性数据的管理问题。同时,空间数据库可以方便地完成某一类数据的空间拓扑关系定义,实现各类复杂边界的处理功能,为数学模型前后处理和可视化技术提供技术手段。

数据模型是空间数据库的重要内容,也是地理信息系统的核心,它是对现实世界的简化、抽象、概括和模拟,帮助更好地理解现实,在计算机中表现为数字化环境中的对象和过程的结构集合。图2-4-1为黄河数学模型数据模型的数据层次关系逻辑示意图,该图定义了数据的属性(包括空间数据和非空间数据)、方法与数据间的关系,是对黄河数学模型数据的管理、分析和可视的一次有益尝试。

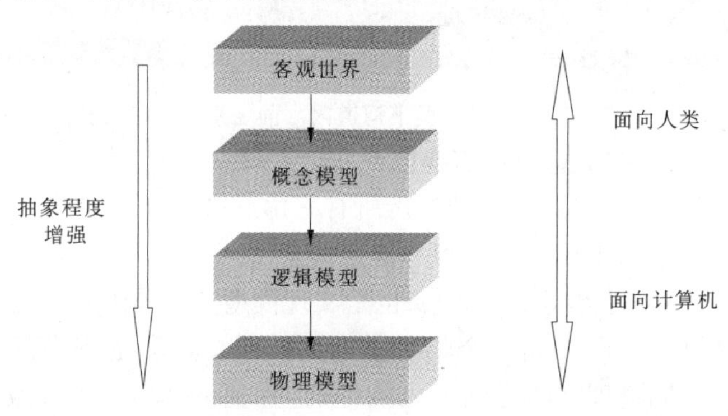

图2-4-1　黄河数学模型数据模型的数据层次关系逻辑示意图

2.4.1　水沙数据模型设计目标与要点

水沙数据模型设计的最终目标是运用面向对象思想,基于地理信息系统的建模方法,建立所研究区域的数据存储、分析、可视化的有效平台。为实现这一目标,需要注意以下几个方面的内容:

(1)充分认识水沙数学模型的数值计算流程。如果把黄河水沙模拟系统看做一个业务流程的话,数据模型的设计就是充分分析该业务流程所涉及的数据种类、数据用途、数据之间的关系,以及为数据的传输设计必要的接口等。

(2)考虑所研究区域的数据特点。每个研究区域均有其自身的数据特点,黄河水沙模拟系统就需要考虑数学模型计算的水流泥沙初始条件、地形、网格、断面等数据,如果要关心更详细的水沙特征,则应该把水深、含沙量、流速等数据纳入数据模型的范围。

(3)考虑一维、二维、三维模型集成问题,为数据模型扩展提供可能。数据模型虽不能模拟所有的现实世界,但是数据模型是开放的、可扩充的,利用数据建模和面向对象的理论,可以设计出符合不同行业需要的数据模型。在黄河水沙模拟系统中,一维、二维、三维数学模型的联合调用是经常发生的,为满足这一需求,需要设计者充分考虑各类数学模型在数据层面的集成接口问题。

2.4.2 面向对象水沙数据模型

对象是包含描述研究实体属性和行为的信息集合体，两个对象之间的交互作用称为关系。在地理对象数据中，客观世界的每个实体都是 GIS 中的对象，实体之间的关系被抽象成一系列的对象之间的关系，具有相同类型的一组对象称为对象类。类是一个比对象更重要的概念，因为某些对象的特征是建立在类的层次之上的。类是对象的一个模板，当创建一个对象数据时，面向对象数据模型定义了类及其之间的关系，当对象数据模型用于创建数据库时，对象实例才真正被创建。

在黄河水沙模拟系统中，有限元网格结点、网格单元、等高线、实测大断面、土地利用等都可以看做一个对象。以有限元网格结点为例，每个网格结点都包含描述其特征的属性结点序号、结点编号、含沙量、水深、水位、流速和糙率，以及在给定比例尺下用于表达对象位置的几何信息经度、纬度和高程。一个网格结点可能和另外两个或三个网格结点构成一个网格单元，且一个网格结点代表着所属网格单元在该方向上的分量。网格结点还可能具有一定的方法或行为，以描述其功能范围。如通过网格结点流速 u 和 v 绘制流速场矢量图。

基于 GIS 的面向对象数据管理方式克服了传统数据管理和关系数据库管理的种种不足。黄河水沙模拟系统计算涉及众多与地理有关的空间数据和非空间数据，如水边线、深泓线、控导工程、断面、河槽地形等，每种数据都是具有各自不同的属性数据、复杂关系和多种行为的实体。面向对象的数据管理方式将这些数据种类作为一个对象，不仅实现了空间数据和非空间数据的统一管理，也实现了对象的静态特征（各种属性和特征）和动态行为（功能和动作）统一，同时致力于对象的集合及对象之间关系的定义，即每个地理对象是几何信息、属性特征和操作方法的统一集合体。

2.4.3 水沙数据模型框架

在地理空间数据库中，将具有一类特征的研究体称为对象。同时，具有几何、属性信息的对象称为要素或图层，只有属性信息没有几何信息的对象以属性表的形式存储，具有某一类特征的数据集合称为数据集，同一数据集中的数据共享相同的空间参考信息。

根据黄河水沙模拟系统建模目标和要点，在充分考虑水沙数学模型计算流程的基础上，将水沙模型数据进行必要的归类，分为地形、网格、观测点和断面四个数据集，由水沙数学模型这个抽象类统一管理，并为每个数据类分配一个标识号 MID，该标识号在整个 GeoDatabase 中是唯一的，在数据查询统计中具有重要意义，见图 2-4-2。

2.4.4 面向对象水沙数据模型设计

数据模型的设计就是数据建模的过程。数据建模需要经历概念模型、逻辑模型和物理模型三个不同的抽象层次。在这三个抽象层次中，概念模型是数据模型设计的前提条件；逻辑模型是设计“蓝图”，是建模的重点内容，也是分析研究的重点；物理模型是数据的具体表现，是直接针对应用的。

在概念模型阶段，首先定义需要在 GIS 中表达的事物的主要类型，从而得到一个对主

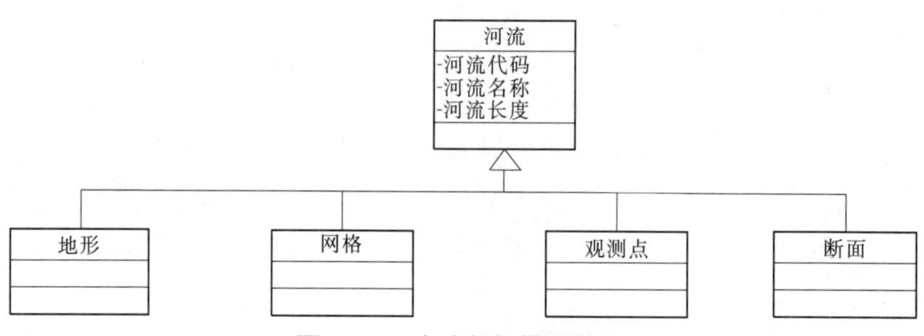

图 2-4-2　**水沙数据模型框架**

要类型的事物及其之间关系的概念性描述。其次，需要创建各种表格目录，以便描述各个对象的名称、行为以及对象之间的交互类型。这种逻辑数据模型有助于明确定义 GIS 功能及其使用领域范围。逻辑数据模型独立于具体实现，它可以用于任意 GIS 中。最后，需要创建能够描述研究对象在地理数据库中是如何实现的物理数据模型。物理数据模型详细描述了存储数据所需要的具体文件或数据库表、不同类型对象之间的关系，以及可执行的操作。

2.4.4.1　地形数据集设计

地形数据集包括主槽、河道工程、河道边界、河道河势和大堤五种线要素。河道边界保存信息有边界代码、边界名称、水流文件、泥沙文件、级配文件、边界类型和河流代码，河道工程保存信息有工程代码、工程名称、工程类型、工程高度和河流代码，河道河势保存信息有河势代码、河势名称和河流代码，见图 2-4-3。

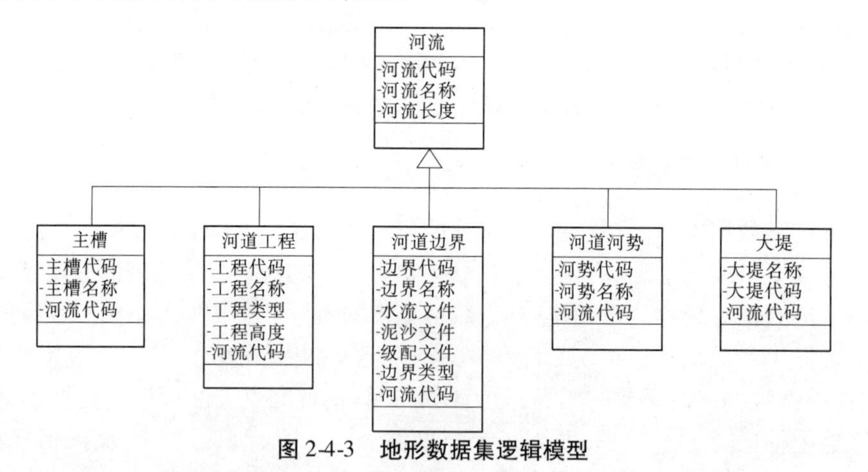

图 2-4-3　**地形数据集逻辑模型**

2.4.4.2　网格数据集设计

网格数据集中主要包括有关有限元网格的数据：网格单元要素、网格单元、网格样条、网格结点、网格结点要素，其中网格单元要素与水流泥沙单元表、网格结点要素与水流泥沙结点表均具有一对多的数据关系，见图 2-4-4。

2.4.4.3　观测点数据集设计

观测点数据集保存观测点的测站代码、测站名称和分类编码，同时一个观测点与该观测点的若干时刻数据具有一对多的关系。观测点水力要素表保存了某一时刻或若干时刻的测站代码、测验时间、水位、水深、流速 u、流速 v、比降、含沙量、中值粒径等信息，见图 2-4-5。

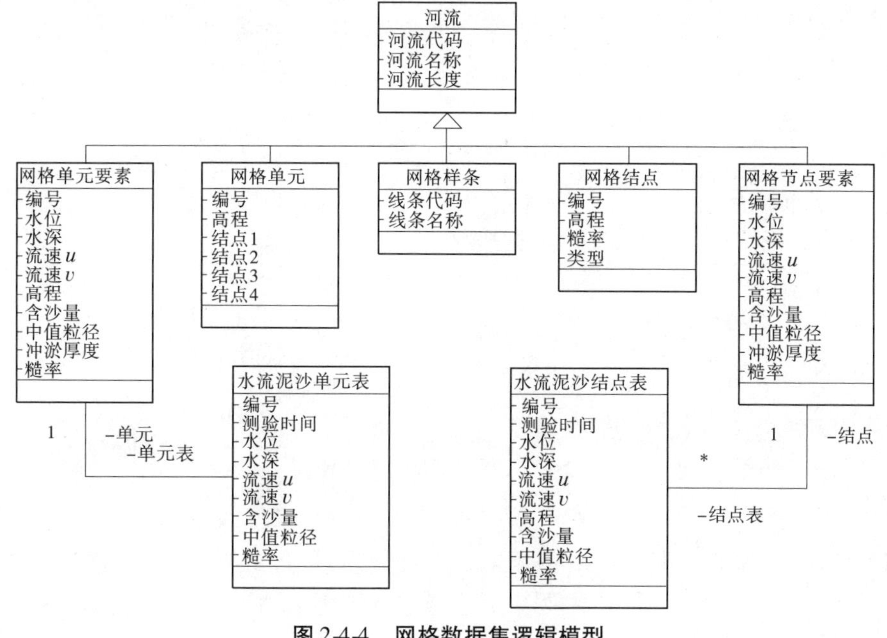

图 2-4-4　网格数据集逻辑模型

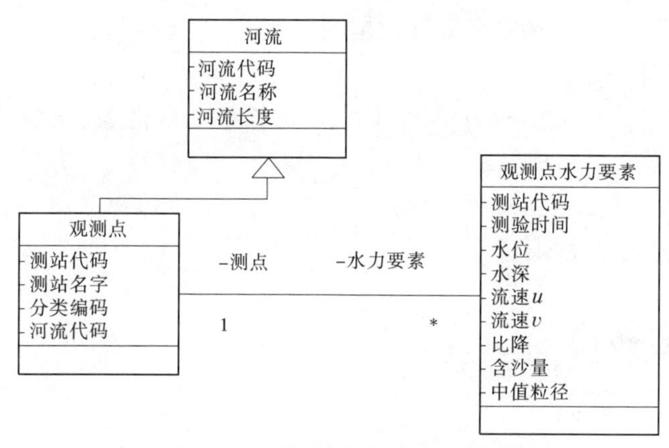

图 2-4-5　观测点数据集逻辑模型

2.4.4.4　断面数据集设计

断面数据集主要保存与测验断面有关的测站代码、测验时间、测验编号和测验数据，同时一个测验断面要素对应若干个测验断面表和断面水力要素表，主要有主槽长度、滩地长度、分类编码、水位、水深、河宽、比降、含沙量和中值粒径等信息，见图 2-4-6。

黄河数学模型数据建模是在 Microsoft Access 数据库管理平台上建立的，通过空间数据引擎可实现与 Oracle 数据库无缝连接，采用 XML 语言完成逻辑数据模型，在 ArcEngine 中完成物理数据模型，利用 ArcEngine 和 Microsoft Visual Basic 2005 开发工具，实现黄河数学模型数据模型研发。

根据黄河数学模型的特点和生产需要，开发和建立了各类数据表结构及它们的逻辑关系，并建立空间地理数据与属性数据的连接。黄河数据模型各要素数据表结构包括以

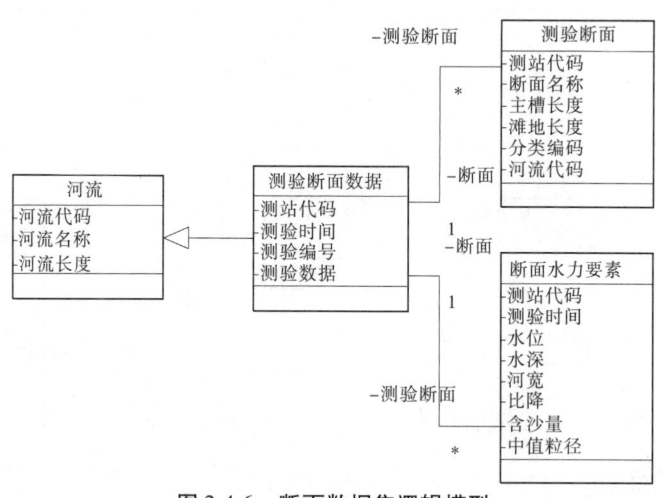

图 2-4-6　断面数据集逻辑模型

下几类：

(1)水文泥沙基础数据。主要包括逐日平均含沙量、逐日平均流量、逐日平均水位、河床冲淤物颗粒级配、洪水水文要素摘录表、实测河床质级配、实测悬移质级配、月(年)平均悬移质颗粒级配、水位表等。

(2)地形数据。主要包括主槽属性数据表、河道工程属性数据表、河道河势属性数据表、大堤属性数据表。

(3)网格数据。主要包括网格单元属性表、网格样条属性表、网格结点属性表、网格结点水流泥沙属性表、网格单元水流泥沙属性表。

(4)其他数据。主要包括观测点信息属性表、观测点水流泥沙属性表、测验断面信息属性表、断面水流泥沙属性表等。

2.5　水沙输移模型组件

2.5.1　COM 组件技术

COM 是一种以组件为发布单元的系统构架规范模型，这种模型使所有的计算机软件组件都有相同的程序接口。20 世纪 90 年代中期，Microsoft 公司第一次提出 COM 时，COM 是指组件对象模型(Component Object Model)被用户普遍接受后，更名为公共对象模型(Common Object Model)。COM 标准包括规范和实现两部分。规范部分定义了对象创建和对象间通信的机制，实现部分提供了核心服务的 COM 库。COM 接口是逻辑上和语义上相关联的函数集。对象之间通过接口进行通信，可以在数据源和调用者之间传递数据，并将数据源中的变化动态地反映到调用者中。同时，通过对控件的重用，在目标程序中不仅可以直接调用控件，还可以将各种控件复合在一起。软件对象既可以作客户对象，也可以作服务器对象，甚至可以同时既是客户对象又是服务器对象。利用 COM 技术，能够建立复杂的软件部件，并能与其他系统的软件部件协调运作，实现软件的功能集成。

2.5.2　COM 组件、对象与接口

COM 组件是面向对象的软件模型,因而对象是它的基本要素之一。COM 组件是自我描述、自我生存的软件模块。在 COM 模型中,对象本身对于客户来说是不可见的,客户请求的服务需通过接口进行。COM 组件、对象、接口之间的关系见图 2-5-1。

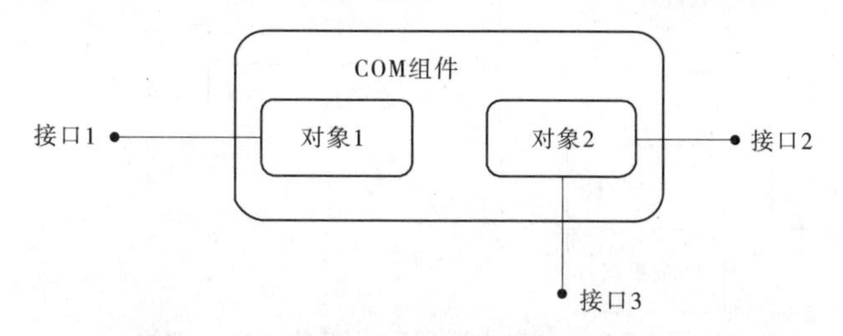

图 2-5-1　COM 组件、对象、接口之间的关系

COM 对象用一个 128 位的全局唯一的类标识符来标识,可以在概率意义上保证全球范围内的唯一性。COM 对象中的每一个接口也都由一个 128 位的全局唯一标识符来标识。任何一个 COM 对象,不论它来自何方,用什么语言编写,一经注册,就在系统中注册表中留下对象的入口点,客户程序就可以使用对象。实际上,当客户程序成功创建对象后,它得到的是一个指向对象某个接口的指针,这个指针会指向接口函数表的指针,这个指针指向接口定义的一组成员函数表,这个表即虚函数表。

程序只需获得接口指针,就可以调用该接口提供的所有服务。对于一个接口而言,它的虚函数表是确定的,因此接口成员函数的个数和先后顺序也是不变的,对于每一个成员函数而言,其参数和返回值也是不变的。根据 COM 规范,所有这些都定义在二进制的基础上,这就为用户提供了跨平台程序开发的标准。也就是说,用户可以用不同的开发语言设计出不同功能的组件而不必顾及组件之间相互调用的通信问题。即使当其中一个组件的代码被修改并且被重新编译连接后,只要能够保持原来已经存在并被使用的接口不变化(可以添加其他接口),那么其他使用这个组件的客户程序都不需要重新编译。因此,COM 组件技术在很大程度上提高了软件的重用性。当客户程序与 COM 对象通过接口打交道时,一种最简单的办法是将接口指针与对象数据绑定在一起,图 2-5-2、图 2-5-3 所示的是这种 COM 接口实现办法的内存模型。COM 规范规定,所有的 COM 对象的接口都必须从一切公共接口继承所得,以利于管理 COM 对象的生存期和接口查询。

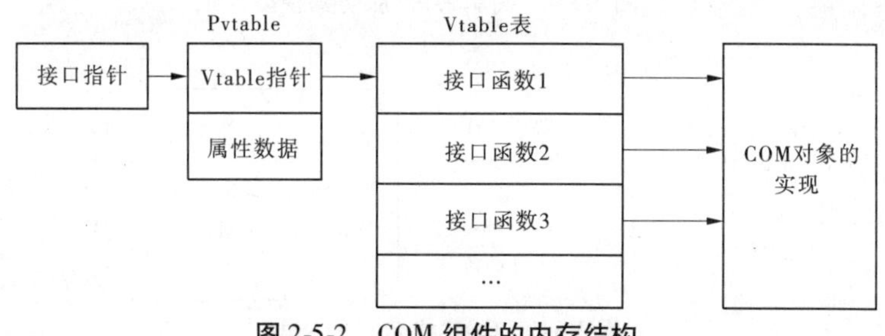

图 2-5-2　COM 组件的内存结构

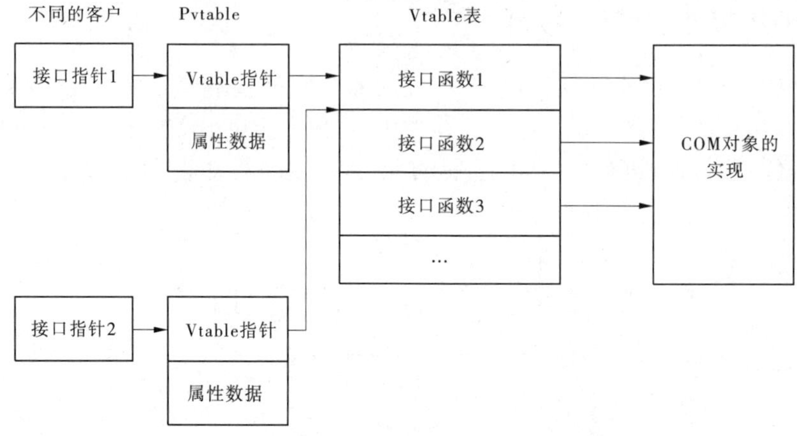

图 2-5-3　多客户调用同一组件的内存结构

同时，由图 2-5-1、图 2-5-2 可以看出，COM 接口结构的虚函数表与面向对象语言中的类表完全一致，而且接口的一些特点，如具有二进制特性，接口不变性，继承性，运行过程中的多态性等，都表明面向对象语言是多种 COM 开发工具中最能充分利用 COM 的各种特性的一种。

2.5.3　COM 对象的应用摸式

2.5.3.1　客户服务器模型

COM 对象和客户程序之间的相互作用是建立在客户/服务器模型的基础之上的。COM 服务器实际上是 COM 组件对象的容器，由 COM 服务器中的组件对象向 COM 客户提供服务。所以，COM 应用模型可以继承客户/服务器模型的许多优势，如高稳定和可靠性、很强的扩展性、性能得以提高以及数据和事务机制等。然而，COM 不仅是一种简单的 C/S 模型，有时客户也可以反过来提供服务，或者服务方本身也需要其他对象的服务，在这种情况下，一个对象可能既是服务方也是客户方。COM 能够有效地处理这些情况。不仅如此，COM 还可以非常灵活地使用客户/服务器模型，如图 2-5-4 所示。图 2-5-5、图 2-5-6表示 COM 中两种重要的对象重用机制——包容和聚合。

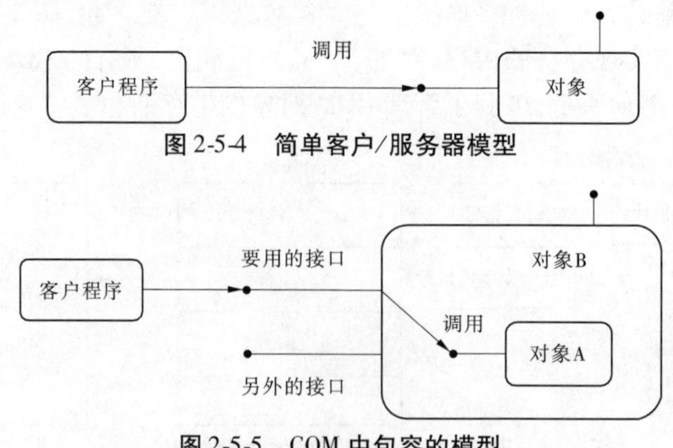

图 2-5-4　简单客户/服务器模型

图 2-5-5　COM 中包容的模型

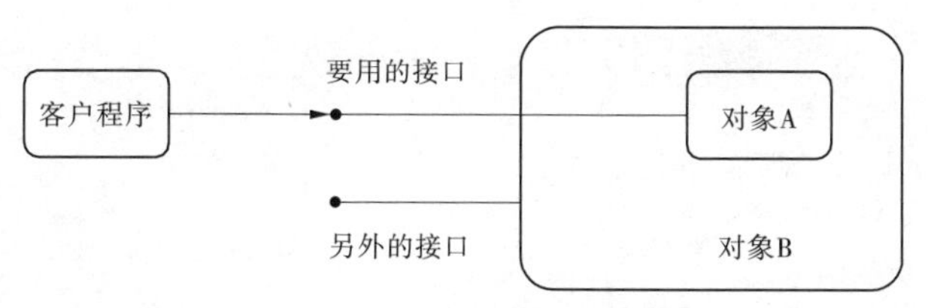

图 2-5-6　COM 中聚合的模型

2.5.3.2　进程内/外模型

COM 客户程序与 COM 服务器在建立通信连接之前是没有任何联系的。COM 客户程序并不知道 COM 服务器位于什么地方,甚至不知道有没有这样的服务器。当客户程序请求某个服务时,客户程序只需传递该类的标识符,由 COM 库负责找到组件的位置并返回接口指针给客户程序,然后客户可以使用接口指针获得 COM 对象的服务。根据 COM 客户和 COM 服务器是否运行在同一进程口空间,COM 服务器可以分为进程内 COM 服务器和进程外 COM 服务器,也可称为进程内组件和进程外组件;然后根据组件是否与客户程序运行在同一台计算机上,进程外组件可以分为本地组件和远程组件。进程内组件在运行时被加载到操作系统给客户程序分配的进程地址空间,在 Windows 环境下,进程内组件通常以动态链接库(简称 DLL)的形式来实现。在客户程序的执行过程中,COM 组件被动态装入到进程的内存空间,一旦程序与组件建立起通信关系,客户程序得到的接口指针直接指向组件程序中的接口虚函数表,由于接口虚函数表中包含了接口所有的成员函数,所以程序运行效率非常高。另外,由于进程内组件直接运行在客户进程中,组件的错误也许会引起客户进程的崩溃,这也对组件程序的稳定性提出了较高的要求。对于进程内组件,在 Windows 系统注册表的 HKEYCLASSESROOT 键结点下可以找到当前所有组件的信息,如组件的标识符、版本及类型库等。

本地组件表示组件和客户程序运行在同一台机器上,但操作系统给组件分配了独立的资源,组件独占一个进程,运行在独立的地址空间,本地组件通常是一个可执行的 EXE 文件。远程组件运行在与客户不同的机器上,既可以是一个 DLL 模块,也可以是一个 EXE 文件,当然组件也是独占一个进程。由于组件和客户程序位于不同的进程地址空间,组件与客户程序之间的通信必须跨越进程边界。有多种不同的进程之间的通信办法,如 DDE、命名管道等,而 COM 采用的是本地过程调用(LPC)和远过程调用(RPC)以及两个附加模块——代理模块和存根模块。本地过程调用位于同一机器上的不同进程之间的通信,远过程调用用于不同机器上的进程之间的通信。代理模块位于客户程序进程中,存根模块位于组件进程中,其执行过程如图 2-5-7 所示。

对于进程外组件,本机系统只需提供代理/存根模块的标识符即可,这类信息也在注册表中。进程外组件稳定性好,一个组件进程可以为多个客户进程服务,但进程外进程占用系统资源,而且调用效率远不如进程内组件。

值得强调的是,虽然 COM 组件对象有不同的进程应用模式,但这种区别对于客户程序来说是透明的。客户程序在使用组件对象时,只要遵照 COM 规范就可以不管这种区别的存在。这种进程透明性是因为有 COM 库来负责后台管理和进程通信工作。新的 Windows系统均提供了 COM 库。最新的 Windows 2000 和 Windows XP 甚至把 COM 库作

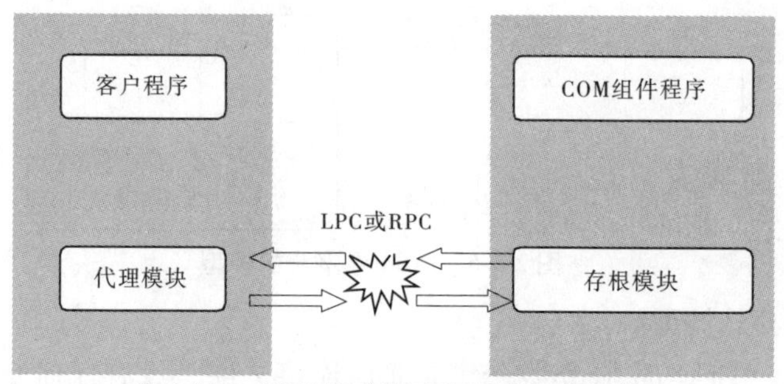

图 2-5-7 COM 客户程序调用进程外组件

为整个操作系统的基础。COM 规范所定义的组件模型,除有上面所述的面向对象特性、进程透明性、语言无关性、可重用性等特性外,还提供与操作系统绑定的权限安全机制和在并发响应与交互操作环境下的数据安全性。

2.5.4 Fortran 自定义数据类型(TYPE 类型)

为了对数学模型各类数据进行有效管理和调用,我们定义一系列自定义数据类型(见表 2-5-1 ~ 表 2-5-8),创建了两个自定义数据类型模块 IO. Mod 和 Model. Mod,两个文件可以提供给用户利用 Visual Fortran 6.0 使用。用户在利用 Visual Fortran 6.0 编制数学模型程序时,为了调用 IO. Mod 和 Model. Mod,可将两个文件存放在一个目录内,如 C:\ YRCC2DLIB\文件目录,在用户在 Visual Fortran 6.0 桌面系统内打开 Project 后,请选择 Tool/Option 选项,会弹出一个对话框,在这个对话框内选择 Directories 标签,然后将 InClude File加上 C:\YRCC2DLIB\,即可实现存取各个自定义数据类型分项数据元素的值,如取得 GridProperty 网格属性数据的 GridType 数据,则用 GridProperty% GridType 表示。

表 2-5-1 GridProperty 网格属性数据类型

序号	变量名称	类型	意义
1	GridType	整型	网格类型 (3——三角形,4——四边形)
2	CountNodes	整型	结点总数
3	CountCells	整型	单元总数
4	CountRows	整型	网格行数
5	CountColumns	整型	网格列数

表 2-5-2 NodeCurrentRecord 结点记录数据类型

序号	变量名称	类型	意义
1	CurrentTimeRecord	整型	当前时间记录
2	GridNodeCount	整型	网格结点数
3	NodeIndex	整型	结点索引

表 2-5-3　GridFlowSediment 网格水流泥沙数据类型

序号	变量名称	类型	意义
1	WaterSurface	实型	水位
2	Depth	实型	水深
3	VelocityX	实型	x 方向流速
4	VelocityY	实型	y 方向流速
5	MedianGrainSize	实型	悬沙中值粒径
6	Concentration	实型	含沙量
7	BedElevationChange	实型	河床累计冲淤厚度

表 2-5-4　CellCurrentRecord 单元记录数据类型

序号	变量名称	类型	意义
1	CurrentTimeRecord	整型	当前时间记录
2	GridNodeCount	整型	网格结点数
3	NodeIndex1	整型	结点索引 1
4	NodeIndex2	整型	结点索引 2
5	NodeIndex3	整型	结点索引 3
6	NodeIndex4	整型	结点索引 4

表 2-5-5　SectionFlowSediment 断面水流泥沙数据类型

序号	变量名称	类型	意义
1	WaterSurface	实型	水面
2	Discharge	实型	流量
3	Concentration	实型	含沙量
4	Width	实型	宽度
5	Depth	实型	深度
6	MedianGrainSize	实型	悬沙中值粒径
7	BedElevationChange	实型	河床累计冲淤厚度

表 2-5-6　SectionStation 断面测站数据类型

序号	变量名称	类型	意义
1	Code	整型	代码
2	Distance	实型	距离
3	Selected	逻辑	是否选中
4	RiverCode	整型	河流代码

表 2-5-7　SectionData 断面数据类型

序号	变量名称	类型	意义
1	CountPoints	整型	断面测点个数
2	CountSubSection	整型	子断面个数
3	CountSizeClassify	整型	泥沙分级个数
4	X(150)	实型	起点距
5	Y(150)	实型	高程
6	SubX(11)	实型	子断面位置(起点距)
7	SubRn(10)	实型	子断面糙率
8	PIB(10)	实型	河床质级配

表 2-5-8　YRCC2D_PROPERTY 模型参数数据类型

序号	变量名称	类型	意义	说明
1	TransportCapcityFormula	整型	输沙能力公式编号	
2	FallVelocityFormula	整型	泥沙沉速公式编号	
3	CountSizeClassify	整型	泥沙分级个数	
4	CountSectionPoints	整型	断面测点个数	
5	CountSubSection	整型	子断面个数	
6	CountParameters	整型	模型其他参数个数	
7	BedMaterialLayerCount	整型	床沙层分层个数	
8	FlowStep	实型	水流步长(s)	
9	SedimentStep	实型	泥沙计算步长(s)	
10	OutputMapStep	实型	输出网格步长(s)	
11	OutputSectionStep	实型	输出断面步长(s)	
12	OutputInitialCoditionStep	实型	输出初始条件步长(s)	
13	MinimumDepth	实型	最小水深(m)	
14	IterativeMaximumError	实型	允许最大误差	
15	Theta	实型	加权因子	
16	ScouringAlfa	实型	冲刷恢复饱和系数	
17	DepositionAlfa	实型	淤积恢复饱和系数	
18	ScouringMaxWidth	实型	淤积最大宽度(m)	
19	DepositionMinWidth	实型	冲刷最小宽度(m)	
20	ChannelPlainChangeCofficient	实型	主槽滩地交换系数	
21	BedMaterialHight	实型	床沙层厚度(m)	
22	Gravity	实型	重力加速度(m/s^2)	
23	WaterDensity	实型	水容重(kg/m^3)	
24	SedimentDensity	实型	泥沙干容重(kg/m^3)	
25	AirDensity	实型	空气密度	
26	SizeClassify(11)	实型	分级泥沙颗粒粒径	

续表 2-5-8

序号	变量名称	类型	意义	说明
27	Parameters(50)	实型	参数表	
28	IncludeSediment	逻辑	是否包括泥沙	
29	IncludeSalinity	逻辑	是否包括盐	
30	IncludeTemperature	逻辑	是否包括温度	
31	IncludePollutantsTracers	逻辑	是否包括污染物	
32	IncludeIce	逻辑	是否包括冰	
33	IncludeWind	逻辑	是否包括风	
34	IncludeSecondaryFlow	逻辑	是否包括二次流	
35	IncludeWaves	逻辑	是否包括波	
36	IncludeAnimation	逻辑	是否动态显示	
37	Yrcc2DName	字符	选择模型名称	①
38	StartTime	字符	输出开始时间	②
39	EndTime	字符	输出结束时间	②
40	OutputMapStartTime	字符	输出网格开始时间	②
41	OutputMapEndTime	字符	输出网格结束时间	②
42	OutputSectionStartTime	字符	输出断面开始时间	②
43	OutputSectionEndTime	字符	输出断面结束时间	②
44	GridDataFileName	字符	地形数据文件	③、⑤
45	InitialConditionFileName	字符	初始条件文件	③、⑥
46	BoundaryConditionFileName	字符	河道边界文件	③、⑦
47	ObservePointFileName	字符	布设测点文件	③、⑧
48	CrossSectionFileName	字符	布设断面文件	③、⑨
49	OutputDirectory	字符	输出计算结果目录	④

注:①任意字符串≤20 个字符;

②时间格式为 yyyy-MM-dd hh:mm:ss;

③文件名包括文件目录,总长度不超过 256 个字符;

④文件目录名,总长度不超过 256 个字符;

⑤对于一维水沙模型提供断面特性及属性数据,主要包括断面代码、断面起点距、高程、子断面位置、糙率及河床质级配等数据,数据格式两种,用户格式和系统设定格式,对于二维水沙模型提供网格结点、网格单元以及结点特性等数据;

⑥对于一维非恒定流水沙模型和二维水沙模型提供计算初始条件和河床地形文件,文件内容和格式由各个模型特点决定,系统仅提供初始条件文件名;

⑦对于一维水沙模型提供各个断面代码、名称、河道长度,断面类型等数据文件,文件内容和格式由系统提供,对于二维水沙模型提供进出口水沙数据及进出口网格单元、结点和边的信息;

⑧用于二维水沙模型,提供用户在网格区域内设定的观测点位置及网格单元,以便模型输出该观测点的水沙数据,以便可视化或与实测比较,文件内容和格式由系统提供;

⑨用于二维水沙模型,提供用户在网格区域内设定的观测断面位置及与网格单元相交信息,以便模型输出水沙计算成果,以便可视化或与实测比较,文件内容和格式由系统提供。

2.5.5 模型输入输出标准接口组件

Fortran 语言具有清楚的结构层次、强大的数值计算与数学分析能力,广泛应用于数学与工程计算。但 Fortran 语言的一个不足之处是进行可视化编程难度大。可视化编程是现代计算与分析软件设计的重要发展方向之一，直接关系到应用程序的使用效果，这一弱点制约了 Fortran 语言的应用。

Visual Basic(VB)以其能迅速有效地编制优良的交互界面的设计性能，越来越广泛地应用于 Windows 环境下的可视化界面设计。VB 具有简单、易学易用的特点，而 VB 的缺点在于运算速度慢，不适合进行大型数值计算。在开发黄河水沙模拟系统的过程中，为了满足黄河水沙模型可视化系统和数学模型输入输出标准化的需要，主要工作集中在对原有数学模型程序加以改进，将原有数学模型程序改进为动态链接库。由主控界面对数学模型 DLL 加以调用，并结合上述开发模型数据库、输入输出标准化接口子程序等技术来实现其模拟过程的可视化显示。其中将数学模型改进为 DLL 的主要原因在于在长期使用 Fortran 语言进行数学模型计算的过程中，积累了大量较低版本的 Fortran 语言程序，与现有的开发工具兼容性不好，因而有必要对原有数学模型加以升级以满足模型可视化的需要，充分发挥数学模型在科学计算方面的优势。

为了对数学模型各个模块的输入输出进行标准化，我们开发了一套标准的创建、输入、输出数据的 Fortran 库子程序，通过 Visual Fortran 6.0 生成一个静态链接库文件 YRCC2DLIB. LIB，这一个文件可以提供给用户使用。用户在利用 Visual Fortran 6.0 编制数学模型程序时，为了调用 YRCC2DLIB. LIB 库子程序，用户可将 YRCC2DLIB. LIB 文件存放在一个目录内，如 C:\YRCC2DLIB\文件目录，用户在 Visual Fortran 6.0 桌面系统内打开 Project 后，请选择 Tool/Option 选项，会弹出一个对话框，请在这个对话框内选择 Directories标签，然后将 Library 文件目录分别加上 C:\YRCC2DLIB\。下一步请选择 Project/Setting选项，按下会跳出一个对话框，请选择在 Link 标签，接着在 Object/Library modules:文本框中加入 YRCC2DLIB. Lib 文件即可实现与用户程序自动连接。各子程序名称，功能及输入、输出参数见表 2-5-9。

2.5.6 模型数据库的创建与存取

模型数据库主要是通过数学模型中各个模块的 Fortran 程序进行创建和调用。具体模型数据库内容及创建方法如下。

2.5.6.1 网格数据文件

网格数据文件可通过 Create_Grid、Write_Grid、Read_Grid 三个子程序实现创建、写入和读入网格数据。网格数据内容见 Write_Grid 和 Read_Grid 子程序输入输出参数说明；网格数据文件名后缀为. GRD，如网格数据文件名为 YRCC2D-NodeFlowSediment，则全名称为 YRCC2D-NodeFlowSediment. GRD，用于二维水沙数据模型。

2.5.6.2 网格结点水流泥沙数据文件

网格结点水流泥沙数据文件可通过 Create_FlowSediment_Grid、Write_FlowSediment_Node、Read_ FlowSediment_Node 三个子程序实现创建、写入和读入网格结点水流泥沙数据。网格结点水流泥沙数据内容见 Write_FlowSediment_Node 和 Read_ FlowSediment_Node 子程序输入输出参数说明；不同时间的网格结点水流泥沙数据应按递增顺序存放，同一个时间内应按网格结点顺序存放各个结点的水流泥沙数据；网格结点水流泥沙数据文件名后缀为. DAT,如网格数据文件名为 YRCC2D-NodeFlowSediment,则网格结点水流泥沙数据文件名称为 YRCC2D-NodeFlowSediment. DAT,用于二维水沙数据模型。

表 2-5-9 各子程序名称,功能及输入、输出参数

子程序	功能	输入参数	输出参数
Create_Grid (unitno, CreateFileName, CreateMode, Succeed)	打开或创建网格数据文件	Unitno,为打开或创建文件通道号,整型;CreateFileName 为打开或创建文件名称,字符型;CreateMode, False 为打开文件,True 为创建文件,逻辑型	Succeed, False 表示打开或创建文件失败,True 表示成功打开或创建文件,逻辑型
Create_FlowSediment_Grid (unitno, CreateFileName, CreateMode, Succeed)	打开或创建网格水流泥沙数据文件	与 Create_Grid 子程序相同	与 Create_Grid 子程序相同
Create_DateTime (unitno, CreateFileName, CreateMode, Succeed)	打开或创建时间序列数据文件	与 Create_Grid 子程序相同	与 Create_Grid 子程序相同
Create_SectionStation (unitno, CreateFileName, CreateMode, Succeed)	打开或创建测验断面数据文件	与 Create_Grid 子程序相同	与 Create_Grid 子程序相同
Create_FlowSediment_Section (unitno, CreateFileName, CreateMode, Succeed)	打开或创建断面水流泥沙数据文件	与 Create_Grid 子程序相同	与 Create_Grid 子程序相同
Create_FlowSediment_Section (unitno, CreateFileName, CreateMode, Succeed)	打开或创建断面属性数据文件	与 Create_Grid 子程序相同	与 Create_Grid 子程序相同
Write_FlowSediment_Section (unitno, CurrentRecord, SectionFlowSedimentType, Pis, Succeed)	写入一个断面水流泥沙数据记录	Unitno,为打开断面水流泥沙数据文件通道号,整型;CurrentRecord,写入记录号,整型; SectionFlowSedimentType,为自定义;SectionFlowSediment 数据类型;Pis(10),为悬移质分组累积百分数,实数型数组	Succeed, False 表示写入数据失败,True 表示成功写入数据,逻辑型
Read _FlowSediment_Section (unitno, CurrentRecord, SectionFlowSedimentType, Pis, Succeed)	读入一个断面水流泥沙数据记录	Unitno,为打开断面水流泥沙数据文件通道号,整型;CurrentRecord,写入记录号,整型	SectionFlowSedimentType,为自定义 SectionFlowSediment 数据类型;Pis(10),为悬移质分组累积百分数,实数型数组;Succeed, False 表示读入数据失败,True 表示成功读入数据,逻辑型

续表 2-5-9

子程序	功能	输入参数	输出参数
Write_FlowSediment_Node(unitno, NodeCurrentRecordType, FlowSedimentType, Succeed)	写入一个网格结点水流泥沙数据记录	Unitno,为打开网格结点水流泥沙数据文件通道号,整型;NodeCurrentRecordType,为自定义 NodeCurrentRecord 数据类型;SectionFlowSedimentType,为自定义 SectionFlowSediment 数据类型	Succeed,False 表示写入数据失败,True 表示成功写入数据,逻辑型
Read_FlowSediment_Node(unitno, NodeCurrentRecordType, FlowSedimentType, Succeed)	读入一个断面水流泥沙数据记录	Unitno,为打开断面水流泥沙数据文件通道号,整型;NodeCurrentRecordType,为自定义 NodeCurrentRecord 数据类型	SectionFlowSedimentType,为自定义 SectionFlowSediment 数据类型;Succeed,False 表示读入数据失败,True 表示成功读入数据,逻辑型
Write_DateTim(unitno, CurrentRecord, DateTime, Selected, Succeed)	写入一个时间数据记录	Unitno,为打开断面水流泥沙数据文件通道号,整型;CurrentRecord,写入记录号,整型;DateTime,时间字符串(yyyy-MM-dd hh:mm:ss);Selected, True,逻辑型	Succeed,False 表示读入数据失败,True 表示成功读入数据,逻辑型
Read_DateTime(unitno, CurrentRecord, DateTime, Selected, Succeed)	写入一个时间数据记录	Unitno,为打开断面水流泥沙数据文件通道号,整型;CurrentRecord,写入记录号,整型	DateTime,时间字符串(yyyy-MM-dd hh:mm:ss);Selected, True,逻辑型;Succeed,False 表示读入数据失败,True 表示成功读入数据,逻辑型
Write_Grid(unitno, GridPropertyType, NodeData, CellData, Succeed)	写入网格属性数据文件	Unitno 为打开断面水流泥沙数据文件通道号,整型;GridPropertyType,为 GridProperty 自定义数据类型;NodeData(5, CountNode),实数数组,CountNode 网格结点总数,1 ~ 5 列数据内容分别为 x 坐标,y 坐标,z 高程,n 糙率,NodeType 结点类型,存放顺序为结点编号顺序;CellData(5, CountCells),实数数组,CountNode 网格单元总数,1 ~ 5 列数据内容分别为 z 高程,结点编号 1、结点编号 2、结点编号 3、结点编号 4,存放顺序为单元编号顺序	Succeed,False 表示写入网格属性数据失败,True 表示成功写入网格属性数据,逻辑型

续表 2-5-9

子程序	功能	输入参数	输出参数
Read_Grid（unitno, GridPropertyType, NodeData, CellData, Succeed）	读入网格属性数据文件	Unitno，为打开断面水流泥沙数据文件通道号，整型	GridPropertyType，为 GridProperty 自定义数据类型；NodeData(5，CountNode)，实数数组，CountNode 网格结点总数，1～5 列数据内容分别为 x 坐标，y 坐标，z 高程，n 糙率，NodeType 结点类型，存放顺序为结点编号顺序；CellData（5，CountCells），实数数组，CountNode 网格单元总数，1～5 列数据内容分别为 z 高程，结点编号 1，结点编号 2，结点编号 3，结点编号 4，，存放顺序为单元编号顺序；Succeed，False 表示读入网格属性数据失败，True 表示成功读入网格属性数据，逻辑型
Read _ SectionDataType（unitno, CurrentRecord, SectionDataType, Succeed）	读入一个断面属性数据记录	Unitno 为打开断面水流泥沙数据文件通道号，整型；CurrentRecord，写入记录号，整型	SectionDataType，为 SectionData 自定义数据类型；Succeed，False 表示读入数据失败，True 表示成功读入数据，逻辑型
Write _ SectionDataType（unitno, CurrentRecord, SectionDataType, Succeed）	读入一个断面属性数据记录	Unitno 为打开断面水流泥沙数据文件通道号，整型；CurrentRecord，写入记录号，整型；SectionDataType，为 SectionData 自定义数据类型	Succeed，False 表示读入数据失败，True 表示成功读入数据，逻辑型
Write_SectionStation（unitno, CurrentRecord, SectionStationType , Name, Succeed）	写入一个测验断面信息记录	Unitno 为打开测验断面信息文件通道号，整型；CurrentRecord，写入记录号，整型；SectionStationType，为 SectionStation 自定义数据类型；Name，为测验断面名称，字符型，最大 20 个字符	Succeed，False 表示写入数据失败，True 表示成功写入数据，逻辑型
Read_SectionStation（unitno, CurrentRecord, SectionStationType, Name, Succeed）	读入一个测验断面信息记录	Unitno 为打开测验断面信息文件通道号，整型；CurrentRecord，写入记录号，整型；SectionStationType，为 SectionStation 自定义数据类型；Name，为测验断面名称，字符型，最大 20 个字符	Succeed，False 表示读入数据失败，True 表示成功读入数据，逻辑型
Read_Yrcc2DType（FileName, Yrcc2DType, Succeed）	读入模型参数	FileName 为主控文件名，由模型可视化系统生成，字符型，长度小于 256 个字符；CurrentRecord，写入记录号，整型；SectionStationType，为 SectionStation 自定义数据类型；Name，为测验断面名称，字符型，长度小于 20 个字符	Yrcc2DType，为 Yrcc2D_Property 自定义模型参数数据类型；Succeed，False 表示读入数据失败，True 表示成功读入数据，逻辑型

2.5.6.3 网格结点时间序列数据文件

网格结点时间序列数据文件可通过 Create_DateTime、Write_DateTime、Read_DateTime 三个子程序实现创建、写入和读入网格结点时间序列数据。网格结点时间序列数据内容应包括网格结点水流泥沙数据对应的时间序列数据,且存放记录为时间递增序列。每一个记录字段为时间、激活逻辑值1两项,见 Write_ DateTime、Read_ DateTime 子程序输入输出参数说明;网格结点时间序列数据文件名后缀为. DEF,如网格数据文件名为 YRCC2D-NodeFlowSediment,则网格结点时间序列数据文件名称为 YRCC2D-NodeFlowSediment. DEF,用于二维水沙数据模型。

2.5.6.4 断面信息数据文件

断面信息数据文件可通过 Create_SectionStation、Write_SectionStation、Read_SectionStation 三个子程序实现创建、写入和读入断面信息数据文件。断面信息数据内容见Write_SectionStation、Read _SectionStation 子程序输入输出参数说明;断面信息数据文件名后缀为. SEC,如断面信息数据文件名为 YRCC2D-SectionFlowSediment,则断面信息数据文件名称为 YRCC2D-SectionFlowSediment. SEC,用于一维、二维水沙数据模型。

2.5.6.5 断面水流泥沙数据文件

断面水流泥沙数据文件可通过 Create_FlowSediment_Section、Write_FlowSediment_Section、Read_ FlowSediment_Section 三个子程序实现创建、写入和读入网格结点水流泥沙数据。断面水流泥沙数据内容见 Write_FlowSediment_Section, Read_ FlowSediment_Section 子程序输入输出参数说明;不同时间的断面水流泥沙数据应按递增顺序存放,同一个时间内应按断面信息存放顺序存放各个断面的水流泥沙数据;断面水流泥沙数据文件名后缀为. DAT,如断面信息数据文件名为 YRCC2D-SectionFlowSediment,则断面水流泥沙数据文件名称为 YRCC2D-SectionFlowSediment. DAT,用于一维、二维水沙数据模型。

2.5.6.6 断面属性数据文件

断面属性数据文件可通过 Create_SectionData、Write_SectionDataType、Read_SectionDataType 三个子程序实现创建、写入和读入断面属性数据。断面属性数据内容见 Write_SectionDataType、Read_SectionDataType 子程序输入输出参数说明;断面属性数据时间序列应与断面水流泥沙数据时间序列数据相同,不同时间的断面属性数据应按递增顺序存放,同一个时间内应按断面信息存放顺序存放各个断面的断面属性数据;断面属性数据文件名后缀为. SDT,如断面信息数据文件名为 YRCC2D-SectionFlowSediment,则断面属性数据文件名称为 YRCC2D-SectionFlowSediment. SDT,用于一维、二维水沙数据模型。

2.5.6.7 断面时间序列数据文件

断面时间序列数据文件可通过 Create_DateTime、Write_DateTime、Read_DateTime 三个子程序实现创建、写入和读入网格结点时间序列数据。断面时间序列数据内容应包括断面水流泥沙数据对应的时间序列数据,且存放记录为时间递增序列。每一个记录字段为时间、激活逻辑值1两项,见 Write_ DateTime、Read_ DateTime 子程序输入输出参数说明;断面时间序列数据文件名后缀为. DEF,如断面信息数据文件名为 YRCC2D-SectionFlowSediment,则断面时间序列数据文件名称为 YRCC2D-SectionFlowSediment. DEF,用于一维、二维水沙数据模型。

2.5.7 模型组件生成与可视化系统接口技术

2.5.7.1 Fortran 计算程序生成 DLL 的一般方法

Fortran 计算程序生成 DLL 的一般方法如下:

(1)将 Fortran 代码模块化,删除所有屏幕输入输出语句,过程内部使用的公共数据区不必改变,但是与外部原主程序进行数据交换的公共数据区必须改为从数据文件中读取数据后,再对公共数据区赋值。

(2)对于动态链接库中用于输出的过程名,必须在 Fortran 源代码中以 DLLEXPORT 的属性加以说明。

(3)将原有主程序改写成相应的子函数或子过程,这个子函数或子过程再调用其他子函数或子过程。

(4)将 Fortran 源代码通过 Visual Fortran 6.0 桌面系统生成 32 位动态链接库,用 VB 2005 设计输入、输出标准接口,调用动态链接库,生成 COM 组件。

2.5.7.2 黄河数学模型组件生成方法

要处理黄河数学模型的计算程序,Fortran 程序移植环境采用 Visual Fortran 6.0,它提供了将 Fortran 程序生成动态链接库的工程和编译连接参数。在生成黄河数学模型动态链接库的工程中,一般模型计算部分传送的数据类型较多,主要处理 VB 与 Fortran 各种数据类型的传递问题。以下介绍将一般泥沙数学模型程序转换为动态链接库的简单方法。通常,泥沙数学模型 Fortran 程序(假定三门峡水库泥沙数学模型执行程序为 SMX_YRCC1D.EXE,源主程序为 SMX_YRCC1D.F)如下:

```
program   SMX_YRCC1D
   use hydraulics
   use unsteady
   use sedimentation
   implicit none
   call InputData
   call Steady_Flow
   call Sediment_Flow
   call OutputData
   stop
end
```

一般泥沙数学模型主程序部分改写成以下的形式:

```
   Subroutine SMX_YRCC1D (Sanmenxia.MCF)
      ! DEC $ ATTRIBUTES DLLEXPORT :: SMX_YRCC1D
      use hydraulics
      use unsteady
      use sedimentation
      use IO
```

```
    use Model
    implicit none
    type( YRCC2D_PROPERTY) Yrcc2DType
    call Read_Yrcc2DType (Sanmenxia. MCF, Yrcc2DType,succeed)
    call InputData
    call Steady_Flow
    call Sediment_Flow
    call OutputData
    return
  end
```

Sanmenxia. MCF 由黄河水沙可视化系统提供接口文件,该文件包括模型输入地形条件、河道进出口边界文件、模型参数等,详细内容见表 2-5-8 中 YRCC2D_PROPERTY 自定义数据类型各个元素内容及取值,YRCC2D_PROPERTY 数据及内容用户可利用系统中模型参数界面进行设定。在改造过程中,原程序通过用户输入或从文件读入的模型参数、水流泥沙计算参数或控制变量,均可以直接从 Yrcc2Dtype 数据结构中获得。将 InputData 子程序中需要打开或创建文件名也可以从表 2-5-8 中获得;对 OutputData 子程序,可直接调用输出子程序模块,将计算成果存放到模型数据库中,以便系统调用。

第3章 水沙基本理论与模型库建设

本章重点介绍了平面二维水流泥沙输移模型、一维非恒定水流—泥沙—水质模型、水库一维恒定流水沙模型、水库三维紊流泥沙数学模型、水库群联合防洪调度模型、平面二维潮流输沙模型的基本原理、求解方法以及率定、验证情况。此处,所谓模型库,可以理解为一系列模型或算法的集合。

3.1 平面二维水流泥沙输移模型

3.1.1 水沙构件设计

提出了平面二维水流—泥沙有限体积法及黎曼近似解模型。水沙控制方程采用守恒形式,紊流方程采用零方程模式和大涡模拟法,在无结构网格上对偏微分方程组进行有限体积的积分离散。模型分别利用 Osher 格式、LSS 格式计算、ROE 格式、Steger-Warming 格式计算对流通量。根据不同计算任务的精度要求分别实现一阶精度、二阶精度的扩散通量矢量梯度计算。时间积分主要采用欧拉显格式、一阶欧拉隐格式或二阶梯形隐格式。离散后的代数方程组采用预测、校正法(显格式)求解。

泥沙构件主要在黄河一维水沙动力学模型基础上,提出了非均匀沙沉速、水流分组挟沙能力、床沙级配、动床阻力等关键技术问题的处理方法。计算模式兼顾了基于不同理论背景的研究成果。

3.1.1.1 控制方程

平面二维浅水控制方程是通过对三维方程沿水深积分,然后取平均得到的,故又称为水深平均模型。

在浅水流动假设下,用守恒变量为因变量形式表示的控制方程如下(不考虑科氏力和风应力影响)。

水流连续方程

$$\frac{\partial h}{\partial t} + \frac{\partial (hu)}{\partial x} + \frac{\partial (hv)}{\partial y} = 0 \tag{3-1-1}$$

x 方向动量方程

$$\frac{\partial (hu)}{\partial t} + \frac{\partial \left(hu^2 + \frac{gh^2}{2} \right)}{\partial x} + \frac{\partial (huv)}{\partial y} = \nu_t \left[\frac{\partial^2 (hu)}{\partial x^2} + \frac{\partial^2 (hu)}{\partial y^2} \right] - gh(S_{ox} + S_{fx}) \tag{3-1-2}$$

y 方向动量方程

$$\frac{\partial (hv)}{\partial t} + \frac{\partial (huv)}{\partial x} + \frac{\partial \left(hv^2 + \frac{gh^2}{2} \right)}{\partial y} = \nu_t \left[\frac{\partial^2 (hv)}{\partial x^2} + \frac{\partial^2 (hv)}{\partial y^2} \right] - gh(S_{oy} + S_{fy}) \tag{3-1-3}$$

悬移质对流扩散方程

$$\frac{\partial(hs)}{\partial t}+\frac{\partial(hus)}{\partial x}+\frac{\partial(hvs)}{\partial y}=\varepsilon_{s}\left[\frac{\partial^{2}(hs)}{\partial x^{2}}+\frac{\partial^{2}(hs)}{\partial y^{2}}\right]-\alpha\omega(S-S_{*}) \tag{3-1-4}$$

河床变形方程

$$\gamma'\frac{\partial Z_{b}}{\partial t}=-\alpha\omega(S-S_{*}) \tag{3-1-5}$$

上述前四个方程可以写成统一形式

$$\frac{\partial \boldsymbol{q}}{\partial t}+\frac{\partial \boldsymbol{F}^{I}}{\partial x}+\frac{\partial \boldsymbol{G}^{I}}{\partial y}=\frac{\partial \boldsymbol{F}^{V}}{\partial x}+\frac{\partial \boldsymbol{G}^{V}}{\partial y}+\boldsymbol{S}_{ou} \tag{3-1-6}$$

其中

输运量

$$q=[h,q_{x},q_{y},q_{s}]^{\mathrm{T}} \tag{3-1-7}$$

输送通量

$$\boldsymbol{F}^{I}=\left[q_{x},\frac{q_{x}^{2}}{h}+\frac{gh^{2}}{2},\frac{q_{x}q_{y}}{h},\frac{q_{x}q_{s}}{h}\right]^{\mathrm{T}} \tag{3-1-8}$$

$$\boldsymbol{G}^{I}=\left[q_{y},\frac{q_{x}q_{y}}{h},\frac{g_{y}^{2}}{h}+\frac{gh^{2}}{2},\frac{q_{y}q_{s}}{h}\right]^{\mathrm{T}} \tag{3-1-9}$$

扩散通量

$$\boldsymbol{F}^{V}=\left[0,\nu_{t}\frac{\partial q_{x}}{\partial x},\nu_{t}\frac{\partial q_{y}}{\partial x},\varepsilon_{s}\frac{\partial q_{s}}{\partial x}\right]^{\mathrm{T}} \tag{3-1-10}$$

$$\boldsymbol{G}^{V}=\left[0,\nu_{t}\frac{\partial q_{x}}{\partial y},\nu_{t}\frac{\partial q_{y}}{\partial y},\varepsilon_{s}\frac{\partial q_{s}}{\partial y}\right]^{\mathrm{T}} \tag{3-1-11}$$

源项

$$\boldsymbol{S}_{ou}=[0,\ -gh(S_{ox}+S_{fx}),\ -gh(S_{oy}+S_{fy}),\ -\alpha\omega(S-S_{*})]^{\mathrm{T}} \tag{3-1-12}$$

式中:上标 $\boldsymbol{I}$、$\boldsymbol{V}$ 分别为对流项和扩散项矢量;h 为垂线平均水深;q_x、q_y 为 x、y 方向垂线平均单宽流量;$q_s(=hS)$ 为水深与垂线平均含沙量之积;Z_b 为河底高程;ν_t 为紊动黏滞系数;ε_s 为泥沙紊动扩散系数;S_{ox}、S_{oy} 分别为 x、y 方向河床比降,其值为 $\begin{pmatrix}S_{ox}\\S_{oy}\end{pmatrix}=\begin{pmatrix}\partial Z_b/\partial x\\\partial Z_b/\partial y\end{pmatrix}$;$S_{fx}$、$S_{fy}$ 分别为 x、y 方向摩阻坡度,其值为 $\begin{pmatrix}S_{fx}\\S_{fy}\end{pmatrix}=\begin{pmatrix}n^2h^{-4/3}u\sqrt{u^2+v^2}\\n^2h^{-4/3}v\sqrt{u^2+v^2}\end{pmatrix}$;$S$、$S_*$ 分别为垂线平均含沙量和水流挟沙能力;γ' 为泥沙干容重;α 为恢复饱和系数;ω 为浑水沉速。

在给定的控制方程中,隐含假定是 x、y 方向紊动黏滞系数相同,x、y 方向泥沙扩散系数相同。

泥沙对流扩散和河床变形方程不仅适用于全沙,同样也适用于分组泥沙。

3.1.1.2 FVM 网格和时间步长

1. FVM 网格

模型采用无结构三角形、三角形和四边形混合网格,网格剖分主要由网格生成器完成。

FVM 二维网格主要采用格心中心式(Cell-Centered,CC),即在每个格子形心处布设一个结点，以形心处的因变量值代表格子平均值。对CC格式，控制体即为格子，见图3-1-1。

形心处坐标可用下式计算

$$\begin{cases} x_i = \dfrac{1}{Nside}\sum_{j=1}^{Nside} x_j \\ y_i = \dfrac{1}{Nside}\sum_{j=1}^{Nside} y_j \end{cases} \tag{3-1-13}$$

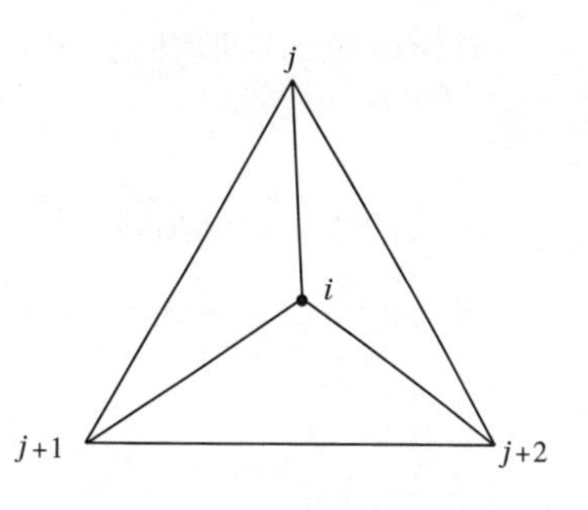

图3-1-1　格子形心结构

式中：$Nside$ 为单元边数，三角形为3，四边形为4。

单元面积

$$\begin{cases} A_{\triangle} = \dfrac{1}{2}[x_j(y_{j+1} - y_{j+2}) + x_{j+1}(y_{j+2} - y_j) + x_{j+2}(y_j - y_{j+1})] \\ A_{\square} = \dfrac{1}{2}[(x_{j+2} - x_j)(y_{j+3} - y_{j+1}) - (y_{j+2} - y_j)(x_{j+3} - x_{j+1})] \end{cases} \tag{3-1-14}$$

结点 j 对应边外法向量

$$\boldsymbol{n} = (n_x, n_y) = \left(\frac{y_{j3} - y_{j2}}{L_{j2-j3}}, -\frac{x_{j3} - x_{j2}}{L_{j2-j3}}\right) \tag{3-1-15}$$

由控制体形心求公共顶点变量值时，按距离倒数加权，即

$$q_{顶点} = \sum_n \left(\frac{q_i \dfrac{l_{dci}}{l_{dc}}}{\sum_n \dfrac{l_{dci}}{l_{dc}}}\right) \tag{3-1-16}$$

式中：l_{dci}为任一形心至公共顶点距离；l_{dc}为形心至公共顶点距离之和。

2. 时间步长

网格确定后，时间步长主要受制于格式稳定性条件，即

$$C_r = \frac{\lambda_m \Delta t_f}{\Delta x} \leqslant 0.71 \tag{3-1-17}$$

式中：λ_m 为方程系数矩阵的特征值的最大模（称谱半径），一般情况下可以取单元最大流速；$\Delta x = \sqrt{A/L}$，L 为单元周长，A 为单元面积，有时也可以用单元内接圆半径代替 Δx。

在满足稳定性的前提下，并不是 Δt_f 越大越好，但从另一方面，也不能认为 Δt_f 越小，稳定性保证或计算精度越高。Δt_f 取得过大，相当于时间上的磨光作用也大，会直接影响计算精度并导致相位失真；而 Δt_f 取得过小，则有可能使一些非线性小扰动得到响应，反而影响稳定性。因此，合理的时间步长还需结合模型率定来确定。

3.1.1.3　控制方程离散

二维浅水流控制方程积分形式可以写成以下形式

$$\frac{\partial}{\partial t}\iint_{\Omega} \boldsymbol{q}\,\mathrm{d}\Omega + \int_{\Gamma} \boldsymbol{F} \cdot n\,\mathrm{d}\Gamma = \iint_{\Omega} \boldsymbol{S_{ou}}\,\mathrm{d}\Omega \tag{3-1-18}$$

式中：Ω 为控制体的平面域；Γ 为平面域的周界（逆时针方向）；n 为边界 Γ 的外法向；$\boldsymbol{q}$ 为守恒矢量；$\boldsymbol{F}$ 为通过界面的 Γ 的数值通量，由式(3-1-19)表示

$$\boldsymbol{F} \cdot n = (\boldsymbol{F}^I - \nu_t \boldsymbol{F}^V)n_x + (\boldsymbol{G}^I - \nu_t \boldsymbol{G}^V)n_y = (\boldsymbol{F}^I n_x + \boldsymbol{G}^I n_y) + \nu_t(\boldsymbol{F}^V n_x + \boldsymbol{G}^V n_y) \tag{3-1-19}$$

对任一个三角形网格,可以写成如下形式

$$\int_{\partial\Gamma_i} \boldsymbol{F} \cdot n\mathrm{d}\Gamma = \sum_{j=k(i)} F_{i,j}L_{\mathrm{i}} \tag{3-1-20}$$

式中:q_i 和 S_{oui}表示单元的平均值,由形心处数值表示;$\partial\Gamma_i$ 和 A_i 表示单元边界和单元面积。

通过单元边界的矢量通量 $\int_{\partial\Gamma_i} \boldsymbol{F} \cdot n\mathrm{d}\Gamma$, 可以离散为如下形式

$$\int_{\partial\Gamma_i} \boldsymbol{F} \cdot n\mathrm{d}\Gamma = \sum_{j=k(i)} F_{i,j}L_{\mathrm{i}} \tag{3-1-21}$$

则

$$A_i \frac{\partial q_i}{\partial t} = -\sum_{j=k(i)} F_{i,j}L_j + A_i(S_{ou})_i = R(q_i) \tag{3-1-22}$$

式中:L_j 为控制体的第 j 边长度。

3. 1. 1. 4　对流通量求解

求解对流项实际上就是推求输运通量在单元边界上的法向通量。

计算法向数值通量方法主要有矢通量向量分裂法(FVS,Flux Vector Splitting)、通量差分裂法(FDS,Flux Diffenerce Splitting)、全变差缩小格式(TVD,Total Variation Diminishing)、Osher 格式、通量输运校正格式(FCT,Flux Corrected Transport)、基本无振荡格式(ENO,Essentially Non Oscillatory)、单调逆风中心格式(MUSCL,Monotone Upstream Centered Scheme for Conservation Laws)等。

本模型主要采用 Osher 格式(S. Osher,1980)和 LSS 格式(Liou Steffen Splitting)、Steger-Warming格式、Roe 格式。其中,Osher 格式的基本思想是通过求解黎曼问题(Riemann Problem)来推求数值通量,实际上是在每一控制体内用解的均值来逼近真实解,则在控制体交界处存在间断,此即黎曼问题(见图 3-1-2)。这方法由 Godunov 于 1959 年提出,并准确求解气动力学黎曼问题以计算数值通量。但对于非线性方程,求解相当复杂。后来发展的许多格式是以该方法的思想为基础的,即从求解黎曼问题为出发点构造数值格式(这类近似黎曼解的格式通称为 Godunov 型格式)。

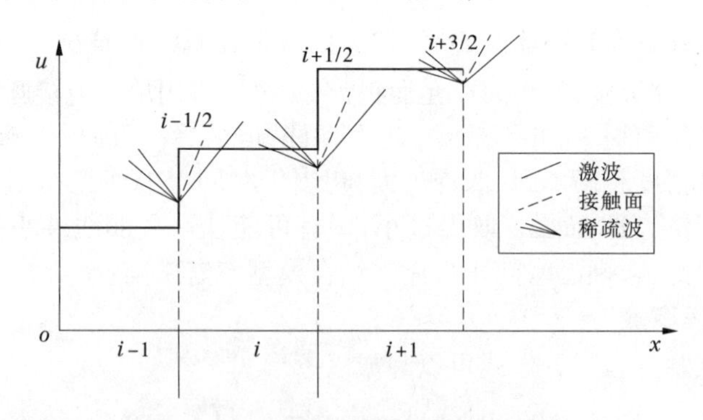

图 3-1-2　控制体边界处存在黎曼解

1. FVM 基本方程(不包括扩散项)

若不考虑扩散项,则

$$\frac{\partial \boldsymbol{q}}{\partial t} + \frac{\partial \boldsymbol{F}^I}{\partial x} + \frac{\partial \boldsymbol{G}^I}{\partial y} = \boldsymbol{S}_{ou} \tag{3-1-23}$$

在控制体 i 内对其积分,并对含 $\boldsymbol{F}^I$ 及 $\boldsymbol{G}^I$ 的面积分应用 Green-Gauss 公式,化为沿其周界 Γ_i 的线积分

$$
\begin{aligned}
\int_{\Omega_i}\frac{\partial \boldsymbol{q}}{\partial t}\mathrm{d}\Omega &= -\int_{\Omega_i}\left(\frac{\partial \boldsymbol{F}^I}{\partial x}+\frac{\partial \boldsymbol{G}^I}{\partial y}\right)\mathrm{d}\Omega+\int_{\Omega_i}\boldsymbol{S}_{ou}(\boldsymbol{q})\,\mathrm{d}\Omega \\
&= -\int_{\Gamma_i}(\boldsymbol{F}^I n_x+\boldsymbol{G}^I n_y)\,\mathrm{d}\Gamma+\int_{\Omega_i}\boldsymbol{S}_{ou}(\boldsymbol{q})\,\mathrm{d}\Omega
\end{aligned}
\tag{3-1-24}
$$

式中:n_x、n_y 分别为控制体各边的外方向单位矢量 $\boldsymbol{n}$ 在笛卡儿坐标中的分量。

对物理守恒向量 $\boldsymbol{q}$ 和源项取控制体平均,并对控制体(见图 3-1-3)各边上法向通量取平均,可得到

$$
A_i\frac{\mathrm{d}\boldsymbol{q}}{\mathrm{d}t} = -\sum_{j=1}^{m}(\boldsymbol{F}^I n_x+\boldsymbol{G}^I n_y)L_j+A_i\boldsymbol{S}_{ou}(\boldsymbol{q}) \tag{3-1-25}
$$

式中:j 为控制体 i 的边界编号;m 为控制体 i 边界个数,对于三角形,$m=3$;A_i 为控制体面积;L_j 为控制体第 j 边长度。

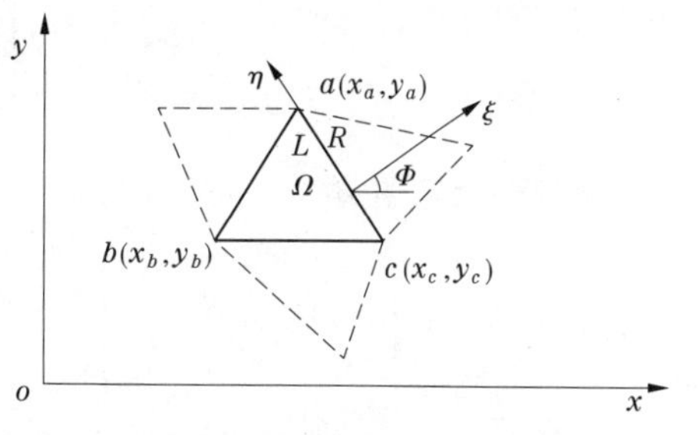

图 3-1-3　控制体示意图

对于无结构不规则网格,可利用欧拉方程旋转不变性(欧拉方程不变性指自变量在某些变换下保持不变,包括时空平移不变性、平面旋转不变性和伽利略变换不变性等),将法向通量变换到局部笛卡儿坐标(ξ,η)下,使求解通量的过程简化为类似于求解一维问题。具体处理方法:先将全局(x,y)坐标中的 $\boldsymbol{q}$ 通过坐标旋转变化得到(ξ,η)坐标下的 $\boldsymbol{q}_N$,在局部坐标内近似一维问题,相应(Spekreijse,1988)

$$
\begin{aligned}
\boldsymbol{T}(\Phi)(\boldsymbol{F}^I n_x+\boldsymbol{G}^I n_y) &= \boldsymbol{T}(\Phi)\left(\boldsymbol{F}^I\frac{\Delta y_j}{L_j}-\boldsymbol{G}^I\frac{\Delta x_j}{L_j}\right) = \boldsymbol{T}(\Phi)(\boldsymbol{F}^I\cos\Phi+\boldsymbol{G}^I\sin\Phi) \\
&= \boldsymbol{F}^I(\boldsymbol{T}(\Phi)\boldsymbol{q}) = \boldsymbol{F}^I(\boldsymbol{q}_N)
\end{aligned}
\tag{3-1-26}
$$

或

$$
\boldsymbol{F}^I n_x+\boldsymbol{G}^I n_y = \boldsymbol{T}^{-1}(\Phi)\boldsymbol{F}^I(\boldsymbol{q}_N) \tag{3-1-27}
$$

式中:Φ 为外法向单位矢量 $\boldsymbol{n}$ 与 x 轴夹角,逆时针为正;$\boldsymbol{q}_N=\boldsymbol{T}(\Phi)\boldsymbol{q}$;$\boldsymbol{T}(\Phi)$、$\boldsymbol{T}^{-1}(\Phi)$分别为转置矩阵及其逆矩阵,其表达式如下

$$
\boldsymbol{T}(\Phi)=\begin{pmatrix}1 & 0 & 0\\ 0 & \cos\Phi & \sin\Phi\\ 0 & -\sin\Phi & \cos\Phi\end{pmatrix}\qquad \boldsymbol{T}^{-1}(\Phi)=\begin{pmatrix}1 & 0 & 0\\ 0 & \cos\Phi & -\sin\Phi\\ 0 & \sin\Phi & \cos\Phi\end{pmatrix} \tag{3-1-28}
$$

$\boldsymbol{T}(\Phi)$为 H 矩阵,即 $\boldsymbol{T}^{-1}(\Phi)=(\boldsymbol{T}(\Phi))^{\mathrm{T}}$。

相应可以得到下式

$$
A_i\frac{\mathrm{d}\boldsymbol{q}}{\mathrm{d}t} = -\sum_{j=1}^{m}\boldsymbol{T}^{-1}(\Phi)\boldsymbol{F}^I(\boldsymbol{q}_N)L_j+A_i\boldsymbol{S}_{ou}(\boldsymbol{q}) = \boldsymbol{R}(q_i) \tag{3-1-29}
$$

式中,等号左边表示控制体内守恒变量的变化率,等号右边第一项表示沿第 j 边法向输出的平均通量与相应边长之积,右边第二项表示控制体内源项(包括入流及外力)大小。由此,通过坐标变换,二维问题的求解转化为沿 m 边法向分别求解一维问题的法向

数值通量,并进行相应投影。

2. 特征值及黎曼不变量

1)特征值及特征向量

局部坐标变换后,控制方程在局部笛卡儿坐标下可表示为一维形式

$$\frac{\partial \boldsymbol{q}_N}{\partial t} + \frac{\partial \boldsymbol{F}_N^I}{\partial \xi} = \boldsymbol{S}_{ouN} \tag{3-1-30}$$

上式可以写成

$$\frac{\partial \boldsymbol{q}_N}{\partial t} + \frac{\partial \boldsymbol{F}_N^I}{\partial \boldsymbol{q}_N} - \frac{\partial \boldsymbol{q}_N}{\partial \xi} = \frac{\partial \boldsymbol{q}_N}{\partial t} + \boldsymbol{J}_N \frac{\partial \boldsymbol{q}_N}{\partial \xi} = \boldsymbol{S}_{ouN} \tag{3-1-31}$$

$\boldsymbol{J}_N$ 为 $\boldsymbol{F}_N^I$ 的雅可比矩阵,其特征值为

$$\begin{cases} \lambda_1 = u_N - c \\ \lambda_2 = u_N \\ \lambda_3 = u_N + c \end{cases} \tag{3-1-32}$$

其右特征向量 $\boldsymbol{R}_k$(列向量)为

$$\boldsymbol{R}_1 = \begin{pmatrix} r_{11} \\ r_{12} \\ r_{13} \end{pmatrix} = \begin{pmatrix} 1 \\ u_N - c \\ v_N \end{pmatrix} \quad \boldsymbol{R}_2 = \begin{pmatrix} r_{21} \\ r_{22} \\ r_{23} \end{pmatrix} = \begin{pmatrix} 0 \\ 0 \\ 1 \end{pmatrix} \quad \boldsymbol{R}_3 = \begin{pmatrix} r_{31} \\ r_{32} \\ r_{33} \end{pmatrix} = \begin{pmatrix} 1 \\ u_N + c \\ v_N \end{pmatrix} \tag{3-1-33}$$

相应左特征向量(行向量)$\boldsymbol{L}_j$ 由 $\boldsymbol{L}_j\boldsymbol{J}_N = \lambda_j\boldsymbol{L}_j$ 或 $\boldsymbol{L}_j(\boldsymbol{J}_N - \lambda_j\boldsymbol{I}) = 0$ 求出,其值为

$$\boldsymbol{L}_1 = \left(\frac{u_N + c}{2c}, -\frac{1}{2c}, 0\right) \quad \boldsymbol{L}_2 = (0,0,1) \quad \boldsymbol{L}_3 = \left(\frac{c - u_N}{2c}, -\frac{1}{2c}, 0\right) \tag{3-1-34}$$

实际上,雅可比矩阵的左、右特征向量是正交的,即 $\boldsymbol{R}_k\boldsymbol{L}_j = \boldsymbol{\delta}_{ij}$。

2)黎曼不变量

沿特征值 λ_k 和特征向量 $\boldsymbol{R}_k$ 相应的特征线 Γ_k,黎曼不变量 $\Psi_k(\boldsymbol{q}_N)$ 定义为

$$\nabla \Psi_k(\boldsymbol{q}_N)\boldsymbol{R}_k = 0 \tag{3-1-35}$$

可以得到黎曼不变量的分量

$$\begin{cases} \lambda_1: \Psi_1^{(1)} = u_N + 2c & \Psi_1^{(2)} = v \\ \lambda_2: \Psi_2^{(1)} = u_N & \Psi_2^{(2)} = h \\ \lambda_3: \Psi_3^{(1)} = u_N - 2c & \Psi_3^{(2)} = v \end{cases} \tag{3-1-36}$$

黎曼不变量 $\Psi_k(\boldsymbol{q}_N)$ 沿其特征线 Γ_k 方向保持不变,式中上标 1、2 表示每一个特征向量所对应的两个黎曼不变量。

3. Osher 格式

1)Godunov 型格式

Godunov 型格式假设控制体内输运量 $\boldsymbol{q}_N$ 为常数,即对于结点 $i+1/2$ 点处的 Δx 内,$q_{NL} = q_{Ni}$,$q_{NR} = q_{Ni+1}$(若 Δt 足够小,$i-1/2$ 和 $i+3/2$ 点处的波尚未传到 $i+1/2$ 点处,则可求得黎曼问题的准确解),若 $q_{Ni} \neq q_{Ni+1}$,则控制体边界左右单元之间间断(也可理解为在各离散点上的值是该值在离散点邻域内的平均值,也就是说将离散值看做一个台阶函数),即存在黎曼问题(见图 3-1-2)。

根据特征值的符号，法向数值通量 $\boldsymbol{F}^{I}(\boldsymbol{q}_N)$ 可以分裂为如下形式（类似于 FVS 法）

$$\boldsymbol{F}^{I}(\boldsymbol{q}_N) = \boldsymbol{F}^{I+}(\boldsymbol{q}_N) + \boldsymbol{F}^{I-}(\boldsymbol{q}_N) \tag{3-1-37}$$

相应黎曼问题的近似解为

$$\boldsymbol{F}^{I}_{LR}(q_{NL}, q_{NR}) = \begin{cases} \boldsymbol{F}^{I+}(q_{NL}) + \boldsymbol{F}^{I-}(q_{NR}) \\ \boldsymbol{F}^{I}(q_{NL}) + \int_{q_{NL}}^{q_{NR}} \boldsymbol{J}_N^{-}(\boldsymbol{q}_N)\mathrm{d}\boldsymbol{q}_N \\ \boldsymbol{F}^{I}(q_{NL}) + \int_{q_{NL}}^{q_{NR}} \boldsymbol{J}_N^{+}(\boldsymbol{q}_N)\mathrm{d}\boldsymbol{q}_N \end{cases} \tag{3-1-38}$$

或

$$\boldsymbol{F}^{I}_{LR}(q_{NL}, q_{NR}) = \frac{1}{2}\left\{\boldsymbol{F}^{I}(q_{NL}) + \boldsymbol{F}^{I}(q_{NR}) - \int_{q_{NL}}^{q_{NR}} [\boldsymbol{J}_N^{+}(\boldsymbol{q}_N) - \boldsymbol{J}_N^{-}(\boldsymbol{q}_N)]\mathrm{d}\boldsymbol{q}_N\right\} \tag{3-1-39}$$

式中：$\boldsymbol{J}_N^{+}$、$\boldsymbol{J}_N^{-}$ 分别为相应于 $\boldsymbol{J}_N$ 的正、负特征值的雅可比矩阵；$\boldsymbol{F}^{I+}(\boldsymbol{q}_N)$、$\boldsymbol{F}^{I-}(\boldsymbol{q}_N)$ 分别为相应于 $\boldsymbol{J}_N$ 的正、负特征值的通量分量；q_{NR}、q_{NL} 分别为积分路径的端点。

若积分路径给定，则数值通量唯一确定；若选择不同路径，则可建立不同的格式。

2）Osher 格式

Osher 格式假定控制体边界左右单元之间通过 m 个稀疏波及压缩波连接（对于二维浅水方程组，$m=3$），积分路径 Γ 由 m 段相互衔接的子路径 Γ_k 组成，如图 3-1-4 所示。子路径 Γ_k 位于下列简波中

$$\frac{\mathrm{d}q_{Nk}(\omega)}{\mathrm{d}\omega} = R_k \quad (k = 1,2,\cdots,m) \tag{3-1-40}$$

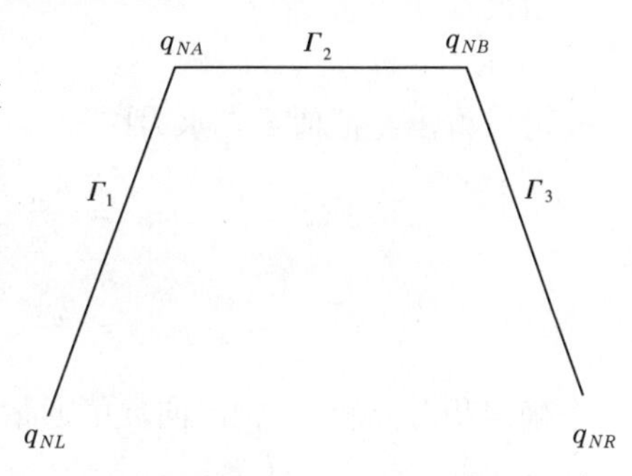

图 3-1-4　Osher 格式积分路径

式中：$q_{Nk}(\omega)$ 为 q_N 的 m 维相空间中的第 k 段积分曲线的坐标；ω 为 $x \sim t$ 空间中沿特征线 $\mathrm{d}x/\mathrm{d}t = \lambda_k$ 不变的纯量，满足 $\frac{\partial \omega}{\partial t} + \lambda_k \frac{\partial \omega}{\partial x} = 0$，沿不同特征线，$\omega$ 取值不同，现取做 Γ_k 的参数。

据此，对每一子路径 Γ_k

$$\int_{q_{Nk}[0]}^{q_{Nk}[\zeta_k]} \boldsymbol{J}_{Nk}^{\pm}(\boldsymbol{q}_N)\mathrm{d}\boldsymbol{q}_N = \int_0^{\zeta_k} \boldsymbol{J}_{Nk}^{\pm}(\boldsymbol{q}_N)\frac{\mathrm{d}\boldsymbol{q}_{Nk}}{\mathrm{d}\xi}\mathrm{d}\xi \tag{3-1-41}$$

则

$$\int_{q_{Nk}[0]}^{q_{Nk}[\zeta_k]} \boldsymbol{J}_{Nk}^{\pm}(\boldsymbol{q}_N)\mathrm{d}\boldsymbol{q}_N = \int_0^{\zeta_k} J_{Nk}^{\pm}(q_N)R_k(q_N)\mathrm{d}\xi = \int_0^{\zeta_k} \lambda_k^{\pm}(q_N)R_k(q_N)\mathrm{d}\xi \tag{3-1-42}$$

式中：ζ_k 为子路径 Γ_k 长度；$q_{Nk}[0]$、$q_{Nk}[\zeta_k]$ 为子路径 Γ_k 的起点和终点通量，就不同子路径 Γ_k，其取值如下（见图 3-1-4）

$$\begin{cases} \Gamma_1: & q_{N1}[0] = q_{NL} & q_{N1}[\zeta] = q_{NA} \\ \Gamma_2: & q_{N2}[0] = q_{NA} & q_{N2}[\zeta] = q_{NB} \\ \Gamma_3: & q_{N3}[0] = q_{NB} & q_{N3}[\zeta] = q_{NR} \end{cases} \tag{3-1-43}$$

因为黎曼不变量分别沿相应的特征线保持常数，则有

$$\begin{cases} \Gamma_1: & u_{NL} + 2c_L = u_{NA} + 2c_A & v_{NL} = v_{NA} \\ \Gamma_2: & u_{NA} = u_{NB} & h_A = h_B \\ \Gamma_3: & u_{NB} - 2c_B = u_{NR} - 2c_R & v_{NB} = v_{NR} \end{cases} \tag{3-1-44}$$

由此可以求出

$$u_{NA} = u_{NB} = \frac{(u_{NL} + 2c_L) + (u_{NR} - 2c_R)}{2} = \frac{\boldsymbol{\Psi}_{NL} + \boldsymbol{\Psi}_{NR}}{2} \tag{3-1-45}$$

$$h_A = h_B = \frac{[(u_{NL} + 2c_L) - (u_{NR} - 2c_R)]^2}{16g} = \frac{(\boldsymbol{\Psi}_{NL} - \boldsymbol{\Psi}_{NR})^2}{16g} \tag{3-1-46}$$

计算通量差积分时，主要用 $\boldsymbol{F}^I(q_{NA})$、$\boldsymbol{F}^I(q_{NB})$、$\boldsymbol{F}^I(q_{NL})$、$\boldsymbol{F}^I(q_{NR})$表示，并考虑第 k 子路径 Γ_k 两端 λ_k 是否同号（仅当 $k=1$、3 时需要考虑），同时要加上第一、第三子路径可能出现的特征值零点的通量 $\boldsymbol{F}^I(q_N[c])$，即

$$\begin{cases} \Gamma_1: & u_{NL} + 2c_L = u_{N1} + 2c_1 & u_{N1} - c_1 = 0 & v_{N1} = 0 \\ \Gamma_3: & u_{NR} - 2c_R = u_{N3} - 2c_3 & u_{N3} + c_3 = 0 & v_{N3} = 0 \end{cases} \tag{3-1-47}$$

由上式知

$$u_{N1} > 0 \quad u_{N3} > 0$$

可以得出特征值零点水力因子

$$u_{N1} = \frac{u_{NL} + 2c_L}{3} = \frac{\psi_{NL}}{3} \quad h_1 = \frac{\psi_{NL}^2}{9g} \tag{3-1-48}$$

$$u_{N3} = \frac{u_{NR} - 2c_R}{3} = \frac{\psi_{NR}}{3} \quad h_3 = \frac{\psi_{NR}^2}{9g} \tag{3-1-49}$$

确定积分路径后，则法向数值通量为

$$\boldsymbol{F}_{LR}^I(q_{NL}, q_{NR}) = \frac{1}{2}\left\{\boldsymbol{F}^I(q_{NL}) + \boldsymbol{F}^I(q_{NR}) - \sum_{k=1}^{3}\int_0^{\zeta_k}[\boldsymbol{\lambda}_k^+(q_N) - \boldsymbol{\lambda}_k^-(q_N)]\boldsymbol{R}_k(\boldsymbol{q}_N)\mathrm{d}\xi\right\} \tag{3-1-50}$$

对于每一子路径，黎曼近似解可以根据特征值 λ_k 的符号，得出以下四种情况

$$\boldsymbol{F}_{LR}^I(q_{NL}, q_{NR}) = \begin{cases} \boldsymbol{F}^I(q_N[0]) & \boldsymbol{\lambda}_k(q_N[0]) \geqslant 0, \boldsymbol{\lambda}_k(q_N[\zeta]) \geqslant 0 \\ \boldsymbol{F}^I(q_N[\zeta] & \boldsymbol{\lambda}_k(q_N[0]) \leqslant 0, \boldsymbol{\lambda}_k(q_N[\zeta]) \leqslant 0 \\ \boldsymbol{F}^I(q_N[c]) & \boldsymbol{\lambda}_k(q_N[0]) < 0, \boldsymbol{\lambda}_k(q_N[\zeta]) > 0 \\ \boldsymbol{F}^I(q_N[\zeta]) - \boldsymbol{F}^I(q_N[c]) + \boldsymbol{F}^I(q_N[0]) & \boldsymbol{\lambda}_k(q_N[0]) > 0, \boldsymbol{\lambda}_k(q_N[\zeta]) < 0 \end{cases} \tag{3-1-51}$$

在给定水力因子的情况下，根据 L、A、B、R 4 点的 u 和 h 值不同，$\boldsymbol{F}_{LR}^I(q_{NL}, q_{NR})$有 16 种情况，见表 3-1-1。

表 3-1-1 中所涉及情况，根据实际运用情况分如下几种：

（1）未必出现（Unlikely）：如（7）、（10）、（13）~（16）。

（2）急流（Supercritical Flow）：如（5）、（12）。

(3)临界流(Critical Flow):如(1)、(4)。

(4)缓流(Subcritical Flow):如(2)、(3)。

(5)激波(Shock Wave):如(6)、(11)。

表 3-1-1　浅水方程组 Osher 格式法向数值通量 $\boldsymbol{F}_{LR}^{I}(q_{NL},q_{NR})$

水流条件	$u_{NR}>-c_{NR}$		$u_{NR}<-c_{NR}$	
	$u_{NL}<c_{NL}$	$u_{NL}>c_{NL}$	$u_{NL}<c_{NL}$	$u_{NL}>c_{NL}$
$c_A<u_{NA}$	$\boldsymbol{F}_1^{(1)}$	$\boldsymbol{F}_L^{(5)}$	$\boldsymbol{F}_1-\boldsymbol{F}_3+\boldsymbol{F}_R^{(9)}$	$\boldsymbol{F}_L-\boldsymbol{F}_3+\boldsymbol{F}_R^{(13)}$
$0<u_{NA}<c_A$	$\boldsymbol{F}_A^{(2)}$	$\boldsymbol{F}_L-\boldsymbol{F}_1+\boldsymbol{F}_A^{(6)}$	$\boldsymbol{F}_A-\boldsymbol{F}_3+\boldsymbol{F}_R^{(10)}$	$\boldsymbol{F}_L-\boldsymbol{F}_1+\boldsymbol{F}_A-\boldsymbol{F}_3+\boldsymbol{F}_R^{(14)}$
$-c_B<u_{NA}<0$	$\boldsymbol{F}_B^{(3)}$	$\boldsymbol{F}_L-\boldsymbol{F}_1+\boldsymbol{F}_B^{(7)}$	$\boldsymbol{F}_B-\boldsymbol{F}_3+\boldsymbol{F}_R^{(11)}$	$\boldsymbol{F}_L-\boldsymbol{F}_1+\boldsymbol{F}_B-\boldsymbol{F}_3+\boldsymbol{F}_R^{(15)}$
$u_{NA}<-c_B$	$\boldsymbol{F}_3^{(4)}$	$\boldsymbol{F}_L-\boldsymbol{F}_1+\boldsymbol{F}_3^{(8)}$	$\boldsymbol{F}_R^{(12)}$	$\boldsymbol{F}_L-\boldsymbol{F}_1+\boldsymbol{F}_R^{(16)}$

注:表中 $\boldsymbol{F}_P=\boldsymbol{F}^{I}(q_{NP})(P=L,A,B,R,1,3)$,$P=k$ 为第 k 段路径上特征变号点。

对于浅水流动,经常遇到的是(2)、(3)两种情况。其中,激波主要相对于接触间断而言,当密度、压力、流速同时存在间断时为激波,当密度和切向速度存在间断时为接触间断。

值得说明的是,有了 q_{NL}、q_{NR}后,选用 Osher 格式来确定跨越单元边界、沿 N 方向输出的数值通量 $\boldsymbol{F}_{LR}$。其第一分量 $\boldsymbol{F}_{LR}(1)$表示输出流量,第二分量 $\boldsymbol{F}_{LR}(2)$表示沿法向输出的动量通量(对流项与压力项之和),第三分量 $\boldsymbol{F}_{LR}(3)$表示沿法向输出的切向通量。可根据流态从表 3-1-1 中选择适当的公式,在计算出过渡状态 q_{NA}、q_{NB}、$q_N[1]$、$q_N[3]$后,代入物理通量表达式 $f\left(hu_N,hu_N^2+\dfrac{gh^2}{2},hu_Nv_N\right)^{\mathrm{T}}$ 中便得数值通量。

4. LSS 格式

LSS 格式属于通量向量分裂法(FVS),其具体处理方法就是将局部坐标下矢通量向量 $\boldsymbol{F}$ 分为对流分量 $\boldsymbol{F}^{(c)}$ 和压力分量 $\boldsymbol{F}^{(p)}$,相应 $\boldsymbol{F}$ 可以表示为

$$\boldsymbol{F}=\begin{bmatrix}hu_N\\hu_N^2+gh_N^2/2\\hu_Nv_N\end{bmatrix}=\begin{bmatrix}hu_N\\hu_N^2\\hu_Nv_N\end{bmatrix}+\begin{bmatrix}0\\p\\0\end{bmatrix}=\boldsymbol{F}^{(c)}+\boldsymbol{F}^{(p)}\tag{3-1-52}$$

式中,静水压力项 $p=\dfrac{gh^2}{2}$,若引进局部弗劳德数 $Fr=u_N/\sqrt{gh}=u_N/c$,则对流分量

$$\boldsymbol{F}^{(c)}=Fr\begin{bmatrix}hc\\hu_Nc\\hv_Nc\end{bmatrix}\tag{3-1-53}$$

根据通量分裂技术,单元界面处一阶精度的数值通量可以式(3-1-54)表示

$$\boldsymbol{F}_{LR}=\boldsymbol{F}_{LR}^{(c)}+\boldsymbol{F}_{LR}^{(p)}\tag{3-1-54}$$

$$\boldsymbol{F}_{LR}^{(c)}=Fr_L^{+}\begin{bmatrix}hc\\hu_Nc\\hv_Nc\end{bmatrix}_L+Fr_R^{-}\begin{bmatrix}hc\\hu_Nc\\hv_Nc\end{bmatrix}_R\qquad \boldsymbol{F}_{LR}^{(p)}=\begin{bmatrix}0\\p_L^{+}\\0\end{bmatrix}+\begin{bmatrix}0\\p_R^{-}\\0\end{bmatrix}$$

相应 $Fr^{\pm}$、$p^{\pm}$ 可以由二次多项式求解

$$
Fr^{\pm}=\begin{cases}\pm\dfrac{1}{4}(Fr\pm 1)^2 & |Fr|\leqslant 1\\ \dfrac{1}{2}(Fr\pm|Fr|) & |Fr|>1\end{cases}\qquad p^{\pm}=\begin{cases}\dfrac{p}{4}(Fr\pm 1)^2(2\mp Fr) & |Fr|\leqslant 1\\ \dfrac{p}{2}(Fr\pm|Fr|)/Fr & |Fr|>1\end{cases}
$$

(3-1-55)

5. Steger-Warming 格式

Steger-Warming 格式为通量向量分裂(FVS)格式，Steger-Warming 在 1981 年应用于二维欧拉(Euler)方程数值求解，20 世纪 90 年代初被引用于二维浅水方程数值解。考虑逆风性，$\boldsymbol{F}_{LR}$分解为

$$
\boldsymbol{F}_{LR}=\boldsymbol{F}_L^{+}+\boldsymbol{F}_R^{-} \tag{3-1-56}
$$

式中：$\boldsymbol{F}_L^{+}$ 和 $\boldsymbol{F}_R^{-}$ 分别为左、右单元的 $\boldsymbol{F}^{+}$ 和 $\boldsymbol{F}^{-}$。

又对于浅水方程

$$
\boldsymbol{F}=\frac{h}{4}\begin{bmatrix}2\bar{\lambda}_1+\bar{\lambda}_3+\bar{\lambda}_4\\ 2\bar{\lambda}_1u_N+\bar{\lambda}_3(u_N+c)+\bar{\lambda}_4(u_N-c)\\ 2\bar{\lambda}_1v_N+\bar{\lambda}_3v_N+\bar{\lambda}_4v_N\\ 2\bar{\lambda}_1S+\bar{\lambda}_3S+\bar{\lambda}_4S\end{bmatrix} \tag{3-1-57}
$$

其中，$[\bar{\lambda}_1,\bar{\lambda}_2,\bar{\lambda}_3,\bar{\lambda}_4]^{\mathrm{T}}=[u_N,u_N,u_N+c,u_N-c]^{\mathrm{T}}$，分别将 $\bar{\lambda}_i=\bar{\lambda}_i^{+}=\max(\bar{\lambda}_i,0)$ 和 $\bar{\lambda}_i=\bar{\lambda}_i^{-}=\min(\bar{\lambda}_i,0)$ 代入式(3-1-57)，便可求得分裂后的 $\boldsymbol{F}^{+}$ 和 $\boldsymbol{F}^{-}$。

缓流时

$$
\boldsymbol{F}^{+}=\frac{h}{4}\begin{bmatrix}3u_N+c\\ 2u_N^2+(u_N+c)^2\\ 2u_Nv_N+(u_N+c)v_N\\ 2u_NS+(u_N+c)S\end{bmatrix}\qquad \boldsymbol{F}^{+}=\frac{h}{4}\begin{bmatrix}u_N-c\\ (u_N-c)^2\\ (u_N-c)v_\tau\\ (u_N-c)S\end{bmatrix} \tag{3-1-58}
$$

急流时

$$
\boldsymbol{F}^{+}=h\begin{bmatrix}u_N\\ u_N^2+\dfrac{1}{2}c^2\\ u_Nv_\tau\\ u_NS\end{bmatrix}\qquad \boldsymbol{F}^{-}=0 \tag{3-1-59}
$$

6. Roe 格式

与 FVS 格式一样，Roe 提出的通量差分裂(FDS)格式也基于特征理论。两者的差别是其分裂方式，前者分裂通量向量本身而后者分裂通量差。采用 FVS 类似的途径，同 Osher格式的推导途径，直接推求耦合方程的雅可比矩阵、特征值及特征向量(Alcrudo, Garcia-Navarro，1993；赵棣华等，1996)。

根据特征传播的逆风性，两单元公共边的数值通量为 $\boldsymbol{F}_{LR}=\dfrac{(\boldsymbol{F}_L+\boldsymbol{F}_R)}{2}-\dfrac{|\Delta\boldsymbol{F}|}{2}$，表达为

$$
\boldsymbol{F}_{LR}=\frac{1}{2}(\boldsymbol{F}_L+\boldsymbol{F}_R)-\frac{1}{2}\sum_{j=1}^{4}\alpha_j|\tilde{\lambda}_j|\gamma_j \tag{3-1-60}
$$

其中：

特征值

$$\tilde{\lambda}_1 = \bar{u} + \bar{a};\quad \tilde{\lambda}_2 = \bar{u} - \bar{a};\quad \tilde{\lambda}_3 = \tilde{\lambda}_4 = \bar{u}$$

右特征向量

$$\boldsymbol{\gamma}_1 = (1,\bar{u} + \bar{a},\bar{v},\bar{S})^{\mathrm{T}} \quad \boldsymbol{\gamma}_2 = (1,\bar{u} - \bar{a},\bar{v},\bar{S})^{\mathrm{T}}$$

$$\boldsymbol{\gamma}_3 = (0,0,\bar{a},0)^{\mathrm{T}} \quad \boldsymbol{\gamma}_4 = (0,0,0,\bar{a})^{\mathrm{T}}$$

系数 α_i

$$\begin{cases} \alpha_1 = \dfrac{\Delta(hu_N) - \tilde{\lambda}_2\Delta h}{2\bar{a}} \\ \alpha_2 = \Delta h - \alpha_1 \\ \alpha_3 = \dfrac{\Delta(hv_N) - \bar{v}\Delta h}{\bar{a}} \\ \alpha_4 = \dfrac{\Delta(hS) - \bar{S}\Delta h}{\bar{a}} \end{cases}$$

以上式中：

$$\bar{a} = \sqrt{\frac{g(h_L + h_R)}{2}};\quad \bar{u} = \frac{\sqrt{h_L}u_{NL} + \sqrt{h_R}u_{NR}}{\sqrt{h_L} + \sqrt{h_R}};\quad \bar{v} = \frac{\sqrt{h_L}v_{NL} + \sqrt{h_R}v_{NR}}{\sqrt{h_L} + \sqrt{h_R}};$$

$$\bar{h} = \sqrt{h_L h_R};\quad \Delta h = h_L - h_R;\quad \Delta hu_N = h_L u_{NL} - h_R u_{NR};\quad \Delta hv_N = h_L v_{NL} - h_R v_{NR};$$

$$\Delta S = S_L - S_R;\quad \bar{S} = \frac{\sqrt{h_L}S_L + \sqrt{h_R}S_R}{\sqrt{h_L} + \sqrt{h_R}}$$

7.“斜底”模型处理

所谓“斜底”模型，主要是相对于“平底”模型而言的，前者单元内各结点高程不同，后者假定单元内各结点高程相同或以形心处高程代替各边高程进行界面通量计算。对浅水流动问题，F_N 沿单元的边一般为强线性分布，因此不能像计算空气动力学一样，采用该边中点处的法向通量作为平均法向通量。原因在于二维浅水的水下地形可能起伏很大，因而水深沿某一边的变化很大。以 x 方向的动量方程为例，当弗劳德数较小时，在 x 方向的通量 $hu^2 + \frac{gh^2}{2}$ 中，压力项大于对流项可以量级计。当用中点的水压力来代表某边的水压力时，三边的水压力不能与底坡项所表示的河床反力相互平衡，从而破坏动量守恒，并导致计算不稳定。因此，需采用数值积分来计算各边的平均法向通量。模型采用三点高斯积分法，具体方法如下：

由高斯求积公式

$$\int_{-1}^{1} f(x)\,\mathrm{d}x \approx \sum_{k=1}^{n} \lambda_k^{(n)} f(\xi_k^{(n)}) \tag{3-1-61}$$

式中：$\xi_k^{(n)}$ 为勒让德多项式 $P_n(x)$ 的根；n 为求积结点数，模型中采用 3。

在区间[-1,1]中，求积结点 $\xi_k^{(n)}$ 分别为 0、±0.774 59，求积系数分别为 $\frac{8}{9}$、$\frac{5}{9}$、$\frac{5}{9}$，

则对于单元任一边(设定长度为 L_j),在区间 $[0, L_j]$ 中,求积结点 $\xi_k^{(n)}$ 分别为 $0.5L_j$、$0.2746L_j$、$0.7254L_j$,求积系数分别为$\frac{4}{9}$、$\frac{2.5}{9}$、$\frac{2.5}{9}$。

8. 限制函数

对于单元内任一点(x,y),其输运量 $Q(x,y)$ 可以表示为

$$Q(x,y) = Q_A + \Delta Q_A \cdot \boldsymbol{r} \tag{3-1-62}$$

式中:$\boldsymbol{r}$ 为形心点 A 到任意点(x,y)的距离矢量;Q_A 为形心点的值;ΔQ_A 为形心点梯度。

由式(3-1-62)得到的是一阶精度,为提高到高阶或二阶精度,式(3-1-62)可以修改为

$$Q(x,y) = Q_A + \Phi \Delta Q_A \cdot \boldsymbol{r} \tag{3-1-63}$$

式中:Φ 为限制函数或坡度修正系数,对于单元 A,其值可以表示为

$$\Phi = \min(\Phi_j) \quad j = 1,2,\cdots,Number\_side$$

可以选择各解限制进行计算,较常用的限制函数如下:

Chakravarthy-osher　$\Phi(r) = \max[0, \min(r, \beta)]$

Roes Superbee　$\Phi(r) = \max[0, \min(2r,1), \min(r,2)]$

Van Leer　$\Phi(r) = (r + |r|)/(1 + |r|)$

Van Albada　$\Phi(r) = (r + r^2)/(1 + r^2)$

Minmod　$\Phi(r) = \mathrm{Minmod}(1,r) = \max(0, \min(1,r))$

其中,$\mathrm{minmod}(a,b) = \mathrm{sign}(a) \cdot \max(0, \min(|a|, \mathrm{sign}(a) \cdot b))$

MUSCL　$\Phi(r) = \max[0, \min(2, 2r, (1+r)/2)]$

UMIST　$\Phi(r) = \max[0, \min(2r0.25 + 0.75r, 0.75 + 0.25r, 2)]$

除 Chakravarthy-sher 限制函数外,其他函数均具有对称性,即满足 $\Phi(r)/r = \Phi(1/r)$,从而保证了通量梯度顺向和逆向改正的一致性(Sweby,1984)。

以上各种格式中 $r \sim \Phi(r)$ 关系,也即二阶 TVD 区域,见图 3-1-5。

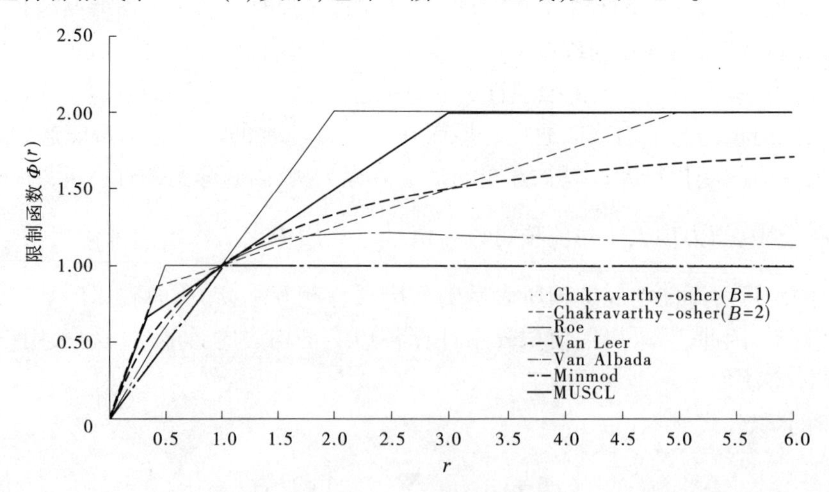

图 3-1-5　二阶 TVD 区域

至于通量比 r_j,可以利用下式求解

$$r_j(Q_j) = \begin{cases} (Q_A^{\max} - Q_A)/(Q_j - Q_A) & Q_j - Q_A > 0 \\ (Q_A^{\min} - Q_A)/(Q_j - Q_A) & Q_j - Q_A < 0 \\ 1 & Q_j - Q_A = 0 \end{cases} \tag{3-1-64}$$

其中，$Q_A^{\max} = \max(Q_A, Q_{A(\text{neighbor})})$，$Q_A^{\min} = \min(Q_A, Q_{A(\text{neighbor})})$。

3.1.1.5 扩散通量求解

利用有限体积法积分以后，扩散项二阶微分降阶为一阶偏微分，利用多变量泰勒级数展开式

$$\begin{aligned} f(x,y) = & f(x_0,y_0) + \frac{1}{1!}\left[(x-x_0)\frac{\partial}{\partial x} + (y-x_0)\frac{\partial}{\partial y}\right]f(x_0,y_0) + \\ & \frac{1}{2!}\left[(x-x_0)\frac{\partial}{\partial x} + (y-x_0)\frac{\partial}{\partial y}\right]^2 f^2(x_0,y_0) + \cdots + \\ & \frac{1}{n!}\left[(x-x_0)\frac{\partial}{\partial x} + (y-x_0)\frac{\partial}{\partial y}\right]^n f^n(x_0,y_0) + \cdots \end{aligned} \tag{3-1-65}$$

对于形心为 A 的给定单元，其内部任一点 (x,y) 的输运量 $q(x,y)$ 可以表示为如下形式

$$q(x,y) = q_A + (x - x_A)\frac{\partial q_A}{\partial x} + (y - x_A)\frac{\partial q_A}{\partial y} = q_A + \nabla q_A \cdot r \tag{3-1-66}$$

式中：r 为单元内点 (x,y) 至形心 A 的距离；q_A 为形心点数值；∇q_A 为形心点处矢量梯度。

对于形心 A 处的梯度可以采用如下几种方法求解。

1. 最小二乘法

将式(3-1-66)扩展至计算域内任一点，就三角形网格而言，假定形心为 A 的给定单元的相邻单元形心为 B、C、D（见图 3-1-6），则

$$\begin{cases} q_B = q_A + (x_B - x_A)\dfrac{\partial q_A}{\partial x} + (y_B - x_A)\dfrac{\partial q_A}{\partial y} \\ q_C = q_A + (x_C - x_A)\dfrac{\partial q_A}{\partial x} + (y_C - x_A)\dfrac{\partial q_A}{\partial y} \\ q_D = q_A + (x_D - x_A)\dfrac{\partial q_A}{\partial x} + (y_D - x_A)\dfrac{\partial q_A}{\partial y} \end{cases} \tag{3-1-67}$$

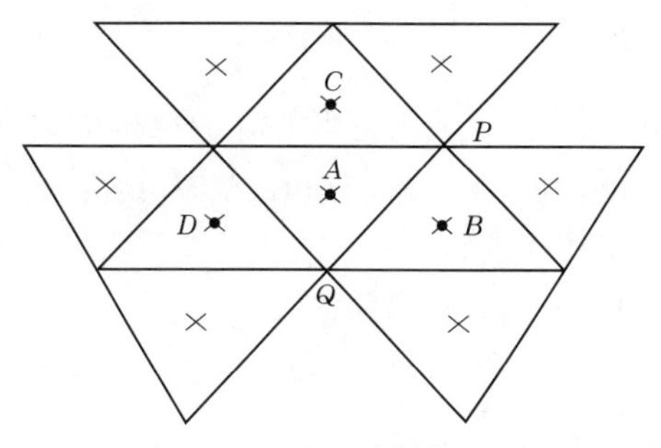

图 3-1-6　∇q_A 的积分路径图

方程组(3-1-67)由三个方程（如果单元为四边形，则四个方程）组成，对于 $\frac{\partial q_A}{\partial x}$、$\frac{\partial q_A}{\partial y}$ 两个未知数而言，该方程组是超定的。利用方程组(3-1-67)可以求出未知数的三组解，记做 $\left(\frac{\partial q_A}{\partial x}, \frac{\partial q_A}{\partial y}\right)_1$、$\left(\frac{\partial q_A}{\partial x}, \frac{\partial q_A}{\partial y}\right)_2$、$\left(\frac{\partial q_A}{\partial x}, \frac{\partial q_A}{\partial y}\right)_3$。以此三组解作为三个样本，利用最小二乘法可以求出 $\frac{\partial q_A}{\partial x}$ 与 $\frac{\partial q_A}{\partial y}$ 的线性关系

$$\frac{\partial q_A}{\partial x} = a_1\left(\frac{\partial q_A}{\partial y}\right) + b_1 \tag{3-1-68}$$

或

$$\frac{\partial q_A}{\partial y} = a_2\left(\frac{\partial q_A}{\partial x}\right) + b_2 \tag{3-1-69}$$

式中：a_1、a_2、b_1、b_2 为回归系数。

在实际应用中，可将$\frac{\partial q_A}{\partial y}$或$\frac{\partial q_A}{\partial x}$的三组解的平均值，代入式(3-1-68)或式(3-1-69)求出$\frac{\partial q_A}{\partial x}$或$\frac{\partial q_A}{\partial y}$。

2. 一阶精度

利用高斯定理，∇q_A 可以下式表示

$$\nabla q_A = \frac{1}{A_\Omega}\oint_{\partial A} qn\mathrm{d}S \approx \frac{1}{A_\Omega}\sum_{j=1}^{3} qnL_j \tag{3-1-70}$$

式中：∂A 为积分路径，它由已知三个点所围成的三角形所组成；A_Ω 为对应三角形面积。

具体积分路径选择因问题而异。计算河底坡降时，其积分路径为单元结点所围成的区域，也即本单元。流速、含沙量坡度时，其积分路径直接由其相邻的三个三角形的形心 B、C、D 组成，见图 3-1-6。

3. 二阶精度

为了提高矢量梯度的计算精度，可以将输运量∇q_A 进行修正，修正后输运量梯度$\nabla q_A^{\mathrm{mod}}$ 为

$$\nabla q_A^{\mathrm{mod}} = \frac{1}{2}(\nabla q_A + W_B\nabla q_B + W_C\nabla q_C + W_D\nabla q_D) \tag{3-1-71}$$

相应地

$$W_B = \frac{\boldsymbol{r}_{AC}\times\boldsymbol{r}_{CD}}{\boldsymbol{r}_{BC}\times\boldsymbol{r}_{CD}} \quad W_C = \frac{\boldsymbol{r}_{AD}\times\boldsymbol{r}_{DB}}{\boldsymbol{r}_{BC}\times\boldsymbol{r}_{CD}} \quad W_D = \frac{\boldsymbol{r}_{AB}\times\boldsymbol{r}_{BC}}{\boldsymbol{r}_{BC}\times\boldsymbol{r}_{CD}} \tag{3-1-72}$$

式中：$\nabla q_{A、B、C、D}$为各形心处的梯度矢量；$\boldsymbol{r}_{AC}$为形心 A 点到形心 C 点的距离矢量，则 $\boldsymbol{r}_{AC}\times\boldsymbol{r}_{CD} = |\boldsymbol{r}_{AC}|\cdot|\boldsymbol{r}_{CD}|\cdot\sin\angle ACD$，其值为三角形$\triangle ACD$ 的面积；其余矢量含义同此。

相应地，$W_B + W_C + W_D = 1$。

3.1.1.6 方程求解

主要采用时间二阶的预测－校正二步格式，预测步用欧拉向前格式计算 t_{n+1}时的解 q^*，其次由 n 时刻 $q^{(n)}$ 和 q^* 的平均得 $t_{n+\frac{1}{2}}$的解 $q^{(n+\frac{1}{2})}$，最后校正步在 $t_{n+\frac{1}{2}}$用时间中心格式计算 $q^{(n+1)}$，具体计算步骤如下：

预测步

$$\left.\begin{aligned} q^* &= q^{(n)} + \Delta t\cdot R^{(n)} \\ q^{(n+\frac{1}{2})} &= \frac{q^{(n)} + q^*}{2} \\ R^{(n+\frac{1}{2})} &= R(q^{(n+\frac{1}{2})}) \end{aligned}\right\} \tag{3-1-73}$$

校正步

$$q^{(n+1)} = q^{(n+\frac{1}{2})} + \frac{\Delta t}{2}\cdot R^{(n+\frac{1}{2})} \tag{3-1-74}$$

3.1.2　水沙构件关键问题处理

水沙构件关键问题是以数学表达式反映所模拟物理对象的内在规律。对于非均匀沙沉速、悬移质水流挟沙能力、床沙级配调整、动床阻力变化、紊动黏滞系数、泥沙扩散系数等关键技术问题的处理决定了数学模型的计算精度。

3.1.2.1　非均匀沙沉速

单颗粒泥沙自由沉降公式一般采用水电部1975年水文测验规范中推荐的沉速公式。

考虑到黄河水流含沙量高,细沙含量多,颗粒间的相互影响大,浑水黏性作用较强,故需对单颗粒泥沙的自由沉速作修正,相应修正公式如下

$$\omega_{sk} = \omega_{0k}(1 - S_v)^m \tag{3-1-75}$$

式中:m 为指数,与沙粒雷诺数 $Re^* = \omega_{0k} d_k / v_0$ 有关。

非均匀沙代表沉速采用下式进行计算

$$\omega_s = \sum_{k=1}^{NFS} P_{*k} \omega_{sk} \tag{3-1-76}$$

式中:NFS 为泥沙粒径组数;P_{*k} 为悬移质泥沙级配。

3.1.2.2　水流挟沙能力

水流挟沙能力是反映河床处于冲淤平衡状态下,水流挟带泥沙能力的综合性指标。模型区分悬移质挟沙能力和推移质挟沙能力分别计算。

1. 悬移质挟沙能力

先计算全沙挟沙能力,然后乘以挟沙能力级配,求得分组挟沙能力。对于全沙挟沙能力,如张红武公式

$$S_* = 2.5\left[\frac{(0.002\,2 + S_v)U^3}{\kappa \dfrac{\gamma_s - \gamma_m}{\gamma_m} g h \omega_s}\ln\left(\frac{h}{6D_{50}}\right)\right]^{0.62} \tag{3-1-77}$$

式中:D_{50}为床沙中值粒径;κ 为浑水卡门常数,$\kappa = 0.4[1 - 4.2\sqrt{S_v}(0.365 - S_v)]$。

挟沙能力级配主要采用韩其为公式和韦直林公式。

韩其为公式:根据判数 $Z = \dfrac{P_{4,1}S}{S^*(\omega_1)} + \dfrac{P_{4,2}S}{S^*(\omega_{1,1}^*)}$大小,分组挟沙能力 $P_{4,k}^* S^*(\omega^*)$、挟沙能力 $S^*(\omega^*)$、挟沙能力级配 $P_{4,k}^*$、有效床沙级配 $P_{1,k}$的普遍表达式为:

(1)若 $Z<1$,河床处于冲刷或微淤状态,则

$$\begin{cases} P_{4,k}^* S^*(\omega^*) = P_{4,1}P_{4,k,1}S + P_{4,2}P_{4,k,2}S\dfrac{S^*(k)}{S^*(\omega_{1,1}^*)} + \left[1 - \dfrac{P_{4,1}S}{S^*(\omega_1)} - \dfrac{P_{4,2}S}{S^*(\omega_{1,1}^*)}\right]P_1 P_{4,k,1}^* S^*(\omega_{1,1}^*) \\ S^*(\omega^*) = P_{4,1}S + P_{4,2}S\dfrac{S^*(\omega_2^*)}{S^*(\omega_{1,1}^*)} + \left[1 - \dfrac{P_{4,1}S}{S^*(\omega_1)} - \dfrac{P_{4,2}S}{S^*(\omega_{1,1}^*)}\right]P_1 S^*(\omega_{1,1}^*) \\ P_{4,k}^* = P_{4,1}P_{4,k,1} + \dfrac{S}{S^*(\omega^*)} + P_{4,2}P_{4,k,2}\dfrac{S}{S^*(\omega_{1,1}^*)}\dfrac{S^*(k)}{S^*(\omega_{1,1}^*)} + \left[1 - \dfrac{P_{4,1}S}{S^*(\omega_1)} - \dfrac{P_{4,2}S}{S^*(\omega_{1,1}^*)}\right]P_1 P_{4,k,1}^* \dfrac{S^*(\omega_{1,1}^*)}{S^*(\omega^*)} \\ P_{1,k} = P_{4,1}P_{4,k,1} + \dfrac{S}{S^*(k)} + P_{4,2}P_{4,k,2}\dfrac{S}{S^*(\omega_{1,1}^*)} + \left[1 - \dfrac{P_{4,1}S}{S^*(\omega_1)} - \dfrac{P_{4,2}S}{S^*(\omega_{1,1}^*)}\right]P_1 P_{1,k,1,1}^* \end{cases} \tag{3-1-78}$$

(2)若 $Z \geqslant 1$,河床处于单向淤积状态,那么

$$\begin{cases} P_{4,k}^{*}S^{*}(\omega^{*}) = P_{4,1}P_{4,k,1}S + \left[1 - \dfrac{P_{4,1}S}{S^{*}(\omega_1)}\right]P_{4,k,2}S^{*}(k) \\ S^{*}(\omega^{*}) = P_{4,1}S + \left[1 - \dfrac{P_{4,1}S}{S^{*}(\omega_1)}\right]S^{*}(\omega_2^{*}) \\ P_{4,k}^{*} = P_{4,1}P_{4,k,1} + \dfrac{S}{S^{*}(\omega^{*})} + \left[1 - \dfrac{P_{4,1}S}{S^{*}(\omega_1)}\right]\dfrac{S^{*}(k)}{S^{*}(\omega_{1,1}^{*})}P_{4,k,2} \\ P_{1,k} = P_{4,1}P_{4,k,1}\dfrac{S}{S^{*}(k)} + \left[1 - \dfrac{P_{4,1}S}{S^{*}(\omega_1)}\right]P_{4,k,2} \end{cases} \tag{3-1-79}$$

式中:P_1 为床沙中可悬泥沙百分数;$P_{1,k,1}$ 为床沙级配(可认为是实测级配);$P_{1,k,1,1}$ 为床沙级配中可悬泥沙级配;$P_{4,1}$ 为悬移质泥沙较细部分百分数;$P_{4,k,1}$ 为悬移质泥沙较细部分级配;$P_{4,2}$ 为悬移质泥沙较粗部分百分数;$P_{4,k,2}$ 为悬移质泥沙较粗部分级配;$P_{4,k,1}^{*}$ 为与床沙级配相应的挟沙能力级配;ω_1 为 $P_{4,k,1}$ 部分对应的沉速;ω^{*} 为挟沙级配平均沉速;ω_1^{*} 为床沙级配计算的平均沉速;$\omega_{1,1}^{*}$ 为床沙中可悬浮部分平均沉速;$S^{*}(k)$ 为第 k 组泥沙的挟沙能力;$S^{*}(\omega)$ 为相应沉速对应的挟沙能力。

韦直林公式

$$\begin{cases} P_{*k} = \dfrac{P_{uk}S_{*k}^{(1)} + S_k}{\sum\limits_{k=1}^{NFS}(P_{uk}S_{*k}^{(1)} + S_k)} \\ S_{*k} = P_{*k}S_{*} \end{cases} \tag{3-1-80}$$

式中:P_{uk} 为表层床沙级配。

2. 推移质挟沙能力

由于天然河流河床沙较粗,多由卵石夹沙组成,因而河道输沙以推移质运动为主。值得注意的是,计算所考虑河段床沙粒径分布较宽,粒径为 0.1 ~ 150 mm;空间变化大,由上游卵石夹沙逐渐过渡到下游的粉沙,因此必须选择合适的推移质输沙率公式。张小峰及夏军强的最新研究成果表明,张俊华、张红武提出的公式与粒度范围很大的推移质输沙率资料相符合。该公式的形式为

$$q_b = 9.8K\gamma_s\left(\frac{\gamma}{\gamma_s - \gamma}\right)^2 \frac{u(u^3 - u_c^3)}{A^2 g^{1.5} R^{\frac{1}{2}}}\left(\frac{D_{65}}{R}\right)\cot\varphi \tag{3-1-81}$$

式中:u_c 为泥沙起动流速;A 为与水力摩阻特性有关的参数,$A = 1.54\ln D_{65} + 28.48$;$D_{65}$ 为床沙中沙重比例为 65% 对应的泥沙粒径;φ 为泥沙 d_k 的水下休止角,采用张红武公式计算,即对于 $d = 0.9 \sim 26$ mm 的砾石及卵石,$\varphi = 27.92 + 5.65\ln d_k$,对于 $d = 0.061 \sim 9$ mm 的泥沙,$\varphi = 35.5d^{0.04}$。

3.1.2.3 床沙级配调整

把河床淤积物概化为表、中、底三层,各层厚度和平均粒配分别为 h_u、h_m、h_b、P_{uk}、P_{mk}、P_{bk}。表层为交换层,中层为过渡层,底层为冲刷极限层。规定在每一计算时段内,各层间界面固定不变,泥沙交换限制在表层内进行。时段末,根据床面冲淤移动表层和中层,但

各自厚度不变,而令底层厚度随冲淤厚度的大小而变化,其厚度见图3-1-7。

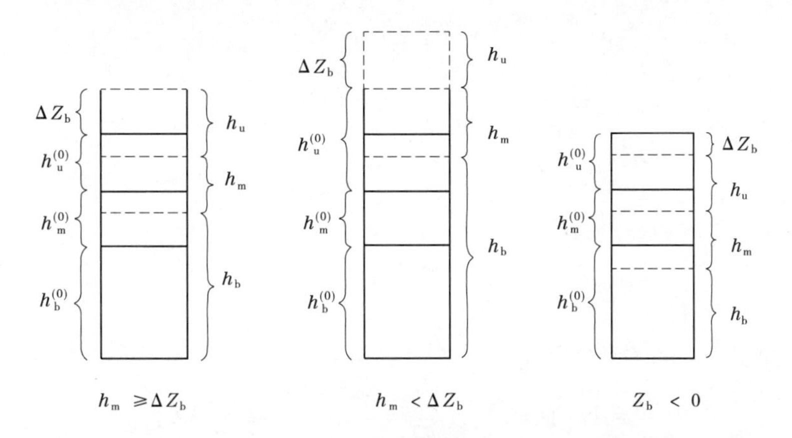

图3-1-7 河床淤积物分层及调整示意图

设在某一时段初表层粒配为 $P_{uk}^{(0)}$,则时段末表层底面以上粒配

$$P' = \frac{h_u P_{uk}^{(0)} + \Delta Z_{bk}}{h_u + \Delta Z_b} \tag{3-1-82}$$

相应各层粒配组成调整变化如下:

(1)淤积情况。

表层 $P_{uk} = P'$ (3-1-83)

中层 $$\begin{cases} P_{mk} = P' & \Delta Z_b > h_m \\ P_{mk} = \dfrac{\Delta Z_b P' + (h_m - \Delta Z_b) P_{mk}^{(0)}}{h_m} & \Delta Z_b \leqslant h_m \end{cases} \tag{3-1-84}$$

底层 $$\begin{cases} P_{bk} = \dfrac{(\Delta Z_b - h_m) P' + h_m P_{mk}^{(0)} + h_b^{(0)} P_{bk}^{(0)}}{h_b} & \Delta Z_b > h_m \\ P_{bk} = \dfrac{\Delta Z_b P_{mk}^{(0)} + h_b^{(0)} P_{bk}^{(0)}}{h_b} & \Delta Z_b \leqslant h_m \end{cases} \tag{3-1-85}$$

(2)冲刷情况。

表层 $$P_{uk} = \frac{(\Delta Z_b + h_u) P' - \Delta Z_b P_{mk}^{(0)}}{h_u} \tag{3-1-86}$$

中层 $$P_{mk} = \frac{(\Delta Z_b + h_m) P_{mk}^{(0)} - \Delta Z_b P_{bk}^{(0)}}{h_m} \tag{3-1-87}$$

底层 $P_{bk} = P_{bk}^{(0)}$ (3-1-88)

式(3-1-82)~式(3-1-88)中,右上角标0表示该变量修改前的值。

3.1.2.4 动床阻力

动床阻力是反映水流条件和河床形态的综合系数,取值的合理性直接影响到水沙演变的计算精度。通过比较国内目前研究的研究成果,并结合一维模型糙率的算法,对黄河下游二维阻力的计算,利用以下两种方法。

1. 黄委计算公式

$$n = \frac{c_{\mathrm{n}}\delta_*}{\sqrt{g}h^{5/6}}\left\{0.49\left(\frac{\delta_*}{h}\right)^{0.77} + \frac{3\pi}{8}\left(1 - \frac{\delta_*}{h}\right)\left[\sin\left(\frac{\delta_*}{h}\right)^{0.2}\right]^5\right\}^{-1} \tag{3-1-89}$$

式中：弗劳德数 $Fr = \frac{\sqrt{u^2 + v^2}}{gh}$；摩阻高度 $\delta_* = D_{50}\{1 + 10^{[8.1 - 13Fr^{0.5}(1 - Fr^3)]}\}$；涡团参数 $c_{\mathrm{n}} = 0.375\kappa$。

2. 糙率根据河道的冲淤，床沙级配的粗化调整

河道淤积时，糙率减小；河道冲刷时，糙率增大。基于此，计算中需根据冲淤情况，对糙率进行修正和改进。

糙率随冲淤变化的关系式如下

$$n = n_0\left(1 - \frac{k_1 - k_2}{\Delta Z_{\mathrm{b\_dep\_max}} - \Delta Z_{\mathrm{b\_sco\_max}}}\right)\sum \Delta Z_{\mathrm{b}i} \tag{3-1-90}$$

式中：n_0 为初始糙率；$\Delta Z_{\mathrm{b_dep_max}}$为最大淤积厚度；$\Delta Z_{\mathrm{b_sco_max}}$为极限冲刷深度；$\sum \Delta Z_{\mathrm{b}i}$为累计冲淤厚度；$k_1$、$k_2$ 为经验常数，一般为 1.5 和 0.6。

初始糙率 n_0 还需根据河道内土地利用情况、地物地貌以及植物生长状况等综合确定。初步考虑，树丛、旱田、水田、道路糙率为 0.065、0.06、0.05、0.045，空地糙率为 0.025 ~ 0.035，有、无芦苇和水草的水域糙率为 0.05、0.035，旱地加村庄糙率为 0.062 ~ 0.07。

3.1.2.5 紊动黏滞系数

紊动黏滞系数采用以下两种模式。

1. 零方程模式

零方程模式比较简单，在生产实践中也有广泛应用，在大水体或大尺度区域的计算中，可以得到满意的结果，因为在大水体计算中，动量方程中的紊动项作用较小，其表达式为

$$\nu_{\mathrm{t}} = A_{xy}C_{\mathrm{s}}\kappa u_* h \tag{3-1-91}$$

式中：A_{xy}为可调参数，范围为 1 ~ 10；参数 $C_{\mathrm{s}} = \int_0^1 \zeta(1 - \zeta)\,\mathrm{d}\zeta = \frac{1}{6}$；$u_*$ 为摩阻流速；h 为垂线平均水深。

当发生从一种形式的流动向另一种形式的流动转换时（如河道中筑坝引起的回流、水工建筑物的泄流等），零方程模式计算结果就不够精确。

2. 大涡模拟法

大涡模拟法是近年来发展起来的一种紊流模型，最初用于大气模拟，后引用到水流模拟。将大涡模拟进行简化，变成 Smagrionsky（SGS）子涡模拟法，该方法将 ν_{t} 与网格尺度及流体微团的应变率联系起来，并假定涡黏性正比于亚网格特征尺度和紊流流速场的应变率张量，相应表示式为

$$\nu_{\mathrm{t}} = (C_{\mathrm{sgs}}\Delta)^2\sqrt{2\left(\frac{\partial u}{\partial x}\right)^2 + 2\left(\frac{\partial v}{\partial y}\right)^2 + \left(\frac{\partial u}{\partial y} + \frac{\partial v}{\partial x}\right)^2} \tag{3-1-92}$$

式中：C_{sgs}为子涡扩散系数，一般取 0.17；Δ 为子涡滤筛尺度（亚网格特征尺度），一般取 $\Delta = \sqrt{A}$，A 为计算单元面积。

Smagrionsky(SGS)子涡模拟虽然在理论上仍存在某些问题有待于进一步澄清,但已有的复杂流动研究表明,二维大涡模拟法对于强二维涡旋流模拟具有特殊效果。特别是对于非淹没丁坝群(如黄河下游控导工程),不仅可以反映绕流形成的大回流区,也可较好地反映坝跟上、下游的角涡。

3.1.2.6 泥沙扩散系数

试验研究表明,紊动黏滞系数和泥沙扩散系数之间存在差异。在悬浮指标$\frac{\omega}{\kappa u_*}<1$时,两者相差不大。

黄河下游河道悬移质泥沙颗粒相对较细,水流强度较大,一般情况下悬浮指标不会大于1。因此,用紊动黏滞系数近似代替泥沙扩散系数不会引入太大误差。

3.1.2.7 河床纵向变形

利用河床变形方程

$$\gamma_k' \frac{\partial Z_{bk}}{\partial t} = \alpha_k \omega_k (S_k - S_{*k}) \tag{3-1-93}$$

进行计算。求得各结点分组泥沙冲淤厚度 ΔZ_{bk},该结点总冲淤厚度为

$$\Delta Z_b = \sum_{k=1}^{NFS} \Delta Z_{bk} \tag{3-1-94}$$

ΔZ_b 求出后,可求出该计算河段的泥沙冲淤总量 ΔW_s

$$\Delta W_s = \gamma_k' \sum_i A_i \Delta Z_{bi} \tag{3-1-95}$$

式中:A_i 为计算各控制体 i 面积。

不同粒径组泥沙淤积物干容重 γ_k' 和恢复饱和系数 α_k 具体处理方法如下。

1. 淤积物干容重

参考有关文献的处理方法,结合黄河下游淤积物组成,确定的不同粒径组泥沙淤积物干容重见表3-1-2。

表3-1-2　不同粒径组泥沙淤积物干容重

d_k(mm)	<0.005	0.005~0.05	>0.05
γ_k'(kg/m^3)	1.00	1.40	1.60

2. 恢复饱和系数

泥沙恢复饱和系数 α 为粒径 d 的函数,平衡状态下各粒径组恢复饱和系数 $\alpha_k^* = \frac{\alpha^*}{d_k^{0.8}}$,冲淤变化过程中 α_k 计算公式如下

$$\alpha_k = \begin{cases} 0.5\alpha_k^* & S_k \geqslant 1.5S_{*k} \\ \left(1 - \frac{S_k - S_{*k}}{S_{*k}}\right)\alpha_k^* & S_{*k} \leqslant S_k < 1.5S_{*k} \\ \left(1 - 2\frac{S_k - S_{*k}}{S_{*k}}\right)\alpha_k^* & 0.5S_{*k} \leqslant S_k < S_{*k} \\ 2\alpha_k^* & S_k < 0.5S_{*k} \end{cases} \tag{3-1-96}$$

式中：S_k、S_{*k}分别为分组沙挟沙能力和含沙量；α^*为参数，$\alpha^*=0.0012\sim0.007$。

3.1.3 河势变化过程模拟

3.1.3.1 弯道环流影响及模拟方法

平面二维数学模型用于模拟浅水流动中各物理量垂线平均值在平面上的变化，显然它是无法模拟强三维流动对泥沙运动乃至河床冲淤的影响的。一个典型的例子就是河流弯曲处的水沙运动及河床冲淤。根据河流动力学，弯道处存在大尺度的三维螺旋流（环流）结构，以及由此产生的横向输沙，并由此导致凸岸淤长，凹岸冲蚀。这一现象在通常使用的平面二维水沙数学模型中是无法得到反映的。平面二维数学模型应用于天然河道时遇到的另外一个困难是模拟河岸的冲蚀后退现象。冲积河流中导致河岸崩退的原因大致可归结为两种情形：一种是水流弯曲，在环流作用下导致凹岸冲刷崩退；另一种是水流直接刷切河道边滩造成的河岸坍塌后退。对于前者，显然一般的平面二维数学模型是无法模拟的；对于后者，河岸坍塌后退主要是由于河床冲刷后导致河岸边坡不稳而产生的，这就需要确定滩岸失稳条件、失稳范围，并对失稳崩塌后地形作相应修正。但现有多数研究是针对河道横断面考虑河床冲刷失稳得到的，这类模式在一维模型中十分容易实现，但对于平面二维模型则困难较大，因为基于横断面的塌岸模型难以反映河岸土体失稳的空间局部特性，而这恰是模拟河弯演变及水流刷滩坐弯的关键。

在考虑克服上述缺点时，对于水沙运动三维性较强的环流所导致的横向输沙，可通过以下两个途径加以模拟：一是建立三维数学模型，二是对现有平面二维数学模型加以扩展。对于前者，本书中不作讨论；对于后者，一些研究者取得了探索性的研究成果。但由于问题的复杂性，这些研究结果还存在一些问题。有些模型仅考虑水流弯曲对推移质运动的影响，而未考虑悬移质输沙及河岸崩退的模拟；在另一些模型中，计算边界是固定在河岸上的，由环流横向输沙导致的河岸变形是通过修改计算网格的边界实现的，模拟只限于单一河道，且为平衡输沙模型，对于具有宽阔滩地，输沙不平衡性强的河流是不适用的，因而与实际尚有较大差距。

1. 平面二维模型基本方程扩展

在前述的浅水流动方程组中并不包含因为水流弯曲所造成的横向输沙引起的含沙量平面分布的变化及河床冲淤。因此，希望将一般平面二维水沙数学模型加以扩展，以反映环流的影响。

目前，二维模型模拟弯道水流时常用的方法是增加动量在水平方向的交换系数，如有效黏滞系数，来考虑二次流的影响。Flokstra（1977）得出弯道水流模拟需要弥散应力项以后，Finnie 等（1999），Lien H. C. 等（1999）和 Yee-ChungJin（1993）相继采用 Flokstra 的概念增加相关加速度项，如水深平均方程中的弥散应力项。T. Y. Hsieh 和 J. C. Yang 的研究结果表明，纵向流速分布的不同主要与相应的二次流强度有关。

Odgaard（1989）等对恒定流模型的研究发现，流速和水深基本上沿着河道中心线保持不变，它们的变化在整个横断面方向上接近线性关系。因此，流速和水深在横向上关于它们中心线值是线性的。由于恒定流模型没有时间的偏导数项，所以无法直接模拟水深，中心线水深可以通过断面流量积分的方法,利用线性分布得出。

对于非恒定模型,考虑环流影响时主要通过两种方法:一种方法是 Molls 和 Chaudhry(1995)等提出的积分有效应力的概念。积分有效应力由层流黏性应力、紊流应力和由水深平均的弥散应力组成。但是,他们忽视了弯道水流模拟中垂向流速的不均匀分布。Nagata 等(1997)与 Kalkwijk 和 de Vriend(1980)通过采用横向流速和垂向流速分布考虑了二次流的影响。他们认为仅弥散应力一项作用在垂直于水流轴线的面上,沿着横断面方向作为二次流的影响项。Lien 等(1999)在非恒定弯道水流模拟中考虑了所有的弥散应力项。另一种方法是采用动量矩的方法(Falcon Ascanio,1979;Jin 和 Steffler,1993;Yeh 和 Kennedy,1993)。这个方法联立求解水深平均连续方程,动量方程以及通过对流项、压力梯度项和封闭方程的应力项三项的动量平衡得到的两个动量矩方程。国内学者中,程文辉、王船海(1988)考虑了由于河道弯曲所引起的动量交换对垂线平均流速的影响;方春明(2003)采用平面二维模型与弯道段立面二维模型相结合的方法,在平面二维水流数学模型中考虑弯道环流的作用;方春明(2006)在 u 动量方程中增加弥散应力项计算弯道水流。

本书采用的是上述第一种方法,即考虑弥散应力。弥散应力项通过积分弯道中平均流速与真实流速分布差值得到。我们对考虑环流作用的水流动量方程、悬移质不平衡输沙方程、推移质输沙方程及河床变形方程作出相应的修正。

当考虑二次环流影响后,水流动量方程可修正为

$$\frac{\partial(hu)}{\partial t}+\frac{\partial}{\partial x}\left(u^2h+\frac{1}{2}gh^2\right)+\frac{\partial D_{xx}}{\partial x}+\frac{\partial}{\partial y}(huv)+\frac{\partial D_{xy}}{\partial y}$$
$$=\frac{\partial}{\partial x}\left[\nu_{\mathrm{t}}\frac{\partial(hu)}{\partial x}\right]+\frac{\partial}{\partial y}\left[\nu_{\mathrm{t}}\frac{\partial(hu)}{\partial y}\right]-gh(S_{fx}+S_{ox}) \tag{3-1-97}$$

$$\frac{\partial(hv)}{\partial t}+\frac{\partial(huv)}{\partial x}+\frac{\partial}{\partial y}\left(v^2h+\frac{1}{2}gh^2\right)+\frac{\partial D_{yx}}{\partial x}+\frac{\partial D_{yy}}{\partial x}$$
$$=\frac{\partial}{\partial x}\left[\nu_{\mathrm{t}}\frac{\partial(hv)}{\partial x}\right]+\frac{\partial}{\partial y}\left[\nu_{\mathrm{t}}\frac{\partial(hv)}{\partial y}\right]-gh(S_{fy}+S_{oy}) \tag{3-1-98}$$

式中:D_{xx}、D_{xy}、D_{yx}和 D_{yy}为由二次流影响而产生的扩散项,可由下面公式计算

$$\begin{cases}D_{xx}=\int_0^h(\bar{u}-u)^2\mathrm{d}z\\ D_{xy}=D_{yx}=\int_0^h(\bar{u}-u)(\bar{v}-v)\mathrm{d}z\\ D_{yy}=\int_0^h(\bar{u}-u)^2\mathrm{d}z\end{cases} \tag{3-1-99}$$

式中:$\bar{u}=\alpha_{11}u_s+\alpha_{12}u_n$,$\bar{v}=\alpha_{21}u_s+\alpha_{22}u_n$,其中 α_{11}、α_{12}、α_{21}和 α_{22}为(s,n)坐标系和笛卡儿坐标系 $x\sim y$ 之间的转换关系;u_s 与 u_n 分别为沿流线切向和法向流速。

考虑到现有环流垂线流速公式在理论上大多存在种种缺陷,且没有一个分布公式既适合光滑床面,又适合粗糙床面,这里采用张红武等关于环流流速垂线分布的通用公式,

即

$$u_s = f_1'(\eta) v_{cp} \qquad u_n = f_2'(\eta) v_{cp} \tag{3-1-100}$$

其中

$$f_1'(\eta) = \begin{cases} \frac{8}{7}\eta^{1/7} + a\eta(0.63 - \eta) & 0 \leqslant \eta \leqslant 0.63 \\ \frac{8}{7}\eta^{3/7} + 0.63a(0.63 - \eta) & 0.63 \leqslant \eta \leqslant 1 \end{cases}$$

$$f_2'(\eta) = 86.7\frac{h}{r}\left[\left(1 + 5.75\frac{g}{C^2}\right)\eta^{1.857} - 0.88\eta^{2.14} + \left(0.034 - 12.5\frac{g}{C^2}\right)\eta^{0.857} + 4.72\frac{g}{C^2} - 0.088\right]$$

式中：C 为谢才系数；r 为曲率半径；$\eta = z/h$；弯道中的纵向垂线平均流速 $v_{cp} = \sqrt{u^2 + v^2}$。

$\bar{u}$、$\bar{v}$可进一步表示为

$$\bar{u} = f_1 v_{cp} \qquad \bar{v} = f_2 v_{cp} \tag{3-1-101}$$

其中

$$f_1 = \alpha_{11} f_1'(\eta) + \alpha_{12} f_2'(\eta) \qquad f_2 = \alpha_{21} f_1'(\eta) + \alpha_{22} f_2'(\eta)$$

则

$$\begin{cases} D_{xx} = \int_0^h (\bar{u} - u)\mathrm{d}z = \int_0^h (f_1 v_{cp} - u)^2 \mathrm{d}z = u^2 \int_0^h \left(f_1^2 \frac{u^2 + v^2}{u^2} - 2f_1 \frac{u^2 + v^2}{u^2} + 1\right)\mathrm{d}z \\ D_{yy} = \int_0^h (\bar{v} - v)\mathrm{d}z = \int_0^h (f_2 v_{cp} - v)^2 \mathrm{d}z = v^2 \int_0^h \left(f_2^2 \frac{u^2 + v^2}{v^2} - 2f_2 \frac{u^2 + v^2}{v^2} + 1\right)\mathrm{d}z \\ D_{xy} = D_{yx} = \int_0^h (\bar{u} - u)(\bar{v} - v)\mathrm{d}z = uvh + \sqrt{u^2 + v^2}\int_0^h f_1 f_2 \sqrt{u^2 + v^2} - (f_1 v + f_2 u)\mathrm{d}z \end{cases} \tag{3-1-102}$$

图 3-1-8 所示为水流流线发生弯曲时的局部坐标系，$n = (n_x, n_y)$为流线的法线方向(指向凹岸为正)；$s = (-n_y, n_x)$为流线的切线方向。根据河流动力学及泥沙运动力学的基本知识，水流弯曲处将产生横向输沙。在垂直于流线的某一断面上，对于悬移质来说，横向输沙是由水流弯曲处环流结构和悬移质泥沙垂线分布自身的特点共同作用而形成的，可用图 3-1-9 来说明。首先，当水流弯曲时，横向环流表层水流由凸岸一侧指向凹岸一侧，而底层水流则相反(见图 3-1-9(a))；其次，悬移质泥沙浓度在垂线分布上上小下大(见图 3-1-9(b))。这样，两者的共同作用使得表层含沙浓度低的水流流向凹岸，而含沙浓度高的底层水流流向凸岸(见图 3-1-9(c))。对于在床面附近运动的推移质则更是在环流作用下由凹岸向凸岸一侧输移。因此，在环流作用下凸岸一侧不断淤积，凹岸一侧发生冲刷。

这一物理过程中产生的悬移质横向输沙率为

$$Q_{sn} = \int_0^h \bar{c} u_n \mathrm{d}z \tag{3-1-103}$$

式中：Q_{sn}为流线法向的输沙率；$\bar{c}$ 为含沙量。

$\bar{c}$、u_n 均为 z 的函数，采用张红武公式。将 $\bar{c}$、u_n 代入式(3-1-103)后，Q_{sn}具有如下形式

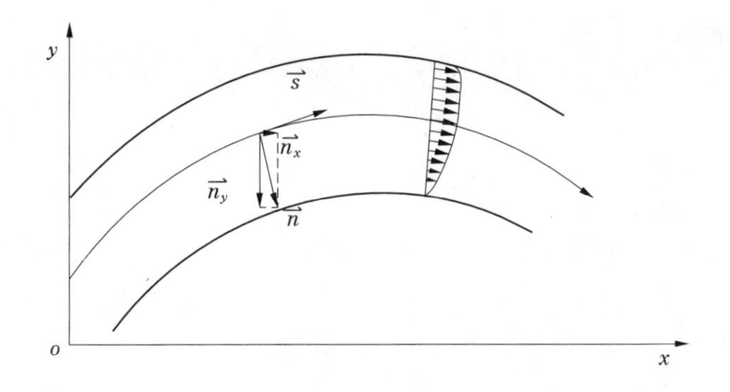

图 3-1-8　弯曲水流的局部坐标

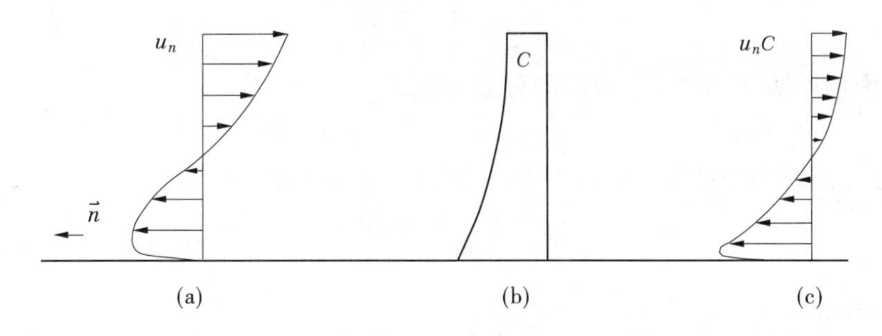

图 3-1-9　横向输沙形成机理示意图

$$Q_{sn}=\frac{75.86v_{cp}hc}{N_0R}\exp(0.0931\frac{\omega}{ku_*}\arctan\sqrt{\frac{1}{\eta}-1})f(\eta) \tag{3-1-104}$$

其中

$$N_0=\int_0^1\eta^{\frac{1}{7}}\exp\left(0.0931\frac{\omega}{ku_*}\arctan\sqrt{\frac{1}{\eta}-1}\right)\mathrm{d}\eta$$

$$f(\eta)=\left[(1+5.75)\frac{g}{C^2}\eta^{1.875}-0.088\eta^{2.14}+(0.034-12.5\frac{g}{C^2})\eta^{0.875}+4.72\frac{g}{C^2}-0.088\right]$$

式中:R 为流线的曲率半径;C 为谢才系数;$v_{cp}=\sqrt{u^2+v^2}$。

式(3-1-104)中,计算流线曲率半径 R 是计算 Q_{sn} 的关键。一些研究者试图通过涡量或者弯道处横比降来计算 R,但前者理论上存在一些问题,而后者按我们的计算分析看,由于横比降量级较小,导致 R 计算误差大。因此,我们提出了一种新的途径。

根据流体力学中关于流线的定义可知,流线上的流速与流线相切。若知道了空间上流速的分布,则可求得通过空间任意点的流线,其方程为

$$\frac{\mathrm{d}x}{u}=\frac{\mathrm{d}y}{v}=\mathrm{d}s \tag{3-1-105}$$

因此,当通过求解水流动量方程及质量守恒方程而得到流速分布后,由流线方程不难求得空间各点的曲率。实际计算表明上述方程简单易行,且精度较高。

水流方向输沙率为 $Q_{ss}=\int_0^h u_s\tilde{c}\mathrm{d}z\approx\sqrt{u^2+v^2}ch$。对于图 3-1-6 所示的情况,在笛卡儿

坐标系中 x、y 方向输沙率分别为

$$Q_{sx} = -Q_{ss}n_y + Q_{sn}n_x \quad Q_{sy} = Q_{ss}n_x + Q_{sn}n_y \tag{3-1-106}$$

因此得到

$$\frac{\partial hc}{\partial t} + \frac{\partial Q_{sx}}{\partial x} + \frac{\partial Q_{sy}}{\partial y} = \frac{\partial}{\partial x}(v_s \frac{\partial huS}{\partial x}) + \frac{\partial}{\partial y}(v_s \frac{\partial hvS}{\partial y}) + \alpha\omega(S_* - S) \tag{3-1-107}$$

对于推移质运动,与悬移质类似,也要作相应修正。但由于推移质运动与底流密切相关,因而在处理上与悬移质略有不同。由弯道水流的研究知,底流速与垂线平均的切向流速间存在夹角,根据有关文献研究,该夹角可近似表示为下式

$$\tan\theta = \frac{h}{R}\frac{7.552 - 388.4\frac{g}{C^2}}{1 - 7.12\frac{g}{C^2}} \tag{3-1-108}$$

这样,推移质输沙率在 x、y 方向的分量分别为

$$q_{bx} = n_x q_b \cos\theta \quad q_{by} = n_y q_b \sin\theta \tag{3-1-109}$$

则考虑环流影响的推移质运动方程(河床变形方程)为

$$(1-p)\frac{\partial Z_b}{\partial t} + \frac{\partial n_x q_b \cos\theta}{\partial x} + \frac{\partial n_y q_b \sin\theta}{\partial y} = -\alpha\omega(S_* - S) \tag{3-1-110}$$

2. *方法检验*

应用前述的扩展模型模拟了单一弯道在水流作用下形成一系列连续弯道的过程。初始扰动的形式为位于渠道进口的单个弯道,其曲线由方程确定,即

$$y = A\cos\left[\frac{2\pi}{L}(x + x_0)\right] \tag{3-1-111}$$

计算中取 $A = 50$ m,$L = 500$ m,$x_0 = 250$ m,河道的初始平面形态如图 3-1-10(a)所示。计算域为 2 600 m × 1 000 m,渠道断面为梯形,上、下底宽分别为 120 m、80 m,高为 2 m。计算中网格尺度为 10 m × 10 m,计算在黄河超级计算中心并行机上进行。

计算中假定床沙为非均匀沙,中值粒径为 0.45 mm,对于土体内摩擦角 φ,$\tan\varphi$ = 0.10。计算中,将非均匀床沙分为 5 组分组计算。此外,为加快河床变形速度,节省计算时间,计算中取泥沙密度为 1 500 kg/m³。为避免其他因素的引入导致计算复杂化,这个算例仅计算了恒定流清水冲刷条件下受扰动渠道的河床演变过程,计算中流量为 80 m³/s。

图 3-1-10(b) ~ (h)所示分别为 t = 10 h、20 h、45 h、65 h、75 h、95 h、110 h 时刻的河床平面形态。从图 3-1-10 中可以看到,由于初始扰动曲线为余弦曲线,受扰动河段水流具有一定曲率,导致横向输沙的产生,并由此导致凹岸冲退,凸岸淤长,曲率也相应增大,使得初始扰动逐步向下游发展,最后形成连续弯道。

图 3-1-11 所示为弯顶处断面在不同时刻的形态。从图 3-1-11 中可见,因环流横向输沙导致凹岸崩退,凸岸淤长,弯道处河道断面由原来的对称的梯形转变为不对称三角形。该图与天然河流、室内模型试验中观测到的现象是一致的,说明所建立模式的确反映了横向输沙及河岸崩塌后退这一耦合过程所导致的河槽在平面上的扭曲、蠕动,与文献中描述的弯道发生、发展的机理和现象是一致的。

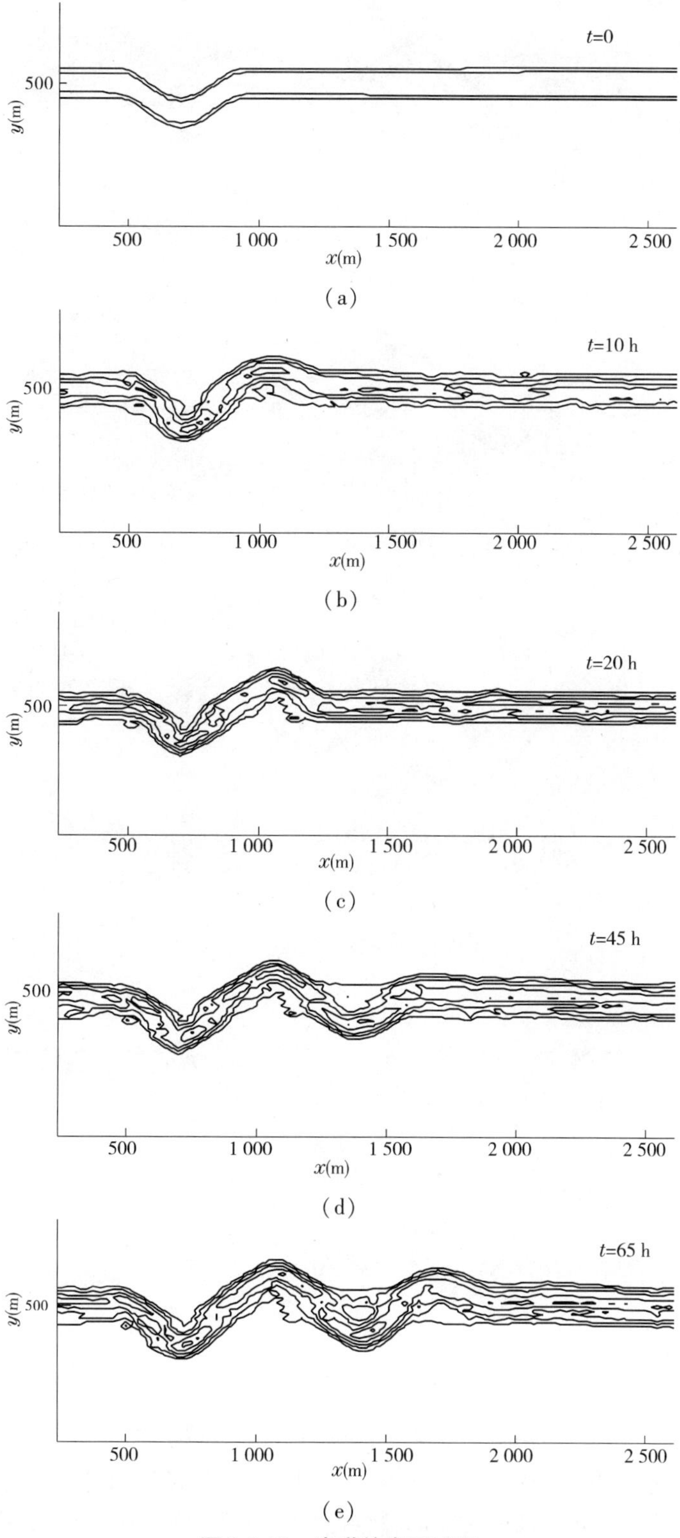

图 3-1-10　弯道的发展过程

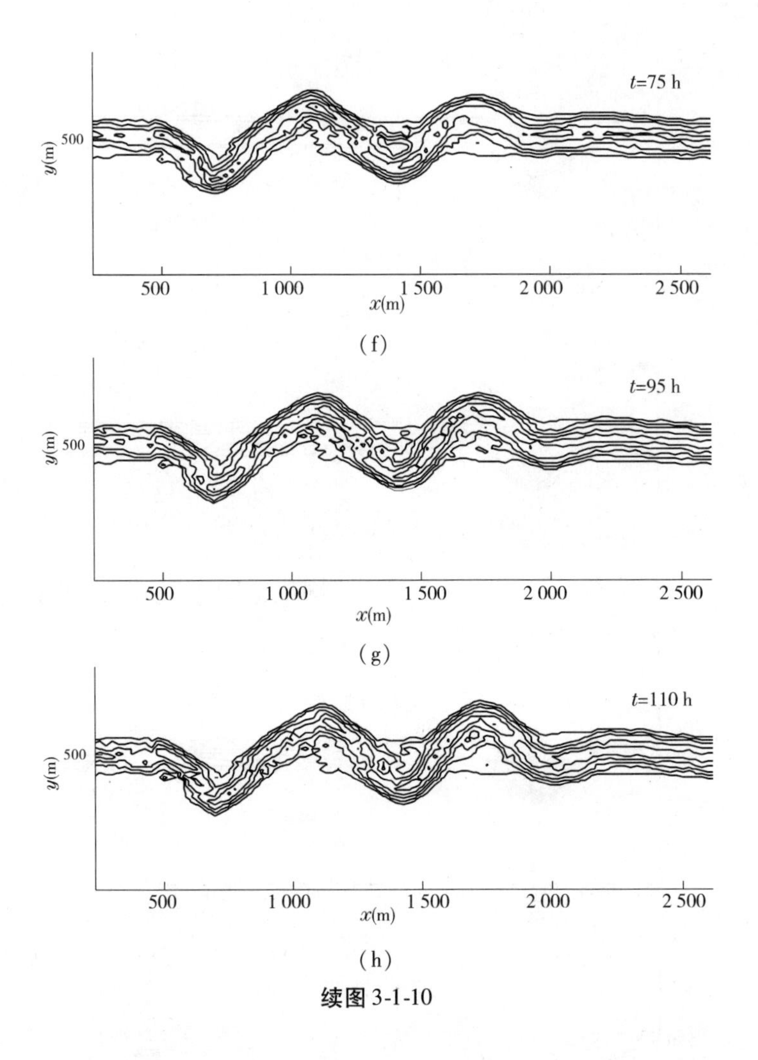

(f)

(g)

(h)

续图 3-1-10

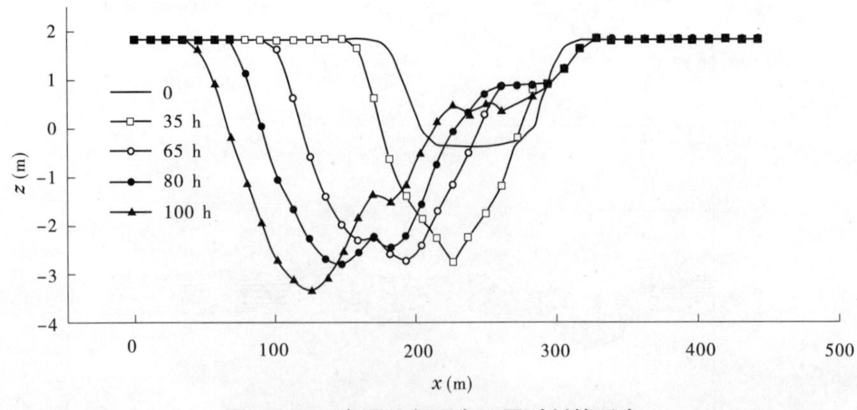

图 3-1-11　弯顶处断面在不同时刻的形态

为说明引入水流弯曲的横向输沙项对弯道生成、发展模拟的重要性,同时计算了与上述算例同样条件下,但不考虑环流横向输沙时的河床发展情况。图 3-1-12(a)、(b)分别给出了 $t=10$ h、$t=95$ h 时的河床形态。与图 3-1-10(b)、(g)对比可见,由于不考虑环流输沙,无法模拟出凸岸淤积、凹岸冲刷的现象,在本书计算的水流条件及河床组成条件下,河道最终发展为窄深的顺直河槽。

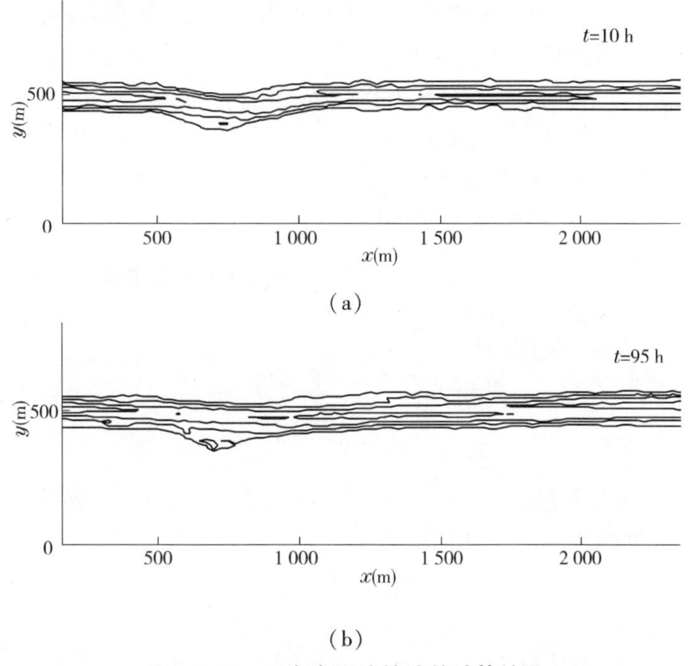

图 3-1-12　不考虑环流输沙的计算结果

3.1.3.2　河岸侵蚀模拟方法

对于游荡型河流来说,其河势的变化主要表现在:一是主流在平面上的摆动,二是河槽内洲滩的迁移。如何模拟这两者及其相互影响、相互作用,是数学模型能否模拟游荡型河流基本演变特征的基本要求,而其关键是如何模拟河岸、滩沿的侧向侵蚀。为便于叙述,我们将河岸、滩沿的侧向侵蚀统称为河岸侵蚀。

对于河岸侵蚀的机理,前人曾开展了大量研究工作,尤其以美国土木工程师协会(ASCE)的工作最有代表性。从国内外的大量研究看,河岸侵蚀包括机理不同的两种方式:一是重力侵蚀,二是水力侵蚀。所谓重力侵蚀,是指构成河岸的土体作为连续介质,在重力作用下破坏、失稳的现象,这在土力学中进行了广泛的研究。所谓水力侵蚀,则是指水流直接作用于河岸之上,由其产生的拖曳力作用下,将泥沙颗粒从河岸上剥离的过程。显然,这两者在作用机理上是不同的。下面介绍本书的数学模型中对这两种侵蚀模式的模拟方法。

1. 重力侵蚀模拟

重力作用下的河岸崩塌是指河岸上的一部分土体在重力作用下沿某一滑动面发生移动的过程。河岸崩塌的主要原因是由水流冲刷引起的。由于水流冲刷近岸床面使河岸高度增加,或者水流淘刷河岸坡脚使岸坡变陡。它们中的任何一种情况或者两种情况同时发生都会导致河岸的稳定性降低。当稳定性降低到一定程度后,河岸便会在重力作用下发生崩塌。这部分崩塌的土体就堆积在河岸坡脚处,随后被水流带走。河岸边坡的稳定程度一般采用土力学中的边坡稳定理论来进行判断。不同类型的河岸土体发生崩塌的条件及方式不同。

不同类型河岸崩塌的条件及方式可分为非黏性土河岸崩塌、黏性土河岸崩塌及混合土河岸崩塌。其中,混合土河岸崩塌的方式主要有圆弧滑动、平面移动及坍落三种方式。

黄河下游河床物质组成较细,颗粒间黏性很大,因此颗粒间黏结力是抵抗土体因重力作用而坍塌的主要因素。正因如此,黄河下游河岸一般比较陡峭,在野外经常看到河岸接近 90°垂直状态。考虑到这一事实,将河岸概化为图 3-1-13 所示的形式。根据土力学基本知识,当河岸高度 H 大于河岸土体被破坏的临界河岸高度 H_c 时,河岸因重力作用沿图中所示裂隙坍塌。

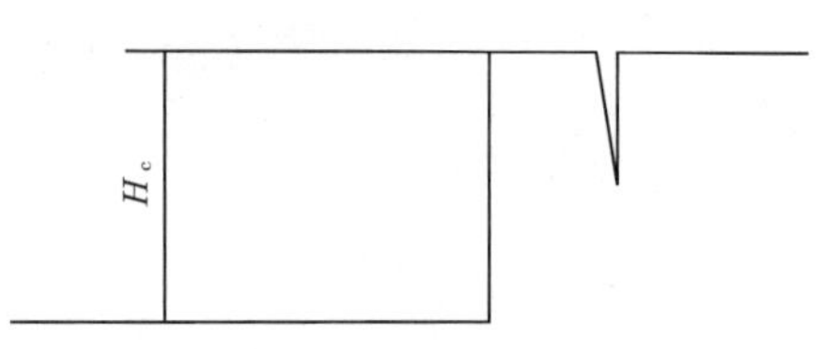

图 3-1-13　河岸崩塌模式及临界岸高示意图

$$H_c = \frac{2c}{\rho_s' \tan\left(\frac{\pi}{4} + \frac{\alpha}{2}\right)} \tag{3-1-112}$$

式中:c 为河岸土体黏性系数;α 为河岸土体临界休止角。

而河岸单位长度内坍塌的土体体积为

$$V = \frac{0.5H^2(1 - K^2)}{\tan\alpha} \tag{3-1-113}$$

式中:K 为系数,与土体性质有关。

上述简单模式没有考虑因水位变化等原因造成的土体压力的变化。实际上,由于天然状态下河岸坍塌崩退的机理十分复杂,因素考虑过多往往使得问题复杂化,且效果不见得理想,因此本书采用上述模式模拟河岸重力侵蚀发生的机理。

重力侵蚀进入水体的泥沙必须计入输沙计算。根据河岸重力侵蚀的野外及试验观测,一般情况下崩塌的土体将首先堆积在靠近河岸的河槽中,随后为水流冲起而带走。因此,在本书开发的模型中,河岸崩塌后的崩塌土体首先堆在临近河岸的网格内,然后通过输沙计算考虑其输运。

2. 水流侵蚀模拟

近岸水流直接作用于河岸,冲蚀水面以下河岸边坡上的泥沙颗粒或团粒,并将它们带走,导致河岸后退。根据土体组成物质不同,可也将河岸划分为三类:黏性土河岸、非黏性土河岸及混合土河岸。黏性土河岸相比于非黏性土河岸,其岸坡上的泥沙团粒起动时除受到岸壁的推力、上举力及有效重力外,还要受到颗粒间黏结力的作用(张瑞谨等,1989)。

从不同类型河岸土体起动时的运动形式看,非黏性土河岸,当土体被水流冲动时,是以单个颗粒的形式运动的。而黏性土河岸,土体被水流冲动时是以多颗粒成片或成团的形式起动(黄岁樑等,1995;韩其为等,1997)。

河岸的水力侵蚀是指水流直接作用于河岸组成物质上,在水流的剥蚀作用下,河岸遭到冲刷变形的过程。冲刷强度与近岸水流强度、河岸抗冲性等因素有关,河岸冲刷速率为

$$\frac{dB}{dt} = f(u, u_c) \tag{3-1-114}$$

经量纲分析和模型试验资料与野外观测资料的分析发现，如下模式较适合黄河下游实际情况

$$\frac{\mathrm{d}B}{\mathrm{d}t}=k\frac{u^2-u_{\mathrm{c}}^2}{u_{\mathrm{c}}} \tag{3-1-115}$$

式中：k 为常数，对黄河下游一般可取 $k=0.005$；u_{c} 可用 Shields 曲线计算。

3. 河势模拟方法检验

为检验方法的可用性，将以上关于弯道环流模拟方法、河岸侵蚀模拟方法、床沙级配和悬移质泥沙床面平衡浓度计算方法，直接引入清华大学开发的平面二维非恒定水沙数学模型 SiFSTAR2D(Simulation of Flow and Sediment Transport in Alluvial Rivers with 2-Dimentional Mathematical Model)。当存在丁坝挑流时，以顺直明渠中河势变化现象来说明模型中对工程如何影响河势发展。

图 3-1-14(a)所示为河道丁坝挑流初期的河道形态。从流速场的分布看，由于丁坝阻水并横向压缩水流，丁坝头部水流流速增大。图 3-1-14(b)所示为计算 48 h 后的河道形态。可以看出，丁坝挑流顶冲点发生明显冲刷，而冲刷部位的下游由于河岸冲刷泥沙淤积形成边滩并压缩对岸水流，逐渐发展为沿明渠交替出现的浅滩。由此可见，采用方法和模型能够反映河道整治工程对水流、河势的影响。

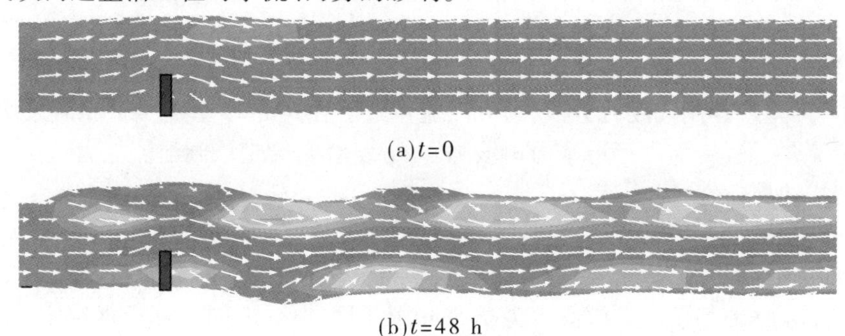

(a)$t=0$

(b)$t=48$ h

图 3-1-14　顺直明渠河床形态变化

3.1.4　地形模化及初边界条件处理

地形模化设计的重要内容是将下游河道实际地面条件和工程条件进行概化处理，并以适当的数值形式输入数学模型。模化设计是确保数学模型对实际物理过程准确模拟的重要前期工作之一。

初始条件指初始时刻计算单元的初值；边界条件指为了封闭方程组的解，在所研究的运动流体的边界上必须满足的条件。初始条件和边界条件构成数学模型的“数据驱动器”。

3.1.4.1　地形模化设计

1. 地形计算条件模化

地形计算条件模化主要包括主槽地形模化、滩地高程模化。

(1)主槽地形。黄河下游河道，汛期主槽经常发生冲淤和横向摆动，模型主要根据实测大断面图和由遥感影像所提取的河势图进行赋定。

(2)滩地高程。主要根据黄河下游基础地理信息系统所提供的 DEM 数据确定。

2. 工程计算条件模化

工程计算条件模化主要包括控导工程、险工、生产堤等在计算初始时刻的状态的赋定。

(1)控导工程、险工位置直接由黄河下游基础地理信息图层中获取。控导工程、险工高程主要从黄河下游工情险情会商系统和黄河下游1:10 000地形图上获取。

(2)生产堤位置由遥感影像直接解译。生产堤高程主要从黄河下游实测大断面数据中获取,限于大断面布设密度和生产堤修建标准参差不齐,计算采用的生产堤高程数据还有待于细化。

(3)控导工程、险工和生产堤高程直接通过可视化构件赋定在生成的计算网格上,赋定高程值的同时,该网格边界属性也相应赋定为控导工程、险工属性或生产堤属性。

在实时洪水预报过程中,若出现控导工程冲毁、险工冲垮、生产堤溃口、指定时间内需要破除生产堤等情况,模型只需修改发生上述工况附近的网格边界属性及其高程即可实现。

3. 滞洪区计算条件模化

分滞洪目前主要关心不同分滞洪条件下滞洪区的损失问题。含沙水流进入湖区,泥沙主要在闸后局部区域冲淤变化,且对最终滞洪水位影响不大,现阶段暂不考虑湖区内水沙演进变化模拟。简化处理方法是根据湖区实测库容曲线,由进出湖水量差计算湖区蓄水量及其相应水位,入湖泥沙全部淤在湖内,每一计算时段末,根据湖内淤沙量对库容曲线进行修正。

东平湖分洪区考虑黄河及汶河两部分来水,在分洪后期考虑滞洪区退水,黄河来水由石洼、林辛、十里堡各闸向湖区分泄,其分洪流量过程由河道模型提供。汶河来水直接入老湖,给定流量过程。滞洪区退水由司垓闸入梁济运河,给定该闸泄流能力。

3.1.4.2 初边界条件

1. 初始条件

计算前,须给每一计算单元赋初始状态,包括x、y向初始流速、水位。在模型开始计算时,x、y向初始流速为0,水深假定为0.5 m(由用户根据不同计算条件给定,也可以假定为0进行“干河床”演进)。采用初始时刻的进口流量进行恒定流计算,当各主要断面流量和各网格水位以及含沙量达到平衡状态时,计算得的流速、水位和水深作为模型计算的初始值。

2. 固壁边界条件

固壁边界一般为计算域的边界,也叫陆边界或闭边界。对固壁边界处理主要考虑以下两种情况。

1)边界控制体法

以状态向量$\boldsymbol{q}_L=(h_L,u_L,v_L)^{\mathrm{T}}$表示边界控制体形心$L$处的水深、局部坐标系中的法向和切向流速(见图3-1-15)。以向量$\boldsymbol{F}_{\mathrm{Bou}}$表示在边界中点沿法向输出的通量,可用于边界控制体计算。

固壁边界处法向流速为0,故$\boldsymbol{F}_{\mathrm{Bou}}$的第一分量$f_{LR}(1)=0$、第三分量$f_{LR}(3)=0$。由法向动量平衡得$\boldsymbol{F}_{\mathrm{Bou}}$第二分量

$$f_{LR}(2)=h_Lu_L|u_L|+\frac{gh_L^2}{2} \qquad (3\text{-}1\text{-}116)$$

式(3-1-116)中,第一项表示动压。因单元形心不在边界上,u_L一般不为0,如水流与边

界可能有夹角,甚至直接冲击陆岸形成反射,该对流项表示对静压的修正;反之,当边界处流向不和边界正交时(如边界水流存在收缩或扩散),如不修正静压,数值解有误差,甚至失稳。

2)镜像法(Mirror Method)

设想在域外存在一个对称的虚拟控制体(见图 3-1-16),其形心 B 的状态向量 $\boldsymbol{q}_R = (h_L, -u_L, v_L)^{\mathrm{T}}$,然后根据 $\boldsymbol{q}_L$、$\boldsymbol{q}_R$ 推求 $\boldsymbol{F}_{\mathrm{Bou}}$。

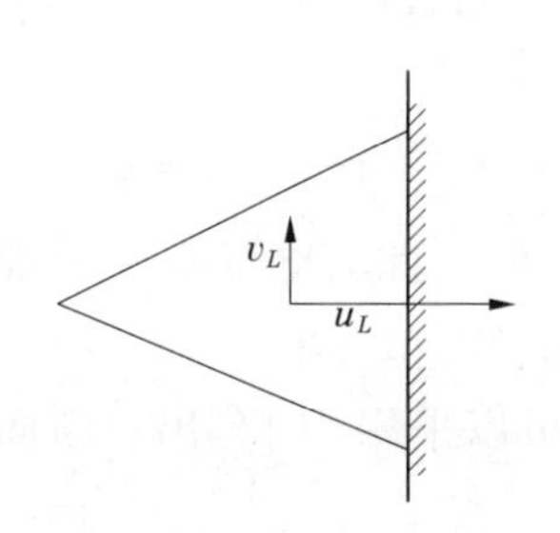

图 3-1-15 陆边界示意图

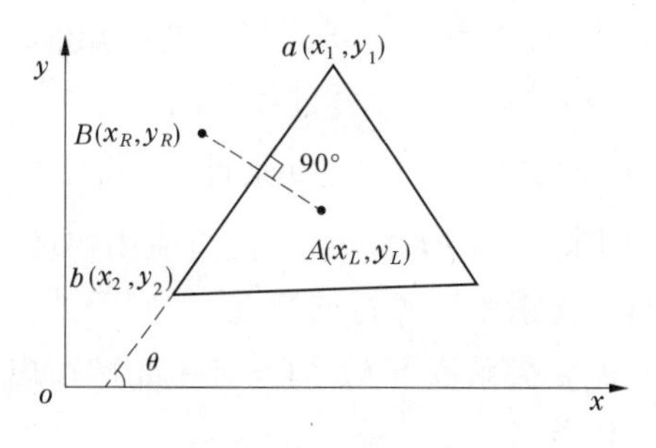

图 3-1-16 镜像法示意图

形心 B 的坐标(x_R, y_R)利用下式计算

$$\begin{cases} x_R = x_2 + x_{L_1}\cos\theta + y_{L_1}\sin\theta \\ y_R = y_2 + x_{L_1}\sin\theta - y_{L_1}\cos\theta \end{cases} \tag{3-1-117}$$

其中

$$\begin{cases} x_{L_1} = (y_L - y_2)\sin\theta + (x_L - x_2)\cos\theta \\ y_{L_1} = (y_L - y_2)\cos\theta - (x_L - x_2)\sin\theta \\ \cos\theta = \dfrac{x_1 - x_2}{d_{12}} \\ \sin\theta = \dfrac{y_1 - y_2}{d_{12}} \\ d_{12} = \sqrt{(x_1 - x_2)^2 + (y_1 - y_2)^2} \end{cases}$$

镜像法的缺点是费时,把陆边界作为水边界处理,利用静压假定而未作修改,在固壁处破坏了动量平衡。因此,只能用于边界格子形心处的流速近似与陆边界平行的情形。

3. 开边界条件

所谓开边界,是指与其他流动域相连的、人为取定的边界。具体来说,就是上游进口边界和下游出口边界。对于急流情况,只需要进口边界,下游水力要素完全由上游决定,处理相对简单,故不作讨论。

缓流情况下,模型上游进口边界条件主要给定花园口断面流量过程 $Q(t)$、含沙量过程 $S(t)$或输沙率过程 $q_s(t)$、泥沙级配过程 $P_k(t)$。下游出口边界条件主要给定利津断面之水位—流量($Z \sim Q$)关系,并选择泺口断面作为校正边界条件。

开边界条件处理,主要是由已知状态 $\boldsymbol{q}_L$ 推求未知状态 $\boldsymbol{q}_R$。对给定水位过程的开边界可以采用平移法、输出特征法、相容条件法和完全特征法。对给定流量过程的开边界可以主要采用输出特征法和完全特征法。本阶段主要采用输出特征法(拟在进行河口潮流模拟时，采用完全特征法）。

1）输出特征法

输出特征法主要是利用输出特征上形心和边界点的黎曼不变量相当的条件，得

$$\begin{cases} v_B = v_L \\ u_B + 2c_B = u_L + 2c_L \end{cases} \tag{3-1-118}$$

右边为 t 时刻边界单元形心处已知值，左边为 $t+\Delta t$ 时刻边界单元形心处未知值。根据给定条件的不同，计算过程分以下三种：

（1）给定水位（如出口条件）。将给定 $t+\Delta t$ 时刻的 $h_B^{t+\Delta t}$ 代入 $u_B = u_L + 2\sqrt{gh_L} - 2\sqrt{gh_B}$ 即求出 $t+\Delta t$ 的 $u_B^{t+\Delta t}$，便可应用物理通量公式计算 $\boldsymbol{F}_B$。此法也简单，但只能用于边界附近为光滑平底等宽的情况，否则等式右边应加一修正项 $g\Delta t(S_0 + S_f)$。由出口断面水位—流量关系推求 $h_B^{t+\Delta t}(=Z-Z_{\mathrm{b}})$ 时，出口断面流量可以采用 t 时刻出口断面以上断面流量代替。

（2）给定流量。首先计算单宽流量 q_B，则得 $\frac{q_B}{h_B} + 2\sqrt{gh_B} = u_L + 2\sqrt{gh_L}$，为避免迭代求解，将 $h_B = \frac{c_B^2}{g}$ 代入上式，则由 $\frac{gq_B}{c_B^2} + 2c_B = u_L + 2\sqrt{gh_L}$，得

$$2c_B^3 - (u_L + 2\sqrt{gh_L})c_B^2 + gq_B = 0 \tag{3-1-119}$$

可用一元三次方程求根公式计算出 c_B，也可用二分法或牛顿迭代法求解。

（3）给定水位—流量关系。需联解水位—流量关系和输出特征方程。可以先假定 Z_B，由该关系查出 Q_B，然后求出 q_B，并仿给定流量的情况对 Z_B 进行迭代即可。

在以上各种情况下，$v_B = v_L$。

2）入口边界条件分配

一般在入口断面只能给出断面总流量、含沙量和颗粒组成，对于多通道的进口边界，还需建立流量、含沙量和颗粒级配对通道的分配关系，假定初始进口断面控制体间没有横比降，其水位为 Z，则通过各控制体流量、含沙量、级配处理方法如下。

流量分配

$$Q_i = \frac{\frac{B_i(Z-Z_{\mathrm{b}i})^{\frac{5}{3}}}{n_i}}{\sum_i \left(\frac{B_i(Z-Z_{\mathrm{b}i})^{\frac{5}{3}}}{n_i}\right)} Q_{\mathrm{income}} \tag{3-1-120}$$

含沙量分配

$$S_i = \frac{\frac{q_i^3}{h_i^4}}{\sum_i \left(\frac{q_i^3}{h_i^4}\right)} S_{\mathrm{income}} \tag{3-1-121}$$

级配分配：根据有关文献分析，黄河下游粒径大于 0.05 mm 粗沙在断面上的横向分布一般与含沙量的横向分布相对应；小于 0.05 mm 的悬移质含沙量在断面上的横向分布

比较均匀。基于此,各控制体不同粒径组含沙量 $S_{k,i}$ 为

$$\begin{cases} S_{k,i} = P_{k,\text{income}} S_{\text{income}} & d_k \leqslant 0.05\ \text{mm} \\ S_{k,i} = \dfrac{\dfrac{S_i}{\sum\limits_i S_i}(P_k QS)_{\text{income}}}{Q_i} & d_k > 0.05\ \text{mm} \end{cases} \tag{3-1-122}$$

相应各控制体悬沙级配

$$P_k = \frac{Q_i S_{k,i}}{\sum\limits_k Q_i S_{k,i}} \tag{3-1-123}$$

4. 内部边界条件

黄河下游河道内有大量阻水建筑物,如生产堤、一般堤、道路等,在这种计算边界上,用如下方法估算通量。

1) 质量通量(Mass Flux) q_m

内部边界处的质量通量计算一般采用水工建筑物过水经验公式。根据单元界面处情况不同,可以分以下三种情况:

(1)桥或涵洞。采用孔流计算公式。

(2)闸堰。一般采用堰流计算公式,引黄涵闸可以按设计流量过流。

(3)生产堤、险工、控导工程。当两侧水位均低于工程高程时按固壁处理,反之则按宽顶堰公式计算。

宽顶堰过流计算见图 3-1-17。

宽顶堰单宽流量公式

$$q_m = \sigma m \sqrt{2g} H_0^{\frac{3}{2}} \tag{3-1-124}$$

式中:m 为流量系数,$m = 0.32 \sim 0.385$,取决于进口形状;$H_0 = h_u + 0.5\dfrac{\alpha v^2}{g}$;$v$ 为行近流速;h_u 为上游水深;α 为系数,$\alpha = 1.05 \sim 1.1$;当 $h_d/h_u < 0.80$,为自由出流,则 σ 为淹没出流(或自由出流)修正系数。

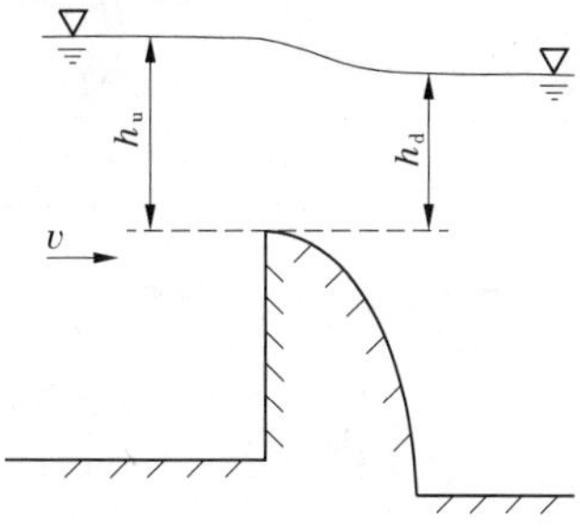

图 3-1-17 宽顶堰过流示意图

对于溃口情况,应由 q_m 乘以当时决口宽度(有时再乘以侧收缩系数)等于决口流量,再由后者根据堤内情况决定堤内水位。

2) 动量通量(Momentum Flux)

内部边界处的动量通量可用下式计算

$$f(\bar{q}) = \left(q_m, q_m u_N + \frac{gh^2}{2}, q_m v_N\right)^{\text{T}} \tag{3-1-125}$$

式中符号意义同前。

5. 动边界模拟

考虑到黄河下游河道河势摆动频繁的特点,采用追踪动水边界技术,每一计算初始时刻,将每一单元形心点河底高程与相邻控制体形心点的水位进行比较,如果淹没,并且超过某一临界水深值,则判定该单元参与计算,即所谓的湿点;反之,若某形心点水深低于临界水深,则判定该单元形心点为干点,不参与计算。为避免过小水深使数值解产生振荡,

临界水深取为0.05 m。具体计算方法如下。

若$Z_c - Z_b \leqslant 0.05$ m,则该单元为干点,不再参与计算;若$Z_{bi} \leqslant Z_j$且邻单元$u_N < 0$,则该单元为湿点,恢复计算。其中,Z_b为单元底高程,Z_j为邻单元水位,$u_N = u_{ci}\cos\varphi + v_{ci}\sin\varphi$。

3.1.5 水流构件测试

构件测试是检验数学模型正确与否的必要而非充分条件,是一个“证伪”过程。通过测试可以检验构件的基本功能、数值方法的适应性和有关参数选取的合理性。同时,也是模型研发人员全面了解和掌握模型的重要途径之一。

模型测试方案主要摘自《CCHE2D Verification and Validation Tests Documentation》(2001年8月),并结合有关文献作了进一步的补充和修改。相应测试案例包括缓流(丁坝附近、突然放宽的渠道、正弦生成弯道、复式河道、方形波演进等水流模拟)、急流及不同流态相互转化(收缩渠道、模拟压缩-扩展相间河槽、水跃过程、瞬时局部溃坝洪水模拟)和河道点源加沙等。

3.1.5.1 缓流情况下流场测试

1.丁坝附近流场模拟

丁坝附近流场模拟试验渠道为一矩形河槽,长度为5 m,宽度为0.915 m,距进口段2 m处的渠道右岸设置一长0.152 m、宽0.015 2 m的窄丁坝,见图3-1-18。

试验控制条件如表3-1-3所示。

表3-1-3 丁坝附近流场模拟试验控制条件

Q (m^3/s)	v (m/s)	H (m)	B (m)	Fr	b (m)	R	J_0	Z_{exit} (m)	n
0.045 3	0.26	0.189	0.915	0.19	0.152	12	0	0.189	0.01

表3-1-3中,b为丁坝长度,R为丁坝以下断面距丁坝里程与丁坝长度的比值,固壁边界利用滑动边界条件。

模型计算的丁坝附近流场见图3-1-19。从图3-1-19中可以看出,由于丁坝的影响,水流改变方向,在丁坝后面形成一个回流,回流长度$L=1.2$ m左右,与丁坝长度之比$\frac{L}{b}=7.89$,与经验比值7~10比较符合。

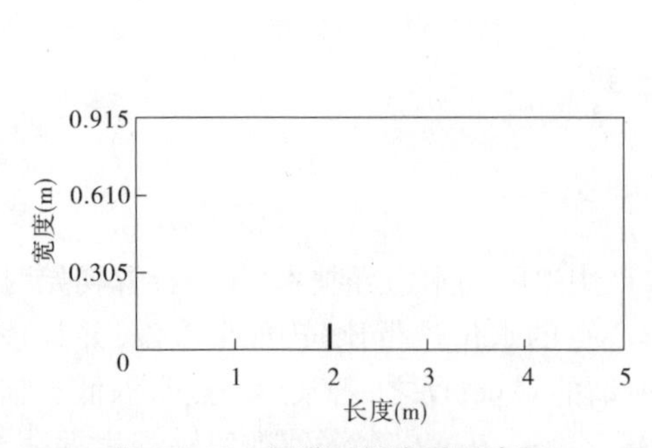

图3-1-18 渠道丁坝布置示意图

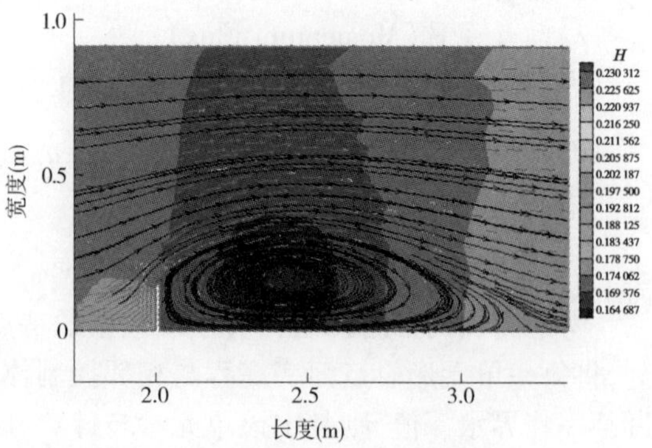

图3-1-19 丁坝附近流场模拟

设丁坝后不同断面距丁坝的距离为 x,该断面的流速计算值和实测值对比见图 3-1-20。从图 3-1-20 中可以看出,$\frac{x}{b}$为 2.0 和 4.0 时,计算值和实测值符合较好;$\frac{x}{b}$为 6.0 和 8.0 时,计算值小于实测值。靠近边壁计算值和实测值的差别比较明显,这主要与模型没有考虑边壁附近壁函数(Wall-function)分布有关。

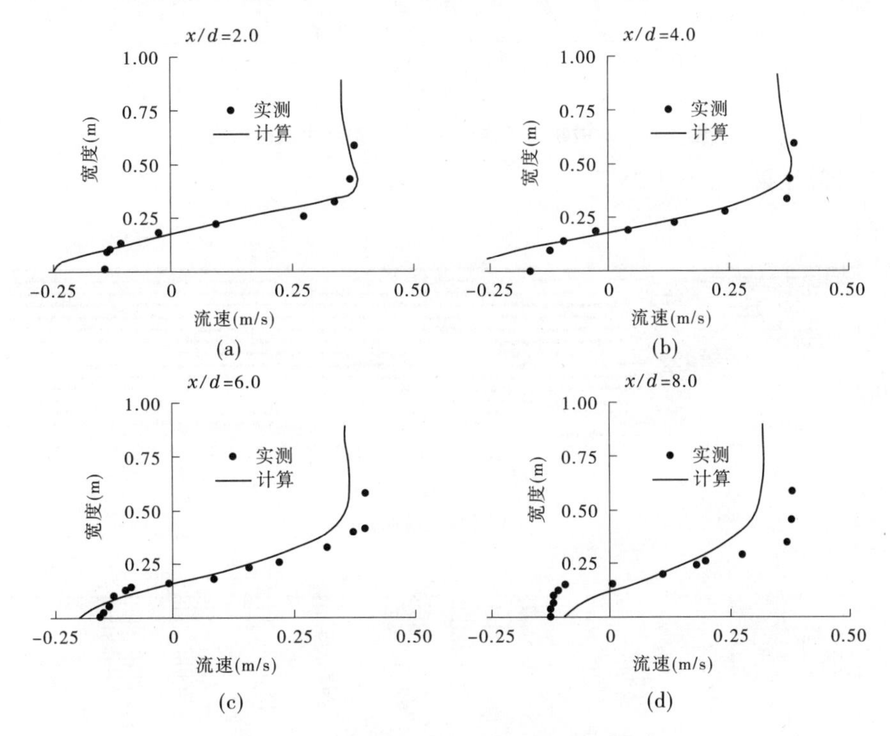

图 3-1-20　不同断面流速计算值和实测值比较

2. 突然放宽的渠道流场模拟

突然放宽的渠道流场模拟试验水槽用水泥做成,水槽底坡固定,其具体几何尺寸见图 3-1-21。

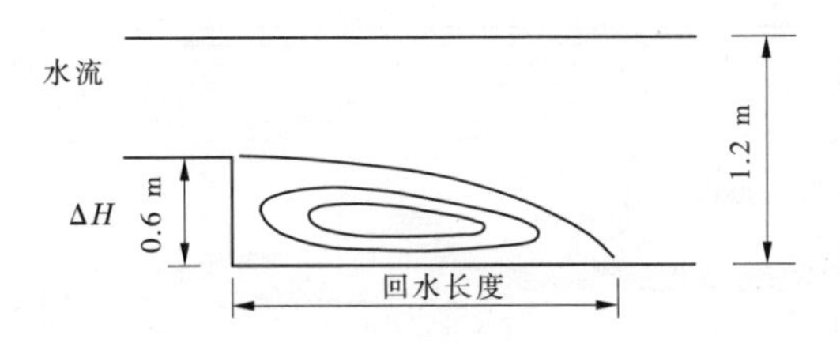

图 3-1-21　放宽渠道平面示意图

相应试验条件见表 3-1-4。

表 3-1-4　突然放宽的渠道流场模拟试验条件

Q (m^3/s)	B (m)	H (m)	ΔH (m)	J_0	v (m/s)	Fr	L (m)
0.038 54	1.2	0.105	0.6	1/1 000	0.6	0.6	4.6

试验数据由谢葆玲(1994)测量,水流稳定后的流场和横断面流速分布见图 3-1-22。

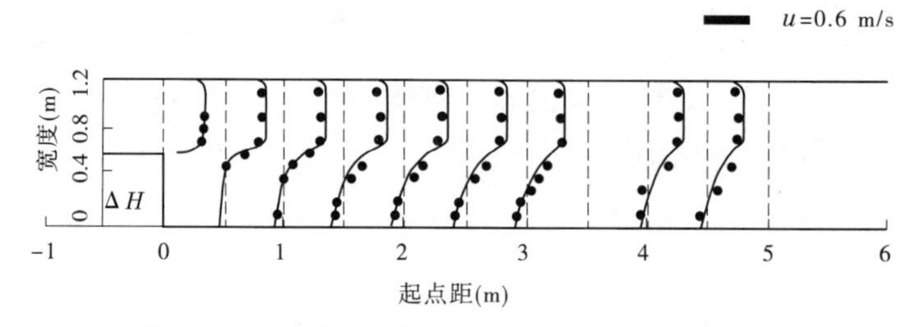

图 3-1-22 横断面流速分布(图中实点为试验数据)

模型计算结果见图 3-1-23。

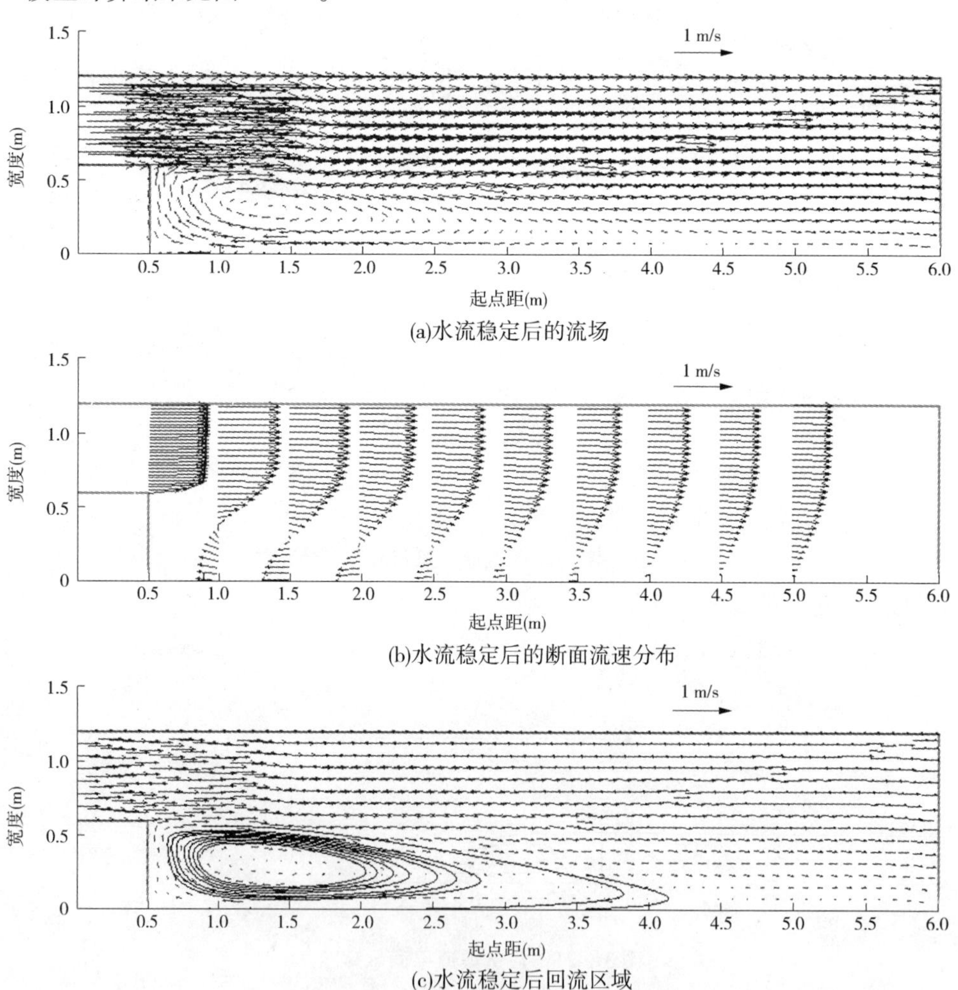

图 3-1-23 突然放宽渠道流场模拟模型计算结果

从图 3-1-23 中可以看出,流速分布和回流长度与水槽试验结果基本一致。

3. 正弦生成弯道流场模拟

正弦生成弯道流场模拟试验水槽用水泥做成,渠道底部铺设中值粒径为 2. 2 mm 的泥沙,水槽底坡固定,其具体几何尺寸见图 3-1-24。

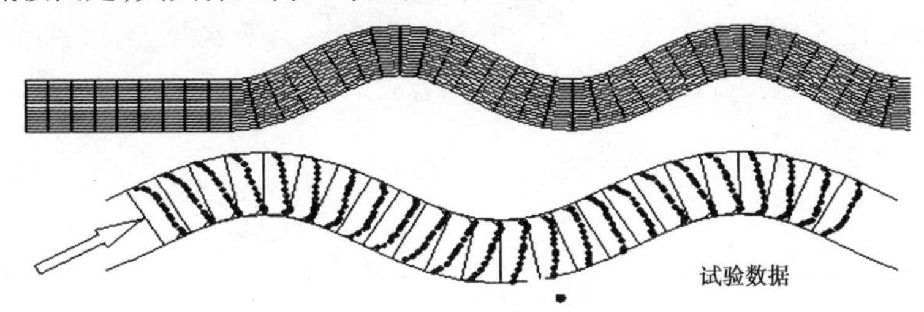

图 3-1-24 正弦生成弯道形态及流速分布

试验条件见表 3-1-5。

表 3-1-5 正弦生成弯道水流试验条件

Q (m^3/s)	D_{50} (mm)	B (m^3/s)	H_m (m^3/s)	S_b (J_0)	u_m (m/s)	Re^*	Fr
2.1×10^{-3}	2.2	0.4	3.2	1/1 000	6.4	5 250	0.086

试验数据由 Silva A. M. F(1995)测量,主要数据包括流场和横断面流速分布,见图 3-1-24。

模型计算结果见图 3-1-25、图 3-1-26。从图 3-1-26 中可以看出,在弯道进口段,最大纵向平均流速的位置(主流线)紧靠凸岸;在弯道段,主流线仍紧靠凸岸;在弯道出口段附近,主流线逐渐向凹岸转移,符合弯道水流特征。

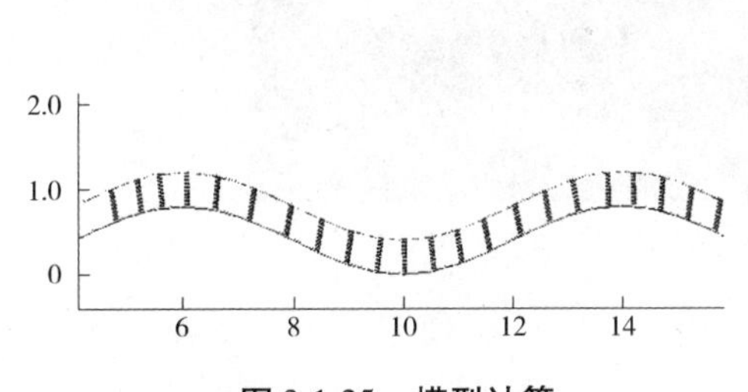

图 3-1-25 模型计算

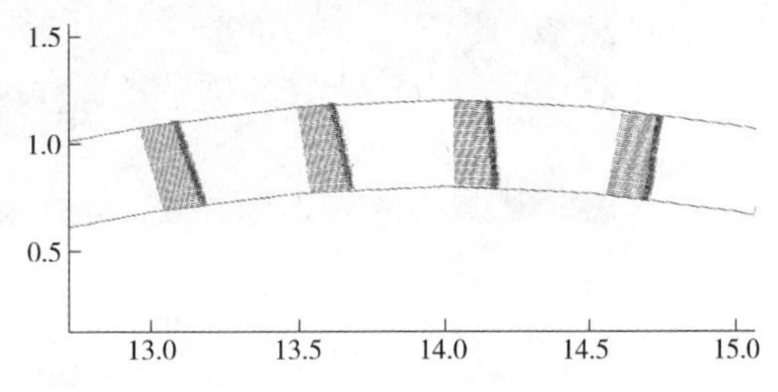

图 3-1-26 模型计算断面流速分布局部放大图

4. 复式河道流场模拟

复式河道流场模拟试验渠道为复式河道,总长度为 12 m,宽 1.218 m,河道示意图见图 3-1-27。

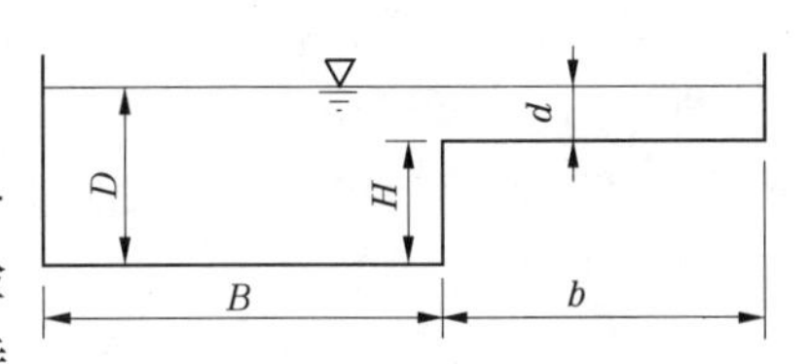

图 3-1-27 复式河道横剖面示意图

相应的试验条件见表 3-1-6。试验数据由 Rajaratnam 和 Ahmadi(1981)在宽 1.2 m、长 18.3 m 的试验水槽内获得。本次计算水槽长度为 12 m,其余几何特征均与实验室资料保持一致。

表 3-1-6 复式河道流场模拟试验条件

D(cm)	d(cm)	H(cm)	B(cm)	b(cm)	Q	S_b	Fr
11.28	1.52	9.75	71.1	50.8	0.027	0.45×10^{-3}	0.37

Rajaratnam 和 Ahmadi 试验结果与模型计算对比图见图 3-1-28(a),模型计算复式河道水深流场图见图 3-1-28(b)。从图 3-1-28 中可以看出,计算结果与试验结果基本一致,但由于可查的参考文献没有详尽的糙率等资料,这种比较仅有参考意义。

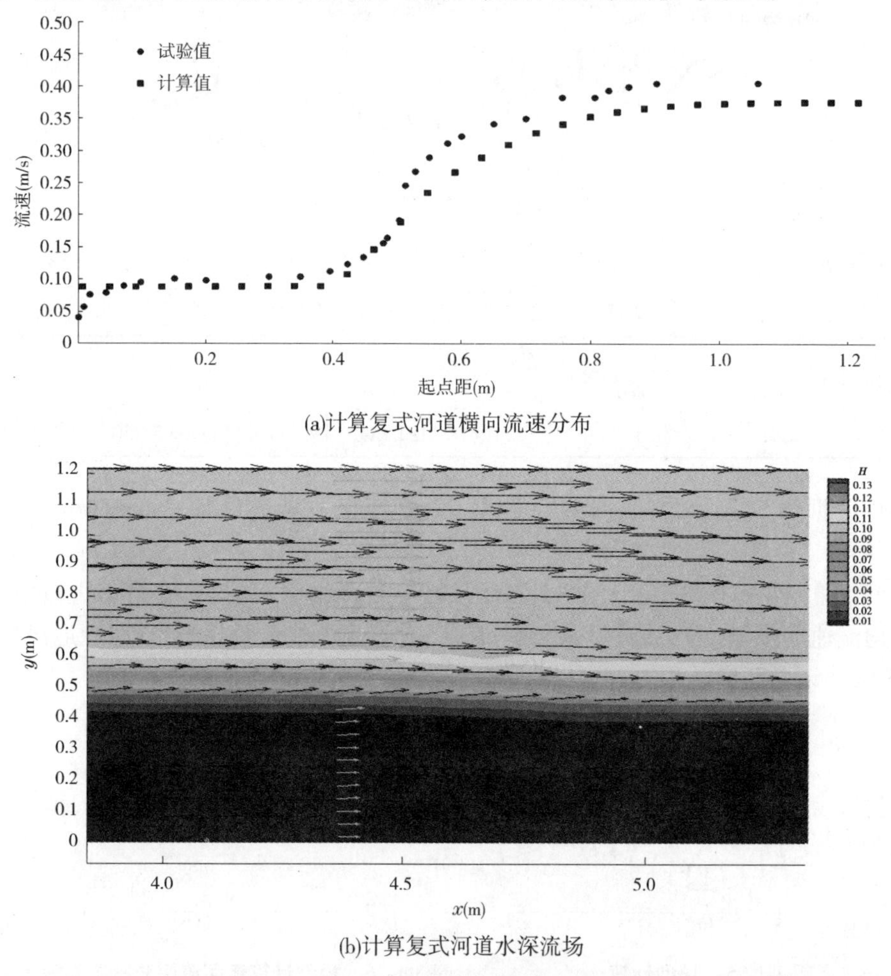

(b)计算复式河道水深流场

图 3-1-28　复式河道流场模拟模型计算结果

5. 90°弯道流场模拟

90°弯道流场模拟测试方案的设计主要是检验质量守恒问题。试验渠道为矩形河槽,宽度为 500 m,弯道中心线长度为 3.94 km。弯道形态示意图见图 3-1-29。相应的试验条件见表 3-1-7。

表 3-1-7　90°弯道流场模拟条件

Q(m^3/s)	B_{inlet}(m)	B_{outlet}(m)	S_0	n
1 000	500	500	0.000 24	0.023

90°弯道流场模拟模型计算结果见图 3-1-30。从图 3-1-30 中可以看出,弯道段流速和

水位分布符合一般规律，进出口断面附近流量计算误差较大。初步分析，进出口断面流量误差大主要与进出口附近河底坡度计算方法有关。

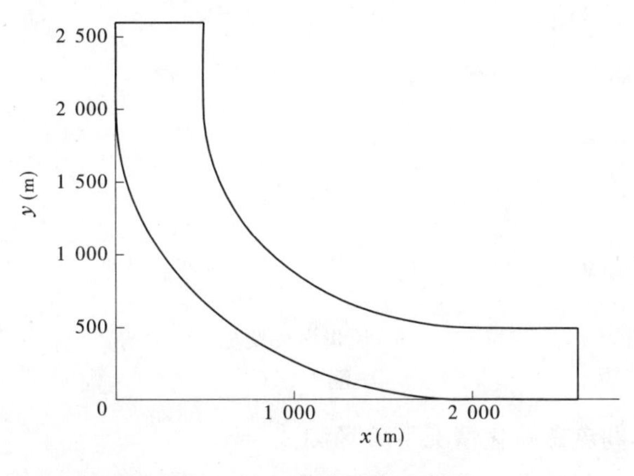

图 3-1-29　弯道形态示意图

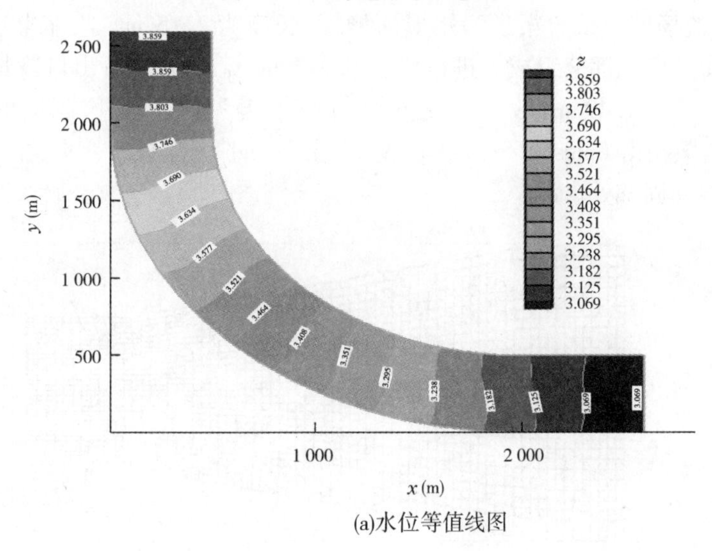

(a)水位等值线图

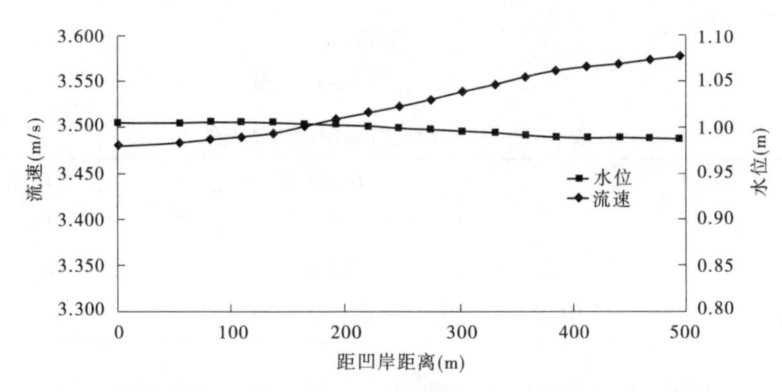

(b)弯道段流速、水位横向分布

图 3-1-30　90°弯道流场模拟模型计算结果

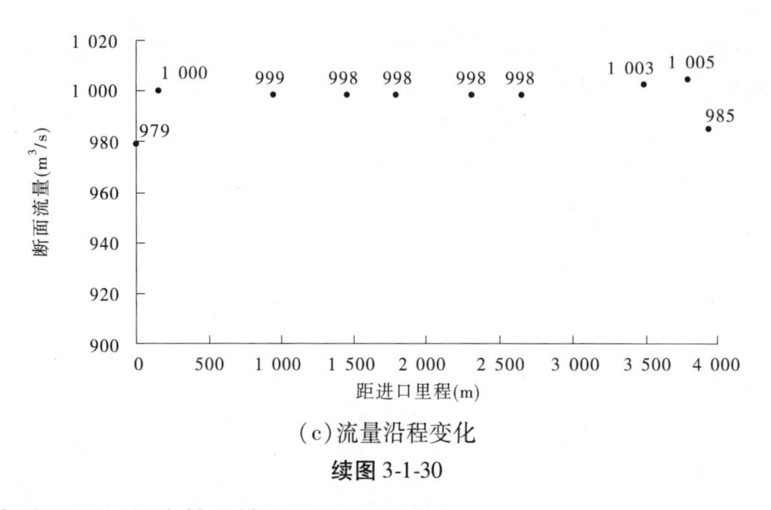

(c)流量沿程变化

续图 3-1-30

3.1.5.2 急流及不同流态转化情况下流场测试

1. 收缩渠道流场模拟

收缩渠道流场模拟试验渠道为矩形河槽,总长度为 2.15 m。收缩渠道主要由进口段、收缩段和出口段三部分组成。进口段长 0.314 m,宽 0.629 m;出口段长 0.346 m,宽 0.314 m;收缩段长 1.49 m,收缩角度 6°。收缩渠道见图 3-1-31,相应的试验条件见表 3-1-8。试验数据由 Coles 和 Shintaku(1943)在 Lehigh 大学试验获取,主要包括水深等值线图、中心线和固壁处水深。

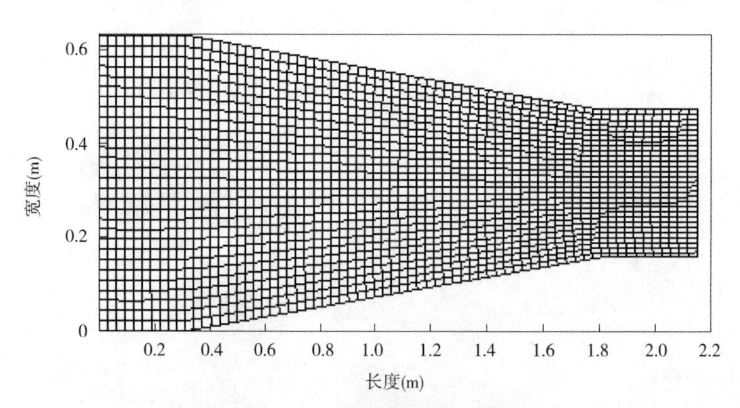

图 3-1-31　收缩渠道示意图

表 3-1-8　收缩渠道流场模拟试验条件

方案	Q (m^3/s)	S_0	Fr_{inlet}	Fr_{outlet}	H_{inlet} (m)	H_{outlet} (m)	n	B_{inlet} (m)	B_{outlet} (m)
1	0.045 1	0	4.0	2.05	0.031 4	0.08	0.01	0.629	0.314
2	0.045 1	0	0.32	1.25	0.175	0.11	0.01	0.629	0.314

模型计算与试验数据对比见图 3-1-32、图 3-1-33。就方案 1 而言,沿中心线和固壁线水深与试验数据略有差异,但基本趋势与 NCCHE 和 Molls 模拟计算结果一致。就方案 2 而言,沿中心线水深与试验数据吻合较好。

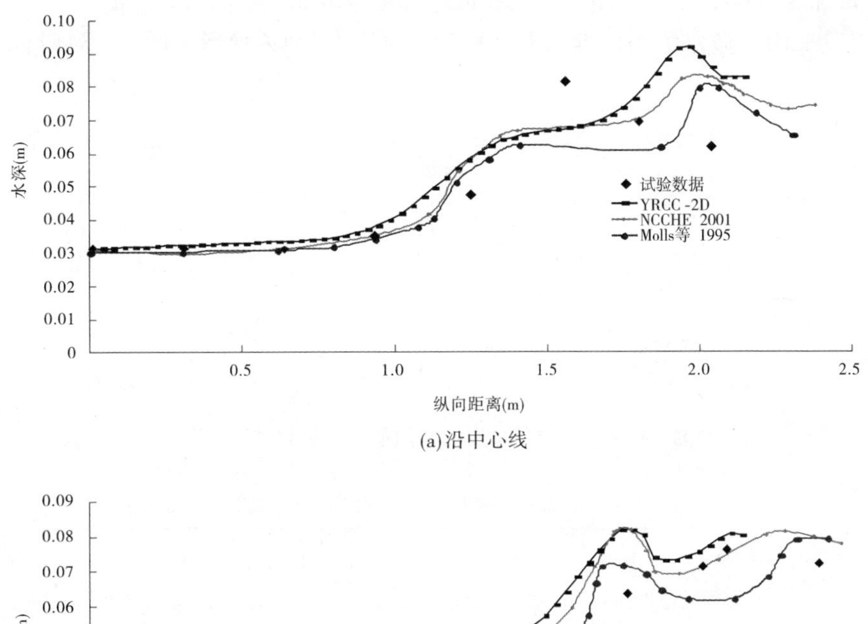

(a)沿中心线

(b)沿固壁线

图 3-1-32　计算与试验实测水深对比(方案 1)

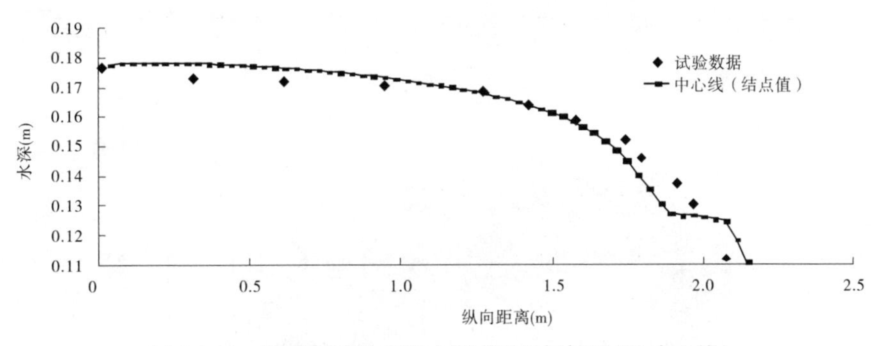

图 3-1-33　计算与试验实测水深对比(方案 2)(沿中心线)

2. 压缩－扩展相间河槽流场模拟

压缩－扩展相间河槽流场模拟试验渠道为矩形河槽,长度为 4.445 m,主要由进口段、收缩段和扩展段三部分组成。进口段长 2.54 m,宽 0.304 8 m;收缩段是两边平均收缩,收缩角度为 11°,收缩段最窄处宽 0.152 4 m,长 0.152 4 m,然后又向两边平均扩展至

0.304 8 m,扩展角为9°;出口段长1.372 m,宽0.304 8 m。平面布置见图3-1-34(a)。河段进出口段平均比降为0,但收缩段有一段倒比降存在,河道地形见图3-1-34(b),试验条件见表3-1-9。

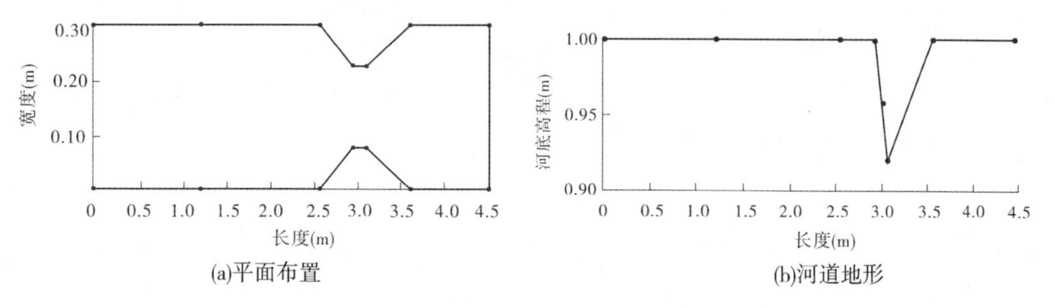

图3-1-34　压缩-扩展相间河槽流场模拟试验布置

表3-1-9　压缩-扩展相间河槽流场模拟试验条件

J	h_{up} (m)	h_{down} (m)	u_{up} (m/s)	u_{down} (m/s)	Fr_{up}	Fr_{down}	J	n
0.014 5	0.12	0.03	0.4	1.375	0.37	1.37	0	0.01

模型计算与实测水位变化见图3-1-35。从图3-1-35中可以看出,河道进出口水位和实测值基本相同,只是收缩段水位略微偏低。

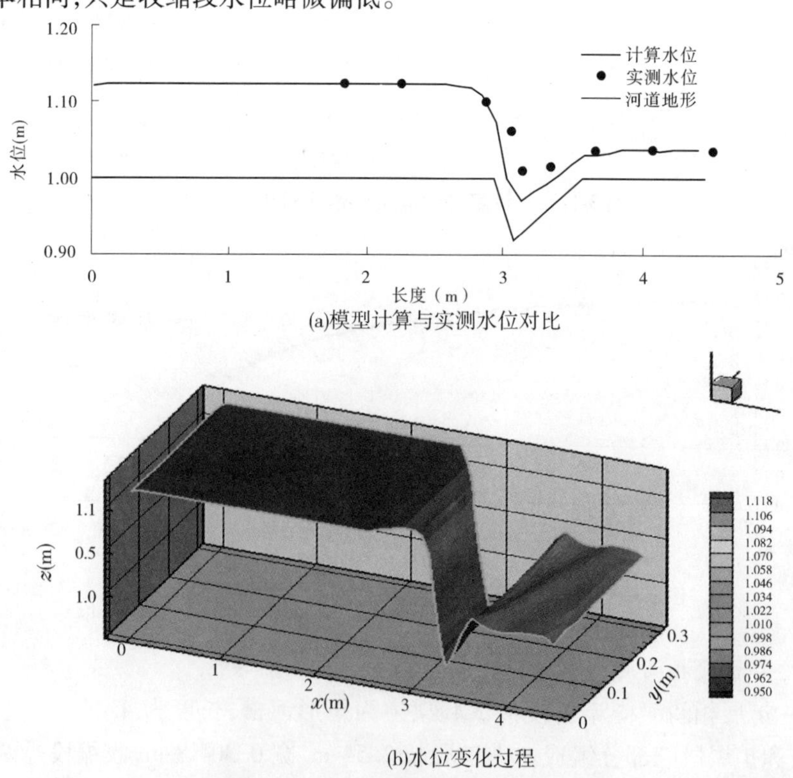

(b)水位变化过程

图3-1-35　模型计算与实测水位变化

3. 水跃过程模拟

水跃过程模拟试验水槽为矩形，长度为 13.9 m，宽度为 0.45 m，底坡为 0，试验条件见表 3-1-10。

表 3-1-10　顺直渠道水跃过程模拟试验条件

Q (m^3/s)	h_{up} (m)	h_{down} (m)	u_{up} (m/s)	u_{down} (m/s)	Fr_{up}	Fr_{down}	J_0	n
0.053	0.064	0.17	1.82	0.69	2.30	0.53	0	0.008

模型计算结果（水位沿水槽纵向分布）见图 3-1-36。从图 3-1-36 中可以看出，计算水跃位置与试验测量值相比，提前了 1.5 m 左右，水位变化基本一致。

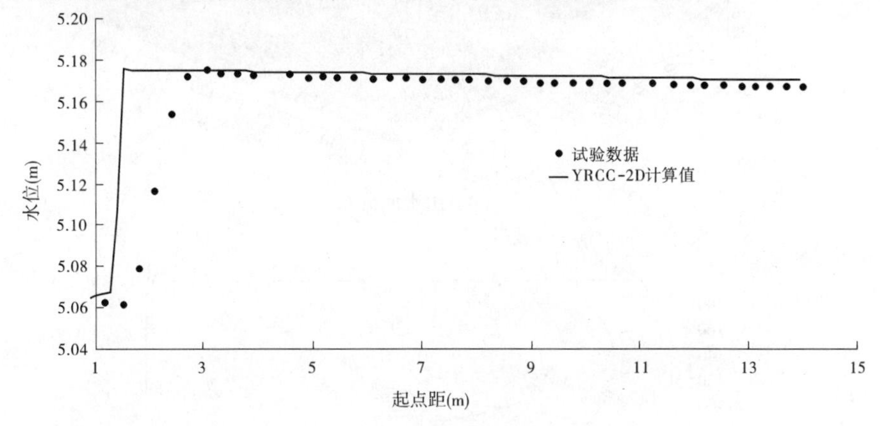

图 3-1-36　水位沿水槽纵向分布

3.1.5.3　局部溃坝水流模拟

局部溃坝水流模拟的主要目的是检验模型计算间断流体的可靠性。在 200 m × 200 m且坡度为零的矩形区域中设有一坝，初始时刻坝上游水位为 10 m，坝下游水位为 5 m，糙率取为 0.03。某时刻大坝突然破开一宽度为 75 m 的非对称缺口，如图 3-1-37 所示。

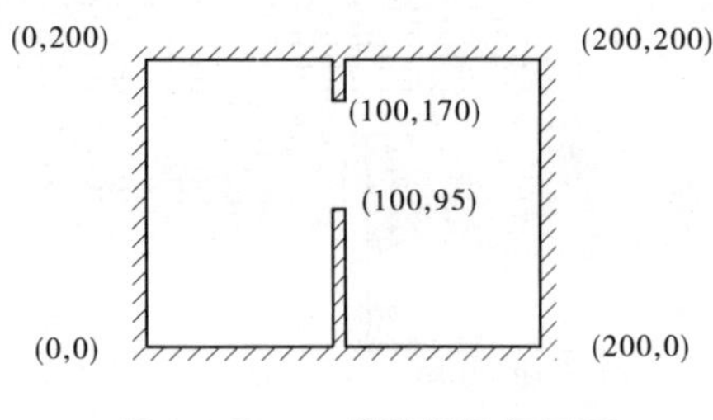

图 3-1-37　二维溃坝几何平面

相应的试验条件见表 3-1-11。

表 3-1-11　瞬时局部溃坝水流模拟试验计算条件

$Q(m^3/s)$	$Z_{up}(m)$	$Z_{down}(m)$	$H_{up}(m)$	$H_{down}(m)$	n
0.0	10.0	5.0	6.0	1.0	0.03

没有理论解作为这个算例的参考，但是在众多参考文献中提供了溃坝 $t=7.2$ s 后坝下游自由水面、等水深和沿程流速分布，见图 3-1-38。

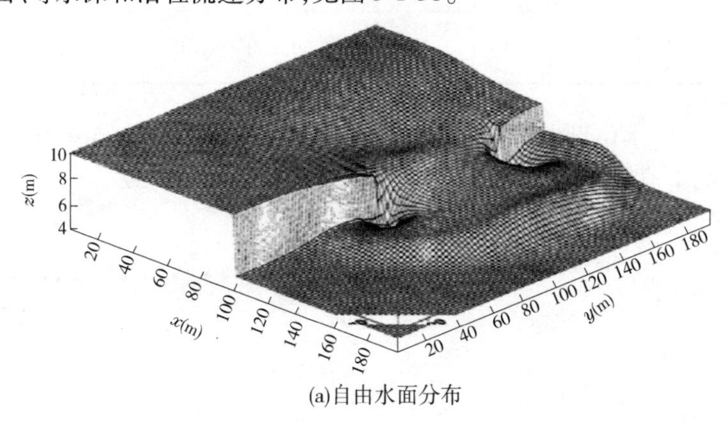

(a)自由水面分布

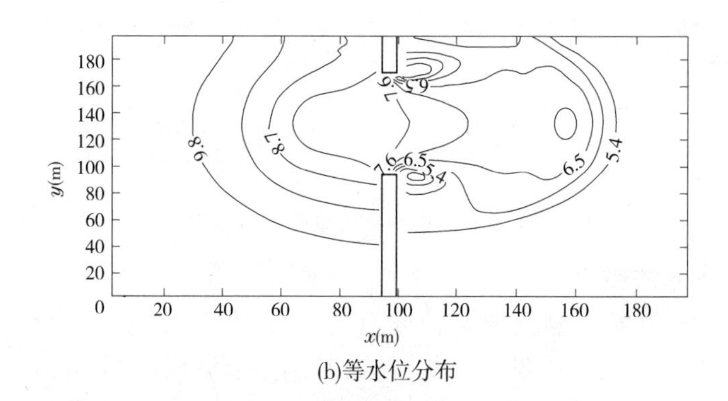

(b)等水位分布

(c)沿程流速分布

图 3-1-38　参考文献中溃坝 $t=7.2$ s 后坝下游自由水面、等水位和沿程流速分布

$t=7.2$ s 时模型计算结果如图 3-1-39 所示。

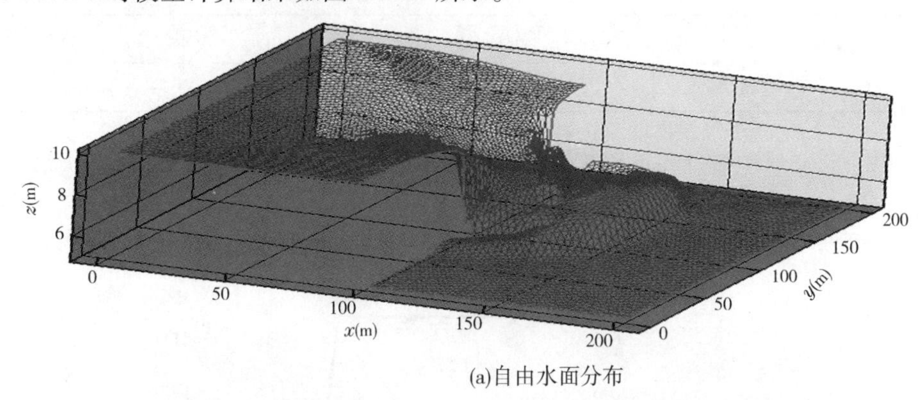

(a)自由水面分布

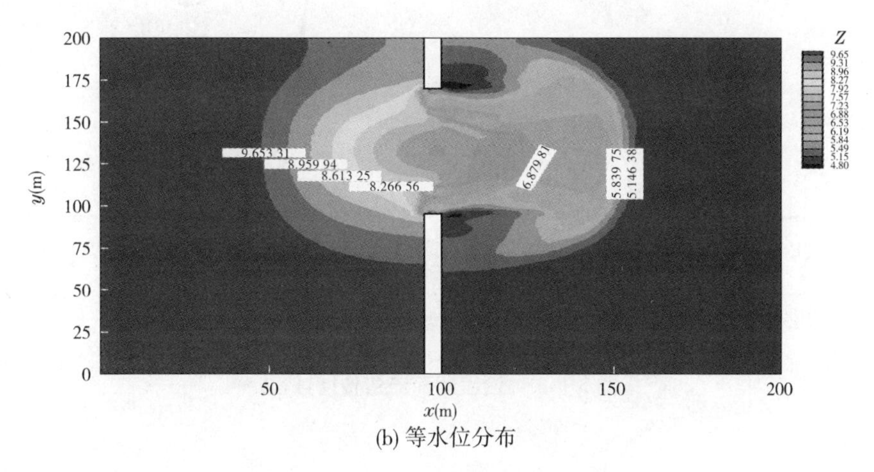

(b) 等水位分布

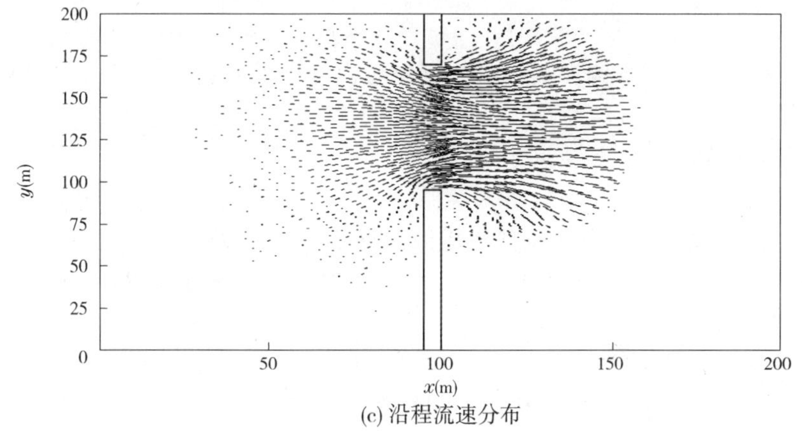

(c) 沿程流速分布

图 3-1-39　$t=7.2$ s 时局部溃坝水流模拟模型计算结果

从图 3-1-39 中可以看出,计算数据与试验数据略有差异,但基本趋势是一致的。

3.1.5.4　方形波演进模拟

洪水波演进模拟的主要目的是检验模型计算非恒定流体的可靠性。在 3 000 m × 500 m 的矩形区域内,河底比降为 20‰,糙率取为 0.01,相应的试验条件如表 3-1-12 所示。

表 3-1-12　方形波演进模拟试验条件

Q(m^3/s)	Z_{bup}(m)	Z_{bdown}(m)	n
500 ~ 1 000 ~ 500	2.0	1.4	0.01

沿程断面流量传播过程见图 3-1-40，从图 3-1-40 中可以看出，模型对于较大坡度的洪水过程有较好的适应性。

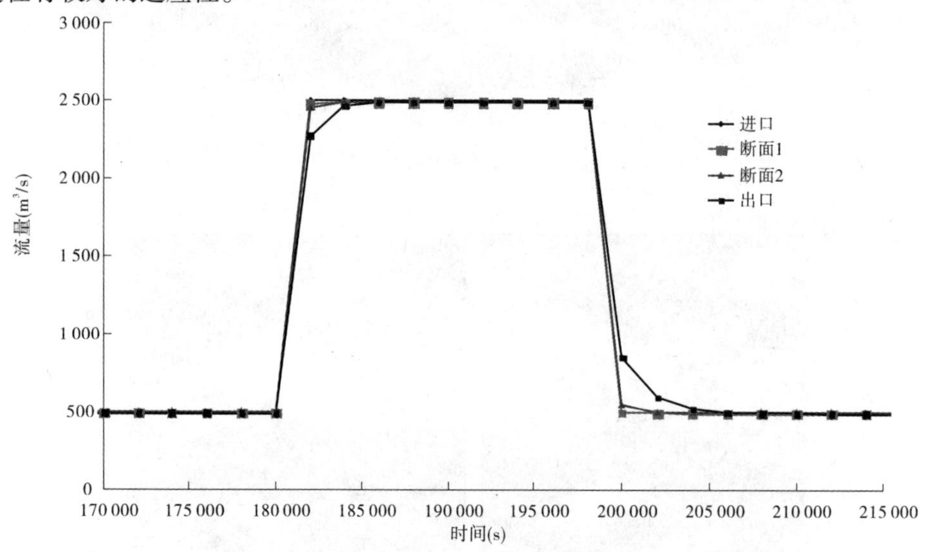

图 3-1-40　沿程断面流量传播过程

3.1.6　模型率定与验证

利用 2006 年黄河调水调沙实测水沙资料对模型中系数进行率定，利用 2007 年调水调沙试验实测资料对模型进行验证。

3.1.6.1　模型率定

1. 网格划分

计算范围选取花园口—艾山河段大堤以内封闭区域，计算网格为三角形，主槽部分网格边长按 150 m 控制，计算区域网格结点数为 42 649 个，网格数为 83 917。计算区域局部网格见图 3-1-41。

2. 计算边界条件

模型计算地形边界由 2006 年汛前实测大断面资料数据生成，进口边界条件为花园口站实测水沙资料，计算时段为 2006 年 6 月 10 日至 7 月 1 日，见图 3-1-42。计算河段为花园口—艾山河段。

从图 3-1-42 中看出，6 月 13 日 8 时至 6 月 28 日 17 时期间，花园口站流量均大于 3 000 m^3/s，最大流量出现在 6 月 21 号 16 时，最大含沙量发生在 6 月 29 日 7 时，为 26.4 kg/m^3，经统计，该时段的水量为 56.95 亿 m^3，沙量为 0.22 亿 t。

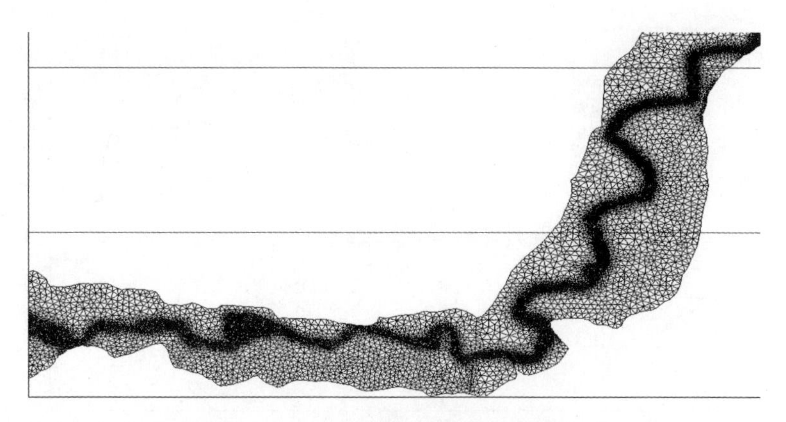

图 3-1-41　夹河滩断面附近计算网格

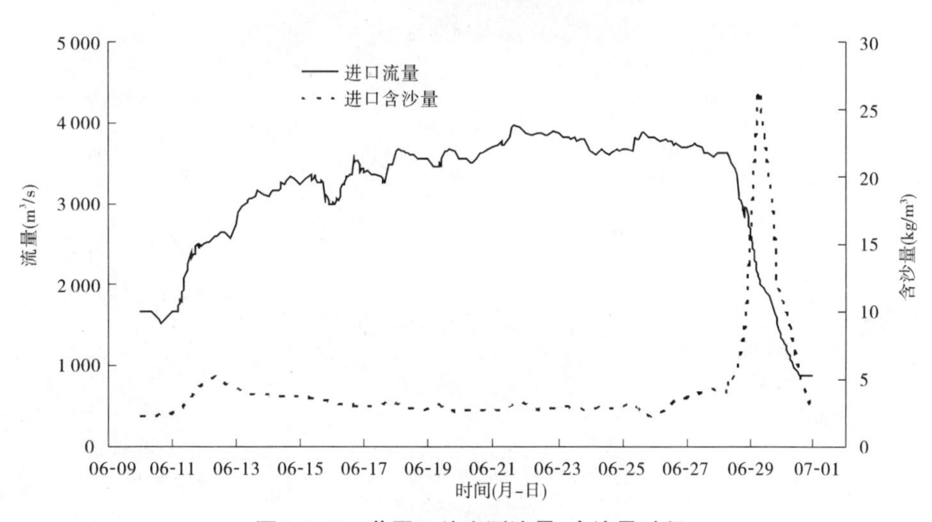

图 3-1-42　花园口站实测流量、含沙量过程

3. 计算结果分析

利用 2006 年实测调水调沙过程资料，率定出黄河下游滩、槽初始糙率，见表 3-1-13。从表 3-1-13 可以看出，黄河下游主槽糙率为 0.010 ~ 0.013，滩地糙率为 0.020 ~ 0.030。图 3-1-43 为黄河下游各水文站流量、水位计算与实测对比图，从图 3-1-43 中可以看出，计算与实测无论在传播时间还是数值上都比较一致。

表 3-1-13　黄河下游滩、槽糙率率定成果

滩槽	花园口—夹河滩	夹河滩—高村	高村—孙口	孙口—艾山
主槽	0.013	0.011	0.010 5	0.010
嫩滩	0.025	0.022	0.020	0.020
老滩	0.030	0.029	0.025	0.030

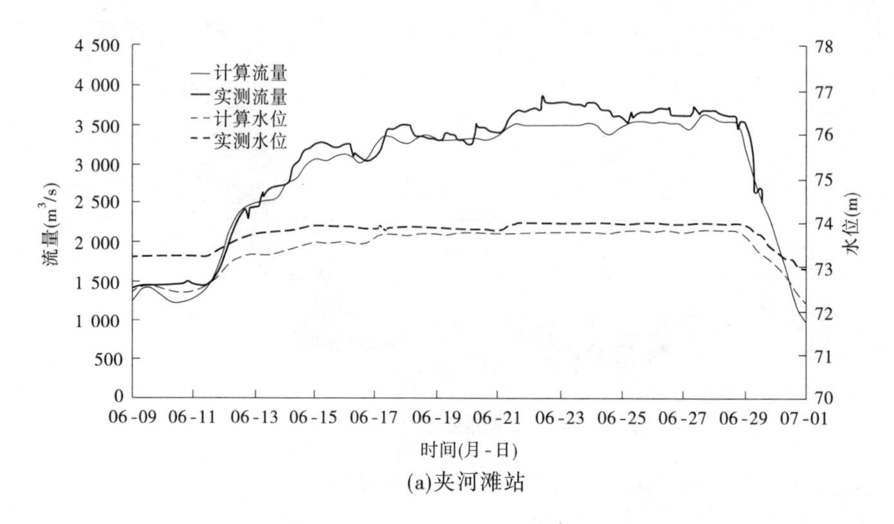

(a)夹河滩站

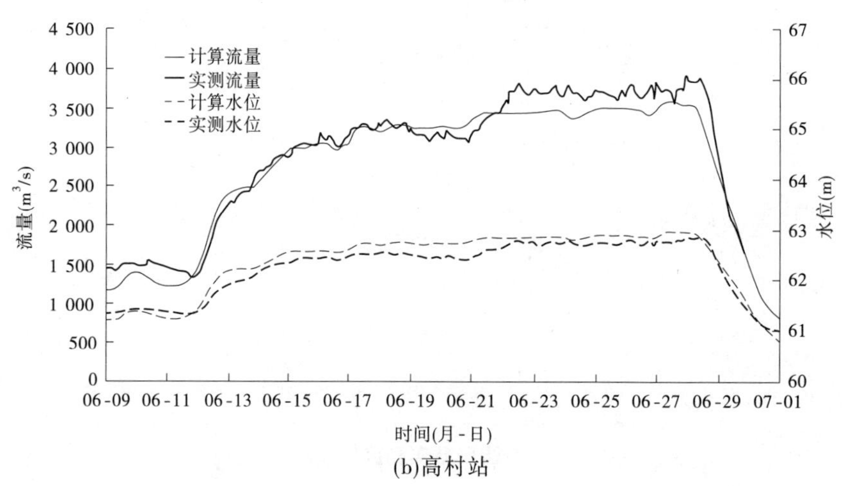

(b)高村站

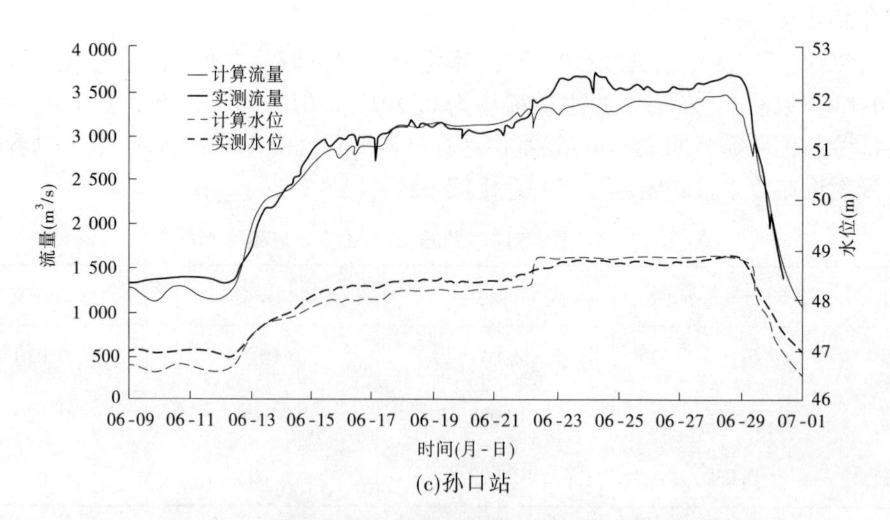

(c)孙口站

图 3-1-43　黄河下游各水文站流量、水位计算与实测对比

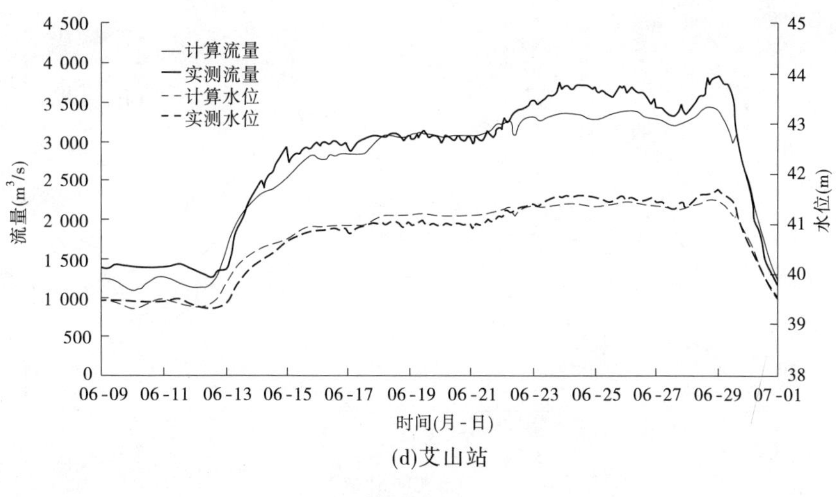

(d)艾山站

续图 3-1-43

3.1.6.2 模型验证

1. 计算边界条件

本次计算以汛前调水调沙期间花园口站实测流量、含沙量过程为进口边界条件，地形边界由 2007 年汛前实测断面数据生成。计算时段为 2007 年 6 月 19 日 0 时至 2007 年 7 月 4 日 9 时。

2. 验证结果及分析

表 3-1-14 为黄河下游各河段计算与实测冲淤量对比表，图 3-1-44 为计算与实测流量、水位对比图。通过对比可以看出，模型较好地模拟了 2007 年汛前调水调沙洪水的流量传播过程、沿程水位过程和冲淤量分布。各断面洪水传播时间最大误差小于 7 h，洪峰流量最大误差小于 200 m^3/s，水位表现最大误差小于 0.15 m。全河段冲淤量误差小于 10%，基本满足黄河调水调沙生产调度对水沙过程方案预报计算的需要。图 3-1-45 为黄河下游关键河段水深分布示意图，可以看出通过可视化系统能够更直观地反映计算结果。

表 3-1-14 黄河下游各河段计算与实测冲淤量对比 （单位：万 t）

河段	冲淤量	
	计算值	实测值
花园口—夹河滩	-414	-580
夹河滩—高村	-182	-360
高村—孙口	-851	-490
孙口—艾山	-163	-126
合计	-1 610	-1 556

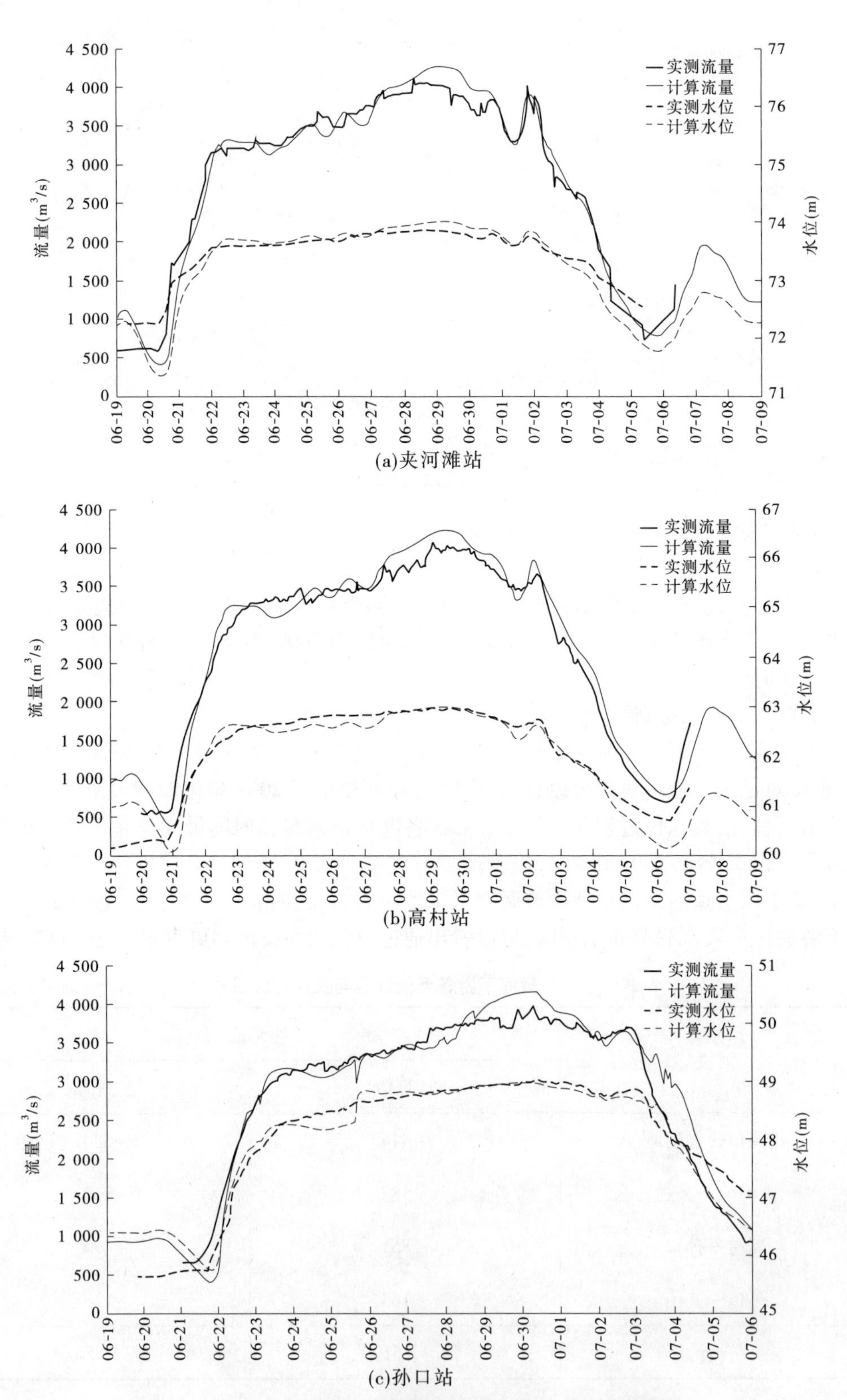

图 3-1-44　黄河下游各水文站流量、水位过程计算与实测对比

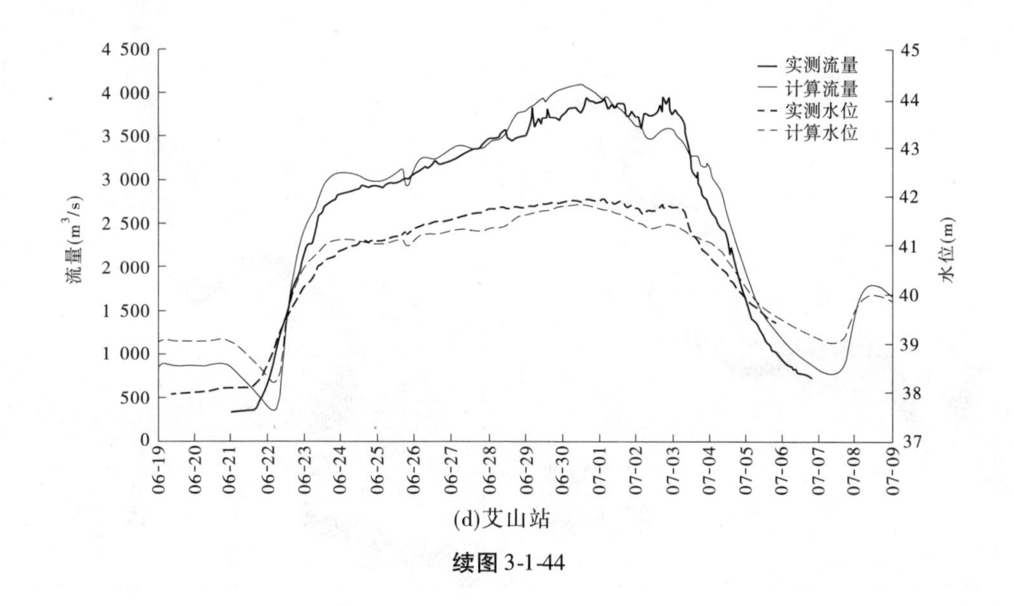

(d)艾山站

续图 3-1-44

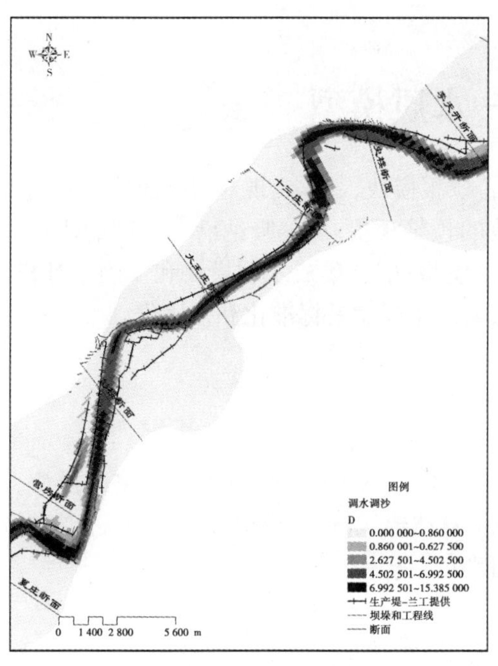

(a)彭楼—孙口河段水深图之一

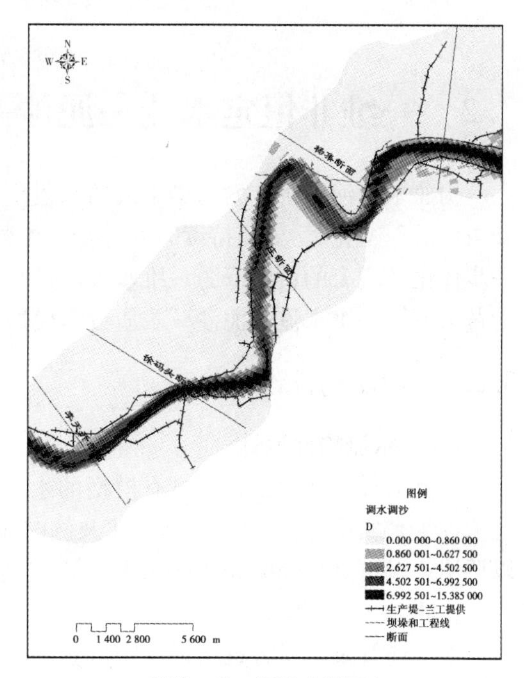

(b)彭楼—孙口河段水深图之二

图 3-1-45　黄河下游关键河段水深分布示意图

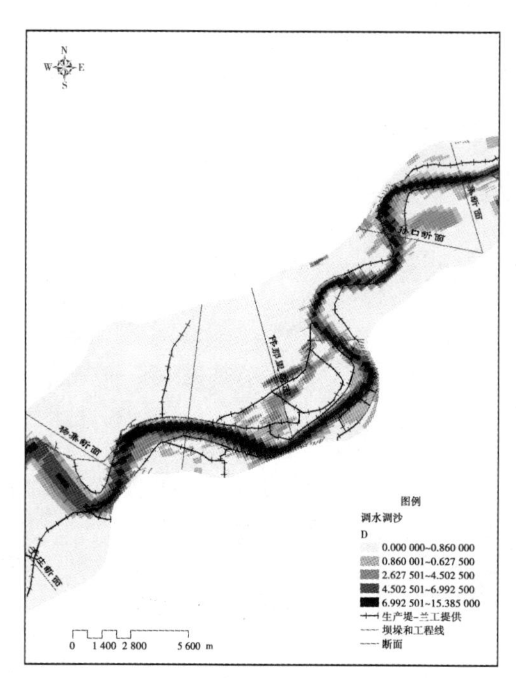

(c)彭楼—孙口河段水深图之三

(d)苏泗庄—彭楼河段水深图

续图 3-1-45

3.2 一维非恒定水流—泥沙—水质模型

构建了黄河下游突发污染事故的水质预警预报模块,基本实现对污染团传播时间、污染浓度沿程变化、污染团持续时间等基本参数的预警预报;充分吸纳已有模型的优点,进一步优化了现有的黄河下游一维水沙演进数学模型;耦合集成水质模块和一维水沙模型为黄河下游一维水流—泥沙—水质数学模型,实现了模型的标准化和模块化。

3.2.1 功能构件设计

3.2.1.1 水流构件设计

水流构件设计中整合了已有模型的水流计算构件的 Preissmann 四点隐格式模块,扩充了近年来实用性较好的 TVD 算法及侧向通量算法模块,这些模块可以根据实际情况加以调用。以下重点介绍 McCormack 格式和侧向通量法。

1. McCormack 格式

水流连续及动量方程组采用守恒变量(A,Q)形式,即

$$\begin{cases} \dfrac{\partial A}{\partial t} + \dfrac{\partial Q}{\partial x} = q_l \\ \dfrac{\partial Q}{\partial t} + \dfrac{\partial\left(\dfrac{Q^2}{A}\right)}{\partial x} = -gA\left(\dfrac{\partial Z}{\partial x} + S_f\right) + u_l q_l \end{cases} \tag{3-2-1}$$

式中：t、x 分别为时间和流程；A 为断面面积；Q 为断面平均流量；q_l、u_l 分别为单位流程上的侧向入流量和流速；Z 为水位；S_f 为摩阻坡度。

采用 McCormack 格式（见图 3-2-1）求解控制方程，本格式分两步实现：

（1）预测步用空间后差

$$\widetilde{U}_i = U_i^n - \frac{\Delta t}{\Delta x}(f_i^n - f_{i-1}^n) + S_{oui}\Delta t \tag{3-2-2}$$

（2）校正步对平均解按通量前差校正

$$U_i^{n+1} = \frac{U_i^n + \widetilde{U}_i}{2} - \frac{\Delta t}{2\Delta x}(\tilde{f}_{i+1} - \tilde{f}_i) + S_{oui}\Delta t \tag{3-2-3}$$

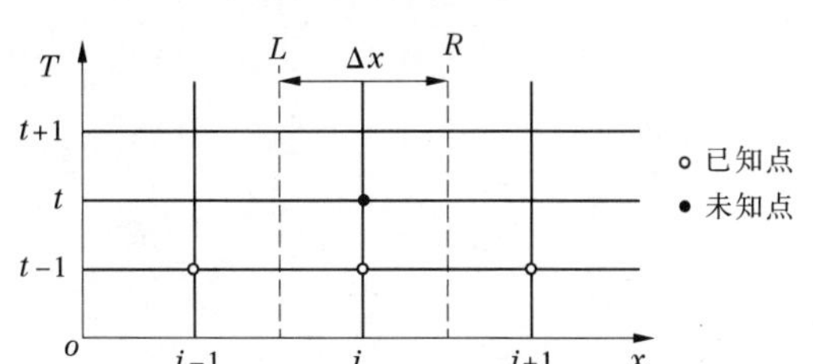

图 3-2-1 McCormack 格式示意图

但也可预测步用前差而校正步用后差，或者奇偶时间步轮流执行以上两种方案。分析表明，虽然每一步采用一阶单侧差分，但两步各自的截断误差的主部抵消，只剩下三阶截断误差。

（1）连续方程离散与求解。

$$A_i^{n+1} = A_i^n - \frac{\Delta t}{\Delta x}(Q_L^n - Q_R^n) \tag{3-2-4}$$

其中

$$Q_L^n = Q_{i-1}^n \quad Q_R^n = Q_i^n \quad \Delta x = \frac{x_{i+1} - x_{i-1}}{2}$$

（2）运动方程离散与求解。

预估步（物理通量后差分）

$$Q_i^{n+1'} = Q_i^n - \frac{\Delta t}{\Delta x}\left(\frac{Q_i^n Q_i^n}{A_m^n} - \frac{Q_{i-1}^n Q_{i-1}^n}{A_i^n}\right) - gA_m^n\left[\frac{\Delta Z}{\Delta x}\bigg|^{n+1} + S_f(H_m^{n+1}, u_i^n)\right]\Delta t \tag{3-2-5}$$

校正步（物理通量前差分）

$$Q_i^{n+1} = 0.5\left[Q_i^{n+1'} + Q_i^{n+1'} - \frac{\Delta t}{\Delta x}\left(\frac{Q_{i+1}^{n+1} Q_{i+1}^{n+1}}{A_{i+1}^n} - \frac{Q_i^{n+1} Q_i^{n+1}}{A_m^n}\right) - gA_m^n\left(\frac{\Delta Z}{\Delta x}\bigg|^{n+1} + S_f(H_m^{n+1}, u_i^{n+1})\right)\Delta t\right] \tag{3-2-6}$$

其中

$$A_m^n = \frac{(A_i^n + A_{i+1}^n)}{2} \quad \Delta x = x_i - x_{i-1} \quad \frac{\Delta Z}{\Delta x}\bigg|^{n+1} = \frac{Z_{i+1}^{n+1} - Z_i^{n+1}}{\Delta x}$$

$$S_f = \frac{(n_i^n + n')^2 u_i^n |u_i^n|}{(H_m^{n+1})^{\frac{4}{3}}} \quad H_m^{n+1} = \frac{H_i^{n+1} + H_{i+1}^{n+1}}{2} \quad u_i^n = \frac{Q_i^n}{A_m^n}$$

$$n' = (H_m^{n+1})^{\frac{2}{3}} \frac{\sqrt{\frac{\Delta H}{\Delta x}}}{u_i^n} \quad \Delta H = \alpha \frac{u_i^n}{2g}$$

$$
\alpha = \begin{cases} \dfrac{1 - \left(\dfrac{A_i^n}{A_{i+1}^n}\right)^2}{2} & A_i^n \geqslant A_{i+1}^n \\ \dfrac{1 - \left(\dfrac{A_{i+1}^n}{A_i^n}\right)^2}{2} & A_i^n < A_{i+1}^n \end{cases}
$$

$$
u_i^{n+1} = \frac{Q_i^{n+1}}{A_m^n}
$$

2. 侧向通量法

水流连续方程、动量方程采用 $A \sim Q$ 守恒型形式,即

$$
\begin{cases} \dfrac{\partial A}{\partial t} + \dfrac{\partial Q}{\partial x} = 0 \\ \dfrac{\partial Q}{\partial t} + \dfrac{\partial}{\partial x}\left(\dfrac{Q^2}{A} + gI_1\right) = gA(S_0 - S_{\mathrm{f}}) + gI_2 \end{cases} \tag{3-2-7}
$$

式中:S_0 为河底坡降,$S_0 = -\dfrac{\partial Z_0}{\partial x}$;$I_1$ 为过水断面相对于水面高程的面积矩,$I_1 = \int_0^h (h - \eta) b(x,\eta)\mathrm{d}\eta$;$I_2$ 为单位长度河床对水体的反作用力在 x 方向的投影(由于断面沿程变化而引起的),$I_2 = \int_0^h (h - \eta)\dfrac{\partial b(x,\eta)}{\partial x}\mathrm{d}\eta$;其余符号意义同前。

经过简化处理,动量方程可变成如下形式

$$
\frac{\partial Q}{\partial t} + \frac{\partial}{\partial x}\left(\frac{Q^2}{A} + gI_1 - gI_1|_{\overline{Z}}\right) = -gAS_{\mathrm{f}} \tag{3-2-8}
$$

水流连续方程及动量方程可以离散成如下形式:

$$
\begin{cases} A_i^{n+1} = A_i^n + \dfrac{\Delta t}{\Delta x_i}(Q_{i-\frac{1}{2}}^* - Q_{i+\frac{1}{2}}^*) \\ Q_i^{n+1} = Q_i^n + \dfrac{\Delta t}{\Delta x_i}\left(\sum\nolimits_{i-\frac{1}{2}}^{*,\mathrm{right}} - \sum\nolimits_{i+\frac{1}{2}}^{*,\mathrm{left}}\right) - (gAS_{\mathrm{f}})_i^n \Delta t \end{cases} \tag{3-2-9}
$$

对于急流情况($\overline{Fr} > 1$)

$$
\begin{cases} Q_{i+\frac{1}{2}}^* = Q_i^n - \dfrac{\overline{C}}{2}(A_i|_{\overline{Z}} - A_{i+1}|_{\overline{Z}}) \\ \sum\nolimits_{i+\frac{1}{2}}^{*,\mathrm{left}} = \dfrac{(Q_i^n)^2}{A_i^n} \\ \sum\nolimits_{i+\frac{1}{2}}^{*,\mathrm{right}} = \dfrac{(Q_i^n)^2}{A_i^n} + (gI_1)_i^n + (gI_1|_{Z_{i+1}^n})_i \end{cases} \tag{3-2-10}
$$

对于缓流和临界流情况($\overline{Fr} \leqslant 1$)

$$\begin{cases} Q^*_{i+\frac{1}{2}} = \dfrac{1+\overline{Fr}}{2}Q_i^n + \dfrac{1-\overline{Fr}}{2}Q_{i+1}^n + \dfrac{\overline{C}(1-\overline{Fr}^2)}{2}(A_i^n - A_{i+1}^n) - \dfrac{C^*}{2}(A_i^n|_{\overline{Z}} - A_{i+1}^n|_{\overline{Z}}) \\ \sum_{i+\frac{1}{2}}^{*,\mathrm{left}} = \dfrac{1+\overline{Fr}}{2}\dfrac{(Q_i^n)^2}{A_i^n} + \dfrac{1-\overline{Fr}}{2}\left[\dfrac{(Q_{i+1}^n)^2}{A_{i+1}^n} + g(I_1)_{i+1}^n - (gI_1|_{Z_i^n})_{i+1}\right] + \dfrac{\overline{C}(1-\overline{Fr}^2)}{2}(Q_i^n - Q_{i+1}^n) \\ \sum_{i+\frac{1}{2}}^{*,\mathrm{right}} = \dfrac{1+\overline{Fr}}{2}\left[\dfrac{(Q_i^n)^2}{A_i^n} + g(I_1)_i^n - (gI_1|_{Z_{i+1}^n})_i\right] + \dfrac{1-\overline{Fr}}{2}\dfrac{(Q_{i+1}^n)^2}{A_{i+1}^n} + \dfrac{\overline{C}(1-\overline{Fr}^2)}{2}(Q_i^n - Q_{i+1}^n) \end{cases}$$

(3-2-11)

其中

$$\overline{Fr} = \frac{U_i^n + U_{i+1}^n}{C_i^n + C_{i+1}^n} \qquad \overline{C} = \frac{1}{2}(C_i^n + C_{i+1}^n) \qquad \overline{Z} = \frac{1}{2}(Z_i^n + Z_{i+1}^n)$$

3.进出口边界处理

差分格式采用黎曼不变量的特征边界格式,即联立求解沿外边界处的输入特征线成立的相容关系和已知的流动变量过程,可得外边界断面的未知变量过程。进口边界处理如图3-2-2所示,具体计算步骤如下:

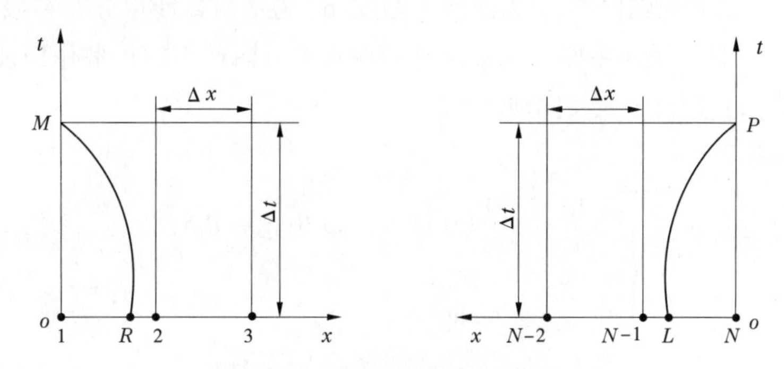

图3-2-2　特征边界处理示意图

(1)估计特征线起点 R 的位置、水力参数及黎曼不变量。

$$\begin{cases} x_R = x_M - (u-c)_1^n \Delta x \\ Q_R = Q_2^n - (Q_2^n - Q_1^n)\dfrac{x_2 - x_R}{\Delta x} \\ A_R = A_2^n - (A_2^n - A_1^n)\dfrac{x_2 - x_R}{\Delta x} \end{cases} \tag{3-2-12}$$

(2)根据特征方程推求 M 点水力参数。

$$A_M = A_R + \frac{Q_M - Q_R - \Delta t[ga(S_0 - S_f)]_R}{(u+c)_R} \tag{3-2-13}$$

(3)为了能够更为精确地推求 M 点水力参数,通过差值重新估计特征线起点 R 的位置,进行迭代求解 M 点水力参数。

$$\begin{cases} x_R = x_M - \dfrac{\Delta t}{2}[(u-c)_M - (u-c)_R] \\ A_M = A_R + \dfrac{2Q_M - 2Q_R - \Delta t\{[ga(S_0 - S_f)]_R + [ga(S_0 - S_f)]_M\}}{(u+c)_R + (u+c)_M} \end{cases} \tag{3-2-14}$$

上述处理方法同样可以用于出口边界求解。

3.2.1.2 **泥沙构件设计**

泥沙构件中所采用的泥沙连续方程及其对应的河床变形方程中参考系数选择的原则是:在兼顾方程的理论性和实用性的前提下,尽量采用了方程本身系数随水沙条件、边界条件等变化而自动响应的半经验半理论的公式,减少计算过程中人为对系数的干扰,同时也便于工程人员使用。本次主要采用了张红武和王士强输沙模式。

1. 张红武模式

一维非恒定泥沙连续方程和河床变形方程如下

$$\begin{cases}\dfrac{\partial(AS)}{\partial t}+\dfrac{\partial}{\partial x}(QS)=K_s\alpha_*\omega B(S_*-f_sS)+q_{ls}\\ \gamma'\dfrac{\partial Z_b}{\partial t}=K_s\alpha_*\omega(f_sS-S_*)\end{cases}\tag{3-2-15}$$

式中:S 为断面平均含沙量;S_* 为断面平均水流挟沙能力;ω 为泥沙沉速;Z_b 为河床高程;q_{ls}为单位流程上的侧向输沙率;γ'为泥沙干密度;α_* 为平衡含沙量分布系数;f_s 为泥沙非饱和系数;K_s 为附加系数(主要考虑紊流脉动在水平方向产生的扩散作用及泥沙存在产生的附加影响);其余符号意义同前。

2. 王士强模式

$$\begin{cases}\dfrac{\partial(AS)}{\partial t}+\dfrac{\partial}{\partial x}(QS)=\alpha_i\omega_iB(S_i-\beta_iS_*)\\ \gamma'\dfrac{\partial Z_b}{\partial t}=\alpha_*\omega_i(S_i-\beta_iS_*)\end{cases}\tag{3-2-16}$$

其中

$$\beta_i=\frac{\alpha_{*i}}{\alpha_{ki}}\quad \alpha_i=\frac{\alpha_{*i}\omega_{ki}}{\omega\beta_i}\quad \beta_i=(\frac{S_{0i}}{S_{*i}})^{m_4}$$

$$m_4=\begin{cases}\exp[C_d(S_c-S_w)^2] & S_{0i}>S_{*i}\quad(淤积)\\ C_s\cdot Q^{0.1} & S_{0i}>S_{*i}\quad(冲刷)\end{cases}$$

式中:S_{0i}为上游断面第 i 粒径组含沙量;S_{*i}为上下断面平均的第 i 粒径组的挟沙能力;m_4 不超过1,若来水含沙量高,淤积时 m_4 趋近于1,反映了黄河下游多来多排的特点。

王士强模式下的泥沙连续方程可以用四点隐格式算法求解。河床变形方程可以采用直接差分格式。张红武模式下的泥沙连续方程经过简化处理,结合 McCormack 算法可以得到如下离散形式

$$S=\frac{S_*}{f_1}\left[1-\exp\left(-\frac{f_1k_1\alpha_*\omega\Delta t}{2H}\right)\right]+\left[S-\frac{\Delta t}{2A\cdot\Delta x}(Q_{i+1}S_{i+1}-Q_{i-1}S_{i-1})\right]\exp\left(-\frac{f_1k_1\alpha_*\omega\Delta t}{2H}\right)\tag{3-2-17}$$

该离散方程适用于泥沙各个粒径组。

3.2.1.3　**水质构件设计**

1. 水质方程

模型开发针对污染物在河流中的一维输移问题，模型主要涉及污染物在水中的对流、扩散、旁侧入流、旁侧出流、过渡性存储和衰减过程。

$$\frac{\partial(AC)}{\partial t}+\frac{\partial(QC)}{\partial x}=\frac{\partial}{\partial x}\left(AE_x\frac{\partial C}{\partial x}\right)-KAC \tag{3-2-18}$$

式中：C 为溶质浓度；E_x 为扩散系数；K 为污染物综合降解系数；其余符号意义同前。

2. 离散及求解

对方程进行离散，空间差分采用隐式差分格式，即

$$\begin{cases}\dfrac{\partial(AC)}{\partial t}=\dfrac{(AC)_i^{n+1}-(AC)_i^n}{\Delta t}\\ \dfrac{\partial(QC)}{\partial x}=\dfrac{(QC)_i-(QC)_{i-1}}{\Delta x_{i-1}}\\ \dfrac{\partial}{\partial x}\left(AE_x\dfrac{\partial C}{\partial x}\right)=\dfrac{1}{\Delta x_{i-1}}\left[(AE_x)_i\dfrac{C_{i+1}-C_i}{\Delta x_i}-(AE_x)_{i-1}\dfrac{C_i-C_{i-1}}{\Delta x_{i-1}}\right]-KAC\\ \qquad=-K_{i-1}A_{i-\frac{1}{2}}C_i\end{cases} \tag{3-2-19}$$

带入方程整理，得到统一形式的差分方程

$$a_iC_i=b_iC_{i+1}+c_iC_{i-1}+d_i \tag{3-2-20}$$

其中

$$a_i=A_i+\Delta t\left[\frac{Q_i}{\Delta x_{i-1}}+\frac{(AE_x)_i}{\Delta x_{i-1}\Delta x_i}+\frac{(AE_x)_{i-1}}{\Delta x_{i-1}\Delta x_{i-1}}+K_{i-1}A_{i-\frac{1}{2}}\right]$$

$$b_i=\frac{\Delta t(AE_x)_i}{\Delta x_{i-1}\Delta x_i}\quad c_i=\frac{\Delta tQ_{i-1}}{\Delta x_{i-1}}+\frac{\Delta t(AE_x)_{i-1}}{\Delta x_{i-1}\Delta x_{i-1}}\quad d_i=(AC)_i^n$$

进口边界条件：$C_1=C(t)$

出口边界条件：$\frac{\mathrm{d}C}{\mathrm{d}n}=0$

采用 TDMA 方法进行迭代求解。

3.2.1.4　**关键技术问题处理**

1. 当量宽度

已建模型当水流上滩时，流量过程波动比较显著。分析认为，模型中计算 $S_f=\frac{n^2Q|Q|}{(A^2H^{\frac{4}{3}})}$时，需要断面平均水深，复式断面（见表 3-2-1）特别是水流上滩过程中，由于水面突然变宽致使平均水深不连续且显著减小。针对黄河下游断面滩地宽阔的特点，在水流漫滩的情况下，引入当量宽度概念 $B=\frac{A_{主槽}B_{主槽}+A_{滩地}B_{滩地}}{A_{全断面}}$，有效地解决计算中水流漫滩后流量波动现象。

2. 非均匀沙沉速

单颗粒泥沙自由沉降公式一般采用推荐沉速公式

$$\omega_{0k}=\begin{cases}\dfrac{\gamma_s-\gamma_0}{18\mu_0}d_k^2 & (d_k<0.1\ \mathrm{mm})\\ (\lg S_a+3.79)^2+(\lg\varphi_a-5.777)^2=39 & (0.1\ \mathrm{mm}\leqslant d_k<1.5\ \mathrm{mm})\end{cases}\tag{3-2-21}$$

式中:φ_a 为粒径判数;S_a 为沉速判数;γ_s、γ_0 分别为泥沙和水的容重;μ_0 为清水动力黏滞系数。

表 3-2-1　花园口断面实测流量成果(1982 年)

时间 (月-日 T时:分)	Z (m)	Q (m^3/s)	A (m^2)	v(m^3/s)		B (m)	h(m)		J ($\times10^{-4}$)	n
				平均	最大		平均	最大		
07-30T16:30～18:00	92.37	1 440	917	1.57	2.53	555	1.65	5.10	3.40	0.016
07-31T06:00～09:00	93.38	5 900	3 750	1.57	3.35	2 780	1.35	4.80	4.00	0.016
07-31T13:30～15:00	93.32	6 190	3 360	1.84	3.46	2 780	1.21	4.50	3.80	0.012
07-31T17:30～19:30	93.23	6 280	3 280	1.91	3.61	2 780	1.18	3.60	2.80	0.010
引入有效河宽后										
07-30T16:30～18:00	92.37	1 440	917	1.57	2.53	555	1.65	5.10	3.40	0.016
07-31T06:00～09:00	93.38	5 900	3 750	1.57	3.35	1 704	2.20	4.80	4.00	0.022

考虑到黄河水流含沙量高、细沙含量多,颗粒间的相互影响大,浑水黏性作用较强,故需对单颗粒泥沙的自由沉速作修正。模型中采用夏震寰－汪岗公式以及张红武公式进行修正。

相应地,非均匀沙代表沉速采用下式进行计算

$$\omega=\sum_{k=1}^{NFS}P_k\omega_{sk}\tag{3-2-22}$$

式中:NFS 为泥沙粒径组数,模型中取为 8;P_k 为悬移质泥沙级配。

3. 水流挟沙能力及挟沙能力级配

水流挟沙能力是反映河床处于冲淤平衡状态下,水流挟带泥沙能力的综合性指标。模型中先计算全沙挟沙能力,然后乘以挟沙能力级配,求得分组挟沙能力。

对于全沙挟沙能力,模型中选用有一定理论基础和较好实用性的张红武公式,即

$$S_*=2.5\left[\frac{(0.0022+S_v)U^3}{\kappa\dfrac{\gamma_s-\gamma_m}{\gamma_m}gh\omega_s}\ln\left(\frac{H}{6D_{50}}\right)\right]^{0.62}\tag{3-2-23}$$

式中:D_{50}为床沙中值粒径,m;κ 为浑水卡门常数,$\kappa=0.4[1-4.2\sqrt{S_v}(0.365-S_v)]$。

挟沙能力级配主要采用韩其为公式。即根据判数 $Z=\dfrac{P_{4,1}S}{S^*(\omega_1)}+\dfrac{P_{4,2}S}{S^*(\omega_{1,1}^*)}$大小,分组挟沙能力 $P_{4,k}^*S^*(\omega^*)$、挟沙能力 $S^*(\omega^*)$、挟沙能力级配 $P_{4,k}^*$、有效床沙级配 $P_{1,k}$的普遍表达式为:

(1)若 $Z<1$,河床处于冲刷或微淤状态,则

$$
\begin{cases}
P_{4,k}^{*}S^{*}(\omega^{*}) = P_{4,1}P_{4,k,1}S + P_{4,2}P_{4,k,2}S\dfrac{S^{*}(k)}{S^{*}(\omega_{1,1}^{*})} + (1-Z)P_{1}P_{4,k,1,1}^{*}S^{*}(\omega_{1,1}^{*}) \\
S^{*}(\omega^{*}) = P_{4,1}S + P_{4,2}S\dfrac{S^{*}(\omega_{2}^{*})}{S^{*}(\omega_{1,1}^{*})} + (1-Z)P_{1}S^{*}(\omega_{1,1}^{*}) \\
P_{4,k}^{*} = P_{4,1}P_{4,k,1}\dfrac{S}{S^{*}(\omega^{*})} + P_{4,2}P_{4,k,2}\dfrac{S}{S^{*}(\omega^{*})}\dfrac{S^{*}(k)}{S^{*}(\omega_{1,1}^{*})} + (1-Z)P_{1}P_{4,k,1,1}^{*}\dfrac{S^{*}(\omega_{1,1}^{*})}{S^{*}(\omega^{*})} \\
P_{1,k} = P_{4,1}P_{4,k,1}\dfrac{S}{S^{*}(k)} + P_{4,2}P_{4,k,2}\dfrac{S}{S^{*}(\omega_{1,1}^{*})} + (1-Z)P_{1}P_{1,k,1,1}^{*}
\end{cases}
\tag{3-2-24}
$$

(2)若 $Z \geqslant 1$,河床处于单向淤积状态,则

$$
\begin{cases}
P_{4,k}^{*}S^{*}(\omega^{*}) = P_{4,1}P_{4,k,1}S + \left[1-\dfrac{P_{4,1}S}{S^{*}(\omega_{1})}\right]P_{4,k,2}S^{*}(k) \\
S^{*}(\omega^{*}) = P_{4,1}S + \left[1-\dfrac{P_{4,1}S}{S^{*}(\omega_{1})}\right]S^{*}(\omega_{2}^{*}) \\
P_{4,k}^{*} = P_{4,1}P_{4,k,1}\dfrac{S}{S^{*}(\omega^{*})} + \left[1-\dfrac{P_{4,1}S}{S^{*}(\omega_{1})}\right]P_{4,k,2}\dfrac{S^{*}(k)}{S^{*}(\omega^{*})} \\
P_{1,k} = P_{4,1}P_{4,k,1}\dfrac{S}{S^{*}(k)} + \left[1-\dfrac{P_{4,1}S}{S^{*}(\omega_{1})}\right]P_{4,k,2}
\end{cases}
\tag{3-2-25}
$$

式中:$P_{4,k}$为悬移质某粒径组沙重百分数;$P_{1,k,1}$为河床质某粒径组沙重百分数;$S^{*}(k)$为均匀沙挟沙能力(假定第 k 粒径组泥沙充满水流);$P_{4,1}$为冲泻质部分累计沙重百分数,$P_{4,1}=\sum_{k=1}^{Kd}P_{4,k}$;$kd$ 为冲泻质与床沙质分界粒径组编号;$P_{4,k,1}$为标准化后冲泻质各粒径组沙重百分数,$P_{4,k,1}=\begin{cases}\dfrac{P_{4,k}}{P_{4,1}} & k \leqslant Kd \\ 0 & k > Kd\end{cases}$;$P_{4,2}$为床沙质部分累计沙重百分数,$P_{4,2}=\sum_{k=kd+1}^{ks\_\max}P_{4,k}$;$P_{4,k,2}$为标准化后床沙质各粒径组沙重百分数,$P_{4,k,2}=\begin{cases}0 & k \leqslant kd \\ P_{4,k,2} & k > kd\end{cases}$;$P_{1}$为参与交换的河床质累计沙重百分数,$P_{1}=\sum_{k=1}^{ks\_\max}P_{1,k,1}$;$ks\_\max$ 为悬沙中最大粒径组数(即其沙重百分数不为0);$P_{1,k,1,1}$为标准化后河床质各粒径组沙重百分数,$P_{1,k,1,1}=\begin{cases}\dfrac{P_{1,k,1}}{P_{1}} & k \leqslant NFS \\ 0 & k > NFS\end{cases}$;$P_{4,k,1,1}^{*}$为河床质部分挟沙能力级配,$P_{4,k,1,1}^{*}=\dfrac{S^{*}(k)P_{1,k,1,1}}{S^{*}(\omega_{1,1})}$;$S^{*}(\omega_{1})$为冲泻质混合挟沙能力,$S^{*}(\omega_{1})=\dfrac{1}{\sum_{k=1}^{Kd}\dfrac{P_{4,k,1}}{S^{*}(k)}}$;$S^{*}(\omega_{2}^{*})$为床沙质混合挟沙能力,$S^{*}(\omega_{2}^{*})=\sum_{k=kd+1}^{NFS}P_{4,k,2}S^{*}(k)$;$S^{*}(\omega_{1,1}^{*})$为河床质混合挟沙能力,$S^{*}(\omega_{1,1}^{*})=\sum_{k=1}^{NFS}P_{1,k,1,1}S^{*}(k)$。

4. 平衡含沙量分布系数

平衡含沙量分布系数代表底部含沙量与平均含沙量的比值，由含沙量沿水深分布公式和垂向流速分布公式联合求得，即

$$\alpha_* = \frac{1}{N_0}\exp\left(8.21\frac{\omega}{\kappa u_*}\right) \tag{3-2-26}$$

其中

$$N_0 = \int_0^1 f\left(\frac{\sqrt{g}}{\kappa C},\eta\right)\exp\left(5.333\frac{\omega_s}{\kappa u_*}\arctan\sqrt{\frac{1}{\eta}-1}\right)d\eta$$

$$f\left(\frac{\sqrt{g}}{\kappa C},\eta\right) = 1 - \frac{\pi\sqrt{g}}{\kappa C} + \frac{2.667\sqrt{g}}{\kappa C}\left(\sqrt{\eta-\eta^2} + \arcsin\sqrt{\eta}\right)$$

5. 泥沙非饱和系数

泥沙非饱和系数与河床底部平均含沙量、饱和平衡条件下的河底含沙量有关，该系数随着水力泥沙因子的变化而变化，结合含沙量分布公式经归纳分析后，可将f_s表示如下

$$f_s = \left(\frac{S}{S_*}\right)^{\frac{0.1}{\arctan\left(\frac{S}{S_*}\right)}} \tag{3-2-27}$$

初步分析，当$\frac{S}{S_*}>1$时，河床处于淤积状态，$f_s>1$，一般不会超过1.5；当$\frac{S}{S_*}<1$时，河床处于冲刷状态，$f_s<1$。当含沙量小、挟沙能力大时，f_s是一个较小的数。

6. 动床阻力变化

动床阻力是反映水流条件和河床形态的综合系数，取值的合理与否直接影响到水沙演进的计算精度高低。通过比较国内目前研究的研究成果，利用以下两种方法：

(1)黄委计算公式。

$$n = \frac{c_n\delta_*}{\sqrt{g}H^{5/6}}\left\{0.49\left(\frac{\delta_*}{h}\right)^{0.77} + \frac{3\pi}{8}\left(1-\frac{\delta_*}{h}\right)\left[\sin\left(\frac{\delta_*}{h}\right)^{0.2}\right]^5\right\}^{-1} \tag{3-2-28}$$

式中：Fr为弗劳德数，$Fr = u/\sqrt{gh}$；δ_*为摩阻高度，$\delta_* = D_{50}10^{10[1-\sqrt{\sin(\pi Fr)}]}$；$c_n$涡团参数，$c_n = 0.375\kappa$。

(2)随着河道的冲淤变化，床沙级配的粗化调整、糙率也会作相应的调整。河道淤积时，糙率减小；河道冲刷时，糙率增大。基于此计算中需根据冲淤情况对糙率进行修正和改进。糙率随冲淤变化的关系式如下

$$n = n_0\left(1 - \frac{k_1 - k_2}{\Delta Z_{b\_dep\_max} - \Delta Z_{b\_sco\_max}}\right)\sum\Delta Z_{bi} \tag{3-2-29}$$

式中：n_0为初始糙率；k_1、k_2为经验常数，一般情况下$k_1 = 1.5$、$k_2 = 0.65$；$\Delta Z_{b\_dep\_max}$、$\Delta Z_{b_sco_max}$分别为断面累计最大淤积厚度和最大冲刷厚度；$\sum\Delta Z_{bi}$为累计冲淤厚度。

初始糙率n_0尚需根据河道内土地利用情况、地物地貌以及植物生产情况等综合因素确定。初步考虑，树丛、旱田、水田、道路糙率为0.065、0.060、0.050、0.045；空地糙率为0.025~0.035；有、无芦苇和水草的水域糙率为0.050、0.035；旱地加村庄糙率为0.062~0.07。

断面综合糙率采用以下公式计算

$$n_i = \left(\sum_j \frac{\chi_{j,i} n_{j,i}^{\frac{3}{2}}}{x_i} \right)^{\frac{2}{3}} \tag{3-2-30}$$

式中:χ_j 为断面湿周。

7. 含沙量及挟沙能力横向分布

1)含沙量横向分布

公式 1

$$\frac{S_{k,i,j}}{S_{k,i}} = \frac{Q_i S_{*k,i}^{\beta}}{\sum_j Q_{ij} S_{*k,i,j}^{\beta}} \left(\frac{S_{*k,i,j}}{S_{*k,i}} \right)^{\beta} = \frac{Q_i S_{*k,i,j}^{\beta}}{\sum_j Q_{ij} S_{*k,i,j}^{\beta}} \tag{3-2-31}$$

公式 2

$$\frac{S_{i,j}}{S_i} = C_1 \left(\frac{H_{i,j}}{H_i} \right)^{0.1-1.6\frac{\omega_s}{\kappa u_*}+1.3Sv_i} \left(\frac{v_{i,j}}{v_i} \right)^{0.2+2.6\frac{\omega_s}{\kappa u_*}+Sv_i} \tag{3-2-32}$$

其中

$$C_1 = \frac{Q_i}{\int_{y_i}^{y_{i+1}} q_{ij} \left(\frac{H_{i,j}}{H_i} \right)^{(0.1-1.6\frac{\omega_s}{\kappa u_*}+1.3Sv_i)} \left(\frac{v_{i,j}}{v_i} \right)^{(0.2+2.6\frac{\omega_s}{\kappa u_*}+Sv_i)} \mathrm{d}y}$$

2)挟沙能力横向分布

类似于含沙量横向分布计算

$$\frac{S_{*k,i,j}}{S_{*k,i}} = \frac{Q_i S_{*k,i,j}^{(1)^{\gamma}}}{\sum_j Q_{ij} S_{*k,i,j}^{(1)^{\gamma}}} \tag{3-2-33}$$

其中

$$S_{*,k,i,j}^{(1)} = 2.5 \left[\frac{(0.002\,2 + Sv_{i,j}) U_{i,j}^3}{\kappa_{i,j} \left(\frac{\gamma_s - \gamma_m}{\gamma_m} \right)_{i,j} g h_{i,j} \omega_{k,i,j}} \ln \left(\frac{H_{i,j}}{6D_{50i}} \right) \right]^{0.62}$$

式(3-2-31)~式(3-2-33)中:i 为断面编号;j 为子断面编号;k 为粒径组编号;$S_{k,i}$ 为全断面含沙量;$S_{k,i,j}$ 为子断面含沙量;β、γ 为指数,由实测资料率定;其余符号意义同前。

8. 纵向离散系数

纵向离散系数是反映河流纵向混合特性的重要参数,断面流速分布不均匀是引起水流纵向离散的主要因素。其相应的计算方法主要包括实测法和经验公式法。

1)实测法

通过一维水质模型的推导,可得到河流纵向离散系数的积分计算公式

$$E_x = -\frac{1}{A} \int_0^B q(y) \mathrm{d}y \int_0^y \frac{1}{D_y h(y)} \mathrm{d}y \int_0^y q(y) \mathrm{d}y \tag{3-2-34}$$

式中:E_x 为纵向离散系数;A 为横断面面积;B 为河道宽度;$h(y)$ 为横向坐标 y 处的水深;D_y 为河道横向扩散系数;$q(y)$ 为横向坐标 y 处单宽流量相对于断面平均流量的偏差,$q(y) = \int_0^{h(y)} u(z,y) \mathrm{d}z$;$u(z,y)$ 为横向坐标 y 处垂向 z 点流速相对于垂向平均流速的偏差;其余符号意义同前。

用实测法估算得到的纵向离散系数，还需要有详细的断面流速分布资料。

2）经验公式法

纵向离散系数经验公式的一般形式如下

$$E_x = \alpha h u_* \tag{3-2-35}$$

式中：α 为经验系数，相应的表达式如下：

Fischer $\alpha = 0.011u^2b^2/(Hu_*)^2$

Mcquivey 和 Keefer $\alpha = 0.058u/(Ju_*)$

Iwasa 和 Aya $\alpha = 2.0(B/H)^{1.5}$

Seo 和 Cheong $\alpha = 5.915(B/H)^{0.62}(u/u_*)^{1.428}$

9. 污染物综合降解系数

污染物综合降解系数可由河水实测数据计算或实验室测定值估算。

1）由河水实测数据计算

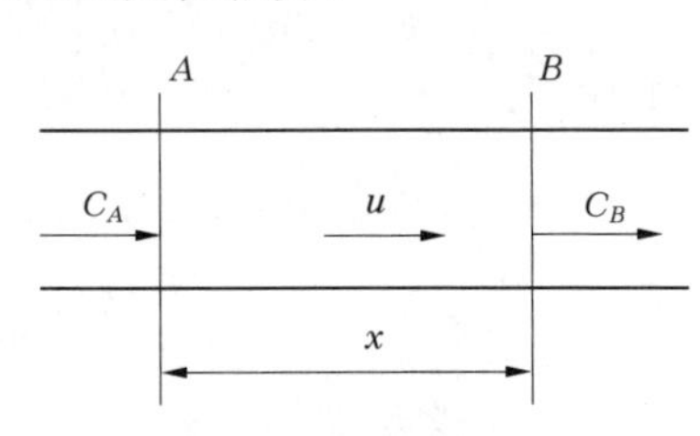

图 3-2-3　两点法推求污染物综合降解系数示意图

在有河流实测断面资料的情况下，可以利用上下断面两点法反推污染物综合降解系数，见图 3-2-3。

设污染物在断面上混合均匀。测得上、下断面污染物浓度分别为 C_A 和 C_B，河段平均流速为 u，河段长为 x，则有

$$K = \frac{u}{x}\ln\frac{C_A}{C_B} \tag{3-2-36}$$

式中：C_A、C_B、u、x 等可以从水质监测断面获取，并可以利用实时监测资料进行修正。

2）由实验室测定值估算

采用模拟试验的方法，研究代表性污染物在水体中综合降解的动力学机理，在实验室测得不同时间污染物的浓度值，求得实验室条件下污染物的综合降解系数，结合实际河流的水环境条件，对实验室数值进行修正，可用 Bosko 经验公式修正

$$K_{河流} = K_{实验室} + \alpha\frac{u}{h} \tag{3-2-37}$$

式中：α 为经验系数，一般为 0.1 ~ 0.6。

3.2.2　模型测试

3.2.2.1　水流构件测试

1. 突然扩宽渠道的水跃测试

1980 年 Khalifa A. M. 为研究水跃发生的理论，在实验室内开展了突然扩宽水跃试验。该试验水槽为平底，水槽详细形状及尺寸见图 3-2-4。水槽进口流量 $Q = 0.0263$ m^3/s，进口水深 $H = 0.088$ m，水跃下游水深 $H = 0.195$ m，根据水槽预备试验，谢才系数 $C = 110$。

水流构件测试时选用侧向通量方法，进口给定流量，出口直接给定水位，计算值与试验测量值的比较见图 3-2-4，由图 3-2-4 可知，模拟结果能较好地反映水跃发生的部位、水跃长度及水跃过程水面线。

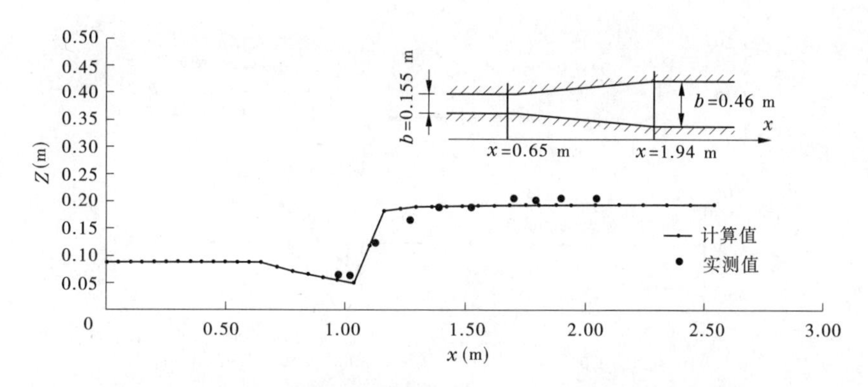

图 3-2-4 水跃水面线试验值与数值模拟值比较(内图为水槽形状及尺寸)

2. 压缩 - 扩展相间河槽水跃模拟

压缩 - 扩展相间河槽水跃模拟试验渠道为矩形水槽,长度为 4.445 m,主要由进口段、收缩段和扩展段三部分组成。进口段长 2.54 m,宽 0.304 8 m;收缩段是两边平均收缩,收缩角度为 11°,收缩段最窄处宽 0.152 4 m,长 0.152 4 m,然后又向两边平均扩展至 0.304 8 m,扩展角为 9°;出口段长 1.372 m,宽 0.304 8 m。平面形态见图 3-2-5(a)。河段进出口段平均比降为 0,但收缩段有一段倒比降存在,河道地形见图 3-2-5(b)。试验条件见表 3-2-2。

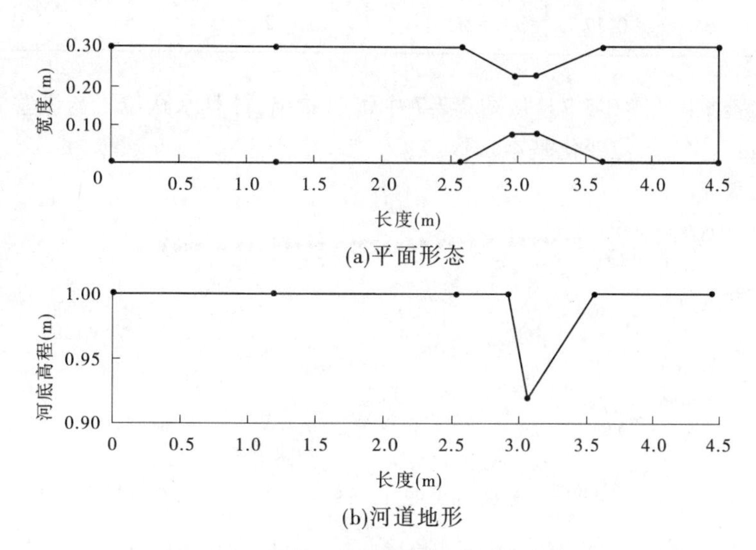

(a)平面形态

(b)河道地形

图 3-2-5 压缩 - 扩展相间河槽形态示意图

表 3-2-2 压缩 - 扩展相间河槽试验条件

J	H_{up}	H_{down}	u_{up}	u_{down}	Fr_{up}	Fr_{down}	J_0	n
0.014 5	0.12	0.03	0.4	1.375	0.37	1.37	0	0.01

模型计算与实测水位变化见图 3-2-6。由图 3-2-6 可以看出,跌水、水跃发生位置与试验结果较为符合,水位基本一致。

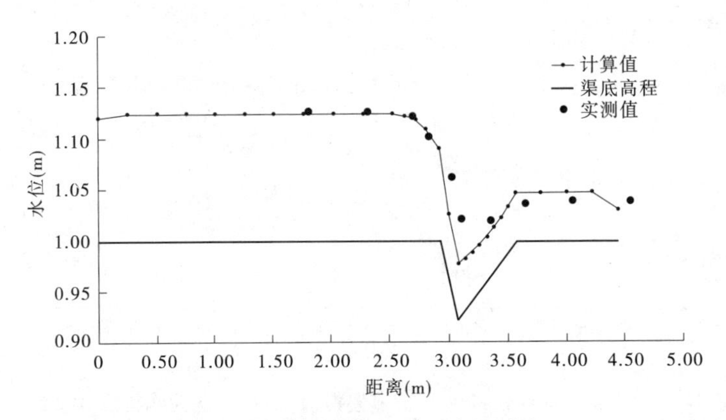

图 3-2-6　模型计算与实测水位对比

3. 顺直水槽水跃过程模拟

顺直水槽水跃过程模拟试验水槽为矩形，长 13.9 m，宽 0.45 m，底坡为 0，试验条件见表 3-2-3。

表 3-2-3　顺直水槽水跃过程模拟试验条件

Q	H_{up}	H_{down}	u_{up}	u_{down}	Fr_{up}	Fr_{down}	J_0	n
0.053	0.064	0.17	1.82	0.69	2.30	0.53	0	0.008

模型计算结果见图 3-2-7。从图 3-2-7 中可以看出，计算水跃位置与试验测量值相比，提前了 0.2 m 左右；水位变化基本一致。

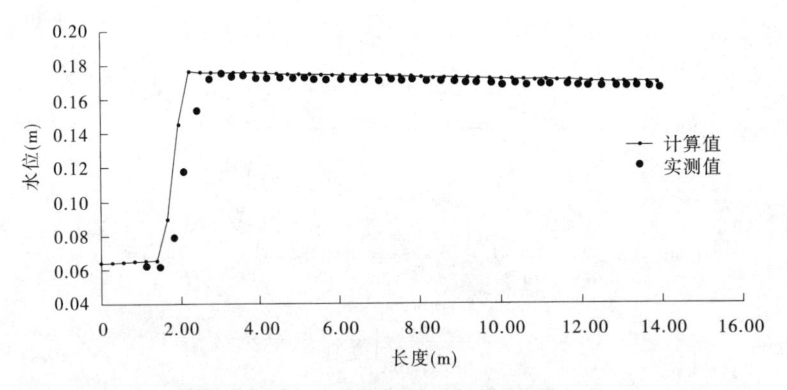

图 3-2-7　水位沿水槽纵向分布

3.2.2.2　水质构件测试

假定在很短的 Δt 时间内，排污口瞬时突发性地排放质量为 W 的污染物，它与流量为 Q 的河水迅速均匀混合，在 $x=0$ 断面形成一个平面（面积为 A）污染源。在上述条件下，不同流动距离、不同时间河流各断面的水质浓度可用下式来表达其时空变化，即

$$C(x,t) = C_0 \frac{u}{\sqrt{4\pi Et}} \exp(-kt) \exp\left[-\frac{(x-ut)^2}{4Et}\right] \tag{3-2-38}$$

式中:C 为 x 处 t 时河水断面污染物浓度;C_0 为 $x=0$ 处瞬时投放的平面污染源浓度,$C_0=\frac{W}{Q}$;W 为瞬时排放的污染物总量;Q 为河水流量;A 为河流断面面积;u 为平均流速;E 为弥散系数;k 为污染物衰减系数。

【计算案例】 某河始端瞬时投放 10 kg 示踪剂,河流流速为 0.5 m/s,弥散系数为 50 m^2/s,河流断面面积为 20 m^2,求河流下游 500 m 处河水示踪剂浓度随时间的变化曲线。①利用一维水质模型计算示踪剂浓度过程;②取不同的时间 t,带入解析解公式计算浓度过程,两种方法计算结果比较见图 3-2-8。

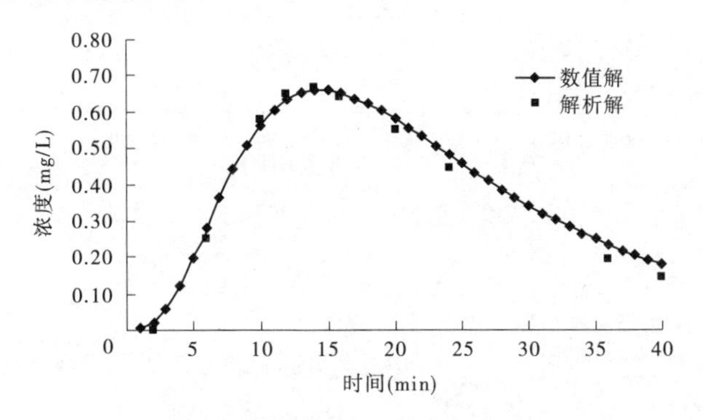

图 3-2-8 数值解与解析解计算结果比较($x=500$ m)

从图 3-2-8 中可以看出,数值解与解析解计算传播时间过程、峰值浓度基本相近。浓度过程下降阶段,数值解与解析解计算在数值上稍有差别,但最大误差小于 10%。模型精度能够满足可溶性污染物迁移转化过程计算要求。

3.2.3 模型参数率定

主要利用 2006 年汛期调水调沙、2006 年黄河柴油污染、2006 年"引黄济淀"应急生态调水重点河段水环境质量等实测资料对模型参数进行了率定。

3.2.3.1 2006 年调水调沙过程率定

1. 计算边界条件

计算初始地形边界为 2006 年汛前实测大断面,计算河段为花园口—利津河段,计算时段为 2006 年 6 月 10 日至 7 月 1 日,相应花园口水文站实测水沙过程见图 3-2-9。

2. 流量水位过程比较

各水文站断面计算与实测流量、水位过程对比见图 3-2-10。由图 3-2-10 可以看出,夹河滩、高村、艾山、孙口、泺口等水文站计算洪峰变化过程比较符合实测值,洪水传播时间的计算值与实测值基本吻合。流量平均偏差为 50 ~ 150 m^3/s,水位平均偏差为 0.15 ~ 0.35 m。

3. 含沙量过程比较

图 3-2-11 为夹河滩、孙口、利津水文站计算与实测含沙量比较。从图 3-2-11 中看出,各站含沙量模型计算值与实测值符合较好,且含沙量峰值出现时间与实测值一致。

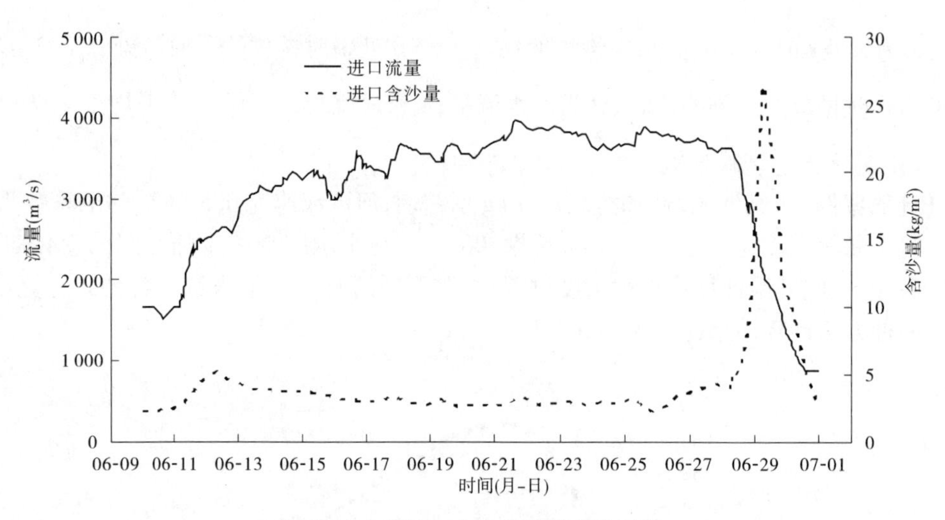

图 3-2-9　花园口水文站实测水沙过程

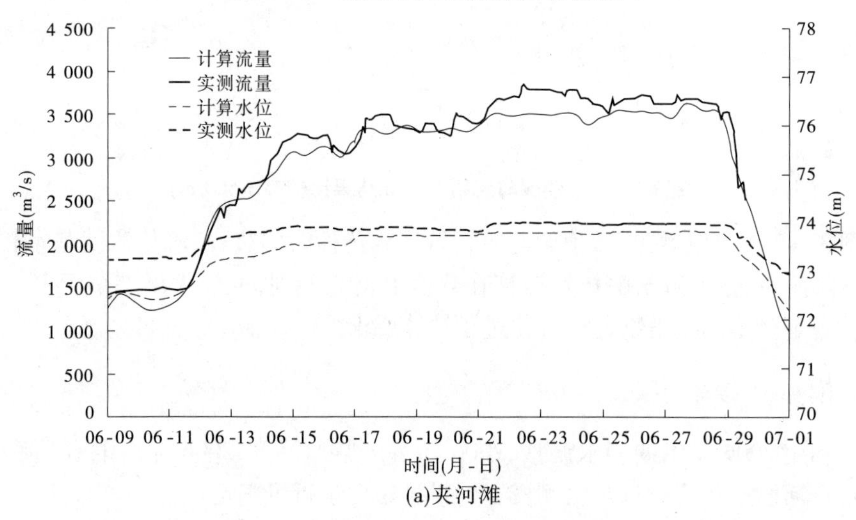

(a)夹河滩

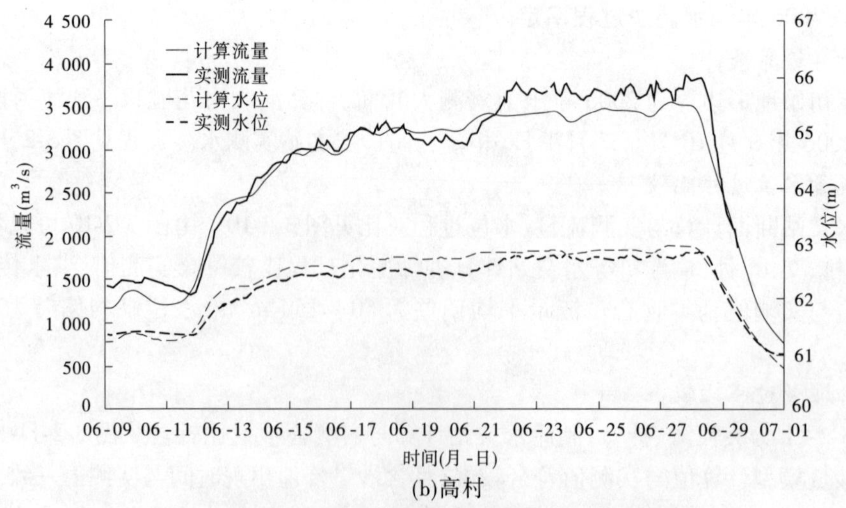

(b)高村

图 3-2-10　各水文站计算与实测流量、水位过程对比

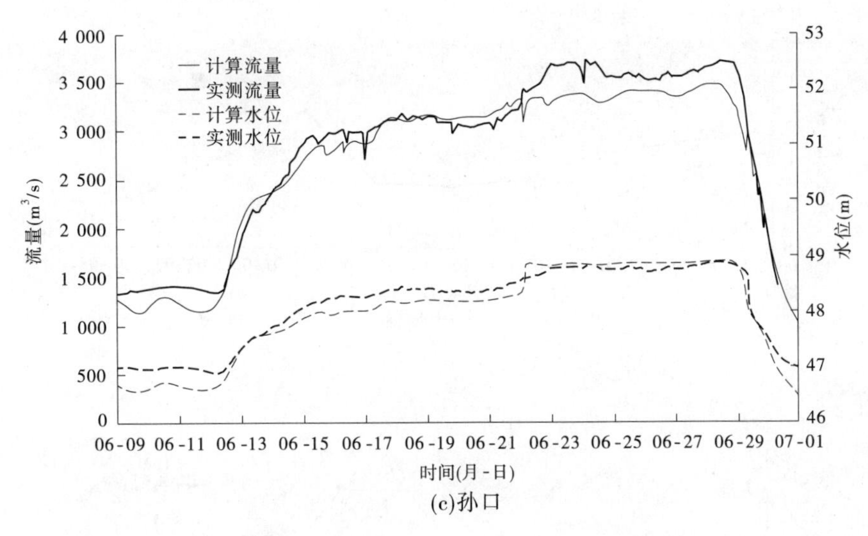

(c)孙口

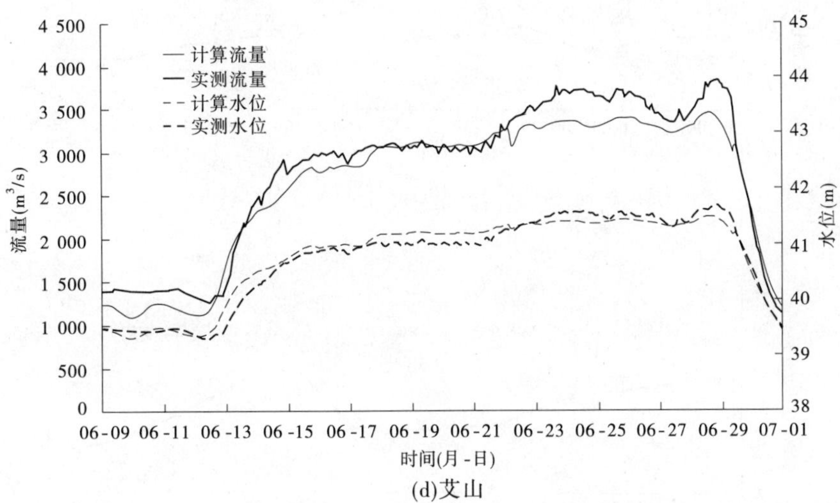

(d)艾山

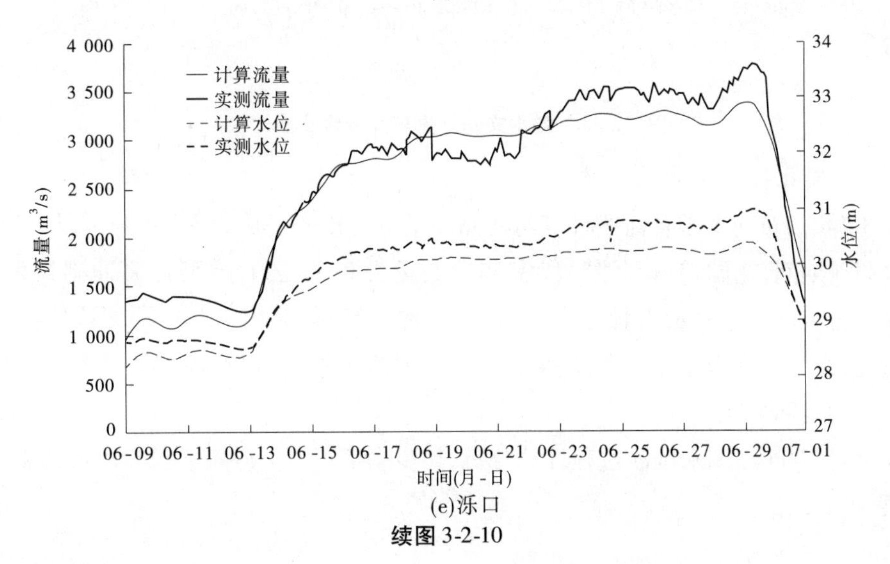

(e)泺口

续图 3-2-10

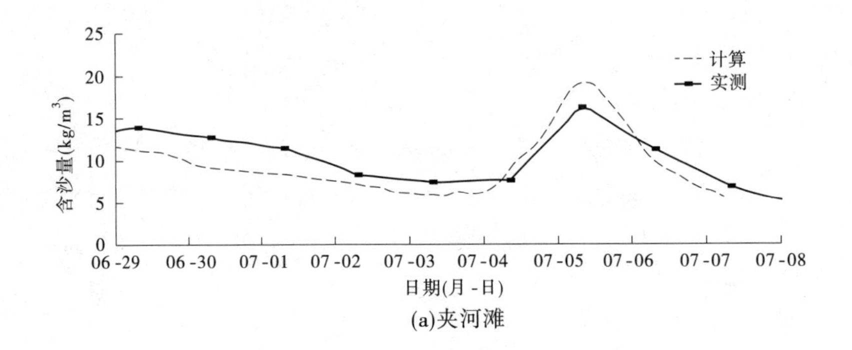

(a)夹河滩

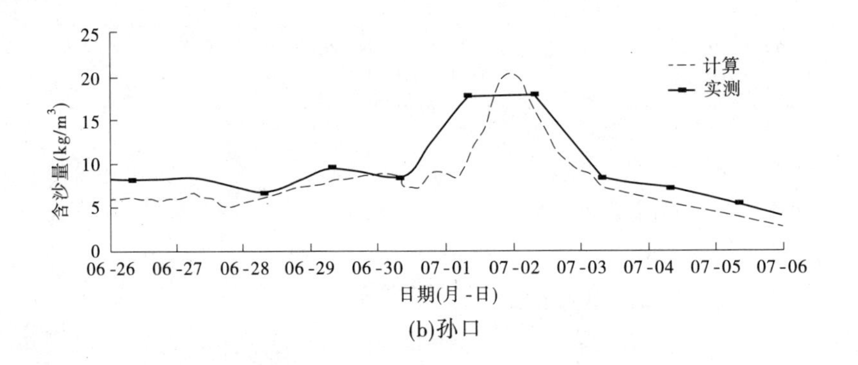

(b)孙口

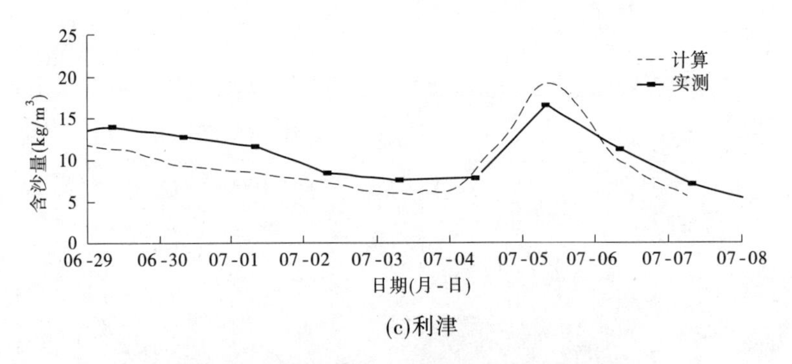

(c)利津

图 3-2-11　各水文站计算与实测含沙量比较

4. 冲淤量比较

表 3-2-4 为黄河下游各河段计算与实测冲淤量对比表。从表 3-2-4 中可以看出,2006 年调水调沙期间,花园口—利津河段实测冲刷量为 0.50 亿 t,模型计算冲刷量为 0.446 亿 t;从下游各河段冲淤量沿程分布来看,夹河滩—高村、艾山—泺口两河段实测值为微淤状态,而模型计算为微冲状态,但从各河段冲淤量定量上分析,模型计算基本上反映了黄河下游的实际情况。

通过对 2006 年调水调沙过程计算分析,初步率定黄河下游各河段分滩槽初始糙率率定成果,见表 3-2-5。

表 3-2-4　黄河下游各河段计算与实测冲淤量对比　（单位：亿 t）

河段	冲淤量	
	计算值	实测值
花园口—夹河滩	-0.151 4	-0.190 7
夹河滩—高村	-0.005 7	0.006 4
高村—孙口	-0.142 0	-0.153 3
孙口—艾山	-0.031 0	-0.039 0
艾山—泺口	-0.003 7	0.004 5
泺口—利津	-0.112 5	-0.127 9
合计	-0.446 3	-0.500 0

表 3-2-5　黄河下游各河段分滩槽初始糙率率定成果

滩槽	花园口—夹河滩	夹河滩—高村	高村—孙口	孙口—艾山	艾山—泺口	泺口—利津
主槽	0.013 0	0.011 0	0.010 5	0.010 0	0.011 5	0.010 5
嫩滩	0.025	0.022	0.020	0.020	0.028	0.022

3.2.3.2　2006 年黄河柴油污染事件数值模拟

1. 计算边界条件

2006 年 1 月 4 日，黄河支流伊洛河发生了水污染事件，河面漂浮大量的泄漏柴油，致使伊洛河受到严重的石油类污染物污染，水质严重恶化。模型计算范围为花园口—利津河段，进口给定实测流量过程（见图 3-2-12）。由于缺少柴油在伊洛河入黄断面浓度过程，且同步监测资料不够完整，故选择孙口和艾山东大浮桥两个断面的监测数据对事件中柴油污染物迁移过程进行验证，图 3-2-13 为孙口断面实测浓度过程。研究河段弥散系数采用 Fisher 公式。

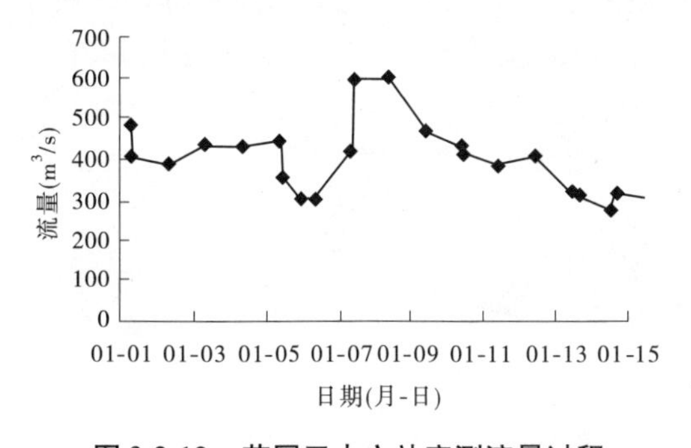

图 3-2-12　花园口水文站实测流量过程

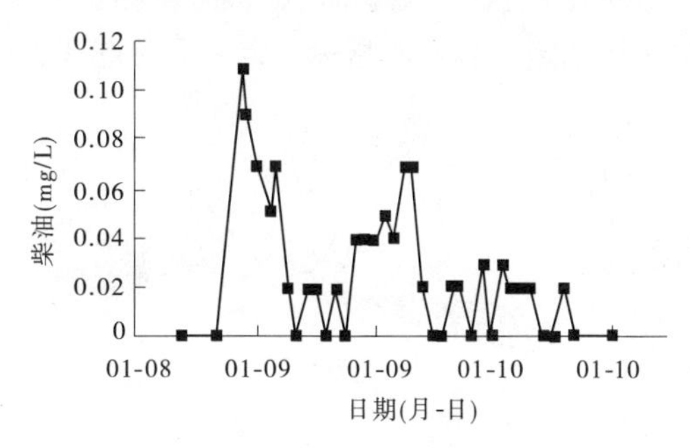

图 3-2-13　孙口断面实测浓度过程

2. 计算结果分析

图 3-2-14 为孙口、艾山水文站流量过程计算与实测对比图，可以看出洪水传播时间计算值与实测值非常吻合，流量计算值与实测值差别在 100 m^3/s 之内，流量计算精度基

本能够满足要求。

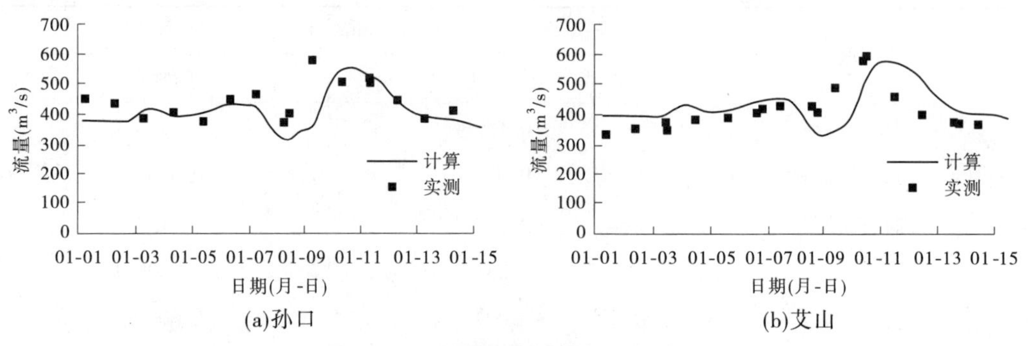

图 3-2-14 流量过程计算与实测对比

图 3-2-15 为艾山柴油浓度过程计算与实测对比图，可以看出浓度传播时间计算值与实测值基本吻合，浓度峰值计算比实测偏小 0. 007 mg/L，计算误差最大为 17. 5%。浓度计算精度基本能够满足要求。由此初步率定柴油降解系数为 0. 048 d^{-1}。

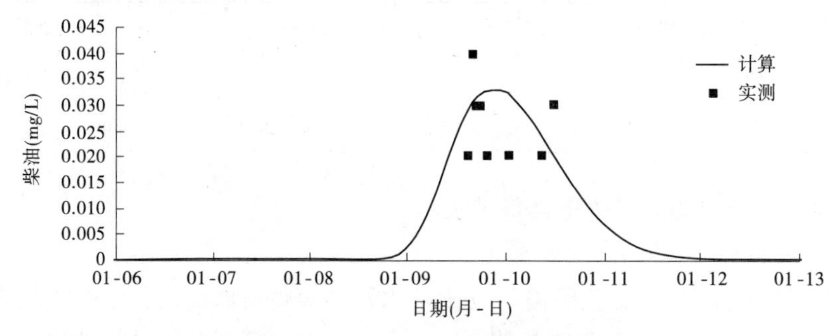

图 3-2-15 艾山柴油浓度过程计算与实测对比

3. 2. 3. 3 2006 年“引黄济淀”应急生态调水重点河段水环境质量率定

利用 2006 年 11 月至 2007 年 3 月“引黄济淀”重点河段水质监测资料，对水质模型有关参数进行率定。模型计算河段为花园口—利津，地形采用 2006 年汛后实测大断面资料。重点对氨氮、化学需氧量、氟化物、高锰酸盐指数、总氮和氟化物等水质指标的降解系数进行率定。各水质指标率定过程见图 3-2-16，各水质指标降解系数率定成果见表 3-2-6。

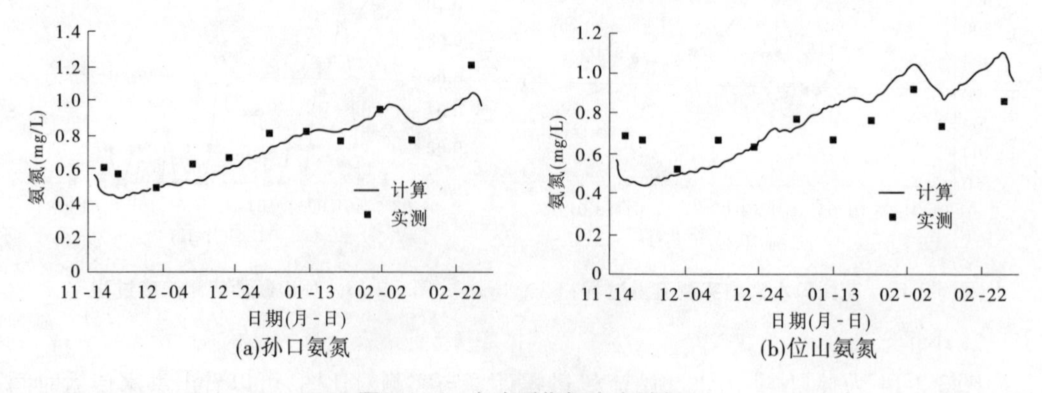

图 3-2-16 各水质指标率定过程

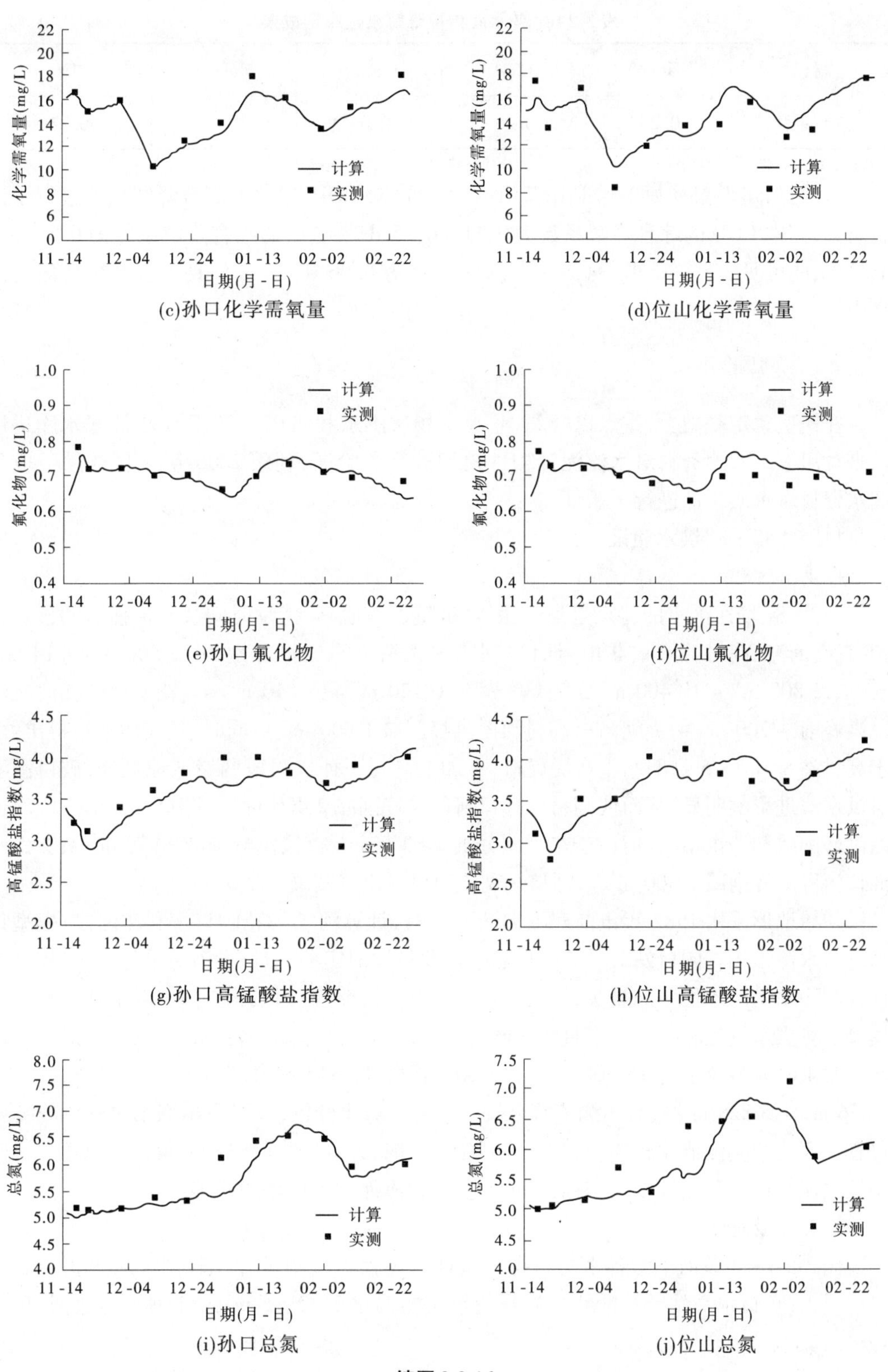

化学需氧量(mg/L)
计算
实测
日期(月-日)
11-14
12-04
12-24
01-13
02-02
02-22
(c)孙口化学需氧量
(d)位山化学需氧量
氟化物(mg/L)
(e)孙口氟化物
(f)位山氟化物
高锰酸盐指数(mg/L)
(g)孙口高锰酸盐指数
(h)位山高锰酸盐指数
总氮(mg/L)
(i)孙口总氮
(j)位山总氮

续图 3-2-16

表 3-2-6 各水质指标降解系数率定成果 （单位:d^{-1}）

指标	NH_3—N	COD	F^-	MnO_4^-	TN
降解系数	0.25	0.06	0.09	0.18	0.22

“十五”期间，郝伏勤等曾利用黄河原状水样，对COD、氨氮的综合降解系数进行了试验研究，其中COD的综合降解系数为0.11～0.25 d^{-1}，氨氮的综合降解系数为0.1～0.2 d^{-1}。由此可见，率定COD、氨氮综合降解系数为0.06 d^{-1}、0.25 d^{-1}，基本在合理范围之内。

3.2.4 模型验证

在模型率定基础上，重点以“82·8”典型场次洪水和2002～2007年小浪底水库运用以来黄河下游实测资料对水流泥沙构件模型进行了验证；利用2008年“引黄济淀”应急调水资料对水质构件进行了验证。

3.2.4.1 “82·8”洪水验证

1.洪水过程

“82·8”场次洪水的特点是涨势猛、洪水量大峰值高、持续时间长和传播时间慢。花园口、夹河滩、高村、孙口、艾山、泺口、利津水文站洪峰流量分别为15 300 m^3/s、14 600 m^3/s、12 800 m^3/s、10 400 m^3/s、7 430 m^3/s、6 120 m^3/s、5 810 m^3/s。花园口—夹河滩河段洪峰削减700 m^3/s，夹河滩—高村河段洪峰削减1 800 m^3/s；同时，从实测资料得出：由于高村站8月4～5日期间生产堤破口，再加上高村—孙口河段两岸滩地低洼，破口漫滩对洪水演进影响明显，从而使高村—孙口河段洪峰削减2 400 m^3/s；孙口—艾山河段河道内洪峰削减和滞洪不大，但由于东平湖分洪3.63亿m^3，该段洪峰削减2 970 m^3/s；艾山—泺口河段洪峰削减1 300 m^3/s，泺口—利津河段只洪峰削减310 m^3/s。

初始地形采用1982年汛前实测大断面资料，计算河长为花园口—利津河段；模型计算进口水沙采用花园口站7月30日至8月28日期间实测流量、含沙量过程；出口控制条件为利津站实测水位—流量关系。图3-2-17为夹河滩、高村、孙口、艾山、泺口各水文站模型计算洪水过程和实测洪水过程比较图。花园口、夹河滩、高村、孙口、艾山、泺口、利津水文站洪峰流量分别为15 300 m^3/s、15 009 m^3/s、12 340 m^3/s、9 329 m^3/s、8 065 m^3/s、5 856 m^3/s、5 828 m^3/s，与实测值符合较好。通过对比分析，可以看出涨水过程洪峰变化过程计算值与实测值比较吻合；当洪峰开始回落时，计算的洪峰过程略偏离实测值。说明漫滩水流归槽过程比较复杂，有必要进一步完善漫滩水流归槽模拟能力。

2.含沙量过程

图3-2-18为黄河下游各水文站含沙量计算过程与实测过程比较图。从图3-2-18中可以看出，孙口水文站计算沙峰含沙量值较实测偏小11.2 kg/m^3，泺口水文站偏小10.8 kg/m^3，其他站吻合较好。

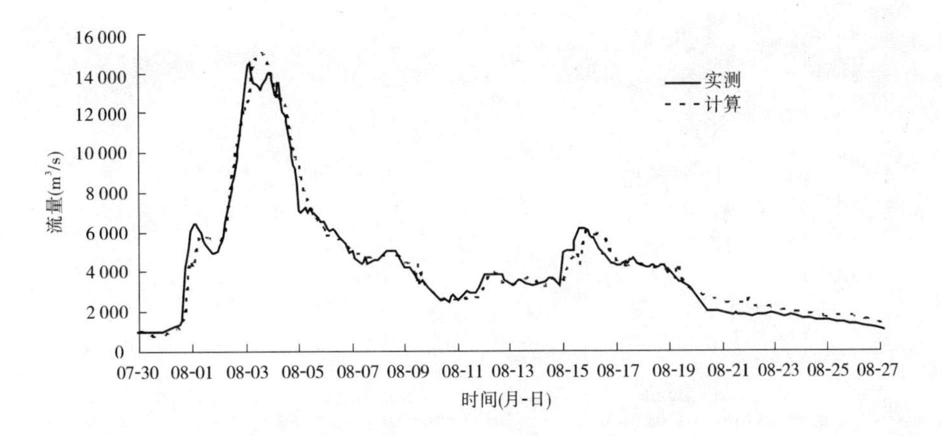

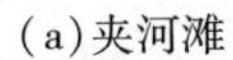

(a)夹河滩

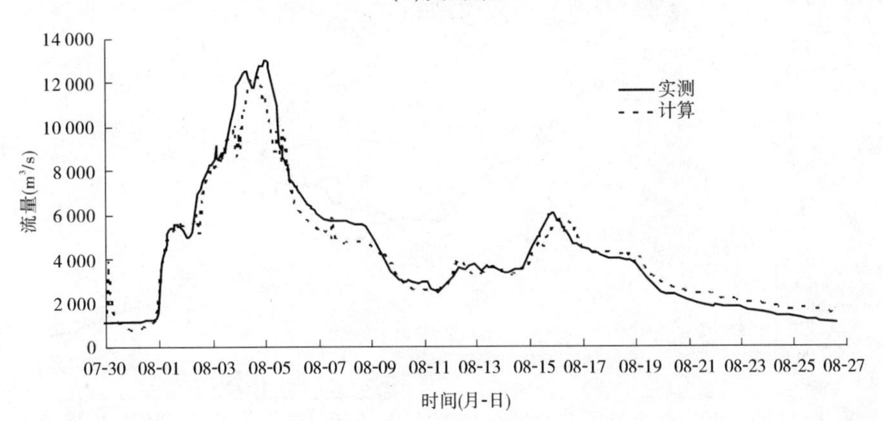

(b)高村

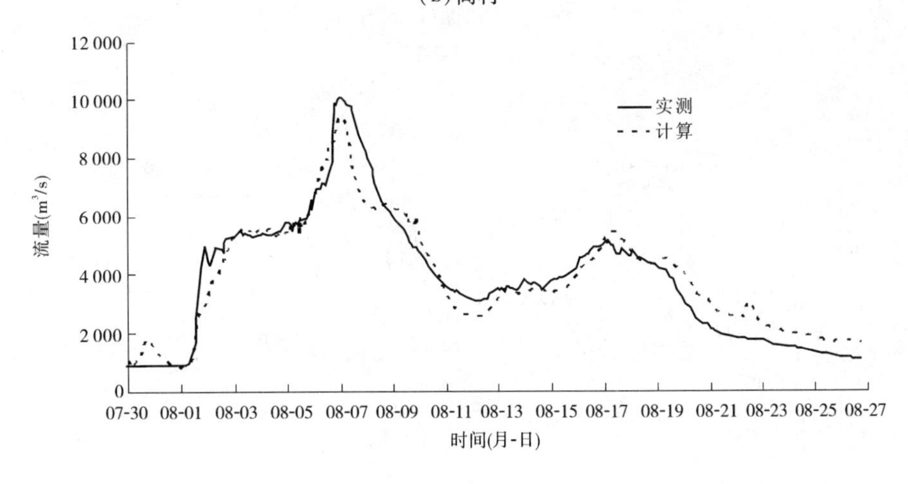

(c)孙口

图 3-2-17　黄河下游各水文站计算洪水过程与实测洪水过程比较

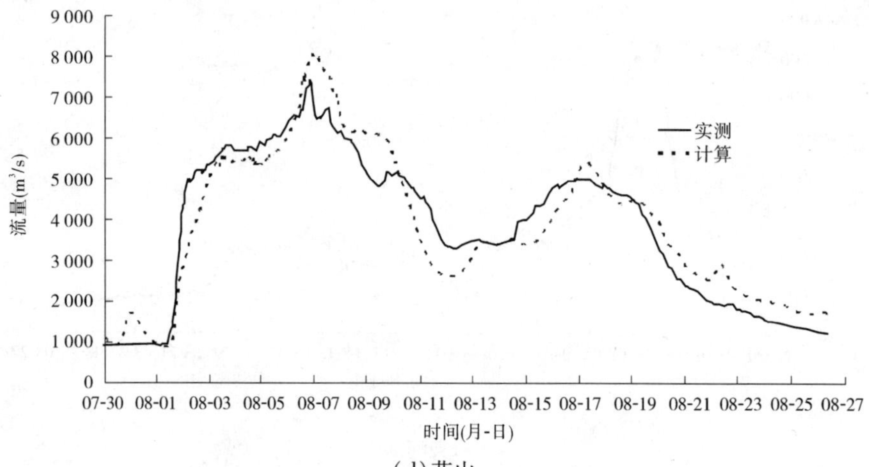

(d)艾山

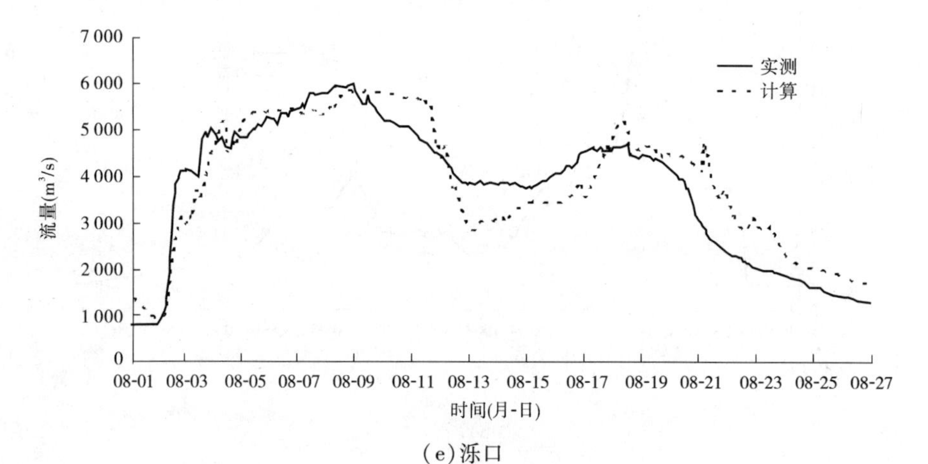

(e)泺口

续图 3-2-17

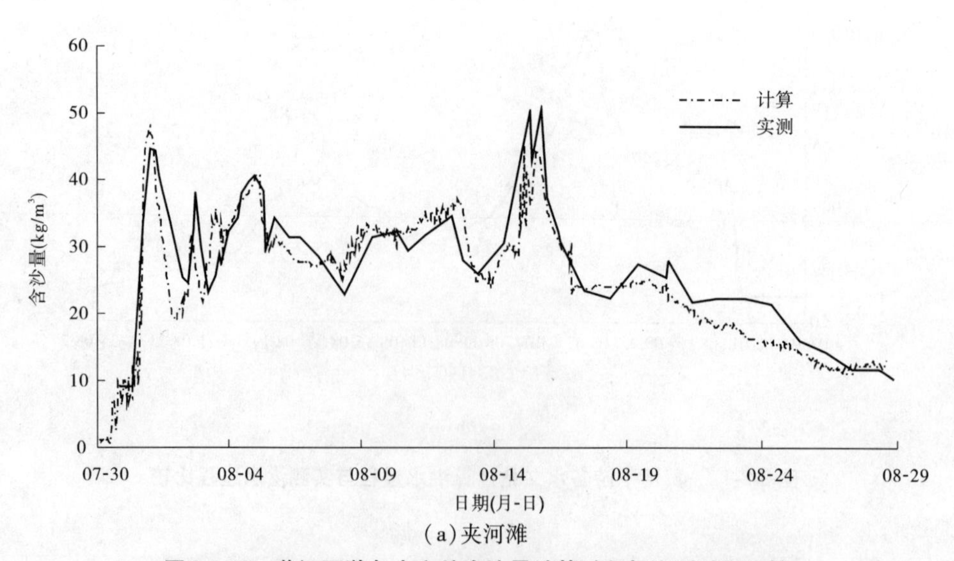

(a)夹河滩

图 3-2-18　黄河下游各水文站含沙量计算过程与实测过程比较

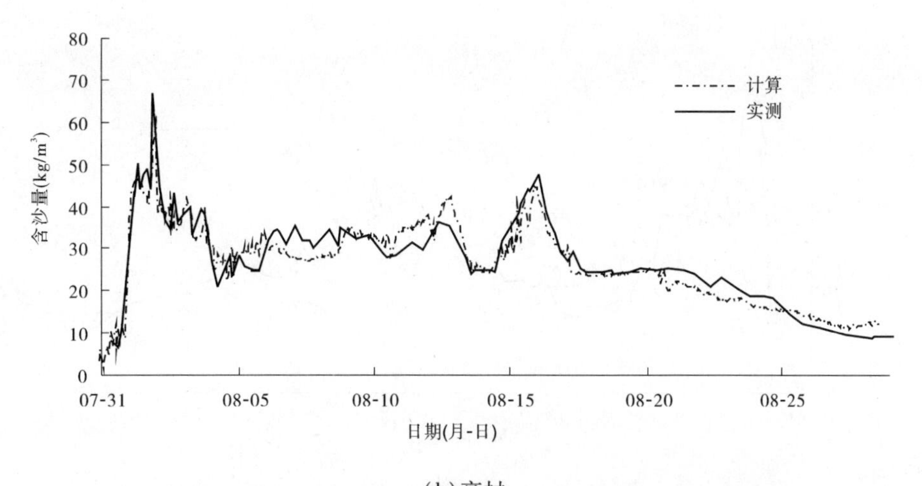

(b)高村

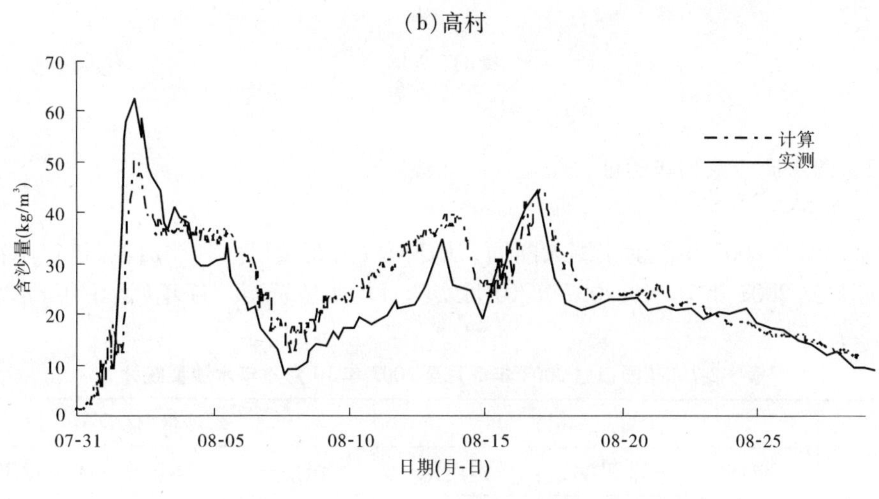

(c)孙口

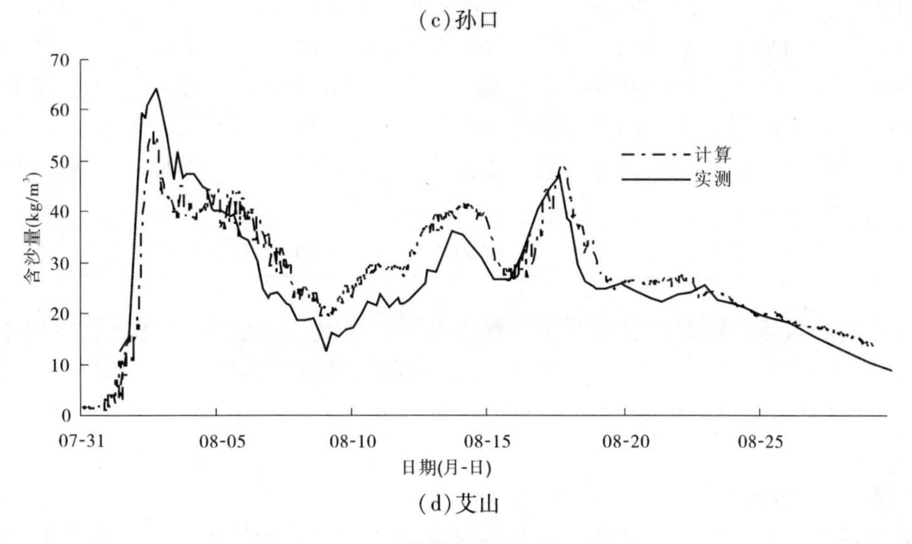

(d)艾山

续图 3-2-18

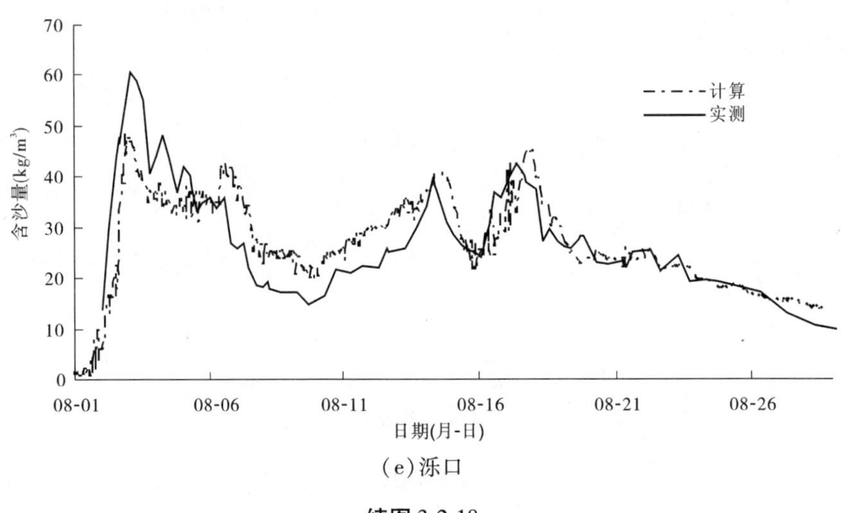

(e)泺口

续图 3-2-18

3.2.4.2 调水调沙系列年验证

1. 边界条件

初始地形为2002年汛前实测大断面,计算河段为花园口—利津河段,进口水沙条件采用花园口站2002年7月至2007年10月实测日均水沙资料。逐年(运用年)水沙量统计见表3-2-7。

表3-2-7 花园口站2002年7月至2007年10月逐年水沙量统计

年份	水量(亿 m^3)			沙量(亿 t)		
	汛期	非汛期	运用年	汛期	非汛期	运用年
2002	91.2	76.4	167.6	0.92	0.14	1.06
2003	139.5	202.8	342.3	1.60	0.54	2.14
2004	87.3	145.9	233.2	1.72	0.39	2.11
2005	94.8	208.5	303.3	0.64	0.48	1.12
2006	83.8	138.8	222.6	0.39	0.20	0.59
2007	124.5			0.63		
合计	621.1	772.4	1 393.5	5.90	1.75	7.65

下游各河段床沙级配及引水引沙资料均采用实测值,花园口—利津河段年引水量统计见表3-2-8。期间,花园口—夹河滩、夹河滩—高村、高村—孙口、孙口—艾山、艾山—泺口、泺口—利津引水量分别为22.6亿 m^3、48.5亿 m^3、46.6亿 m^3、62.3亿 m^3、75.4亿 m^3、95.1亿 m^3。

2. 各河段冲淤量

各河段冲淤量计算与实测统计见表3-2-9。可以看出,2002年7月至2007年10月花园口—利津河段,实测冲刷量为8.462 3亿t,计算冲刷量为7.564 4亿t;从年际间看,2002年7月至2002年10月、2002年11月至2003年10月、2003年11月至2004年10

月、2004 年 11 月至 2005 年 10 月、2005 年 11 月至 2006 年 10 月、2006 年 11 月至 2007 年 10 月实测冲淤量分别为 0. 213 9 亿 t、2. 948 4 亿 t、1. 374 1 亿 t、1. 194 7 亿 t、1. 157 0 亿 t、1. 574 3 亿 t，相应计算冲淤量为 0. 688 6 亿 t、2. 071 8 亿 t、1. 593 8 亿 t、1. 124 5 亿 t、1. 086 5 亿 t、0. 900 3 亿 t，除 2002 年汛期计算值略为偏大外，其余年份符合较好。

表 3-2-8　黄河下游各河段引水量统计　　（单位：亿 m^3）

时间	花园口—夹河滩	夹河滩—高村	高村—孙口	孙口—艾山	艾山—泺口	泺口—利津	花园口—利津
2002-07 ~ 2003-06	5. 9	12. 2	11. 8	13. 4	13. 6	22. 4	79. 3
2003-07 ~ 2004-06	4. 0	5. 7	6. 7	12. 8	13. 9	16. 4	59. 5
2004-07 ~ 2005-06	4. 3	6. 9	7. 7	16. 6	13. 6	14. 3	63. 4
2005-07 ~ 2006-06	3. 6	11. 3	10. 0	5. 8	14. 9	16. 1	61. 6
2006-07 ~ 2007-06	3. 6	11. 4	8. 7	13. 2	16. 9	22. 8	76. 6
2007-07 ~ 2007-10	1. 2	1. 0	1. 7	0. 5	2. 5	3. 1	9. 9
合计	22. 6	48. 5	46. 6	62. 3	75. 4	95. 1	350. 3

表 3-2-9　黄河下游各河段冲淤量计算与实测统计　　（单位：亿 t）

河段	项目	2002-07 ~ 2002-10	2002-11 ~ 2003-10	2003-11 ~ 2004-10	2004-11 ~ 2005-10	2005-11 ~ 2006-10	2006-11 ~ 2007-10
花园口—夹河滩	计算	-0. 208 6	-0. 596 7	-0. 367 4	-0. 211 0	-0. 175 0	-0. 136 8
	实测	-0. 145 0	-0. 616 2	-0. 553 8	-0. 345 8	-0. 824 2	-0. 575 9
夹河滩—高村	计算	-0. 095 3	-0. 333 4	-0. 261 3	-0. 185 2	-0. 177 3	-0. 142 1
	实测	0. 206 1	-0. 534 3	-0. 365 3	-0. 375 7	-0. 100 1	-0. 206 7
高村—孙口	计算	-0. 121 2	-0. 422 3	-0. 330 0	-0. 243 3	-0. 242 3	-0. 199 3
	实测	0. 073 1	-0. 336 7	-0. 065 0	-0. 252 2	-0. 278 2	-0. 327 6
孙口—艾山	计算	-0. 066 3	-0. 193 6	-0. 145 7	-0. 109 6	-0. 108 5	-0. 091 8
	实测	-0. 019 6	-0. 188 5	-0. 068 9	-0. 149 5	-0. 001 3	-0. 084 5
艾山—泺口	计算	-0. 079 2	-0. 234 8	-0. 183 6	-0. 136 9	-0. 138 0	-0. 114 9
	实测	-0. 093 5	-0. 517 4	-0. 145 6	-0. 247 0	0. 096 2	-0. 170 3
泺口—利津	计算	-0. 118 0	-0. 291 1	-0. 305 8	-0. 238 5	-0. 245 5	-0. 215 5
	实测	-0. 234 9	-0. 755 3	-0. 175 5	0. 175 5	-0. 049 4	-0. 209 3
花园口—利津	计算	-0. 688 6	-2. 071 8	-1. 593 8	-1. 124 5	-1. 086 5	-0. 900 3
	实测	-0. 213 9	-2. 948 4	-1. 374 1	-1. 194 7	-1. 157 0	-1. 574 3
合计	计算	-7. 564 4					
	实测	-8. 462 3					

注：表中实测数据采用《中国河流泥沙公报》颁布数据；淤积干容重取 1. 3 kg/m^3。

3.2.4.3 2008 年“引黄济淀”应急调水重点河段水环境质量验证

2008 年 1 月 24 日,黄委对黄河干流小浪底、花园口、高村、孙口、位山闸 5 个重点河段进行了水质监测。选择具有代表性的水质参数氨氮、化学需氧量、氟化物、高锰酸盐指数、总氮为模拟对象,由于缺少本河段污染物汇入实测资料,故选择高村—位山闸为水质模型重点研究河段。计算范围为花园口—利津,把高村作为发生污染事件的断面,模拟高村以下各河段的水环境质量。

图 3-2-19 为孙口站与引黄位山闸计算与实测水质指标比较,可以看出计算与实测污染物传播时间、污染物浓度过程基本吻合。

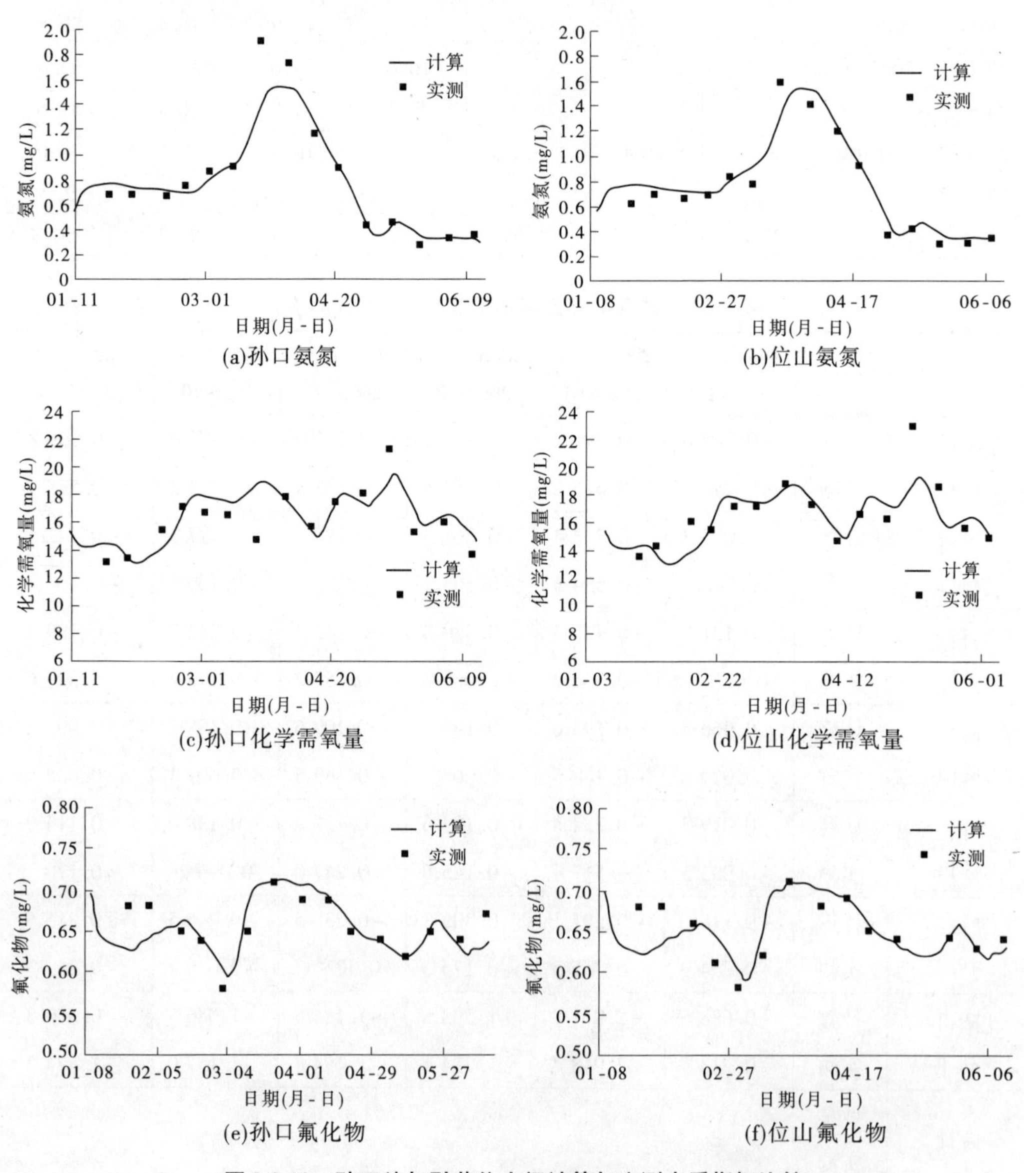

图 3-2-19 孙口站与引黄位山闸计算与实测水质指标比较

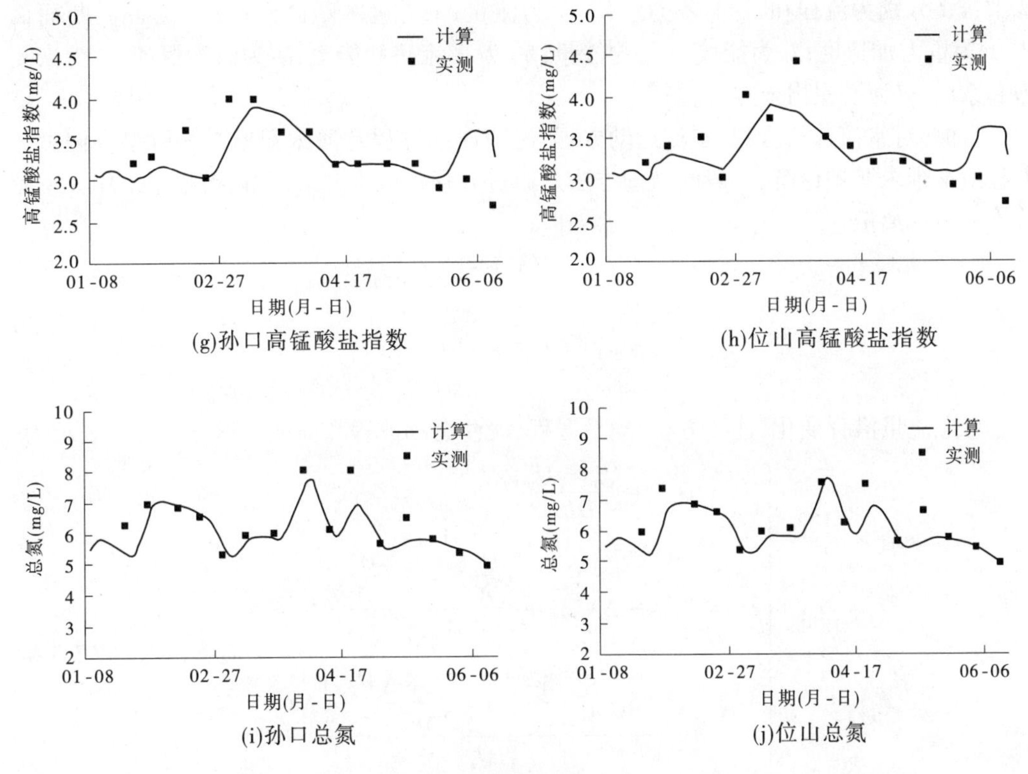

续图 3-2-19

3.3 水库一维恒定流水沙模型

3.3.1 基本方程及求解

一维恒定流悬移质泥沙数学模型的基本方程包括水流连续方程、水流运动方程、泥沙连续方程(或称悬移质扩散方程)及河床变形方程,不考虑侧向入汇。

水流连续方程

$$\frac{\mathrm{d}Q}{\mathrm{d}x} = 0 \tag{3-3-1}$$

水流运动方程

$$\frac{\mathrm{d}}{\mathrm{d}x}\left(\frac{Q^2}{A}\right) + gA\left(\frac{\mathrm{d}Z}{\mathrm{d}x} + J_{\mathrm{f}}\right) = 0 \tag{3-3-2}$$

泥沙连续方程

$$\frac{\partial}{\partial X}(QS) + \gamma' \frac{\partial A_{\mathrm{d}}}{\partial t} = 0 \tag{3-3-3}$$

河床变形方程

$$\gamma' \frac{\partial A_{\mathrm{d}}}{\partial t} = \alpha B\omega(S - S_*) \tag{3-3-4}$$

式中：x、t 分别为流程和时间；Z 为水位；Q 为流量；A 为过水断面面积；A_d 为冲淤断面面积；g 为重力加速度；J_f 为能坡；S 为含沙量；S_* 为水流挟沙能力；ω 为泥沙沉速；α 为恢复饱和系数；γ'为淤积物干容重。

目前，对水流连续方程、水流运动方程、泥沙连续方程及河床变形方程所组成偏微分方程组很难求其理论解，一般的处理方法是通过方程离散求其数值解，模型中采用如下差分格式进行离散

$$\begin{cases}\dfrac{\mathrm{d}f(x)}{\mathrm{d}x}=\dfrac{f(x_i)-f(x_{i-1})}{\Delta x_i}\\[2ex]\dfrac{\partial f(x)}{\partial t}=\dfrac{f(x_i)+f(x_{i-1})}{2\Delta t}\end{cases}\tag{3-3-5}$$

考虑流量沿程变化，连续方程、动量方程、泥沙运动方程和河床变形方程可以表示为

$$\begin{cases}Q_i=Q_{\mathrm{out}}+\dfrac{Q_{\mathrm{in}}-Q_{\mathrm{out}}}{DIS_{\mathrm{td}}}DIS_{\mathrm{id}}\\[2ex]Z_i=Z_{i-1}+\Delta X_i\overline{J_i}+\dfrac{(\dfrac{Q^2}{A})_{i-1}-(\dfrac{Q^2}{A})_i}{g\overline{A_i}}\\[2ex]S_{k,i}=\dfrac{Q_{i+1}S_{k,i+1}-\dfrac{\gamma(\Delta A_{\mathrm{d}k,i+1}+\Delta A_{\mathrm{d}k,i})}{2\Delta t}\Delta X_i}{Q_i}\\[2ex]\Delta Z_{\mathrm{b}k,i,j}=\dfrac{\alpha\omega_k(S_{k,i,j}-S_{*k,i,j})\Delta t}{\gamma}\end{cases}\tag{3-3-6}$$

式(3-3-6)中，$\overline{J_i}=\dfrac{J_i+J_{i-1}}{2}$，$\overline{A_i}=\dfrac{A_i+A_{i-1}}{2}$；断面编号自潼关至大坝依次减小；其余符号意义同前。

3.3.2 关键参量处理

3.3.2.1 泥沙沉速

单颗粒泥沙自由沉降公式采用水电部1975年《水文测验试行规范》中推荐的沉速公式，考虑到黄河含沙量高、细沙比重较大，颗粒间的相互影响大，浑水黏性作用也比较大，故需对单颗粒泥沙的自由沉速作修正。具体的修正办法就是以浑水容重 γ_m、动力黏滞系数 μ_m、运动黏滞系数 ν_m 代替对应的清水值 γ_0、μ_0 及 ν_0，可得到单颗粒泥沙在浑水中的沉速 ω_{sk}，动力黏滞系数 μ_m 采用费祥俊公式进行计算。

3.3.2.2 动床阻力

泥沙冲淤变化过程中，糙率的变化是非常复杂的，基于淤积细化糙率变小、冲刷粗化糙率变大的认识，作以下处理

$$n_{t,i,j}=n_{t-1,i,j}-\alpha\frac{\Delta A_{i,j}}{A_0}\tag{3-3-7}$$

式中：α、A_0 为常数，$\alpha=0.01\sim0.05$，$A_0=20\ 000\sim26\ 000$；$\Delta A_{i,j}$ 为某时刻各子断面的冲淤

面积;t 为时间。

3.3.2.3 恢复饱和系数

恢复饱和系数 α 是一个经验参数,一般的处理方法是根据实测资料进行率定。本模型则从水沙变化过程的连续性着手,采用以下处理方法

$$\alpha=\begin{cases}0.5\alpha^{*} & S\geqslant 1.5S_{*}\\ \left(1-\dfrac{S-S_{*}}{S_{*}}\right)\alpha^{*} & S_{*}\leqslant S<1.5S_{*}\\ \left(1-2\dfrac{S-S_{*}}{S_{*}}\right)\alpha^{*} & 0.5S_{*}\leqslant S<S_{*}\\ 2\alpha^{*} & S\leqslant 0.5S_{*}\end{cases}\tag{3-3-8}$$

式中:α^{*} 为平衡条件下的恢复饱和系数,对于不同粒径组应有所不同,模型中采用 $\alpha_k^{*}=\dfrac{\alpha^{*}}{d_k^{0.8}}$。

3.3.2.4 子断面含沙量与断面平均含沙量关系

将河床变形方程应用于各粒径组和各子断面,还需求得子断面含沙量,根据沙量连续方程,建立子断面含沙量与断面平均含沙量的经验关系式

$$\frac{S_{k,i,j}}{S_{k,i}}=\frac{Q_i S_{*k,i}^{\beta}}{\sum\limits_{j}(Q_{i,j}S_{*k,i,j}^{\beta})}\left(\frac{S_{*k,i,j}}{S_{*k,i}}\right)^{\beta}\tag{3-3-9}$$

式中:i、j、k 分别为断面、子断面和粒径组;β 为综合参数,其大小与河槽断面形态、流速分布等因素有关,β 值增大,主槽含沙量增大,β 值减小,主槽含沙量减小,其值为 0.2~0.6。

3.3.2.5 床沙级配调整模式

将床沙分层储存可以记录下床沙的变化过程,藉此通过水流挟沙能力和动床阻力的相互响应,来反映河床级配的变化对水流的反馈作用。分层储存时,除最上一层外每层均采用相等的厚度 ΔH,但当层数超过分配的储存单元后,则将多余的层数归并到最下层(保持次序不变),因此最下一层的淤积厚度可能是 ΔH 的整数倍,计算取 $\Delta H=1$ m。淤积和冲刷是对全断面全沙而言的,虚淤积厚度 $\Delta h'_{t,i}=\sum\limits_{k=1}^{NFS}\Delta h'_{t,i,k}$。

1. 淤积状态

分层淤积物厚度

$$\Delta h'_{t,i,m}=\begin{cases}(\Delta h'_{t,i}+\Delta h'_{t-1,i,p})-l\Delta h & m=m'\\ \Delta H & m'>m\geqslant 2\\ \Delta h'_{t-1,i,1}+(p+l-m')\Delta h & m=1 \text{ 且 } p>1\end{cases}\tag{3-3-10}$$

式中:t 为时段;i 为断面;ΔH 为假定的每层厚度(一般情况下取 1 m);$l\Delta H<\Delta h'_{i,t}+\Delta h'_{t-1,i,p}\leqslant(l+1)\Delta H$,$l$ 为本时段淤积后增加层数;$m'=\min(p+l,m_p)$,m_p 为能够储存的最大层数,p、m'分别为淤积前、后的层数值。

分层淤积物级配

$$R_{k,t,i,m}=\begin{cases}\dfrac{\sum_{n=1}^{m''}\Delta h'_{t-1,i,n}R'_{k,t-1,i,n}+(\Delta h'_{t,i,1}-\sum_{n=1}^{m''}\Delta h'_{t-1,i,n})R_{k,t,i}}{\Delta h'_{t,i,1}} & (m=1)\\ R_{k,t-1,m+(p+l-m')} & (2\leqslant m<m'-l)\\ R_{k,t,i,m'-1}=\begin{cases}\dfrac{R_{k,t,i}\Delta h'_{t,i}+R'_{k,t-1,i,p}\Delta h'_{t-1,i,p}}{\Delta h'_{t,i}+\Delta h'_{t-1,i,p}} & (l=0)\\ R_{k,t,i}(1-\Delta h'_{t-1,i,p})+\Delta h'_{t-1,i,p}R'_{k,t-1,i,p} & (l\geqslant 1)\end{cases} & (m=m'-l)\\ R_{k,t,i} & (m'-l<m\leqslant m')\end{cases} \tag{3-3-11}$$

其中

$$R_{k,t,i}=\frac{Q_{t,i-1}S_{t,i-1}P_{4,k,t,i-1}-Q_{t,i}S_{t,i}P_{4,k,t,i}}{Q_{t,i-1}S_{t,i-1}-Q_{t,i}S_{t,i}}\quad m''=\min\{1+p+l-m',p\}$$

2. 冲刷状态

分层淤积厚度

$$\Delta h'_{t,i,m}=\begin{cases}\Delta h'_{t,i,m'-1}=l\Delta H+\Delta h'_{t-1,i,p}+\Delta h'_{t,i} & (m=m'-l)\\ \Delta H & (m'-l>m\geqslant 2)\\ (1+p+\phi-m')\Delta H & (m=1 且 m'-l>1)\end{cases} \tag{3-3-12}$$

l 由式 $l\Delta H<|\Delta h'_{t,i}|+1-\Delta h'_{t-1,i,p}\leqslant(l+1)\Delta H$ 确定，$m'=\min(p+1,p+\phi)$，ϕ 为时段初最下一层合并的层数减 1，即 $\phi=\Delta h'_{t-1,i,1}-1$；$p$、$m'-l$ 为冲刷前、后的层数值。

分层淤积物级配

$$R_{k,t,i,m}=\begin{cases}R_{k,t,i,m'-1}=R_{k,t,i} & (m=m'-l)\\ R_{k,t,i,m'-l-1}=R_{k,t,i}(1-\Delta h'_{t,i,m'-1})+R'_{k,t-1,i,m''}\Delta h'_{t,i,m'-1} & (m=m'-l-1)\\ R_{k,t,i,m-(m'-p)} & (m'-l-2\geqslant m>m'-p+1)\\ R_{k,t-1,i,1} & (1\leqslant m\leqslant m''')\end{cases} \tag{3-3-13}$$

式中：$m''=\max\{p-(l+1),1\}$；$m'''=\min\{m'-p+1,m'-l-2\}$。

冲刷时，$R_{k,t,i}=R_{k,t-1,i}(1-\lambda^*)^{(\frac{\omega_中}{\omega_i})^{\beta}-1}$，$\omega_中$ 由 $\sum_{k=1}^{NFS}R_{k,t,i}=1$ 试算确定；冲刷百分数 $\lambda^*=\dfrac{|\Delta h'_{t,i}|}{|\Delta h'_{t,i}|+1}$，$|\Delta h'_{t,i}|+1$ 为参与交换的床沙有效深度，当冲光河底床沙时，冲刷百分数 $\lambda^*=1$；对于河道型水库，β 取 0.75，对于湖泊型水库，β 取 0.5，模型中 β 取 0.6；$R_{k,t-1,i}$ 为参与交换的床沙级配，其大小由式(3-3-14)确定

$$R_{k,t-1,i}=\frac{[|\Delta h'_{t,i}|+1-(p-m'''')\Delta H-\Delta h_{t,i,p}]}{|\Delta h'_{t,i}|+1}R_{k,t-1,i,m''''}+\sum_{n=m''''-1}^{p}\Delta h_{k,t-1,n}R_{k,t-1,n} \tag{3-3-14}$$

当 $\phi=0$ 时，$m''''=m'-l-1$，当 $\phi>0$ 时，$m''''=m''$。

根据调整后的床沙级配，计算表层厚度为 h_u 部分的床沙组成，作为下一时段参与交

换的床沙级配(P_{uk})。

3.3.2.6 断面概化与冲淤修正

根据各个断面河床形态的变化情况,将原始断面划分为若干个子断面,基本可以反映复式断面形态。各断面的子断面个数并不相同,一般为4~7个。每个子断面的宽度固定不变,每一计算时段末,通过修改各结点高程来反映该时段内的断面变化情况。

冲淤过程中,横断面的形态变化是异常复杂的,从河床变形方程看,其调整变化主要取决于泥沙沉速、含沙量及水流挟沙能力;从本质上讲,横断面的淤积速率取决于水沙因子横向分布的均匀性。

模型中水库淤积模式主要有淤槽为主、沿湿周等厚淤积和平行抬高三种:

(1)淤槽为主模式。现了解含沙量及其级配横向分布的不均匀性,一般发生在回水区,水库壅水,水流挟沙能力锐减,主槽含沙量大、级配大(相对于滩地而言),$\omega(S-S_*)$项常常很大,泥沙以淤槽为主。

(2)沿湿周等厚淤积模式。一种情况发生在较窄断面,如小浪底水库板涧河以上的峡谷段,由于峡谷河道,河底及边壁紊源丰富,水流紊动充分而使泥沙横向分布均匀,各结点同步等厚淤积;另一种情况多发生在水库深水区,经过泥沙分选作用,挟沙水流中的粗沙已经淤下,使含沙量及级配横向分布均匀,而出现等厚淤积。

(3)平行抬高模式。主要发生在淤积的泥沙很细的情况下,刚淤积下的细沙属于泥浆,具有一定的流动性,致使纵横向趋于水平,如异重流淤积段、浑水水库。

以上所论,主要是水库淤积时期,待水库进入正常运用期以后,其横断面的冲淤调整变化更接近于河道。

3.3.3 流量及蓄水量计算

恒定流模型的基本方程中忽略了水流泥沙因子的非恒定性,这样处理对一般的来水来沙而言,计算结果差别不大,但对于大洪水则影响较大。洪水演进至坝前,由于水库调蓄或因泄流规模的限制,不能及时出库,就容易出现进出库流量差别较大的情形,由此带来一个流量沿程分配的问题,模型采用以下处理方法:

对于水库水平回水以上任一断面流量

$$Q_i = Q_{out} \tag{3-3-15}$$

水库水平回水区

$$Q_i = Q_{out} + (Q_{income} - Q_{out})\frac{\sum A_i}{A_{水平}} \tag{3-3-16}$$

式中:Q_{income}、Q_{out}分别为入库、出库流量;$A_{水平}$为水库平面面积;$\sum A_i$ 为第 i 库段以下平面面积。

冲淤过程中,水库蓄水量

$$V_t = V_0 + 0.5(Q_{income} - Q_{out}) - \beta\Delta Ws_t \tag{3-3-17}$$

式中:β 为淤积物干容重的函数;ΔWs_t 为任一时刻 t 的淤积量,淤积为"+",冲刷为"-"。

3.3.4 异重流运动模拟

一般计算异重流的水力参数是采用均匀流方程,存在的问题是,当河道宽窄相间、变化较大时,计算的水面线跌宕起伏;而且当河底出现负坡时,就不能继续计算。因此,应采用非均匀流运动方程来计算浑水水面。

潜入后第一个断面水深 $h_1'=\frac{1}{2}\left(\sqrt{1+8Fr_0^2}-1\right)h_0$,0 下标代表潜入前一个断面,潜入后其余断面均按非均匀异重流运动方程计算,该方程形式与一般明流相同,只是修正了重力加速度项。异重流淤积计算与明流计算相同。

异重流淤积计算与明流计算相同,分组挟沙能力计算暂不考虑河床补给的影响。异重流运行到坝前,将产生一定的爬高,一般爬高值为 8 ~ 10 m,若坝前淤积面加上爬高尚不超过最低出口高程,则出库含沙量为 0。

3.3.5 支流淤积倒灌模拟

范家骅曾根据水槽试验提出盲肠河段含沙量沿程变化计算公式,该公式在含沙量大、水位高的情况下,含沙量沿程是递增的,显然未尽合理。李义天认为原因在于异重流运动过程中,清水析出量是沿程变化的一个量而不是一个常数。通过假定 $u_y=-\frac{\partial hu}{\partial x}$对其进行修正,并将其用于引航道淤积计算。

对于高含沙水流,韩其为从水流运动方程出发也提出了一个半理论半经验公式,即

$$\frac{S}{S_0}=\exp\left(\ln\mu\frac{\alpha\omega}{v_0}\frac{x}{L}\right) \tag{3-3-18}$$

式中:μ 为支流尾部断面的流量与潜入点流量的比值;α 为恢复饱和系数;x 为距口门的距离;v_0 为异重流脱离下层上升的速度;L 为倒灌长度。

为对计算公式的合理性作以论证,采用官厅水库资料进行了概化计算,求得平均倒灌长度为 9 618.19 m,与实测倒灌长度 8 000 ~ 12 000 m 有所差别,26 年计算累计淤积量为 0.466 亿 m^3,较实测累计淤积量(0.34 亿 m^3)略为偏大。考虑到口门位置(距干流支流线距离)、干流淤积形态、支流前期淤积形态、来水来沙过程等因素的影响,一定的差别作为估算是可以接受的。

模型计算中,采用谢鉴衡分组沙垂线含沙量分布公式,计算进入支沟的含沙量及组成,即

$$S_k=\frac{S_{*k}}{\left(1+\frac{\sqrt{g}}{C\kappa}\right)J_1-\frac{\sqrt{g}}{C\kappa}J_2}\left(\frac{1}{\xi}-1\right)^{z_{lk}} \tag{3-3-19}$$

式中:C 为谢才系数;κ 为卡门常数;z_{lk} 为修正悬浮指标;$J_1=\int_{\xi_a}^{1}\left(\frac{1-\xi}{\xi}\right)^z d\xi$,$J_2=-\int_{\xi_a}^{1}\left(\frac{1-\xi}{\xi}\right)^z \ln\xi d\xi$;$\xi$、$\xi_a$ 分别为垂线上任一点含沙量 S_k 处的相对水深和靠近河底但不为 0 的相对水深,利用辛卜森积分公式求得。

3.3.6 溯源冲刷模拟

溯源冲刷模拟模型的处理方法为,将水库自上而下沿程分为三段,即沿程冲刷段、溯源冲刷段、壅水排沙段分别处理。

3.3.6.1 沿程冲刷段

沿程冲刷段采用原水库一维水沙模型计算方法。模型计算中按照物质输移的一般原则,自上游计算至下游,由于此时尚不确定溯源冲刷的上沿断面位置,先将整个河段按沿程冲刷(淤积)计算,待溯源冲刷河段确定后,沿程冲刷计算段为溯源冲刷段提供进口条件(含沙量或输沙率、级配等)。

3.3.6.2 溯源冲刷段

溯源冲刷段主要包括侵蚀基点、冲刷上沿位置、冲刷量、断面含沙量(输沙率)及级配、断面冲刷深度(淤积面形态变化)等要素。

侵蚀基点取为坝前水位减去正常水深,此处为溯源冲刷下沿断面Ⅰ;冲刷量、冲刷上沿位置及断面冲刷深度采用试算法耦合求解,具体做法如下。

1. 初步确定冲刷上沿位置及冲刷量

按照扇形剖面以放射状与三角洲坡顶相交,假定溯源冲刷上沿为断面Ⅱ,该断面的流量 $Q_{上}$(求解水流时已提供各断面流量)、含沙量 $S_{上}$(按沿程冲刷计算时已求出),侵蚀基点断面处流量 $Q_{下}$(求解水流时已提供各断面流量)、含沙量 $S_{下}$(待求),假定溯源冲刷中含沙量瞬间得到满足,即 $S_{下}=S_{下}^{*}=K'\dfrac{v^3}{gh\omega}$,再引入曼宁公式 $v=\dfrac{1}{n}h^{2/3}J^{1/2}$,$J=\theta J_{下}+(1-\theta)J_{上}$,流量式 $Q=vhB$,则断面输沙率为

$$(QS)_{下}=Q_{下}S_{下}=BqS_{下}=\Psi\frac{Q^{1.6}J^{1.2}}{B^{0.6}} \tag{3-3-20}$$

输沙率变化

$$\Delta I=(Q_{下}S_{下}-Q_{上}S_{上})DT \tag{3-3-21}$$

河段冲刷量

$$D_W=\sum_{冲刷段}(A_{下}+A_{上})L/2 \tag{3-3-22}$$

若选取断面恰为问题的解,则 $\Delta I=D_W$。

由于自然断面的形态复杂,问题可能存在多解,即并不仅有一个断面满足上述关系,考虑到模型计算的时间步长一般不大(最大步长为1 d),再考虑时段冲刷量与计算体(区域)的尺度比较,模型中采用自侵蚀基点向上游断面试算,第一个满足要求的断面即为正解。

2. 确定冲刷上沿位置及冲刷量

天然水库模型计算中,很难出现冲刷上沿位置恰好落在断面处的情形,多数情况下是位于两断面之间,按上述第1)步确定上沿位置在 i 与 $i+1$ 之间,再通过二分法试算进行精确求解溯源冲刷上沿的位置。

3. 断面调整方式和分组沙冲刷量

在上述计算中的一个关键问题是溯源冲刷段冲刷量 D_W 的求法。设溯源冲刷断面允许最大冲刷宽度为 *B_MAX*(若 *B_MAX* 处不存在控制结点,需插入控制结点),如果断面水位下河宽小于 *B_MAX*,按河宽进行平行冲淤;若河床大于 *B_MAX*,则按 *B_MAX* 计算。

根据各断面的冲刷宽度及冲刷深度,按照混合层(记忆层)信息,进一步确定断面分组沙冲刷面积;冲刷后要更新混合层(记忆层)的层数、厚度及级配。

溯源冲刷时,认为冲刷剧烈泥沙颗粒均可起动或整块输移,河床泥沙不作分选调整。

4. 断面含沙量及级配

由上断面来沙及断面间分组沙冲淤量即可获得各断面含沙量及级配。

3.3.6.3　**壅水排沙段**

溯源冲刷段计算完成后，将溯源冲刷下沿断面—坝前断面，采用原水库一维水沙模型计算方法进行输沙计算。

3.3.7　三门峡水库率定与验证

水沙系列采用1969年7月1日至1995年6月30日实测水沙系列，验证系列为1997年7月1日至2001年10月31日实测水沙系列。率定初始河床地形为1969年汛前实测大断面资料和河床质级配资料，本模型需要率定参数主要有黄河、渭河、北洛河泥沙恢复饱和系数，以及各个主要河段起始河床糙率；验证初始河床地形为1997汛前实测大断面资料和河床质级配资料，验证主要包括各个主要河段汛期、非汛期计算冲淤量与实测值的比较，以及潼关高程每年汛前、汛后计算值与实测值的比较。

3.3.7.1　**参数率定**

1. 糙率率定

利用黄河、渭河和北洛河三条河流内各水位站的实测水位，分别在1969年找出三个不同级的流量（大流量、中流量和小流量），对于每一级流量，假定各个水位站之间的糙率是常数，但主槽和滩地采用不同的糙率值。利用水面线计算程序，经过试算确定出各个断面的初始糙率，使得计算出的水位同实测水位比较接近。

黄河和渭河经过率定，各个断面主槽、滩地的糙率在不同流量下差别不大，因此不同流量级取同一个糙率；北洛河经过率定，各个断面主槽糙率在三个不同流量级下是不一样的，流量越小，糙率越大；反之，流量越大，糙率越小；北洛河滩地糙率不变，分别见表3-3-1～表3-3-3。

2. 恢复饱和系数率定

根据1969年11月1日至1995年10月31日黄河干流、渭河、北洛河汛期和非汛期实测冲淤量成果，经过调试计算，率定出淤积时黄河小北干流恢复饱和系数淤积时为0.08，冲刷时为0.11；潼关以下河段淤积时为0.15，冲刷时为0.24；渭河淤积时为0.13，冲刷时为0.21；北洛河淤积时为0.20，冲刷时为0.35。

表3-3-1　黄河干流各个河段率定初始糙率

河段	主槽	滩地
大坝—北村	0.012	0.032
北村—大禹渡	0.016	0.035
大禹渡—坫埼	0.013	0.040
坫埼—潼关	0.014	0.036
潼关—上源头	0.017	0.035
上源头—夹马口	0.022	0.040
夹马口—北赵	0.018	0.035
北赵—龙门	0.022	0.035

表 3-3-2　渭河各个河段率定初始糙率

河段	主槽	滩地
潼关—吊桥	0.012	0.030
吊桥—陈村	0.018	0.032
陈村—华县	0.021	0.035
华县—渭南	0.023	0.040
渭南—临潼	0.025	0.040
临潼—咸阳	0.025	0.040

表 3-3-3　北洛河各个河段率定初始糙率

河段	流量	主槽	滩地
洛淤 1—朝邑	4.4	0.025	0.040
	39.0	0.021	0.040
	118.0	0.015	0.040
朝邑—南荣华	4.4	0.025	0.040
	39.0	0.020	0.040
	118.0	0.020	0.040
南荣华—洑头	4.4	0.040	0.040
	39.0	0.030	0.040
	118.0	0.023	0.040

3.3.7.2　模型验证

1. 河段冲淤量验证

图 3-3-1(a)、(b)分别为北村—大坝河段、北村—大禹渡河段累计冲淤量过程计算值与实测值比较。由于三门峡水库汛期大禹渡以下河段冲刷主要是靠洪水期降低水位冲刷，特别是汛期采用“洪水排沙、平水发电”的运用方式，大禹渡以下河段冲刷主要是利用在洪水期间降低坝前水位，引起水库的溯源冲刷，从图 3-3-1 中可以看出计算过程与实测过程符合较好，说明本模型采用的溯源冲刷计算方法是比较合理的，能够比较好地模拟水库的溯源冲刷。

图 3-3-1(c)、图 3-3-1(d)分别为大禹渡—坫埼河段、潼关—坫埼河段累计冲淤量过程计算值与实测值比较。可以看出，大禹渡—坫埼计算淤积量比实测偏小，而潼关—坫埼计算淤积量偏大，原因可能与 1996 ~ 2001 年在潼关附近清淤有关，在潼关河段清淤期间，由于采取人工措施将潼关—坫埼河段泥沙输送到坫埼以下河段，模型验证计算没有考虑，因此验证计算结果符合实际情况。

图 3-3-1(e)为潼关—大坝河段，累计冲淤量过程计算值与实测值比较，从图 3-3-1(e)中可以看出计算过程与实测过程符合较好，模型比较好地模拟了三门峡水库潼关以下河段汛期、非汛期冲淤特性。

图 3-3-2(a) ~ (e)、图 3-3-3(a) ~ (e)、图 3-3-4(a) ~ (c)分别为黄河小北干流、渭河、北洛河及主要河段累计冲淤量计算值与实测值比较。可以看出，计算累计冲淤量过程与实测累计过程比较符合。说明模型也能较好地反映出各河段在汛期、非汛期内不同的冲淤规律，根据上述计算率定的参数可以在方案计算中采用。

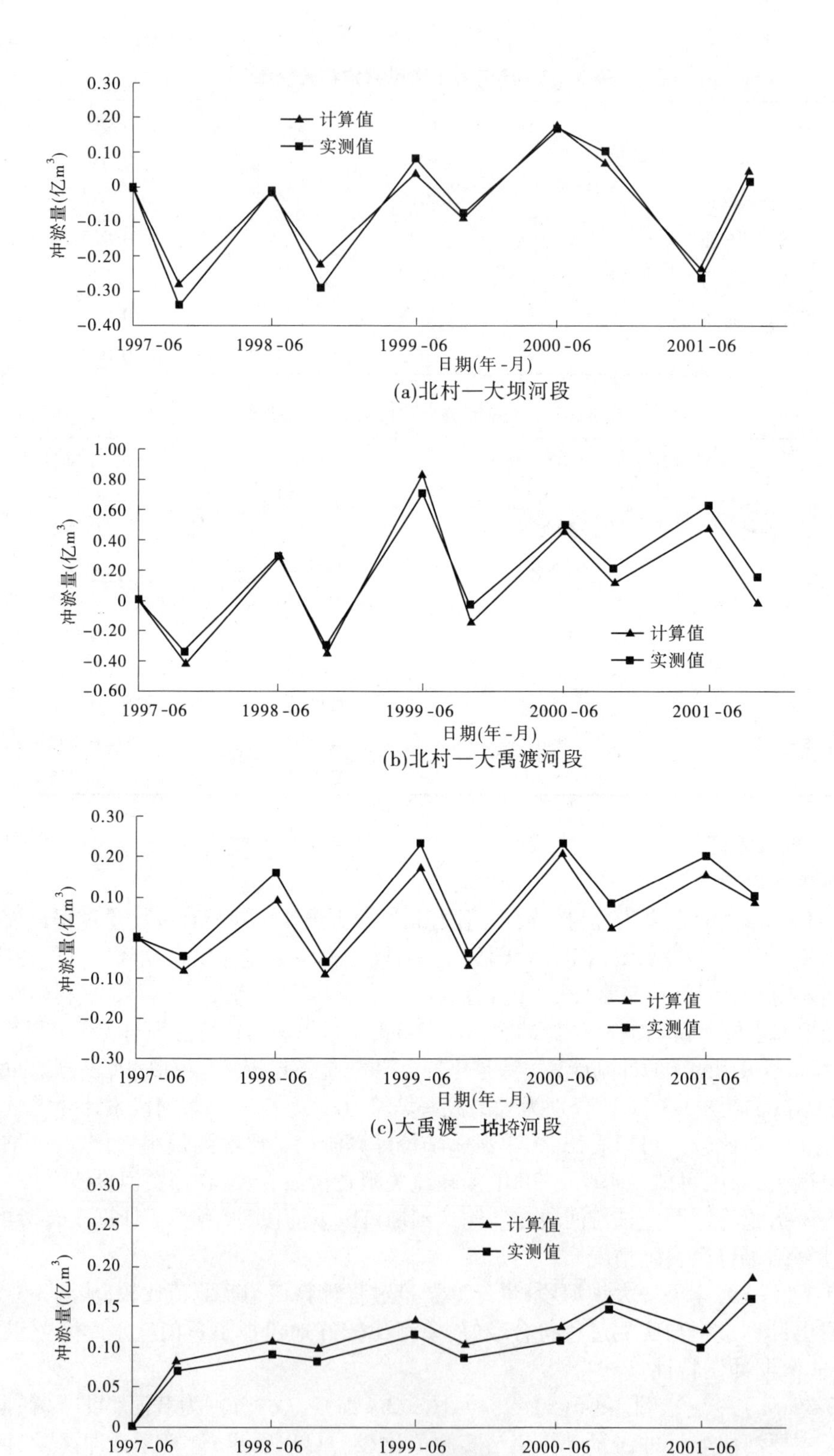

(a)北村—大坝河段

(b)北村—大禹渡河段

(c)大禹渡—坫垮河段

(d)潼关—坫垮河段

图 3-3-1　各河段累计冲淤量计算值与实测值比较

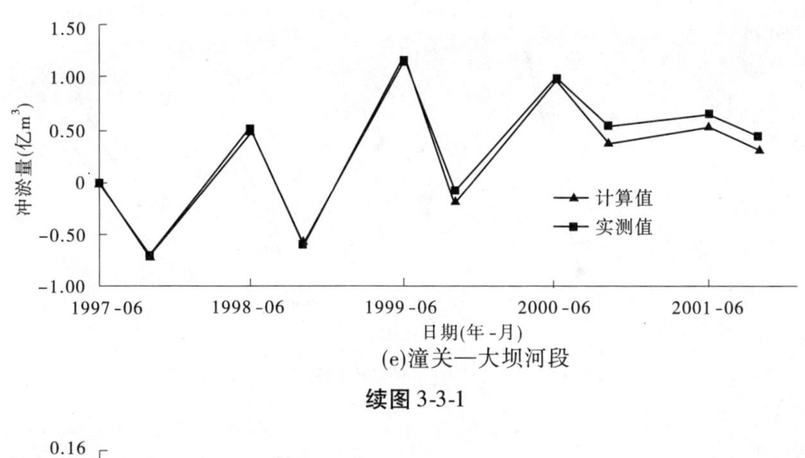

(e)潼关—大坝河段

续图 3-3-1

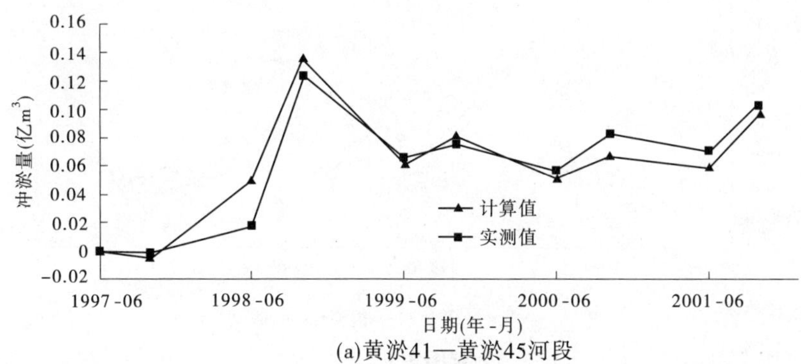

(a)黄淤41—黄淤45河段

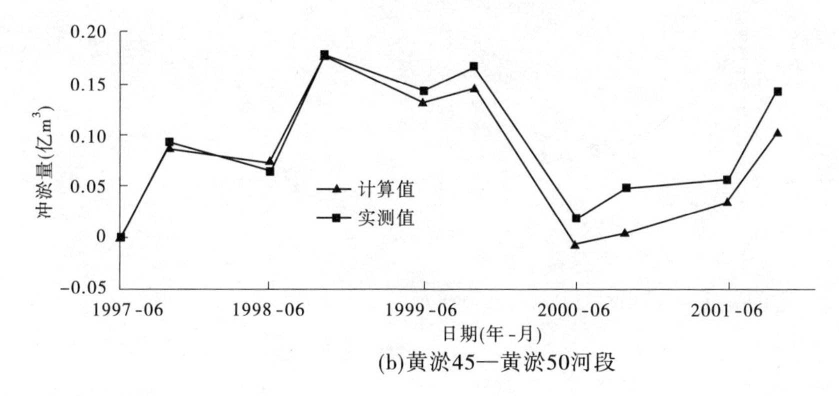

(b)黄淤45—黄淤50河段

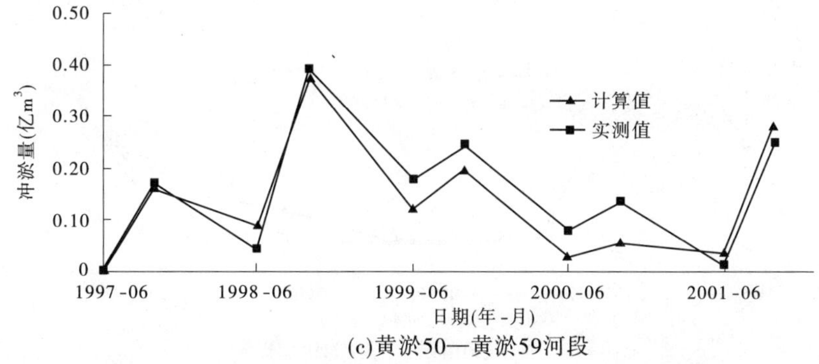

(c)黄淤50—黄淤59河段

图 3-3-2　黄河小北干流各河段累计冲淤量计算值与实测值比较

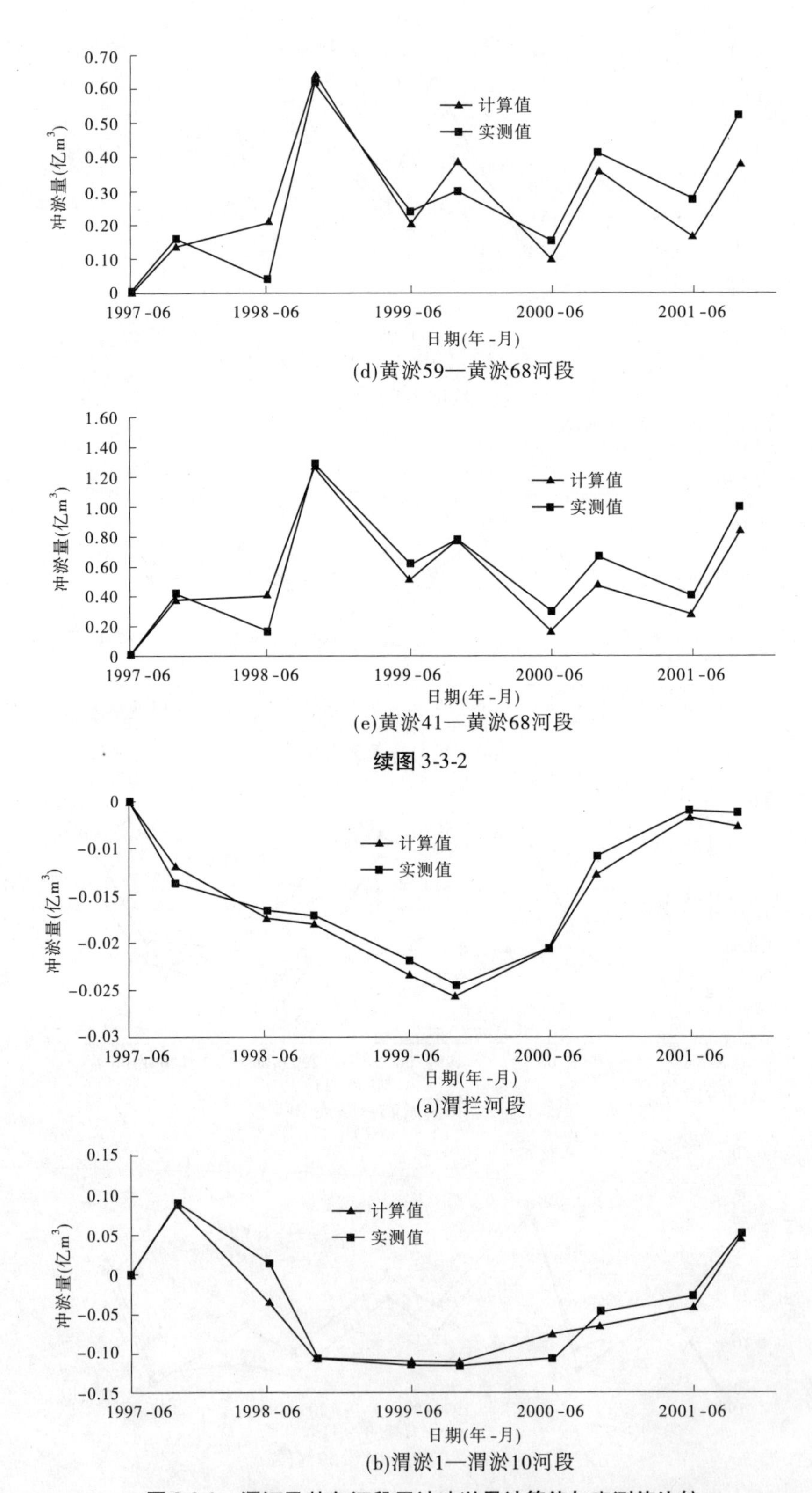

(d)黄淤59—黄淤68河段

(e)黄淤41—黄淤68河段

续图 3-3-2

(a)渭拦河段

(b)渭淤1—渭淤10河段

图 3-3-3 渭河及其各河段累计冲淤量计算值与实测值比较

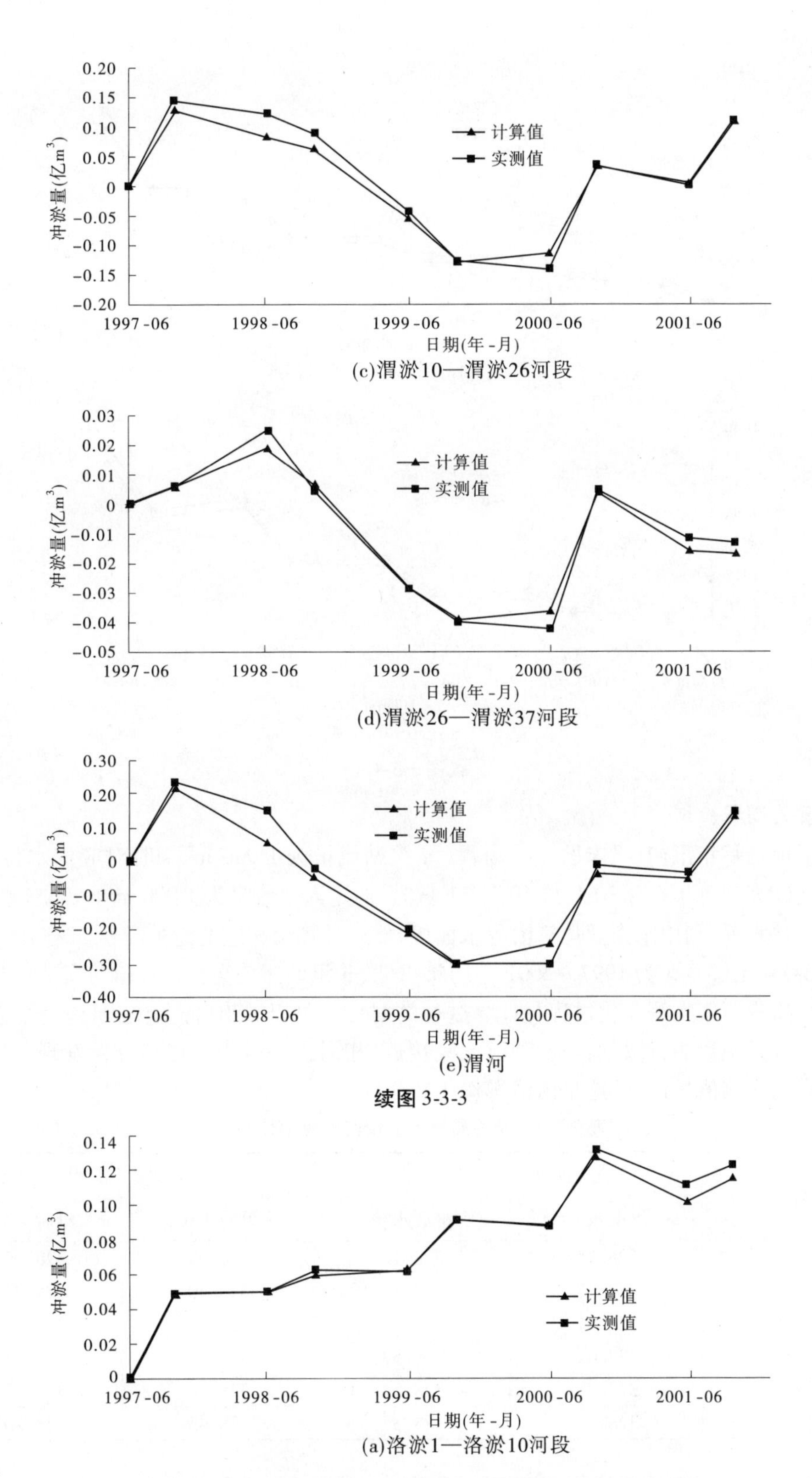

(c)渭淤10—渭淤26河段

(d)渭淤26—渭淤37河段

(e)渭河

续图 3-3-3

(a)洛淤1—洛淤10河段

图 3-3-4　北洛河及其各河段累计冲淤量计算值与实测值比较

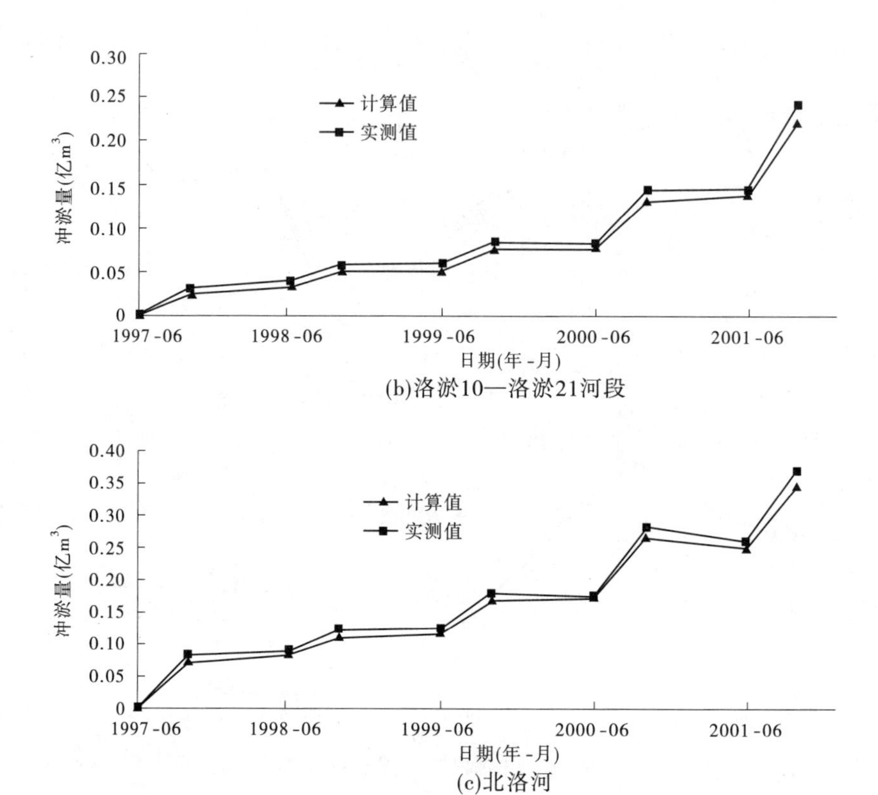

(b)洛淤10—洛淤21河段

(c)北洛河

续图 3-3-4

2. 潼关高程验证

为了预估每年汛初、汛末的潼关高程(潼关站流量为 1 000 m³/s 时对应的水位),当数学模型计算到每年6月30日或10月31日时,假定入口流量为1 000 m³/s,出口水位为相应的正常水深,利用水力学计算沿程水面线,然后计算出相应的潼关高程。

表3-3-4、图3-3-5 为 1997~2001 年历年汛期、非汛期潼关高程计算值与实测值比较,以及潼关高程历年实测变化过程与计算过程的对比。可以看出,潼关高程计算值与实测值变化趋势是一致的,计算值与实测值比较接近,相对误差较小。仔细分析发现,潼关高程计算值比实测值稍偏高,这是由清淤作用造成的。

表 3-3-4 潼关高程计算值与实测值比较 (单位:m)

时间	计算潼关高程		实测潼关高程	
	汛前水位	汛后水位	汛前水位	汛后水位
1997	328.38	328.12	328.38	328.05
1998	328.47	328.31	328.40	328.28
1999	328.51	328.38	328.43	328.12
2000	328.61	328.53	328.48	328.33
2001	328.72	328.53	328.56	328.23
平均	328.54	328.37	328.45	328.20

综上所述,通过利用1997~2001年实测水沙系列对泥沙数学模型进行验证计算,验

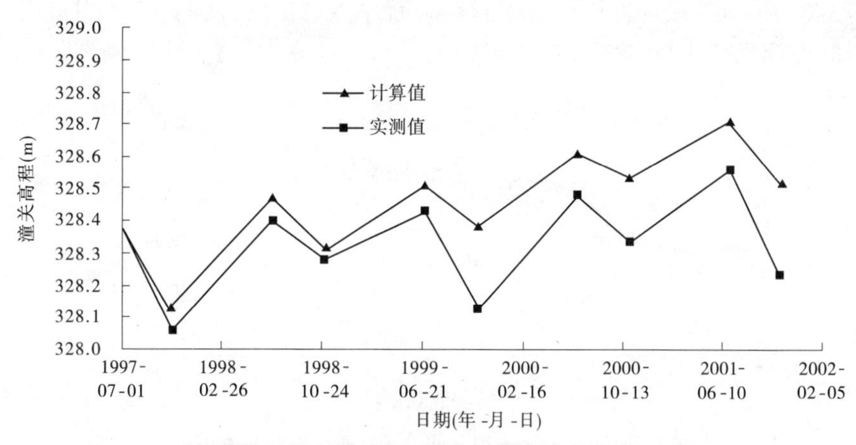

图 3-3-5　潼关高程汛前、汛后计算值与实测值比较

证结果表明:本模型比较好地反映了三门峡水库黄河小北干流、渭河、北洛河以及潼关以下河段的冲淤特性,各主要河段汛期计算、非汛期计算、溯源冲刷期冲淤量与实测资料符合较好;计算汛期、非汛期潼关高程升降值与实际基本一致。

3.3.8　小浪底水库验证

验证河段为三门峡水库出口—小浪底水库坝址,验证时段为2000年7月至2008年6月。分别以三门峡出库流量、输沙率及级配和小浪底出库逐日平均流量、水位作为河段进口边界控制条件。

3.3.8.1　库区冲淤变化过程

图3-3-6为库区河段内计算与实测淤积过程对比图。据分析,三门峡—小浪底大坝河段2000年7月至2008年6月计算淤积量为19.83亿 m^3,实测为19.25亿 m^3,计算值偏大0.58亿 m^3,泥沙淤积总量符合较好;从历时来看,2001年、2003年、2004年、2006年计算值偏大于实测值,偏大值分别为0.74亿 m^3、0.66亿 m^3、0.81亿 m^3、0.06亿 m^3;而2000年、2002年、2005年、2007年计算值则偏小于实测值,偏小值分别为0.37亿 m^3、0.80亿 m^3、0.19亿 m^3、0.34亿 m^3,计算值与实测值基本是符合的。从图3-3-6可以看出,计算河段各时期计算值与实测值无论是定性,还是定量都是比较符合的。

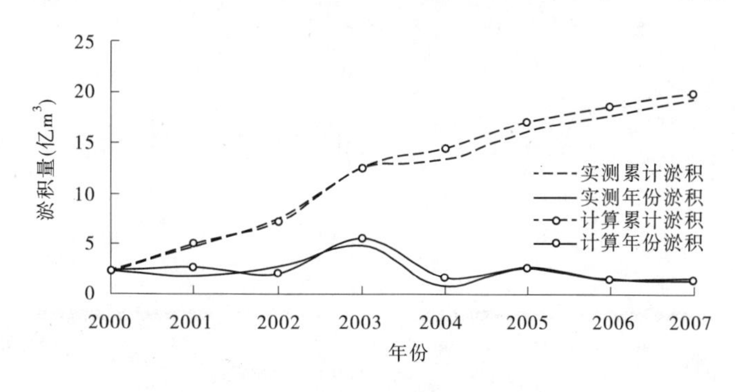

图 3-3-6　计算与实测淤积过程对比

图 3-3-7 为库区河段内计算与实测沿程断面深泓对比图，从图 3-3-7 中可以看出，计算河段内断面深泓变化与实测基本吻合。

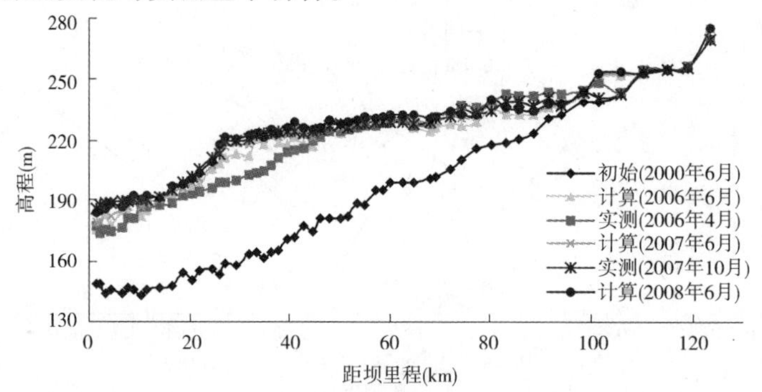

图 3-3-7 库区河段内计算与实测沿程断面深泓对比

3.3.8.2 典型年份出库含沙量过程分析

为进一步分析模拟验证成果的合理性，对 2003 年主汛期、2004 年主汛期和 2005 年主汛期三个典型时期出库含沙量过程作了分析。

图 3-3-8、图 3-3-9 和图 3-3-10 分别为 2003 年、2004 年和 2005 年 7 月 1 日至 10 月 15 日计算与实测出库含沙量过程对比图。从图中可以看出，计算出库含沙量过程与实测出库含沙量过程基本符合。

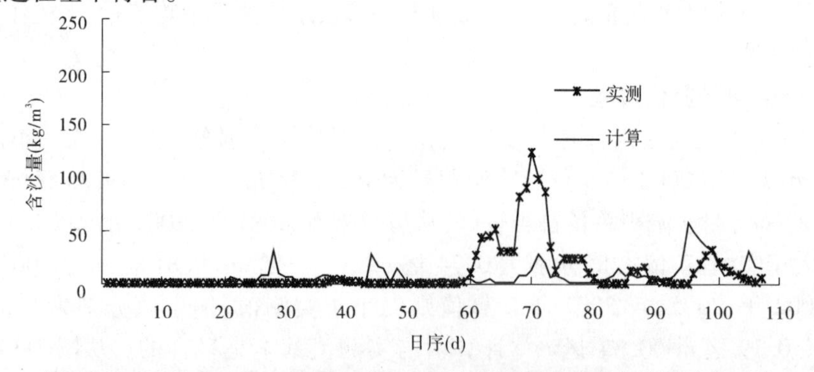

图 3-3-8 2003 年 7 月 1 日至 10 月 15 日计算与实测出库含沙量过程对比

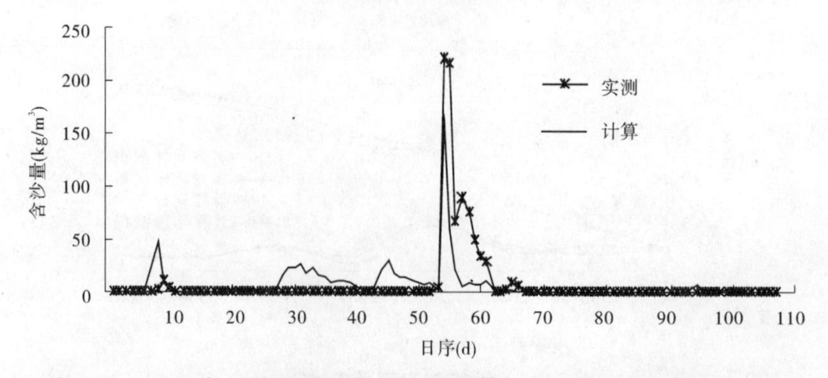

图 3-3-9 2004 年 7 月 1 日至 10 月 15 日计算与实测出库含沙量过程对比

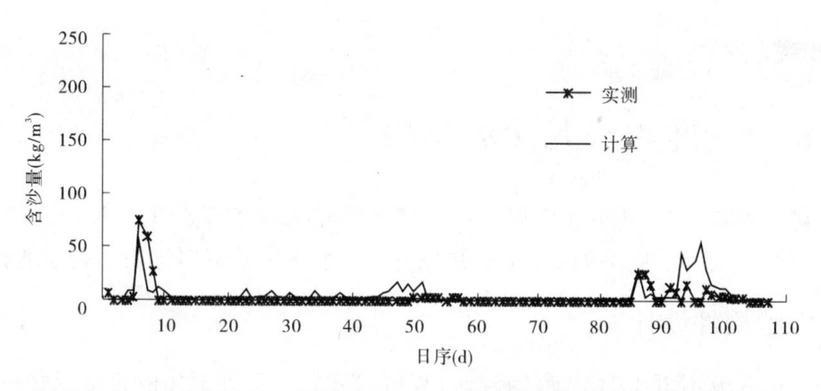

图 3-3-10　2005 年 7 月 1 日至 10 月 15 日计算与实测出库含沙量过程对比

3.3.8.3　拦沙期分组沙淤积分析

计算时段处于小浪底水库拦沙期。粗沙($d>0.05$ mm)、中沙($d=0.025\sim0.05$ mm)和细沙($d<0.025$ mm)分组沙淤积量及排沙比成果统计见表 3-3-5。

表 3-3-5　拦沙期分组沙淤积量及排沙比成果统计

时段	淤积量(亿 m^3)						排沙比(%)					
	实测			计算			实测			计算		
	细沙	中沙	粗沙	细沙	中沙	粗沙	细沙	中沙	粗沙	细沙	中沙	粗沙
2000-07-01 ~ 2001-06-30	0.98	0.80	0.75	0.90	0.74	0.69	3.08	0.75	0.02	13.22	6.86	4.76
2001-07-01 ~ 2002-06-30	1.30	0.76	0.78	1.35	0.70	0.70	11.18	2.02	0.97	10.49	8.99	5.40
2002-07-01 ~ 2003-06-30	0.70	0.72	0.68	0.91	0.59	0.53	42.55	6.38	3.38	26.46	23.71	23.41
2003-07-01 ~ 2004-06-30	2.01	1.77	1.53	2.68	1.70	1.18	27.83	2.81	1.77	7.97	6.17	5.47
2004-07-01 ~ 2005-06-30	0.38	0.48	0.48	0.78	0.47	0.45	69.10	22.17	19.32	37.87	24.58	21.73
2005-07-01 ~ 2006-06-30	1.11	0.66	0.82	1.23	0.65	0.73	23.15	4.84	2.34	17.33	8.25	7.01
2006-07-01 ~ 2007-06-30	0.88	0.37	0.42	0.84	0.33	0.37	28.19	8.16	3.45	32.11	19.37	12.07
2000-07-01 ~ 2008-06-30	0.93	0.31	0.29	0.85	0.25	0.23	26.75	11.57	6.8	33.50	28.52	25.11
累计	8.82	5.87	5.75	9.53	5.43	4.87	28.82	5.86	3.84	20.18	12.97	11.14

由表 3-3-5 中得出,2000 年 7 月至 2008 年 6 月实测粗、中、细沙淤积量分别为 5.75 亿 m^3、5.87 亿 m^3、8.82 亿 m^3,占淤积物总量的百分数分别为 29%、29%、42%;计算粗、中、细沙淤积量分别为 4.87 亿 m^3、5.43 亿 m^3、9.53 亿 m^3,占淤积物总量的百分数分别为 25%、27%、48%。与实测值相比,粗沙淤积百分数基本相当。计算排沙比定性基本符合,

中沙、粗沙略有偏大。

3.4　水库三维紊流泥沙数学模型

本节建立了基于 FVM 的小浪底水库三维水沙动力学数学模型。利用经典实验室资料对建成的模型进行了模型测试，利用黄河小浪底水库试验资料进行了初步验证。

3.4.1　水沙构件设计

水沙两相湍流不可压缩流动的控制方程可以表示为下列通用的张量形式

$$\frac{\partial\rho\phi}{\partial t}+\frac{\partial\rho u_j\phi}{\partial x_j}=\frac{\partial}{\partial x_j}\left(\Gamma_\phi\frac{\partial\phi}{\partial x_j}\right)+S_\phi \tag{3-4-1}$$

式中：t 为时间；x_j 为坐标；ρ 为水流密度；u_j 为流速；ϕ 为流场中不同物理量的通用变量；Γ_ϕ 为与 ϕ 相对应的广义扩散系数；S_ϕ 为源项。

式(3-4-1)中各项依次为瞬态项(Transient Term)、对流项(Convective Term)、扩散项(Diffusive Term)和源项(Source Term)。对于水流连续、水流动量以及湍动能 k 方程、湍流耗散率 ε 方程，通用控制方程中各符号的具体形式见表 3-4-1。

表 3-4-1　通用控制方程中各符号的具体形式(直角坐标)

项目	ϕ	Γ_ϕ	S_ϕ
连续方程	1	0	0
动量方程	u	$\Gamma=\mu+\frac{\mu_t}{\sigma_t},x_\phi=x$	$S_u=\frac{\partial}{\partial x_j}\left(\Gamma\frac{\partial u_j}{\partial x_\phi}\right)+\rho u\frac{\partial u_j}{\partial x_j}-\frac{\partial p}{\partial x_\phi}$
	v	$\Gamma=\mu+\frac{\mu_t}{\sigma_t},x_\phi=y$	$S_v=\frac{\partial}{\partial x_j}\left(\Gamma\frac{\partial u_j}{\partial x_\phi}\right)+\rho v\frac{\partial u_j}{\partial x_j}-\frac{\partial p}{\partial x_\phi}$
	w	$\Gamma=\mu+\frac{\mu_t}{\sigma_t},x_\phi=z$	$S_z=\frac{\partial}{\partial x_j}\left(\Gamma_\phi\frac{\partial u_j}{\partial x_\phi}\right)+\rho w\frac{\partial u_j}{\partial x_j}-\frac{\partial p}{\partial x_\phi}-\rho g$
k 方程	k	$\Gamma_k=\mu+\frac{\mu_t}{\sigma_k}$	$S_k=G-\rho\varepsilon+k\frac{\partial(\rho u_j)}{\partial x_j}$
ε 方程	ε	$\Gamma_\varepsilon=\mu+\frac{\mu_t}{\sigma_s}$	$S_\varepsilon=c_{1\varepsilon}\frac{\varepsilon}{k}G-c_{2\varepsilon}\rho\frac{\varepsilon^2}{k}+\varepsilon\frac{\partial(\rho u_j)}{\partial x_j}$

表中：p 为压力；Γ 为湍动扩散系数；湍动 Prandtl 数(黏性系数与扩散系数之比，下同)$\sigma_t=1$；μ 为水流动力黏滞系数(分子扩散所造成，在旺盛湍流区，该项可以忽略不计)，其值一般情况下是常数，当水温为 20 ℃时，$\mu=1.005\times10^{-3}$ N · s/m^2；湍动黏性系数(湍流脉动所造成)$\mu_t=c_\mu\rho k^2/\varepsilon$，湍动能 k 和湍流耗散率 ε 通过求解标准 $k\sim\varepsilon$ 方程得到；σ_k、σ_ε 为与湍动能 k 和湍流耗散率 ε 对应的 Prandtl 数，其值为 1.0、1.3；c_μ、$c_{1\varepsilon}$、$c_{2\varepsilon}$ 为经验常数，其值为 0.09、1.44、1.92；G 为由于平均速度梯度引起的湍动能的产生项。

将泥沙作为一种被动标量，仅随流体质点迁移。即不考虑泥沙存在对水流密度的影响，同时忽略其浮力作用，相应三维悬移质不平衡输沙方程为

$$\frac{\partial S_l}{\partial t} + \frac{\partial u_j S_l}{\partial x_j} = \frac{\partial}{\partial x_j}\left(\Gamma_s \frac{\partial S_l}{\partial x_j}\right) \tag{3-4-2}$$

其中

$$u_j = \begin{pmatrix} u_1 \\ u_2 \\ u_3 \end{pmatrix} = \begin{pmatrix} u \\ v \\ w - \omega_l \end{pmatrix}$$

式中：l 为泥沙粒径组编号；S_l 为分组沙含沙量；ω_l 为泥沙沉速；Γ_s 泥沙扩散系数，$\Gamma_s = \frac{\nu_t}{\sigma_s}$，$\nu_t = \frac{C_\mu k^2}{\varepsilon}$，$\sigma_s$ 为湍动 Schmidt 数（黏性系数与扩散系数之比），其值为1；其余符号意义同前。

相应泥沙沉速采用张瑞瑾公式

$$\omega_l = \sqrt{\left(13.95\frac{\nu}{d_l}\right)^2 + 1.09\frac{\gamma_s - \gamma}{\gamma} g d_l} - 13.95\frac{\nu}{d_l} \tag{3-4-3}$$

式中：ν 为水流运动黏滞系数；d_l 为泥沙粒径；γ_s、γ 分别为泥沙、水体容重；其余符号意义同前。

每一粒径组引起的河床变形

$$\gamma' \frac{\partial Z_{bl}}{\partial t} = \omega_l (S_{bl} - S_{bl}^*) \tag{3-4-4}$$

式中：Z_{bl} 为床面高程；γ' 为床面附近淤积物干容重；S_{bl}、S_{bl}^* 分别为床面附近含沙量和挟沙能力；其余符号意义同前。

相应床沙级配方程

$$\gamma' \frac{\partial E_m P_{ml}}{\partial t} + \omega_l (S_{bl} - S_{bl}^*) + \gamma' [\varepsilon_1 P_{ml} + (1 - \varepsilon_1) P_{ml0}] \left(\frac{\partial z_{bl}}{\partial t} - \frac{\partial E_m}{\partial t}\right) = 0 \tag{3-4-5}$$

式中：E_m 为混合层厚度；P_{ml0}、P_{ml} 分别为初始时刻和过程中床沙级配；ε_1 为权重系数；其余符号意义同前。

式(3-4-5)是将 CARICHAR 混合层模型推广到三维模型。式中左端第三项的物理意义是：混合层下界面在冲刷过程中将不断下切底床，以求得对混合层的补给，进而保证混合层有足够的颗粒被冲刷而不致于亏损。当混合层在冲刷过程中波及原始河底或不可冲时，$\varepsilon_1 = 0$；否则，$\varepsilon_1 = 1$。

3.4.1.1 控制方程离散与求解

采用贴体坐标系统 BFC（Body-Fitted Coordinates）和有限体积法相结合的方法，将复杂的物理域的流动问题转换到规则、简单的计算域中进行计算。在计算域中实现复杂边界条件下的水沙流数值模拟。

1. 由直角坐标到贴体坐标转换

在贴体坐标系中应用有限体积法，首先要将水沙湍流控制方程由不规则的物理域变换到规则的计算区域，然后在计算区域上求解。设(x, y, z)为物理域上的直角坐标，(ξ, η, ζ)为计算域上的直角坐标，见图 3-4-1。

设

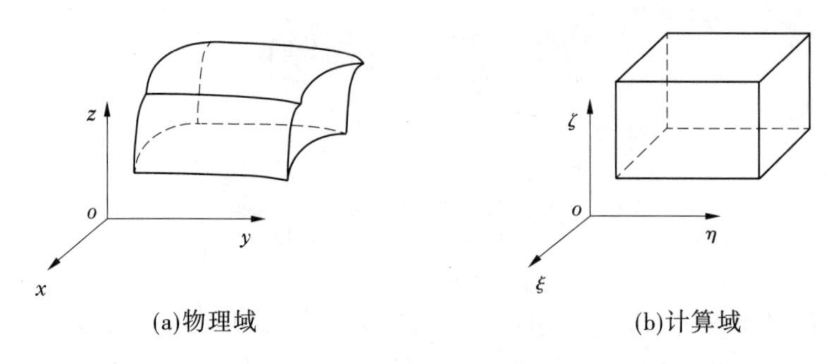

(a)物理域 (b)计算域

图 3-4-1 物理域上的直角坐标和计算域上的贴体坐标示意图

$$\begin{cases} x_\xi = \dfrac{\partial x}{\partial \xi}, x_\eta = \dfrac{\partial x}{\partial \eta}, x_\zeta = \dfrac{\partial x}{\partial \zeta} \\ y_\xi = \dfrac{\partial y}{\partial \xi}, y_\eta = \dfrac{\partial y}{\partial \eta}, y_\zeta = \dfrac{\partial y}{\partial \zeta} \\ z_\xi = \dfrac{\partial z}{\partial \xi}, z_\eta = \dfrac{\partial z}{\partial \eta}, z_\zeta = \dfrac{\partial z}{\partial \zeta} \end{cases}$$

则

$$\begin{cases} \mathrm{d}x = x_\xi \mathrm{d}\xi + x_\eta \mathrm{d}\eta + x_\zeta \mathrm{d}\zeta \\ \mathrm{d}y = y_\xi \mathrm{d}\xi + y_\eta \mathrm{d}\eta + y_\zeta \mathrm{d}\zeta \\ \mathrm{d}z = z_\xi \mathrm{d}\xi + z_\eta \mathrm{d}\eta + z_\zeta \mathrm{d}\zeta \end{cases} \tag{3-4-6}$$

也即

$$\begin{pmatrix} \mathrm{d}x \\ \mathrm{d}y \\ \mathrm{d}z \end{pmatrix} = \begin{pmatrix} x_\xi & x_\eta & x_\zeta \\ y_\xi & y_\eta & y_\zeta \\ z_\xi & z_\eta & z_\zeta \end{pmatrix} \begin{pmatrix} \mathrm{d}\xi \\ \mathrm{d}\eta \\ \mathrm{d}\zeta \end{pmatrix} \tag{3-4-7}$$

设定

$$\boldsymbol{A} = \begin{pmatrix} x_\xi & x_\eta & x_\zeta \\ y_\xi & y_\eta & y_\zeta \\ z_\xi & z_\eta & z_\zeta \end{pmatrix}$$

则

$$\begin{pmatrix} \mathrm{d}\xi \\ \mathrm{d}\eta \\ \mathrm{d}\zeta \end{pmatrix} = \boldsymbol{A}^{-1} \begin{pmatrix} \mathrm{d}x \\ \mathrm{d}y \\ \mathrm{d}z \end{pmatrix} = \frac{\boldsymbol{A}^*}{|\boldsymbol{A}|} \begin{pmatrix} \mathrm{d}x \\ \mathrm{d}y \\ \mathrm{d}z \end{pmatrix} \tag{3-4-8}$$

式中:$\boldsymbol{A}^*$ 和 $|\boldsymbol{A}|$ 为行列式 $\boldsymbol{A}$ 的伴随阵和模。

引入 Jacobia 因子 J 代表计算空间中控制体积的胀缩程度(如果计算空间的三个坐标为 ξ、η、ζ,则物理空间中微分体积 $\mathrm{d}V$ 变换计算空间后体积为 $\mathrm{d}\xi\mathrm{d}\eta\mathrm{d}\zeta$,两者之间的关系为 $\mathrm{d}V = J\mathrm{d}\xi\mathrm{d}\eta\mathrm{d}\zeta$),其值为

$$\boldsymbol{J} = |\boldsymbol{A}| = \begin{vmatrix} x_\xi & x_\eta & x_\zeta \\ y_\xi & y_\eta & y_\zeta \\ z_\xi & z_\eta & z_\zeta \end{vmatrix} \tag{3-4-9}$$

相应伴随阵为

$$A^{*}=\begin{pmatrix}A_{11}&A_{21}&A_{31}\\A_{12}&A_{22}&A_{32}\\A_{13}&A_{23}&A_{33}\end{pmatrix}=\begin{pmatrix}y_\eta z_\zeta-y_\zeta z_\eta & y_\zeta z_\xi-y_\xi z_\zeta & y_\xi z_\eta-y_\eta z_\xi\\x_\zeta z_\eta-x_\eta z_\zeta & x_\xi z_\zeta-x_\zeta z_\xi & x_\eta z_\xi-x_\xi z_\eta\\x_\eta y_\zeta-x_\zeta y_\eta & x_\zeta y_\xi-x_\xi y_\zeta & x_\xi y_\eta-x_\eta y_\xi\end{pmatrix}\tag{3-4-10}$$

同理

$$\begin{pmatrix}\mathrm{d}\xi\\\mathrm{d}\eta\\\mathrm{d}\zeta\end{pmatrix}=\begin{pmatrix}\xi_x&\eta_x&\zeta_x\\\xi_y&\eta_y&\zeta_y\\\xi_z&\eta_z&\zeta_z\end{pmatrix}\begin{pmatrix}\mathrm{d}x\\\mathrm{d}y\\\mathrm{d}z\end{pmatrix}\tag{3-4-11}$$

得出

$$\begin{pmatrix}\xi_x&\eta_x&\zeta_x\\\xi_y&\eta_y&\zeta_y\\\xi_z&\eta_z&\zeta_z\end{pmatrix}=\frac{A^{*}}{J}=\frac{1}{J}\begin{pmatrix}y_\eta z_\zeta-y_\zeta z_\eta & y_\zeta z_\xi-y_\xi z_\zeta & y_\xi z_\eta-y_\eta z_\xi\\x_\zeta z_\eta-x_\eta z_\zeta & x_\xi z_\zeta-x_\zeta z_\xi & x_\eta z_\xi-x_\xi z_\eta\\x_\eta y_\zeta-x_\zeta y_\eta & x_\zeta y_\xi-x_\xi y_\zeta & x_\xi y_\eta-x_\eta y_\xi\end{pmatrix}\tag{3-4-12}$$

2. 贴体坐标下控制方程转换

各控制方程对流项和扩散项具有统一的形式,坐标变换方法是一致的,而源项的坐标变换方法需分别处理。

控制方程中对流项以张量形式表示,利用链导法

$$\begin{aligned}\frac{\partial(\rho u_j\phi)}{\partial x_j}&=\frac{\partial(\rho u_j\phi)}{\partial\xi_k}\frac{\partial\xi_k}{\partial x_j}=\frac{\partial}{\partial\xi_k}\left(\rho u_j\phi\frac{\partial\xi_k}{\partial x_j}\right)-(\rho u_j\phi)\frac{\partial}{\partial\xi_k}\left(\frac{\partial\xi_k}{\partial x_j}\right)\\&=\frac{\partial}{\partial\xi_k}\left(\rho u_j\phi\frac{\partial\xi_k}{\partial x_j}\right)-(\rho u_j\phi)\frac{\partial}{\partial x_j}\left(\frac{\partial\xi_k}{\partial\xi_k}\right)\\&=\frac{\partial}{\partial\xi_k}\left(\rho u_j\phi\frac{\partial\xi_k}{\partial x_j}\right)\end{aligned}\tag{3-4-13}$$

引入贴体坐标下的协变速度 $U_k=u_j\dfrac{\partial\xi_k}{\partial x_j}$,则式(3-4-13)变为

$$\frac{\partial(\rho u_j\phi)}{\partial x_j}=\frac{\partial(\rho\phi U_k)}{\partial\xi_k}=\frac{\partial(\rho\phi U)}{\partial\xi}+\frac{\partial(\rho\phi V)}{\partial\eta}+\frac{\partial(\rho\phi W)}{\partial\zeta}\tag{3-4-14}$$

式(3-4-14)中各项可以展开为

$$\begin{cases}\dfrac{\partial(\rho\phi U)}{\partial\xi}=\dfrac{\partial}{\partial\xi}\left(\rho\phi u_j\dfrac{\partial\xi}{\partial x_j}\right)=\dfrac{\partial}{\partial\xi}\left(\rho\phi u\dfrac{\partial\xi}{\partial x}+\rho\phi v\dfrac{\partial\xi}{\partial y}+\rho\phi w\dfrac{\partial\xi}{\partial z}\right)\\\dfrac{\partial(\rho\phi V)}{\partial\eta}=\dfrac{\partial}{\partial\eta}\left(\rho\phi u_j\dfrac{\partial\eta}{\partial x_j}\right)=\dfrac{\partial}{\partial\eta}\left(\rho\phi u\dfrac{\partial\eta}{\partial x}+\rho\phi v\dfrac{\partial\eta}{\partial y}+\rho\phi w\dfrac{\partial\eta}{\partial z}\right)\\\dfrac{\partial(\rho\phi W)}{\partial\zeta}=\dfrac{\partial}{\partial\zeta}\left(\rho\phi u_j\dfrac{\partial\zeta}{\partial x_j}\right)=\dfrac{\partial}{\partial\zeta}\left(\rho\phi u\dfrac{\partial\zeta}{\partial x}+\rho\phi v\dfrac{\partial\zeta}{\partial y}+\rho\phi w\dfrac{\partial\zeta}{\partial z}\right)\end{cases}\tag{3-4-15}$$

将 $\phi=1$、u、v、w、k、ε、s 分别代入式(3-4-15)便可得到连续方程以及动量方程、k 方程、ε 方程和泥沙运动方程的对流项。

同理,可进行扩散项、源项转换。由于$\dfrac{\partial(\rho\phi)}{\partial t}$与空间坐标无关,所以时变项、转换项在两个坐标系下形式保持一致。相应地,贴体坐标下水沙两相湍流不可压缩流动的控制方

程可以表示为下列通用的张量形式

$$\frac{\partial(\rho\phi)}{\partial t}+\frac{\partial(\rho\phi U_k)}{\partial\xi_k}=\frac{\partial}{\partial\xi_k}\left(\Gamma_\phi\frac{\partial\phi}{\partial\xi_m}\frac{\partial\xi_m}{\partial x_j}\frac{\partial\xi_k}{\partial x_j}\right)+S_\phi(\xi,\eta,\zeta) \tag{3-4-16}$$

对于水流连续、水流动量、泥沙运动以及湍动能 k 方程、湍流耗散率 ε 方程，通用控制方程中主要符号的具体形式见表 3-4-2。

表 3-4-2　通用控制方程中主要符号的具体形式(贴体坐标)

项目	ϕ	$S_\phi(\xi,\eta,\zeta)$
连续方程	1	0
动量方程	$u、v、w$ $x_\phi=x、y、z$	$\frac{\partial}{\partial\xi_k}\left(\Gamma\frac{\partial u_j}{\partial\xi_m}\frac{\partial\xi_m}{\partial x_\phi}\frac{\partial\xi_k}{\partial x_j}\right)+\rho\phi\frac{\partial u_j}{\partial\xi_k}\frac{\partial\xi_k}{\partial x_j}-\frac{\partial p}{\partial\xi_k}\frac{\partial\xi_k}{\partial x_\phi}+F_\phi$
k 方程	k	$\mu_t\left\{2\left[\left(\frac{\partial u}{\partial\xi_k}\frac{\partial\xi_k}{\partial x}\right)^2+\left(\frac{\partial v}{\partial\xi_k}\frac{\partial\xi_k}{\partial y}\right)^2+\left(\frac{\partial w}{\partial\xi_k}\frac{\partial\xi_k}{\partial z}\right)^2\right]+\left(\frac{\partial u}{\partial\xi_k}\frac{\partial\xi_k}{\partial y}+\frac{\partial v}{\partial\xi_k}\frac{\partial\xi_k}{\partial x}\right)^2+\left(\frac{\partial w}{\partial\xi_k}\frac{\partial\xi_k}{\partial x}+\frac{\partial u}{\partial\xi_k}\frac{\partial\xi_k}{\partial z}\right)^2+\left(\frac{\partial w}{\partial\xi_k}\frac{\partial\xi_k}{\partial y}+\frac{\partial v}{\partial\xi_k}\frac{\partial\xi_k}{\partial z}\right)^2\right\}-\rho\varepsilon+k\frac{\partial(\rho u_j)}{\partial\xi_k}\frac{\partial\xi_k}{\partial x_j}$
ε 方程	ε	$\frac{c_1\varepsilon}{k}\mu_t\left\{2\left[\left(\frac{\partial u}{\partial\xi_k}\frac{\partial\xi_k}{\partial x}\right)^2+\left(\frac{\partial v}{\partial\xi_k}\frac{\partial\xi_k}{\partial y}\right)^2+\left(\frac{\partial w}{\partial\xi_k}\frac{\partial\xi_k}{\partial z}\right)^2\right]+\left(\frac{\partial u}{\partial\xi_k}\frac{\partial\xi_k}{\partial y}+\frac{\partial v}{\partial\xi_k}\frac{\partial\xi_k}{\partial x}\right)^2+\left(\frac{\partial w}{\partial\xi_k}\frac{\partial\xi_k}{\partial x}+\frac{\partial u}{\partial\xi_k}\frac{\partial\xi_k}{\partial z}\right)^2+\left(\frac{\partial w}{\partial\xi_k}\frac{\partial\xi_k}{\partial y}+\frac{\partial v}{\partial\xi_k}\frac{\partial\xi_k}{\partial z}\right)^2\right\}-c_{2\varepsilon}\rho\frac{\varepsilon^2}{k}+\varepsilon\frac{\partial(\rho u_j)}{\partial\xi_k}\frac{\partial\xi_k}{\partial x_j}$
组分方程	S	0

3. 贴体坐标下控制方程离散

贴体坐标下的控制方程展开以后为

$$\begin{aligned}&\frac{\partial(\rho\phi)}{\partial t}+\frac{\partial(\rho U\phi)}{\partial\xi}+\frac{\partial(\rho V\phi)}{\partial\eta}+\frac{\partial(\rho W\phi)}{\partial\zeta}\\&=\frac{\partial}{\partial\xi}\left(\Gamma_\phi\frac{\partial\phi}{\partial\xi_m}\frac{\partial\xi_m}{\partial x_j}\frac{\partial\xi}{\partial x_j}\right)+\frac{\partial}{\partial\eta}\left(\Gamma_\phi\frac{\partial\phi}{\partial\xi_m}\frac{\partial\xi_m}{\partial x_j}\frac{\partial\eta}{\partial x_j}\right)+\\&\quad\frac{\partial}{\partial\zeta}\left(\Gamma_\phi\frac{\partial\phi}{\partial\xi_m}\frac{\partial\xi_m}{\partial x_j}\frac{\partial\zeta}{\partial x_j}\right)+S_\phi(\xi,\eta,\zeta)\end{aligned} \tag{3-4-17}$$

该方程对 P 控制体作积分(如图 3-4-2 所示，其中 $\Delta\xi=\Delta\eta=\Delta\zeta=1$)，即

$$\begin{aligned}&\iiint_P\frac{\partial(\rho\phi)}{\partial t}J\mathrm{d}\xi\mathrm{d}\eta\mathrm{d}\zeta+\iiint_P\frac{\partial(\rho U\phi)}{\partial\xi}J\mathrm{d}\xi\mathrm{d}\eta\mathrm{d}\zeta+\iiint_P\frac{\partial(\rho V\phi)}{\partial\eta}J\mathrm{d}\xi\mathrm{d}\eta\mathrm{d}\zeta+\iiint_P\frac{\partial(\rho W\phi)}{\partial\zeta}J\mathrm{d}\xi\mathrm{d}\eta\mathrm{d}\zeta\\&=\iiint_P\frac{\partial}{\partial\xi}\left(\Gamma_\phi\frac{\partial\phi}{\partial\xi_m}\frac{\partial\xi_m}{\partial x_j}\frac{\partial\xi}{\partial x_j}\right)J\mathrm{d}\xi\mathrm{d}\eta\mathrm{d}\zeta+\iiint_P\frac{\partial}{\partial\eta}\left(\Gamma_\phi\frac{\partial\phi}{\partial\xi_m}\frac{\partial\xi_m}{\partial x_j}\frac{\partial\eta}{\partial x_j}\right)J\mathrm{d}\xi\mathrm{d}\eta\mathrm{d}\zeta+\end{aligned}$$

$$\iiint_P \frac{\partial}{\partial \zeta}\left(\Gamma_\phi \frac{\partial \phi}{\partial \xi_m}\frac{\partial \xi_m}{\partial x_j}\frac{\partial \zeta}{\partial x_j}\right) J\mathrm{d}\xi\mathrm{d}\eta\mathrm{d}\zeta + \iiint_P S_\phi(\xi,\eta,\zeta) J\mathrm{d}\xi\mathrm{d}\eta\mathrm{d}\zeta \tag{3-4-18}$$

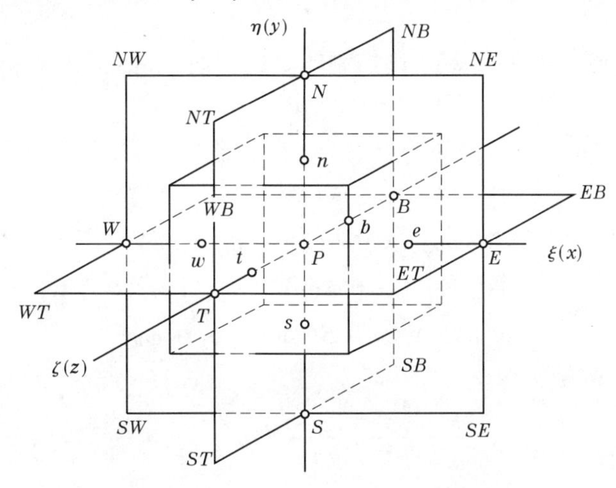

图 3-4-2　计算域 P 点控制体示意图

积分后可得

$$J\frac{\rho_P\phi_P - \rho_P\phi_P^0}{\Delta t} + J(\rho U\phi)_e - J(\rho U\phi)_w + J(\rho V\phi)_n - J(\rho V\phi)_s + J(\rho W\phi)_t - J(\rho W\phi)_b$$

$$= J\left(\Gamma_\phi \frac{\partial \phi}{\partial \xi_m}\frac{\partial \xi_m}{\partial x_j}\frac{\partial \xi}{\partial x_j}\right)_e - J\left(\Gamma_\phi \frac{\partial \phi}{\partial \xi_m}\frac{\partial \xi_m}{\partial x_j}\frac{\partial \xi}{\partial x_j}\right)_w + J\left(\Gamma_\phi \frac{\partial \phi}{\partial \xi_m}\frac{\partial \xi_m}{\partial x_j}\frac{\partial \eta}{\partial x_j}\right)_n - J\left(\Gamma_\phi \frac{\partial \phi}{\partial \xi_m}\frac{\partial \xi_m}{\partial x_j}\frac{\partial \eta}{\partial x_j}\right)_s +$$

$$J\left(\Gamma_\phi \frac{\partial \phi}{\partial \xi_m}\frac{\partial \xi_m}{\partial x_j}\frac{\partial \zeta}{\partial x_j}\right)_t - J\left(\Gamma_\phi \frac{\partial \phi}{\partial \xi_m}\frac{\partial \xi_m}{\partial x_j}\frac{\partial \zeta}{\partial x_j}\right)_b + JS_\phi(\xi,\eta,\zeta) \tag{3-4-19}$$

令

$$g_{mk} = \frac{\partial \xi_m}{\partial x_j}\frac{\partial \xi_k}{\partial x_j}$$

也即

$$g_{11} = \frac{\partial \xi}{\partial x_j}\frac{\partial \xi}{\partial x_j} \quad g_{21} = \frac{\partial \eta}{\partial x_j}\frac{\partial \xi}{\partial x_j} \quad g_{31} = \frac{\partial \zeta}{\partial x_j}\frac{\partial \xi}{\partial x_j}$$

$$g_{12} = \frac{\partial \xi}{\partial x_j}\frac{\partial \eta}{\partial x_j} \quad g_{22} = \frac{\partial \eta}{\partial x_j}\frac{\partial \eta}{\partial x_j} \quad g_{32} = \frac{\partial \zeta}{\partial x_j}\frac{\partial \eta}{\partial x_j}$$

$$g_{13} = \frac{\partial \xi}{\partial x_j}\frac{\partial \zeta}{\partial x_j} \quad g_{23} = \frac{\partial \eta}{\partial x_j}\frac{\partial \zeta}{\partial x_j} \quad g_{33} = \frac{\partial \zeta}{\partial x_j}\frac{\partial \zeta}{\partial x_j}$$

则得

$$J\left\{\frac{(\rho_P\phi_P - \rho_P^0\phi_P^0)}{\Delta t} + (\rho U\phi)_e - (\rho U\phi)_w + (\rho V\phi)_n - (\rho V\phi)_s + (\rho W\phi)_t - (\rho W\phi)_b\right\}$$

$$= J\left(\Gamma_\phi g_{11}\frac{\partial \phi}{\partial \xi} + \Gamma_\phi g_{21}\frac{\partial \phi}{\partial \eta} + \Gamma_\phi g_{31}\frac{\partial \phi}{\partial \zeta}\right)_e - J\left(\Gamma_\phi g_{11}\frac{\partial \phi}{\partial \xi} + \Gamma_\phi g_{21}\frac{\partial \phi}{\partial \eta} + \Gamma_\phi g_{31}\frac{\partial \phi}{\partial \zeta}\right)_w +$$

$$J\left(\Gamma_\phi g_{12}\frac{\partial \phi}{\partial \xi} + \Gamma_\phi g_{22}\frac{\partial \phi}{\partial \eta} + \Gamma_\phi g_{32}\frac{\partial \phi}{\partial \zeta}\right)_n - J\left(\Gamma_\phi g_{12}\frac{\partial \phi}{\partial \xi} + \Gamma_\phi g_{22}\frac{\partial \phi}{\partial \eta} + \Gamma_\phi g_{32}\frac{\partial \phi}{\partial \zeta}\right)_s +$$

$$J\left(\Gamma_\phi g_{13}\frac{\partial\phi}{\partial\xi}+\Gamma_\phi g_{23}\frac{\partial\phi}{\partial\eta}+\Gamma_\phi g_{33}\frac{\partial\phi}{\partial\zeta}\right)_t-J\left(\Gamma_\phi g_{13}\frac{\partial\phi}{\partial\xi}+\Gamma_\phi g_{23}\frac{\partial\phi}{\partial\eta}+\Gamma_\phi g_{33}\frac{\partial\phi}{\partial\zeta}\right)_b+$$
$$JS_\phi(\xi,\eta,\zeta) \tag{3-4-20}$$

用中心差分对该方程进行离散，则控制体 P 的界面 e、w、s、n、t、b 输运量为

$$\begin{cases}(\rho U\phi)_e=0.5(\rho U)_e(\phi_E+\phi_P)\\(\rho U\phi)_w=0.5(\rho U)_w(\phi_W+\phi_P)\\(\rho V\phi)_n=0.5(\rho V)_n(\phi_N+\phi_P)\\(\rho V\phi)_s=0.5(\rho V)_s(\phi_S+\phi_P)\\(\rho W\phi)_t=0.5(\rho W)_t(\phi_T+\phi_P)\\(\rho W\phi)_b=0.5(\rho W)_b(\phi_B+\phi_P)\end{cases} \tag{3-4-21}$$

相应的对流扩散项为

$$\begin{cases}\left(\Gamma_\phi\frac{\partial\phi}{\partial\xi_m}\frac{\partial\xi_m}{\partial x_j}\frac{\partial\xi}{\partial x_j}\right)_e=\left(\Gamma_\phi g_{11}\frac{\partial\phi}{\partial\xi}+\Gamma_\phi g_{21}\frac{\partial\phi}{\partial\eta}+\Gamma_\phi g_{31}\frac{\partial\phi}{\partial\zeta}\right)_e\\\qquad=(\Gamma_\phi g_{11})_e(\phi_E-\phi_P)+0.25(\Gamma_\phi g_{21})_e(\phi_N+\phi_{EN}-\phi_S-\phi_{ES})+\\\qquad\quad 0.25(\Gamma_\phi g_{31})_e(\phi_T+\phi_{ET}-\phi_B-\phi_{EB})\\\left(\Gamma_\phi\frac{\partial\phi}{\partial\xi_m}\frac{\partial\xi_m}{\partial x_j}\frac{\partial\xi}{\partial x_j}\right)_w=\left(\Gamma_\phi g_{11}\frac{\partial\phi}{\partial\xi}+\Gamma_\phi g_{21}\frac{\partial\phi}{\partial\eta}+\Gamma_\phi g_{31}\frac{\partial\phi}{\partial\zeta}\right)_w\\\qquad=(\Gamma_\phi g_{11})_w(\phi_P-\phi_W)+0.25(\Gamma_\phi g_{21})_w(\phi_N+\phi_{WN}-\phi_S-\phi_{WS})+\\\qquad\quad 0.25(\Gamma_\phi g_{31})_w(\phi_T+\phi_{WT}-\phi_B-\phi_{WB})\\\left(\Gamma_\phi\frac{\partial\phi}{\partial\xi_m}\frac{\partial\xi_m}{\partial x_j}\frac{\partial\eta}{\partial x_j}\right)_n=\left(\Gamma_\phi g_{12}\frac{\partial\phi}{\partial\xi}+\Gamma_\phi g_{22}\frac{\partial\phi}{\partial\eta}+\Gamma_\phi g_{32}\frac{\partial\phi}{\partial\zeta}\right)_n\\\qquad=(\Gamma_\phi g_{22})_n(\phi_N-\phi_P)+0.25(\Gamma_\phi g_{12})_n(\phi_E+\phi_{EN}-\phi_W-\phi_{WN})+\\\qquad\quad 0.25(\Gamma_\phi g_{32})_n(\phi_T+\phi_{NT}-\phi_B-\phi_{NB})\\\left(\Gamma_\phi\frac{\partial\phi}{\partial\xi_m}\frac{\partial\xi_m}{\partial x_j}\frac{\partial\eta}{\partial x_j}\right)_s=\left(\Gamma_\phi g_{12}\frac{\partial\phi}{\partial\xi}+\Gamma_\phi g_{22}\frac{\partial\phi}{\partial\eta}+\Gamma_\phi g_{32}\frac{\partial\phi}{\partial\zeta}\right)_s\\\qquad=(\Gamma_\phi g_{22})_s(\phi_P-\phi_S)+0.25(\Gamma_\phi g_{12})_s(\phi_E+\phi_{ES}-\phi_W-\phi_{WS})+\\\qquad\quad 0.25(\Gamma_\phi g_{32})_s(\phi_T+\phi_{ST}-\phi_B-\phi_{SB})\\\left(\Gamma_\phi\frac{\partial\phi}{\partial\xi_m}\frac{\partial\xi_m}{\partial x_j}\frac{\partial\zeta}{\partial x_j}\right)_t=\left(\Gamma_\phi g_{13}\frac{\partial\phi}{\partial\xi}+\Gamma_\phi g_{23}\frac{\partial\phi}{\partial\eta}+\Gamma_\phi g_{33}\frac{\partial\phi}{\partial\zeta}\right)_t\\\qquad=(\Gamma_\phi g_{33})_t(\phi_T-\phi_P)+0.25(\Gamma_\phi g_{13})_t(\phi_E+\phi_{ET}-\phi_W-\phi_{WT})+\\\qquad\quad 0.25(\Gamma_\phi g_{23})_t(\phi_N+\phi_{NT}-\phi_S-\phi_{ST})\\\left(\Gamma_\phi\frac{\partial\phi}{\partial\xi_m}\frac{\partial\xi_m}{\partial x_j}\frac{\partial\zeta}{\partial x_j}\right)_b=\left(\Gamma_\phi g_{13}\frac{\partial\phi}{\partial\xi}+\Gamma_\phi g_{23}\frac{\partial\phi}{\partial\eta}+\Gamma_\phi g_{33}\frac{\partial\phi}{\partial\zeta}\right)_b\\\qquad=(\Gamma_\phi g_{33})_b(\phi_P-\phi_B)+0.25(\Gamma_\phi g_{13})_b(\phi_E+\phi_{EB}-\phi_W-\phi_{WB})+\\\qquad\quad 0.25(\Gamma_\phi g_{23})_b(\phi_N+\phi_{NB}-\phi_S-\phi_{SB})\end{cases} \tag{3-4-22}$$

整理成以下形式

$$A_P\phi_P = A_E\phi_E + A_W\phi_W + A_N\phi_N + A_S\phi_S + A_T\phi_T + A_B\phi_B + S_\phi \qquad (3\text{-}4\text{-}23)$$

式中：ϕ_P^0 为 P 点前一时刻的值，其系数 $A_P^0 = \dfrac{J\rho_P}{\Delta t}$。

需要注意的是，式(3-4-23)中源项 S_ϕ 中已包含了来自时变项的 $A_P^0\phi_P^0$ 以及扩散项离散过程中形成的附加项 S_+，在以下源项离散时需要分别将其并入源项的相应项中去。其中

$$\begin{aligned}
S_+ = 0.25J\{&(\Gamma_\phi g_{21})_e(\phi_{EN}-\phi_{ES}) + (\Gamma_\phi g_{31})_e(\phi_{ET}-\phi_{EB}) + (\Gamma_\phi g_{21})_w(\phi_{WS}-\phi_{WN}) + \\
&(\Gamma_\phi g_{31})_w(\phi_{WB}-\phi_{WT}) + (\Gamma_\phi g_{12})_n(\phi_{EN}-\phi_{WN}) + (\Gamma_\phi g_{32})_n(\phi_{NT}-\phi_{NB}) + \\
&(\Gamma_\phi g_{12})_s(\phi_{WS}-\phi_{ES}) + (\Gamma_\phi g_{32})_s(\phi_{SB}-\phi_{ST}) + (\Gamma_\phi g_{13})_t(\phi_{ET}-\phi_{WT}) + \\
&(\Gamma_\phi g_{23})_t(\phi_{NT}-\phi_{ST}) + (\Gamma_\phi g_{13})_b(\phi_{WB}-\phi_{EB}) + (\Gamma_\phi g_{23})_b(\phi_{SB}-\phi_{NB})\}
\end{aligned}$$

$$\begin{aligned}
A_E &= J\{(\Gamma_\phi g_{11})_e + 0.25[(\Gamma_\phi g_{12})_n - (\Gamma_\phi g_{12})_s + (\Gamma_\phi g_{13})_t - (\Gamma_\phi g_{13})_b] - 0.5(\rho U)_e\} \\
A_W &= J\{(\Gamma_\phi g_{11})_w - 0.25[(\Gamma_\phi g_{12})_n + (\Gamma_\phi g_{12})_s - (\Gamma_\phi g_{13})_t + (\Gamma_\phi g_{13})_b] + 0.5(\rho U)_w\} \\
A_N &= J\{(\Gamma_\phi g_{22})_n + 0.25[(\Gamma_\phi g_{21})_e - (\Gamma_\phi g_{21})_w + (\Gamma_\phi g_{23})_t - (\Gamma_\phi g_{23})_b] - 0.5(\rho V)_n\} \\
A_S &= J\{(\Gamma_\phi g_{22})_s - 0.25[(\Gamma_\phi g_{21})_e + (\Gamma_\phi g_{21})_w - (\Gamma_\phi g_{23})_t + (\Gamma_\phi g_{23})_b] + 0.5(\rho V)_s\} \\
A_T &= J\{(\Gamma_\phi g_{33})_t + 0.25[(\Gamma_\phi g_{31})_e - (\Gamma_\phi g_{31})_w + (\Gamma_\phi g_{32})_n - (\Gamma_\phi g_{32})_s] - 0.5(\rho W)_t\} \\
A_B &= J\{(\Gamma_\phi g_{33})_b - 0.25[(\Gamma_\phi g_{31})_e + (\Gamma_\phi g_{31})_w - (\Gamma_\phi g_{32})_n + (\Gamma_\phi g_{32})_s] + 0.5(\rho W)_b\}
\end{aligned}$$

以上 A_E、A_N、A_S、A_N、A_T、A_B 表达式中，前五项为传导率 D，即

$$\begin{cases}
D_e = (\Gamma_\phi g_{11})_e + 0.25(\Gamma_\phi g_{12})_n - 0.25(\Gamma_\phi g_{12})_s + 0.25(\Gamma_\phi g_{13})_t - 0.25(\Gamma_\phi g_{13})_b \\
D_w = (\Gamma_\phi g_{11})_w - 0.25(\Gamma_\phi g_{12})_n + 0.25(\Gamma_\phi g_{12})_s - 0.25(\Gamma_\phi g_{13})_t + 0.25(\Gamma_\phi g_{13})_b \\
D_n = (\Gamma_\phi g_{22})_n + 0.25(\Gamma_\phi g_{21})_e - 0.25(\Gamma_\phi g_{21})_w + 0.25(\Gamma_\phi g_{23})_t - 0.25(\Gamma_\phi g_{23})_b \\
D_s = (\Gamma_\phi g_{22})_s - 0.25(\Gamma_\phi g_{21})_e + 0.25(\Gamma_\phi g_{21})_w - 0.25(\Gamma_\phi g_{23})_t + 0.25(\Gamma_\phi g_{23})_b \\
D_t = (\Gamma_\phi g_{33})_t + 0.25(\Gamma_\phi g_{31})_e - 0.25(\Gamma_\phi g_{31})_w + 0.25(\Gamma_\phi g_{32})_n - 0.25(\Gamma_\phi g_{32})_s \\
D_b = (\Gamma_\phi g_{33})_b - 0.25(\Gamma_\phi g_{31})_e + 0.25(\Gamma_\phi g_{31})_w - 0.25(\Gamma_\phi g_{32})_n + 0.25(\Gamma_\phi g_{32})_s
\end{cases} \qquad (3\text{-}4\text{-}24)$$

对流强度 F 定义如下

$$F_e = (\rho U)_e \quad F_w = (\rho U)_w \quad F_n = (\rho V)_n$$

$$F_s = (\rho V)_s \quad F_t = (\rho W)_t \quad F_b = (\rho W)_b$$

以上各系数为采用中心差分得到的，使用中心差分离散对流项，在 Peclet 数(对流项与扩散项之比，即 $P_e = \dfrac{F}{D}$)大于 2 后解会不稳定。为了克服这一问题，采用混合格式，最终得到各系数表达式如下

$$\begin{cases}
A_E = J\left[\max\left(\left|\dfrac{F_e}{2}\right|, D_e\right) - \dfrac{F_e}{2}\right] \quad A_W = J\left[\max\left(\left|\dfrac{F_w}{2}\right|, D_w\right) - \dfrac{F_w}{2}\right] \\
A_N = J\left[\max\left(\left|\dfrac{F_n}{2}\right|, D_n\right) - \dfrac{F_n}{2}\right] \quad A_S = J\left[\max\left(\left|\dfrac{F_s}{2}\right|, D_s\right) - \dfrac{F_s}{2}\right] \\
A_T = J\left[\max\left(\left|\dfrac{F_t}{2}\right|, D_t\right) - \dfrac{F_t}{2}\right] \quad A_B = J\left[\max\left(\left|\dfrac{F_b}{2}\right|, D_b\right) - \dfrac{F_b}{2}\right]
\end{cases} \qquad (3\text{-}4\text{-}25)$$

相应地

$$A_P = \sum A_6 + S_P \tag{3-4-26}$$

其中

$$\sum A_6 = A_E + A_W + A_N + A_S + A_T + A_B$$

$$S_P = JA_P^0 + J(F_e - F_w + F_n - F_s + F_t - F_b)$$

同理,可以进行组分运动方程对流扩散项离散以及控制方程中源项离散。离散后的控制方程均可表示为以下标准形式,即

$$A_P\phi_P = A_E\phi_E + A_W\phi_W + A_N\phi_N + A_S\phi_S + A_T\phi_T + A_B\phi_B + S_\phi \tag{3-4-27}$$

为了便于查阅,将连续方程、动量方程、$k \sim \varepsilon$ 方程、泥沙输运方程中的 ϕ_P、ϕ_E、ϕ_W、ϕ_N、ϕ_S、ϕ_T、ϕ_B 以及 A_P、A_E、A_W、A_N、A_S、A_T、A_B、S_ϕ 的表达式统一摘录于表 3-4-3 ~ 表 3-4-6。

表 3-4-3　离散后各控制方程中各参变量表达式(A_P、S_ϕ)

参数	ϕ	Γ_ϕ	A_P	S_ϕ
连续方程	1	0	$\sum A_6 + S_P$	0
动量方程	u、v、w $x_\phi = x$、y、z	$\Gamma = \mu + \dfrac{\mu_t}{\sigma_t}$	$\sum A_6 + S_P$	$S_{m1} - S_{m2} - S_{m3} + S_{m4}$
k 方程	k	$\Gamma_k = \mu + \dfrac{\mu_t}{\sigma_k}$	$\sum A_6 + S_P + J\left(c_\mu \rho^2 \dfrac{k_P^0}{\mu_t}\right)$	$\mu_t S_{t1} + kS_{t2} + S_{t3} + A_P^0 k_P^0$
ε 方程	ε	$\Gamma_\varepsilon = \mu + \dfrac{\mu_t}{\sigma_s}$	$\sum A_6 + S_P + J\left(c_2 \rho \dfrac{\varepsilon_P^0}{\kappa}\right)$	$\dfrac{c_1 \varepsilon}{\kappa}\mu_t S_{t1} + \varepsilon S_{t2} + S_{t3} + A_P^0 \varepsilon_P^0$
泥沙方程	S	$\Gamma_s = \mu + \dfrac{\mu_t}{\sigma_s}$	$\sum A_6 + S_P$	$S_{s1} + A_P^0 S_P^0$

3.4.1.2　初边界条件赋定及 Possion 方程离散

初边界条件主要包括基于时间的初始条件和基于空间的物理边界条件。前者主要包括水深、流速、含沙量等变量的初始值赋定,后者主要包括壁面边界、进口边界、出口边界和自由面边界。

1. 初始条件

基于时间尺度的初始条件为

$$\begin{cases} H|_{t=0} = H_0(x,y) \\ u|_{t=0} = u_0(x,y,z) \\ v|_{t=0} = v_0(x,y,z) \\ w|_{t=0} = w_0(x,y,z) \end{cases} \tag{3-4-28}$$

式中:H_0、u_0、v_0、w_0 分别为初始时刻的水位及各流速分量。

在模型计算中,可以先给定一个初始水位,由此可以算出各控制体的水深。待给定条件下计算稳定后,再开始下一时段的计算。

表 3-4-4　离散后各控制方程中各参变量表达式($A_E \sim A_B$)

参数	A_E	A_W	A_N	A_S	A_T	A_B
连续方程	$J\{-0.5(\rho U)_e\}$	$J\{+0.5(\rho U)_w\}$	$J\{-0.5(\rho V)_n\}$	$J\{+0.5(\rho V)_s\}$	$J\{-0.5(\rho W)_t\}$	$J\{+0.5(\rho W)_b\}$
动量方程	$J\{(\Gamma_\phi g_{11})_e+0.25[(\Gamma_\phi g_{12})_n-(\Gamma_\phi g_{12})_s+(\Gamma_\phi g_{13})_t-(\Gamma_\phi g_{13})_b]-0.5(\rho U)_e\}$	$J\{(\Gamma_\phi g_{11})_w-0.25[(\Gamma_\phi g_{12})_n+(\Gamma_\phi g_{12})_s-(\Gamma_\phi g_{13})_t+(\Gamma_\phi g_{13})_b]+0.5(\rho U)_w\}$	$J\{(\Gamma_\phi g_{22})_n+0.25[(\Gamma_\phi g_{21})_e-(\Gamma_\phi g_{21})_w+(\Gamma_\phi g_{23})_t-(\Gamma_\phi g_{23})_b]-0.5(\rho V)_n\}$	$J\{(\Gamma_\phi g_{22})_s-0.25[(\Gamma_\phi g_{21})_e+(\Gamma_\phi g_{21})_w-(\Gamma_\phi g_{23})_t+(\Gamma_\phi g_{23})_b]+0.5(\rho V)_s\}$	$J\{(\Gamma_\phi g_{33})_t+0.25[(\Gamma_\phi g_{31})_e-(\Gamma_\phi g_{31})_w+(\Gamma_\phi g_{32})_n-(\Gamma_\phi g_{32})_s]-0.5(\rho W)_t\}$	$J\{(\Gamma_\phi g_{33})_b-0.25[(\Gamma_\phi g_{31})_e+(\Gamma_\phi g_{31})_w-(\Gamma_\phi g_{32})_n+(\Gamma_\phi g_{32})_s]+0.5(\rho W)_b\}$
k 方程	$J\{(\Gamma_\phi g_{11})_e+0.25[(\Gamma_\phi g_{12})_n-(\Gamma_\phi g_{12})_s+(\Gamma_\phi g_{13})_t-(\Gamma_\phi g_{13})_b]-0.5(\rho U)_e\}$	$J\{(\Gamma_\phi g_{11})_w-0.25[(\Gamma_\phi g_{12})_n+(\Gamma_\phi g_{12})_s-(\Gamma_\phi g_{13})_t+(\Gamma_\phi g_{13})_b]+0.5(\rho U)_w\}$	$J\{(\Gamma_\phi g_{22})_n+0.25[(\Gamma_\phi g_{21})_e-(\Gamma_\phi g_{21})_w+(\Gamma_\phi g_{23})_t-(\Gamma_\phi g_{23})_b]-0.5(\rho V)_n\}$	$J\{(\Gamma_\phi g_{22})_s-0.25[(\Gamma_\phi g_{21})_e+(\Gamma_\phi g_{21})_w-(\Gamma_\phi g_{23})_t+(\Gamma_\phi g_{23})_b]+0.5(\rho V)_s\}$	$J\{(\Gamma_\phi g_{33})_t+0.25[(\Gamma_\phi g_{31})_e-(\Gamma_\phi g_{31})_w+(\Gamma_\phi g_{32})_n-(\Gamma_\phi g_{32})_s]-0.5(\rho W)_t\}$	$J\{(\Gamma_\phi g_{33})_b-0.25[(\Gamma_\phi g_{31})_e+(\Gamma_\phi g_{31})_w-(\Gamma_\phi g_{32})_n+(\Gamma_\phi g_{32})_s]+0.5(\rho W)_b\}$
ε 方程	$J\{(\Gamma_\phi g_{11})_e+0.25[(\Gamma_\phi g_{12})_n-(\Gamma_\phi g_{12})_s+(\Gamma_\phi g_{13})_t-(\Gamma_\phi g_{13})_b]-0.5(\rho U)_e\}$	$J\{(\Gamma_\phi g_{11})_w-0.25[(\Gamma_\phi g_{12})_n+(\Gamma_\phi g_{12})_s-(\Gamma_\phi g_{13})_t+(\Gamma_\phi g_{13})_b]+0.5(\rho U)_w\}$	$J\{(\Gamma_\phi g_{22})_n+0.25[(\Gamma_\phi g_{21})_e-(\Gamma_\phi g_{21})_w+(\Gamma_\phi g_{23})_t-(\Gamma_\phi g_{23})_b]-0.5(\rho V)_n\}$	$J\{(\Gamma_\phi g_{22})_s-0.25[(\Gamma_\phi g_{21})_e+(\Gamma_\phi g_{21})_w-(\Gamma_\phi g_{23})_t+(\Gamma_\phi g_{23})_b]+0.5(\rho V)_s\}$	$J\{(\Gamma_\phi g_{33})_t+0.25[(\Gamma_\phi g_{31})_e-(\Gamma_\phi g_{31})_w+(\Gamma_\phi g_{32})_n-(\Gamma_\phi g_{32})_s]-0.5(\rho W)_t\}$	$J\{(\Gamma_\phi g_{33})_b-0.25[(\Gamma_\phi g_{31})_e+(\Gamma_\phi g_{31})_w-(\Gamma_\phi g_{32})_n+(\Gamma_\phi g_{32})_s]+0.5(\rho W)_b\}$
泥沙方程	$J\{(\Gamma_\phi g_{11})_e+0.25[(\Gamma_\phi g_{12})_n-(\Gamma_\phi g_{12})_s+(\Gamma_\phi g_{13})_t-(\Gamma_\phi g_{13})_b]-0.5(\rho U-\omega_L\frac{\partial\xi}{\partial z})_e\}$	$J\{(\Gamma_\phi g_{11})_w-0.25[(\Gamma_\phi g_{12})_n+(\Gamma_\phi g_{12})_s-(\Gamma_\phi g_{13})_t+(\Gamma_\phi g_{13})_b]+0.5(\rho U-\omega_L\frac{\partial\xi}{\partial z})_w\}$	$J\{(\Gamma_\phi g_{22})_n+0.25[(\Gamma_\phi g_{21})_e-(\Gamma_\phi g_{21})_w+(\Gamma_\phi g_{23})_t-(\Gamma_\phi g_{23})_b]-0.5(\rho V-\omega_L\frac{\partial\eta}{\partial z})_n\}$	$J\{(\Gamma_\phi g_{22})_s-0.25[(\Gamma_\phi g_{21})_e+(\Gamma_\phi g_{21})_w-(\Gamma_\phi g_{23})_t+(\Gamma_\phi g_{23})_b]+0.5(\rho V-\omega_L\frac{\partial\eta}{\partial z})_s\}$	$J\{(\Gamma_\phi g_{33})_t+0.25[(\Gamma_\phi g_{31})_e-(\Gamma_\phi g_{31})_w+(\Gamma_\phi g_{32})_n-(\Gamma_\phi g_{32})_s]-0.5(\rho W-\omega_L\frac{\partial\zeta}{\partial z})_t\}$	$J\{(\Gamma_\phi g_{33})_b-0.25[(\Gamma_\phi g_{31})_e+(\Gamma_\phi g_{31})_w-(\Gamma_\phi g_{32})_n+(\Gamma_\phi g_{32})_s]+0.5(\rho W-\omega_L\frac{\partial\zeta}{\partial z})_b\}$

表 3-4-5　离散后各控制方程中各参变量表达式($D_E \sim D_B$)

参数	D_E	D_W	D_N	D_S	D_T	D_B
连续方程	0	0	0	0	0	0
动量方程	$(\Gamma_\phi g_{11})_e + 0.25[(\Gamma_\phi g_{12})_n - (\Gamma_\phi g_{12})_s + (\Gamma_\phi g_{13})_t - (\Gamma_\phi g_{13})_b]$	$(\Gamma_\phi g_{11})_w - 0.25[(\Gamma_\phi g_{12})_n + (\Gamma_\phi g_{12})_s - (\Gamma_\phi g_{13})_t + (\Gamma_\phi g_{13})_b]$	$(\Gamma_\phi g_{22})_n + 0.25[(\Gamma_\phi g_{21})_e - (\Gamma_\phi g_{21})_w + (\Gamma_\phi g_{23})_t - (\Gamma_\phi g_{23})_b]$	$(\Gamma_\phi g_{22})_s - 0.25[(\Gamma_\phi g_{21})_e + (\Gamma_\phi g_{21})_w - (\Gamma_\phi g_{23})_t + (\Gamma_\phi g_{23})_b]$	$(\Gamma_\phi g_{33})_t + 0.25[(\Gamma_\phi g_{31})_e - (\Gamma_\phi g_{31})_w + (\Gamma_\phi g_{32})_n - (\Gamma_\phi g_{32})_s]$	$(\Gamma_\phi g_{33})_b - 0.25[(\Gamma_\phi g_{31})_e + (\Gamma_\phi g_{31})_w - (\Gamma_\phi g_{32})_n + (\Gamma_\phi g_{32})_s]$
k 方程	$(\Gamma_\phi g_{11})_e + 0.25[(\Gamma_\phi g_{12})_n - (\Gamma_\phi g_{12})_s + (\Gamma_\phi g_{13})_t - (\Gamma_\phi g_{13})_b]$	$(\Gamma_\phi g_{11})_w - 0.25[(\Gamma_\phi g_{12})_n + (\Gamma_\phi g_{12})_s - (\Gamma_\phi g_{13})_t + (\Gamma_\phi g_{13})_b]$	$(\Gamma_\phi g_{22})_n + 0.25[(\Gamma_\phi g_{21})_e - (\Gamma_\phi g_{21})_w + (\Gamma_\phi g_{23})_t - (\Gamma_\phi g_{23})_b]$	$(\Gamma_\phi g_{22})_s - 0.25[(\Gamma_\phi g_{21})_e + (\Gamma_\phi g_{21})_w - (\Gamma_\phi g_{23})_t + (\Gamma_\phi g_{23})_b]$	$(\Gamma_\phi g_{33})_t + 0.25[(\Gamma_\phi g_{31})_e - (\Gamma_\phi g_{31})_w + (\Gamma_\phi g_{32})_n - (\Gamma_\phi g_{32})_s]$	$(\Gamma_\phi g_{33})_b - 0.25[(\Gamma_\phi g_{31})_e + (\Gamma_\phi g_{31})_w - (\Gamma_\phi g_{32})_n + (\Gamma_\phi g_{32})_s]$
ε 方程	$(\Gamma_\phi g_{11})_e + 0.25[(\Gamma_\phi g_{12})_n - (\Gamma_\phi g_{12})_s + (\Gamma_\phi g_{13})_t - (\Gamma_\phi g_{13})_b]$	$(\Gamma_\phi g_{11})_w - 0.25[(\Gamma_\phi g_{12})_n + (\Gamma_\phi g_{12})_s - (\Gamma_\phi g_{13})_t + (\Gamma_\phi g_{13})_b]$	$(\Gamma_\phi g_{22})_n + 0.25[(\Gamma_\phi g_{21})_e - (\Gamma_\phi g_{21})_w + (\Gamma_\phi g_{23})_t - (\Gamma_\phi g_{23})_b]$	$(\Gamma_\phi g_{22})_s - 0.25[(\Gamma_\phi g_{21})_e + (\Gamma_\phi g_{21})_w - (\Gamma_\phi g_{23})_t + (\Gamma_\phi g_{23})_b]$	$(\Gamma_\phi g_{33})_t + 0.25[(\Gamma_\phi g_{31})_e - (\Gamma_\phi g_{31})_w + (\Gamma_\phi g_{32})_n - (\Gamma_\phi g_{32})_s]$	$(\Gamma_\phi g_{33})_b - 0.25[(\Gamma_\phi g_{31})_e + (\Gamma_\phi g_{31})_w - (\Gamma_\phi g_{32})_n + (\Gamma_\phi g_{32})_s]$
泥沙方程	$(\Gamma_\phi g_{11})_e + 0.25[(\Gamma_\phi g_{12})_n - (\Gamma_\phi g_{12})_s + (\Gamma_\phi g_{13})_t - (\Gamma_\phi g_{13})_b]$	$(\Gamma_\phi g_{11})_w - 0.25[(\Gamma_\phi g_{12})_n + (\Gamma_\phi g_{12})_s - (\Gamma_\phi g_{13})_t + (\Gamma_\phi g_{13})_b]$	$(\Gamma_\phi g_{22})_n + 0.25[(\Gamma_\phi g_{21})_e - (\Gamma_\phi g_{21})_w + (\Gamma_\phi g_{23})_t - (\Gamma_\phi g_{23})_b]$	$(\Gamma_\phi g_{22})_s - 0.25[(\Gamma_\phi g_{21})_e + (\Gamma_\phi g_{21})_w - (\Gamma_\phi g_{23})_t + (\Gamma_\phi g_{23})_b]$	$(\Gamma_\phi g_{33})_t + 0.25[(\Gamma_\phi g_{31})_e - (\Gamma_\phi g_{31})_w + (\Gamma_\phi g_{32})_n - (\Gamma_\phi g_{32})_s]$	$(\Gamma_\phi g_{33})_b - 0.25[(\Gamma_\phi g_{31})_e + (\Gamma_\phi g_{31})_w - (\Gamma_\phi g_{32})_n + (\Gamma_\phi g_{32})_s]$

表 3-4-6　离散后各控制方程中各参变量表达式（$F_E \sim F_B$）

参数	F_E	F_W	F_N	F_S	F_T	F_B
连续方程	$(\rho U)_e$	$(\rho U)_w$	$(\rho V)_n$	$(\rho V)_s$	$(\rho W)_t$	$(\rho W)_b$
动量方程	$(\rho U)_e$	$(\rho U)_w$	$(\rho V)_n$	$(\rho V)_s$	$(\rho W)_t$	$(\rho W)_b$
k 方程	$(\rho U)_e$	$(\rho U)_w$	$(\rho V)_n$	$(\rho V)_s$	$(\rho W)_t$	$(\rho W)_b$
ε 方程	$(\rho U)_e$	$(\rho U)_w$	$(\rho V)_n$	$(\rho V)_s$	$(\rho W)_t$	$(\rho W)_b$
泥沙方程	$\left(\rho U - \omega_L \frac{\partial \xi}{\partial z}\right)_e$	$\left(\rho U - \omega_L \frac{\partial \xi}{\partial z}\right)_w$	$\left(\rho V - \omega_L \frac{\partial \eta}{\partial z}\right)_n$	$\left(\rho V - \omega_L \frac{\partial \eta}{\partial z}\right)_s$	$\left(\rho W - \omega_L \frac{\partial \zeta}{\partial z}\right)_t$	$\left(\rho W - \omega_L \frac{\partial \zeta}{\partial z}\right)_b$

2. 对流律壁函数

1)近壁区流动的特点

大量的试验表明,对于有固体壁面的充分发展的湍流流动,沿壁面法线的不同距离上,可将流动划分为壁面区(或称内区、近壁区)和核心区(或称外区)。壁面区又可分为黏性底层、过渡层和对数律层等3个子层。黏性底层是一个紧贴固体壁面的极薄层,其中黏性力在动量及质量交换中起主导作用,湍流切应力可以忽略,所以流动几乎是层流流动。平行于壁面的速度分量沿壁面法线方向为线性分布。过渡层处于黏性底层的外面,其中黏性力与湍流切应力的作用相当,流动状态比较复杂,难以用一个公式或定律描述。由于过渡层的厚度极小,所以在工程计算中通常不明显划出,归入对数律层。对数律层处于最外层,其中黏性力的影响不明显,湍流切应力占主要地位,流动处于充分发展的湍流状态,流速分布接近于对数律。壁面区子层的划分与相应的速度见图3-4-3。

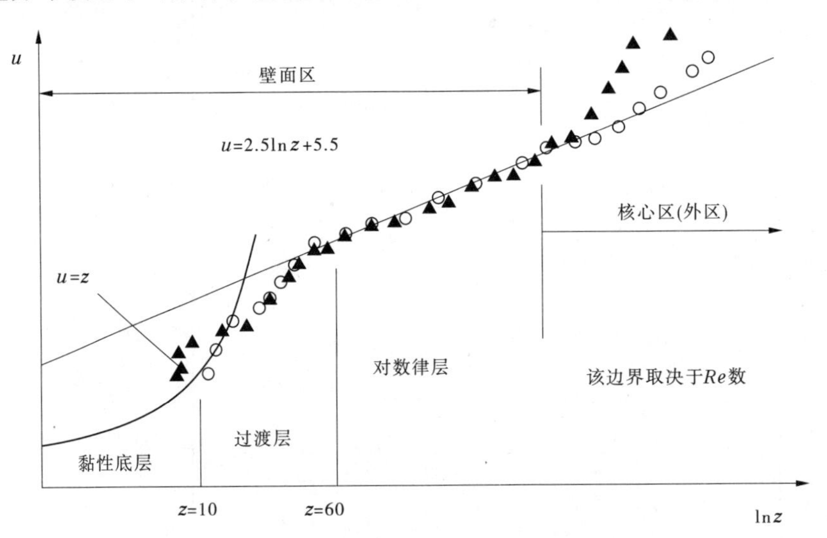

图3-4-3　壁面区子层的划分与相应的速度

图3-4-3中,小三角形及小空心圆代表在不同 Re 数下实测值,直线代表拟合后的结果。两个无量纲的参数 u^+ 和 z^+ 分别表示速度和距离,即

$$u^+ = \frac{u}{u_*} \qquad z^+ = \frac{zu_*}{\nu} \tag{3-4-29}$$

式中:u 为时均流速;u_* 为摩阻流速;z 为到壁面的距离;其余符号意义同前。

相应的黏性底层流速分布为

$$u^+ = z^+ \tag{3-4-30}$$

对数律层流速分布为

$$u^+ = 2.5\ln z^+ + 5.5 \tag{3-4-31}$$

值得注意的是,图中给出的各子层的分界值只是近似值。一般可采用 $z^+ = 10$ 作为黏性底层与对数律层的分界点。

2)壁面函数法

对流律壁函数的基本思想是:在黏性底层内不布置任何结点,把靠近壁面的第一个结点布置在黏性底层外的完全湍流区，也就是说，与壁面相邻的第一个控制体容积取得特别大，即要求第一个计算结点与壁面间的无因次距离 $z^+=\dfrac{z_P u_*}{\nu}$（z_P 为第一个结点距离壁面的距离）为 30 ~ 100。此时，壁面上的切应力仍然按照第一个内结点与边壁上的速度之差来计算。壁面附近区域的处理方法见图 3-4-4。

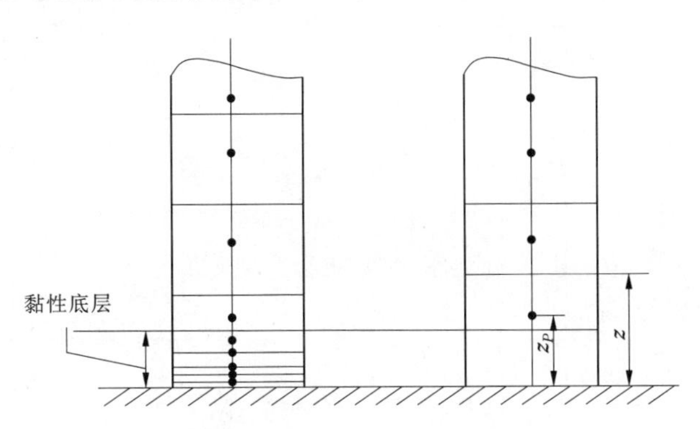

图 3-4-4　壁面附近区域的处理方法
（为清晰起见界面线改用实线画出）

设计算壁面相邻的第一个结点到壁面的无量纲距离 $z^+=\dfrac{z_P u_*}{\nu}$，定义摩阻速度 $u_*=c_\mu^{1/4}k^{1/2}$，则计算边界上平行于壁面的流速 u 满足对数关系式

$$\begin{cases}\dfrac{u}{u_*}=u^+ & z^+\leqslant 10\\[2mm] \dfrac{u}{u_*}=2.5\ln z^++5.5 & z^+>10\end{cases}\tag{3-4-32}$$

内点 P 处湍动能为

$$k_P\big|_{\Gamma_1}=\frac{1}{\sqrt{c_\mu}}u_*^2\tag{3-4-33}$$

内点 P 处耗散率为

$$\varepsilon_P\big|_{\Gamma_1}=\frac{u_*^3}{\kappa y}\tag{3-4-34}$$

壁面函数法能节省内存与计算时间，在工程湍流计算中应用较广。在高雷诺数 $k\sim\varepsilon$ 湍流模型中，通常选用的就是对流律壁函数。

3. 床面附近含沙量

已知床面近邻某一结点 L 的含沙量 S_{Ll}，则床面附近的含沙量

$$S_{bl}=S_{Ll}+S_{bl}{}^*\left[1-\exp\left(\frac{-\omega_l\sigma_s(Z_L-\sigma_b)}{\nu_t}\right)\right]\tag{3-4-35}$$

式中：S_{bl}^* 为床面附近的挟沙能力；σ_b 为床面泥沙交换层厚度，其取值见表 3-4-7；其余符号意义同前。

床面及床面附近控制体示意图见图 3-4-5。

表 3-4-7　床面泥沙交换层厚度 σ_b 取值

作者	Einstein	Rijn	Wu		采用	
σ_b	$2D_{50}$	$(0.01\sim0.05)h$	平整床面	沙波床面	水库	河道
			$2D_{50}$	$2H_s/3$	0.005 m	$2H_s/3$

注：H_s 为沙波厚度；D_{50}为床沙中径。

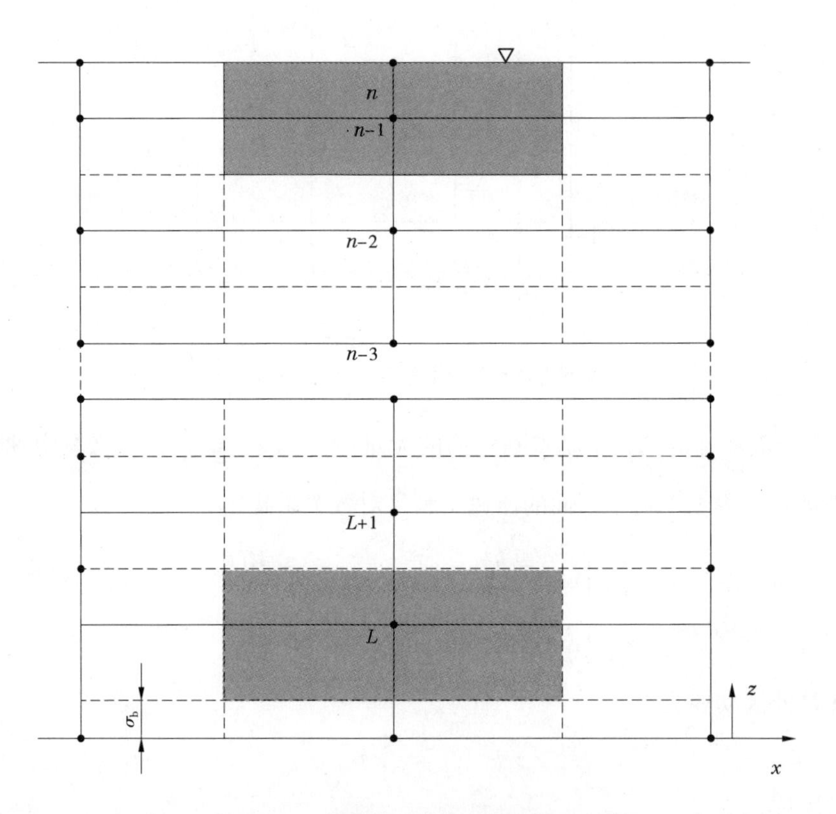

图 3-4-5　床面及床面附近控制体示意图

4. *床面附近挟沙能力*

张瑞瑾从扩散理论出发提出了含沙量沿垂线分布公式，即

$$\frac{S}{S_b} = \exp\left\{\frac{\omega}{\kappa u_*}[f(\eta) - f(\eta_b)]\right\} \tag{3-4-36}$$

平衡状态下水流挟沙能力等于含沙量，并将其推广到不同粒径组，则

$$\frac{S_l^*}{S_{bl}^*} = \exp\left\{\frac{\omega_l}{\kappa u_*}[f(\eta) - f(\eta_b)]\right\} \tag{3-4-37}$$

在最靠近床面的控制体$[\eta_s, \eta_b]$内对式(3-4-37)进行积分，以控制体内的平均值作为床面附近的挟沙能力，则

$$\int_{\eta_b}^{\eta_s} \frac{S_l^*}{S_{bl}^*} d\eta = \int_{\eta_b}^{\eta_s} \exp\left\{\frac{\omega_l}{\kappa u_*}[f(\eta) - f(\eta_b)]\right\} d\eta \tag{3-4-38}$$

相应地

$$\frac{S_l^*}{S_{bl}^*} = \frac{\int_{\eta_b}^{\eta_s} \exp\left\{\frac{\omega_l}{\kappa u_*}[f(\eta) - f(\eta_b)]\right\} d\eta}{\eta_s - \eta_b} \tag{3-4-39}$$

则

$$S_{bl}^* = \frac{(\eta_s - \eta_b)}{\int_{\eta_b}^{\eta_s} \exp\left\{\frac{\omega_k}{\kappa u_*}[f(\eta) - f(\eta_b)]\right\} d\eta} S_l^* \tag{3-4-40}$$

式中：η 为相对水深，其表达式为 $\eta = 1 - z/H$；η_s、η_b 分别为距离水面和床面的相对位置；S_l^* 为相对水深 η 处第 l 粒径组水流挟沙能力；$f(\eta)$ 为含沙量沿垂线分布函数，$f(\eta) \sim \eta$ 的关系可以拟合为以下多项式

$$f(\eta) = 21.112\eta^3 + 30.001\eta^2 + 17.491\eta + 0.2134 \tag{3-4-41}$$

相对水深 η 处第 l 粒径组水流挟沙能力 S_l^* 计算公式为

$$S_l^* = \frac{k_0\left(\frac{\gamma_m}{\gamma_s - \gamma_m}\frac{u^3}{gh}\right)^m P_{sl}}{\sum P_{sl}\omega_{sL}^m} \tag{3-4-42}$$

式中：k_0、m 分别为系数、指数；γ_m 为浑水容重；γ_s 为泥沙容重；u 为垂线平均流速；h 为垂线平均水深；P_{sl} 为悬移质级配；ω_{sl} 为浑水沉速。

5. 进口边界

进口边界主要已知条件包括流量、含沙量、级配。

进口断面取水文站断面或流场相对均匀，紊流充分发展的断面上，该断面上流速处理方法为：

由紊流时均流速分布和断面平均流速公式（采用光滑区）

$$\begin{cases} \frac{u}{u_*} = 2.5\ln\frac{zu_*}{\nu} + 5.5 \\ \frac{\bar{u}}{u_*} = 2.5\ln\frac{hu_*}{\nu} + 3.0 \end{cases} \tag{3-4-43}$$

得到距床面 z 处流速 $u(z)$ 为

$$u(z) = \frac{2.5\ln\frac{zu_*}{\nu} + 5.5}{2.5\ln\frac{hu_*}{\nu} + 3.0}\bar{u} \tag{3-4-44}$$

式中：h 为水深；$\bar{u}$ 为断面平均流速，$\bar{u} = \frac{Q}{A}$。

此处隐含假定流速横向分布是均匀的。

相应地

$$u_i|_{\Gamma_2} = u_{im} \qquad k|_{\Gamma_2} = \frac{3}{2}(0.05u_0)^2 \qquad \varepsilon|_{\Gamma_2} = C_\mu^{\frac{3}{4}}\frac{k^{\frac{3}{2}}}{L} \tag{3-4-45}$$

式中，u_{im}由进口流量求出各垂线平均流速后，按对数分布和壁面函数求得。

进口分组沙含沙量垂线分布采用 Rouse 公式，即

$$\frac{S_l}{S_{al}} = \left(\frac{h-z}{z}\frac{a}{h-1}\right)^z \tag{3-4-46}$$

式中：S_l 为垂线上距床面高度为 z 点处的含沙量；S_{al}为垂线上距床面高度为 a 点处的含沙量；h 为水深；a 为参考点距床面距离，参考点 a 可以取为 σ_{b}，相应 $S_{al}=S_{\mathrm{b}l}$；$z=\dfrac{\omega}{\kappa U_*}$为悬浮指标理论计算值，许多学者实测悬浮指标和理论计算值指标之间有一定差别，模型中采用谢鉴衡经验修正公式对其进行修正，修正后的悬浮指标 $z^*=0.034+\dfrac{\exp 1.5z-1}{\exp 1.5z+1}$。

6. 出口边界

图 3-4-6 为小浪底水库进水塔示意图，水库大坝泄水建筑物上均有闸门控制，因此边界条件相对复杂。模型中采用如下方法简化下游边界条件。

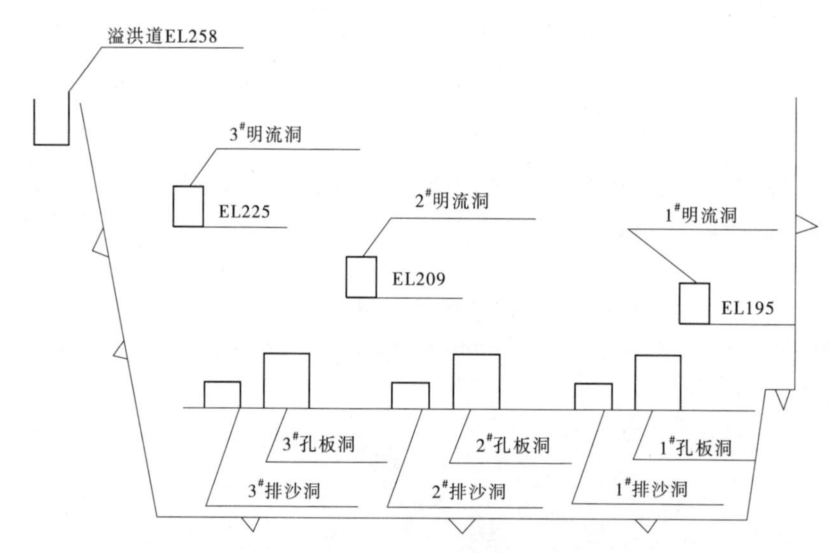

图 3-4-6　小浪底水库进水塔示意图

闸门开启部分的出流可以近似为均匀分布。在恒定流条件下，因闸前水位要控制，所以水头 H 可以确定，利用孔口出流公式，可以定出流速值，然后利用伯努利方程定出压力分布，即

$$\frac{P}{\gamma} = H - \frac{U^2}{2g} \tag{3-4-47}$$

式中：γ 为清水容重，该压力分布作为虚拟点上的压力值。

下游边界上其他物理量可以采用零梯度假设

$$\left.\frac{\partial S}{\partial \boldsymbol{n}}\right|_{\Gamma_3} = 0 \qquad \left.\frac{\partial k}{\partial \boldsymbol{n}}\right|_{\Gamma_3} = 0 \qquad \left.\frac{\partial \varepsilon}{\partial \boldsymbol{n}}\right|_{\Gamma_3} = 0 \tag{3-4-48}$$

式中：$\boldsymbol{n}$ 为控制体边界的单位法向量。

7. 自由面边界

自由表面的运动对非恒定流的泥沙输移起着不可忽略的作用，泥沙的自由表面条件应根据自由表面的上浮通量与沉降通量相平衡给出，仅当自由表面不变化，或变化十分缓慢的情况下，自由表面法向才与垂向重合。事实上，当床面形态复杂、地形变化较大时，自由表面均会产生运动，甚至出现剧烈的波动，导致自由表面发生一定的弯曲和变形；再者，自由表面的运动，会直接引起水流的静水压力的变化，进而对水体的流场，特别是二次流的精细结构产生影响。进行水流的数值计算时，由于自由表面未知，不能直接将自由表面的大气压力作为一个主要的自由水面边界条件。所以，得到的压力场类似于一个封闭管中的压力场，在计算过程中无法直接得到自由水面的位置。近十年来，处理自由表面问题主要有标记结点法、空隙比法和标高函数法等，本模型采用自由面位置的 Poisson 方程求解自由面位置。

压力 Poisson 方程是基于二维水深平均动量方程

$$\begin{cases}\dfrac{\partial u}{\partial t}+u\dfrac{\partial u}{\partial x}+v\dfrac{\partial u}{\partial y}=-g\dfrac{\partial Z_{\mathrm{s}}}{\partial x}+\dfrac{1}{\rho}\dfrac{\partial \tau_{xx}}{\partial x}+\dfrac{1}{\rho}\dfrac{\partial \tau_{xy}}{\partial y}-\dfrac{1}{\rho}\dfrac{\tau_{\mathrm{bx}}}{h}\\[2ex]\dfrac{\partial v}{\partial t}+u\dfrac{\partial v}{\partial x}+v\dfrac{\partial v}{\partial y}=-g\dfrac{\partial Z_{\mathrm{s}}}{\partial y}+\dfrac{1}{\rho}\dfrac{\partial \tau_{xy}}{\partial x}+\dfrac{1}{\rho}\dfrac{\partial \tau_{yy}}{\partial y}-\dfrac{1}{\rho}\dfrac{\tau_{\mathrm{by}}}{h}\end{cases}\tag{3-4-49}$$

则自由面位置 Z_{s} 的 Poisson 方程为

$$\frac{\partial^2 Z_{\mathrm{s}}}{\partial x^2}+\frac{\partial^2 Z_{\mathrm{s}}}{\partial y^2}=\frac{D}{g}\tag{3-4-50}$$

相应地

$$\begin{aligned}D=&-\frac{\partial}{\partial t}\left(\frac{\partial u}{\partial x}+\frac{\partial v}{\partial y}\right)-\left(\frac{\partial u}{\partial x}\right)^2-2\frac{\partial u}{\partial y}\frac{\partial v}{\partial x}-\left(\frac{\partial v}{\partial y}\right)^2-\\&u\left(\frac{\partial^2 u}{\partial x^2}+\frac{\partial^2 u}{\partial x\partial y}\right)-u\left(\frac{\partial^2 u}{\partial x\partial y}+\frac{\partial^2 v}{\partial y^2}\right)+\\&\frac{1}{\rho}\left(\frac{\partial^2 \tau_{xx}}{\partial x^2}+2\frac{\partial^2 \tau_{xy}}{\partial x\partial y}+\frac{\partial^2 \tau_{yy}}{\partial y^2}\right)-\frac{1}{\rho}\left[\frac{\partial}{\partial x}\left(\frac{\tau_{\mathrm{bx}}}{h}\right)+\frac{\partial}{\partial y}\left(\frac{\tau_{\mathrm{by}}}{h}\right)\right]\end{aligned}\tag{3-4-51}$$

式中：u、v 分别为垂线平均速度在 x 和 y 方向分量；τ_{xx}、τ_{xy}、τ_{yy} 分别为水深平均湍动切应力；τ_{bx}、τ_{by} 分别为底部切应力 x 和 y 方向分量。

在自由面表面处，其他物理量取其梯度为零，即

$$\left.\frac{\partial u_i}{\partial \boldsymbol{n}}\right|_{\Gamma_4}=0\qquad \omega_l S_l\,|_{\Gamma_4}=0\qquad \left.\frac{\partial k}{\partial \boldsymbol{n}}\right|_{\Gamma_4}=0\qquad \left.\frac{\partial \varepsilon}{\partial \boldsymbol{n}}\right|_{\Gamma_4}=0\tag{3-4-52}$$

式中：$\boldsymbol{n}$ 为自由面边界的单位法向量。

同理，先将直角坐标下的 Possion 方程转换到贴体坐标下，而后利用中心差分格式对贴体坐标下的控制方程进行离散，求出水位值 Z_{s}。

3.4.1.3 控制方程的数值解法

计算速度场的真正困难在于计算未知的压力场。压力梯度是动量方程中源项的组成部分之一，但是没有用以直接求解压力的方程，所以对于不可压缩流体，压力的作用表现在对速度的影响而不表现在对密度的影响。

在以速度、压力为求解变量的原始变量法(Method of Primitive Variables)中,为了解决压力没有独立求解方程的困难,Patankar 和 Spalding 在 1972 年提出了 SIMPLE 算法(Semi-Implicit Method for Pressure-Linked Equations,求解压力耦合方程的半隐法),即压力-速度校正法。压力-速度校正法的实质是迭代法,根据一个预测值或前一迭代步的压力场由动量方程求解出速度场。如果压力场不准确,则速度场不满足连续方程,于是可根据连续方程得出压力校正方程,对猜测的压力场和速度场进行修正,如此循环,可得到压力场和速度场的收敛解。SIMPLE 算法的出现大大促进了计算流体动力学的发展,经过 20 年的发展,到 20 世纪 90 年代,形成了以 SIMPLE 算法为基础的一类压力校正算法。

本模型利用具有交错网格的非正交贴体坐标系中的 SIMPLEC 算法("C"是英语单词 Consistent 的第一个字母)计算水体湍流的三维流动。

1. 网格布置

针对速度压力校正的求解,三维水沙湍流计算网格布设主要包括交错网格和同位网格(非交错网格)。下面以二维网格为例,简要介绍两种网格布置思路和实现。

1)同位网格

所谓同位网格,就是把速度 u、v、w 及压力 p(包括其他所有标量场及物性参数)分别存储于同一网格结点上。同位网格取自英文 Collocated Grid,是相对于交错网格而言的。同位网格实际上是普通的网格系统,即系统中只存在一种类型的控制体,所有变量均在此控制体的中心点定义和储存,所有控制方程均在该控制体上进行离散。同位网格布置示意图见图 3-4-7(以二维为例)。

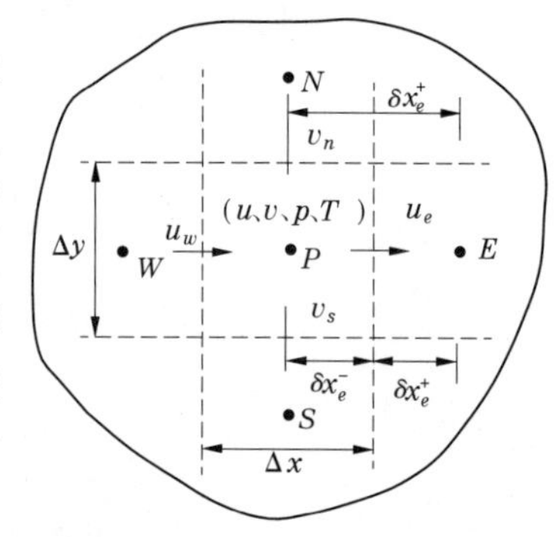

图 3-4-7 同位网格布置示意图

同位网格中主要是基于动量差值法(Momentum Interpolation Method,MIM),在质量守恒方程中通过定义界面流速而引入了相邻点而非相间结点的压差,从而也保证了速度和压力的耦合关系。

2)交错网格

所谓交错网格,就是把速度 u、v、w 及压力 p(包括其他所有标量场及物性参数)分别存储于不同的网格上。本书采用网格系统见图 3-4-8(以二维为例),速度 u 存于主控制体(即压力控制体)的东、西界面上,速度 v 存于压力控制体的南、北界面上,u、v 各自的控制体则是以速度所在的位置为中心的。由图 3-4-8 可见,u 控制体与主控制体之间在 ξ 方向有半个网格步长,而 v 控制体与主控制体之间在 η 方向有半个网格步长。

在交错网格系统中,关于 u、v 的离散方程可通过对 u、v 各自的控制体作积分而得出。这时压力梯度的离散形式对 u_e 为 $(p_E - p_P)/(\delta_y)_e$,对 v_e 为 $(p_N - p_P)/(\delta_y)_n$,亦即相邻两点间的压力差构成了 $\partial p/\partial x$、$\partial p/\partial y$,解决了采用常规网格及中心差分来离散压力梯度项时,动量方程的离散形式可能无法检测出不合理的压力场,从而保证了速度场与压力场的耦合关系,避免由于压力与速度失耦产生波状的压力场。

基于交错网格的动量离散方程中使用了相邻而非相间结点的压差,从而实现了速度场与压力场的解耦,同时可以避免采用同位网格引起的波状压力场,因此本模型中选用交错网格。

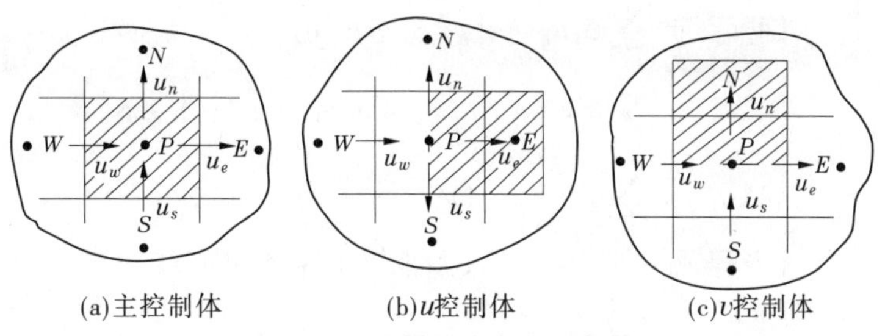

图 3-4-8　交错网格布置示意图

2. SIMPLEC 算法

1) 动量方程离散

首先,在直角坐标下的通用控制方程中,用 $R_\Phi(x,y,z)$ 代表了源项,对于速度 $u_i(x,y,z)$ 对应的动量方程,必须把压力梯度 $\partial p/\partial x_i$ 从源项 $R_\Phi(x,y,z)$ 中分离出来。$\partial p/\partial x_i$ 从直角坐标下物理区域转换到贴体坐标下的计算区域后,除产生相应的 $\partial p/\partial \xi_i$ 项外,还会引入交叉导数项,即

$$\frac{\partial p}{\partial x_i} = \frac{\partial p}{\partial \xi_k}\frac{\partial \xi_k}{\partial x_i} \tag{3-4-53}$$

以 $\frac{\partial p}{\partial x}$ 为例,其具体的表达式为

$$\begin{aligned}\frac{\partial p}{\partial x} = \frac{\partial p}{\partial \xi_k}\frac{\partial \xi_k}{\partial x} &= \frac{\partial p}{\partial \xi}\frac{\partial \xi}{\partial x} + \frac{\partial p}{\partial \eta}\frac{\partial \eta}{\partial x} + \frac{\partial p}{\partial \zeta}\frac{\partial \zeta}{\partial x} \\ &= p_\xi \xi_x + p_\eta \eta_x + p_\zeta \zeta_x\end{aligned} \tag{3-4-54}$$

其中

$$p_\xi = \frac{\partial p}{\partial \xi} \qquad p_\eta = \frac{\partial p}{\partial \eta} \qquad p_\zeta = \frac{\partial p}{\partial \zeta}$$

因此,在计算区域上写出 $u_i(x,y,z)$ 对应的动量方程的离散形式时,亦必须包含交叉导数的离散项,于是得计算区域上 $u_i(x,y,z)$ 所对应的离散方程为

$$\begin{cases} A_P^u u_P = \sum_i A_i^u u_i - (p_\xi \xi_x + p_\eta \eta_x + p_\zeta \zeta_x) + S_u \\ A_P^v v_P = \sum_i A_i^v v_i - (p_\xi \xi_y + p_\eta \eta_y + p_\zeta \zeta_y) + S_v \\ A_P^w w_P = \sum_i A_i^w w_i - (p_\xi \xi_z + p_\eta \eta_z + p_\zeta \zeta_z) + S_w \end{cases} \tag{3-4-55}$$

式中:$i=E$、W、N、S、T、B;u_P、v_P 和 w_P 分别为 P 点处的三个速度分量;ξ_x、η_x、ζ_x、ξ_y、η_y、ζ_y、ξ_z、η_z、ζ_z 意义同前;S_u、S_v、S_w 分别为相应于 u、v、w 离散动量方程的源项。

值得注意的是,此处为书写方便计,仍将离散后的压力项表示为 p_ξ、p_η、p_ζ,其计算式为

$$p_\xi = p_e - p_w \qquad p_\eta = p_n - p_s \qquad p_\zeta = p_t - p_b \tag{3-4-56}$$

2) 压力修正方程建立

设在迭代过程的某一步计算中,压力为 p^*,速度为 u^*、v^*、w^*。一般来说,u^*、v^*、w^* 不满足连续方程,但满足下式,即

$$
\begin{cases}
A_P^u u_P^* = \sum_i A_i^u u_i^* - (p_\xi^* \xi_x + p_\eta^* \eta_x + p_\zeta^* \zeta_x) + S_u \\
A_P^v v_P^* = \sum_i A_i^v v_i^* - (p_\xi^* \xi_y + p_\eta^* \eta_y + p_\zeta^* \zeta_y) + S_v \\
A_P^w w_P^* = \sum_i A_i^w w_i^* - (p_\xi^* \xi_z + p_\eta^* \eta_z + p_\zeta^* \zeta_z) + S_w
\end{cases}
\tag{3-4-57}
$$

为了满足连续性方程,需要按照下列关系来修正速度和压力

$$
u = u^* + u' \qquad v = v^* + v' \qquad w = w^* + w' \qquad p = p^* + p' \tag{3-4-58}
$$

显然,满足连续性的变量 u、v、w、p 一定也满足动量离散方程,即

$$
\begin{cases}
A_P^u (u_P^* + u_P') = \sum_i A_i^u (u_i^* + u_i') - [(p_\xi^* + p_\xi')\xi_x + (p_\eta^* + p_\eta')\eta_x + (p_\zeta^* + p_\zeta')\zeta_x] + S_u \\
A_P^v (v_P^* + v_P') = \sum_i A_i^v (v_i^* + v_i') - [(p_\xi^* + p_\xi')\xi_y + (p_\eta^* + p_\eta')\eta_y + (p_\zeta^* + p_\zeta')\zeta_y] + S_v \\
A_P^w (w_P^* + w_P') = \sum_i A_i^w (w_i^* + w_i') - [(p_\xi^* + p_\xi')\xi_z + (p_\eta^* + p_\eta')\eta_z + (p_\zeta^* + p_\zeta')\zeta_z] + S_w
\end{cases}
\tag{3-4-59}
$$

由式(3-4-59)与式(3-4-57)相减,可得

$$
\begin{cases}
A_P^u u_P' = \sum_i A_i^u u_i' - (p_\xi' \xi_x + p_\eta' \eta_x + p_\zeta' \zeta_x) \\
A_P^v v_P' = \sum_i A_i^v v_i' - (p_\xi' \xi_y + p_\eta' \eta_y + p_\zeta' \zeta_y) \\
A_P^w w_P' = \sum_i A_i^w w_i' - (p_\xi' \xi_z + p_\eta' \eta_z + p_\zeta' \zeta_z)
\end{cases}
\tag{3-4-60}
$$

式(3-4-60)表明,任一点上流速的改进值由两部分组成:一部分是与该速度在同一方向上的相邻两结点间压力修正值之差 p_ξ'、p_η'、p_ζ',这是产生速度修正值的直接动力;另一部分是由邻点流速的修正值所引起的,这又可以视为四周压力的修正值对所讨论位置上速度改进的间接影响。

SIMPLE 算法认为两个影响因素中压力修正的直接影响是主要的,邻点速度修正值的影响可以近似地不予考虑,相当于假设在系数 A_i^u、A_i^v 和 A_i^w 均为 0,这也是“半隐”含义所在。该算法可以一次求解一个变量,实现了变量之间的解耦,但是如此处理加重了压力修正的负担,使整个速度场收敛速度减慢。为此,Van Doormaal 和 Raithby 提出 SIMPLEC 算法,意即调和的 SIMPLE 算法。它与 SIMPLE 算法的不同之处是在两边同时减去 $\sum_i A_i^u u_P'$、$\sum_i A_i^v v_P'$ 和 $\sum_i A_i^w w_P'$ 项,则得

$$
\begin{cases}
(A_P^u - \sum_i A_i^u) u_P' = \sum_i A_i^u (u_i' - u_P') - (p_\xi' \xi_x + p_\eta' \eta_x + p_\zeta' \zeta_x) \\
(A_P^v - \sum_i A_i^v) v_P' = \sum_i A_i^v (v_i' - v_P') - (p_\xi' \xi_y + p_\eta' \eta_y + p_\zeta' \zeta_y) \\
(A_P^w - \sum_i A_i^w) w_P' = \sum_i A_i^w (w_i' - w_P') - (p_\xi' \xi_z + p_\eta' \eta_z + p_\zeta' \zeta_z)
\end{cases}
\tag{3-4-61}
$$

考虑到 P 点修正流速 u_P'、v_P'、w_P' 与其邻点修正流速 u_i'、v_i'、w_i' 具有相同的量级,因而略去 $\sum_i A_i^u (u_i' - u_P')$、$\sum_i A_i^v (v_i' - v_P')$、$\sum_i A_i^w (w_i' - w_P')$ 所产生的影响,较 SIMPLE 算法中不计 $\sum_i A_i^u u_i'$、$\sum_i A_i^v v_i'$、$\sum_i A_i^w w_i'$ 所带来的影响要小得多,于是得

$$
\begin{cases}
u'_P = -\dfrac{\xi_x p'_\xi + \eta_x p'_\eta + \zeta_x p'_\zeta}{A_P^u - \sum\limits_i A_i^u u'_i} \\[2ex]
v'_P = -\dfrac{\xi_y p'_\xi + \eta_y p'_\eta + \zeta_y p'_\zeta}{A_P^v - \sum\limits_i A_i^v v'_i} \\[2ex]
w'_P = -\dfrac{\xi_z p'_\xi + \eta_z p'_\eta + \zeta_z p'_\zeta}{A_P^w - \sum\limits_i A_i^w w'_i}
\end{cases}
\tag{3-4-62}
$$

引入贴体坐标下的协变速度 $U'_k = U_j \dfrac{\partial \xi_u}{\partial x_i}$,则可求得计算区域上 ξ、η 和 ζ 方向上速度分量的修正值 U'_P、V'_P、W'_P

$$
\begin{cases}
U'_P = u'_P \dfrac{\partial \xi}{\partial x} + v'_P \dfrac{\partial \xi}{\partial y} + w'_P \dfrac{\partial \xi}{\partial z} \\[2ex]
\quad = -\left(\dfrac{\xi_x \xi_x}{A_P^u - \sum\limits_i A_i^u u'_i} + \dfrac{\xi_y \xi_y}{A_P^v - \sum\limits_i A_i^v v'_i} + \dfrac{\xi_z \xi_z}{A_P^w - \sum\limits_i A_i^w w'_i} \right) p'_\xi - \\[2ex]
\quad \left(\dfrac{\eta_x \xi_x}{A_P^u - \sum\limits_i A_i^u u'_i} + \dfrac{\eta_y \xi_y}{A_P^v - \sum\limits_i A_i^v v'_i} + \dfrac{\eta_z \xi_z}{A_P^w - \sum\limits_i A_i^w w'_i} \right) p'_\eta - \\[2ex]
\quad \left(\dfrac{\zeta_x \xi_x}{A_P^u - \sum\limits_i A_i^u u'_i} + \dfrac{\zeta_y \xi_y}{A_P^v - \sum\limits_i A_i^v v'_i} + \dfrac{\zeta_z \xi_z}{A_P^w - \sum\limits_i A_i^w w'_i} \right) p'_\zeta \\[2ex]
V'_P = -\left(\dfrac{\xi_x \eta_x}{A_P^u - \sum\limits_i A_i^u u'_i} + \dfrac{\xi_y \eta_y}{A_P^v - \sum\limits_i A_i^v v'_i} + \dfrac{\xi_z \eta_z}{A_P^w - \sum\limits_i A_i^w w'_i} \right) p'_\xi - \\[2ex]
\quad \left(\dfrac{\eta_x \eta_x}{A_P^u - \sum\limits_i A_i^u u'_i} + \dfrac{\eta_y \eta_y}{A_P^v - \sum\limits_i A_i^v v'_i} + \dfrac{\eta_z \eta_z}{A_P^w - \sum\limits_i A_i^w w'_i} \right) p'_\eta - \\[2ex]
\quad \left(\dfrac{\zeta_x \eta_x}{A_P^u - \sum\limits_i A_i^u u'_i} + \dfrac{\zeta_y \eta_y}{A_p^v - \sum\limits_i A_i^v v'_i} + \dfrac{\zeta_z \eta_z}{A_P^w - \sum\limits_i A_i^w w'_i} \right) p'_\zeta \\[2ex]
W'_P = -\left(\dfrac{\xi_x \zeta_x}{A_P^u - \sum\limits_i A_i^u u'_i} + \dfrac{\xi_y \zeta_y}{A_P^v - \sum\limits_i A_i^v v'_i} + \dfrac{\xi_z \zeta_z}{A_P^w - \sum\limits_i A_i^w w'_i} \right) p'_\xi - \\[2ex]
\quad \left(\dfrac{\eta_x \zeta_x}{A_P^u - \sum\limits_i A_i^u u'_i} + \dfrac{\eta_y \zeta_y}{A_P^v - \sum\limits_i A_i^v v'_i} + \dfrac{\eta_z \zeta_z}{A_P^w - \sum\limits_i A_i^w w'_i} \right) p'_\eta - \\[2ex]
\quad \left(\dfrac{\zeta_x \zeta_x}{A_P^u - \sum\limits_i A_i^u u'_i} + \dfrac{\zeta_y \zeta_y}{A_P^v - \sum\limits_i A_i^v v'_i} + \dfrac{\zeta_z \zeta_z}{A_P^w - \sum\limits_i A_i^w w'_i} \right) p'_\zeta
\end{cases}
\tag{3-4-63}
$$

式(3-4-63)三个修正式中,除有同方向上的压力修正值的导数外,还包括交叉方向上修正值的导数。略去交叉方向上修正值的导数,最终可得计算区域上的速度修正值方程

为

$$\begin{cases} U'_P = -\left(\dfrac{\xi_x\xi_x}{A_P^u - \sum\limits_i A_i^u} + \dfrac{\xi_y\xi_y}{A_P^v - \sum\limits_i A_i^v} + \dfrac{\xi_z\xi_z}{A_P^w - \sum\limits_i A_i^w}\right)p'_\xi = -B^u p'_\xi \\ V'_P = -\left(\dfrac{\eta_x\eta_x}{A_P^u - \sum\limits_i A_i^u} + \dfrac{\eta_y\eta_y}{A_P^v - \sum\limits_i A_i^v} + \dfrac{\eta_z\eta_z}{A_P^w - \sum\limits_i A_i^w}\right)p'_\eta = -B^v p'_\eta \\ W'_P = -\left(\dfrac{\zeta_x\zeta_x}{A_P^u - \sum\limits_i A_i^u} + \dfrac{\zeta_y\zeta_y}{A_P^v - \sum\limits_i A_i^v} + \dfrac{\zeta_z\zeta_z}{A_P^w - \sum\limits_i A_i^w}\right)p'_\zeta = -B^w p'_\zeta \end{cases} \tag{3-4-64}$$

相应地

$$\begin{cases} B^u = \dfrac{\xi_x\xi_x}{A_P^u - \sum\limits_i A_i^u} + \dfrac{\xi_y\xi_y}{A_P^v - \sum\limits_i A_i^v} + \dfrac{\xi_z\xi_z}{A_P^w - \sum\limits_i A_i^w} \\ B^v = \dfrac{\eta_x\eta_x}{A_P^u - \sum\limits_i A_i^u} + \dfrac{\eta_y\eta_y}{A_P^v - \sum\limits_i A_i^v} + \dfrac{\eta_z\eta_z}{A_p^w - \sum\limits_i A_i^w} \\ B^w = \dfrac{\zeta_x\zeta_x}{A_P^u - \sum\limits_i A_i^u} + \dfrac{\zeta_y\zeta_y}{A_P^v - \sum\limits_i A_i^v} + \dfrac{\zeta_z\zeta_z}{A_P^w - \sum\limits_i A_i^w} \end{cases} \tag{3-4-65}$$

上面三式考虑了相邻结点的影响，比完全不计相邻结点的影响的方法更为合理。这样做虽然增加了计算邻点影响的运算量，但具有良好的收敛性，并可以保证 SIMPLEC 算法比 SIMPLE 算法减少迭代次数，从而节省了总体运算量。

计算区域上的不可压缩流体连续方程的离散形式为

$$(\rho U)_e - (\rho U)_w + (\rho V)_n - (\rho V)_s + (\rho W)_t - (\rho W)_b = 0 \tag{3-4-66}$$

将 $U = U^* + U'$、$V = V^* + V'$、$W = W^* + W'$代入上式，则得

$$\begin{cases} (\rho U^* + \rho B^u p'_\xi)_e - (\rho U^* + \rho B^u p'_\xi)_w + (\rho V^* + \rho B^v p'_\eta)_n \\ -(\rho V^* + \rho B^v p'_\eta)_s + (\rho W^* + \rho B^w p'_\zeta)_t - (\rho W^* + \rho B^w p'_\zeta)_b = 0 \end{cases} \tag{3-4-67}$$

将

$$(p'_\xi)_e = p'_E - p'_P \qquad (p'_\xi)_w = p'_P - p'_W \qquad (p'_\eta)_n = p'_N - p'_P$$
$$(p'_\eta)_s = p'_P - p'_S \qquad (p'_\zeta)_t = p'_T - p'_P \qquad (p'_\zeta)_b = p'_P - p'_B$$

代入式(3-4-67)，并整理成关于 p' 的压力修正代数方程，可得

$$A_P p'_P = A_E p'_E + A_W p'_W + A_N p'_N + A_S p'_S + A_T p'_T + A_B p'_B + C_P \tag{3-4-68}$$

其中

$$A_E = (\rho B^u)_e \qquad A_W = (\rho B^u)_w \qquad A_N = (\rho B^v)_n$$
$$A_S = (\rho B^v)_s \qquad A_T = (\rho B^w)_t \qquad A_B = (\rho B^w)_b$$
$$A_P = A_E + A_W + A_N + A_N + A_T + A_B$$
$$C_P = -[(\rho U^*)_e - (\rho U^*)_w + (\rho V^*)_n - (\rho V^*)_s + (\rho W^*)_t - (\rho W^*)_b]$$

为了消除压力波，采用以下公式计算界面流速 U_e^*、U_w^*、V_n^*、V_s^*、W_t^*、W_b^*

$$\begin{cases} U_e^* = \overline{U}_e^* - B_e^u[(p_E - p_P) - \overline{p_\xi}] & U_w^* = \overline{U}_w^* - B_w^u[(p_P - p_W) - \overline{p_\xi}] \\ V_n^* = \overline{V}_n^* - B_n^v[(p_N - p_P) - \overline{p_\eta}] & V_s^* = \overline{V}_s^* - B_s^v[(p_P - p_S) - \overline{p_\eta}] \\ W_t^* = \overline{W}_t^* - B_t^w[(p_T - p_P) - \overline{p_\zeta}] & W_b^* = \overline{W}_b^* - B_b^w[(p_P - p_B) - \overline{p_\zeta}] \end{cases} \tag{3-4-69}$$

式中：$\overline{U}_i^*$ 为按结点上的 U_i 作线性插值而得到的界面流速；$\overline{p_{\xi_i}}$ 为控制体上 ξ_i 方向结点间压力梯度的平均值，也即$\overline{p_\xi}=0.5(p_E-p_W)$、$\overline{p_\eta}=0.5(p_N-p_S)$、$\overline{p_\zeta}=0.5(p_T-p_B)$。

式(3-4-69)中，方括号内的项常称为四阶的光顺项，即该项的存在可克服锯齿型压力波，而使压力分布变得光顺。

3)速度亚松弛处理

在SIMPLEC求解过程中，为了使相邻两层次间速度的变化不太大，以利于非线性问题迭代收敛，要求亚松弛。所谓亚松弛，就是将本层次计算结果与上一层次结果的差值作适当减缩，以避免由于差值过大而引起非线性迭代过程的发散。采用了逐次亚松弛线迭代法，具体计算时把亚松弛的处理纳入迭代过程，而不是在一个层次迭代完成后再进行亚松弛，于是有

$$u_P = u_P^* + \alpha_P\left(\frac{\sum_i A_i^u u_i^* + S_u}{A_P^u} - u_P^*\right) \tag{3-4-70}$$

进一步整理为

$$\frac{A_P^u}{\alpha}u_P = \sum_i A_i^u u_i^* + S_u + (1-\alpha_P)\frac{A_P^u}{\alpha_P}u_P^* \tag{3-4-71}$$

同理可得

$$\begin{cases} \dfrac{A_P^v}{\alpha_P}v_P = \sum_i A_i^v v_i^* + S_v + (1-\alpha_P)\dfrac{A_P^v}{\alpha_P}v_P^* \\ \dfrac{A_P^w}{\alpha_P}w_P = \sum_i A_i^w w_i^* + S_w + (1-\alpha_P)\dfrac{A_P^w}{\alpha_P}w_P^* \end{cases} \tag{3-4-72}$$

式中：α_P 为松弛因子，其值小于1，一般取为0.8。

作为最后求解的代数方程，其主对角元的系数是$\dfrac{A_P^u}{\alpha_P}$、$\dfrac{A_P^v}{\alpha_P}$、$\dfrac{A_P^w}{\alpha_P}$，而不是 A_P^u、A_P^v、A_P^w；作为代数方程源项的是 $S_u+(1-\alpha_P)\dfrac{A_P^u}{\alpha_P}u_P^*$、$S_v+(1-\alpha_P)\dfrac{A_P^v}{\alpha_P}v_P^*$、$S_w+(1-\alpha_P)\dfrac{A_P^w}{\alpha_P}w_P^*$，而不是 S_u、S_v、S_w。这样，代数方程求解所得的已经是亚松弛的解。这是目前许多研究者及商业软件中采用的做法。

3. 代数方程组的求解——TDMA 算法

Tomas 在较早以前开发了一种能快速求解三对角方程组的解法 TDMA(Tri-Diagonal Matrix Algorithm)，目前在CFD软件中得到了较广泛应用，其特点是速度快、占用的内存空间小。

1)TDMA 解法原理

对于一个三对角方程(相对于一维问题)

$$\left.\begin{array}{ll}\phi_1 & = C_1 \\ -\beta_2\phi_1 + D_2\phi_2 - \alpha_2\phi_3 & = C_2 \\ -\beta_3\phi_2 + D_3\phi_3 - \alpha_3\phi_4 & = C_3 \\ -\beta_4\phi_3 + D_4\phi_4 - \alpha_4\phi_5 & = C_4 \\ \vdots & \\ -\beta_n\phi_{n-1} + D_n\phi_n - \alpha_n\phi_{n+1} & = C_n \\ \phi_{n+1} & = C_{n+1}\end{array}\right\} \tag{3-4-73}$$

式(3-4-73)中,假定 ϕ_1、ϕ_{n+1} 是边界上的值,为已知数。式(3-4-73)中任一方程都可写成

$$-\beta_j\phi_{j-1} + D_j\phi_j - \alpha_j\phi_{j+1} = C_j \tag{3-4-74}$$

除第一个及最后一个方程外,其余方程可以写为

$$\begin{cases}\phi_2 = \dfrac{\alpha_2}{D_2}\phi_3 + \dfrac{\beta_2}{D_2}\phi_1 + \dfrac{C_2}{D_2} \\ \phi_3 = \dfrac{\alpha_3}{D_3}\phi_4 + \dfrac{\beta_3}{D_3}\phi_2 + \dfrac{C_3}{D_3} \\ \phi_4 = \dfrac{\alpha_4}{D_4}\phi_5 + \dfrac{\beta_4}{D_4}\phi_3 + \dfrac{C_4}{D_4} \\ \vdots \\ \phi_n = \dfrac{\alpha_n}{D_n}\phi_{n+1} + \dfrac{\beta_n}{D_n}\phi_{n-1} + \dfrac{C_n}{D_n}\end{cases} \tag{3-4-75}$$

求解以上方程要通过消元和回代两个过程。

(1)消元过程。

将式(3-4-75)中 ϕ_2 的表达式代入 ϕ_3,则有

$$\phi_3 = \frac{\alpha_3}{D_3 - \beta_3 A_2}\phi_4 + \frac{\beta_3 C'_2 + C_3}{D_3 - \beta_3 A_2 \phi_3} \tag{3-4-76}$$

其中

$$A_2 = \frac{\alpha_2}{D_2} \qquad C'_2 = \frac{\beta_2}{D_2}\phi_1 + \frac{C_2}{D_2} \tag{3-4-77}$$

若令

$$A_3 = \frac{\alpha_3}{D_3 - \beta_3 A_2} \qquad C'_3 = \frac{\beta_3 C'_2 + C_3}{D_3 - \beta_3 A_2}$$

那么

$$\phi_3 = A_3\phi_4 + C'_3$$

如此重复,直至最后一个方程 $\phi_n = A_n\phi_{n+1} + C'_n$,便完成了消元过程。

(2)回代过程。

对于第 j 个变量,重复使用

$$\phi_j = A_j\phi_{j+1} + C'_j$$

其中

$$A_j = \frac{\alpha_j}{D_j - \beta_j A_{j-1}} \qquad C'_j = \frac{\beta_j C'_{j-1} + C_j}{D_j - \beta_j A_{j-1}}$$

为使边界上可以采用统一表达式，规定 A_0、A_{n+1}、C'_0、C'_{n+1} 取以下值

$$A_0 = 0 \qquad C'_1 = \phi_1 \qquad A_{n+1} = 0 \qquad C'_{n+1} = \phi_{n+1}$$

2）TDMA 解法在三维模型中应用

对于三维过程的 TDMA 迭代计算，先选择一个平面按二维方法进行逐行迭代，完成后直接转入下一平面。相应二维模型迭代过程如下：

二维问题一般为五对角方程组，而不是一维问题的三对角方程组。假定有如图 3-4-9 所示的二维计算网格，对应的离散后的输运方程为

$$-\alpha_S\phi_S + \alpha_P\phi_P + \alpha_N\phi_N = \alpha_W\phi_W + \alpha_E\phi_E + b \tag{3-4-78}$$

暂定式(3-4-78)中右端是已知的，相应地

$$\alpha_j = -\alpha_N \quad \beta_j = \alpha_S \quad D_j = \alpha_P \quad C_j = \alpha_W\phi_W + \alpha_E\phi_E + b \tag{3-4-79}$$

首先，沿着某一条所选定的线，如图 3-4-9 中所示南—北竖线的方向求解出 $j = 2, 3, 4, \cdots, n$ 的 ϕ 值。然后，依次扫描每条竖线。如果计算是自西向东，则当前这条竖线西侧的值 ϕ_W 就是已知的，因为可从一条竖线的计算结果中找到，而东侧的值 φ_E 是未知的。因此，该求解过程必须迭代进行。在每一个迭代步循环之内，φ_E 值可以取自在上一个迭代循环结束之后的值或给定的初值。该迭代过程称为逐行迭代，直到收敛。

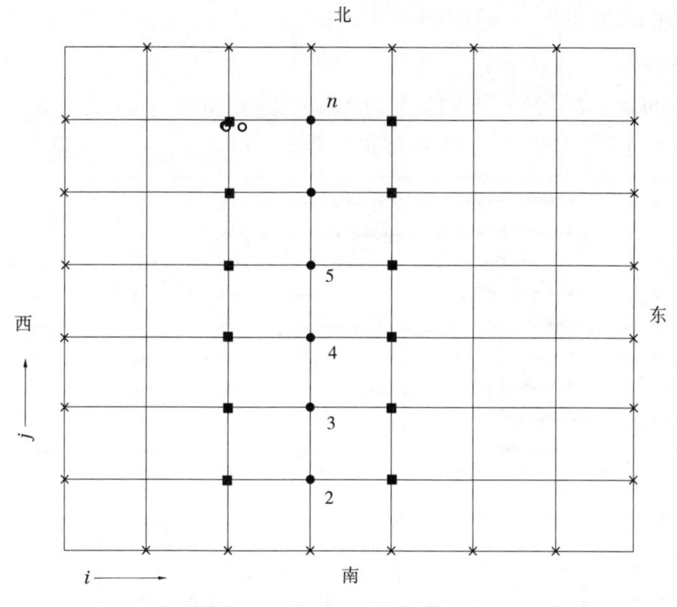

图 3-4-9　使用 TDMA 方法求解二维问题的计算网格

3.4.2　构件测试

3.4.2.1　丁坝绕流

设 x 轴为水流方向，y 轴为横断面方向，z 轴为水深方向。水槽长度为 8 m，宽度为 30 cm。丁坝位于 $x = 4$ m 的位置，丁坝尺寸为 15 cm × 3 cm × 5 cm。入流流量为 3 600

cm^3/s,水深为 9 cm。计算模拟时,三维模型的网格点在 x、y、z 为 251 × 31 × 19,到丁坝附近网格逐渐加密,见图 3-4-10。

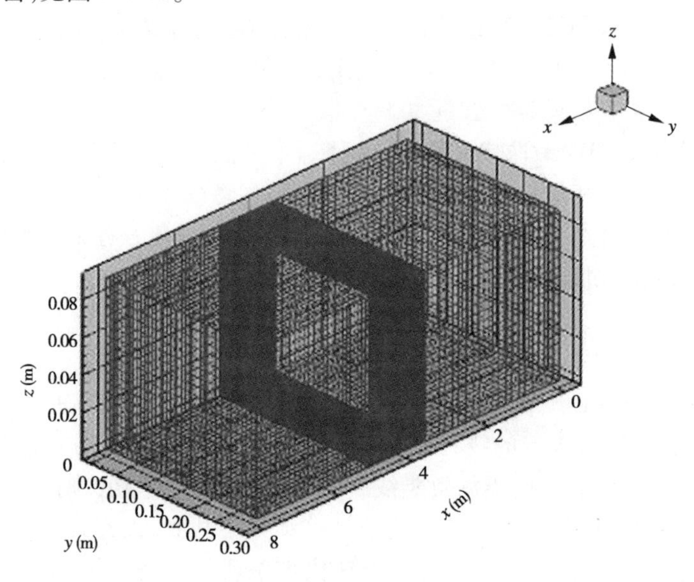

图 3-4-10 网格划分示意图

图 3-4-11 为在 $z = 0.02$ cm 的截面上丁坝附近速度矢量分布图。图 3-4-12 为在 $z =$ 2 cm的截面上丁坝附近速度矢量随时间的发展变化过程图。图 3-4-13 为 $x = 4.05$ m,$z =$ 0.07 m 和 $x = 4.2$ m,$z = 0.07$ m 两个位置的无量纲速度 u/u_m(u_m 为平均来流速度)沿槽道展向的分布,由以上图可知,计算结果与实测数据基本吻合。

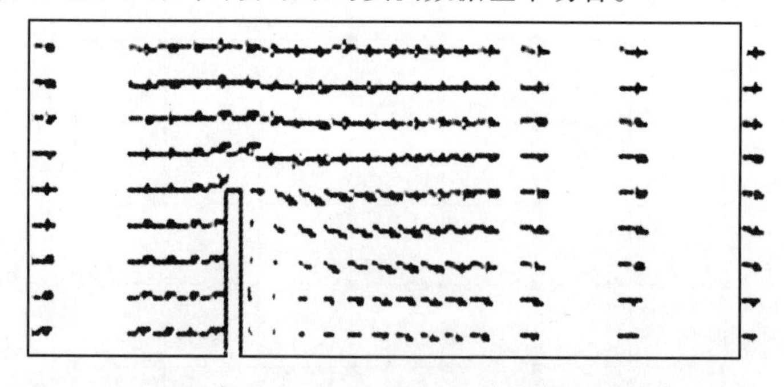

图 3-4-11 在 $z = 0.02$ m 截面上丁坝附近的速度矢量分布(试验)

3.4.2.2 **方腔流**

计算域及网格划分:x 为流向,y 为展向,z 为垂向。计算区域大小为 1 m × 1 m × 1 m,划分为 21 × 21 × 21 的均匀网格。

边界条件:$z = 0$ 时,$u = 1, v = 0, w = 0$;$x = 0, x = 1, y = 0, y = 1, z = 1$ 时,均为无滑移边界条件,即 $u = 0, v = 0, w = 0$。

图 3-4-14 为方腔流前人计算结果,图 3-4-15 为不同雷诺数、不同截面处的速度矢量图,图 3-4-16 为 $Re = 100$, $x = 0.45$ m, $y = 0.5$ m 处速度 u 沿 z 方向的分布,由以上图可知,计算得到的速度分布与 Chen 的结果完全吻合。

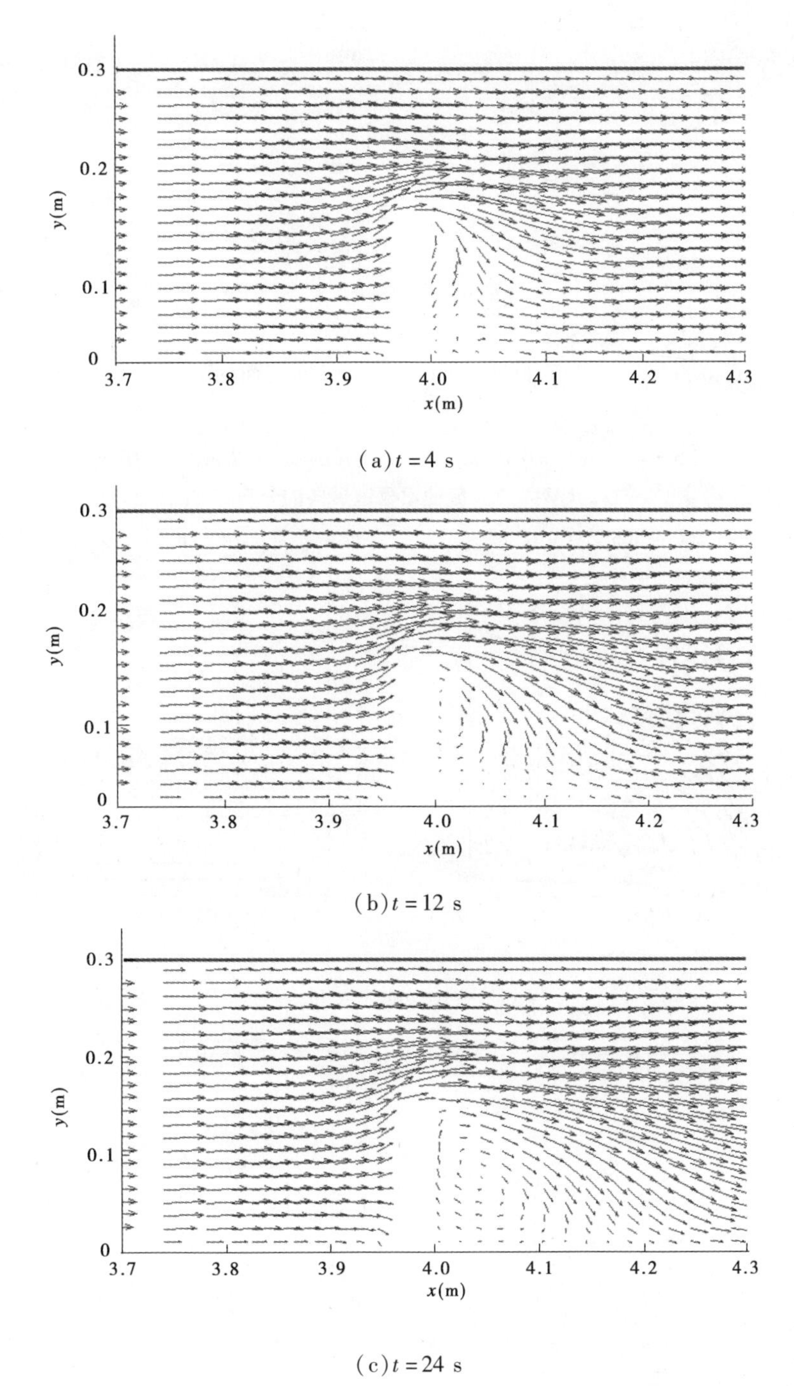

(a) $t=4$ s

(b) $t=12$ s

(c) $t=24$ s

图 3-4-12　在 $z=2$ cm 的截面上丁坝附近速度矢量随时间的发展变化过程

3.4.2.3　圆柱绕流

该算例所考虑的是一个二维的圆柱绕流问题，内部流体的初始速度和压力都是零，入口速度 $u=1, v=0$，出口压力 $p=0$，求圆柱周围流场变化情况。计算结果见图 3-4-17。

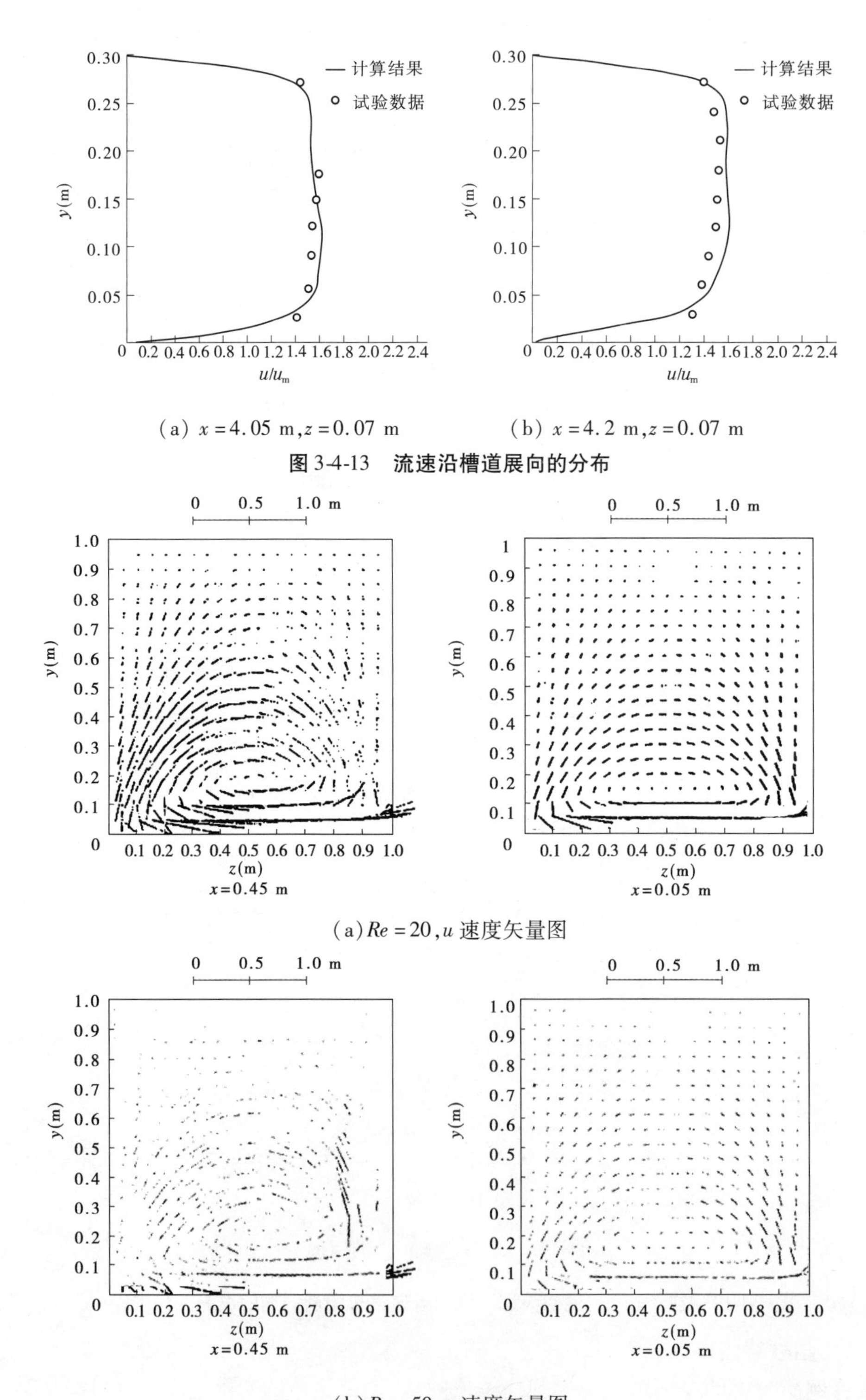

(a) $x=4.05$ m, $z=0.07$ m　　(b) $x=4.2$ m, $z=0.07$ m

图 3-4-13　流速沿槽道展向的分布

(a) $Re=20$, u 速度矢量图

(b) $Re=50$, u 速度矢量图

图 3-4-14　方腔流前人计算结果

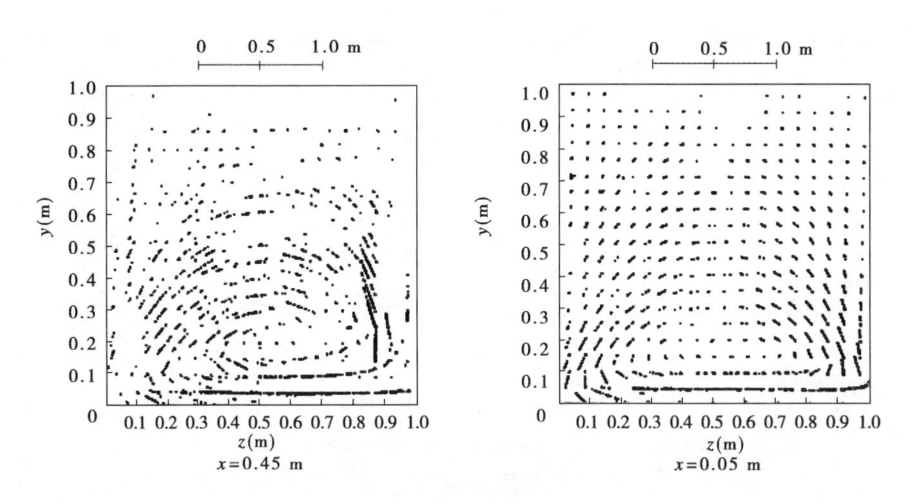

(c) $Re=100$, u 速度矢量图

续图 3-4-14

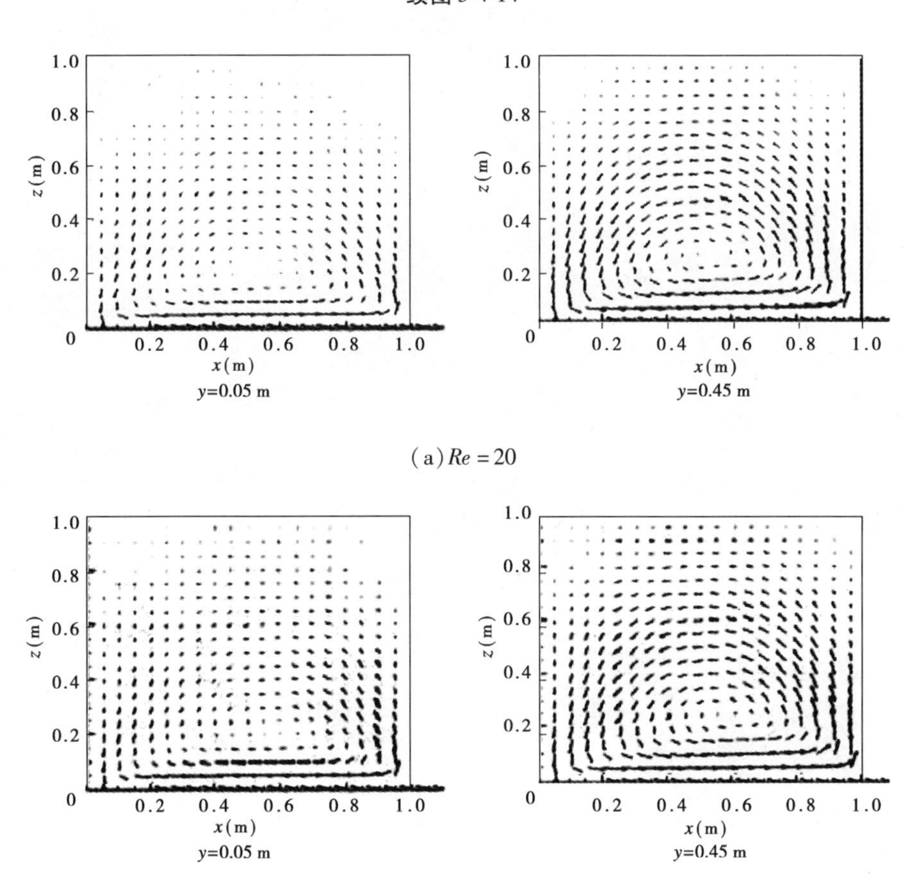

(a) $Re=20$

(b) $Re=50$

图 3-4-15　不同雷诺数、不同截面处的速度矢量

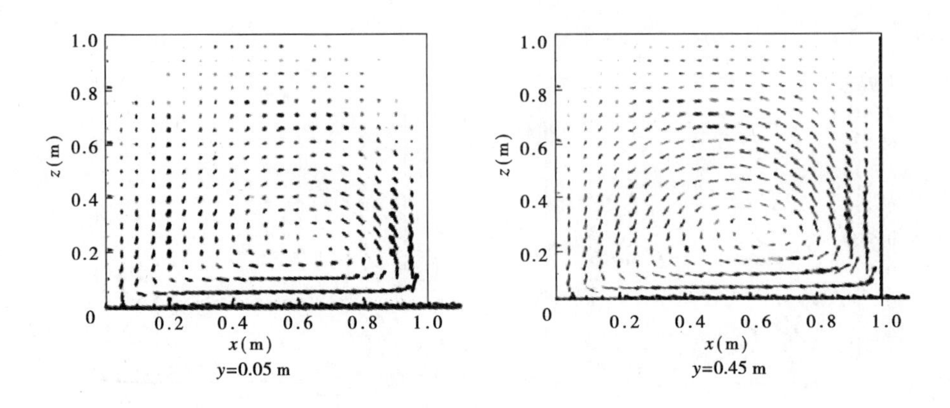

(c) $Re = 100$

续图 3-4-15

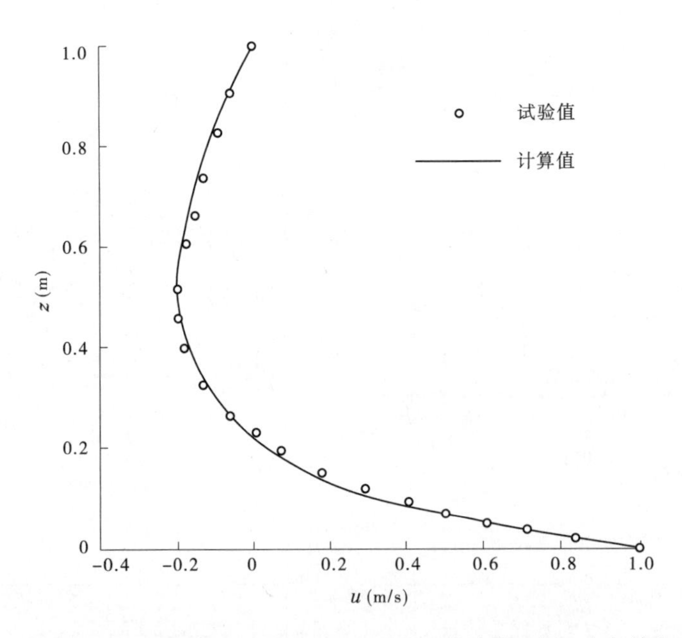

图 3-4-16　$Re = 100, x = 0.45$ m, $y = 0.5$ m 处速度 u 沿 z 方向的分布

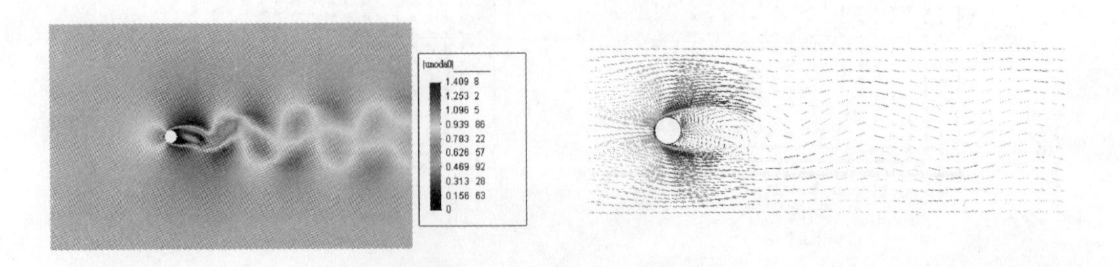

图 3-4-17　圆柱绕流速度向量图

3.4.2.4　后台阶流

在该算例中，网格密度为 50 × 20 × 10；时间步长为 0.1 s。当 Re 为 100 时，在截面

$z=0.005$ m和 $z=0.9$ m 处的流场和压力场示意图分别如图 3-4-18 和图 3-4-19 所示。

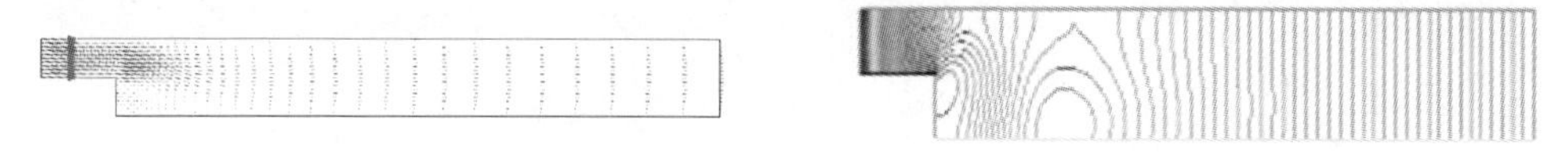

(a)截面 $z=0.005$ m 处的流场　　(b)截面 $z=0.005$ m 处的压力场

图 3-4-18　不同截面处的流场和压力场示意图

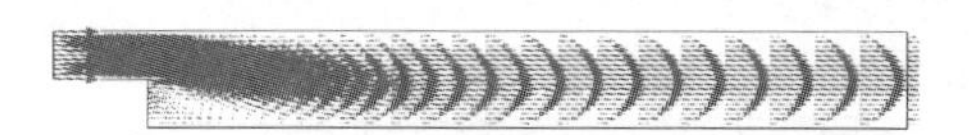

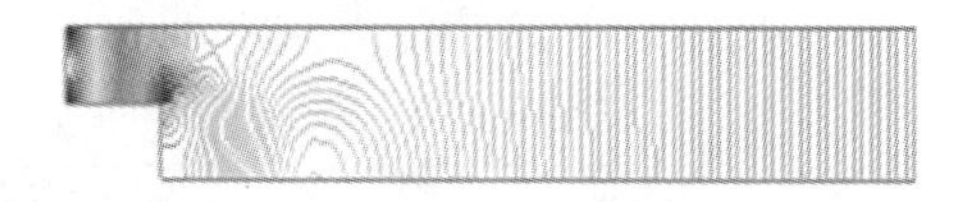

(a)截面 $z=0.9$ m 处的流场　　(b)截面 $z=0.9$ m 处的压力场

图 3-4-19　不同截面处的流场和压力场示意图

图 3-4-18(a)显示的是展向壁面附近的流场。考虑固壁无滑移条件,此处的速度值比较小。而 3-4-19(a)显示的是展向中心的流场,从图 3-4-19(a)中可以明显地看到台阶后方的逆时针旋转的涡结构。而台阶顶端出现了一个压强集中点(见图 3-4-19(b))。图 3-4-20显示的是全区域表面压力分布。从图 3-4-20 中可以看出,入口展向两端压力最大。台阶后足够长的槽道保证了出口处的压力均匀分布(见图 3-4-18(b)、图 3-4-19(b)和图 3-4-20)。

图 3-4-20　全区域表面压力分布

3.4.2.5　缩口槽道流

模型的网格密度为 50×20×10,在缩口处做了局部加密。时间步长为 0.1 s,其中对流场时间步长为 0.001 s。

此处列举了 $Re=100$ 和 $Re=500$ 时不同截面处的流场示意图(见图 3-4-21),结果选取的是流动达到定常时的流场情况。由于流动区域在 $x=1$ m 处突然收缩,因此根据质量守恒原理可知,流体通过该处将获得速度增加的效果。从图 3-4-21(b)和 3-4-21(d)中可以看出,通过槽道缩口处的流体获得了流速增加的效果,同时可以看出,通过缩口后的流场在近展向壁面端分层更加明显。

图 3-4-22 显示的是随着 Re 的增加,缩口槽道流流动区域内流速大小分布。可以看出,Re 从 100 到 500,出口处的最大流速从 3.63 m/s 增加到 3.78 m/s。原因在于随着 Re 的增加,流动的惯性效应增大,黏性效应相对地减小,流动的耗散效应也相对地减小。

3.4.2.6　方腔流中泥沙运动

图 3-4-23 所示的是一个 1 m×1 m 方腔流动,$Re=10\,000$,边界上流速为 1 m/s,中值

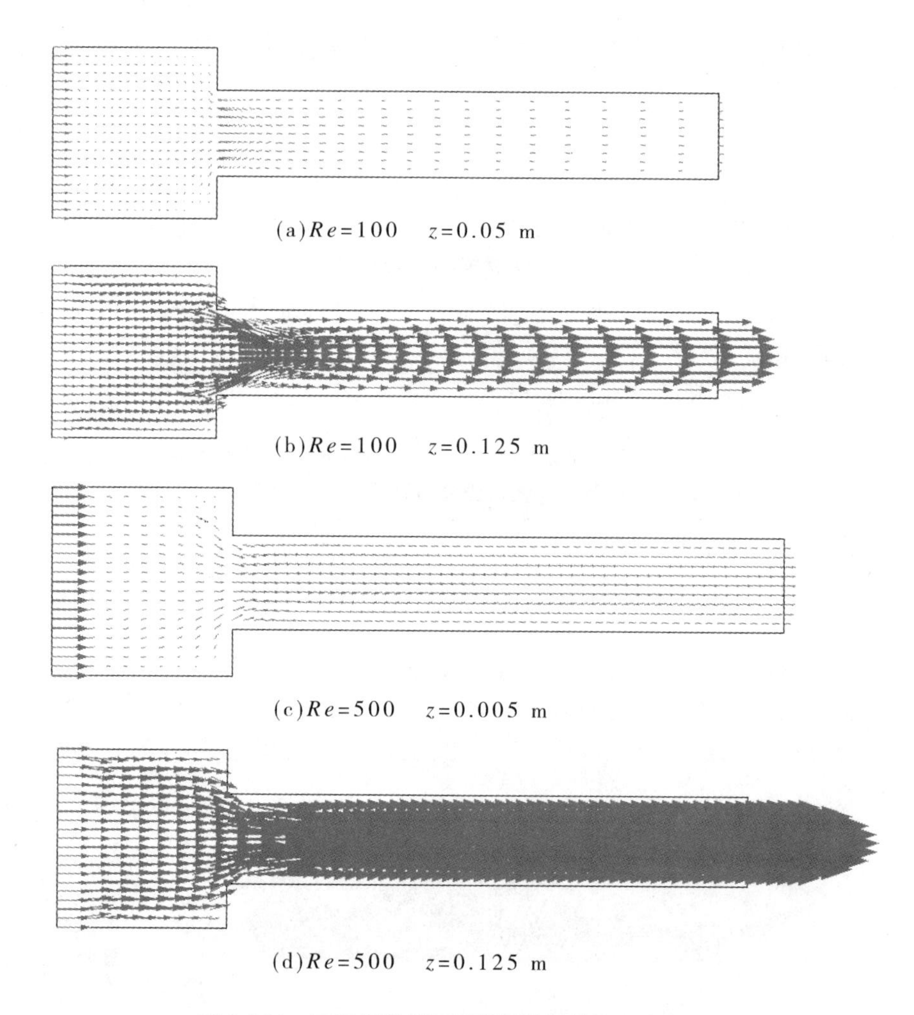

(a)$Re=100\quad z=0.05$ m

(b)$Re=100\quad z=0.125$ m

(c)$Re=500\quad z=0.005$ m

(d)$Re=500\quad z=0.125$ m

图 3-4-21　不同雷诺数不同截面处的流场示意图

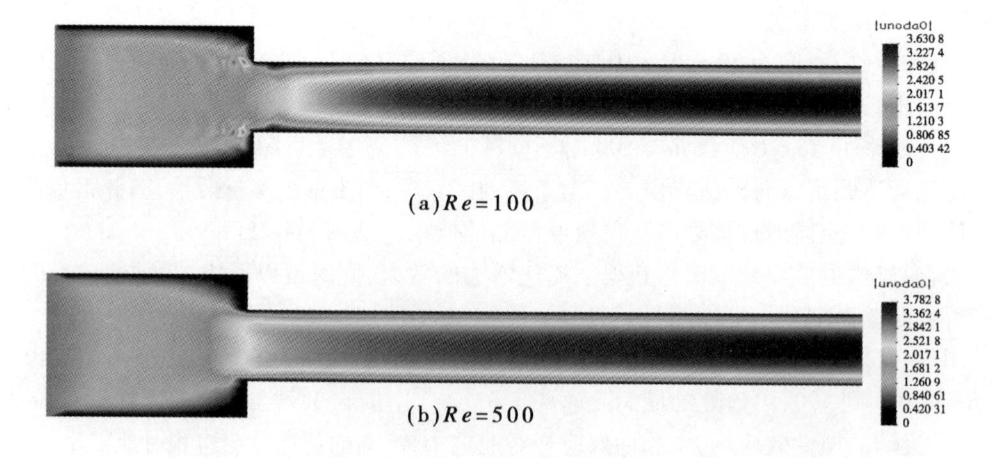

(a)$Re=100$

(b)$Re=500$

图 3-4-22　不同雷诺数时缩口槽道流流动区域内流速大小分布

粒径为0.03 mm,初始泥沙运动速度为0。网格单元数为20×20×20,为结构化六面体网格,时间步长为0.05 s。图3-4-24显示的是计算过程中水流速度场和泥沙速度场的演化情况,以及泥沙浓度分布重构的情况。图3-4-24中显示的只是计算过程中结果,主要用于演示在河床附近水流和泥沙颗粒速度的衰减趋势,以及泥沙起动过程。在实际中,通常含沙量在300 kg/m^3(大致12%)左右即可称为河床。从图3-4-24中可以看出,在该处泥沙颗粒的速度较小。与水流速度差异也较小。但在浓度稍小区(为5%~9%)内,两相速度差异较大(见图3-4-24(b)),当然此时水中的含沙量仍大于黄河水的含沙量(大约在1.2%);在浓度更小的区域(在表面附近),两相的速度差异不太明显,水流运动在此处占绝对主导地位。

(a)初始网格和初始浓度

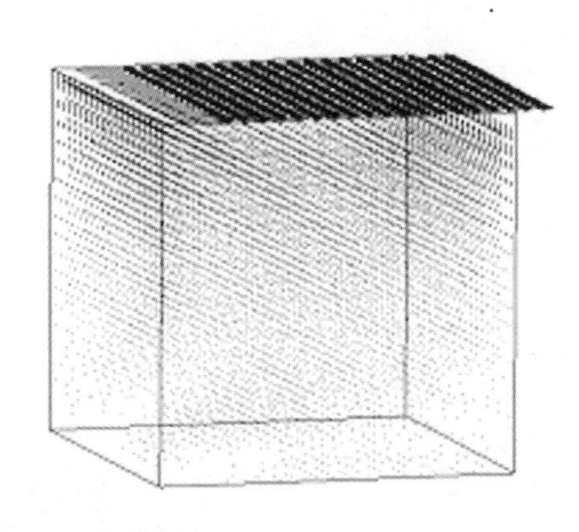

(b)初始速度

图3-4-23　初始网格、初始浓度及初始速度分布

3.4.3　模型率定

完成模型测试后,利用小浪底工程建坝前河道含沙量和流速沿河宽、沿垂线分布等试验资料,对模型进行初步率定。

3.4.3.1　计算初边界条件

实体模型的研究对象为小浪底工程建成前的河段,河床地形复杂,河床平均高程约130 m。在浑水试验中,复演了原型1990年6月26日至7月10日的水沙过程,观测了不同含沙量条件下的冲淤部位和冲淤数量。在模型上施放的水沙过程中,分别对923 m^3/s和1 840 m^3/s两流量级施测了水位、流速、含沙量等。流量为923 m^3/s时,水流含沙量为55.84 kg/m^3,中值粒径为0.026 0 mm;流量为1 840 m^3/s时,水流含沙量为107.29 kg/m^3,中值粒径为0.025 4 mm。

计算域上起黄河中游的大峪河口,下至小浪底,河段长度约为4 km。计算网格为$I \times J \times K = 200 \times 61 \times 51$($I$代表由河段进口到出口的流动方向,$J$代表由河段右岸到左岸的方向,$K$代表由河段河床到水面的方向),河势图3-4-25中的CS2、CS4、CS6、CS9、CS11和CS14是6个河道的测验断面,河床高程等值线单位为m。河段的计算域如图3-4-26所示。

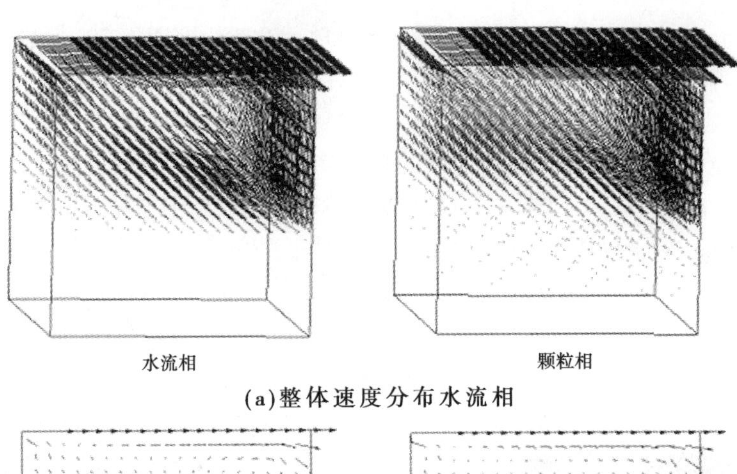

(a)整体速度分布水流相

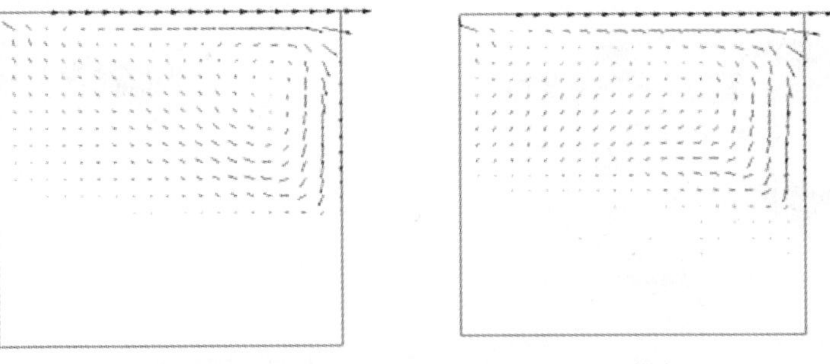

(b)截面y=0.5 m处速度场

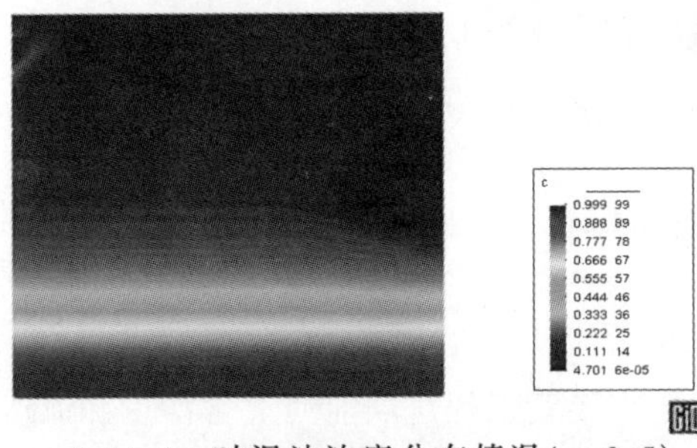

(c)t=1 s时泥沙浓度分布情况(y=0.5)

图 3-4-24　三维方腔含沙水流运动情况

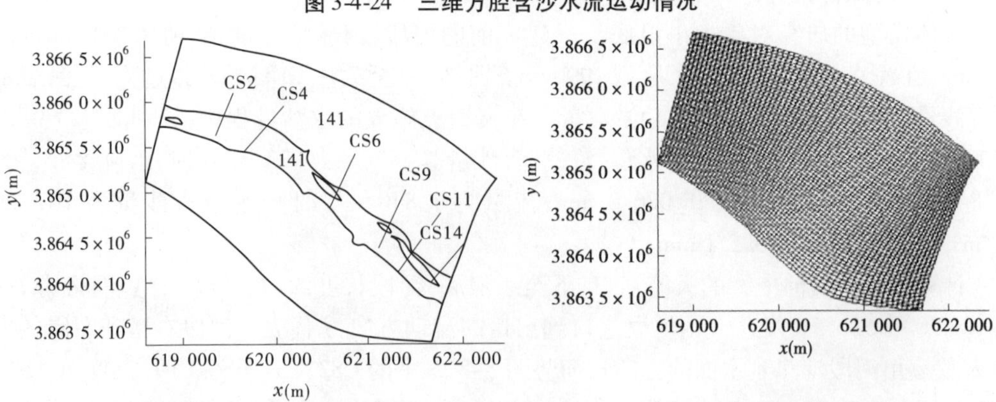

图 3-4-25　河段河势图　　　　图 3-4-26　河段的计算域

3.4.3.2 流场分布

图 3-4-27 和图 3-4-28 为不同水深处的计算速度矢量分布图,可以看出,由自由水面到河床,流速逐渐减小,计算结果基本符合河流流动规律。

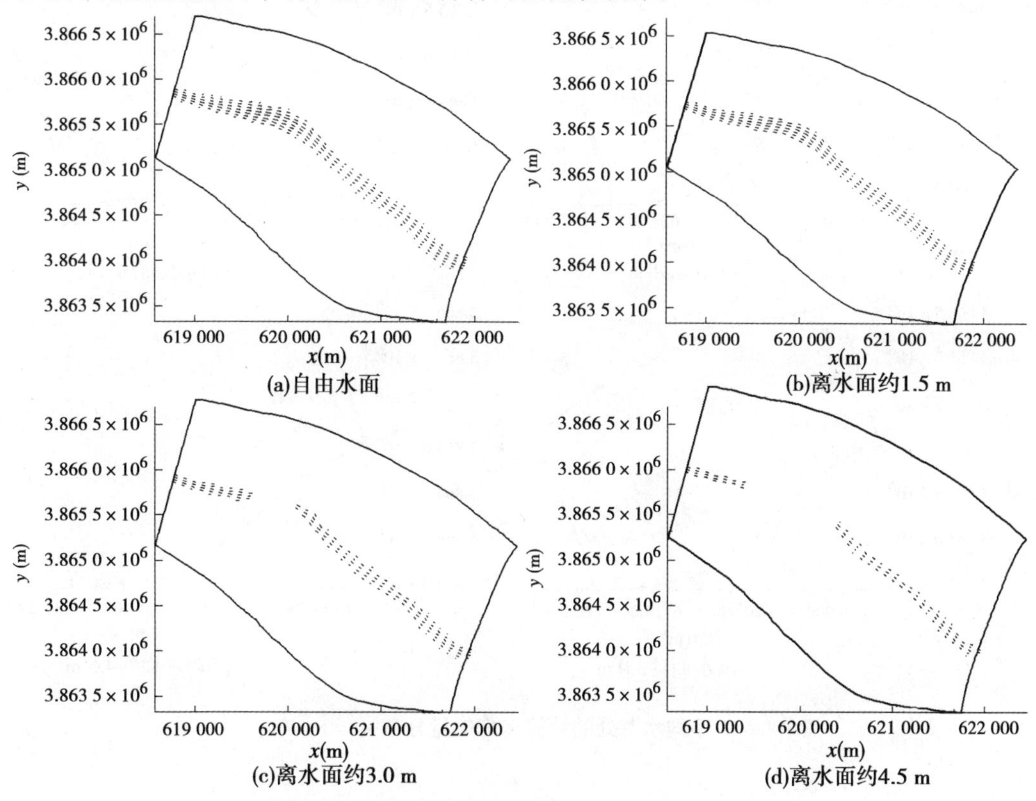

图 3-4-27 不同水深处的计算速度矢量分布($Q = 923\ m^3/s$)

3.4.3.3 水面线变化

两流量级河道沿程水面线分别如图 3-4-29 和图 3-4-30 所示。在测量河段内共布置了 8 处水尺,实测了同流量下的同步水面线。水位计算值和实体模型的量测值基本吻合,且一般误差在 0.25 m 以内,两者的沿程变化趋势是一致的。

3.4.3.4 河道横断面上沿垂线的流速分布

图 3-4-31 和图 3-4-32 为流量 923 m^3/s 时,土崖底水文断面 CS2 和小浪底水文断面 CS14 沿垂线的流速分布图;图 3-4-33 和图 3-4-34 为流量 1 810 m^3/s 时,土崖底水文断面 CS2 和小浪底水文断面 CS14 的垂线平均流速沿河宽分布图。其中,定义水深相对系数为 $r = (H - h)/H$,h 为该点的水深。由以上图可知,计算结果与实测值数据基本一致,河道中心线处的流速大,河岸近处的流速小,且由水面到河床,流速逐渐减小。

3.4.3.5 含沙量垂线分布

流量为 923 m^3/s 时,CS2、CS14 断面含沙量沿垂线分布如图 3-4-35、图 3-4-36 所示;流量为 1 840 m^3/s 时,CS2、CS14 断面含沙量沿垂线分布如图 3-4-37、图 3-4-38 所示。总体来看,左、右两条垂线的含沙量分布与试验数据比较吻合,但在中间垂线上,计算含沙量分布与试验结果有一点差别:含沙量的试验值有一个小小的拐点。中间垂线上计算含沙量

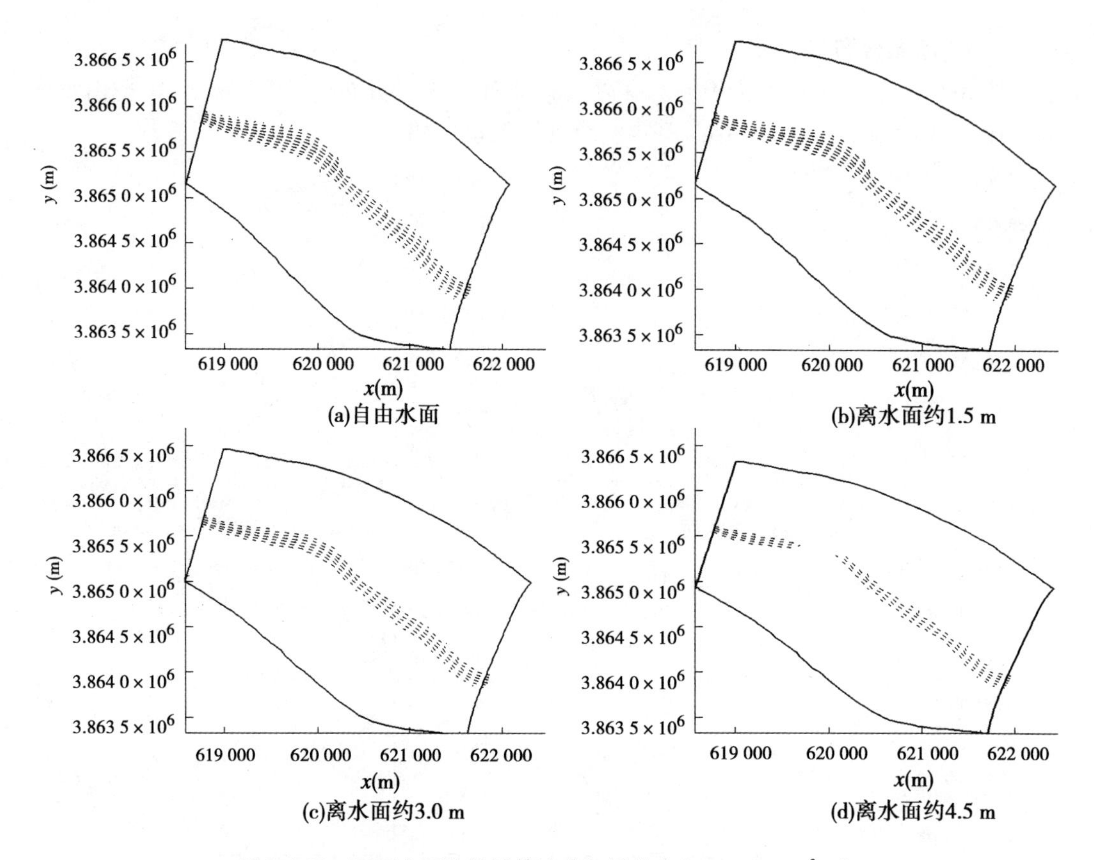

图 3-4-28　不同水深处的计算速度矢量分布（$Q = 1\ 840\ \mathrm{m^3/s}$）

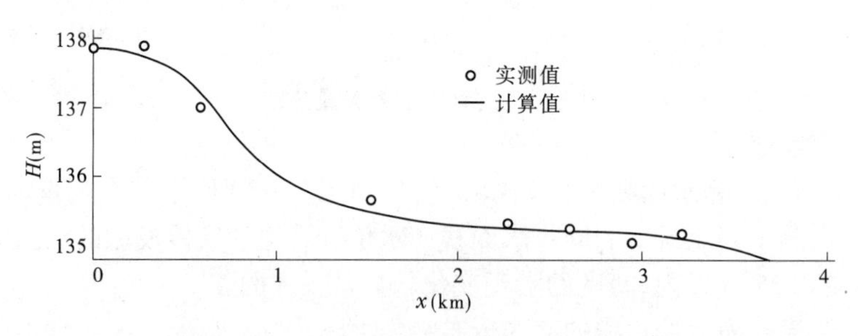

图 3-4-29　河道沿程水面线（$Q = 923\ \mathrm{m^3/s}$）

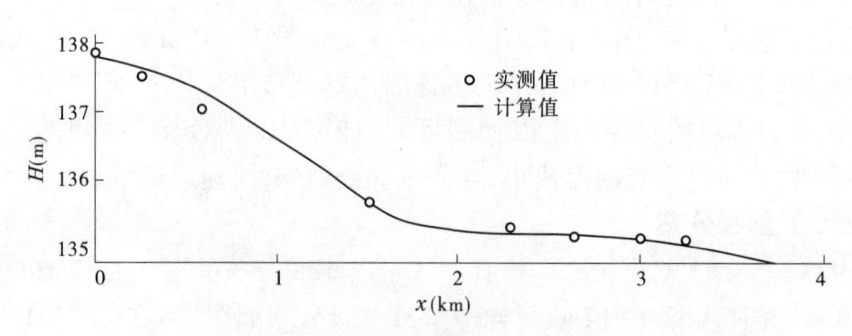

图 3-4-30　河道沿程水面线（$Q = 1\ 840\ \mathrm{m^3/s}$）

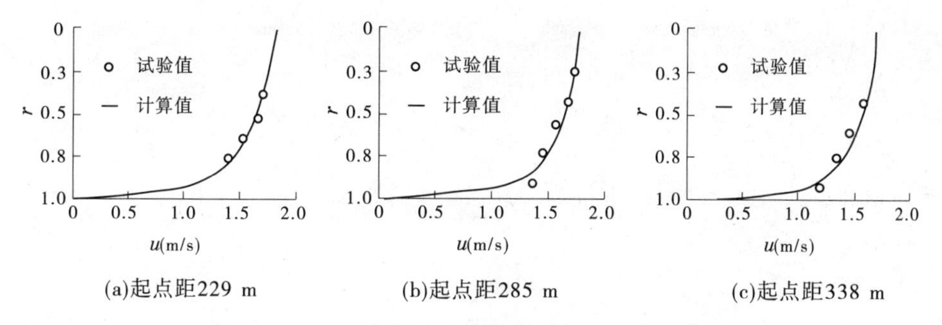

(a)起点距229 m (b)起点距285 m (c)起点距338 m

图 3-4-31 CS2 断面流速沿垂线分布($Q = 923\ m^3/s$)

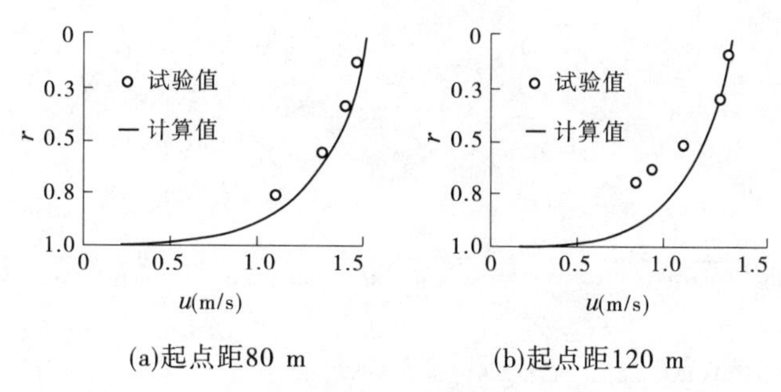

(a)起点距80 m (b)起点距120 m

图 3-4-32 CS14 断面流速沿垂线分布($Q = 923\ m^3/s$)

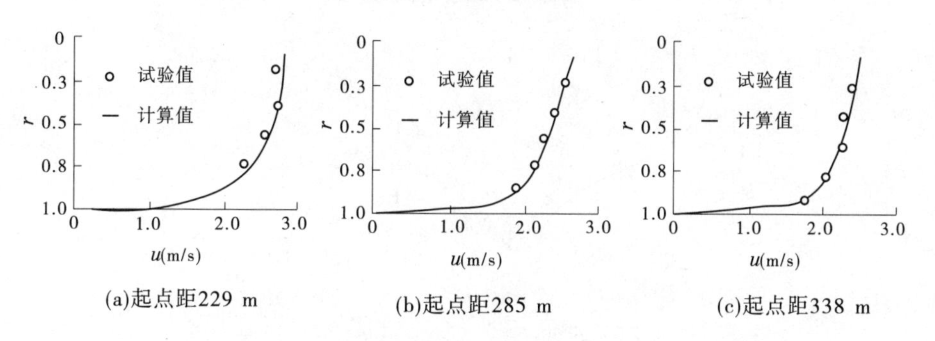

(a)起点距229 m (b)起点距285 m (c)起点距338 m

图 3-4-33 CS2 断面流速沿垂线分布($Q = 1\ 840\ m^3/s$)

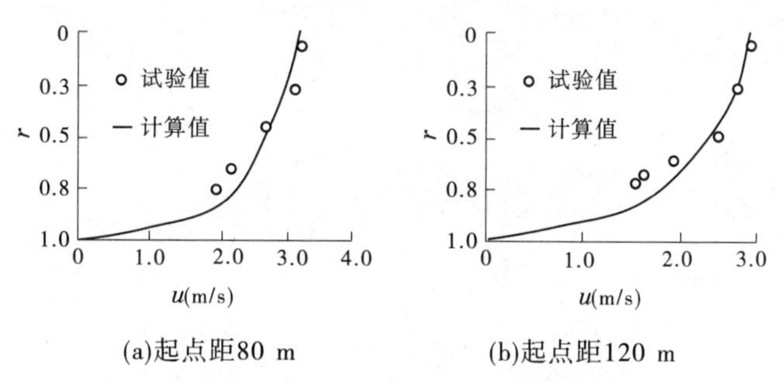

(a)起点距80 m (b)起点距120 m

图 3-4-34 CS14 断面流速沿垂线分布($Q = 1\ 840\ m^3/s$)

分布与试验结果之间的差别,可能与采用张瑞瑾均匀含沙量分布公式有关,张瑞瑾公式算得含沙量分布比较光滑,模型中采用此含沙量分布公式来反求得河床附近的含沙量分布。

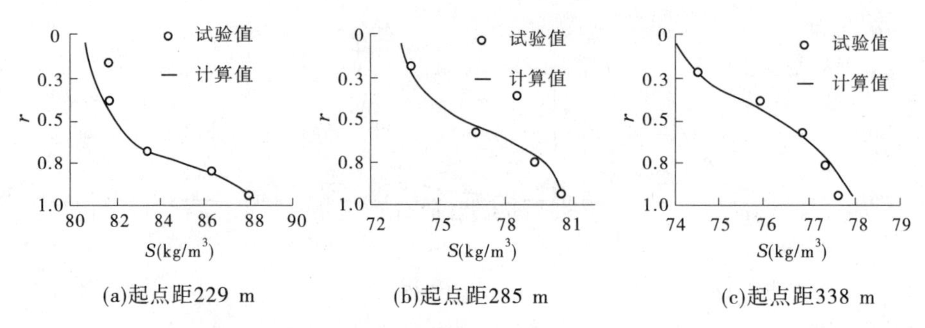

(a)起点距229 m　　(b)起点距285 m　　(c)起点距338 m

图 3-4-35　CS2 断面含沙量沿垂线分布($Q=923\ m^3/s$)

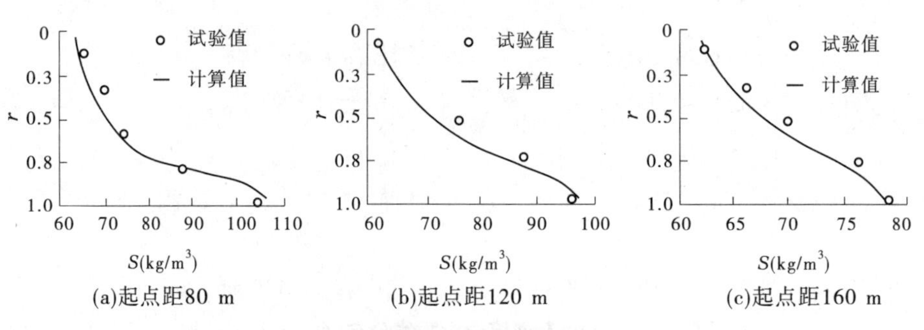

(a)起点距80 m　　(b)起点距120 m　　(c)起点距160 m

图 3-4-36　CS14 断面含沙量沿垂线分布($Q=923\ m^3/s$)

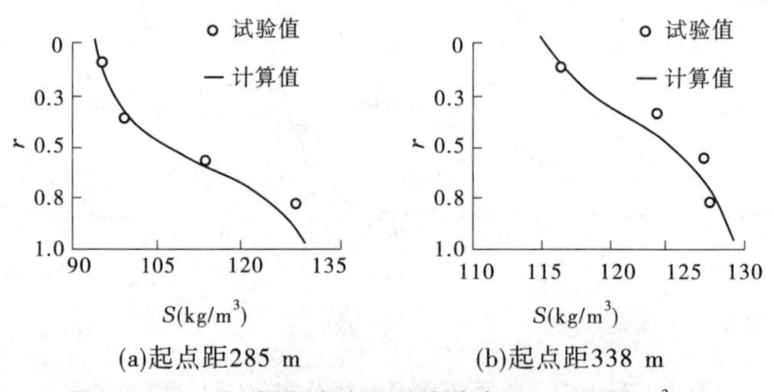

(a)起点距285 m　　(b)起点距338 m

图 3-4-37　CS2 断面流速沿垂线分布($Q=1\ 840\ m^3/s$)

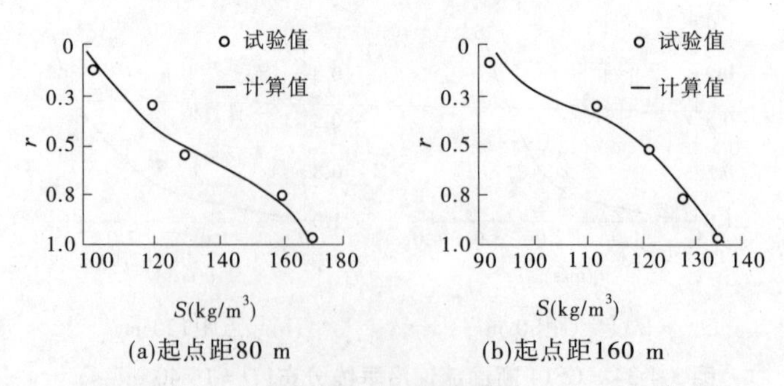

(a)起点距80 m　　(b)起点距160 m

图 3-4-38　CS14 断面流速沿垂线分布($Q=1\ 840\ m^3/s$)

3.4.3.6　沿程冲淤分布

各流量级下冲淤量计算值与试验值对比见表 3-4-8。由表 3-4-8 可知,在验证的两个流量级情况下,计算的冲淤量和分布与试验值基本相似。

表 3-4-8 各流量级下冲淤量计算值与试验值对比 (单位:万 m^3)

断面号	$Q=923\ m^3/s$		$Q=1\ 840\ m^3/s$	
	计算值	试验值	计算值	试验值
CS2	+1.043 2	+1.08	+0.541 6	+0.59
CS4	+1.173 1	+1.37	+0.727 3	+0.18
CS6	+9.340 3	+9.28	-1.154 7	-2.00
CS9	+7.743 7	+6.99	+0.413 0	+0.80
CS11	+2.260 1	+2.33	-1.296 8	+1.24
CS14	+5.720 1	+7.29	-2.291 8	-4.70
总冲淤量	+27.280 5	+28.34	-3.061 4	-3.26

3.4.4 模型初步验证

模型率定结束后,利用小浪底水库初期 205 m 低水位情况下的实体模型资料进行了初步验证。

3.4.4.1 计算初边界条件

实体模型研究对象为黄河中游小浪底工程建成后的坝区河段。淤积平衡试验为中水少沙年(1956 年型),试验的连续流量级和含沙量如表 3-4-9 所示,T1 ~ T8 为实测流量过程,T9 为经过 1956 年典型年后,按照平均流量和含沙量再放水 60 d 以求得坝前的淤积平衡,T10 为此典型年的最后冲淤基本平衡试验时段。

计算域为小浪底开挖后坝区河段(见图 3-4-39)。图中的 CS1 ~ CS9 是河道的 9 个水文断面,河床高程等高线单位为 m。计算所采用的网格为正交曲线网格。

表 3-4-9 试验的连续流量级和含沙量

流量级编号	流量(m^3/s)	历时(d)	含沙量(kg/m^3)	中值粒径(mm)
T1	2 160.0	22	48.0	0.022 7
T2	3 530.0	4	185.0	0.021 9
T3	800.0	8	41.00	0.019 8
T4	2 280.0	11	97.00	0.021 2
T5	2 330.0	22	47.00	0.019 5
T6	800.0	25	19.00	0.020 5
T7	2 160.0	22	48.00	0.022 7
T8	3 530.0	4	185.00	0.021 9
T9	1 786.7	60	63.13	0.021 3
T10	1 200.0	35	60.00	0.021 3

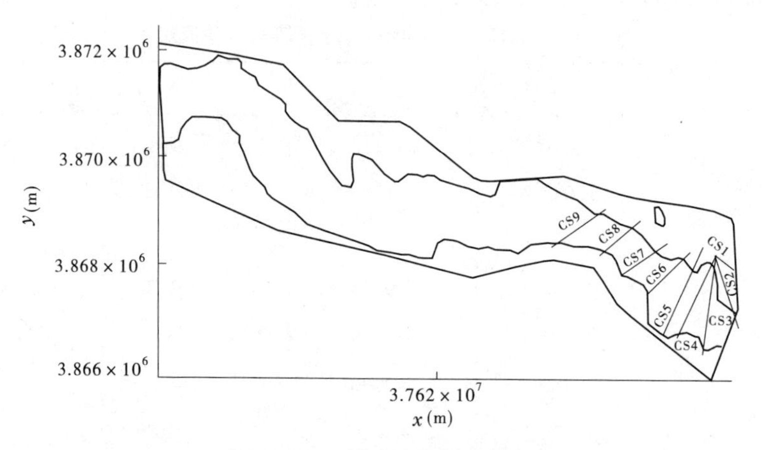

图 3-4-39　坝区河段的地势图

3.4.4.2　流场分布

图 3-4-40 为不同水深处的速度矢量分布情况，可以看出，由自由水面到河床，流速逐渐减小，且越靠近岸边速度越小，计算结果基本符合河流流动规律。

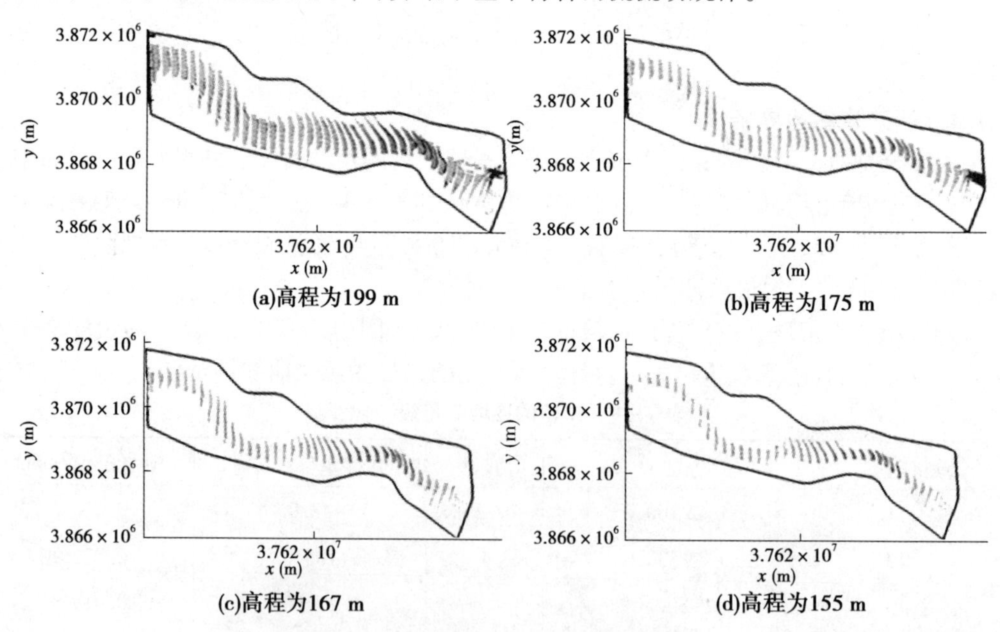

图 3-4-40　不同水深处的速度矢量分布图

3.4.4.3　冲淤计算结果

小浪底水库蓄至 205 m 后，坝区河床普遍发生淤积。图 3-4-41 ~ 图 3-4-43 给出了横断面冲淤变化的计算值和试验值。图中“□”表示试验值，“—”表示计算过程。

从图 3-4-41 ~ 图 3-4-43 可以看出，计算与试验的冲淤分布比较一致。但是，数值模拟结果比较平缓、光滑，坝区河段的大冲大淤过程模型精度尚待进一步提高。

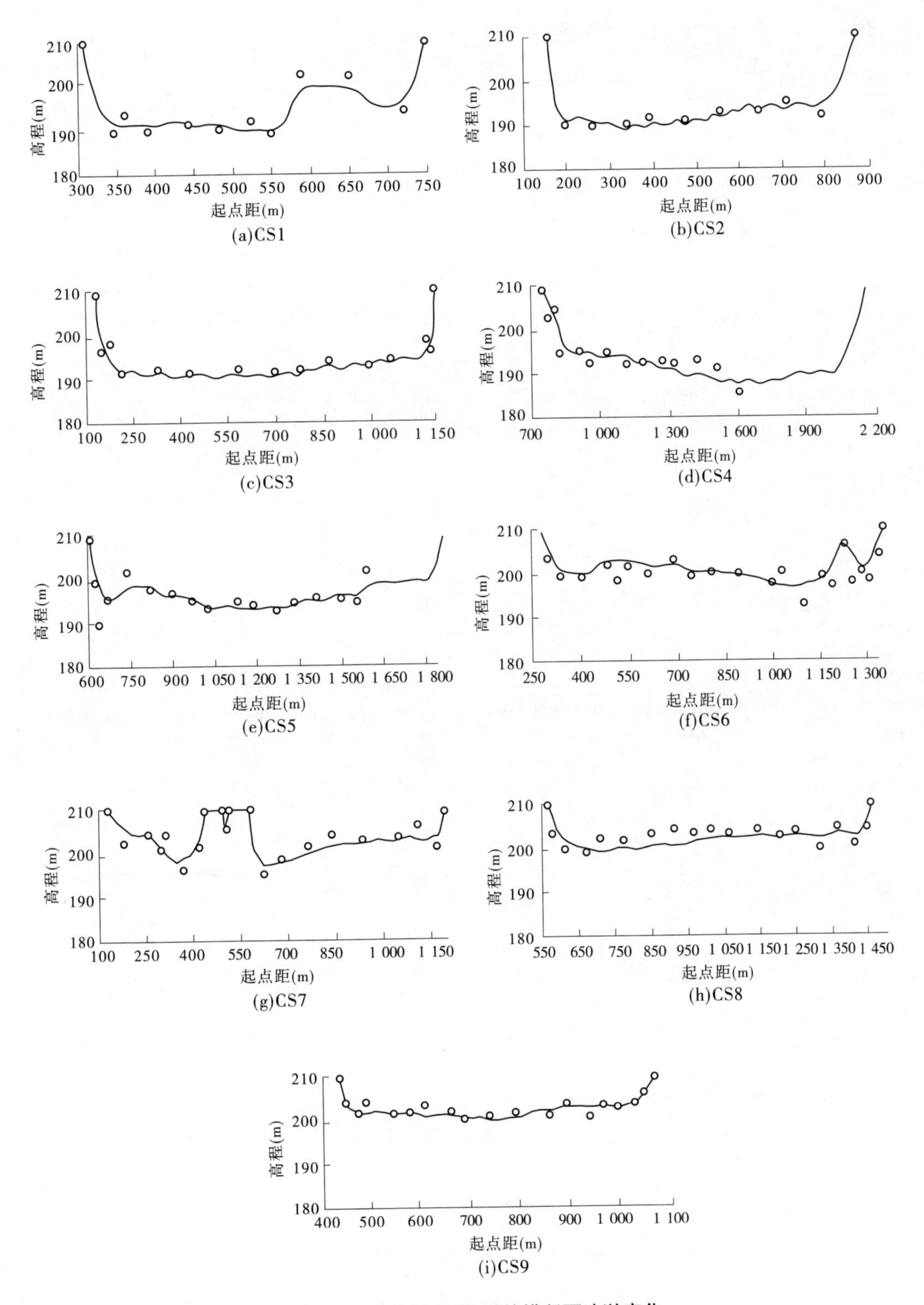

图 3-4-41 流量级 T8 时的横断面冲淤变化

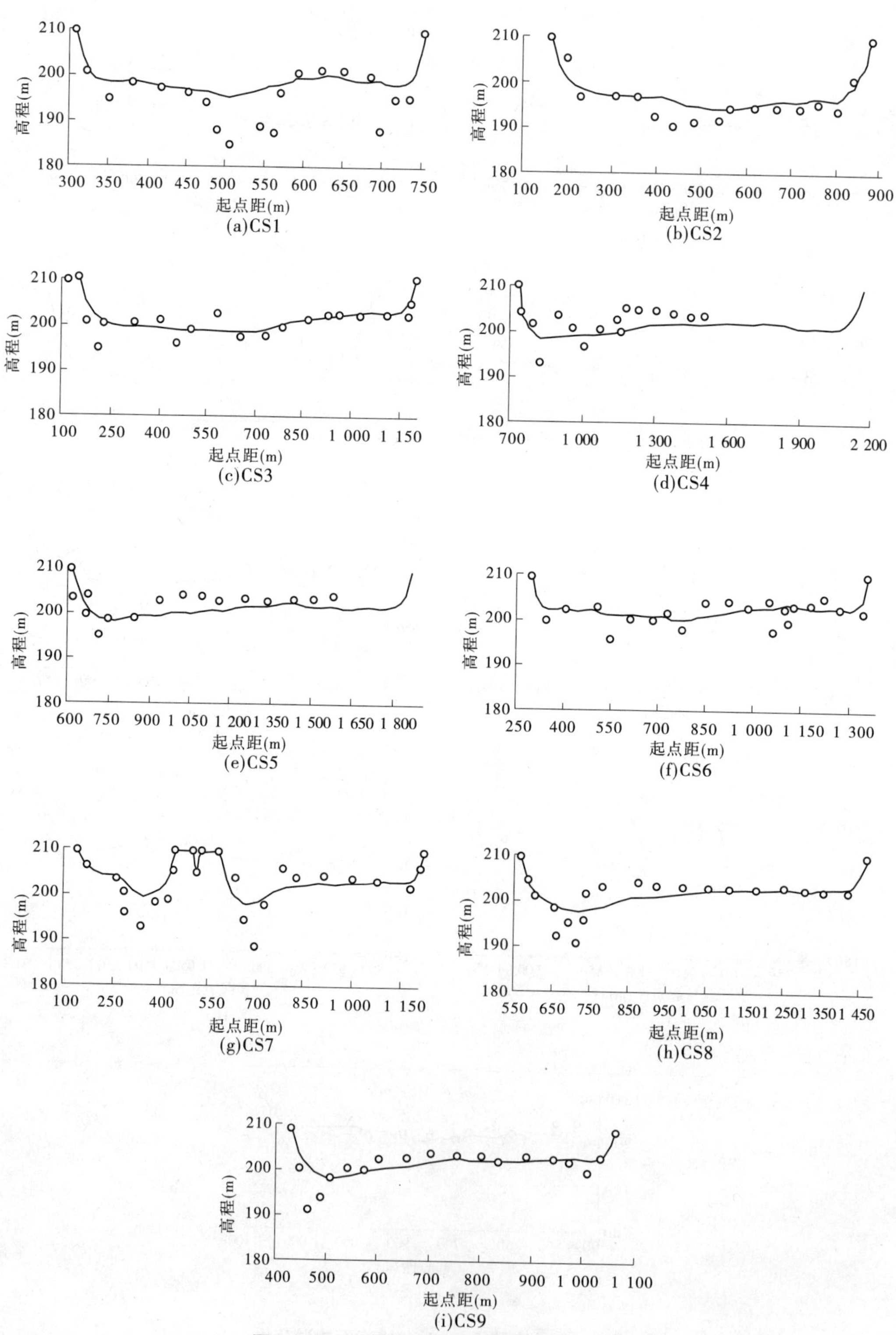

图 3-4-42　流量级 T9 时的横断面冲淤变化

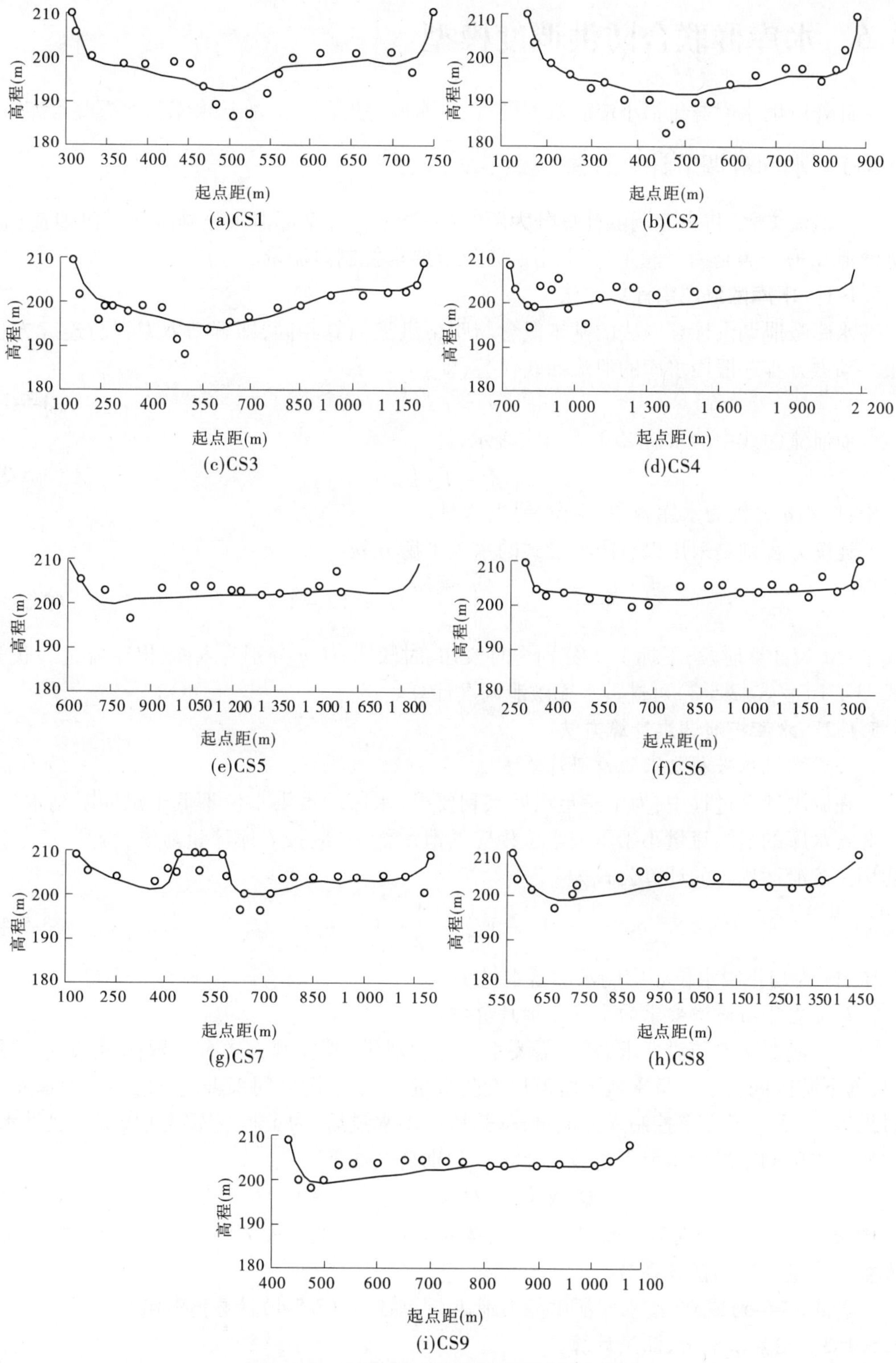

图 3-4-43　流量级 T10 时的横断面冲淤变化

3.5 水库群联合防洪调度模型

此处所谓水库群包括小浪底水库、三门峡水库、陆浑水库、故县水库和西霞院水库。

3.5.1 水库群调节计算方法

按泄流方式，将水库调洪计算分为两类：一类是打开全部泄洪设施敞泄滞洪泄流（简称敞泄），另一类是为了满足兴利、下游防洪等要求控制泄流量。

3.5.1.1 水库敞泄调洪计算方法

水库敞泄调洪计算方法的基本概念与明渠洪流演算相同，即解动力方程与连续方程组。动力方程一般用水库的泄流曲线代替，即

$$q = f_1(z) \tag{3-5-1}$$

而泄流曲线中的水位 Z 用库容来表示，即

$$Z = f_2(V) \tag{3-5-2}$$

式中：V、Z、q 分别为水库容积、水位、泄洪流量。

连续方程则是采用以有限差形式的水量平衡方程

$$\frac{Q_1 + Q_2}{2}\Delta t - \frac{q_1 + q_2}{2}\Delta t = V_2 - V_1 \tag{3-5-3}$$

式中：Δt 为计算时段；下标 1、2 分别为时段初、时段末；Q、q 分别为入库、出库流量。联解式(3-5-1)～式(3-5-3)可进行水库敞泄调洪计算。

3.5.1.2 水库控泄调洪计算方法

1. 考虑汛后兴利要求的控泄计算方法

在调洪计算过程中，为了满足汛后兴利要求，水库的蓄洪水位不低于汛期限制水位，因此若水库的泄洪流量小于汛限水位相应的泄洪能力，应按入库流量泄洪；否则，按敞泄运用。控泄运用时的计算公式为

$$q_2 = \frac{1}{\Delta t}(V_1 - V_2) + \frac{1}{2}(Q_1 - q_1) + Q_2 \tag{3-5-4}$$

式中：V_2 为与汛限水位相应的水库蓄水量。

2. 考虑下游防洪要求的水库控泄计算方法

为了满足下游防洪要求，常常需要水库控制泄洪，其控制方式有三种：一是洪水起涨时，与下游区间洪水流量凑泄下游河道设防流量；二是下游区间来洪流量已超过河道安全过洪流量，需水库完全控制入库流量；三是该次洪水过后，为了腾空库容迎接下一次洪水，水库仍与区间来洪量凑泄下游设防流量。判别公式如下

$$q < Q_2 \text{或} (q - Q_2)/2 < (V^* - V_m)E \tag{3-5-5}$$

式中：q、V^*、V_m、E 分别为水库泄洪能力、按 q 泄流计算的水库蓄洪量、水库允许蓄洪量、库容与流量之间的换算系数。

若式(3-5-5)成立，按水库泄洪能力泄洪，否则按式(3-5-4)计算值泄洪。

3.5.1.3 自然决溢分、滞洪计算

在花园口以上的黄河支流伊洛河和沁河下游，均由大堤控制洪水，由于设防标准所

限，遇较大洪水往往发生决口。伊河、洛河交汇处的夹滩自然区分滞洪和沁河下游的决溢分洪、滞洪情况非常复杂，为便于计算，本次均采用简化的方法。伊洛河夹滩地区分滞洪简化计算方法为马斯京根法，沁河下游分滞洪计算采用限制沁河入黄流量法。

3.5.2 水库群联合运用方式

国家防汛抗旱总指挥部以国汛[2005]11号文批复了“黄河中下游近期洪水调度方案”，目前黄河中游水库群按照方案制订的运用方式防洪运用，水库群的联合运用方式介绍如下。

3.5.2.1 三门峡水库

三门峡水库汛期发生洪水时，按敞泄方式运用。

3.5.2.2 小浪底水库

(1)预报花园口洪峰流量小于4 000 m^3/s。水库适时调节水沙，按控制花园口流量不大于下游主槽平滩流量的原则泄洪。

(2)预报花园口洪峰流量为4 000~8 000 m^3/s。若中期预报黄河中游有强降雨天气或当潼关站发生含沙量大于等于200 kg/m^3的洪水，原则上按进出库平衡方式运用；中期预报黄河中游没有强降雨天气且潼关站含沙量小于200 kg/m^3，黄河小浪底—花园口区间(简称小花间)来水洪峰流量小于下游主槽平滩流量时，原则上按控制花园口流量不大于下游主槽平滩流量运用。小花间来水洪峰流量大于等于下游主槽平滩流量时，视洪水情况可控制运用。控制水库最高运用水位不超过254 m。

(3)预报花园口洪峰流量大于8 000 m^3/s。当预报花园口洪峰流量大于8 000 m^3/s且小于等于10 000 m^3/s时，若入库流量不大于水库相应泄洪能力，原则上按进出库平衡方式运用；若入库流量大于水库相应泄洪能力，按敞泄滞洪运用；当预报花园口洪峰流量大于10 000 m^3/s且预报小花间流量小于9 000 m^3/s时，按控制花园口10 000 m^3/s运用；当预报小花间流量大于等于9 000 m^3/s时，按不大于1 000 m^3/s(发电流量)下泄；当预报花园口流量回落至10 000 m^3/s以下时，按控制花园口流量不大于10 000 m^3/s泄洪，直到小浪底库水位降至汛限水位；当危及水库安全时，加大泄量泄洪。

3.5.2.3 故县水库

(1)预报花园口洪峰流量小于12 000 m^3/s。流量小于1 000 m^3/s时，原则上按进出库平衡方式运用；当入库流量大于1 000 m^3/s时，按控制下泄流量1 000 m^3/s运用；当库水位达20年一遇洪水位(543.2 m)时，如入库流量不大于20年一遇洪水位相应的泄洪能力(7 400 m^3/s)，原则上按进出库平衡方式运用；如入库流量大于20年一遇洪水位相应的泄洪能力，按敞泄运用。在退水过程中，按不超过本次洪水实际出现的最大泄流量泄洪，直到库水位降至汛限水位。

(2)预报花园口洪峰流量达12 000 m^3/s且有上涨趋势。当水库水位低于548.0 m时，水库按不超过90 m^3/s(发电流量)控泄；当水库水位达548.0 m时，若入库流量不大于11 100 m^3/s，原则上按进出库平衡方式运用；若入库流量大于11 100 m^3/s，按敞泄滞洪运用至548.0 m。在退水阶段，若预报花园口流量仍大于10 000 m^3/s，原则上按进出库平衡方式运用；当预报花园口流量小于10 000 m^3/s时，按控制花园口流量不大于10 000

m^3/s 泄流至汛限水位。

3.5.2.4 陆浑水库

1. 水库除险加固完成前调度运用方式

当入库流量不大于汛限水位相应的泄流能力(315.5 m,1 560 m^3/s;317.5 m,1 940 m^3/s)时,原则上按进出库平衡方式运用;当入库流量大于汛限水位相应的泄流能力时,按敞泄滞洪运用。

2. 水库除险加固完成后的调度运用方式

水库除险加固完成后的调度运用方式由黄河防汛抗旱总指挥部另行制订。目前,陆浑水库已完成除险加固工作,水库的按照设计的防洪方式运用,具体运用方式为:

(1)预报花园口洪峰流量小于 12 000 m^3/s。当入库流量小于 1 000 m^3/s 时,原则上按进出库平衡方式运用;当入库流量大于等于 1 000 m^3/s 时,按控制下泄流量 1 000 m^3/s 运用;当库水位达到 20 年一遇洪水位(321.5 m),且黄河下游防洪不需要陆浑水库关门时,则灌溉洞控泄 77 m^3/s 发电流量,其余泄水建筑物全部敞泄排洪;如水位继续上涨,达到 50 年一遇洪水位(322.05 m),灌溉洞打开参加泄流。

(2)预报花园口洪水流量达 12 000 m^3/s 且有上涨趋势。当水库水位低于 323 m 时,水库按不超过 77 m^3/s(发电流量)控泄;当水库水位达 323 m 时,若入库流量小于蓄洪限制水位相应的泄流能力,按入库流量泄洪;若入库流量大于蓄洪限制水位相应的泄流能力,按敞泄运用,直到蓄洪水位回降到蓄洪限制水位。在退水阶段,若预报花园口流量仍大于 10 000 m^3/s,原则上按进出库平衡方式运用;当预报花园口流量小于 10 000 m^3/s 时,在小浪底水库之前按控制花园口流量不大于 10 000 m^3/s 泄流至汛限水位。

3.5.2.5 西霞院水库

若小浪底水库下泄清水,西霞院水库原则上按维持汛限水位 131 m 运用。当小浪底水库泄洪排沙运用时,西霞院水库配合小浪底水库泄洪排沙。

3.5.3 模型联合测试

在上述研究工作的基础上,编制了各个模型的详细接口数据文件,用于测试模型能否顺利进行数据交换和计算,此部分注重测试过程,对计算结果的合理性略作分析。

本书选取以 1933 年洪水设计的 20 年一遇潼关站水沙过程及小花间水沙过程对三门峡库区、小浪底库区及下游模型进行了联合测试计算。其中,设计的潼关 20 年一遇、50 年一遇的泥沙过程是根据潼关站多年输沙率和流量的经验关系确定的,相应的泥沙级配采用多年汛期平均值。

3.5.3.1 计算条件

(1)地形条件。采用 2008 年汛前实测大断面资料进行概化。

(2)三门峡水库模型进出口条件。进口条件为潼关站日均流量过程、日均含沙量过程,出口条件为三门峡坝前水位及出库流量过程。

(3)小浪底水库模型进出口条件。进口条件为三门峡出库日均流量过程、日均含沙量过程,出口条件为小浪底坝前水位及出库流量过程。

(4)下游模型进出口条件。进口条件为小浪底出库日均流量过程、日均含沙量过程,小花间日均流量、日均含沙量过程、日均悬沙级配过程；出口条件为2008年利津站实测水位—流量关系曲线。

3.5.3.2 计算结果

在上述初始条件、进出口条件下，进入三门峡水库的水量为209.28亿m^3，沙量为13.65亿t。三门峡出库含沙量过程见表3-5-1，三门峡库区呈冲刷状态。在计算时段内，库区黄淤41断面至坝前冲刷3.56亿m^3。

表3-5-1　20年一遇设计水沙过程

日期（年-月-日）	潼关		三门峡出库		小浪底出库	
	流量(m^3/s)	含沙量(kg/m^3)	流量(m^3/s)	含沙量(kg/m^3)	流量(m^3/s)	含沙量(kg/m^3)
1933-07-21	3 281	45	3 281	71	3 094	38
1933-07-22	4 696	54	4 696	92	4 480	57
1933-07-23	4 330	52	4 330	83	4 253	53
1933-07-24	5 033	56	5 033	87	5 211	53
1933-07-25	3 783	48	3 783	75	4 183	39
1933-07-26	2 215	37	2 215	59	2 721	23
1933-07-27	2 052	35	2 052	56	2 096	23
1933-07-28	3 199	44	3 199	66	2 735	39
1933-07-29	6 407	65	6 107	96	5 350	67
1933-07-30	5 329	58	5 628	87	6 119	45
1933-07-31	3 829	48	3 829	71	4 313	33
1933-08-01	4 750	55	4 383	82	3 864	54
1933-08-02	11 960	99	8 786	136	7 014	118
1933-08-03	6 060	63	9 065	77	7 835	33
1933-08-04	2 988	43	3 524	62	7 850	13
1933-08-05	2 415	38	2 415	53	2 495	24
1933-08-06	2 377	38	2 377	54	2 447	23
1933-08-07	2 596	40	2 596	57	2 540	26
1933-08-08	5 662	60	5 150	86	4 273	62
1933-08-09	13 718	110	9 098	136	7 244	112
1933-08-10	14 030	112	11 121	124	7 603	96
1933-08-11	8 702	79	11 025	77	8 346	47
1933-08-12	7 189	70	10 187	72	8 600	32
1933-08-13	5 422	59	7 925	75	7 727	28
1933-08-14	5 085	57	5 302	82	6 215	37

续表 3-5-1

日期（年-月-日）	潼关		三门峡出库		小浪底出库	
	流量(m^3/s)	含沙量(kg/m^3)	流量(m^3/s)	含沙量(kg/m^3)	流量(m^3/s)	含沙量(kg/m^3)
1933-08-15	5 086	57	5 086	85	8 100	32
1933-08-16	5 482	59	5 456	100	8 448	43
1933-08-17	6 000	63	5 807	104	8 144	50
1933-08-18	6 341	65	6 226	96	7 889	47
1933-08-19	7 119	70	6 718	102	7 650	61
1933-08-20	7 288	71	7 427	98	7 186	60
1933-08-21	6 506	66	6 777	92	7 699	47
1933-08-22	5 291	58	5 616	81	6 133	37
1933-08-23	4 812	55	4 812	85	5 059	43
1933-08-24	4 508	53	4 508	83	4 633	43
1933-08-25	4 220	51	4 220	80	4 540	38
1933-08-26	4 073	50	4 073	75	4 299	34
1933-08-28	4 411	52	4 411	76	4 642	35
1933-08-29	4 390	52	4 390	75	4 720	34
1933-08-30	4 909	56	4 909	81	4 951	40
1933-08-31	4 687	54	4 687	75	4 977	33
1933-09-01	4 489	53	4 489	74	4 630	31
1933-09-02	4 102	50	4 102	70	4 312	28
1933-09-03	3 645	47	3 645	66	3 842	26
1933-09-04	3 327	45	3 327	63	3 456	24

计算的小浪底水库20年一遇设计水沙过程见表3-5-1，由表3-5-1可知，小浪底水库出库含沙量较入库含沙量小，因此小浪底库区呈淤积状态。在计算时段内，小浪底库区共淤积6.80亿m^3。

在该方案下，白鹤—利津河段共冲刷1.25亿m^3。

3.6 平面二维潮流输沙模型

3.6.1 潮流输沙方程与求解

3.6.1.1 控制方程

在YRCC-2D动量方程中添加科氏力、风应力、气压、波浪辐射应力项，放在方程的源项中。

水流连续方程

$$\frac{\partial h}{\partial t}+\frac{\partial(hu)}{\partial x}+\frac{\partial(hv)}{\partial y}=0 \tag{3-6-1}$$

x 方向动量方程

$$\frac{\partial(hu)}{\partial t}+\frac{\partial(hu^2+gh^2/2)}{\partial x}+\frac{\partial(huv)}{\partial y}=\nu_t\left[\frac{\partial^2(hu)}{\partial x^2}+\frac{\partial^2(hu)}{\partial y^2}\right]-gh(S_{ox}+S_{fx})+$$

$$fvh-\frac{h}{\rho_0}\frac{\partial p_a}{\partial x}-\frac{gh^2}{2\rho_0}\frac{\partial \rho}{\partial x}-\frac{1}{\rho_0}\left(\frac{\partial S_{xx}}{\partial x}+\frac{\partial S_{xy}}{\partial y}\right)+\frac{\tau_{sx}}{\rho_0} \tag{3-6-2}$$

y 方向动量方程

$$\frac{\partial(hv)}{\partial t}+\frac{\partial(huv)}{\partial x}+\frac{\partial(hv^2+gh^2/2)}{\partial y}=\nu_t\left[\frac{\partial^2(hv)}{\partial x^2}+\frac{\partial^2(hv)}{\partial y^2}\right]-gh(S_{oy}+S_{fy})+$$

$$fuh-\frac{h}{\rho_0}\frac{\partial p_a}{\partial y}-\frac{gh^2}{2\rho_0}\frac{\partial \rho}{\partial y}-\frac{1}{\rho_0}\left(\frac{\partial S_{yx}}{\partial x}+\frac{\partial S_{yy}}{\partial y}\right)+\frac{\tau_{sx}}{\rho_0} \tag{3-6-3}$$

泥沙运动控制方程

$$\frac{\partial(hs)}{\partial t}+\frac{\partial(hus)}{\partial x}+\frac{\partial(hvs)}{\partial y}=\varepsilon_s\left[\frac{\partial^2(hs)}{\partial x^2}+\frac{\partial^2(hs)}{\partial y^2}\right]-\alpha\omega(S-S_*) \tag{3-6-4}$$

河床变形方程

$$\gamma'\frac{\partial Z_b}{\partial t}=\alpha\omega(S-S_*) \tag{3-6-5}$$

上述前四个方程可以写成统一形式,即

$$\frac{\partial \boldsymbol{q}}{\partial t}+\frac{\partial \boldsymbol{F}^I}{\partial x}+\frac{\partial \boldsymbol{G}^I}{\partial y}=\frac{\partial \boldsymbol{F}^V}{\partial x}+\frac{\partial \boldsymbol{G}^V}{\partial y}+\boldsymbol{S}_{ou} \tag{3-6-6}$$

其中,输运量

$$\boldsymbol{q}=[h,q_x,q_y,q_s]^{\mathrm{T}} \tag{3-6-7}$$

对流通量

$$\boldsymbol{F}^I=\left[q_x,\frac{q_x{}^2}{h}+\frac{gh^2}{2},\frac{q_xq_y}{h},\frac{q_xq_s}{h}\right]^{\mathrm{T}}\quad \boldsymbol{G}^I=\left[q_y,\frac{q_xq_y}{h},\frac{q_y{}^2}{h}+\frac{gh^2}{2},\frac{q_yq_s}{h}\right]^{\mathrm{T}} \tag{3-6-8}$$

扩散通量

$$\begin{cases}\boldsymbol{F}^V=\left[0,\nu_t\dfrac{\partial q_x}{\partial x},\nu_t\dfrac{\partial q_y}{\partial x},\varepsilon_s\dfrac{\partial q_s}{\partial x}\right]^{\mathrm{T}}\\ \boldsymbol{G}^V=\left[0,\nu_t\dfrac{\partial q_x}{\partial y},\nu_t\dfrac{\partial q_y}{\partial y},\varepsilon_s\dfrac{\partial q_s}{\partial y}\right]^{\mathrm{T}}\end{cases} \tag{3-6-9}$$

源项

$$\boldsymbol{S}_{ou}=\begin{bmatrix}0\\ -gh(\dfrac{\partial Z_b}{\partial x})-ghn^2h^{-\frac{4}{3}}u\sqrt{u^2+v^2}+fvh-\dfrac{h}{\rho_0}\dfrac{\partial p_a}{\partial x}-\dfrac{gh^2}{2\rho_0}\dfrac{\partial \rho}{\partial x}-\dfrac{1}{\rho_0}\left(\dfrac{\partial s_{xx}}{\partial x}+\dfrac{\partial s_{xy}}{\partial y}\right)+\dfrac{\tau_{sx}}{\rho_0}\\ -gh(\dfrac{\partial Z_b}{\partial y})-ghn^2h^{-\frac{4}{3}}v\sqrt{u^2+v^2}+fuh-\dfrac{h}{\rho_0}\dfrac{\partial p_a}{\partial y}-\dfrac{gh^2}{2\rho_0}\dfrac{\partial \rho}{\partial y}-\dfrac{1}{\rho_0}\left(\dfrac{\partial s_{yx}}{\partial x}+\dfrac{\partial s_{yy}}{\partial y}\right)+\dfrac{\tau_{sy}}{\rho_0}\\ -\alpha\omega(S-S_*)\end{bmatrix}$$

$$
= \begin{bmatrix} 0 \\ -gh(S_{ox}+S_{fx})+fvh-\dfrac{h}{\rho_0}\dfrac{\partial p_a}{\partial x}-\dfrac{gh^2}{2\rho_0}\dfrac{\partial \rho}{\partial x}-\dfrac{1}{\rho_0}\left(\dfrac{\partial S_{xx}}{\partial x}+\dfrac{\partial S_{xy}}{\partial y}\right)+\dfrac{\tau_{sx}}{\rho_0} \\ -gh(S_{oy}+S_{fy})+fuh-\dfrac{h}{\rho_0}\dfrac{\partial p_a}{\partial y}-\dfrac{gh^2}{2\rho_0}\dfrac{\partial \rho}{\partial y}-\dfrac{1}{\rho_0}\left(\dfrac{\partial S_{yx}}{\partial x}+\dfrac{\partial S_{yy}}{\partial y}\right)+\dfrac{\tau_{sy}}{\rho_0} \\ -\alpha\omega(S-S_*) \end{bmatrix}
\tag{3-6-10}
$$

式中：f 为科氏力系数，$f=2\omega_e \sin\phi_e$，ω_e 为地球自转角速度，ϕ_e 为计算点纬度；p_a 为气压；ρ_0 为水的密度；ρ 为海水的密度；S_{xx}、S_{xy}、S_{yx}、S_{yy} 分别为各个方向的波浪辐射应力；τ_{sx}、τ_{sy} 分别为 x、y 方向的风应力，$\overline{\tau}_s=\rho_a c_d |\overline{u}_w| \overline{u}_w$；其余符号意义同前。

3.6.1.2 格式分析

格式分析主要采用时间二阶的预测－校正二步格式。利用平面二维潮流数学模型比较了时间高、低阶格式以及重构高低阶格式。为了阅读方便，在此给出采用高低阶格式时对水流模拟结果的影响（见图 3-6-1 ~ 图 3-6-4）。

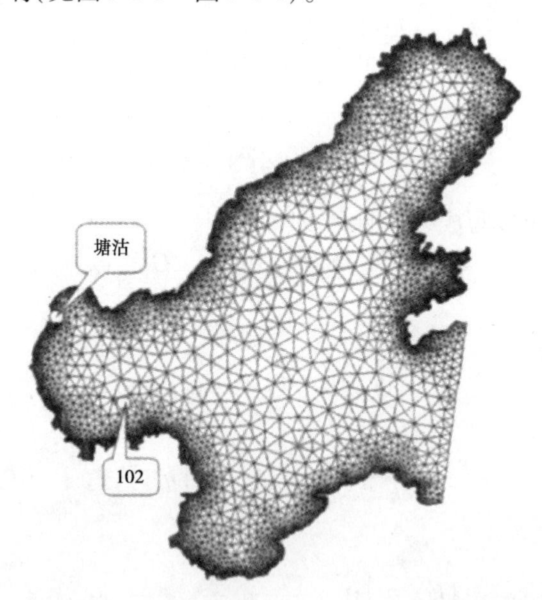

图 3-6-1　渤海计算区域（大连—烟台为开边界，忽略环渤海入海河流）

当空间重构采用高阶格式，而时间离散分别采用高、低阶格式时，发现模拟的水位几乎没有差别；当空间重构采用低阶格式，而时间离散采用高、低阶格式时，发现模拟的水位依然没有明显的差别。可见，无论时间离散采用高阶格式还是低阶格式，对水位影响很小，可忽略不计。同样可以发现，时间高、低阶格式对流速大小、方向影响很小，可忽略不计。

比较重构高、低阶格式对模拟结果的影响发现，相对于空间低阶格式，空间高阶格式时计算的高潮位偏高约 0.1 m，而计算的低潮位偏低约 0.1 m。也就是说，相对于空间低阶格式，空间高阶格式模拟的潮波潮差偏大约 0.2 m。相对于空间低阶格式，空间高阶格

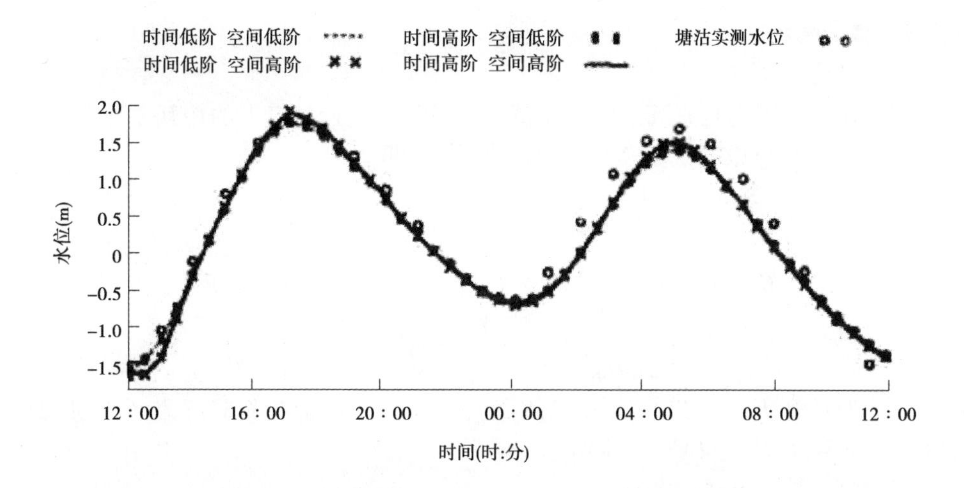

图 3-6-2 时间和空间高、低阶格式对塘沽水位过程的影响

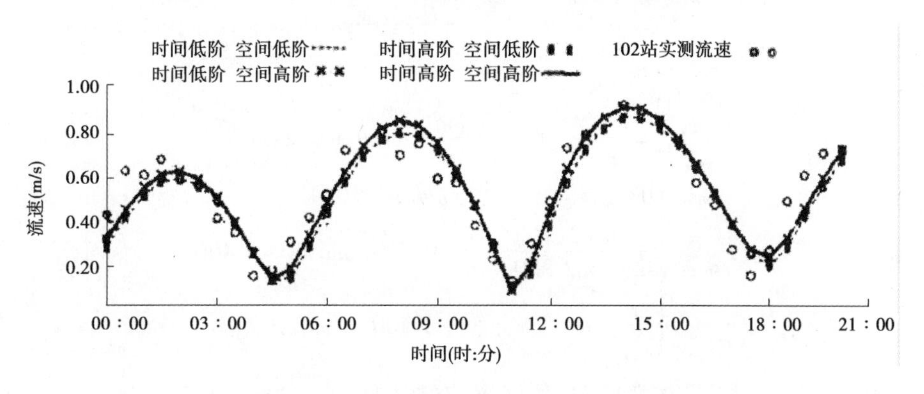

图 3-6-3 时间和空间高低阶格式对渤海 102 站流速过程的影响(流速)

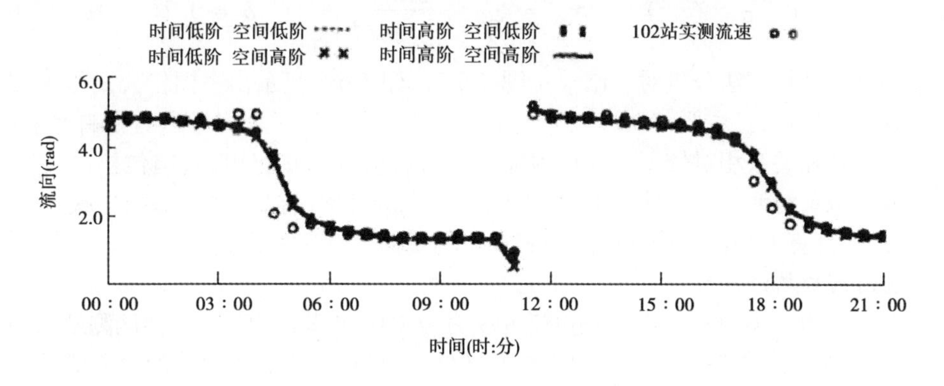

图 3-6-4 时间和空间高低阶格式对渤海 102 站流速过程的影响(流向)

式时模拟的流速峰值偏大约 0.05 m/s，但模拟的流速方向几乎没有差别。相对低阶格式，高阶格式模拟的水位、流速结果总体上与实测值接近，但是考虑到渤海水文实测资料的精度，高、低阶计算格式造成的模拟结果的差距基本在水文实测资料的精度范围内。即黄河河口模拟中使用一阶精度格式，计算效率高，又对计算结果影响不大。

3.6.1.3 **参量确定**

1. 泥沙沉速

该部分比较了国内几家沉速公式在黄河河口泥沙沉速计算上的相互差异。

彭润泽等(1987)根据试验资料得出沉速公式,即

$$\omega = \omega_0 \times 0.274 S^{0.48} S_a^{0.03} G^{0.22} / D_{50}^{0.58} \tag{3-6-11}$$

其中

$$G = (g\sqrt{u^2 + v^2} J_e / \nu)^{\frac{1}{2}} \qquad J_e = \omega_f^2 (u^2 + v^2) / R^{\frac{4}{3}}$$

$$\omega_0 = -4 \frac{k_2}{k_1} \frac{\nu}{D_{50}} + \sqrt{(4 \frac{k_2}{k_1} \frac{\nu}{D_{50}})^2 + \frac{4}{3k_1} \frac{\nu_s - \nu}{\nu} g D_{50}}$$

式中:k_1、k_2 为系数,$k_1 = 1.22$、$k_2 = 4.27$;S_a 为含盐度(‰);ω_f 为絮凝沉速;G 为紊动强度;ν 为运动黏滞系数;其余符号意义同前。

窦国仁沉速计算公式(2001)

$$\omega = \sqrt{\frac{4}{3} \frac{1}{C_f} \frac{\rho_s - \rho_0}{\rho_0 \nu} g d} \tag{3-6-12}$$

其中:

$$C_f = \frac{32}{\omega d / \nu}(1 + \frac{3}{16} \frac{\omega d}{\nu}) \cos^3\theta + 1.2 \sin^2\theta$$

$$\theta = \begin{cases} 0 & \omega d/\nu < 0.4 \\ \dfrac{\pi}{2} \dfrac{\ln(2\omega d/\nu)}{\ln 2\,800} & 0.4 \leqslant \omega d/\nu \leqslant 1\,400 \\ \dfrac{\pi}{2} & 1\,400 < \omega d/\nu \end{cases}$$

当考虑含沙量对沉速的影响时,群体沉速(窦国仁等,1995)为

$$\omega_s = \omega(1 - S_v / S_{vm}) \qquad S_{vm} = \frac{2/3}{\sum (1 + 2\delta / d_i) p_i} \qquad \delta = 0.21 \times 10^{-4} \tag{3-6-13}$$

不同沉速计算方法分析对比结果见图 3-6-5。图 3-6-5 显示出窦国仁公式与水文规范公式计算结果接近,且主要与泥沙粒径关系密切。虽然彭润泽公式考虑的影响因素较多,但是沉速与粒径关系相对较弱。在挟沙能力一节将会进一步指出,窦国仁挟沙能力公式能较好地模拟黄河河口水流挟沙能力,因此黄河河口模型模拟时选择窦国仁挟沙能力公式,其中沉速计算取窦国仁挟沙能力公式规定的窦国仁沉速公式。

2. 黄河河口挟沙能力

采用 1984 年 5 月、1984 年 7 月、1987 年 9 月及 2004 年黄河河口拦门沙区测站的测点相关资料,对上述诸公式进行了验证,限于篇幅,仅给出窦国仁、曹祖德公式的验证结果。

(1)窦国仁挟沙能力公式验证。用两种方法计算沉速:①窦国仁沉速公式;②考虑含盐度、含沙量对沉速影响,用彭润泽动水沉速公式进行计算。从验证情况看,尽管从理论上讲计算沉速时应该考虑盐度等诸多因素的影响,但是考虑盐度等因素后反而造成挟沙能力计算结果分散性变大,所以使用窦国仁挟沙能力公式时,沉速也使用窦国仁沉速公式。

(2)曹祖德挟沙能力公式验证。公式中 α 取 5.7×10^{-5},当 $d < 0.03$ mm 时,$\omega_s = 0.05$ cm/s;当 $d \geqslant 0.03$ mm 时,用张瑞瑾公式计算 ω_s。验证结果见图 3-6-6。

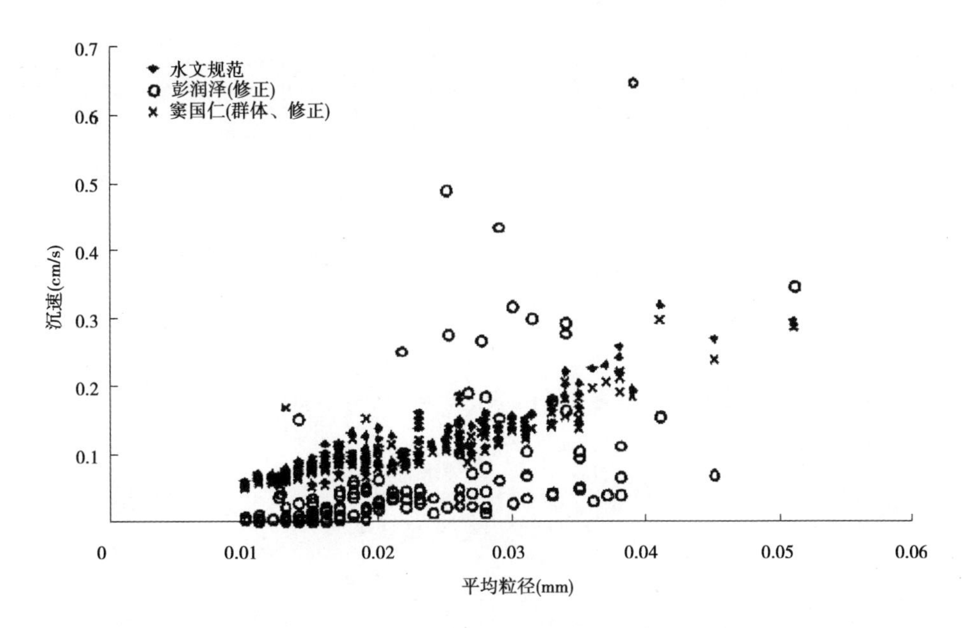

图 3-6-5　水文规范、彭润泽、窦国仁沉速公式对比

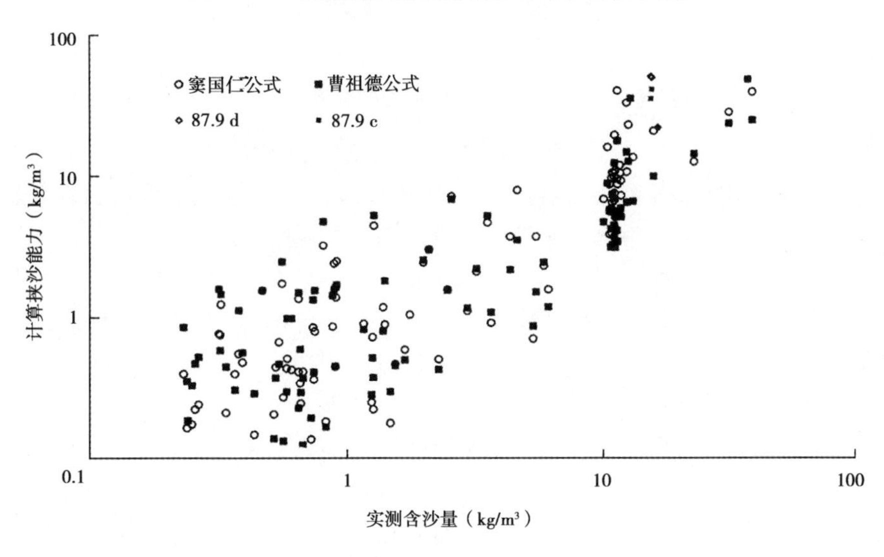

图 3-6-6　窦国仁公式与曹祖德公式对比

窦国仁公式和曹祖德公式在仅考虑潮流作用时计算结构基本相同，计算挟沙能力值与实测含沙量值均值基本相符（见图 3-6-6），在黄河河口模型采用窦国仁公式。

3. 动床阻力

对于黄河河口糙率，用潮流模型模拟渤海流场时发现，在其他条件（C_{sgs}为子涡扩散系数，见下节）相同，河口糙率较小时，潮汐和潮流速过程线的振幅较大；糙率较大时，潮汐和潮流速过程线的振幅较小（见图 3-6-7、图 3-6-8）。

用潮流模型模拟渤海潮流，发现糙率取常数值（0.014 3）能较好地模拟渤海流场。

4. 紊动黏性系数

Smagrionsky（SGS）子涡模拟法虽然在理论上仍存在某些问题，有待于进一步澄清，但

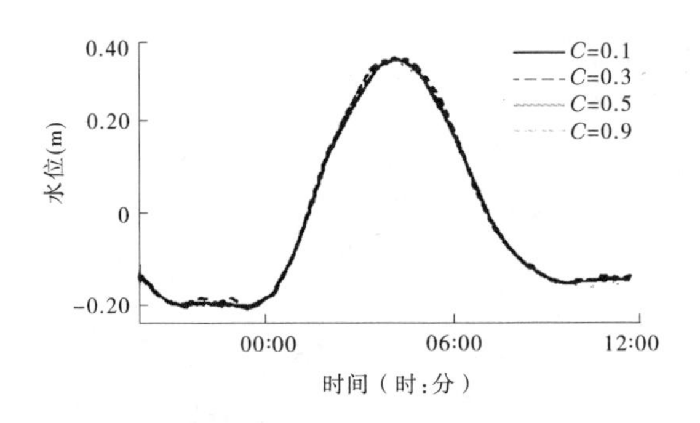

图 3-6-7　不同 C_{sgs} 对渤海的影响（糙率 $n=0.025$）

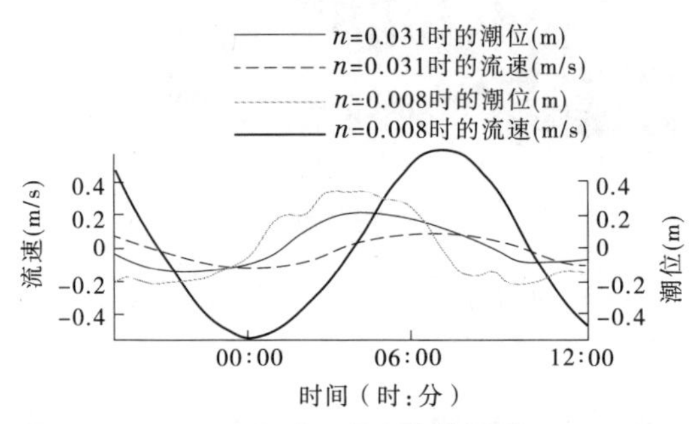

图 3-6-8　不同糙率对渤海流速的影响（$C_{sgs}=0.5$）

已有的复杂流动研究表明，二维大涡模拟法对于强二维涡漩流模拟具有特殊效果。特别是对于非淹没丁坝群（如黄河下游控导工程），不仅可以反映绕流形成的大回流区，也可较好地反映坝根上、下游的角涡。

利用潮流模型模拟渤海潮流，采用 Smagrionsky（SGS）公式计算紊动黏性系数。研究了不同 C_{sgs}、不同糙率对模拟结果的影响（见图 3-6-7、图 3-6-8），发现较之于糙率，C_{sgs} 对流场的影响相对较弱，建议模拟渤海流场时取 $C_{sgs}=0.5$ 即可。

5. 淤积物干容重

在模拟渤海地形时，根据莱州湾（见图 3-6-9）观测的海床干容重与粒径资料，点绘干容重与床沙中值粒径的关系（见图 3-6-10）。考虑到点据较少，测验范围小，在目前黄河河口模拟中作为参考。建议今后对黄河滨海区干容重做大范围、深入的测验调研工作。

3.6.2　无风浪作用的潮流模型参数的率定验证

不考虑风浪气压的作用，利用 1984 年、2005 年大连、烟台、秦皇岛等潮位站实测资料，对渤海潮流模型水流模块参数进行了率定验证。

3.6.2.1　渤海潮流模型率定

为了检测模型在模拟渤海潮流方面的性能，计算范围选取 1984 年渤海海域，暂不包括环渤海入海河流（见图 3-6-11）。计算网格为三角形，计算区域网格结点数为 12 228 个，网格单元数为 20 912 个。水位过程验证点为塘沽、秦皇岛，流速过程验证点为 102、302、303（见图 3-6-12）。

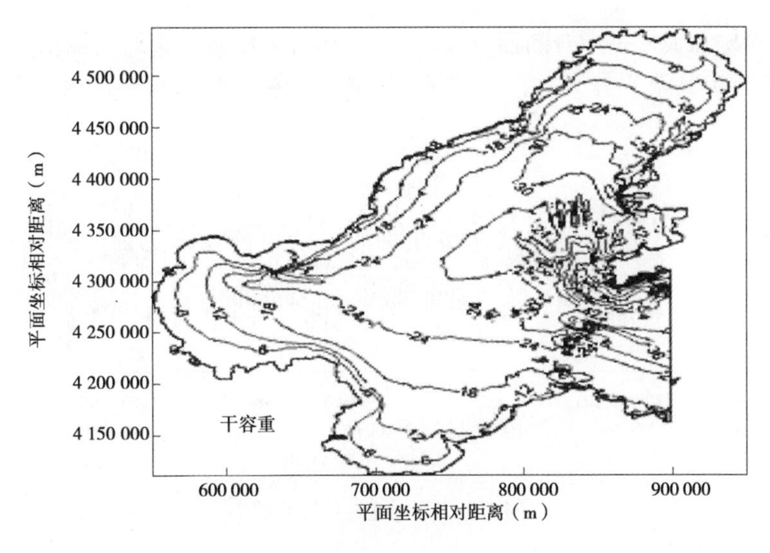

图 3-6-9　莱州湾干容重观测位置

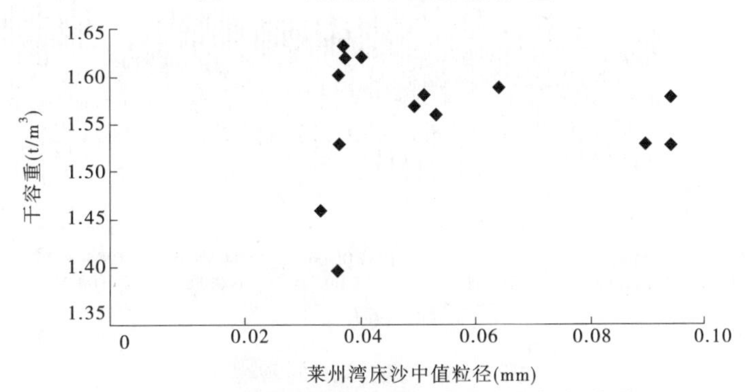

图 3-6-10　莱州湾海床干容重与床沙中值粒径的关系

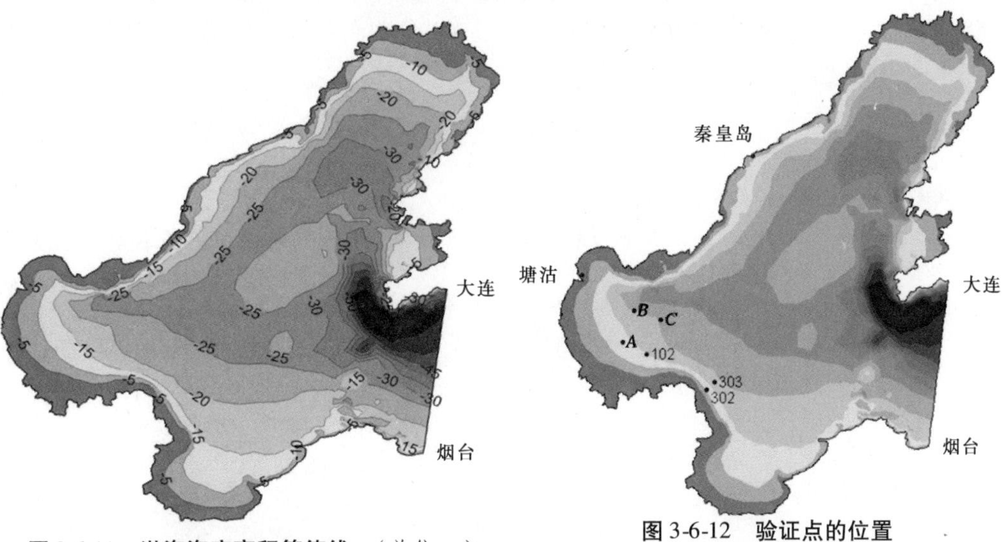

图 3-6-11　渤海海床高程等值线　（单位:m）

图 3-6-12　验证点的位置
（其中 A、B、C 三点为 2005 年实测站点）

开边界设定在大连—烟台断面,在同一时刻其间水位通过直线内插求得。计算时段为1984年7月7日至9月1日,见图3-6-13、图3-6-14。

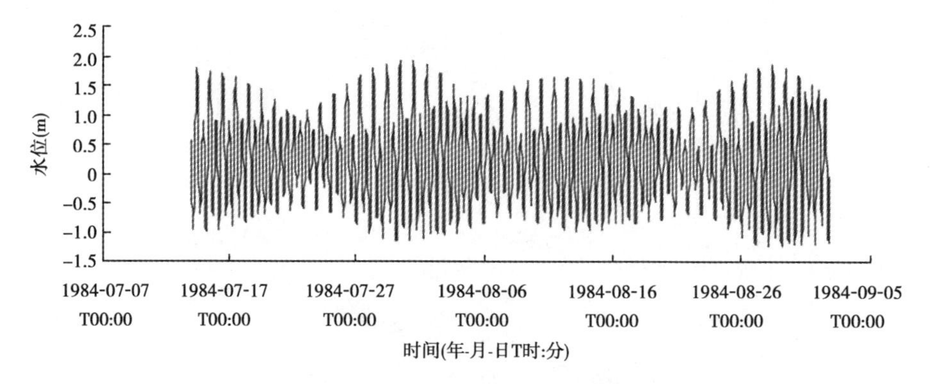

图3-6-13　大连潮位过程线

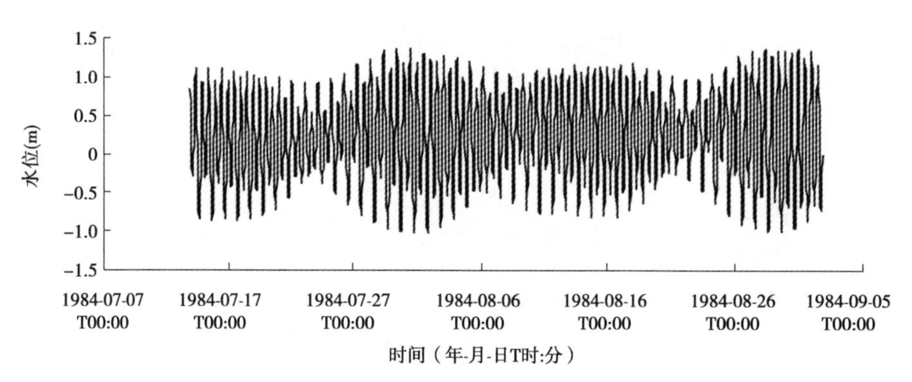

图3-6-14　烟台潮位过程线

渤海糙率取0.014 3、Smagorinsky公式系数(C_{sgs})取0.5。模拟结果表明,塘沽、秦皇岛潮位过程,观测站303、102的流速过程,以及M2分潮潮差计算值均与实测值基本相符(见图3-6-15~图3-6-19)。

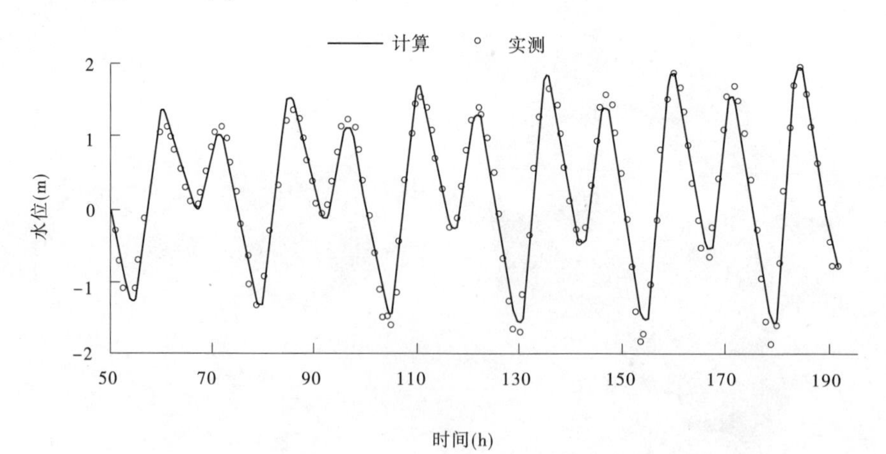

图3-6-15　塘沽站潮位过程验证

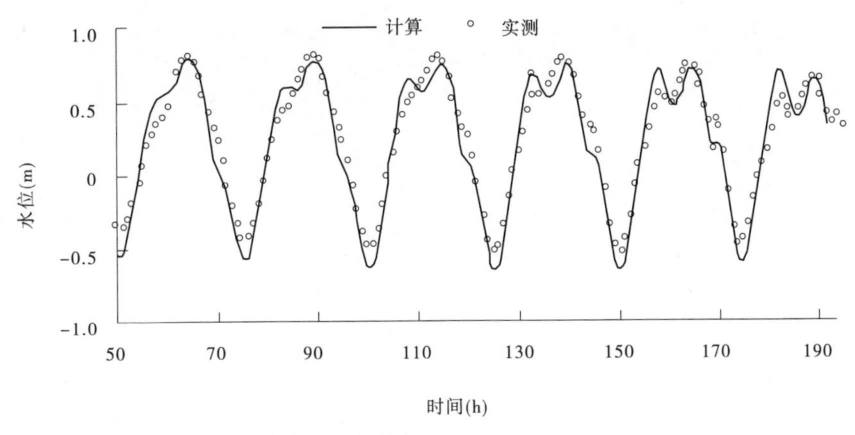

图 3-6-16　秦皇岛站潮位过程验证

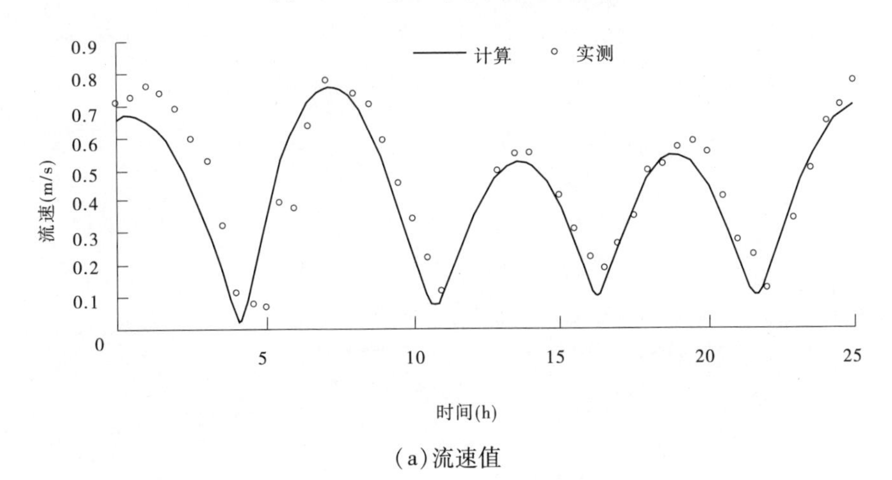

(a)流速值

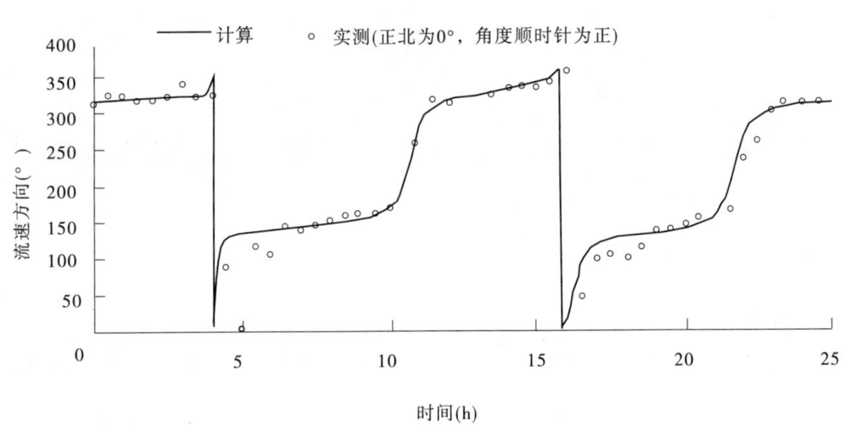

(b)流向

图 3-6-17　303 站流速值及流向过程验证

3.6.2.2　渤海潮流模型验证

以大连—烟台断面 2005 年潮位过程线为开边界控制条件(见图 3-6-20、图 3-6-21)，地形、参数与上述 1984 年的相同。流速验证点 *A*、*B*、*C* 位置见图 3-6-21。

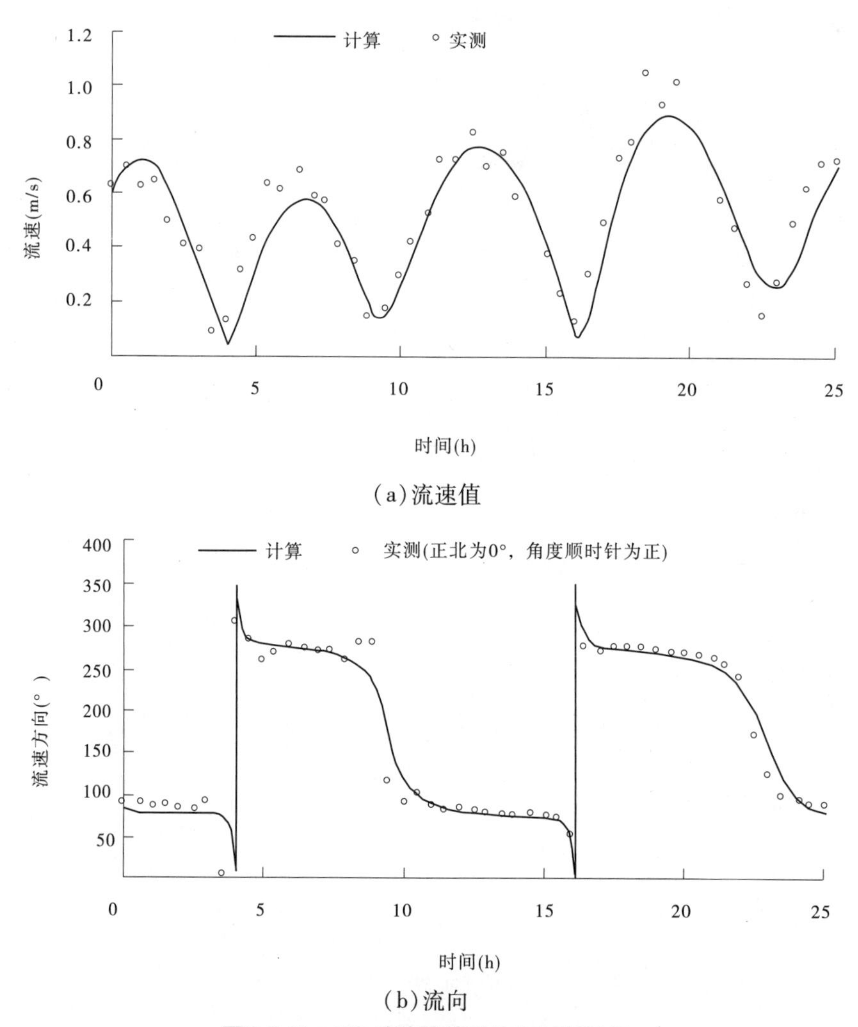

(a)流速值

(b)流向

图 3-6-18　102 站流速值及流向过程验证

模拟结果表明,尽管 2005 年渤海地形与 1984 年的地形有一定差别,但是模拟得到的 *A*、*B*、*C* 三站的流速过程与实测过程基本相符(见图 3-6-22 ~ 图 3-6-24)。

3.6.3　波流模型率定验证

3.6.3.1　**波浪模型**

本书中波浪模型采用波谱模型 SWAN(Simulating Waves Nearshore)。SWAN 是开放源代码的波谱模型,是第 3 代波浪数值模式,自发布以来,在国际上得到了广泛的应用。此波浪数值模式适用于海域、湖泊和河口区。模型输入风场、水深等信息,输出波浪、辐射应力等信息。

SWAN 波浪模型的特点:适用于深水、过渡水深和浅水情形;随机波浪以不规则谱型的方向谱表示,更加接近真实海浪;模型计算不要求闭合边界条件,只要适当选择计算域边界便能获得可靠的效果;较合理地考虑了波浪折射、底摩擦、破碎、白浪、风能输入及非

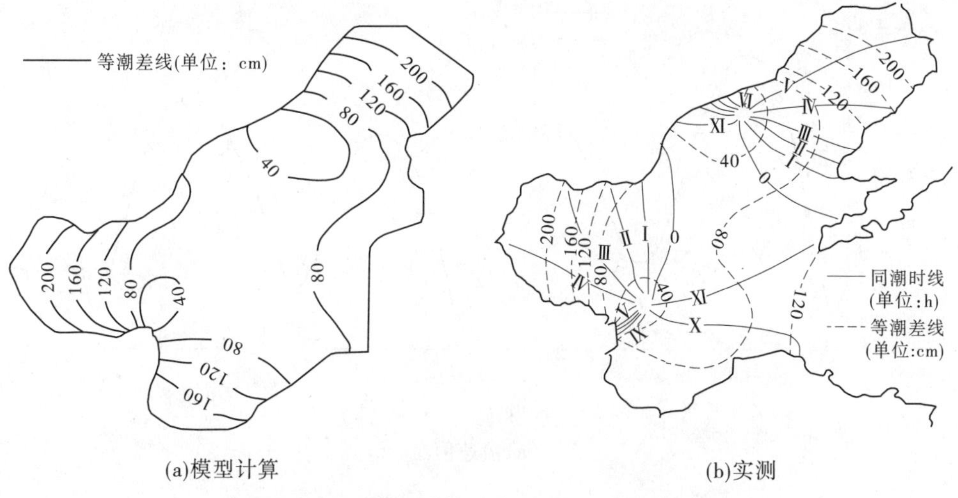

图 3-6-19　模型计算及实测 M2 分潮潮差分布

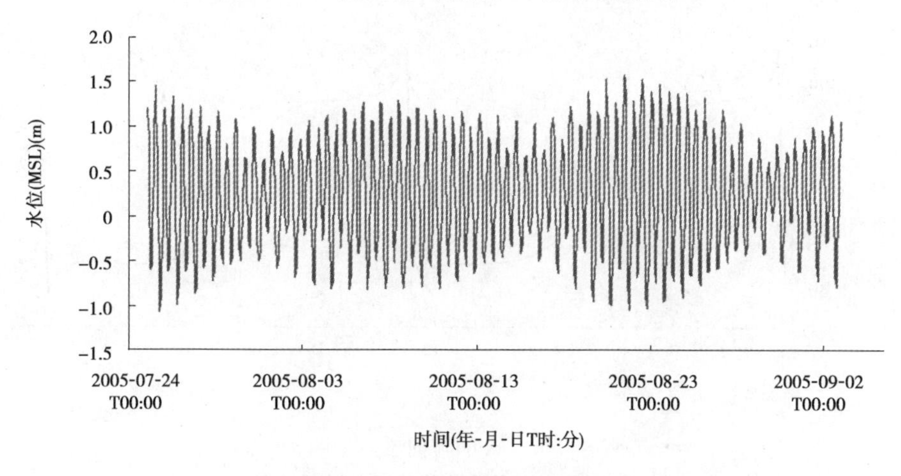

图 3-6-20　大连潮位过程线

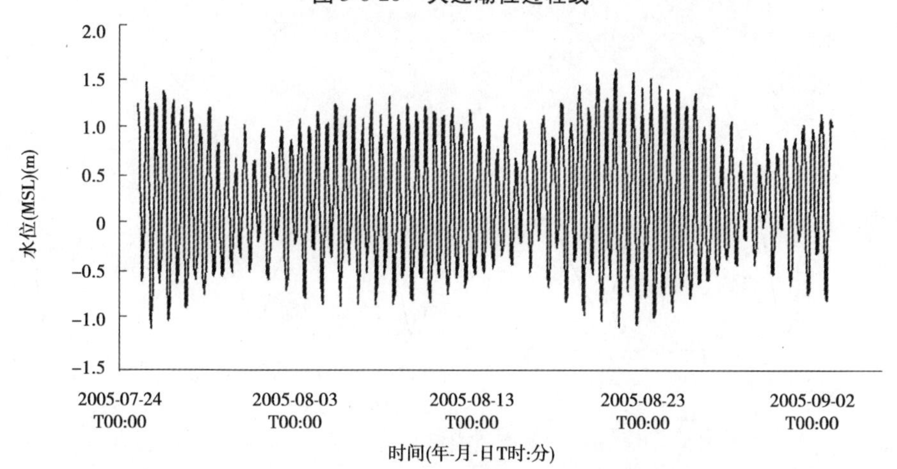

图 3-6-21　烟台潮位过程线

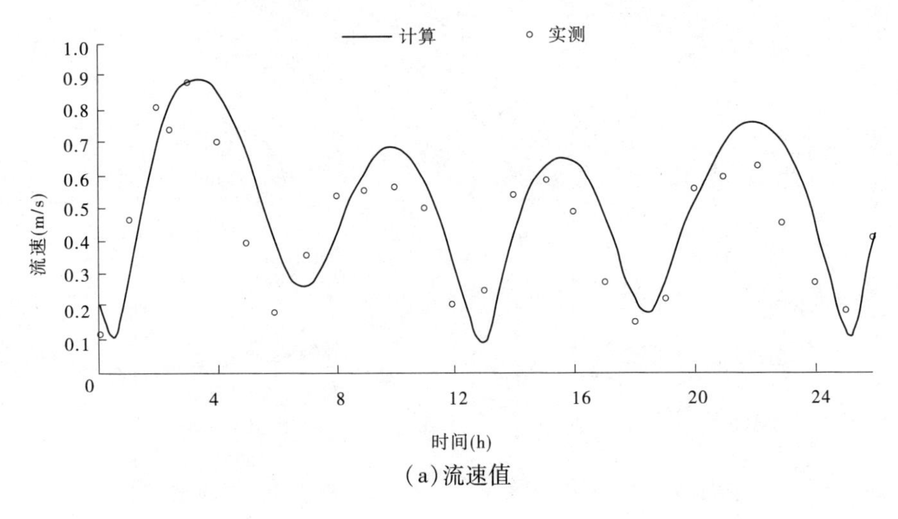

(a)流速值

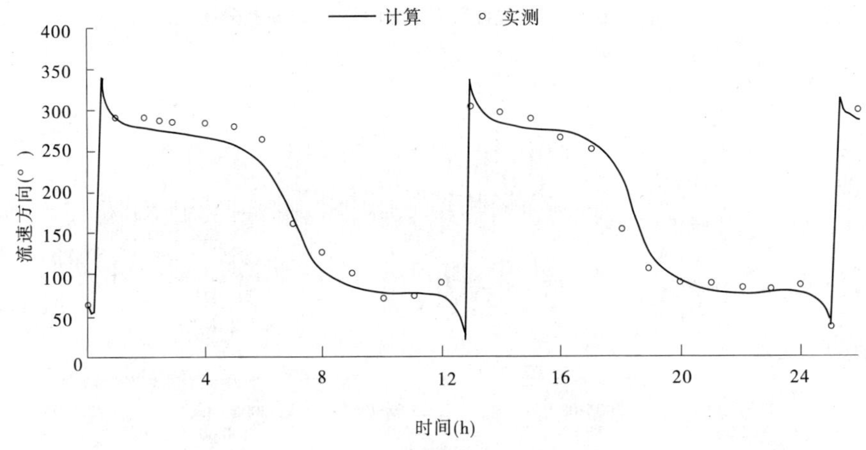

(b)流向

图 3-6-22　*A* 点流速值及流向过程验证

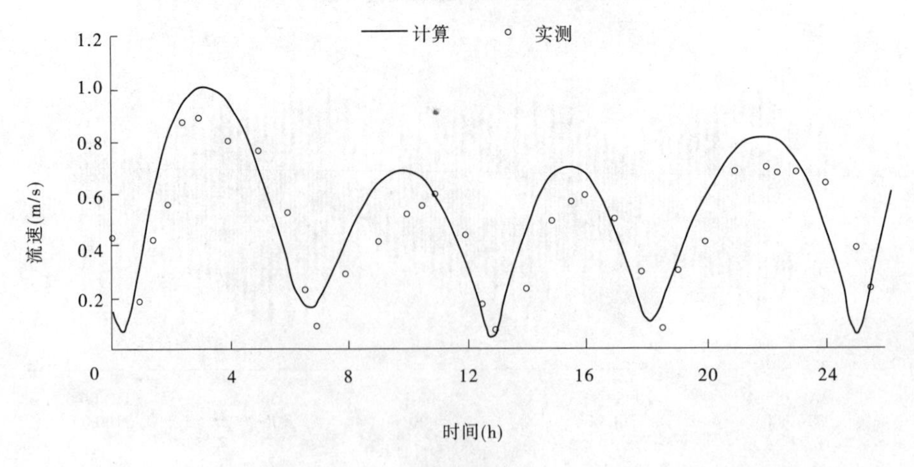

(a)流速值

图 3-6-23　*B* 点流速值及流向过程验证

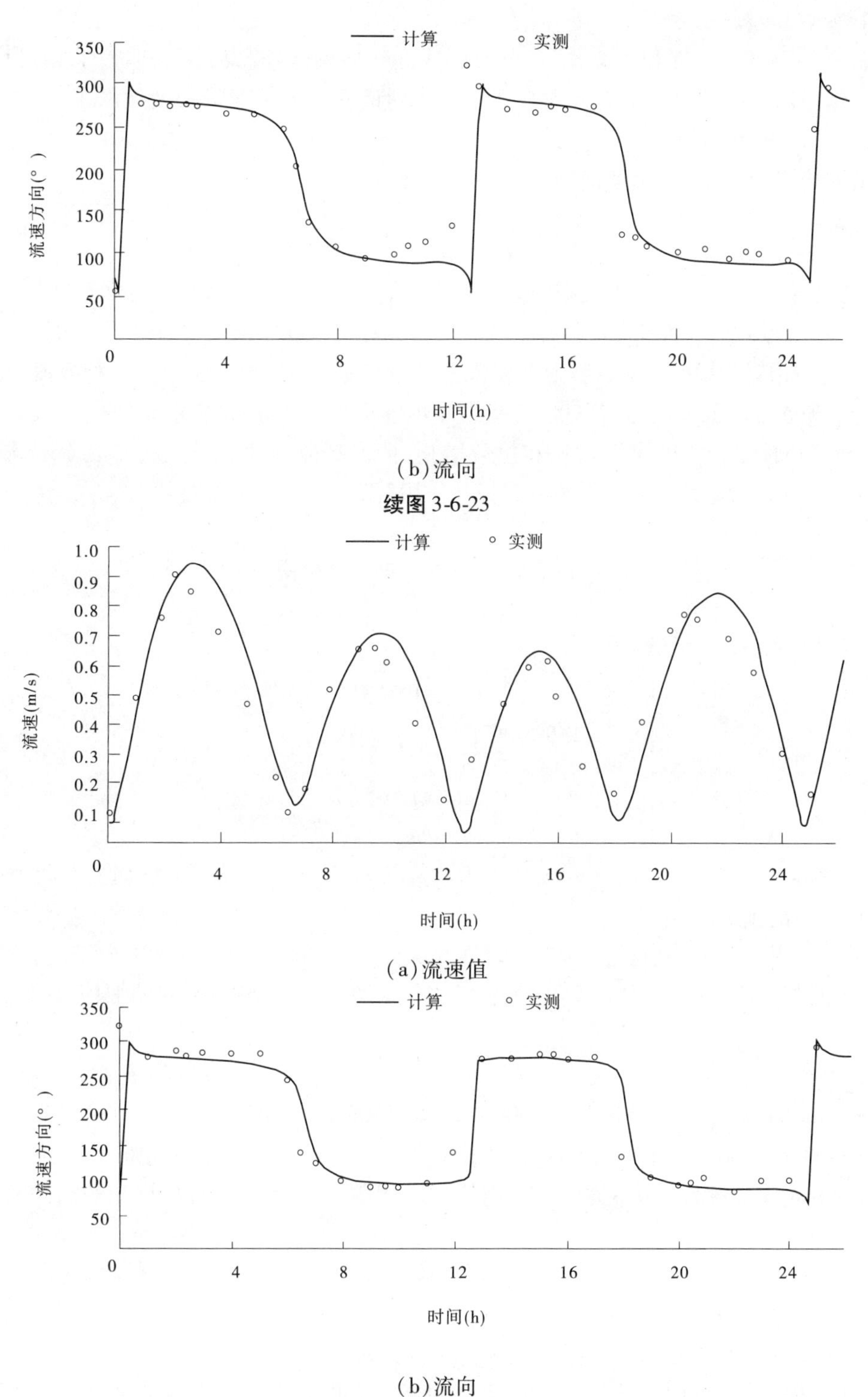

(b)流向

续图 3-6-23

(a)流速值

(b)流向

图 3-6-24　*C* 点流速值及流向过程验证

线性效应;能够比较准确、合理地模拟潮流、地形、风场复杂环境下的波浪场。

1. 波谱模型控制方程

波谱模型 SWAN 是以二维作用谱密度(Action Density)来表示随机波的，因为在流场中，作用谱密度守恒而能谱密度不守恒。作用谱密度等于能量密度除以相对频率，即 $N(\sigma,\theta)=E(\sigma,\theta)/\sigma$。

在笛卡儿坐标系统中，动谱能量平衡方程可表示为

$$\frac{\delta}{\delta t}N+\frac{\delta}{\delta x}C_xN+\frac{\delta}{\delta y}C_yN+\frac{\delta}{\delta\sigma}C_\sigma N+\frac{\delta}{\delta\theta}C_\theta N=\frac{S}{\sigma} \tag{3-6-14}$$

式中：左边第 1 项为波作用密度在时间上的变化；第 2 项和第 3 项为在地理空间 (x,y) 传播时的变化，其中 C_x 和 C_y 分别为 x,y 方向的波浪传播速度；第 4 项为由于水深和流速的变化引起的相对频率的变化，C_σ 为 σ 空间的波浪传播速度；第 5 项为深度和海流引起的折射，C_θ 为 θ 空间的波浪传播速度；方程右端项 $S=S(\sigma,\theta)$，是以能量密度形式表达的源项，包括风能量输入的线性增长和指数增长、白浪耗散、底摩擦耗散、波浪深度诱导破碎、四阶波－波相互作用和三阶波－波相互作用等。

$$\begin{cases}C_x=\dfrac{\mathrm{d}x}{\mathrm{d}t}=\dfrac{1}{2}\left[1+\dfrac{2kd}{\sinh(2kd)}\right]\dfrac{\sigma k_x}{k^2}+u_x\\[2mm] C_y=\dfrac{\mathrm{d}y}{\mathrm{d}t}=\dfrac{1}{k}\left[1+\dfrac{2kd}{\sinh(2kd)}\right]\dfrac{\sigma k_y}{k^2}+u_y\\[2mm] C_\sigma=\dfrac{\mathrm{d}\sigma}{\mathrm{d}t}=\dfrac{\partial\sigma}{\partial d}\left(\dfrac{\partial d}{\partial t}+U\nabla d\right)-C_gk\dfrac{\partial u}{\partial S}\\[2mm] C_\theta=\dfrac{\mathrm{d}\theta}{\mathrm{d}t}=\dfrac{1}{k}\left(\dfrac{\partial\sigma}{\partial d}\dfrac{\partial d}{\partial m}+k\dfrac{\partial u}{\partial m}\right)\end{cases} \tag{3-6-15}$$

式中：d 为水深；u 为流速，$u=(u_x,u_y)$；k 为波数，$k=(k_x,k_y)$；S 为沿 θ 方向的空间坐标；m 为垂直于 S 的坐标。

采用有限差分方法，在五维空间(时间、二维地理空间、频率空间和方向空间)上进行数值离散，然后在 4 个象限中用迭代的方法进行求解。关于 SWAN 的详细信息见 SWAN 手册。

2. 波谱模型参数设置及网格地形

模拟时间：输入 2005-08-01 T14:00 ~ 2005-08-09 T14:00，输出 2005-08-02 T00:00 ~ 2005-08-09 T14:00。频率离散用对数离散(频率离散的数目为 38；最小离散角频率为 0.025 Hz；频率参数为 1.0)；方向离散用等角度离散，方向数为 24；计算和输出的时间步长均为 2 h。

地形为黄渤海区域，网格为 3 000 m × 3 000 m 的矩形网格(与计算风场时所导入的地形网格一样)，见图 3-6-25。

3. 模型参数率定验证

将上述麦莎风场作为能量输入项导入 SWAN 模型中，模拟黄渤海波浪场。SAWN 手册建议模型参数采用自设值。

为了进一步认识波浪模型 SWAN 各个参数对模拟结果的影响，我们进行了参数灵敏

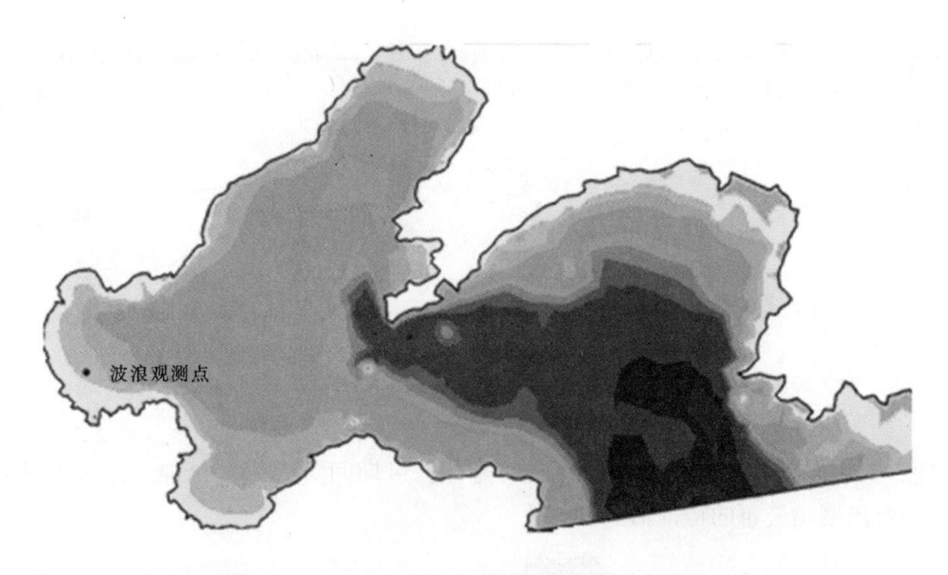

图 3-6-25　波浪模型 SWAN 模拟区域和波浪实测位置

度比较研究，发现各个参数对模拟结果影响都比较显著，而且发现，当波浪参数取表 3-6-1 中值（即模型自设值）时，模拟值与实测值基本相符。

表 3-6-1　波浪参数取值情况

项目		建议取值
能量传递项	浅水破碎（Wave Breaking）	参数（Specified Gamma），取 0.8
	底摩擦（Bottom Friction）	参数（Nikuradse Roughness kn），取 0.002
	白浪耗散（White Capping）	参数 CDIS 的值取为 2.0，DELTA 的值取为 0.5

图 3-6-26 和图 3-6-27 是麦莎台风在渤海湾验证点处（见图 3-6-12）的波高和波周期过程线。

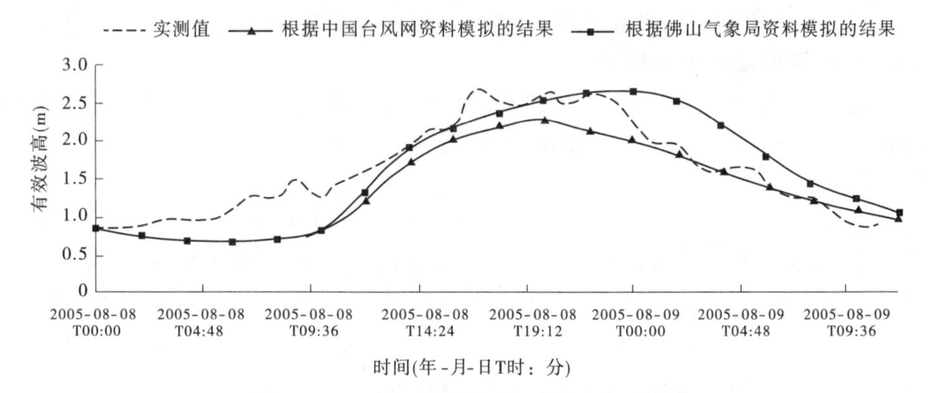

图 3-6-26　验证点处实测和计算波高过程线

由图 3-6-26 和图 3-6-27 可见，尽管不同网站发布的麦莎台风资料存在某种程度的差别，致使模拟结果也有不同程度的差别，但是 SWAN 还是能够模拟出渤海台风期间波浪的基本特点。

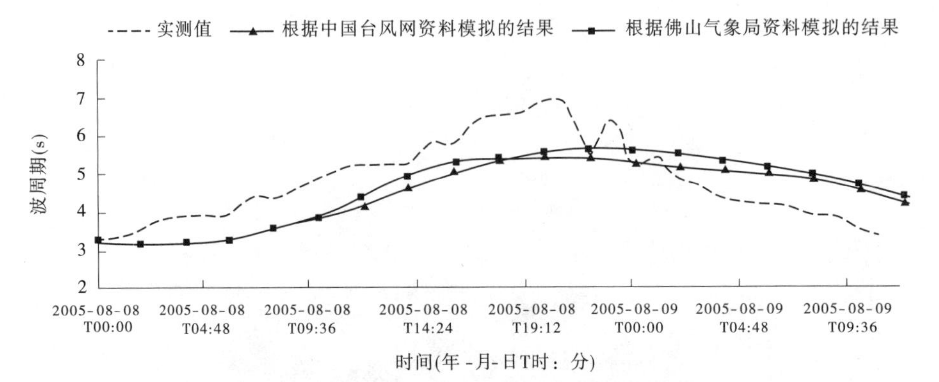

图 3-6-27　验证点处实测和计算波周期过程线

图 3-6-28 是根据模拟结果统计得出的麦莎台风期间黄渤海各个地点最大的显著波高值,与台风网站公布的特征值基本相符。

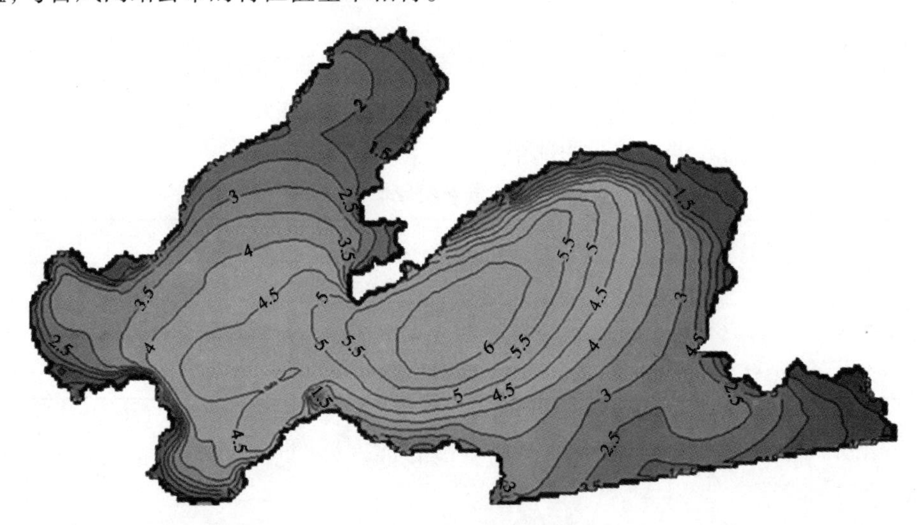

图 3-6-28　麦莎台风期间最大显著波高等值线　(单位:m)

3.6.3.2　台风期间渤海流场验证

在水流运动方程中加入风应力项、气压项、波浪辐射应力项(辐射应力是波浪 SWAN 模型的输出结果之一),模拟台风期间的渤海流场。

1. 计算条件

边界条件取台风期间大连、烟台实测潮位过程(见图 3-6-29)。

模型参数选择:曼宁系数取 0.014 3,Smagorinsky 公式系数取 0.5。

风应力项为 $\overline{\tau}_s = \rho_a c_d |\overline{u}_w| \overline{u}_w$,其中,$c_d$ 为表面风应力系数,$\overline{u}_w$ 为海面上空 10 m 处风速,ρ_a 为空气密度。表面风应力系数 c_d 有两种形式:一种是常数,其取值范围为 0.000 63 ~0.002 6;另一种是根据风速变动,即

$$c_d = \begin{cases} c_a & w_{10} \leqslant w_a \\ c_a + \dfrac{c_b - c_a}{w_b - w_a}(w_{10} - w_a) & w_a < w_{10} \leqslant w_b \\ c_b & w_{10} > w_b \end{cases} \tag{3-6-16}$$

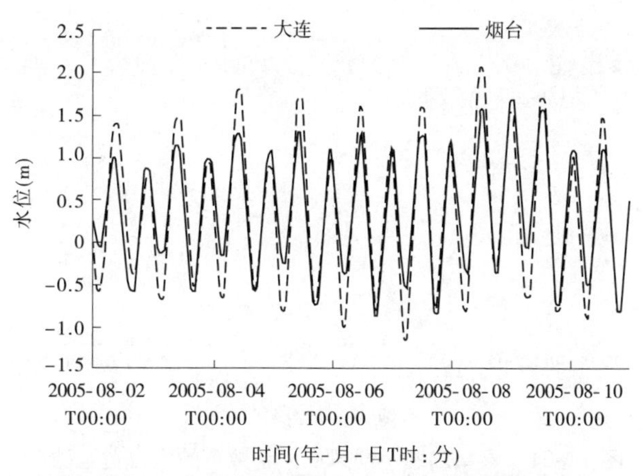

图 3-6-29　麦莎台风期间大连、烟台实测水位过程

式中：c_a、c_b 为风应力系数；w_a、w_b 为风速；w_{10} 为 10 m 处风速；一般情况下取 $c_a = 0.001\ 255$、$c_b = 0.002\ 425$、$w_a = 7$ m/s、$w_b = 25$ m/s。

2. 风应力系数的率定验证和流场模拟

国内以往模拟渤海风场对流场时，取 $c_d = 0.000\ 63$。为了深入了解 c_d 对流场模拟结果的影响，本书在调整表面风应力系数时选择了四种方案。方案一、方案二、方案三 c_d 分别取 0.000 63、0.001 255、0.002 6，方案四 c_d 按上述公式计算。对应每种方案的曼宁系数、Smagoringsky 系数都一样，均采用前率定值。

图 3-6-30、图 3-6-31 和图 3-6-32 分别为龙口站、秦皇岛站和塘沽站在四种方案下的潮位过程。从图中可以看出，当表面风应力系数为常数时，随着表面风应力系数的加大，潮位逐渐增高，在台风作用期间尤为明显；当表面风应力系数随着风速变化时（即方案四），潮位介于方案二和方案三之间。但是，方案二、方案三及方案四的模拟结果与实测值相比均偏大，而方案一的模拟结果与实测值吻合较好，因此本书的表面风应力系数选择为 $c_d = 0.000\ 63$。

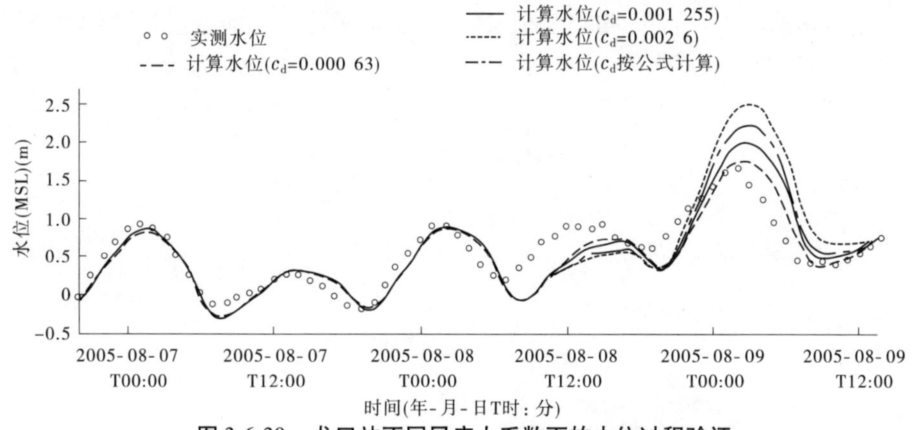

图 3-6-30　龙口站不同风应力系数下的水位过程验证

3. 台风增（减）水

该部分进一步计算了麦莎台风引起的增（减）水情况，即比较渤海在麦莎台风期间的

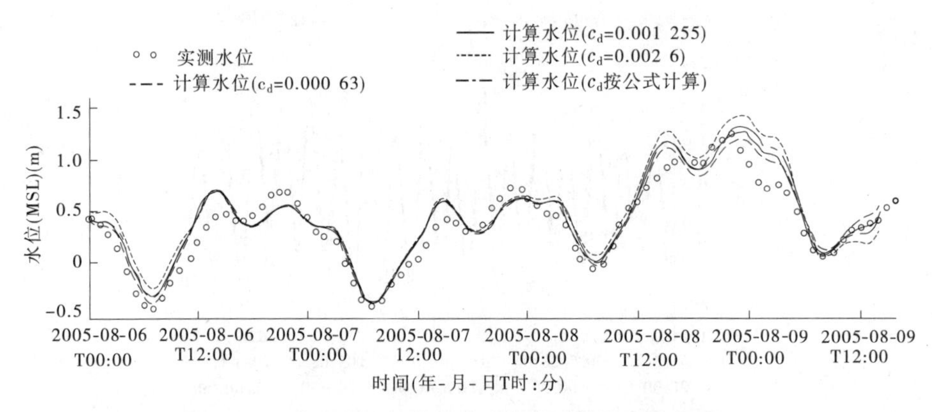

图 3-6-31　秦皇岛站不同风应力系数下的水位过程验证

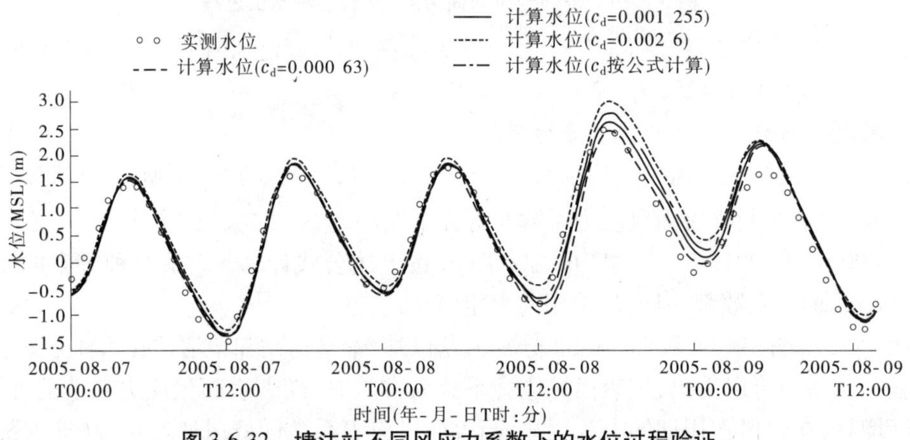

图 3-6-32　塘沽站不同风应力系数下的水位过程验证

潮位(对应 c_d =0.000 63 的模拟潮位),同时期假设无麦莎台风作用时的潮位(简称天文潮潮位,模型参数一样,但是忽略气压项、风应力项、波浪辐射应力,大连烟台水位采用潮汐预报表水位),其中龙口站、塘沽站、秦皇岛站潮位过程比较见图 3-6-33 ~ 图 3-6-35。在渤海每一个网格形心处用台风期间的潮位减去天文潮潮位得到的差值是增(减)水值(正值为增水、负值为减水)。图 3-6-36 显示了秦皇岛站的实测和模拟增水过程线,可以看出增水过程模拟较好。

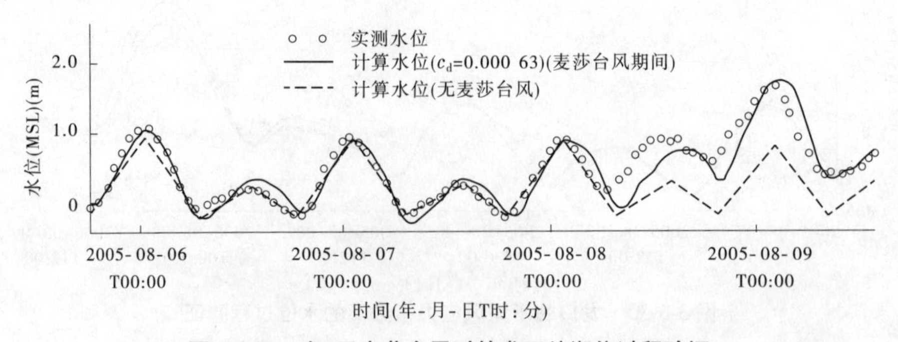

图 3-6-33　有、无麦莎台风时的龙口站潮位过程验证

把渤海每个网格在麦莎期间最大的增水统计出来,可得出麦莎台风期间整个模拟区

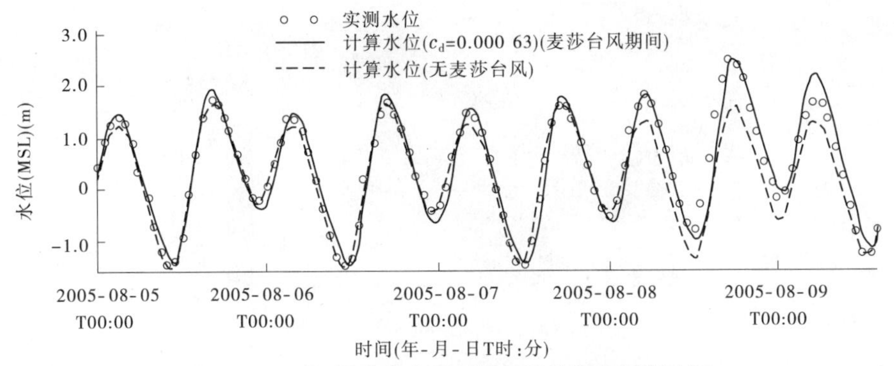

图 3-6-34　有、无麦莎台风时的塘沽站潮位过程验证

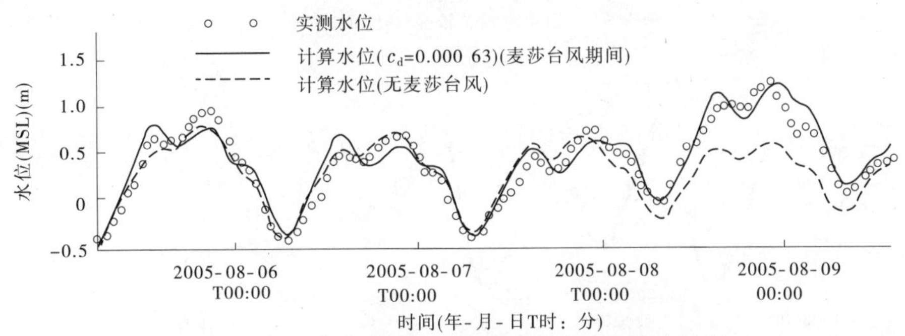

图 3-6-35　有、无麦莎台风时的秦皇岛站潮位过程验证

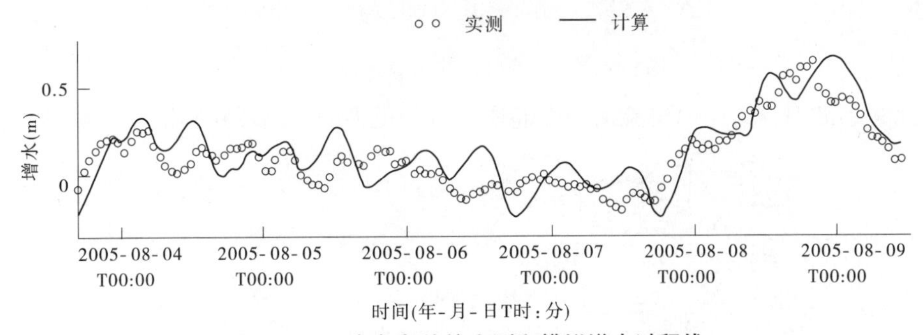

图 3-6-36　秦皇岛站的实测和模拟增水过程线

域的最大增水分布图(见图 3-6-37),由图 3-6-37 可知,麦莎台风期间渤海湾、莱州湾的增水较大,最大增水约 1.63 m。

4. 辐射应力对流场的影响

该部分进一步研究了辐射应力对流场水位、流速的影响,即比较有辐射应力时的流场(水位或流速矢量)和无辐射应力时相应的水位或流速矢量,所得差值表示辐射应力对流场水位、流速的影响,见图 3-6-38。图 3-6-38 表明辐射应力对水位的影响很小,可忽略不计。

图 3-6-39 表明在大浪期间,纯粹由波浪辐射应力形成的流速最大约 0.3 m/s,主要分布在黄河三角洲海岸近岸带,远离岸边的地方波浪辐射应力形成的流速很小,从定性上看,这一分布特征符合海岸动力学的基本规律。但是由于缺乏麦莎台风期间流速实测资

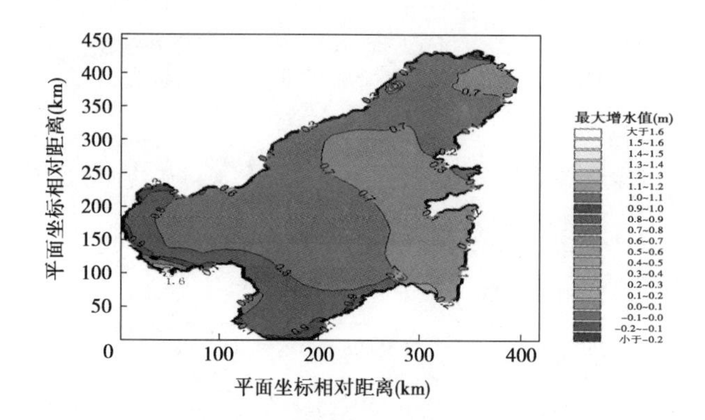

图 3-6-37　麦莎台风期间渤海最大增水等值线　(单位:m)

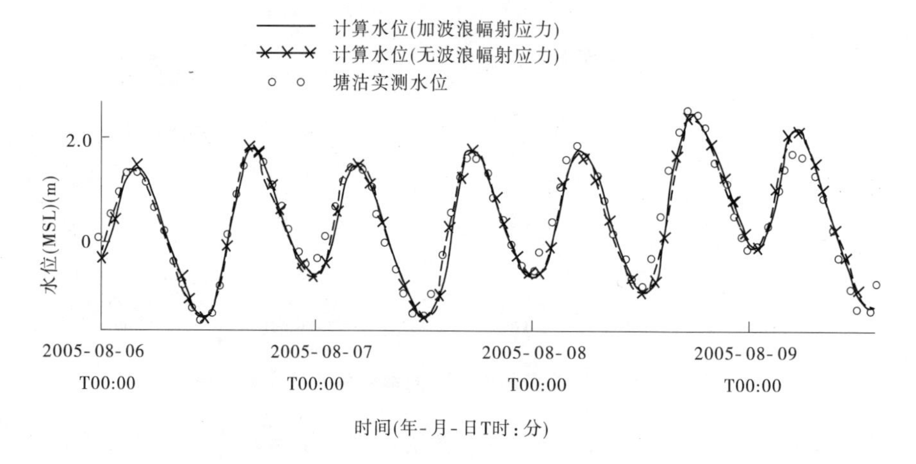

图 3-6-38　波浪辐射应力对水位的影响

料,因此关于波浪辐射应力对流速的影响还有待于更多的实测资料验证。

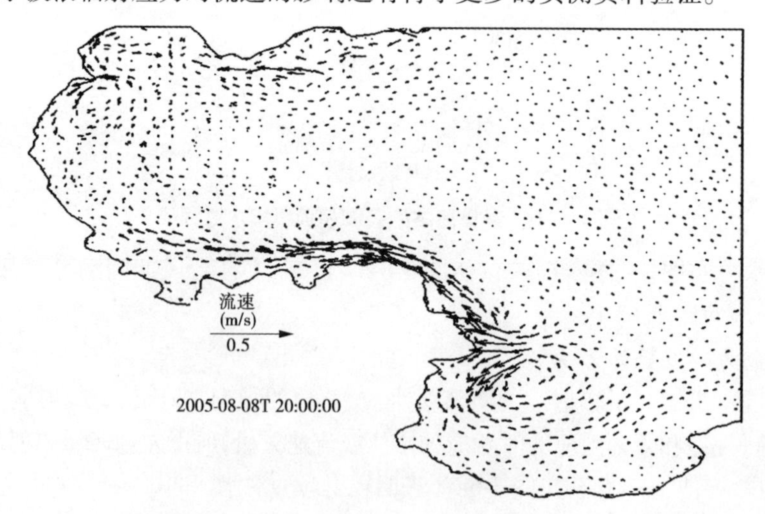

图 3-6-39　波浪辐射应力形成的流速

3.6.4 黄河下游与黄河河口一、二维连接模型

把黄河下游河道一维模型和黄河河口二维模型在西河口连接起来,形成黄河下游与黄河河口一、二维连接(嵌套)模型(见图3-6-40),即西河口以上采用一维模型,西河口以下采用二维模型。如此处理,一则可以反映河口淤积延伸可能对下游河道的反馈影响,二则可以减小计算工作量。

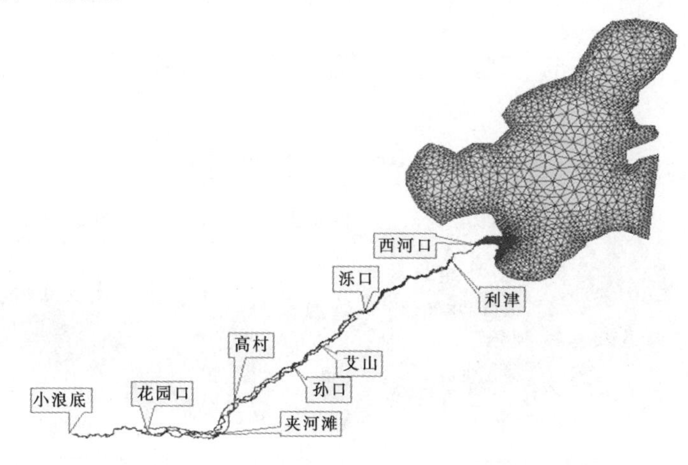

图3-6-40 黄河下游与黄河河口一、二维连接模型

3.6.4.1 一、二维连接断面处理

西河口既是黄河下游一维水沙模型的出口,又是二维模型的进口,该处边界起到了连接一、二维模型的作用。

在一维模型中,以西河口作为出口,采用水位边界条件,所给定的水位来源于二维模型计算得到的西河口平均水位,把一维模型求得的流量反馈给二维模型。在二维模型中,以西河口作为入口,采用流量边界条件,所给定的流量来源于一维模型计算得到的西河口处流量,二维模型求得水位反馈给一维模型。

以上原有一维模型程序和二维模型程序都是相互独立的,可以把一维模型嵌入成为二维模型的一个子程序,亦可把二维模型嵌入成为一维模型的子程序。本次研究采用第一种方式,通过生成DLL完成两个模型的嵌套。在计算中,一维模型提供出口断面的流量过程给二维模型,同时二维模型反馈相应水位过程给一维模型,通过联合计算,完成一、二维模型的耦合。

3.6.4.2 模型验证

计算时段为1981年7月1日至1982年8月31日。

边界条件:取小浪底站实测流量、含沙量过程、粒径级配过程作为进口边界条件,取伊洛河入黄实测流量过程作为支流入汇条件。下边界取大连—烟台断面水位过程(见图3-6-41、图3-6-42),其中一维模型计算河段为小浪底—西河口。

计算区域初始河床质粒径分布采用实测河床质资料,利用空间插补技术插补到网格点。

图3-6-43、图3-6-44为利津站计算与实测流量和水位对比图,从图中可以看出,计算与实测过程基本吻合。

图3-6-45中细实线是根据1981年、1982年黄河三角洲滨海区实测地形资料给出的

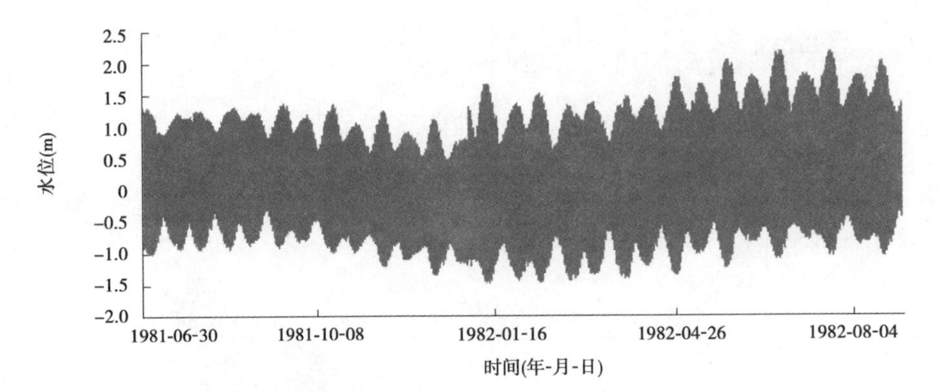

图 3-6-41　烟台水位过程(MSL)

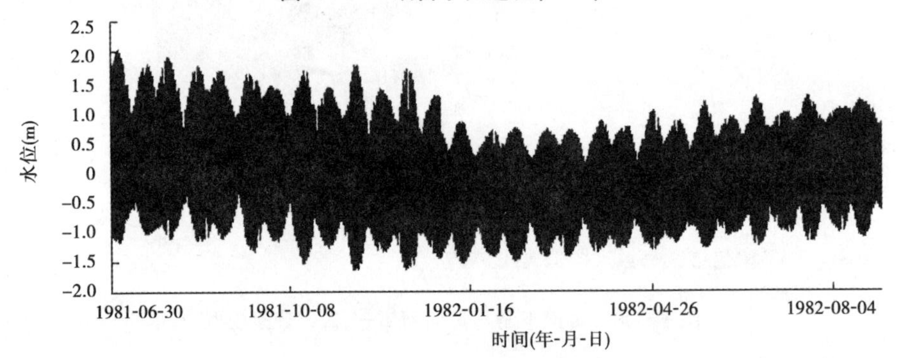

图 3-6-42　大连水位过程(MSL)

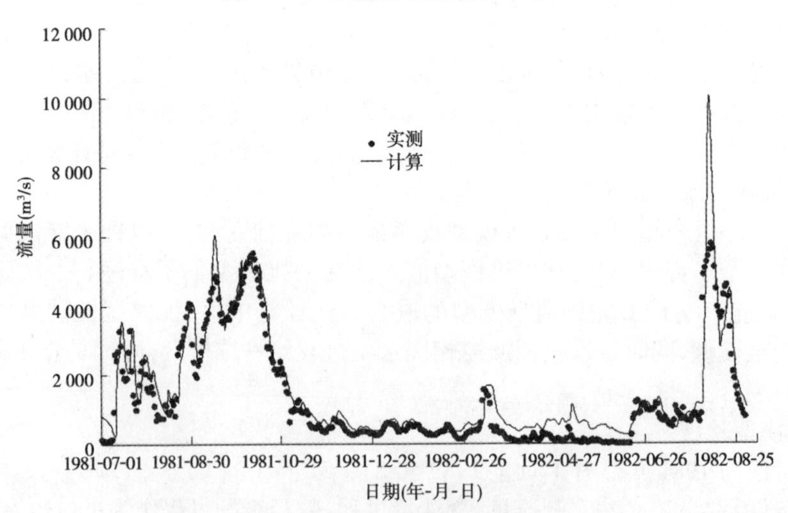

图 3-6-43　利津站计算与实测流量过程对比

1 m等淤积厚度线,即黄河河口泥沙堆积体的重心在此线内,粗实线是依据模型计算结果的1 m等淤积厚度线,可见黄河河口泥沙淤积重心模拟值与实测值基本相符。

对于黄河入海后的含沙量变化,尽管由于缺乏实测含沙量资料,但是由模拟结果(见图 3-6-46)来看,口门处含沙量较大,向海方向越远含沙量越小,符合河口地区泥沙运动基本特征。

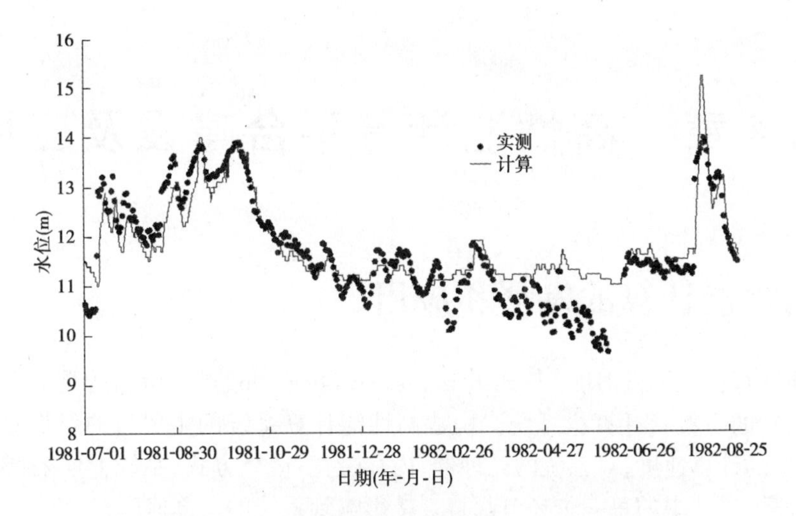

图 3-6-44　利津站计算与实测水位过程对比

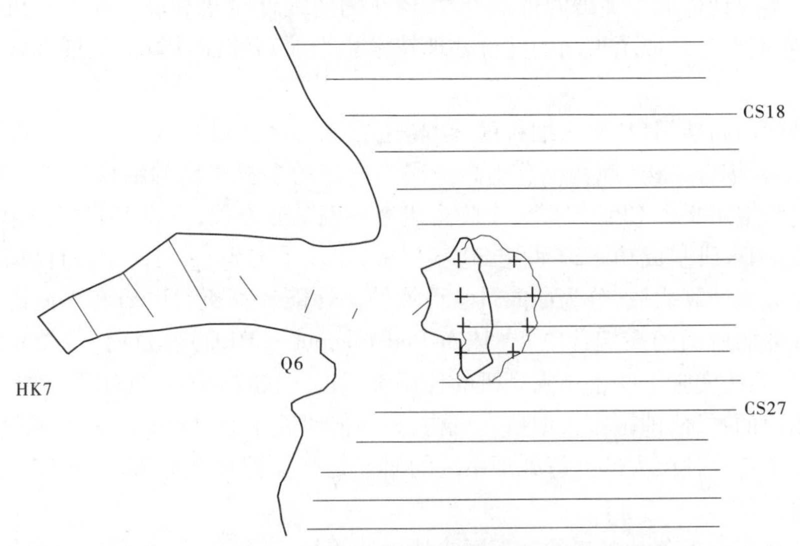

图 3-6-45　黄河河口附近海域计算和实测 1 m 等淤积厚线对比

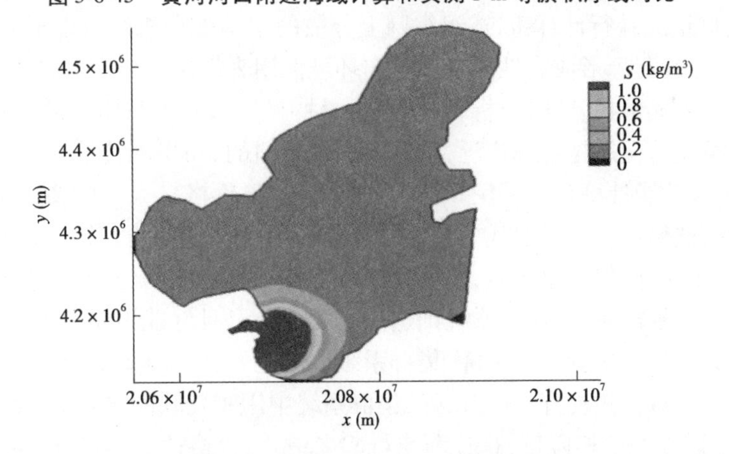

图 3-6-46　黄河入海泥沙含沙量分布

第4章　高性能计算平台建设及应用

4.1　高性能计算的发展和应用

高性能计算机也称做HPC(High-Performance Computing),它所指的是运算能力能够达到一定级别的一整套计算机系统。构建高性能计算系统的主要目的就是提高运算速度,达到较高的计算速度,对系统的处理器、内存带宽、运算方式、系统I/O、存储等方面的要求都十分高,这其中的每一个环节都将直接影响到系统的运算速度。

并行是实现计算能力突破的根本手段,现在的超级计算机和高性能计算机必定是并行机,虽然它们可能采取了不同的并行处理技术。当前高性能计算的发展大致可分为以下两类:

一类是面向高端用户,追求细粒度、超高速的并行计算机系列。由成百上千CPU组成,一般采用紧耦合结构(现在也有用高速网络连接的多机集成的结构)。1963年,美国西屋宇航实验室用9个CPU组成一个阵列机来解偏微分方程,1972年世界上第一台并行机系统ILLiac Ⅳ研制成功。20世纪80年代末,出现了Cray系列向量并行机,这类系统主要应用在大型计算领域,分为面向科学计算的高性能计算机(HPC)和面向商业智能与网络信息服务的所谓的高端计算机(High-End Computer,HEC)。目前,这类系统仍在发展中,但此类系统实际上继承了大型机的使用管理模式,价格昂贵,使用不方便,它是一种面向高端用户的系统,即国家大型研究机构,如高能研究中心、气象中心、国家武器研究中心等。国家支持这种巨大的并行处理系统的研究是必要但也是有限的,难以普及到广大的中小用户。

另一类是当前正蓬勃兴起的基于网络技术的并行计算环境。由高速网络互连一组工作站或PC集群组成并行计算机,或组织网上分散的空闲处理机组成虚拟的并行工作组,或利用网络上已有资源形成高性能计算工作环境。用来解决许多中、大粒度的,十分复杂的计算问题,如天气预报、地震分析、化学工业、材料科学、生物科学、环境研究、结构分析和仿真等,这类技术应用越来越广泛,正逐渐取代专门的、昂贵的传统并行计算机。20世纪90年代初,高性能计算普遍采用并行的大型向量机,价格昂贵,由于结点机的处理能力趋向极限,逐渐被超级服务器取代。超级服务器采用RISC芯片和Unix系统构成结点机,单台计算能力较强,但价格也较贵,且不能与Windows兼容;21世纪初,有人用价格便宜的IA服务器构造集群系统,操作系统则选用了开放源码且性能不错的Linux。从2001年开始,超级服务器市场份额逐渐下降,集群系统逐渐上升,到2002年开始成熟。一个主要原因是IA32处理器主频提升,性能增强;集群系统中用于互联的Myrinet等专用网络逐渐成熟,1 000 M以太网价格降低,也逐渐流行起来;整机价格达到用户可以接受的程度,集群系统的性价比大约是超级服务器的6倍;采用的Linux或Windows系统也符合大多数人的使用习惯。

4.1.1 计算模式

在应用驱动下，高性能计算经过多年的发展，其实现方式以及所使用的技术多种多样，按照实际物理机模型，大致分为以下5种形式。

4.1.1.1 并行向量处理机(PVP)

并行向量处理机(PVP)系统含有为数不多、功能强大的定制向量处理器(VP)，定制高带宽纵横交叉开关及高速的数据访问，这种系统通常不使用高速缓存，而使用大量向量寄存器及指令缓存，使得其对程序编译的要求较高；这种技术需要昂贵的专用处理器，虽然运算速度很高，但价格昂贵且难以管理等，这种类型计算机的应用主要集中在一些大型国家机构。

4.1.1.2 对称多处理机(SMP)

SMP系统采用商品化的处理器，通过总线或交叉开关连接到共享存储器上，例如IBM p系列服务器、HP Superdome、Alpha系统中的ES/GS系列等都属于SMP结构的机型。SMP系统可靠性欠缺，且可扩展性差，跟不上处理机速度和内存容量发展的步伐。

4.1.1.3 大规模并行处理机(MPP)

并行处理机系统以"资源重复"为特征，在该系统中重复设置了大量处理机，在同一控制器(一般为一台小型计算机)的指挥下，按照统一指令的要求，对一个整组数据同时进行操作。MPP计算机由于价格偏贵、灵活性不好等，也没有得到较好的推广。

4.1.1.4 分布共享存储器(DSM)多处理机

DSM的机型中，存储器物理上分布在不同的结点中，但通过硬件和软件方法实现内存的统一编址，例如SGI Origin3000的Altix3000系列、Sun的Fire15K等都属于这种结构。

4.1.1.5 集群(简称Cluster)

Cluster结构是近年来发展势头最为强劲的体系结构，采用商品化的微处理器加上商品化的互联网构造，是进行分布存储的并行计算机系统。这类机型的技术起点较低，用户甚至可以自己将一些工作站或微机通过以太网连接起来，配以相应的管理、通信软件来搭建Cluster。在最新的世界超级计算机500强排名中，Cluster结构已占据80%。

高性能计算下一步发展趋势是网格计算，就是通过高速的互联网，将分布在各地计算资源整合在一起而构成的一种大型虚拟计算系统，而且减少和避免了对自身设备升级与购买的投入，但是由于还存在不少技术难点(比如共享带来的安全性问题，使用分布式的资源带来的数据完整性问题等)，目前主要被科研教育机构试用，商业应用不能广泛推广。

4.1.2 应用情况

高性能计算是大规模复杂计算领域中不可缺少的高端计算工具。20世纪90年代以来，以高性能计算机为基础的计算科学得到了长足的发展，它与理论科学和试验科学相辅相成、彼此印证，成为人类科学研究必不可少的方法之一。在许多工业领域，如汽车、航空航天器的设计制造，石油勘探，地震资料处理及国防等，科学计算已经成为首选研究方法。

高性能计算机发展水平一直是衡量一个国家综合国力的重要指标，在国民经济中占有特殊地位。发达国家无不倾注大量资源用于对高性能计算的研发，并大力推动本国高性能计算机产业的快速发展。我国高性能计算机系统的研制起步于20世纪60年代，经过几十年不懈地努力，已取得了丰硕成果，“银河”、“曙光”、“神威”、“深腾”等一批国产高性能计算机系统的出现，使我国继美国、日本之后，成为第三个具备研制高端计算机系统能力的国家。2003年，由联想公司生产的深腾6800在2003年11月世界500强排名中位列第14名；2004年，曙光公司生产的曙光4000A在2004年6月的世界500强排名中位列第10名，这是我国公开发布的高性能计算机在世界TOP500中首次进入前十名，2010年由我国研制的天河一号成为TOP500排名第一的超级计算机，成为继美国、日本之后的第三个进入世界前十的高性能计算机应用的国家，标志着我国在高性能计算机系统的研制和生产中已经赶上了国际先进水平，为提高我国的科学研究水平奠定了物质基础。

深腾6800在双星探测计划、地震预测、复杂流动数值模拟、油藏模拟、高精度天气预报、SARS病毒分析、网站服务等应用中均取得了不少的成果。其中，在气象气候预报方面，协助搭建完成了世界首个六星空间探测系统：双星（中国）+四星（欧空局）；在航空航天设计领域，提供超强的复杂流动数值模拟功能，使得原先无法完成的计算得以实现，这一技术正被广泛应用于航天器、汽车等外形设计和发动机设计；帮助胜利油田、大庆油田等顺利完成了油藏模拟试验，并帮助北京大学化学系第一次成功模拟SARS病毒运行轨迹等。

自投入运行以来，国内运算速度最快的曙光4000A已应用于各种大规模科学工程计算、商务计算。在大规模科学工程计算方面，担当电力电网安全评估、汽车碰撞、电磁辐射、石油勘探开发、气象预报、核能与水电开发利用、各类航天器及飞机汽车舰船设计模拟、各类大型建筑工程安全性评估、生物信息处理等重任；在大规模商务计算方面，它可以为证券、税务、银行、邮政、社会保险等行业和电子政务、电子商务等提供服务；在大规模信息服务方面，它可以在各类游戏网站、门户网站、信息中心、数据中心、流媒体中心、电信交换中心和大型企业信息中心中发挥作用。

国内高性能计算机的研制和开发正处于一个相对成熟的阶段，高性能计算应用的领域正在不断的扩展，它已不仅仅局限于科学研究，而是在各行各业中都得到了良好的应用。

4.2 高性能计算平台方案设计

4.2.1 计算平台选择

高性能计算平台通常被分为五种类型：并行向量处理机（PVP）、对称多处理机（SMP）、大规模并行处理机（MPP）、分布共享存储器（DSM）多处理机和集群（简称Cluster）。从目前的世界高性能计算发展趋势来看，集群方式正在逐渐发展成为高性能计算机系统的主流模式，在世界超级计算500强中已占据大部分比例。导致这种局面主要有两方面的原因：一是集群部件技术的开放、成熟以及商品化；二是集群体系结构所具有的先天优势,如技术跟随速度快、可伸缩性强、能够继承并兼容现有应用、性能价格比高、高可用性等。

经综合比较,确定集群系统是相对可行的方案,主要表现在以下几个方面:

(1)集群性价比较高。相比较于并行向量处理机、对称多处理机、大规模并行处理机和分布共享存储器多处理机等系统,同等计算能力集群价格优势明显。

(2)易于构建。这类机型的技术起点较低,用户甚至可以自己将一些工作站或微机通过以太网连接起来,配以相应的管理、通信软件来搭建 Cluster。

(3)可以充分利用黄委现有的计算机、网络、存储等有效资源,集群系统比传统的并行机更容易与现有的网络系统融合,并利用已有的存储设备,降低成本。

(4)集群系统软硬件的可扩展性好。一个集群添加和删除结点容易,同时集群的计算能力随集群结点的增加而相应提高,可以随着业务应用的需求而逐渐扩大计算规模。

(5)高可用性。集群中的一个结点失效,其任务可以传递给其他结点,可以有效防止单点失效。

(6)负载平衡集群允许系统同时接入更多的用户,计算能力允许时,可以同时进行不同业务应用(如气象、水沙模型、遥感)的计算。

(7)随着 CPU 处理性能的快速提升和单结点可使用 CPU 个数的增加,作为集群结点的工作站性能提升显著,从而可以提升整个系统的计算能力。

(8)随着新的网络技术和通信协议的引入,集群结点间的通信带宽不断增加,延时不断减小,计算速度和效率将不断提升。

(9)集群系统的开发工具的成熟度相对较高,传统并行机的开发工具缺乏统一的标准。

4.2.2 集群系统结构体系

4.2.2.1 硬件体系结构

集群系统的总体框架结构如图 4-2-1 所示。

集群系统的硬件部分主要由计算结点、网络系统、存储系统三部分组成。

商用集群的计算结点一般是由 2 个 CPU 或 4 个 CPU 配上独立的内存和硬盘组成,主要是完成计算。

商用集群的网络一般分为计算网络、存储网络和管理网络三个部分,网络的划分便于集群系统的管理,以及更合理有效地利用集群系统。由于在并行计算的过程中,计算结点之间需要通信,根据计算结点之间交换数据的实时性要求及数据容量大等特点,在计算结点之间,采用延时越短、带宽越宽的网络性能会越好。目前,大多数集群厂商都采用的是光纤交换网或千兆网来建立计算网络。对于时间要求不是很严格的存储网络和计算网络,可采用一般的千兆或百兆以太网来组建。

存储系统、集群系统在计算过程中,计算结果一般都会保存在计算结点的本地硬盘上,等整个计算结束后,可以将本地的计算结果通过存储网络传输到专门的存储系统上,大大地方便用户对数据的访问及管理。

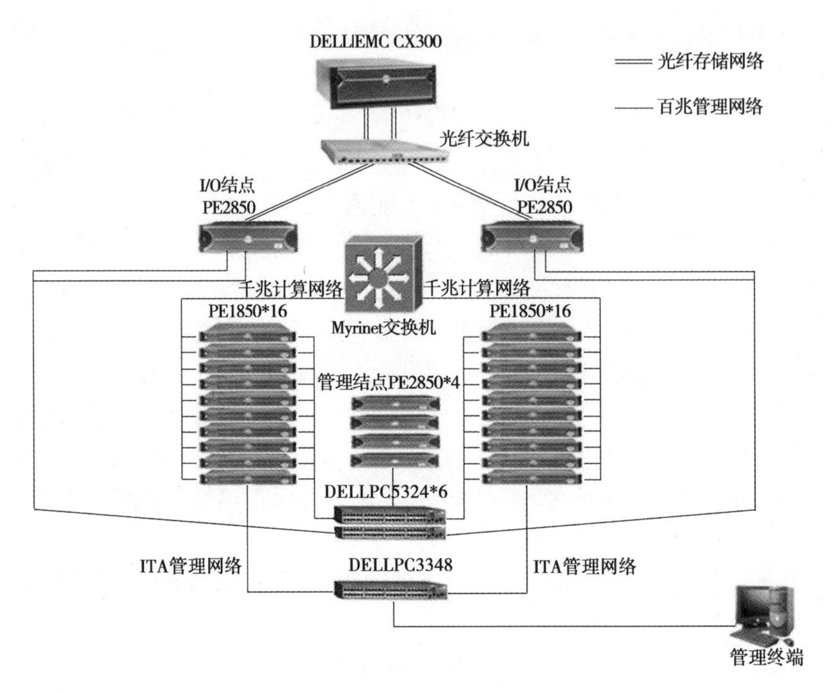

图 4-2-1　32 结点集群系统的总体框架结构

4.2.2.2　软件体系结构

1. 操作系统

操作系统是任何计算机系统的软件基础。相对于桌面系统而言,集群系统对操作系统的任务调度和文件管理方面的要求更高,并不是每种操作系统都适合高性能集群系统。理论上说,硬件的体系结构、操作系统的任务调度方式和 IPC 的方式是决定应用并行化效果的主要因素。根据这 3 个因素,我们可以归纳出如下 5 种实施应用并行化的平台:

(1)单任务操作系统。CPU 同时只处理任务队列中的一个任务。MS DOS 是这类系统的代表。

(2)多任务操作系统。基于分时技术的多任务操作系统。虽然在同一时间段,所有的进程都在运行,但是在某一时间点,CPU 只执行一个进程。这类操作系统可分为抢占式和非抢占式。单 CPU 的 Unix 和 NT 属于这种类型。

(3)多 CPU 多任务操作系统。和单 CPU 的多任务操作系统不同的是,由于有多个 CPU,所以在某个时间点上,可以有多个进程同时运行。多 CPU 的 Unix 和 NT 属于这种类型。

(4)多 CPU 多任务操作系统 + 线程。某些任务当把它分为若干并行的子任务同时在多个 CPU 上执行时,它会运行得更快,尽管运行这个任务占有的总 CPU 时间变长了。由于采用多个 CPU 而使任务结束的时间缩短了。由于应用本身的特性,随着 CPU 个数的增加,性能并不会线性增加。Amdal 法则说明了这种情况。运行在同一主板上多个 CPU 的 Unix 和NT + 线程属于这一类型。SMP 系统适合采用这种方法。

(5)多 CPU 多任务操作系统 + 消息传递。在 SMP 系统中,由于采用共享内存,所以 CPU 通信的时间几乎可以忽略。但是在集群这种系统中,通信时间成为不得不考虑的因素。这时,使用线程是一种很奢侈的方法。这种情况下,消息传递是一种比较好的方法(本书的第二部分解释了这种情况)。同一个主板或多个主板上的多个 CPU + Unix 和 NT + 消息传递属于这种类型。

集群使用第5 种类型平台,它可以由 SMP 和 PC 服务器组成,以 Linux 为操作系统,以 MPI 或 PVM 这种消息传递方式作为通信方法。

2. 文件系统

在集群环境下,最容易实现的文件系统就是分布式文件系统。相对于本地文件系统,分布式文件系统有如下优点:

(1)网络透明。对远程和本地的文件访问可以通过相同的系统调用完成。

(2)位置透明。文件的全路径无需和文件存储的服务绑定,也就是说,服务器的名称或地址并不是文件路径的一部分。

(3)位置独立。正是由于服务器的名称或地址并不是文件路径的一部分,所以文件存储位置的改变并不会导致文件的路径改变。

(4)可以使集群的结点间简捷地实现共享。但是为了提供性能,分布式文件系统通常需要使用本地的缓存(Cache),所以它很难保证数据在集群系统范围的一致性,而且分布式文件系统中往往只有一份数据,所以很容易发生单点失效。

(5)建立在共享磁盘(Share-Disk)上的并行文件系统可以克服分布式文件系统的这些缺点。通过使用在结点共享的存储设备,并行文件系统具有很多优点。

(6)高可用性。克服了分布式文件系统中那种服务器端的单点失效的缺点,提高了文件系统的可用性。

(7)负载均衡。有多个访问点,彼此可以协调负载。

(8)可扩展性。容易扩展容量和访问的带宽。

3. 并行化应用程序

并行化应用程序,使其更高效地运行是使用集群系统的最终目的。一般来说,并行化应用程序分为确定应用程序的并发部分、估计并行的效率、实现应用程序的并发三个步骤。

在并行化应用程序的过程中,需要开发环境、并行开发库和各种工具的支持。这些软件都是集群软件体系结构中重要的组成部分。

从实用的角度说,应用程序有两种类型的并发:计算和 I/O。尽管在多数情况下这两者是正交的,但是也存在一些应用同时需要这两种并发性。有一些工具可以用来帮助分析应用程序的并发,而且通常这些工具都是专门为 Fortran 语言设计的。

分析并行的效率是并行化应用程序中很重要的一个步骤。正确地分析并行的效率可以帮助用户在有限的经费下最大化应用的执行效率。往往集群的需要和应用的需要有些许的差别。比如,CPU 消耗型的应用往往需要的是稍微快一点的 CPU 和高速低延迟的网络,而 I/O 消耗型的应用需要的是稍微慢一点的 CPU 和快速以太网。

如果没有分析工具,用户只能使用猜测和估计的办法完成这一步骤。一般来说,如果在应用的一部分中,计算的时间是分钟级而数据传输的时间是秒级,那么这一部分可以并行执行。但是,如果并行后计算时间降到秒级,用户就需要实际测量一下再作权衡。

另外，对于 I/O 消耗型的应用，Eadline-Dedkov 法则对用户作决定有些帮助。如果两个并行系统具有相同的 CPU 指标，慢 CPU 和相应具有低速 CPU 间通信网络的系统反而具有较好的性能。

4. 作业管理(资源管理)

从用户角度看，集群系统就好像一台服务器或者 PC。很多用户可以同时使用这个系统。但是当太多的用户使用集群系统时，系统性能会很差。资源管理就是管理用户提交的作业，合理给各个作业分配资源从而保证集群系统高效运行。作业管理通常由资源管理器和作业调度策略器组成。

5. 系统管理

从系统组成角度说，集群系统是由多台计算机组成的超级计算机。但是从最终用户看来，集群系统是一台计算机，也就是说，集群系统的构成对用户是透明的。所以，集群系统管理的目的就是让集群系统像一台计算机一样利于管理。归纳起来，集群系统管理一般完成资源管理、事件管理、配置管理、监控和诊断、硬件控制、系统安装、域管理等任务。

4.2.3 计算平台方案设计

综合考虑现有的需求及应用，计算平台方案设计分以下步骤来实现：第一，租用国内的高性能计算平台来实现串行程序的并行化改造，并运行和测试并行程序；第二，开展高性能试验平台的建设，进一步量化计算需求，掌握并行计算的相关技术；第三，购置满足黄委计算需求的高性能计算平台。

4.2.3.1 硬件平台

集群系统的主要硬件有计算结点、网络系统、存储系统。在模型和数值算法确定的条件下，计算速度主要取决于 CPU 个数、CPU 性能、内存、CPU－内存访问带宽、结点互联带宽、网格质量及分区质量。每一个特定问题、每一台特定机器对应于一个最佳分区数，大量的实践会对同一类问题总结出一个最佳网格数/CPU。

4.2.3.2 软件环境

目前，集群的主流操作系统是 Linux，因此在各个计算结点上配置统一的 Linux 操作系统，安装 C/C ++、Fortran 等编译器，支持 TCP/IP 协议的并行环境，消息传递 MPI 库等。

4.2.3.3 应用程序开发与移植

完成硬件平台的搭建和软件环境的配置后，实现对应用程序的移植，实现黄河下游基于 GIS 的二维水沙模型、小花间暴雨洪水预警预报系统、遥感图像处理分析的并行计算，并测试分析计算结果与串行程序的对比及高性能计算平台的性能评估。

4.2.3.4 性能优化测试

对不同的计算结点、数据存储、数据交换进行性能测试，测试在不同的情况下的最佳性能比的高性能计算的硬件配置。

4.2.3.5 模型数据库构建与可视化

将各局域网文件传送到数据中心后，根据模型的数据库表结构设计要求，将文件分成不同的类型，构建模型数据库，并与 GIS 系统和可视化系统结合实现计算结果的可视化。

4.2.4 黄河高性能计算平台指标

黄河高性能计算平台系统配置见表4-2-1。其主要技术性能指标包括以下两个方面：

表4-2-1 黄河高性能计算平台系统配置

序号	名称	技术参数	单位	数量
1	计算结点	CPU：2 * XEON EM64 T 3.0 GHz 内存：2 GB ECC DDRII 硬盘：SCSI：73 GB 10 K 网口：2 * 1 000 M +HCA卡 机箱：2U 黑色	套	20
2	服务/存储结点	CPU：2 * XEON EM64T 3.0 GHz 内存：4 GB ECC DDRII 硬盘：SCSI：2 * 73 GB 10 K raid1 网口：2 * 1 000 M + HCA卡 机箱：4U 黑色	套	1
3	千兆交换机	Cisco 24口千兆交换机	套	1
4	Infiniband交换机	Infiniband 24口交换机	套	1
5	磁盘阵列	3SJ9000U3 2 TB	台	1
6	集群监控设备	监控服务器及监控网络；机柜监测系统；结点监测系统	套	1
7	集群基础架构	2个专用机柜(32U高度)，32只插座，盖线槽； 总功耗10 kW(30 A/机柜)；1套集群结点连接系统	套	2
8	集群管理系统	包括并行调试、文件管理、作业管理和资源监测4项功能模块	套	1
9	集群监控软件		套	1

(1)硬件。系统规模达到20个结点，每个结点为2CPU的SMP系统，采用XEON EM64T 3.0 GHz 64位处理器，峰值运算速度为0.25T FLOPS。

(2)软件。集成支持TCP/IP、IB协议的并行环境；支持并行环境下的C、Fortran的编译系统；结合区域分解软件，支持结构化和非结构网格，具有负载平衡功能，能够接受现有的网格生成器和ICEM-CFD、GRIDGEN等商用网格生成器的数据格式；并行程序和串行程序的计算结果在指定断面积分值相对误差小于0.01%。

4.3 黄河数学模型并行化算法研究

串行程序在应用于高性能计算系统之前需要进行并行化改造。基于黄河数学模型的框架结构采用物理区域分割并行方法，在编程上采用单控制流多数据流(SPMD)模型，采用 MPI 实现消息传递,适用于所有的集群系统,甚至是局域网连接的工作站/PC 群。并行原理是将整个流动区域分割成 N 个子区域分配给 N 个 CPU 计算,把子区域的初始流场信息、几何信息(网格坐标、标识号)分别装载入各子区域对应的 CPU 的内存中,在每一个 CPU 中启动计算进程,由主进程调度各 CPU 的计算。在每一次全场的扫描过程中,由各 CPU 完成子区域的计算并在边界完成数据交换(各 CPU 间的通信),由主进程收集全场数据完成收敛准则判别,并按需要进行写盘等其他操作。

4.3.1 基于 METIS 的网格区域分解

一般来说,在数值模拟计算中,计算网格为结构、非结构或混合网格,控制方程为 Navier-Stokes 或 Euler 方程,它们是高度非线性的,采用有限差分法、有限体积法或有限元法等进行离散,用显格式或隐格式求解,绝大部分将转化为所谓强数据相关问题的求解,如大型稀疏线性代数方程的求解等。

显格式求解是当前比较成熟的并行计算方法。用显格式求解时,由于同一时刻各计算内点互不干涉,可以采用粗粒度任务级并行,将计算区域直接划分,映射到各处理器上,保证负载平衡,相对计算量而言,各进程间通信只发生在其相邻边界上,并行效率高,并且串、并行计算过程一致,为了加快收敛,采用多重网格法等技术手段来提高整体计算效益。对于非结构网格,重点解决进程间负载平衡问题,采用网格自动剖分技术,减少边界通信量。在跨声速多重网格法并行计算、非结构网格复杂无黏流场数值模拟并行计算、用数值计算方法直接求解 NS 方程等项目应用研究中,就是使用这种方法,可以在原有串行计算程序基础上走直接并行化技术路线,采用基于消息传递的并行程序设计,程序编程增加的工作量约为 25% ,并行程序设计简单,可移植性、可扩展性好,在工作站及微机机群(NOWs、NOMs) 及大规模并行机(MPP) 上,都取得了较好的并行性能结果。

并行计算的第一步是将数据分配到各个计算机, 分布式计算的每一处理机单独完成一个子任务, 由于数据的非共享, 并行计算过程中相邻区域的数据需要相互交换, 通过消息传递进行处理机间的通信。数据分配决定负载平衡和通信粒度, 负载平衡和通信延迟是影响并行计算性能的主要因素。由于河道地形的复杂性和不规则性,数据划分是影响并行效率的主要因素。

METIS 是由美国密西根大学 George Karypis、Vipin Kumar 编写的用于图的分区和稀疏矩阵排序的开放源码的函数包,可采用它提供的多级循环二分法对网格进行分区。

METIS 的原理是基于多级图形分裂,先对图形进行连续粗化,对粗化后的图形进行分割,被计算分割后的区域映射到细小的图形上,最后再把这种划分逐步还原到规模不断增大的图,并在还原过程中用局部方法对划分进行微调,直到获得原图的划分,如图 4-3-1 所示,提供独立的图形划分、网格划分、稀疏矩阵压缩等程序。

MEIS 的基本思想是:假设图 $G=(V,E)$ 由结点集 $V=\{v_1,v_2,\cdots,v_n\}$ 和边集 $E=\{e_1,e_2,\cdots,e_n\}$ 构成,$E\subset V\times V$,如果 $(v_i,v_j)\in E$,则称顶点 v_i 和 v_j 相邻。给定 p 个计算结点,第 i 结点对应于图的顶点 $v_i(i=1,2,\cdots,p)$,若第 i 个结点与第 j 个结点之间存在数据交换,则构成边集 E 中的一条边 e_i。这样就将无结构网格的区域分裂问题转化研究图的划分问题。

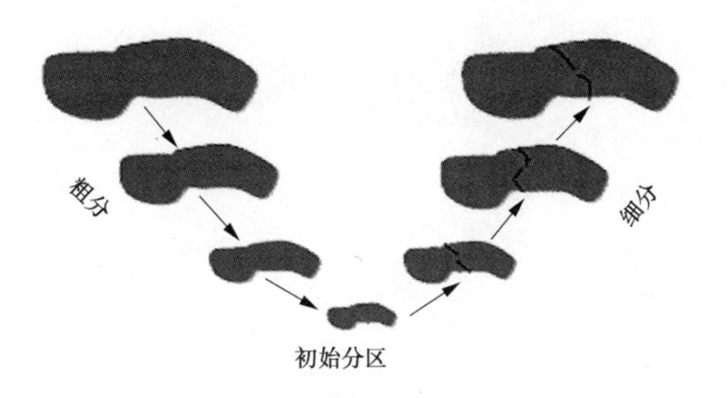

图 4-3-1　多层分割算法

METIS 提供了两个程序来分割图形为 k 个相等的部分:pmetis 和 kmetis。第一个程序 pmetis 是基于多级递归对分算法,能较好地把图形分割成 N 个小的子区域;而 kmetis 是基于 k-way 进行分割的,当被分割的图形超过 8 个部分时将得到较好的分割效果。如果分割的 N 值较小,pmetis 可以产生好的网格平衡;如果分割的 N 值较大,kmetis 能得到好的分割效果。

METIS 提供了 partnmesh 和 partdmesh 两个网格分割程序。这两个程序首先将网格转化为图形,再用 kmetis 进行分割。partnmesh 是把网格转换成结点图形;partdmesh 是把网格转换成双图形(每个单元作为图形的顶点)。

METIS 支持三角形、四边形、四面体和六面体四种网格类型。目前,黄河数学模型系统采用的计算网格分别为三角形、四边形、三角形和四边形的混合网格及六面体网格(用于三维模型),针对不同的网格类型开发相应的接口程序,程序主要包括两部分:第一部分为网格的拓扑关系,其中三角形网格和混合网格的拓扑关系在已有的地形文件上提取,六面体网格只有坐标格式,需要编写程序输出拓扑关系;第二部分为可视化显示,为了更直观地查看分区结果,METIS 分区后只有每个网格单元所在的分区号,图 4-3-2 ~ 图 4-3-4 分别为三角形网格、混合网格和六面体网格区域分解结果。

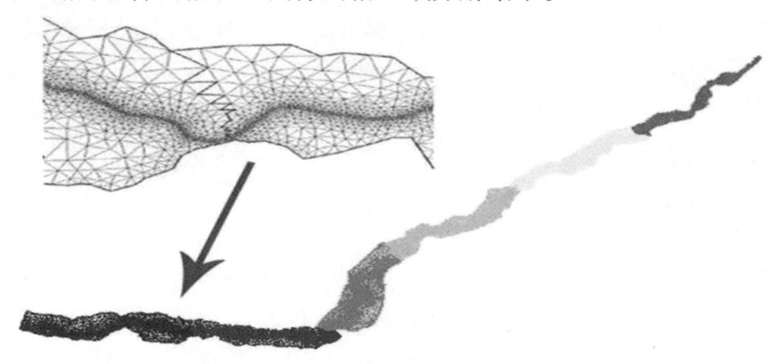

图 4-3-2　三角形网格区域分解(分区数 6)

4.3.2　建立映射

在完成区域分解后,相应的数据也被划分开,每个区域,即每个处理器上只拥有它所需要计算的那部分网格的数据(目前暂没有实现结点数据的划分),同时每个网格也获得一个局部的区域编号。由于在原程序中数据的输入输出与结点的对应关系等是按照网格

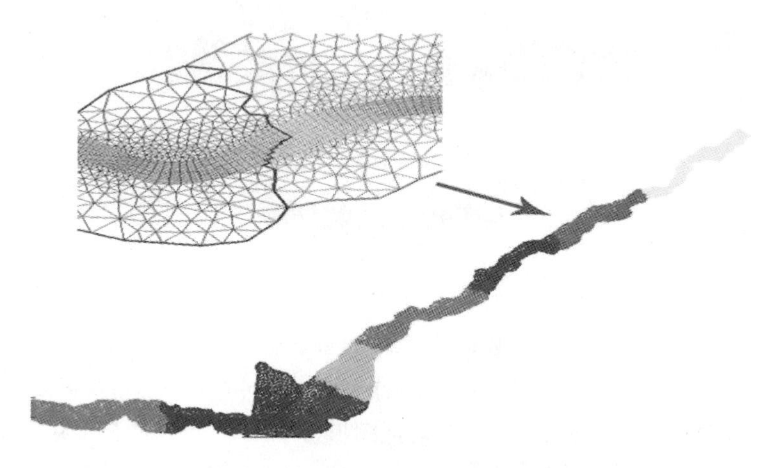

图 4-3-3　混合网格区域分解(分区数 8)

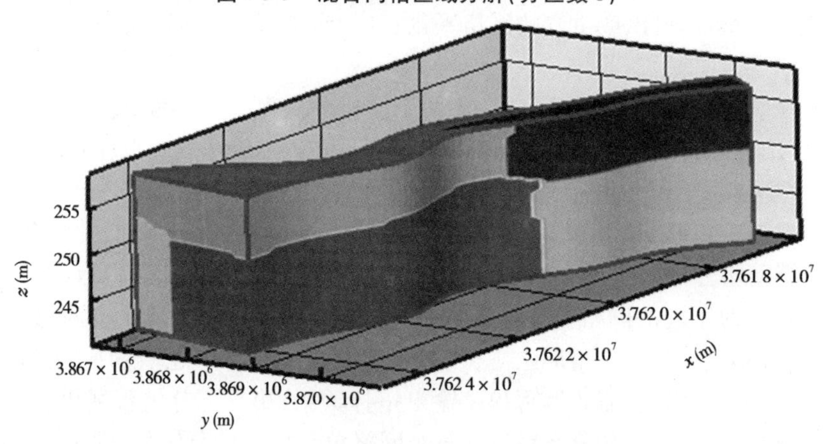

图 4-3-4　六面体网格区域分解(分区数 5)

的全局编号进行的,为了尽量减少原程序的改动,需要为网格在全局和局部区域之间建立映射关系。在程序中引入了两个两维数组 grid_in_part 和 grid_in_whole 来建立映射。grid_in_part表示一个全局网格编号在某一区域里的局部编号,grid_in_whole 表示某一区域的局部网格编号的全局编号。

4.3.3　特殊点处理

(1)临界网格。在每个网格的计算中,需要使用它相邻网格的数据,虽然我们的区域分解算法会使相邻的网格尽量地划分到同一区域,但在每个区域的边界,仍存在一些网格,它们的相邻网格在另一个区域,所以计算时需要从其他区域获得相应的数据,则每个区域需要与其相邻的左右两个区域进行通信(边界区域只有一边)。在程序中,首先对于需要通信的数组作相应的扩充以接收相邻区域的网格数据;然后计算出每个区域所需要的相邻区域的网格数及其全局网格编号,并将它们告诉相邻的区域;接着每个区域将相应的数据发送给相邻区域;数据的发送按从左到右和从右到左两个方向分别进行,以避免消息的堵塞。

(2)进出口边界。由于进出口边界的网格通常被分别划分在同一区域内,所以只有位于边界的两个处理器对于它们进行计算,没有通信的需求。

(3)共用结点网格及断面。由于共用结点的网格和同一断面的网格有可能在不同的区域内,而这些部分的计算通常会涉及求最大值、最小值及求和,所以所有的处理器都需要进行计算,计算出局部的最大值、最小值或和,然后通过增加规约通信语句,求得全局的最大值、最小值或求和。

(4)输入和输出。采用了主从模式。对于输入部分,对于全局的数据,例如结点信息等,由主进程读入后,广播给各从进程;对于局部的数据,由主进程读入后,根据该网格数据所在的区域,分别写入各子输入文件,再由各从进程去读子输入文件。对于输出部分,结点信息、断面信息等由主进程输出,网格信息由各进程分别输出到各文件。

4.4 高性能计算应用成果

2006 年 9 月,黄河超级计算中心(简称中心)依托水利部黄河水利委员会黄河水利科学研究院,成立了水利部黄河泥沙重点实验室,中心的神威高性能集群架构计算平台是一个开放式、基于网络、可共享的大型科学计算分析环境,计算峰值速度达 3 840 亿次/s,存储容量 2 TB,如图 4-4-1、图 4-4-2 所示。

图 4-4-1 神威集群

中心以“服务黄河,服务社会”为宗旨,以“共享、开放、协作”为理念,全力打造具有自主知识产权的黄河数学模型系统,为水利、水电、气象、遥感等领域用户提供计算资源和技术支持;同时,与高等院校、科研院所、国内外高性能计算机构等社会各界密切合作交流,使中心成为计算基地、人才培养基地和科普教育基地。

目前,中心应用的模型主要有黄河下游二维水沙数学模型(YRCC2D)、小浪底水库三维数学模型(YRCC3D)、中尺度天气预报模型(MM5)及黄河流域暴雨中尺度数值预报模式(AREM)。其中,黄河下游二维水沙数学模型(YRCC2D)、中尺度天气预报模型(MM5)及黄河流域暴雨中尺度数值预报模式(AREM)为 2009 年、2010 年防汛演习提供了高精度、快速的计算支撑,黄河下游二维水沙数学模型(YRCC2D)在 2008 年、2009 年、2010 年

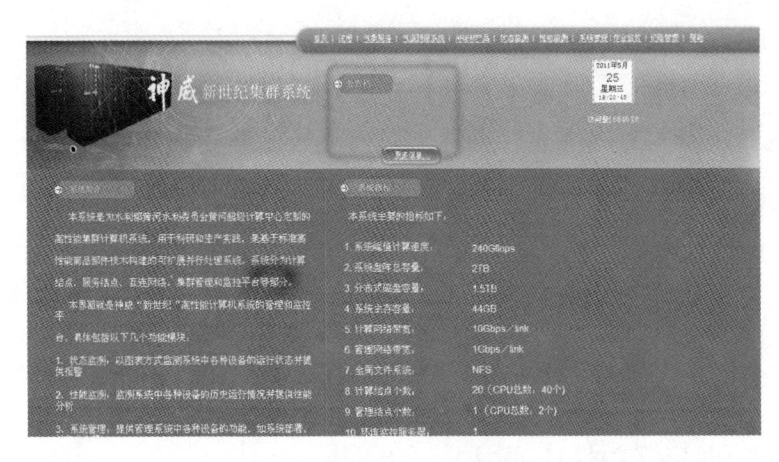

图 4-4-2　神威集群 Web 登录界面

调水调沙方案计算及洪水风险图的制作中提供了计算支撑。

神威集群的投入使用，使得大尺度、高精度的数学模型计算成为了现实，以 YRCC2D 为例，表 4-4-1 为 YRCC2D 的并行效率。由表 4-4-1 可见，神威集群自 2006 年投入使用至今，累计使用机时约 23 400 h(975 d)，累计访问量 6 639 次，平均负载为 62%，汛期负载为 90%。

表 4-4-1　YRCC2D 的并行效率

网格数量(个)	CPU 数(个)	计算时间(h)	并行加速比	并行效率
8 万	1	28.5		
8 万	4	10.2	2.8	0.70
8 万	8	5.5	5.2	0.65
8 万	12	3.8	7.6	0.63
8 万	16	3.0	9.4	0.59

第5章　模型标准体系建设

为客观评价、合理引导黄河数学模型可持续健康的发展，本章初步分析了水沙动力学模型的主要误差来源，提出模型研发和评价原则及其办法。

5.1　水沙动力学评价

5.1.1　水动力学模型的基本定位

数学模型、物理模型、原型观测和理论研究是水科学研究的主要手段，数学模型是提供定量分析的主要手段之一，既可以进行方案比选，又可以帮助我们深入认识事物规律，但其局限性也是显而易见的。

5.1.1.1　数学模型是对现实对象提供分析、预报、决策、控制等方面定量估算的工具，可以进行大量方案的设计优选，并已得到广泛应用

任何一门学科的发展都是由定性描述到定量表达，定性模糊到定量清晰的过程。而且随着研究的深入，必须要求定量，要求研究那些引起质变的量（界限、阈值），数学模型也应运而生。

定性与定量是相对的，某一种性质总和一定的数量相关联，正如没有冲淤量、冲淤分布、河相系数，就难以对河流河床演变和泥沙输移给以恰当的定性认识。定量分析必须以定性研究为基础，定量研究又是定性研究深化的必然要求和结果。

基于CFD的水动力学数学模型已在航空航天、汽车制造、气象预报等领域得到了广泛应用，如爆炸试验、飞行器设计、汽车对撞、天气预报等。水动力学模型具有较好的性价比和可重复性，也已广泛用于水利枢纽规划设计、河道及河口整治规划和演变预测等大量方案的比选和优化，同时可以辅助进行复杂因素作用下单因子的影响分析。

5.1.1.2　水动力学模型有助于对事物规律性认识的深入

水动力学模型有助于对事物规律性认识的深入主要表现在以下几个方面：

（1）水动力学模型要求对模拟现象的机理清楚。它的建立需要尽可能利用已有的理论、公式，总体上讲可靠性较高、通用性较好。

（2）在模型检验时，要对这些理论、公式作出评价。因此，使用这种模型可以促使理论水平的提高，理论联系实际。

（3）从数学模型中各环节计算配套出发，往往会提出一些研究不够充分的问题，从而有可能促进理论研究的发展。

（4）这种模型如果建立得很成功，反映了客观规律，在具体使用中有时可揭示一些意想不到的现象。这是因为对一些复杂过程的模拟，给出一些初始条件和边界条件后，不通过“情景”模拟，单纯靠人的脑子直接推理，对可能出现的现象不是容易得出确切估计的，

这是其一。其二是人的认识往往受已有的经验束缚,没有新的结果(包括数学模型计算的),新的认识出不来。

例如小浪底水库规划设计阶段,总体概念是水库运用水位高,支流拦门沙坎则高,支流库容淤损较大,所以应尽量控制初期低水位运用。1996 年以后,开展了小浪底水库拦沙初期 3 ~5 年运用方式研究,经数学模型计算发现,随水库初始运行水位抬高,就所有支流而言,库容淤损增加;但就各支流而言,其"倒锥体"淤积形态因支流位置不同而有所不同。位于干流三角洲的前坡段和坝前段的畛水河,其拦门沙坎高度随水库起始运行水位升高而降低;亳清河位于干流三角洲的顶坡段,拦门沙坎高度则随水库起始运行水位升高而升高。初步分析认为,水库运用水位高,干流淤积部位靠上,含沙量沿程衰减迅速,进入靠近坝前支流的沙量少,支流拦门沙坎则低;反之,水库运用水位低,干流淤积部位下移,进入靠近坝前支流的沙量多一些,支流拦门沙坎则高(见图 5-1-1)。小浪底库区库容较大的支流(大峪河、畛水、石井河)多位于坝前段,这对水库初期较高水位(如 210 m)蓄水拦沙是有利的。随着干流三角洲的推进,库容较大的支流多位于坝前段的优势将会减弱,此时水库适当降低水位对控制支沟的淤积倒灌是有利的。

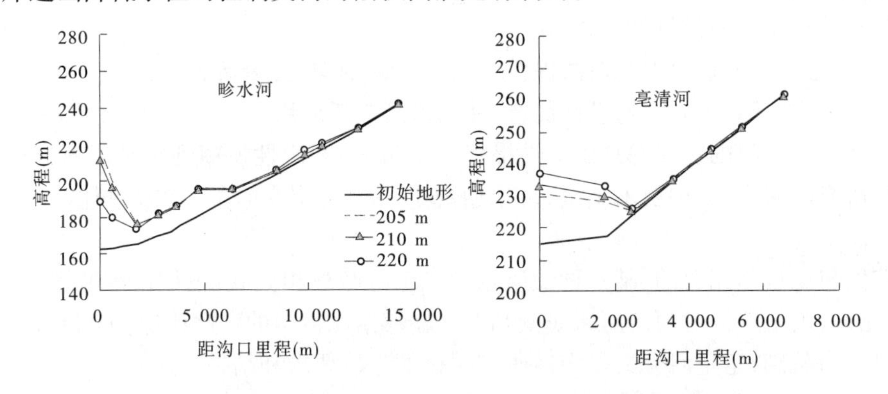

图 5-1-1　小浪底库区支流淤积纵剖面(不同起始运行水位)

再如,进行巴家咀水库区长系列泥沙冲淤计算时,若计算步长采用 1 d(规划设计阶段一般如此),则验证计算的滩地淤积量明显偏小。经分析发现,由于巴家咀水库来沙集中在高含沙洪水期,洪水历时短,一般仅几个小时。以日为计算步长,则水沙过程严重坦化变形,本应上滩的洪水不再上滩,致使滩地淤积量明显偏小。将计算时段按洪水时段划分,模拟结果则大为改善。类似问题不经模型计算是很难想到的。同样的道理也适应于黄河干流和支流河道洪水泥沙冲淤计算。

5.1.1.3　数学模型有其局限性

数学模型是沟通实际问题与所掌握的数学工具、事物规律性认识的一座桥梁,数学模型是对事物规律性认识的数学表述,决定了数学模型的研究深度不可能超越人们对事物规律性认识的水平,水动力学模型受制于河流动力学、河床演变学、紊流力学、计算流体动力学、水力学等学科的发展水平。数学模型要描述研究对象的特征也决定其精度不可能超过研究对象的测量工具和方法的精度,系统误差是不可避免的。

总的来说,数学模型是有用的,但绝不是万能的。不能以其有用,而忽落其存在问题和局限性，甚至随意夸大；同样，不能以其不万能，而不愿付出艰辛逐步完善之，甚至全盘否定。

5.1.2 主要误差来源

数学模型主要误差来源包括数值误差、物理误差和边界误差三个方面。数值误差指计算机本身带来的可能误差和数值方法产生的误差，物理误差指模型所描述的物理现象数学表述不完备或简化处理而引起的误差，边界误差主要指初值、边界条件表达不完备所引起的误差。

5.1.2.1 数值误差

在计算机上进行数值计算时，误差主要由实数运算而来（Runoff-errors），计算中数字（浮点数）的表达是由有限的位元（bit）数来表示的，计算机系统中的实数其实是不连续的，不可能用有限的 bit 来完整表示无限（连续）的数字。因此，就存在进位或是去位的误差，在某些情况下会导致计算结果没有意义。图 5-1-2 为某商业网格生成器所生成的三角形网格，从局部放大的图中可以看出，在转折处形成“扁长”的严重变形的三角形网格，同样的问题在“黄河下游二维网格生成器”研发中也出现过。进一步分析发现，这是由实数精度不足所引起的。解决此类问题可以通过使用双精度或群组加以控制，但不能全部避免。

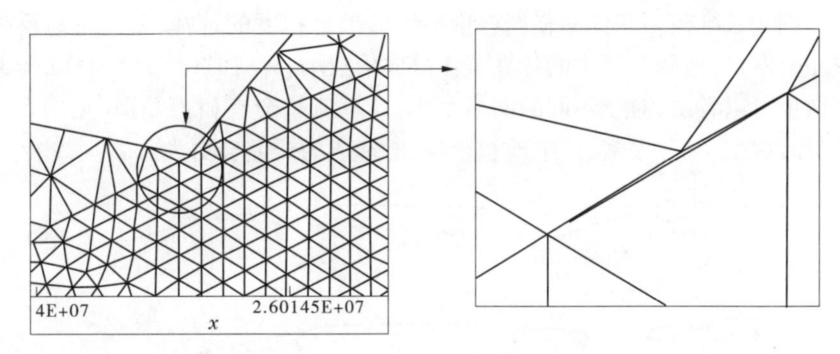

图 5-1-2　生成的局部变形网格

偏微分方程离散时利用差商代替微商同样会带来截断误差。如考虑任意标量或向量函数 f 的一阶空间微商，假定函数的微商连续，在 $p(j,n)$ 区域向前展开泰勒级数

$$f_{j+1} = f_j + \left(\frac{\partial y}{\partial x}\right)_j (x_{j+1} - x_j) + \frac{1}{2}\left(\frac{\partial^2 f}{\partial x^2}\right)_j (x_{j+1} - x_j)^2 + \cdots + \frac{1}{n}\left(\frac{\partial^n f}{\partial x^n}\right)_j (x_{j+1} - x_j)^n + 0 \mid x - a \mid^n$$

如果取前 n 项，则 $n+1$ 项以后的舍入误差是必然存在的。

水动力学方程中代数方程组求解、进出口边界确定等都涉及迭代求解的问题，不同的收敛准则会引入不同的收敛误差。

5.1.2.2 物理误差

水动力学方程组属于有源项的弱守恒形式，源项中摩阻项求解通常利用曼宁公式，而该公式只适于恒定均匀流,对于非恒定性和非均匀性的实际水流,摩阻计算乘以修正系数或加修正值,其误差也不能完全避免。

更重要的是,泥沙计算中所涉及的水流挟沙能力、挟沙能力级配、动床阻力、恢复饱和系数等问题目前仍亟待深入研究。如常用的水流挟沙能力公式,特别是高含沙情况下点绘的$S_* \sim \frac{u^3}{gh\omega}$一般是一条较宽的带。不同的计算公式结果有相当的差别,对于冲刷情况下计算结果更是差强人意。考虑分组沙的情况问题就更为复杂。目前,在多沙河流应用相对成熟的一维模型主要是用于长河段、长时段计算,计算过程通过动床阻力、悬沙和床沙交换的自动调整,在一定程度上可以掩盖这方面的问题,短历时洪水过程计算暴露的问题会更多。以上所述仅是一维模型、二维模型所涉及的二维挟沙能力和动床阻力,三维模型所涉及的床面附近含沙量和分组挟沙能力确定尤为困难。

动边界处理中带来的浅水问题,在极小水深情况下,为避免计算不稳定,强制赋定水深小于限定值(一般取为0.05~0.1 m)时,流速也会带来质量守恒方面的误差。

5.1.2.3 边界误差

(1)地形概化会引起一定的误差。一维模型概化为子断面,在大流量情况下,由于概化而引起的过水面积或地形误差在整体过流中所占权重较小,有关结果(如 $Q \sim Z$ 关系)基本可以满足要求;在枯水流量条件下,该部分的权重相对增大,计算的 $Q \sim Z$ 关系与实际有一定差别。二维模型同样面临计算量与地形拟合精度的选择,要完备地反映实际地形就必须加密网格,但随之而来的计算工作量成倍数增长。如进行的5 000 m×30 000 m河段计算结果可以看出,对于不同的网格大小,计算流量会有相当差别(见图5-1-3)。若考虑水流漫滩后生产堤、堤河、地物地貌影响,所造成的误差会更大。

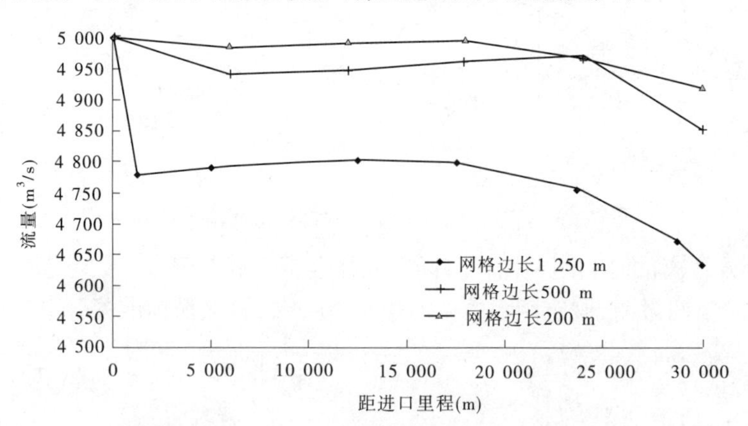

图5-1-3 不同网格密度计算流量过程比较

(2)模型验证采用资料也是模型误差主要来源之一。数学模型中的主要参数是利用实测资料率定的,关于实测资料的精度,有关规范规定如下:流量系统误差为4%~8%,随机不确定度为8%~10%;悬移质泥沙系统误差为2%~3%,随机不确定度为18%~20%。从黄河下游断面法和沙量平衡法冲淤量成果来看,淤积量测验系统误差更大。这种误差是数学模型本身所无能为力的。

5.1.3 评价应注意的问题

5.1.3.1 模型/软件存在的主要问题及原因

水动力学模型目前存在的主要问题包括如下几个方面：

(1)对模型/软件开发成本和进度估计常常不准确。

(2)用户和开发者本人对“已完成的”模型/软件不满意的现象经常发生。

(3)模型/软件质量往往靠不住。

(4)模型/软件常常是不可维护的。

(5)模型/软件通常没有适当的文档资料。

(6)模型/软件成本在计算机系统中所占的比例逐年上升。

(7)模型/软件开发生产率提高的速度远远跟不上计算机应用迅速普及深入的趋势。

导致这一系列问题的重要原因，一方面与模型/软件本身的特点有关，另一方面也与软件开发人员的弱点有关。许多模型/软件开发人员对模型/软件开发和维护还有不少糊涂观念，在实践中或多或少采用了错误的方法和技术，同时没有认识到模型/软件开发不是某种个体劳动的神秘技巧，而应该是一种组织良好、管理严密、各类人员协同配合、共同完成的系统工程。相互封锁、闭门造车将严重影响数学模型的发展和推广应用。

5.1.3.2 模型质量评价要素

数学模型质量的评价结果往往因人而异，有几个人就有可能有几种不同的评价，这主要取决于评价的人是偏重于普遍性、实用性和精确性以及费用、时间消耗等各个方面。当然也受个人偏好和专业知识的影响，实际上涉及一个评价标准的问题。评价标准的不统一不利于数学模型健康、持续、快速的发展。初步考虑模型评价以通用扩展性、实用精确性、经济高效性为基本原则，主要因素应包括如下几个方面：

(1)基本假定及简化方面的评价。

(2)算法和数值格式方面的评价。

(3)应用范围和限制方面的评价。

(4)质量－费用效益方面的评价。

(5)咨询推广方面的评价。

关于模型评价工作已有一些案例可资借鉴。如1989年可压缩流数值模拟国际学术讨论会前，曾拟定6个考题（每题又包含几组数据），对包括中心格式、逆风格式（MUSCL法）、特征格式在内的21种格式进行了数值检验，测试重点侧重于数值方法方面。1997年、2001年、2002年，黄委曾开展了3次数学模型比试，比试模型涉及一维、二维水动力学和水文水动力学模型等，测试重点侧重于模型实用性。类似案例从测试方案选择、基本资料准备、测试方式确定方面可为此类工作开展提供有益借鉴。

5.1.3.3 注重规程规范制定

数学模型研发属于软件工程范畴，因此需严格按照软件工程要求开展需求分析—概要设计—详细设计—构件测试—模型率定—模型验证—模型试运行等工作，保证过程合理。考虑到水利学科的特殊性，建议在软件工程标准基础上进一步编制有关的规程规范，提出对过程和结果的双重控制原则。

《海岸与河口潮流泥沙模拟技术规程》(JTJ/T 233—98)对基本资料、基本方程、计算模式、计算域确定及网格划分、初始和边界条件、基本参数的确定、验证计算及精度控制、方案计算、成果分析都提出了基本要求,对潮位、流速、流向、流路、潮量、潮流平均含沙量、床面冲淤厚度允许误差作了规定。如潮流平均含沙量允许偏差为30%,平均冲淤厚度允许偏差为30%。

为规范黄河数学模型的研发和评价,黄委组织编制了《黄河数学模型研发导则(试行)》(SZHH 05—2003),提出模型设计、编程、程序测试、率定、验证、输入输出、可视化、成果等方面的基本要求。编制在以上工作基础上,进一步提出诸如水库、河道泥沙模拟技术规程是必要的,编制了《黄河数学模型评价办法(试行)》,提出了主要治黄业务应用的各类模型的性能和功能指标以及具体的评价办法。

5.2 黄河数学模型研发导则

《黄河数学模型研发导则(试行)》(SZHH 05—2003)主要包括以下内容:①对黄河数学模型设计内容作了具体描述,对程序编程标准进行了详细规定,以及程序调试的基本原则和要求;②对黄河数学模型率定和验证的过程、标准和要求作了详细规定;③对黄河数学模型输入输出的内容、格式、模型可视化的内容和要求都作了具体规定;④对黄河数学模型研发提交的成果与报告、模型应用和升级服务的要求作了详细描述及具体规定。

5.2.1 总则

为了适应"数字黄河"工程建设的需要,统一黄河数学模型研发和应用,制定了本导则。本导则适用于黄河数学模型的研制、开发和应用。

5.2.2 术语

(1)黄河数学模型。是指利用数学方法系统地将黄河物理过程概化为含有一些系数或参数方程的数值计算,并且应用到黄河的治理开发。黄河数学模型简称模型。

(2)程序。是指符合特定程序设计语言规则的,并且由声明和语句或指令组成的以解决确定功能、任务或问题所需的语法单元。

(3)测试。是指通过执行程序来有意识地发现程序中的设计错误和编码错误的过程。

(4)率定。是指在数学模型研发过程结束时,通过对黄河实际过程模拟试算或采用统计回归分析理论,确定数学模型参数及评价计算结果是否和黄河实际情况相一致的过程。

(5)验证。是指在数学模型参数确定后,通过对给定的黄河实际过程进行模拟计算,评价模拟计算结果是否符合黄河实际要求的过程。

(6)模块。具有完成规定目标功能的程序、软件实体或二者结合的实体。

(7)函数。执行特定动作的软件模块,由出现在表达式中的名字引用,可以接收输入值并返回单值。

（8）参数。是指在模型中含有一些尚未确定的系数，在模型应用前，必须先通过率定确定这些系数。

5.2.3 设计

数学模型研发须进行模型设计，设计包括总体设计和详细设计。总体设计内容应包括需求分析、开发目标以及模型基本原理和关键技术处理方案、模型功能、结构及逻辑关系图。详细设计应对模型功能进行分解和模块化，详细描述各模块的流程、计算方法、收敛条件及适应范围，满足模型编程要求。

5.2.4 编程

模型开发平台统一采用 Microsoft Windows 系统，现有模型逐步移植到 Microsoft Windows系统。模型编程语言推荐采用 Visual Basic、Visual C、Visual Delphi，科学计算推荐采用 Visual Fortran。模型编程必须满足程序可读性、结构化、容错性和可重用性的要求。

（1）可读性要求。程序头或函数头须有详细、清晰的变量，算法和功能注释说明；程序变量用英文单词表示，两个单词以上用下划线分开；注释说明用中文表示；程序的注释行数应不少于总行数的1/2。

（2）结构化要求。程序结构清晰、简单易懂，单个函数或模块的行数不超过100行（不包括注释行），不推荐使用 GOTO 语句，用 CASE 语句实现多路分支，循环嵌套或分支层次不超过5层，避免循环语句存在多个出口。

（3）容错性要求。当程序与环境或状态发生关系时，必须有处理意外事件或提示意外错误的语句或程序，避免程序意外中断。

（4）可重用性要求。重复使用的完成相对独立功能的算法或代码必须要抽象为公共模块，公共模块必须是标准的 Microsoft Windows 程序，不依赖于开发环境且能被标准 Microsoft Windows 的软件开发工具调用。

5.2.5 程序测试

模型中每一个模块都必须进行独立测试，测试内容必须全面，各个分支或逻辑运算必须要通过测试，测试计算结果须进行校核。模型必须进行整体测试，测试须根据模型设计流程图、模型原理和特点，设计和构造不同输入数据，对各程序模块之间进行联调测试，并对模型测试结果进行分析和评价。模型测试结束后须删除不必要的语句或其他测试信息。

5.2.6 率定

模型参数须有明确的物理意义和取值范围，各参数之间应相互独立。在模型率定中所采用的样本数据须与模型参数具有关联性，样本数据在空间和时间序列上须反映参数的实际变化过程。模型参数率定后须详细给出模型参数值的使用条件、适用范围和计算精度。

5.2.7 验证

模型要应用于黄河实际计算之前,必须通过实际资料验证认可。在模型验证中,所采用的实际资料须与模型研究问题属于同一个类型,具有相似的地理水文条件,所覆盖的空间和时间也应相互匹配。模型验证资料和模型率定资料须相互独立,互不涵盖。在模型验证过程中,模型参数必须采用率定值,不允许调整参数。验证计算成果与实际情况基本符合,视为通过模型验证。

5.2.8 输入与输出

输入数据须是黄委专业部门认可的数据,输出数据包括输入数据和计算结果。输入、输出数据格式应符合“数字黄河”工程数据的标准,并提供用户所需要数据格式的数据转换接口模块。输入输出数据须满足不同用户需要,提供多项数据选择。

5.2.9 可视化

模型须具有图示化和友好的人机交互界面,菜单清晰、布局合理,操作简单、方便。模型输入边界条件、初始条件等数据,用户可通过图形、窗口、表格或 GIS 数据交互设定。模型计算过程或仿真过程(如洪水演进过程、河床演变等)须以图形方式进行动态显示。用于可视化的 GIS 数据须与“数字黄河”工程中的 GIS 数据一致。

5.2.10 成果

模型研发完毕,成果须包括《模型设计报告》、《模型率定和验证技术报告》、《用户使用说明》和软件(源程序、执行程序、联机帮助),以及有关输入数据电子文档、输出计算成果电子文档和文档说明。模型通过验收后方可推广应用。模型研发人员有责任在实际应用中不断地改进和完善模型,提供升级服务。

5.3 黄河数学模型评价办法

为科学评价黄委已开发的各类数学模型,推动黄河数学模拟系统的持续研发和推广应用,制定本方法。本办法适用于《“数字黄河”工程数学模拟系统建设规划》中涵盖的各类数学模型,以及参与黄河重大生产项目的相关模型。相应模型主要包括气象水文泥沙预报、水土流失、水库洪水泥沙调度、河道水沙演进、水库及河道泥沙冲淤预测模型、河口潮流泥沙、冰凌、水质、水资源配置及水量调度模型等。

5.3.1 模型评价分级

符合以下条件的数学模型可评为应用级:

(1)理论和技术路线先进合理。

(2)功能和性能达到本办法的基本要求。

(3)经过一定时期的使用取得良好效果。

符合以下条件的数学模型可评为试用级：
(1)理论和技术路线基本合理。
(2)功能达到本办法的基本要求。
(3)性能不够稳定,需要经过一年以上的实际应用。

5.3.2 基本要求

满足《黄河数学模型研发导则(试行)》(SZZH 05—2003)的相关要求。模型编程必须满足程序可读性、结构化、容错性和可复用性的基本要求;具备完备的构件测试、模型率定和验证。模型结构合理,采用的理论公式定量可行,参数选取范围合理、统计检验结果符合要求,数值方法满足相容性、稳定性、收敛性和守恒性要求。模型计算结果与典型问题的解析解、经典实验室数据符合较好;与原型观测资料有较高的吻合度。模型中应包含有一定的算例、完备的文件帮助系统或文档、错误防止措施及检测系统等。

5.3.3 评价指标体系

评价指标体系主要包括功能指标和性能指标。功能指标指模型具有的模拟预测功能,性能指标指模型所提供结果的控制精度和满足需求的程度。

(1)气象预报模型。主要评价指标及控制精度详见表5-3-1,黄河流域中尺度数值模式计算时间不大于3 h。

表5-3-1 气象预报模型主要评价指标及控制精度

评价指标	控制精度
2 m气温	24 h预报精度达到90%;48 h,80%;72 h,70%(评分标准:预报值与实测值±2 ℃为正确,否则为错误) 72 h以上预报主要侧重趋势,即对明显降温和升温过程的预报(评分标准:预报值与实测值±2.5 ℃为正确,否则为错误)
降水	按中国气象局的TS评分(TS=预报准确(包括量级和落区)/(空报+漏报+预报准确))、漏报率(漏报率=漏报/(漏报+预报准确))和空报率(空报率=空报/(空报+预报准确)) TS评分:24 h预报:小雨,达到40%;中雨,30%;大雨,20%;暴雨,10% 48 h预报:小雨,达到35%;中雨,25%;大雨,15%;暴雨,7% 72 h预报:小雨,达到30%;中雨,20%;大雨,10%;暴雨,5% 漏报率:24 h预报:小雨,低于20%;中雨,30%;大雨,40%;暴雨,50% 48 h预报:小雨,低于25%;中雨,35%;大雨,45%;暴雨,55% 72 h预报:小雨,低于30%;中雨,40%;大雨,50%;暴雨,60% 空报率:24 h预报:小雨,低于50%;中雨,70%;大雨,80%;暴雨,90% 48 h预报:小雨,低于55%;中雨,75%;大雨,85%;暴雨,92% 72 h预报:小雨,低于60%;中雨,80%;大雨,90%;暴雨,95%

(2)径流、洪水预报模型。主要评价指标及控制精度详见表5-3-2,黄河流域各典型

区域径流预报模型计算时间不大于 20 min,洪水预报模型计算步长不大于 1 h,黄河宁蒙河段、河口镇—三门峡区间(简称河三间)、小花间、渭河中下游计算时间不大于 20 min。

表 5-3-2　径流、洪水预报模型主要评价指标及控制精度

评价指标	控制精度
径流总量	许可误差为 20%
径流深	许可误差为 20%;当该值大于等于 20 mm 时,取 20 mm;当该值小于 3 mm 时,取 3 mm
洪峰流量	当该值大于等于 4 000 m^3/s 时,许可误差为 15%;当该值小于 4 000 m^3/s 时,许可误差为 20%
峰现时间	以预报根据时间至实测洪峰出现时间之间时距的 30% 作为许可误差,当许可误差小于 3 h 或一个计算时段长时,则以 3 h 或一个计算时段长作为许可误差
流量过程	流量过程确定性系数 $DC>0.7$ 时,可用于正式预报;当 $0.5<DC\leq0.7$ 时,可用于参考性预报

(3)河道泥沙预报模型。主要评价指标及控制精度详见表 5-3-3;模型计算步长不大于 1 h,吴堡—潼关区间计算时间不大于 20 min。

表 5-3-3　河道泥沙预报模型主要评价指标及控制精度

评价指标	控制精度
最大含沙量	当最大含沙量大于等于 200 kg/m^3 时,允许相对误差 20%;当最大含沙量小于 200 kg/m^3 时,允许相对误差 30%
最大含沙量出现时间	以预报根据时间至实测含沙量出现时间之间时距的 30% 作为许可误差,当许可误差小于 3 h 或一个计算时段长时,则以 3 h 或一个计算时段长作为许可误差
输沙量及其过程	场次洪水输沙量预报相对误差为 25%;当含沙量大于等于 200 kg/m^3 时,允许相对误差为 20%;当含沙量小于 200 kg/m^3 时,允许相对误差为 30%

(4)水土流失模型。主要评价指标及控制精度详见表 5-3-4;模型计算步长不大于 1 h,重要入黄支流或小流域次暴雨洪水计算时间不大于 20 min。

表 5-3-4　水土流失模型主要评价指标及控制精度

评价指标		控制精度
径流量过程	平均流量	径流变化趋势和实测变化趋势一致;当断面平均流量大于等于 4 000 m^3/s 时,许可相对误差为 15%;当断面平均流量小于 4 000 m^3/s 时,许可相对误差为 20%
	洪峰流量	当断面平均流量大于等于 4 000 m^3/s 时,许可误差为 15%;当断面平均流量小于 4 000 m^3/s时,许可误差为 20%
	洪峰时间差	最大流量出现时间允许误差为 1 h

续表 5-3-4

评价指标		控制精度
产沙量	坡面产沙量	允许误差为 25%
	沟道产沙量	允许误差为 35%
	流域产沙量	允许误差为 30%
含沙量过程	平均含沙量	含沙量变化趋势和实测变化趋势一致,平均含沙量允许误差为 30%
	最大含沙量	最大含沙量允许误差为 35%
	沙峰时间差	最大含沙量出现时间允许误差为 1 h

(5)水库洪水泥沙调度模型。主要评价指标及控制精度详见表 5-3-5;模型计算步长不大于2 h,黄河干流骨干水库及陆浑水库、故县水库、河口村水库、东庄水库,单库计算时间不大于 5 min,多库联合调度计算时间不大于 20 min。

表 5-3-5　水库洪水泥沙调度模型主要评价指标及控制精度

评价指标		控制精度
水库洪水调度模型	洪水预见期	入库洪水传播时间减 2 h
	水库最大出库流量	以场次洪水过程内实测变幅的 20% 作为许可误差
	水库最高水位	场次洪水计算的水库最高水位允许误差为水位变幅的 10%
	水库最大蓄洪量	场次洪水计算的水库最大蓄洪量允许误差为 10%
	防洪控制断面洪峰流量、不同时段洪量	以场次洪水过程内实测变幅的 30% 作为许可误差
水库泥沙调度模型	蓄水曲线	各时段计算的水库蓄水变量允许误差为 5%
	水库输沙流态	能定性反映异重流、明流、浑水水库输沙流态
	水库淤积量	淤积总量允许误差为 20%,分组泥沙淤积量允许误差为 30%
	水库淤积形态	冲淤部位和冲淤趋势基本一致,淤积形态定性一致;场次洪水平均冲淤厚度误差为 20%,多年平均冲淤厚度误差为 25%
	出库含沙量	当含沙量大于等于 200 kg/m³ 时,允许相对误差为 20%;当含沙量小于 200 kg/m³ 时,允许相对误差为 30%。悬沙级配允许误差为 30%
	最大含沙量出现时间	以预报根据时间至实测含沙量出现时间之间的时距 30% 作为许可误差,当许可误差小于 3 h 或一个计算时段长时,则以 3 h 或一个计算时段长作为许可误差

(6)河道水沙演进模型。主要评价指标及控制精度详见表 5-3-6;恒定流模型相应评价指标及控制精度参考表 5-3-6 执行;非恒定流模型计算步长不大于 1 h,黄河下游河道、宁蒙河道、小北干流河道、渭河下游河道一维模型次洪水计算时间不大于 5 min,二维模型

计算时间不大于 2 h。

表 5-3-6　河道水沙演进模型主要评价指标及控制精度

评价指标	控制精度
洪峰流量	以预见期内实测变幅的 20% 作为许可误差。当流量许可误差小于实测值的 10% 时，取流量实测值的 10% 作为许可误差
峰现时间	以预报根据时间至实测洪峰出现时间之间时距的 30% 作为许可误差，当许可误差小于 3 h 或一个计算时段长时，则以 3 h 或一个计算时段长作为许可误差
洪峰水位	(1) 以预见期内实测变幅的 20% 作为许可误差。当水位许可误差小于实测洪峰流量的 10% 所相应的水位幅度值或小于 0.10 m 时，则以该值作为许可误差 (2) 预见期内最大变幅的许可误差采用变幅均方差 σ_{Δ}，变幅为零的许可误差采用 $0.3\sigma_{\Delta}$，其余变幅的许可误差按上述两值用直线内插法求出。当计算许可误差大于 1.0 m 时，取 1.0 m；计算的 $0.3\sigma_{\Delta}$ 小于 0.10 m 时，取 0.10 m
流量过程	当流量过程确定性系数 $DC>0.7$ 时，可用于正式预报；当 $0.5<DC<0.7$ 时，可用于参考性预报
流速分布	流速分布形态定性合理，流速值许可误差为 10%
含沙量	要求变化趋势一致，当悬移质含沙量大于等于 200 kg/m^3 时，允许误差为 20%；当悬移质含沙量小于 200 kg/m^3 时，允许误差为 30%；悬沙级配允许误差为 35%
最大含沙量出现时间	以预报根据时间至实测含沙量出现时间之间时距的 30% 作为许可误差，当许可误差小于 3 h 或一个计算时段长时，则以 3 h 或一个计算时段长作为许可误差
床面冲淤	冲淤部位和冲淤趋势基本一致，平均冲淤厚度误差应小于 30%

(7) 水库及河道泥沙冲淤预测模型。主要评价指标及控制精度详见表 5-3-7，长系列计算时间应满足规划要求。

表 5-3-7　水库及河道泥沙冲淤预测模型评价指标及控制精度

评价指标		控制精度
水库冲淤预测模型	蓄水量	满足质量守恒
	水库输沙流态	能定性反映异重流、明流等输沙流态
	水库淤积量	长系列淤积总量允许误差为 20%，分组泥沙淤积量允许误差为 30%
	水库淤积形态	能够反映库区冲淤变化过程，冲淤部位和冲淤趋势基本一致，淤积形态（三角洲、锥体、带状等）定性一致
	出库含沙量	时段平均悬移质含沙量允许误差为 30%；分组沙允许误差为 30%
河道冲淤预测模型	累计冲淤量	河道冲淤部位和冲淤趋势基本一致，系列年累计冲淤量计算误差小于 20%
	滩槽累计冲淤量	河道各个河段滩槽冲淤累计误差应小于 30%
	分组泥沙累计冲淤量	各河段分组沙冲淤基本一致，累计冲淤量计算误差应小于 20%

(8)河口潮流泥沙模型。主要评价指标及控制精度详见表5-3-8;模型计算步长不大于1 h,黄河三角洲滨海区18 m等深线以内区域二维模型次洪水计算时间不大于1 h。

表5-3-8　河口潮流泥沙模型主要评价指标及控制精度

评价指标	控制精度
潮位过程	高低潮时间的相位允许误差为0.3 h,最高最低潮位值允许误差为0.20 m
潮流、流向	涨、落潮段平均流速允许误差为20%,流向允许误差为10°
垂线平均流速、流向、最大含沙量	平面流态、流向及回流范围与原型基本符合;流量允许偏差为±5%;最大含沙量大于等于15 kg/m³时,允许误差为20%,当最大含沙量小于15 kg/m³时,允许误差为30%
淤积形态及厚度	累计计算时间5年以上,在河口附近的淤积形态与原型相似,淤积厚度允许误差为30%

(9)水质模型。主要评价指标及控制精度详见表5-3-9;模型计算步长不大于1 h,黄河兰州段、宁蒙河段、龙—三河段及黄河下游河段一维模型计算时间不大于15 min,二维模型计算时间不大于2 h。

表5-3-9　水质模型主要评价指标及控制精度

评价指标	控制精度
典型可溶性污染物	最大浓度允许误差为35%,平均误差为25%
传播时间	允许偏差为10%,传播时间最大误差为6 h

(10)冰凌模型。主要评价指标及控制精度详见表5-3-10;模型计算步长不大于1 h,黄河内蒙古河道、下游河道、小北干流河道、单个水库一维模型计算时间不大于15 min,二维模型计算时间不大于2 h。

表5-3-10　冰凌模型主要评价指标及控制精度

评价指标	控制精度
流凌/封冻/开河日期	以预报根据时间至实际出现时间之间时距的30%作为许可误差
槽蓄量	当槽蓄量大于等于10亿m³时,允许误差为10%;当槽蓄量小于10亿m³时,允许误差为15%
最大冰厚	允许误差为变幅的10%,冰厚小于0.2 m时,最大允许误差为50%
流　量	当流量大于等于1 500 m³/s时,允许误差为15%;当流量小于1 500 m³/s时,允许误差为20%
峰现时间	以预报根据时间至实际出现时间之间时距的30%作为许可误差
水　位	断面水位允许误差为0.1 m;冰塞水位允许误差为水位变幅的30%
冰塞、冰坝	河段冰塞、冰坝洪水计算,根据《凌汛计算规范》(SL 428—2008),按满足工程防凌要求为准

（11）流域水资源配置及水量调度模型。主要评价指标及控制精度详见表5-3-11，全流域模型计算时间不大于1 h。

表5-3-11　　流域水资源配置及水量调度模型主要评价指标及控制精度

评价指标		控制精度
农作物需水预测模型	作物腾发量	作物腾发量计算值与典型区域试验值的允许偏差为5%
	农作物需水量	按旬计算的农作物需水量与典型灌区试验值的允许偏差为5%
流域水资源配置模型	分区水量平衡	主要水资源二级区、省（区）水量平衡中供水量、耗水量、缺水量与目标控制值的允许偏差为5%，三级区允许偏差为3%，四级区允许偏差为2%
	断面控制	主要断面水量控制允许偏差为10%，最小断面流量控制允许偏差为5%
	年度水量分配	年度分配水量省（区）总耗水量允许偏差为10%，断面年水量允许偏差为10%；主要河段省（区）用水允许偏差为10%
	月水量分配	省（区）用水、主要河段省（区）用水、主要水库进出库、断面控制流量允许误差为10%
水量调度模型（包括枯水调度模型）	水库月末水位	主要水利枢纽关键调控期月末水位与目标值允许偏差为5%
	水电站发电	大型水电站保证出力允许偏差为10%，多年平均发电量允许偏差为10%
	枯水流量传播时间	按照日步长计算河道枯水流量传播时间，计算值与试验值的允许偏差为10%
	流量演进	划分不同流量级建立相应演进参数，日、旬、季度流量演进的允许偏差分别为10%、15%、20%

5.3.4　评价环境技术要求

评价环境的基本内容主要包括标准算例库、典型案例库、实验室数据库和原型资料数据库。

（1）标准算例库。建成的算例库能满足模型功能和性能完备测试及证伪要求，测试案例应无歧义性。

（2）典型案例库。主要指被学术界普遍认同的可以用做对比依据的一些典型问题精确解和高精度的数值计算结果。精确解主要包括不考虑边界条件的精确解（人工构造的精确解）和满足控制方程及初始边界条件的精确解。

（3）实验室数据库。必须满足数据的准确度较高，应以数字而非图形形式表达；数据及其相关信息，如数据的边界条件、进口或初始条件叙述明确；对数据进行不确定度分析等要求。

(4)原型资料数据库。原型数据必须通过数据权威部门发布,主要包括事件型数据和长系列数据。

5.3.5 模型评价和公布

模型评价和公布主要包括评审申请、模型评审、综合评价和结果公示。

(1)评审申请。申请评审者按要求向"数字黄河"工程主管部门提交申请,"数字黄河"工程主管部门组成评审委员会,组织评价。

(2)模型评审。评审委员会根据《黄河数学模型研发导则(试行)》(SZZH 05—2003)的基本要求,首先对主要功能模块进行审查;其次,利用模型评价案例库或申请方提供的案例,进行独立测试;最后,根据测试情况对主要计算结果的误差作出定量评价,对使用方便和可维护情况作出客观描述。

(3)综合评价。根据评审结果,评审委员会提出评价报告。重点对模型的功能、性能、使用范围、可复用性作出客观描述,综合给出模型评价级别。

(4)结果公示。对模型评价结果在黄河网或办公自动化外网上进行公示,公示期如无异议,评价结果由黄委公布。

黄委将定期发布已通过评价模型名单,对于黄委自主开发的模型,将纳入黄河数学模拟系统进行统一编号。

5.3.6 推广应用

对于已评为应用级的数学模型,将在黄委范围内得到重点推广。黄委委属单位和部门所开展的黄河重大工程论证、防洪(防凌)、水资源管理与调度、水资源保护、水土保持等重大方案编制,必须利用其进行有关计算、模拟和分析,并将模拟分析的结果作为审查、决策的必要依据;没有被评为应用级的同类模型,其计算结果不能用于重大工程论证和方案编制。

对于已评为试用级的数学模型,将在黄委范围内鼓励应用和支持。其模拟计算结果可作为黄河治理开发与保护的重大工程论证、重大方案编制的参考依据。

应　用　篇

第6章　面向黄河防洪调度系统的模型集成

黄河水沙数学模拟系统除能自成系统、独立运行外,由于其通用模型库采用模块化设计,并提供了灵活的数据接口,因此这些通用模型库可以直接被其他系统调用,节省软件(系统)开发的时间和成本。本章结合黄河防洪调度系统(一期)模型集成,重点论述一维非恒定水流、泥沙模型库等在黄河防洪调度系统——实时洪水调度系统子系统集成的应用。

6.1　黄河防洪调度系统概述

黄河水沙调控的理论与实践为建设黄河洪水泥沙管理系统奠定了基础,也为系统建设提出了迫切的需求。黄河防汛工作是一个有机的、紧密结合的系统,黄河洪水和泥沙之间的复杂关系也构成了水沙不可分割的现状。从防汛工作的流程出发,从水文预报到指挥调度再到查险抢险,这几个环节是紧密联系不可分割的整体,实际工作中不断变化的水情、工情、险情要求在指挥决策时要掌握足够的信息资源,要有快速决策的技术支撑。在处理不同量级的洪水时,要根据决策目标的不同,对洪水和泥沙进行统筹考虑,要在保障防洪安全的前提下,对泥沙作出有效的处理,兼顾当前和长远的目标。

过去已经建成的各应用系统和数学模型在黄河防洪、调水调沙工作中发挥了重要作用,但这些系统在开发时主要针对防汛工作中的某一个环节或一个环节的某一个方面,虽然已经进行了部分系统的整合与耦合,但还不能满足防汛工作快速、准确、高效的要求。从应用角度讲,总的说来,主要有以下几方面的问题:

(1)计算信息不够。现有系统对水库调度的计算是基于一般的水量平衡分析,没有对调度状态进行更细致的计算和分析,例如没有对水库逐时段的各种调度状态的计算方法和详细说明,如保持汛限水位、汛限水位以上蓄水、汛限水位以上及蓄洪限制水位以下调洪、蓄洪限制水位控制运用、蓄洪限制水位以上“保坝”运用等。而这些信息在实际调度过程中是重要的参考内容。

(2)调度分析基础功能还不完备。现有系统一般可以进行常规的调度方案分析计算,但功能上仍不能满足实际调度的某些需要,例如只进行单个水库的调度过程分析而不涉及其他环节,或是任意合理情况下的多库组合调度计算等,原有系统都不具备。同时,根据新的治水思路,对水库调度方式可以进行调整,特别是一些认为固定的指标和水库调度边界条件、调度运行方式都发生了变化,这些调整和变化对调度系统提出了新的要求。

(3)决策支持手段和效果有待于改进。调度系统对防洪调度的决策支持是防洪调度系统的目的所在，而现有系统在进行方案分析计算过程中及计算完成后，缺乏有效的决策支持和方案辅助分析手段。具体而言，过去往往是由分析人员进行计算，当计算结果出来后，拿到决策者面前，计算过程分析和方案分析环节是截然分开的，这种情况当然是可以采用的，但不是最好的，效果也不一定最佳。一个好的防洪调度应用系统应该能够在提高系统运行直观性的前提下，在一定层次和环节上直接接受决策者的指令，然后进行分析计算，这应该是决策支持过程优化的必然要求，因为它使得整个分析计算过程和决策者的分析判断过程更加直接地结合起来，有利于决策者对方案进行更加全面的分析和判断。

(4)系统运行过程烦琐且不够流畅。现有系统在集成系统功能的过程中一般对系统执行过程的流畅性、简洁性缺乏充分的考虑。系统设计的功能具备了，但是系统的执行过程偏烦琐，操作使用不够方便，不能体现防洪调度分析业务的时序过程。

(5)缺乏对泥沙冲淤的分析计算功能。如前所述，黄河的特点决定了黄河防洪调度业务必然要向洪水泥沙联合处理的方向发展，而实际上，黄委近些年开展的旨在开展泥沙处理的实践中，已经将水沙联合调度的理论和实践大大向前推进了，积累了不少经验，同时，在这些实践中，对水沙联调分析模型和分析软件的需求也十分迫切。

(6)缺乏符合调度业务特点的人机界面。现有系统一般是按照流行的窗口系统运行模式开发的，但是防洪调度方案分析计算毕竟有自己的特点，要使系统更好地为技术分析人员乃至一定层次的决策人员服务，就必须使系统的人机界面更好地体现防洪调度业务的特点，即除有窗口系统的一般界面(包括菜单系统设置等)外，还要具有符合防洪调度业务分析的专业化友好界面。

黄河防洪调度系统的基本思路主要体现在：一是用系统的观点来处理黄河防汛工作的各个环节，从一次洪水的产生到消亡，期间涉及的各项工作都是黄河洪水泥沙管理系统的对象。二是与以往所有系统的最大区别就是从预报、调度到洪水演进的过程中将泥沙作为考虑的一个主要因素，实现水沙的统一管理。三是在系统的建设中引进新的技术和理念，如系统“耦合”思想、风险决策、多目标优化决策的理念、模糊数学或神经网络的方法、可视化技术等。四是充分利用现有的各种资源，通过整合与开发，发挥现有资源的作用，实现各系统的紧密衔接，最终形成支持防汛工作流程的、综合的水沙调度管理系统。

系统设计的总体思路是：以洪水调度为主线，以水沙联合调度为重点；贯穿“耦合”思想，实现洪水预报与水沙调度耦合、水库调度与库区冲淤模型计算耦合、下游河道水沙演进与冲淤模型计算耦合。

6.1.1 建设任务

黄河防洪调度系统总体建设任务如下：

(1)建设功能完善的黄河防洪调度系统，对黄河中游水库库区、下游河道洪水演进、河床演变过程等进行一维模拟，使用户或决策者能对水库调度、水流、泥沙具有更为清晰、直观的了解，增加决策的有效性。借助于GIS技术，在重要环节实现调度决策信息的直观可视化。

(2)建立小浪底、三门峡、陆浑、故县以及东平湖水库等单库调度模型及多库任意组合调度模型,实现对各种防洪形势下的灵活调度,充分发挥水库和蓄滞洪区的综合效益,减轻和防治洪水灾害,最终实现科学决策和优化调度,为黄河中下游提供安全保障。

(3)初步建立灵活的水沙调度系统,改变以往单一清水调度的工作现状,充分利用相关部门的洪水水沙过程预报结果,开展重要河段洪水泥沙过程的模拟(库区、下游河道冲淤)分析,进而对出库泥沙过程实施有效控制,减少黄河下游河道淤积,实现水库库区泥沙的合理分布,满足当前黄河减淤的需求。

(4)在系统功能设计上,进行洪水调度和泥沙调度的耦合。对三门峡水库、小浪底水库以及下游河道各选择一个较为成熟的泥沙冲淤数学模型进行集成,各个模型间实现信息共享和流畅的互连互通,从而实现连续、滚动的水沙预报、水沙调度和水沙演进功能。

(5)按照“数字黄河”工程建设等有关标准,建立系统专用数据库,其中包括历史水沙数据,参数库、方法库,存储各类预报信息、调度信息和系统中间过程数据库,以及处理好的模型输入所需数据库。

系统建设的覆盖范围为:黄河潼关—花园口河段(包括洛河流域故县水库及其以下,伊河流域陆浑水库及其以下,沁河流域五龙口与山路平站以下,黄河干流三门峡、小浪底两座大型水库)及黄河下游河道花园口—利津河段(包括东平湖、北金堤两个分滞洪区)。

6.1.2 建设原则

黄河防洪调度系统是一项结构复杂、涉及面广的系统工程,为了确保达到预期的目标,系统性能在详细设计阶段应遵循以下原则:

(1)耦合原则。以防洪减灾为目标,先清水后浑水,水沙耦合为重点,实现预报调度耦合、水沙耦合和模型与应用耦合多种耦合。

(2)整合原则。按照充分利用现有资源的系统开发策略,黄河洪水调度系统的开发必须对已建模型(系统)进行整合,将它纳入新的系统总体框架中,以达到充分利用以往研究开发成果的目的。

(3)统筹原则。在设计开发过程中,要统筹规划、统一设计。在系统开发中,逐渐形成防汛指挥系统工程洪水调度系统的基础构件和基本模块体系。

(4)需求原则。根据实际情况,以需求为导向,充分调查分析,急用先建。

(5)捆绑原则。在设计、开发中把业务主管部门“捆”进来,充分依托主管部门的知识体系和协调作用,同时发挥开发部门的积极性和开发能力。

(6)实用性、可靠性、先进性、标准性、开放性、实时性原则。

实用性:首先要考虑系统的实用性和可操作性,根据实际需要设计系统的规模。

可靠性:在汛期的恶劣条件下,在各种突发事件的状态下确保系统能正常运行。

先进性:在满足实用性的基础上,采用的技术起点高,尽量选用当前最先进的软件、硬件,先进的预报与调度计算方法。

标准性:本系统由许多子系统组成,为使系统结构合理、功能齐全、便于调整扩展,按照国家防汛指挥系统统一标准设计建设。

开放性:按开放式系统的要求选择设备,组建系统,以利于调整和扩展。

实时性:满足汛期实时调用信息的需要。

(7)强调系统结构化、模块化、标准化,做到界面清晰、接口标准、连接畅通,达到完整性与灵活性的较佳结合,最终实现系统的有效集成。

6.2 黄河防洪调度系统功能结构

6.2.1 系统开发内容

根据建设目标,黄河防洪调度系统(一期)的开发内容有:三花区间洪水预报和调度耦合与接口,洪水调度预案分析子系统,实时洪水调度方案分析子系统选择三门峡、小浪底水库泥沙冲淤数学模型各一个进行整合、改造与应用,选择一个下游河道泥沙冲淤数学模型进行整合、改造与应用,初步开展调度方案评估决策模型建立及子系统开发相关工作,历史水(沙)数据库及系统专用数据库,相关标准体系建立,黄河防洪调度业务运行平台开发,系统软件开发与集成。

6.2.2 系统结构与功能描述

黄河防洪调度系统(一期)是国家防汛指挥系统工程(一期)的重要组成部分,按业务功能分为潼关水沙过程预报子系统(二期实施)、洪水调度预案计算子系统、实时水沙调度子系统、调水调沙方案分析与计算子系统、水沙电一体化调度子系统(二期实施)、调度评估决策子系统、水库调度监测信息应用子系统(二期实施)和黄河洪水泥沙调度管理业务运行平台等8个基本业务功能系统和历史水(沙)数据库及系统专用数据库。系统总体结构如图6-2-1所示。

黄河防洪调度系统的业务运行系统由三层体系结构构成:

系统整体开发采用MVC模式——Model(模型)-View(视图)-Controller(控制器)的简称,开发平台采用Microsoft. NET。

在底层平台的基础上,构建专业信息提取和加工模块,形成黄河防洪调度系统业务运行平台层。

在业务运行平台和专业信息提取及加工模块的支撑下,形成洪水调度子系统等5个子系统,这是系统的应用层。

(1)洪水调度预案计算子系统。在整体防洪规划参数的约束下,根据设计洪水进行流域洪水泥沙预案计算,计算洪水预案相应的各水库洪水泥沙蓄泄过程、各滞洪区洪水吞吐过程、重点防洪控制断面洪水泥沙过程,运用科学计算和可视化技术,将模拟计算的洪水预案展示出来。洪水调度预案计算包括常规预案计算和非常规预案计算两类。计算范

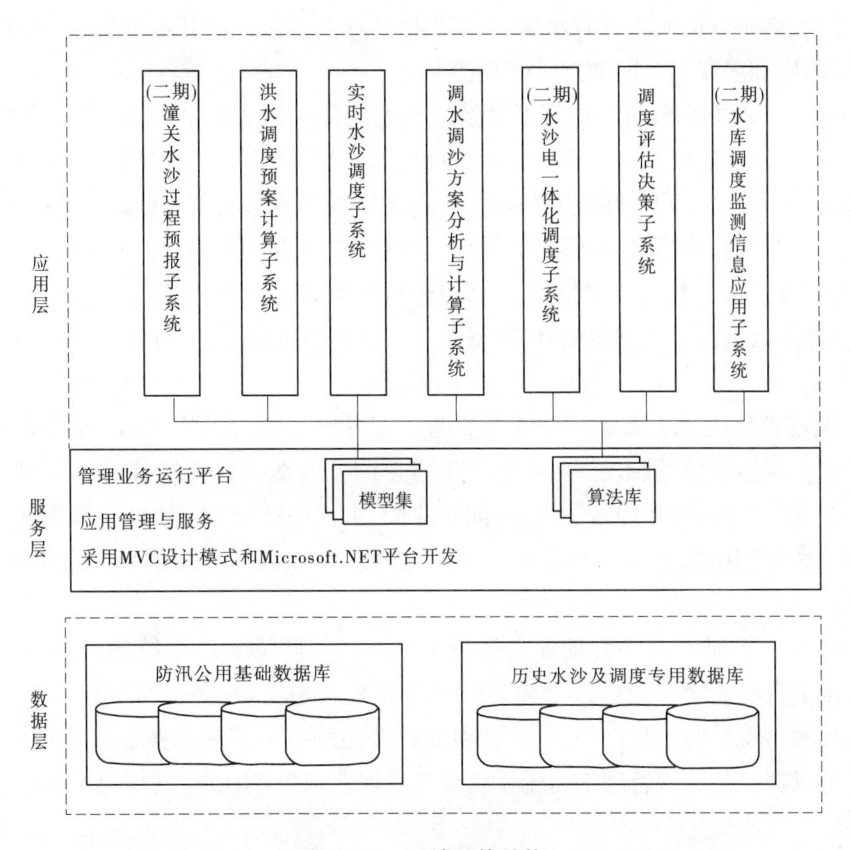

图 6-2-1　系统总体结构

围覆盖潼关至利津整个黄河中下游地区,包括三门峡、小浪底、西霞院、河口村、陆浑、故县等6库水沙联合调度和东平湖、北金堤分滞洪区的调度运用等。在给定潼关水沙过程的情况下,通过标准接口和泥沙模型运行控制,能进行三门峡水库泥沙模型、小浪底水库泥沙模型和黄河下游泥沙数学模型计算,生成三门峡水库出库水沙过程,小浪底水库出库水沙过程和黄河下游主要水文站、断面的泥沙过程、冲淤变化等;对黄河下游河道进行洪水演进计算,依据分蓄洪区的调度运用规则对分蓄洪区进行分洪方案的计算,最终生成黄河中下游水库、分蓄洪区的联合洪水泥沙调度预案。

(2)实时水沙调度子系统。根据实测、预估、计算或模拟的潼关洪水过程、三花区间各控制站或区间的洪水过程(利用现有洪水预报软件),对黄河中游三门峡、小浪底、西霞院、河口村、故县、陆浑水库等6库进行实时洪水联合调度方案的分析计算,生成三门峡、小浪底、西霞院水库的出库流量过程,河口村、故县、陆浑水库出库流量过程以及花园口水文站的流量过程;在给定潼关水沙过程的情况下,利用现有较成熟的黄河泥沙冲淤模型经改造后,通过标准接口和泥沙模型运行控制,能进行三门峡水库泥沙模型、小浪底水库泥沙模型和黄河下游泥沙数学模型计算,生成三门峡水库泥沙、小浪底水库和黄河下游泥沙模型计算结果,包括主要断面的水位、流量、含沙量和断面冲淤变化及河段冲淤量变化;对黄河下游河道进行洪水演进计算,依据分蓄洪区的调度运用规则对分蓄洪区进行分洪方案的计算，最终生成黄河中下游水库、分蓄洪区的联合洪水泥沙调度方案。系统应具有灵活的单库调度和多库组合的调度计算功能。

(3)调水调沙方案分析与计算子系统。在给定潼关水沙过程的情况下，利用现有较成熟的黄河泥沙冲淤模型经改造后，通过标准接口和泥沙模型运行控制，能进行三门峡水库泥沙模型、小浪底水库泥沙模型和黄河下游泥沙数学模型计算，生成三门峡水库泥沙、小浪底水库和黄河下游泥沙模型计算结果，包括主要断面的水位、流量、含沙量和断面冲淤变化及河段冲淤量变化；对黄河下游河道进行洪水演进计算，依据分蓄洪区的调度运用规则对分蓄洪区进行分洪方案的计算，最终生成黄河中下游水库、分蓄洪区的联合洪水泥沙调度方案。

(4)调度评估决策子系统。分析水沙调度方案的花园口洪峰、给定流量级别以上的洪量及历时、峰型系数、洪水涨率，对比分析多个调度方案的过程线、冲淤分析指标，另外通过分蓄洪区水位—容积曲线、水位—面积曲线、水位—社会经济曲线估算滞洪区的淹没损失(该曲线采用山东省东平湖蓄滞洪区及滩区现行水位—淹没损失关系曲线，不重新调查数据)。

(5)黄河洪水泥沙调度管理业务运行平台。黄河防洪调度系统的资源管理和调度器，通过该平台有效地实现各数学模型的科学管理和相关数据资源的有机整合，保障输入、处理和输出流程的正常进行，维护各项业务功能的正常实施。按照其处理流程、环节和功能，可以把业务运行管理平台子系统分为数据获取模块、数据处理模块和数据管理模块三部分。

6.2.3 系统总体业务运行流程

黄河防洪调度系统的主要业务功能是:采用先进软件开发技术，以黄委开发的“黄河防洪预报调度管理(耦合)系统”为基础，通过整合和开发，形成黄河防洪调度系统(一期)。实现黄河中下游骨干水库(四库)水沙联合调度等功能，主要包括潼关水沙接口、黄河中下游防洪调度预案分析、四库水沙联合调度、单库或多库实时水沙(联合)调度、黄河下游洪水(泥沙)演进、花园口以下主要(分)滞洪区调度应用、洪水(泥沙)调度管理整体方案的评价与分析等功能。

该系统可利用潼关水沙过程、三花区间产汇流数学模型的洪水预报结果，实现三门峡、小浪底、陆浑、故县水库联合调度；实现下游主要(分)滞洪区的洪水调度；生成多种调度方案；对水库调度状态和效果进行分析；建立调度方案评估体系，依据目标函数，对调度方案的安全性、经济性和可靠性进行定性、定量的分析和评估。为黄河中下游防洪会商、决策指挥和抢险救灾提供技术支持。黄河防洪调度系统(一期)的总体业务运行流程示意图见图 6-2-2。图中 C 是每个结点水沙过程，作为调度方案评估模型和灾情评估模型的输入。

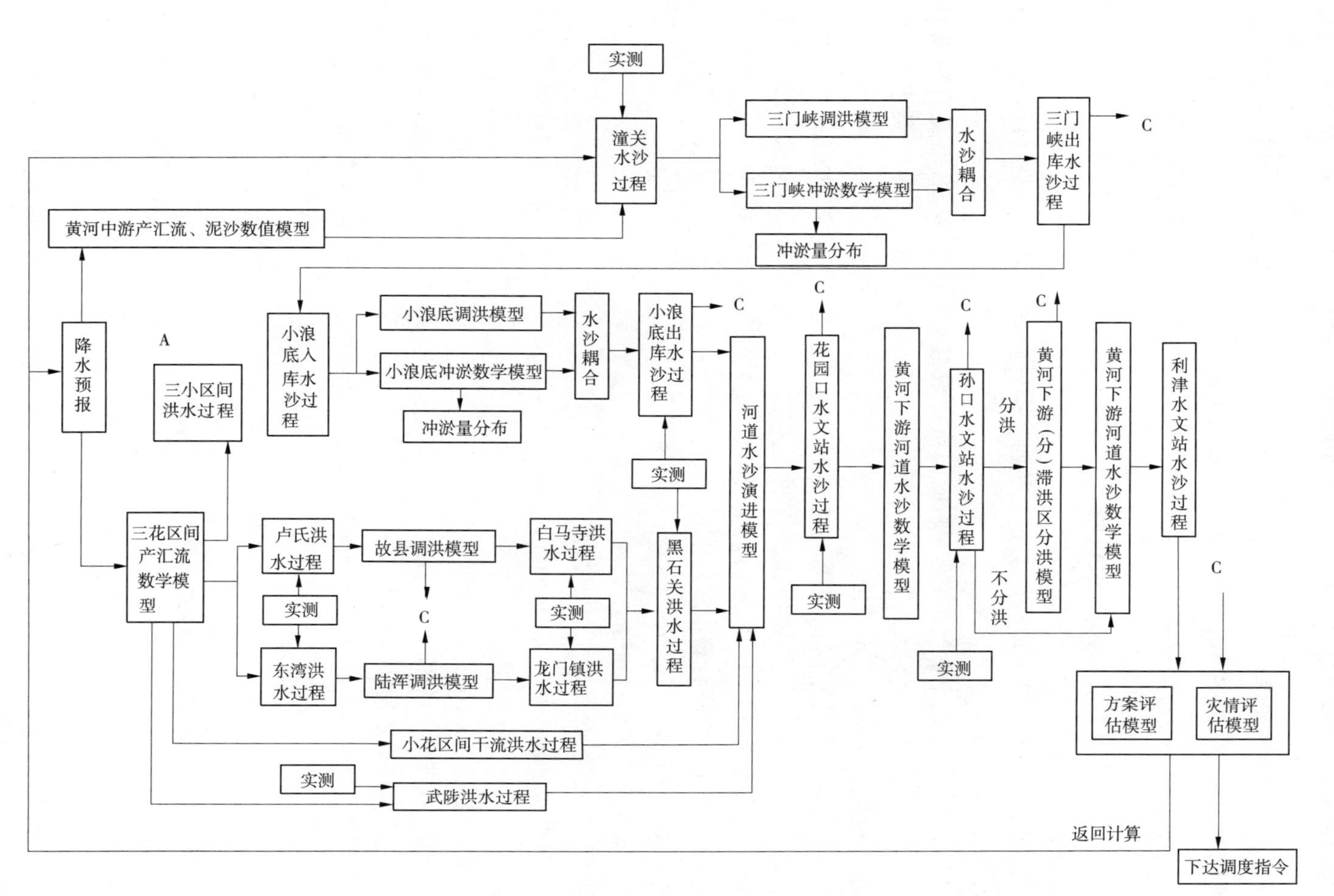

图6-2-2 黄河防洪调度系统（一期）的总体业务运行流程示意图

6.3 泥沙数学模型与调度耦合接口

本节重点介绍水流泥沙模块的数据接口中的输入、输出参数的定义及其格式的说明，便于系统应用人员根据实际情况对参数进行修改或更新。

6.3.1 恒定流计算模块

6.3.1.1 输入变量、参数定义、格式及说明

1. 初始输入变量

初始输入变量包括计算区域内的实测大断面数据、糙率初始值、河床质级配数据、泄流曲线或出口水位。

实测大断面数据由两个数组来定义：断面起点距数组 Y_j（结点、断面、干支流）；高程数组 Z_{bj}（结点、断面、干支流），高程数组在计算过程中随冲淤而更新。这两个数组的单位为 m，数组存放顺序自上游至出口。

糙率初始值数组定义为 n（滩槽、断面）。该数组在计算过程中会随时更新。

河床质级配数据由河床质表、中、底层三个数组来定义，以便于模拟河床冲淤变化对级配的影响。表层级配 P_{uk}（粒径、断面）；中层级配 P_{mk}（粒径、断面）；底层级配 P_{bk}（粒径、断面）。这三个数组也会在计算中实时更新。

泄流曲线由两个数组来定义，即水位（Z_V）、流量（Q_Z_V）。

2. 进口输入变量

进口条件为流量、含沙量及级配过程。

流量、含沙量分别由数组 Q_income、S_income 来定义，进口级配过程由数组 P_s_income 来定义。

6.3.1.2 输出变量定义、格式及说明

计算结果为主要控制断面水位、流量、含沙量及悬移质级配、冲淤量等过程，以及出口控制站的流量、含沙量及悬沙级配过程。

流量、含沙量分别由数组 Q( )、S( )来定义；悬沙级配由数组 P_s（粒径、断面）定义。

冲淤量由数组 DW_{skj}（粒径、滩槽、河段）来定义，用来统计河段滩槽分组冲淤量。

6.3.2 非恒定流计算模块

6.3.2.1 输入变量、参数定义、格式说明

1. 初始输入变量

初始条件包括计算区域内的实测大断面数据、糙率初始值、河床质级配数据、泄流曲线或出口水位。

实测大断面数据由两个数组来定义：断面起点距数组 Y_J（结点、断面、干支流）；高程数组 Z_{bj}（结点、断面、干支流），高程数组在计算过程中随冲淤而更新。这两个数组的单位为 m，数组存放顺序自上游至出口。

糙率初始值数组定义为 n（滩槽、断面）。该数组在计算过程中会随时更新。

河床质级配数据由河床质表、中、底层三个数组来定义，以便于模拟河床冲淤变化对级配的影响：表层级配 P_{uk}（粒径，断面）；中层级配 P_{mk}（粒径，断面），底层级配 P_{bk}（粒径，断面）。这三个数组也会在计算中实时更新。

泄流曲线由两个数组来定义，即水位（Z_V）、流量（Q_Z_V）。

2. 进口输入变量

进口条件为流量、含沙量及级配过程。

流量、含沙量分别由数组 Q_income( )、S_income( )来定义，进口级配过程由数组 P_s_income（粒径组）来定义。

6.3.2.2 输出变量定义、格式及说明

输出结果为主要控制断面水位、流量、含沙量及悬移质级配、冲淤量等过程，以及出口控制站的流量、含沙量及悬沙级配过程。

流量、含沙量由数组 Q( )、S( )来定义；悬沙级配由数组 P_s（粒径、断面）定义。

冲淤量由数组 DW_{skj}（粒径、滩槽、河段）来定义，用来统计河段滩槽分组冲淤量。

6.3.3 水库调洪计算模块

6.3.3.1 计算方法、原理

水库调洪计算的依据是水量平衡方程。水库的入流由上游测站来水和区间来水（包括库水面降雨形成的径流）两部分组成。如果在洪水期，计算时间不长，可以忽略水面蒸发。水库的出流是各个泄水建筑物的总泄流量。水库的水量方程为

$$\overline{Q}\Delta t - \overline{q}\Delta t = \Delta V$$

式中：$\overline{Q}$为时段内入库流量平均值；$\overline{q}$为时段内出库流量平均值；ΔV 为时段内水库蓄水量的变化值；Δt 为计算时段长。

如果水库的蓄水量与出流关系单一，并假定入流和出流在计算时段内呈线性变化，上式可改写为

$$\frac{V_2}{\Delta t} + \frac{q_2}{2} = \frac{V_1}{\Delta t} + \frac{q_1}{2} + \overline{Q} - q_1$$

式中：各变量的下标 1、2 分别表示其时段始、末值。

对于某一水库，可根据其泄流曲线 $Z \sim q$ 及库容曲线 $Z \sim V$ 计算出推流时段 Δt 的水库调洪计算曲线。

使用调洪曲线作调洪计算的步骤如下：已知时段初水位 Z_1，分别由 $q = f(Z)$ 和 $\frac{V}{\Delta t} + \frac{q}{2} = f(Z)$ 求出 q_1 和 $\frac{V_1}{\Delta t} + \frac{q}{2}$；又知 $\overline{Q}$，其总和等于 $\frac{V_2}{\Delta t} + \frac{q_2}{2}$，可由 $\frac{V_2}{\Delta t} + \frac{q_2}{2}$ 值查 $\frac{V}{\Delta t} + \frac{q}{2} = f(Z)$ 得时段末水位 Z_2，由 Z_2 查 $V = f(Z)$ 和 $q = f(Z)$，得出时段末水库出流量 q_2 和水库蓄水量 V_2。

由水量平衡方程可知，当入库流量大于出库流量时，库水位增加；反之，库水位降低。出库流量过程和库水位及蓄水量的预报精度，关键取决于入库流量的预报和库水位的代表性。

6.3.3.2 **输入变量、参数定义、格式说明**

输入变量为入库流量 *Q*_income( )。

6.3.3.3 **输出变量定义、格式及说明**

输出变量为出库流量 *Q*_out( )、库水位 *Z*_reservoir( )、水库蓄水量 *V*_reservoir( )等。

6.3.4 支流入汇及滞洪区计算模块

6.3.4.1 **滞洪区计算模块**

一维模型中对蓄滞洪区的分洪和泄洪做了简化处理,其主要计算方法是利用水库调洪计算模块与非恒定流计算模块结合来实现滞洪区的模拟计算。其原理是根据蓄滞洪区运用原则和蓄滞洪区洪水调度规程,一方面由蓄滞洪区口门上游断面的流量过程确定分入蓄滞洪区的流量,并实时计算蓄滞洪区的水量及水位;另一方面参考上游来流情况、蓄滞洪区的蓄水量、泄流建筑物的泄流曲线、口门下游水位等条件确定退入黄河的流量过程。在滞洪区分洪过程中,可以概化计算进入滞洪区的沙量。

6.3.4.2 **输入变量、参数定义、格式说明**

支流入汇和汇出只需给定支流所在位置(Number_cross)和支流汇入、汇出流量过程 *Q_L*(时间结点、支流编号)。

滞洪区分洪口门位置(Number_cross)、分洪口门流量 *Q*_Floodplain(口门、滞洪区)、退水口门的泄流曲线由 *Z*_Str(口门、滞洪区)及 *Q*_str(口门、滞洪区)两个数组控制。

6.3.4.3 **输出变量定义、格式及说明**

输出变量包括滞洪区水位 *Z*_Flood( )、滞洪区蓄水量 *V*_*Z*_Flood( )等。

6.3.5 挟沙能力计算模块

6.3.5.1 **输入变量、参数定义、格式说明**

由于水流挟沙能力和挟沙能力级配需要联合计算,因此两者合并为一个模块。输入参数为水深、流速、断面含沙量、床沙中值粒径、浑水沉速、悬移质级配、表层床沙级配。

6.3.5.2 **输出变量定义、格式及说明**

由 Carrying_Capacity 模块输出的参数为分组沙挟沙能力、全沙挟沙能力、挟沙能力级配、床沙质与冲泻质分界粒径组编号。

输出的变量可以供其他相关模块直接调用。

6.3.6 非平衡输沙计算模块

6.3.6.1 **输入变量、参数定义、格式说明**

非平衡输沙计算模块的输入变量为:时间、流程、断面面积、流量、断面平均含沙量、断面平均水流挟沙能力、泥沙沉速、单位流程上的侧向输沙率、平衡含沙量分布系数、泥沙非饱和系数和附加系数。

时间变量为 *Dtf*;流程变量为 *Dx*;面积为 *A*(断面、干支流);流量为 *Q*(断面、干支流);含沙量为 *S*(粒径、断面),挟沙能力为 S_{ctg}(粒径、断面);沉速为 Ws_k(粒径、断面);平衡含沙量分布系数为 *Alfa*;泥沙非饱和系数为 *ff*1,附加系数为 *kk*1。

6.3.6.2 输出变量定义、格式及说明

输出变量为断面含沙量 S(断面、干支流)和悬沙级配 P_s(断面)。

6.3.7 河床变形计算模块

6.3.7.1 输入变量、参数定义、格式说明

河床变形计算模块的输入变量为时间、断面平均含沙量、断面平均水流挟沙能力、泥沙沉速、单位流程上的侧向输沙率、平衡含沙量分布系数、泥沙非饱和系数、附加系数。

时间变量为 Dtf;含沙量为 S(粒径、断面),挟沙能力为 S_{ctg}(粒径、断面);沉速为 Ws_k(粒径、断面);平衡含沙量分布系数为 $Alfa$;泥沙非饱和系数为 $ff1$,附加系数为 $kk1$。

6.3.7.2 输出变量定义、格式及说明

输出变量主要为断面冲淤厚度 Dz_{bj}(子断面,断面)。

6.3.8 模型数据接口

6.3.8.1 三门峡水库模型

1. 执行文件

SMX_YRCC1D. exe

2. 输入文件

主控文件 YRCC1D. BCH、主控文件 SANMENXIA. MCF

(1)YRCC1D. BCH。

Work Name = Sanmenxia

Work Directory = F:\Verication\

第一行:主控文件名为 Sanmenxia

第二行:主控文件存放目录为 F:\Verication\

(2)SANMENXIA. MCF 内主要卡名说明。

BH 卡:第一个字段为河流名称,YellowRiver

潼关进口流量、含沙量、级配及出库史家滩水位文件名称分别为:

YellowRiver - Q. DAT,文件格式为日期、流量

YellowRiver - S. DAT,文件格式为日期、含沙量

YellowRiver - P. DAT,文件格式为日期、悬沙级配(1 ~9 组)

YellowRiver - WS. DAT,文件格式为日期、水位

DR 卡:F:\Verication\Boundary Data\

表示进出口水沙及水位文件存放文件目录为 F:\Verication\Boundary Data\

BD 卡:F:\Verication\SectionData\

表示断面资料文件存放文件目录为 F:\Verication\SectionData\

XS 卡:HY41(3). dat

表示断面资料文件名称为:HY41(3). dat

3. 输出文件

(1)sanmenxia - dfw. out

Hy41(3)表示潼关进口站,HY0 表示三门峡大坝出口站

输出字段:

断面编号,断面名称,时间,距坝里程,水位,流量,宽度,水深,高程,比降,流量模数,流量(1),宽度(1),水深(1)。

(2)sanmenxia - dsd. out

Hy41(3)表示潼关进口站,HY0 表示三门峡大坝出口站

输出字段:

断面编号,断面名称,流量,含沙量,悬沙分组泥沙百分比(1 ~9 组),流量(1),含沙量(1),悬沙分组泥沙百分比(1)(1 ~9 组)。

分组粒径:

0. 002 5 ~0. 005,0. 005 ~0. 010,0. 010 ~0. 025,0. 025 ~0. 050,0. 05 ~0. 10,0. 10 ~0. 25,0. 25 ~0. 50,0. 5 ~1. 0,1. 0 ~2. 0

(3)sanmenxia - acv. out

Hy41(3) - HY0 表示三门峡、潼关—大坝河段

输出字段:

河段编号,河段名称,时间,累计冲淤量,累计冲淤量(1)。

6. 3. 8. 2 小浪底水库模型

1. 执行文件

1D_RESERVOIR. exe

2. 输入文件

Coe_xld. dat(模型参数,不用变化)

CS_xld. dat(计算初始断面地形,不用变化)

Flow_xld. dat(进出口条件)

第一行:计算天数

第二行:数据说明

YYMMDD——日序

Q_smx——小浪底入库流量(m^3/s)

S_smx——小浪底入库含沙量(kg/m^3)

<0. 005/0. 01/0. 025/0. 05/0. 1/0. 25/0. 5/1. 0 的入库悬移质累计沙重百分数

Q_xld——小浪底出库流量(m^3/s)

Z_xld——小浪底水库坝前水位(m)

第三行:日平均数据

……

3. 输出文件

(1)Cross18. GCT

日期:日期编号

入流:小浪底入库流量(m^3/s)

出流:小浪底出库流量(m^3/s)

入含沙:小浪底入库含沙量(kg/m³)

出含沙:小浪底出库含沙量(kg/m³)

蓄水量:水库蓄水量(亿 m³)

水位:小浪底水库坝前水位(m)

排沙比:水库排沙比

累淤:水库累计淤积量(亿 m³)

<0.005/0.01/0.025/0.05/0.1/0.25/0.5/1.0 的出库悬移质累计沙重百分数

(2)其他文件均为过程调试文件,不用考虑

6.3.8.3 黄河下游模型

1.执行文件

main.exe

2.输入文件

Bed_size.dat:主要功能是输入河床底层泥沙厚度,表层床沙级配,中层床沙级配,底层床沙级配。

branch_in.dat:主要功能是输入伊洛河与沁河入黄流量过程。

Boundary.dat:主要功能是输入出口断面边界条件,本文件给定出口断面水位流量关系;输入东平湖库容曲线,本文件给定了东平湖老湖区、新湖区和全湖的库容曲线;输入东平湖入黄泄洪曲线,本文件给定了不破围堰和破围堰两种泄流曲线。

Cross.dat:本文件主要输入断面地形、断面间距、糙率;输入各水文站、东平湖、伊洛河、沁河位置;输入各河段平摊流量。

Flood_Diversion_Dph.dat:主要功能是输入东平湖分洪控制流量、东平湖入黄的控制水位。

Foreland_Water_Storage.dat:主要功能是洪水上滩后滩地蓄水体信息,一般情况下不需要进行蓄水计算。

initialization.dat:文件的主要功能是输入计算初始流量、水位、含沙量和悬沙级配。

Parameter.dat:文件的主要功能是输入时间步长与泥沙方程中参数取值。

Qirrigate.dat:文件主要功能是输入沿黄各河段引水流量、河道损失流量。

QQSP.dat:文件主要功能是输入进口边界条件,给定进口流量过程、含沙量过程和悬沙级配过程。

Water_quality.dat:文件主要是设置水质计算参数,不进行水质计算时,本文件不变化。

3.输出文件

Deposition.out:输出分河段分滩槽各分组沙冲淤量。

DPH_drainage.out:输出东平湖北排入黄流量过程。

DPH_regulate.out:输出东平湖分洪东平湖水位库容变化过程。

QZ.out:输出各水文站流量、水位、含沙量过程。

Bed_size.out:输出文件,主要是输出计算过程中不同断面床沙 D_{50} 与床沙级配调整情况。

CrossSection.out:输出文件,主要是输出计算过程中不同断面子断面断面形态调整情况。

Flow. out:输出文件,输出断面流量、含沙量过程。

initialization. dat:输出文件,输出断面流量、水位、含沙量,悬沙级配。输出格式与初始条件文件格式相同,可以用来跟新初始条件文件。

QZABH. out:输出文件,输出断面流量、水位、面积、河宽、水深等。

6.4 模型联合测试

选取以1933年洪水设计的20年一遇、50年一遇的潼关水文站水沙过程及小花间水沙过程为样本过程,对三门峡库区、小浪底库区及下游模型进行了联合测试计算。其中,设计的潼关20年一遇、50年一遇的泥沙过程是根据潼关水文站多年输沙率和流量的经验关系确定的,相应的泥沙级配采用多年汛期平均值。小花间含沙量过程采用定值(S = 5 kg/m^3)。

6.4.1 20年一遇水沙过程的联合计算

6.4.1.1 计算条件

1. 地形条件

三个模型的初始计算地形均采用2008年汛前实测大断面资料进行概化。

2. 三门峡水库模型的进、出口条件

三门峡水库模型的进口条件为潼关水文站日均流量过程、含沙量日均过程及相应的泥沙颗粒级配过程。出口条件为三门峡坝前水位及出库流量过程。

3. 小浪底水库模型的进、出口条件

小浪底水库模型的进口条件为三门峡出库日均流量过程、含沙量日均过程(见表6-4-1)及相应的泥沙颗粒级配过程。小浪底水库模型的出口条件为小浪底坝前水位及出库流量过程。

表6-4-1 20年一遇水沙过程

日期(年-月-日)	潼关流量(m^3/s)	潼关含沙量(kg/m^3)	三门峡出库流量(m^3/s)	三门峡出库含沙量(kg/m^3)	小浪底出库流量(m^3/s)	小浪底出库含沙量(kg/m^3)
1933-07-21	3 281	45	3 281	71	3 094	38
1933-07-22	4 696	54	4 696	92	4 480	57
1933-07-23	4 330	52	4 330	83	4 253	53
1933-07-24	5 033	56	5 033	87	5 211	53
1933-07-25	3 783	48	3 783	75	4 183	39
1933-07-26	2 215	37	2 215	59	2 721	23
1933-07-27	2 052	35	2 052	56	2 096	23
1933-07-28	3 199	44	3 199	66	2 735	39
1933-07-29	6 407	65	6 107	96	5 350	67
1933-07-30	5 329	58	5 628	87	6 119	45

续表 6-4-1

日期（年-月-日）	潼关流量（m³/s）	潼关含沙量（kg/m³）	三门峡出库流量（m³/s）	三门峡出库含沙量（kg/m³）	小浪底出库流量（m³/s）	小浪底出库含沙量（kg/m³）
1933-07-31	3 829	48	3 829	71	4 313	33
1933-08-01	4 750	55	4 383	82	3 864	54
1933-08-02	11 960	99	8 786	136	7 014	118
1933-08-03	6 060	63	9 065	77	7 835	33
1933-08-04	2 988	43	3 524	62	7 850	13
1933-08-05	2 415	38	2 415	53	2 495	24
1933-08-06	2 377	38	2 377	54	2 447	23
1933-08-07	2 596	40	2 596	57	2 540	26
1933-08-08	5 662	60	5 150	86	4 273	62
1933-08-09	13 718	110	9 098	136	7 244	112
1933-08-10	14 030	112	11 121	124	7 603	96
1933-08-11	8 702	79	11 025	77	8 346	47
1933-08-12	7 189	70	10 187	72	8 600	32
1933-08-13	5 422	59	7 925	75	7 727	28
1933-08-14	5 085	57	5 302	82	6 215	37
1933-08-15	5 086	57	5 086	85	8 100	32
1933-08-16	5 482	59	5 456	100	8 448	43
1933-08-17	6 000	63	5 807	104	8 144	50
1933-08-18	6 341	65	6 226	96	7 889	47
1933-08-19	7 119	70	6 718	102	7 650	61
1933-08-20	7 288	71	7 427	98	7 186	60
1933-08-21	6 506	66	6 777	92	7 699	47
1933-08-22	5 291	58	5 616	81	6 133	37
1933-08-23	4 812	55	4 812	85	5 059	43
1933-08-24	4 508	53	4 508	83	4 633	43
1933-08-25	4 220	51	4 220	80	4 540	38
1933-08-26	4 073	50	4 073	75	4 299	34
1933-08-27	4 424	52	4 424	77	4 416	38
1933-08-28	4 411	52	4 411	76	4 642	35
1933-08-29	4 390	52	4 390	75	4 720	34
1933-08-30	4 909	56	4 909	81	4 951	40
1933-08-31	4 687	54	4 687	75	4 977	33
1933-09-01	4 489	53	4 489	74	4 630	31
1933-09-02	4 102	50	4 102	70	4 312	28
1933-09-03	3 645	47	3 645	66	3 842	26
1933-09-04	3 327	45	3 327	63	3 456	24

4. 下游模型进、出口条件

下游模型的进口条件为小浪底出库日均流量过程、日均含沙量过程(见表6-4-1)及相应的泥沙颗粒级配过程,小花区间日均流量、含沙量、级配过程。出口条件为2008年利津水文站实测水位—流量关系曲线。

6.4.1.2 计算结果

设计过程三门峡水库入库水量为209.28亿m^3、沙量为13.65亿t。三门峡出库含沙量过程见表6-4-1。计算时段内,库区黄淤41断面至坝前冲刷3.56亿m^3。

计算的小浪底水库出库含沙量过程见表6-4-1,计算时段内,小浪底库区共淤积6.80亿m^3。

该方案下,白鹤—利津河段共冲刷1.25亿m^3。

6.4.2 50年一遇水沙过程的联合计算

6.4.2.1 计算条件

1. 地形条件

三个模型的初始计算地形均采用2008年汛前实测大断面资料进行概化。

2. 三门峡水库模型进、出口条件

三门峡水库模型的进口条件为潼关水文站日均流量过程、日均含沙量过程及相应的泥沙颗粒级配过程。

三门峡水库模型的出口条件为三门峡坝前水位及出库流量过程。

3. 小浪底水库模型进、出口条件

小浪底水库模型的进口条件为三门峡出库日均流量过程、日均含沙量过程(见表6-4-2)及相应的泥沙颗粒级配过程。

表6-4-2 50年一遇水沙过程

日期(年-月-日)	潼关流量(m^3/s)	潼关含沙量(kg/m^3)	三门峡出库流量(m^3/s)	三门峡出库含沙量(kg/m^3)	小浪底出库流量(m^3/s)	小浪底出库含沙量(kg/m^3)
1933-07-21	3 577	47	3 577	74	3 373	42
1933-07-22	5 120	57	5 120	96	4 876	61
1933-07-23	4 721	54	4 721	85	4 644	54
1933-07-24	5 488	59	5 488	94	5 627	58
1933-07-25	4 124	50	4 124	79	4 612	41
1933-07-26	2 415	38	2 415	61	2 965	25
1933-07-27	2 237	37	2 237	59	2 283	26
1933-07-28	3 488	46	3 488	69	2 979	41
1933-07-29	6 985	69	6 985	98	5 685	69
1933-07-30	5 810	61	5 810	89	6 652	47
1933-07-31	4 175	51	4 175	75	4 866	34
1933-08-01	4 904	56	4 904	83	4 135	53

续表 6-4-2

日期（年-月-日）	潼关流量（m^3/s）	潼关含沙量（kg/m^3）	三门峡出库流量（m^3/s）	三门峡出库含沙量（kg/m^3）	小浪底出库流量（m^3/s）	小浪底出库含沙量（kg/m^3）
1933-08-02	12 883	105	12 883	146	7 038	129
1933-08-03	6 607	66	6 607	79	7 862	38
1933-08-04	3 258	44	3 258	63	7 971	15
1933-08-05	2 633	40	2 633	55	4 234	18
1933-08-06	2 592	40	2 592	56	2 666	26
1933-08-07	2 830	41	2 830	59	2 767	28
1933-08-08	6 362	65	6 362	97	4 635	77
1933-08-09	16 890	129	16 890	172	7 449	203
1933-08-10	17 557	133	17 557	148	7 272	154
1933-08-11	10 374	90	10 374	72	8 417	46
1933-08-12	8 505	78	8 505	64	8 736	33
1933-08-13	6 328	65	6 328	58	7 284	26
1933-08-14	5 726	61	5 726	72	5 612	33
1933-08-15	5 721	61	5 721	86	8 045	33
1933-08-16	6 166	64	6 166	98	9 459	37
1933-08-17	6 749	67	6 749	103	9 373	45
1933-08-18	7 132	70	7 132	102	9 151	47
1933-08-19	8 008	75	8 008	100	8 887	52
1933-08-20	8 110	76	8 110	98	7 036	62
1933-08-21	7 099	69	7 099	91	8 820	41
1933-08-22	5 769	61	5 769	83	8 892	30
1933-08-23	5 246	58	5 246	81	8 631	28
1933-08-24	4 916	56	4 916	84	8 306	36
1933-08-25	4 601	54	4 601	87	7 937	37
1933-08-26	4 441	52	4 441	89	5 497	44
1933-08-27	4 824	55	4 824	96	4 811	58
1933-08-28	4 809	55	4 809	87	5 057	47
1933-08-29	4 787	55	4 787	86	5 137	44
1933-08-30	5 353	58	5 353	92	5 377	51
1933-08-31	5 110	57	5 110	87	5 436	46
1933-09-01	4 895	55	4 895	85	5 046	44
1933-09-02	4 472	53	4 472	77	4 699	35
1933-09-03	3 974	49	3 974	69	4 187	30
1933-09-04	3 030	43	3 030	60	3 155	24

小浪底水库模型的出口条件为小浪底坝前水位及出库流量过程。

4. 下游模型进、出口条件

下游模型的进口条件为小浪底出库日均流量过程、日均含沙量过程(见表6-4-2)及相应的泥沙颗粒级配过程,小花区间日均流量、含沙量、级配过程。

下游模型的出口条件为2008年利津站实测水位—流量关系曲线。

6.4.2.2 计算结果

设计三门峡水库入库水量为233.97亿m^3、沙量为16.82亿t。三门峡出库含沙量过程见表6-4-2。计算时段内,库区黄淤41断面至坝前冲刷3.94亿m^3。

计算的小浪底水库出库含沙量过程见表6-4-2。计算时段内,小浪底库区共淤积7.93亿m^3。

该方案下,白鹤—利津河段共冲刷1.47亿m^3。

6.4.3 小结

(1)对三门峡泥沙模型、小浪底水库泥沙模型及下游泥沙模型进行了系统率定验证,保证它具有可靠的稳定性和计算精度。其中,对各个模型的关键技术问题也给出了具体的解决方案。

(2)通过对现有黄河中下游库区、下游河道一维水沙数学模型的分析,提出了库区、下游水沙数学模型与黄河防汛指挥系统耦合的基本思路;根据防汛指挥的流程绘制了模型框架及计算流程图;对一些公共模块进行了重新优化设计,使它能更好地满足耦合需要。此次重点对模型数据接口进行了标准化。

(3)以1933年洪水设计的20年一遇、50年一遇的潼关水文站水沙过程及小花区间水沙过程对三门峡库区、小浪底库区及下游模型进行了联合测试计算。结果表明,各个模型能顺利地进行数据传输,能被黄河防汛系统直接调用。

第 7 章　模型应用之防洪风险图编制

7.1　项目概况

随着沿黄经济社会的快速发展、城市化进程的加快以及小浪底水库的投入运用，进入黄河下游的洪水特性已经发生了很大变化，同时黄河下游滩区漫滩洪水和堤防决口洪水造成的淹没损失也越来越大，人与洪水长期共存的防洪减灾模式固有的矛盾也日趋凸现。洪水风险图融合了洪水水力特征要素、地理要素和社会经济信息，可直观表述洪水风险空间分布特征，为防洪区土地利用规划、防洪减灾、洪水保险等提供基本依据。国家防汛抗旱总指挥部办公室（简称国家防办）提出以流域机构为依托，分期分批开展洪水风险图编制工作，以便为实践新时期治水思路、推进洪水管理提供基础支撑。

为了积极稳妥地推动该项工作，全国洪水风险图的编制采用先试点后推广的方式。2004 年国家防办组织编制了《洪水风险图编制导则》（试行），随后进行了全国洪水风险图编制试点工作。黄河流域试点有 4 个，包括黄河下游滩区洪水风险图、东平湖蓄滞洪区洪水风险图、黄河堤防济南段（老龙王庙至霍家溜）洪水风险图、济南市城市洪水风险图，2007 年试点工作通过国家防办组织的验收。2008 年 6 月，水利部以水规计〔2008〕190 号文批复了全国洪水风险图编制（一期）任务书，其中黄河下游滩区风险图由黄委承担。本章将重点结合黄河花园口—东坝头河段风险图编制对模型应用情况加以介绍。

7.2　黄河滩区概况

黄河下游滩区面积达 3 549 km^2（未包括封丘倒灌区 407 km^2），约占河道总面积的 80% 以上，主要集中在陶城铺以上河段。从平面看上宽下窄，从纵向看上陡下缓，纵比降与相应的河道纵比降基本相同，横比降大小主要与漫滩次数的多少有关。一次大洪水后形成且以后又较少漫水的滩面，其滩面一般比较平坦，横比降较小，如“原阳滩”，目前比降为 1/6 000 ~ 1/8 000；多次漫滩形成的滩面，横比降较大，如东坝头—陶城铺河段，未修生产堤之前，横比降一般达 1/3 000 ~ 1/5 000，自 1958 年修筑生产堤以后，由于生产堤的阻水作用，主槽淤积快、滩面淤积少，滩唇淤积大于滩面淤积，使滩唇高于滩面更高于临黄堤根，滩面横比降增大至 1/2 000 ~ 1/3 000，大于河道纵比降 3 倍多，形成“槽高、滩低、堤根洼”，即所谓“二级悬河”的局面。

黄河下游河道绝大部分为复式断面，由滩地和河槽两部分组成，由于过流条件的不同，河槽又可划分为主槽和嫩滩。滩区的主要地物地貌有河道整治工程、生产堤、村庄、避水台、村台、房台、渠道、道路及洪水过后形成的串沟、洼地、堤河等。

本期风险图编制的示范河段是花园口—东坝头河道，该河段位于河南省郑州市、新乡市、开封市境内，两岸的滩地属1855年铜瓦厢决口后形成的高滩。河段水系见图7-2-1。

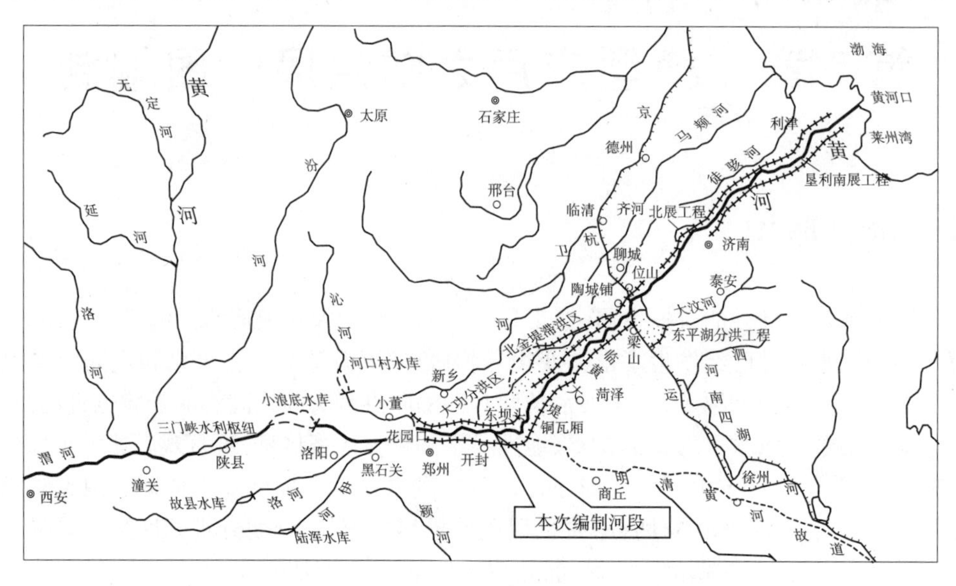

图7-2-1　黄河下游滩区洪水风险图编制(一期)河段水系

花园口—东坝头河段共划分为16个滩区。按滩区面积由大到小，主要包括原阳滩、韦滩滩、大宫滩、贯台滩、刘店滩、袁坊滩、九堡滩、万滩滩、申庄滩、大马圈滩、高朱庄滩、回回寨滩、丁圪垱滩、夹河滩、三坝滩(见图7-2-2)。

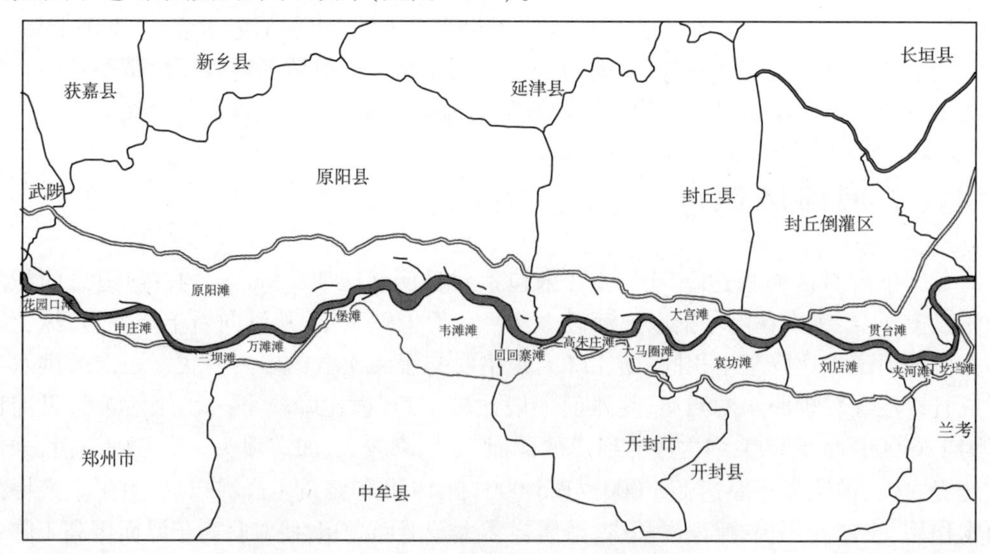

图7-2-2　黄河下游花园口—东坝头河段滩区分布

7.3　基础资料的收集

根据工作要求，对黄河下游滩区(花园口—东坝头河段)明确资料收集目录。包括：

基础地图(1∶10 000 电子地图),设计洪水,防洪工程(含道路、控导工程、生产堤、渠堤、串沟等),居民地,场次洪水灾情,社会经济信息等。

7.4 洪水风险分析

7.4.1 数学模型原理与方法

洪水风险分析主要采用水力学方法。考虑到泥沙输移对黄河河道洪水演进影响很大,采用黄河下游二维水沙数学模型。该模型能较好地模拟不同水沙条件下的平面水沙演进过程,可以表现计算区域内流速场、泥沙场和水深平面分布特征。根据此次洪水风险分析的特点和特殊的水沙及边界条件,利用该数学模型对黄河下游滩区不同流量级下水沙演进进行了计算,取得了淹没范围、水深分布、流速分布、洪水传播时间和洪水淹没历时等计算成果,满足了洪水风险图的编制要求。

黄河下游河道地物复杂,包括:堤防、险工、控导工程、生产堤、村庄、避水台、村台、房台、渠道、道路及串沟、洼地、堤河、片林等,需要进行概化处理,以适当的数值形式输入数学模型。

7.4.1.1 工程计算条件概化

工程计算条件概化主要包括控导工程、险工、生产堤等在计算初始时刻的状态的赋定。

(1)控导工程、险工处理。控导工程、险工位置直接从黄河下游基础地理信息图层中获取。控导工程、险工高程主要从黄河下游工情险情会商系统和黄河下游 1∶10 000 地形图上获取。

(2)生产堤处理。生产堤位置由遥感影像直接解译。生产堤高程主要从黄河下游实测大断面数据中获取。

控导工程、险工和生产堤高程直接通过可视化构件赋定在生成的计算网格上,赋定高程值的同时,该网格边界属性也相应赋定为控导工程、险工属性或生产堤属性。

在实时洪水预报过程中,若出现控导工程冲毁、险工冲垮、生产堤溃口、指定时间内需要破除生产堤等情况,模型只需修改发生上述工况附近的网格边界属性及其高程即可实现。

7.4.1.2 主槽地形概化

主要利用前述水下地形生成器,结合 2008 年实测大断面和遥感解译的水边线与主流线,生成相应的主槽地形。

7.4.1.3 滩地地形概化

2000 年以来,黄河下游没有大洪水上滩,故仍然采用 2000 年实测滩地地形作为 2008 年汛后地形。另外,由于主槽高程坐标系统为大沽高程,因此对滩地高程系统也作了相应调整,统一到大沽高程。

将滩地地形与主河道地形合并,利用 GIS 空间数据内插算法,生成黄河下游河道地形,如图 7-4-1 所示。

图 7-4-1　黄河下游花园口—东坝头地形(2008 年汛后)

7.4.1.4　网格、工程概化

从花园口—东坝头河段主槽距离约 115 km,计算网格为三角形网格,其中网格单元数 32 647,网格结点数 16 471,见图 7-4-2。为最大限度提高计算效率,同时保证网格能充分反映河道地形,主河槽网格密度为滩地网格密度的 8 ~ 10 倍,即主槽网格单元大小约为 150 m,滩地网格单元大小为 1 000 ~ 1 500 m。

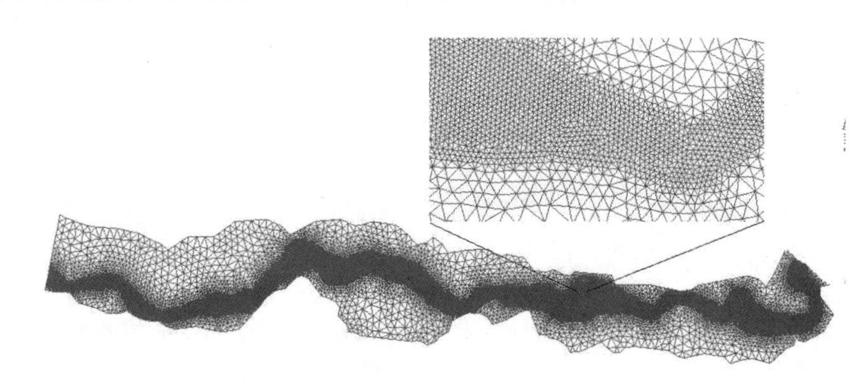

图 7-4-2　花园口—东坝头河段三角形网格

黄河下游工程和生产堤比较多,为最大程度提高效率,同时保证工程概化的合理性,研究开发了工程和生产堤自动搜索定义程序。在图 7-4-3 中,图 7-4-3(a)为府君寺断面附近网格孔道工程地理位置图,搜索距离该工程最近得网格单元,定义到网格单元上,同时修改网格单元属性为孔道工程,用粗实线表示,见图 7-4-3(b)。

生产堤也可以按照同样的方式定义在网格单元上,同时修改网格单元的属性为生产堤,见图 7-4-4。

7.4.2　图层生成技术

GIS 软件的数据模型为空间数据模型,它使用矢量数据模型、栅格数据模型等来表示现实世界中地理实体与地理现象及其相互关系,是对连续的地理实体的抽象和离散化表达。二维水沙数学模型以有限体积等方法模拟现实世界,具有它自身特有的、与空间数据模型完全不同的数据模型。由于 GIS 与二维水沙数学模型有着不同的数据结构,因此二者的数据交换主要以文本文件方式实现。

在现有的 ArcInfo 版本中,没有提供有效的文本数据与 Shapefile 文件交换工具,只有

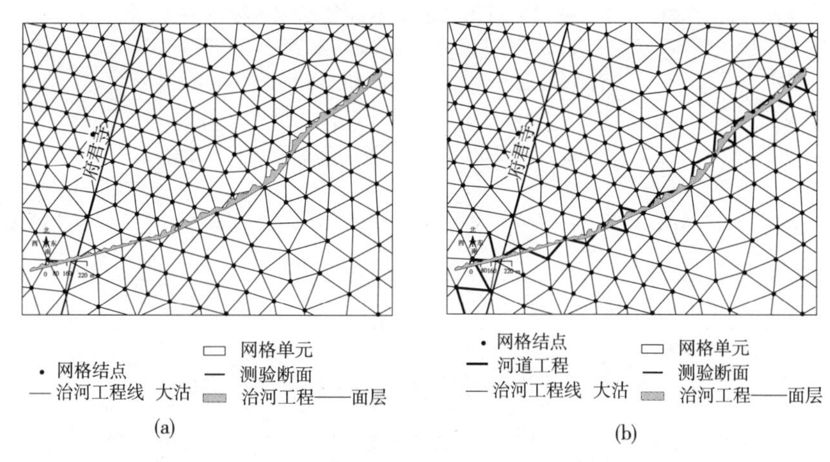

图 7-4-3 在计算网格上定义控导工程

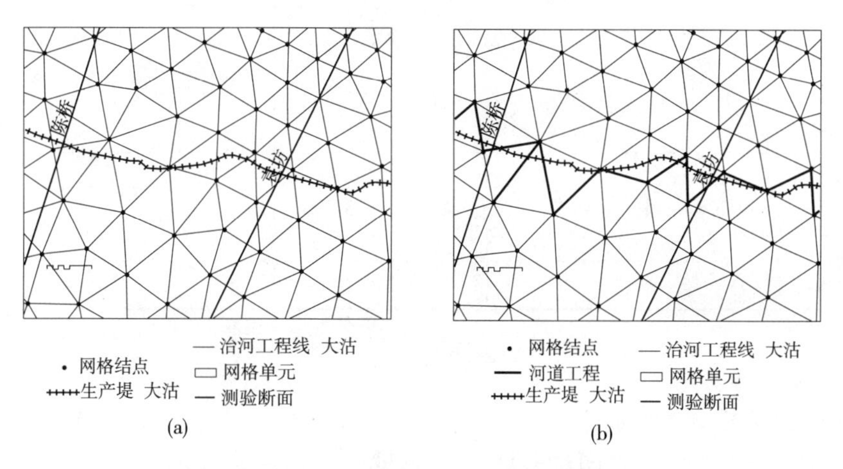

图 7-4-4 在计算网格上定义生产堤

通过开发来实现。利用面向对象编程技术和数模前后处理技术相结合，实现了黄河下游洪水风险要素图层的自动生成，主要有淹没范围图层、水深分布图层、流速分布图层、洪水到达时间、淹没历时等水力要素专题图层。

7.4.3 设计洪水与计算成果分析

7.4.3.1 设计洪水

小浪底水库建成后，黄河下游防洪工程体系的“上拦”工程有三门峡、小浪底、陆浑、故县四座水库。按照四库防洪运用方式，调节计算后花园口断面各典型不同频率设计洪水成果如表 7-4-1 所示。

根据黄河下游滩区洪水风险图编制需要，数学模型计算以花园口为进口控制断面，进口为花园口流量过程，艾山水文站作为出口控制边界。设计了流量分别为 4 000 m^3/s、6 000 m^3/s、8 000 m^3/s、10 000 m^3/s、12 370 m^3/s、15 700 m^3/s 和 22 600 m^3/s 的 7 个计算方案。河道地形采用 2008 年汛后河道大断面。

表 7-4-1　花园口断面各典型不同频率设计洪水成果

序号	设计洪水 (m^3/s)	重现期	计算数据采用实测资料年份	天数 (d)	洪峰流量 (m^3/s)	洪量 (亿 m^3)	说明
1	4 000	常遇洪水	1974	11	4 010	22.6	采用花园口断面设计流量、含沙量过程和实测值一致
2	6 000	常遇洪水	1965	11	6 080	37.3	
3	8 000	5 年一遇	1996	11	7 860	53.0	设计流量、含沙量均同倍比减小
4	10 000	10 年一遇	1959	6	9 480	31.7	洪峰流量同倍比增大，含沙量同倍比减小
5	12 370	20 年一遇	1957	11	13 000	52.6	设计流量、含沙量均同倍比减小
6	15 700	100 年一遇	1982	11	15 300	60.7	设计流量、含沙量均同倍比增大
7	22 600	1 000 年一遇	1958	11	22 300	74.1	

7.4.3.2　计算成果分析

1.4 000 m^3/s 流量级洪水过程

4 000 m^3/s 流量级洪水花园口水文站、夹河滩水文站流量过程见图 7-4-5，滩区淹没范围见图 7-4-6。

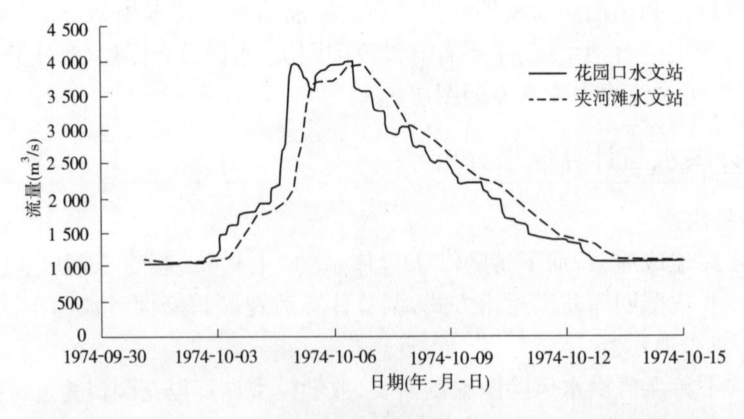

图 7-4-5　4 000 m^3/s 流量级花园口水文站、夹河滩水文站流量过程

从图 7-4-6 可以看出：洪水基本不漫滩，全部在主槽内，这个计算结果和 2006 年调水调沙实测过程基本一致。

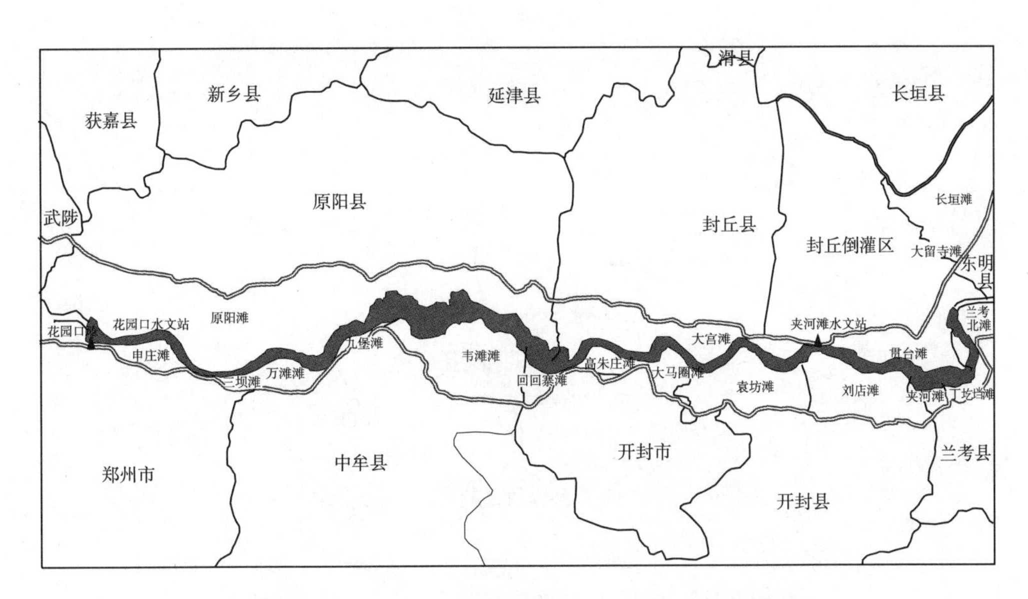

图 7-4-6　4 000 m³/s 流量级花园口—东坝头滩区淹没范围

2. 6 000 m³/s 流量级洪水过程

6 000 m³/s 流量级洪水花园口水文站、夹河滩水文站流量过程见图 7-4-7，花园口—东坝头滩区淹没范围见图 7-4-8。

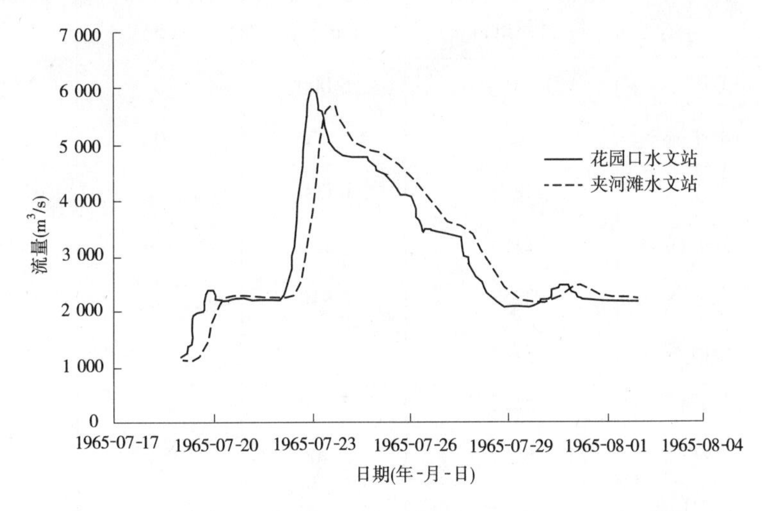

图 7-4-7　6 000 m³/s 流量级花园口水文站、夹河滩水文站流量过程

花园口—东坝头滩区 6 000 m³/s 流量级洪水传播情况见表 7-4-2。其中洪水传播时间是指花园口水文站洪水传播到该滩上首断面的时间，淹没历时为洪水在不同区域的淹没时间分布。

3. 8 000 m³/s 流量级洪水过程

8 000 m³/s 流量级洪水花园口水文站、夹河滩水文站流量过程见图 7-4-9。花园口—东坝头滩区淹没范围见图 7-4-10。

从图 7-4-9 可以看出，在该流量级条件下，花园口断面出现两个洪峰，这个计算结果

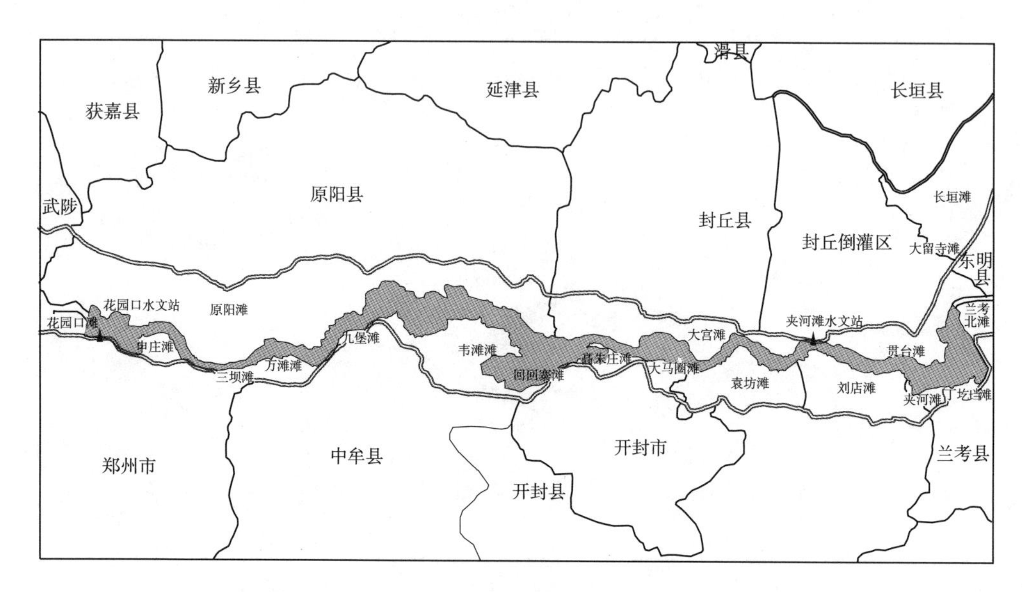

图 7-4-8　6 000 m^3/s 流量级花园口—东坝头滩区淹没范围

和 1996 年实测洪水过程是一致的。

表 7-4-2　花园口—东坝头滩区 6 000 m^3/s 流量级洪水传播情况

序号	滩区名称	滩区上首至花园口断面距离(km)	洪峰流量(m^3/s)	传播时间(h)	淹没历时(h)
1	原阳滩	0	6 000	0	94
2	申庄滩	3.5	6 000	0	87
3	三坝滩	18.4	6 000	2.2	85
4	万滩滩	21.4	5 930	2.6	86
5	九堡滩	32.2	5 910	4.2	87
6	韦滩滩	47.3	5 860	6.5	86
7	回回寨滩	58.8	5 790	8.2	85
8	大宫滩	62.2	5 400	9.0	89
9	高朱庄滩	64.3	5 730	9.0	86
10	大马圈滩	74.0	5 720	10.4	85
11	袁坊滩	80.6	5 710	11.4	87
12	刘店滩	98.4	5 660	14.0	88
13	贯台滩	101.0	5 370	14.0	88
14	夹河滩	116.0	5 630	18.4	85
15	丁圪垱滩	120.0	5 540	19.4	86

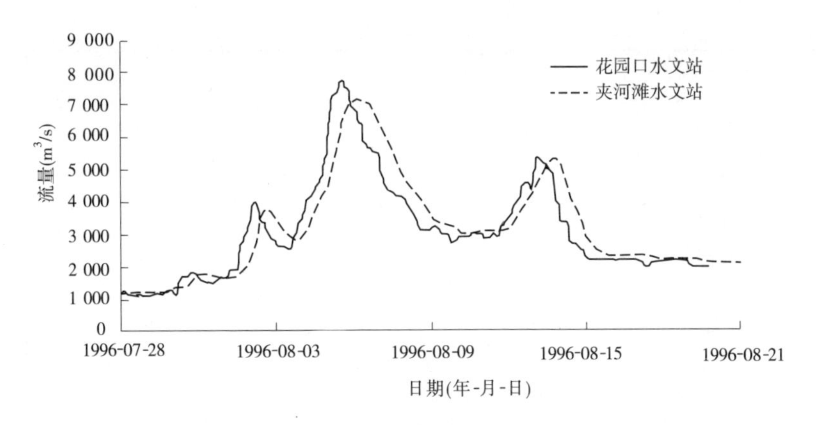

图 7-4-9　8 000 m^3/s 流量级花园口水文站、夹河滩水文站流量过程

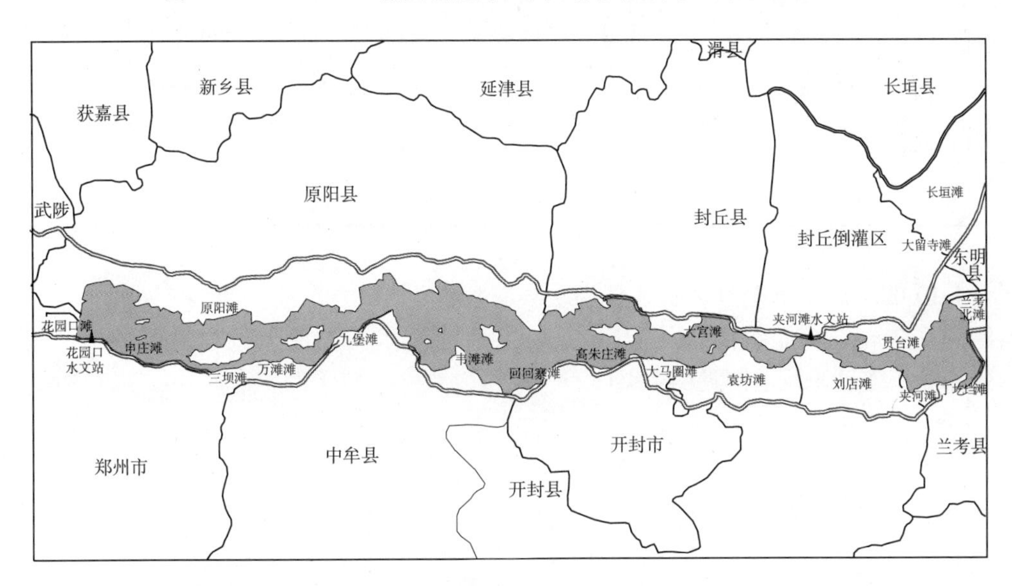

图 7-4-10　8 000 m^3/s 流量级花园口—东坝头滩区淹没范围

黄河下游典型滩区淹没信息及洪水要素信息见表 7-4-3。8 000 m^3/s 流量级洪水东坝头以上部分漫滩。

表 7-4-3　花园口—东坝头滩区 8 000 m^3/s 流量级洪水要素统计

序号	滩区名称	滩区上首断面至花园口断面距离(km)	洪峰流量 (m^3/s)	传播时间 (h)	淹没历时 (h)
1	原阳滩	0	8 000	0	102
2	申庄滩	3.5	8 000	0	95
3	三坝滩	18.4	8 000	2.2	93
4	万滩滩	21.4	7 830	2.6	95
5	九堡滩	32.2	7 790	4.2	95

续表 7-4-3

序号	滩区名称	滩区上首断面至花园口断面距离(km)	洪峰流量(m^3/s)	传播时间(h)	淹没历时(h)
6	韦滩滩	47.3	7 670	6.5	95
7	回回寨滩	58.8	7 490	8.2	94
8	大宫滩	62.2	6 660	9.0	97
9	高朱庄滩	64.3	7 360	9.0	94
10	大马圈滩	74.0	7 320	10.4	94
11	袁坊滩	80.6	7 300	11.4	96
12	刘店滩	98.4	7 180	14.0	97
13	贯台滩	101.0	6 610	14.0	96
14	夹河滩	116.0	7 110	17.6	94
15	丁圪垱滩	120.0	6 900	18.4	94

4. 10 000 m^3/s 流量级洪水过程

10 000 m^3/s 流量级洪水花园口水文站、夹河滩水文站流量过程见图 7-4-11，花园口—东坝头滩区淹没范围见图 7-4-12。

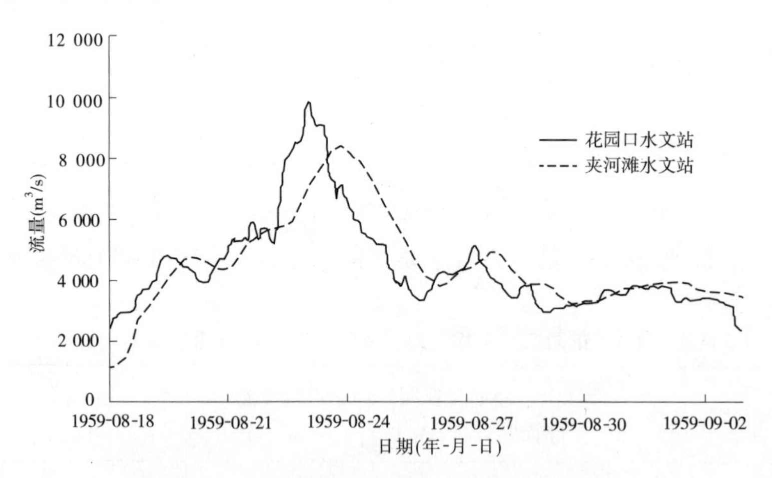

图 7-4-11　10 000 m^3/s 流量级花园口水文站、夹河滩水文站流量过程

花园口—东坝头滩区 10 000 m^3/s 流量级洪水传播情况见表 7-4-4。10 000 m^3/s 流量级洪水东坝头以上大部分漫滩。

5. 12 370 m^3/s 流量级洪水过程

12 370 m^3/s 流量级洪水花园口水文站、夹河滩水文站流量过程见图 7-4-13，花园口—东坝头滩区淹没范围见图 7-4-14。

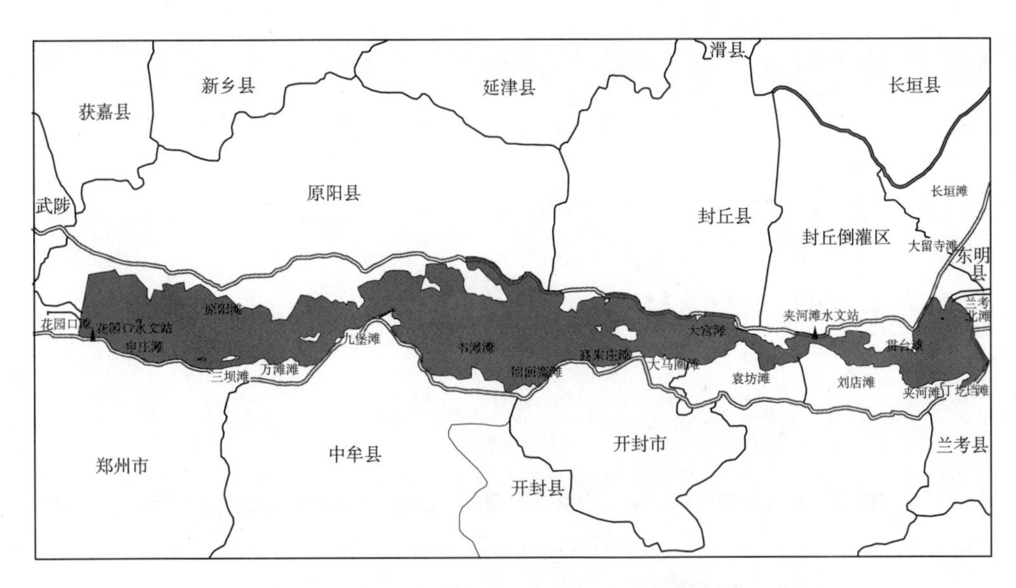

图 7-4-12　10 000 m^3/s 流量级花园口—东坝头滩区淹没范围

表 7-4-4　花园口—东坝头滩区 10 000 m^3/s 流量级洪水传播情况

序号	滩区名称	滩区上首断面至花园口断面距离(km)	洪峰流量(m^3/s)	传播时间(h)	淹没历时(h)
1	原阳滩	0	10 000	0	158
2	申庄滩	3.5	10 000	0	149
3	三坝滩	18.4	10 000	3.0	148
4	万滩滩	21.4	9 800	3.6	150
5	九堡滩	32.2	9 700	5.8	152
6	韦滩滩	47.3	9 600	8.8	152
7	回回寨滩	58.8	9 300	11.1	152
8	大宫滩	62.2	9 100	12.2	159
9	高朱庄滩	64.3	9 100	12.2	154
10	大马圈滩	74.0	9 100	14.1	154
11	袁坊滩	80.6	8 900	15.4	157
12	刘店滩	98.4	8 800	19.0	160
13	贯台滩	101.0	8 500	19.0	161
14	夹河滩	116.0	8 500	23.6	166
15	丁圪垱滩	120.0	8 300	24.7	169

花园口—东坝头滩区 12 370 m^3/s 流量级洪水传播情况见表 7-4-5。12 370 m^3/s 流

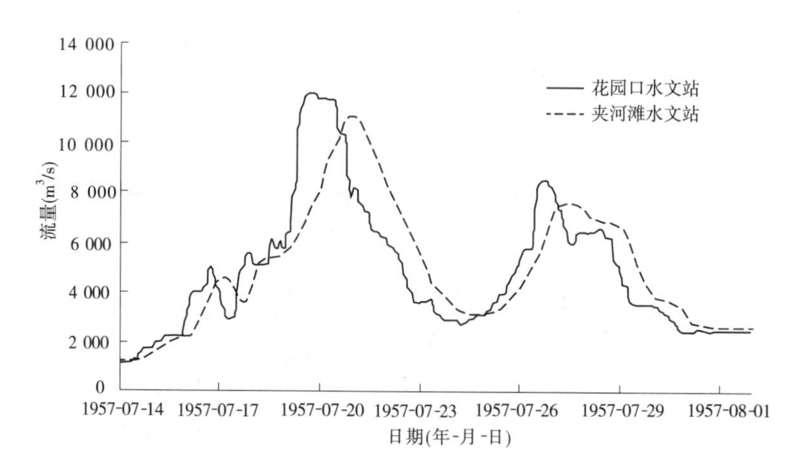

图 7-4-13　12 370 m^3/s 流量级洪水花园口水文站、夹河滩水文站流量过程

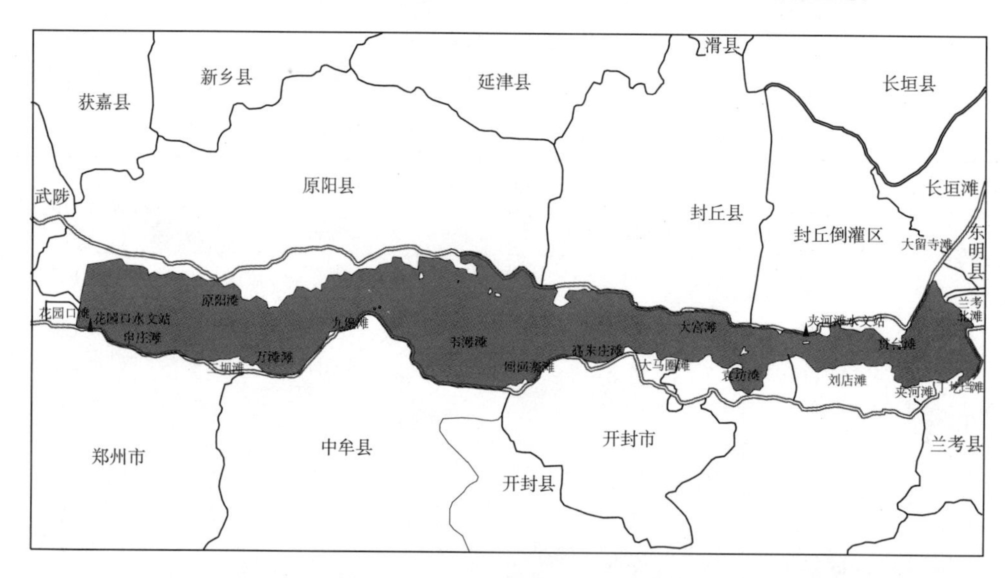

图 7-4-14　12 370 m^3/s 流量级洪水花园口—东坝头滩区淹没范围

量级洪水从花园口—东坝头洪峰削峰率为 17.6%，洪峰传播到东坝头时间为 25.1 h，洪水基本全部漫滩。

表 7-4-5　花园口—东坝头滩区 12 370 m^3/s 流量级洪水传播情况

序号	滩区名称	滩区上首断面至花园口断面距离(km)	洪峰流量(m^3/s)	传播时间(h)	淹没历时(h)
1	原阳滩	0	12 370	0	166
2	申庄滩	3.5	12 370	0	156
3	三坝滩	18.4	12 370	3.1	150
4	万滩滩	21.4	12 200	3.8	151

续表 7-4-5

序号	滩区名称	滩区上首断面至花园口断面距离(km)	洪峰流量(m^3/s)	传播时间(h)	淹没历时(h)
5	九堡滩	32.2	12 100	6.1	149
6	韦滩滩	47.3	11 900	9.2	145
7	回回寨滩	58.8	11 600	11.7	141
8	大宫滩	62.2	11 400	13.5	147
9	高朱庄滩	64.3	11 300	12.8	141
10	大马圈滩	74.0	11 300	14.9	138
11	袁坊滩	80.6	11 100	16.3	139
12	刘店滩	98.4	10 900	20.2	134
13	贯台滩	101.0	10 600	22.0	139
14	夹河滩	116.0	10 500	24.0	135
15	丁圪垱滩	120.0	10 300	25.1	136

6. 15 700 m^3/s 流量级洪水过程

15 700 m^3/s 流量级洪水花园口水文站、夹河滩水文站的流量过程见图 7-4-15，花园口—东坝头滩区淹没范围见图 7-4-16。

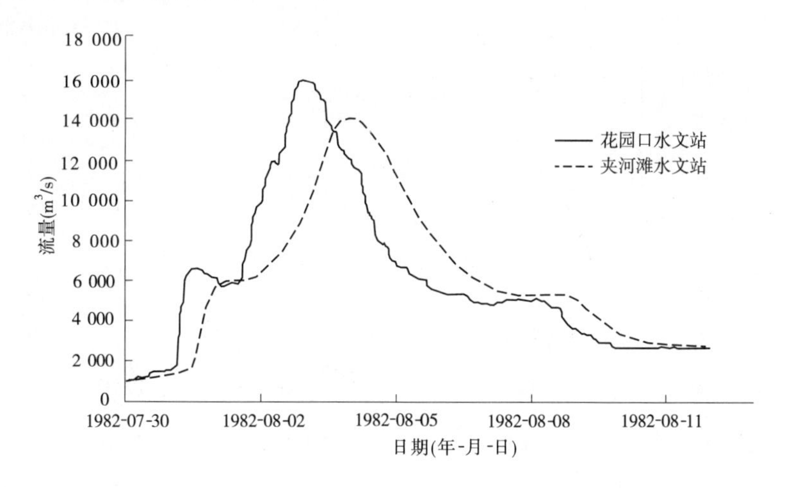

图 7-4-15　15 700 m^3/s 流量级洪水花园口水文站、夹河滩水文站流量过程

花园口—东坝头滩区 15 700 m^3/s 流量级洪水传播情况见表 7-4-6。15 700 m^3/s 流量级洪水洪峰传播到东坝头时，流量为 13 700 m^3/s，洪水传播时间为 28.1 h。从表 7-4-6 中可以看出，洪水全部漫滩。

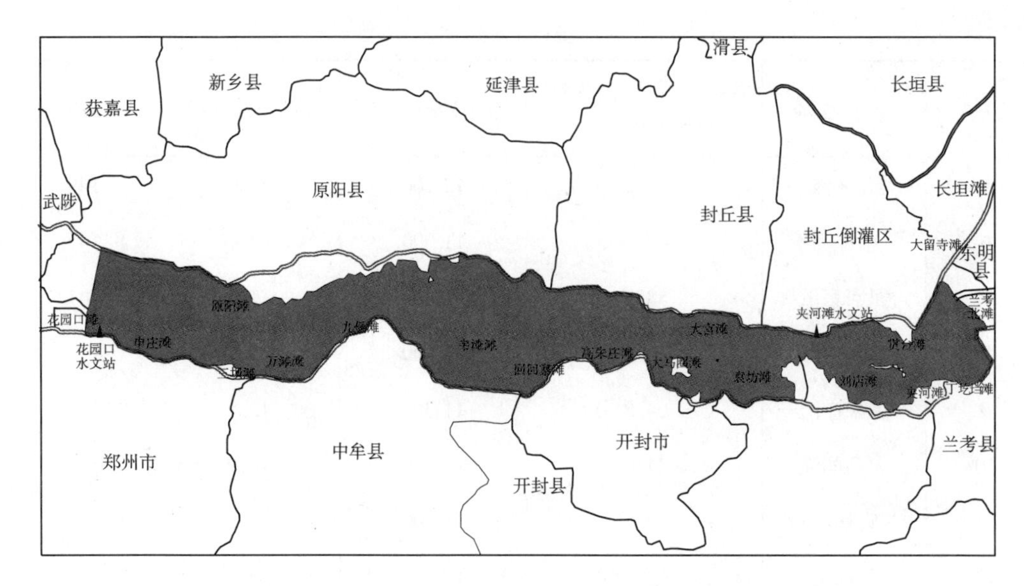

图 7-4-16　15 700 m^3/s 流量级洪水花园口—东坝头滩区淹没范围

表 7-4-6　花园口—东坝头滩区 15 700 m^3/s 流量级洪水传播情况

序号	滩区名称	滩区上首断面至花园口断面距离(km)	洪峰流量(m^3/s)	传播时间(h)	淹没历时(h)
1	原阳滩	0	16 500	0	220
2	申庄滩	3. 5	16 500	0	209
3	三坝滩	18. 4	16 100	3. 3	207
4	万滩滩	21. 4	16 000	4. 0	209
5	九堡滩	32. 2	15 800	6. 4	210
6	韦滩滩	47. 3	15 400	9. 7	209
7	回回寨滩	58. 8	15 100	12. 2	208
8	大宫滩	62. 2	15 000	13. 8	215
9	高朱庄滩	64. 3	14 900	13. 5	209
10	大马圈滩	74. 0	14 700	15. 6	209
11	袁坊滩	80. 6	14 500	17. 1	212
12	刘店滩	98. 4	14 100	21. 0	214
13	贯台滩	101. 0	14 000	21. 5	214
14	夹河滩	116. 0	13 800	26. 8	210
15	丁圪垱滩	120. 0	13 700	28. 1	211

7. 22 000 m^3/s 流量级洪水过程

22 000 m^3/s 流量级洪水花园口水文站、夹河滩水文站流量过程见图 7-4-17，花园口—东坝头滩区淹没范围见图 7-4-18。

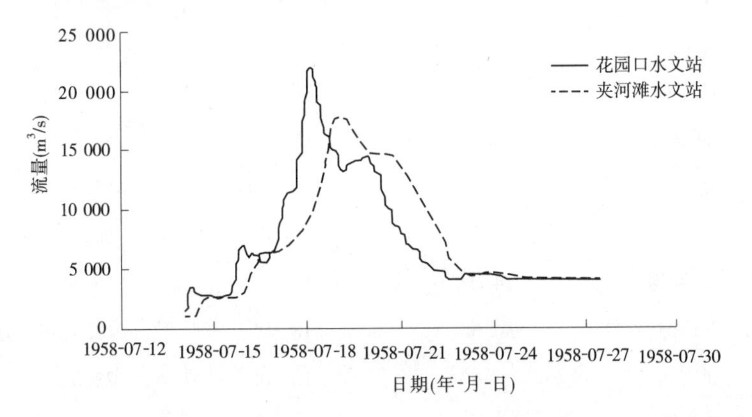

图 7-4-17　22 000 m^3/s 流量级洪水花园口水文站、夹河滩水文站流量过程

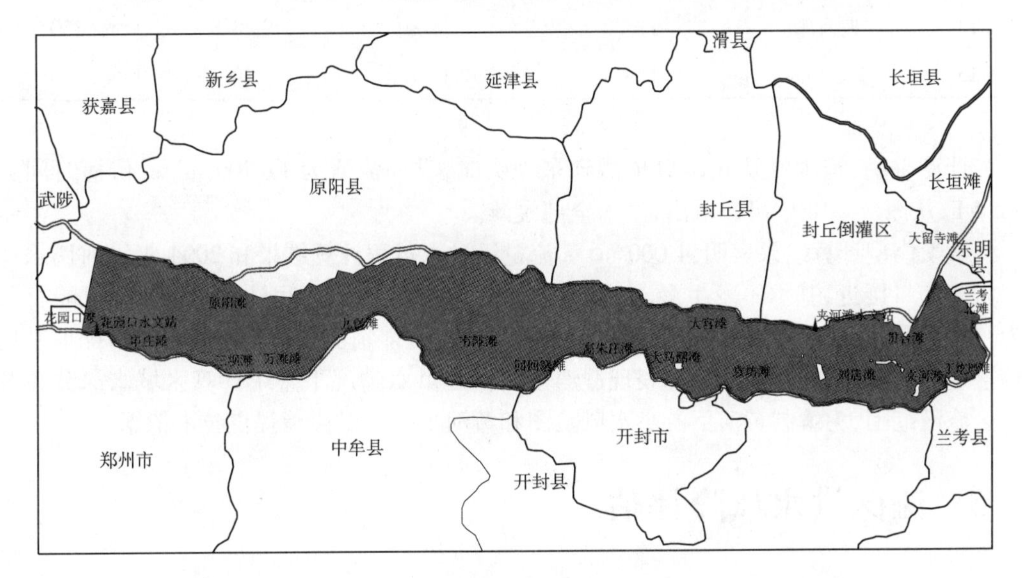

图 7-4-18　22 000 m^3/s 流量级洪水花园口—东坝头滩区淹没范围

花园口—东坝头滩区 22 000 m^3/s 流量级洪水传播情况见表 7-4-7。

表 7-4-7　花园口—东坝头滩区 22 000 m^3/s 流量级洪水传播情况

序号	滩区名称	滩区上首断面至花园口断面距离(km)	洪峰流量(m^3/s)	传播时间(h)	淹没历时(h)
1	原阳滩	0	22 000	0.0	234
2	申庄滩	3.5	22 000	0.0	223
3	三坝滩	18.4	21 400	3.5	238
4	万滩滩	21.4	21 300	4.2	243

续表 7-4-7

序号	滩区名称	滩区上首断面至花园口断面距离(km)	洪峰流量(m^3/s)	传播时间(h)	淹没历时(h)
5	九堡滩	32.2	20 800	6.7	257
6	韦滩滩	47.3	20 200	10.2	275
7	回回寨滩	58.8	19 700	12.8	287
8	大宫滩	62.2	19 600	14.7	250
9	高朱庄滩	64.3	19 500	14.1	295
10	大马圈滩	74.0	19 100	16.4	305
11	袁坊滩	80.6	18 800	17.9	316
12	刘店滩	98.4	18 100	22.0	340
13	贯台滩	101.0	18 000	23.0	262
14	夹河滩	116.0	17 800	28.8	330
15	丁圪垱滩	120.0	17 700	30.4	330

计算表明,当洪峰从花园口传播到东坝头时,洪峰流量为 17 700 m^3/s,传播时间为 30.4 h,从图 7-4-18 中可以看出,洪水全部漫滩。

数学模型计算结果表明,4 000 m^3/s 流量级洪水过程计算结果和 2004 年汛前调水调沙实测资料接近,基本不发生漫滩。8 000 m^3/s 流量级洪水过程计算结果两个洪峰合二为一的情况和 1996 年实测资料近似,不同频率洪水漫滩情况和黄河实际漫滩情况也是比较接近的。因此,模型能较好地表现遭遇不同标准洪水情况下整个计算区域水深分布及滩区淹没范围,为编制黄河下游洪水风险图和黄河下游防洪决策提供技术依据。

7.5 滩区洪水风险评估

7.5.1 洪水风险评估方法

洪灾损失评估是评价防洪工程减灾效益的重要依据。在黄河下游滩区的损失率计算中,考虑到黄河"小水大灾"的特点,加之其他量级洪水淹没年代久远,无法补充调查淹没耕地损失率且没有历史资料可以参考。因此,本研究将近期三次淹没("96·8"洪水、2002 年调水调沙和 2003 年黄河秋汛)当季损失率算术平均后得到黄河下游滩区耕地淹没损失率,用于淹没损失估算。相应的耕地淹没损失率见表 7-5-1。

$$\begin{aligned}\text{黄河下游滩区耕地淹没损失率} &= \sum\text{淹没当季损失} \div \sum\text{淹没面积当季正常收入} \times 100\% \\ &= (\sum\text{淹没面积当季正常收入} - \sum\text{淹没面积当季收入}) \div \\ &\quad \sum\text{淹没面积正常年收入} \times 100\%\end{aligned}$$

表 7-5-1　黄河下游滩区近期耕地淹没损失率

项目	花园口流量（m^3/s）	调查户数	淹没户数	总面积（hm^2）	淹没情况				
					面积（hm^2）	当季正常收入（元）	淹没后收入（元）	损失（元）	损失率（%）
"96·8"洪水	7 860	446	446	201.2	198.9	1 283 930	3 577	1 280 353	99.72
2002 年调水调沙	3 170	460	54	35.0	28.1	148 750	5 710	143 040	96.16
2003 年黄河秋汛	2 780	460	81	45.1	43.5	212 650	6 625	206 025	96.88
合　计				281.3	270.5	1 645 330	15 912	1 629 418	99.03

考虑到被调查对象会夸大房屋本身价值和淹没损失程度及降低或隐瞒残值回收等因素，使得调查结果严重失真，从而影响到损失率的计算和损失的估算。因此，根据典型调查得到的"96·8"洪水、2002 年调水调沙和 2003 年黄河秋汛三次房屋淹没和倒塌面积，用算术平均的方法来计算黄河下游滩区房屋淹没损失率（见表 7-5-2），用于淹没损失估算，即

黄河下游滩区房屋淹没损失率（%）= 房屋淹没倒塌面积 ÷ 房屋淹没面积 ×100%

表 7-5-2　黄河下游滩区房屋淹没损失率

淹没时间	花园口流量（m^3/s）	调查户数	淹没户数	淹没		倒塌		损失率（%）
				数量（间）	面积（m^2）	数量（间）	面积（m^2）	
"96.8"洪水	7 860	446	213	1 398	21 460	608	10 497	48.92
2002 年调水调沙	3 170	460						
2003 年黄河秋汛	2 780	460	16	64	1 007	13	236	23.44
合　计				1 462	22 467	621	10 733	47.77

滩区补偿政策课题组使用了评价防洪工程减灾效益普遍使用的亩均水灾综合损失指标，利用 1949～2004 年黄河下游滩区耕地、房屋淹没损失统计资料，根据典型调查资料计算出 2004 年大豆、玉米和所有农作物单位面积产值和不同结构房屋重置价以及淹没耕地、房屋的损失率，估算出 1949～2004 年黄河下游滩区累计耕地淹没损失分别是 783 490.2万元、1 045 518.4 万元和 1 037 735.4 万元以及累计房屋淹没损失 452 493 万元（详见表 7-5-3、表 7-5-4）。

表 7-5-3　1949～2004 年黄河下游滩区房屋淹没损失估算

指标	重置价（元/m^2）	累计房屋数（万间）	平均房屋面积（m^2/间）	损失率（%）	损失金额（万元）
数量	354	157.4	17	47.77	452 493

表 7-5-4　1949～2004 年黄河下游滩区耕地淹没损失估算

指标	产值(元/hm^2)	累计耕地面积(万 hm^2)	损失率(%)	损失金额(万元)
按大豆推算	4 530	174.65	99.03	783 490.2
按玉米推算	6 045	174.65	99.03	1 045 518.4
按所有粮食作物推算	6 000	174.65	99.03	1 037 735.4

据此得

亩均水灾综合损失 = 淹没(耕地 + 房屋)损失金额 ÷ 累计淹没耕地面积

计算出按大豆、玉米和所有粮食作物推算的亩均水灾综合损失分别是:7 080 元/hm^2、8 580 元/hm^2、8 535 元/hm^2,详见表 7-5-5。

表 7-5-5　不同方案推算的亩均水灾综合损失

指标	合计(万元)	1949～2004 年淹没耕地		1949～2004 年淹没房屋		单位面积水灾综合损失(元/hm^2)
		损失(万元)	比例(%)	损失(万元)	比例(%)	
按大豆推算	1 235 983	783 490.2	63.39	452 493	36.61	7 080
按玉米推算	1 498 011	1 045 518.4	69.79	452 493	30.21	8 580
按所有粮食作物推算	1 490 228	1 037 735.4	69.64	452 493	30.36	8 535

7.5.2　不同流量级洪水淹没分析

黄河下游洪水发生漫滩后,对滩区群众生产、生活造成严重影响。滩区淹没情况主要是指受洪水灾害影响的人员、村庄及耕地等。淹没预估分析方法是通过数学模型计算,形成不同流量级洪水淹没范围图层、水深分布图层等,采用 ArcGIS 软件处理,提取相应信息加以处理。本次不同流量级洪水淹没信息分析是基于 2007 年黄河下游滩区居民地信息及社会经济信息资料的。

7.5.2.1　淹没范围

通过对各流量级洪水淹没图层的处理,扣除河道内水面面积,计算得到滩区淹没面积,见表 7-5-6。

表 7-5-6　不同流量级洪水滩区淹没面积统计

序号	流量级(m^3/s)	淹没面积(km^2)
1	6 000	170.9
2	8 000	398.6
3	10 000	554.5
4	12 370	671.8
5	15 700	813.3
6	22 000	865.9

7.5.2.2 滩区受影响人口

黄河下游滩区花园口—东坝头河段，现有人口54.77万人(含滩外人口)，当洪水流量为8 000 m^3/s时，影响人口为9.45万人；当洪水流量为22 000 m^3/s时，影响人口将达到38.85万人。花园口—东坝头河段不同流量级洪水滩区受灾人口情况统计见表7-5-7。

表7-5-7 花园口—东坝头河段不同流量级洪水滩区受灾人口情况

流量(m^3/s)	8 000	10 000	12 370	15 700	22 000
受灾人口(万人)	9.45	20.72	25.56	36.16	38.85

黄河下游滩区地形地貌复杂，洪水漫滩后，滩区灾情随着水深的不同而不同。水深较浅，造成的灾害较小，洪水风险自然也小；水深较大，发生的洪水风险也较大，应及时进行滩区群众的迁安救护工作。

7.5.2.3 滩区受灾村庄

黄河下游滩区花园口—东坝头河段，现有村庄533个，其中：滩外村庄88个，滩内村庄430个，骑堤村庄15个。当发生8 000 m^3/s流量级洪水时，受灾村庄88个；当发生22 000 m^3/s流量级洪水时，受灾村庄381个。不同流量级洪水滩区受灾村庄情况统计见表7-5-8。

表7-5-8 不同流量级洪水滩区受灾村庄情况统计

流量(m^3/s)	8 000	10 000	12 370	15 700	22 000
受灾村庄(个)	88	198	221	345	381

7.5.2.4 滩区受灾耕地

黄河下游花园口—东坝头河段滩区共有耕地面积5.71万hm^2。受漫滩洪水影响，随着漫滩洪水流量级的增加，滩区受淹耕地面积不断增加，见表7-5-9。

表7-5-9 各河段不同流量级洪水淹没耕地面积统计

序号	流量级(m^3/s)	淹没面积(万hm^2)
1	6 000	1.03
2	8 000	2.39
3	10 000	3.33
4	12 370	4.03
5	15 700	4.88
6	22 000	5.20

7.5.3 不同流量级洪水淹没损失估算

基于以上洪水风险评估方法和洪水淹没信息分析，不同流量级洪水滩区淹没损失估算见表 7-5-10。

表 7-5-10 不同流量级洪水滩区淹没损失估算

流量(m^3/s)	6 000	8 000	10 000	12 370	15 700	22 000
淹没损失(亿元)	1.08	10.20	21.00	31.13	48.78	59.79

7.6 小 结

利用基于 GIS 的黄河下游二维水沙数学模型,面向黄河下游花园口—东坝头河段,完成了水沙数学模型的建模、参数选择、参数率定等工作,并针对花园口水文站 7 个不同类型的设计洪水开展方案计算,完成了黄河下游风险图编制工作(一期)。

数学模型计算结果表明:洪峰流量为 4 000 m^3/s 场次洪水,下游滩区基本不漫滩;洪峰流量为 6 000 m^3/s 场次洪水,最大传播时间为丁圪垱滩(19.4 h),最大淹没历时为原阳滩(94 h);洪峰流量为 8 000 m^3/s 场次洪水,最大传播时间为丁圪垱滩(18.4 h),最大淹没历时为原阳滩(102 h);洪峰流量为 10 000 m^3/s 场次洪水,最大传播时间和最大淹没历时均为丁圪垱滩,其传播时间为 24.7 h,淹没历时为 169 h;洪峰流量为 12 370 m^3/s 场次洪水,最大传播时间为丁圪垱滩(25.1 h),最大淹没历时为原阳滩(166 h);洪峰流量为 15 700 m^3/s 场次洪水,最大传播时间为丁圪垱滩(28.1 h),最大淹没历时为原阳滩(220 h);洪峰流量为 22 600 m^3/s 场次洪水,最大传播时间为丁圪垱滩(30.4 h),最大淹没历时为夹河滩和丁圪垱滩(330 h)。

模型较好地模拟不同水沙条件下的平面水沙演进过程,表现整个计算区域的流速场、泥沙场和水深平面分布特征。取得了淹没范围、水深分布、流速分布、洪水传播时间和洪水淹没历时等计算成果,满足了洪水风险图的编制要求。

第8章　模型应用之水库运用方式研究

本章重点介绍了一维水库模型在三门峡水库运用方式研究和小浪底水库拦沙期运用方式研究中的应用情况。

8.1　小浪底水库运用方式研究

黄河小浪底水利枢纽是一座以防洪、(包括防凌)、减淤为主,兼顾供水、灌溉、发电、除害兴利等综合利用的枢纽工程,在黄河治理开发的总体布局中具有重要的战略地位。小浪底水库的运用分为拦沙初期和拦沙后期。拦沙初期即是起始运行水位210 m以下的21亿~22亿 m^3 库容淤满前,拦沙初期蓄水体大,库区以异重流和浑水水库输沙为主,河床逐步淤积抬高。拦沙后期可分为3个阶段:至库区淤积量达到满足泄空冲刷的量值为第1阶段,至库区淤积量达到72.5亿 m^3 为第2阶段,从第2阶段结束至水库坝前淤积面达254 m(设计高滩深槽形态)为第3阶段,拦沙后期随着库区淤积量的增加,蓄水体逐渐减小。

在水库拦沙期,需立足水库开发目标,结合水沙变化情势及库区水流泥沙运动特点制定相应运用方式,并研究运用方式下的库区干支流淤积形态及出库水沙过程等,进一步为优化调度指令,为指导水库合理运用提供参考和技术支撑。

本章分别选用相应水沙系列,利用小浪底水库一维水动力数学模型进行小浪底水库拦沙初期(重点考虑了前三年)和拦沙后期运用计算,并对结果进行分析。

8.1.1　小浪底水库计算范围

计算干流河段为三门峡水库出口—小浪底坝址,其间考虑大峪河、煤窑沟、白马河、畛水、石井河、东洋河、大交沟、西阳河、峪里河、沇西河、亳清河、板涧河等主要支流。干支流断面布置见图8-1-1,其中干流断面57个,支流断面共计109个。

8.1.2　拦沙初期计算方案及结果分析

8.1.2.1　拦沙初期运用原则及方案设计

1.应全面体现以防洪减淤为主,合理兼顾供水、灌溉和发电等综合利用效益

近年来,黄河来水来沙情况有较大变化,中水流量减小,下游河道河槽淤积严重,河槽平滩流量降低,形成“小水大灾”的严重局面。同时,工农业用水需求十分紧张,下游河道断流情况日益加剧。小浪底工程运用初期,在坚持以防洪减淤为主的同时,应进一步研究调节径流缓解下游断流损失的可行性。

考虑现状工程条件下排沙可用水量逐渐减少的趋势,特别是大于3 000 m^3/s 流量级洪水出现概率及历时减少,对下游输排泥沙极为不利。提高小浪底水库减淤效果的关键

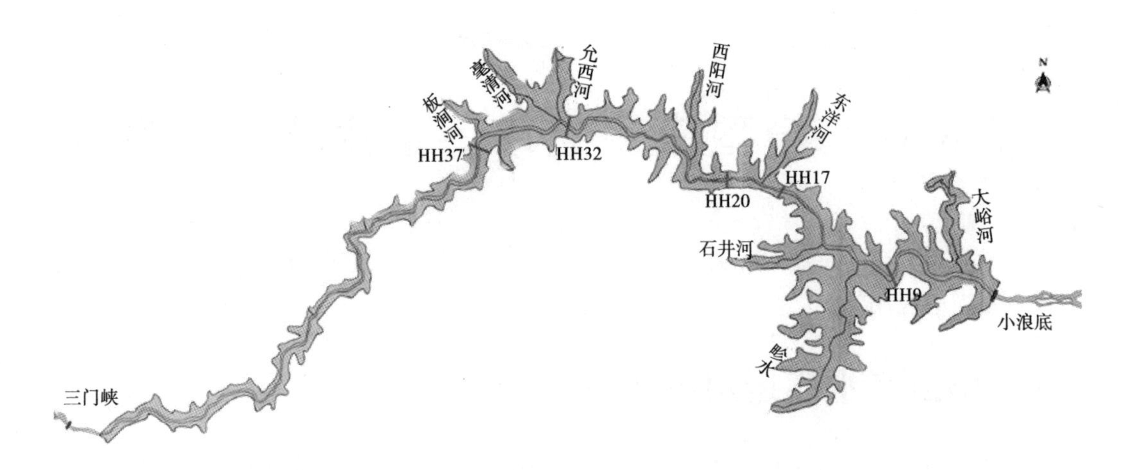

图 8-1-1 小浪底水库库区断面布置

是尽可能利用大水排沙,实行泥沙跨年度调节,争取用有限的水量多排沙入海。因此,水库在拦沙运用阶段,遇大水年份就应尽可能降低水位敞泄排沙或冲刷库区泥沙。

一般情况下,主汛期水库泄流应两极分化,使花园口水文站流量小于 800 m³/s 或大于2 600 m³/s(避免花园口水文站来水出现 800 ~2 600 m³/s 洪水的情况)。当来水流量较小时,水库补水 800 m³/s 满足发电及供水要求且下游河道淤积不多;当来水流量为 800 ~2 600 m³/s 时,水库拦蓄,控制花园口水文站流量不大于 800 m³/s;当来水流量较大时,根据预报泄水。使花园口水文站的中水流量出现概率增多,中水流量历时延长,既有利于缓解河道萎缩的不利局面,又有利于减轻艾山以下河段的淤积。特别是在水库运用初期,对解决下游防洪面临的迫切问题效果最为显著。

减少山东河道淤积,水库调控出库流量是关键,所以水库的调节原则就是在对河南河道平面变化影响不大的前提下力争调节出对山东河道有利的水沙,具体由以下几个方面体现。

1)连续泄放较大流量,减轻山东河道淤积

三门峡水库 1960 ~1964 年清水下泄资料表明,流量与历时是决定冲刷距离与冲刷量的重要因素。连续泄放 6 d 以上调控上限流量,山东河道冲刷效果较好,所以连续泄放较大流量有两个含义:一是利用天然的大流量,考虑伊洛沁河来水,适当补水凑泄花园口连续 6 d 以上大于(包括等于,下同)调控上限流量,减轻山东河道淤积;二是当水库蓄水量较大(大于等于调控库容)时,连续泄放 6 d 调控上限流量,减轻山东河道淤积。

小浪底水库初期相对清水下泄期间,从尽量减轻山东河道淤积角度,调控上限流量考虑两种情况:一是按清水冲刷期山东河道临界冲淤条件考虑,花园口水文站流量为 2 600 m³/s;二是按山东河道冲刷效果较好流量考虑,花园口水文站流量为 3 700 m³/s。

2)小水期水库补水,满足黄河下游的工农业用水

据分析,黄河下游花园口水文站来水流量为 800 m³/s,可满足下游的工农业用水。因此,当黄河下游来水流量不满足花园口水文站流量 800 m³/s 时,考虑伊、洛、沁河来水,水库补水凑泄花园口水文站流量不小于 800 m³/s。同时,小浪底水库出库流量大于 600 m³/s,满足供水发电要求。

3)避免花园口水文站出现 800 m^3/s 至调控上限流量的水流,减轻黄河下游河道淤积

对黄河下游冲淤规律分析,当汛期进入黄河下游的流量为 800 m^3/s 至调控上限流量时,山东河道淤积严重。因此,水库调节应避免花园口水文站出现 800 m^3/s 至调控上限流量,当花园口以下来水流量可能为 800 m^3/s 至调控上限,水库凑泄花园口流量 800 m^3/s,另外要满足出库流量不小于 600 m^3/s 的发电要求。

4)汛期控制中常洪水

黄河下游滩区现居住 179 万人,耕地 375 万亩,漫滩行洪淹没损失较大。为了减少洪灾损失,同时发挥初期水库库容较大的优势,适当控制普通洪水,减小下游漫滩行洪概率和洪灾损失。

2. 应充分考虑黄河水沙特点及水沙变化的新情况

1986 年以来,黄河来水偏枯,来水量显著减小,汛期中水流量出现概率减小。如今后水沙情况保持类似情况,小浪底水库库区淤积年限将延长,但有利的排沙概率将减小。水库运用方式要针对这个特点,尽可能抓住机遇,利用大水排沙。同时,为避免出现失误,初期运用要考虑各种可能发生的水沙情况,尽量采用水沙量较丰的系列(1978 ~ 1980 年)、水量较枯的系列(1991 ~ 1993 年)、沙量较枯的系列(1985 ~ 1987 年)进行综合分析。另外,当初期运用发生大洪水尤其是上大洪水时,水库淤积速度会加快,可能给水库带来一定的影响。为此,选择 1977 年典型洪水(相当于 6 ~ 7 年一遇)和 1977 ~ 1979 年系列进行了计算分析。

充分利用 7 ~ 9 月的水沙分布特点,合理划分调水调沙期和蓄水调节期。三门峡水库"蓄清排浑"运用以来(1974 年 7 月至 1997 年 6 月),小浪底汛期各时期水沙量占汛期水沙量的百分数为:7 月上旬水量占 5%,沙量占 7%;7 月中旬至 9 月上旬水量占 52%,沙量占 75%;9 月中下旬水量占 19%,沙量占 10%;10 月水量占 24%,沙量占 9%。资料表明,7 月 1 ~ 10 日水沙量不大,为了满足灌溉供水,水库需要保留一定的蓄水量,不能按减淤要求调节水沙;7 月 11 日至 9 月 10 日,水沙量都较多,水库水位不宜过高,要充分利用大水输沙;9 月 11 日至 10 月有一定水量但沙量少,洪水减少,所以当预报来大水时,仍要利用大水输沙,非大水时期水库蓄水量仅受防洪水位的限制,不再人为造峰。这样,在保证防洪的前提下,水库多蓄点水,不仅对库区淤积影响不大,还可多发挥水库综合利用效益。所以,每年 7 月 11 日至 9 月 30 日为防洪、减淤调度运用的主要时段称为主汛期,7 月 1 ~ 10 日纳入蓄水调节期统筹安排。

因此,根据小浪底水库拦沙初期应遵循的运行原则,考虑水沙系列、调控上限流量、调控库容和起始运行水位等几个主要因素计算共设计 8 种方案,见表 8-1-1。

8.1.2.2 库区淤积量

各方案计算库区淤积量见表 8-1-2,由表 8-1-2 可以看出:①计算结果反映了方案间差别。方案 3、方案 1、方案 2 库区淤积量分别为 5.41 亿、5.45 亿、5.84 亿 m^3。随着调控库容的增大,水库运用水位升高,库区淤积量依次增大,相应细沙淤积物级配略有增大,中粗沙淤积物级配则相应略有减小。由于水库运用初期以异重流输沙为主,因此三种运用方

式相应的分组沙淤积物级配差异不大,定性上是合理的。②计算结果可以反映水库的"拦粗排细"作用。三个方案库区淤积物级配分别为40% ~43%(细沙)、30% ~32%(中沙)、27% ~28%(粗沙),与入库细、中、粗沙级配(51%、26%、23%)和出库细、中、粗沙级配(90%、8%、2%)相比,水库达到"拦粗排细"的效果。

表 8-1-1　计算方案一览

方案编号	水沙系列(年)	调控上限流量(m^3/s)	调控库容(亿 m^3)	起始运行水位(m)
1	1978 ~ 1982	2 600	8	210
2	1978 ~ 1982	3 700	13	210
3	1978 ~ 1982	2 600	5	210
4	1978 ~ 1980	2 600	8	205
5	1978 ~ 1980	2 600	8	220
6	1978 ~ 1980	2 600	8	210
7	1985 ~ 1987	2 600	8	210
8	1991 ~ 1993	2 600	8	210

方案4 ~6 调控库容为 8 亿 m^3,调控上限流量为 2 600 m^3/s,起始运行水位分别为205 m、220 m、210 m,由表 8-1-2 中可以看出,随着起始运行水位的抬高,库区淤积量和细沙淤积百分数增大,中粗沙淤积百分数减小。

表 8-1-2　库区淤积量情况统计

方案	淤积量(亿 m^3)				淤积物级配(%)		
	全沙	细沙	中沙	粗沙	细沙	中沙	粗沙
1	5.45	2.21	1.72	1.53	40	32	28
2	5.84	2.53	1.77	1.54	43	30	27
3	5.41	2.18	1.71	1.52	40	32	28
4	6.10	2.63	1.81	1.66	43	30	27
5	6.18	2.70	1.82	1.66	44	29	27
6	6.12	2.65	1.81	1.66	43	30	27
7	4.03	2.07	1.19	0.77	51	30	19
8	4.75	2.51	1.32	0.92	53	28	19

由方案6 ~8 的结果可以看出,不同水沙系列淤积量有一定差别,且水库的淤积物组成受来沙级配的影响较大。与 1978 ~1980 年、1985 ~1987 年和 1991 ~1993 年系列来沙量 8.84 亿 t、5.53 亿 t、7.06 亿 t 相应,方案 6 ~8 各系列平均淤积量分别为 6.12 亿 m^3、4.03 亿 m^3 和 4.75 亿 m^3,表现出"多来多淤"的特点。从淤积物组成看,方案 6 ~8 细沙

淤积量占总淤积量的百分数分别为 43%、51%、53%，粗沙淤积量占淤积量的百分数分别为 27%、19%、19%，不同系列淤积物级配差别的主要原因是来沙级配不同。三个系列入库细沙比例分别为 49.9%、57.0%、58.4%，粗沙比例分别为 23.5%、16.6%、16.6%。

可以看出，由于来沙组成不同，水库同样拦调，有效拦沙库容的利用程度是不同的。小浪底水库实际调度运用过程中，在加强水沙预报的基础上，对不同泥沙来源区水流的调节应有所侧重，尽量拦截粗泥沙来源区的洪水（如 1977 年型洪水）效果要好一些，而对于细泥沙来源区的水流，尽量少拦或不拦。

8.1.2.3 库区淤积形态

1. 干流淤积形态

小浪底水库初期蓄水拦沙，干流淤积形态均为典型的三角洲淤积形态。方案 4 ~ 6 第 3 年库区干流淤积纵剖面见图 8-1-2(a)，可以看出，水库拦沙初期干流为三角洲淤积形态，随初始运行水位的抬升，淤积部位靠上，三角洲顶点上移，顶坡段淤积面抬高，坝前段淤积面有所降低，运用三年，三角洲顶点在距坝 25 ~ 35 km 河段。

1995 典型年，起始运行水位为 205 m、调控库容为 8 亿 m^3、调控上限流量为 2 600 m^3/s 方案库区动床模型试验结果算得，距坝 65 km 以下干支流淤积量分别为 6.56 亿 t 和 0.81 亿 t，总淤积量为 7.37 亿 t。而数学模型对应值分别为 6.83 亿 t、0.54 亿 t 和 7.37 亿 t，两者极其吻合。从干流淤积形态来看，数学模型与物理模型也非常接近，见图 8-1-2(b)。

2. 支流淤积形态

水库初期蓄水拦沙运用，因支流来水来沙很少，干流水沙会以浑水或异重流形式倒灌支流，在口门处形成拦门沙坎。从计算结果可以看出，各支流的倒锥体淤积形态因支流位置不同而有所不同。位于干流三角洲的前坡段和坝前段的畛水，其拦门沙坎高程随水库起始运行水位的升高而降低；亳清河位于干流三角洲的顶坡段，拦门沙坎高程则随水库起始运行水位的升高而升高。初步分析认为，水库运用水位高，干流淤积部位则靠上，含沙量沿程衰减则迅速，进入靠近坝前支流的沙量则少，支流拦门沙坎则低；反之，水库运用水位低，干流淤积部位下移，进入靠近坝前支流的沙量则多一些，支流拦门沙坎则高，见图 8-1-2(c)。

小浪底库区库容较大的支流（大峪河、畛水、石井河）多位于坝前段，这对水库初期较高水位（如 210 m）蓄水拦沙是有利的。随着干流三角洲的推进，库容较大的支流多位于坝前段的优势将会减弱，此时水库适当降低水位对控制支沟的淤积倒灌是有利的。

8.1.3 拦沙后期计算方案及结果分析

8.1.3.1 拦沙后期运用方式及计算方案

小浪底水库拦沙后期运用推荐方式：相机选择有一定持续时间的较大流量适当降低水位冲刷恢复库容；在一般的水沙条件下水库适当蓄水，逐步抬高水位"拦粗排细、调水调沙"运用。运用期间，库区有淤有冲，淤滩冲槽同步形成。这样运用既拦沙又调水调沙，可以有效保持水库库容，延长拦沙使用年限，并且使进入下游河道水沙过程更加合理。根据小浪底水库所处运用阶段及调控方式，在小浪底水库拦沙后期（16 ~ 28 年）坝前断面

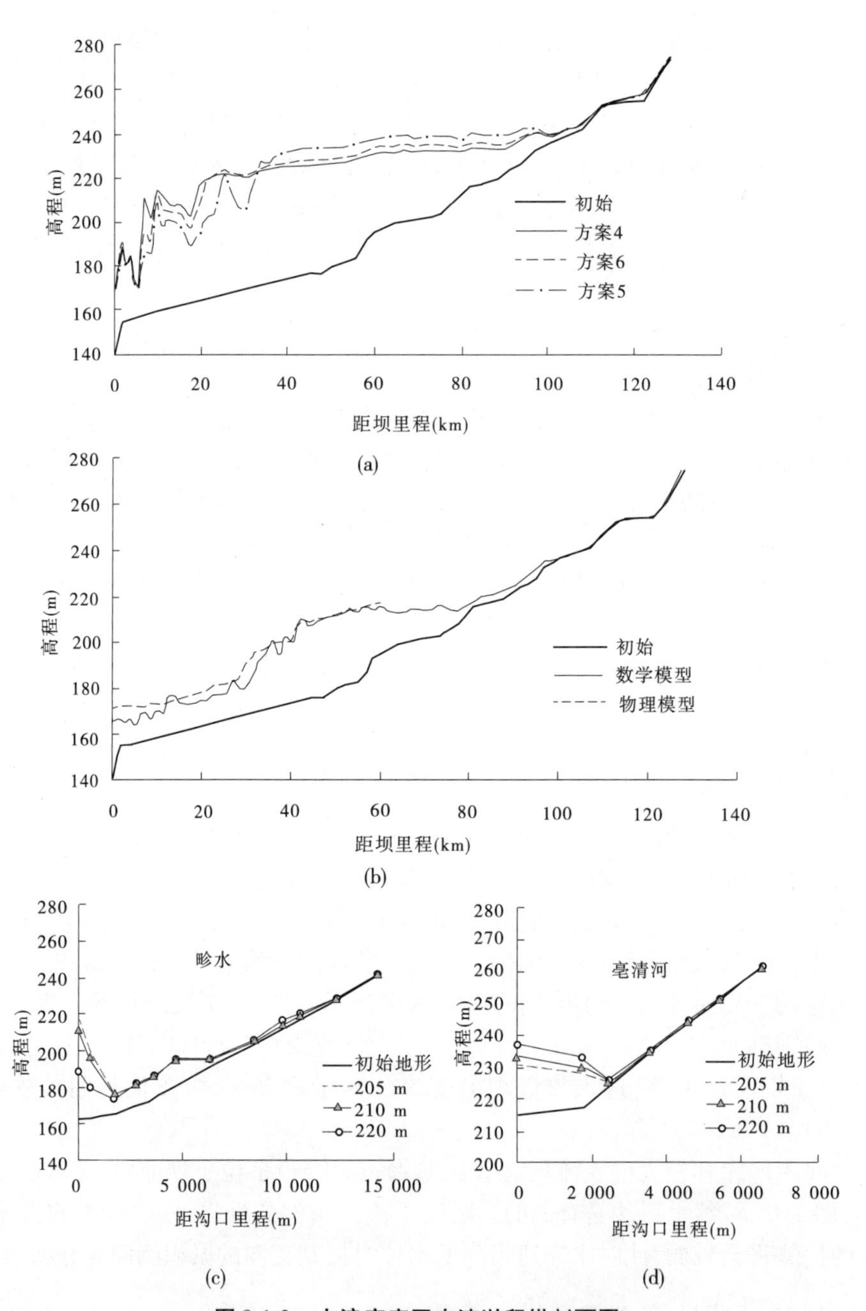

图 8-1-2　小浪底库区支流淤积纵剖面图

将会形成高滩深槽的地形，预计滩面高程为 254 ~ 245 m，深槽高程为 245 ~ 226 m。主要特征参数为：冲刷时机为淤积量达到 42 亿 m^3、调控上限流量为 3 700 m^3/s、调控下限流量为 800 m^3/s、调控库容为 13 亿 m^3。

本次计算选取入库水沙条件为 1990 年系列的前 20 年过程。计算时段内（选取 20 年）的年均水量为 249.16 亿 m^3、沙量为 8.54 亿 t，水量、沙量过程统计见表 8-1-3。计算采用 2007 年汛后干、支流地形作为初始计算地形条件，通过库容曲线对地形进行验证。

表 8-1-3　计算系列水量、沙量过程统计

年份	水量(亿 m^3)			沙量(亿 t)			分组沙(亿 t)		
	汛期	非汛期	全年	汛期	非汛期	全年	<0.025 mm	0.025~0.05 mm	>0.05 mm
1	121.94	163.97	285.91	8.38	0.88	9.26	5.31	2.16	1.80
2	44.80	97.38	142.18	2.87	0.21	3.08	1.61	0.72	0.75
3	136.05	142.77	278.82	11.32	0.23	11.55	6.54	2.83	2.19
4	123.69	116.79	240.48	6.04	0.23	6.27	3.33	1.54	1.40
5	104.04	110.34	214.38	11.46	0.09	11.55	6.53	2.79	2.23
6	108.16	111.39	219.55	7.73	0.11	7.84	4.42	1.84	1.58
7	113.14	107.98	221.12	10.35	0.12	10.47	6.18	2.38	1.91
8	53.85	112.46	166.31	2.45	0.29	2.74	1.48	0.62	0.63
9	87.70	125.21	212.91	5.28	0.24	5.52	3.11	1.24	1.18
10	70.67	101.19	171.86	3.77	0.31	4.08	2.18	1.02	0.89
11	123.58	105.12	228.70	11.32	0.06	11.38	6.50	2.72	2.16
12	78.12	92.34	170.46	4.37	0.07	4.44	2.54	1.00	0.89
13	201.68	145.14	346.82	17.86	0.16	18.02	10.12	4.33	3.56
14	173.43	110.58	284.01	16.29	0.07	16.36	9.06	3.97	3.33
15	92.70	117.72	210.42	4.35	0.87	5.22	3.09	1.16	0.97
16	184.03	165.32	349.35	8.95	0.32	9.27	5.08	2.18	2.00
17	112.50	164.03	276.53	5.12	0.73	5.85	3.53	1.26	1.06
18	121.85	195.69	317.54	5.23	1.93	7.16	4.13	1.52	1.51
19	303.57	167.19	470.76	18.18	0.25	18.43	10.15	4.50	3.78
20	61.85	113.15	175.00	2.04	0.37	2.41	1.30	0.54	0.56
总计	2 417.35	2 565.76	4 983.11	163.36	7.54	170.90	96.19	40.32	34.38
平均	120.87	128.29	249.16	8.17	0.38	8.55	4.81	2.02	1.72

8.1.3.2　库区冲淤量过程

图 8-1-3 和表 8-1-4 为计算 20 年水库累计淤积量过程。

尽管 1990 年系列为枯水系列，但由于推荐方式下降水冲刷不受库区蓄水量限制，拦沙后期第二阶段仍然发生多次降水冲刷，尤其是在汛期水量较大的第 13 年和第 19 年的

大水年。在第19年初拦沙期完成,库区淤积量达到79亿 m^3(其中支流淤积量约为24.5亿 m^3),之后转入强迫排沙运用,并于当年库区淤积量降至76亿 m^3,再次转入一般运用。

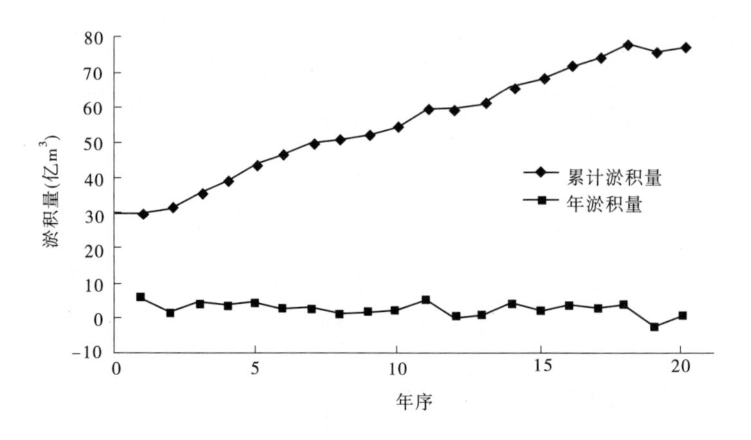

图 8-1-3 水库累计淤积过程线

表 8-1-4 库区累计淤积量成果 (单位:亿 m^3)

年序	累计淤积量			年淤积量			分组沙		
	干流	支流	总量	干流	支流	总量	细沙	中沙	粗沙
初始	20.00	3.95	23.95						
1	23.18	6.20	29.38	3.18	2.25	5.43	2.59	1.48	1.359
2	24.44	6.53	30.97	1.26	0.34	1.60	0.59	0.45	0.554
3	27.76	8.01	35.77	3.32	1.48	4.80	2.02	1.36	1.424
4	30.31	8.86	39.17	2.55	0.85	3.40	1.38	0.98	1.035
5	33.14	10.79	43.93	2.83	1.93	4.76	2.15	1.34	1.271
6	34.67	12.03	46.70	1.53	1.24	2.77	1.18	0.77	0.82
7	36.47	13.41	49.88	1.79	1.39	3.18	1.50	0.85	0.832
8	36.82	13.78	50.60	0.35	0.37	0.72	0.15	0.22	0.354
9	37.76	14.53	52.29	0.95	0.75	1.70	0.87	0.43	0.394
10	39.44	15.16	54.60	1.68	0.63	2.31	0.96	0.69	0.664
11	42.33	17.51	59.84	2.89	2.35	5.24	2.45	1.41	1.387
12	42.04	18.66	60.10	-0.29	0.54	0.25	-0.03	0.12	0.16
13	41.66	19.34	61.00	-0.38	1.28	0.90	0.40	0.56	-0.052
14	44.25	21.45	65.70	2.59	2.12	4.71	1.75	1.33	1.626
15	46.18	22.02	68.20	1.93	0.57	2.50	1.13	0.67	0.692
16	48.36	23.28	71.64	2.18	1.26	3.44	1.57	0.93	0.945

续表 8-1-4

年序	累计淤积量			年淤积量			分组沙		
	干流	支流	总量	干流	支流	总量	细沙	中沙	粗沙
17	50.51	23.88	74.34	2.14	0.56	2.70	1.31	0.69	0.703
18	53.72	24.53	78.20	3.21	0.64	3.86	1.78	0.96	1.114
19	51.14	24.96	76.05	-2.58	0.43	-2.15	-0.87	-0.38	-0.90
20	52.31	24.96	77.22	1.17	0	1.17	0.42	0.34	0.418

注:表中淤积物干容重取为1.3。

8.1.3.3 纵断面形态变化过程分析

1. 干流纵断面形态

图8-1-4为计算的水库干流纵断面。由图8-1-4可见:第1~5年三角洲头以下淤积较为迅速,坝前高程快速抬升;第6~10年水库50断面以下地形整体抬升,沿程淤积厚度较为均匀,由于此时段属于拦沙后期第二阶段,期间有降水冲刷发生,近坝段有所冲刷,呈漏斗形;第11~15年整体趋势仍为淤积,但由于第13年为大水大沙年,发生较大降水冲刷,坝前主槽高程明显降低,此后有所抬升;第16~20年随着淤积进行,沿程比降进一步减小,但在第19年水库进入拦沙后期第三阶段,进行强迫排沙,近坝段发生剧烈冲刷,主槽高程较低,至水库淤积量减少至76亿m^3转入一般运用后,坝前主槽高程又有所回升。

2. 支流纵断面形态

图8-1-5给出了计算时段内大峪河、畛水、西阳河及亳清河四条支流的纵剖面图。支流口门高程随着干流滩面的淤积而抬高,在口门处形成5~10 m的拦门沙坎,拦门沙坎后的支流高程由于干流泥沙的倒灌淤积亦逐步抬升。

8.1.3.4 横断面形态变化过程分析

1. 干流典型断面形态

分别选取坝址断面、桐树岭断面(HH1)、八里胡同断面(HH16)和河堤(HH38)断面进行断面形态变化分析,见图8-1-6。可见:坝址断面由于受排沙洞排沙影响,主槽较深,滩地淤积抬升;桐树岭断面整体呈现淤积趋势,滩槽均有抬升,但自始至终滩槽分界明显,具备高槽深槽的基本特征,至第18年,滩地高程淤至254 m左右,在转入强迫排沙阶段后,主槽高程迅速下降;八里胡同断面前10年呈现整体淤积趋势,滩槽同步抬升,第二个10年的淤积特性与桐树岭断面基本相同;河堤断面滩槽同步淤积,整体抬升。

2. 支流沟口断面形态

图8-1-7分别绘出主要支流口门断面变化图。可见,口门高程逐渐抬高,口门抬升速度逐渐变缓,计算第20年大峪河、畛水、西阳河、亳清河最低河底高程分别为252.36 m、249.84 m、259.34 m、265.04 m。

8.1.4 小结

通过小浪底水库一维水动力数学模型计算,分别对小浪底水库拦沙初期和拦沙后期运用方式进行研究,得出主要结论如下:

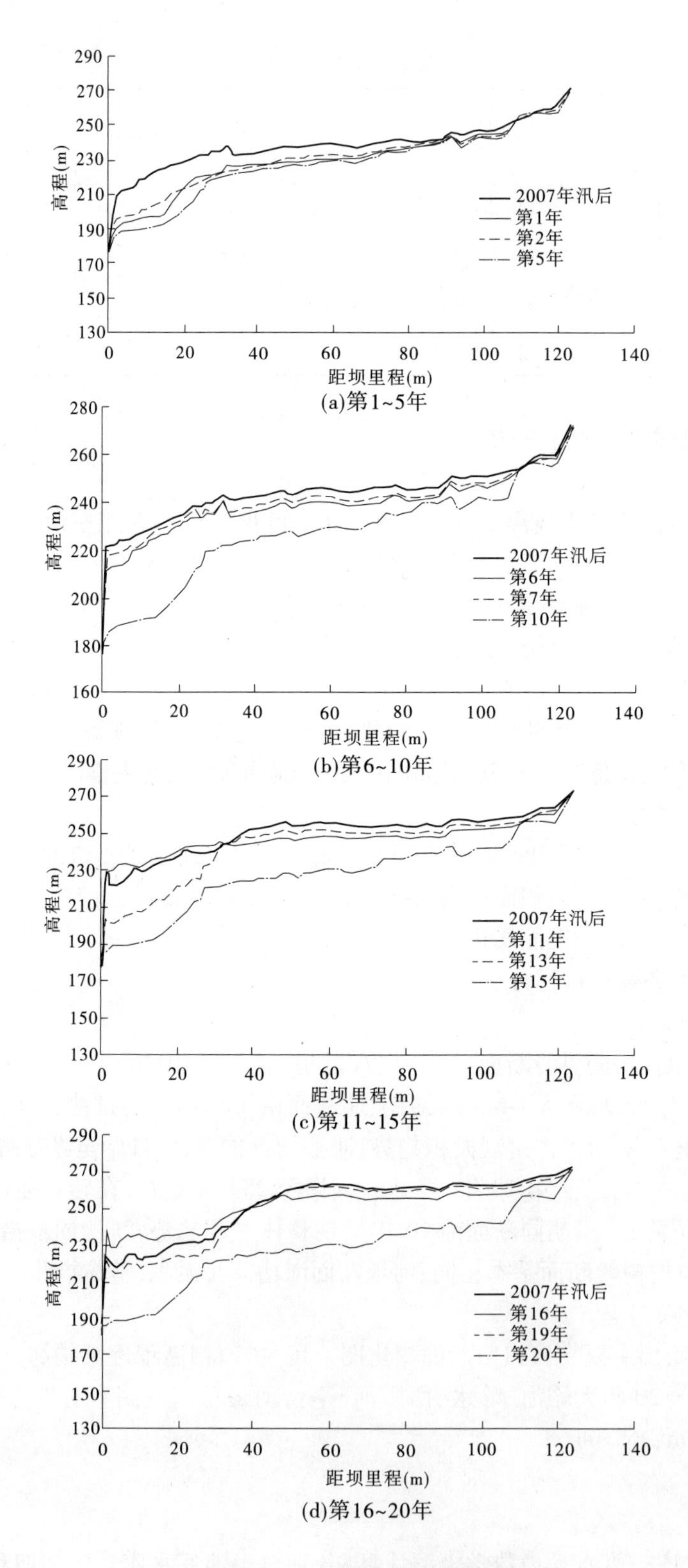

图 8-1-4　小浪底水库干流纵剖面

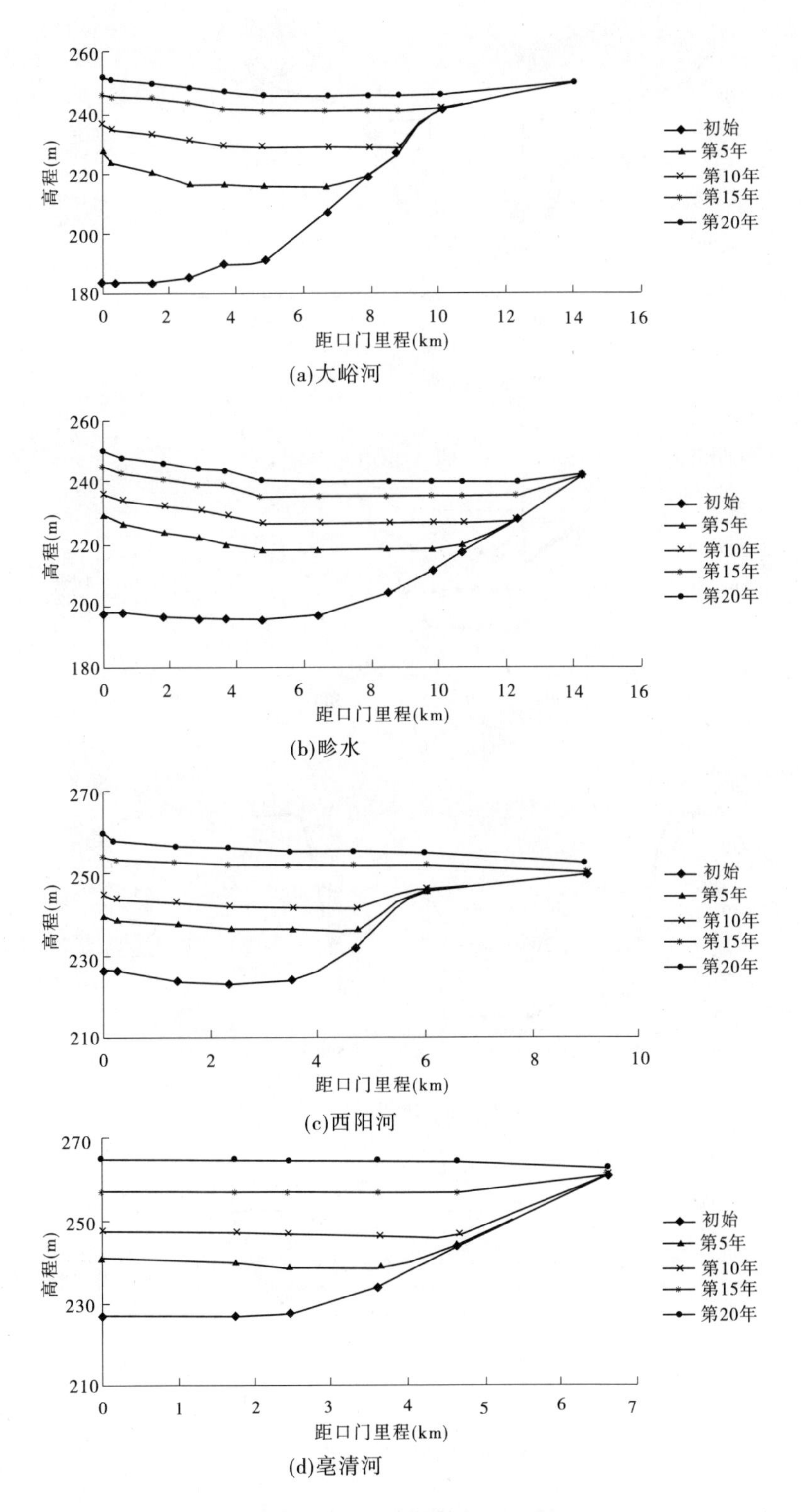

图 8-1-5　小浪底支流淤积形态

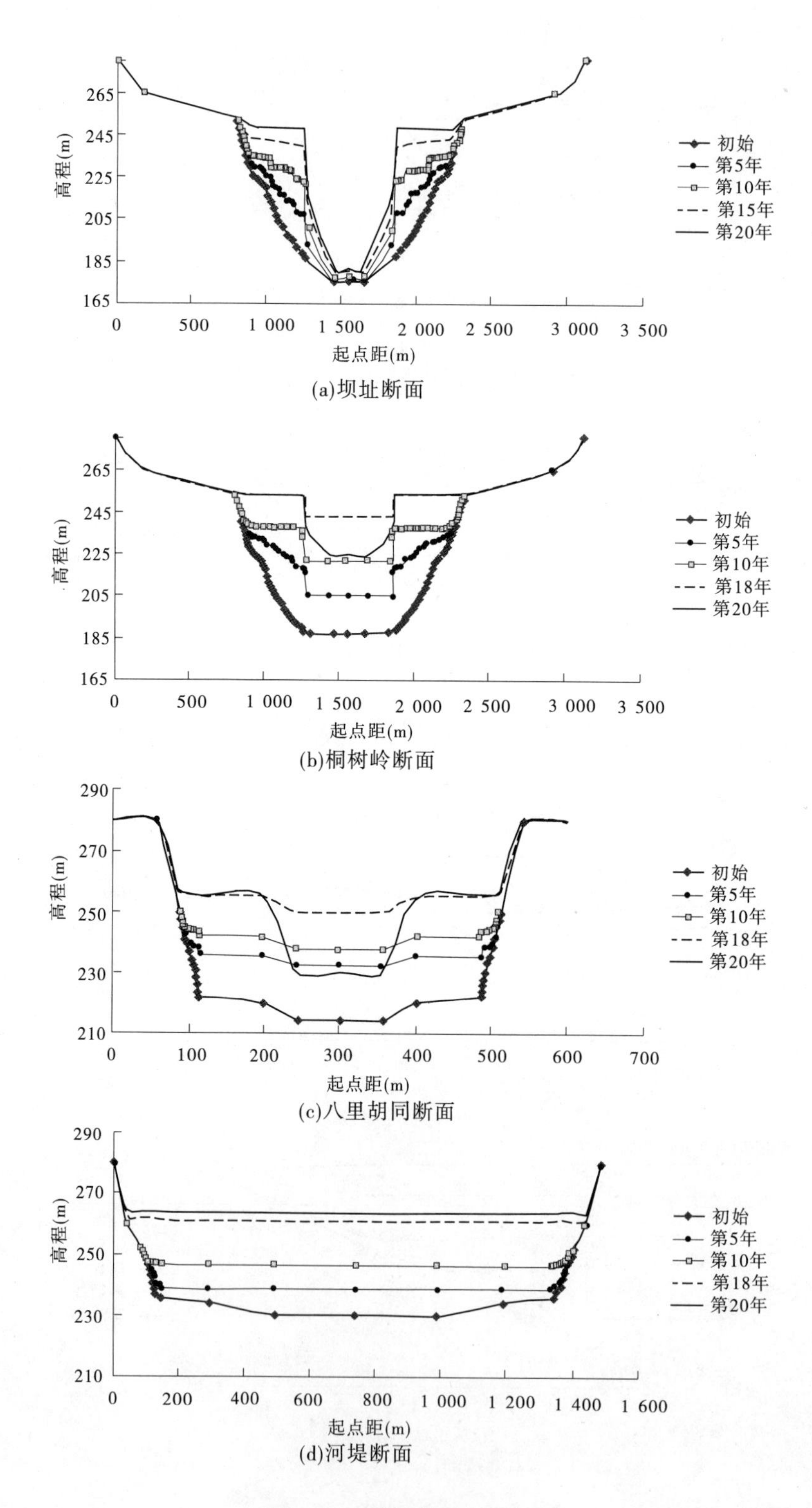

(a)坝址断面

(b)桐树岭断面

(c)八里胡同断面

(d)河堤断面

图 8-1-6 干流典型断面变化

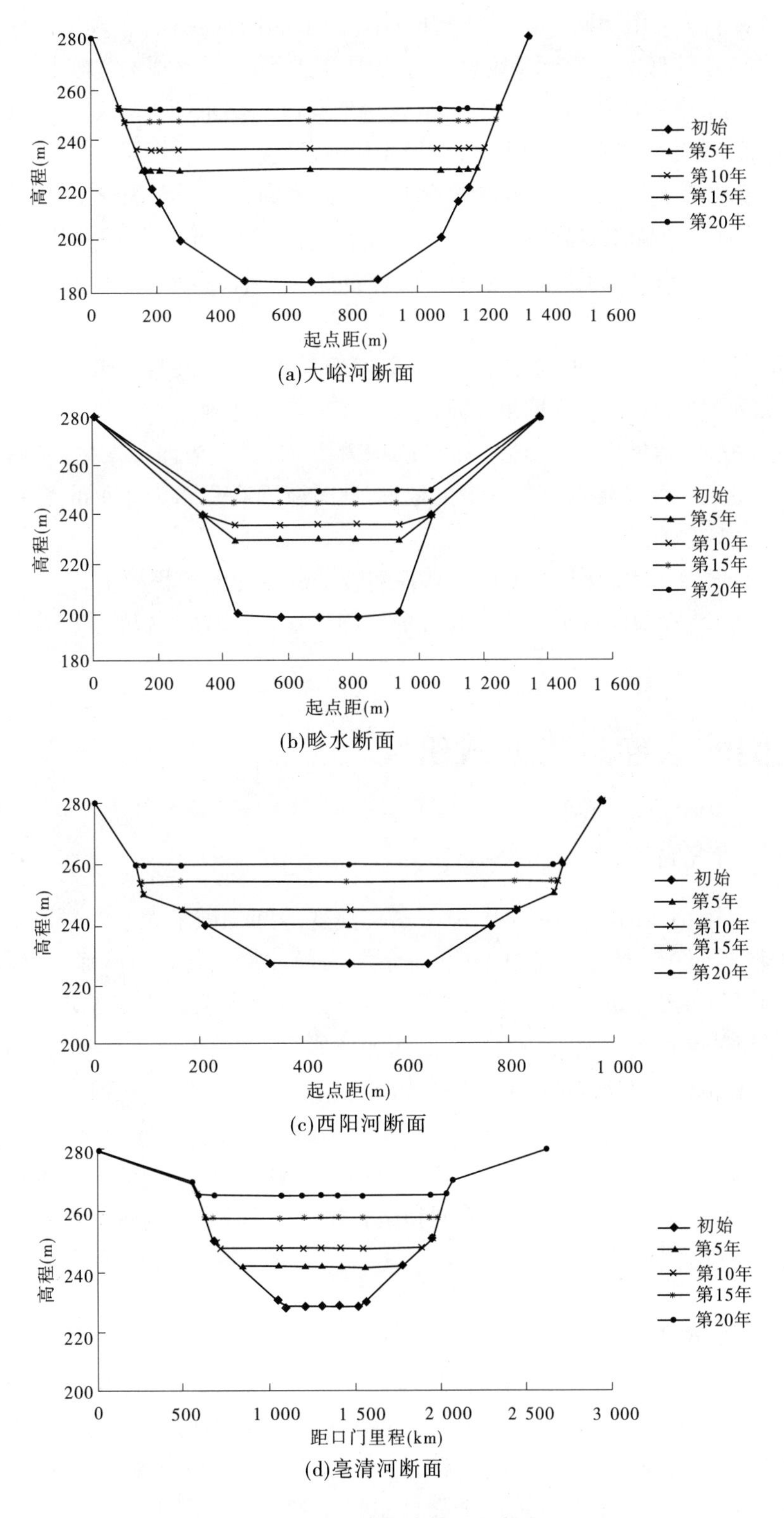

(a)大峪河断面

(b)畛水断面

(c)西阳河断面

(d)亳清河断面

图 8-1-7　主要支流口门断面

（1）小浪底水库运用初期，由于来沙组成不同，水库同样拦调，有效拦沙库容的利用程度是不同的。小浪底水库实际调度运用过程中，在加强水沙预报的基础上，对不同泥沙来源区水流的调节应有所侧重，尽量拦截粗泥沙来源区的洪水（如1977年型洪水），效果要好一些，而对于细泥沙来源区的水流，尽量少拦或不拦。

（2）小浪底水库运用初期，干流淤积形态均为典型的三角洲淤积形态，因支流来水来沙很少，干流水沙会以浑水或异重流形式倒灌支流，在口门处形成拦门沙坎，库容较大的支流（大峪河、畛水、石井河）多位于坝前段，这对水库初期较高水位（如210 m）蓄水拦沙是有利的。

（3）小浪底水库运用后期，选取1990年系列的枯水系列，在推荐方式下由于降水冲刷不受库区蓄水量限制，拦沙后期第二阶段发生多次降水冲刷。

（4）小浪底水库运用后期，干流整体以淤积为主，期间主槽伺机发生冲刷排沙，至运用第19年，坝前断面将会形成高滩深槽的地形，此时滩面高程约为254 m，深槽高程约为236 m。

（5）小浪底水库运用后期，支流口门高程随着干流滩面的淤积而抬高，在近坝段主槽内形成漏斗形库容；在口门处形成5～10 m的拦门沙坎，拦门沙坎后的支流高程由于干流泥沙的倒灌淤积亦逐步抬升。

8.2 三门峡水库运用方式研究

8.2.1 项目研究背景

国内外学者围绕三门峡水库运用、潼关高程演变等问题做了大量的研究工作。这些研究在来水来沙条件、水库运用方式、潼关上下游河段冲淤变化等影响潼关高程的变化、潼关高程非汛期上升、汛期冲刷下降的演变规律等方面在定性上达成了共识。根据水利部重大项目“潼关高程控制及三门峡水库运用方式研究”的研究任务要求，三门峡水库泥沙数学模型计算范围为渭河自咸阳水文站、北洛河自洑头水文站、黄河自龙门水文站至三门峡大坝。

利用数学模型对不同的模拟水沙系列组合进行计算，分析三门峡水库各种运用方式对降低潼关高程的作用。在不同水沙系列和组合情况下，研究三门峡水库扩大泄流规模后，水库不同运用方式对潼关高程的影响。

8.2.2 三门峡水库运用方案设计及计算条件

根据水利部重大科研项目“潼关高程控制及三门峡水库运用方式研究”确定的三门峡水库不同运用方式对潼关高程的影响共7个方案。各方案计算条件见表8-2-1。

模型计算范围为龙门、河津、华县、洑头至三门峡大坝（史家滩）。上游龙门、华县、河津、洑头四站入口水沙条件采用两个设计水沙系列。①系列Ⅰ：1987年11月1日至2001年10月31日实测水沙系列，龙门、河津、华县、洑头四站（龙门、河津、华县、洑头

表 8-2-1　三门峡水库各方案计算条件

项目	说明
设计方案	方案 1,水库采用现状运用方式 方案 2,全年敞泄运用 方案 3－1,在现有泄流能力条件下,水库汛期敞泄运用,非汛期控制最高水位不超过 318 m 方案 3－2,在现有泄流能力条件下,当水库汛期入库流量大于 1 500 m^3/s 时,敞泄排沙,否则按 305 m 控制运用,非汛期控制最高水位不超过 318 m 方案 3－3,在现有泄流能力条件下,水库汛期敞泄运用,非汛期控制最高水位不超过 315 m 方案 3－4,在现有泄流能力条件下,当水库汛期入库流量大于 1 500 m^3/s 时,敞泄排沙,否则按 305 m 控制运用,非汛期控制最高水位不超过 315 m 方案 3－5,在现有泄流能力条件下,当水库汛期入库流量大于 1 500 m^3/s 时,敞泄排沙,否则按 305 m 控制运用,非汛期坝前控制最高水位不超过 310 m 方案 3－6,在现有泄流能力条件下,水库汛期敞泄运用,非汛期坝前控制最高水位不超过 310 m
水沙系列	丰水系列Ⅰ:1978 年 11 月 1 日至 1983 年 6 月 30 日 +1987 年 7 月 1 日至 1996 年 10 月 31 日,共 14 年实测水沙系列 枯水系列Ⅱ:1987 年 11 月 1 日至 2001 年 10 月 31 日,共 14 年实测水沙系列
初始地形	2001 年 10 月实测大断面
初始河床级配	2001 年实测河床质级配
初始潼关高程	328.23 m

合计简称四站)非汛期、汛期、年水量和沙量统计,见表 8-2-2;②系列Ⅱ:1978 年 11 月 1 日至 1983 年 6 月 30 日 +1987 年 7 月 1 日至 1996 年 10 月 31 日设计水沙系列,四站非汛期、汛期、年水量和沙量统计,见表 8-2-3。初始河床地形采用 2001 年汛后实测大断面资料及相应河床质级配,2001 年汛后实测潼关高程为 328.23 m。

表 8-2-2　四站水沙系列Ⅰ水量、沙量统计

年份	水量(亿 m^3)			沙量(亿 t)		
	非汛期	汛期	年	非汛期	汛期	年
2001	163.09	186.74	349.83	0.70	9.93	10.63
2002	168.62	111.47	280.09	1.15	5.04	6.19
2003	139.83	244.26	384.09	1.29	9.81	11.10
2004	154.37	149.28	303.65	0.88	5.11	5.99

续表 8-2-2

年份	水量(亿 m^3)			沙量(亿 t)		
	非汛期	汛期	年	非汛期	汛期	年
2005	190.82	74.36	265.18	1.07	3.27	4.34
2006	126.68	185.89	312.57	1.05	14.96	16.01
2007	175.69	211.75	387.44	1.34	6.99	8.33
2008	203.51	143.95	347.46	1.25	7.20	8.45
2009	191.78	60.45	252.23	3.49	2.91	6.40
2010	124.20	133.94	258.14	1.16	11.39	12.55
2011	162.11	136.42	298.53	1.21	4.54	5.75
2012	150.32	140.54	290.86	0.91	13.91	14.82
2013	137.22	121.16	258.38	0.82	9.07	9.89
2014	133.56	129.32	262.88	1.43	11.10	12.53
平均	158.70	144.97	303.67	1.27	8.23	9.50

表 8-2-3 四站水沙系列Ⅱ水量、沙量统计

年份	水量(亿 m^3)			沙量(亿 t)		
	非汛期	汛期	年	非汛期	汛期	年
2001	124.68	185.91	310.59	0.94	15.07	16.01
2002	175.20	211.05	386.25	1.34	6.99	8.33
2003	204.61	143.95	348.56	1.26	7.20	8.46
2004	193.04	60.45	253.49	3.54	2.86	6.40
2005	124.32	133.77	258.09	1.17	11.39	12.56
2006	160.82	137.33	298.15	1.19	4.55	5.74
2007	150.67	140.46	291.13	0.92	13.91	14.83
2008	137.94	121.10	259.04	0.82	9.07	9.89
2009	134.05	132.83	266.88	1.45	11.10	12.55
2010	106.62	58.66	165.28	0.94	4.29	5.23
2011	112.56	87.41	199.97	1.82	5.05	6.87
2012	122.02	104.82	226.84	0.70	4.71	5.41
2013	117.48	83.29	200.77	1.20	2.88	4.08
2014	100.70	68.76	169.46	0.31	4.02	4.33
平均	140.34	119.27	259.61	1.26	7.36	8.62

下游边界条件(坝前水位)按不同设计方案给出。在进行各个方案调洪计算时,坝前水位控制原则如下。

(1)现状方案(方案1),非汛期三门峡水库水位采用史家滩控制水位曲线(非汛期:7月1日至12月31日及次年1月1日至6月30日,汛期采用史家滩逐日平均水位,1988～2001各年汛期为7月1日至10月31日),见图8-2-1,该控制曲线为三门峡水库1996～2001年非汛期史家滩实测水位年平均控制曲线。

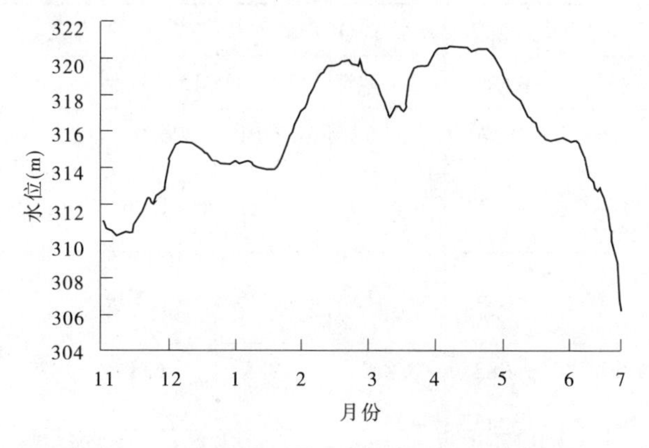

图8-2-1　现状方案计算时的坝前水位控制过程

(2)在进行其他方案调洪计算时,原则为:汛期按各方案要求进行调洪计算;非汛期按各方案提出最高水位进行控制,在进行非汛期调洪计算时,史家滩控制水位曲线作为最高控制水位,并且各方案采用水位均不超过各方案的最高水位。当运用水位小于计算方案允许水位(取最高控制水位与方案允许最高水位的最小值)时,出口流量按200 m^3/s(若入库流量小于200 m^3/s,采用实测值)控制。

(3)三门峡水库现状泄流能力曲线见图8-2-2。

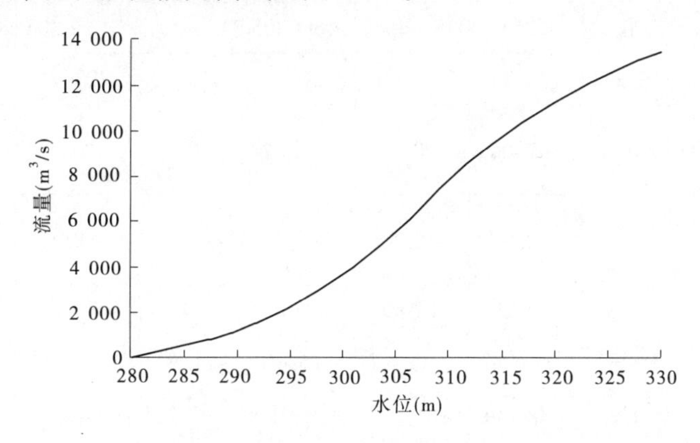

图8-2-2　三门峡水库现状泄流能力曲线

8.2.3　三门峡水库计算成果及分析

表8-2-4、表8-2-5分别给出了系列Ⅰ、系列Ⅱ水沙条件下,三门峡水库不同运用方案库区主要河段累计冲淤量、潼关高程及潼关高程升降幅度。其中,潼关高程是指在计算14年系列中结束时的潼关高程,即第14年结束时的潼关高程;潼关高程升降幅度是指第14年结束时的潼关高程与起始潼关高程328.23 m之差。图8-2-3(a)、(b)、(c)分别为系

列Ⅰ各方案潼关高程升降值、潼关高程汛期和非汛期历年变化过程及库区主要河段累计冲淤量；图8-2-4(a)、(b)、(c)分别为系列Ⅱ各方案潼关高程升降值、潼关高程汛期和非汛期历年变化过程及库区主要河段累计冲淤量。

表8-2-4 系列Ⅰ各方案计算结果汇总

项目		方案1	方案2	方案3－1	方案3－2	方案3－3	方案3－4	方案3－5	方案3－6
		现状	敞泄	318＋敞泄	318＋305	315＋敞泄	315＋305	310＋305	310＋敞泄
潼关高程(m)		327.97	326.70	326.97	327.01	326.91	326.94	326.87	326.83
潼关高程与现状之差		0	－1.27	－1.00	－0.87	－1.06	－1.03	－1.10	－1.14
潼关高程升降幅度(m)		－0.26	－1.53	－1.13	－1.26	－1.32	－1.29	－1.36	－1.40
累计冲淤量(亿 m^3)	全河段	6.390	1.982	3.841	3.985	3.634	3.774	3.222	2.748
	潼三段	－0.749	－3.432	－2.150	－2.043	－2.273	－2.162	－2.565	－2.715
	潼古段	－0.066	－0.309	－0.214	－0.202	－0.230	－0.218	－0.246	－0.258
	龙潼段	5.544	4.080	4.484	4.509	4.424	4.445	4.341	4.295
	华潼段	1.661	1.334	1.507	1.519	1.483	1.491	1.446	1.426

注：潼三段指潼关—三门峡，潼古指潼关—古贤，龙潼段指龙门—潼关，华潼段指华县—潼关，余同。

表8-2-5 系列Ⅱ各方案计算结果汇总

项目		方案1	方案2	方案3－1	方案3－2	方案3－3	方案3－4	方案3－5	方案3－6
		现状	敞泄	318＋敞泄	318＋305	315＋敞泄	315＋305	310＋305	310＋敞泄
潼关高程(m)		328.39	327.34	327.68	327.75	327.62	327.71	327.58	327.53
潼关高程与现状之差		0.00	－1.05	－0.71	－0.64	－0.77	－0.68	－0.81	－0.86
潼关高程升降幅度(m)		0.16	－0.89	－0.55	－0.48	－0.61	－0.52	－0.65	－0.70
累计冲淤量(亿 m^3)	全河段	7.622	5.554	6.589	6.807	6.472	6.449	6.338	6.068
	潼三段	－0.433	－1.646	－1.117	－1.06	－1.193	－1.132	－1.239	－1.316
	潼古段	0.029	－0.154	－0.109	－0.092	－0.113	－0.099	－0.126	－0.130
	龙潼段	6.626	6.117	6.52	6.656	6.493	6.418	6.419	6.369
	华潼段	1.429	1.083	1.186	1.211	1.172	1.163	1.158	1.145

8.2.3.1 水库运用方式对潼关高程升降影响分析

由表8-2-4和图8-2-3(a)可见，对于系列Ⅰ，三门峡水库无论采用现状运用、全年敞泄运用还是控制运用，与2001年汛后相比，第14年汛后潼关高程都是下降的。三门峡水库现状运用时，潼关高程下降0.26 m。三门峡水库采用全年敞泄运用时，潼关高程下降

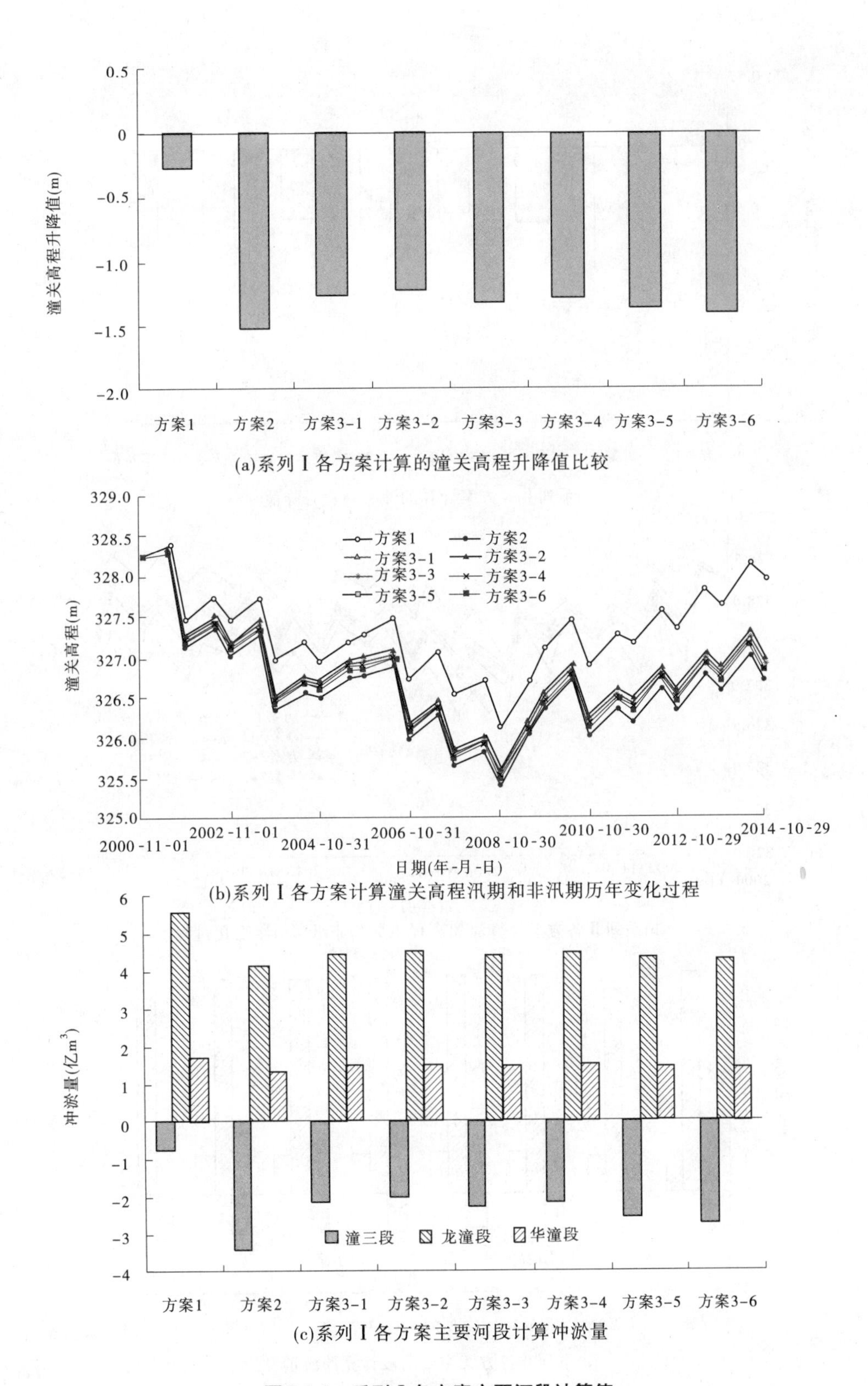

图 8-2-3　系列Ⅰ各方案主要河段计算值

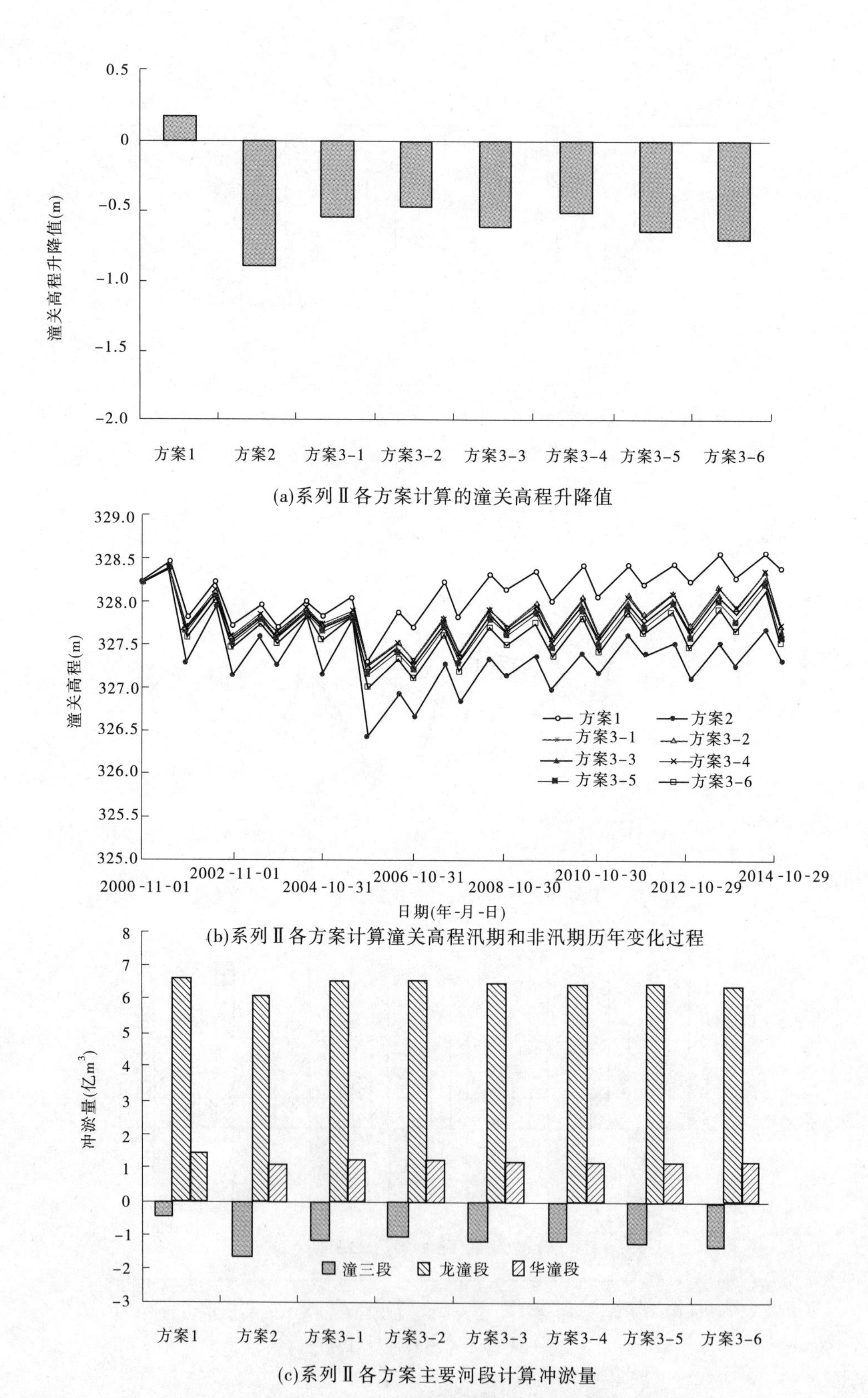

(a)系列Ⅱ各方案计算的潼关高程升降值

(b)系列Ⅱ各方案计算潼关高程汛期和非汛期历年变化过程

(c)系列Ⅱ各方案主要河段计算冲淤量

图 8-2-4　系列Ⅱ各方案主要河段计算值

1.53 m。对于汛期敞泄和非汛期控制(318 m/315 m/310 m)运用，潼关高程下降幅度也比较明显，介于现状运用年与全年敞泄运用之间，下降幅度为1.22～1.40 m。对于汛期部分控制($Q<1\ 500\ m^3/s$，运用水位305 m)和非汛期控制(318 m/315 m/310 m)运用，潼关高程下降幅度为1.26～1.36 m。计算结果表明，非汛期控制水位越低，潼关高程下降幅度越大。

由表8-2-5和图8-2-4(a)可见，对于系列Ⅱ，由于来水较枯，除现状运用方案条件下，第14年汛后潼关高程略有上升外，三门峡水库采用全年敞泄、汛期敞泄和非汛期控制运用以及汛期部分控制和非汛期控制运用时潼关高程都是下降的。现状运用条件下，潼关高程是上升的，上升幅度为0.16 m。当全年敞泄运用时，潼关高程有比较明显的下降，下降幅度为0.89 m。对于汛期敞泄非汛期控制(318 m/315 m/310 m)运用，潼关高程有一定幅度的下降，下降幅度为0.55～0.70 m。对于汛期部分控制($Q<1\ 500\ m^3/s$，运用水位305 m)和非汛期控制(318 m/315 m/310 m)运用，潼关高程也是下降的，下降幅度为0.48～0.65 m。

8.2.3.2 水库运用方式变化对潼关高程影响分析

表8-2-4和表8-2-5中各方案结束时的潼关高程与现状方案的差值可以反映出改变三门峡水库现状运用对降低潼关高程的作用。计算结果表明，全年敞泄运用对降低潼关高程的作用为0.83～1.05 m，控制运用的作用为0.52～0.81 m。当三门峡水库采用控制运用时，控制运用水位越低对降低潼关高程越有效。

8.2.3.3 来水条件对潼关高程影响分析

表8-2-6给出了不同方案条件下第14年汛末时丰水系列Ⅰ的潼关高程与枯水系列Ⅱ的潼关高程的差值，这种差值可以反映来水条件对潼关高程的影响。

表8-2-6　水沙系列Ⅰ与水沙系列Ⅱ潼关高程的差值

方案2	方案3－1	方案3－2	方案3－3	方案3－4	方案3－5	方案3－6	7个方案平均值
敞泄	318＋敞泄	318＋305	315＋敞泄	315＋305	310＋305	310＋敞泄	
－0.64	－0.71	－0.65	－0.71	－0.77	－0.71	－0.70	－0.70

由表8-2-6可以看出，在相同的水库运用条件下，基本上表现为来水越丰潼关高程下降越多。计算结果显示在水库采用全年敞泄运用、汛期敞泄和非汛期控制运用以及汛期($Q<1\ 500\ m^3/s$)采用305 m水位控制和非汛期控制运用条件下，与枯水系列Ⅱ相比，平水系列Ⅰ可以使潼关高程多下降0.64～0.77 m，并且不同方案间平水系列多下降的值也比较接近。若以表8-2-6中所列的7个方案的平均值来看，平水系列Ⅰ计算结果可以使潼关高程比枯水系列Ⅱ多下降0.70 m，计算结果同时也表明来水的丰枯对潼关高程有比较明显的影响。

8.2.3.4 潼关高程变化过程分析

图8-2-3(b)、图8-2-4(b)分别给出了在不同水沙系列和不同三门峡水库运用方式下潼关高程的变化过程。从图8-2-3(b)可以看出，在水沙系列Ⅰ和现状运用下，计算的潼关高程均表现为先下降后回升的趋势，这种潼关高程的升降关系与来水的枯丰基本上是

一致的。计算的最低潼关高程曾达到325.42 m，然而，这种高程若没有较大的来水是很难维持的。对于水沙系列Ⅰ和控制运用下的潼关高程变化过程，计算过程线均表现为先下降后缓慢上升的倾向。从图8-2-4(b)可以看出，水沙系列Ⅱ的各不同运用方案条件下潼关高程的变化过程也与水沙系列Ⅰ过程比较相似，不再详细分析。

8.2.3.5 各方案冲淤量计算成果与分析

对水沙系列Ⅰ而言，从表8-2-4和图8-2-4(c)可以看出，当三门峡水库采用现状运用(方案1)时，计算的潼三段累计冲刷量为0.749亿m^3，龙潼段计算累计淤积量为5.544亿m^3，华潼段计算结果累计淤积量为1.661亿m^3。采用全年敞泄运用(方案2)时，潼三段计算累计冲刷量为3.432亿m^3，龙潼段计算累计淤积量为4.080亿m^3，华潼段计算累计淤积量为1.334亿m^3。对于汛期敞泄非汛期控制(318 m/315 m/310 m)运用，潼三段计算累计冲刷量为2.150亿~2.715亿m^3，龙潼段累计淤积量为4.295亿~4.484亿m^3，华潼段累计淤积量为1.426亿~1.507亿m^3。当三门峡水库汛期流量小于1 500 m^3/s采用305 m控制和非汛期控制(318 m/315 m/310 m)运用，潼三段计算累计冲刷量为2.043亿~2.565亿m^3，龙潼段累计淤积量为4.341亿~4.509亿m^3，华潼段累计淤积量为1.446亿~1.519亿m^3。与现状运用相比，三门峡水库采用全年敞泄运用对龙潼段和华潼段都有一定的减淤效果(龙潼段计算减淤效果为1.464亿m^3，华潼段减淤效果为0.327亿m^3)。三门峡水库其他各种运用方案对龙潼段和华潼段减淤效果明显减小，且非汛期控制运用水位越高减淤效果越弱。

对水沙系列Ⅱ而言，从表8-2-5和图8-2-4(c)可以看出，当三门峡水库采用现状运用(方案1)时，计算的潼三段累计冲刷量为0.433亿m^3，龙潼段计算累计淤积量为6.626亿m^3，华潼段计算结果累计淤积量为1.429亿m^3。采用全年敞泄运用(方案2)时，潼三段计算累计冲刷量为1.646亿m^3；龙潼段计算累计淤积量为6.117亿m^3；华潼段计算累计淤积量为1.083亿m^3。对于汛期敞泄非汛期控制(318 m/315 m/310 m)运用，潼三段计算累计冲刷量为1.117亿~1.316亿m^3，龙潼段累计淤积量为6.419亿~6.656亿m^3，华潼段累计淤积量为1.158亿~1.211亿m^3。当三门峡水库汛期流量小于1 500 m^3/s采用305 m控制和非汛期控制(318 m/315 m/310 m)运用，潼三段计算累计冲刷量为1.06亿~1.239亿m^3，龙潼段累计淤积量为6.369亿~6.52亿m^3，华潼段累计淤积量为1.145亿~1.186亿m^3。与现状运用相比，三门峡水库采用全年敞泄运用对龙潼段和华潼段都有一定的减淤效果(龙潼段计算减淤效果为0.509亿m^3，华潼段减淤效果为0.346亿m^3)。三门峡水库其他各种运用方案对龙潼段和华潼段减淤效果也明显减小，且非汛期控制运用水位越高减淤效果越弱。

8.2.4 小结

通过以上对泥沙数学模型计算结果的分析，就三门峡水库不同运用方式对潼关高程的影响以及对三门峡库区河道冲淤的影响可以得到以下几点认识：

(1)在三门峡水库采用现状运用方式条件下，当遇到平水系列时潼关高程可以基本维持现状，甚至略有下降，而若遇到枯水系列时则有所上升，但上升幅度不大。

(2)当三门峡水库采用全年敞泄运用时，潼关高程是可以下降的，即使在枯水系列下潼关高程也可以下降0.89 m左右，遇到平水系列时下降1.53 m以上是可能的。

(3)当三门峡水库汛期采用敞泄非汛期控制(318 m/315 m/310 m)运用时，在平水系列下潼关高程可以下降1.28 m左右，在枯水系列下下降0.62 m左右。

(4)在三门峡水库汛期采用部分控制运用非汛期采用控制(318 m/315 m/310 m)运用条件下，当遇平水系列时潼关高程可以下降1.0 m左右，当遇枯水时潼关高程下降0.71 m左右。

(5)与现状运用相比，全年敞泄运用效果最明显，可以下降约1.0 m，而且来水越丰，下降越多。

(6)来水条件对潼关高程有比较明显的影响，来水越丰对潼关高程下降越有利。计算表明，在三门峡水库采用全年敞泄运用、汛期敞泄和非汛期控制运用以及汛期 $Q<1\ 500\ m^3/s$ 水位控制305 m和非汛期控制运用条件下，与枯水系列Ⅱ相比，平水系列Ⅰ可以使潼关高程多下降0.71 m。

(7)当采用全年敞泄运用和控制运用时潼关高程变化过程表现为先下降、后小幅度回升、再接近相对稳定等三个阶段。潼关高程的这种升降特点除与来水枯丰有关外，也说明当三门峡水库采用某种固定的运用方式运行足够长的时间后，潼关高程都有趋于稳定的趋势。

(8)当三门峡水库采用现状运用时，潼三段冲刷量系列Ⅰ为0.749亿 m^3，系列Ⅱ为-0.43亿 m^3；当采用全年敞泄运用时，潼三段冲刷明显，系列Ⅰ冲刷3.432亿 m^3 左右，系列Ⅱ冲刷为1.646亿 m^3；当三门峡水库采用汛期敞泄非汛期控制运用(318 m/315 m/310 m)时，系列Ⅰ潼三段冲刷幅度为2.15亿~2.715亿 m^3，系列Ⅱ潼三段冲刷幅度为1.117亿~1.316亿 m^3；当三门峡水库汛期 $Q<1\ 500\ m^3/s$ 采用305 m水位控制和非汛期采用(318 m/315 m/310 m)控制运用时，系列Ⅰ潼三段计算冲刷幅度为2.043亿~2.565亿 m^3；系列Ⅱ潼三段计算冲刷幅度为1.06亿~1.239亿 m^3。

(9)与现状运用相比，三门峡水库采用全年敞泄运用对龙潼段和华潼段都有一定的减淤效果，对于龙潼段计算减淤效果分别为1.464亿 m^3(系列Ⅰ)和0.509亿 m^3(系列Ⅱ)，对于华潼段减淤效果分别为0.327亿 m^3(系列Ⅰ)和0.346亿 m^3(系列Ⅱ)。三门峡水库其他各种运用方案对龙潼段和华潼段减淤效果明显减小，且非汛期控制运用水位越高减淤效果越弱。

第9章 模型应用之黄河调水调沙试验与生产运行

9.1 概 述

黄河水沙模拟系统，基于GIS平台耦合了小浪底水库、黄河下游河道等水沙计算模块。可以模拟水库异重流排沙过程、由场次洪水引起的黄河下游河道冲淤变化、水位、流速、洪水淹没范围及淹没历时等。黄河水沙模拟系统应用于历年黄河调水调沙试验与生产运行中的调前方案计算、调中跟踪模拟、调后后评估计算，为调水调沙的顺利进行和决策提供科学依据。

9.2 小浪底水库跟踪计算

9.2.1 2008年调水调沙计算分析

本次计算时段为2008年4～10月，计算时段内包括调水调沙期(6月19日至7月3日)，计算成果主要包括计算时段内库区冲淤、断面形态变化及调水调沙期间排沙分析。

图9-2-1为库区计算与实测深泓对比图，可以看出，该图能够基本模拟出HH38断面以上库段发生冲刷，而淤积主要发生在HH38断面以下库段的基本特性，河段内断面深泓变化与实测基本吻合。

为进一步分析模拟验证成果的合理性，对调水调沙期出库含沙量过程作了分析。图9-2-2为2008年6月19日至7月3日出库含沙量过程对比图，可以看出，计算出库含沙量过程与实测出库含沙量过程基本符合，计算含沙量峰值为64.34 kg/m^3，稍低于实测值70.55 kg/m^3。

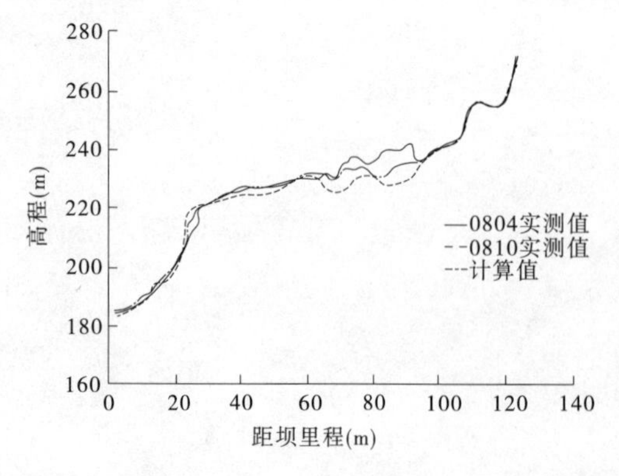

图9-2-1　2008年4～10月计算与实测深泓对比

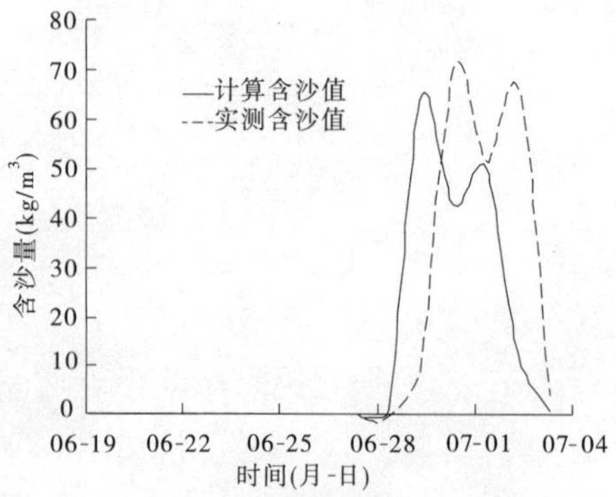

图9-2-2　2008年调水调沙期间出库含沙量过程对比

表 9-2-1 为 2008 年调水调沙期间出入库泥沙统计。结合图 9-2-2 可以看出,计算出库含沙量较实测含沙量为小,与之相应,计算出库泥沙量为 0.384 亿 t,比实测小 0.078 亿 t;相应排沙比则分别为 51.9% 和 62.3%,计算值略为偏小,但基本反映出 2008 年调水调沙期间排沙比较大的基本特性。

表 9-2-1 2008 年调水调沙期间泥沙统计 （单位:亿 t）

项目	入沙	出沙	淤积	排沙比(%)
计算值	0.741	0.384	0.357	51.9
实测值	0.741	0.462	0.279	62.3

9.2.2 2009 年调水调沙计算

本次计算时段为 2009 年 4～10 月,计算时段内包括调水调沙期(6 月 19 日至 7 月 6 日),计算成果主要包括计算时段内库区冲淤、断面形态变化及调水调沙期间排沙分析。

图 9-2-3 为库区计算与实测沿程断面深泓对比,可以看出,整个库区基本以淤积为主,特别是 HH38 断面以上库段,淤积比较明显,与实测基本吻合。

图 9-2-4 为 2009 年 6 月 19 日至 7 月 6 日出库含沙量过程对比,可以看出,计算出库含沙量过程与实测出库含沙量过程基本符合,计算含沙峰值为 9.7 kg/m^3,偏高于实测值 6.28 kg/m^3,但整个排沙期出库含沙量呈现偏小特性。

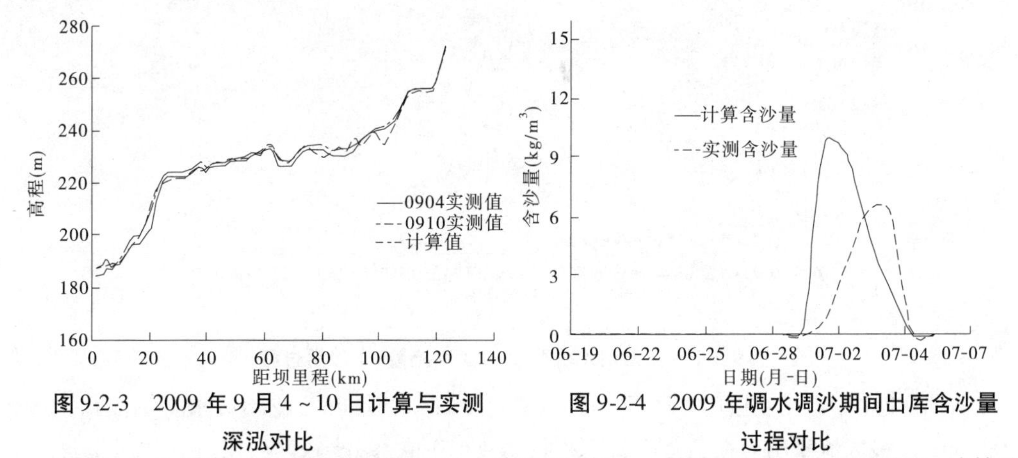

图 9-2-3 2009 年 9 月 4～10 日计算与实测深泓对比

图 9-2-4 2009 年调水调沙期间出库含沙量过程对比

表 9-2-2 为 2009 年调水调沙期间出入库泥沙统计。结合图 9-2-4 可以看出,计算出库含沙量较实测含沙量偏大,与之相应计算出库泥沙量为 0.083 亿 t,比实测偏大 0.047 亿 t;相应排沙比则分别为 11.84% 和 5.2%,计算值偏大,但基本反映出 2009 年调水调沙期间排沙比较小的基本特性。

表 9-2-2 2009 年调水调沙期间出入库泥沙统计 （单位:亿 t）

项目	入沙	出沙	淤积	排沙比(%)
计算值	0.701	0.083	0.618	11.84
实测值	0.701	0.036	0.666	5.2

通过对小浪底水库一维水沙数学模型关键技术及历年调水调沙过程计算等应用研究。结果表明:该模型能够较好地模拟库区水沙输移、干流倒灌淤积支流形态、库区异重流产生及输移变化过程、出库流量、含沙量及级配过程,能够为小浪底水库运用方式研究提供科学依据及技术支撑。

9.3 黄河下游河道跟踪计算

9.3.1 2008 年调水调沙过程跟踪计算

9.3.1.1 计算边界条件

本次计算以 2008 年汛前调水调沙期间花园口水文站实测流量、含沙量过程为进口边界条件,计算河段为花园口—利津,地形边界由 2008 汛前实测断面数据生成,出口边界条件采用“2008 年排洪能力分析报告”中的利津水文站设计水位—流量关系,同时在跟踪计算过程中根据利津水文站实测数据对水位—流量关系进行更新,计算时段为 2008 年 6 月 18 日 0 时至 7 月 16 日 8 时。花园口水文站进口实测流量、含沙量过程见图 9-3-1。

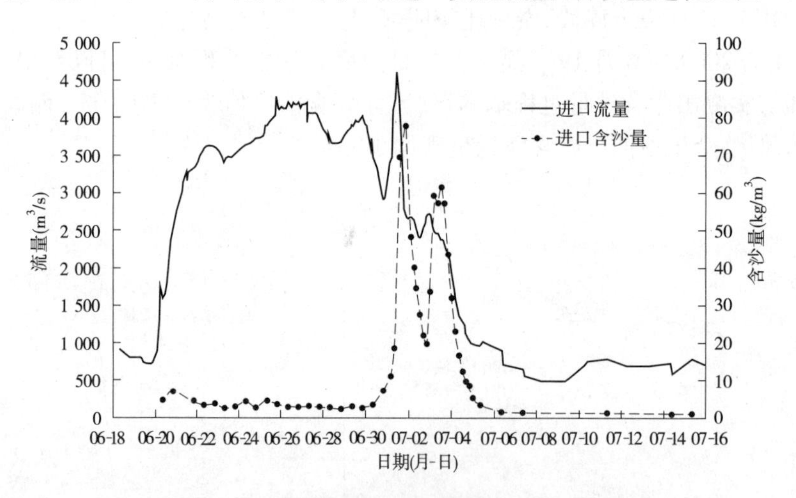

图 9-3-1 花园口水文站进口实测流量、含沙量过程

从图 9-3-1 中看出:在 6 月 21 日 4 时至 7 月 1 日 15 时期间,花园口水文站流量均大于 3 000 m^3/s,最大流量出现在 7 月 1 日 10 时,为 4 610 m^3/s,沙峰迟后出现在 7 月 1 日的 20 时,最大含沙量为 77.8 kg/m^3,经统计,该时段的水量为 50.23 亿 m^3,沙量为 0.48 亿 t。

9.3.1.2 洪水传播过程计算结果分析

黄河下游花园口—利津河段洪水传播过程模型计算值见图 9-3-2,花园口、夹河滩、高村、孙口、艾山、泺口、利津 7 个典型水位站的洪峰流量分别为 4 610 m^3/s、4 110 m^3/s、4 063 m^3/s、4 002 m^3/s、3 950 m^3/s、3 920 m^3/s、3 890 m^3/s。实测洪峰值分别为 4 610 m^3/s、4 200 m^3/s、4 160 m^3/s、4 080 m^3/s、4 030 m^3/s、4 170 m^3/s、4 140 m^3/s,见图 9-3-3 和表 9-3-1。通过对比计算值与实测值可以看出:花园口与艾山河段计算值比实测值比较接近,相差都在 100 m^3/s 以内,泺口与利津河段计算值比实测值都偏小约 250 m^3/s。泺

口与利津断面流量值较艾山断面流量值大,有流量增值现象,这两个水文站计算值比实测值偏小。从花园口—利津河段洪水总传播时间来看,模型计算值为 96 h,实测值为 93 h,符合较好,因此该模型计算结果基本反映了黄河的实际情况。

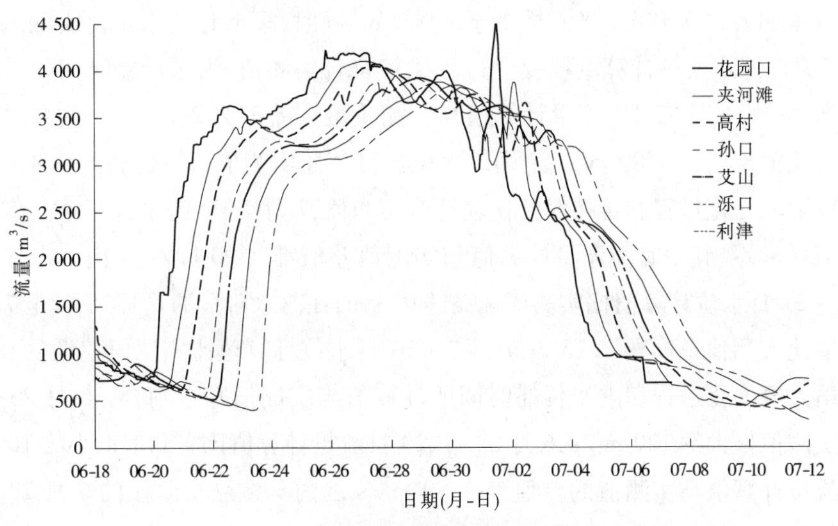

图 9-3-2　模型计算黄河下游洪水传播过程

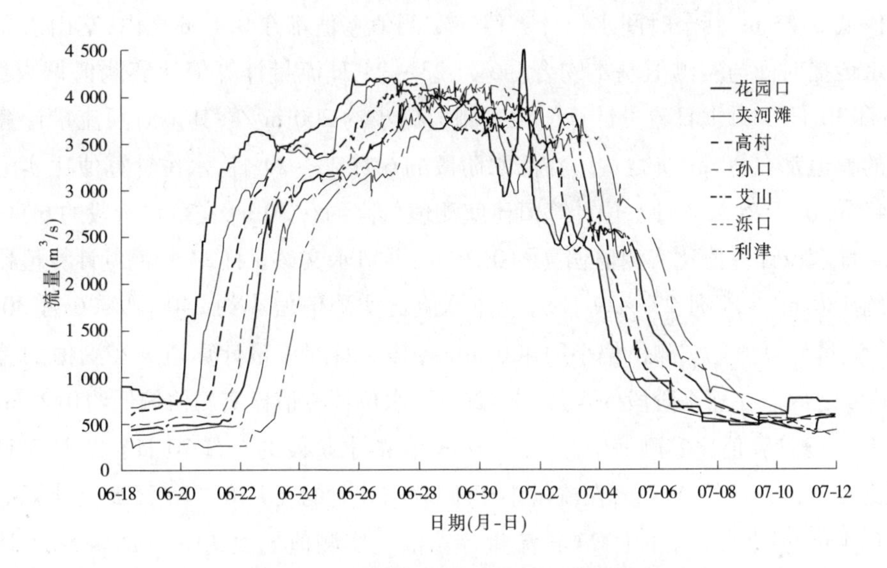

图 9-3-3　黄河下游实际洪水传播过程

表 9-3-1　2008 年调水调沙过程实测与模型计算值统计

项目	特征值	花园口	夹河滩	高村	孙口	艾山	泺口	利津
实测	洪峰流量(m^3/s)	4 610	4 200	4 160	4 080	4 030	4 170	4 140
	传播时间(h)		25	17	14	14	11	12
计算	洪峰流量(m^3/s)	4 610	4 110	4 063	4 002	3 950	3 920	3 890
	传播时间(h)		28	15	17	13	12	11

9.3.1.3 典型水文站流量、水位过程计算结果分析

图9-3-4～图9-3-10为计算河段内各水文站流量、水位变化与实测过程比较，从图中可以看出，花园口水文站沿程水位变化过程，当流量大于2 000 m³/s时，模型计算水位比实测水位整体偏大约0.18 m；当流量小于2 000 m³/s时，模型计算水位比实测水位偏小约1.1 m。夹河滩水文站计算洪峰变化过程比较符合实测值，洪水传播时间的计算值与实测值基本吻合。6月22日，流量计算值与实测值最大差值为200 m³/s，其余时间流量计算值与实测值差值都在80 m³/s之内。水位计算值比实测值整体偏高约0.4 m。高村水文站计算洪峰变化过程和传播时间比较符合实测值，7月1日，流量计算值与实测值最大差值为120 m³/s，其余时间流量计算值与实测值差值都在90 m³/s之内。在涨水阶段的6月22～27日水位计算值比实测值偏高约0.3 m，在落水阶段的6月28日至7月4日水位计算值比实测值偏高约0.15 m，7月7～16日水位计算值比实测值偏低约0.25 m；孙口水文站洪峰变化过程和洪水传播时间的计算值与实测值基本吻合。6月23日流量计算值比实测值偏大约120 m³/s，6月28日、29日流量计算值比实测值偏小约100 m³/s，其余时间流量计算值与实测值的差值都在80 m³/s之内。在涨水阶段的6月22～24日水位计算值比实测值偏高约0.2 m，在流量小于1 500 m³/s的7月6～16日水位计算值比实测值低0.25 m，其余时间水位计算值与实测值差值都在0.1 m之内；艾山水文站流量和洪水传播时间与实测值基本吻合。6月23～24日流量计算值比实测值偏大约150 m³/s，6月30日、7月1日流量计算值比实测值偏小约200 m³/s，其余时间流量计算值与实测值的差值都在90 m³/s之内。在涨水阶段的6月23～24日，水位计算值比实测值偏高约0.45 m，6月25～28日水位计算值比实测值偏高约0.30 m，在落水阶段的6月29日至7月4日水位计算值比实测值偏高约0.25 m；泺口水文站6日24日流量计算值比实测值偏大约180 m³/s，6月27～29日流量计算值比实测值偏小约240 m³/s，6月30日至7月3日流量计算值比实测值偏小约400 m³/s，其余时间流量计算值与实测值的差值都在90 m³/s之内。在涨水阶段的6月23～26日，水位计算值比实测值偏低约0.25 m，6月27～29日水位计算值比实测值偏低约0.40 m，在落水阶段的6月30日至7月3日水位计算值比实测值偏低约0.5 m，在流量小于1 000 m³/s的7月8～16日水位计算值比实测值低0.4 m；利津水文站6日24日流量计算值比实测值偏大约160 m³/s，6月28～29日流量计算值比实测值偏小约240 m³/s，6月30日至7月3日流量计算值比实测值偏小约400 m³/s，其余时间流量计算值与实测值的差值都在90 m³/s之内。在涨水阶段的6月24～25日，水位计算值比实测值偏高约0.4 m，6月26～29日水位计算值比实测值偏高约0.27 m，在落水阶段的6月30日水位计算值比实测值偏高约0.2 m，其余时间水位计算值与实测值差值都在0.1 m之内。

9.3.1.4 下游各水文站含沙量模型计算结果分析

由于花园口水文站是进口计算断面，进口断面含沙量采用该站实测资料进行概化，对

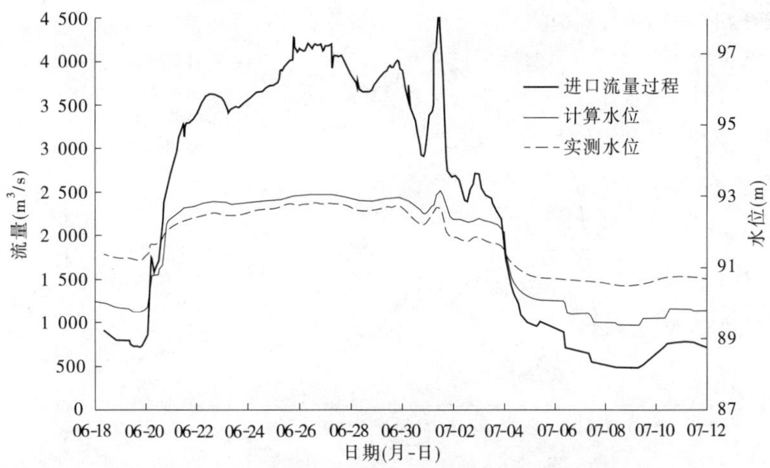

图 9-3-4　花园口水文站计算水位与实测值对比

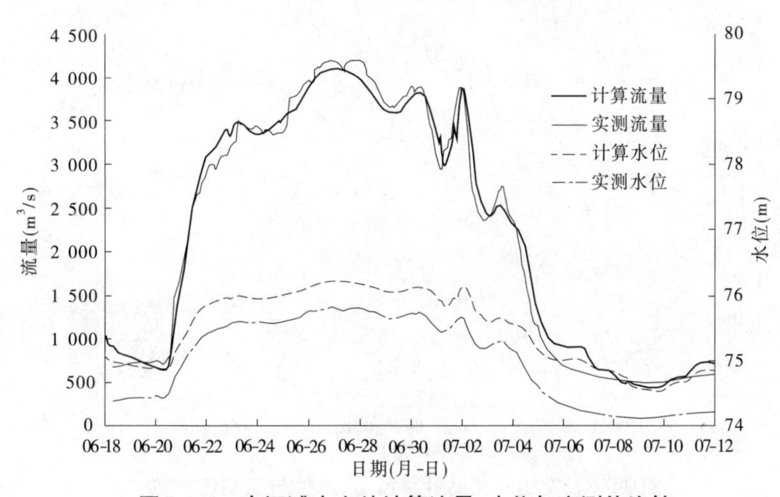

图 9-3-5　夹河滩水文站计算流量、水位与实测值比较

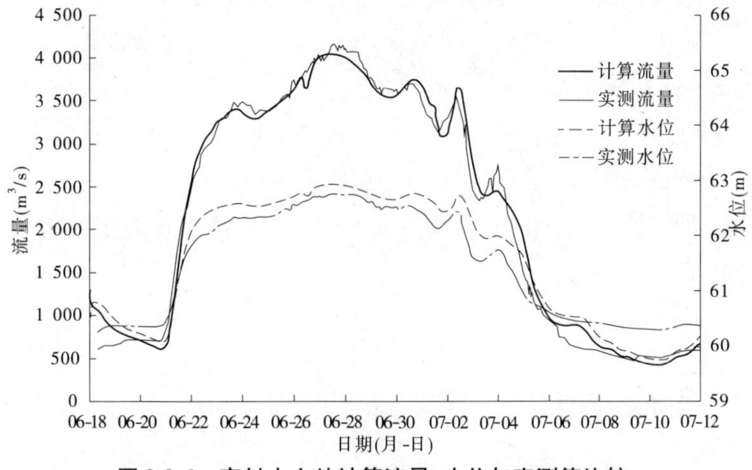

图 9-3-6　高村水文站计算流量、水位与实测值比较

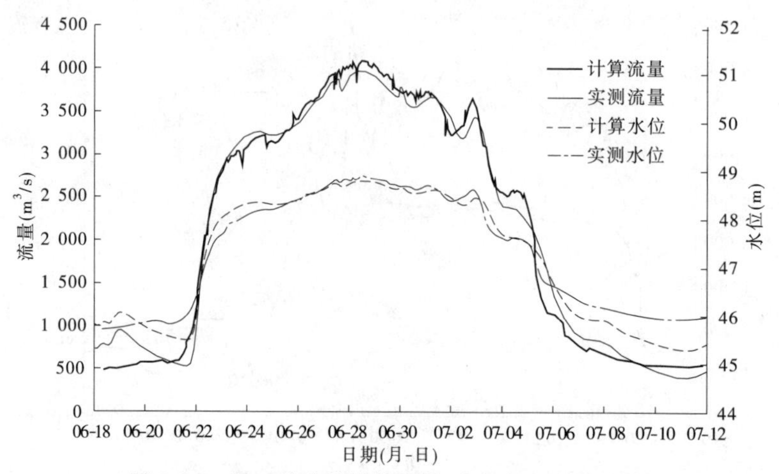

图 9-3-7 孙口水文站计算流量、水位与实测值比较

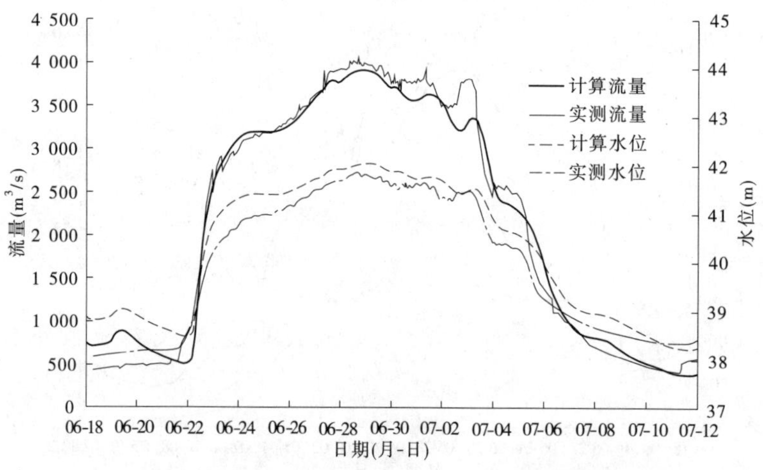

图 9-3-8 艾山水文站计算流量、水位与实测值比较

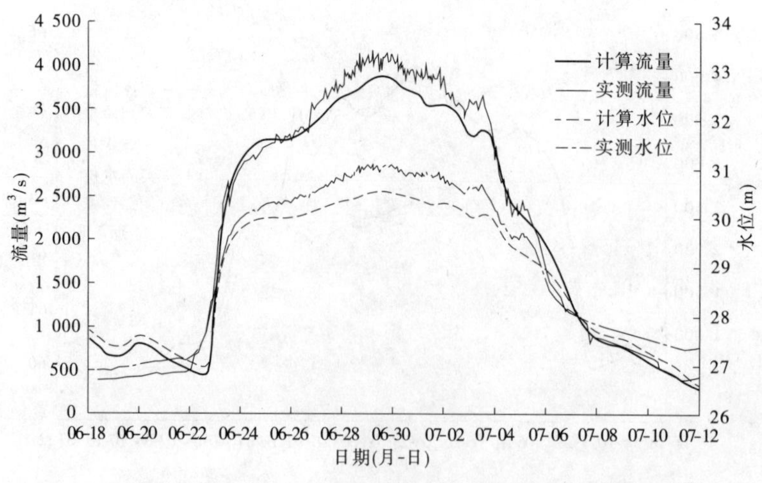

图 9-3-9 泺口水文站计算流量、水位与实测值比较

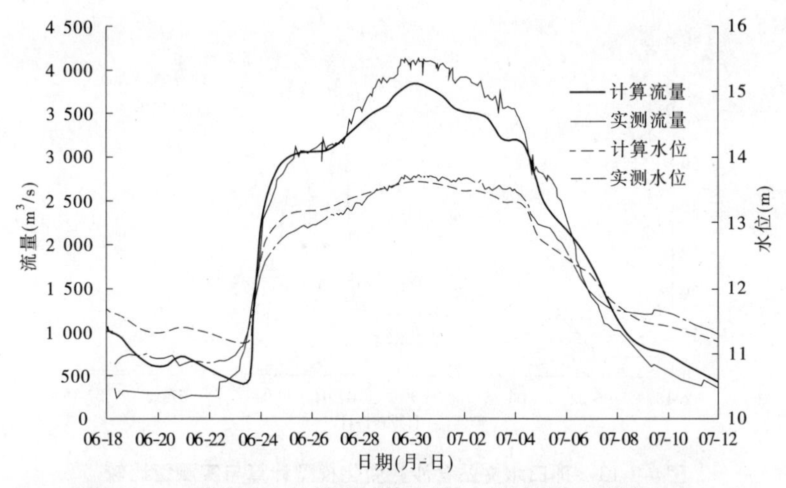

图 9-3-10 利津水文站模型计算流量、水位过程与实测值比较

夹河滩、高村、孙口、艾山、泺口、利津等 6 个水文站的沿程含沙量分布进行计算与分析,见图 9-3-11 ~ 图 9-3-16。

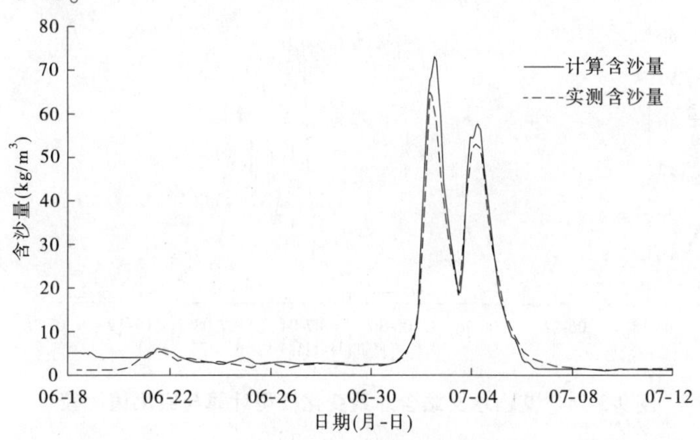

图 9-3-11 夹河滩水文站计算含沙量与实测值比较

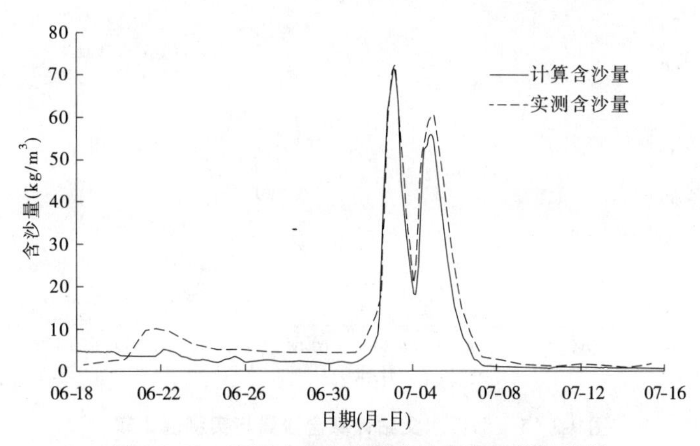

图 9-3-12 高村水文站计算含沙量与实测值比较

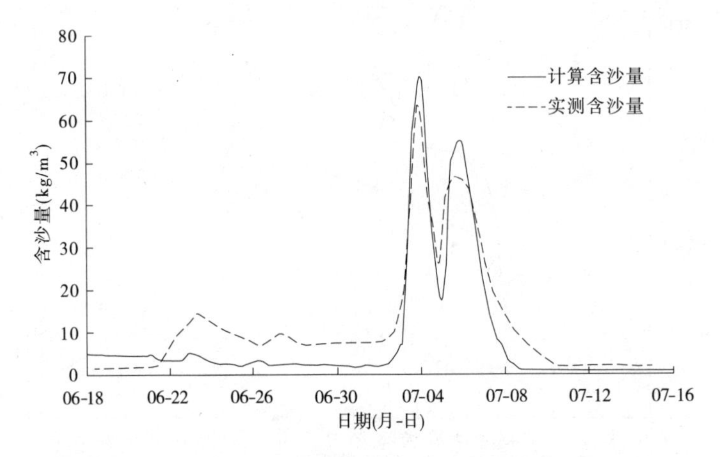

图 9-3-13　孙口水文站含沙量变化模型计算与实测值比较

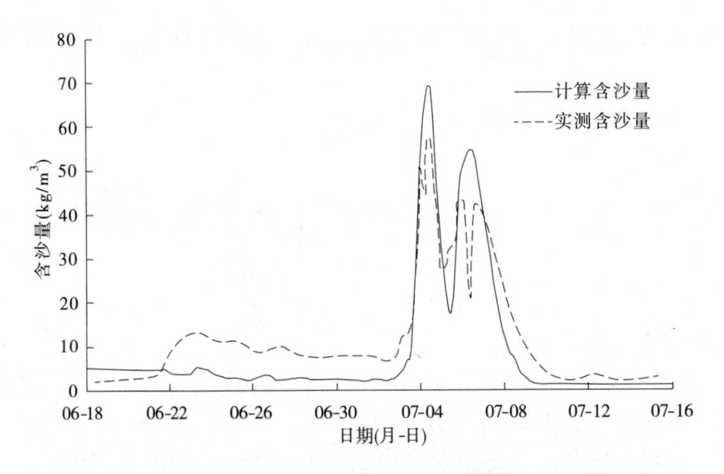

图 9-3-14　艾山水文站含沙量变化模型计算与实测值比较

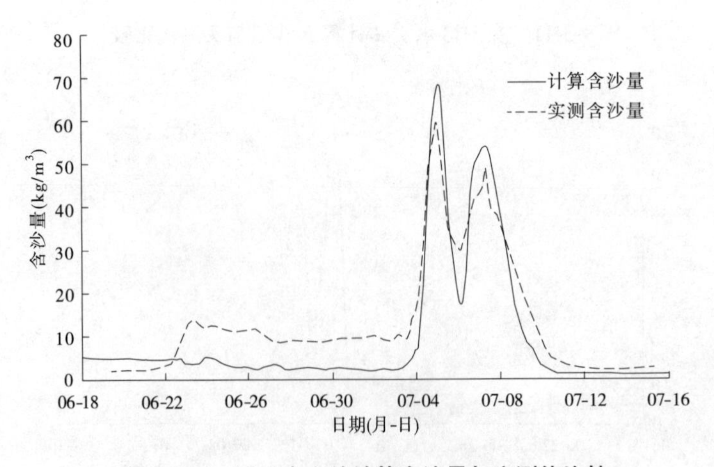

图 9-3-15　泺口水文站计算含沙量与实测值比较

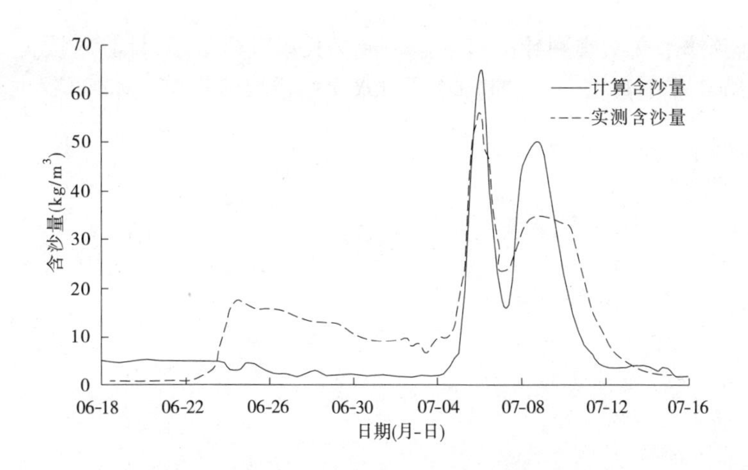

图 9-3-16　利津水文站计算含沙量与实测值比较

从图中得出,夹河滩、高村、孙口、艾山、泺口、利津 6 个水文站的模型计算沙峰传播过程与实测过程基本吻合,夹河滩水文站最大含沙量计算值比实测值低 8 kg/m^3;高村水文站最大含沙量计算值与实测值基本一致,但 6 月 20 日至 7 月 2 日和 7 月 4 ~ 9 日的计算值稍偏小于实测值;孙口水文站 6 月 22 日至 7 月 2 日含沙量计算值比实测值小约 9 kg/m^3,沙峰最大含沙量计算值比实测值大 6 kg/m^3;艾山水文站在低含沙量的 6 月 22 日至 7 月 3 日含沙量计算值比实测值小约 8 kg/m^3,沙峰最大含沙量计算值比实测值大 11 kg/m^3;泺口水文站在低含沙量的 6 月 23 日至 7 月 4 日含沙量计算值比实测值小约 10 kg/m^3,沙峰最大含沙量计算值比实测值大 10 kg/m^3;利津站在低含沙量的 6 月 24 日至 7 月 5 日含沙量计算值比实测值小约 14 kg/m^3,沙峰最大含沙量计算值比实测值大 15 kg/m^3。

9.3.1.5　各河段冲淤量计算分析

黄河下游各河段冲淤量计算值见表 9-3-2,截至 7 月 7 日 8 时最大含沙量峰值传播到利津水文站,该时段花园口—利津河段冲刷 0.105 亿 t 泥沙。

表 9-3-2　各河段冲淤量计算值　　(单位:亿 t)

河段	花园口—夹河滩	夹河滩—高村	高村—孙口	孙口—艾山	艾山—泺口	泺口—利津	合计
冲淤量	0.087	-0.147	-0.060	0.027	-0.006	-0.006	-0.105

9.3.2　2009 年调水调沙过程跟踪计算

9.3.2.1　计算边界条件

本次计算以 2009 年汛前调水调沙期间花园口水文站实测流量、含沙量过程为进口边界条件,计算河段为花园口—利津,地形边界由 2009 汛前实测断面数据生成,出口边界条件采用“2009 年排洪能力分析报告”中的利津水文站设计水位—流量关系,同时在跟踪计算过程中根据利津水文站实测数据对水位—流量关系进行更新,计算时段为 2009 年 6 月 15 日 0 时至 2007 年 7 月 12 日 8 时。花园口水文站进口流量、含沙量过程见图 9-3-17。

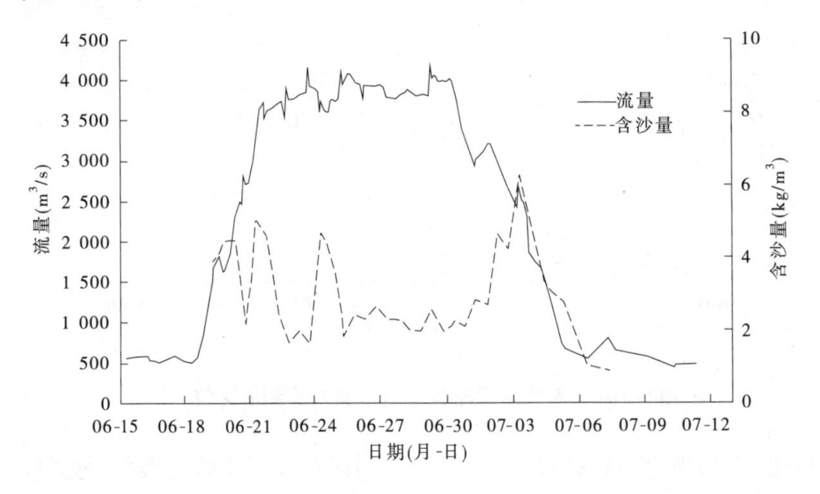

图 9-3-17　2009 年调水调沙期间花园口实测流量、含沙量过程

该场次洪水水量为 46.51 亿 m^3,沙量为 0.134 亿 t。花园口水文站最大洪峰流量出现在 6 月 29 日 6 时,峰值为 4 220 m^3/s,最大含沙量出现在 7 月 3 日 8 时,为 6.25 kg/m^3。

9.3.2.2　洪水传播过程计算结果分析

黄河下游花园口—利津河段洪水传播过程模型计算值见图 9-3-18,花园口、夹河滩、高村、孙口、艾山、泺口、利津 7 个典型水文站的洪峰流量分别为 4 220 m^3/s、4 060 m^3/s、4 080 m^3/s、3 960 m^3/s、3 860 m^3/s、3 710 m^3/s、3 660 m^3/s,实测洪峰值分别为 4 220 m^3/s、4 032 m^3/s、3 966 m^3/s、3 881 m^3/s、3 738 m^3/s、3 619 m^3/s、3 516 m^3/s,见图 9-3-19。从花园口—利津河段洪水总传播时间来看,实测值与计算值符合较好,模型计算结果基本反映了黄河的实际情况。

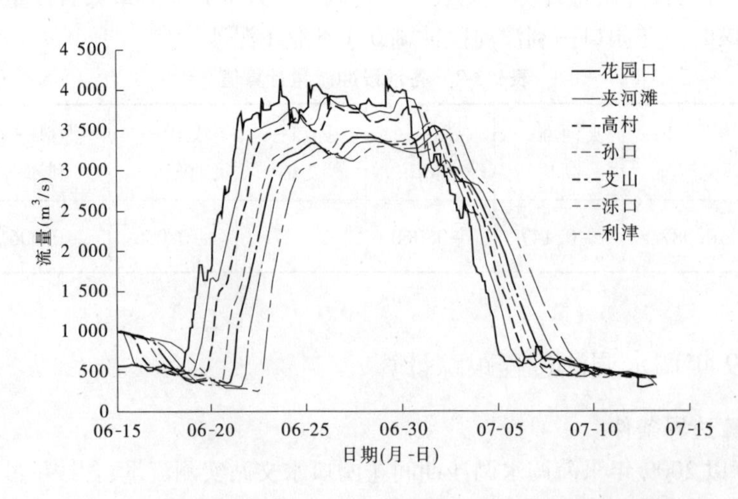

图 9-3-18　黄河下游花园口—利津河段洪水传播过程模型计算值

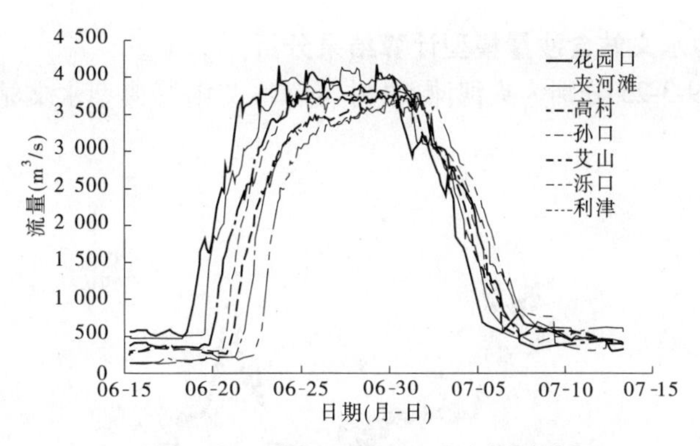

图 9-3-19　黄河下游实际洪水传播过程

9.3.2.3　典型水文站流量、水位过程计算结果分析

图 9-3-20、图 9-3-21 为计算河段内典型水文站流量、水位变化与实测过程比较,从图可以看出:各典型水文站的流量过程、水位变化与实测过程吻合较好。

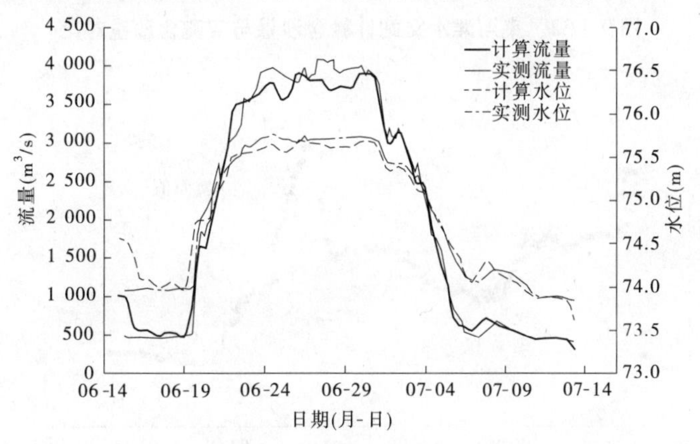

图 9-3-20　夹河滩水文站计算流量、水位变化与实测过程比较

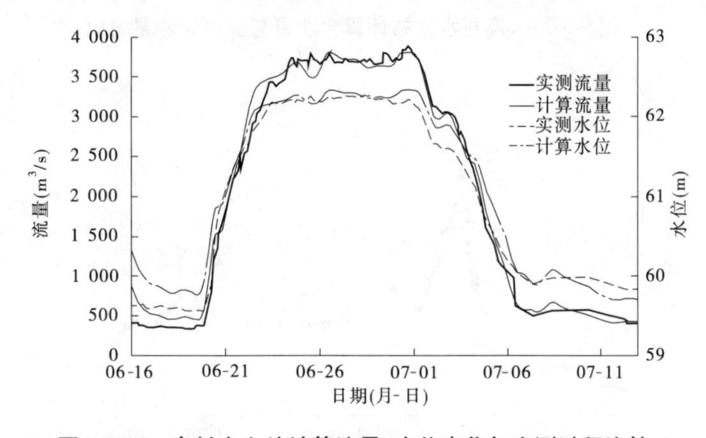

图 9-3-21　高村水文站计算流量、水位变化与实测过程比较

9.3.2.4 下游典型水文站含沙量模型计算结果分析

图 9-3-22 ~ 图 9-3-25 分别为夹河滩、高村、孙口、艾山等典型水文站计算含沙量与实测含沙量比较。

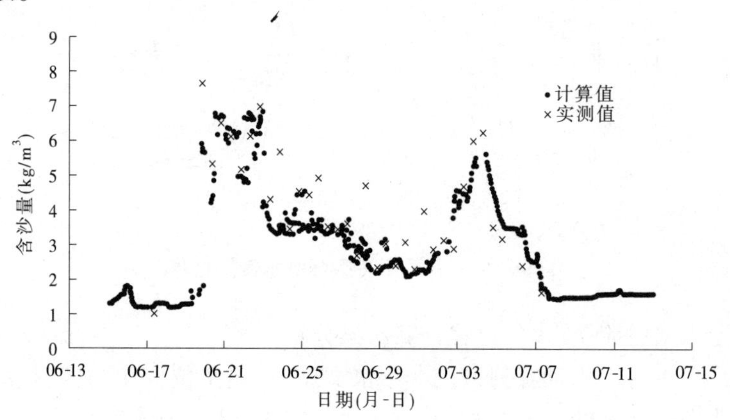

图 9-3-22 夹河滩水文站计算含沙量与实测含沙量对比

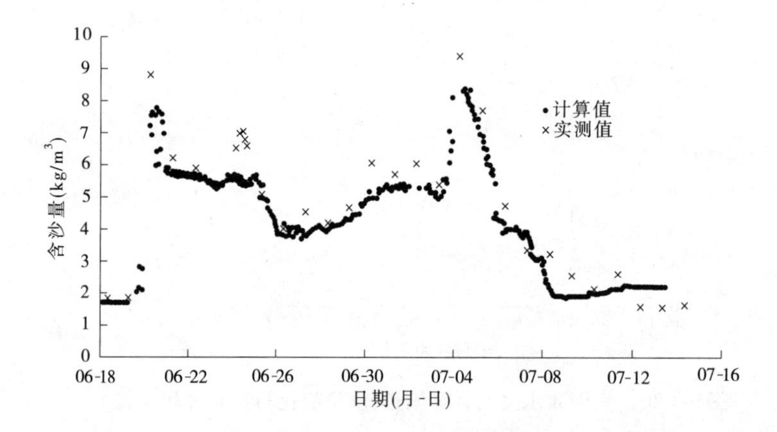

图 9-3-23 高村水文站计算含沙量与实测含沙量对比

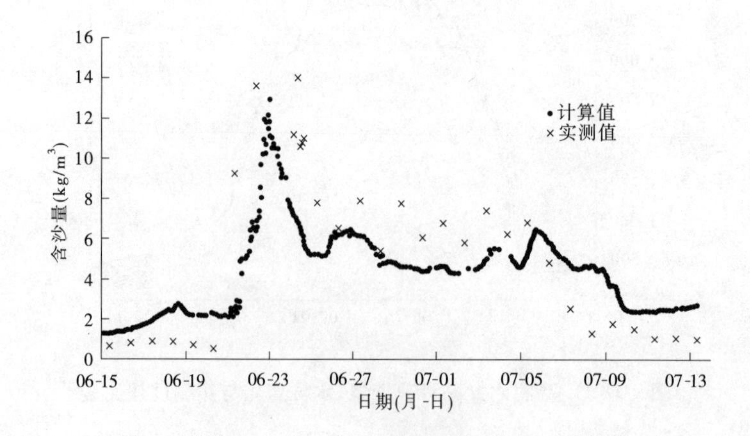

图 9-3-24 孙口水文站计算含沙量与实测含沙量对比

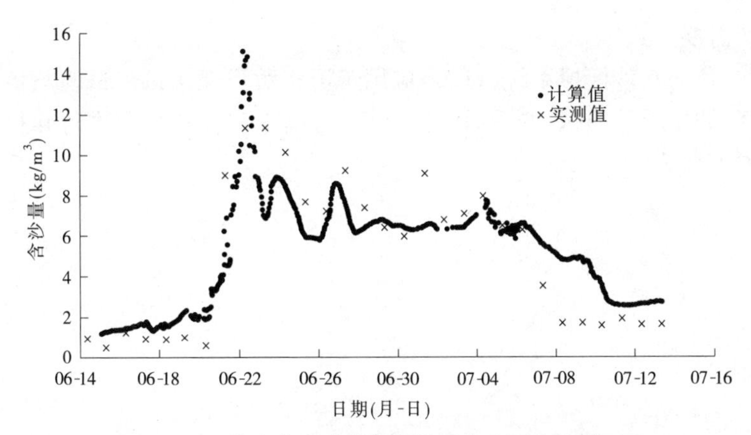

图 9-3-25　艾山水文站计算含沙量与实测含沙量对比

从图 9-3-22 ~ 图 9-3-25 中可以看出,含沙量传播时间与实测值基本吻合,不同测站的含沙量最大值与实测值存在一定的误差。其中夹河滩水文站实测含沙量峰值为7.65 kg/m^3,计算值为6.5 kg/m^3;高村水文站实测含沙量峰值为9.41 kg/m^3,计算值为 8.3 kg/m^3;孙口水文站实测含沙量峰值为 14 kg/m^3,计算值为 12.4 kg/m^3;艾山水文站实测含沙量峰值为11.3 kg/m^3,计算值为15 kg/m^3。

对比预案的水沙过程,其最大的区别在于后期异重流排沙的多少。这种不同极大地影响了泥沙在下游的冲淤和输移特性,对比两个水沙过程相应的艾山断面的含沙量过程,可以看出:相应于4 000 m^3/s 流量级的流量,60 kg/m^3 含沙量到艾山断面,可以维持到48 kg/m^3 以上;而实际调水调沙过程中,花园口水文站 6 kg/m^3 含沙量,经沿程持续的冲刷、输移,至艾山断面时,含沙量可以达到 14 kg/m^3。

9.3.2.5　各河段冲淤量计算分析

图 9-3-26 为黄河下游冲淤量分布计算与实测对比。从图中可以看出,冲淤量总量误差约为 20%,分河段计算冲淤量定性基本一致。

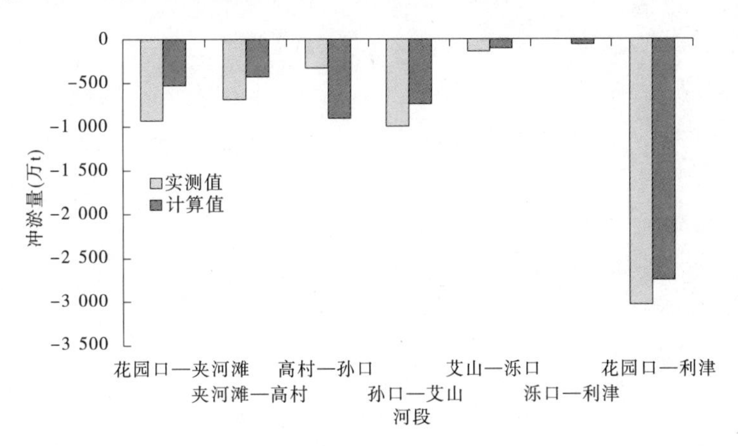

图 9-3-26　黄河下游冲淤量分布计算与实测对比

利用黄河下游一维非恒定水流泥沙数学模型,对 2008 年、2009 年黄河汛前调水调沙实际过程进行跟踪计算。计算结果表明,模型在模拟流量、泥沙演进及水位预测等方面能基本满足生产需要。

截至目前,黄河水沙模拟系统(v1.0)应用于历年黄河调水调沙试验与生产运行中的调前方案计算、调中跟踪模拟、调后后评估计算,为调水调沙的顺利进行和科学决策提供了重要的技术支撑。

第 10 章　模型应用之小北干流放淤试验

10.1　项目背景

黄河小北干流放淤试验是处理黄河泥沙的战略措施之一,在整个黄河治理的战略布局中占有十分重要的地位。为配合放淤试验,主要进行了输沙渠分水分沙效果计算和淤区淤粗排细效果分析计算。

10.1.1　输沙渠布置情况

引水渠进口连接黄河,出口为淤区,通过引水闸、退水闸和弯道外侧布置的溢流堰控制引水、引沙和溢流堰分水分沙情况。输沙渠全长 2.63 km,输沙渠底宽 20 m,渠道内边坡 1:2,外边坡 1:2,见图 10-1-1。两级弯道分别布设在输沙渠 0 +793 ~0 +916 处和 01 + 406 ~01 +516 处,第一级弯道曲率半径为输沙渠宽度的 4 倍,中心角和夹角分别为 64°和 47°;第二级弯道曲率半径为输沙渠宽度的 2.5 倍,中心角和夹角分别为 80°和 60°。在每个弯道的凹岸设有溢流堰,溢流堰宽度均为 20 m,高度分别为 1.33 m 和 1.15 m,上游溢流堰底板高程为 374.67 m,下游溢流堰底板高程为 374.36 m,引水角均为 40°。溢流堰后各布设有退水渠,渠底宽为 12 m。

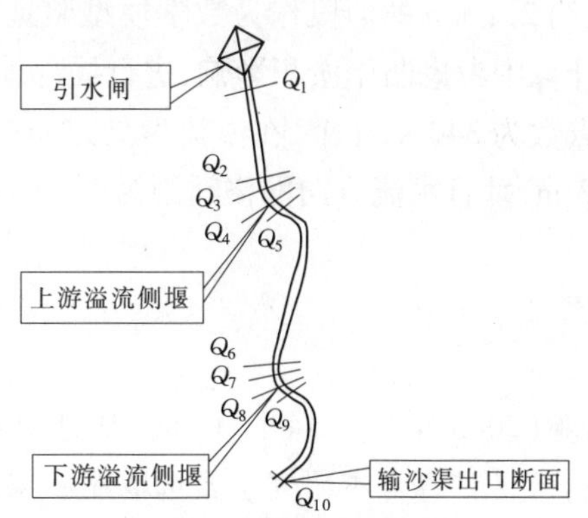

图 10-1-1　输沙渠示意图

10.1.2　淤区平面布置

淤区由一条长的纵向隔堤和 4.4 km 处的横向格堤分成 2 条 3 块运行,见图 10-1-2。

本研究采用平面二维水流泥沙数学模型进行了小北干流放淤工程输沙渠(以下简称输沙渠)溢流堰分水分沙效果进行计算;采用一维恒定水沙数学模型进行淤区淤积效果计算分析。

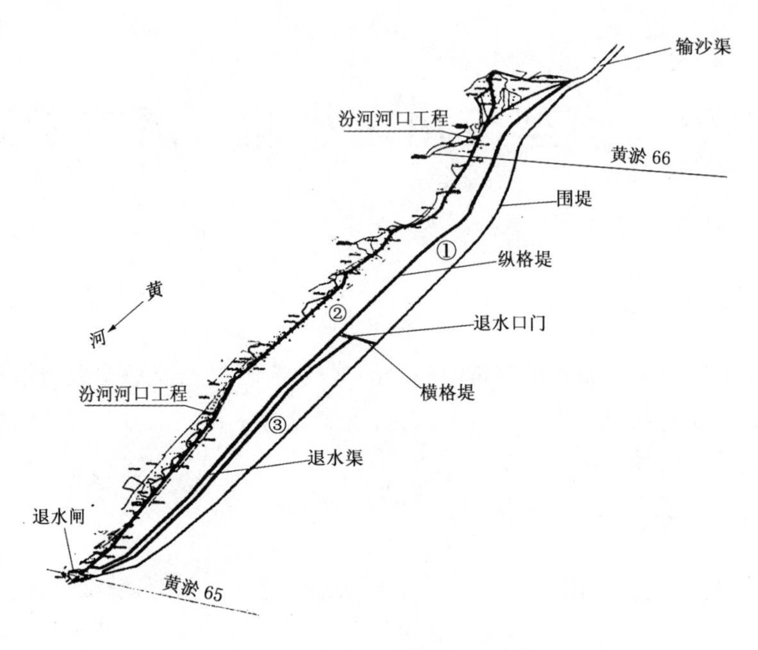

图 10-1-2　淤区分块运行示意图

10.2　引水渠输水输沙效果计算分析

综合考虑输沙渠河段河势、溢流堰分沙可能影响范围及监测断面布置等因素，选取输沙渠进口至输沙渠出口长约 2.1 km 的河段作为数学模型验证计算河段。计算河段按输沙渠设计进行地形控制，计算中考虑凸岸淤积影响，进行局部地形修改。计算区域采用正交曲线网格划分，网格结点数为 340 × 20 个，在溢流堰处进行局部网格加密，溢流堰处沿水流方向网格间距为 2 ~ 3 m，垂直水流方向网格间距为 1 ~ 2 m。计算河段河势及网格地形见图 10-2-1。

10.2.1　计算条件

采用小北干流放淤试验（2005 年 8 月 14 日 17 时 30 分至 8 月 15 日 19 时 00 分时段平均值）实测水沙资料进行验证计算。本研究主要选取输沙渠进口 Q_1 断面、溢流堰 1#出口 S1 断面、弯道 2#进口（又为弯道 1 出口）Q_6 断面、溢流堰 2#出口 S2 断面及输沙渠出口 Q_{10}断面进行对比计算，详细布置图见图 10-2-2。

计算水沙条件见表 10-2-1。

10.2.2　计算结果分析

10.2.2.1　水面线验证分析

计算中采用测验断面设计水深进行控制，各测验断面水深见表 10-2-2。

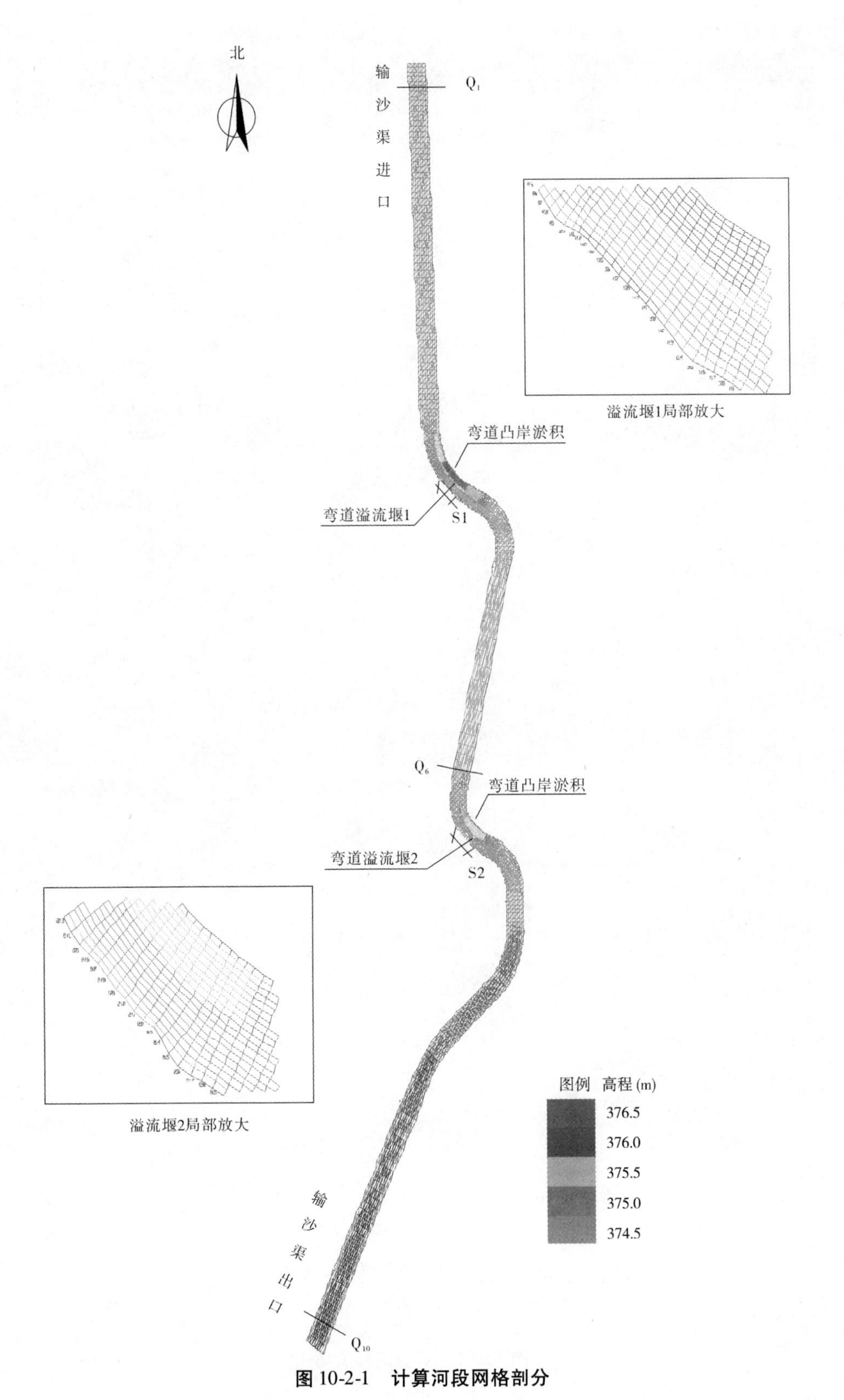

图 10-2-1 计算河段网格剖分

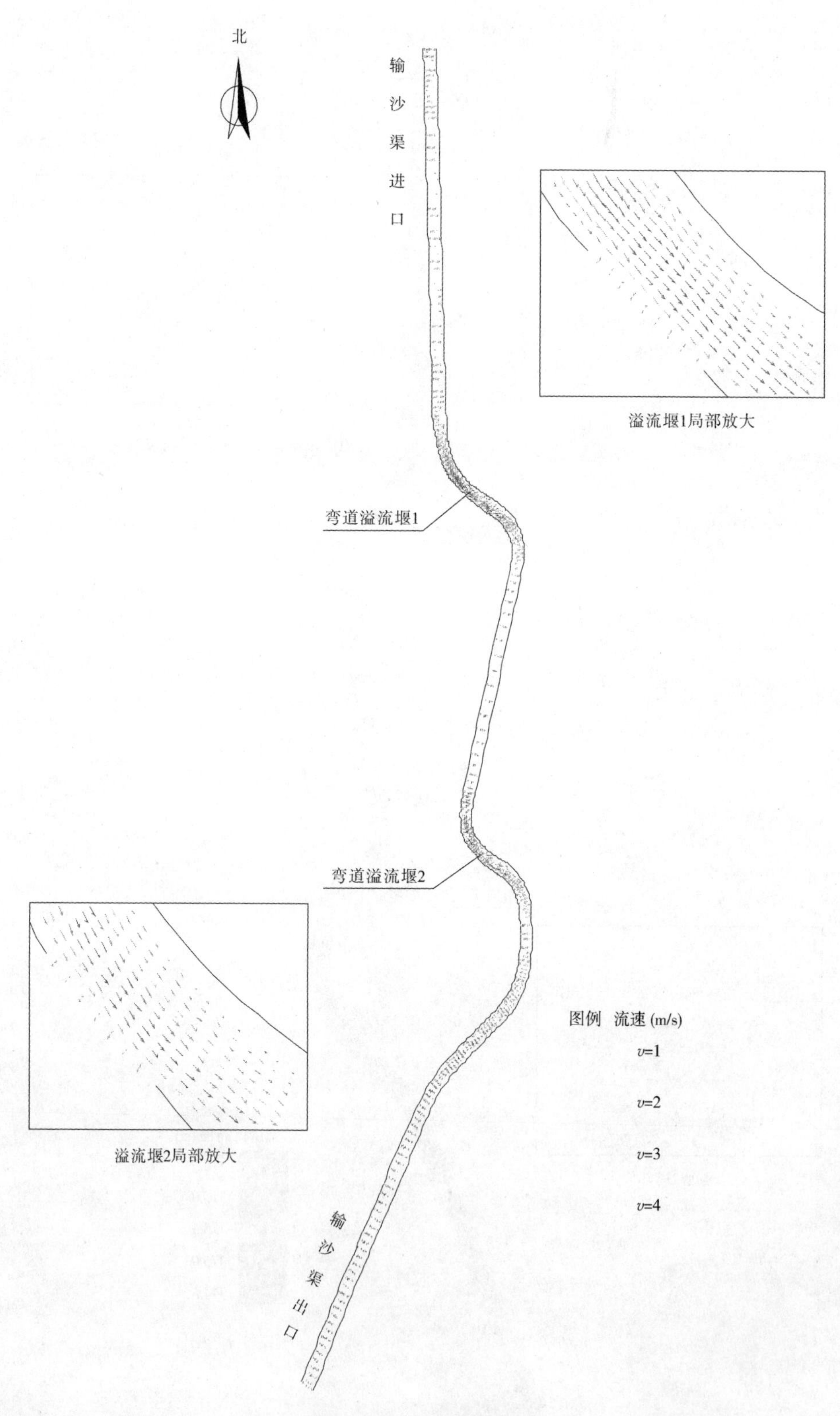

图 10-2-2 计算河段流场

表 10-2-1　计算水沙条件

输沙渠进口流量 (m^3/s)	输沙渠进口含沙量 (kg/m^3)	输沙渠出口水位 (m)	溢流堰流量 (m^3/s)
84.27	46.84	由水位—流量关系查得	1# 7.8 2# 10.25

表 10-2-2　各测验断面水深　（单位:m）

断面	Q_1	S1	Q_6	S2	Q_{10}
设计水深	2.07	0.62	1.69	0.49	1.50
计算水深	2.09	0.61	1.67	0.48	1.51

10.2.2.2　流速及溢流堰分流计算

计算条件下输沙渠及溢流堰计算流场见图 10-2-2,从图中可以看出计算流场变化平顺,溢流堰分流自然明显,弯道凹岸流速较大,凸岸流速较小;主流带依河势自弯道进口摆至凹岸,出弯后自然回归河道中央,从定性上来看比较合理。

表 10-2-3 进一步给出了各测验断面流量对比成果。经统计,断面流量的计算值与实测值的误差一般在 ±5% 以内,由此可见,计算断面流量分布与实测值符合较好。

表 10-2-3　验证期计算流量、流速实测值比较　（单位:m^3/s）

断面	Q_1	S1	Q_6	S2	Q_{10}
实测流量	84.27	7.80	76.47	10.75	65.72
计算流量	84.27	7.91	76.25	10.64	65.75
流量误差	0	0.11	-0.18	-0.09	0.03

10.2.2.3　含沙量及溢流堰分沙计算

计算全沙含沙量及计算粗沙含沙量分布见图 10-2-3 和图 10-2-4,从图中可以看出含沙量分布符合弯道泥沙基本规律,溢流堰分沙效果明显,定性上来看比较合理。

表 10-2-4 进一步给出了各测验断面含沙量分布成果。经统计,断面含沙量分布的计算值与实测值的误差一般在 10% 以内,泥沙总量基本守恒性好。由此可见,计算断面含沙量分布与实测值符合较好。

通过以上对所采用的数学模型参数的率定、验证计算结果可得到以下结论:

(1)采用的平面二维模型可行,其参数、系数处理合理,该模型能较好地反映计算河段的水流及泥沙运动情况,且模型计算具有较好的精度,可用于弯道泥沙输移计算分析。

(2) 输沙渠的设计是在一定流量情况下的不冲不淤设计,如果长时间小流量运用,势必加大输沙渠渠道淤积,减小渠道过流能力和水流挟沙能力。

(3) 两个弯道均有排细沙、拦粗沙的功能,并使得溢流堰下游输沙渠粗颗粒含量沿程增加,相对而言,弯道 1 的分选效果好于弯道 2。

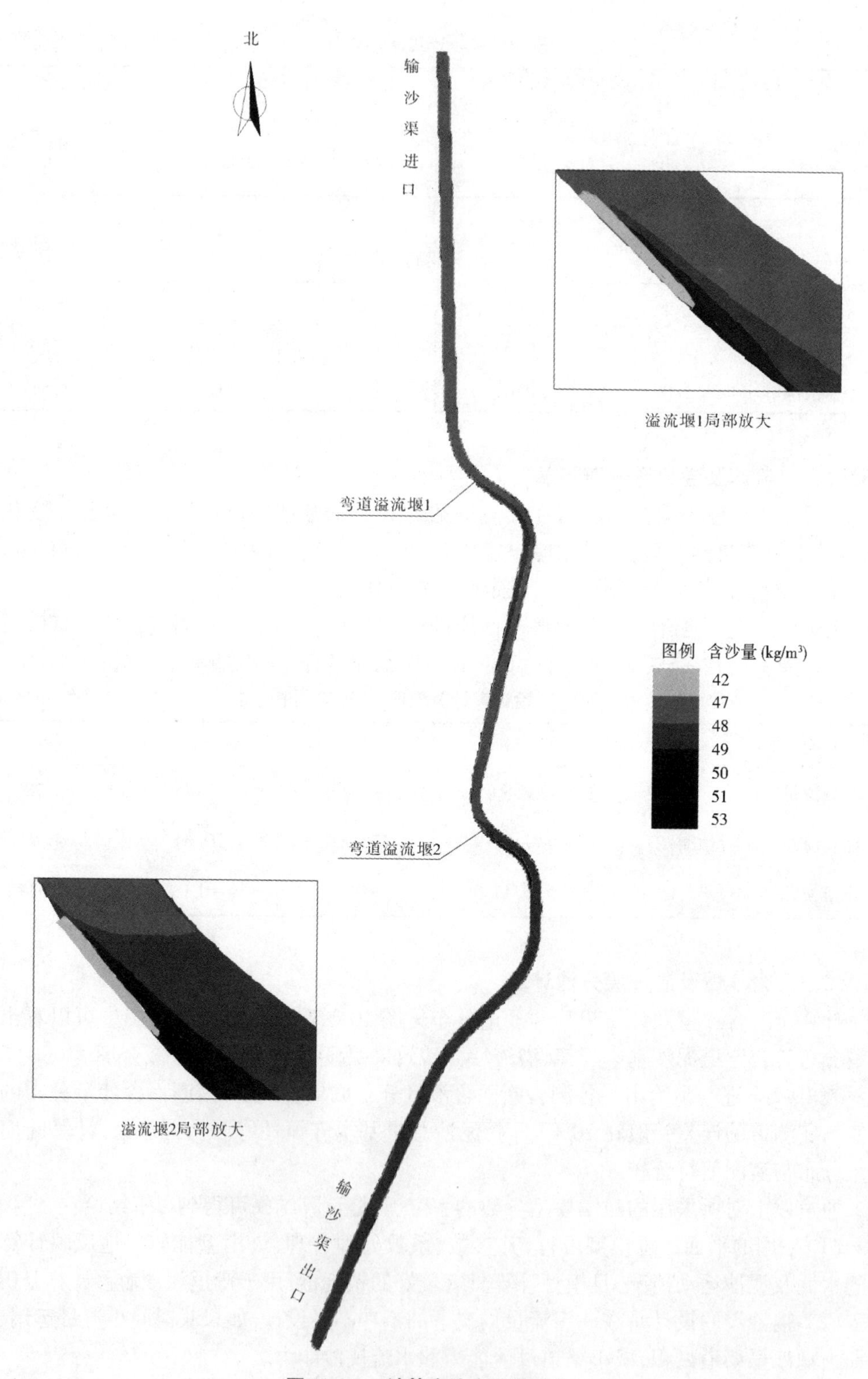

图 10-2-3　计算全沙含沙量分布

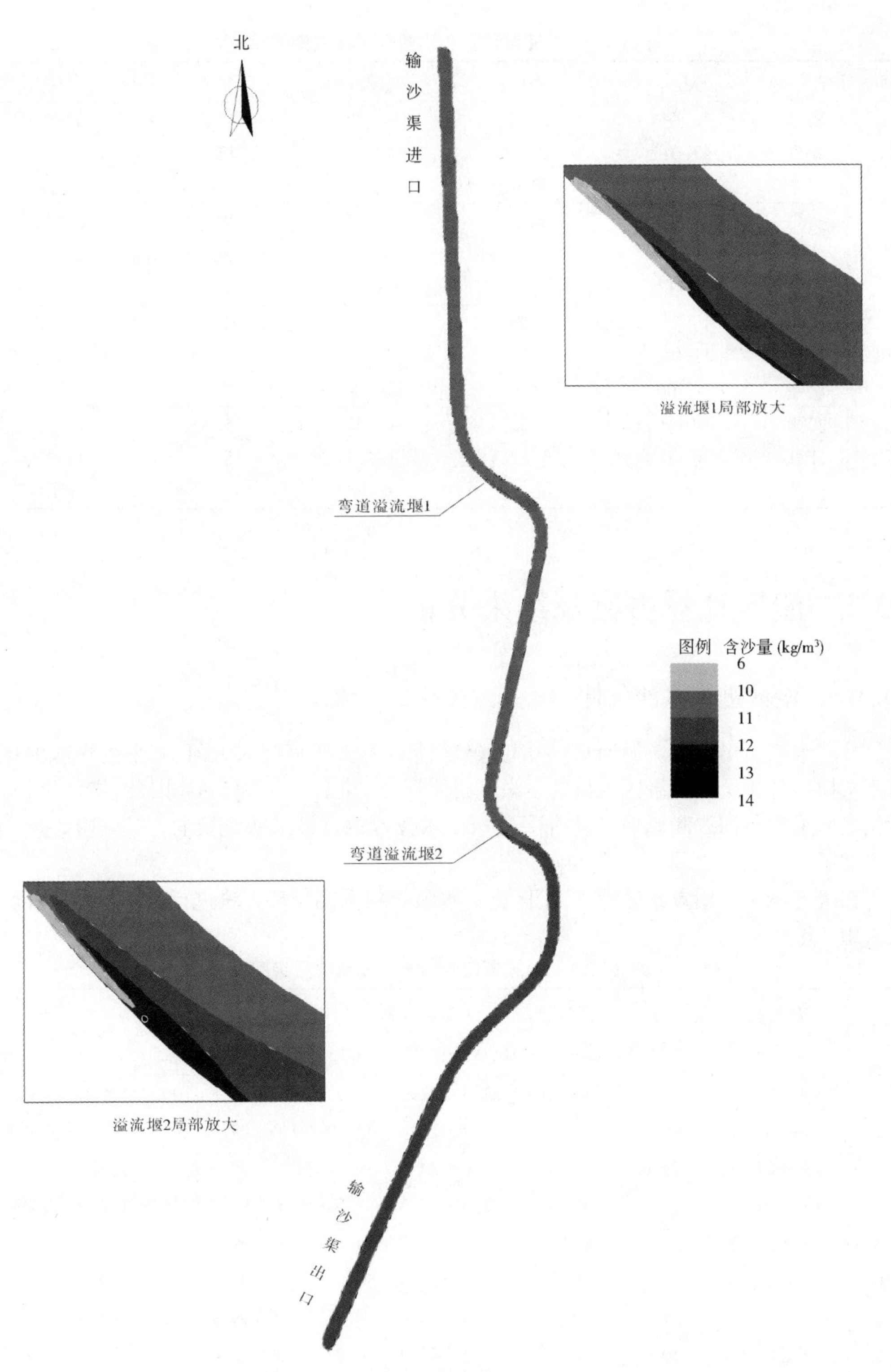

图 10-2-4　计算粗沙含沙量分布($d > 0.05$ mm)

表 10-2-4　验证期计算含沙量分布与实测值比较　（单位:kg/m³）

分类		Q_1	S1	Q_6	S2	Q_{10}
全沙	实测	46.84	44.27	47.09	44.36	47.91
	计算	47.01	41.42	47.99	42.26	48.92
	误差	0.17	-3.15	0.90	-2.10	1.01
细沙	实测	25.90	28.20	25.77	28.10	25.40
	计算	26.01	26.91	26.00	26.32	26.03
	误差	0.11	-1.29	-0.23	-1.78	0.63
中沙	实测	10.94	9.50	11.12	10.60	11.32
	计算	11.00	8.46	11.28	10.31	11.54
	误差	-0.06	-1.04	0.16	-0.29	0.22
粗沙	实测	10.00	6.56	10.32	5.66	11.19
	计算	10.00	5.87	10.71	5.63	11.37
	误差	0	-0.69	0.39	-0.03	0.18

10.3　淤区计算方案及结果分析

10.3.1　淤区进口水沙条件

从引水闸引出的水流泥沙,有一部分经输沙渠溢流堰直接回大河,剩下的进入淤区。由于本模型计算范围为淤区入口处至淤区退水闸处,全长共 8 600 m。因此,淤区进口水沙及级配采用黄河勘测规划设计有限公司提供设计的水沙及级配资料,见表 10-3-1。表中考虑了输沙区引水和引沙的影响。

在进行淤区运用方式计算中,淤区进口水沙资料采用循环方法进行计算,计算时间步长采用 2 h。

表 10-3-1　淤区进口水沙条件及悬移质级配

序号	测验日期（年-月-日）	流量（m³/s）	含沙量（kg/m³）	小于某粒径组(mm)沙量百分数(%)							悬沙中值粒径（mm）
				0.005	0.010	0.025	0.050	0.100	0.250	0.500	
1	1998-07-06	49.4	148.6	22.3	32.2	49.2	73.4	98.8	100.0	100.0	0.026
2	1998-07-07	49.6	225.4	18.2	26.4	43.3	70.0	97.7	99.9	100.0	0.030
3	1998-07-13	77.6	310.8	16.6	24.1	39.7	66.9	95.0	99.6	100.0	0.033
4	1998-07-14	71.3	361.8	17.6	25.5	37.3	63.6	92.5	99.3	100.0	0.035
5	1998-07-15	55.4	173.4	28.2	41.0	54.2	76.8	99.2	100.0	100.0	0.019
6	1998-07-16	55.7	99.5	30.6	44.4	56.0	78.4	99.5	100.0	100.0	0.016
7	1998-07-17	51.0	95.2	31.4	45.6	60.8	80.3	99.9	100.0	100.0	0.013
8	1998-07-18	50.6	54.4	31.3	45.4	56.7	78.8	98.6	99.6	100.0	0.015
9	1998-07-20	49.5	55.8	33.2	49.0	62.8	82.2	99.4	100.0	100.0	0.011

续表 10-3-1

序号	测验日期(年-月-日)	流量(m^3/s)	含沙量(kg/m^3)	小于某粒径组(mm)沙量百分数(%)							悬沙中值粒径(mm)
				0.005	0.010	0.025	0.050	0.100	0.250	0.500	
10	1998-07-21	51.4	57.9	34.5	50.6	59.0	82.0	97.3	99.1	100.0	0.009
11	1998-07-22	49.9	62.2	36.1	52.3	61.6	83.7	98.7	99.9	100.0	0.008
12	1998-08-02	51.9	70.0	28.1	29.7	53.9	90.1	99.8	100.0	100.0	0.022
13	1998-08-03	52.1	60.2	21.5	32.8	57.1	93.7	99.8	100.0	100.0	0.019
14	1998-08-24	65.0	182.9	19.8	29.0	51.6	88.7	98.8	99.9	100.0	0.023
15	1998-08-25	56.9	240.7	17.7	26.2	46.6	87.0	98.7	99.9	100.0	0.027
16	1998-08-26	52.0	66.4	25.5	33.9	53.2	91.4	99.7	100.0	100.0	0.021
平均		55.6	141.6	25.8	36.8	52.7	80.4	98.3	99.8	100.0	0.020

10.3.2 淤区断面布置

淤区断面布设按 200 m 布设一个断面，见表 10-3-2 和图 10-3-1，每一个断面根据淤区数字高程图提取断面起点距和高程。

表 10-3-2 黄河小北干流淤区断面布置一览

编号	名称	距离	淤区左边线交点		淤区右边线交点		隔堤交点	
1	Z0 +000	0						
2	Z0 +200	200	7 231	9 226	7 103	9 293	7 145	9 271
3	Z0 +400	400	7 140	9 047	6 929	9 158	7 041	9 099
4	Z0 +600	600	7 048	8 869	6 771	9 014	6 922	8 935
5	Z0 +800	800	6 957	8 691	6 635	8 860	6 819	8 764
6	Z1 +000	1 000	6 867	8 512	6 535	8 686	6 729	8 584
7	Z1 +200	1 200	6 812	8 319	6 469	8 498	6 662	8 397
8	Z1 +400	1 400	6 791	8 119	6 424	8 312	6 614	8 212
9	Z1 +600	1 600	6 765	7 922	6 378	8 124	6 570	8 024
10	Z1 +800	1 800	6 732	7 723	6 317	7 941	6 524	7 832
11	Z2 +000	2 000	6 690	7 528	6 251	7 757	6 475	7 640
12	Z2 +200	2 200	6 642	7 334	6 186	7 573	6 422	7 449
13	ZW2 +400	2 400	6 576	7 145	6 139	7 373	6 359	7 258
14	ZW2 +600	2 600	6 501	6 959	6 031	7 205	6 275	7 077
15	ZW2 +800	2 800	6 416	6 778	5 837	7 081	6 174	6 904
16	ZW2 +900	3 000	6 370	6 688	5 732	7 023	6 121	6 819
17	ZW3 +200	3 200	6 229	6 424	5 615	6 745	5 961	6 564
18	ZW3 +400	3 400	6 102	6 190	5 460	6 526	5 818	6 338
19	ZW3 +600	3 600	6 038	6 071	5 376	6 418	5 747	6 224
20	ZW3 +700	3 700	5 991	5 983	5 302	6 343	5 694	6 138
21	ZW3 +900	3 900	5 895	5 807	5 261	6 138	5 589	5 967

续表 10-3-2

编号	名称	距离	淤区左边线交点		淤区右边线交点		隔堤交点	
22	ZW4 +100	4 100	5 799	5 630	5 157	5 966	5 485	5 794
23	ZW4 +300	4 300	5 702	5 454	5 053	5 794	5 384	5 621
24	ZW4 +500	4 500	5 606	5 279	4 949	5 622	5 285	5 447
25	ZW4 +700	4 700	5 510	5 104	4 846	5 451	5 188	5 272
26	ZW4 +900	4 900	5 413	4 928	4 742	5 279	5 091	5 096
27	ZW5 +100	5 100	5 316	4 752	4 638	5 107	4 996	4 920
28	ZW5 +250	5 250	5 244	4 621	4 560	4 978	4 927	4 787
29	ZW5 +400	5 400	5 173	4 489	4 482	4 850	4 855	4 655
30	ZW5 +600	5 600	5 078	4 312	4 375	4 680	4 760	4 479
31	ZW5 +800	5 800	4 982	4 136	4 294	4 496	4 664	4 302
32	ZW6 +000	6 000	4 887	3 960	4 238	4 299	4 569	4 126
33	ZW6 +200	6 200	4 790	3 784	4 182	4 103	4 473	3 950
34	ZW6 +400	6 400	4 694	3 609	4 110	3 914	4 377	3 774
35	ZW6 +600	6 600	4 597	3 433	4 027	3 732	4 282	3 598
36	ZW6 +800	6 800	4 501	3 257	3 944	3 549	4 186	3 422
37	ZW7 +000	7 000	4 405	3 082	3 861	3 366	4 091	3 246
38	ZW7 +200	7 200	4 308	2 906	3 778	3 184	3 995	3 070
39	ZW7 +400	7 400	4 212	2 730	3 695	3 001	3 899	2 894
40	ZW7 +600	7 600	4 101	2 563	3 612	2 818	3 804	2 718
41	ZW7 +800	7 800	3 990	2 397	3 530	2 638	3 710	2 544
42	ZW8 +000	8 000	3 877	2 230	3 447	2 455	3 614	2 368
43	ZW8 +200	8 200	3 764	2 065	3 368	2 272	3 519	2 193
44	ZW8 +400	8 400	3 639	1 909	3 290	2 091	3 425	2 020
45	ZW8 +600	8 600	3 513	1 752	3 203	1 914	3 317	1 855

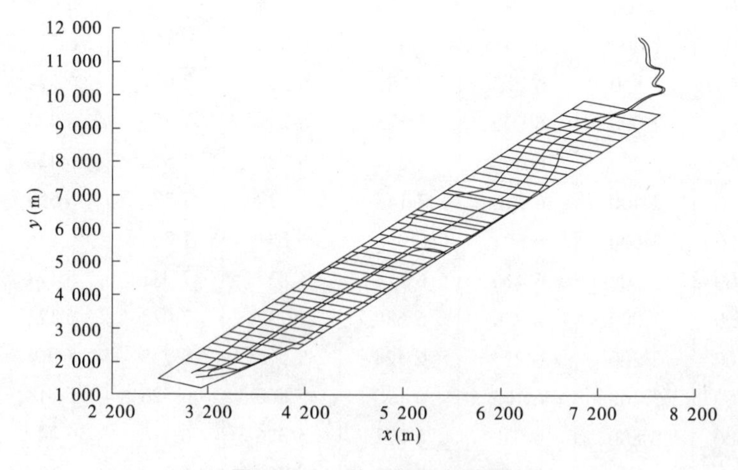

图 10-3-1 淤区断面布置示意图

10.3.3 淤区计算结果及分析

当进行淤区运用方案计算时,淤区入口处上游段添加两个断面参与数学模型计算,两个断面形状及布置采用输沙区给定断面及河床比降。由于在淤区入口处上游比降较大,河段在运用开始阶段基本上不发生累计性淤积,因此当在淤区运用方案计算时,若淤区入口上游河段发生累计性淤积时,且当淤积厚度大于0.2 m时,表示淤区淤粗排细运用方式已完成。

10.3.3.1 Ⅰ号池块运用方式

Ⅰ号池块在淤粗排细运用时期,为了取得较好的拦粗效果的运用,应增大该池块的水力坡降,尽量降低退水口水位。退水口门河床高程为371.8 m,为了尽可能地多淤粗沙,初始水位取为372.55 m,以后下游边界水位由程序自动计算,计算原则根据下游边界淤积厚度和比降及流量确定。

Ⅰ号池块泥沙冲淤计算结果见表10-3-3。由表10-3-3可知,Ⅰ号池块从第1 d到第4 d排沙比是逐渐增大的,第2 d以后排沙比在45%以上,最后1 d排沙比达到70%以上,平均排沙比为46.6%。统计最后1 d下游断面Q4+300和入口处断面Q0+000的水位分别为374.68 m和376.79 m,河槽水面比降约为4.8‱。Ⅰ号池块河段淤积量计算结果见表10-3-4。由表10-3-4可知,Ⅰ号池块4 d共淤积泥沙185.7万m^3。图10-3-2为Ⅰ号池块进口断面和出口断面4 d平均悬移质级配变化比较,可以明显看出,出口悬移质级配比进口悬移质级配细很多,小于0.025 mm粒径沙重百分数由进口的42.4%增大到88.8%,大于0.05 mm粒径沙重百分数由进口的31.5%降到6.2%。

表10-3-3 Ⅰ号池块泥沙冲淤计算结果

序号	测验日期(年-月-日)	流量(m^3/s)	水位(m)	进口含沙量(kg/m^3)	出口含沙量(kg/m^3)	淤积量(万m^3)	排沙比(%)
1	1998-07-06	49.40	372.55	148.60	33.40	35.12	22.48
2	1998-07-07	49.60	373.18	225.40	105.60	36.67	46.85
3	1998-07-13	77.60	373.85	310.80	168.30	68.24	54.15
4	1998-07-14	71.30	374.68	361.80	256.20	46.47	70.81

表10-3-4 Ⅰ号池块河段淤积量计算结果

断面名称	间距(m)	淤积量(万m^3)	累计淤积量(万m^3)
Q0+000	0		
Z0+200	100	1.7	1.7
Z0+400	400	6.2	7.9
Z0+600	600	3.6	11.5
Z0+800	800	3.6	15.1
Z1+000	1 000	3.8	18.9

续表 10-3-4

断面名称	间距(m)	淤积量(万 m^3)	累计淤积量(万 m^3)
Z1 + 200	1 200	4.0	22.9
Z1 + 400	1 400	4.8	27.7
Z1 + 600	1 600	5.7	33.4
Z1 + 800	1 800	6.4	39.8
Z2 + 000	2 000	6.8	46.6
Z2 + 200	2 200	7.1	53.7
ZW2 + 400	2 400	8.0	61.7
ZW2 + 600	2 600	9.3	71.0
ZW2 + 800	2 800	10.6	81.6
ZW2 + 900	2 900	5.6	87.2
ZW3 + 200	3 200	18.1	105.3
ZW3 + 400	3 400	13.4	118.7
ZW3 + 600	3 600	14.2	132.9
ZW3 + 700	3 700	7.8	140.7
ZW3 + 900	3 900	14.9	155.6
ZW4 + 100	4 100	14.4	170.0
ZW4 + 300	4 300	15.7	185.7

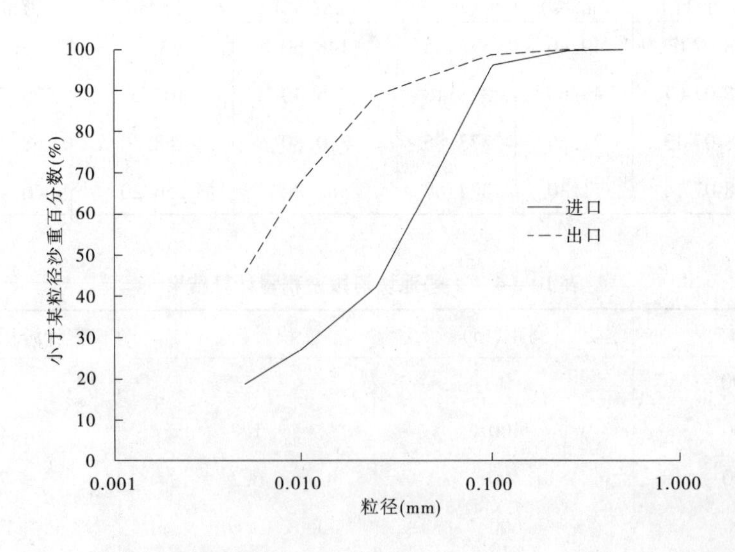

图 10-3-2　Ⅰ号池块进口断面和出口断面 4 d 平均悬移质级配变化比较

10.3.3.2 Ⅱ号池块运用方式

Ⅱ号池块在淤粗排细运用时期,为了增大淤区水力坡降,获得好的拦粗作用。退水闸平底堰高程为368.3 m,淤区初始水位取369.90 m。

Ⅱ号池块泥沙冲淤计算结果见表10-3-5。由表10-3-5可知,Ⅱ号池块排沙比是随着淤区不断淤积而逐渐增大的,但排沙比相对较少,且增加较缓慢,直到第15 d以后排沙比才到40%以上,平均排沙比为28.9%。统计最后1 d下游断面ZW8 +600和入口处断面Q0 +000的水位分别为373.65 m和376.75 m,河槽水面比降平均值为3.5‱,且下段比降较缓,上段比降仍在5‱左右,见表10-3-6。由表10-3-6可知,Ⅱ号池块15 d共淤积泥沙544.2万m^3。图10-3-3为Ⅱ号池块进口断面和出口断面平均悬移质颗粒级配变化比较,可以明显看出,出口悬移质级配比进口悬移质级配细,小于0.025 mm的粒径沙重百分数由进口的52.7%增大到95.8%,大于0.05 mm的粒径沙重百分数由进口的19.6%减小到1.8%。

表10-3-5 Ⅱ号池块泥沙冲淤计算结果

序号	测验日期(年-月-日)	流量(m^3/s)	水位(m)	进口含沙量(kg/m^3)	出口含沙量(kg/m^3)	淤积量(万m^3)	排沙比(%)
5	1998-07-15	55.40	369.90	173.40	19.69	52.55	11.36
6	1998-07-16	55.70	369.95	99.50	17.96	28.03	18.05
7	1998-07-17	51.00	369.98	95.20	22.32	22.94	23.44
8	1998-07-18	50.60	370.04	54.40	13.06	12.91	24.00
9	1998-07-20	49.50	370.27	55.80	13.20	13.01	23.66
10	1998-07-21	51.40	370.51	57.90	13.80	13.99	23.83
11	1998-07-22	49.90	370.77	62.20	14.85	14.58	23.87
12	1998-08-02	51.90	371.05	70.00	17.61	16.78	25.16
13	1998-08-03	52.10	371.35	60.20	15.53	14.36	25.80
14	1998-08-24	65.00	371.66	182.90	50.92	52.94	27.84
15	1998-08-25	56.90	371.98	240.70	71.58	59.39	29.74
16	1998-08-26	52.00	372.33	66.40	23.15	13.88	34.86
17	1998-07-06	49.40	372.71	148.60	54.86	28.58	36.92
18	1998-07-07	49.60	373.12	225.40	86.57	42.50	38.41
19	1998-07-13	77.60	373.55	310.80	142.40	80.65	45.82
20	1998-07-14	71.30	373.65	361.80	181.50	79.34	50.17

表10-3-6 Ⅱ号池块河段淤积量计算结果

断面名称	间距(m)	淤积量(万m^3)	累计淤积量(万m^3)
Q0 +000	0		
Z0 +200	100	0.8	0.8
Z0 +400	400	7.0	7.8
Z0 +600	600	4.3	12.1

续表 10-3-6

断面名称	间距(m)	淤积量(万 m^3)	累计淤积量(万 m^3)
Z0 + 800	800	4.8	16.9
Z1 + 000	1 000	5.3	22.2
Z1 + 200	1 200	5.1	27.3
Z1 + 400	1 400	5.1	32.4
Z1 + 600	1 600	5.6	38.0
Z1 + 800	1 800	6.3	44.3
Z2 + 000	2 000	7.0	51.3
Z2 + 200	2 200	7.5	58.8
ZW2 + 400	2 400	8.1	66.9
ZW2 + 600	2 600	10.0	76.9
ZW2 + 800	2 800	14.7	91.6
ZW2 + 900	2 900	8.7	100.3
ZW3 + 200	3 200	23.3	123.6
ZW3 + 400	3 400	16.8	140.4
ZW3 + 600	3 600	18.1	158.5
ZW3 + 700	3 700	10.2	168.7
ZW3 + 900	3 900	15.8	184.5
ZW4 + 100	4 100	15.1	199.6
ZW4 + 300	4 300	16.3	215.9
ZW4 + 500	4 500	16.2	232.1
ZW4 + 700	4 700	16.2	248.3
ZW4 + 900	4 900	17.6	265.9
ZW5 + 100	5 100	18.5	284.4
ZW5 + 250	5 250	12.9	297.3
ZW5 + 400	5 400	11.9	309.2
ZW5 + 600	5 600	17.1	326.3
ZW5 + 800	5 800	19.7	346.0
ZW6 + 000	6 000	19.9	365.9
ZW6 + 200	6 200	18.8	384.7
ZW6 + 400	6 400	18.1	402.8
ZW6 + 600	6 600	17.3	420.1

续表 10-3-6

断面名称	间距(m)	淤积量(万 m^3)	累计淤积量(万 m^3)
ZW6 + 800	6 800	16.3	436.4
ZW7 + 000	7 000	15.9	452.3
ZW7 + 200	7 200	15.0	467.3
ZW7 + 400	7 400	14.1	481.4
ZW7 + 600	7 600	12.9	494.3
ZW7 + 800	7 800	11.8	506.1
ZW8 + 000	8 000	11.2	517.3
ZW8 + 200	8 200	9.7	527.0
ZW8 + 400	8 400	8.9	535.9
ZW8 + 600	8 600	8.3	544.2

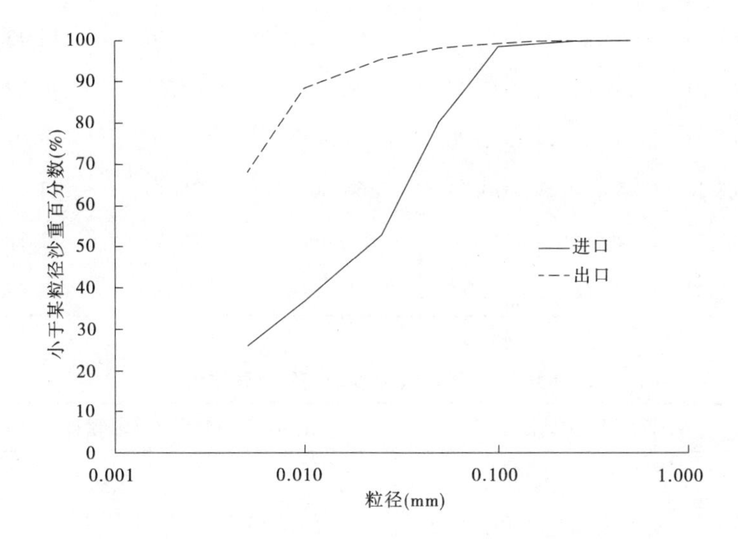

图 10-3-3　Ⅱ号池块进口断面和出口断面平均悬移质颗粒级配变化比较

10.3.3.3　Ⅲ号池块运用方式

Ⅲ号池块在淤粗排细运用时期,为了增大淤区水力坡降,获得好的拦粗作用。退水闸平底堰高程为 368.3 m,淤区初始水位取 369.90 m。

Ⅲ号池块泥沙冲淤计算结果见表 10-3-7。由表 10-3-7 可知,Ⅲ号池块排沙比是随着淤区不断淤积而逐渐增大的,直到第 13 d 以后排沙比达到 40% 以上,平均排沙比为 28.7%。统计最后 1 d 下游断面 ZW8 + 600 和入口处断面 Q0 + 000 的水位分别为 373.85 m和 376.77 m,河槽水面比降平均为 3.4‱。Ⅲ号池块河段淤积量计算结果见表 10-3-8,由表 10-3-8 可知,Ⅲ号池块 14 d 共淤积泥沙 365.3 万 m^3。图 10-3-4 为Ⅲ号池块进口断面和出口断面平均悬移质颗粒级配变化比较,可以明显看出,出口悬移质级配比进口悬移质级配细，小于0.025 mm的粒径沙重百分数由进口的54.7%增大到92%，大于0.05 mm的粒径沙重百分数由进口的17.4%降到3.3%。

表10-3-7　Ⅲ号池块泥沙冲淤计算结果

序号	测验日期（年-月-日）	流量（m^3/s）	水位（m）	进口含沙量（kg/m^3）	出口含沙量（kg/m^3）	淤积量（万m^3）	排沙比（%）
21	1998-07-15	55.40	369.90	173.40	17.56	53.28	10.12
22	1998-07-16	55.70	370.02	99.50	15.88	28.74	15.96
23	1998-07-17	51.00	370.17	95.20	19.46	23.84	20.44
24	1998-07-18	50.60	370.38	54.40	11.86	13.29	21.79
25	1998-07-20	49.50	370.61	55.80	12.39	13.26	22.20
26	1998-07-21	51.40	370.86	57.90	13.98	13.93	24.15
27	1998-07-22	49.90	371.14	62.20	15.66	14.33	25.17
28	1998-08-02	51.90	371.44	70.00	19.76	16.09	28.23
29	1998-08-03	52.10	371.85	60.20	16.26	14.13	27.02
30	1998-08-24	65.00	372.27	182.90	67.64	46.24	36.98
31	1998-08-25	56.90	372.70	240.70	72.66	59.01	30.19
32	1998-08-26	52.00	373.14	66.40	25.46	13.14	38.34
33	1998-07-06	49.40	373.59	148.60	75.20	22.38	50.61
34	1998-07-07	49.60	373.85	225.40	115.40	33.67	51.20

表10-3-8　Ⅲ号池块河段淤积量计算结果

断面名称	距进口距离（m）	淤积量（万m^3）	累计淤积量（万m^3）
ZW4+300	4 300		
ZW4+500	4 500	14.7	14.7
ZW4+700	4 700	14.5	29.2
ZW4+900	4 900	15.4	44.6
ZW5+100	5 100	15.7	60.3
ZW5+250	5 250	10.7	71.0
ZW5+400	5 400	9.6	80.6
ZW5+600	5 600	13.4	94.0
ZW5+800	5 800	16.1	110.1
ZW6+000	6 000	18.2	128.3

续表 10-3-8

断面名称	距进口距离(m)	淤积量(万 m^3)	累计淤积量(万 m^3)
ZW6 +200	6 200	19.5	147.7
ZW6 +400	6 400	20.3	168.0
ZW6 +600	6 600	20.4	188.4
ZW6 +800	6 800	20.1	208.6
ZW7 +000	7 000	20.6	229.2
ZW7 +200	7 200	20.6	249.8
ZW7 +400	7 400	20.5	270.3
ZW7 +600	7 600	18.9	289.2
ZW7 +800	7 800	17.5	306.7
ZW8 +000	8 000	16.9	323.5
ZW8 +200	8 200	14.9	338.5
ZW8 +400	8 400	13.4	351.8
ZW8 +600	8 600	13.5	365.3

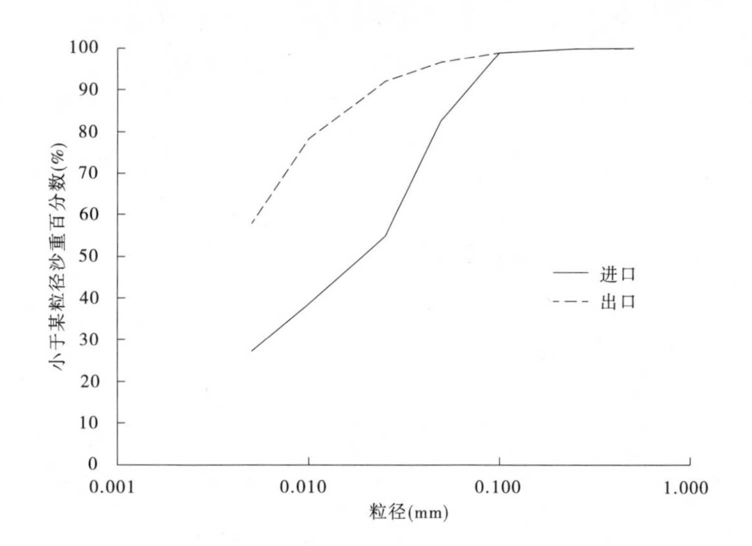

图 10-3-4　Ⅲ号池块进口断面和出口断面平均悬移质颗粒级配变化比较

不同淤区河段淤积量及淤积物级配见表 10-3-9。由表 10-3-9 可以看出,Ⅰ号、Ⅱ号、Ⅲ号池块在 1998 年典型年水沙条件下,需要 34 d 完成淤区的淤积,共淤积 1 095.2 万 m^3,其中大于 0.05 mm 分组泥沙占 50.0%,0.025 ~0.05 mm 分组泥沙占 31.7%,小于 0.025 mm分组泥沙占 18.4%,因此Ⅰ号、Ⅱ号、Ⅲ号池块均可达到拦粗排细的目的。

表 10-3-9　不同淤区河段淤积量及淤积物级配

淤区号	河段	淤积量(万 m^3)	<0.025 mm(%)	0.025～0.05 mm(%)	>0.05 mm(%)	运行天数(d)
1	0000—2000	46.6	0.8	14.4	84.8	4
	2000—4300	139.1	14.3	30.2	55.5	
3	4300—6000	128.3	11.4	36.0	52.6	14
	6000—8600	237.1	33.5	39.8	26.7	
2	0000—2000	51.3	2.3	20.4	77.3	16
	2000—4300	164.6	13.6	34.7	51.7	
	4300—6000	150.0	28.1	40.0	31.9	
	6000—8600	178.3	42.9	37.9	19.2	
合计/平均		1 095.2	18.4	31.6	50.0	34

10.3.4　淤区出口控制水位

数学模型计算各淤区尾门水位过程如图 10-3-5 所示。由于尾门水位是通过数学模型自动计算的,所以图 10-3-5 所给出的不同淤区尾门水位过程可供在实际放淤过程中参考。

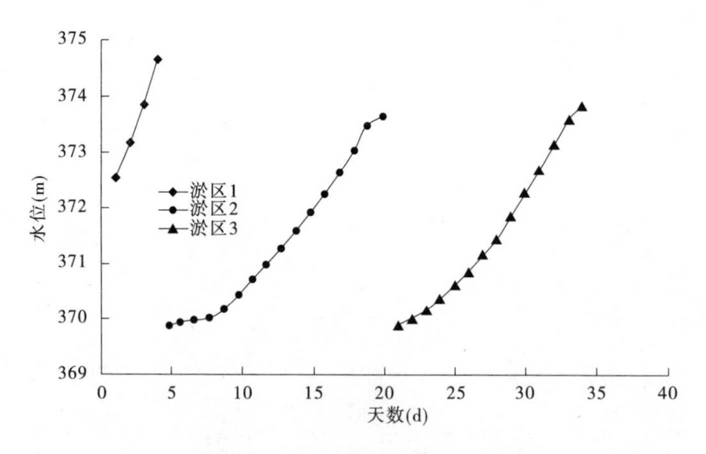

图 10-3-5　各淤区尾门水位过程

10.3.5　淤区不同平面布置淤积效果分析比较

为了分析淤区不同平面布置对粗细颗粒泥沙淤积分布的影响,本次选定 3 个方案进行泥沙冲淤计算。方案 1 为淤区内不设纵隔堤,方案 2 为淤区内设一条纵隔堤,方案 3 为淤区内设两条纵隔堤。

表 10-3-10、表 10-3-11、表 10-3-12 分别为方案 1、方案 2、方案 3 泥沙冲淤计算结果，表 10-3-13为不同方案各河段计算淤积量(淤积量均统一为整个淤区)及淤积物级配(设计方案指目前采用的淤区平面布置方案)，表 10-3-14 为不同方案计算淤积量及淤区淤积物平均级配。

由表 10-3-14 可以看出，方案 1 的运行时间最短，平均为 1.75 年，方案 3 的运行时间最长，平均运行 2.63 年，方案 2 与设计方案运行时间接近，平均为 2.12 年。

不同方案淤区淤积量比较见图 10-3-6。由表 10-3-14 和图 10-3-6 可以看出，方案 1 的淤积量最小，方案 3 的淤积量最大，方案 2 与设计方案淤积量比较接近，介于方案 1 与方案 3 之间。

不同方案淤区淤积物级配比较见图 10-3-7。由表 10-3-13、表 10-3-14 和图 10-3-7 可以看出，方案 1 各河段淤积物粗颗粒泥沙所占比重最小，方案 2 次之，方案 3 与设计方案各个河段淤积物粗中细沙分别所占比例比较接近，且粗泥沙所占比例较方案 1 和方案 2 大，即方案 3 和设计方案拦粗排细效果较方案 1 和方案 2 大。

表 10-3-10　方案 1 泥沙冲淤计算结果

序号	测验日期(年-月-日)	流量(m^3/s)	水位(m)	进口含沙量(kg/m^3)	出口含沙量(kg/m^3)	淤积量(万 m^3)	排沙比(%)
1	1998-07-06	49.4	369.90	148.6	14.04	41.02	9.45
2	1998-07-07	49.6	369.93	225.4	24.38	61.53	10.82
3	1998-07-13	77.6	369.98	310.8	37.87	130.71	12.18
4	1998-07-14	71.3	370.06	361.8	49.04	137.62	13.55
5	1998-07-15	55.4	370.15	173.4	25.88	50.44	14.93
6	1998-07-16	55.7	370.24	99.5	17.54	28.17	17.63
7	1998-07-17	51.0	370.33	95.2	18.19	24.24	19.11
8	1998-07-18	50.6	370.42	54.4	11.20	13.49	20.59
9	1998-07-20	49.5	370.50	55.8	12.31	13.29	22.06
10	1998-07-21	51.4	370.59	57.9	13.64	14.04	23.56
11	1998-07-22	49.9	370.69	62.2	15.57	14.36	25.03
12	1998-08-02	51.9	370.80	70.0	18.56	16.48	26.51
13	1998-08-03	52.1	370.92	60.2	16.85	13.94	27.99
14	1998-08-24	65.0	371.07	182.9	54.96	51.32	30.05
15	1998-08-25	56.9	371.23	240.7	75.95	57.85	31.55
16	1998-08-26	52.0	371.36	66.4	22.83	13.98	34.38

表 10-3-11　方案 2 泥沙冲淤计算结果

序号	测验日期 (年-月-日)	流量 (m^3/s)	水位 (m)	进口含沙量 (kg/m^3)	出口含沙量 (kg/m^3)	淤积量 (万 m^3)	排沙比 (%)
1	1998-07-06	49.4	369.90	148.6	24.36	37.88	16.39
2	1998-07-07	49.6	369.94	225.4	53.87	52.51	23.90
3	1998-07-13	77.6	370.02	310.8	85.60	107.85	27.54
4	1998-07-14	71.3	370.11	361.8	103.40	113.70	28.58
5	1998-07-15	55.4	370.24	173.4	53.55	40.98	30.88
6	1998-07-16	55.7	370.38	99.5	32.55	23.01	32.71
7	1998-07-17	51.0	370.58	95.2	32.10	19.86	33.72
8	1998-07-18	50.6	370.82	54.4	19.95	10.76	36.67
9	1998-07-20	49.5	371.10	55.8	21.00	10.63	37.63
10	1998-07-21	51.4	371.41	57.9	22.30	11.29	38.51
11	1998-07-22	49.9	371.73	62.2	26.25	11.07	42.20
12	1998-08-02	51.9	372.08	70.0	30.45	12.67	43.50
13	1998-08-03	52.1	372.46	60.2	27.40	10.55	45.51
14	1998-08-24	65.0	372.86	182.9	89.20	37.59	48.77
15	1998-08-25	56.9	373.27	240.7	128.10	39.54	53.22
16	1998-08-26	52.0	373.69	66.4	36.23	9.68	54.56

表 10-3-12　方案 3 泥沙冲淤计算结果

序号	测验日期 (年-月-日)	流量 (m^3/s)	水位 (m)	进口含沙量 (kg/m^3)	出口含沙量 (kg/m^3)	淤积量 (万 m^3)	排沙比 (%)
1	1998-07-06	49.4	369.90	148.6	47.10	30.94	31.70
2	1998-07-07	49.6	369.98	225.4	81.40	44.08	36.11
3	1998-07-13	77.6	370.08	310.8	129.13	87.00	41.55
4	1998-07-14	71.3	370.27	361.8	154.76	91.10	42.77
5	1998-07-15	55.4	370.48	173.4	79.50	32.10	45.85
6	1998-07-16	55.7	370.71	99.5	48.32	17.59	48.56
7	1998-07-17	51.0	370.97	95.2	49.78	14.30	52.29
8	1998-07-18	50.6	371.27	54.4	29.28	7.84	53.83
9	1998-07-20	49.5	371.61	55.8	30.75	7.65	55.10
10	1998-07-21	51.4	371.97	57.9	33.67	7.68	58.16
11	1998-07-22	49.9	372.36	62.2	40.10	6.81	64.47
12	1998-08-02	51.9	372.78	70.0	48.32	6.95	69.02
13	1998-08-03	52.1	373.23	60.2	45.39	4.76	75.39
14	1998-08-24	65.0	373.72	182.9	143.48	15.81	78.45

表 10-3-13　不同方案各河段计算淤积量及淤积物级配

方案	河段	淤积量(万 m^3)	<0.025 mm (%)	0.025 ~ 0.05 mm (%)	>0.05 mm (%)
设计方案	0000—2000	97.9	1.5	17.4	81.1
	2000—4300	303.7	13.9	32.5	53.6
	4300—6000	278.3	19.7	38.0	42.3
	6000—8600	415.4	38.2	38.8	23.0
方案 1	0000—2000	83.2	10.7	27.8	61.5
	2000—4300	285.9	33.0	34.9	32.1
	4300—6000	271.5	44.3	36.9	18.8
	6000—8600	418.8	61.9	30.3	7.8
方案 2	0000—2000	87.4	6.1	26.0	67.9
	2000—4300	295.2	18.4	36.4	45.2
	4300—6000	279.4	33.9	39.1	27.0
	6000—8600	427.7	48.5	34.3	17.2
方案 3	0000—2000	92.0	2.3	15.9	81.9
	2000—4300	305.6	8.7	30.3	61.0
	4300—6000	288.3	22.3	36.9	40.8
	6000—8600	437.7	33.9	35.2	30.9

表 10-3-14　不同方案计算淤积量及淤区淤积物平均级配

方案	淤积量(万 m^3)	<0.025 mm (%)	0.025 ~ 0.05 mm (%)	>0.05 mm (%)	运行天数(d)
设计方案	1 095.2	18.4	31.7	50.0	34
方案 1	1 059.3	38.8	32.3	28.9	28
方案 2	1 089.8	27.7	34.0	38.4	32
方案 3	1 123.7	17.5	29.8	52.7	42

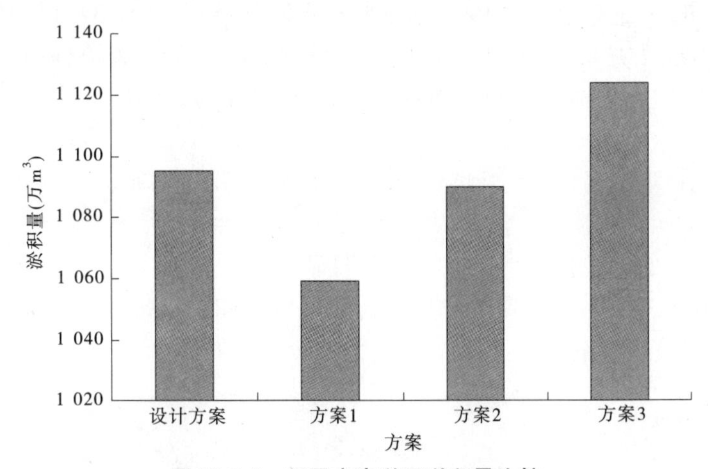

图 10-3-6　不同方案淤区淤积量比较

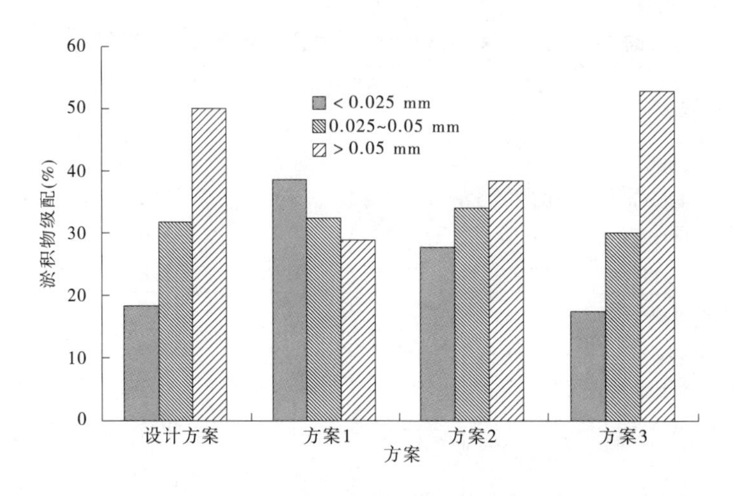

图 10-3-7　不同方案淤区淤积物级配比较

综上所述,若从运行时间较长和拦粗排细效果明显这两个方面进行考虑,可以认为方案 3 较其他方案好。从运行管理费用和拦粗排细效果综合考虑,目前采用设计方案也是较优方案,拦粗排细效果也是比较明显的。

10.3.6　小结

(1)验证结果表明,模型能够反映淤区泥沙的运动规律和淤积分布,以及平均颗粒级配沿程的变化过程,可以用于黄河小北干流淤区运用方式的研究。

(2)Ⅰ号池块 4 d 共淤积泥沙 185.7 万 m^3,小于 0.025 mm 的粒径沙重百分数由进口的 42.4% 增大到 88.8%,大于 0.05 mm 的粒径沙重百分数由进口的 31.5% 减小到 6.2%;Ⅱ号池块 16 d 共淤积泥沙 544.2 万 m^3。小于 0.025 mm 的粒径沙重百分数由进口的52.7% 增大到 95.8%,大于 0.05 mm 的粒径沙重百分数由进口的 19.6% 减小到 1.8%;Ⅲ号池块 14 d 共淤积泥沙 365.3 万 m^3,小于 0.025 mm 的粒径沙重百分数由进口的 54.7% 增大到 92%,大于 0.05 mm 的粒径沙重百分数由进口的 17.4% 减小到 3.3%。

(3)Ⅰ号、Ⅱ号、Ⅲ号池块在 1998 年典型年水沙条件下,需要 34 d 完成淤区的淤积,共淤积泥沙 1 095.2 万 m^3,其中大于 0.05 mm 分组泥沙占 50%,0.025 ~ 0.05 mm 分组泥沙占 31.7%,小于 0.025 mm 分组泥沙占 18.4%,因此Ⅰ号、Ⅱ号、Ⅲ号池块均可达到拦粗排细的目的。

(4)淤区入口上端平均水面比降约为 5‱,淤区下端比较降缓,淤区纵向平均比降约为 3.5‱。

(5)若从运行时间较长和拦粗排细效果明显这两个方面进行考虑,可以认为淤区采用两个隔堤(方案 3)较其他方案好。从运行管理费用和拦粗排细效果综合考虑,目前采用设计方案也是较优方案,拦粗排细效果也是比较明显的。

第 11 章　模型应用之河道整治方案研究

模拟过程中初步考虑了游荡型河段的河岸坍塌对计算流场、主流线、流速分布、单宽流量等因素的影响,这对论证整治流量下工程的适应性、整治方案比选具有重要的实用价值。

11.1　整治流量下白鹤—伊洛河口河段河道整治工程的适应性研究

11.1.1　计算河段概况

计算河段为铁谢—伊洛河口(见图 11-1-1),该河段 2004 年汛前主流线长度约为 58 km。铁谢—逯村河段,从河型上来讲,属于多汊型河段向游荡型河段的过渡段。自逯村的下古街断面以下,河床河岸物质组成均较细,床沙粒径为 0.10 ~ 0.25 mm,可动性很大,为典型的游荡型河段。

由逯村至下游的大玉兰工程为黄河小浪底水利枢纽温孟滩移民安置区河段。该河段长约 48 km,大部分在温县、孟县境内,其间北岸主要有蟒河、猪龙河汇入,南岸有伊洛河汇入。白坡断面河谷相对较窄,仅 1.5 km,至伊洛河口处河谷宽至 10 km 左右。应进一步说明的是,铁炉—花园镇工程之间的滩地有一较大的胶泥嘴,其中黏土类占 20% 以上,形成一自然结点,该滩自 1995 年的近 20 年来未发生明显冲蚀后退,对河势变化有一定的影响。

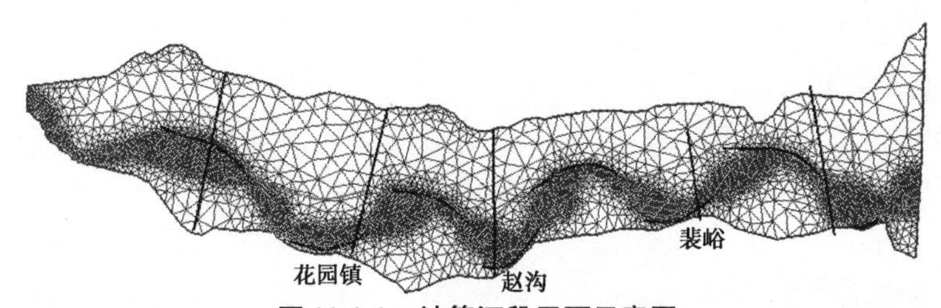

图 11-1-1　计算河段平面示意图

11.1.2　河道整治情况

11.1.2.1　原有工程情况

本河段内修建最早的河道工程是铁谢险工,始修于 1873 年。于 1962 年开始兴建白鹤控导工程,后又兴建白坡堵串工程,铁炉、花园镇工程也相继修建,1970 ~ 1974 年开始布置逯村、开仪、赵沟、化工、裴峪及大玉兰等 6 处工程。到 1992 年底,实施温孟滩安置区河段工程初步设计以前，该河段在规划治导线上，已有10处整治工程，丁坝、垛及护岸合计374道，工程长度为34.64 km，占河段长度的75%，其中左岸工程长度为19.52 km，占河段长度的42%（由于左右岸边界情况不同，右岸为山体）；右岸工程长度为15.12 km，占河段长度的33%。1994年年底，温孟滩大规模移民前，工程长度已达到38.18 km，占河段长度的83%，共修丁坝220道、垛146道、护岸40道，合计406道，其中左岸工程长度为21.86 km，占河段长度的48%，右岸工程长度为16.32 km，占河段长度的35%。

11.1.2.2 设计整治方案

1994年温孟滩移民区，又在原有河道整治工程的基础上进一步完善。其整治原则是以防洪为主，以归顺中水河槽，控导主流，减小游荡范围为目标，以达到护滩保堤，防止出现“斜河”、“横河”为目的。根据这个整治原则，采用中水河槽进行“微弯型”治理方案。其整治方案是通过历史河势流路优化分析，选择河道水力参数，在现行流路主河槽的弯道凹岸合理布置整治工程，利用兴建的迎、送溜工程进一步稳定河势，使主河槽在遭遇冲刷，或出现横、斜河冲击时，保持一定的抗冲刷能力或缓冲作用，从而避免防护堤及河道工程出现险情。规划设计方案是：采用平滩流量5 000 m^3/s作为控制流量，整治宽度1 200 m，在原有工程（1992年）的基础上增加一定的上延和下续整治工程，最终应达到工程长度46.7 km，占河段长度46 km的102%。其中，在左岸坝垛254道，工程长度25.56 km，占河段长度的56%；右岸工程长度21.18 km，占河段长度的46%。即在原工程的基础上上延4 100 m，下延8 000 m；又分别增加100道坝、18道坝，目前共计492道坝垛。

11.1.2.3 现状工程情况

经过5年多的河道整治，到2001年，按照规划治导线，在原工程基础上，上延和下延续建亦近完成。新建工程长11.56 km，目前实际工程长度达46.196 km，已接近规划设计长度，其中左岸工程长25.99 km，占河段长度的57%；右岸工程长20.21 km，占河段长度的44%。由于期间情况变化，各工程之间并没有完全按原设计的长度和坝数续建，有些工程长度和坝数已超过原设计，有的则还未到，但总体变化不大。

11.1.3 计算条件

11.1.3.1 地形条件

计算初始地形（见图11-1-2）主槽部分采用2004年汛前实测大断面资料，经内插而成，滩地高程则直接从下游1:1万DEM数据中提取。

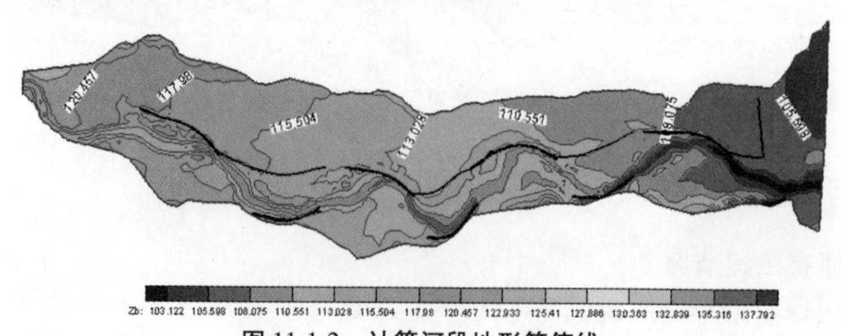

图11-1-2 计算河段地形等值线

11.1.3.2 出口断面水位—流量关系

由于计算河段出口没有水位观测资料，在设计出口断面（伊洛河口断面）水位—流量关系时，考虑伊洛河口断面上游神堤险工水位及河段比降，综合确定伊洛河口断面的水位—流量关系。

11.1.4 计算结果及分析

为检验该河段现状河道整治工程布置的合理性，本次计算采用中水河槽的两个流量过程，即4 000 m^3/s、6 000 m^3/s。每个流量过程均为恒定流。

11.1.4.1 流场和主流线分析

流场和主流线能充分反映流速在河道内的分布、漫滩及水流靠溜位置等情况，图11-1-3～图11-1-6分别为当Q=4 000 m^3/s、6 000 m^3/s时的主流线及流场分布图。

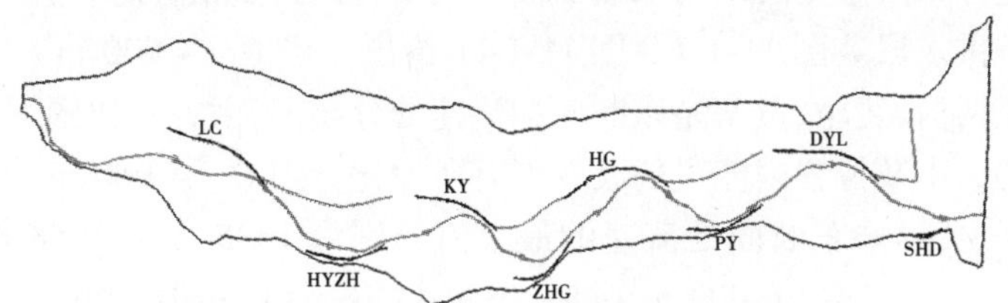

图11-1-3　计算河段Q=4 000 m^3/s时主流线

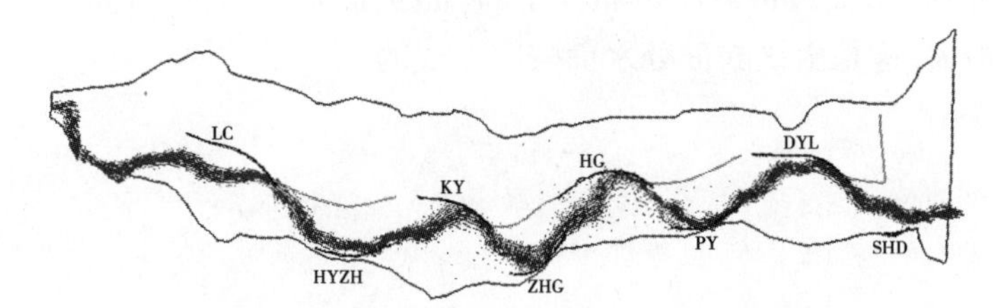

图11-1-4　计算河段Q=4 000 m^3/s时流场

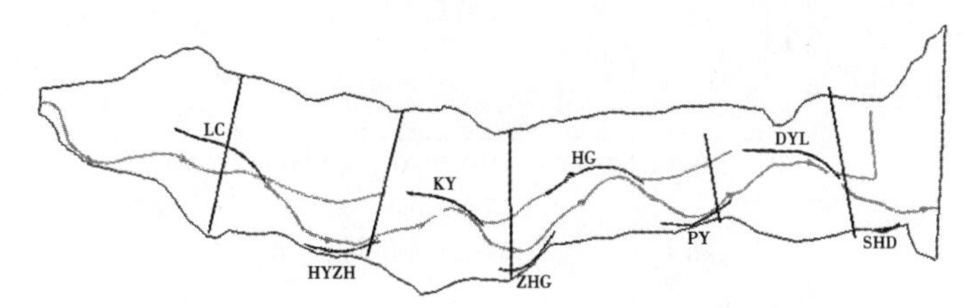

图11-1-5　计算河段Q=6 000 m^3/s时主流线

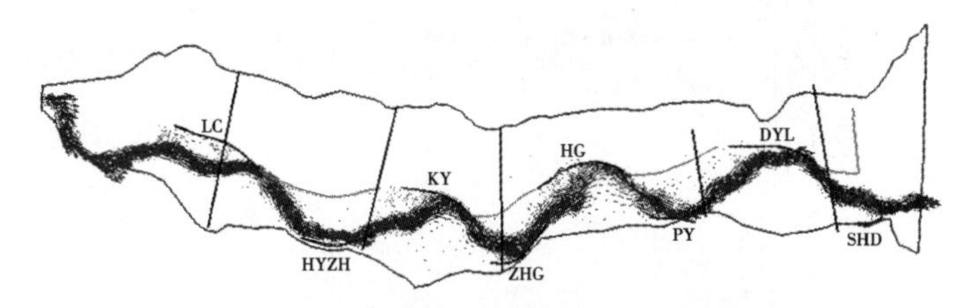

图11-1-6　计算河段Q=6 000 m^3/s时流场

从图11-1-3、图11-1-5中可以看出：主流线均在河道整治工程控制范围内，流路也较为顺畅,这说明该河段的整治工程对中水水流有较好的约束作用,起到了控制主流、减小游荡范围的作用。比较图 11-1-3、图 11-1-5 可以发现当 $Q=4\ 000\ m^3/s$、$6\ 000\ m^3/s$ 时,工程的着溜位置略有不同,从工程的靠溜位置可以看出,计算主流线能反映大水趋直的河道水流特性,如 $Q=6\ 000\ m^3/s$ 较 $Q=4\ 000\ m^3/s$ 的水流在开仪、赵沟、化工、裴峪、大玉兰等工程的靠溜位置都有较明显的下滑趋势。

图 11-1-4、图 11-1-6 则反映了水流在河道中的分布情况。从图 11-1-4 中可以看出,当 $Q=4\ 000\ m^3/s$ 时水流基本没有漫滩,只是在局部有漫嫩滩现象。当 $Q=6\ 000\ m^3/s$ 时漫嫩滩现象较当 $Q=4\ 000\ m^3/s$ 时明显,其中叩马滩及赵沟滩的嫩滩部分最大水深达 1 m 左右。

11.1.4.2 流速分析

流速沿河宽分布大小是反映河床横断面冲淤变化的主要指标之一,同时,也可以确定整治工程的防护重点段。图 11-1-7 ~ 图 11-1-11 给出了当 $Q=4\ 000\ m^3/s$、$6\ 000\ m^3/s$ 时下古街、花园镇、两沟、裴峪、黄寨峪东断面的流速的分布图,由各对比图可以看出,各个断面流速最大值的大小及位置因流量的改变而有所变化。当 $Q=4\ 000\ m^3/s$ 时,下古街、花园镇、两沟、裴峪、黄寨峪东断面处流速的最大值分别为 1.35 m/s、1.58 m/s、0.83 m/s、1.86 m/s、1.58 m/s。当 $Q=6\ 000\ m^3/s$ 时,下古街、花园镇、两沟、裴峪、黄寨峪东断面处流速的最大值分别为 1.62 m/s、1.96 m/s、1.08 m/s、1.96 m/s、2.13 m/s。其中以裴峪断面处的流速值最大,这是由该断面处水面较窄造成的。

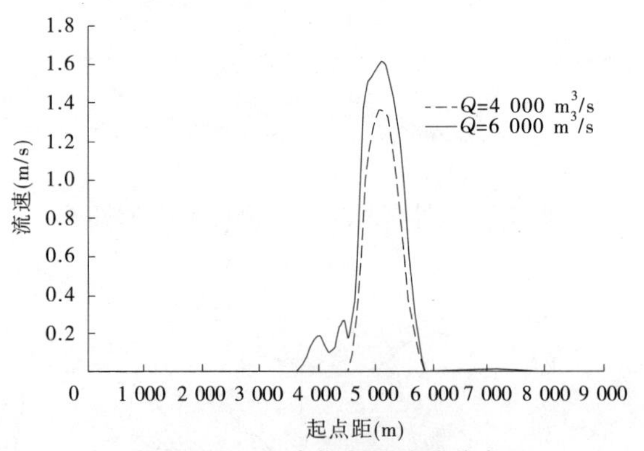

图 11-1-7 下古街断面流速分布

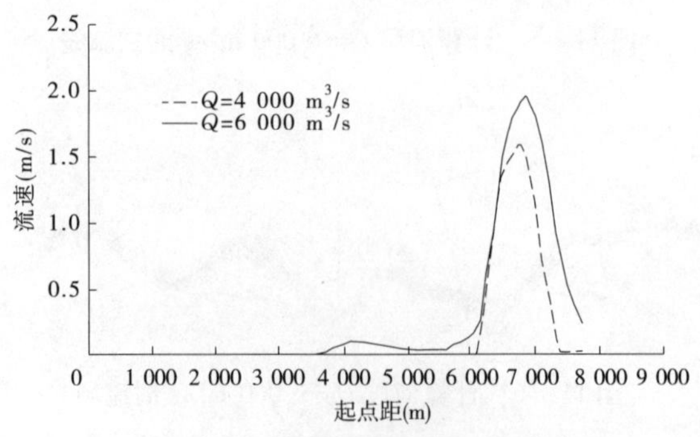

图 11-1-8 花园镇断面流速分布

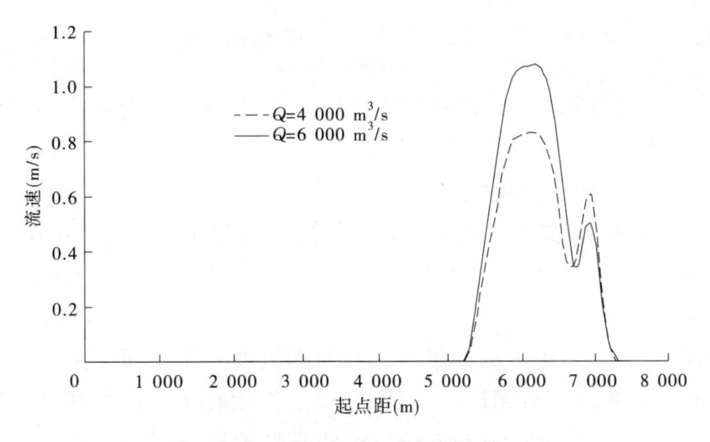

图 11-1-9　两沟断面流速分布

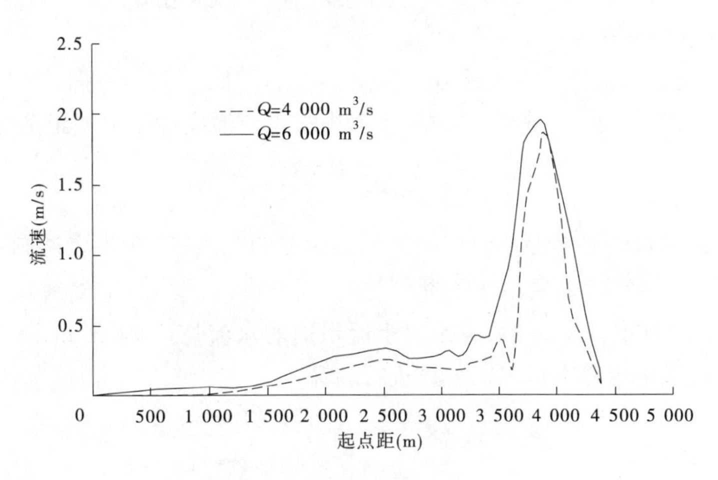

图 11-1-10　裴峪断面流速分布

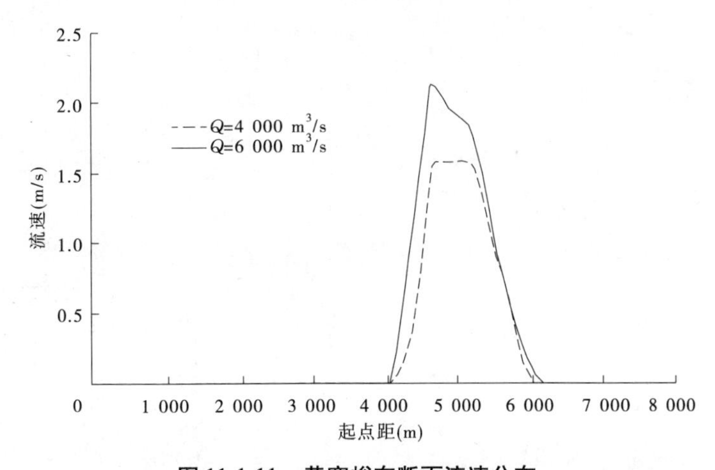

图 11-1-11　黄寨峪东断面流速分布

11.1.5　冲刷坍塌模拟

河岸横向变形计算模式的选取根据该河同时兼顾非黏性土河段的河岸土体组成特点，主要考虑黏性土河岸变形冲刷过程模拟。

11.1.5.1　黏性土河岸冲刷过程模拟

黏性土河岸冲刷过程数学模型采用夏军强博士等提出的修正 Os man and Thorne 力学模型。其冲刷过程的力学模拟计算步骤分两步，首先计算河岸横向冲刷距离，然后分析河岸边坡的稳定性。

其计算过程为：先不考虑床面冲淤变形对河岸边坡的影响，而在时段末根据近岸处水面以下计算点的冲淤状况修改河岸坡角处的高程；然后在下一时段中考虑前一时段岸脚处床面变形对河岸边坡稳定性的影响，这样就在求解悬移质输移方程之前得到悬移质方程的侧向输入项，同时又能考虑近岸床面冲淤对河岸稳定性的影响。

1. 横向冲刷距离计算

根据横断面上两相邻结点的水深 $h(i,j)$、$h(i,j+1)$，判断该子断面是否为滩岸（河岸）（见图 11-1-12）。在 Δt 时间内，黏性土河岸被水流横向冲刷后退距离为

$$\Delta B = C_1 \Delta t \frac{(\tau - \tau_c)}{\gamma_{bk}} e^{-1.3\tau_c}$$

式中：ΔB 为 Δt 时间内河岸因水流侧向冲刷而后退的距离；C_1 为河岸冲刷系数，取决于河岸土体的物理化学特性，需要由实测资料率定，根据室内试验结果得到 $C_1 = 3.64 \times 10^{-4}$；$\gamma_{bk}$为河岸土体的容重，kN/m^3；$\tau$ 为作用于近岸边的水流切应力，N/m^2；τ_c 为河岸土体的起动切应力，τ_c 采用唐存本提出的公式进行计算

$$\tau_c = 6.68 \times 10^2 d_k + \frac{3.67 \times 10^{-6}}{d_k}$$

式中：τ_c 的单位为 N/m^2，粒径 d_k 的单位为 m；近似采用近岸处水下结点(i,j)的水流切应力代替，即

$$\tau = \left[\gamma_0 \frac{u^2 + v^2}{h^{1/3}} n^2 \right]_{i,j}$$

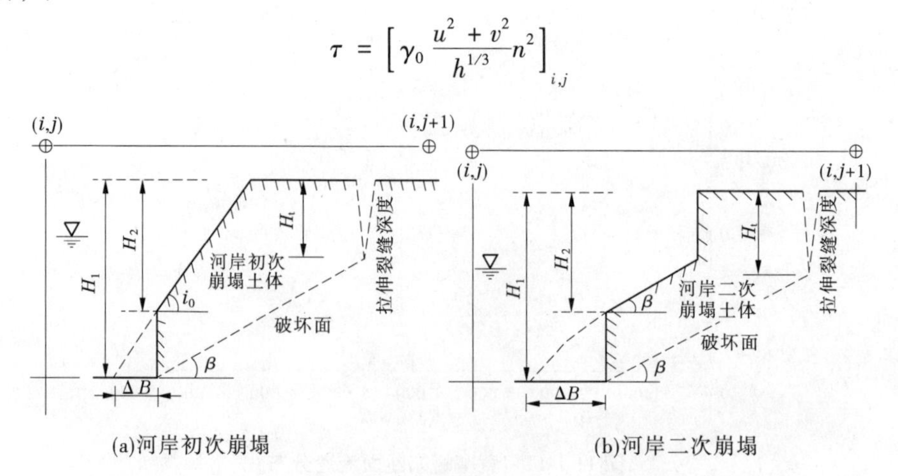

图 11-1-12　黏性土河岸冲刷过程的计算示意图

2. 河岸稳定性分析

近岸水流直接冲刷河岸坡角使河岸变陡,或者近岸床面冲刷使河岸高度增加,都会导致河岸稳定性降低。根据土力学中的边坡稳定性关系及河岸坍塌过程的实测资料,河岸边坡稳定性分析过程可分为以下两步。

第一步:河岸初次崩塌。图 11-1-12(a)为河岸发生初次崩塌时的河岸形态。在已知初始河岸高度 H_1,初始河岸坡度 i_0 的情况下,根据水动力学模型计算得到床面冲刷深度 ΔZ_b,即可计算出横向冲刷宽度 ΔB,确定床面冲刷后的河岸高度 H_1 及转折点 B 以上的河岸高度 H_2,即可计算出相对河岸高度的实测值$(H_1/H_2)_m$。当河岸发生初次崩塌时,破坏面与水平面的夹角为β,可由下式计算

$$\beta = 0.5\left\{\tan^{-1}\left[\left(\frac{H_1}{H_2}\right)_m (1.0 - k^2)\tan i_0\right] + \varphi\right\}$$

式中:k 为河岸上部拉伸裂缝的深度 H_t 与河岸高度 H_1 之比,一般取 0.5,但实际计算中可根据黏性土河岸的临界直立高度确定 k 值;φ 为河岸土体的内摩擦角,求出β后,便可采用土力学中的边坡稳定性理论进行分析,计算将要发生崩塌时相对河岸高度的分析解$(H_1/H_2)_c$,即

$$(H_1/H_2)_c = 0.5\left[\frac{\lambda_2}{\lambda_1} + \sqrt{\left(\frac{\lambda_2}{\lambda_1}\right)^2 - 4\left(\frac{\lambda_3}{\lambda_1}\right)}\right]$$

其中:$\lambda_1 = (1 - k^2)(\sin\beta\cos\beta - \cos^2\beta\tan\varphi)$、$\lambda_2 = 2(1 - k)c_t/(\gamma_{bk}H_2)$、$\lambda_3 = (\sin\beta\cos\beta\tan\varphi - \sin^2\beta)/\tan i_0$,$c_t$ 为河岸土体的凝聚力,kPa。

根据$(H_1/H_2)_m$和$(H_1/H_2)_c$的大小,判断河岸是否会发生初次崩塌:

(1)若$(H_1/H_2)_m < (H_1/H_2)_c$,那么河岸边坡稳定,$H_1$ 不是河岸发生崩塌的临界高度,则进入下一个时段的水沙计算。

(2)若$(H_1/H_2)_m \approx (H_1/H_2)_c$,那么河岸边坡不稳定,$H_1$ 是河岸发生崩塌的临界高度。

(3)若$(H_1/H_2)_m > (H_1/H_2)_c$,则河岸边坡已发生崩塌,在这种情况下计算得到的床面冲刷深度 ΔZ_b,河岸横向冲刷宽度值偏大 ΔB,此时可通过减小计算时间步长来调整。则利用河岸几何形态关系,可计算出河岸崩塌土体的宽度 BW 及单位河长的崩塌体积 VB,它们可分别表示为

$$BW = \frac{H_1 - H_t}{\tan\beta} - \frac{H_2}{\tan i_0}$$

$$VB = 0.5\left(\frac{H_1{}^2 - H_t{}^2}{\tan\beta} - \frac{H_2{}^2}{\tan i_0}\right)$$

第二步:河岸二次崩塌。若河岸已发生初次崩塌,则假定以后的河岸崩塌方式为平行后退,即以后边坡崩塌时的破坏角度恒为β,见图 11-1-12(b)。可用上述类似的方法,确定$(H_1/H_2)_m$。在以后的河岸稳定性分析中,可用下式计算$(H_1/H_2)_c$,即

$$(H_1/H_2)_c = 0.5\left[\frac{\omega_2}{\omega_1} + \sqrt{\left(\frac{\omega_2}{\omega_1}\right)^2 + 4}\right]$$

其中：$\omega_1 = \sin\beta\cos\beta - \cos^2\beta\tan\varphi$；$\omega_2 = 2(1-k)c_t/(\gamma_{bk}H_2)$。

在已知$(H_1/H_2)_m$、$(H_1/H_2)_c$的情况下，河岸的边坡稳定性分析可采用类似河岸发生初始崩塌时的方法进行判断。根据河岸形态的几何关系，二次崩塌时岸顶后退的距离，可用下式计算

$$BW = \frac{H_1 - H_2}{\tan\beta}$$

相应的单位河长的崩塌体积为

$$VB = 0.5\frac{H_1^2 - H_2^2}{\tan\beta}$$

11.1.5.2 非黏性土河岸冲刷过程模拟

假设非黏性土河岸坡脚冲刷后，导致水面以上河岸土体崩塌，崩塌后的河岸土体堆积在岸边的形态与河岸边坡直接后退ΔB距离后的作用相当，即认为后退距离ΔB包含了非黏性土河岸冲刷与崩塌的综合结果（见图 11-1-13）。这样就无须在河岸边坡上设置计算结点，可以直接模拟河岸的后退过程。

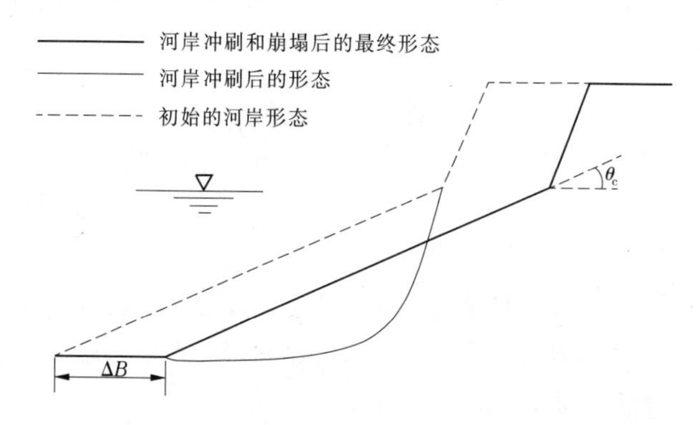

图 11-1-13 非黏性土河岸冲刷过程的计算示意图

同样采用类似于 Osman 提出的计算公式，计算某一时段内边坡的后退距离ΔB。不过，此时的河岸土体的起动切应力应采用 Van Rijin 提出的 Shields 类型的公式进行计算。

对于非黏性土河岸，抗冲力主要来自泥沙颗粒的有效重力，一般情况下，可用 Shields 曲线计算某一粒径的起动拖曳力公式来估计非黏性土的起动条件。通常，Shields 曲线计算某一粒径的起动拖曳力时，需要试算。Van Rijin 对此作了改进，建立了 Shields 数θ_{cr}与泥沙粒径参数D_*之间的函数关系

$$\begin{cases} \theta_{cr} = 0.24(D_*)^{-1} & D_* \leq 4 \\ \theta_{cr} = 0.14(D_*)^{-0.64} & 4 < D_* \leq 10 \\ \theta_{cr} = 0.04(D_*)^{-0.10} & 10 < D_* \leq 20 \\ \theta_{cr} = 0.013(D_*)^{0.29} & 20 < D_* \leq 150 \\ \theta_{cr} = 0.055 & D_* > 150 \end{cases}$$

式中：$\theta_{cr} = \frac{\rho - 1}{\rho_s}\frac{(u_{*c})^2}{gd}$；$D_* = d\left(\frac{\rho_s}{\rho - 1}\frac{g}{\nu^2}\right)^{1/3}$。

起动拖曳力的计算公式为

$$\tau_c = (\rho_s - \rho) g d \theta_{cr} \quad (N/m^2)$$

式中：ρ_s、ρ 分别为泥沙及水流密度，kg/m^3；ν 为水流运动黏滞系数，m^2/s；g 为重力加速度，m/s^2；d 为河岸土体的粒径，mm；u_{*c}为临界摩阻流速，m/s。

11.1.5.3 计算结果

根据《白鹤至伊洛河口河段河床土壤组成及其力学特性分析初步成果报告》中提供的测验结果，可将白鹤—伊洛河口河段河岸划分为非黏性土河岸和黏性土河岸，其中，白鹤—逯村河段河岸为非黏性土河岸，逯村—伊洛河口河段河岸为黏性土河岸（见表 11-1-1）。

1. 白鹤—逯村河段

白鹤—铁谢河段床沙组成以砂卵石为主，但河床仍具有冲淤调整特性，该河段的平面河势在某些水沙条件下也会有一定的变化，主流在不同的流量级下流路有异且河汊消长交替。从长期来看，与下游河段相比河床冲淤相对不大，河势基本稳定，可将其视为砂卵石宽浅多汊河段。

该河段岸边河床平均粒径约为 0.5 mm，根据数学模型流场计算结果、模型试验及原型观测资料可以看出，该河段近岸流速为 0.8 ~ 1.5 m/s，近岸水深为 1 m 左右。由非黏性河岸计算模式可以计算出该河段的平均坍塌后退速度为 0.8 ~ 2.4 m/a。

2. 逯村—伊洛河口河段

自逯村的下古街断面以下，河床河岸物质组成较细，床沙粒径为 0.1 ~ 0.25 mm，可动性很大，为典型的游荡型河段。近岸水深为 1 m，近岸流速为 1 ~ 1.5 m/s。由黏性河岸计算模式可以计算出该河段的平均坍塌后退速度为 9.0 ~ 24.3 m/a。若主流直接顶托河岸，滩地将严重塌岸，日坍塌速度也较计算值为大，1985 年黄河主流因滩嘴顶托在化工工程至大玉兰工程之间发生横河，北岸滩地以每日 60 m 的速度坍塌。

3. 计算结果的合理性分析

白鹤—逯村河段河岸土体粒径是逯村以下河段河岸土体粒径的 2 ~ 5 倍，加之非黏性土河岸抗冲性主要来自泥沙颗粒的有效容重，因此在黏性土成分含量不是很高的情况下，非黏性土河岸较黏性土河岸稳定。上述非黏性土河岸、黏性土河岸的日均坍塌后退速度也说明了这一点。值得注意的是，无论非黏性土、黏性土，河岸的抗冲系数因不同河流及同一河流的不同河段在取值时都有很大的差异，而且抗冲系数的取值多是根据实测资料或实验室资料来确定的，因此有必要根据计算河段的不同及天然观测资料来确定非黏性土、黏性土的抗冲系数，以便能较准确模拟河岸坍塌后退的速度。本次计算所采用的非黏性土、黏性土抗冲系数是根据实测资料及物理模型试验观测资料综合确定的。

11.1.6 小结

通过建立的二维水流数学模型对铁谢—伊洛河口河段河道整治工程的效果进行了分析，主要结论如下：

通过对 $Q = 4\ 000\ m^3/s$、$6\ 000\ m^3/s$ 的计算河段的流场、主流线及单宽流量的分析，可以看出，该河段整治工程比较完善，能有效控制主流、减小游荡范围的作用；当流量等于

表 11-1-1　白鹤—伊洛河口河段河床土壤组成及其力学特性

项目	液塑限			天然状态下的物理指标					固结试验		抗剪试验		渗透试验
	液限（%）	塑限（%）	塑性指数	湿密度（g/cm^3）	含水率（%）	干密度（g/cm^3）	孔隙比	饱和度（%）	压缩系数（MPa^{-1}）	压缩模量（MPa）	凝聚力（kPa）	内摩擦角（°）	渗透系数（cm/s）
最小值	35.8	17.8	17.2	1.586	23.80	0.95	0.747	77.0	0.417	1.71	1.3	0	3.91×10^{-7}
最大值	56.5	28.5	28.0	1.986	67.80	1.56	1.889	101.4	1.568	4.20	39.6	17.1	1.70×10^{-5}
平均值	44.9	22.6	22.3	1.779	42.03	1.27	1.234	94.7	0.834	3.06	17.0	6.0	7.79×10^{-6}
最小值	28.6	13.7	9.8	1.684	16.50	1.25	0.698	57.1	0.075	1.95	0.0	1.8	4.34×10^{-7}
最大值	43.8	23.4	23.6	1.999	43.30	1.59	1.179	105.7	1.099	22.70	79.0	30.9	9.26×10^{-3}
平均值	34.7	18.6	16.1	1.855	30.89	1.42	0.919	91.2	0.433	7.91	16.6	22.1	5.02×10^{-4}
最小值	23.0	5.3	9.9	1.650	1.79	1.00	0.307	14.4	0.035	7.03	0.0	18.7	3.99×10^{-6}
最大值	38.8	20.8	32.1	2.113	36.60	2.06	1.722	102.9	1.025	45.08	61.3	39.4	6.76×10^{-3}
平均值	31.2	15.8	15.5	1.834	19.75	1.53	0.744	69.7	0.124	20.35	19.7	31.2	1.19×10^{-3}
最小值	28.8	9.1	13.1	1.440	2.80	1.37	0.435	8.5	0.021	10.49	0.0	18.4	8.98×10^{-6}
最大值	33.4	18.5	23.1	2.124	25.50	1.85	0.970	99.2	0.152	79.00	89.4	39.9	9.88×10^{-3}
平均值	30.7	12.3	18.4	1.830	15.42	1.58	0.703	62.0	0.068	27.95	20.1	32.0	2.63×10^{-3}
最小值				1.619	9.50	1.40	0.743	36.3	0.032	3.64	0.0	25.4	1.83×10^{-4}
最大值				2.131	23.20	1.87	0.915	94.7	0.602	51.56	84.4	39.3	1.61×10^{-2}
平均值				1.975	17.88	1.68	0.602	80.7	0.081	27.00	21.6	33.7	5.46×10^{-3}

6 000 m^3/s时,有局部漫内滩的现象,在赵沟滩和裴峪滩处较为明显。从主流线和单宽流量的分析也可以看出,应加强局部工程的防护措施,如裴峪工程等,另外也应适当下延部分工程,以便更有效地控制流路,减缓河势变化,如大玉兰工程等。

结合白鹤—伊洛河口河段河床土壤组成及其力学特性分析初步成果,引用改进后的基于土力学原理的河岸横向变形模式,对该河段的河岸坍塌进行了初步计算,计算结果表明,逯村以上非黏性土河段,河段的平均坍塌后退速度为0.8 ~2.4 m/a。逯村以下黏性土河段,河段平均坍塌后退速度为9 ~24.3 m/a。

11.2 黄河下游柳园口河段河道整治工程对河势调控的模拟计算

本节主要介绍了应用研究开发的数学模型模拟黄河下游柳园口河段在不同流量、不同工程边界条件下河势的变化情况。图 11-2-1 中所示为该河段工程的布置及各工程的名称(在以下各节图中不再重复)。

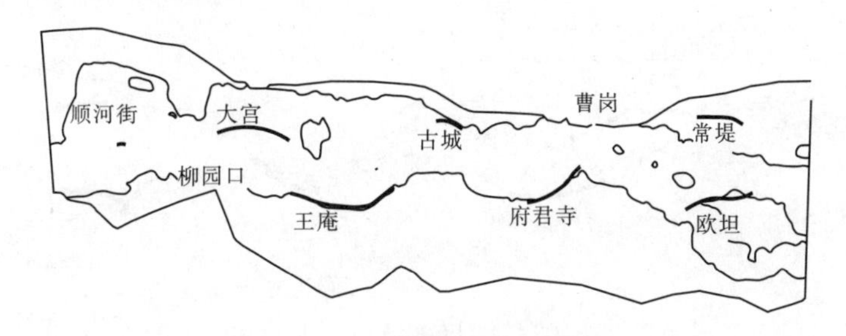

图 11-2-1 现状河道整治工程布置

需要说明的是,计算地形是由大断面测量资料插值得到的,因此受到河段地形插值精度的制约,模拟精度无法进一步提高,所模拟的变化也仅能说明该河段河势可能的发展趋势,更精确的计算有赖于精度更高的地形测验资料。

11.2.1 现状河道河势变化的模拟

该河段虽然建设了一定数量的控导工程和险工,但由于该河段地形条件及历史河势遗留下来较多串沟,使得河势仍不稳定。下面所模拟的流量分别为2 000 m^3/s、4 000 m^3/s两级流量下河势的变化情况说明了这一点。

11.2.1.1 流量为2 000 m^3/s 时的河势变化

图 11-2-2 所示为不同时刻的河势变化情况。从图中反应的情况看,顺河街工程偏短,部分水流从顺河街、大宫工程后绕过,然后主流靠流王庵。由于顺河街工程前主流流向有变化,所以主流在顺河街前后摆动,下游河势也相应变化。另外,由于王庵工程至古城工程间有众多心滩形成,伴随着心滩的消长、各河汊分流比的变化,河势变化很大,且不少时间出现明显的横河、斜河,不利于大堤的安全。府君寺工程靠溜条件好,此处河势相对稳定。但由于曹岗送溜不佳,导致下游主流摆动幅度大,形成多汊。

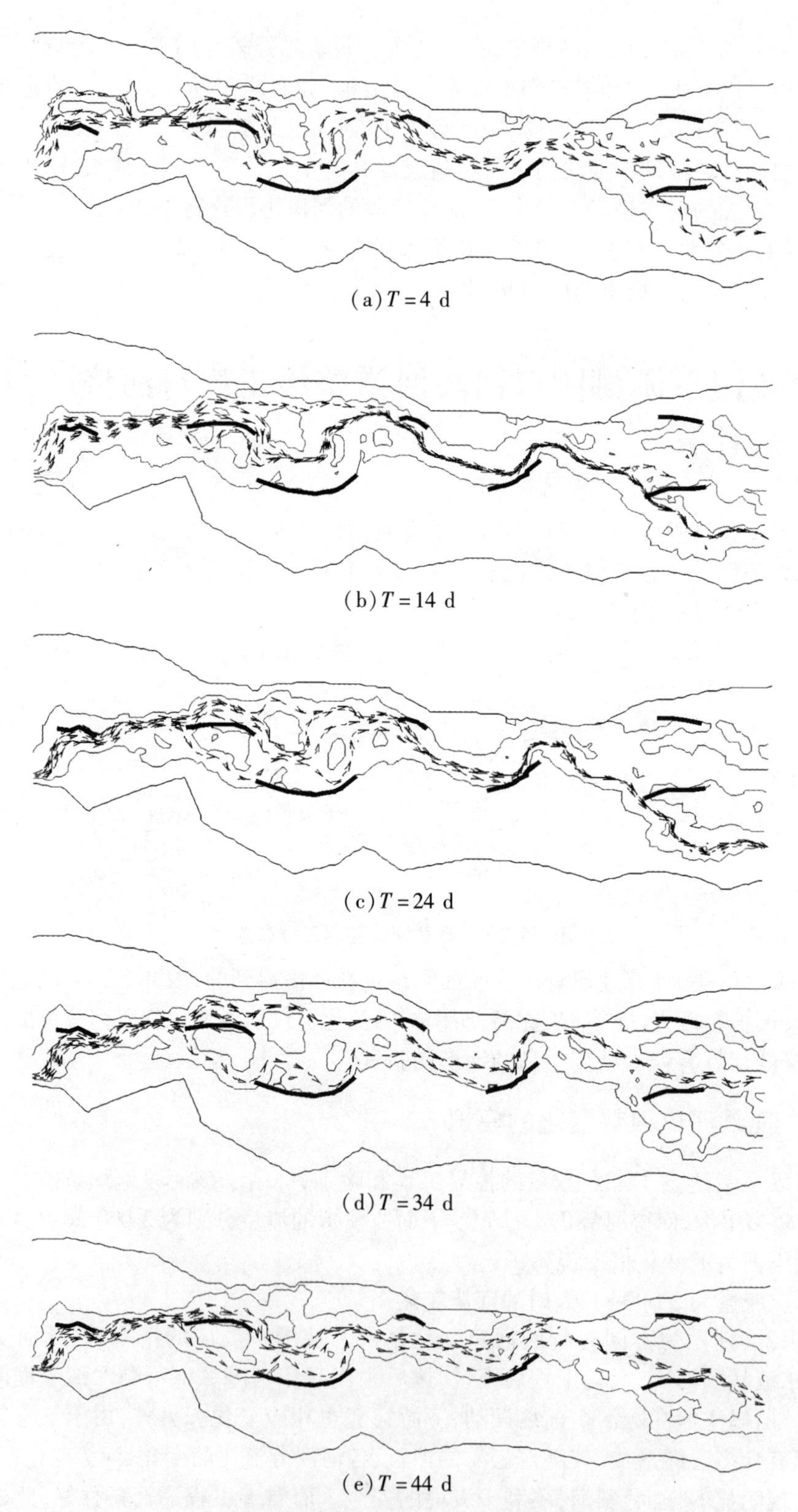

(a) $T=4$ d

(b) $T=14$ d

(c) $T=24$ d

(d) $T=34$ d

(e) $T=44$ d

图 11-2-2　现状河道 2 000 m^3/s 不同时刻河势变化

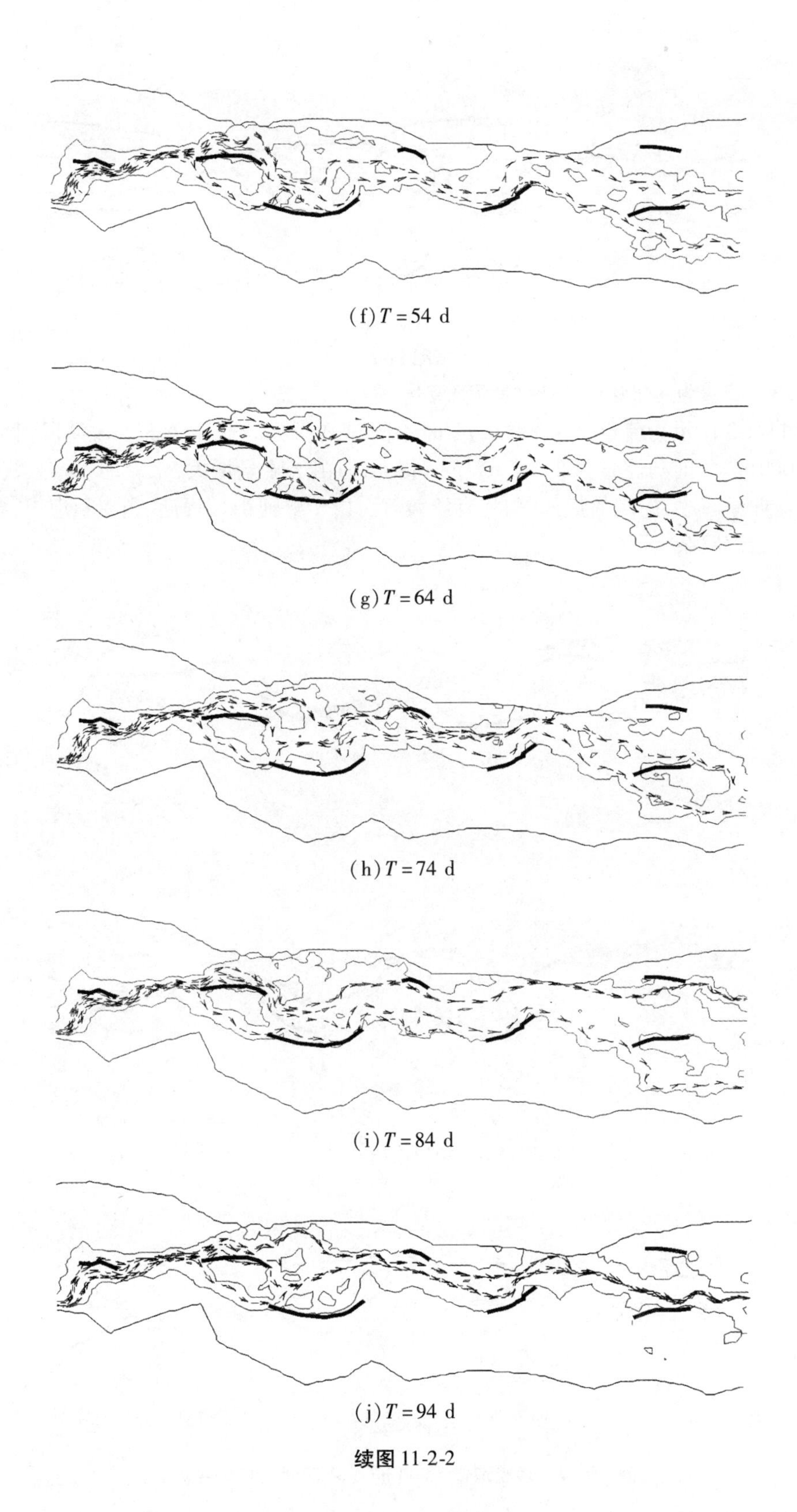

(f) $T=54$ d

(g) $T=64$ d

(h) $T=74$ d

(i) $T=84$ d

(j) $T=94$ d

续图 11-2-2

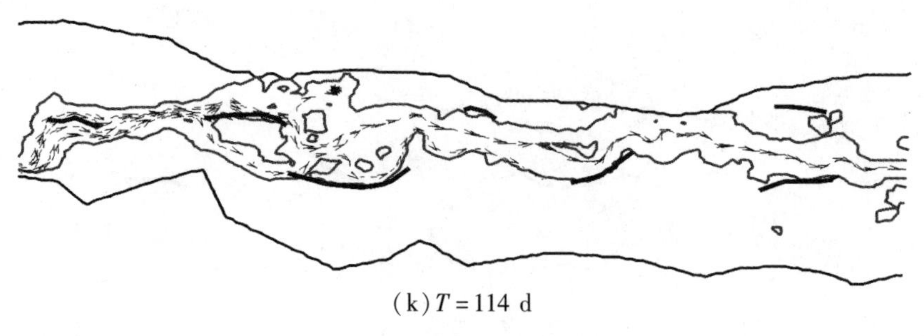

(k) $T=114$ d

续图 11-2-2

11.2.1.2 流量为 4 000 m^3/s 时的河势变化

图 11-2-3 所示为流量为 4 000 m^3/s 时不同时刻河势的变化情况。该河段河势当流量为 4 000 m^3/s 时与流量为 2 000 m^3/s 时相近，但由于流量增大，水流动力增强，王庵工程处水流曲率减小，出现的横河、斜河有所缓解。由于顺河街工程迎、送溜不理想，导致该河段河势依然复杂、不稳定。

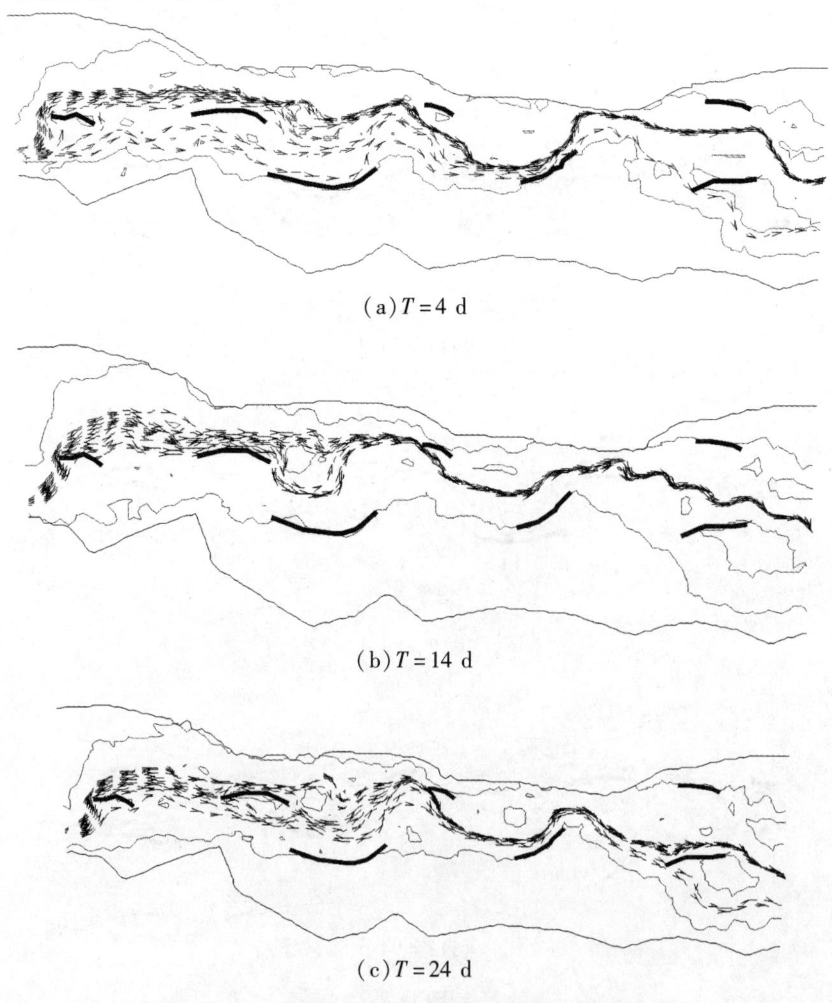

(a) $T=4$ d

(b) $T=14$ d

(c) $T=24$ d

图 11-2-3　现状河道 4 000 m^3/s 不同时刻河势变化

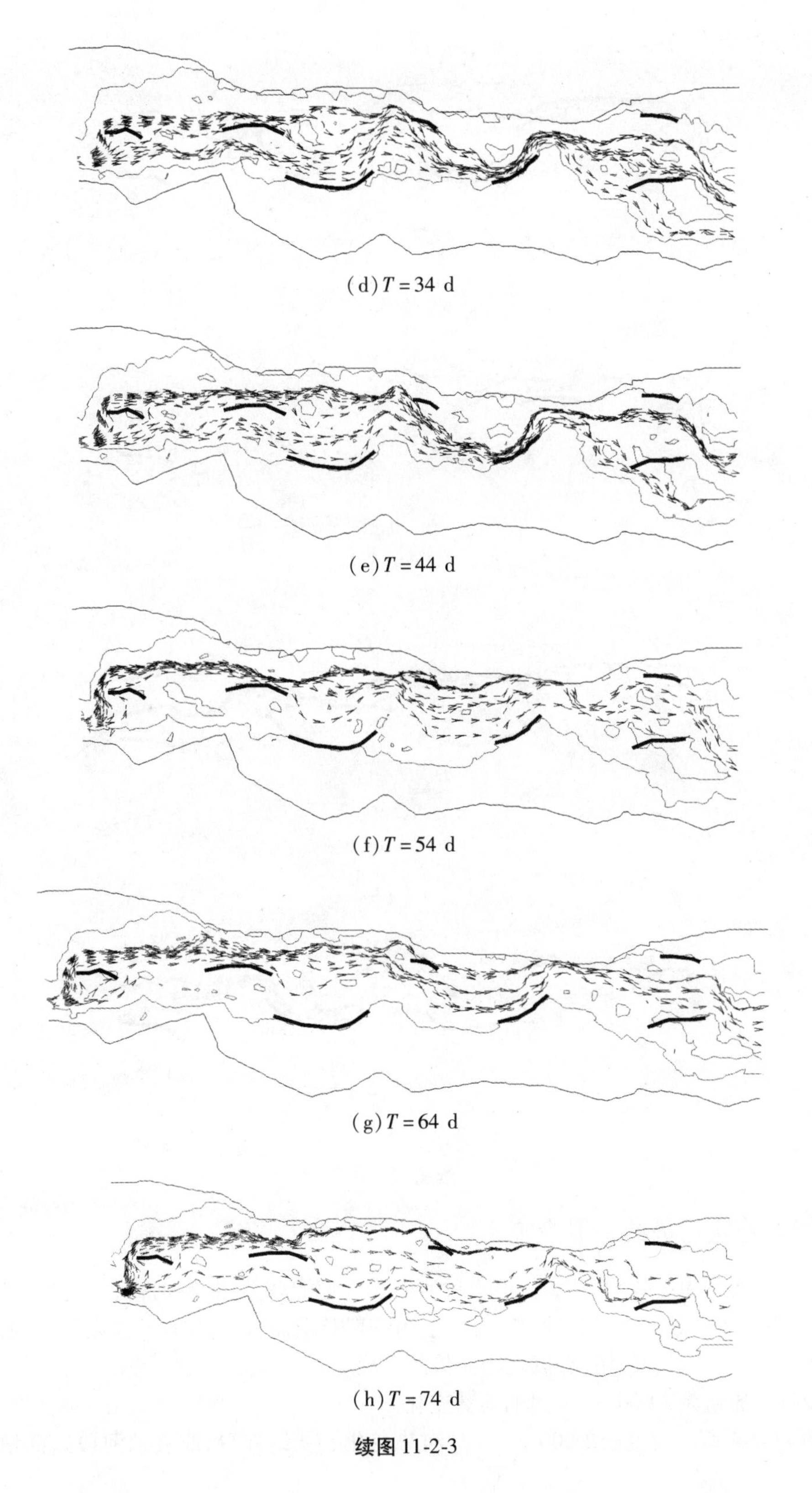

(d) $T=34$ d

(e) $T=44$ d

(f) $T=54$ d

(g) $T=64$ d

(h) $T=74$ d

续图 11-2-3

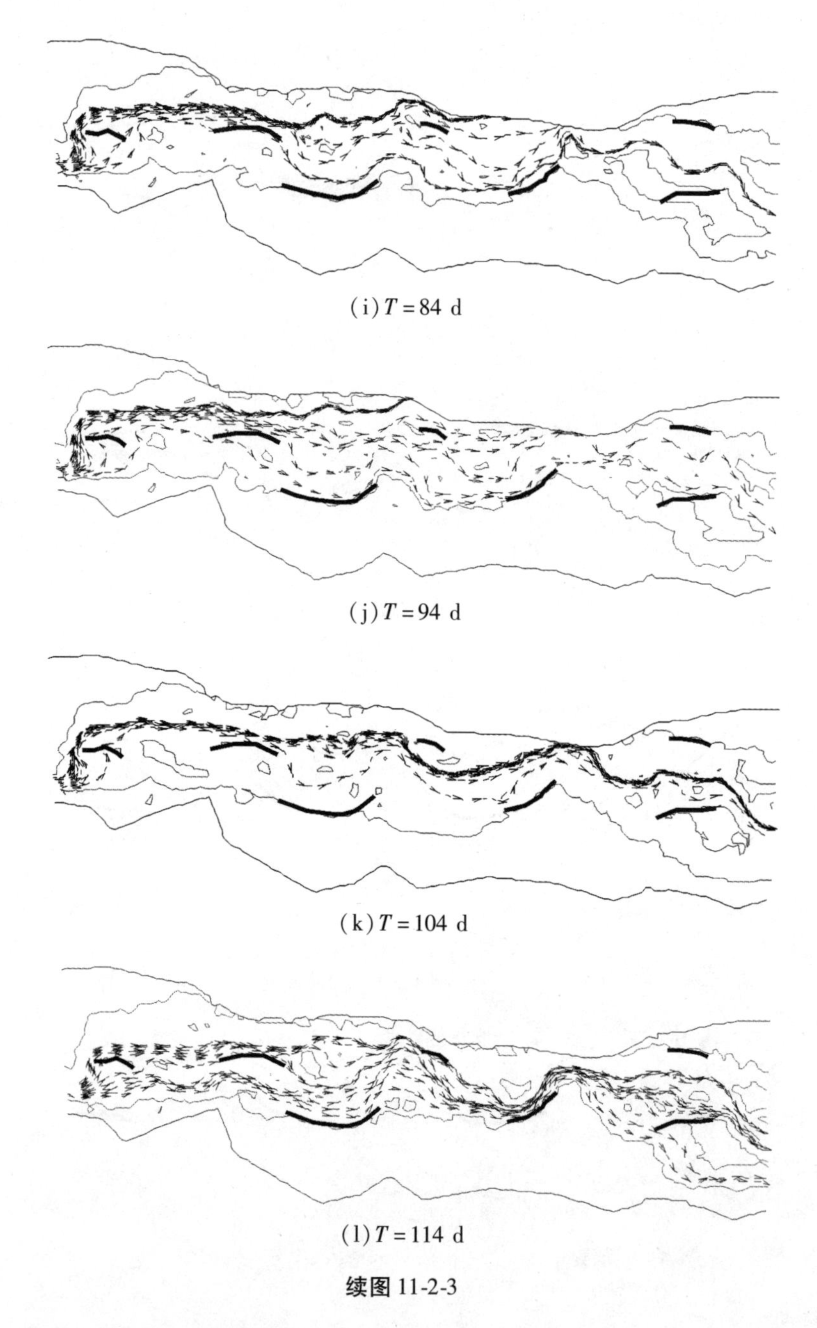

(i) $T = 84$ d

(j) $T = 94$ d

(k) $T = 104$ d

(l) $T = 114$ d

续图 11-2-3

11.2.2 稳定河势的一般措施

从上述各图中反映的情况看，由于顺河街工程迎溜较差，且顺河街、大宫工程间有汊道存在，不利于控导水流、稳定河势。因此，就一般整治而言，首先计算了上延顺河街工程并在顺河街、大宫工程间堵汊，以观测河势的发展。

11.2.2.1 流量为 2 000 m^3/s 时的河势变化

图 11-2-4 所示为流量 2 000 m^3/s 时河势变化。从结果看，改变该河段入溜情况后，

河势较现状有所改善,但古城工程过短,弯顶上提时迎送溜差。同时王庵至古城间河汊仍然较多,且伴随着上游河势的变化产生较明显的汊道兴衰交替,并出现横河、斜河,不利于防洪。

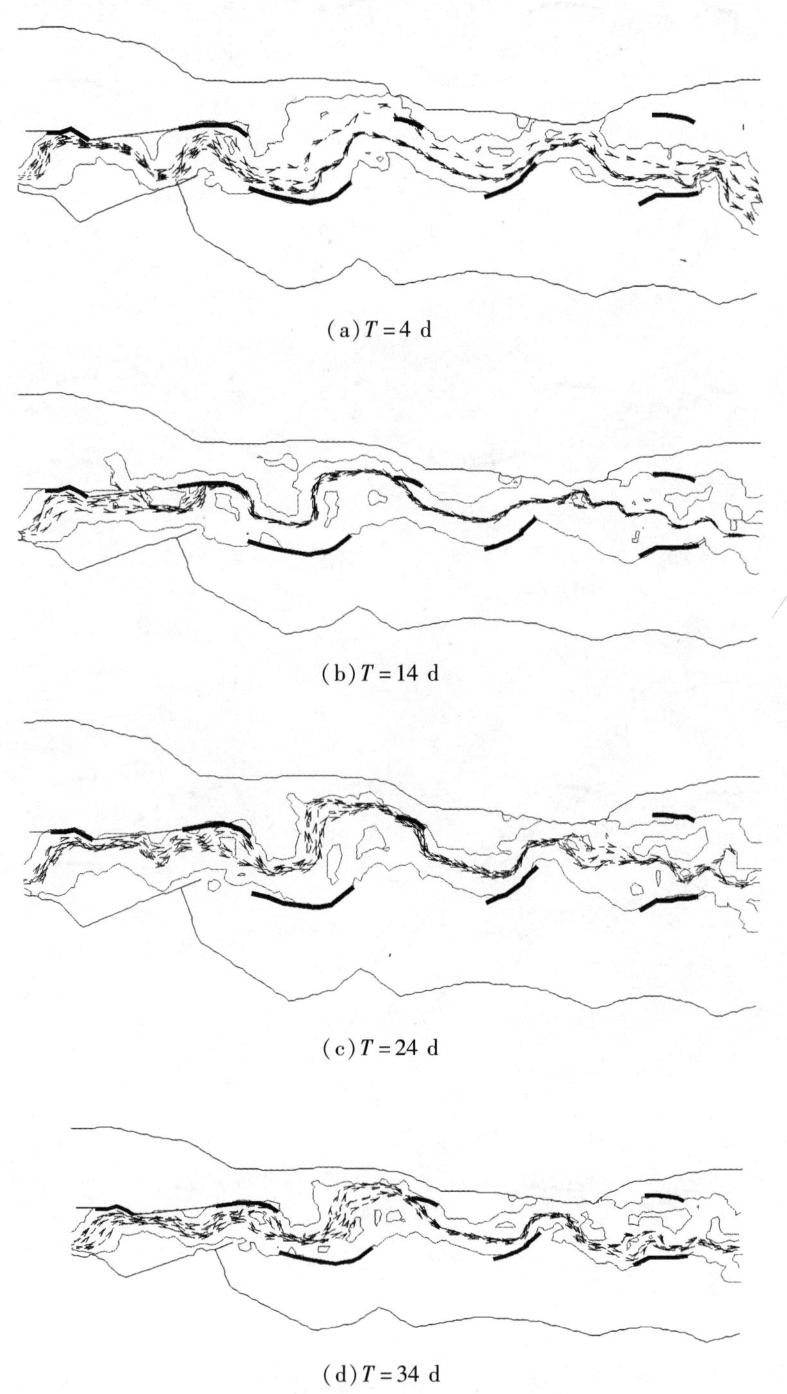

(a) $T=4$ d

(b) $T=14$ d

(c) $T=24$ d

(d) $T=34$ d

图 11-2-4　当流量为 2 000 m^3/s 时不同时刻河势变化

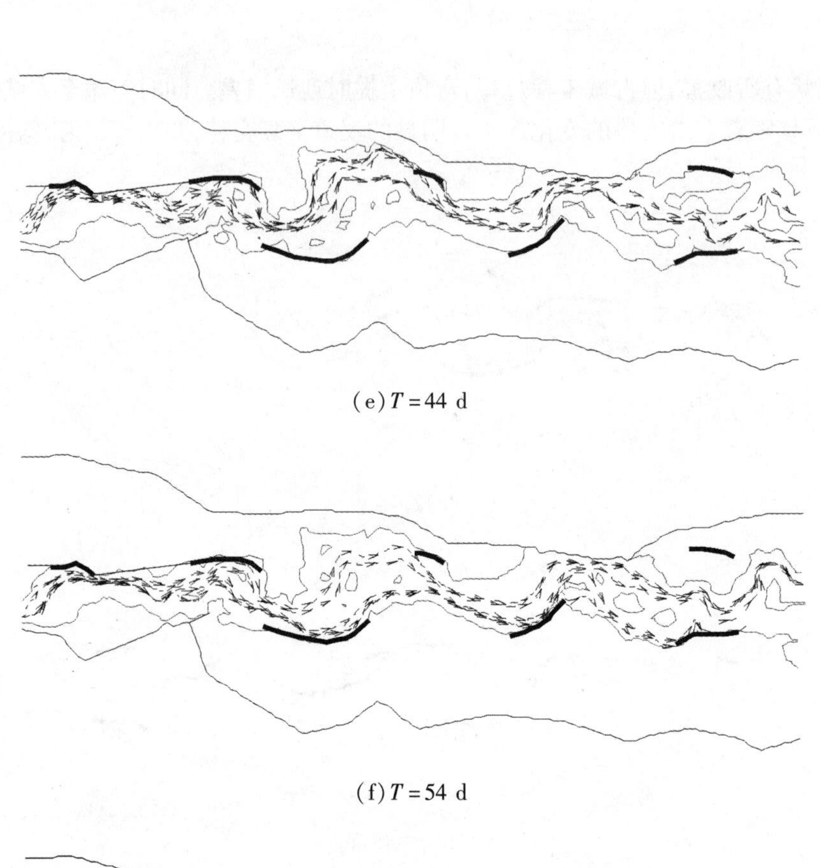

(e) $T=44$ d

(f) $T=54$ d

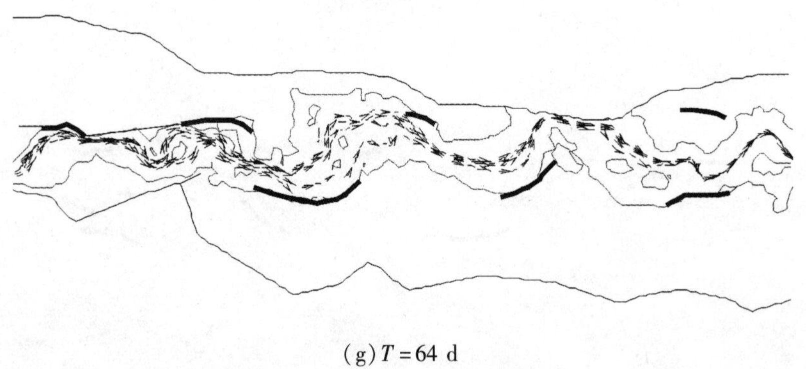

(g) $T=64$ d

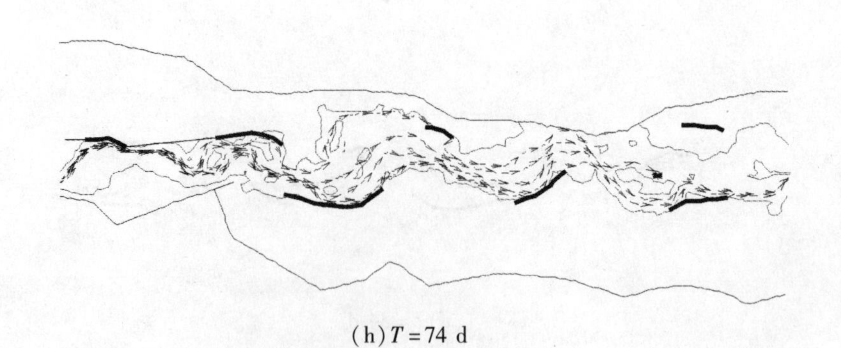

(h) $T=74$ d

续图 11-2-4

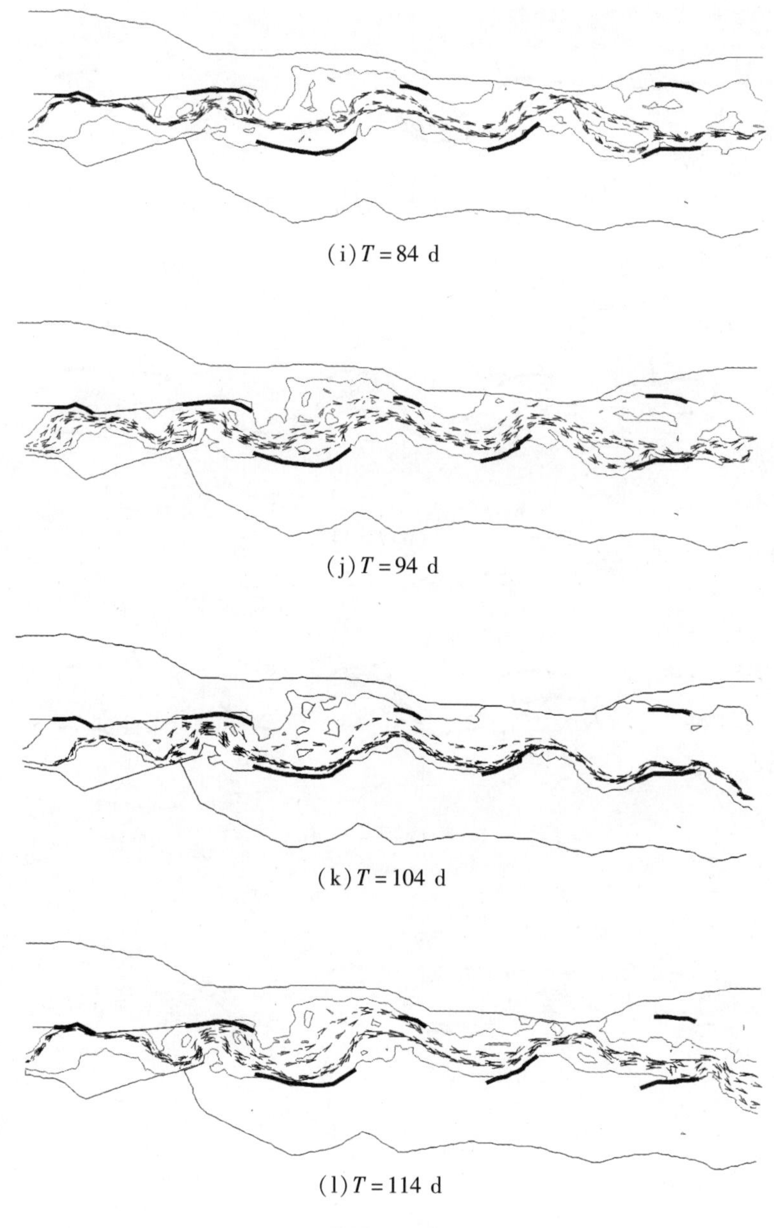

(i)$T = 84$ d

(j)$T = 94$ d

(k)$T = 104$ d

(l)$T = 114$ d

续图 11-2-4

11.2.2.2 流量为 4 000 m^3/s 时的河势变化

从计算结果看(见图 11-2-5),当流量为 4 000 m^3/s 时,由于流量增大,主槽刷深,河势较 2 000 m^3/s 归顺。但需要注意的是,王庵工程附近仍然有较多汊道存在,主流摆动频繁,形成横河、斜河的可能性仍然存在。特别是王庵工程迎溜段迎溜角度过小,当水流在其上首塌滩坐弯后出现"抄后路"的不利局面,且因古城工程过短,弯顶随上游河势变化而上提下挫时,难以控制主流保护堤防,如图 11-2-6 所示。可见,简单措施难以改变该河段河势不稳定的局面。

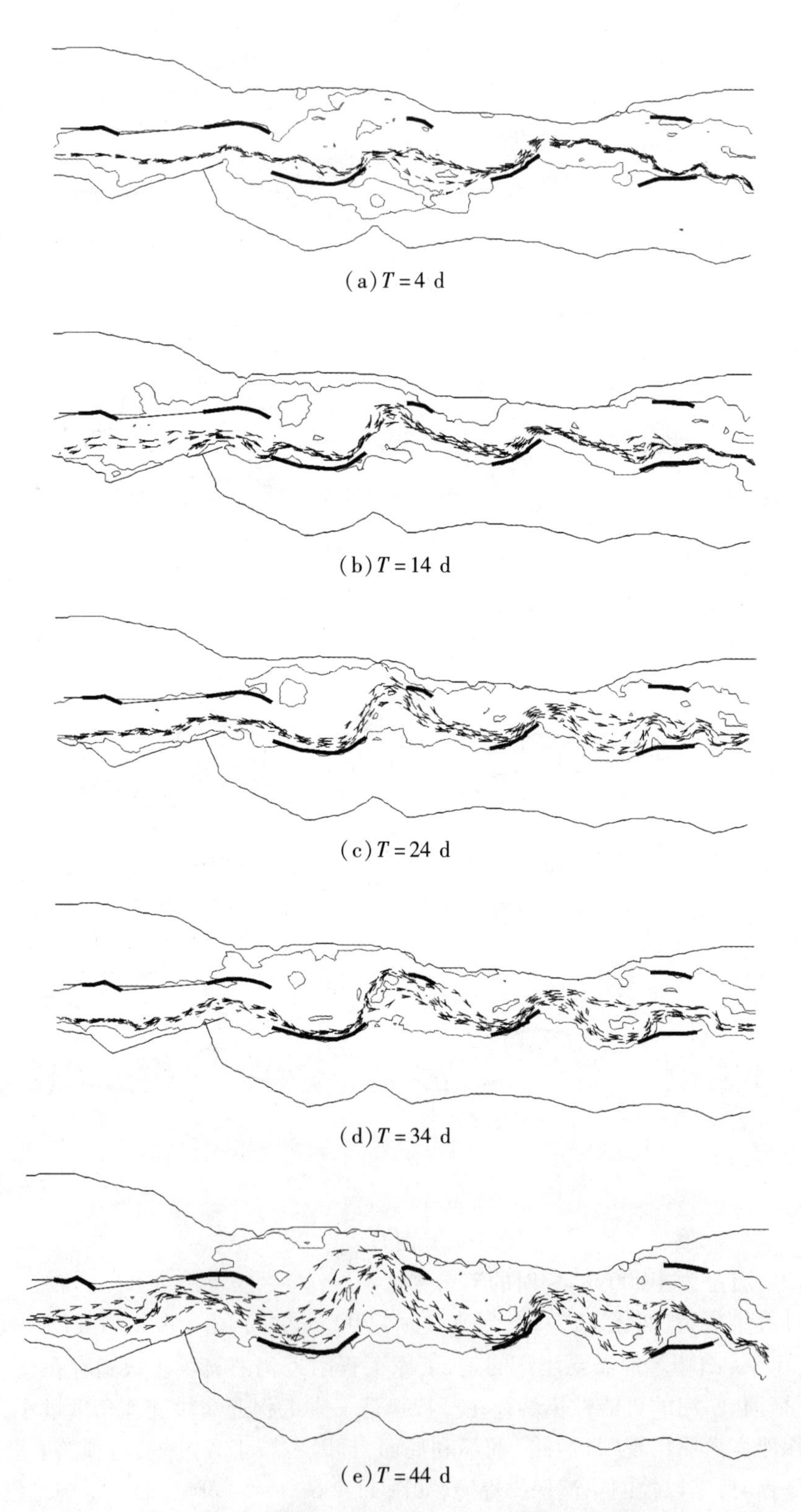

(a) $T=4$ d

(b) $T=14$ d

(c) $T=24$ d

(d) $T=34$ d

(e) $T=44$ d

图 11-2-5　当流量为 4 000 m^3/s 时不同时刻河势变化

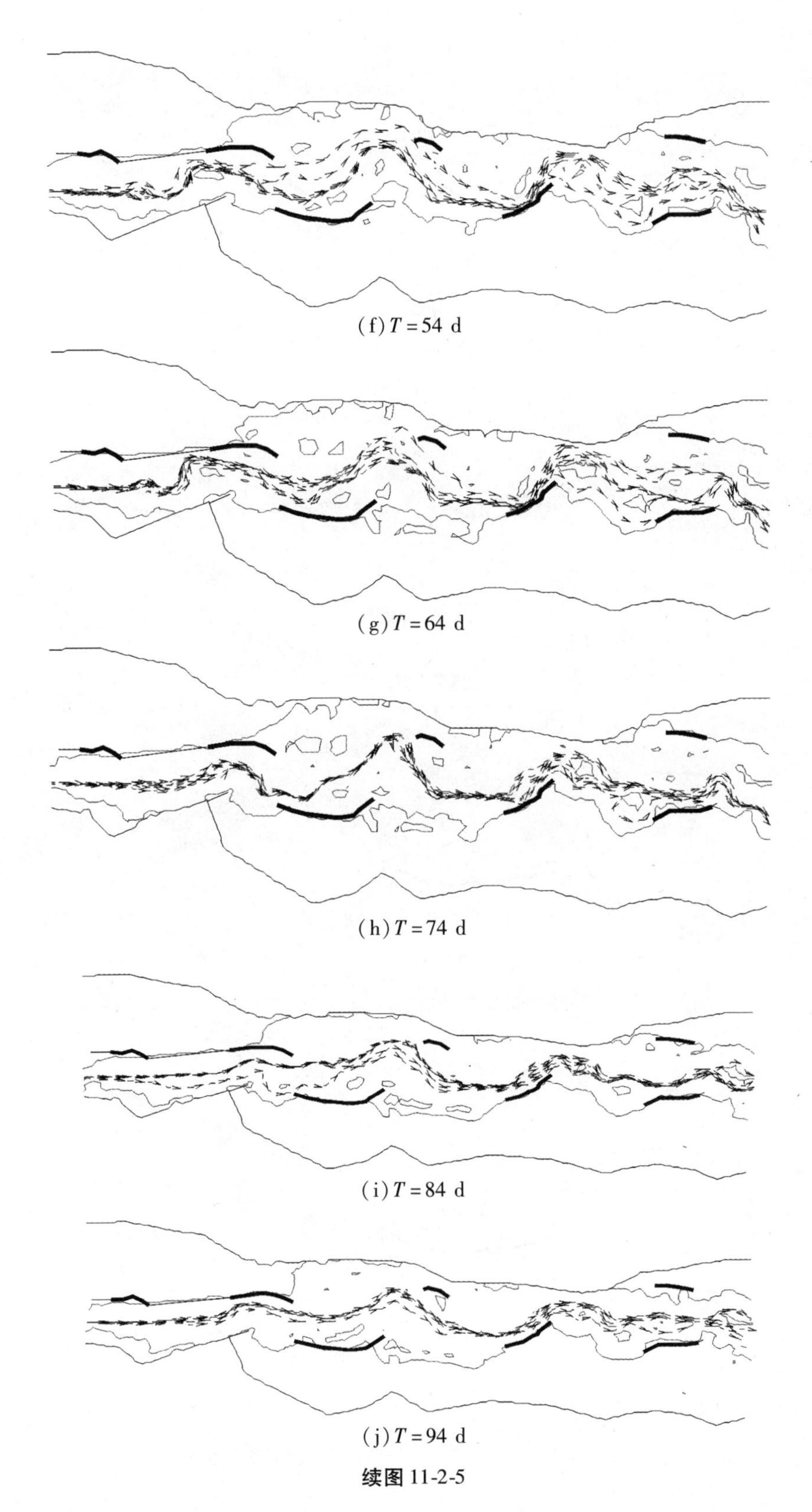

(f) $T = 54$ d

(g) $T = 64$ d

(h) $T = 74$ d

(i) $T = 84$ d

(j) $T = 94$ d

续图 11-2-5

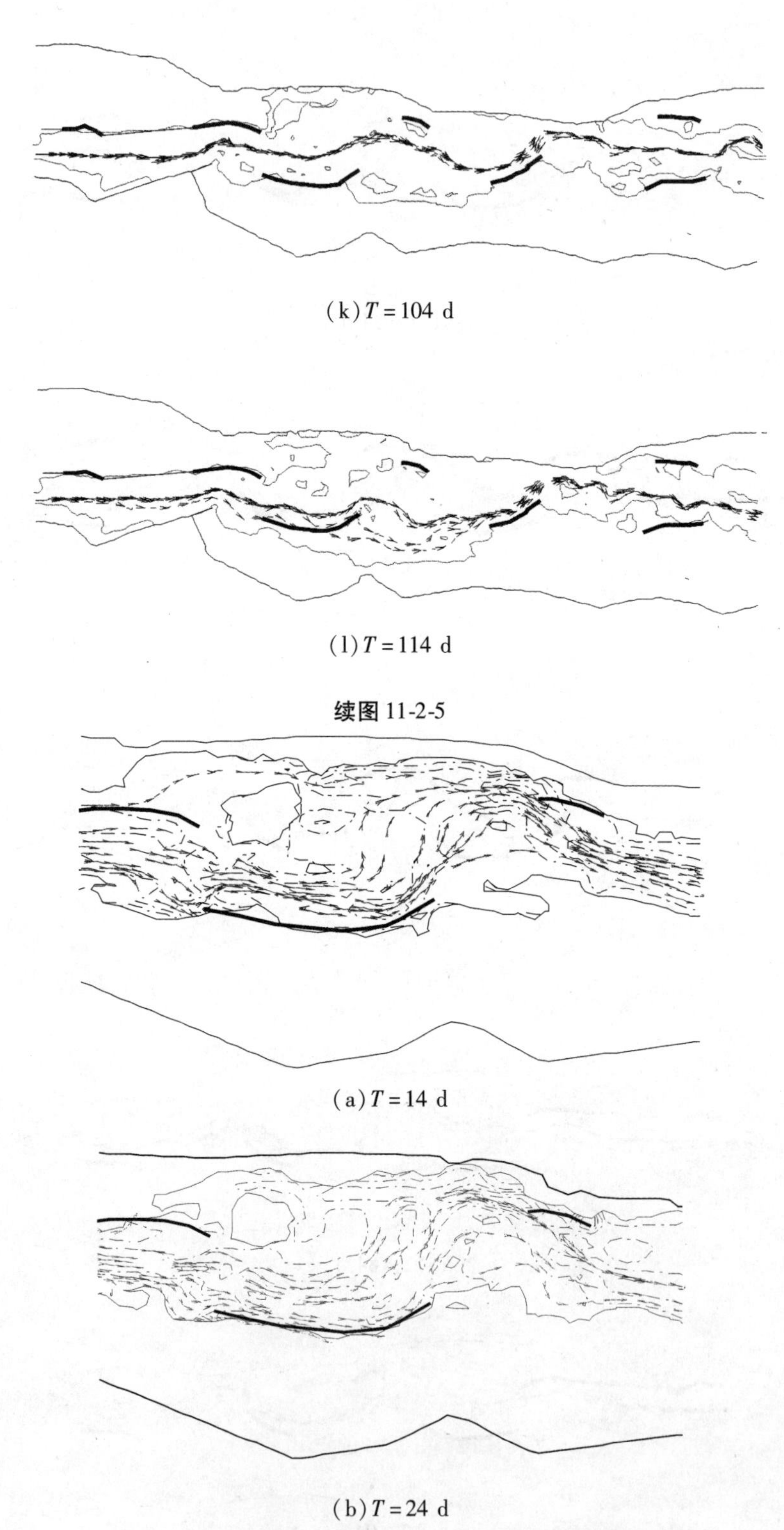

(k) $T = 104$ d

(l) $T = 114$ d

续图 11-2-5

(a) $T = 14$ d

(b) $T = 24$ d

图 11-2-6　现状河道 4 000 m^3/s 不同时刻局部河势变化

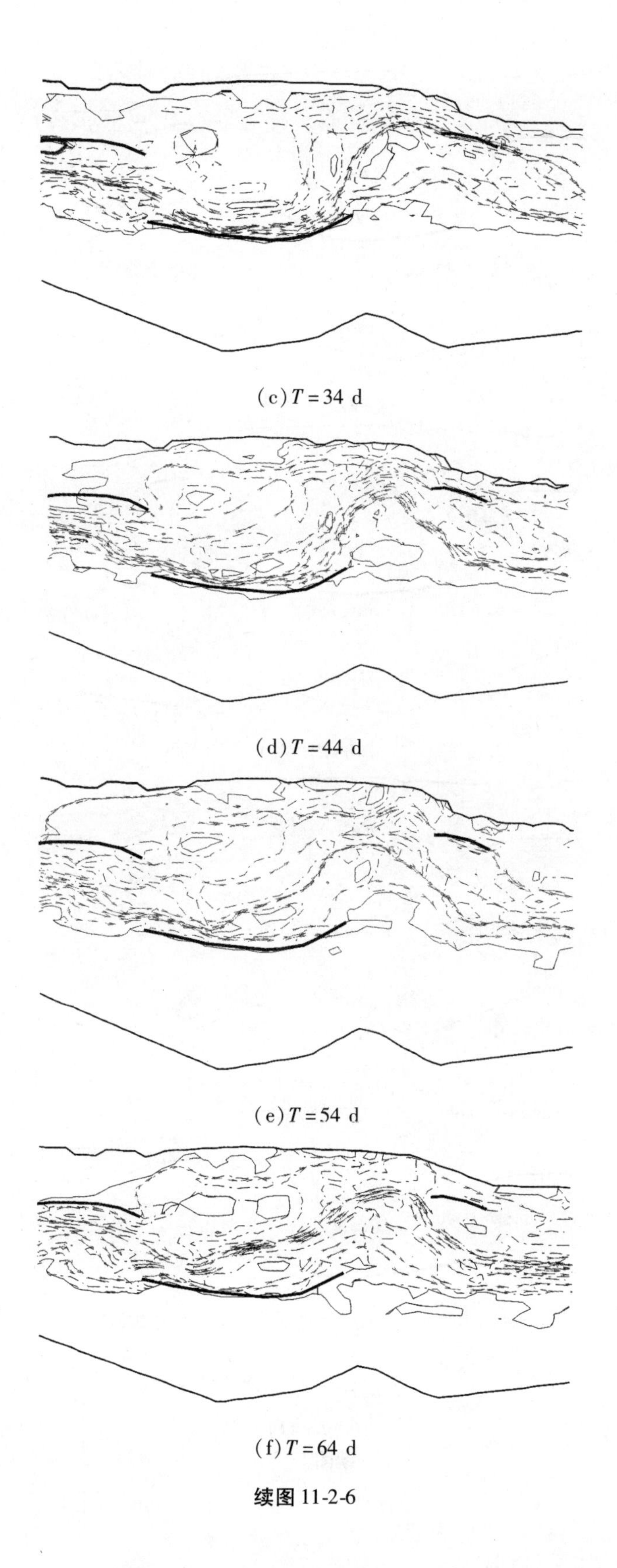

(c) $T=34$ d

(d) $T=44$ d

(e) $T=54$ d

(f) $T=64$ d

续图 11-2-6

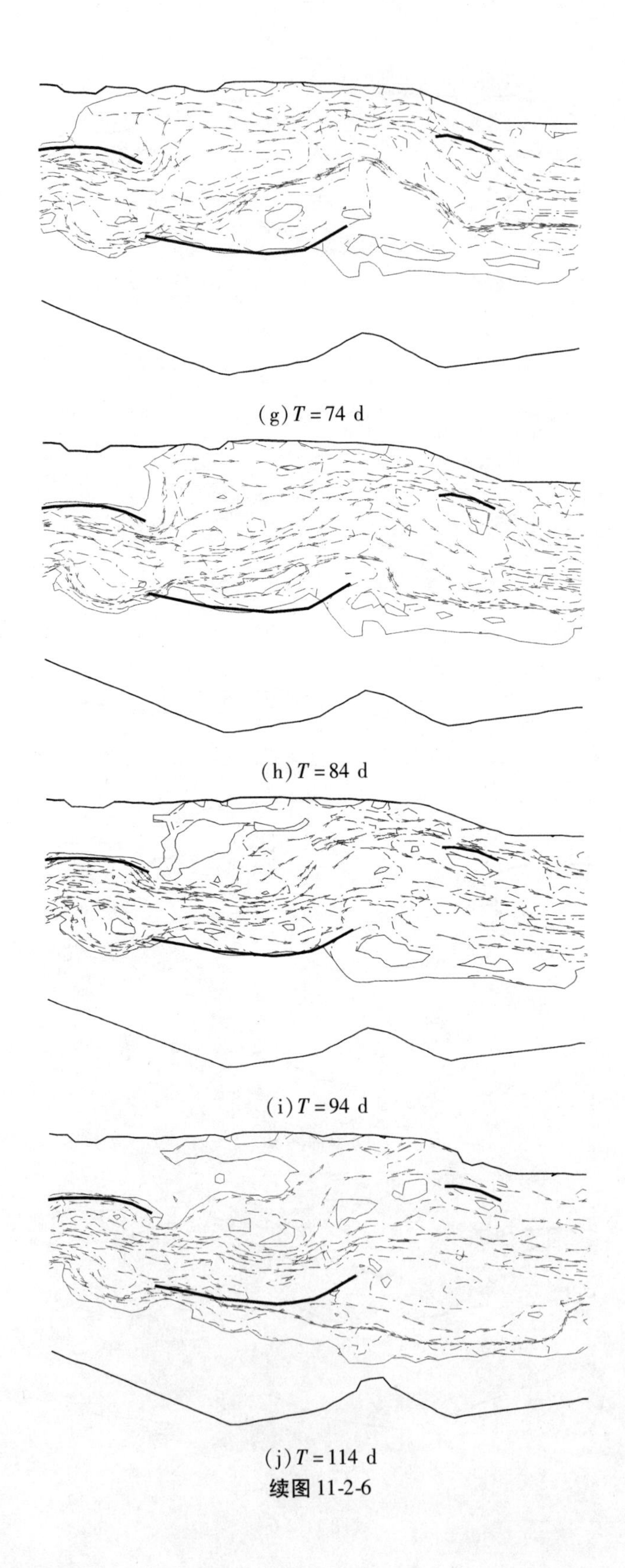

(g) $T=74$ d

(h) $T=84$ d

(i) $T=94$ d

(j) $T=114$ d

续图 11-2-6

11.2.3 “双防线”治理模式

根据该河段的现实情况，张红武等提出了设置双防线的整治思想，即将现有整治工程首尾相连，以达到缩窄流路、稳定河势的目的。对此，我们采用数学模型计算了流量分别为 2 000 m^3/s、4 000 m^3/s 及洪峰流量为 15 000 m^3/s 三种条件下该河段河势的变化。

11.2.3.1 当流量为 2 000 m^3/s 时的河势变化

从图 11-2-7 所反映的情况可以看出，由于流路变窄，河势趋于单一，且各工程靠溜情况有明显改善。

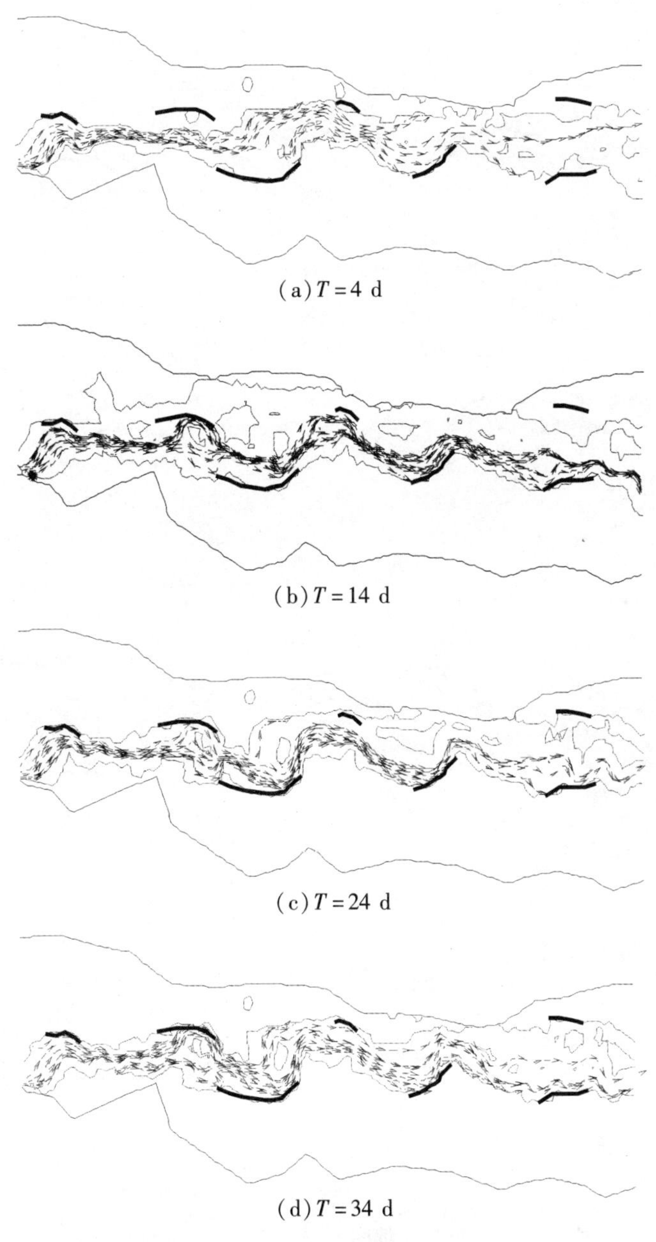

(a) $T=4$ d

(b) $T=14$ d

(c) $T=24$ d

(d) $T=34$ d

图 11-2-7 “双防线”模式 2 000 m^3/s 流量下不同时刻河势变化

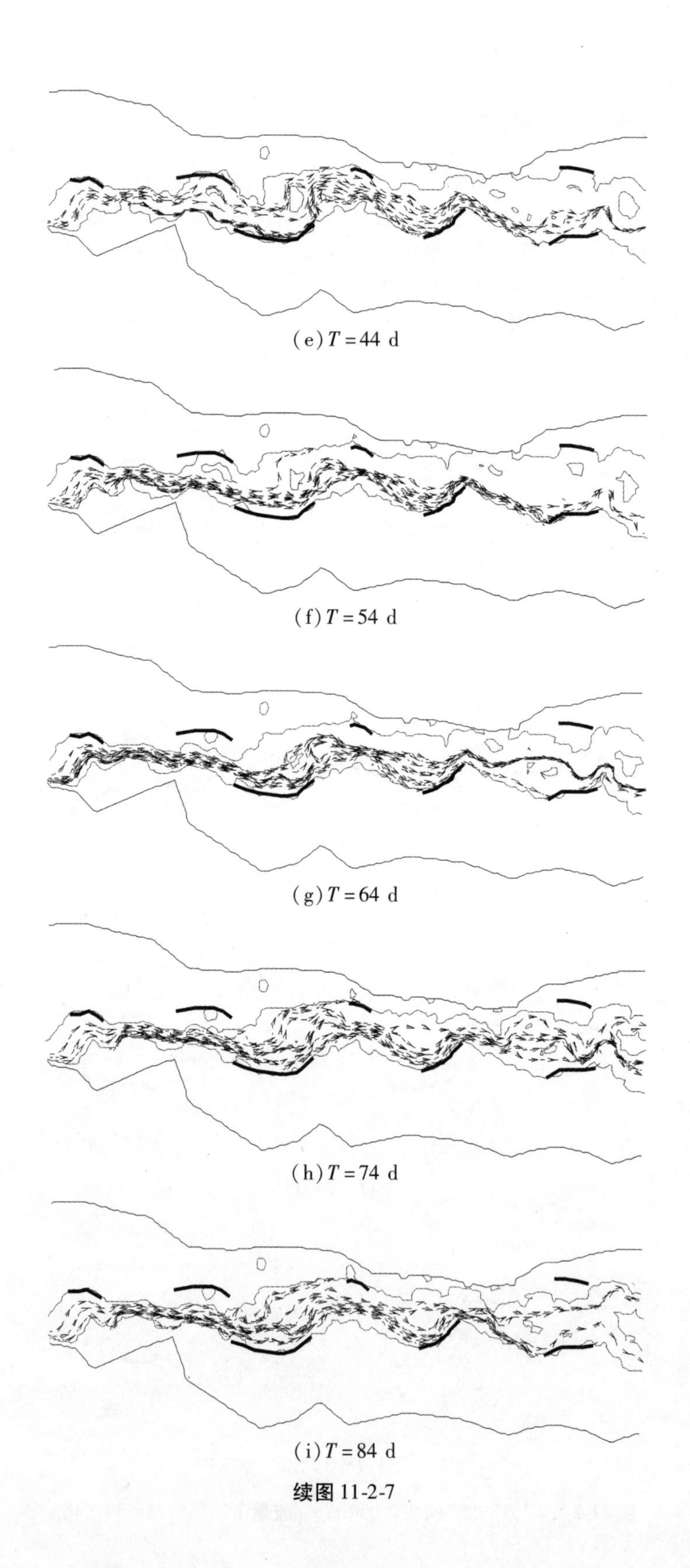

(e) $T=44$ d

(f) $T=54$ d

(g) $T=64$ d

(h) $T=74$ d

(i) $T=84$ d

续图 11-2-7

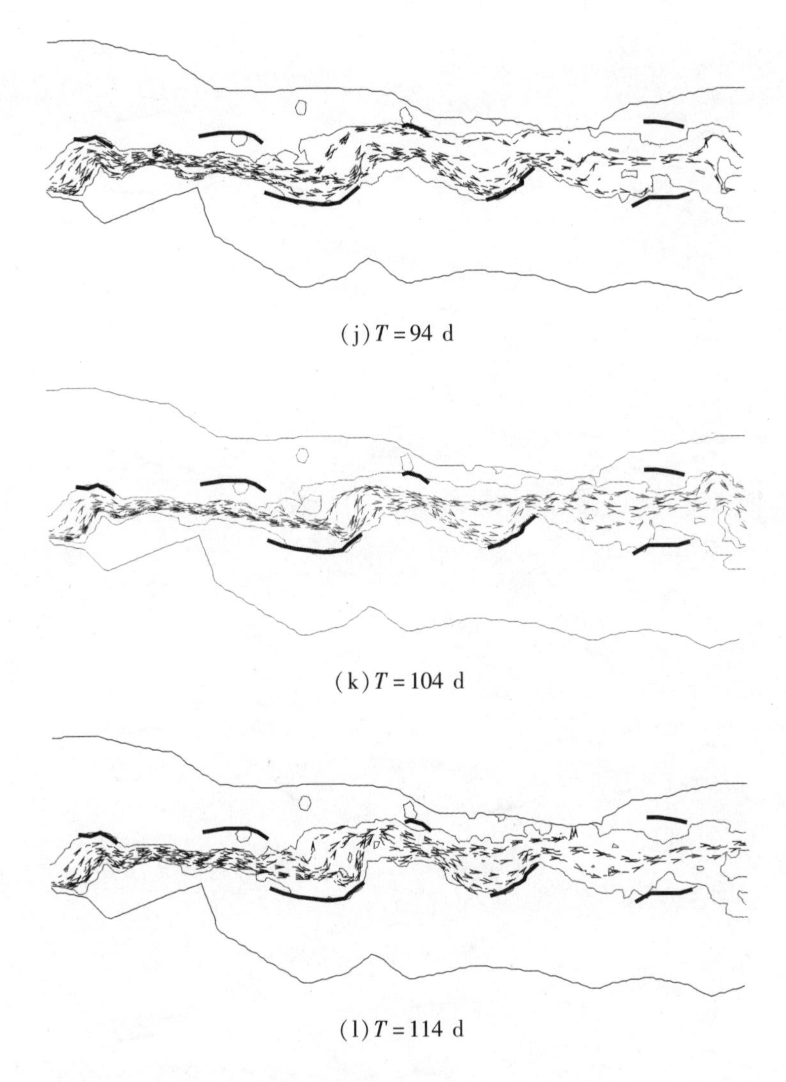
(j) $T=94$ d

(k) $T=104$ d

(l) $T=114$ d

续图 11-2-7

11.2.3.2 当流量为 4 000 m³/s 时的河势变化

图 11-2-8 为“双防线”模式 4 000 m³/s 流量下不同时刻的河势变化。

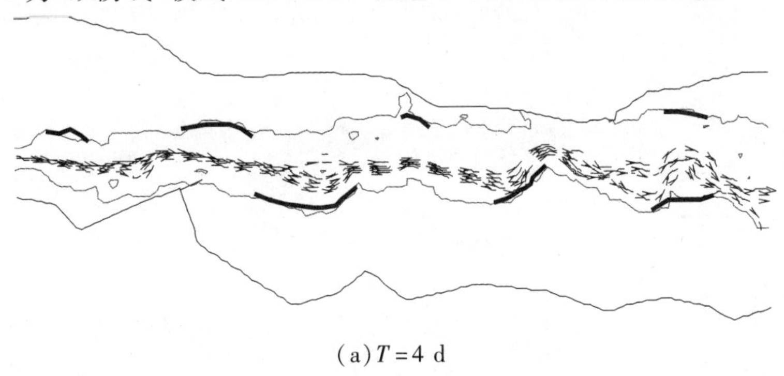
(a) $T=4$ d

图 11-2-8 “双防线”模式 4 000 m³/s 流量下不同时刻的河势变化

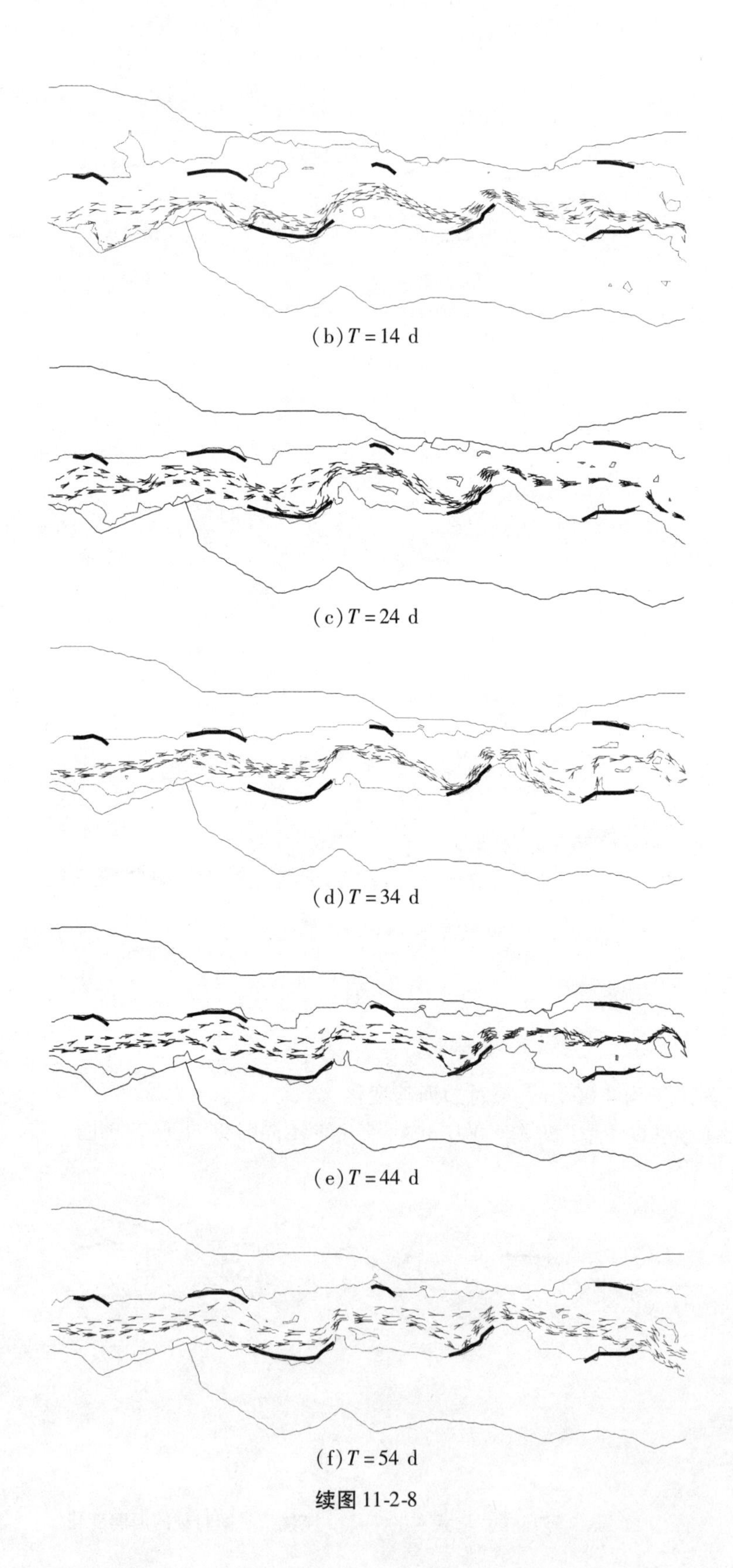

(b) $T=14$ d

(c) $T=24$ d

(d) $T=34$ d

(e) $T=44$ d

(f) $T=54$ d

续图 11-2-8

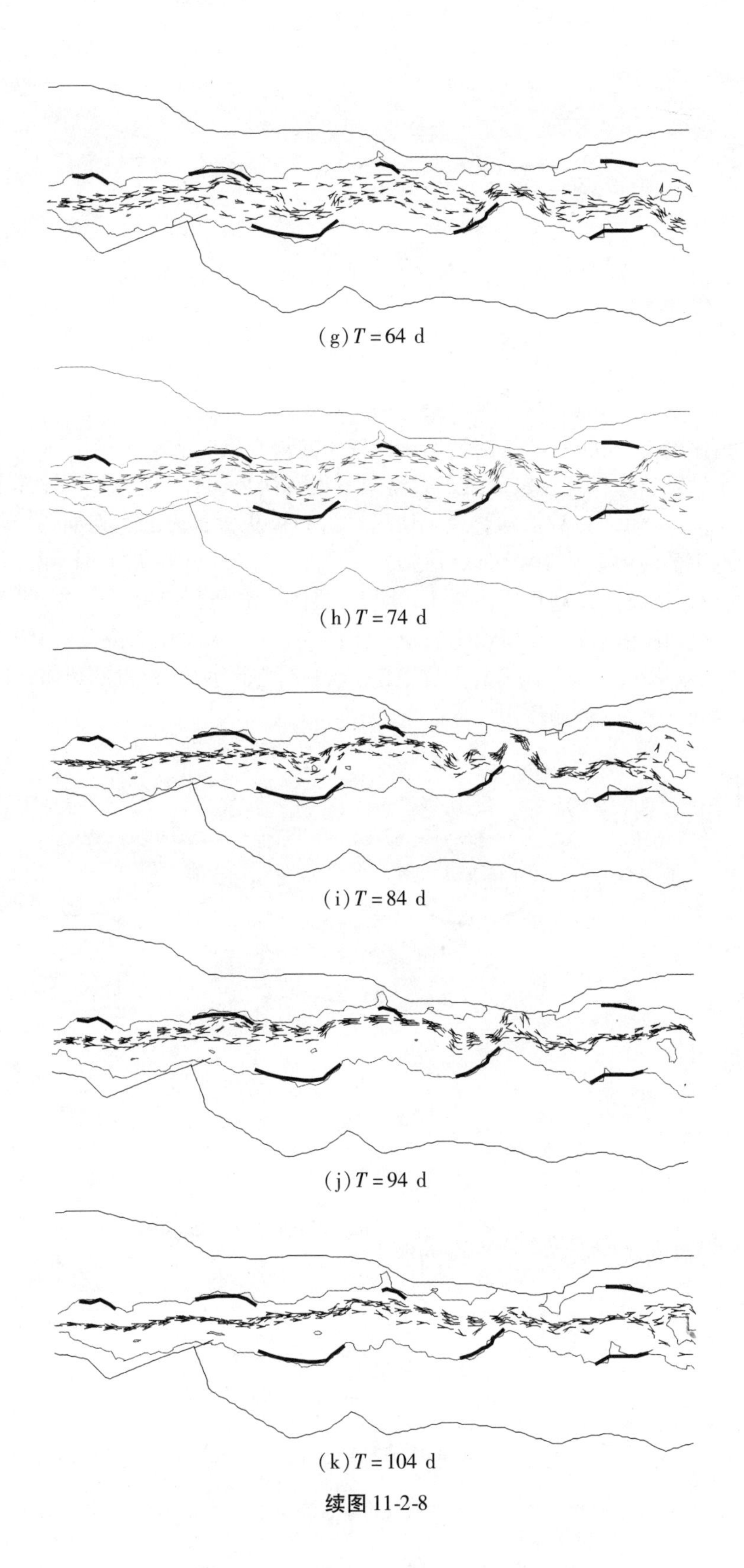

(g) $T=64$ d

(h) $T=74$ d

(i) $T=84$ d

(j) $T=94$ d

(k) $T=104$ d

续图 11-2-8

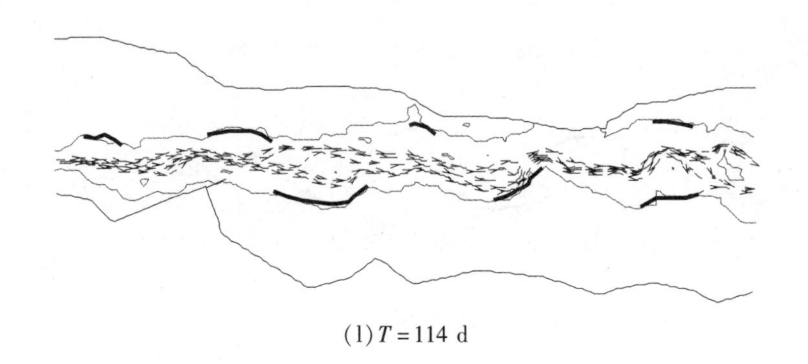

(l) $T = 114$ d

续图 11-2-8

11.2.3.3 当流量为 15 000 m³/s 时的洪水过程中河势变化

为了检验这种治理模式在较大洪水时治理工程对河势的控制作用，还计算了洪峰流量为 15 000 m^3/s 的洪水过程的河势变化情况。图 11-2-9 所示为涨水初期、洪峰、落水后不同流量情况下的河势。从图中可以看到，当流量涨至 6 000 m^3/s 左右时，第二道防线过水，但工程对洪水流路的控制作用仍然比较明显；当洪水涨至 15 000 m^3/s 时，滩地完全上水，但主流仍然保持在治理工程所设定的基本流路内，主流未发生大幅度变化；当落水至 3 000 m^3/s 时，流路归顺，河槽刷深，主流稳定、集中。由此可见，设置两道防线的思路能够起到控制主流、稳定河势的作用。

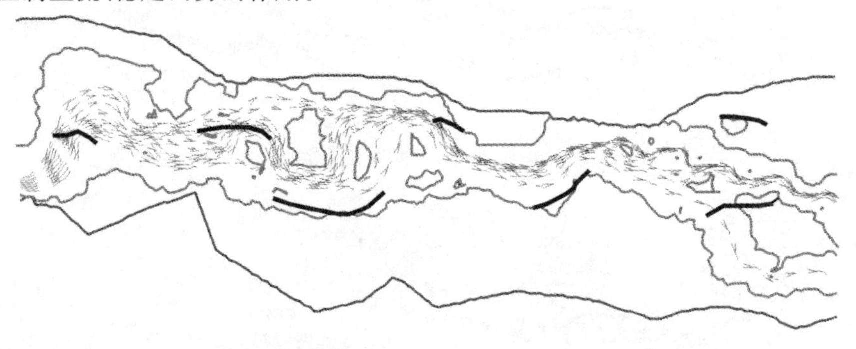

(a) 涨水初期：流量为 6 000 m^3/s

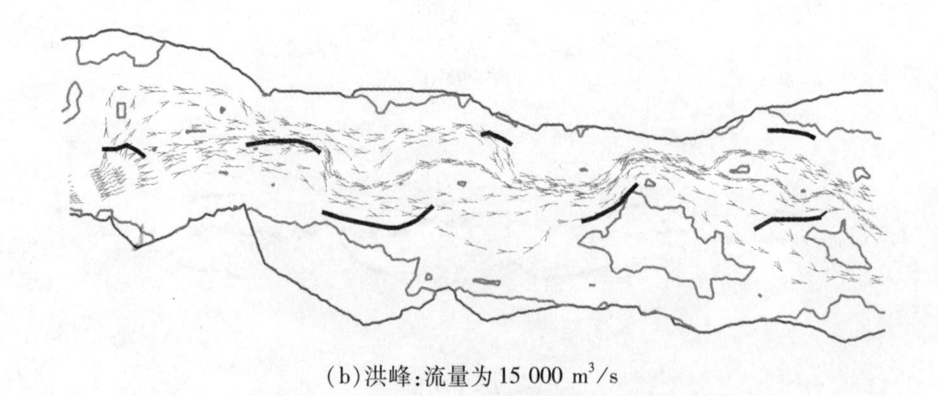

(b) 洪峰：流量为 15 000 m^3/s

图 11-2-9 "双防线"模式在较大洪水过程中不同时刻的河势变化

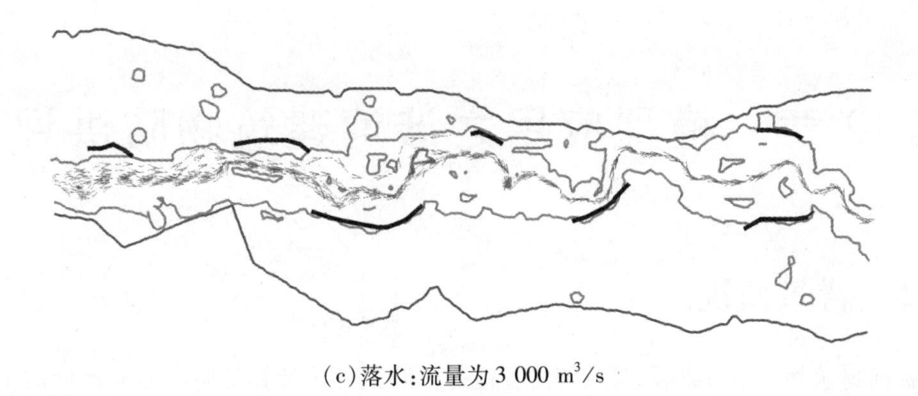

(c)落水:流量为 3 000 m^3/s

续图 11-2-9

11.2.4 小结

利用二维模型模拟了黄河下游典型游荡型河段柳园口河段河道整治工程对河势的调控。从计算结果看,现状河道仍然存在工程迎送溜不佳,导致河槽内多有心滩发育且随水流变化而不断消长,各汊分流比交替变化的问题,并且在局部出现横河、斜河的恶劣河势。同时计算了对部分工程上延、下延、堵汊后河势的变化。从计算结果看,工程的调整在一定程度上改善了主流的稳定性,但由于该河段地形、历史上形成的纷乱河势的影响,河势仍然无法得到全面控制。在此基础上,计算比较了"双防线"治理方案。从计算结果看,该方案不但提高了洪水过程中整治工程的可靠性,而且强化了稳定河势的作用,可见该治理模式对于柳园口附近这种复杂河势的调控是有较大作用的。

第 12 章　模型应用之涉河建筑物防洪评价

12.1　背景概况

涉河建筑物是指桥梁、码头及跨河管道等。防洪评价计算是防洪影响评价的主要内容。防洪评价要求采用可靠、合理的数据，计算研究建筑物壅水、河道冲刷或淤积，以及对河势稳定的影响。

防洪评价计算可选用规范推荐的经验公式、数学模型和物理模型等多种技术手段进行。对于简单的由于建筑物阻水影响洪水下泄的情况，一般可采用经验公式计算壅水；而对于重要的防洪区域、河势变化剧烈的河段、冰坝(冰塞)壅水严重的部位以及复杂的建筑结构型式、壅水高度和范围对河段防洪有较大影响的情况，均应采用数学模型计算、物理模型试验等手段进行充分的论证、研究，以确保防洪安全。

黄河水沙模拟系统，先后应用于"石武铁路客运专线郑州黄河公铁两用桥防洪评价"、"神华集团包神铁路黄河特大桥防洪影响评价"、"华能段寨电厂厂址稳定性分析"、"树林召至包头东兴公路黄河特大桥改扩建工程防洪影响评价"、"府谷黄河大桥改扩建工程防洪影响评价"、"郑州至新乡城际铁路黄河特大桥防洪影响评价"等众多防洪影响评价项目，为客观、科学、高效地评价涉河建筑物对河道防洪安全的影响提供了基础支撑。

12.2　桥群防洪影响评价应用

以郑州至新乡城际铁路黄河特大桥桥位选择及防洪影响评价为例，应用黄河水沙输移模拟系统，开展桥群防洪影响评价工作。

12.2.1　概况

郑州至新乡城际铁路黄河特大桥初步选择在黄河下游河道的花园口—赵口河段跨越黄河。本河段属黄河下游典型的游荡型河段，河道内险工众多，水流复杂，滩区及两岸人口众多，是黄河防汛重点河段。

由于上述方案桥间距较小，且桥位河段河势变化剧烈、流态复杂，本章利用 YRCC2D 模型对不同方案的桥群进行模拟计算，对方案 A、B 桥群对桥位河段防洪的影响进行论证分析。对不同工况下桥位河段水动力学条件的变化等关键问题进行对比计算，通过对计算结果的分析，评估不同工况对桥位河段防洪的影响，合理进行桥位布设，以最大限度地减轻跨河桥群(组)对防洪的不利影响，为桥梁工程建设决策提供依据。

12.2.2 防洪影响评价计算

12.2.2.1 计算范围

计算范围为黄河花园口大断面—赵口大断面之间的河段，包括了花园口、破车庄、八堡、马渡、来童寨、赵口等大断面。河段长度约 31.6 km，河宽约为 11.0 km，见图 12-2-1。

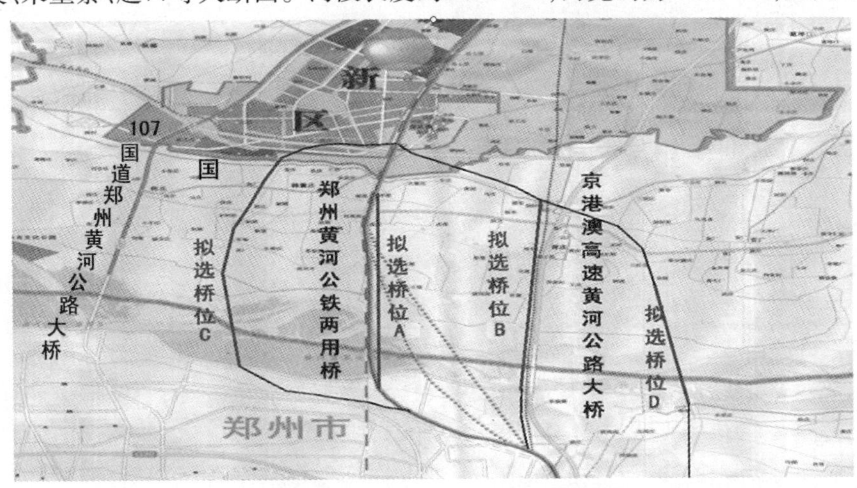

图 12-2-1 郑州至新乡城际铁路黄河特大桥拟选桥位

12.2.2.2 网格划分

整个计算区域划分为 229 119 个网格单元、115 547 个网格结点（计算区域见图 12-2-2），考虑到方案计算需求，在郑州黄河公路铁路两用桥（简称郑州黄河公铁两用桥）、京港澳黄河公路大桥两个桥位方案处按照桥墩的实际形状对桥墩网格进行加密（见图 12-2-3、图 12-2-4）。

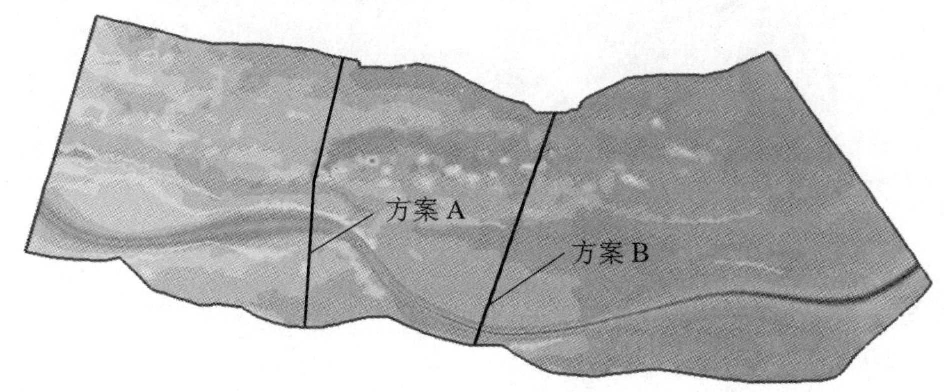

图 12-2-2 计算区域

12.2.2.3 方案计算

利用经过实测资料验证的模型，不同的桥位方案工况分别对 22 000 m^3/s 洪水进行模拟计算。计算方案不同工况见表 12-2-1。

的影响。

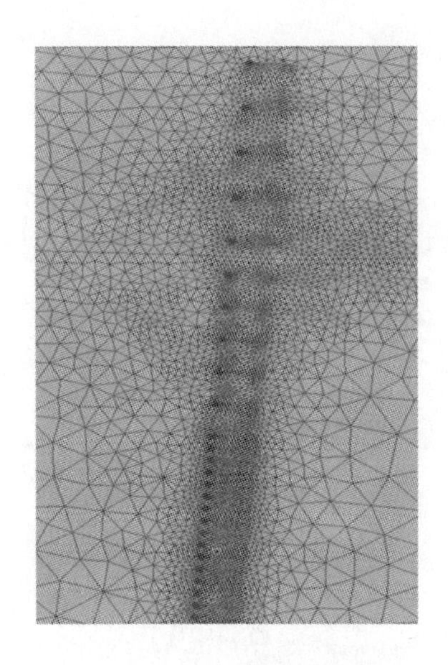
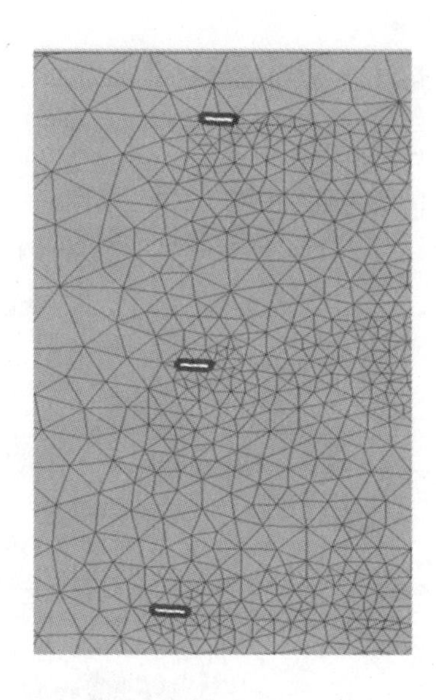

图 12-2-3　郑州黄河公铁两用桥局部网格(方案 A)

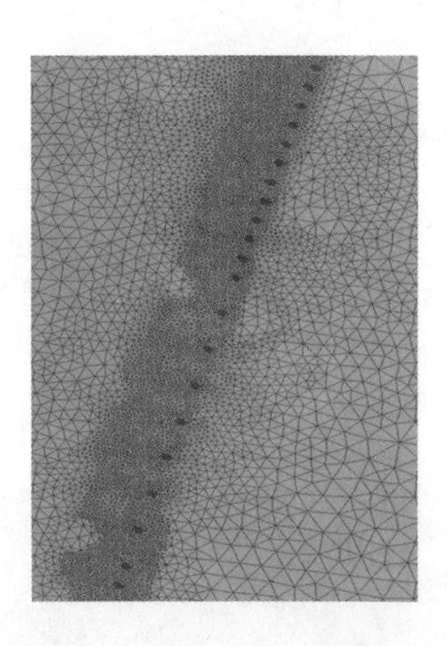
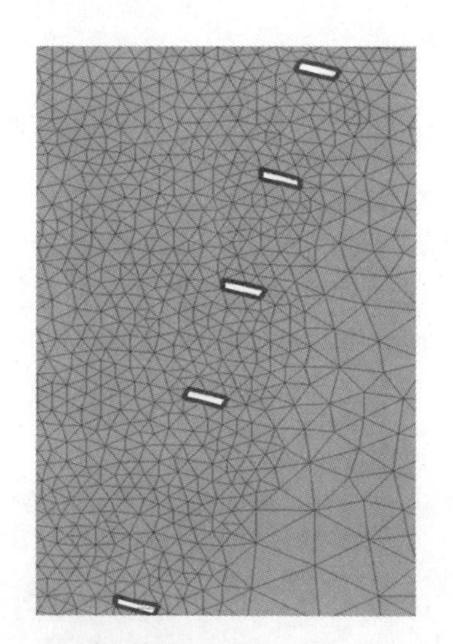

图 12-2-4　京港澳黄河公路大桥局部网格(方案 B)

12.2.2.4　计算结果及论证分析

1. 现状工况

现状工况计算河段内主要考虑了郑州黄河公铁两用桥、京港澳黄河公路大桥对防洪的影响。

现状工况按照郑州黄河公铁两用桥、京港澳黄河公路大桥的实际桥墩形状和数量布设计算网格单元。

表 12-2-1　计算方案工况

方案	桥群组合	说明
现状工况	(1)郑州黄河公铁两用桥 (2)京港澳黄河公路大桥	
方案 A 工况	(1)郑州黄河公铁两用桥 (2)京港澳黄河公路大桥 (3)新建桥桥位方案 A	在公铁两用桥下游 100 m 处孔对孔布设桥墩
方案 B 工况	(1)郑州黄河公铁两用桥 (2)京港澳黄河公路大桥 (3)新建桥桥位方案 B	在京港澳公路大桥上游 100 m 处孔对孔布设桥墩

1)水位

在计算区域内,沿主流线、滩地分别布设了水位采样点,图 12-2-5 为现状工况 22 000 m^3/s 流量下水位沿程变化情况。图中实线为天然河道(无桥)条件下计算区域的水面线。

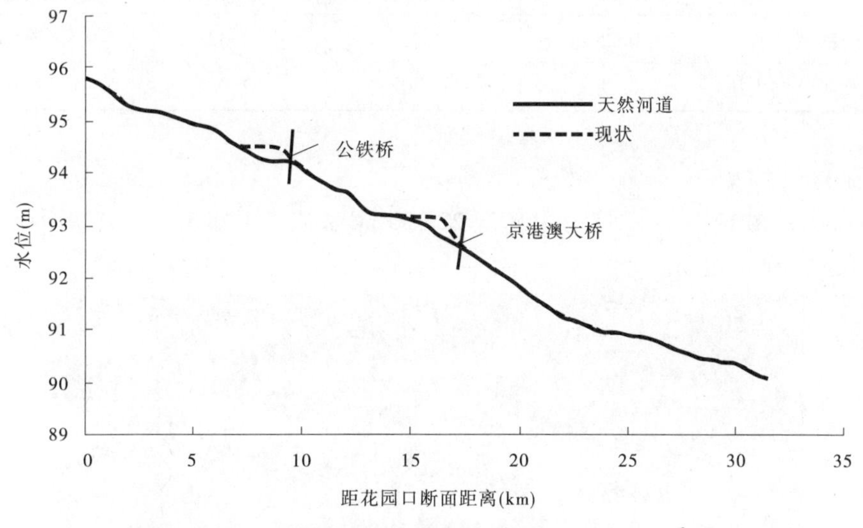

图 12-2-5　现状工况水位沿程变化情况($Q = 22\ 000\ m^3/s$)

由图 12-2-5 可以看出,在未受桥墩影响的区域,现状水面线与天然河道水面线基本一致,在受到桥墩阻水影响的区域,水位有相应的抬升。

二维模型同时还分别给出了最大壅水高度及位置,为桥位河段的防洪影响评价提供了更多的参考数据。整个计算区域的水位表现见图 12-2-6。

在《郑州黄河公路铁路两用桥防洪影响评价》、《郑州京港澳黄河公路大桥防洪影响评价》中分别对在设计流量条件下两桥的壅水情况进行了计算分析,利用 YRCC2D 模型计算结果与上述两报告的计算成果对比见表 12-2-2。可以看出,YRCC2D 模型计算结果与两个防洪评价报告利用经验公式推求的壅水高度及影响范围的结果基本一致。

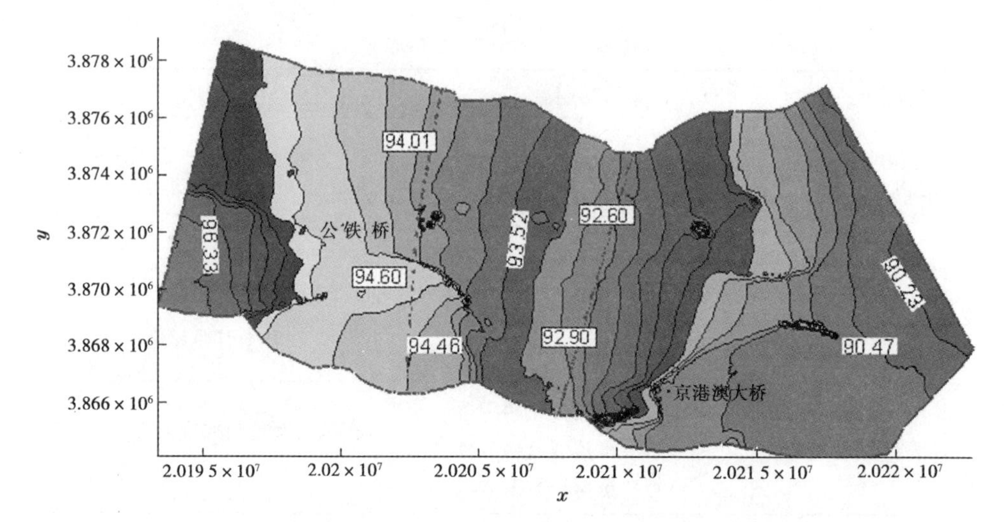

图 12-2-6　现状工况水位等值线($Q = 22\ 000\ m^3/s$)

表 12-2-2　桥墩壅水高度及影响范围对比

桥位	壅水高度(m)		影响范围(km)	
	YRCC2D 计算	公式计算	YRCC2D 计算	公式计算
黄河公铁两用桥	0.25	0.30	2.32	3.0
京港澳黄河公路大桥	0.28	0.30	2.96	3.0

2)流速场

图 12-2-7、图 12-2-8 分别为现状工况 22 000 m^3/s 流量下郑州黄河公铁两用桥、京港澳公路大桥局部流速场。

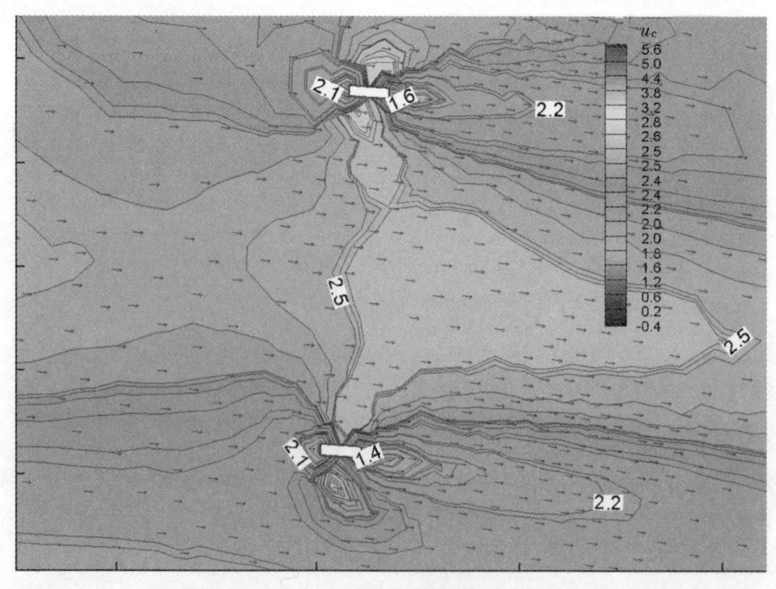

图 12-2-7　现状工况郑州黄河公铁两用桥局部流速场($Q = 22\ 000\ m^3/s$)

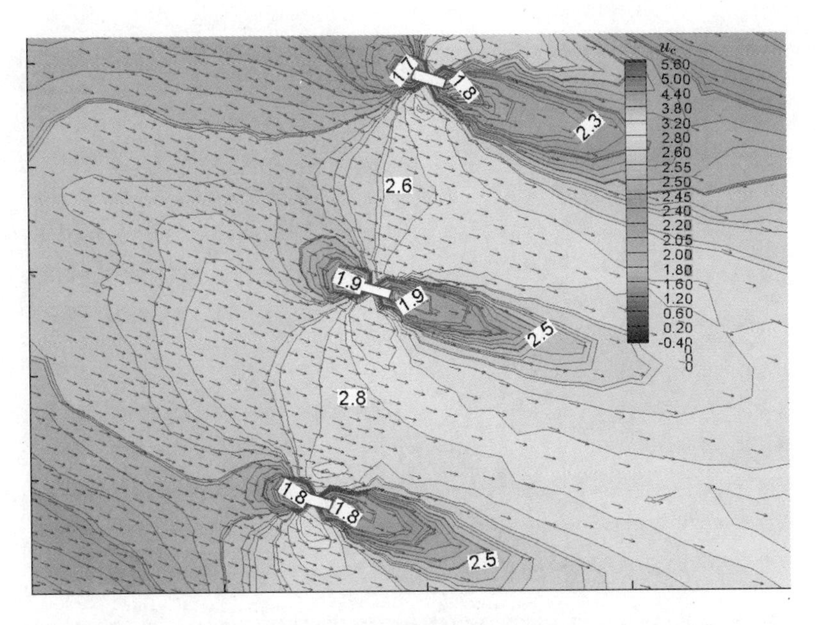

图 12-2-8　现状工况京港澳公路大桥局部流速场($Q=22\ 000\ m^3/s$)

图 12-2-9、图 12-2-10 分别为现状工况 22 000 m^3/s 流量下郑州黄河公铁两用桥、京港澳公路大桥局部流速等值线图。

图 12-2-11 为现状工况 22 000 m^3/s 流量下计算区域不同桥位轴线断面流速分布。可以看到,流速分布与断面形态的对应关系是合理的,且可以看到由于桥墩的阻水作用,相应位置流速有所降低。

可以看出,桥墩的存在,使得桥位河段的流速场发生变化，墩后产生旋涡滞流区。

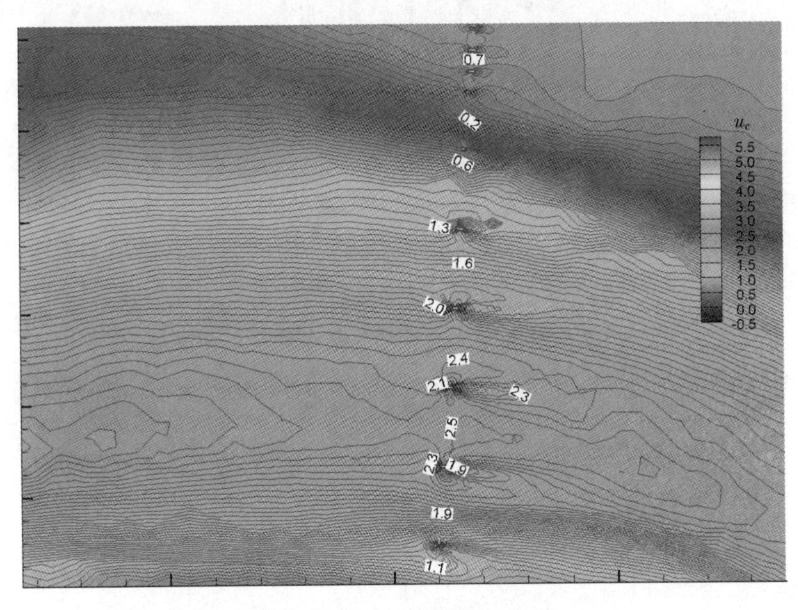

图 12-2-9　现状工况郑州黄河公铁两用桥局部流速等值线($Q=22\ 000\ m^3/s$)

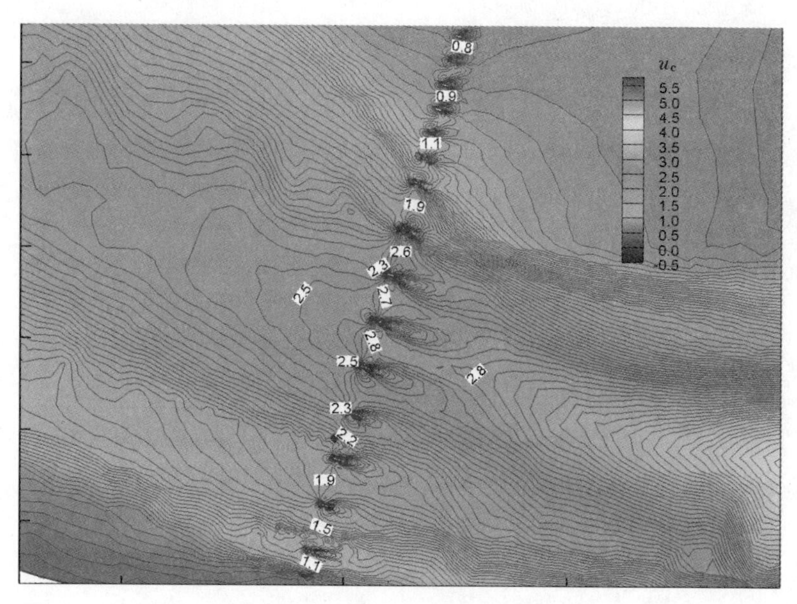

图 12-2-10 现状工况京港澳桥公路大桥局部流速等值线($Q=22\ 000\ m^3/s$)

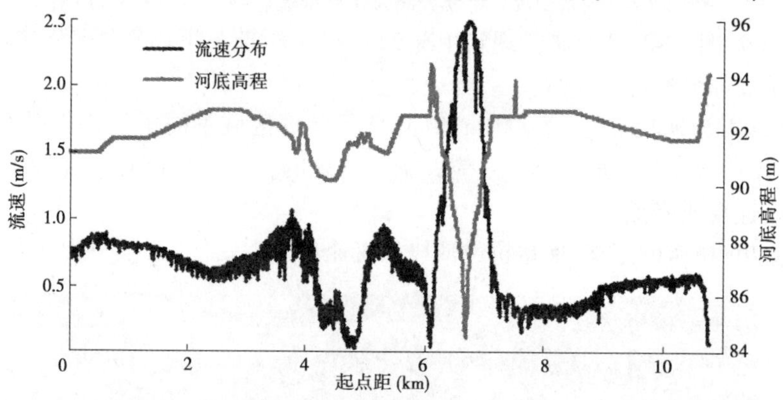

(a)郑州黄河公铁两用桥轴线流速分布

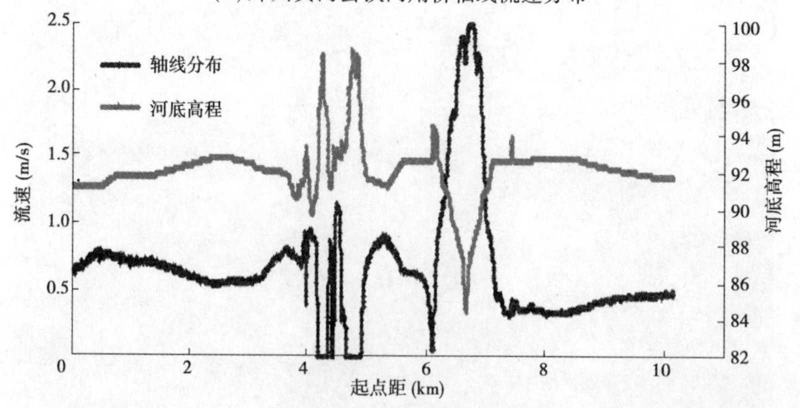

(b)桥位 A 轴线流速分布

图 12-2-11 现状工况计算区域不同桥位轴线断面流速分布($Q=22\ 000\ m^3/s$)

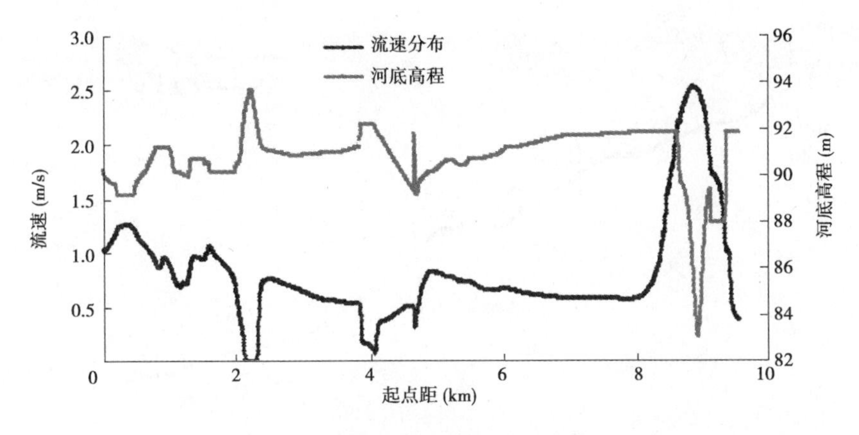

(c)桥位 B 轴线流速分布

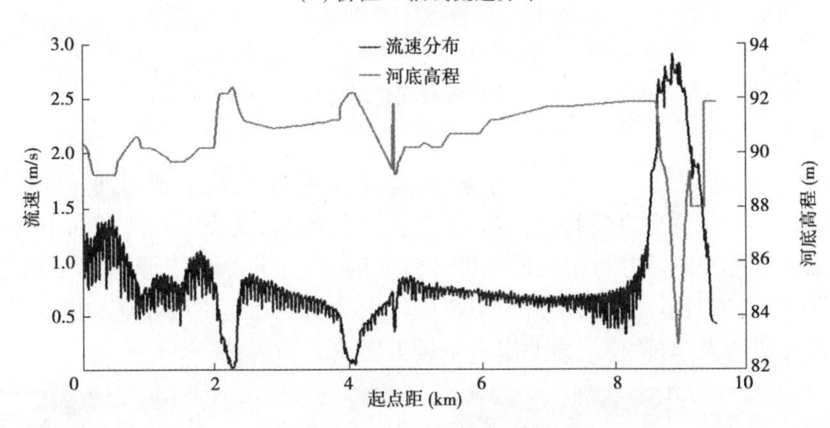

(d)京港澳黄河公路大桥轴线流速分布

续图 12-2-11

2. 方案 A

方案 A 为在现郑州黄河公铁两用桥下游 100 m 处并桥,孔对孔布设桥墩。方案 A 工况是在现状工况的基础上,按照郑州黄河公铁两用桥的实际桥墩形状和数量并行布设计算网格单元。

由于桥墩的增加缩减了河道的过流面积,水流在桥位上游形成收缩、下游形成扩散,加之桥体并行产生了复杂的阻力等因素,河流的局部阻力增大,造成局部水头损失,产生桥梁壅水,对河道的防洪产生一定影响。

1)水位

在计算区域内,采用与现状工况相同的水位采样点,图 12-2-12 为方案 A 在22 000 m^3/s 流量下水位沿程变化与现状工况的对比。

在方案 A 工况下,京港澳黄河公路大桥的壅水未对郑州黄河公铁两用桥及方案 A 并行桥产生影响。但是,由于受到并行桥墩壅水叠加的影响,郑州黄河公铁两用桥及方案 A 并行桥位上游主流线壅水高度及影响范围有所增加,与现状工况壅水高度和壅水影响范围相比,壅水高度和壅水影响范围分别增加 0. 07 m、0. 63 km。

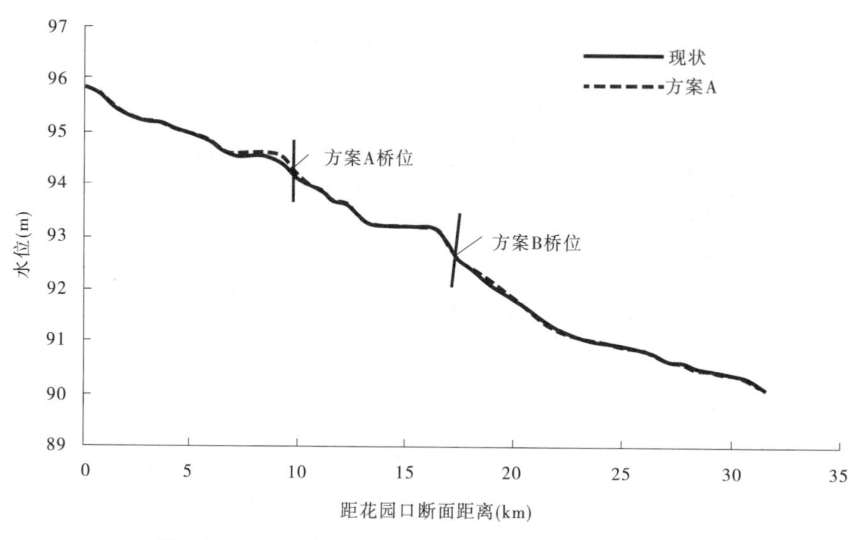

图 12-2-12　方案 A 水位沿程变化对比($Q = 22\ 000\ m^3/s$)

2)流速场

图 12-2-13 为与现状工况相比,方案 A 在设计流量条件下流速变化等值线。由图 12-2-13 可以看出,受到并排桥墩的影响,桥前水位壅高,从而流速降低 0.16 m/s,滩地桥墩间隙流速有所增加。并行桥墩遭遇设计洪水时,由于桥墩及其承台等下部结构的阻水作用,对桥位处主河道北岸的水流形态产生较大改变。加之桥墩收缩和束窄过流断面,其近岸流速有所增大,对桥位河段北岸产生较大影响。

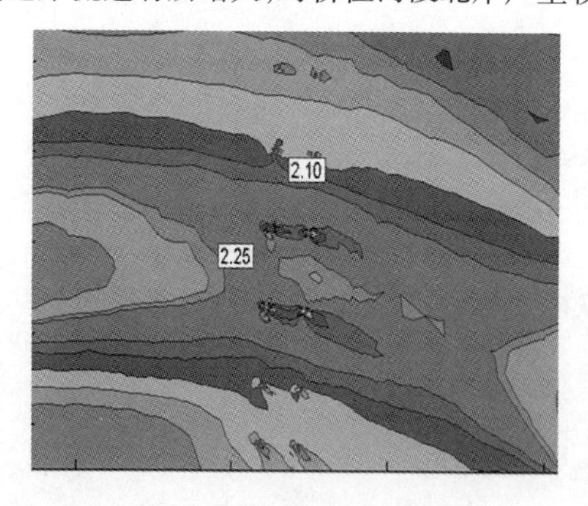

(a)方案 A 局部

2.05
2.41
2.03

(b)现状局部

图 12-2-13　方案 A 与现状工况流速等值线变化($Q = 22\ 000\ m^3/s$)

3. 方案 B

方案 B 为在现京港澳黄河公路大桥上游 100 m 处并桥,孔对孔布设桥墩。

方案 B 工况是在现状工况的基础上,按照京港澳黄河公路大桥的实际桥墩形状和数量并行布设计算网格单元。

由于桥墩的增加缩减了河道的过流面积,水流在桥位上游形成收缩、下游形成扩散,加之桥体并行产生了复杂的阻力等因素,河流的局部阻力增大,造成局部水头损失,产生桥梁壅水,对河道的防洪产生一定影响。

1)水位

在计算区域内,采用与现状工况相同的水位采样点,图 12-2-14 为方案 B 在 22 000 m³/s 流量下水位沿程变化图与现状工况的对比。

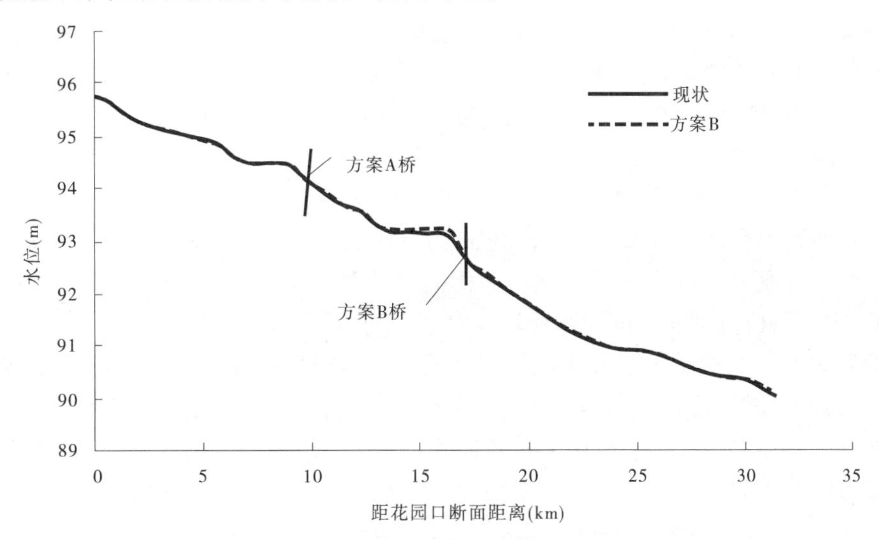

图 12-2-14　方案 B 水位沿程变化对比($Q=22\ 000\ m^3/s$)

由图 12-2-14 可以看出,在方案 B 工况下,京港澳黄河公路大桥的壅水未对郑州黄河公铁两用桥及方案 A 并行桥产生影响。但是,由于受到并行桥墩壅水叠加的影响,与现状工况壅水高度和壅水影响范围相比,京港澳黄河公路大桥及方案 B 并行桥位上游壅水高度及影响范围有所增加,壅水高度和壅水影响范围分别增加 0.095 m、0.88 km。

2)流速场

图 12-2-15 为与现状工况相比,方案 B 在设计流量条件下流速变化等值线。由图 12-2-15 可以看出,受到并排桥墩的影响,在主河槽桥墩间隙流速有所增加。并行桥

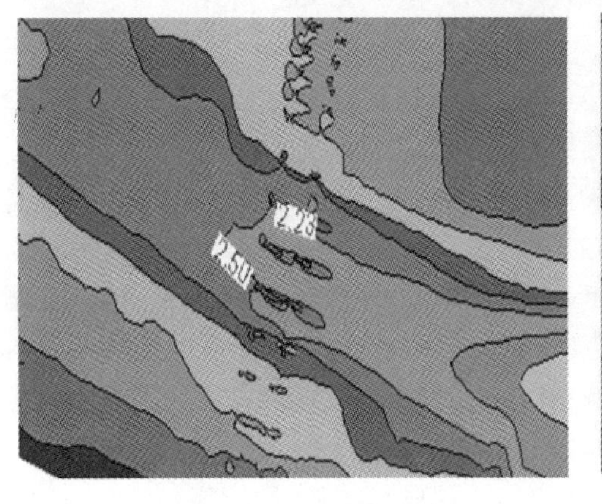

方案 B 局部　　　　现状局部

图 12-2-15　方案 B 与现状工况流速等值线变化($Q=22\ 000\ m^3/s$)

墩遭遇设计洪水时，由于桥墩及其承台等下部结构的阻水作用，对桥位处主河道南岸的水流形态产生较大改变。加之桥墩收缩和束窄过流断面，其近岸流速有所增大，对桥位河段南岸产生较大影响。

4. 论证分析

在方案 A、方案 B 工况下，由于受到并行桥墩壅水叠加的影响，并行桥位上游壅水高度及影响范围有所增加。方案 A 工况最大壅水高度和壅水影响范围分别增加 0.07 m、0.63 km；方案 B 工况最大壅水高度和壅水影响范围分别增加 0.095 m、0.88 km。两工况的壅水高度和范围均未影响到上游已建桥梁。

方案 A 工况，由于与在建的黄河公铁两用桥公路桥面高差大，存在安全隐患；加之从设计线路总体走向看，南岸接线难，且桥位需要跨越双井工程等，对双井工程的防洪安全有较大影响。方案 B 工况符合河道测验断面的保护区长度范围为断面上下游各 50 m 并避免交叉的规定；桥位轴线方向与水流流向基本正交，且景观效果较好。

由于方案 B 工况相对方案 A 工况桥位处的主河槽较窄，流速较大。当并行桥墩遭遇设计洪水时，由于桥墩及其承台等下部结构的阻水作用，对桥位处主河道南岸的水流形态产生较大改变。加之桥墩收缩和束窄过流断面，其近（南）岸流速有所增大，应注意加强桥位河段南岸的防护。

12.2.3 小结

（1）在方案 A 工况下，京港澳黄河公路大桥的壅水未对郑州黄河公铁两用桥及方案 A 并行桥产生影响。但是，由于受到并行桥墩壅水叠加的影响，郑州黄河公铁两用桥及方案 A 并行桥位上游壅水高度及影响范围有所增加。与现状工况相比，最大壅水高度和壅水影响范围分别增加 0.07 m、0.63 km，但并未影响到上游的郑州一桥。

（2）在方案 B 工况下，受到京港澳黄河公路大桥及并行桥的桥墩壅水叠加的影响，京港澳黄河公路大桥及方案 B 并行桥位上游壅水高度及影响范围有所增加。与现状工况相比，最大壅水高度和壅水影响范围分别增加 0.095 m、0.88 km，但并未对上游郑州黄河公铁两用桥产生影响。

（3）结合河势摆动范围、主流线摆动宽度、断面冲淤幅度、两岸接线难易、交通安全及景观效果等方面的情况进行综合比选、分析，推荐桥位为拟选桥位 B。

由于方案 B 工况相对方案 A 工况桥位处的主河槽较窄，流速较大。当并行桥墩遭遇设计洪水时，由于桥墩及其承台等下部结构的阻水作用，对桥位处主河道南岸的水流形态产生较大改变。加之桥墩收缩和束窄过流断面，其近（南）岸流速有所增大，应注意加强桥位河段南岸的防护。对于桥梁上游壅水范围内的堤防和工程，需要按照黄河防洪标准进行加高加固。对于并行桥对流速场的影响，在施工期及建成运行后，需要对桥位河段河势进行跟踪监测，确保其不影响防洪安全。

12.3 桥群防凌影响评价应用

以树林召至包头东兴公路黄河特大桥改扩建工程防洪影响评价为例，应用黄河水沙模拟系统，开展桥群对防凌、防洪影响评价工作。

12.3.1 概况

拟扩建黄河大桥左岸位于内蒙古包头市境内的镫口村，右岸在鄂尔多斯市达拉特旗的德胜泰乡，横跨黄河，路线地处内蒙古自治区包头市和鄂尔多斯市分界处。大桥上距包头210国道黄河大桥29 km，距昭君坟水文站51.1 km。黄河内蒙古段共有天然结点9处，人工结点5处，桥址处紧靠第5个人工结点，该河段建有镫口扬水站、包头东河自来水厂取水口，曾是内蒙古航运局码头，近几年修筑了护岸工程，成为一处稳定的人工结点。桥位河段河床稳定，主槽靠近左岸黄河大堤，右岸河滩宽阔。桥梁轴线与主流基本正交。

12.3.2 防洪影响评价计算

12.3.2.1 壅水计算分析

本次研究利用YRCC2D模型分别对300年一遇、100年一遇和10年一遇洪水进行计算，分析在设计洪水下的老桥桥墩和改扩建大桥桥墩壅水影响。

根据河道地形特点，结合昭君坟水文站冰情观测资料，选择黄淤83～89断面为模型计算研究区域。图12-3-1为桥墩附近网格剖分与桥墩编号，利用2004年实测大断面资料对研究区域进行地形概化处理，图12-3-2为概化后研究区域河底高程分布，图中X、Y表示平面坐标，单位为m。根据89断面地形利用曼宁公式推求出口断面水位—流量关系曲线，推求结果见图12-3-3。

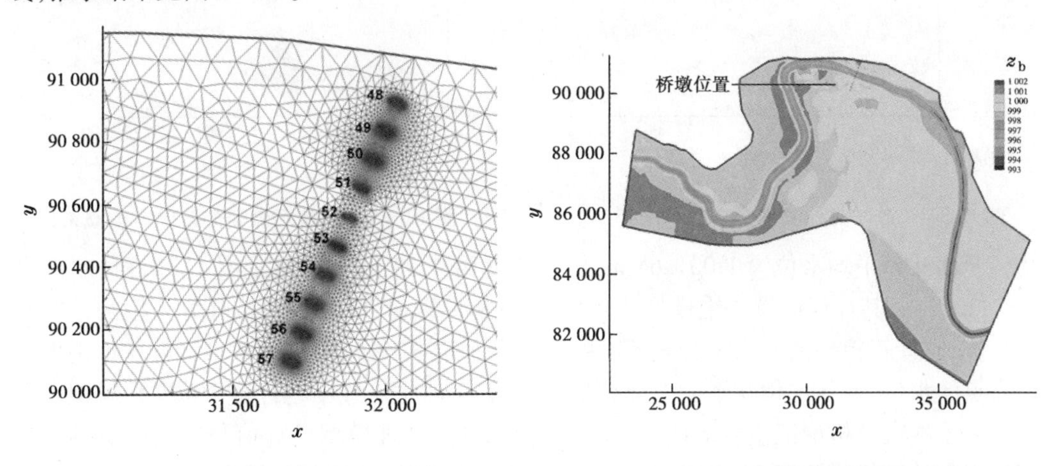

图12-3-1 桥墩附近网格剖分及桥墩编号　　　　**图12-3-2 概化后研究区域河底高程分布**

图12-3-4、图12-3-5为300年一遇洪水下大桥改扩建前后流场分布。从图中可以看出，由于桥墩阻水作用，中间桥墩两侧流速突然增大，其下游产生较为明显的减速区，并且在桥墩的下游出现旋涡，改扩建后较改扩建前流速稍有减小。图12-3-6、图12-3-7为此计算条件下，桥墩改扩建前后桥墩附近计算水位等值线。可以看出每个桥墩前水位不相等，主流线附近51～54号桥墩较其他桥墩壅水位要高，相同位置桥墩改扩建后较改扩建前壅水位高。在主流线附近的第53号桥墩，改扩建前计算水位为1 001.67 m，桥址断面设计洪水位为1 001.46 m，二维模型计算原大桥53号桥墩计算壅水位为0.21 m。改扩建前

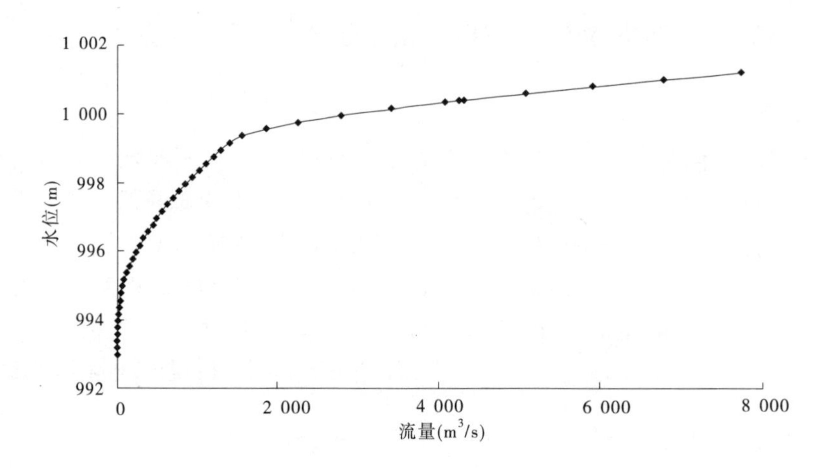

图 12-3-3　模型计算出口断面水位—流量关系

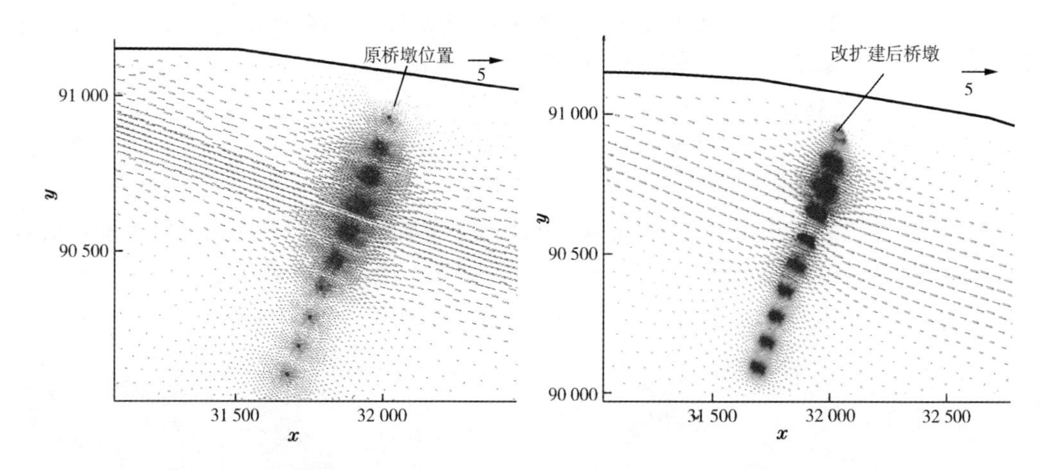

图 12-3-4　改扩建前流场分布（$P=0.33\%$）

图 12-3-5　扩建后流场分布（$P=0.33\%$）

桥位断面计算平均水位为 1 001.64 m，壅水高度为 0.18 m，原防洪评价计算桥址断面壅水为 0.15 m，其计算值较二维模型计算要小，分析原因为：原防洪评价计算采用的是经验公式法，它计算得到的壅水位为全断面的平均壅水位，二维模型能够模拟计算桥址平面上任意点的水位，计算水位在平面上分布是不均的，一般主流线附近计算水位要比滩地水位高。由于本次分析论证主要关注大桥改扩建的影响，二维模型计算值与原大桥防洪影响评价报告计算值相差不大，所以老桥的壅水位仍然采用原防洪评价计算值。

图 12-3-8 ~ 图 12-3-15 为不同工况（100 年一遇、10 年一遇）下计算桥位附近改扩建前后流场、水位等值线分布，表 12-3-1 为大桥改扩建前后代表桥墩附近计算水位统计，表 12-3-2 为大桥改扩建前后壅水高度与影响范围统计。可以看出：300 年、100 年、10 年一遇洪水在主流线附近的 53 号桥墩改扩建后较改扩建前分别壅高 0.06 m、0.045 m、0.04 m；桥位断面改扩建后较改建前分别壅高 0.047 m、0.039 m、0.022 m。改扩建后桥墩壅水高度分别为 0.197 m、0.149 m、0.122 m，回水长度分别为 3 940 m、2 980 m、2 440 m。

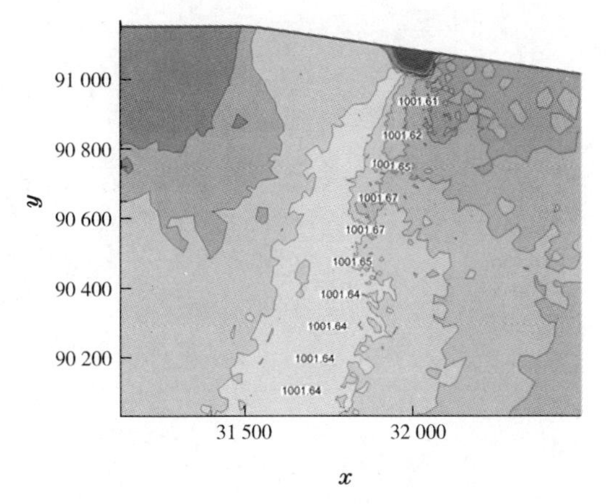

图 12-3-6　扩建前水位等值线($P=0.33\%$)

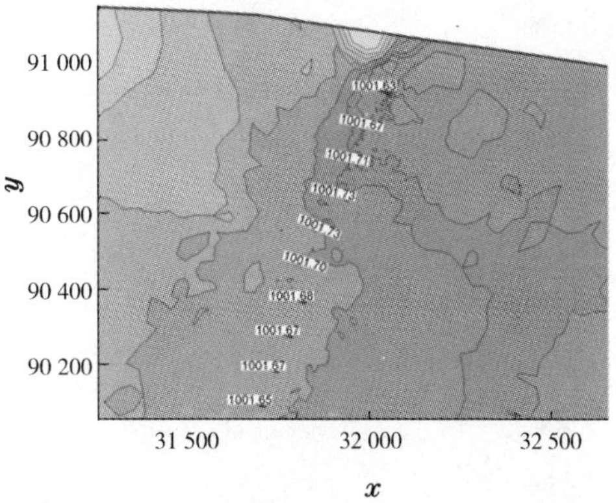

图 12-3-7　扩建后水位等值线($P=0.33\%$)

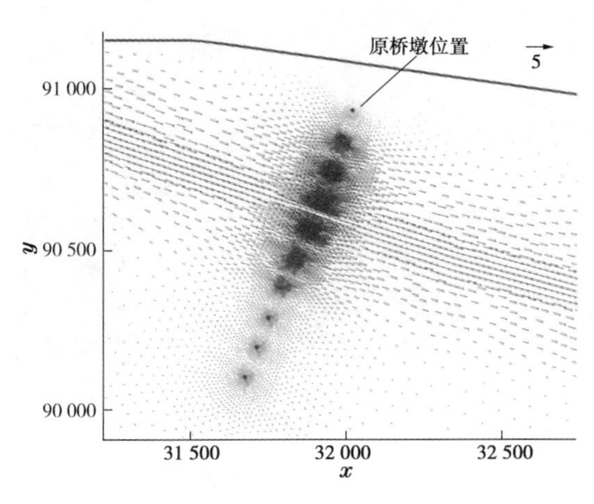

图 12-3-8　扩建前流场分布($P=1\%$)

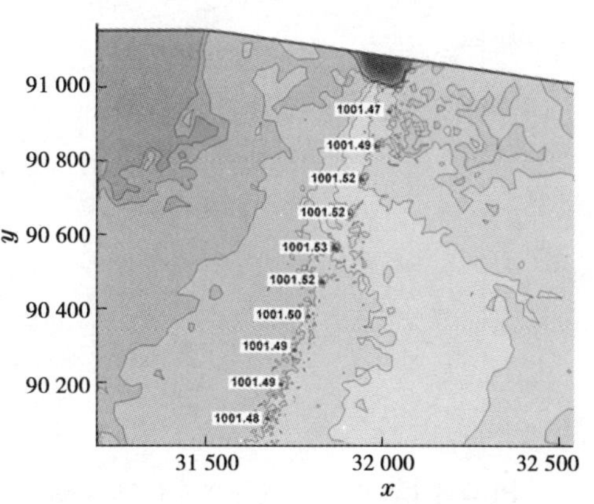

图 12-3-9　扩建前水位等值线($P=1\%$)

表 12-3-1　大桥改扩建前后代表桥墩附近计算水位统计　　(单位:m)

洪水频率(%)	项目	桥墩编号						
		49	50	51	52	53	54	55
0.33	老桥	1 001.61	1 001.62	1 001.65	1 001.67	1 001.67	1 001.65	1 001.64
	改扩建后	1 001.63	1 001.67	1 001.71	1 001.73	1 001.73	1 001.70	1 001.68
	差值	0.02	0.05	0.06	0.06	0.06	0.05	0.04
1	老桥	1 001.47	1 001.49	1 001.52	1 001.52	1 001.53	1 001.52	1 001.50
	改扩建后	1 001.50	1 001.53	1 001.57	1 001.57	1 001.575	1 001.56	1 001.52
	差值	0.03	0.04	0.05	0.05	0.045	0.04	0.02
10	老桥	1 001.20	1 001.22	1 001.26	1 001.26	1 001.26	1 001.25	1 001.22
	改扩建后	1 001.21	1 001.25	1 001.29	1 001.29	1 001.30	1 001.28	1 001.24
	差值	0.01	0.03	0.03	0.03	0.04	0.03	0.02

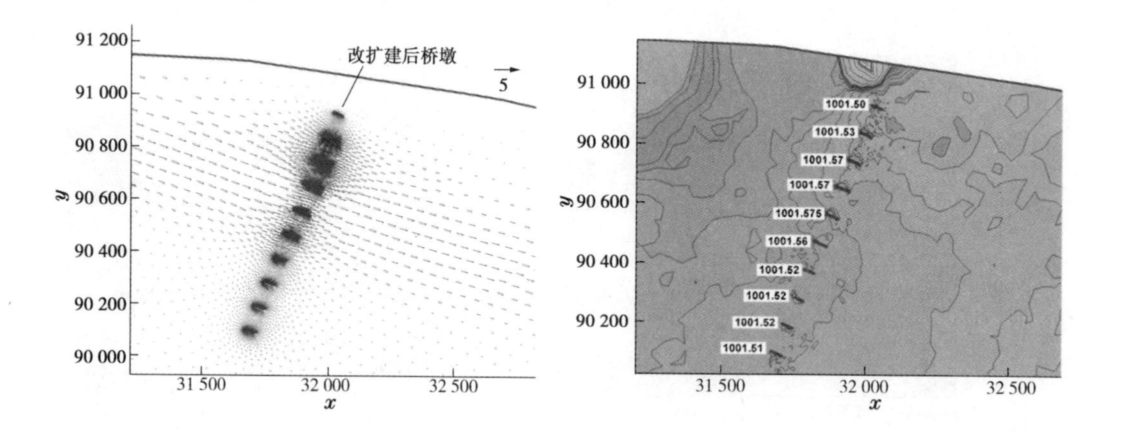

图 12-3-10　扩建后流场分布（$P=1\%$）

图 12-3-11　扩建后水位等值线（$P=1\%$）

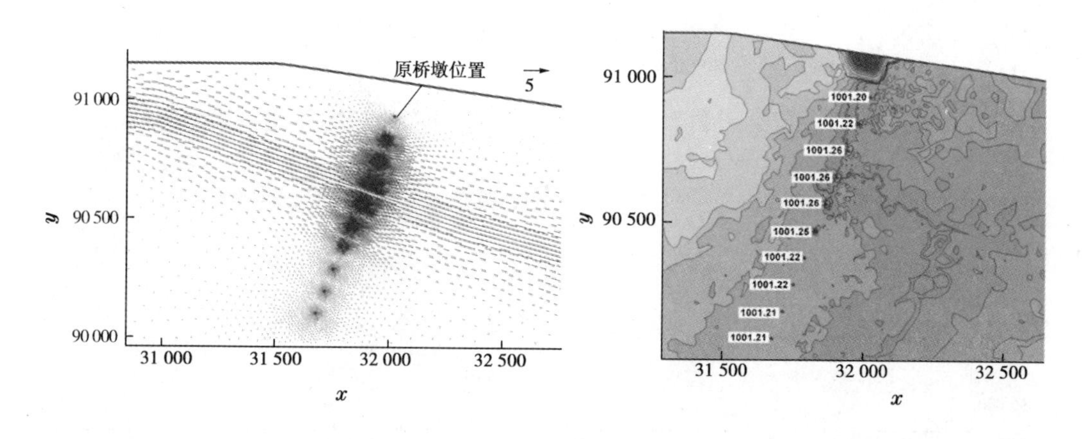

图 12-3-12　扩建前流场分布（$P=10\%$）

图 12-3-13　扩建前水位等值线（$P=10\%$）

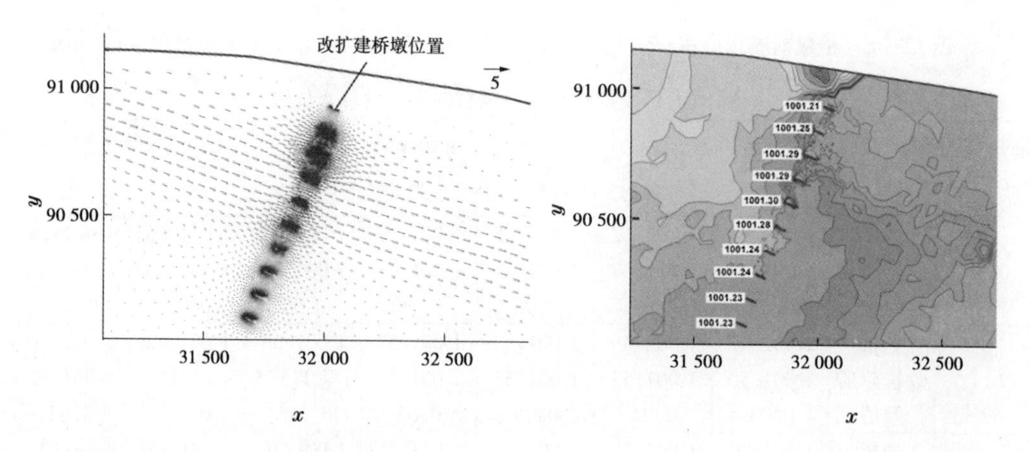

图 12-3-14　扩建后流场分布（$P=10\%$）

图 12-3-15　扩建后水位等值线（$P=10\%$）

表 12-3-2　大桥改扩建前后壅水高度与影响范围统计

频率 P		0.33%	1%	10%
原大桥	最大壅水高度计算值(m)	0.15	0.11	0.10
	回水长度(m)	3 000	2 200	2 000
改扩建大桥	最大壅水高度计算值(m)	0.197	0.149	0.122
	回水长度(m)	3 940	2 980	2 440

12.3.2.2　冰情计算分析

1. 河段冰情

黄河上游宁蒙河段冬季严寒而漫长,气温在 0 ℃以下的时间可持续 4 ~ 5 个月,最低气温可达 -35 ℃,结冰期长达 4 ~ 5 个月,大部分为稳定封冻河段,且封冻时间长,封河与开河期受气温和流量变化以及河道边界条件的影响,易形成冰塞、冰坝等较为严重的凌情,常常给该地区造成凌汛灾害。

拟改扩建黄河大桥桥位河段与昭君坟距离较近,可类比分析。根据昭君坟水文站 1957 ~ 1995 年资料统计分析,平均封冻日期在 11 月下旬,平均解冻日期在 3 月下旬,平均封冻天数 107 d。封冻期平均流量为 534 m^3/s,最大流量为 1 080 m^3/s(1973 ~ 1974 年),最小流量为 60.4 m^3/s(1976 ~ 1977 年)。封河流凌期多年平均天数为 21 d,一般发生在 11 月中下旬,封河流凌期多年平均流量为 606 m^3/s,最大流量为 1 380 m^3/s(1981 年),最小流量为 63.3 m^3/s(1986 年)。开河流凌期多年平均流凌天数为 6 d,一般发生在 3 月中下旬,最长流凌天数为 13 d(1973 年),最短流凌天数为 1 d(1988 年);多年平均流量为1 026 m^3/s,最大流量为 2 670 m^3/s(1981 年),最小流量为 479 m^3/s(1971 年)。开河流凌冰块较封河流凌冰块大,最大冰块面积达 50 000 m^2,相应冰速为 0.69 m/s,最大冰厚达 1.30 m。

2. 冰塞壅水计算分析

从冰塞形成的河段特点来看,在天然河段,冰塞一般发生在河道弯曲、水面突然变化的地方。修建大桥后桥墩使河道行洪面积减小而且改变局部水流方向,冰花遇阻后,有一部分在冰盖前沿下潜,往往成为容易产生冰塞的地方。

根据昭君坟水文站 1957 ~ 1995 年资料统计分析,结合 2007 ~ 2008 年度凌期刘家峡水库调度情况(见表 12-3-3),设计封河流凌期以多年平均流量 606 m^3/s 作为研究冰塞发展的代表流量,利用 YRCC2D 模型和水力学法进行计算,从两个方面评价改扩建工程对冰塞壅水的影响:①改扩建工程改变了桥墩附近的边界条件,对冰塞发生的概率的影响;②冰塞壅水程度。

3. 大桥改扩建对冰塞发生概率的影响分析

在设计流量为 606 m^3/s 计算条件下,利用 YRCC2D 模型对大桥改扩建前后桥墩附近流场进行模拟。

表 12-3-3　凌期刘家峡水库调度指令　（单位：m^3/s）

项目		11 月	12 月	1 月	2 月	3 月
上旬	调令	1 200	490	450	400	1 ~ 5 日 12 时　300； 5 日 12 时至 10 日　240
	实况	1 148	485	446	448	262
	差值	-52	-5	-4	+48	-8
中旬	调令	11 ~ 15 日　900 16 ~ 20 日　500	490	450	400	11 ~ 13 日　240；14 ~ 20 日 7 时　300；20 日 8 时至 20 日 15 时　600；20 日 16 时起　300
	实况	678	486	448	403	298
	差值	-22	-4	-2	+3	+8
下旬	调令	480	490	450	21 ~ 25 日　350； 26 ~ 29 日　300	21 ~ 22 日 19 时　300； 22 日 20 时起　800
	实况	482	484	450	334	639
	差值	+2	-6	0	+6	-77
实况月均流量		766	485	448	397	407

图 12-3-16、图 12-3-17 为大桥改扩建前后桥墩附近流场分布，从图中可以看出，在设计流量下洪水在主槽内演进，过流桥墩为第 50 ~ 53 号桥墩。图 12-3-18、图 12-3-19 为桥墩附近流速等值线图，可以看出，改扩建前第 51 ~ 52 号桥墩之间为主流线位置，流速约为 1.7 m/s；改扩建后主流线位置基本不变，大桥轴线与水流方向夹角约为 95°，但相应流速为 1.5 m/s，说明大桥桥墩从现状的 12.0 m 长改扩建为 47.0 m 长后，改变了桥墩附近局部的流场分布，随着桥墩的加长，主流带位置基本没有变化，但流速稍有变小。

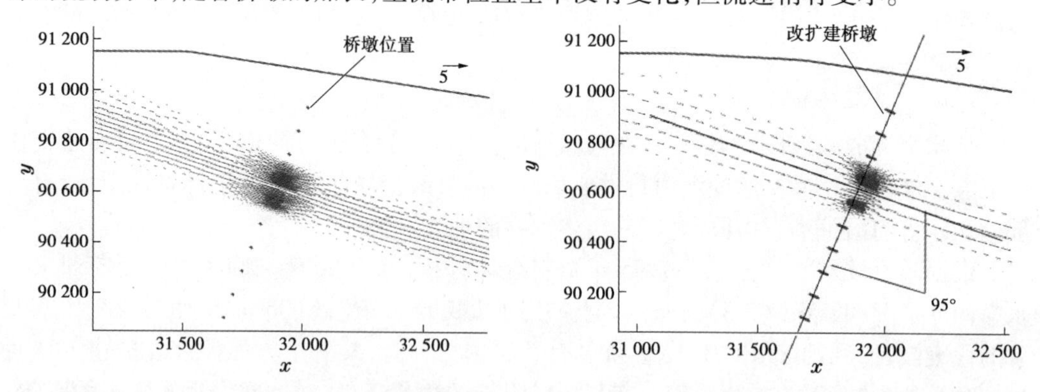

图 12-3-16　桥墩附近流场分布（现状）　　图 12-3-17　桥墩附近流场分布（改建后）

在热力因素及河道边界条件不变的条件下，水力因素成为影响冰塞发生概率的主导因素，可以用下式判断是否发生冰塞

$$N_i = \frac{Q_i}{Q} \frac{hB}{\alpha t_i(1 - p_i)B'}$$

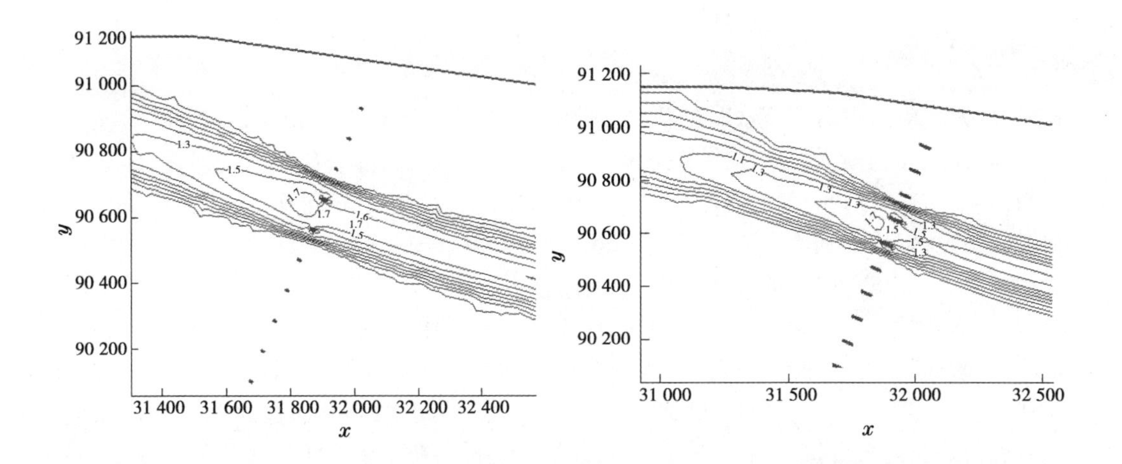

图 12-3-18　桥墩附近流速等值线(现状)　　**图 12-3-19　桥墩附近流速等值线(改建后)**

式中：N_i 为流凌密度；Q_i 为冰流量；Q 为水流量；h 为平均水深；B 为河道宽度；α 为系数，近似为 1.15；t_i 为冰块厚度；p_i 为空隙率；B' 为扣除岸冰占据的宽度后冰可以移动的宽度。

以 N_i 作为临界值判别是否发生冰塞最早是由 Frankenstein 等提出的，并且 Muttall 和 Calkins 等用其确定冰塞发生的场所。Ettema 通过试验分析冰塞现象，试验中采用近乎正方体的冰块，其长度是 1/7 水槽宽，试验发现，无论直槽还是弯槽，当 N_i 为 0.5 时，会产生冰塞现象。这点和我国黄河上的观测(流凌密度为 0.5 或大于 0.5 后会产生封冻现象)结论一致。

在桥墩附近断面地形不变的情况下，上式可以写成如下形式

$$N_i = \frac{1}{Q/(hB)} \frac{Q_i}{\alpha t_i(1 - p_i)B'} = \frac{1}{u} \frac{Q_i}{\alpha t_i(1 - p_i)B'}$$

从式中可以看出，随着流速的变小，流凌密度在增大，发生冰坝的概率在增加。因此，从定性上看，大桥改扩建后桥墩附近的流速变小了，生成冰塞的概率会相应变大。

4. 冰塞壅水计算分析

河段冰塞壅水采用水力学计算方法，参考《凌汛计算规范》(SL 428—2008)中关于冰塞的计算原理，借用昭君坟冰塞实测资料并结合改扩建大桥桥位河段的实际情况。假定上游来冰是充分的，当冰塞发展到最高壅水位时，冰塞河段的水面比降及各断面的水流条件基本达到了平衡，并趋向于某一稳定值。

基本计算公式如下

$$Q = A_{\mathrm{i}}v$$

$$v = \frac{1}{n}R^{\frac{2}{3}}J^{\frac{1}{2}}$$

一般天然河槽 $\chi_{\mathrm{b}} = \chi_{\mathrm{i}}$，则有

$$n = \left(\frac{\chi_{\mathrm{b}} n_{\mathrm{b}}^{\frac{3}{2}} + \chi_{\mathrm{i}} n_{\mathrm{i}}^{\frac{3}{2}}}{\chi_{\mathrm{b}} + \chi_{\mathrm{i}}}\right)^{\frac{2}{3}}$$

稳定流速与流量、水面宽的关系为

$$v = \frac{aQ^b}{B^c}$$

式中：Q 为相应冰塞最高壅水时的流量，m^3/s；A_i 为冰盖下断面面积，m^2；v 为断面稳定平均流速，m/s；R 为断面稳定水力半径，m；J 为冰塞稳定水面比降；B 为稳定河宽，m；n 为冰花与河床综合糙率；χ_b 为河床湿周；n_b 为河床糙率；χ_i 为冰盖湿周；n_i 为冰盖糙率；a、b、c 为经验系数，取值分别为 0.71、0.35、0.36。

从 1950～2005 年资料统计分析，黄河内蒙古段历年冰塞发生在巴彦高勒河段的次数较多，解冻开河卡冰结坝常发生在乌达、九店湾，伊盟段的扬盖补隆、三湖河口、贡格尔、王根圪卜、大如旺、色气、昭君坟，包头段的东坝、南海子、李五营子等河段。昭君坟水文站所在河段尚无详细冰塞记录资料，因此本次计算主要参考巴彦高勒河段冰塞资料。在包头至东胜公路黄河大桥扩建后，原有桥墩与改扩建建桥后桥墩阻水阻冰极易发生冰塞，因此在桥位河段冰塞计算中，假定桥位为冰塞头部位置，据此条件对该河段进行冰塞壅水计算。表 12-3-4 为该河段冰塞壅水计算结果，从表中可以看出，改扩建后桥位附近冰塞最大壅水高度为 1.84 m。这与 1991 年在巴彦高勒河段发生的冰塞（冰塞厚度为 2.5 m，壅水高 1.78 m）比较接近。

表 12-3-4　冰塞壅水计算统计

断面号	距桥里程(m)	冰盖下稳定水位(m)	冰塞洪水位(m)	冰量(万 m^3)	壅水高度(m)
桥位	0	999.03	999.26	0	0.23
86	700	999.15	999.55	49.43	0.40
85	6500	999.90	1 001.36	952.87	1.46
84	9 600	1 000.26	1 002.1	1 600.22	1.84
83	12 800	1 001.18	1 002.7	2 472.8	1.52

5. 冰坝壅水计算分析

1) 冰坝阻力的数值模拟

本书分析了冰坝形成、发展、溃决的过程，在传统的水动力学数学模型的基础上，通过确定冰坝综合糙率的方法，对冰坝现象进行数值模拟，预测桥位河段因冰坝引起的最大壅水高度、流速、水位变化。

由于冰坝和冰塞都是流冰受阻堆积，缩小了过水断面，导致上游水位壅高，从综合糙率的确定上来讲，并无本质的区别。冰坝作用下水流阻力损失的估算，与冰盖糙率、冰花糙率有直接的关系。不少科技工作者对冰盖糙率做过研究。Shen. H. T 曾根据 St. Lawrence 河的实测资料概化了冰盖糙率模型。冰盖糙率和综合糙率系数的计算公式由 Pratte 和 Uzuner 提出的封冻河流相应的曼宁系数 n_c 表达式为

$$n_c = \frac{\left(\frac{1}{2}\right)^{2/3} Y_t^{5/3}}{\left(\frac{Y_i^{5/3}}{n_i} + \frac{Y_b^{5/3}}{n_b}\right)}$$

式中：n_i、n_b 分别为冰盖和河床的曼宁系数；Y_i、Y_b 分别为最大流速范围内相应于冰盖和河床的水深；Y_t 为总水深。

考虑到桥位河段冰坝水下冰塞对糙率的影响，由于断面冰塞引起过流面积减小，湿周增大，综合糙率系数按照桥位河段冰坝横断面冰塞的比例进行修正。

$$n_c = \frac{\left(\frac{1}{2}\right)^{2/3} Y_t^{5/3}}{\left(\frac{Y_i^{5/3}}{n_i} + \frac{Y_b^{5/3}}{n_b}\right)} \left(\frac{1}{1-r}\right)^{\beta}$$

式中，r 为桥位河段冰坝横断面冰塞的比例，一般在 0～0.6，本次计算取为 0.5，β 为修正系数，结合桥位河段平面形态对综合糙率的增加进行修正。冰盖糙率按表 12-3-5 取值，河床糙率利用桥位河段实测资料采用曼宁公式推求。冰盖影响范围 Y_i 和河床影响范围 Y_b 根据实际情况确定。

表 12-3-5　冰盖下表面糙率系数 n_i 取值

结冰期平均流速(m/s)	糙率系数 n_i	
	无冰凌，冰有裂缝	有冰凌，冰有裂缝
$0.4 < v \leqslant 0.6$	0.010～0.012	0.012～0.014
$0.6 < v \leqslant 0.7$	0.014～0.017	0.017～0.020

2）计算与分析

利用 YRCC2D 模型模拟计算冰坝壅水现象，在资料分析基础上参照昭君坟水文站历史冰情观测记录，对综合糙率系数公式中修正系数 β 进行率定。根据昭君坟水文站的观测，开河流凌期多年平均流量为 1 026 m^3/s。昭君坟水文站分别在 1953 年、1954 年、1958 年发生过冰坝，具有详细资料记载的是 1955 年，冰坝结坝高度为 0.6 m，壅水高度为 0.3 m；上游魏家圪旦在 1953 年发生过冰坝，结坝高度为 2.0 m，下游马七渡口在 1955 年发生冰坝，结坝高度为 0.6 m，壅水高度为 0.7 m。本次计算综合考虑拟建桥位上下游各 100 km 范围内发生冰坝的特点，采用 3.0 m 作为桥位处冰坝壅水的率定高度，修正系数 β 率定过程如下。

图 12-3-20、图 12-3-21 为桥位河段不建桥时冰坝发生前后流场分布图，可以看出，在研究位置无工程发生冰坝时，模型计算洪水漫滩明显；图 12-3-22、图 12-3-23 为相应等值线图，图 12-3-24 为冰坝壅水位图，图中在 89 号断面以前采用二维模型计算统计水位，89 号断面以后计算结果是在二维模型计算基础上，根据实测大断面资料采用水力学法推求出水面线。可以看出冰坝最高壅水位为 1 001.95 m，壅水高度为 3.05 m，影响范围约为 25.5 km，冰坝发生位置 β 修正系数约为 2.87。在率定成果基础上采用开河流凌期多年

平均流量1 026 m³/s 为改扩建大桥桥位发生冰坝的代表流量,对大桥改扩建前后冰坝壅水进行计算分析。

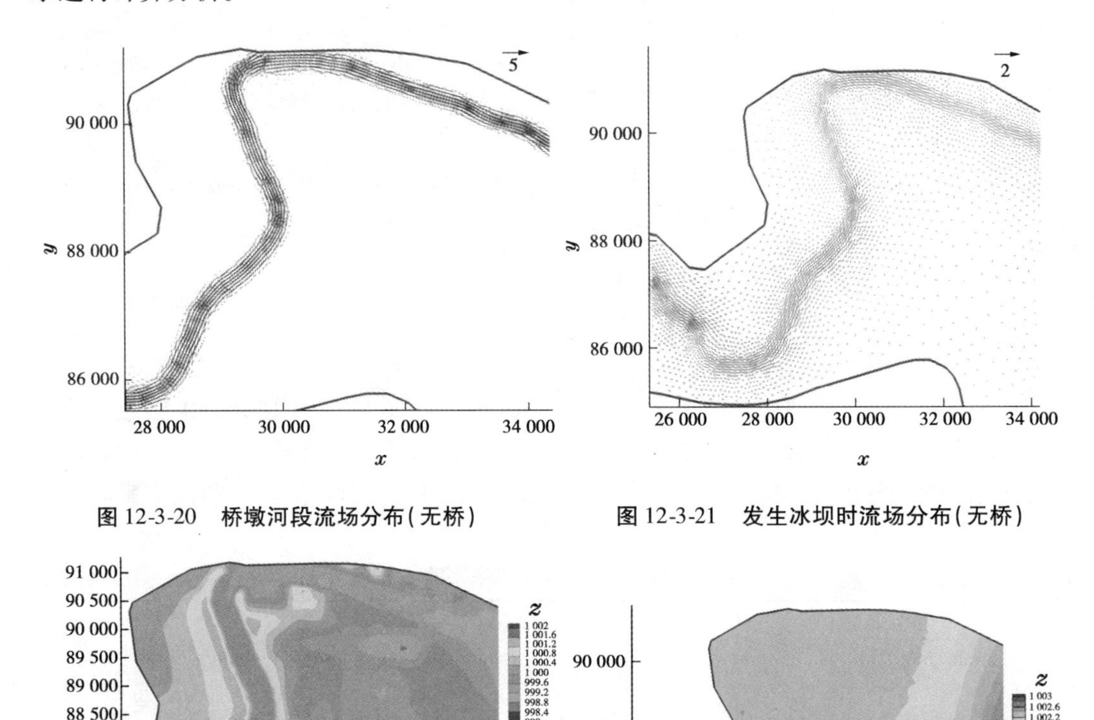

图 12-3-20　桥墩河段流场分布(无桥)

图 12-3-21　发生冰坝时流场分布(无桥)

图 12-3-22　桥墩河段水位分布(无桥)

图 12-3-23　发生冰坝时水位等值线(无桥)

在开河流凌期多年平均流量1 026 m³/s 的计算条件下,图 12-3-25、图 12-3-26 分别为计算黄河大桥改扩建前发生冰坝时附近流场及水位分布图;图 12-3-27、图 12-3-28 分别为计算黄河大桥改扩建后桥位附近发生冰坝壅水时流场及水位分布图;图 12-3-29 为大桥桥位附近不建桥及改扩建前后冰坝壅水位对比。从图中可以看出,由于桥墩的阻水作用,主流线位置第 53 号桥墩两侧流速突然增大,其下游产生较为明显的减速区,并且在桥墩的下游出现旋涡。在该河段建桥后(老桥)发生冰坝,壅水位为 1 002. 43 m,水位壅高度约为 3. 53 m,影响范围约为 34. 35 km;进行改扩建后,桥墩加长,改变了桥墩局部的水力条件,发生冰坝时壅水位为 1 002. 85 m,壅水高约为 3. 95 m,影响范围约为 35. 52 km。说明在该河段建桥发生冰坝壅水位较无桥时发生冰坝壅水位高约 0. 48 m,对大桥进行改扩建后发生冰坝壅水较改扩建前又高出 0. 42 m,大桥的改扩建对冰坝壅水有一定影响。

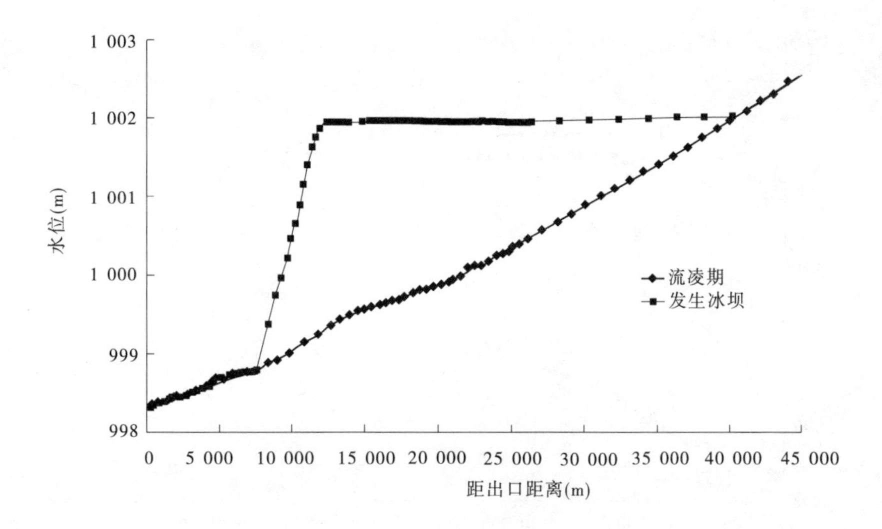

图 12-3-24　无工程时计算冰坝壅水位对比

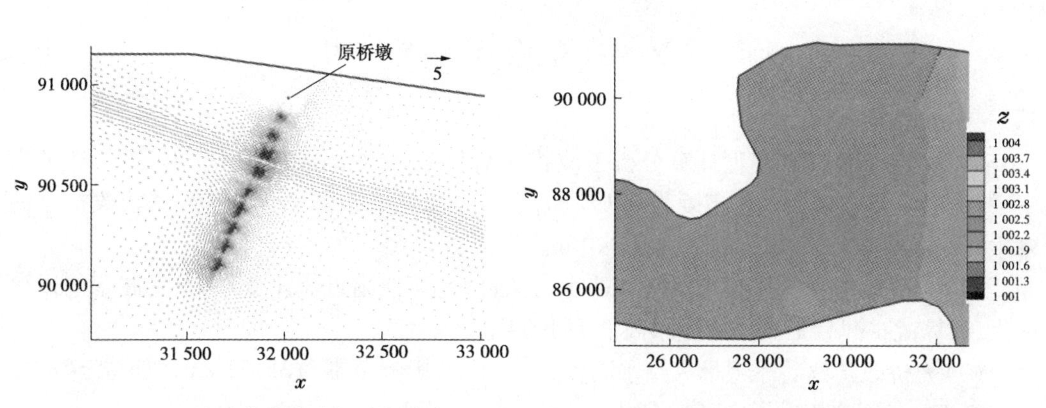

图 12-3-25　改建前发生冰坝流场分布

图 12-3-26　改建前发生冰坝水位分布

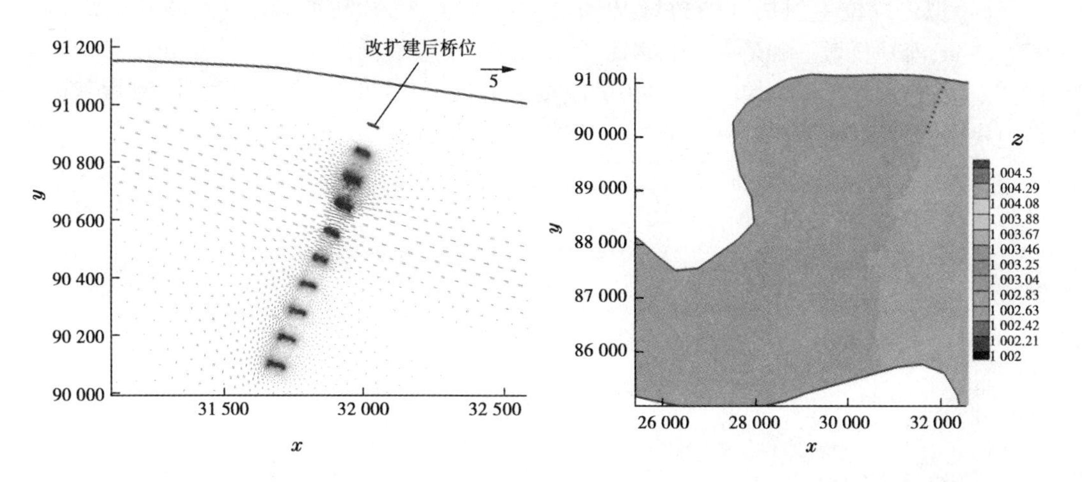

图 12-3-27　改建后发生冰坝流场分布

图 12-3-28　改建后发生冰坝水位分布

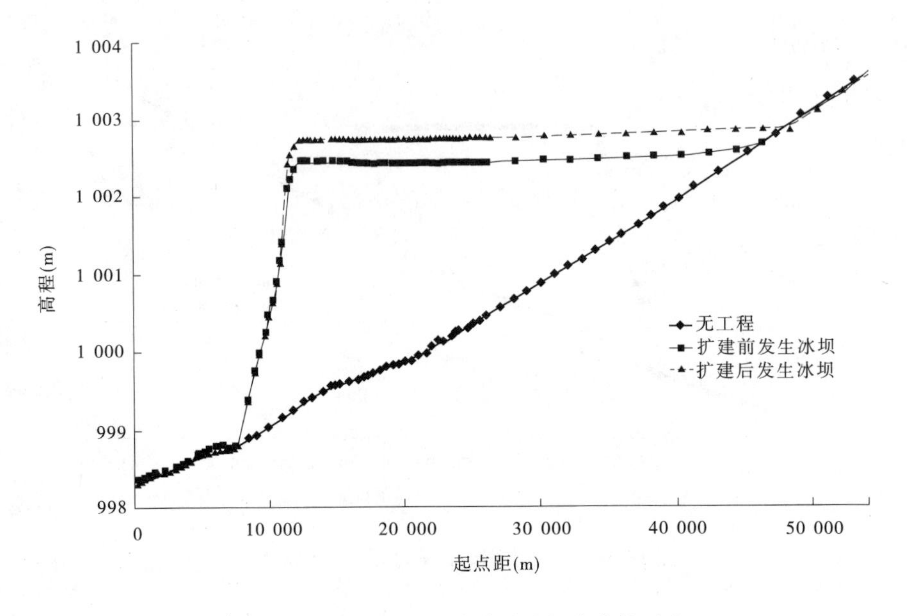

图 12-3-29　大桥改扩建前后冰坝壅水位对比

12.3.3　小结

(1)利用 YRCC2D 模型计算分析了改扩建后桥墩壅水情况,在设计 300 年一遇洪水下,改扩建后桥墩最大壅水高度为 0.197 m,最大壅水影响范围约为3 940 m,较改扩建前壅水高了 0.047 m,影响范围增大了 940 m。

(2)大桥改扩建后改变了桥墩处的水力条件,主流线附近流速变小,发生冰塞的概率变大,计算改扩建后最大冰塞壅水高度为 1.84 m。

(3)大桥改扩建后冰坝最大壅水高度为 3.95 m,影响范围为 35.52 km,较改扩建前壅水高 0.42 m,影响范围增大了 1.17 km。

(4)拟建桥位主河槽处的桥墩基础最大冲刷水深为 29.43 m,最低冲刷线高程为 972.21 m;滩地桥墩基础最大冲刷水深为 10.6 m,相应最低冲刷线高程为 991.04 m。为保证安全,建议在滩地第 49 ~ 51 号桥墩应按主河槽最低冲刷高程设计埋深,滩地其他桥墩应根据当地实际情况如串沟、低洼地等适当增加埋深。

结论与展望篇

第 13 章　主要结论与展望

13.1　主要结论

本研究以国家批复的《“数字黄河”工程规划》为导向,以河流自然场、经济社会场和生态系统场耦合的“数字流域”的新理念为指导,突出先进的水利和信息技术应用研究,编制了黄河数学模拟系统建设规划,开发了黄河数学模拟系统支撑平台,研制了服务于水库、河道、河口的各类水沙(质)模型,建立了黄河高性能计算平台,编发了研发导则和评价办法,显著推动了黄河数学模拟系统建设及其重大治黄决策中的广泛应用。主要进展结论如下:

(1)编制了全国水利系统第一部关于流域专业模型的建设规划,指导了黄河数学模拟系统建设。黄河数学模拟系统建设规划,全面分析了黄河防汛减灾、水资源管理与调度、水资源保护、水土保持、流域规划等业务对数学模拟建设的需求,系统剖析了国内外以及黄委各类模型资源现状,提出当前黄河数学模拟系统建设存在的六大突出问题;在此基础上,明确了黄河数学模拟系统建设的近期和远期目标、建设任务及原则,提出河流自然场、经济社会场和生态系统场三场耦合“数字流域”新理念;提出了基于.NET 的黄河数学模拟系统三层架构组织方式,设计了系统逻辑架构图和模型库体系结构图,确立了构件化组装的生产方式;以系统工程理念为指导,提出业务应用模型建设、技术支撑体系、管理保障体系等三大核心建设内容,力求从技术、体制机制、人才队伍、建设资金等方面为黄河数学模拟系统建设提供保障。

(2)建成了黄河数学模拟系统支撑平台,满足各类数学模型的高效集成和运行。确立了系统集成模式,即基于 VB2005、ArcEngine9.2 组件和数据库基础平台,根据水沙输移模拟和计算流程,采用以 Fortran 语言生成动态链接库(DLL)的形式、利用面向对象技术对动态链接库进行了封装,利用 ArcEngine 组件直接访问 GIS 软件的内部数据结构,实现了 GIS 与专业应用模型之间的无缝集成。

研制了三角形、四边形和混合网格生成器,实现了空间大尺度、复杂边界下高质量网格的自动生成;开发了水下地形自动生成器,在充分利用测淤断面、水边线、水文站水位流量以及沿程水位等信息基础上,实现了水下 DEM 数据的自动生成。

提出了黄河水沙数据模型,利用面向对象技术和 GIS 技术设计和开发黄河水沙各类数据模型,实现了黄河水沙模型地理信息与黄河基础数据、模型数据库属性数据的空间有机耦合和查询;在此基础上,开发了后处理构件,实现了空间水沙要素定点查询和内插、矢量数据、标量数据、时间序列数据的动态显示,以及与三维视景的耦合。

设计了专业模型输入输出标准化接口组件,研发了用于建立或存取模型数据库组件,利用 Visual Fortran6.0 系统生成静态链接库和数据模块;利用面向对象技术,实现了水沙输移模拟组件的有效封装。

(3)开展了水沙输移关键过程和高精度数值格式应用研究,开发了不同空间层次的河道、水库和河口水沙输移模型,能模拟水库(群)水沙调控及泥沙输移、河道水沙演进和污染物迁移、河口潮流和波流输沙以及灾情评估分析等。

开展了黄河下游河势变化过程及模拟方法、蜿蜒河道弯曲水流模拟方法、高含沙水库异重流输移过程及模拟方法、水库溯源冲刷过程及模拟方法等关键技术研究,拓展了黄河水沙输移模拟功能;引入挟沙能力级配和有效床沙级配的最新研究成果,利用实测资料对水流挟沙能力、泥沙沉速、动床阻力等关键参量进行系统检验。

构建了基于 FVM 的平面二维水沙数学模型。平面二维水沙控制方程采用守恒形式,数值方法采用有限体积法及黎曼近似解模型;紊流模型采用零方程模式和大涡模拟法,采用高斯三点积分法处理“斜底”问题,利用“边界追踪法”模拟动边界;在无结构网格上对偏微分方程组进行有限体积的积分离散,利用 Osher 格式、LSS 格式计算、ROE 格式、Steger-Warming 格式计算对流通量,实现扩散通量矢量的一阶和二级精度模拟;时间项可以显格式、一阶隐格式和二阶隐格式进行计算,利用预测—校正格式或 Newton - SSOR 双层迭代法求解方程组,并利用经典的实验室资料、黄河下游河道实测资料进行了完备的测试测试、率定和验证。考虑游荡性河流水流弯曲、分汊等的作用导致的环流作用,扩展了数学模型,使它具备模拟横向输沙及河床变形的能力。

开发了一维非恒定流水流—泥沙—水质模型。研发了能适用于复杂流态模拟的侧向通量格式、TVD 格式等功能模块,以满足各种水流过程的模拟;泥沙构件引入挟沙能力级配和有效床沙级配的最新研究成果;同时整合了能适用于黄河下游的若干泥沙相关理论或公式,供不同用户根据实际计算情况调用;利用实验室资料、“引黄济淀”应急生态调水水质监测资料、黄河柴油污染事件以及调水调沙实测资料进行了完备的测试、率定和验证。

研制了水库一维恒定流水沙模型。结合小浪底水库支流众多、多沙河流水库输沙流态复杂等特点,在常规的水库水沙模型基础上,开发了高含沙水库异重流输移模块、水库溯源冲刷模块和支流淤积倒灌模块等,实现了不同调度运行方式下复杂输沙和河床变形过程的动态模拟。

提出了基于 FVM 三维紊流水沙数学模型。水库三维水沙数学模型在交错网格上进行方程离散,有效消除了压力波,通过将 u、v、w、p 分别存储在四套坐标系中,同时采用延时修正的 QUICK 格式离散动量方程的对流项,保证了计算格式的三阶精度,且计算量大幅降低;采用 k-ε 模型模拟湍流,近壁区采用壁面函数法处理,壁面函数采用速度分布两层模型。与传统的单层模型相比,两层模型考虑了与壁面相邻的单元中湍流物理量的变化,使计算结果得到很大改进;利用方腔流、丁坝绕流、缩口槽道流、明渠流和丁坝水沙绕流等经典案例以及小浪底水库实体模型试验和实测资料进行了完备的测试、率定和验证。

建立了平面二维潮流输沙模型。考虑黄河口径流、潮流、波浪等因素作用下水流、泥沙输移特点,建成的黄河口平面二维模型、黄河下游—河口的一维和二维耦合嵌套模型,可以满足黄河水库调度、河道演进、河口反馈的联合计算。

研发了灾情评估构件。初步实现了社会经济信息空间分析、地理属性信息分析、各类财产损失率分析、避水迁安图层管理、经济发展预测、损失增长率分析以及洪水灾情统计与查询等功能。

(4)开展了基于 MPI 的并行计算技术应用研究,实现了平面二维模型和三维模型的并行化;搭建了黄河高性能计算平台,主力计算机——"神威"(SUNWAY)可缩放的并行计算机群峰值浮点运算速度可达 3 840 亿次/s,存储容量 2 TB;黄河高性能计算平台建设已为数值天气预报、空间大尺度水沙演进模拟提供了全天候的稳定高效服务。

(5)编制了《黄河数学模型研发导则》,有效规范了模型研发过程;初步开展了水沙动力学误差源分析,编制了《黄河数学模型评价办法》,为客观评价、应用推广黄河数学模拟系统奠定了基础。

(6)研发的水库、河道模型已嵌入黄河防汛调度系统,并已在黄河防洪风险图编制、三门峡与小浪底水库运用方式研究、黄河调水调沙试验与生产运行、小北干流放淤试验、河道整治方案研究、涉河建筑物防洪评价等重大项目或生产实践中得到了广泛的应用,产生了可观的经济、社会效益。

13.2 展　望

13.2.1 国内几个代表性的流域模拟系统

以建设目标、总体架构、建模方法及关键技术为主线,重点介绍了中国科学院寒区旱区环境与工程研究所开展的"数字黑河"模型集成、清华大学研制的数字流域模型、中国水利水电科学研究院开发的二元演化模拟系统以及黄委构建的黄河数学模拟系统。

13.2.1.1 黑河流域综合模型

2003~2008 年,中国科学院寒区旱区环境与工程研究所开展了"黑河流域交叉集成研究的模型开发和模拟环境建设"项目,初步建成"数字黑河"流域综合模型。

"数字黑河"由模型平台、数据平台和数字化观测系统组成(见图 13-1),其核心是观测、数据平台和模型平台中的信息基础设施建设,但同时也外延而扩展为以流域综合模型为骨架的各种应用。

(1)模型集成总体设计。从"水-土-气-生-人"复杂系统集成的角度出发,运用集成的流域模拟模型和管理模型,利用大量空间数据,把流域作为水-生态-经济整体研究,既定量地描述流域过程机理,又回答了宏观层面的战略决策问题。为此,要求科学目标和流域管理目标并重,发展两种类型的集成模型。第一类集成模型更多地回应科学目标,主要通过对水文和生态过程的模拟促进对流域水循环和生物化学循环的深入理解。重点是以区域大气模型为驱动,以分布式水文模型以及陆面过程模型为骨架,耦合地下水模型、水资源模型和生态模型,建立能够综合反映流域水文和生态过程的集成模型;在此基础上耦合社会经济模型,形成具有综合模拟能力的流域集成模型。第二类集成模型回应流域管理目标,最终建成以空间显式流域集成模型为基本骨架的流域水资源和其他自然及社会经济资源可持续利用空间决策支持系统。同时,发展以先进的信息技术为支撑

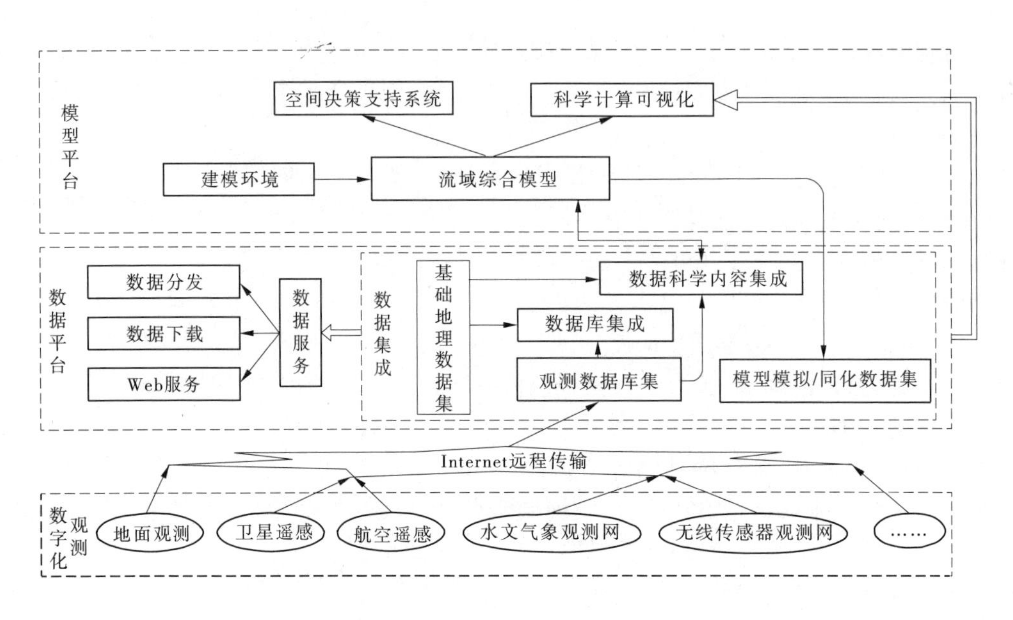

图 13-1 “数字黑河”总体设计

的建模环境,为建立流域集成模型提供有力工具。

(2)近期建设目标。一是提出适用于黑河流域上、中、下游的模拟模型。上游以分布式水文模型为核心,兼顾气候模拟以及区域气候模型输出结果的降尺度研究,重点解决出山口径流变化预测问题和大气 - 植被 - 土壤 - 冻土 - 积雪系统耦合问题;中游以水 - 生态 - 经济耦合为核心,回答以水资源合理利用为核心的流域可持续发展合理策略的问题,即建成多学科集成的生态水文和生态经济模型;下游在考虑水 - 生态 - 经济耦合系统的同时,侧重于解决地表水和地下水模型的耦合及与生态的关系。二是初步建成模拟环境。

(3)主要集成模型。综合模型研发中涉及了各类水文模型、地下水模型、水资源模型、陆面模型、土地利用模型、生态模型、社会经济与生态经济模型。各类模型应用情况见表 13-1。同时,引进和应用了模块化建模系统(MMS,The Modular Model System)和空间建模环境(SME,Spatial Modeling Envionment)等多种建模环境。

(4)发展重点。围绕黑河流域水 - 生态 - 经济 - 管理耦合模型,加强参数和模型不确定性研究。在上游山区,将重点在自有版权分布式水文模型 DWHC 基础上,深入研究冻融和积雪水文的物理过程,加强人类活动(如修建梯级水电站)对山区水文过程影响研究,重点突破冻土水文过程模型,突出积雪水文模拟。中游地区,加强季节性冻土和平原地下水排泄区微地貌的观测分析,提高数据资料的完整性;开展流域盆地水资源转化专题的综合研究;将 SME 和 PLM 景观模型全面应用于中游地区。下游地区,重点解决好地表水和地下水模型的耦合,开展生态水文建模工作。

13.2.1.2 **数字流域模型系统**

2001 年以来,清华大学以黄河流域为研究对象,开展了数字流域模型架构设计、关键技术研究和模型研发等工作。其基本结构、主要进展和发展重点如下:

表 13-1　各类模型在黑河流域中的应用情况

模型类型	模型名称
水文模型	概念模型和半分布式模型:HBV、TOPModel、SRM、新安江模型、DTVGM 应用的分布式水文模型:SWAT、VIC、PRMS、DLBRM 研制的分布式水文模型:WEP-Heihe、DWHC 耦合模型:MM5 与 DHS-VM、WEB-DHM(SB2、GB-HM 与冻土参数化)
地下水模型	应用商业软件:FEFLOW、MIKE11 自发展模型:黑河中游地下水模型、黑河下游地下水模型、地表河网－地下水流耦合模型、基于 PGMS 的干旱区地表－地下水集成模型、地表－包气带－地下水相互作用的三水源模型
水资源模型	已有模型与自发展模型的组合:灌区水平衡模型(逐日)
陆面模型	应用已有模型: 基于 SiB 的简易一维陆面过程模型、SHAW、SiB2＋包气带入渗模型、改进的 Shuttleworth-Wallace 蒸散发模型、NCAR/LSM、HYDRUS-1D 自发展模型:灌溉农田春小麦生长条件下的土壤水分运移模型、灌溉农田水平衡模型、TSEBPS
土地利用模型	应用已有模型:CLUE-S
生态模型	应用已有模型:C-Fix、CASA、TESim
社会经济与生态经济模型	自发展模型:黑河流域水－生态－经济发展耦合模型、黑河流域水资源承载力模型、环境经济综合模型、水资源优化配置模型

(1)基本结构。数字流域模型定位于大范围、流域级的水与迁移物过程模拟,是一个具有多层空间分辨率的、模型参数易于获取的、能够实现并行计算的整体模型。其基本结构如图 13-2 所示。

(2)主要进展。着眼于大流域的水沙过程模拟,提出并建立了数字流域模型系统的框架。模型框架依托 DEM 数据及其存取系统,以流域分级理论为依据,将全流域分为四级:坡面、小流域、区域(支流)和全流域,即在坡面上建立产流和产沙数学模型,在小流域河网、区域(支流)和全流域河网上分三级进行汇流演进。通过“坡面产流、逐级汇流”的组织方式,将四个层次的模型整合成一个完整的数字流域模型系统。该系统主要包括五项关键技术,即大流域 DEM 数据存取、流域沟道参数提取、基于遥感图像的模型参数提取、分布式降雨量数据存取和计算机集群并行计算。模型可用于大流域的降雨－径流模拟和水资源量计算,次洪水和连续径流过程、辅以降雨预报模块可以预报洪水,大区域或局部小流域产流产沙计算等。

(3)发展重点。开展黄河流域区域模型研究,如河源区包括融雪模型的高山草原模型、黄土高原多沙粗沙区水沙一体化模型等,耦合集成降雨预报模型和产汇流模型、地下水运动模型、非点源污染物运动模型,研制全流域骨干河网模型、骨干水库调度模型,构建灌区水分运动模型、淤地坝滞流减沙模型等。

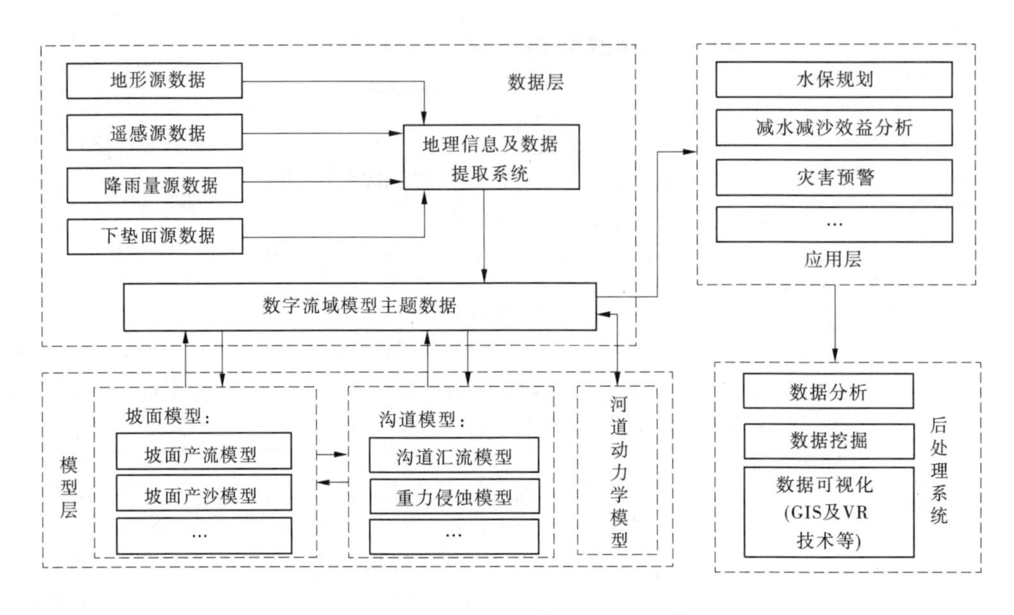

图 13-2　数字流域模型的基本结构

13.2.1.3　二元演化模拟系统

1999 年以来,中国水利水电科学研究院依托"黄河流域水资源演化规律与可再生性维持机理"项目开展了二元演化模型研制,其总体架构、核心模型及发展重点如下:

(1)总体架构。流域水资源二元平台主要包括基础平台(由网络和操作系统、安全机制、评价机制等组成)、数据库系统、应用系统(数据管理、应用分析和模型库)三部分组成。二元平台总体架构如图 13-3 所示。

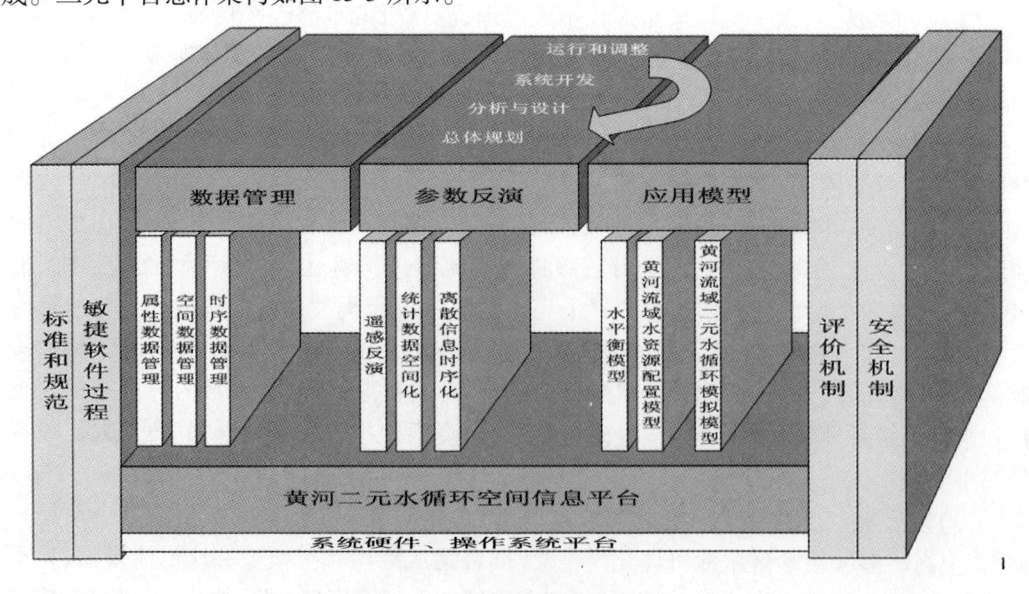

图 13-3　二元平台总体架构

(2)核心模型。流域水资源二元演化模型,主要由流域分布式水循环模型(W EP-L,Water and Energy Transfer Process Model in Large River Basins)和流域集总式水资源调配模型(WARM,Water Allocation and Regulation Model)耦合而成。

WEP-L 模型最大的特点是对分布式流域水文模型与 SVATS(土壤 - 植物 - 大气通量交换方法)的综合,它可以模拟水循环各要素过程(包括植被截留蒸发、土壤蒸发、水面蒸发、植物蒸腾,降雨入渗及超渗坡面径流,壤中径流,地下水运动、流出与溢出,坡面和河道汇流,积雪融雪过程等),也可以模拟能量循环过程(包括短波辐射、长波辐射、潜热通量、地中热通量、显热通量、人工热排出量等)。WARM 模型包括水资源合理配置模型和水资源调度模型。水资源合理配置模型核心模块是水资源供需平衡模拟子模型、计量经济子模型、人口预测子模型、国民经济需水预测子模型、多水源联合调度子模型、生态需水预测子模型等。水资源配置模型通常以月或旬为时间尺度,以大空间尺度为配置单元。水循环模拟则以日为时间尺度,以配置单元套灌域、土地利用和种植结构为空间尺度。为此,采用双向耦合模式实现大尺度信息向小尺度信息的分解,以及小尺度信息向大尺度聚合。水资源合理配置信息耦合模式见图 13-4。

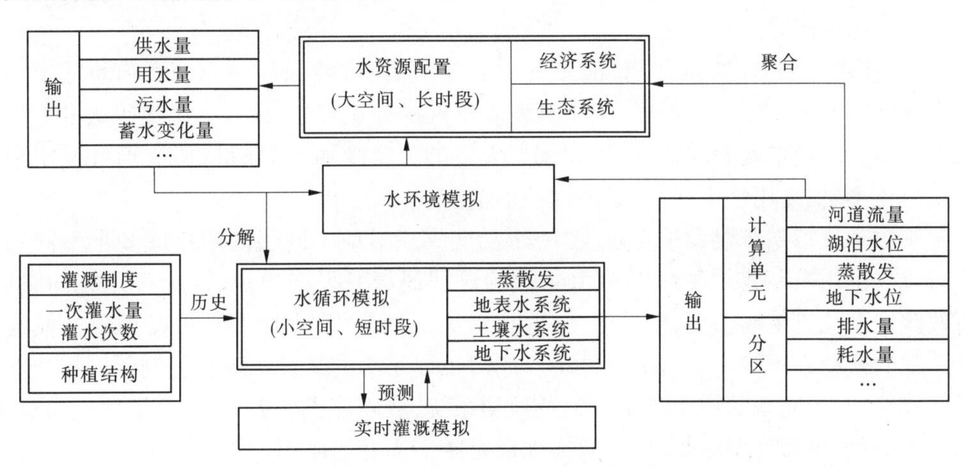

图 13-4 水资源合理配置信息耦合模式

(3)发展重点。包括“自然 - 人工”二元水循环多元信息采集与同化技术,水循环大气 - 地表 - 土壤 - 间环节地下水过程的综合模拟,流域水量循环及伴生水化学、泥沙、生态过程综合模拟,流域环境虚拟与集成型数字流域平台构建技术。

13.2.2 流域数学模拟系统发展趋势

流域数学模拟系统建设,日益注重与 3S 技术,特别是 GIS 技术的耦合;注重前后处理可视化,以交互的方式监视和干预计算过程,实现驾驭式计算功能(Computational Steering)。在发展理念、生产范式、质量评测、集成建模以及支撑途径等方面均呈现了新的发展态势。

13.2.2.1 在发展理念上，从水－经济－生态分离模拟，转向水循环及其伴生水过程综合模拟和水－经济－生态过程的耦合模拟

流域是一个相对完整的地貌单元，水文循环驱动化学、泥沙、生态演化迁移，塑造相应的河流地貌。水流因传质而变化了特征，不同传质如污染物因泥沙存在而产生的吸附降解作用显著改变着各自的运动变化，不同流域地貌又造就各自独特的水文过程。为研究单一传质或过程采用的"分离"方法，要转向多过程、多传质耦合的"综合"方法，来实现水循环及其伴生水过程的综合模拟。科学已经证明采用偏微分方程组（PDEs）的方法可以求解多物理场现象，为综合模拟提供了技术支持。

由于人类活动，天然河流已变成人工天然河流，满足单目标的分散模型已不足以反应各种工程与非工程措施所引起的河流复杂响应。流域管理的多目标和精细化，愈加突出自然过程、生态环境和经济社会的综合模拟，愈加需要全过程、全要素的动态定量模拟预报。为此，要从水－土－气－生－人复杂系统集成的角度出发，运用交叉集成的流域模拟模型和管理模型，构建流域数学模拟系统，实现水－生态－经济多场耦合。

13.2.2.2 在生产范式上，从粗放的源代码级开发，转向模块化开发、构件化组装的集约化生产方式

早期，涉水模型多是"谁使用、谁开发"或"谁开发、谁使用"，一个功能模块或模型对应一个或极其有限个用户。同时，限于开发者本人的知识背景，粗放的源代码级开发尽管增强了研发者对模拟问题的认知，也积累了大量的可供深加工"原材料"。但开发出来的程序模块化不足、复用性不强、可扩展性不够。

流域数学模拟系统建设重点解决"一个功能模块对应不同层次用户或多个不同功能模块对应一个用户"，需要系统结构由粗放的源代码级开发向模块式、组件化方向发展。这将使软件系统更易局部更新，适用范围更广，灵活性更强，也使用户可以更加方便地将自己编制的模型程序嵌入进这类软件中。同时辅以足够的文件系统和用例帮助用户熟悉与操作软件、开发完备的错误防止措施及检测系统，从而使模型更易维护、知识更易积累、效用发挥更足、生命周期更长，可以敏捷地满足随需而变的应用系统需求。

13.2.2.3 在质量评测上，从单纯注重结果，转向过程和结果并重，更加注重模型和参数的不确定性

在评价模型时，经常听到"我才不管你怎样算，只要给出'合理'的结果就行"。潜意识中在回避模型本身的不确定性，将模型评测这个复杂的科学问题简单化，把一个目前还相对"灰色"的模型评测问题变成了仅以结果来确定是与否的"黑白"问题。不重视甚至忽略模型和参数不确定性一直是制约国产软件发展的最主要瓶颈之一。

数学模型是对描述对象规律性认识的数学化表述，其主要误差包括数值误差、物理误差和边界误差等。数值误差指计算机本身带来的可能误差和数值方法产生的误差，物理误差指模型所描述的物理现象数学表述不完备或简化处理而引起的误差，边界误差主要指初、边界条件表达不完备所引起的误差。James Westervelt 对诸如被排除在外的因素引起的误差，内含误差，不正确的算法、不合适的内插和外推、不合适的时间和空间分辨率、不合适的时间步长算法、不正确的输入、不合适的执行次序等因素所带来的误差。随着数学模型的大量研发和应用，我们逐步认识到，在任何建模工作中，误差源是大量的，有时令

人惊讶。对模型人员的挑战是要敢于承认模型和参数的不确定性,追踪确认与模型相伴的实际误差,并了解这些误差对于模型为它服务的管理决策的可能影响等。

13.2.2.4 在面向流域管理的集成建模上,由公共用户界面、科学模型集成于管理模型的底层、转化为管理模型的模块转向公共开发环境建设

流域集成建模方法从发展阶段来讲,主要包括公共用户界面方法、科学模型集成于管理模型的底层、科学模型转化为管理模型的模块等(见图 13-7)。公共用户界面方法是将已有的科学模型集中放置在公共用户界面之后,由它来逐个调用。该方法一般只是适合于科学家和工程师。将科学模型集成于管理模型的底层,可以使用非直接的方式调用模型,或者那些运行模型的科学家对它们进行参数化。该方法一则受限于原模型的数据定义、时空分割方法等;二则需要顺序执行模型,如果模拟模型不断改变其他模型作为(在启动时)固定状态的条件,这种方法就不适应了。舍弃已有科学模拟模型的用户界面和数据输入,将其转化为管理模型的模块或子程序,并且采用多个模型同步运行的公共执行环境(如美国地质调查局的模块建模系统(MMS)等),其不足之处在于模拟模块依然存在由数据定义、内部数据格式、通信中的低效率所造成的问题等。

从计算机科学的角度,最彻底的集成方法是从头开发新软件。从底层集成避免软件之间接口的复杂性,这是因为不同软件是在不同的时间和地点,使用不同的语言和方法开发的。如通用的地理信息系统。当前的挑战是建立一个用于开发大量集成化软件组件的公共开发环境。近阶段,解建仓等提出的"知识可视化综合集成支持平台",为流域集成建模和水利信息化综合集成应用提供了新的模式和平台。以平台为核心的应用模式如图 13-8 所示,该过程反映开发方法和具体使用平台的步骤:①专家或决策者在脑海中形成主题,包括灵感触发、思想形成到明确主题;②概念形成,绘制知识图,将主题转化为整体或者上层概念,通过知识图著作工具进一步细化概念;③关系的形成,通过知识图概念关系的连接,优化概念结构,反复逼近,获得满意的主知识图;④主知识图分解为子知识图,即从定性到定量的转换,具体表现在概念向方法、模型的转换,主知识图向有方法和关系形成子知识图的转换;⑤数据模型关联,即定量表达,具体表现在知识图与组件关联,这需要以组件为核心应用模式的强力支持;⑥应用的部署和使用,平台还提供应用运行环境,即将编辑好的知识图加载到运行环境中执行。

13.2.2.5 在支撑途径上,更加注重多源数据同化,更加注重以模型关键参量和物理图式确定基础性研究

数据同化是由早期气象学中的"分析"(Analysis)技术发展而来的,其基本含义是根据一定的优化标准和方法,将不同空间、不同时间、采用不同观测手段获得的观测数据与数学模型有机结合,纳入统一的分析与预报系统,建立模型与数据相互协调的优化关系。数据同化可为数值计算、数值预报提供初始场、边界条件,确定某些难以观测的输入量,同时模型中的某些参数也可以通过同化得到优化。因而,利用数据同化技术可以最大限度地提取观测数据所包含的有效信息,提高和改进分析与预报系统的性能。目前发展的数据同化方法有很多种,如多项式内插法、最优插值法、客观分析法、Blending 法、Nubging 法、卡尔曼滤波法、变分伴随法等。以上方法已在气象学和海洋学领域得到广泛应用,在水利行业中也有涉及。

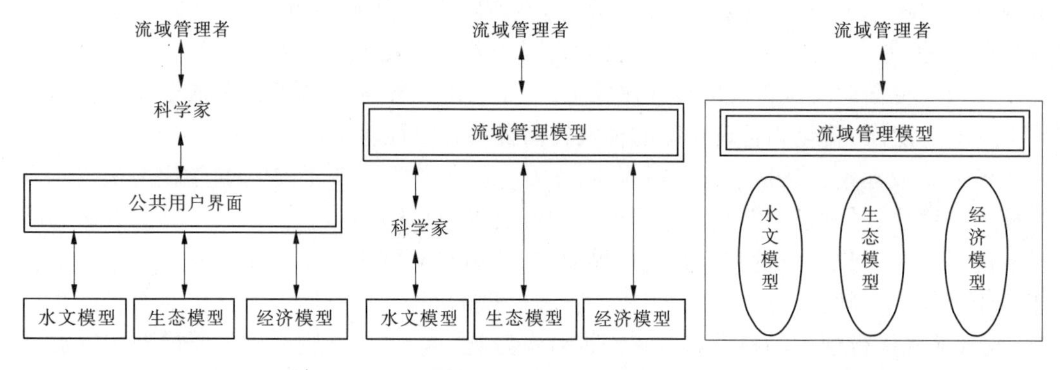

(a)公共用户界面下的模型集成 (b)科学模型集成于管理模型的底层 (c)科学模型转化为管理模型的模块

图 13-7 流域模型集成建模方法

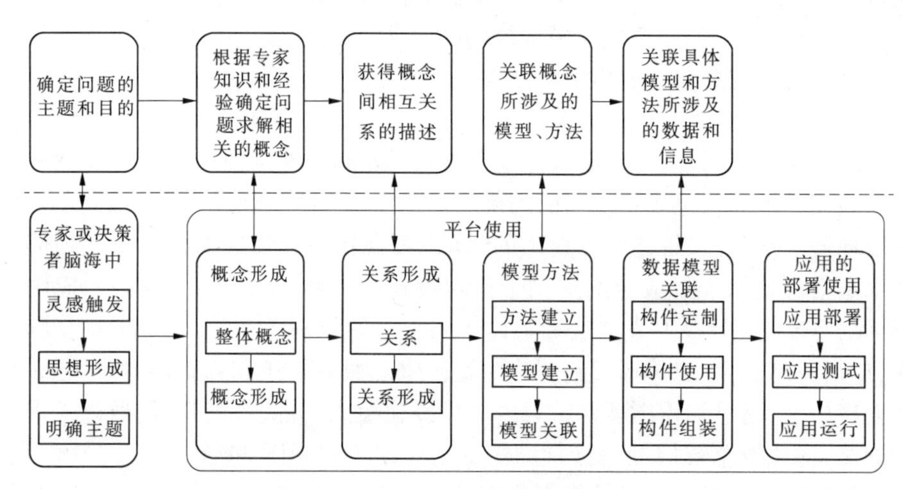

图 13-8 以平台为核心的应用模式

业务应用是规律研究和模型建设的目的和归宿,并为其提供需求和检验平台;规律研究可以为数学模型和业务应用提供基础支撑;模型作为"中介",是联系业务应用和基本规律研究的纽带,通过业务应用检验规律研究的可靠性。数学模型要求机理研究不仅能给出一个物理图式,能定性描述,还要给出准确的数学公式,能定量表达。基本规律对于数学模型,犹如空气和水对于人的生命,基本规律研究认识不清楚,流域模拟系统就没有生命力,就不能持续健康发展。围绕模型关键参量和物理图式的确定,开展流域水循环及其伴生物质演化过程规律性研究尤为必要且更具针对性。

13.2.3 模拟系统建设热点和难点问题

针对流域数学模拟系统建设,当前研究的热点和难点问题主要包括以下几个方面:

(1)数学模型不确定性及评价技术。不确定性研究的意义在于它力图反映河流水沙数值模拟能在多大程度上接近真实的过程,以便使用者做到心中有数。主要研究方向包括蒙特卡罗模拟等不确定性方法应用,模型误差来源、概率分布及其量化表达方法,数学模型质量评价准则及要素,数学模型评价标准用例建设等。

(2)数学模型复杂数据高效存取及其仿真可视化。针对数学模型复杂数据,研究流域数学模拟系统数据管理技术,实现海量复杂数据高效访问和存取;利用 VTK 等技术渲染模型结果复杂数据;研究相关技术,实现遥感影像、DEM 矢量数据、模型结果复杂数据的叠加耦合,以及基于流域实景地图环境的模型计算结果动态展示。

(3)协调大尺度和跨学科模型集成及云服务技术。主要包括不同流态/空间尺度的高效能数值格式应用研究(如坡面产流与溯源冲刷时流态计算等),水 - 生态 - 经济等多时空尺度模型的双向耦合技术,集成化软件组件的公共开发环境开发,数字流域平台/软件云服务技术等。

(4)卡尔曼滤波法和三维/四维变分同化技术应用。目的在于如何充分利用各类点/面观测数据,获得最佳的模式参数,构建适合的流域模型,减小观测值和计算值之间的误差;在复杂模型选择和海量观测数据提供间寻求平衡,提升无资料和不完全信息下水文过程预报精度。

(5)基于物联网的混合虚拟河流试验技术。混合虚拟河流试验是将现实河流试验和虚拟河流试验结合、互动而形成的一种虚实耦合河流试验方式,可以实现虚拟计算和现实模拟的同步。依据河流实体模型试验的相关方法与技术,重点建立包括虚拟河流试验相似原理等的理论框架;探讨野外河流试验、室内河流模型试验与数字虚拟试验的对应、关联与互补关系,建立动态复杂性河流系统的试验地理方法;设计与实现用于支持动态联动试验的传感器网络与实时信息传输技术,基于高性能计算、可视化地学协同技术,构建混合虚拟河流试验的计算支撑与综合集成协同研讨环境。

(6)水循环及其多物质输移过程及模拟技术。如流域水文与地貌特征关系研究及量化表达,黄土高原坡沟耦合侵蚀过程及模拟方法研究,坡面产沙与溯源冲刷过程相似性及模拟方法研究,水流运动 - 泥沙输移 - 河床变形全耦合模拟理论与技术,河道河势变化过程机理及模拟方法研究;波浪掀沙、潮流输沙过程耦合及其模拟方法研究,高含沙水流环境下不同类属污染物的沉降再悬浮、吸附解吸和降解过程及模拟方法研究,冰体热力生消、封冻河流阻力变化等过程及模拟方法,水库群联合调度模拟与优化耦合技术等。

附录 1　数学模型资源汇总

附表 1　国外主要数学模型资源汇总(模型)

名称	主要功能和性能描述	应用情况/存在问题
土壤侵蚀模型		
USLE 通用土壤流失方程(美国国家水土流失资料中心)	用来计算年平均土壤流失量,预测坡面土壤侵蚀量,从而指导人们进行正确的耕作、经营管理,采取适当的水土保持措施;对缓坡地进行模拟,以年为计算步长	USLE、RUSLE 模型在土壤侵蚀研究领域一度占据主导地位,不仅在美国而且在全世界得到了广泛应用,我国在引进 USLE 方面也取得了一些进展,统一了方程中各因子的算法,定量计算出土壤侵蚀量,对研究区土壤侵蚀情况进行了分析
RUSLE 方程(美国国家水土流失资料中心)	模拟有细沟和无细沟两种情况下的土壤侵蚀,是对 USLE 模型的修正预报方程;模拟缓坡耕地及非农耕地土壤侵蚀量(不适应陡坡地),以年为计算步长	
乡村流域水资源模型(SWRRB 模型,Williams 等)	分布式参数模型,采用子区划分方法,用于预报流域选定管理方案对水沙的影响;模拟几百平方千米的复杂流域,以日为计算步长	模型缺乏汇流汇沙计算,需要完善
水土资源评价模型(SWAT 模型,美国农业部农业研究所 USDA-ARS)	SWAT 模型是面向过程的、分布式模型体系,模型可以在较大的流域范围内,预测不同的流域管理措施对产水、产沙及农业化学物质而产生的影响;以流域为模拟对象,采用日为时间连续计算,以天为计算步长。SWAT 模型主要包括污染负荷模型、产汇流模型、土壤侵蚀模型	SWAT 模型在加拿大和北美寒区具有广泛的应用, 模型的运行需要大量的参数输入,限制了模型的推广
水土流失及化学物流失预报模型(CREAMS 模型,Knisel)	集总参数模型,模拟农田管理系统中,不同措施管理下的非点源污染,主要用于估算对地表径流和耕作层以下土壤水的污染状况。农田尺度的模型,模拟连续或离散的暴雨过程	模型中缺乏沟道计算,需要完善沟道侵蚀的模拟

续附表 1

名称	主要功能和性能描述	应用情况/存在问题
水蚀预报模型（WEEP 模型，美国农业部）	分坡面和流域两个版本，坡面版直接取代了 USLE，流域版作为坡面版的扩展，可模拟降水入渗、灌溉、地表径流、土壤分离、泥沙运移与沉积、植物生长和残茬分解等。用于预报流域与土壤侵蚀过程，评价流域内地形、土壤特征、土地利用和农业管理措施对土壤侵蚀的影响。流域模型只能用于田块尺寸范围，最大范围大约为 260 hm^2，气候文件按逐日输入	只能模拟片蚀、细沟侵蚀，不能模拟较大规模的沟蚀和流水沟道侵蚀
土壤侵蚀模型（GUEST 模型，格里菲思大学）	分布式次降雨小流域土壤侵蚀模型，模拟有细沟和无细沟两种情况下的土壤侵蚀；以小流域为模拟对象，以分钟为计算步长	
分布式次降雨小流域土壤侵蚀模型（ANSWERS 模型，Beasley 和 Huggins）	评估土地利用和管理措施等变化对土壤侵蚀所造成的影响以及土壤侵蚀的空间变化，以及污染物的流失量；以农田或流域尺度为模拟对象，模型利用不连续的降雨数据，模拟水文过程，在径流事件内以 30 s 为步长，在径流事件间则以 1 d 为步长	在模拟低强度降雨时要比模拟高强度降雨时难得多。主要模拟缓坡农地的侵蚀，不能模拟陡坡沟道侵蚀
LISEM 模型（荷兰 De Roo）	基于 GIS 的土壤侵蚀物理过程预报模型，以栅格为侵蚀计算单元，为水土保持规划提供一个支持工具；模拟范围从 1 hm^2（1 万 m^2）到 100 hm^2（100 万 m^2）的农业流域，以分钟为计算步长	该模型中的许多参数不易获取
AGNPS 模型（美国农业部）	模拟小流域土壤侵蚀、养分流域和预测评价农业非点源污染状况的计算机模型；以小流域为计算范围，以分钟为计算步长	
次降雨分布式侵蚀模型（EUROSEM 模型，R. P. C. Morgan 等）	从侵蚀产沙过程入手，并与 GIS 和决策支持系统结合在一起，模拟流域土壤侵蚀过程；以流域为计算范围，以分钟为计算步长	EUROSEM 在欧洲推广应用较多；以缓坡为主的小流域，对大暴雨条件下侵蚀产沙过程的预报精度不高
水质模型		
Streeter-Phelps 模型（印第安纳州，1925）	描述一维稳态河流中的 BOD – DO 的变化规律（包括 Thomas、Dobbins – Camp、O’Connor 等形式），适合于河流流速与流量以及污染源的排放量在相对较短的时间里较稳的中小型内陆河	国内外得到广泛应用，国内已用于大清河支流拒马河水质预报

续附表 1

名称	主要功能和性能描述	应用情况/存在问题
QUAL 系列模型(美国国家环保局,1970)	一维稳态水质综合模型,主要模拟分支河网富营养化过程。能够模拟点源和非点源的负荷,可以模拟 16 种水质组分,包括溶解氧、生化需氧量、温度、藻类、叶绿素 a、有机氮、氨氮、亚硝态氮、硝态氮、有机磷、可溶性磷、大肠杆菌、任意 1 种非保守性的组分和任意 3 种保守性的组分。模型经历了 QUAL – Ⅰ、QUAL – Ⅱ、QUAL2E、QUAL2E – UNCAS、QUAL2K 等版本	在国外已广泛用于河流水质模拟及河流规划管理。QUAL2K 国内已运用于汉江中下游和大沽河流域
WASP 模型(美国国家环保局,1983)	水动力学模块(DYNHD5)为一维,水质模块为准二维,能模拟几个底泥层和 2 个水体层。水质模型由常规水质 EUTR05 模型和有毒物质污染的 TOXI 模型。EUTR 模型可以模拟溶解氧、生化需氧量、氨氮、叶绿素、有机氮、硝酸盐、有机磷、无机磷等物质迁移变化;TOXI 模型可以模拟有毒物质的污染,包括有机化学物质、金属和泥沙等	已广泛用于河流、湖泊、河口、水库、海岸水质模拟。如太湖藻类动态模拟;南水北调后襄樊段水质预测;二次开发建立的苏州河水质模型,进行苏州河一期整治方案计算
OTIS (One Dimensional Transport with Instream Storage)模型	带有内部调蓄节点的一维水质模型。它只研究用户自定义水质组分,能模拟河流的调蓄作用,还可用于模拟示踪剂试验,还提供了参数优化器	已广泛用于国内外河流
MIKE 系列模型(丹麦)	模型包括的水质变化过程很多,研究变量包括水温、细菌、氮、磷、DO、BOD、藻类、水生动物、岩屑、底泥、金属以及用户自定义物质。MIKE11 是一维动态模型,MIKE21 主要用于湖泊、河口、海岸地区水质垂向变化模拟预测,MIKE3 则主要模拟三维问题	已广泛用于国内外河流
QUASAR 模型(Quality Simulation along River System)	一维动态水质模型,适用于模拟枝状河流。它包括 PC_QUASAR、HERMES 和 QUESTOR 三部分。PC – QUASAR 模型用含参数的一维质量守恒微分方程来描述枝状河流动态传质过程。PC_QUASAR、QUESTOR 可随机运用 Monte Carlo 模拟方式来模拟大的枝状河流体系,可同时模拟水质组分 BOD、DO、硝氮、氨氮、pH 值、温度和一种守恒物质的任意组合	在水环境规划、水质评价、治理等方面有较为广泛的应用前景,非常适用于大型河流的溶解氧模拟,成功地应用于英国 LOIS 工程

续附表 1

名称	主要功能和性能描述	应用情况/存在问题
CE-QUAL 系列模型(美国陆军工程兵团)	模型包括的水质变化过程很多,研究状态变量包括水温、氮、磷、DO、藻类、水生动物、鱼类、硅土、硫、金属、悬浮颗粒物、可溶固体颗粒、pH 值等。CE - QUAL - R1 为垂向一维模型,可采用 Monte - Carlo 法计算可靠度;CE - QUAL - RIV1 为纵向一维模型,主要模拟分支河网的水流量与水质变化;CE - QUAL - W2 为立面二维模型。CE - QUAL - ICE(Integrated Compartment model)为集成网格模型,可以模拟一维、二维、三维问题	已广泛用于国内外河流
BASINS 模型系统(美国国家环保局)	基于 GIS 环境,使用 Arcview 界面、内嵌 HSPF、EFDC 和 QUAL 系列模型。该系统包含国家环境数据库、评价模块、工具、水系特性报表、河流水质模型、非点源模型和后处理模块等组件。其中,HSPF(Hydrologic Simulation Program Fortran)是一个经验水系模型,模拟标准富营养化过程,也能模拟其他水质组分如杀虫剂的传输;EFDC(Environmental Fluid Dynamics Code)为三维地表水数值模型,包括水动力学模块(CH3D)和水质模块(WSP5 原理类似),适用于模拟水动力(湖流和温度场)、溶解态和颗粒态物料的迁移、沉积物作用、营养化过程以及水生生物的不同生命周期的湖泊生化过程等	EFDC 模型已用于密云水库和滇池水质模拟
MMS 模型系统(the Modular Modeling System)(美国地质调查局)	内嵌 BLTM、DAFLOW 和 MODFLOW 模型。GIS 根据帮助用户将数据输入该系统,它则与一个决策支持系统联系。其中,BLTM(the Branched Lagrangian Transport Model)为一维瞬态水质综合模型,包含 QUAL 所有的水质变化过程;DAFLOW 为分支河网水动力学模型、MODFLOW 为地下水流量模型	
SMS 模型系统(美国 Brigham Young 大学)	二维地表水模拟系统,主要包括水动力和泥沙模型(包括 RMA2、RMA4、SED2D、HIVEL、FESWMS、WSPRO 等),仅含有限水质变化过程(近期将嵌入 CE-QUAL-ICE 模型,包含的水质变化过程将增加)。其中 RMA2 为二维有限元水动力学模型;RMA4 为能模拟 6 个用户自定义组分传输的二维水质模型;SED-2D 为二维底泥传输模型;FESWMS 为有限元表面水模型系统,主要模拟流经许多人工构筑物如堤坝、桥梁的河口和河流的水动力学过程	

续附表 1

名称	主要功能和性能描述	应用情况/存在问题
SOBEK 模型(荷兰 Delft 水力研究所)	用来模拟和管理各种水环境问题的综合软件包,具有基于 GIS 的用户图形界面,一维流、二维坡面漫流、降雨径流及一维地貌、一维水质和实时控制模拟等模型,水动力一维、二维、三维模拟引擎是其计算内核。是一个具备开放过程库和开放式模型公共接口(OpenMI)两种方法的、采用一体化方法软件环境的开放式系统	应用于黄河利津以下河段以及黄河三角洲保护区内湿地漫流过程的水动力学模拟。模拟过程中尚不能进行动床模拟;目前仅能模拟一维情况下的河流水质变化,对于二维条件下水体的变化仍处于完善中
LEDESS 模型(Landscape Ecological Decision Evaluation Support System)	景观生态决策支持系统,是一个基于栅格地理信息系统的典型明晰化模型,能系统运用相关空间信息和生态学信息知识对预案导致的生态学后果进行空间模拟和定量分析,并将结果予以空间直观表达。还是一个基于知识的专家模型,其整合了生境过程与景观管理的专家知识,对解决复杂的区域资源与景观生态管理方面的问题是一个非常有效的途径	在黄河三角洲湿地生态需水计算及评价中应用。所需数据和参数较多,主观性较强
河冰模型		
Rice 模型(美国 Clarkson 大学,1990)	一维非恒定流冰动力学模型,主要模拟水体温度、初始冰盖形成和发展过程、冰盖底部沉积和侵蚀过程、冰盖热力生长和衰退过程、层结冰盖形成过程等。模型中冰水同速,直至某个冰塞形成位置,模型提供宽河型和窄河型冰塞可供选择	应用于圣劳伦斯河、俄亥俄河和黄河,但模型参数需要较大程度的修改
二维河冰模型(美国 Clarkson 大学,1992)	平面二维非恒定河冰动力学模型,模拟河冰在拦冰栅区域的输移和积累,模型结合输冰动力学耦合水动力学方程,利用拉格朗日离散元模式模拟冰的运动,用有限元求解动力学方程。冰内应力计算采用黏塑性本构方程	首先用于 Upper Niagra 河的 Grass Island Pool,1999 年用于模拟渤海海冰
泥沙模型(1D)		
HEC-6(Hyraulic Engineering Center, 1977/2004)	一维恒定流全沙模型,推移质和悬移质泥沙分开计算。考虑河道形态阻力和床面阻力的综合影响	加拿大 Gardiner 水坝下游 Saskatchewan 河道、美国华盛顿州 Glines Canyon 水坝下河道

续附表 1

名称	主要功能和性能描述	应用情况/存在问题
MOBED (MObile BED, 1981)	一维非恒定流全沙模型,推移质和悬移质泥沙分开计算	加拿大 Gardiner 水坝下游 Saskatchewan 河道,并于 HEC6 计算结果进行比较;加拿大西北地区 Flay 河覆冰下细沙输移
IALLUVIAL(Iowa ALLUVIAL,1982)	一维准恒定流全沙模型,推移质和悬移质泥沙分开计算。可以模拟弯道二次流	内布拉斯加州 Missouri 河河道以及 Gavins Point 水坝下游河道
FLUVIAL11(1984)	一维非恒定流全沙模型,推移质和悬移质泥沙分开计算	南加州 San Dieguito 河和北加州 San Lorenzo 河河道
GSTARES(Generalized Sediment Transport models for Alluvial River Simulation, 1986/2002)	一维非恒定流全沙模型,推移质和悬移质泥沙分开计算	伊利诺州 Mississippi 河丁坝附近冲刷深度及冲刷模式、新墨西哥州 Lake Mescalero 水库下游河道形态变化
CHARIMA(1990)	一维非恒定流全沙模型,推移质和悬移质泥沙分开计算,可以模拟黏性泥沙运动	南达科他州 Missouri 河 Ft. Randall 至 Gavins Point 水坝间以及内布拉斯加州 Missouri 河 Gavins Point 水坝至 Rulv 河道河床变化
SEDICOUP (SEDiment COUPled,1990)	一维非恒定流全沙模型,推移质和悬移质泥沙分开计算	德国 Salzach 河下游采取恢复措施对推移质输移的长期效应计算、德国 Danube 河长期河床形态预测
OTIS (One-dimensional Transport with Inflow and Storage,1991/1998)	一维非恒定流悬移质模型	加州 Uvas 河氯化物浓度变化模拟

续附表 1

名称	主要功能和性能描述	应用情况/存在问题
	泥沙模型(2D)	
EFDC1D(Environmental Fluid Dynamics Code,2001)	一维非恒定流全沙模型,推移质和悬移质泥沙分开计算,可以模拟黏性泥沙运动	华盛顿州 Duwamish 河和 Elliott 湾水沙输移过程、特拉华州 Christina 河水质模拟
3STD1(Steep Stream Sediment Transport 1D Model,2004)	一维非恒定流全沙模型,推移质和悬移质泥沙分开计算。可以捕捉水跃和超临界流	委内瑞拉 Cocorotico 河河床形态和泥沙颗粒分布、美国阿拉斯加 Alec 河河床形态和推移质输沙率计算
SERATRA(Sediment and Radionuclide TRAnsport,1982)	二维非恒定流全沙模型,不区分推移质和悬移质泥沙,可以模拟黏性泥沙运动。采用有限元法	纽约 Cattaraugus 和 Buttermilk 河泥沙存在对放射性核素影响分析、乌克兰切尔诺贝利核电站放射性核素在 Pripyat 和 Dnieper 河上的水文地球化学行为计算
SUTRENCH-2D (Suspended sediment transport in TRENCHes,1985)	二维拟恒定流全沙模型,不区分推移质和悬移质泥沙。采用有限体积法	荷兰 Dutch 海岸下游疏浚对泥沙输移的影响、里海 lranian 海岸附近泥沙输移及岸线变迁
TABS-2(1985)	二维非恒定流全沙模型,不区分推移质和悬移质泥沙,可以模拟黏性泥沙运动。采用有限元法	阿拉斯加州黑海水沙输移模拟、Missouri 河为构建浅水生境而修建的不同结构物对水流影响评价
MOBED2 (MObile BED,1990)	二维非恒定流全沙模型,推移质和悬移质泥沙分开计算。采用有限差分法	Iowa 河 Coralville 水库淤积过程
ADCIRC (Advanced CIRCulation,1992)	二维非恒定流全沙模型,不区分推移质和悬移质泥沙,可以模拟黏性泥沙运动。采用有限元法	得克萨斯州 Matagorda 海湾天然塔(Natural Tap)水沙输移过程、荷兰 Scheveningen Trial 海沟泥沙输移模拟
MIKE21 (Microcomputer 丹麦语缩写,1993)	二维非恒定流全沙模型,不区分推移质和悬移质泥沙,可以模拟黏性泥沙运动。采用有限差分法	丹麦至瑞典 Oresund Link 泥沙疏浚效果分析、丹麦 Gradyb 海湾低潮期泥沙输移

续附表 1

名称	主要功能和性能描述	应用情况/存在问题
UNIBEST-TC (UNiform Beach Sediment Transport-Transport Cross-shore,1997)	二维非恒定流全沙模型,不区分推移质和悬移质泥沙。采用有限差分法	沿岸流对马来西亚 Kelantan 港口建设影响、沿岸流对荷兰 Texel 地区海岸线保护影响分析
USTARS (Unsteady Sediment Transport models for Alluvial Rivers Simulations, 1997)	二维非恒定流全沙模型,推移质和悬移质泥沙分开计算。流管模型,采用有限差分法	台湾基隆河河道以及丹许河上游水库河床形态计算
FAST2D (Flow Analysis Simulation Tool,1998)	二维非恒定流全沙模型,推移质和悬移质泥沙分开计算。贴体坐标下采用有限体积法	德国 Bavarian Danube 河河床形态计算、波兰 Orlice 河洪水分析与控制
FLUVIAL12(1998)	二维非恒定流全沙模型,推移质和悬移质泥沙分开计算。曲线坐标下采用有限差分法	南加州 San Dieguito 河和北加州 Feather 河河道
Delft2D(1998)	二维非恒定流全沙模型,推移质和悬移质泥沙分开计算,可以模拟黏性泥沙运动。采用有限差分法	荷兰 Dutch 海岸下游疏浚对泥沙输移的影响、荷兰莱茵河 Pannerdense 和 IJssel Kop 分汊河道计算
CCHE2D(The National Center for Computational Hydroscience and Engineering,1999/2001)	二维非恒定流全沙模型,推移质和悬移质泥沙分开计算。采用有限元法,可以模拟弯道二次流	路易斯安那州红河二号航道内建筑物对河道影响分析、密西西比州 Topashaw 河大型木质残体的结构对河道影响分析
泥沙模型(3D)		
ECOMSED (Estuarine, Coastal, and Ocean Model-Sediment transport, 1987/2002)	三维非恒定流全沙模型,不区分推移质和悬移质泥沙,可以模拟黏性泥沙运动。采用有限差分法	得克萨斯州 Lavaca 湾和瑞典 Klaralven 河

续附表 1

名称	主要功能和性能描述	应用情况/存在问题
RMA-10(Resource Management Associates,1988)	三维非恒定流全沙模型,不区分推移质和悬移质泥沙,可以模拟黏性泥沙运动。采用有限元法	华州 Nisqually 河三角洲地区生境恢复方案评价、加州 Los Angeles 和 Long Beach 港口水沙模拟
GBTOXe(Green Bay TOXic enhancement,1992)	三维非恒定流悬移质模型,可以模拟黏性泥沙运动。采用有限差分法	威斯康星州 Green 湾多氯联苯模拟
EFDC3D (Environmental Fluid Dynamics Code,1992)	三维非恒定流全沙模型,推移质和悬移质泥沙分开计算,可以模拟黏性泥沙运动。采用有限差分法	加州 Moro 海湾水沙模拟、格鲁吉亚萨凡纳河 Lake Hartwell 水库
ROMS (Regional Ocean Modeling System,1994/2002)	三维非恒定流全沙模型,推移质和悬移质泥沙分开计算。采用有限差分法	纽约哈德逊河口最大浊度、南加州湾泥沙量
CH3D-SED (Computational Hyraulics 3D-Sediment,1994)	三维非恒定流全沙模型,推移质和悬移质泥沙分开计算,可以模拟黏性泥沙运动。采用有限差分法	俄亥俄州 Lake Erie 西部区域不同来源区泥沙对海岸影响、路易斯安那州 Mississippi 河和 Atchafalaya 河顺直、蜿蜒和分汊河段淤积
MIKE3 (1997)	三维非恒定流全沙模型,不区分推移质和悬移质泥沙,可以模拟黏性泥沙运动。采用有限差分法	俄勒冈州 Klamath 湖上游和佛罗里达州 Tampa 湾水流、泥沙、水质模拟
Delft3D(1999/2005)	三维非恒定流全沙模型,推移质和悬移质泥沙分开计算,可以模拟黏性泥沙运动。采用有限差分法	香港吐露港口和大鹏湾水流、泥沙、水质模拟、北卡州 German Wadden Sea and Duck 地貌形态模拟
TELEMAC(2000)	三维非恒定流全沙模型,不区分推移质和悬移质泥沙,可以模拟黏性泥沙运动。采用有限元法,垂向采用动网格技术以捕捉水面变化	东南太平洋秘鲁盆地中尺度水动力与泥沙输运、加州 Shasta 水库有毒化学品输移模拟

附表 2　国外主要数学模型资源汇总(软件)

名称	主要功能和性能描述	应用情况/存在问题
PHOENICS 软件(英国, 1981)——Parabolic Hyperbolic or Elliptic Numerical Integration Code Series	世界上第一套流体动力学与传热学商业软件。除通用 CFD 软件应该拥有的功能外, PHOENICS 软件有自己独特的功能: (1)开放性。最大限度地向用户开放了程序,用户可以根据需要添加用户程序、用户模型。PLANT 及 INFORM 功能的引入使用户不再需要编写 FORTRAN 源程序, GR0lJND 程序功能使用户修改添加模型更加任意、方便。 (2)CAD 接口。可以读入几乎任何 CAD 软件的图形文件。 (3)运动物体功能。利用 MOVOBJ 可以定义物体运动,克服了使用相对运动方法的局限性。 (4)多种模型选择。提供了多种湍流模型、多相流模型、多流体模型、燃烧模型、辐射模型等。 (5)双重算法选择。既提供了欧拉算法,又提供了基于粒子运动轨迹的拉格朗日算法。 (6)多模块选择。提供了用于特定领域的专用模块,如 COFFUS(煤粉锅炉炉膛燃烧模拟)、FLAIR(小区规划设计及高大空间建筑设计模拟)、HOTBOX(电子元器件散热模拟)等。 (7)支持 Windows/Linux/ Unix 平台,具有并行计算功能(MPI 或 PVM)	应用于空气动力学、燃烧器、分离器中分离、管道内流动、电子器件冷却、防火工程、地球物理研究、换热器、叶轮中的流动、射流、炉室中传热、肺部中流动、浇铸中充填过程、喷嘴中流动、油膜运动、尾流的扩散、空气质量的预测、火箭中的流动、扰拌箱中的流动、浇口漏斗中的场预测、城市污染预测、直升机流场分析、湿式冷却塔流场分析、降低燃烧中 NO_x 的分析、游艇四周流场分析、飞艇流场分析等
CFX 软件(英国, 1981), 2003 年被 ANSYS 收购	世界上第一家通过 ISO9001 认证的商业软件。CFX 采用有限体积法和基于有限元的有限体积法,最先使用大涡模拟(LES)和分离涡模拟(DES)等高级湍流模型,第一个发展和使用全隐式多网格耦合求解技术,避免了传统算法“假设压力项—求解—修正压力项”的反复迭代过程。 CFX 可计算的物理问题包括可压与不可压流动、耦合传热、热辐射、多相流、粒子输送过程、化学反应和燃烧等问题,还拥有诸如气蚀、凝固、沸腾、多孔介质、相间传质、非牛顿流、喷雾干燥、动静干涉、真实气体等大批复杂现象的实用模型; CFX 为用户提供了表达式语言(CEL)及用户子程序等不同层次的用户接口程序,允许用户加入自己的特殊物理模型;前处理模块是 ICEM CFD,可以集成在 CAD 环境中,CAD 软件中参数化几何造型工具可与 ICEM CFD 中的网格生成及网格优化等模块直接联接,大大缩短了几何模型变化之后的网格再生成时间;软件支持 Windows/Linux/ Unix 平台,具有并行计算功能	CFX 在航空航天、旋转机械、能源、石油化工、机械制造、汽车、生物技术、水处理、火灾安全、冶金、环保等领域,有 6 000 多个全球用户。瑞典 Volv 汽车公司的外型设计中就采用了 CFX 来计算流场

续附表 2

名称	主要功能和性能描述	应用情况/存在问题
STAR-CD 软件（英国，1987）Simulation of Turbulent flow in Arbitrary Reign-Computational Dynamics Ltd.	前处理器具有较强的 CAD 建模功能，而且它与当前流行的 CAD / CAE 软件（SAMM、ICEM、PATRAN、IDEAS、ANSYS、GAMBIT 等）有良好的接口，可有效地进行数据交换。具有多种网格划分和局部加密技术以及网格质量优劣自我判断功能。求解器包括 SIMPLE、SIMPISO 和 PISO 等方法，可根据网格质量的优劣和流动物理特性来选择，具有一阶迎风、二阶迎风、中心差分、QUICK 格式和混合格式等低/高阶的差分格式，提供了多种高级湍流模型。后处理器具有动态和静态显示计算结果的功能。能用速度矢量图来显示流动特性，用等值线图或颜色来表示各个物理量的计算结果。提供了与用户的接口，用户可根据需要编制 Fortran 子程序并通过 STAR-CD 提供的接口函数来达到预期目的	在世界汽车工业中应用尤广，主要用于分析汽油机与柴油机中的流动与传热问题
FLUENT 软件（美国，1983），1996 年收购了 FIDAP 软件	世界上第二套流体动力学与传热学商业软件。用于二维平面、二维轴对称和三维流动分析，可完成多种参考系下流场模拟、定常与非定常流动分析、不可压流和可压流计算、层流和湍流模拟、传热和热混合分析、化学组分混合和反应分析、多相流分析、固体与流体耦合传热分析、多孔介质分析等。湍流模型包括 k-ε 模型、Reynolds 应力模型、LES 模型、标准壁面函数、双层近壁模型等。 FLUENT 使用 GAMBIT 作为前处理软件，可读入多种 CAD 软件的三维几何模型和多种 CAE 软件的网格模型。可使用各种非结构网格，甚至可以用混合型非结构网格。 FLUENT 可让用户定义多种边界条件，如流动入口及出口边界条件、壁面边界条件等，可采用多种局部的笛卡儿和圆柱坐标系的分量输入，所有边界条件均可随空间和时间变化，包括轴对称和周期变化等；提供了用户自定义子程序功能，可让用户自行设定连续方程、动量方程、能量方程或组分输运方程中的体积源项，自定义边界条件、初始条件、流体的物性、添加新的标量方程和多孔介质模型等；用户还可使用基于 C 语言的用户自定义的函数功能对 FLUENT 进行扩展。FLUENT 使用 C/S 结构，支持 Windows/Linux/Unix 平台和并行计算	FLUENT 公司除 FLUENT 软件外，还包括基于有限元法的 CFD 软件 FIDAP、POLYFLOW（黏弹性和聚合物流动模拟）、ICEPAK（电子热分析）、MIXSIM（分析搅拌混合）、AIRPAK（通风计算）等专门软件。目前是世界上功能最全面、适用性最广、国内使用最广泛的 CFD 软件之一

续附表 2

名称	主要功能和性能描述	应用情况/存在问题
Wallingford 软件（英国,1947）	标志性产品是 InfoWorks 系统,它是一个包揽市政供水、雨污水、流域管理和河网系统等不同专业领域的一体化的软件解决方案。InfoWorks 由 InfoWorks CS(雨污集水系统)、InfoWorks WS(供水系统)和 InfoWorks RS(河流系统)三个模块组成。InfoWorks RS 模块作为一个集成的河流网络模型系统,可以模拟流域降雨径流、产汇流、河网水量水质及泥沙。 InfoWorks RS 模块中 FloodWorks 子系统是一个为河流、泛洪区、潮汐及水资源调度提供实时预报模拟通用模块化的决策支持系统,主要由数据收集模块、预报模块、预报分析模块、模型运算模块和操作员界面五部分组成。①数据收集模块:从遥测网络、水文数据库、气象雷达、卫星图象和气象预测等各种数据源中收集数据,并且把数据转换成适用于 FloodWorks 预报模型的形式。②预报模块:集许多水文和水动力模型于综合模型网络中,用于计算并预测流域内特定预测点流量、水位和其他变量。可以快速处理缺测或无效的数据操作,利用专门的数据模型填充丢失或无效的数据。其特有的状态更正和误差校正功能,将观察的数据同相应的模型输出做比较,并且利用该信息去更新模型预报。③预报分析模块:产生模型网络中预报点的流量、水位和其他数据的时间序列。根据不同预测点和总体报警标准自动概括和阐述这些时间序列,能够从预测河道水位中计算出淹没区范围。④模型运算模块包括雪融、降雨径流、汇流和水动力模型,同时内嵌 ISIS 河道水动力模型。⑤GUI 模块:提供了功能强大的用来显示和报告预测结果的操作界面。操作界面支持多种语言	应用于市政给排水、污水系统、河流治理以及海岸工程方面的规划、设计和实时调度等各个方面
MIKE 软件（丹麦）	主要包括 MOUSE(城市给排水管网)、MIKE1(一维模型,包括 MIKE11、MIKE12、MIKE11 FF)、MIKE2(二维模型,包括 MIKE21 和 MIKE21C)、MIKE3(三维模型)、MIKE BASIN(流域水资源规划与管理)、MIKE SHE(水循环系统模拟)和 LITPACK(海岸带动力演变模拟)。MIKE1、MIKE2、MIKE3 模型均可以模拟水流、水质、泥沙,基本模块包括水流、对流扩散、水质、泥沙模块;附加模块包括降雨—径流、拟恒定、溃坝、湿地、重金属、富营养化和数据自动检测模块等。MIKE2、MIKE3 模型又增加了潮汐、涌波和热传输过程模拟。系统基于 Arc View/GIS 界面,实现了水文基础信息、地理数据、遥感影像等数据的自动收集和传输,可以自动生成和编辑 DEM,控制和检查输入数据质量	可以进行不同传质输运模拟、降雨径流预测、洪水实时预报预警,可以用于河道、水库、河口、海岸、管道等

续附表 2

名称	主要功能和性能描述	应用情况/存在问题
Delft-3D 软件（荷兰）	Delft-3D 的几个主要功能模块包括：①Flow 模块主要应用于江河水流模拟、海湾淡水潮流量计算、盐水侵蚀、潮流和风生流、波浪流等。模型特殊功能包括可以选择不同的坐标系统、一体化的自动将二维的底部切应力转换为三维的底部切应力、内含的防止计算失真的自动校正功能、优化的涡旋强度计算功能、优化的潮流计算和分析系统等。②Ecology and Water Quality 模块利用化学、生态和水力学、河流演变学结合来分析问题、提出解决办法、评价提出解决方案的有效性。③Morphology 模块用来模拟河流及河口海岸几天或者几年的形态变化规律，这些变化是在水流、波浪及泥沙运动的复杂相互作用下的综合作用结果；可以高效而精确地模拟复杂的计算区域。④Sediment Transpost 模块可以用来计算黏性沙和非黏性沙的输沙模式。⑤Waves 模块可以用来模拟海岸的随机波和风生波等的传播和输移，并且可以扩展到河口、潮流入口和河槽等	应用领域涵盖了水动力学、波、泥沙输移、河床形态、水质、示踪粒子法研究水质及生态学等
Halcrow 软件（英国）	核心产品 ISIS 软件包主要包括 Flow、Hyrology、Routing、Quality、Sediment 等功能构件。Flow 构件是一维水动力学模型，其主要特点有：所有的水力模拟基于四点隐格式差分方法、可以进行管道回路和河网模拟、洪水演进及淹没模型、水工建筑物水力模拟、水工建筑物过流实时调度、强大的稳定求解能力，包括跨越复杂控制建筑物临界流的计算等；Hyrology 和 Routing 构件包含了多种可以为 Flow 和 Routing 等提供进口条件的可供选择的流域水文模型（如 FEH、PMF、FSR、USSCS 方法及自行指定方法）；Quality 构件可以较全面地模拟水体水质情况，包括污染物对流扩散、水温、泥沙吸附、浮游植物和 pH 值等；Sediment 构件主要用于冲积河道形态、河道及大型灌溉渠道泥沙问题研究等，该模块包含了一系列预测泥沙输移方程（如恩格隆—汉森、阿科斯—怀特等推移质输沙方程）、长短时段泥沙输移仿真、渠道泥沙疏浚程序、泥沙淤积部位、黏性泥沙输移等。 基于 GIS 平台实现前后处理可视化。前处理功能主要有河道横断面自动生成和扩展，数据自动提取等；后处理功能可以在线监测模型运行、实现结果可视化、制作洪水淹没图、评估经济损失等	内嵌 SWAT 水文模型、IQQM 水资源量化和优化模型以及 ISIS 软件包的防洪模拟与决策支持平台（MDSF – Modeling and Decision Support Framework）应用于全英流域水资源管理规划和湄公河流域水资源开发利用

附表 3　国内主要数学模型资源汇总

名称	主要功能和性能描述	应用情况
	土壤侵蚀模型	
黄土丘陵沟壑区土壤侵蚀预报模型(江忠善)	模拟次降雨条件下的坡面、沟间地的土壤侵蚀量。计算区域:坡面、沟间地,输入降水资料为次降雨量和次降雨过程 30 min 最大雨强	我国的经验模型研究过程中,最初是对 USLE 公式的各个因子建立适合中国各地区的参数,进而利用野外径流小区和水文观测资料,考虑了影响土壤侵蚀的各种因子,如降水、土壤、地形、植被、地表物质等,进行多元统计回归分析建立的经验公式,这些模型的不同之处在于,模型中所考虑的影响因素不同,目前各经验模型只在建模流域或验证流域进行了率定和验证,还未得以推广应用
黄土丘陵沟壑区土壤侵蚀预报模型(付炜)	计算单元地块土壤侵蚀模数。以流域为计算范围,以年为计算步长	
土壤侵蚀信息熵模型(朱启疆等)	将信息论中耗散结构的思想运用于土壤侵蚀中,建立了模型,建立了高西沟土壤侵蚀信息熵图	
中国土壤流失模型(刘宝元)	以 USLE 为蓝本,利用黄土高塬丘陵沟壑区安塞、子洲、离石、延安等径流小区的实测资料,建立了坡面土壤流失预报方程。以坡面为计算范围,以年为计算步长	
大流域水沙耦合模拟物理概念模型(包为民)	根据黄河中游北方干旱地区流域的超渗产流水文特征和冬季积雪的累积及融化机制建立该模型,分为产流、汇流、产沙和汇沙四个部分。以中尺度流域为计算范围	我国的机理模型起步较晚,基本处于探索阶段,所建立的土壤侵蚀模型的核心控制方程大多选用国外的径流、泥沙方程,对各因子统一、系统的观测和研究比较缺乏,目前各模型的可比性和可推广性低,更缺少能有效模拟重力侵蚀和泥沙输移过程的控制方程
小流域泥沙输移模型(谢树楠)	将流域划分为一个或若干个由典型雨量站控制的小流域,采用逐次暴雨的方法计算产流过程,再得到累积的年产沙量及产流量。以小流域为计算范围	
小流域侵蚀产沙模型(汤立群)	考虑了黄土地区的地形地貌和侵蚀产沙的垂直分带性特征,模拟次暴雨产流产沙过程。以小流域为计算范围,以分钟为计算步长	
小流域次降雨侵蚀产沙过程模型(蔡强国)	模拟次暴雨产流产沙过程。以小流域为计算范围,以分钟为计算步长	
坡面土壤侵蚀过程数学模型(段建南)	预报不同耕作措施条件下,基于日降水量的坡面土壤侵蚀量。以坡面为计算范围,模拟过程以天为计算步长	

续附表 3

名称	主要功能和性能描述	应用情况
数字流域模型(王光谦)	着眼于大流域的水沙过程模拟,提出并建立了数字流域模型系统的框架,模型框架依托 DEM 数据及其存取系统,以流域分级理论为依据,将全流域分为坡面、小流域、区域(支流)和全流域,即在坡面上建立产流产沙模型,在小流域河网、区域(支流)河网和全流域河网上分三级进行汇流演进。通过"坡面产流、逐级汇流"的组织方式,将四个层次的模型整合成一个完整的数字流域模型系统。可以进行大流域的降雨—径流模拟和水资源量计算,次洪和连续径流过程计算,大区域或局部小流域的产流产沙计算。以全流域为模拟对象,计算步长可以根据需要而变	1983 年黄河流域花园口以上部分水资源状况和花园口等几个重要水文地面的径流过程,统计了黄河上中游各省(区)的地表水资源量;伊洛河"82·8"洪水过程模拟;1967 年、1978 年、1983 年、1994 年、1997 年等典型年汛期产流产沙过程模拟;岔巴沟流域布置淤地坝前后径流输沙计算等
河道水沙模型(1D)		
韩其为模型	恒定水沙模型,适用于少沙和多沙河道、水库泥沙冲淤计算。模型理论基础较好,泥沙关键问题的处理上独具特色	小浪底/三门峡水库及其黄河下游河道、三峡/丹江口/葛洲坝水库及其长江中下游河道
SUSBED-1 模型(杨国录等)	恒定非均匀全沙数学模型,可用于模拟由悬沙、推移质运动引起的河道变形、水库冲淤等计算	金沙江向家坝、南盘江天生桥一级电站等
SFST-1D 模型(方红卫 - 王光谦模型)	非恒定水流泥沙全沙输移数学模型,提出了非恒定悬移质输沙计算的新方法和悬沙求解的精确过程,并对推移质输沙规律进行修正	深圳河治理环境评价、波迪 2 科西工程沉沙池计算等工程
钟德钰 - 张红武模型	非恒定一维水沙数学模型,计算网格采用流量与水位交错布置,应用 TVD 格式求解基本方程,克服了断面急剧变化时计算容易失稳的困难	渭河咸阳河段/青铜峡—石嘴山河段洪水模拟
河道水沙模型(2D)		
李义天模型	平面二维非恒定水流泥沙模型	长江各个河段、滞洪区等的洪水演进及泥沙冲淤过程
夏军强 - 王光谦模型	平面二维非恒定水流泥沙模型,可以进行不同土质组成河岸的横向变形模拟	黄河下游、滹沱河河床演变

续附表 3

名称	主要功能和性能描述	应用情况
施勇－胡四一模型	平面二维非恒定水流泥沙模型，采用大量的高精度计算格式，适用于非结构网格	长江防洪系统及长江不同河段的洪水预报
方春明－韩其为模型	立面二维非恒定水流泥沙模型，采用全隐式方法，能模拟水库异重流的潜入和输移过程	实验室模拟及黄河上游水库异重流模拟
	河道水沙模型（3D）	
方红卫模型	采用三维有限分析法的新 27 点格式，通过对底沙起动等关键技术研究，对水沙两相流局部边界复杂的三维计算具有较好的精度和适应性	天然水沙条件下浮运沉井施工期河床的冲刷情况
陆永军、唐学林模型	模型采用各向异性湍流的 Reynolds 应力数值格式和自由面位置的 Poisson 方程，并将精细壁函数应用于边壁处理。建立了床面附近含沙量表达式，将传统的床沙级配控制方程推广到三维模型。能模拟较高含沙量情况的水库三维泥沙运动及河床演变	小浪底水库、三峡坝区泥沙运动及河床演变
	河口模型	
窦国仁模型	平面二维河口海岸模型，其理论基础是窦国仁推导的波浪和潮流共同作用下的悬沙不平衡输沙方程和底沙不平衡输沙方程，采用正交曲线网格。能模拟潮流场、悬沙场、底沙场、地形变化等，同时还能对风暴潮的引起的航道淤积进行模拟	长江口等
TK-2D 模型（天科所）	平面二维河口海岸模型，适用于海岸河口地区的多功能数学模型软件包，分成主模块和辅助模块两个部分，主模块包括五个子模块，即“五场”：波浪场数学模型软件、潮流场数学模型软件、盐度场数学模型软件、悬沙场数学模型软件和地形冲淤场数学模型软件，辅助模块包括前处理软件、后处理软件和动态显示制作软件	已经在国内外港口、航道的规划、新建与扩建若干个工程项目中获得了成功应用，解决了大量的实际工程问题
罗小峰模型	河口和海岸的数值模拟系统。集成了平面二维水流、盐度、泥沙模型和三维水流盐度模型，可视化程度较高，实现了从建模、计算到后处理的全程可视化，系统中的平面二维水流、盐度、泥沙模型采用改进的 ADI 法，三维水流盐度模型采用改进的 POM（Princeton Ocean Model）模式	在长江口、杭州湾的潮流、盐度模拟、航道整治等进行了应用

续附表 3

名称	主要功能和性能描述	应用情况
曹文洪模型	平面二维河口海岸模型,采用潮流与波浪共同作用下的悬移质挟沙能力公式,可以反映径流、潮流和波浪等动力因子对泥沙输移的影响;采用窄缝法解决河口海岸岸线变化剧烈问题;通过分粒径组计算以反映海流对不同粒径组泥沙的输移特性	黄河口三角洲泥沙输移、河口演变及新生湿地演变预测
水质模型(1D)		
陈永灿(1998)	总磷完全混合模型,对不同总磷负荷下富营养化状况预测	密云水库富营养化分析
金忠青、韩龙喜(1998)	建立了一种新的平原河网水质方法——组合单元法,适用于大尺度河网	江苏省南通地区河网 COD 计算
雒文生(2000)	建立一维流场模型,模拟其现时状态的流场,再用各断面水质的实测数据拟合模拟其水质场。模拟 COD、DO 与 TP 三个水质指标	当三峡水库蓄水达到 175 m 的设计水位时,香溪河库湾的水流运动和水质变化
李锦绣(2002)	模型包含 10 余个水质要素变量,采用双扫描方法求解水动力水质方程	三峡水库建成以后库区不同江段平均水质变化趋势
彭虹(2002)	采用有限体积法建立了河流综合水质生态模型,水质控制方程包括守恒物质对流扩散模型和富营养化的动力学模型。模型考虑了 9 种水质成分,并考虑各成分之间的相互作用,该模型仅仅用于单一河道	1995 ~ 1998 年汉江下游水动力学过程、氨氮、凯氏菌、硝氮、溶解氧、化学需氧量和浮游植物的迁移转化过程模拟
水质模型(2D)		
程声通(1987)	采用二维曲线正交坐标系统模拟河口段的 BOD、COD、DO、NH_4—N、NO_2—N、NO_3—N 和酚的状态,重点研究了二维曲线正交坐标系统的离散化处理和多水质组分的耦合计算问题,模型对于含藻类的河流与二维河口的水质模拟具有借鉴意义	鸭绿江下游河流段的水质状态
刘玉生(1991)	生态动力学模型、箱模型以及二维水动力学模型相结合,建立了适合滇池特定的富营养化模型	研究滇池 TC、TN、TP 时空分布,藻类动力学、浮游动物动力学以及沉积物与营养盐释放
周雪漪、洪益平(1991/1994/2000)	采用改进了深度平均紊流模型,对潮汐流动中侧向排污进行数值计算。通过引入离散动能输运方程,计算了二维离散项的时空分布,并描述了憩流附近的双回流现象。提出交汇江段汇流口计算的 Joint 方法。可以模拟潮流中污染云团收缩过程	重庆交汇江段的流场及浓度场,并分析污染物输移混合的特性

续附表 3

名称	主要功能和性能描述	应用情况
逄勇(1994)	建立了一个包括湖流预测模型和藻类生长模型在内的以湖流预测模型为背景场的较为完整的太湖富营养化模型	太湖藻类及氨氮的分布模拟
吴时强(1996)	采用分步杂交法开发了二维动态水质模型，该模型将水流、水质方程按物理性质进行算子分裂，分为对流子方程、扩散子方程和反应子方程源汇项，再根据子方程的不同性质采用特征线法、有限元法及解析法进行求解	黄浦江上游吴泾电厂工程投产前后水质变化模拟(以 NH_3—N、COD、DO 为评价参数)
陈凯麟(1999)	建立了流场、温度场的模拟及描述藻类、总氮、总磷在水库中的输移、转化过程的总体模式，该模式是一级、单步的简化	内蒙古岱海电厂的温排水对岱海湖的热影响及富营养化预测
华祖林(1999)	采用正交曲线网格拟合弯曲河道，用控制体积法联解水流、水质方程	三峡工程坝区河段的 COD 分布
赵棣华(2000)	应用有限体积法及黎曼近似解建立了平面二维水流－水质模型	长江江苏段主要地区区域供水规划及实施决策支持系统中得到应用；汉江仙桃河段、长江江苏感潮河段、太湖五里湖区水质模拟
杨具瑞(2000)	将三维问题“二维化”的分层迭代计算方法引入滇池水质模拟中，建立了湖泊二维分层水质模型	滇池流场和总氮浓度场两层模拟
王祥三(2001)	二维随机水质数学模型，把一维水质随机降解模型和二维迁移扩散模型相结合，同时考虑了各水质参数 K_1、K_2、K_3 和河道横向扩散系数的随机性影响，该模型适用于较复杂水力条件和排污范围大的水体，对于平面二维的任一个计算点，它都能给出该点水质浓度随机变化的概率分布	三峡建库后的香溪河库湾水质预测
杨天行(2003)	以水库中总磷的浓度作为水库富营养化的重要指标，根据水库水环境条件，给出污染物质总磷输移的二维数学模型，采用有限元法进行求解，得到水库中总磷的时空变化规律	密云水库总磷的富营养化分析与预测

续附表 3

名称	主要功能和性能描述	应用情况
徐祖信(2003)	采用有限元方法建立 COD 以及 BOD_5、NH_3—N、DO 三组分耦合方程为基础的水质模型，对各水质组分，其水质基本方程均可看做是通用微分方程的特例，只是需要对内部源项作调整	黄浦江干流污染物模拟
侯国祥(2003)	应用二维零方程紊流模型对长江三峡移民区内某江段的突发性污染事故进行模拟，取得了与二维 $k-e$ 双方程模型计算基本一致的结果，可用以追踪模拟水污染事故发生后直到污染状况达到稳定期间的水污染状况	长江三峡移民区内某江段突发性污染事故模拟
龚春生(2006)	建立浅水湖泊平面二维水流、水质和底泥污染的数学模型，运用伽辽金加权余量法推导出数学模型方程组的有限元公式，开发了实时二维水动力、水质模型	玄武湖混合流、水质动态变化过程模拟
水质模型(3D)		
沈永明(1994/2004)	将污染物扩散输移的湍流模型与污染物的生物、化学转化模型相结合，在直角坐标系下，建立了统一考虑物理、化学和生物过程综合作用的近海水域污染物迁移转化的三维湍流水质模型，模型同时模拟多个水质状态变量及其相互作用，具有可用于水质规划、水污染控制、环境管理等多种功能	对博多湾水温、盐度、溶解氧、有机氮、氨氮、硝基盐氮及叶绿素浓度进行了模拟
朱永春(1998)	建立三维五层水动力学和物质输移模型，模拟在水动力作用下太湖蓝藻水华的迁移、聚积规律和垂直分布特征	模拟了藻类在太湖梅梁湾中的迁移过程，与太湖实测结果相比，模型具有一定的可靠性
槐文信(2001)	从标准的湍流模式出发，建立了热污染全深度排放的三维水质模型	对污水侧排放近区特性进行了模拟和试验验证
韩龙喜(2002)	建立了三维水量、水质数学模型，在平面上引进正交贴体坐标，用正交曲线坐标变换将三维计算区域的平面区域变换为矩形区域，用冻结法处理底部不规则边界，用守恒性较好的有限体积法离散方程，最后用 SIMPLEC 程式进行求解	对三峡大坝一期围堰及二期围堰施工期不同的水流、污染物输运特性进行模拟
刘昭伟(2004)	建立斜分层有限元模型，该方法继承了分层模型的基本思想，将水体沿垂直方向划分为若干层以反映物理量在垂直方向的变化，而在每一层中物理量的垂直变化忽略不计	模拟了三峡水库蓄水前后万州江段的流速场和浓度场，计算了龙宝河排污口和芒溪河排污口附近水域污染混合区的范围

续附表 3

名称	主要功能和性能描述	应用情况
李志勤(2006)	针对可溶于水的污染物及油膜污染在水库中的运移情况,选择直接求解三维污染物输运方程来研究水库中污染物的运动规律	开发了紫坪铺水库三维水质预警系统
	河冰模型	
哈焕文(1994)	建立了动力-随机模型。用数学期望作为边界断面的时均值,用均方差作为边界断面上的随机值。在最大流量概率密度服从对数正态分布的假设下,通过将实际最大流量系列进行一定的转换,求出相应于某一概率的流量。将此流量及其随时间的变化过程作为边界条件代入已有的动力模型,求出相应于某一概率的最大冰塞、冰坝水位	以开河时最高冰坝水位为例,叙述其计算过程
杨开林(2002)	一维非恒定冰塞动力学模型,主要功能模块包括:非恒定流基本方程、水流的热扩散过程、冰花的扩散过程、水面浮冰的输运过程、冰盖和冰块厚度的发展方程、冰塞下冰花含量和冰塞厚度计算、冰盖的形成发展过程等	松花江流域白山河段冰塞过程模拟
茅泽育、王永填(1999/2003)	垂向二维非恒定河水内冰动力学模型,主要用于模拟河道内水内冰形成及演变过程,对敞露河道内水内冰演变过程及水温和体积分数分布规律进行数值试验。其中,热交换和热力变化、冰盖动态发展的基本公式和判别标准与一维模型相同	黄河河曲段冰塞体厚度和水位变化模拟,新疆北屯河冰模拟
陈守煜(2004)	基于模糊优选神经网络 BP 模型,提出冰凌预报方法	黄河内蒙古段封河、开河日期的预报
	水文模型	
赵人俊(1975)	建立新安江水文模型。基于蓄水容量控制的蓄满产流模式,提出了蓄水容量分布曲线概念及一套确定土壤蓄水蒸散发,产流量计算的完整算法,在湿润地区应用获得成功,并统一解释了过去的 $P \sim P_a \sim R$ 相关计算的水文学根据,之后又在水源划分,时段转换和空间分解等方面作了改进	国内主要的水文过程模拟工具,成为我国特色应用较为广泛的流域水文模型
李兰(1997/2004)	开发的全分布式水文模型来研究流域水资源,模型利用了大量的 GIS 和 RS 数据及信息研究流域水资源的时空变化,分析气候变化和人类活动带来的影响。模型适用于干旱半干旱地区的水资源模拟研究	在我国较早提出适合湿润地区、干旱与半干旱地区的分布水文模型,已经在我国 20 多个流域和美国 2 个流域的洪水预报、水库调度和水资源管理中有成功应用

续附表 3

名称	主要功能和性能描述	应用情况
郭生练(1998)	提出和建立了一个新的三层耦合流域水文模型,以土壤层的含水量作为描述流域系统在降雨、径流转换过程中物理特征的状态变量,用三个耦合的线性常微分方程来描述整个流域系统将降雨转化为径流的反应机制,详细分析植物截留、蒸散发、融雪、下渗、地表地下径流方向和洪水演进等水文物理过程	验证了世界上 10 个不同的国家的流域日降雨径流资料,其中含有 3 个中国流域
王浩(1999)	提出了流域二元水循环模型的建模思路与方法,二元模型由分布式水循环模拟模型和集总式水资源调配模型耦合而成,前者主要模拟天然“坡面—河道”陆面主循环过程,后者重点模拟以“取水—输水—用水—耗水—排水”为基本环节的人工侧支水循环过程,同时通过产汇流参数变化来考虑下垫面变化对水循环的综合影响,同时保持各个循环环节的水力联系,实现两大循环过程的系统耦合。突破了传统水文水资源在流域水循环研究中对自然与人工驱动项分离描述的局限	应用于全国水资源综合规划黄河片水资源评价中,研究黄河流域水资源演变规律
王守荣(2002)	对分布式水文－土壤－植被模型(DHSVM)的蒸散发模拟方法、水文模型结构、水文、植被、土壤参数等进行了改进	对滦河、桑干河流域蒸散发、地下水位、土壤湿度、土壤水下渗、产流、汇流与径流等水文过程进行 Off- line 模拟试验,模拟结果较好
夏军(2003)	开发了分布式时变增益水文模型(DTVGM),该模型既有分布式水文概念性模拟的特征,又具有水文系统分析适应能力强的特点,能够在水文资料信息不完全或不确定性的干扰条件下完成分布式水文模拟与分析	应用于黑河流域主要产流区－干流山区流域
刘昌明(2003)	在大尺度流域建立基于 DEM 的分布式水文模型	黄河河源区流域为研究对象,利用模型进行径流量模拟
郝振纯(2004)	建立了以传统产流模式为基础进行产流计算、网格间沿虚拟汇流网络进行汇流的分布式水文模型,重点研究了以 DEM 为基础的汇流方法,用汇流时间和线性水库相结合的方法进行汇流演算	对我国北方的干旱化和未来水资源情况进行预测和研究

附表 4　黄委防汛减灾数学模型资源现状

名称	功能	性能	应用情况	存在问题
气象、径流预报				
黄河流域长期天气预报模型集:物理因子概念模型、动力气候模式输出产品预测模型、数理统计模型、动力气候模型	该系统由动力和统计相结合的、具有一定物理基础的模型所组成,具有流域旱涝预测功能。可制作汛期和非汛期降雨趋势预报及冬季气温预报	模拟时段为月、季,精度满足要求	为年度黄河防汛、防凌和水资源调度管理提供了依据	资料年代有待于进一步扩充,模型参数需要进一步优化
中尺度数值模式 MM5	降水及气温等气象要素预报	模拟区域:第一层嵌套为 60°E ~ 150°E,15°N ~ 55°N,地面水平分辨率为 27 km;第二层嵌套为 95°E ~ 122°E,33°N ~ 42°N,地面水平分辨率为 9 km;计算步长为 120 s;计算时间为 2 小时 20 分;计算精度满足要求	在防汛中提供 48 h 内的每 3 h 一次的降水和气温等气象要素预报	时效进一步延长,分辨率和预报精度仍需提高
中尺度数值模式 AREM	降水及气温等气象要素预报	模拟区域为 90°E ~ 130°E,20°N ~ 50°N,地面水平分辨率为 15 km;计算步长为 180 s;计算时间为 1 小时 20 分;计算精度满足要求	在防汛中提供 72 h 内的每 12 h 一次的降水和气温等气象要素预报	时效进一步延长,分辨率和预报精度仍需提高
黄河下游中短期冬季气温预报模型	采用天气学、统计学、数值预报相结合的方法制作黄河下游 10 d、3 d 逐日平均气温预报和 3 d 内逐日滚动气温预报	模拟区域为郑州、济南、北镇三站,计算步长为 1 d,精度较高	应用于年度下游冰凌预报	

续附表 4

名称	功能	性能	应用情况	存在问题
黄河流域中期降雨预报模型	运用数值预报图 R. T. E 客观预报系统数值预报产品，制作汛期和非汛期中期逐日定量降雨预报及旬降雨预报	模拟区域为三花区间和泾渭洛河流域，计算步长为 10 d，计算速度和精度基本满足要求	应用于黄河防汛和水资源管理	天气图库和天气系统库需扩大，资料年代有待于扩充；需要增加站点，以提高预报精度和范围
洪水预报				
渭河中下游洪水预报模型	预报渭河临潼、华县水文站流量过程	模拟区域为渭河咸阳、泾河张家山—临潼、临潼—华县，计算步长为 1 h，计算速度和精度基本满足要求	正在建设中，尚未正式投入运行	需加强漫滩洪水和南山支流无控区预报模拟研究，所需信息不完备
黄河中游三门峡库区洪水预报模型	预报龙门、潼关水文站流量过程	模拟区域为吴堡—龙门、龙华河洑—潼关，计算步长为 1 h，计算速度和精度基本满足要求	正在建设中，尚未正式投入运行	需加强漫滩洪水和高含沙洪水模拟，以及人类活动效应模拟
花园口水文站年最大流量预报模型	基于中游洪水历史演变规律，进行年最大流量和最大洪量综合预报	龙门、潼关（陕县）和花园口水文站，精度基本满足要求	在 1997 ~ 2007 年黄河花园口年最大流量长期预报中效果较好，趋势预报基本合理	预报方法还需进一步完善，资料种类需要扩充
黄河三花区间降雨—径流模型	降雨径流计算、中小水库群拦减径流的处理、伊洛夹河滩决溢洪水的处理等，预警预报三花区间主要水文站洪水量级、洪峰流量及过程	计算步长为 2 h，计算时间为 5 min，计算速度和精度基本满足要求	用于黄河防汛、预案编制、防汛演习、调水调沙	受人类活动影响，下垫面条件发生了变化，模型参数需重新率定；小花河段流量增值过程预报需进一步研究
小花区间分布式水文模型	用分布式水文模型预报小花区间主要水文站流量过程	计算步长为 1 h，计算网格为 1 km^2，计算速度基本满足要求	正在建设中，尚未正式投入运行	所需信息不完备

续附表 4

名称	功能	性能	应用情况	存在问题
黄河下游洪水预报模型	预报黄河下游主要水文站流量过程	模拟区域为夹河滩—利津,计算步长为 8 h,计算速度和精度基本满足要求	用于黄河防汛、预案编制、防汛演习、调水调沙	受人类活动影响,下垫面条件发生了变化,模型参数需重新率定;漫滩洪水处理方法亟待优化
黄河下游水位预报模型	主要水文站洪峰水位或水位过程	模拟区域为花园口—利津,计算速度和精度基本满足要求	试运行	加强变动河床水位预报研究,改进完善预报模型
冰情预报				
宁蒙河段冰凌预报统计模型	预报黄河宁蒙河段各水文站流凌、封河、开河日期,开河期最高水位和最大流量等	计算步长为 1 d,精度不满足要求	应用于近 4 个凌汛年度试预报	合格率相对较低,可作为参考预报方案
宁蒙河段冰情预报神经网络模型	预报黄河宁蒙河段各水文站流凌、封河、开河日期,开河期最高水位和最大流量等	计算步长为 1 d,主要预报项目预报合格率在 80% 以上	应用于近 4 个凌汛年度试预报,运行情况稳定	可以作为主要预报工具
宁蒙河段槽蓄水量计算模型	宁蒙河段凌汛期逐日槽蓄水量计算	模拟区域为下河沿—河口镇,计算步长为 1 d,精度较高	黄河防凌,桃汛洪水冲刷潼关高程试验	
黄河下游冰情预报模型	预报黄河下游河段各水文站流凌、封河、开河日期	模拟区域为黄河下游河口河段,计算步长为 1 d,精度较差	为黄河下游防凌和水资源管理提供了决策依据	小浪底水库运用后实际作业预报时很难应用
洪水(泥沙)调度				
龙刘(龙刘即龙羊峡水库和刘家峡水库,下同)联合防洪调度模型	计算不同频率洪水调度过程。能提供计算断面洪水过程、洪峰洪量,水库蓄泄过程	模拟区域为贵德—河口镇,计算步长为 24 h,计算时间为 30 s,计算精度满足要求	已完成 2007 年、2008 年度龙刘水库联合防洪调度方案计算	优化调度功能不强,不能进行水沙电一体调度

续附表 4

名称	功能	性能	应用情况	存在问题
三门峡、小浪底、陆浑、故县四库防洪调度模型	计算不同量级及组成洪水调度过程。提供主要断面洪水过程、洪峰洪量值,水库特征水位等	计算步长为 2 h,速度和精度基本满足要求	历年洪水调度预案和实时调度方案制订	优化调度功能不强,不能进行水沙电一体调度
龙华河洑至三门峡大坝水动力学模型(恒定流/非恒定流)	瞬态和常态水面线、淤积量、淤积形态、含沙量过程等	计算步长为 3 min/24 h,速度和精度满足基本要求	年度调水调沙预案编制、三门峡水库运用方式研究。已嵌入黄河防洪调度系统,进行试运行	与水库洪水调度模块时间步长有待统一
小浪底水库一维水动力学模型	常态水面线、淤积量、淤积形态、含沙量过程等	计算步长为 24 h,速度和精度基本满足要求	年度调水调沙预案编制、小浪底水库运用方式研究。已嵌入黄河防洪调度系统,进行试运行	与水库洪水调度模块时间步长有待统一,冲刷过程模拟计算有待完善
洪水(泥沙)演进				
黄河下游一维非恒定流水沙动力学模型	模拟区域流量、水位、含沙量等过程计算	模拟区域为白鹤—利津,计算步长为 15 min,计算速度为 2 ~ 3 min	已嵌入黄河防洪调度系统,进行试运行	漫滩洪水处理模块需要进一步优化,实时校正功能模块待开发
黄河下游二维水沙演进动力学模型	模拟区域流量、水位、流速、含沙量等过程计算	模拟区域为重点是花园口—孙口,计算步长为 3 ~ 4 s,计算速度为 2 ~ 3 h	试运行	参数有待进一步优化,河岸横向变形模块有待开发

附表 5　黄委水资源管理与调度数学模型资源现状

名称	功能	性能	应用情况	存在问题
水资源预报				
黄河上中游主要来水区间非汛期径流预报模型	制作上中游主要来水区间非汛期径流总量、旬月预报	主要来水区间非汛期来水总量,计算速度和精度基本满足要求	应用与 1999～2007 年水量调度月旬调度方案制订	流域内引退水资料时效性差,缺少非汛期降雨预报
花园口年度天然径流量预报	年度(7 月至次年 6 月)天然径流量定量预报	计算速度和精度基本满足要求	为水量调度年度调度方案提供技术依据	区间耗水模块计算方法需改进
河源区分布式径流预报模型	唐乃亥以上径流预报和实时校正、综合分析、模拟仿真计算等功能	模拟区域为唐乃亥以上,计算步长为 1 d,计算速度和精度基本满足要求	正在建设中,尚未正式投入运行	加强利用卫星遥感等空间采集信息
水量调度				
黄河下游河段枯水演进模型	枯水条件逐日进行河段流量演进计算,能够正向/反向演算,提出断面预警警报	模拟范围为小浪底以下干流河段,以日为计算时段,在数秒之内给出计算结果,计算误差在 20%以内	在下游出现或可能出现预警情况下,应用该模型实时调整调度方案	需与全河水量调度方案编制模型耦合,计算结果能够在编制年月旬调度方案时被调用,作为边界条件;需吸收目前枯水演进最新方法,以进行多种方法计算比较;增加河损自率定功能
宁蒙河段枯水演进模型	枯水条件逐日进行河段流量演进计算,能够正向/反向演算,提出断面预警警报	模拟范围为刘家峡至河口镇干流河段,以日为计算时段,在数秒之内给出计算结果,计算误差在 20%以内	2007～2008 年水量调度中试运行	

续附表 5

名称	功能	性能	应用情况	存在问题
水量调度方案模型	快速编制年、月、旬水量调度预案;能够人机交互,调整方案编制边界条件和参数;具有自适应功能,即根据最新水情、来水预报和前阶段用水和水库泄流情况,重新计算余留调度期调度方案,在满足不断流、防凌要求基础上,自动逼近国务院分水指标,达到公平分水的目的	模拟范围为刘家峡以下黄河干流,以年、月、旬为计算时段,能够在数分钟之内给出调度方案	应用于年度黄河水量调度的年、月、旬方案计算	现有枯水模型计算结果不能被调度方案编制模型调用;干流调度模型河段上没有考虑龙羊峡—刘家峡河段;时段上仅限于非汛期,没有考虑汛期;不适应目前支流调度管理的需要
宁夏灌区月排水量计算模型	宁夏灌区月排水量计算	模拟范围为宁夏引黄灌区,计算步长为月	可应用黄河干流水量调度	引黄退水与降雨产流的划分待完善

附表 6　黄委水资源保护数学模型资源现状

名称	功能	性能	应用情况	存在问题
小浪底—高村河段水质模型:黑箱模型、相关模型、一维稳态模型、ANN模型	能够对常规排污状况下黄河小浪底至高村河段水质进行预测预报	COD、氨氮预测精度能够达到60%以上	试运行	由于水质数据匮乏,未与黄河水量调度实时水文数据相结合,不能进行动态预测
黄河下游一维动态水质模型	面向突发性污染事件,重点模拟溶于水的传质输移过程。可以提供达到目标地时间、浓度沿程变化过程等	模拟区域为黄河小浪底至高村河段,计算步长为3～4 min,计算时间为1～2 min	正在建设中,尚未正式投入运行	可率定和验证资料匮乏

附表7　黄委水土保持数学模型资源现状

名称	功能	性能	应用情况	存在问题
小流域分布式水动力学模型(姚文艺等)	基于栅格的分布式水动力学模型,将小流域概化为梁峁上部、梁峁下部和沟谷坡三段,从分水线至沟边线进行水沙演算,计算径流、泥沙的时空分布	以小流域为计算范围,时间步长为分钟	试运行	缺乏沟道重力侵蚀的模拟
农地年土壤侵蚀量的经验模型(刘善建)	估算农地年土壤侵蚀量的经验方程,是我国第一个土壤侵蚀预报模型	以农地为计算范围,以年为计算步长	我国的经验模型研究过程中,最初是对USLE公式的各个因子建立适合中国各地区的参数,进而利用野外径流小区和水文观测资料,考虑了影响土壤侵蚀的各种因子,如降水、土壤、地形、植被、地表物质等,进行多元统计回归分析建立的经验公式,这些模型的不同之处在于,模型中所考虑的影响因素不同,目前各经验模型只在建模流域或验证流域进行了率定和验证,还未得到推广应用	缺乏对沟坡侵蚀量的预测
陕北中小流域输沙量计算模型(牟金泽)	当计算次暴雨侵蚀模数时,考虑了降雨、坡度、植被以及雨前土壤含水率,并建立侵蚀模数与径流深的关系式	以小流域为计算范围,模拟次降雨的土壤侵蚀量		不能计算年侵蚀模数

附表 8　黄委流域规划数学模型资源现状

名称	功能	性能	应用情况	存在问题
水库水文水动力学数学模型(内嵌古贤、三门峡和小浪底水库联合调控模块)	提供单库全沙和分组沙淤积量,主要断面流量、含沙量	碛口、古贤、三门峡和小浪底水库,汛期按天计算,非汛期按月计算,计算精度满足要求	小浪底水库可研和初步设计、小浪底水库运用方式研究、黄河下游防洪规划、龙门/碛口/古贤等水库可研等	模型经验性较强,水库排沙计算、异重流计算应进一步优化
水库一维水动力学模型	实现水、沙、电联合计算,提供水面线、淤积量、淤积形态、电量等	汛期按天计算,非汛期按月计算,计算速度和精度满足要求	小浪底水库运用方式研究,海勃湾水库防凌防洪减淤等问题	冲刷过程模拟计算有待完善
宁蒙河段水文水动力学模型	提供各河段冲淤量及各控制断面的水沙量	模拟区域为下河沿—河口镇,计算步长为月,计算速度和精度满足要求	南水北调西线工程一期工程项目建议书等	洪峰输沙情况对河道冲淤的影响不能模拟
龙潼河段水文水动力学模型	可提供龙潼河段冲淤过程,潼关断面的水沙过程	汛期按天计算,非汛期按月计算,计算速度和精度满足要求	小浪底水库设计、南水北调西线工程一期工程项目建议书、古贤水利枢纽建议书及可行性研究等	不能计算分段冲淤量
黄河下游水文水动力学模型	提供下游各主要河段汛期、非汛期、全年的冲淤量,分组沙冲淤量,各主要水文站流量和含沙量过程	模拟区域为小浪底—利津,汛期按天计算,非汛期按月计算,计算速度和精度满足要求	小浪底水库设计、小浪底水库运用方式研究、引江济渭入黄方案研究等	计算平滩流量变化效果不理想
黄河下游一维水动力学模型	提供下游各主要河段汛期、非汛期、全年的冲淤量,各河段分滩槽冲淤量、分组沙冲淤量,各主要水文站流量和含沙量过程	模拟区域为小浪底—利津,汛期按天计算,非汛期按月计算,计算速度和精度满足要求	小浪底水库设计、小浪底水库运用方式研究、古贤水利枢纽建议书及可行性研究、引江济渭入黄方案研究等	本模型是一维恒定流模型,不能很好模拟洪水演进的过程

续附表 8

名称	功能	性能	应用情况	存在问题
黄河口一维水动力学模型	提供艾山以下流量、含沙量、冲淤量,能自动适应河口流路长度的变化,加减断面	模拟区域为艾山—入海口,汛期按天计算,非汛期按月计算,计算速度和精度满足要求	黄河口改走北汊预可行研究、黄河口 2001 ~ 2005 年防洪建设可行性研究、黄河口泥沙问题研究、黄河口综合治理规划等	入海口门处海洋输沙能力需要进一步完善
水资源经济模型	应用于黄河流域及其他流域的水资源利用规划研究中的供需水量平衡等研究,模拟水资源规划配置方案	流域级别,数据驱动,以月为计算时间步长	黄河/大通河/泾河水资源利用规划研究、黄河口地区治理规划研究等	
黄河上游龙青段梯级水电站联合补偿调节计算模型	龙羊峡—青铜峡河段梯级水电站联合补偿调节计算	梯级水能计算,以月为计算时段	黄河上游梯级水能计算	标准化改进
黄河上游电能计算模型	规划电站装机规模论证	水电梯级电能计算,以月为计算时段	完成南水北调西线调水对黄河干流梯级发电影响分析	标准化改进
基于电源优化扩展规划的抽水蓄能经济评价软件	论证水电站、抽水蓄能电站、天然气电站等建设必要性,电力系统电力电量平衡、调峰容量平衡等,规划电站装机规模论证	电力系统电力电量平衡、调峰容量平衡、抽水蓄能电站经济评价计算	宝泉/西龙池抽水蓄能电站、小浪底水电站、郑州天然气电站、驻马店天然气电站等	标准化改进
电力系统电源优化开发模型	用于电力系统规划中拟建各类电站开发次序优化计算	以年为计算单位,计算电力系统电站投产次序	古贤水利枢纽可行性研究、南水北调西线工程调水对长江干支流梯级发电影响分析等	标准化改进

附录2　计算机软件著作权登记证书

中华人民共和国国家版权局

计算机软件著作权登记证书

证书号：软著登字第[illegible]号

软 件 名 称：黄河数学模拟系统
V1.0

著 作 权 人：黄委会水科院高新工程技术研究开发中心

开发完成日期：2009年10月31日

首次发表日期：未发表

权利取得方式：原始取得

权 利 范 围：全部权利

登　　记　　号：2010SR046631

根据《计算机软件保护条例》和《计算机软件著作权登记办法》的规定，经中国版权保护中心审核，对以上事项予以登记。

中华人民共和国国家版权局
计算机软件著作权
登记专用章

2010年09月07日

参考文献

[1] 李国英. 建立黄河数学模拟系统[J]. 中国水利,2006(21):36 -38.

[2] 水利部黄河水利委员会."数字黄河"工程规划[M]. 郑州:黄河水利出版社,2003.

[3] 余欣,等."数字黄河"工程数字模拟系统建设规划[M]. 郑州:黄河水利科学研究院,2009.

[4] 廖义伟. 黄河水库群水沙资源化联合调度管理的若干思考[J]. 中国水利水电科学研究院学报,2004(1):1-7.

[5] 钱学森. 论系统工程[M]. 新世纪版. 上海:上海交通大学出版社, 2007.

[6] 王光谦,等. 清华大学近十年的泥沙研究进展[C]//第七届全国泥沙基本理论研究学术讨论会文集. 西安:陕西科学技术出版社,2008.

[7] Yu Xin,Li Y H,Zhu Q P. Reasonable Evaluation of Hydrodynamic Model and Discussion on its DevelopmentTrends (SCI 检索) Proceedings of the 2ND International Yellow River on Keeping Healthy life of the river[M]. VOL VI. Yellow River Conservancy Press,Zheng Zhou, HENAN. CHINA. 2005.

[8] 王光谦,吴保生. 泥沙学科前沿问题述评[M]//张楚汉. 水利水电工程科学前沿. 北京:清华大学出版社,2002.

[9] 朱庆平,余欣,姜乃迁. 关于黄河数学模型系统建设的思考[J]. 人民黄河,2005(3):42-43.

[10] 王光谦,刘家宏. 数学流域模型[M]. 北京:科学出版社,2006.

[11] 邬焜. 信息哲学问题论辩[M]. 西安:西安交通大学出版社,2008.

[12] 翟家瑞. 常用水文预报算法和计算程序[M]. 郑州:黄河水利出版社,1995.

[13] 熊立华,郭生练. 三层耦合流域水文模型(Ⅰ)模型结构和数学方程[J]. 武汉水利电力大学学报,1998(1):28-31.

[14] 韩其为. 论挟沙能力级配[C]//第六届全国泥沙基本理论学术研讨会文集(第一册). 郑州:黄河水利出版社,2005.

[15] 钱宁,张仁. 河床演变学[M]. 北京:北京科学出版社,1987.

[16] 谭维炎. 计算浅水动力学 - 有限体积法的应用[M]. 北京:清华大学出版社,1998.

[17] 张瑞瑾,等. 河流泥沙动力学[M]. 北京:水利电力出版社,1989.

[18] 朱自强,等. 应用计算流体力学[M]. 北京:北京航空航天大学出版社,2001.

[19] 吴钦藩. 软件工程——原理、方法与应用[M]. 北京:人民交通出版社,1997.

[20] 曹文洪,等. 中国水科院近十年泥沙研究进展[C]//第七届全国泥沙基本理论研究学术讨论会文集. 西安:陕西科学技术出版社,2008.

[21] 李义天,等. 武汉大学近十年泥沙研究综述[C]//第七届全国泥沙基本理论研究学术讨论会文集. 西安:陕西科学技术出版社,2008.

[22] 卢金友,等. 长江科学院近十年河流泥沙研究进展[C]//第七届全国泥沙基本理论研究学术讨论会文集. 西安:陕西科学技术出版社,2008.

[23] 唐洪武,等. 河海大学近十年研究研究进展[C]//第七届全国泥沙基本理论研究学术讨论会文集. 西安:陕西科学技术出版社,2008.

[24] 余欣,杨明,王敏,等. 基于 MPI 的黄河下游二维水沙数学模型并行计算研究[J]. 人民黄河,2005(3):49-50.

[25] 余欣,王明,唐学林,等. 小浪底水库三维水沙数学模型初步研究[J]. 人民黄河,2008(11):104-106.

[26] Xue - lin Tang, Xin Yu, Ming Yang. 3 - D Stochastic Model for Turbulent Silt - laden Flows. doi:10. 1088/1742 - 6596/96/1/012190. 2007 International Symposium on Nonlinear Dynamics (2007 ISND). 2007,12.
[27] 赖锐勋,梁国亭,张晓丽,等. 面向对象的黄河水沙数据模型设计与应用[J]. 人民黄河,2008(11): 115-117.
[28] 张防修,王艳平,刘兴盛,等. 黄河下游突发性污染事件数值模拟[J]. 水利学报,2007(S1):35-38.
[29] 杨明,余欣. 水动力学数学模型并行计算技术研究及实现[J]. 泥沙研究,2007(6):1-3.
[30] 窦希萍. 南京水利科学研究院近十年泥沙研究[C]//第七届全国泥沙基本理论研究学术讨论会文集. 西安:陕西科学技术出版社,2008.
[31] 方春明,贾雪浪. 统计理论非均匀沙挟沙能力的计算方法及其验证[J]. 水利学报,1998(2):68-71.
[32] 方红卫,王光谦. 一维全沙泥沙输移数学模型及其应用[J]. 应用基础与工程科学学报,2000(2): 154-164.
[33] 龚春生,姚琪,赵棣华,等. 浅水湖泊平面二维水流 - 水质 - 底泥污染模型研究[J]. 水科学进展, 2006(4):496-501.
[34] 顾基发,等. 综合集成方法体系与系统学研究[M]. 北京:科学出版社,2007.
[35] 韩其为. 非均匀沙不平衡输沙的理论研究[J]. 水利水电技术,2007(1):14-23.
[36] 郝芳华,等. 非点源污染模型——理论方法与应用[M]. 北京:中国环境科学出版社,2006.
[37] 胡四一,施勇. 长江中下游河湖洪水演进的数值模拟[J]. 水科学进展,2002(3):278-286.
[38] 华祖林. 弯曲河段水流水质二维数值模拟[J]. 水资源保护,1999(3):12-15.
[39] 黄柳青,王满红. 构件中国——面向构件的方法与实践[M]. 北京:清华大学出版社,2006.
[40] 黄河水利委员会信息中心. 应用服务平台及综合信息服务系统技施设计报告[R]. 郑州:黄河水利委员会信息中心,2008.
[41] 姜启源. 数学模型[M]. 2 版. 北京:高等教育出版社,1996.
[42] 金忠青,韩龙喜. 一种新的平原河网水质模型[J]. 水科学进展,1998(1):35-40 .
[43] 李典谟,马祖飞. 展望数学生态学与生态模型的未来[J]. 生态学报,2000(6):1083-1089.
[44] 李孟国,等. 海岸河口多功能数学模型软件包 TK - 2D 的开发研制[J]. 水运工程,2005(12):51-56.
[45] 刘昌明,等. 基于 DEM 的分布式水文模型在大尺度流域应用研究[J]. 地理科学进展,2003(5): 437-445.
[46] 刘亚东. 软件中国的机会[M]. 世界图书出版公司,2006.
[47] 茅泽育,吴剑疆,张磊,等. 天然河道冰塞演变发展的数值模拟[J]. 水科学进展,2003(6):700-705.
[48] 彭虹,郭生练. 汉江下游河段水质生态模型及数值模拟[J]. 长江流域资源与环境,2002(4):363-369.
[49] 沈永明,郑永红,吴修广. 近岸海域污染物迁移转化的三维水质动力学模型[J]. 自然科学进展, 2004(6):694-699.
[50] 施勇,胡四一. 无结构网格上平面二维水沙模拟的有限体积法[J]. 水科学进展,2002(4):490-415.
[51] 唐学林,陈稚聪,陆永军,等. 小浪底河段浑水流动的三维数值模拟[J]. 清华大学学报:自然科学版,2007(9):1447-1451.
[52] 陶文铨. 计算传热学的近代进展[M]. 北京:科学出版社,2005.
[53] 王军,赵慧敏. 河流冰塞数值模拟进展[J]. 水科学进展, 2008(4):597-604.

[54] 王福军. 计算流体动力学分析——CFD 软件原理与应用[M]. 北京:清华大学出版社,2004.
[55] 吴时强,吴碧君. 平面二维动态水质数学模型[J]. 水动力学研究与进展 A 辑,1996(6):653-660.
[56] 夏军,等. 分布式时变增益流域水循环模拟[J]. 地理学报,2003(5):789-796.
[57] 夏军强,王光谦,吴保生. 平面二维河床纵向与横向变形数学模型[J]. 中国科学 E 辑,2004(S1):165-174.
[58] 夏军强. 河岸冲刷机理研究及数值模拟[D]. 北京:清华大学,2002.
[59] 杨国录,吴卫民. 一维河流数值模拟算法的概述[J]. 泥沙研究,1995(4):34-41.
[60] 杨开林,等. 河道冰塞的模拟[J]. 水利水电技术,2002(10):40-47.
[61] 叶秉如. 水资源系统优化规划和调度[M]. 北京:中国水利水电出版社,2003.
[62] 叶清华. 组件式海岸工程数学模型集成系统的开发与应用[D]. 南京:南京水利科学研究院,2001.
[63] 尹海龙,徐祖信. 可视化黄浦江水环境数学模型系统设计与开发[J]. 环境污染与防治,2005(1):5-7.
[64] 余浩东. J2EE 应用框架设计与项目开发[M]. 北京:清华大学出版社,2008.
[65] 岳天祥. 环境资源数学模型手册[M]. 北京:科学出版社,2003.
[66] 张细兵,龙超平,李线纲. 可视化数学模型及动态演示系统的初步研究与应用[J]. 长江科学院院报, 2003 (4):21-23.
[67] 章四龙. 洪水预报系统关键技术研究与实践[M]. 北京:中国水利水电出版社,2006.
[68] 赵棣华,等. 通量向量分裂格式的二维水流 - 水质模拟[J]. 水科学进展,2002(6) :701-706.
[69] 周振红,等. 基于组件的水力数值模拟可视化系统[J]. 水科学进展,2002(1):9-13.
[70] Wenjie Xin, Xiaofeng Luo. Visualization Simulation System in Coastal and Estuarine Areas [C]//US2CH INA Worksho Pon Advanced Computational Modelling in Hyroscience & Engineering. Oxford. Mississ PPi, 2005.
[71] 梁国亭,等. 基于 GIS 黄河下游二维水沙数学模型可视化构件设计[J]. 人民黄河,2005(3):104-106.
[72] 刘成,李行伟,韦鹤平,等. 长江口水动力及污水稀释扩散模拟[J]. 海洋与湖沼,2003,34(5):474-483.
[73] 钟耳顺. 地理信息系统应用与社会背景分析[J]. 地理研究,1995(2):91-97.
[74] 朱松林,印霞隽. 复杂区域流场计算的驾驭式可视化软件开发[J]. 计算机辅助工程,1996(2):34-39.
[75] 管镭,孟宪琦,魏生民. Delaunay 三角网格化的算法及实现[J]. 西北工业大学学报,1996,14(1):138-142.
[76] 唐泽圣,徐志强. 二维点集三角剖分的动态生成与修改[J]. 计算机辅助设计与图形学报,1990(3):1-8.
[77] 卢朝阳,吴成柯,周幸妮. 满足全局 Delaunay 特性的带特征约束的散乱数据最优三角剖分[J]. 计算机学报,1997,20(2):118-124.
[78] 闵卫东,唐泽圣. 二维 Delaunay 三角划分的平均形态比最大性质[J]. 计算机学报,1994(A00):20-25.
[79] 武晓波,王世新,肖春生. Delaunay 三角网的生成算法研究[J]. 测绘学报,1999,28(1):28-35.
[80] ASCE task committee on hyraulic, bank mechanics, and modeling of riverbank width adjustment. River Width Adjustment Process and Mechanisms[J]. ASCE. J. Hydr. Engrg. ,1998,124(9): 881-902.
[81] Chunming Fang, Jixin Mao, Wen Lu. 2D depth – averaged sediment transport model taken into account

of bend flows. US – CHINA worksho Pon advanced computational modeling in hydroscience & engineering[C]. September 19-21, Oxford, Mississippi, USA,2006.
[82] D H Zhao, H W Shen,et al. Finite-Volume Two-Dimension Unsteady-Flow Model For River Basins[J]. Journal of the Hydraulic Engineering,1994,120(7):863-883.
[83] Dartzi Pan,Jen-Chien Cheng. A Second-Order Upwind Finite-Volume Method For The Euler Solution On Unstructured Triangular Meshes[J]. International Journal for Numerical Method in Fluids,1993,16: 1079-1098.
[84] De Vriend H J. Velocity redistribution in curved rectangular channels[J]. J. Fluid Mech.,Cambridge, U. K., 1981,107:423-439.
[85] J S Mathur. The Simulation of Inviscid, Compressible Flows Using an Upwind Kinetic Method on Unstructured Grids[J]. International Journal for Numerical Method Fluids,1992,15:59-82.
[86] Jian Ye, J A McCorquodale. Depth – Averaged Hydrodynamic Model in Curvilinear Collocated Grid[J]. J. Hydr. Engrg., ASCE, 1997 ,123(5):380-388.
[87] K Anastasiou,C T Chan. Solution of The 2D Shallow Water Equations Using The Finite Volume Methods on Unstructured Triangular Meshes[J]. International Journal for Numerical Method in Fluids,1997,24: 1225-1245.
[88] K Willcox, J Peraire. Aeroelastic Computations In The Time Domain Using Unstructured Meshes[J]. International Journal for Numerical Method Fluids.,1997,40:2413-2431.
[89] Kalkwijk J P T,de Vriend H J. Computation of the flow in shallow river bends[J]. J. Hydr. Res., 1980,18(4):327-342.
[90] Ming-Hseng Tseng. Explicit Finite Volume Nin-Oscillatory Schemes For 2d Transient Free-Surface Flows [J]. International Journal for Numerical Method Fluids,1999,30:831-843.
[91] Miyazakj M,Ueno T,Unoki S. Theoretical investingations of typhoon surges along the Japanese Coast [J]. J. of Oceanogy. Mag.,1962,13 (2): 103-117.
[92] Molls T, Chaudhry, M. H Depth-averaged open – channel flow model[J]. J. Hydr. Engrg., ASCE, 1995,121(6): 453-465.
[93] Osman A M, Thorne C R Riverbank Stability analysis I: Theory [J]. ASCE. J. Hydr. Engrg., 1988, 114(2): 134-150.
[94] P Kloucek, F Rys. Stability of the Fractional Stepθ – scheme for the Nonstationary Navier – Stokes Equations[J]. SIAM J. Numer. Anal, 1994,31: 1312-1335.
[95] Roe P L. Approximate Riemann slovers, parameter vectors, and difference scheme[J]. J. Comp. Phys., 1981, 43: 357-372.
[96] Smagorinsky,J.. General Circulation experiments with the primitive equation,I:The basic experiment[J]. Mon. Weather Rev.,1963,91(3),99-113.
[97] Stanley Osher and Fred Solomon. Upwing Difference Schemes For Hyperbolic Systems Conservation Laws. Mathematics of Computation,1982,138(158):339-374.
[98] T Y Hsieh, J C Yang. Investigation on the Suitability of Two – Dimensional Depth-Averaged Models for Bend-Flow Simulation[J]. J. Hydr. Engrg., ASCE,2003 ,129(8):597-612.
[99] Thorne C R, Osman A M. Riverbank stability analysis II: Application[J]. ASCE,Journalof Hydraulic Engineering. 1998,114(2).
[100] Van Rijin L C. Sediment Transport[J]. Part I: Bedload Transport. ASCE. Journal of Hydraulic Engineering,1984,110(10).

[101] Yalin M S. River Mechanics[M]. New York: Pergamon Press, 1992.
[102] Yee-Chung Jin, Peter M. Steffler. Predicting Flow in Curved Open Channels by Depth-Averaged Method [J]. J. Hydr. Engrg., ASCE, 1993, 119(1): 109-124.
[103] Z-H. Wang, J-H. Zhou, J-R. Fan, et al. Direct Numerical Simulation of Ozone Injection for No Control in Flue Gas[J]. Engergy and Fuels, 2006, 20:2431-2438.
[104] Zhao D H, Shen H W, et al. Approciate Riemann solvers in FVM for 2D hydraulic shock waves modeling[J]. Hydr Engrg ASCE, 1996, 122(13):693-702.
[105] 曹文洪,张启舜.潮流和波浪作用下悬移质挟沙能力的研究[J].泥沙研究,2000(5):16-21.
[106] 陈仲颐,等. 土力学[M]. 北京:清华大学出版社,1994.
[107] 程进豪,等.山东黄河水文特性综合分析[M].郑州:黄河水利出版社,1999.
[108] 程文辉,王船海.用正交曲线网格及"冻结"法计算河道流速场[J].水利学报,1988(6):18-25.
[109] 窦国仁.河口海岸全沙模型相似理论[J]. 水利水运工程学报,2001(1):1-12.
[110] 傅国伟.河流水质数学模型及其模拟计算[M]. 北京:中国环境科学出版社,1987.
[111] 韩其为.水量百分数的概念及在非均匀悬移质输沙中的应用[J]. 水科学进展,2007(5):633-640.
[112] 何明民,韩其为. 挟沙能力级配及有效床沙级配的概念[J]. 水利学报, 1989(3):17-26.
[113] 胡四一,谭维炎.无结构网格上二维浅水流动的数值模拟[J].水科学进展,1995(6):1-9.
[114] 黄顺洲. 台阶后紊流场的大涡模拟[J]. 燃气涡轮试验与研究, 1998, 11(3):24-30.
[115] 蒋昌波,陈永宽,胡旭跃,等.非淹没群丁坝绕流流场的数值模拟[C]//第十二届全国水动力学研讨会文集.北京:海洋出版社,1998.
[116] 李义天,尚全民. 一维不恒定流泥沙数学模型研究[J]. 泥沙研究, 1998(1):81-87.
[117] 李泽刚.黄河近代河口演变基本规律与稳定入海流路治理[M].郑州:黄河水利出版社,2006.
[118] 林秉南,等.潮汐水流泥沙输移与河床变形的二维数学模型[J].泥沙研究,1988(6):23-26.
[119] 刘大有.从二相流方程出发研究平衡输沙—扩散理论和泥沙扩散系数的讨论[J].水利学报,1995(4):62-67.
[120] 刘儒勋,舒其望.计算流体力学的若干新方法[M].北京:科学出版社,2003.
[121] 陆永军.三维紊流泥沙数学模型及其应用[R].南京:南京水利科学研究所,2002.
[122] 马福喜, 李志伟. 大涡模拟水环境中污染物团的运动规律[J]. 水利学报, 2002(9):55-60.
[123] 马正飞,殷翔.数学计算方法与软件的工程应用[M].北京:化学工业出版社,2002.
[124] 倪浩清,沈永明. 工程湍流流动、传热及传质的数值模拟[M].北京:中国水利水电出版社,1996.
[125] 彭润泽,等.长江口泥沙絮凝沉降实验研究[R].北京:水利水电科学研究院,1987.
[126] 曲少军,吴保生. 黄河水库一维泥沙数学模型的初步研究[J]. 人民黄河, 1994(1):1-4.
[127] 陶文铨. 数值传热学[M].2 版.西安: 西安交通大学出版社, 2002.
[128] 万洪涛,周虎成,吴应湘,等.黄河下游花园口—夹河滩河段二维洪水模拟[J]. 水科学进展,2003(3):215-222.
[129] 汪富泉,丁晶,曹叔尤,等.论悬移质含沙量沿垂线的分布[J].水利学报,1998(11):44-49.
[130] 王福军.计算流体动力学分析——CFD 软件原理与应用[M].北京:清华大学出版社,2004.
[131] 王士强. 黄河泥沙冲淤数学模型研究[J]. 水科学进展, 1996(3):193-199.
[132] 薛禹群,谢春红.地下水数值模拟[M].北京:科学出版社,2007.
[133] 颜应文, 赵坚行. 模型燃烧室紊流燃烧的大涡模拟[J]. 航空动力学报, 2005(1):86-91.
[134] 禹雪中,杨志峰,钟德钰,等. 河流泥沙与污染物相互作用数学模型[J].水利学报,2006(1):10-15.
[135] 曾庆华,张世奇,胡春宏,等.黄河口演变规律及整治[M].郑州:黄河水利出版社,1997.

[136] 张昌兵,熊潮坤,桂林,等.水质大涡模拟数学模型研究[J]. 水科学进展, 2004(7):431-435.
[137] 张俊华,陈书奎,李书霞,等.小浪底水库拦沙初期泥沙输移及河床变形研究[J].水利学报,2007(9):1085-1089.
[138] 张启卫,吴保生. 黄河下游河道泥沙数学模型[J]. 泥沙研究,1994(2):85-93.
[139] 张书农. 环境水力学[M]. 南京: 河海大学出版社,1988.
[140] 周发毅,陈壁宏. 取水口附近水流泥沙运动的三维数值模拟[J].水利学报, 1997(12):30-37.
[141] George Karypis. Navaratnasothie Selvakkumaran, Multi – Objective Hypergraph Partitioning Algorithms for Cut and Maximum Subdomain Degree Minimization[EB/OL]. IEEE Transactions on CAD, 2006,25(3): 504-517 .
[142] George Karypis, Vipin Kumar. Multilevel k-way Partitioning Scheme for Irregular Graphs[J]. Parallel Distrib Comput,1998,48(1):96-129 .
[143] Turner Edward L, Hu Hong. A Paraalle1 CFD rotor coding using OpenMP[J]. Advnaces in Engineering Software,2001,32(5):665-671.
[144] 孙家昶,等.网络并行计算与分布式编程[M].北京:科学出版社,1996.
[145] 徐庆新,莫则尧.并行多重网格法求解跨声速欧拉方程[R].绵阳:中国空气动力研究与发展中心,1996.
[146] 徐庆新,莫则尧.跨声速欧拉方程多重网格法并行计算[R].绵阳:空气动力学研究文集,1996.
[147] 徐庆新,张来平.非结构网格复杂无粘流场数值模拟并行计算[R].绵阳:中国空气动力研究与发展中心计算空气动力研究所技术报告,1998.
[148] 李钜章.现代地貌学数学模拟[A]//金德生.地貌实验与模拟.北京:地震出版社,1995.
[149] 沈受百.关于评价和抉择泥沙数学模型的基本考虑[R].郑州:黄河水利科学研究所,1986.
[150] 陈守煜,冀鸿兰. 冰凌预报模糊优选神经网络 BP 方法[J]. 水利学报,2004(6):114-118.